经济林树种图片集萃

油茶

油桐

阿月浑子

八角

巴旦木

白蜡树

板栗

槟榔

沉香

刺梨

杜仲

番木瓜

枸杞

光皮树

核桃

黑荆树

红松

厚朴

胡椒

花椒

黄柏

黄连木

黄檀

降香黄檀

金银花

咖啡

罗汉果

麻疯树（一）

麻疯树（二）

毛竹

美国山核桃

猕猴桃

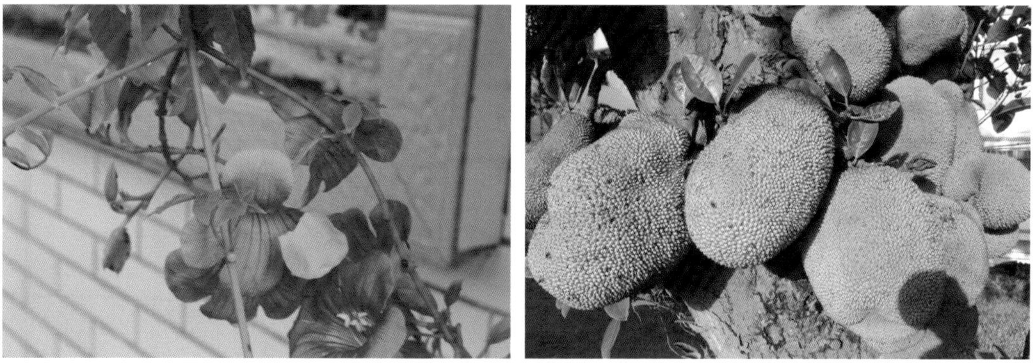

木菠萝

女贞

漆树

肉桂

沙棘

山苍子

山核桃

山茱萸

柿

文冠果

乌桕

香椿

香榧

橡子

辛夷

杏

盐肤木

杨梅

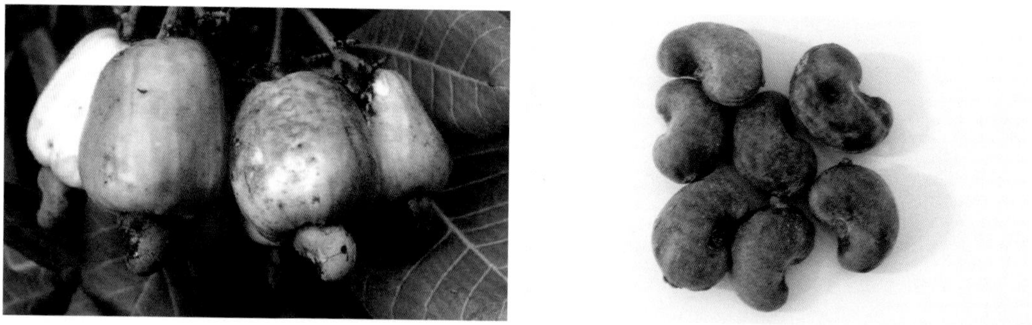

腰果

银杏

樱桃

油橄榄（一）

油橄榄（二）

油用牡丹

柚

余甘子

枣

榛子

锥栗

紫胶

棕榈

中国经济林

何　方　张日清　著

中国农业科学技术出版社

图书在版编目（CIP）数据

中国经济林 / 何方，张日清著 .—北京：中国农业科学技术出版社，2017.6
ISBN 978-7-5116-3111-4

Ⅰ.①中…　Ⅱ.①何…②张…　Ⅲ.①经济林-研究-中国　Ⅳ.①S727.3

中国版本图书馆 CIP 数据核字（2017）第 136735 号

责任编辑　李　雪　徐定娜
责任校对　贾海霞

出 版 者　中国农业科学技术出版社
　　　　　北京市中关村南大街 12 号　邮编：100081
电　　话　(010) 82109707 (编辑室)
　　　　　(010) 82109702 (发行部)
　　　　　(010) 82109709 (读者服务部)
传　　真　(010) 82109707
网　　址　http://www.castp.cn
经 销 者　各地新华书店
印 刷 者　北京富泰印刷有限责任公司
开　　本　787 mm×1 092 mm　1/16
印　　张　40.25
彩　　插　28 面
字　　数　826 千字
版　　次　2017 年 6 月第 1 版　2017 年 6 月第 1 次印刷
定　　价　158.00 元

作者简介

何方先生

何方，江西上饶市人，1931 年 4 月 5 日生。

何方先生 1954 年 9 月毕业于华中农学院林学系林业专业本科，同年由国家统一分配至湖南省林业厅，随即分配至湖南省江华林区经营管理局，从事技术工作，主要从事国有杉木造林。1956 年 5 月调回长沙分配至湖南省林业干部学校任教员教书。从此，终身从事林业教育。

经济林专业　培养人才

1958 年，经济林专业从湖南农学院林学系分出，筹办独立新的湖南林学院。何方先生调新学院筹委会办公室工作，新湖南林学院成立后，又调林学系造林教研室当助教。

1958 年，新建林学院在长沙烂泥冲挂牌成立。新学院院长由湖南省林业厅副厅长王雨时兼任。由于何方是从林业厅调来的，熟悉王副厅长。王副厅长向何方提及湖南经济林（当时称特用经济林，后改称经济林）很多，全国油茶林 6 000万亩，湖南 2 400万亩，占 40%，全国第一，要加强这方面的教学内容。何方根据林业厅意见和要求，提出开办特用经济林专业，王副厅长很赞同。

为创办经济林专业，何方起草了《论经济林的内容、特点、任务和发展前景》论证文稿。

湖南林学院经济林专业 1959 年秋开始正式招收本科生。1960 年以后相继有南京林学院、西南林学院、西北林学院、浙江林学院、福建林学院相继成立经济林专业并招收本科生。

经济林专业早在 1963 年就收入经国务院批准、国家计委和教育部修订的《高等学校通用专业目录》，当时的名称是特用经济林专业。1983 年国家教委第二次公布专业目录，经济林仍然当之无愧地进入林科 17 个专业之列。因此，经济林专业经过几十年的教育科研实施发展成为成熟专业。

何方先生，穷毕生精力于经济林学科的创立、建设和发展，经 40 多年努力，办成具有本科生—硕士研究生—博士研究生完整的教育体系。何方先生为我国经济林学科专业创立建设做出了开创性贡献，为校内外公认的两位创始人之一。

忠诚林业教育　教书育人

湖南林学院在长沙成立。何方教授由造林教研室转至新成立的经济林教研室，时任教研室主任杨晋衡、秘书胡芳名。从此，经济林教育成为何方教授终生追求的事业。何方先生常说，他一生只做了经济林一个梦，无怨无悔，成就了他为著名林业教育家，并执笔起草制订新专业的教学计划。1959 年，开始在国内首次招收经济林专业本科生，为该专业首次开出《经济林栽培学》课程。经济林专业 1962 年列入高教部制订的全国普通高校专业目录。

何方 1981 年晋升为副教授，1982 年在学院始招经济林专业硕士研究生，为学院经济林专业硕士研究生起草了第一个培养计划。后受林业部委托执笔起草了全国普通高等林业院校《经济林专业硕士研究生培养方案》，1994 年 8 月审定通过，1995 年正式颁发实施。为硕士研究生首次开设了《高级经济林栽培学》《生态经济林概念》《经济林研究法》三门学位课程。同时开设《科技情报学》《经济林木育种发展战略》《系统和系统工程与经济林》《现代科技进展》等必选课程。还开设《行为管理与决策》《公共关系学》两门选修课程。根据硕士生课题研究和论文写作的需要，在不同届次他先后讲授《系统和系统工程引论》《经济林木育种发展战略》等 7 门专题讲座。

何方先生 1987 年晋升为教授。1992—1993 年执笔起草了学院申报博士点的论证材料和申报书以及申报林业部重点实验室的报告。1994 年经国务院学位委员会审查批准在中南林学院首设经济林学科博士学位授予点，是学院“零”的突破，重点实验室也经批准，均是全国唯一的，同时何方教授被批准为学院两位博导之一。同年由副院长李去惑带队到湖南农业大学学习博士研究生培养计划和经验。回院后何方教授起草了中南林学院第一个博士研究生培养计划。1994 年何方教授始招博士研究生，首次为博士研究生开设《林业科技进展》《应用生态学》《林业研究思维与方法》三门学位课程。《经济林育种程序》《现代科技进展》两门必选课程。何方教授知识渊博，讲课精深动听，每次上课均有其他学生来听课。至 2008 年共培养硕士生 23 人，博士生 17 人。

何方教授在 55 年的教学生涯中，形成了他自己的教育思想。可以概括为：爱国、修身、读书、研究、慎思、实践 12 个字。

献身林业科研　成果累累

何方自 20 世纪 80 年代以后的 30 多年中，在经济林领域，先后主持了国家攻关油茶、油桐课题，国家自然科学基金、林业部、湖南省科委、湖南省林业厅重点课题等

20项。主持制定杜仲产品质量国标，完成油茶、油桐、漆树、桤木林业行业标准4项。

1981年由林业部批准成立经济林研究室。1987年5月由林业部批准晋升为中南林学院经济林研究所。有课题，有经费，有地盘，有人马，何方利用好机遇，带领他的科研团队，组织了全省、全国的协作攻关，他一生的能量这时才迸射出光芒，是改革开放带来的春天。先后获国家、国家教委、林业部、湖南省科技进步奖15项，其中国家科技进步奖1项，二等奖1项，省部二等奖2项。从所获科研成果奖说明何方几十年来凝神静气，锲而不舍，成就了著名经济林专家。

为加速我国油桐生产的良种化进程，何方教授会同中国林科院方嘉兴副研究员，广西林科院凌麓山研究员，共同主持了由全国油桐科研协作组组织有13个省区218个单位530位技术人员参加的“全国油桐良种化工程”研究及推广项目。从1978年至1989年的13年间，遍及全国油桐分布区的233个县，基本上查清了全国184个油桐地方品种。推广良种年创产值2.05亿元，至1992年累计创造产值超过20亿元。

油茶是南方重要的食用油，全国平均亩产茶油仅3.5kg。在专家们的建议下经林业部向国家农发办申报，批准于1990年开始在南方油茶7个主产省区实施面积100万亩的第一期油茶林低改工程项目。何方教授主持制订了《油茶低产林改造工程规划设计大纲》《油茶低技术规定》。经3年推行，于1993年全面检查验收，工程达到预计目标，年增茶油2 000万kg，产值4亿元，国家投资3 000万元，效益为1∶13.3。

国家农发办对林业部实施油茶低改第一期工程的效益满意，又批准1993年开始的第二期油茶工程，1995年又开始第三期工程。两期工程创产值12.5亿元。

何方教授是公认的油茶、油桐科研国内领军人物之一。他在技术上归纳起来有十大贡献：①油茶、油桐丰产栽培技术。②建立了油桐、油茶品种分类系统及良种选育程序，与优良无性系选择标准和方法。③为第一期全国油茶低产林改造工程起草了规划设计大纲和技术规定。④建立了中国油桐、油茶林地土壤分类系统。据此，建立了立地分类及立地类型分类系统。⑤研究了油茶、油桐在中国的分布区及其生态适应，完成了全国栽培区划。⑥油茶、油桐现代产业体系建设。⑦论证了在我国山区综合开发与扶贫中经济林的战略地位及技术措施。⑧经济林产业在丘陵山区农村有效的调整产业结构，转变经济发展方式。⑨经济林产业在社会主义新农村建设中可成支柱产业。⑩在丘陵山区“两型社会”建设中经济林产业是航母。

何方教授在数十年的科研实践中，积累形成了他自己的科学研究思想，他将它概括为：调查、试验、观察、求真、思辩、创新12个字。

勤奋潜心治学　著述等身

何方教授50多年来，潜心治学，勤奋著述。1998年由中国林业出版社出版《何方文集》147 万字。于 2011 年 2 月，由中国林业出版社出版《何方文集》（续集），全书 215 万字。该文集的出版是为了纪念何方教授 80 华诞暨从事林业教育 55 周年。学校为何方教授 80 诞辰举办了有 170 余师生参加的庆典，这是学校首次。

何方、胡芳名主编《经济林栽培学》（2 版）本科生教材（2004 年）。何方、张日清、王承南、李志辉、吕芳德合作编著《林业科学研究思维与方法》研究生教材（2008 年），上述两书均由中国林业出版社出版。何方著《应用生态学》，博士研究生教材，2003 年由科学出版社出版。何方、方嘉兴、凌麓山等主编《中国油桐主要栽培品种志》（黑白图），1985 年由湖南科技出版社出版。凌麓山、何方、方嘉兴主编《中国油桐品种图志》（彩图）（1993 年），方嘉兴、何方主编《中国油桐》（1998 年），何方编著《中国经济林栽培区划》（2000 年），何方主编《中国经济林名优产品图志》（彩图）（2001 年），上述 4 书均由中国林业出版社出版。

何方 80 岁后，2013 年与姚小华合作，由中国林业出版社出版《中国油菜栽培》（48.7 万字）。2015 年著《生态文明概论》（47.3 万字），2016 年与张日清、王承南合著，出版《中国油桐栽培学》（42.3 万字），以上两书由中国农业科学技术出版社出版。

在上述 13 部书中，实际由何方教授执笔撰写的有 700 万字，成就了著名经济林学者。据知，一位林业科技专家，有 700 字科技著作，在国内是少见的。

在何方教授的著作中反映他的创新学术观点和学术贡献，主要可以归纳如下 10 方面：①从 1958 年开始，经过几十年的教学科研实践，在 1992 年由他撰写的申报经济林学科博士点的报告中，从理论上系统完整的阐明了经济林作为一个独立学科的内涵、界定、任务及发展方向与前景。②《在经济林栽培中合理利用环境资源》的学术论文中，他将环境中的各个要素作为资源，著述在经济林栽培经营中如何科学地利用时间和空间资源。③在 1990 年的《生态经济林经营模式》的论文中，阐明了生态经济林的定义、意义和任务。经研究认为经济林是次生偏途演替，经济林作为植物群落，只有植被演替到一定阶段时，才能栽培经营，说明了经济林人工生态系统的特点，构建了生态经济经营模式。④1991 年在《生态资源观》的文章中根据中国自然资源双重性的特点，提出生态资源观，阐明了定义、意义与任务。据此提出建立“生态资源型国民经济体系”，将天、地、物、人纳入统一的整体中。⑤1996 年在《我国利用丘陵山地发展木本粮油生产的对策研究》的论文中阐明了发展木本粮油生产天时地利，发展战略与技术策略，并认为 21 世纪是“绿色世纪”。⑥1995 年在《可持续发展的中国经济林》一文以及后来在多篇有关可持续发展的文章中，论述了可持续发展战略在经济林建设中的指导意义和运用。⑦2007 年在《现代经济林解读》一文中，提出了现代经济林理念，现代经济林产业体系结构模式。⑧2008 年在《运用科学发展观指导博士研究生教育》一文中，系统地论述了在研究生教育中如何贯彻落实科学发展观。在另一文中提出了在研究生教育中如何构建社会主义核心价值体系。⑨2008 年在《博士研究生教育中传承中华传统文化》一文提出在森林培育博士研究生教育中加强人文教育。⑩2006年在《自然论理学》论文中提出了概念和研究对象及其应用。

何方教授的治学方法提倡：宽容、勤奋、博学、积累、审问、慎立 12 个字。

终生淡泊名利　光明磊落

何方自志：自甘寂寞，笑对寒窗。他热爱祖国，光明磊落，胸怀开阔，诚恳待人，追求真理，献身事业，勤奋耕耘，至今 80 高龄，仍在为我国经济林事业努力奋战，成就了德高望重的一代宗师。

何方 1961 年加入中国共产党，多次评为学校优秀党员和优秀教师。1982 年林业部授予有突出贡献专家，1985 年评为湖南省优秀教师，1989 年评为全国优秀教师。1990 年湖南省政府授予优秀技术工作者，1992 年享受政府特殊津贴。2009 年获海峡两岸林业敬业基金奖。

何方教授主编（执行）《经济林研究》从 1983 年创刊至 2003 年移交学校终止，历时 20 年。

何方自喻，头脑简单，一生糊涂，笑口常开！

张日清先生

张日清，汉族，1959 年 10 月生，湖南醴陵人，中国共产党党员。1982 年 7 月获经济林专业学士学位；1994 年 6 月获经济林专业硕士学位；2000 年 9 月获森林培育专业博士学位。历任中南林业科技大学涉外学院院长、资源与环境学院院长。现任中南林业科技大学经济林学科教授，博士研究生导师，国家林业局经济林育种与栽培重点实验室副主任，图书馆馆长，第四届教育部高等学校图书情报工作指导委员会委员。“湖南省普通高等院校学科学术带头人培养对象”“湖南省新世纪 121 人才工程人选”。任中南林业科技大学果树学学科带头人、森林培育国家重点学科经济林栽培方向负责人。1995 年、1997 年赴美国 LSU、LA 进行业务培训和研修。

张日清先生政治思想品德优秀，治学严谨，具有扎实的基础理论知识和较强的专业实践能力，在教育教学、人才培养、学科建设、国际合作与交流和林业科学研究中取得了突出的成绩。先后招收培养博士、硕士研究生近 40 人；主持国家自然科学基金、国家林业公益科研专项、948 引进项目和省部级重点项目 20 余项。取得油茶低产林改造、美国山核桃引种等科技成果 6 项；获湖南省、林业部科技进步二等奖 1 项、三等奖 2 项；制定油茶、榉树标准各 1 项；获发明专利授权 6 件。2007 全国林业突出贡献先进个人奖。在 HortScience、Journal of Horticultural Science & Biotechnology、Acta Horticulturae、Journal of Integrative Plant Biology、Genetics and Molecular Research、International Journal of Experimental Biology、Asian Journal of Chemistry 及省级以上刊物发表学术论文 160 余篇，编写出版经济林教材、专著 7 部。主持《经济林栽培学》湖南省精品课程 1 门，获省级以上教学个人奖 1 项，团队奖 5 项，发表教学研究论文 10 余篇。兼任中国经济林学会常务理事，《经济林研究》副主编等职务。应邀担任国际木本粮油培训班讲师多次，参加非木质林产品国际学术会议 10 余次。

主要研究领域：经济林栽培育种、林业生物技术应用、经济林景观价值研究，主要研究树种包括油茶、油桐、银杏、美国山核桃、榉树等。

主要教授课程：高级经济林栽培学专题（硕士研究生），生态经济林原理与应用（硕士研究生），农林复合经营（硕士研究生），专业英语（本科、硕士研究生），英语科技论文写作（博士研究生），林木研究法专题（博士研究生），经济林栽培学（本科、木本芳香油料树种）。

前　　言

我们师徒二人，二教授，二博导，一博士，一二级教授。

《中国经济林》是从我们发表经济林近300篇文章和10本教材和专著中梳理出来，出版著作的初心有4个目的。

一是原来发表出版的经济林文章和著作是零散的碎片化的，现在集中起来，成为分章分节系统完整连贯的理念和技术专著。我们自己完成了实践—理论—实践的认识过程，是很大的提高。

我们将这本书，写成经济林小百科。

二是我们要从实践和理论上规范经济林概念、边界和内涵，及其在国家建设和在国民经济的位置与意义。此目的，在书中专辟第二章，做了详细的阐述论证，已经完成。

三是回顾经济林学科专业从1958年在湖南林学院（现中南林业科技大学前身）创立以来50多年盛衰全过程中的成功经验，挫折失败，客观地、清醒地加以梳理。此目的，书中专辟第九章，做了详细具体阐述，已经完成。

四是有人说经济林专业面狭，我们探讨一下经济林专业真的面狭吗？

经济林专业在全国多所林业高校都有设置。中南大学经济林专业经过40多年办学发展至1994年已经完成中专—专科—本科—硕士研究生—博士研究生完整的教育体系，1998年经济林专业与林业专业合并。

全国现有经济林栽培经营面积3亿亩（1亩≈666.7m^2，1hm^2=15亩，全书同），产量2亿t。现主要栽培经营树种品种500多，其中有50余种享誉全球的名特优生态产品。经济林生态产品包涵天然绿色功能性干鲜果品，优质保健植物食用油，其中茶油世界最优，中药材、药食同源的保健食品，香调料，饮品，工业原料等，其成品为优质商品逾千种。千种商品是民之需，是国民经济组成要素，不可缺少，不可替代。

我国丘陵山区占国土总面积69%，人口占56%，已经分配至农户承包林地面积27亿亩，其中在海拔1 000m以下，立地条件较好的有10亿亩，可栽培经营经济林。10亿亩经济林现代产业必然是丘陵山区经济支柱产业。要使居住在这里4亿农民（包含7 000万贫困农民），精准脱贫致富，2020年如期建成全面小康社会，唯有靠这10亿亩经济林了。

经济林现代产业要完成的精准任务是面对分布在祖国大地东西南北中的 10 亿亩经济林各类树种品种栽培经营林地、千余种商品、4 万亿元产值、4 亿农民精准脱贫致富。要增加农民收益，要提高经济效益，必须从提高商品质量和产量入手，这是共识。为此，人们在认识和操作循序上，必然是依靠科技进步。这需要许多经济林专业科技人员帮助农民去执行。

经济林专业科技人员从哪里来？不假思索地回答：靠教育培养。

初心四个目的，是我们写《中国经济林》的出发点，也是落脚点。

感谢中南林业科技大学林学院森林培育国家重点学科资助部分出版经费。感谢国内经济林同行专家为本书提供部分精美照片。

《中国经济林》中一些观点，仅作者一家之言，褒贬与否，由读者评论。

何　方　张日清

2017 年 1 月 5 日

目　录

绪　论[①]

原始野生经济林的各种食用果品，是人类生存繁衍数百万年中主要食物来源，是伴随人类协同进化的，立下不朽功勋。人类为了得到稳定的食物来源，开始保护经营野生经济林，后来进而繁殖栽培，是远远早于人类开始栽培农作物。如此算来，人类栽培经济林的历来是数百万年。

人类在森林中经历200万年的繁衍和进化之后，于1万年前的新石器时期，在沿河平坦森林迹地开始种农作物，同时也栽培经济林，出现原始农业，进入原始农业文明，人类开始走出森林。

“不可想象，没有森林，地球和人类会是什么样子。”2013年4月2日，习近平总书记在参加首都义务植物活动时指出“森林是陆地生态系统的主体和重要资源，是人类生存发展的重要生态保障。”

经济林是生态体系、产业体系和生态文化体系，集三大体系于一身，又是生态效益、经济效益和社会效益，集三大效益于一身，融一、二、三产业于一身。世界上唯有经济林有如此之内外功能，集三大体系和三大效益及三大产业于一身的古老又新兴的富民产业，它服务于经济社会可持续发展。经济林也以“生态”为落脚点，在美丽中国建设事业中发挥重要作用。

经济林现代产业，是经济支柱，精准扶贫。2015年11月29日印发了《中共中央国务院关于打赢脱贫攻坚战的决定》（下称《决定》）。《决定》将脱贫重要性认定是“事关巩固党的执政基础”。

《决定》提出“发展特色产业脱贫”，可以解读为“发展特色经济林产业”。经济林产业符合基本原则中四条：“坚持精准扶贫，提高扶贫成效”“坚持保护生态，实现绿色发展”“坚持群众主体，激发内生动力”“坚持因地制宜，创新体制机制”。因此，可以“确保我国现行标准下农村贫困人口实现脱贫，贫困县全部摘帽，解决区域性整体贫困”总目标的实现，是经济林光荣的历史任务。

习近平总书记指出：“一个地方必须有产业，有劳动力，内外结合才能发展”。应

---

① 绪论由何方撰写。

支持“特色基地/规模园区/专业村群+扶贫龙头企业+专业合作社+贫困户”的“产业链式扶贫”，在财政投入、金融支持、基础设施建设、社会资本参与和对口帮扶等方面给予足够倾斜。

2010 年以来，森林养生热遍全国。经济林不仅可以提供森林生态养生，同时可以提供具有养生功能的干鲜果品，丰富生活内涵，提高生活质量的香料、调料、饮品。

鉴于经济林是国民经济组成要素，不可缺少，不可替代的重大意义，党和国家一贯重视经济林现代产业建设，近几年来，国家林业局极力推动发展经济林，既能有效改善生态，又能实现保障民生。所以，党中央国务院高度重视，重要文件接踵颁布，重大政策相继出台。2015 年“中央 1 号文件”《中共中央国务院关于加快推进生态文明建设的意见》《国务院办公厅关于加快木本油料产业发展的意见》《新一轮退耕还林还草总体方案》《国有林区改革指导意见》等，分别从不同层面对发展特色经济林给予扶持。

2015 年“中央 1 号文件”明确提出，要通过重大生态修复工程营造林，积极发展特色经济林。将发展经济林写入“中央 1 号文件”，为历年来首次。

《中共中央国务院关于加快推进生态文明建设的意见》指出，要发展特色经济林等林业产业。在我国生态文明建设的伟大进程中为特色经济林搭建了新舞台，拓展了新空间。

《国务院办公厅关于加快油料产业发展的意见》指出，木本油料等特色经济林产业是我国的传统产业，也是提供健康优质食用植物油的重要来源，强调木本油料等特色经济林在维护国家粮油安全战略中的特殊地位，制定油茶、核桃、油橄榄；杜仲、油用牡丹、长柄扁桃等木本油料经济林分树种产业发展规划，要求把发展特色经济林与新一轮退耕还林还草、三北防护林建设、京津风沙源治理等重大生态修复工程，以及地方林业重点工程紧密结合，因地制宜扩大面积。这是中央政府层面第一次全面系统部署木本油料等特色经济林产业发展事宜，凸显了经济林在维护国家粮油安全、促进生态文明建设中的重要地位和特殊作用。

中共中央国务院印发的《国有林区改革指导意见》提出，要大力发展特色经济林等绿色低碳产业，以增加就业岗位，提高林区职工群众收入。

经济林作为山区经济发展的优势产业、种植业结构调整的特色产业、农民脱贫致富的支柱产业、大众创业的新兴产业，政府、企业、农民、公众各界普遍关注，国家、省、市、县 4 级协同推动的良好发展局面初步形成，经济林发展步伐不断加快。

推进市场化是市场经济发展的必然，也是经济林产业健康发展的必由之路。从我国宏观经济来看，经过 20 多年的经济体制改革，我国经济体制从典型的计划体制向市场体制不断转变，市场化程度总体上超过 55%。但这表明市场化进程尚未完成，需要继续推进。推动经济林产业市场化发展，仅靠林果科研单位和企业显然是不够的，必须有政府的扶持、引导和服务，政府这只看不见的手该出手时要出手，才能使科技成果及时转化，服务社会，服务群众。

第三章阐述了经济林资源。经济林中树种，按用途分为 10 大类，总共介绍了现国内主栽树种 70 个。在每一大类的前面，针对国内当前在这一大类中的种种说法，进行评说。

国内当前将脂肪类干果都说成食用油，其实是两码事。核桃保健美味食品，市场价是 1 000g，卖 30~50 元。用来榨油要 2 000g 核桃，榨 500g 油，原料成本是 60~100 元，纯核桃油，少有人吃得起。

林业生物柴油，也是市场价格问题。麻疯树油价格每 500g 不能低于 40 元。2 000g 原料油生产 500g 生物柴油，原料成本价 200 元生产的生物柴油卖给谁，没有市场。因而没有人生产林业生物柴油。麻疯树栽培，有人申请了专利，但可能专利没有卖出。

杜仲是中国传统名贵中药材，近几年有人提出开发杜仲胶制汽车轮胎，科研单位也确实制成了，技术上是可行的，该轮胎较为昂贵，市场不大。

2017 年 1 月 3 日报道杜仲产业规划，至 2030 年全国杜仲栽培面积要达到 3 500万亩，要是真的，将是灾难，农民全阻止灾难的发生。杜仲栽培面积 2020 年达 500 万亩，产品即将过剩，现在剥杜仲皮不要砍树，可以在活立树剥皮，可以再生。杜仲是要农民栽的，杜仲皮多了没人要，农民当然不会扩大栽培。我们认为 2030 年杜仲不会发展到 3 500万亩，2020 年 500 万亩也达不到。

笔者 12 年前预言规划林业生物柴油林 2. 5 亿亩是完不成的。

经济林一个树种，一个品种均能建成现代产业，能富一个村、一个乡、一个县。几个树种品种可以成为一个市、一个省区国民经济支柱产业之一，现实情况就是如此。如黑龙江榛子，吉林人参、红松籽，河北板栗、枣子，河南枣子、杏，浙江山核桃、香榧，江苏银杏，福建香料，山东金银花，湖南、江西油茶，广西壮族自治区（简称广西）油茶、八角、肉桂，四川、贵州中药材，重庆油桐，陕西生漆，新疆核桃、红枣、巴旦杏，宁夏回族自治区（简称宁夏）青海枸杞子，甘肃油橄榄等。

全国各地支柱产业的树种品种，都应该进行顶层设计，做出发展规划。发展规划必须建立在栽培区划的基础上，该区划是以自然生态环境条件为依据的。因此，才能落实因地制宜、适地适树的原则，克服盲目性，才能发挥各地名特优生态产品优势，保质保量。

第四章阐述了中国自然环境概况、各类各种经济林树种的自然分区、全国经济林栽培区划，其中包含了区划科学依据和区划方法。中国经济林栽培区划是 2000 年首次提出。

第五章阐述了现代经济林科技理论体系。首先明确科学发展观是指导思想，其次首次提出自然科学的理论基础是植物生态学和植物生理学，能解决好经济林树种品种生长发育过程中外因和内因的理论和方法，是经济林栽培经营的科学依据和实践指导。

生态资源观是 1992 年首次提出理念和实践新观点，论述了提出的原由、特点、内涵及其应用。

生态经济林及其在植被自然演替中的位置和系统结构的特点，是 1990 年在同一篇论文《生态经济林营模式》中首次提出的创新观点，从生态经济林系统践行网络经营和立体经营理论依据和技术方法。

21 世纪是绿色世纪，是 1996 年首次提出的新观点。实践证明，该观点是正确的，具创新性。

该章最后第四节现代经济林丰产栽培技术纲要，是我们多年从事生产科研实践的经验总结，具有普遍的实用性。

第六章为科学研究，阐述了科学研究的意义和思维方法。第三节系统和系统工程在经济林研究上的应用是有新意的，帮助技术工作者建立系统整体思维和方法。第五节科技创新绝不能浮燥，认识创新的继承性，要凝心聚力，沉下去，按创新循序进行。第六节一个科研课题研究的全过程，是从科学研究五十余年的实践过程中梳理出来。

第七章阐述中国现代经济林产业建设发展战略。现代经济林产业化这一术语及界定是 2008 年首次提出的，开始提出发展五原则，可归纳为“确保生态安全，确保人人共享。”

发展战略措施第一条是现代经济林产业体系建设。组成林—贸一体化、规模化、系列化生产体系。基本经营模式是：农户+基地+公司。第二条是国家林业局 2013 年发布的《全国优势特色经济林发展布局规划（2013—2020 年）》（以下称《规划》）。《规划》提出力争通过 8 年努力，初步形成科学合理、特色鲜明、功能健全、效益良好的发展格局。第三条产品质量标准，是产品的生命线，提出 14 个产品标准作为借鉴。第四条是建设基地。基地从源头保证产品的绿色优质，同时提供了基地建设的方法。第五条原产地域保护是保护产品的地道正宗，防假冒，保护消费者利益，最后达到提高商业利益。第六条创名牌、森林认证，保护产品地理标志。第七条标准化建设。第八条栽培良种化，保产品质和量。第九条发展非公有制林业，提出今后经济林的发展要靠非公有制。第十条依靠科技支撑。生态产品的质和量的提升，经济效益的提高依赖科技进步。第八章战略保障。发展战略的实施、实现，必须有保障措施。首先人才的保障，做成什么事都要靠人，人是第一要素，人才是要培养的，不能自生，可以自灭。第九章经济学科专业创立，建设过程，从中看出道路之艰辛。经济林学科专业现在只保留硕士和博士两个层次的招生，教育培养数量很有限。对 10 亿亩经济林栽培面积，千余种商品，关系 4 亿农民致富，直接关系 2020 年全国建成小康社会。

前言和绪言，是本书导读。前言说清楚撰写此书初心四个目标和目的。结论归纳概括介绍了全书内容和讨论的问题，基本了解全书的全貌。对一些问题，说了意见，供参考。

因此，我们建议本书的读者，能够读完前言和绪言。

第一章　森林与林业①

第一节　森　林

一、什么是森林

森林是以乔木为主体，由乔木、灌木、藤木、草本、蕨类、苔藓以及微生物和动物共同组成，并以土地土壤地体因子为立地依托，空间因子进行能量交换，形成植物群落的乔木植被。简言之，森林是由林木、林地、林内生物组成的生命共同体。依据森林起源的不同，可分为原始天然林，由经历漫长时间的自然演替形成的顶级乔木森林，其组成结构稳定；次生林，因原始天然林遭受自然或人为破坏后，在迹地自然演替形成的乔木森林。人工林是由人工栽植培育形成的森林，树种和群落组成单一。

森林的形成是受自然生态条件制约的，在不同的气候带，如我国的寒带、温带、亚热带、热带，由于建群种的不同，形成不同地理分布的地带性森林。另外，由于海拔高度的不同，影响着气候，也会形成不同的垂直森林带。

森林是地球上结构最复杂、功能最多和最稳定的陆地生态系统，被誉为大自然的"总调节器"和"地球之肺"，维持着全球的生态平衡。增强森林生态功能关系到保障国土生态安全、改善生态环境、维护生物多样性，有利于充分发挥林业在建设生态文明中的重要作用。以固碳释氧为例，据测算，1 亩森林每天能吸收 67kgCO_2，释放 49kgO_2，足可供 65 个人呼吸使用；城市居民每人需要 10m^2的林地供氧。

森林保护自然生态环境，保护生物多样性，制氧固碳，吞雨吐水，还为人们提供生活资源，是具有双重作用的，表现出经济、生态和社会三大效益结合最好的多功能性。迄今，世界上还没有任何一个行业既是人类生态环境屏障又是产业，唯有林业。

---

① 本章由何方撰写。

当今全世界人民齐声大合唱的最强音，是保护环境，保护森林。因此，保护森林，发展林业成为中国的基本国策之一。这使我们清楚地看出，森林是解决环境与发展矛盾的杠杆，是根本方法之一。我们可以毫不夸张地说“没有森林，就没有可持续发展”，“森林是可持续发展的保护神”。

“森林是陆地生态系统的主体和重要资源，是人类生存发展的重要生态保障。不可想象，没有森林，地球和人类会是什么样子。”2013 年 4 月 2 日，习近平总书记在参加首都义务植树活动时说。

二、人类是从森林中走出来的

人类是从森林中走出来的。人类最初依靠森林食物生存，依靠森林栖息、繁衍和进化，离开森林人无以为依，是不可想象的。这是人类与生物、森林、环境之间自然有序的协同进化的关系，人与自然和睦相处。

人类在森林中经历近 200 万年的繁衍和进化之后，于 1 万年前的新石器时期，在沿河平坦的森林迹地开始出现原始农业，形成原始农业文明，人类开始走出森林。

森林孕育了人类，人类保护了森林。

森林蕴涵着三大系统，即森林生态系统、森林产业系统和森林生态文化系统。

三、森林生态系统

森林生态系统是陆地生态系统的主体，保护着人类赖以生存的自然生态环境。

森林是自然界最丰富、最稳定和最完善的碳储库、基因库、资源库、蓄水库和能量库，具有保护人民身体健康，调节气候、涵养水源、保持水土、防风固沙、改善土壤、减少污染等多种生态功能，对改善生态环境，保持生物多样性，维持生态平衡，保护人类生存发展环境起着决定性的捍卫作用。在各种生态系统中，森林生态系统对人类的关系最直接、影响最重大。离开了森林的庇护，人类的生存与发展一定程度上就失去了依托。

森林是陆地生态系统的主体，主导湿地生态系统、荒漠生态系统等，是支持地球陆地生物生命系统的能量库和储存库，保护生物多样性是保护资源基因库，保护自然生态环境安全是其内在的天然生态功能。自然生态环境的安全内涵包括国土安全，水资源安全、大气洁净安全及生物多样性安全四个方面。森林和林业保护自然生态环境安全，是指保护空间整体性及其洁净，免受人为各种污染，是全方位的。《中国森林资源与可持续发展》从 10 个方面总结了森林的各种功能和效益，即森林的生态水文功效；森林的防蚀功能和固沙改土作用；森林的防风及小气候调节效应；森林的生物多样性价值与保护；森林的固碳功能与防止全球气温变暖；城市森林的生态服务功能；森林的木材生产；森林的非木质林产品生产；森林的脱贫解困功能；森林的文化和游憩保健功能。林业生态建设是国家生态建设的航母和支柱。

森林是耗散结构，与外界进行物资和能量交流。通过植物叶片的光合作用固定大气中 CO_2合成有机物，成为大气中的 CO_2贮存“库”。现在大气 CO_2增多，产生“温室效应”，与破坏森林是直接相关的。森林在固碳的同时，释放出 O_2供给生物呼吸，因而森林有“地球之肺”的美称。在地球上，有了森林制造 O_2之后，促进了人类的繁衍，才会有今天的文明社会。森林固碳吐氧是人类赖以生存的基石。

我国森林生态系统每年提供的生态服务价值达 12.68 万亿元，相当于年 GDP 总值的 23%，相当于每年为每位国民提供了 0.94 万元生态服务。其中，森林年涵养水源年价值量达 31 823亿元，保育土壤年价值达 20 037亿元，净化大气环境年价值 11 774亿元。随着我国经济社会发展和人们生活水平的不断提升，人们不仅期待安居、乐业、增收，更期待、天蓝、地绿、水净，人们对生态产品和良好生态的需求越来越大，人们对发展林业、增强森林生态功能的期盼越来越高。

2016 年 11 月 4 日，《巴黎协定》（以下简称《协定》）正式生效，为新时期林业现代化建设带来了新机遇与挑战。《协定》用单独条款论述林业，将对缔约国林业改革发展产生重要影响。如何发挥林业功能，落实《协定》，是当前林业部门面临的重大课题之一。

森林在 2020 年后应对气候变化中的战略地位得到凸显。《协定》用单独条款承认 2020 年后林业在应对气候变化中的重要作用；林业战略成为 2020 年后许多国家应对气候变化和生态治理国家战备的重要举措；新的权威科学评估和发展议程明确承认 2020 年后林业的独特地位。

总之，从国际法律文件、国家应对战略、科学评估绪论和全球发展共识等多个层面来看，林业在 2020 年后全球应对气候变化中具有举足轻重、不可忽视的独特地位。

森林源源不断的生产木材、林化产品、油料、粮食、果品以及其他多种食物，以及人民医疗、保健药材。是工、农、医与化工原料，是人们生活生产不可缺少又不可替代的物质资源，是社会经济发展中的支柱产业之一，表现为经济效益，是森林的外延功能。

森林无论是从保护自然生态环境，保护生物多样性，制氧固碳，吞雨吐水，还是为人们提供生活与生产资源，是具有双重作用的，表现出经济、生态和社会三大效益结合最好的多功能性。迄今，世界上还没有其他任何一个行业既是人类生态环境屏障，又是产业；是林业，唯有林业才能担当此重任。当今全世界人民齐声大合唱的最强音，是保护环境，保护森林。因此，保护森林，发展林业成为中国的最基本的国策之一。这使我们清楚地看出，森林是解决环境与发展矛盾的杠杆，是根本方法之一，可以毫不夸张地说，“没有森林，就没有经济社会可持续发展”，“森林是可持续发展的保护神”。

牛物多样性是依靠森林生态系统来保护的。通过划定自然保护来实施。

2016 年 5 月 22 日，国际生物多样性日暨中国自然保护区发展 60 周年大会在人民大会堂举行。

现全国共建立自然保护区 2 740个，总面积 147 万 km^2，占陆地国土面积的 14.83%，高于世界平均水平。全国有超过 90%的陆地自然生态系统类型、约 89%的国家重点保护野生动植物种类，以及大多数重要自然遗迹在自然保护区内得到保护，部分珍稀濒危种种群逐步恢复。

水生生物是通过湿地保护区来实施保护。国家林业局规划，到 2020 年，全国湿地面积不低于 8 亿亩，湿地保护率达到 50%，国际重要湿地达到 55 处，湿地自然保护区达到 650 个，国家湿地公园达到 1 000个，湿地生态功能总体稳定。

四、森林产业系统

森林不仅具有保护自然生态环境的内在自然功能，森林同时又具有生产物质生态产品的外在自然功能，是自然资源库。森林作为重要的资源库，能够向社会提供丰富的原材料和林产品，对于支撑经济社会发展意义重大。资源是财富的重要源泉，是满足人类经济活动和社会需求的重要保障。依靠森林资源，可以生产出木材及制品、工业原料、木本粮油、食品药材等上万种原料和林产品。它们与人们的衣食住行、保健医疗和国家的经济建设息息相关。特别是在深入落实科学发展观、加快转变经济发展方式的今天，林业的经济功能不断拓展，林业的产业地位不断提升，林业在国家经济建设全局和战略中的地位日益突出。

当今，不少地方一根翠竹撑起了一方经济，一个名特优经济林树种成就了一个大产业，一处景观带来了一片繁荣。这些林业产业的不断兴起，促进了区域经济结构的战略性转型，正在实现由“传统发展”到“绿色发展”的转变。在经济上有力地支持丘陵山区全面小康社会建设。

（一）木材及制品产业

我国今后在东北林区、西南林区、西部林区、南部热带林区中的国有天然林禁后，今后国用材主要靠南方（大南方）私有人工林提供。1995 年至 2013 年木材进口最由

258.6 万 m^3，增至 4 515.9万 m^3，14 年间增长 9.86 倍，年均增长 23.65，至 2020 年木材需求量估测高达 8 亿 m^3。如 2010 年全国共消费木材 4.32 亿 m^3，其中国内自供 2.49 亿 m^3，进口木材占 57.6%。据测，在“十三五”之后的 10 年左右，我国木材仍需要靠进口。

我国农村集体 27.05 亿亩林地，多分布在海拔 1 000m（西南高原可上升至 2 000m）以下的低山丘陵，有人烟居住的地方，立地条件较好的宜林地，可以用来发展林业生产。实际上现在集体林地，多是有林地，为提高林分质量，提高林地使用价值，要因地制宜，科学地逐步进行林种树种的调整。按算大账计，可用 17.05 亿亩发展多树种用材林。按 20 年一个轮伐期（南方桉树纸浆材 4~6 年轮伐期，全国有桉树面积 450 万 hm^2，现年伐量 3 000万 m^3），年伐面积平均 8 525万亩，按采伐量 $10m^3$/亩计，年可伐木材 8.53 亿 m^3，是可以自给。

（二）森林旅游

森林旅游业是新兴朝阳产业，得到快速发展。

据报道，我国森林旅游产业的发展，也正是朝着这个方向努力的：5.1 亿人次──→10.5 亿人次；405 亿元──→950 亿元；120 万张──→170 万张；210 万个──→350 万个。

持续增长的数字，分别是 5 年来我国森林旅游客量的增长，是我国森林旅游直接旅游收入的提高，是森林旅游地接待床位总数的增加，是森林旅游地接待餐位总数的提升。

“十二五”期间，我国森林旅游产业规模实现了快速增长。森林旅游科业规模实现了快速增长。森林旅游游客量的年增长率为 15.6%，比国内旅游人数 14.5%的年增长率高出 1.1 个百分点；森林旅游所创造社会综合产值的年增长率为 26%，比国内旅游消费 24.6%的年增长率高出 1.4 个百分点。

“五年时间，各类森林旅游地的数量也得到很大的增长，发展森林旅游的三大主力——森林公园、属林业系统的自然保护区、湿地公园的总数从 2010 年的 4 763处增长到 2015 年的约 6 500处，增长率超过 35%。”湿地公园的增长速度最快，增长率超过 65%。从 2013 年开始，国家林业局开始国家沙漠公园试点，2013—2015 年，批复国家沙漠公园试点 55 处。截至 2015 年年底，全国各类森林旅游地数量已经超过 8 600处。

尽管“十二五”期间森林旅游发展及行业管理工作取得了较大成绩，但依然存在着全国森林旅游发展的顶层设计还不完善、森林旅游物发展水平还不高、森林旅游在国家相关战略实施中还缺乏应有地位等诸多问题。

“2016 年是‘十三五’开局之年，我国将在保护的前提下，积极发展森林旅游，不断提高下，积极发展森林旅游，不断提高森林等自然资源的保护性利用水平，逐步建立和完善森林旅游行业管理体系，加强对森林旅游发展的引导、指导和监督，规范和促进森林旅游发展。”到2020年，各类森林旅游目的地数量达到9 000处，基础服务设施基本完善、森林旅游管理和服务比较规范的森林旅游地数量超过3 000处。形成300个全国具有较高知名度的森林旅游地品牌，建设100个高质量的森林体验和森林养生基地、100个智慧旅游示范点，推出50条为市场所认可的特色高知名度的森林旅游产品，认定60年全国森林旅游示范县和全国森林旅游示范市，积极推进“森林人家”建设，引导村镇森林旅游发展。森林旅游人数的年增长速率保持在15%以上，森林旅游年游客量达到21亿人次，森林旅游游客量占国内旅游人数的比例达到28%；创造社会综合产值的年均增长率超过18%，2020年达到1.75万亿元，超过国内旅游收入的25%，占林业生产总值的15%以上。智慧旅游、低碳旅游成为各地森林旅游发展的基本要求。森林等自然资源在观光、科普、度假、体验、养生、运动、艺术等方面的作用以及在促进经济社会发展中的作用得到进一步发挥。

2007年全国林业总产值1.25万亿元，比1978年增长69.6倍。至2015年林业总产值增至45.81万亿元。

五、森林生态文化系统

国家林业局提出，突出抓好生态文明建设，全面提升林业对现代文明发展的引领作用。这是推动构建社会主义和谐社会和发展社会主义和谐文化的重要任务。一是切实加强生态文化基础建设。抓好森林博物馆、森林标本馆、自然保护区、森林公园、林业科技馆、城市园林等森林文化设施建设，保护好旅游风景林、古树名木和革命纪念林，充分发掘其美学价值、认知价值、游憩价值和教育价值，为人们了解森林、认识生态、探索自然提供场所和条件。二是积极繁荣生态文化。加强政策引导和扶持，推进生态文化建设，充分发掘森林文化、花文化、竹文化、茶文化、湿地文化、野生动物文化、生态旅游文化等发展潜力，丰富生态文化，满足社会需求。三是全力推进人与自然和谐重要价值观的树立和传播。要通过文学、影视、戏剧、书法、美术、音乐等多种文化形式，大力宣传林业在加强生态建设、维护生态安全、弘扬生态文明中的重要地位和作用；大力普及生态和林业知识，让更多的人知道森林、湿地、野生动植物、种质资源、生物多样性、生态平衡、生物圈、食物链、能量流动、物质循环等对人类生存发展的重要性，增强国民生态意识和责任意识，树立国民的生态伦理和生态道德，使人与自然和谐相处的价值观更加深入人心，形成爱护森林资源、保护生态环境、崇尚生态文明的良好风尚，形成人与自然和谐的生产方式和生活方式。

普及生态知识，宣传生态典型，增强生态意识，繁荣生态文化，树立生态道德，弘扬生态文明，倡导人与自然和谐的重要价值观，努力构建主题突出、内容丰富、贴近生活、富有感染力的生态文化体系。

（一）森林公园

森林公园保护自然生态环境，休闲，调养心身，朋友聚会，传播普及自然科学知识，人类文明的好处去。

有资料显示，十八届三中全会提出“建立国家公园体制”以来，相关部委和地方政府均有行动。2015 年 1 月，国家发改委会同 13 个部门联合印发《建立国家公园体制试点方案》，选定 9 个省（市）的北京八达岭、吉林长白山、黑龙江伊春、浙江开化、福建武夷山、湖北神农架、湖南城步、云南普达措、青海三江源作为国家公园体制试点区。目前，试点实施方案通过了第一轮评审及审查。

2016 年 1 月 26 日，习近平总书记主持召开中央财经领导小组第十二次会议，研究森林生态安全工作，强调要着力建设国家公园，保护自然生态系统的原真性和完整性，给子孙后代留下自然遗产。要整合设立国家公园，更好保护珍稀濒危动物。

多年的实践证明，发展森林公园可以保护好国家高品质的森林和生物多样性资源，保护好众多神奇独特的自然景观和丰富的人文景观，不仅为当代人，更能为子孙后代留下青山、绿水、蓝天和自然美景。

森林公园以其优美的自然景观、清新的空气、优良的生态环境，成为人们休闲、度假、健身、养生的最佳场所。截至目前，全国森林公园总数超过 3 200处，其中国家级森林公园 826 处。

“十三五”期间，森林公园有着怎样的发展思路?

国家林业局将以国家森林公园为主乐，开展国家公园体制建设试点。有效推动城郊森林公园、国家生态公园、林业专类公园建设，构建森林公园保护管理系。力争到 2020 年，全国森林公园总数达到 4 500处，其中国家级森林公级森林达到 880 处。重点推出 100 处具有示范意义的国家森林公园。

保护生态、改善民生是林业转型升级的最基本、最重要、最核心的任务和职责。

在我国，很多地区拥有良好的生态资源。为了吸引游客，带动当地经济的发展，各地纷纷采取有效举措，使游人不断增多，旅游收入也大幅提升。据了解，2014 年，我国 2 777处森林公园（含白山市国家级森林旅游区）共接待游客 7. 1 亿人次，占国内旅游总人数的 19. 5%，旅游收入 572. 13 亿元，分别比 2013 年度增长 20. 5%和 16. 5%。其中，791 处国家级森林公园共接待游客 3. 91 亿人次，接待超过 50 万人次的有 211 处，超过 100 万人次的有 91 处；旅游收入共计 445. 4 亿元，超过 1 000万元的有 314 处，113 处超 5 000万元，74 处超亿元。据测算，2014 年全国森林公园创造的社会综合产值近 6 000亿元。

对 2 222处森林公园的统计显示、目前，全国共有 911 处森林公园免收门票，其中国家级森林公园 194 处；享受免票服务的游客达 1.68 亿人次，其中国家级森林公园 6 856.11万人次，占本年度游客总人数的 23.6%，占国家级游客总人数的 17.5%。

为社会提供充足的公益性景观和生态文化产品，使人们能够方便地享受到美丽的景观环感受到先进的生态文明，将成为美丽中国建设实践能否成功的关键性标志。

“良好生态环境是最普惠的民生福祉”“绿水青山就是金山银山”，党的十八大以来，习近平总书记曾多次这样强调。

公益，意为“公共利益”，是有关社会公众的福祉和利益：因此，拥有良好的生态环境这一最公平的公共产品，享受基本的生态型公共产品服务正成为越来越多人的共同诉求。

国家林业局要求，森林公园的发展建设要严格按照总体规划实施，并按照总体规划确定范围进行公示和标界立桩，要按照相关法律法规及《全国主体功能区规划》有关要求，加强中亚热带天然常绿阔叶林、常绿针叶林等重要森林风景资源的保护，严格控制开发建设强度，保障森林公园的生态安全，维护自然人文景观资源的原始性和完整性。加强森林公园建设和经营，不得超容量接待游客，做好旅游高峰期应急工作，保障游客游赏质量和舒适安全，同时避免对生态环境造成影响。对于公园内道路、交通等基础设施建设等建设项目，要严格控制建设规模，做好环境影响评价，尽量少占林地。禁止开山、开矿等不符合森林公园主体功能的行为。严禁违规新建和扩建寺庙等宗教场所，原则上只允许在原址上进行复建和修缮。

森林公园有主题公园，即以一个树种，如银杏。另有湿地公园、沙漠公园等。

（二）森林康养业

中共中央政治局 2016 年 8 月 26 日召开会议，审议通过“健康中国 2030”规划纲要。中共中央总书记习近平主持会议。

会议认为，健康进人的全面发展的必然要求，是经济社会发展的基础条件，是民族昌盛和国家富强的重要标志，也是广大人民群众的共同追求。

会议认为，编制和实施“健康中国 2030”规划纲要是贯彻落实党的十八届五中全会精神、保障人民健康的重大举措，对全面建成小康社会、加快推进社会主义现代化具有重大意义。同时，这也是我国积极参与全球健康治理、履行我国对联合国“2030可持续发展议程”承诺的重要举措。

会议指出，推进健康中国建设，要坚持预防为主，推行健康文明的生活方式，营造绿色安全的健康环境，减少疾病发生。要调整优化健康服务体系，强化早诊断、早治疗、早康复，坚持保基本、强基层、建机制，更好满足人民群众健康需求。要坚持共建共享、全民健康，坚持政府主导，动员全社会参与，突出解决好妇女儿童、老年人、残疾人、流动人口、低收入人群等重点人群的健康问题。要强化组织实施，加大政府投入，深化体制机制改革，加快健康人力资源建设，推动健康科技创新，建设健康信息化服务体系，扩大健康国际交流合作。

世界卫生组织1946年章程中关于健康的经典定义："健康是身体、心理和社会功能的完美状态。"

健康，是每个人国民的立身之本，也是一个国家的立国之基。

习近平总书记在大会上发表重要讲话，提出"努力全方位、全周期保障人民健康"。

"要倡导健康文明的生活方式，树立大卫生、大健康的观念，把以治病为中心转变以为人健康不国心，建立健全健康教育体系，提升全民健康素养，推动全民健身和全民健康深度融合"。

人人健康，才能人人幸福。

健康是人类永恒的追求，不论贫富，毋分长幼。满足人发对健康的期盼，推进健康中国建设，是以习近平同志为核心的党中央治国理政的又一项重大战备部署。

当今，因环境的污染，直接危及人民的身体健康。据2016年5月23日第二届联合国环境大会发布的《健康星球、健康人类》报告，全球生态健康问题面临严峻的形势。只有大力保护地球的自然生态系统，增强生态系统的恢复力和生态容量，才能夯实人类可持续发展的基础。

人们找到了一个水、土、气洁净的地方，那就是康健的森林生态系统。

森林有益于人类健康，这一观点经过全世界科学家们上百年的探索研究，已经得到证实，同时，也在无数的试验和实践中得到了印证。

人们发现，森林环境在维持和改善人体健康方面有着传统医学难以企及的优势。伴随着植物芳香原理等研究成果的问世，森林疗法、地形疗法、气候疗法等一系列森林保健疗法也应运而生，于是，人们热切涌向森林，在欧洲率先掀起了森林养生的浪潮，并逐步向世界各地扩散蔓延。20世纪30年代，苏联科学家发现了森林具有强大的抑菌和杀菌功能，并验证了"植物芬多精"在其中的关键性作用，再一次为森林的养生保健功效提供了科学依据。

随着居民经济收入的提高与回归自然需求的增加，人们越发关注生态环境与康体保健的关系。养生保健作为释放心理压力、提高身体机能的一种特殊途径，日益受到民众的青睐。森林一直以来被认为是人类精神的摇篮。现代科学也逐渐证实，森林及其生长环境对人类生理与心理有重要的养生保健功效。

林区负离子含量高，空气清新湿润，夏天温度适宜，加上山水相依等成为发展养生休闲服务业的天然优势，为建设各类养生医疗服务机构、养老服务机构、生态基地提供了优越的生态环境条件。

有专家将国内外科学家，论述森林能保护人类身体健康的原因，综合归纳为6条。

一是植物精气，天然健康源。植物芬多精具有杀菌治病的功效。在自然界中许多植物的花、叶、芽、根等器官在新陈代谢过程中会不断分泌放射出芳香气味的有机质，这些物质挥发到空气中形成气态物质为植物芬多精气。医学实验表明，植物芬多精气中的萜烯类物质具有灭菌杀虫、消炎镇痛、祛风利尿、美容护肤、消除疲劳、增强体力、增加臭氧、净化空气等功效，是健康旅游的重要物质。

二是负离子，天然维生素。空气中的负离子是空气中的中性分子通过化学反应形成的带负电荷的单个气体分子及轻离子的总称。医学试验表明，空气负离子具有广泛的生理生化效应和功能，被誉为空气中的维生素。其能够调节人体和动物的神经活动，提高人体免疫能力，据初步测量，森林氧吧内每立方厘米含8万~10万个负离子。

三是舒适宜人，天然疗养院。森林内气候温和，昼夜温差小，林内光照弱，紫外线辐射小，空气湿度小，区域降雨多，云雾多，这种舒适的小气候环境非常适宜人类的生存。据人口普，查资料显示，我国大多数长寿老人和长寿区，都分布在环境优美、少污染的森林地区。常在林中散步或停留可延年益寿，森林小气候对人体具有良好的保健作用。

四是疗养洗肺，天然洗肺机。森林内大量植物通过光合作用，释放出大量氧气，形成了一个规模宏大的“天然氧吧”，对哮喘、结核病人有一定的疗养功能。森林可以吸附粉尘，城市空气中往往有尘埃、煤烟、炭粒、铅粉等可吸入颗粒物，这些对人体的呼吸道健康都是非常不利的。而森林茂密的枝叶能够降低风速，减少粉尘飞扬；树叶表面不平，多绒毛，能使大粒灰尘沉降；有些树叶能分泌黏性油脂及汁液，可吸附大量飘尘。据测算，每公顷松林每年可滞留灰尘36.4t。

五是消除疲劳，天然镇静剂。森林的绿色基调对人的心理有一定的调适作用，据游客反映人们在森林中游憩，普遍感到舒适、安逸、情绪稳定。据医学调查显示，在森林中，皮肤温度可降低1~2℃，脉搏次数每分钟可减少4~8次，呼吸慢而均匀。森林能较强吸收太阳中紫外线，减少对人眼的刺激，可以有地消除人眼和心理的疲劳，使人精神愉悦，心理舒适。

六是宁静闲适，天然消音器。森林中的树木能消除自然环境中一些有碍人类健康的噪声。据测定，绿色植物通过对声音的吸收，反射和散射可使其音量降低1/4，40m宽林带可减低噪声10~15dB，30m宽林带可减低6~8dB，由于森林的这种“天然消音器”的作用，可以使游人在森林中得到静养，在身体和心理上得到调整和休息。

2016年年初，国家林业局下发《关于大力推进森林体验和森林养生发展的通知》（林场发〔2016〕3号），吹响了在全国推进森林养生事业发展的号角。这项工作得到了各地的高度重视，也受到了社会各界的广泛关注和支持。2016年7月上旬，国家林业局森林旅游工作领导小组办公室公布了第一批共9个全国森林养生基地建设试点单位，计划以基地建设为抓手，引导和推动全国森林养生事业的健康快速发展。

现代林业建设的目标是，构建三大体系：一是完善的林业生态体系。通过培育和发展森林资源，着力保护和建设好森林生态系统、荒漠生态系统、湿地生态系统，在农田生态系统、草原生态系统、城市生态系统等的循环发展中，充分发挥林业的基础性作用，努力构建布局科学、结构合理、功能协调、效益显著的林业生态体系。二是发达的林业产业体系。切实加强第一产业，全面提升第二产业，大力发展第三产业，不断培育新的增长点，积极转变增长方式，努力构建门类齐全、优质高效、竞争有序、充满活力的林业产业体系。三是繁荣的生态文化体系。

六、中国森林资源

据报道，2014年2月25日，国务院新闻办公室举行发布会，公布第八次全国森林资源清查结果。此次清查从2009年开始至2013年结束，历时5年，有2万多人参加调查。结果显示，全国森林面积2.08亿hm^2，森林覆盖率21.63%，森林蓄积151.37亿m^3。人工林面积0.69亿hm^2，蓄积24.83亿m^3。

与第七次森林资源清查2004年至2008年结果相比，我国森林资源呈现4个主要特点。一是森林总量持续增长。森林面积由1.95亿hm^2增加到2.08亿hm^2，净增1 223万hm^2；森林覆盖率由20.36%提高到21.63%，提高1.27个百分点；森林蓄积由137.21亿m^3增加到151.37亿m^3，净增14.16亿m^3。二是森林质量不断提高。森林每公顷蓄积量增加3.91m^3，达到89.79m^3；每公顷年均生长量提高到4.23m^3。随着森林总量增加和质量提高，森林生态功能进一步增强。全国森林植被总碳储量84.27亿t，年涵养水源量5 807.09亿m^3，年固土量81.91亿t，年保肥量4.30亿t，年吸收污染物量0.38亿t，年滞尘量58.45亿t。三是天然林稳步增加。天然林面积从原来的11 969万hm^2增加到12 184万hm^2，增加了215万hm^2；天然林蓄积从原来的114.02亿m^3增加到122.96亿m^3，增加了8.94亿m^3。四是人工林快速发展。人工林面积从原来的6 169万hm^2增加到6 933万hm^2，增加了764万hm^2；人工林蓄积从原来的19.61亿m^3增加到24.83亿m^3，增加了5.22亿m^3。人工林面积继续居世界首位。

国家林业局局新闻发布会宣布，清查结果显示，我国森林资源进入了数量增长、质量提升的稳步发展时期。这充分表明，党中央、国务院确定的林业发展和生态建设一系列重大战略决策，实施的一系列重点林业生态工程，取得了显著成效。但是，我国森林覆盖率远低于全球31%的平均水平，人均森林面积仅为世界人均水平的1/4，人均森林蓄积只有世界人均水平的1/7，森林资源总量相对不足、质量不高、分布不均的状况仍未得到根本改变，人民群众期盼山更绿、水更清、环境更宜居更为迫切，造林绿化改善生态任重而道远。一是实现2020年森林增长目标任务艰巨。二是严守林业生态红线面临的压力巨大。三是加强森林经营的要求非常迫切。四是森林有效供给与日益增长的社会需求的矛盾依然突出。

为实现我国2020年森林覆盖率达到23%的目标，保障国土生态安全，国家林业局将紧紧围绕建设生态文明、美丽中国，深入贯彻落实党的十八大和十八届三中全会精神，着力抓好四个方面工作：一是全面深化林业改革，完善林业治理体系，提高林业治理能力，为加快林业发展注入强大动力；二是进一步调动全社会力量，实施好生态修复工程，搞好义务植树和社会造林，稳步扩大森林面积；三是扎实推进森林科学经营，扩大森林抚育，提升森林质量和效益，不断增强森林生态功能；四是严格森林资源保护管理，守住林业生态红线，落实好林地保护规划，推进依法治林进程。

当今世界森林面积普遍在增长。据报道，根据联合国粮食及农业组织（FAO）出台的《全球森林资源评估》，2010年，世界森林面积约为40亿 hm^2，约占地球土地面积的31%。FAO的研究发现，森林砍伐率和先前相比有所下降。从2000—2010年，每年约丧失1 300万 hm^2 森林；而先前的数据约为每年丧失1 600万 hm^2 森林。在一些国家，尤其是中国，植树造林活动使得林区面积显著增加。在南亚和东南亚，1900—2000年，森林面积每年约减少240万 hm^2；但2000—2010年，这一数据跌至每年67.7万 hm^2。尽管报告认为，在森林面积减少问题上，各国都有了“相当大的进展”，但森林砍伐率在很多国家仍居高不下。

森林资源清查结果显示，党中央、国务院高度重视林业生态建设。中共中央总书记、国家主席习近平在国家林业局报送的《关于第八次全国森林资源清查结果的报告》上作出重要批示。他指出，近年来植树造林成效明显，但我国仍然是一个缺林少绿、生态脆弱的国家，人民群众期盼山更绿、水更清、环境更宜居，造林绿化、改善生态任重而道远。要全面深化林业改革，创新林业治理体系，充分调动各方面造林、育林、护林的积极性，稳步扩大森林面积，提升森林质量，增强森林生态功能，为建设美丽中国创造更好的生态条件。

国务院指出，我国森林资源连续30年持续增长，这是一个了不起的成就。要进一步加快林业改革发展，加大造林绿化力度，加强清查保护管理，不断提升森林资源总量和质量，为建设生态文明和美丽中国作出新的贡献。

据报道，联合国粮农组织2015年全球森林资源评估报告显示，从20世纪90年代以来，世界森林面积减少了 1.29 亿 hm^2。中国等国家的森林面积显著增加。

根据报道提供的资料，1990 年世界森林面积为 41.28 亿 hm^2，占陆地面积的 31.6%；2015 年时为 39.99 亿 hm^2，占陆地面积的 30.6%。20 世纪 90 年代，世界森林面积以年均 726.7 万 hm^2 或 0.18% 速度减少；本世纪前 5 年每年以 457.2 万 hm^2 或 0.08% 的速度持续缓慢减少。2010 年以后，森林减少速度放缓，但仍以年均 330.8 万 hm^2 或 0.08% 的速度在减少。25 年间，森林减少速度虽有所放缓，但近 10 年间从每 5 个来看并无多大改善。特别是天然林，2010—2015 年年均减少 880 万 hm^2，增加 220 万 hm^2，实际减少了 660 万 hm^2，与 20 世纪 90 年代年均减少 850 万 hm^2 相比虽有所好转，但天然林减少的情况较为严重。

森林面积显著增加的国家有中国等国家。中国年均增加 154.2 万 hm^2，年增长率 0.8%；澳大利亚增加 30.8 万 hm^2，智利增加 30.1 万 hm^2，美国、菲律宾和加蓬各国年均增加的森林面积也都超过 20 万 hm^2。中国从木材需求增加和国土绿化的观点出发，尤其从 1990 年以后，举国上下开展了全民植树造林。

天然面积减少是全球面临的挑战。如何采取措施加以应对，是全球共同面对的重大课题。

第二节　林　业

一、什么是林业

林业是保护自然生态环境的航母，同时又是以森林培育、经营利用、生产生态产品为目的的社会行业。据此，前者是生态林业建设，后者是民生林业建设，林业还蕴藏着森林生态文化。林业是自然资源、生态景观、生物多样性的集大成者，是良好生态环境的核心元素，是优美环境、清新空气、清洁水源、绿色食品、无污染林产品等生态产品的头牌“厂家”。

当今世界，在生态危机不断挑战人类生存发展底线、改善生态成为人们迫切愿望的背景下，我国林业负责管理的“三个系统一个多样性”（即森林生态系统、湿地生态系统、荒漠生态系统和生物多样性）的重要性日益凸显。它们保护和建设得如何，功能和作用发挥得如何，直接关系到地球家园和每个人的健康长寿。

大力发展生态文化，可以引导全社会了解生态知识，认识自然规律，树立人与自然和谐的价值观，只有从更深的思想文化层面解决问题，让全社会牢固树立生态文明观，才能从根本上消除生态危机，才能建设好生态文明。

“三个系统一个多样性”是解决生态危机的根本所在，对于保障地球家园的健康长寿极端重要。地球是人类的母亲，是生命的摇篮。科学家把森林喻为“地球之肺”，湿地喻为“地球之肾”，荒漠化喻为“地球之癌症”，生物多样性喻为地球的“免疫系统”，这“三个系统、一个多样性”在维护地球生态平衡中起着决定性作用。比如说，森林和湿地两大生态系统以70%以上的程度参与和影响着地球化学循环过程，在生物界和非生物界的物质交换和能量流动中扮演着主要角色，对保持陆地生态系统整体功能、维护全球生态平衡发挥着中枢和杠杆作用。

2003年6月25日颁布《中共中央国务院关于加快林业发展的决定》（中发〔2003〕9号）（下称《决定》）。《决定》明确提出：“随着经济发展、社会进步和人民生活水平的提高，社会对加快林业发展、改善生态状况的要求越来越迫切，林业在经济社会发展中的地位和作用越来越突出。林业不仅要满足社会对木材等林产品的多样化需求，更要满足改善生态状况、保障国土安全的需要，生态需求已成为社会对林业的第一需求。我国林业正处在一个重要的变革和转折时期，正经历着由以木材生产为主向以生态建设为主的历史性转变。”

《决定》指出：“加强生态建设，维护生态安全，是21世纪人类面临的共同主题，也是我国经济社会可持续发展的重要基础。全面建设小康社会，加快推进社会主义现代化，必须走生产发展、生活富裕、生态良好的文明发展道路，实现经济发展与人口、资源、环境相协调，实现人与自然的和谐相处。森林是陆地生态系统的主体，林业是一项重要的公益事业和基础产业，承担着生态建设和林产品供给的重要任务，做好林业工作意义十分重大。”

据此，林业可以分为生态林业和民生林业。生态林业是国家生态建设和生态文明建设的航母，担当主体重任，是“第一需求”。它是由实施林业六大重点工程和湿地建设工程来完成的。民生林业即是林业产业。它是以现代经济林产业为主体来完成的，并包含林业生态文化产业、森林旅业，森林养生业。

二、林业建设的意义

林业是构建国民经济体系社会的产业行业之一，是国家社会主义现代化建设中是不可缺少，不可替代的。

森林是陆地生态系统的主体，是人类发展不可缺少的自然资源。以森林为经营对象的林业，既是重要的保护自然生态环境的社会公益事业，又是重要的基础产业，肩负着改善生态环境和促进经济发展的双重使命，在国民经济和社会可持续发展的全局中居于特殊地位。不论从环境角度讲，还是从经济角度讲，不论从我国现代化建设所面临的客观条件讲，还是从我国现代化建设所追求的最终目标讲，保护森林、发展林业都应当受到格外的重视，都应当置于我国总体发展格局中的突出地位。林业是国土安全，水资源安全，环境安全，生物多样性安全等为主体的国家生态安全保障体系，承担着维护国家生态安全的重大使命。

全球可持续发展潮流和国际林业进程，从某种意义上讲，预示着21世纪我国林业发展的方向。林业的主要任务是加强生态环境建设已成为世界林业发展的潮流。1992年召开的联合国环境与发展大会呼吁，在人类当前要解决的问题中，“没有任何问题比林业更重要的了”，在可持续发展中，应“赋予林业以首要地位”。在里约环境与发展宣言签署10周年之际，2002年9月，朱镕基同志代表中国政府在南非约翰内斯堡召开的可持续发展世界首脑会议上表示，中国将坚持不懈地做出努力，义无反顾地承担起责任，用行动来实践诺言，坚定不移地走可持续发展之路，这是中国政府又一次向世界做出的承诺。

国务院领导指出，“林业是经济和社会可持续发展的重要基础，是生态建设最根本最长期的措施。在可持续发展中，应该赋予林业以重要的地位；在生态建设中，应该赋予林业以首要地位”。根据这一精神，国家林业局组织院士和专家学者们，本着解放思想、实事求是、与时俱进、开拓创新的精神，站在国家经济社会发展全局的高度，紧紧抓住事关国计民生的重大问题，以可持续发展理论为指导，研究总结了古今中外林业发展的历程，揭示了全球生态环境发展的现状与趋势，分析了林业在经济社会发展中所面临的机遇和挑战，明确了林业在中国可持续发展中的地位和作用，研究了新时期林业发展的重大任务，提出了“确立以生态建设为主的林业可持续发展道路；建立以森林植被为主体的国土生态安全体系，建设山川秀美的生态文明社会”的中国可持续发展林业战略思想，其核心内容，可以概括成12个字：生态建设，生态安全，生态文明。“三生态”是贯彻落实党和国家政策精神，生动体现和有效途径，同时也深刻揭示了林业发展的内在规律和本质要求。

中国实施可持续发展战略，如前所述面临诸多难题，研究解决的对策均直接或间接与森林和林业有关。因此，没有森林和林业作为生态环境完善健全的保障体系，自然物质资源供给库就没有可持续发展可言。

据报道，2014年4月4日，习近平总书记在参加首都义务植树活动时强调，“林业建设是事关经济社会可持续发展的根本性问题”。这一重要论述，是站在经济会可持续发展的全局高度，以卓越智慧和世界眼光，在深刻总结人类历史发展规律和各国发展经验的基础上，对林业的重要地位和作用作出的科学判断，把林业推上了前所未有的新高度，对林业工作提出了前所未有的新要求，赋予了林业部门前所未有的新使命。

发展林业不仅关系到国家生态、安全国土安全、淡水安全、物种安全、气候安全、固碳释氧、生物多样性安全，还关系到国家能源安全、林产品安全、粮油安全以及人居环境、经济社会社会、绿色增长和外交战备大局。

习近平总书记指出，要加强宣传教育，创新活动形式，引导广大人民群众积极参加义务植树，不断提高义务植树尽责率，依法严格保护森林，增强义务植树效果，把义务植树深入持久开展下去，为全面建成小康社会，实现中华民族伟大复兴的中国梦不断创造更好的生态条件。全社会都要按照党的十八大提出的建设美丽中国的要求，切实增强生态意识，切实加强生态环境保护，把我国建设成为生态环境良好的国家。

在参加十二届全国人大一次会议江苏代表团审议，在天津考察等许多场合，习近平多次强调，要推进生态文明建设，实施“碧水蓝天”工程，让生态环境越来越好，努力建设美丽中国。

2014 年 4 月的海南，阳光璀璨，万木葱茏。8—10 日，从琼海到三亚，每到一地，习近平同志都要同当地干部共商生态环境保护大计。他指出，保护生态环境就是保护生产力，改善生态环境就是发展生产力。良好生态环境是最公平的公共产品，是最普惠的民生福祉。习近平总书记特别强调，青山绿水、碧海蓝天是建设国际旅游岛的最大本钱，必须倍加珍爱、精心呵护。希望海南处理好发展和保护的关系，着力在增绿、护蓝上下工夫，为全国生态文明建设当个表率，为子孙后代留下可持续发展的绿色银行。

一家一户经营经济林面积小，形成不了现代产业批量商品生产的规模效应，仍然是小农经济模式，农民富不起起来。必须遵照自愿依法、有偿进行集体林地流转承包，形成千亩以上经济林经营大户，或建林场，或建基地，或组建合作社，至 2014 年全国有林业合作 1 557万个，经营林地 3. 8 亿亩。

推行集体林地所有权、承包权、经营权，三权分置。但要明确三权的界限，权利关系，依法保障集体地农户所有权，落实稳定承包者的承包权，明确经营权的权能。通过鼓励林权游转，规范转行为，建立利益共享机制，推动大户经营、集体合作经营、企业经营等多种共同发展，提高劳动生产率，林地产出率和资源利用率。

林业主管部门要培育壮大规模新型经营主体。利用国家鼓励大众创业、万众创新的契机，大力发展规模家庭林业，“公司+合作组织”“公司+农户”股份制等多种经营形式。

报报道，2014 年 4 月 4 日，习近平总书记在参加首都义务植树活动时强调，“林业建设是事关经济社会可持续发展的根本性问题”。这一重要论述，是站在经济社会可持续发展的全局高度，以卓越智慧和世界眼光，在深刻总结人类历史发展规律和各国发展经验的基础上，对林业的重要地位和作用作出的科学判断，把林业推上了前所未有的新高度，对林业工作提出了前所未有的新要求，赋予了林业部门前所未有的新使命。

发展林业不仅关系到国家生态安全国土安全、淡水安全、物种安全、气候安全、固碳释氧、生物多样性安全，还关系到国家能源安全、林产品安全、粮油安全以及人居环境、经济社会安全、绿色增长和外交战略大局。

针对我国存在的严重生态问题，习近平总书记深刻指出："森林是陆地生态系统的主体重要资源，是人类生存发展的重要生态保障。不可想象，没有森林，地球和人类会是什么样子。"他还特别要求林业部门为建设美丽中国创造更好的生态条件。

2015 年 3 月 3 日，习近平总书记参加首都义务植树时，谈起造林绿化工作，习近平总书记指出，新中国成立以来不断植树造林，我们国家树更多了、山更青了、地更绿了。中国在植树造林方面为人类作出了重要贡献。同时，我们也要看到，与全面建成小康社会奋斗目标相比，与人民群众对美好生态环境的期盼相比，生态欠债依然很大，环境问题依然严峻，缺林少绿依然是一个迫切需要解决的重大现实问题。我们必须强化绿色意识，加强生态恢复、生态保护，这是个历史性的时刻。

三、林业建设

从第八次森林资源清查结果显示，我国林业建设取得世界瞩目的重大成就，在 21 世纪之初，国家林业局采取了一系列重大举措。

一是全面实施一系列重大生态修复工程，加快了造林绿化的步伐。21 世纪以来，我国相继实施了天然林保护、退耕还林、京津风沙源治理、三北防护林、沿海防护林等重大生态修复工程。重大工程造林规模占到全国造林总面积的 50%左右。在大工程的带动下，我国造林绿化明显加快，近年来全国每年完成营造林面积都在 9 000万亩左右。

二是深入开展全民义务植树活动，形成了全社会搞绿化的局面。自 1981 年开始，我国持续开展了世界上规模最大的全民义务植树运动。截至 2012 年年底，参加义务植树达 139 亿人次，义务植树 640 亿株。近年来，还大力开展了"森林城市，美丽乡村建设"等行动，加快了城乡绿化进程。

三是积极推进集体林权制度改革，调动了亿万农民造林护林的积极性。通过全面推进集体林权制度改革，27 亿亩集体林地承包到农户，亿万农民真正成为山林的主人，极大地调动了农民造林积极性，实现了非公有制林业的大发展。目前，全国新增人工林面积中，个体经营的占 78%。

四是不断加大生态建设的投入，为造林绿化提供了资金支持。近五年，国家对林业建设投资规模快速增长，年均投入达到 1 200亿元，是"十五"期间年均投入的 3. 7

倍。特别是人工造林投资补助标准由每亩 200 元提高到 300 元，增加了 50%。

五是严格森林资源保护管理，减少了森林资源的消耗。一方面，实施了采伐限额管理制度，有效地控制了森林资源的消耗，持续保持了森林资源的消长平衡，森林蓄积量比上次清查时净增了 14. 16 亿 m^3；另一方面，加强了林地保护管理，在建设用地持续增加的情况下，有林地转为非林地面积比上次清查减少 9%。森林面积净增了 1 223万 hm^2。

我国林业建设虽取得重大成就，但我国林业正处在恢复发展阶段。森林总量不足，质量不高，功能不强，分布不均的基本状况没有根本改变，生态资源不足与日益增长的生态民生需求之间的矛盾仍然十分突出。

在 2009 年的联合国气候变化峰会上，中国政府向全世界庄严承诺："大力增加森林面积，争取到 2020 年森林面积比 2005 年增加 4 000万 hm^2，森林蓄积比 2005 年增加 13 亿 m^3。"该承诺也为我国造林绿化事业的发展提供了战略机遇。

根据党的十八届三中全会对全面深化改革作出的战略部署，明确提出要加强生态文明制度建设。国家林业局提出了全面深化林业改革的思路和措施。当前和今后一段时期，要坚持以建设生态文明为总目标，以改善生态民生为总任务，以全面深化林业改革为总动力，创新林业体制机制，完善生态文明制度，科学推进林业各项改革，不断为生态林业民生林业建设注入强大动力。

国家林业局编制了《全国造林绿化规划（2011—2020 年）》，在总结经验、分析形势的基础上，提出了今后 10 年造林绿化的目标与任务、实现途径和政策保障。至 2020 年，全国森林面积达到 2. 23 亿 hm^2，森林覆盖率达到 23%以上，森林蓄积量增加到 150 亿 m^3。城市建成区绿化覆盖率达到 39. 5%，人均公园绿地面积达到 11. 7m^2。乡镇建成区绿化覆盖达到 30%，村屯建成区绿化覆盖率达 25%，校园绿化覆盖率达到 35%，军事管理区绿化覆盖率达到 65. 6%。公路宜绿化路段绿化率达到 90%，铁路宜绿化路段绿化率达到 90%。全民义务植树尽责率达到 70%。造林全部实现基地提供种苗，人工造林良种使用率达到了 75%。改良草原面积累计达到 6 000万 hm^2，草原围栏面积达到 1 500万 hm^2，人工种草保留面积累计达到 3 000万 hm^2。

党的十八届三中全会的《决定》对建立空间规划体系，严守生态保护红线提出了明确要求，国家林业局将把落实和严守生态保护红线作为基本底线，强化林地用途管制，全面加强林地管理，严守林地生态红线。

一要严格守住林地红线。根据到 2050 年森林覆盖率达到 26%以上目标的要求，我国林地保有量不得少于 46. 8 亿亩，这就是我国的林地保护红线。下一步，我们将把划定的林地红线，落实到省、市、县，落实到地图、地块上，并向社会公布，接受社会监督。

四、林业生态建设的实施

中国林业建设是中国特色社会主义建设的有机组成部分，是不可缺少，不可替代的，是践行科学发展观，是林业建设的光荣任务。中国林业建设包含林业生态建设，林业产业建设和林业生态文化建设三大体系。林业三大体系建设是以林业生态建设为主的，同时推进林业产业建设和林业生态文化建设。

环境与发展是当今社会人们普遍关注的切身问题。经济社会可持续发展是离不开生态环境和生态安全的。“加强生态建设，维护生态安全，是21世纪人类面临的共同主题，也是我国经济社会可持续发展的重要基础”。中国林业生态建设的实施是由六大重点林业工程、湿地保护与建设工程和国家国土绿化工程以及面上造林四大部分共同构建设成的。党和国家明确提出“在生态建设中，要赋予林业以首要地位。”是林业光荣而艰巨的任务。

2000年中国全面启动了林业六大重点工程，标志着中国林业以生态建设为主的历史性的大转变开始，是党和国家的重大战略决策，是中国环境保护最优化道路，林业生态建设是中国生态环境建设的航母。六大林业重点工程包括天然林保护工程、退耕还林工程、京津风沙源治理工程、“三北”及长江流域防护林体系建设工程、野生动植物保护及自然保护区工程、重点地区速生丰产林建设工程，工程建设范围涵盖我国97%以上的县（市、旗、区），规划造林面积超过11亿亩，总投资7 000亿元，后已增加至9 000亿元，相当于11个三峡水库的投资，从中看出党和国家对环境保护的重视。

1949—1999年的50年中，国家财政对林业累计总投资243亿元。2000年开始实施林业六大重点工程后，国家对林业投资大幅增加，2002年339亿元，至2013年增至1 450亿元。

林业产业继续保持快速增长势头，产业规模不断扩大，产值不断增加，林产品贸易跃居世界首位。全国林业产业总产值由2010年的2.28万亿元增长到2015年的5.94万亿元，林业一、二、三产业结构由2010年的39：52：9调整为2015年的34：50：16。林业主要产业带动就业人数5 247万人。木材加工产能持续扩大，年均人造板产量2.5亿 m^3，木地板产量6.9亿 m^2。经济林产业快速发展，年均提供干鲜果品、木本粮油等特色经济林产品1.5亿t，年产值突破万亿元，其中油茶种植面积达到382万 hm^2，年产茶油55万t，实现年产值600亿元。森林等自然资源旅游蓬勃发展，建立各级森林公园、湿地公园、沙漠公园4 300多个，面积2 300万 hm^2，2015年林业旅游与休闲人数达到23亿人次，实现旅游收入6 700亿元。林产品进出额从2010年963亿美元增长到2015年1 385亿美元。

习近平总书记在说明十八届三中全会通过的《决定》时说："我们要认识到，山水林田湖是一个生命共同体，人的命脉在田，田的命脉在水，水的命脉在山，山的命脉在土，土的命脉在树。"对林木的保水保土作用做了科学的本质说明。林业生态建设的根本措施是"植树造林"，山绿是水清天蓝的根本保证。

五、森林经营分类

《中华人民共和国森林法》，第一章总则中第四条，将森林分为以下五类。

防护林：以预防为主要目的的森林，林木和灌木丛，包括水源涵养林，水土保护林，防风固沙林，农田、牧场防护林，护岸林，护路林。

用材林：以生产木材为主要目的的森林和林木，包括以生产竹材为主要目的的竹林。

经济林：以生产果品、食用油料、饮料、调料，工业原料和药材等为主要目的的林木。

薪炭林：以生产燃料为主要目的的林木。

特殊用途林：以国防、环境保护、科学实验等为主要目的的森林和林木，包括国防林、实验林、母树林、环境保护林、风景林，名胜古迹和革命纪念地的林木，自然保护区的森林。

参考文献

潘春芳 . 2014-04-11. 立足民生，为全面建设小康增色添力 [N]. 中国绿色时报（1）.

王胜男，刘继广 . 2014-01-09. 中国林业与春天同行 [N]. 中国绿色时报（A1）.

王燕琴 . 2016-11-16. 中国森林面积显著增加 [N]. 中国绿色时报（3）.

王怡径然 . 2014-04-15. 建设生态文明，创造中国社会绿色转型之路 [N]. 中国绿色时报（A1）.

第二章　经济林[1]

第一节　中国经济林资源丰富

一、什么是经济林

经济林是林业的组成部分。《中华人民共和国森林法》规定经济林是“以生产果品、食用油料、饮料、调料，工业原料和药材为主要目的的林木”。经济林是以经营目的来划分的，不能单纯以树种为依据来划分，是不确切的。经济林原始产品包括果实、种子、花、叶、皮、根、树脂、树液、树胶、虫胶、虫蜡，纤维、药材等。如此繁多的产品，为人民生活提供粮油食品和干鲜果品，为人民健康提供中药材，以及为工、农业生产提供产品和原料。总之，人民的吃、穿、用和医疗保健都离不开经济林产品。许多经济林产品是传统的出口外贸商品，如桐油、生漆、白蜡等，每年为国家换取大量外汇。经济林产业是新兴的朝阳产业，是国民经济不可或缺的组成要素，是为人类社会可持续发展服务的。经济林同样发挥着保护生态环境的效用。经济林也是林业生态文化组成要素，其中如枣文化、栗文化、茶油文化、油桐文化等。

经济林是生态体系、产业体系和生态文化体系，集三大体系于一身，又是生态效益、经济效益和社会效益，集三大效益于一身。世界上唯有经济林有如此之内外功能，集三大体系和三大效益于一身的古老又新兴的产业，它服务于经济社会可持续发展。

《中国绿色时报》于2013年10月8日报道：在政策、市场、改革的合力推动下，我国的经济林建设步伐加快，经济林产业发展取得四个方面的显著成就。

一是经济林面积、产量持续增长。“十一五”以来，全国新造经济林每年超过100万 hm^2，比重占20%，并呈现继续扩大趋势。截至2013年，全国经济林种植面积3 560

① 本章由何方撰写。

万 hm^2，产量 1.42 亿 t，分别比“十五”末增加了 37.4%和 54.3%。主要经济林面积、产量均居世界前列，特色干鲜果品年出口额 3.2 亿美元，成为具有明显国际竞争优势的林业重点产品。

二是产业整体实力明显增强。经济林一、二、三产业产值迅速增长。其中经济林种植和采集产值 7 752 亿元，比“十五”末增长 1.5 倍，占林业第一产业产值的 56.4%。全国经济林果品加工、贮藏企业已达 2 万多家，其中大中型企业 1 900 多家，年加工量 1 600万 t，贮藏保鲜量 1 200万 t，年加工储藏产值 1 600亿元，比 2005 年增长近两倍。以经济林为依托的观光采摘、休闲度假等蓬勃兴起，有力地促进了农村特别是山区经济社会发展。截至 2012 年，经济林产业实现总产值突破 1 万亿元，对林业产业的贡献率占到 1/4 以上。

三是生态服务功能有效提升。经济林是经济、生态效益兼容型林种，在绿化荒山、防沙治沙、保持水土、涵养水源、固碳释氧、净化空气、维护生物多样性等方面作用突出。随着退耕还林、三北防护林建设等重大生态工程的实施，经济林建设速度明显加快，造林质量不断提高，经济林已成为生态建设不可或缺的组成部分。据不完全统计，2010 年以来新造的经济林可以增加森林覆盖率大约 0.1%，对增加有林地面积贡献很大。发展经济林不仅获得了可观的经济价值，还大大提升了生态产品生产能力，生态服务价值十分可观。

四是增收致富作用愈发凸显。我国从事经济林种植的农业人口约为 1.8 亿，2010 年人均经济林种植收入占其人均纯收入的 10%左右。其中，从事优势特色经济林种植的农业人口约为 1 亿，年人均收入达到 1 220元，高出全国平均水平 50%。在一些山区大县，农民来自经济林的收入甚至在 60%以上。山东省从事经济林的农业人口达 1 000 万人，蒙阴、沾化等地农民，年人均经济林纯收入都在 6 000元以上。湖北省罗田县，农民年人均经济林纯收入占到其总收入的 2/3。大力发展经济林，不仅绿了荒山，还扩宽了就业门路，增加了收入，为促进经济发展，维护社会稳定做出了突出贡献。

在经济林发展进程中依然存在一些问题，表现在规划编制相对滞后，扶持政策不够完善，产业发展指导不力，资金投入不足。这些都是下步工作中必须加以解决的问题。

二、我国国土辽阔　自然条件多样

中国位于亚洲东部，太平洋西岸。中国疆域辽阔，北起北纬 53°30′左右的漠河附近的黑龙江江心，南至北纬 4°左右南沙群岛的曾母暗沙，南北纵跨纬度近 50°，约 5 500km。西起东经 73°40′左右的新疆维吾尔自治区（以下简称新疆）乌恰县西缘的帕尔高原，东至东经 135°05′左右的黑龙江与乌苏里江汇合处，东西横延近经度 61°，约 5 200km。全国陆地领土面积 960 万 km^2，约占全球陆地总积的 6.4%，占亚洲大陆面积的 21.6%，在亚洲居第一，世界居第三。

濒临我国大陆的海洋，自北向南为渤海、黄海、东海和南海，总面积约 473 万 km^2。中国的海岸线，北起中朝交界的鸭绿江口，南至中越边境的北仑河口，大陆海岸线长 1.8 万 km，岛屿海岸线长 1.4 万 km，中国是一个陆海兼备的主权国家。

我国从南到北，随着纬度的变化，水、热条件的结合状况是不同的，可划分为热带、亚热带、温带等，见表 2-1。随着地带性的变化，植物的分布表现出植物区系种的差异，并呈现出一定的规律形成各种植被带。各个地带都有其适宜的木本粮油纤维和其他经济树木。华南的橡胶、椰子，华中的油茶、油桐，华北的柿子、枣子，西北的核桃，东北的榛子。这些经济树木分布区域的形成，代表着树木内部生长发育的矛盾和自然生态条件的统一。

表 2-1　中国气候带的面积

温度带	≥10℃积温（℃）	面积（万 km^2）	占全国面积（%）
寒温带	<1 700	23.81	2.48
中温带	1 700~3 200	327.97	34.16
暖温带	3 200~4 500	173.13	18.03
亚热带	4 500~7 000（东部） 4 500~6 500（西部）	241.43	25.15
热带	>7 000（东部） >6 500（西部）	38.42	4.00
青藏高原区*		155.24	16.17

注：* 面积不包括延伸山体，因而所占面积较小。

由于局部地形、气候（微域）、土壤、水文、植物等非地带性因子的不同，而形成了地区间自然条件的差异，这种差异亦反映在生产上。区域性是指同一气候带各个地区，有其各自生产和经营的经济林木。并且一般都具有独特的传统生产经验和优良的地方品种，这些品种在当地一定是生长健壮、容易管理、病虫害少、产量高、品质好，形成一个地区的土特产。如湖南油茶，四川油桐，浙江香榧，河北板栗，新疆核桃，河南枣子，山东柿子等，都是著称全国的。

地带性表现出植物种的差异，区域性则主要表现出一个地区，栽培经营某一些树种的特点。经济林的生产是一个生物的再生产过程，对自然条件存在着依赖性和适应性。对自然条件依赖和适应，主要表现在对热量、降水量、土壤和各种各类的生物因子及人的生产实践。各个地区的具体生态条件，对于植物有机成分的形成、转化、积累都有着很大的影响。如在植物生长期间水分充足，贮藏物质的形成以淀粉、糖分、纤维、油脂等占优势。如果水分不足，则以蛋白质及与蛋白质有密切关系的物质占优势。又如多数油料植物，生长地区纬度和海拔越高，其碘价也越高。香料植物多生长在热带、亚热带，大部分水生植物不含挥发油、生物碱或甙类物质。多数浅水植物根含有淀粉。在干旱瘠薄的环境下，没有耐荫植物，只有喜光的阳性植物。油茶是喜酸性土壤植物，适宜在火成岩、砂岩、页岩的酸性土壤生长，油桐是喜钙质土壤的，最宜生长在石灰岩山地。落叶性的经济树木需要冬季有一定的休眠，以促进树木体内营养物质的积累和转化，准备第 2 年萌发开花。这就看出具体的生态条件，对经济树木体内的生长发育和栽培经营，不仅有量的关系，也存在着质的关系。

中国经济林树种主要自然分区和栽培地域是暖温带和亚热带，这二带地域面积 414.56 万 km^2，占国土总面积 33.18%。说明经济林自然分布区和优质适生栽培地域辽阔。即使在半干旱、干旱沙漠化、水土流失地域也有适生的经济林。

三、经济林种类多样　资源丰富

我国自然生态环境的多样性，相应地形成了生物种的多样性。据《中国植物志》记述，我国共有植物 301 科、3 408属、31 142种，约占世界植物种的 1/6。中国是世界上植物区系最丰富的国家或区域之一，仅次于马来西亚植物亚区（约 45 000种）和巴西（约 40 000种），居世界第三位。

我国地域辽阔，气候多样，自然条件优越，植物种类繁多，资源丰富。经济植物包括栽培和已经发现有利用价值的野生植物在内共约有 2 000多种，木本的估计占 60%，其中栽培的有近 100 种。

木本油料在我国已经发现的有 400 多种，含油量在 15%~60%的可以大量收集的有 220 多种。主要分属山茶、胡桃、大戟、樟、芸香、棕榈、忍冬、紫杉、榛、木樨、木兰、豆、菊、蔷薇等科。

芳香油在人民生活和工业生产中都占有重要地位。凡是可以提炼芳香油的植物统称为芳香植物。芳香油是植物体内代谢过程中的次生产物，现在已经知道的芳香植物共有 320 种之多，已经投入生产的有 209 种。芳香植物分属于 60 多个科，重要的有 20 多个科，如松、柏、紫杉、樟、芸香、木樨、木兰、蔷薇等科。并且分布广，南北有之。华南的山苍子、樟树、柏木等；东北、西南的松树、杉树、冷杉、云杉等，都是著名的芳香植物。

人类食用的粮食，可以分为两大类。一类是草本粮食，世界上大多数人食用的主要有 11 种，如稻、麦、玉米等，是我们的主要粮食。另一类是木本粮食，如栗、枣、柿、木茹、木豆、栎类、木瓜、沙枣等。木本粮食除可当作粮食吃用外，又是味道鲜美的副食品。据初步统计，我国有木本粮食 300 多种。主要分属山毛榉、鼠李、柿树、豆、蔷薇，桑、无患子、桃金娘等科中。

我国常用的中药材有 500 多味，其 70%是木本的，如杜仲、黄柏、厚朴、桂皮等。

橡胶是国防、交通和电信工业上不可缺少的重要原料。世界橡胶资源受到殖民主义者的掠夺和垄断。

全世界生产橡胶的植物估计有 200 种，最重要的分属桑、杜仲、大戟、卫茅、夹竹桃、菊、山榄和萝藦等 8 科。

橡胶工业发展异常迅速，1840 年全世界产胶 370t，至 1940 年达 140 万 t，100 年间增长 3 800倍。近 30 年虽有合成橡胶的生产，但天然橡胶仍占消耗量的 1/4。

鞣料是含鞣质（单宁）植物中浸提出来的一种复杂的混合物，商品名称“栲胶”。我国鞣料植物主要分属于松、柏、紫杉、山毛榉、蔷薇、胡桃、漆树、桦木、大戟等科，共有 300 多种，其中有著名的五倍子、橡碗、化香、落叶松等。

我国的纤维植物资源极为丰富，据初步调查有 1 000多种，其中有较高利用价值的有 400 多种。分属棕榈、竹、杨柳、胡桃、榆、桑、夹竹桃、瑞香、椴树等科。竹子、棕榈、桑、构树、枫杨、杨树、柳树、夹竹桃、山棉皮、雪花皮等都是广为栽培的优良纤维树种。

现已探明的 2 000多种经济植物，比之我国的植物资源来还是其中的一个小部分。据估计，全世界任何地区所发现新的经济植物，大部分在我国都有可能找到同样性质的或近似性质的。特别是发现了植物的各种性质与植物的分类系统、亲缘位置有着一定的相连关系。樟科、芸香科中的植物多数含有芳香油，桑科、瑞香科植物中含有纤维，山毛榉科植物种子含有丰富的淀粉，山茶科、大戟科植物种子多数含有脂肪性油等。这条规律不仅为我们探查新的原料植物提供了理论指导，并可预测一些植物种的用途。

第二节　经济林生产的历史悠久

一、我国经济林木起源古老

远在太古时代，经济林树种就以其自然产品、多种果实哺育着人类。随着人类定居生活的开始，为了得到稳定的食物来源，经济林树种首先受到保护，这是最原始的经营利用。随着人类社会的进步和发展，出现了农业，经济树木的栽培几乎是与农作物的栽培同时起源与传播的，这就有万年的历史了。国际上公认，中国为全世界八大植物起源中心之一，并且是最丰富的中心，其中起源于中国的经济树种有油茶（*Camellia oleifera* Abel）、核桃（*Juglans regia* L.）、山核桃（*Carya cathayensis* Sarg）、香榧（*Torreya grandia* Fort）、榛子（*Corylus heterophglla* Fisoh）、油桐（*Vernicia fordii* Hemsl）、千年桐（*V. montana* Wils）、乌桕（*Sapium sebiferum* Roxb）、山苍子（*Litsea cubeba* Lour）、银杏（*Ginkgo biloba* L.）、栗（*Castanea mollissima* Bl.）、枣（*Zizyphus jujube* Fisch）、柿（*Diospyros kaki* l. f.）、山楂（*Crataegus pinnatifida* Bunga）、余甘子（*Phyllanthus emblica* L.）、杜仲（*Eucmmia ulmoides* Oliv）、厚朴（*Magnolia officinalis* Rehd. et Wils.）、棕榈（*Trachgcarpus fortunei* Wendl）、漆树（*Toxidendron vernicifluum* P. A. Barkl）等。

二、我国经济林利用栽培历史悠久

在距今七千余年的河姆渡原始社会遗址中，就有成堆出土的橡子、酸枣。1995 年 3 月发掘的宁波柴桥镇沙溪村新石器遗址中有几百颗橡子。半坡村遗址有残存的核桃。见之于文字记载的《诗经》有“树之榛栗”“八月剥枣”。庄周所著《庄子·盗跖》中说：“古者禽兽多而人少，于是民皆巢居以避之，昼拾橡栗，暮栖木上，故命之曰有巢氏之民”。在《战国策》中记有苏秦游说到燕国时，对燕文侯说：“北有枣栗之利，民虽不田作，枣栗之实足食于民矣，此所谓天府也”。《史记·货殖列传》云：“安邑千树枣；燕秦千树栗；蜀汉江陵千树桔；淮北、常山以南，河济之间千树萩；陈、夏千亩漆；齐鲁千亩桑麻；渭川千亩竹；及名国万家之城，带郭千亩亩钟之田，若千亩卮茜，千畦姜韭。此其人皆与千户侯等。在新乐府诗《橡媪叹》中写道：“秋深橡子熟，散落榛鞠罔。伛伛黄发媪，拾之践晨霜。移时始盈掬，尽日方满筐。几曝复几蒸，用作三冬粮。”我国古代著名著作《山海经》记有“员木（油茶）、南方油实也。”《礼记》记载：“子事父母，妇事舅姑，枣栗饴蜜以甘之。”晋代有用野生橡栗作为军饷的记载，誉为“河东饭”。明徐光启所著《农政全书》有说：“今三晋泽沁之间（今山西省晋城，沁源一带）多柿，细民干之，以当粮也，中州（今河南省）齐鲁（今山东省）亦然。”明太祖第五个儿子朱大隶著《救荒本草》（1406 年刊行）一书共收入 414 种可食植物，其中木本 80 种，这可能是最早的一本可食植物志。据此多少年来，无论南方北方，木本粮油树种就早有栽培及引种，可见它在人民生活和经济中占有重要地位。

三、我国经济林木引种历史久远

我国从国外先后引种经济林木 180 余种，引种成功、现广为栽培的 80 余种。我国经济林利用栽培历史悠久，并且引种历史也久远，唐代（公元 8 世纪）陈藏器所著《本草拾遗》记有“阿月浑子（现商品名开心果），生西国诸番”。稍后，段成式（唐代公元 8 世纪）所著《酉阳杂俎》一书中记有：“胡榛子阿月，生西国，番人言与胡榛子同树，一年榛子，二年阿月。”由于阿月浑子是雌雄异株，可能在古代误认为两种树。这里所指的“一年榛子，二年阿月”，其实指的是同一种树——阿月。该书另记有：“扁桃，出波斯国，波斯呼为婆淡树。其肉苦涩不可噉，核中仁甘甜，西域诸国珍之。”《酉阳杂俎》还记有：“齐墩果（油橄榄），出波斯国，亦出拂林国。籽似阳桃，五月熟，西域人压为油以煮饼果，如中国之用巨胜也”。阿月浑子和扁桃（巴旦杏）从唐传入后，至今在我国新疆、内蒙古自治区（以下简称内蒙古）、甘肃等地仍作油脂干果种栽培。齐墩果唐传入后，可能由于栽培地区的生态条件不适，生产结果不良，因此就未能传流开。

油橄榄（*Olea europaea* L），属木犀科（Oleaceae），橄榄油是世界重要的优质木本食用油。油橄榄原产小亚细亚，而后传播到地中海沿岸地区，现成为最适宜栽培区，现世界油橄榄栽培面积约有 1 000万 hm^2，其中 98%集中于此。地中海型气候是冬季温暖多雨，夏季干旱炎热。

新中国成立前在四川、云南及中国台湾等省有少量引种。1964 年在周恩来同志的大力倡导下，一次从阿尔巴尼亚引种 10 000株，分别在云、贵、川、桂和鄂、苏、浙、粤等地引种试种。后因其结果寿命短，停止引种，20 世纪 80 年代开始又有较大引种栽培。

薄壳山核桃（美国山核桃）*Carya illinoensis*（Wangenh.）K. Koch，属胡桃科 Juglandaceae，是世界重要油脂类干果。

薄壳山核桃原产美国，在原产地天然分布于密西西比河流域的冲积滩地上，性喜湿暖湿润气候，喜光。1900 年前后引入我国，现在我国亚热带地区有广泛的栽培，应是引种成功的。

胡椒 *Piper nigrum* L.，属胡椒科 Piperaceae。胡椒原产于印度西海岸马拉巴省（Malabar）高止山脉（Khats）西麓。原产地年均温 25 ~ 27℃，高温多雨，热带地区，静风和土壤肥沃，胡椒是世界著名的辛辣香料。

胡椒栽培历史逾 2 000年。据史料推测，我国引种始于 19 世纪末，由华侨带回。较大量引种于 1950 年前后，由印度尼西亚引进。现在海南、云南南部有栽培，是引种成功的。

咖啡 *Coffea arabica* L. 又称阿拉伯原种小粒咖啡，属茜草科 Rubiaceae。目前世界上有 70 多个国家引种栽培，有栽培面积约 1 130万 hm^2。咖啡是世界上著名饮料，与中国茶、可可并称世界三大饮品。

小粒咖啡原产于非洲东部热带山地高原气候的埃塞俄比亚。该地年均温 19～20.5℃，全年温暖湿润。我国最早于 1884 年在中国台湾引种。1908 年由华侨从马来西亚带回种子在海南引种栽培。小粒咖啡引种百余年来，时起时落，至 1990 年全国栽培面积有 12 677hm^2，其中海南 8 393hm^2。

我国引种小粒咖啡形成产量的主要在海南、云南南部。

腰果 *Anacardium occidentale* L. 属漆树科 Anacardiaceae，是世界著名油脂类干果。腰果原产巴西东北部，主要栽培分布在南纬 10°以内地区。分布区主要在热带草原气候区，终年高温，年均温度 25.7℃，干湿季明显，旱季 5—9 月。自然传播于中美和南美洲。至 16 世纪上半叶始传入亚洲和非洲，分布至南北纬 15 度以内，现世界有栽培面积 180 万 hm^2，年产量 50 万～60 万 t。印度是出口大国。

我国引种腰果历史很短，50 年左右，现形成批量生产的主要在海南南部滨海地区，现有栽培面积约 1 万 hm^2。

槟榔 *Areca catechu* L. 属棕榈科 Palmae，果、种子、花、花苞均可入药。种子含有多种生物碱，主要成分为槟榔碱，是很好的收敛剂，有去水肿、消脚气之功效。果有止泻，去水肿之功效，花苞和花利尿。云南、海南少数民族老年妇女有咀嚼鲜果习惯。干果实加工后，在湖南长沙、湘潭、株洲是咀嚼嗜好品。

槟榔原产马来西亚、印度。现在印度、斯里兰卡、泰国、越南有广泛栽培。我国引种有 1500 多年历史，在南北朝梁武帝时期即有引种栽培。现在海南有大面积产业化栽培，年产干果约 20 万 t。

石榴（又名安石榴）*Punica granatum* L. 石榴原产于中亚伊朗（古安石国）、阿富汗、喜马拉雅山及地中海地区。产地为亚热带，气候特点是夏季凉爽，冬季温暖湿润。

公元前，石榴在伊朗已有栽培，并向西传至地中海沿岸各国，向东传至印度、中国等地，以后又传至朝鲜及日本。迄今为止，全世界各大洲均有栽培，成为世界性鲜果。

早在汉武帝太初年间（公元前 1 世纪）石榴开始传入中国，并在陕西关中地区栽培。迄今，全国各地均有栽培，成为中国主要鲜果。

芒果 *Mangifera indica* L.，属漆树科 Anacardiceae。芒果原产亚洲东部热带地区，印度、马来西亚、印度至菲律宾群岛一带。在印度已有 4 000年栽培历史。16 世纪前后传到非洲和拉丁美洲。现在，南北纬 28°～30°的热带亚热带地区，包括 67 个国家和地区有栽培。1989 年全世界有栽培面积 933 万 hm^2，总产量达 950 万 t。

在我国，相传是唐玄奘赴印度取经时引入芒果。现我国热带南亚热地区的海南以及广东、广西壮族自治区（以下简称广西）、云南、福建南部有大面积产业化栽培，成为主要鲜果。

橡胶（又名巴西橡胶、三叶橡胶）*Hevea brasiliensis* mull. Arg. 橡胶分布在亚马逊河流域 580 万 km^2的土地上。主要分布在巴西，其次秘鲁、哥伦比亚、厄瓜多尔、委内瑞拉和玻利维亚。分布在北纬 10°至南纬 10°，热带地区生长地年均温 25～27℃。1876 年 6 月英国维克汉（H. A. Wickham）在亚马逊河中游采集种子在各地试种。经过一百多年的努力，在马来西亚、印度尼西亚等地获成功，至 1984 年在亚洲、非洲、拉丁美洲、大洋洲 41 个国家和地区引种成功。至 1989 年世界种植面积 767 万 hm^2，干胶产量 512. 5 万 t。

中国 1904 年首先在云南盈江引种成功。1906 年在海南琼海引种成功。1952 年开始在海南、广东雷州半岛、云南南部大规模引种栽培，至 2015 年，已有 1 700多万亩胶园，年产胶 85 万 t。

第三节 经济林经营分类

一、分类依据和沿革

经济树木分类是按照植物种的不同原料类别和经济用途的范围来进行经营分类的。经济树木的分类范围，既包括栽培的，也包括野生的。人类在开始利用和驯化栽培植物时，首先要解决它有什么用？是否能食用？这就是最原始的经济植物分类。随着人类社会的发展，科学技术的进步，早年在国内外曾有人研究过经济植物的利用和分类。20 世纪 40 年代末，从经济植物学中分出植物资源学和植物原料学两门分支学科。前者是研究各个地理区域内植物资源的分布和利用，后者是按利用性质、原料类别为对象，研究该类原料植物的分布和利用。经济树木分类与植物原料学不尽相同，但却是相关联的。经济树木分类除研究原料性质外，还要研究引种驯化、栽培历史和地理分布，为合理利用资源，扩大栽培利用和品种，扩大栽培区域提供理论的依据。

我国早在 1934 年，奚铭已在所著《工业树种植法》一书中，根据树种不同的用途分为油树、单宁料树等 10 类。20 世纪 50 年代初，陈植教授在所著《特用经济树木》

一书中分为油脂、药用、香料等 12 类。1961 年由中国科学院植物研究所主编《中国经济植物志》有 300 万字的巨著中分为纤维、淀粉及糖、油脂等 10 类。

《中国森林》一书将经济林也作为类似的分类。1948 年前苏联出版，由 M · M 伊里因主编的《原料植物野外调查法》一书分为工艺植物和自然原料植物两大部分，再分为 18 个大类 68 小类。

现在许多国家对植物资源的研究按原料分为：药物、油脂、鞣料、纤维、淀粉、糖类、树脂、树胶、挥发油、蛋白质、维生素等。

二、分类结果

我们据上各家分类结果，结合现实情况，将经济林木分为 15 大类，分述如下。

1. 油料类

利用植物含有脂肪的种子或果实，经压榨或浸提出油脂。

食用油类：油茶、油橄榄、油棕、椰子、文冠果、元宝枫等。

工业用油类：油桐、千年桐、乌桕等。

2. 芳香油类

利用植物含有芳香油的各个器官，采用蒸馏、分离提取。如山苍子、桉树类、樟树类等。

3. 干果类

油脂类干果：核桃、泡核桃（云南核桃）、山核桃、薄壳山核桃（美国山核桃）、榛子、香榧、腰果、松子（华山松、红松）、阿月浑子、巴旦木、仁用杏等。

淀粉类干果（木本粮食）：栗、锥栗、枣、柿、白果（银杏）等。

4. 鲜果类

猕猴桃、甜柿、杨梅、樱桃、木瓜、柚、杏等。

5. 饮料类

利用叶、果、种子加工而成。茶、咖啡、可可、甜茶、苦丁茶、绞股蓝、柿叶茶、银杏叶茶、杜仲叶茶、刺梨、沙棘、余甘子等。

6. 香料调料类

利用花、果、种子、皮加工而成。白兰花、茉莉花、桂花、八角、肉桂、花椒、胡椒等。

7. 蔬菜类

食用嫩芽，如香椿，竹笋类。

8. 中药材类

杜仲、黄柏、萝芙木、红豆杉、厚朴、山茱萸、辛夷、金银花、枸杞、槟榔等。

9. 农药类

利用植物的有毒性能防治农作物病虫危害。如楝、臭椿、皂荚、马桑等。

10. 纤维类

利用枝条、树皮加工。

编织类：杞柳。

造纸类：青檀、山棉皮、雪花皮等。

纺织类：构树、罗布麻等。

绳索类：棕、蒲葵等。

11. 寄主树类

让有益的经济昆虫寄生在某些树木上，得其分泌物或虫瘿。如紫胶虫、白蜡虫、五倍子等的寄主树有黄檀、白蜡树、盐肤木等。

12. 树液树脂类

利用植物流出的树液、树胶、树脂，从中提制。

胶料类：橡胶、印度榕等。

漆料类：漆树、野漆树等。

树脂类：各种松树。

糖料类：糖槭、糖棕等。

13. 饲料肥料类

桑、栎、胡枝子等。

14. 工业原料类

利用叶、皮、枝、果实、种子等直接利用，或提制有用物质。

栓皮类：利用树皮的栓皮层，如栓皮栎、栓皮槠等。

单宁类：利用树皮、果实苞、托提制单宁，如黑荆、橡碗、化香、落叶松等。

染料类：苏木、黄栌等。

色素类：黄栀子。

15. 其他类

如维生素、皂素类等。

本书简化分为：食用油、工业用油、脂肪类干果、淀粉类干果、鲜果、中药林、香调料、饲料（饮品）、木本蔬菜（森林蔬菜）、工业原料十大类。

第四节　现代经济林

一、现代经济林理念

（一）现代农业理念

2007 年 1 月 29 日发布的《中共中央国务院关于积极发展现代农业扎实推进社会主义新农村建设的若干意见》，作为 2007 年“中央 1 号文件”（下称“中央 1 号文件”）。“中央 1 号文件”明确了建设现代农业的重要意义和理念、措施。发展现代农业，是符合人类社会发展演化一般规律的，是顺应我国当前和长远经济发展客观趋势的，是落实贯彻统筹城乡经济社会发展。国家有经济实力实行“工业反哺农业，城市支持农村”和“多予少取”的方针，建设现代农业是提高农业综合生产能力的重要举措，是建设社会主义新农村的产业基础，是今天党中央提出现代农业建设的理论依据和经济基础条件。

“中央 1 号文件”明确界定了现代农业的理念和目标：要用现代物质条件装备农业，用现代科学技术改造农业，用现代产业体系提升农业，用现代经营形式推进农业，用现代发展理念引领农业，用培养新型农民发展农业，提高农业产业化、水利化、机械化和信息化水平，提高土地产出率、资源利用率和农业劳动生产率，提高农业素质、效益和竞争力。

“中央 1 号文件”关注的焦点是：积极发展现代农业，推进社会主义新农村建设，构建社会主义和谐社会。解读的亮点是：依靠科技进步，加速构建现代农业产业体系，提升农业装备水平，惠农政策继续稳定和加强。因此，农业现代化是我国现代化建设中的一项历史重任，必须完成。建设现代农业是全面落实科学发展观，构建社会主义和谐社会的必然要求，是解决“三农”问题的重大举措。

中国现代农业从一开始就是可持续发展的农业，因而生态农业是现代农业的内涵之一，是在功能和形式上的表现。现代农业必然是生态农业。

（二）现代林业理念

时任国家林业局局长贾治邦在 2007 年全国林业厅局长会议上的讲话中，就现代林业理念做了界定，用现代发展理念引领林业，用多目标经营做大林业，用现代科学技术提升林业，用现代物质条件装备林业，用现代信息手段管理林业，用现代市场机制发展林业，用现代法律制度保障林业，用扩大对外开放拓展林业，用培育新型务林人推进林业，努力提高林业科学化、机械化和信息化水平，提高林地产出率、资源利用率和劳动生产率，提高林业发展的质量、素质和效益。

（三）现代经济林理念

现代经济林产业化体系建设新理念（下称新理念），即组成林—工—贸生产一体化，是改革开放三十年创新成果，是中国特色社会主义建设中不可替代的重要元素。新理念革新了经济林小农生产，跃上现代工业化的新台阶，形成规模化、标准化的产业体系，使经济林生产经营起了质的变化，跨入国家现代化建设行列。

现代经济林产业化理念虽是现代农业理念的延伸，但它有自己行业的特点，有自己独特的完整概念。因此，可以这样表述，现代经济林新理念：应用先进科学技术提升经济林，应用现代产业制度和信息化管理经济林，应用现代机械和生物高新技术手段装备经济林。因此，现代经济林是依靠科技创新，应用高新技术，精细集约栽培管理和经营，组成现代产业体系，形成林—工—贸一体化产业体系，是可持续发展的富民工程。

二、建设现代经济林的重大意义

（一）推进生态文明建设

党的“十七大”提出建设生态文明，是用它来全方位地解决好环境、人口、资源与发展协调一致的重大战略决策，从根本上解决经济发展与环境保护的矛盾，有力地推进中国现代化建设科学发展。

党的“十八大”报告将生态文明建设提到与经济建设、政治建设、文化建设、社会建设并列的位置，形成了中国特色社会主义建设五位一体的国家总体布局。生态文明建设已经成为执政党治国理政的重要战略组成部分，这在世界政党史和执政治国中是首次。

2013 年 11 月 12 日党的十三届三中全会通过了《中共中央关于全面深化改革若干重大问题的决定》（以下称《决定》）。《决定》明确提出“加快生态文明制度建设”，制度是生态文明建设的保证。建设生态文明，必须把发展林业作为首要任务，这是 2007 年 6 月中央林业工作会议上提出来的战略。

生态文明是在人类社会发展的进程中，经历了原始文明、农业文明、工业文明之后，对工业文明带来生态环境危机负面效应的反思和升华，是人类的生态觉醒，是进入人类社会发展全新的文明时代。生态文明与物质文明、精神文明、政治文明共同组成全面建设小康社会，构建社会主义和谐社会的四大文明。“四大文明”是社会文明进步的标志。

生态文明是由人与自然和谐及社会和谐二大内容共同构建成的，但核心内涵是人与自然和谐。现代经济林科学地精细集约栽培经营，是“森林健康”之林分。它具有坚强的保护自然生态环境之内在功能，其外延功能是经济林生产优质高产高效之林分，使农民增收致富。环境优美了，农民富了，要以自然地显示其生态文明之新风。

《决定》提出“划定生态保护红线”，在党的文件中是首次，标志着党中央充分认识到了生态问题的严峻性、迫切性。习近平总书记强调，“在生态环境保护问题上，不能越雷池一步，否则就应该受到惩罚”。

《国家林业局推进生态文明建设规划纲要（2013—2020 年）》首次明确划定了国家生态红线：一是林地和森林红线，全国林地面积不低于 46. 8 亿亩，森林面积不低于 37. 4 亿亩，森林蓄积量不低于 200 亿 m^3。二是湿地红线：全国湿地面积不少于 8 亿亩。三是荒漠植被红线：全国治理宜林宜草沙化土地、保护恢复荒漠化植被不少于 56 万 km^2。四是物种红线：各级各类自然保护区严禁开发，现有濒危野生动植物得到全面保护。

国家生态红线是维护国家生态安全的底线。划定的生态红线，既是限制开发利用的“高压线”，也是维护生态平衡的“安全线”；既是建设生态文明的“目标线”，也是实现永续发展的“保障线”。因此，我们要制定最严格的生态保护红线管制原则和管理办法，把划定的红线落实到省、市、县，落实到地图上、地块上，并加快湿地地方立法，推进国家湿地保护条例立法进程。

生态林业和民生林业是我国林业发展的“新坐标”，它积聚了林业奋发向前的动力，体现了林业发展的精彩。

国家林业局赵树丛同志强调，改善生态和改善民生是林业转型升级的核心，是林业最基本、最重要、最核心的任务和职责。

生态良好，但生活贫穷，这不是生态文明；生活富足，但生态脆弱，也不是生态文明。中国林业在这两面旗帜的指引下扎实推进、纵深发展、成效显著。一方面，大力提高了生态产品的生产能力，致力于满足全社会的巨大需求；另一方面，努力改善林区民生，让林农群众、林业职工生活幸福，同享改革发展的成果。

经济林产业，既是民生林业，又是生态林业，集二者于一身。

（二）经济林为人类社会可持续发展服务

森林是陆地生态系统的主体，又是人类社会发展不可缺少的重要自然物质资源。

据此，林业承担着保护和改善生态环境的重任，同时也承担着促进国民经济持续发展的重大使命。森林和林业的屏障与产业作用是并存的，是不可替代的，这已成为世人的共识。因此，保护森林、发展林业成了中国的基本国策之一。

生态林业建设和民生林业建设，是环保与发展双赢的，既有当代发展，又给子孙发展留有物质基础和空间，因而是可持续的。经济林产业建设，经济林林分同样发挥森林系统保护环境的功能，经济林不砍树创造收益，林分仍然原封不动地保存。经济林生态产品为人们提供各种功能性食品和医疗保健品，以及多种多样的工农业生产原料，是丘陵山区富民产业。同时蕴藏着森林生态文化，如饮食文化、食品保健文化、中医药文化等。

（三）调整产业结构

农村产业结构的调整是从根本上解决农村单一粮食生产，推进农村产业全面发展的重要经济策略，是改革开放的重要成果。

2008 年 12 月在北京召开的中央农村工作会议，全面部署了 2009 年农业和农村工作。会议再次明确地提出："积极推进农业产业结构战略性调整。"现代经济林产业对丘陵山区调整农村产业结构有着重要作用，改变以往单一农业粮食生产、自给自足的小农经济。因地制宜开展多种经营调整生产门类和产品结构，以现代经济林为主导产业，组建成新的产业体系，进行商品生产，确保农民增收。在丘陵山区农村产业结构的调整实质上是地域内生态系统结构的调整，组成农、林、牧产业多样性，成为多元素的更加稳定的生态系统。生态系统结构稳定表示地域生态环境稳定，保证了生产和人居环境的安全。

在丘陵山区调整优化林业产业、产品结构，解放森林生态系统的生产力，建设高效林业。可持续发展的核心是发展，因而只有国民经济的快速发展，才能消除贫困，但要求在保持资源和环境永续利用的前提下进行经济社会的发展。没有高效高速不是社会主义林业。现在已经基本消灭宜林荒山的省（自治区、直辖市）及没有灭荒的省（自治区、直辖市），均要发展高效林业，都有调整林业产业结构的问题。现在提出调整林业结构，发展高效林业，绝不是毁林造林，砍这种树，种那种树，砍用材林，造经济林。我们讲的调整是因地制宜，有步骤地进行更替改造，更换树种、林种。

调整优化林业产业、产品结构，不仅仅局限于林种、树种结构的调整，应该从不同的层次上去看待，去理解。我们应该根据科学发展要求环境与发展协调统一的精神，从整体上考虑林业结构的调整。

第一是森林生态系统结构的调整，使原来单一的结构系统成为多林种的结构，使生态系统更加稳定。生物多样性不仅是生物种的多样性，同时也要求组成森林生态系统的多样性。森林生态系统是生物多样性的贮存库，没有森林生态系统就没有生物多样性。森林生态系统是环境屏障，也是生物多样性的贮存库、生产的资源库，表现多功能性。

第二是土地利用结构的调整，根据立地分类和立地类型的异同，按照树种生态要求，因地制宜逐步进行树种、林种更换的调整，充分发挥土地潜力。在调整结构时，必须进行土地整治，防止土地退化，提高土地持续生产力。在南方丘陵山区不合理的开垦，引起水土流失，是导致土地退化的直接原因。在红壤、紫色土、石灰土的坡地，要特别注意防止水土流失，如超过25°的陡坡地，原则上不宜发展经济林。栽培经济林一定要立地条件好，要有水土保持措施。

第三是关于林种、树种结构的调整，实质上是它们之间比例关系的调整。为经济林生产带来了良好的机遇，在调整中可适当增加经济林（林果、林药）比重，一般占总林地面积的30%左右，在丘陵、低山区可增大到55%左右。

现在的每年新造林中要注意加大经济林比重，力争达到30%左右。近几年来有的省（自治区、直辖市）每年新造林面积中经济林占40%以上。

第四是经济林栽培种植业与经济产品加工业的调整，要大力发展以经济林资源为依托的加工工业，组成林—工—商一体化，加大转化增值，变资源优势为商品优势、经济优势，增加农民收入。

在丘陵山区因地制宜发展各类经济林生产，是实施可持续发展战略的最优化模式，是具有中国特色的发展道路。丘陵山区的地貌主要特点是各种类型的坡地多，一般占总面积的80%以上。在土地利用上平缓的坡地开垦种植旱地农作物，在15°以上的坡地已经不宜种草本农作物，更适宜栽培各类经济林木，这是人们的共识。发展经济林生产是山区综合开发的突破口，是富山、富民、富县的根本途径。

富山有三个层次上意义：第一个层次上的意义，在山上栽培各类经济林木，有经济收益，绿起来，富起来；第二个层次上的意义，在不同的坡地有多种立地类型，适宜于栽培不同经济林木，合理地利用土地资源，发挥土地潜力，如太行山的经济林沟，燕山山区的围山转等土地开发利用模式；第三个层次是多树种，多林种，保持生物多样性，使森林生态系统结构多类型，组成复合的合理结构，形成稳定的森林生态系统，实际上使林业生产结构优化。有了第二、第三层次，才会有第一个层次的经济效益。有了经济效益便可推进第二、第三层次向更加优化模式发展，互为因果，最终带来了经济、生态、社会效益的三统一高效益，这就是最优化的持续发展。

富民也有三个层次上的意义：第一个层次是经济林产品商品率高，收益高。适宜农户经营，一年栽培，多年连续受益，增加经济收入，可富民。山东乐陵市盛产金丝小枣称著全国，现全市有枣树 1 000万株，年产干枣 3 000万 kg，占全国红枣产量的

30%，红枣出口量占全国32%，是国家林业局（林业部）确定的全国重点红枣出口基地市。第二个层次是物质文明富足了，精神文明建设也好了。仓廪实而知礼节，衣食足而知荣辱。浙江作为有深厚历史文化底蕴的林业强省，为生态文化的发展、繁荣提供了良好环境和基础。浙江省首届新农村建设优秀带头人“金牛奖”获得者、长兴东方梅园总经理吴晓红，是把长兴青梅变红梅的重要人物。她带领长兴梅农在一度被砍了当柴烧的老青梅树桩上嫁接观赏红梅，使6 000多种植户直接增收5 000万元，她自己也获利颇丰。第三个层次是丰富了城市果品供应，活跃了市场，丰富了人民生活物资，提高了生活质量。

发展经济林生产带来了经济、生态、社会三效益统一的富山、富民、富县，达到经济发展了，同时自然资源得到合理利用，改善和优化了自然环境，有利于精神文明建设，提高了人的素质，不仅当代人富了，子子孙孙富下去，这是在丘陵山区可持续发展的最优化模式。

（四）经济林是新兴的产业行业

经济林生产经过新中国成立后几十年的发展，特别是改革开放的30多年来，随着农村生产结构的调整，生产力的解放，乡镇企业的兴起，经济林生产得到快速的发展，已经初步形成林—工—商一体比的生产经营体系，形成年直接产值500亿元的新兴产业行业。这个行业有经营面积近2 000万 hm^2，包括200多个树种，生产油料、干鲜果品、饮料、调料、香料、药材以及各种工农业生产原料等500余个产品，连同加工制品则逾2 000种，乡镇加工厂2万余家，直接关系着食品、油脂、医疗、化妆等几十个行业。

《九十年代中国农业发展纲要》和《九十年代国家产业政策纲要》中的基本点是要不断加强农业的基础地位，在20世纪90年代要大力发展农业（大农业）和农村经济，真正增加农民收入。在林业领域内，经济林生产是第一产业，也直接关系着第二产业，影响着第三产业，因而对增加农民收入、致富奔小康是大有作为的。河南镇平县寺山乡有1万人，栽植杜仲533hm^2，440万株，1993年产皮10万kg，产叶50万kg，全乡人均收入300多元。河北巨鹿县盛产杏，办了一个杏茶厂，杏的价格由原来1.2元/kg提高至4.8元/kg。

从20世纪90年代开始，人们的自我保健意识日益增强，在食物的选择上不仅要求味美，更多地注重洁净未受污染的天然食物，具有营养和保健效用。因而“绿色食品”已成为人类饮食文化的一种价值取向。“森林食物”“森林饮料”风靡全球，林业与营养已成为国际新热点。1993年国务院颁发的《九十年代中国食物结构改革与发展纲要》中提出增加果品，增加食用植物油，提倡要发展“森林食物”。现在我国南方以茶油为主的木本食用植物油占植物油总量的12%。投入批量生产的天然饮料有杜仲、猕猴桃、沙棘、刺梨、余甘子、桦树液等百余种，年产量在1亿kg以上。绞股蓝叶、山楂叶、杜仲叶、柿树叶、枣叶、银杏叶等加工制作成茶叶，供直接泡饮，由于它们的保健作用，深受消费者的欢迎。1993年世界粮食日的主题是“从自然多样性收取硕果”。恩格斯在《自然辩证法》一书中把人的需要对象分为“生存资料、享受资料和发展资料”这样三个层次。享受需要是在生存条件优化后，更高档次的生活水平。发展资料则是人类不断进步创新的需求。经济林产品中的食品部分是满足人民生活享受需要，可以提高人民生活质量，使人们生活过得更文明更舒适。其中工业原料部分是属于发展需要，促进社会进步与发展的。因此，经济林生产行业担负着人们生活享受需要，以及社会进步与发展需要的双重任务，因而她的发展前景是无限宽广和美好的。

经济林是新兴的产业行业，它的任务、内容的界定是清楚的，因而，成立中国经济林协会作为行业组织来调节行业内部的协调发展是必须和及时的。

三、经济林在扶贫中的积极作用

受经济、社会、历史、自然、地理等方面制约，我国农村地区长期发展相对滞后，贫困人口数量众多。1978年，在我国农村广大地区仍有2.5亿人口生活在贫困线以下，甚至连基本的温饱问题都未能解决。当时全世界有10亿贫困人口，世界上走出四个贫困人，其中有一个是中国人。改革开放以来，特别是随着《国家八七扶贫攻坚计划（1994—2000年）》和《中国农村扶贫开发纲要（2001—2010年）》的实施，我国扶贫工作取得了巨大成就。按原来的扶贫标准，我国2010年年底的农村贫困人口减少到2 688万，提前实现了联合国千年发展目标中贫困人口减半的目标，为全球减贫事业作出了重大贡献。

据统计，10年来，各级政府财政累计投入扶贫开发的资金达到2 043.8亿元，其中中央财政投入达1 440.4亿元。同时，各级政府不断完善扶贫开发工作机构，实行扶贫开发工作责任制，提高扶贫政策执行力。

2001年，全国确定了14.8万个贫困村，逐村制定包括基本农田、人畜饮水、道路、贫困农户收入、社会事业等内容的扶贫规划，整合各类支农惠农资金和扶贫专项资金，分年度组织实施，力争实现贫困群众增收、基础设施提升、社会公益事业发展、群众生产生活条件改善的目标。截至2010年年底，已在12.6万个贫困村实施整村推进，其中，国家扶贫开发工作重点县中的革命老区、人口较少民族聚居区等的整村推进已基本完成。

扶贫搬迁是指在坚持群众自愿的原则下，政府安排补助资金为搬迁群众建设住房、交通、饮水等基本生产生活设施，帮助生活在缺乏基本生存条件地区的农村贫困人口通过搬迁走向脱贫致富之路。

截至 2011 年年底，全国累计搬迁农村贫困人口 848 万人，提升了贫困群众抵御自然灾害的能力，缓解了贫困地区的生态压力，改善了贫困群众的生产生活条件，加快了贫困群众的脱贫步伐。

同时，我国贫困地区农民收入水平大幅度提高，10 年间，扶贫开发重点县农民人均纯收入从 1 277元增加到 3 273元，年均增长 11%（未扣除物价因素）。贫困地区生产生活条件和基础设施状况明显改善，基本公共服务能力持续加强，贫困人口的生活质量和综合素质不断提升，生态恶化趋势得到初步遏制，贫困地区经济社会面貌发生了深刻变化。

“我国农村扶贫工作取得了新进展，农村居民的生存和温饱问题基本解决，走出了一条中国特色的扶贫开发道路。”国务院扶贫办范小建同志这样评价。

我国的扶贫开发工作取得了显著成就，但仍需清醒地看到，我国经济社会发展总体水平不高，区域发展不平衡问题突出，制约贫困地区发展的深层次矛盾依然存在。

扶贫对象规模依然庞大。2011 年，中央决定将农村人均纯收入 2 300元（2010 年不变价）作为新的国家扶贫标准，这个标准比 2009 年提高了 92%。按照新标准，目前扶贫对象仍有 1. 22 亿人，占农村户籍人口的 12. 7%。

返贫问题突出。扶贫对象经济基础薄弱，应对外部冲击能力差，自然灾害、家庭变故、市场波动等因素都会造成返贫，扶贫对象中短期贫困约占 2/3。

与此同时，收入差距明显。在城乡居民收入和农村居民内部收入仍有明显差距的背景下，2010 年，贫困地区农民人均纯收入仅为全国农村平均水平的 54%。还有，区域发展不平衡问题突出，贫困地区特别是集中连片特殊困难地区，发展相对滞后，扶贫开发任务仍十分艰巨。

一个严峻的现实摆在了我们面前：要实现全面建成小康社会的目标，最艰巨最繁重的任务在农村，更在贫困地区。没有贫困地区的全面小康，就不能如期实现全国的全面小康；没有贫困群众的脱贫致富，就无法筑牢共同富裕的坚实基础。

在此背景下，2011 年年末，在距离 2020 年全面建成小康社会的奋斗目标还有 10 年之际，一份指引未来 10 年扶贫开发工作的纲领性文件——《中国农村扶贫开发纲要（2011—2020 年）》（以下称《纲要》）明确提出：“提高扶贫标准，加大投入力度，把连片特困地区作为主战场，把稳定解决扶贫对象温饱、尽快实现脱贫致富作为首要任务。”

国务院扶贫办负责人对《纲要》作了如下解读。《纲要》的颁布实施，标志着我国扶贫开发从以解决温饱为主要任务的阶段转入巩固温饱成果、加快脱贫致富、改善生态环境、提高发展能力、缩小发展差距的新阶段。

这10年，我国扶贫标准的内涵实现了从维持生存到促进发展的转变。国家扶贫标准提高到农民人均纯收入2 300元（2010年不变价），不仅要满足扶贫对象的生存需要，而且要部分满足他们发展的需要。这十年，扶贫事业进入了开发扶贫和社会救助两轮驱动的新阶段。国家把扶贫开发作为脱贫致富的主要途径，把社会保障作为解决温饱问题的基本手段。重民生、顺民意、解民忧、暖民心，为低收入人口编织起完整的社会保障网。

这10年，扶贫开发呈现专项扶贫、行业扶贫和社会扶贫等多方力量、多种举措有机结合、互为支撑的“三位一体”大扶贫新局面。中央财政专项扶贫资金不断增加，2008年至2011年，中央财政累计投入财政扶贫资金859.32亿元，年均增长17.2%，其中2012达到332.05亿元，比上一年增加60亿元，增长22.1%，增量达到历史最高水平。

这10年，扶贫开发的区域瞄准实现了从县、村两级向连片特困地区为主战场的转变。在继续做好国家扶贫开发重点县和贫困村扶贫开发工作的同时，国家决定将六盘山区、秦巴山区、武陵山区、乌蒙山区、滇桂黔石漠化区、滇西边境山区、大兴安岭南麓山区、燕山—太行山区、吕梁山区、大别山区、罗霄山区等区域的连片特困地区和已明确实施特殊政策的西藏自治区（简称西藏）、四省（青海、四川、云南、甘肃）藏区、新疆南疆三地州作为扶贫攻坚主战场。这14个片区共有680个县。集中实施一批教育、卫生、文化、就业、社会保障等民生工程，大力改善生产生活条件，培育壮大一批特色优势产业，加快区域性重要基础设施建设步伐，加强生态建设和环境保护，着力解决制约发展的瓶颈问题，促进基本公共服务均等化，从根本上改变面貌。

我国的贫困分布带有明显的区域性特征，这是经济社会发展不平衡在新阶段的一个突出表现。这种不平衡，不仅是表现在城乡之间、东中西部地区之间，而且在中西部地区，也往往表现在中心城市与边远地区之间、城市和农村之间。在农村居民生存和温饱问题基本解决之后，片区的贫困问题更加凸显，这些地区成为全面建成小康社会进程中最薄弱的环节。

范小建认为，我国贫困现状具有四个突出特点：一是扶贫对象规模大。按照新扶贫标准，2011年年底扶贫对象仍有1.22亿人，占农村户籍人口的12.7%。二是返贫问题突出。扶贫对象经济基础薄，应对外部冲击能力差，自然灾害、家庭变故、市场波动等因素都会造成返贫，扶贫对象中短期贫困约占2/3。三是连片特困地区发展滞后。2011年全国11个连片特困地区农民人均纯收入为4 191元，仅为全国农村平均水平的60.1%；片区内农村居民恩格尔系数为46.8%，比全国农村高6.4个百分点；片区贫困发生率为28.4%，比全国平均水平高15.7个百分点。四是收入差距明显。存在三个大差距，分别是城乡居民收入差距、农村居民内部收入差距、贫困地区与全国的差距，都比较突出，有些还存在进一步扩大的趋势。

随着国家经济实力的增强，《纲要》强调把连片特困地区作为主战场，符合实现全面建设小康社会目标的客观要求。解决好这些地区的贫困问题，对于新形势下政治稳定、民族团结、边疆巩固、社会和谐、生态安全都具有特殊重要的意义。

范小建认为，把连片特困地区作为主战场，既是对以往工作思路的继承，也是一个创新。随着国家经济实力的增强，进一步强调把连片特困地区作为主战场，符合实现全面建成小康社会目标的客观要求。解决好这些地区的贫困问题，对于新形势下政治稳定、民族团结、边疆巩固、社会和谐、生态安全都具有特殊重要的意义。

艰难困苦，玉汝于成。我们可以期许，随着《纲要》的逐步实施，到2020年，一幅"稳定实现扶贫对象不愁吃、不愁穿，保障其义务教育、基本医疗和住房"的美好图景将展现在面前。

2014年1月25日，中共中央办公厅、国务院办公厅印发了《关于创新机制扎实推进农村扶贫开发工作的意见》，并发出通知，要求各地区各部门结合实际认真贯彻执行。

本意见所确定的牵头单位和各省（自治区、直辖市）要制订具体实施方案，认真组织实施，把各项工作落到实处，并于每年10月底前将贯彻落实情况报送国务院扶贫开发领导小组，汇总后报告党中央、国务院。

经济林是民生林业，又是生态林业，二者兼有，是多赢的。发展经济林生产和产业建设，投资少，收效快，经济效益高，适宜个体农户生产经营，又可发挥规模经营。在扶贫区，水土流失、石漠化等生态条件脆弱，但均有各自的适生经济林树种。一个经济林树种的名特优品种，即可形成一个产业，成为扶贫区的支柱产业，这是一条有特色的康庄大道。在扶贫区离开经济林产业化建设，是富不起来的。

在扶贫区建设社会主义新农村，是全面建设小康社会的必由之路，是根本解决"三农"问题的重大举措。

《史记·货殖列传》云："夫用贫富，农不如工，工不如商，刺绣文不如倚市门。"现代经济林产业建设，是组成林—工—商一体化产业体系。在扶贫区的生态环境中，在科技落后中，在经济后滞中，完成工业商品化生产，唯一只能用经济林绿色生态产品加工商品，有工有商。

2015年10月16日，2015减贫与发展高层论坛在京举行，习近平主席在论坛上庄严向世界宣布："未来五年，我们将使中国现有标准下7 000多万贫困人口全部脱贫。"

四、保障供给拉动内需

20 世纪 90 年代开始，人们的自我保健意识日益增强，在食物的选择上不仅要求味美，更多地注重洁净未受污染，具有营养和保健效用的天然食物。因而，“绿色食品”已成为人类饮食文化的一种价值取向。“森林食物”“森林饮料”风靡全球，经济林与营养已成为国际新热点。1993 年国务院发的《九十年代中国食物结构改革与发展纲要》中提出增加果品，增加食用植物油，提出要发展“森林食品”。

经济林产品在保障人类粮油食品安全，干鲜果品和香料调料市场供给等方面具有重要作用，是人们生活所必需的。木本药材是保障人类医疗健康所必需的。经济林原料产品为工农业生产提供原料，是不可缺的，否则影响国民经济又好又快发展。经济林食品天然洁净、绿色，具有保健功能，普遍深受人们青睐，国内外市场一直看好，拉动内需，拉动外贸出口。

中国传统文化在食品保健方面有着悠久的历史和宝贵的经验，而古代食品保健的发展始终与木本、草本药物不可分。从神农尝百草的传说反映出通过“尝”来区分百草的性能的艰苦历程。《周礼》记载周朝设“食医”之职。《黄帝内经》中有说：“毒药攻邪，五谷为养，五果为助，五畜为精，五菜为充，气味合而服之，以补益精气。”历代都有关食疗营养保健的医学著作。清咸丰十一年（1861 年）王士雄编《随息居饮食谱》被誉为食疗名著，王氏主张“食无求饱，味勿厚滋，而以清淡洁净，适合时令为佳”，颇具现代主张。

恩格斯在《自然辩证法》一书中，把人的需求对象分为“生存资料、享受资料和发展资料”这样三个层次。享受需要是在生存条件优化后，更高档次的生活水平。发展资料则是人类不断进步创新的需求。经济林产品中的食品部分，是满足人民生活享受需要，以提高人类生活质量，使人们生活过得更文明、更舒适。享受消费阶段的重要特征就是需求日趋功能化，营养健康则是发展大势所趋。果品不仅要味美，并且要形美，引起食欲。其中工业原料部分是属于发展需要，促进社会进步与发展的。因此，经济林行业的生产担负着人们生活需要，享受需要，以及社会进步与发展需要的双重任务，因而其发展前景是无限宽广和美好的。

五、发展庭园经济林业

庭园经济林业是伴随农村经营体制的改革得到恢复与发展的。在这里说恢复在中国是古而有之，说发展是灌注了商品经济的新概念，不再是以往“庭园有果好待客”

的观念了，而是作为商品生产的阵地。湖南益阳县谢林港镇先锋村有 9 个村民组，其中 5 个村民组有庭园经济林收入，年人均 700 元，其中 4 家农户收入过万元，这是家庭“绿色企业”致富之路。所以农民说庭园经济林业可以富，并且富的踏实，年年可靠。庭园经济林业在我国有巨大的发展潜力，全国约有 2.2 亿农户，平均每户经营耕地面积 0.4hm^2左右，在一些缺少耕地的山区只有 0.2hm^2左右。在南方的丘陵山区每一农户的房前宅后的空坪隙地以及连同附近的自留山面积可达 1hm^2左右，在平原也有 0.2hm^2左右。全国平均每个农户是 0.5hm^2左右，可以用来作庭园经济林经营，年收入可达 7 000元左右。我国有发展庭园经济林的总面积是 1 173万 hm^2，大于耕地面积，是中国农村奔小康的重要经济支柱。

近些年来，在国内外兴起的乡村林业或社会林业，它的生产场地主要集中在住宅周围和村镇附近，以农户为单位种植收益快，收益高的经济林木，生产和经营合一，进行集约栽培经营，从这个意义上说，乡村林业是庭园经济林业的同义语，1994 年 3 月在昆明召开了一次乡村林业的国际会议。

庭园经济林（乡村林业、社会林业）由于光照、水肥条件好，立体经营，一地多用，长短结合，管理方便，因而高产、优质，经济效益好。湖北罗田县泊刀峰林场的职工在庭园进行绞股蓝与天麻复层种植。当年 10 月种天麻，次年 3 月在地面上种植绞股蓝，平均每平方米土地上纯收入 92.60 元。

六、民生林业

（一）民生林业新理念

“民生”一词最早见于《左传·宣公十二年》的“民生在勤，勤则不匮”，而“民生”的明确含义，则孙中山先生于 1924 年提出的。孙中山先生提出：“民生就是人民的生活——社会的生存，国民的生计，群众的生命。”这一论断奠定了民生主义的认识论基础。良好生态环境是提高人民生活水平、改善人民生活质量，提升人民安全感和幸福感的基础和保障，是重要的民生福祉。

2013 年 12 月 28 日中国林业先哲梁希教授 130 周年生辰。为此，于 2013 年 12 月 27 日在《中国绿色时报》发表题为：“赞扬青山惠民生”纪念文章。“赞扬青山惠民生”是梁希等老一辈新中国林业事业开拓者的主张和愿望，也是我们这一代务林人的光荣使命。同日全文重刊，梁希教授 1929 年在前中国林学会主办的《林学》期刊创刊号，发表题为：“民生问题与森林”的论著。该文首先将人类进化和人类社会进步发展，划分三个时代。第一个时代，是原始时代和游牧时代。第二个时代是农业时代。

第三个时代是19世纪以后的现代工业时代。但梁希老说："人类所以能够发达到一在的地步，都是森林的功劳。所以饮水思源，我们要把森林看得神圣似的才对。"文章的第二部分，阐述了森林与民生的关系。分别就"森林与食""森林与衣""森林与住行"，做了详细论述。文章论述："简括的说一句：衣食住行都是靠着森林。"最后告诫我们"万万不可轻视森林!"

习近平总书记深情地说："人民对美好生活的向往，就是我们奋斗目标"，温暖了亿万人的心。

习近平总书记把环境问题提升到民生的高度，把生态环境问题视为重要的民生问题，必须顺应人民群众对良好生态环境的期待，推动形成绿色低碳循环发展新方式。这是以人为本执政理念的最具体体现。"环境就是民生，青山就是美丽，蓝天也是幸福。""环境就是民生，民生好离不开环境好。"这是习近平总书记提出的民生视角下新生态观，大有一语惊醒梦中人的意味。因此，我们要进一步强化对良好生态在全面建成小康社会中重要性的认识，决不离开了生态良好空谈全面小康。因此，"环境就是民生，民生好离不开环境好"的新生态观，成为全社会的重要共识。

2013年，习近平总书记在海南考察时强调："良好生态环境是最公平的公共产品，是最普惠的民生福祉。"这一科学论断深刻揭示了生态与民生的关系，既阐明了生态环境的公共产品属性及其在改善民生中的重要地位，同时也丰富和发展了民生的基本内涵。林业具有多种功能和多种效益，核心就是改善生态和民生。改善生态、改善民生既是中国林业的中心任务，也是世界各国普遍关注和着力解决的重大问题。深入学习贯彻习近平总书记重要讲话精神，对于加快推进生态林业发展、建设生态文明和美丽中国，具有重大而深远的意义。

从民生需求来看，良好的生态环境，无疑是最公平的公共产品，也是最普惠的民生福祉。如果说老百姓过去盼的是温饱，那么现在盼的是环保；过去求的生存，现在求的是生态。更好的抓生态，是顺应人民群众对良好生态环境的期待，牢固树立抓生态就是抓民生、改善生态就是改善民生的理念。

（二）民生林业意义及内涵

1. 概　述

森林和林业服务人类社会，包含生态林业和民生林业两部分。林业首要任务是以生态林业的生态功能作为生态产品，用于创造优良优美的生态环境服务人类社会。从而无障碍地推进经济社会持续发展。

1970年，联合国《人类对全球环境的影响报告》中首次提出生态系统服务功能的概念，自此，森林具有涵养水源、保持水土、防风固沙、抵御灾害、吸尘杀菌、净化空气、调节气温、改善气候、保护物种、保存基因，固碳释氧强大的生态功能逐步被社会所认知。

森林是地球上结构最复杂、功能最多和最稳定的陆地生态系统，被誉为大自然的“总调节器”和“地球之肺”，维持着全球的生态平稳。增强森林生态功能关系保障国土生态安全、改善生态环境、维护生物多样性，有利于充分发挥林业在建设生态文明中的重要作用。以固碳释氧为例，据测定，一亩森林每天能吸收 67kg 二氧化碳，释放出 49kg 氧气，可供 65 个成年人呼吸使用；城市居民每人需要 $10m^2$的林地供氧。

全国森林资源面积达 2.08 亿 hm^2，森林覆盖率 21.6%，森林蓄积 151.37 亿 m^3。在生态服务功能方面，中国森林生态系统每年提供的生态服务达 12.68 万亿元，相当于年 GDP 总值班的 23%，相当于每年为身强体壮国民提供了 0.94 万元的生态服务。其中，森林年涵养水源年价值量达 31 823亿元，保护环境价值达 20 037亿元，净化大气环境年介值班 11 774亿元。随着中国经济社会发展和人们生活的不断提升，人们不仅期待安居、乐业、增收，更期待天蓝、地绿、水净，人们对生态产品和良好生态的需求越来越大，人们对发展林业、增强森林生态功能的期盼越来越高。

习近平总书记说：“让老百姓过上好日子是我们一切工作的出发点和落脚点。”民生林业是林业现代产业体系，是属于大民生组成基因，提供物质生态产品。是人过上幸福生活，物质享受需求要部分，少了就过不上幸福生活。保障粮油安全，功能性美味食品，以及调味香产品，使生活丰富多彩。保障健康必需的中药材。“健康中国2030”，经济林在保护生态环境，提供保健功能食品担当重任。

民生林业产业生产的生态产品中，提供批量的工农业业生产原料，创造巨额财富，让人民生活富裕，社会文明和谐。

民生林业和其他民生一样是人民幸福之基，社会和谐之本。推进民生林业的不仅回应人民美好生活的期盼，更是回应人民对美丽环境的期盼。民生林业内涵主体要素是经济林。经济林以其林—工—贸一体化自然独特优势，组成经济林现代产业体系，进行无公害，标准化，系列化，大批量商品生产，产出绿色、洁净、保健、味美名特优生态新产品。服务人类社会。经济林现代产业体系及其产品，是经济社会组成基因，不可缺少，不可替代，纳入国家“十三五”战略发展规划。

经济林食品，誉称森林食品，代表安全、生态，“森林食品”20 世纪 80 年代开始成为世界食品新追求。

经济林现代产业生产的生态新产品，及其制品有数千种之多。并且其中大多数是药食同源，具有医疗保健功能。如其中名特干鲜果品，银杏、板栗、枣、柿、核桃、山核桃、香榧。具保健作用的、茶油、油橄榄。各地名贵中药材，沙棘、绞服蓝、苦丁茶。工业原料，油桐、乌柏、生漆、白蜡，等等。

2.《关于加快木本油料产业发展的意见》(国办发〔2014〕68 号)解读

国务院办公厅 2014 年 12 月印发《关于加快木本油料产业发展的意见》(以下称《意见》),第一次从国家层面对中国木本油料产业发展作出了全面系统的部署,充分体现了党中央、国务院对发展木本油料产业、维护国家粮油安全的高度重视。

《意见》提出的基本原则。坚持统筹规划,科学布局,突出区域特色;坚持市场导向,政府扶持,促进适度规模发展,提高集约经营水平;坚持依靠科学,积极推广优良品种和新技术,努力实现主产、优质、高效;坚持适地适树,稳步推进,充分利用宜林地、盐碱地、沙荒地,不占耕地尤其是基本农田;坚持创新机制,发挥龙头企业带动作用,将企业和农民利益联结在一起,实现风险共担、利益共享;坚持多元发展,加强市场监管,维护经营秩序,确保产品安全。

《意见》提出的总体目标。力争到 2020 年,建成 800 个油茶、核桃、油用牡丹等木本油料重点县,建立一批标准化、集约化、规模化、产业化示范基地,木本油料种植面积从现有的 1.2 亿亩发展到 2 亿亩,年产木本食用油 150 万 t 左右。

《意见》提出的优化木本油料产业发展布局。各有关地区和部门要继续组织实施好《全国油茶产业发展规划(2009—2020 年)》。各级林业部门要组织开展油用牡丹、长柄扁桃、油橄榄、光皮梾木、元宝枫、翅果油树、文冠果等木本油料树种资源普查工作,查清树种分布情况和适生区域,分树种制定产业发展规划。要把发展木本油料产业与新一轮退耕还林还草、三北防护林建设、京津风沙源治理等国家重大生态修复工程以及地方林业重点工程紧密结合,因地制宜扩大木本油料种植面积。

《意见》提出的加强木本油料生产基地建设。抓好木本油料树种良种选育及品种审(认)定,建立健全种质资源收集保存和良种生产供应体系,积极推进良种基地、定点苗木生产基地建设。通过典型示范,全面推行优良品种,积极推广先进适用造林技术,努力提高单产水平,新建一批高产、稳产木本油料生产基地,对现在低产林进行抚育、更新和改造。

《意见》提出的推进木本油料产业化经营。积极培育跨地区经营、产供销一体化的木本食用油龙头企业,鼓励企业通过联合、兼并和重组等方式做大做强。支持企业在主产区建立原料林基地和建设仓储物流设施,发展“企业+专业合作组织+基地+农户”等产业化营模式,建立长期稳定的购销合作关系,引导农民开展标准化和专业化种植。鼓励木本油料林立体种植和综合开发,提高林地利用率和木本油料综合生产能力。支持专业合作组织和农户强强木本油料烘干、仓储等初加工设施设备建设。鼓励企业利用新技术、新工艺,开展精深加工和副产品开发,实现循环发展和综合利用。

《意见》提出的健全木本油料市场体系。积极培育统一开放、竞争有序的木本油料产品专业市场。加快建设市场需求信息公共服务平台,健全流通网络,引导产销衔接,降低流通成本，帮助农民规避市场风险。制定木本油料种植、仓储、加工、销售等生产标准，完善油脂产品和相关副产品质量标准及基检测方法。规范木本食用油包装标识管理，保障消费者的知情权和选择权。建立木本食用油质量认证体系，加大生态原产地产品保护认定工作力度，着力培育名牌产品。推动企业提高质量安全管控水平，确保产品绝色、健康、安全、环保。

《意见》提出的加强市场监管和消费引导。加强对木本食用油原料生产、加工、储存、流通、销售等环节的监管，严格执行国家标准，强化市场准入管理和质量监督检查，严厉打击制假、售假等违法违规行为，严禁不合格产品进入市场，建立健全产品质量送检、抽检、公示和重任追溯制度。加强木本食用油营养健康知识的宣传教育和普及，通过公益广告、科普读物等形式，倡导消费者合理用油和科学用油，促进形成科学健康的饮食习惯。

3. 发展木本油料势在必行

2014 年，中国食用油植物油年消费量已突破 3 000万 t，60%依赖进口。从 1993—2013 年，20 年间中国植物油年消费量从 763 万 t 增长到 3 081. 4万 t，增长 303. 8%；人均年消费量从 6. 4kg 上升到 22. 8kg，已超过世界年均用油水平。进口依存达 60%。作为人口大国，中国对于食用植物油的需求更是高于美国及欧洲各国。植物食油需求将有增无减。在食用油成刚性需求的大背景下，加快木本油料产业建设也就势在必行。

2015 年 3 月 6 日上午，习近平总书记到十二届全国人大三次会议江西代表团参加审议时强调说，环境就是民生，青山就是美丽，蓝天也是幸福。像对待生命一样的对待生态环境。习近平在会上念了赣南兴国县 105 岁老红军王承登写给他一封信，信中推荐总书记吃有保健作用的茶油。就此，总书记极其关心问及发展油茶生产还有什么困难，有代表就加大种植油茶补偿等方面提了相关建议。总书记当即指示，请有关部委就这个问题去做些调研。几位代表认为，发展油茶产业最大的问题就是初期投入成本高，国家补贴太少，每亩油茶造林补助 300 元，而现实情况是，农民种的成本每亩 1 200~1 500元。油茶 4~5 年可产果，8 年达到盛果期，由于回报周期太长，农民缺乏规模化种植的积极性。建议国家补助每亩提高到 600 元，减轻农民投资压力。

江西省现有油茶种植面积 1 300万亩，在全国居第二位，其中高产林面积 330 万亩。油茶也是全省山区及老区群众脱贫致富的重要产业。2014 年，全省茶油产量 11 万 t。近年省财政每年拿出 5 000万元作为支持油茶产业的发展基金，采取“统一规划、统一整地、统一购苗、统一栽种，分户管理”的“四统一分”模式，激发了农民的种植热情，不少企业大户也投入资金参与。

江西宜春、新余、吉安、上饶、赣州等地都是油茶的传统种植地区，油茶已成为农民发增加收入的重要途径。国务院相继出台了支持赣南振兴发展的政策和《关于加快木本油料作物产业发展的意见》，油茶产业发展前景广阔。

据报道，2015 年 3 月，湖南省政府办公厅下发《关于进一步推动油茶产业发展的意见》，在全国率先出台推进油茶产业发展的政府性文件。些文件提出，到 2020 年，全省油茶种植总面积 2 200万亩，茶油产量超过 50 万 t，产值超过 400 亿元。

据了解，湖南省自 2008 年出台《关于加快油茶产业发展意见》以来，不断加大财政投入、产业扶持、科技研发、标准化生产、市场监管、打造品牌的力度。到 2014 年，湖南省油茶面积 2 013万亩，茶油年产量 20. 7 万 t，油茶产业产值 213 亿元，3 项指标均居全国首位。油茶产业年带动社会就业 117 万人次，成为促进农增收致富的重要支柱。

据报道，2016 年 1 月 30 日，全国油用牡丹与文冠果产业发展助推扶贫会议在陕西省咸阳市召开。同年 6 月 26 日，油用牡丹和文冠果等木本油料产业助力扶贫大会在北京召开。不到半年时间，油用牡丹和文冠果为代表的木本油料产业助推扶贫的全国会议两次召开，国家层面的重视程度可想而知。

从国务院办公厅专门出台《关于加快木本油料产业发展的意见》，到 2015 年 12 月，全国油茶等木本油料产业开发脱贫现场会召开，全国油茶等木本油料产业得到快速发展。在各地的积极努力下，“十二五”以来，全国主要木本油料种植面积已接近 1. 4 亿亩，总产量达 477 万 t，从数据不难发现，我国的木本油料产业发展得“红红火火”。

国家层面，结合退耕还林，在甘肃、陕西开展试点，统筹利用国家林业补助资金和开发性、政策性长期贷款，支持贫困地区建设高水平的木本油料基地。与此同时，各地油用牡丹优惠扶持政策也相继出台。

一边是优惠的国家政策，另一边还有地方的扶持政策，加之木本油料种植的一、二、三产业协同效益，木本油料产业迎来了最好的发展时机。木本油料产业的发展不是一蹴而就的，循序渐进的科学经营才是产业可持续发展的必经之路。

据报道。2016 年 8 月 1 日，中国油橄榄产业创新战略联盟在甘肃陇南成立。现全国油橄榄种植面积已达 100 万亩，涉及种植、加工、营销企业，科研院所、大专院校等相关单位 500 多家。陇南市油橄榄种植面积达 55 万亩，约占全国的 1/2；挂果面积 20 万亩，年产鲜果 21. 5 万 t，初榨油 3 885t，占全国橄榄油产量的 93%，成为全国最大的初榨油生产基地和油橄榄种质资源圃。2015 年，陇南市油橄榄产值达 11. 8 亿元，4 万农户受益，成为农村脱贫致富的重要途径。

实行适地适树和科学栽培管理，油橄榄亩产鲜果可达 500kg 以上，如果不适地适树粗放管理，产量很低，甚至不产果。

中国农业发展银行建立油橄榄贷款模式，将贷款期限延长至 30 年，并给予贴息支持。

国家林业局规划“十三五”期间油橄榄栽培面发展到250万亩。

4. 小议木本油料

（1）关于木本油料和油脂类干果

现在报刊载文，将木本食用油料和油脂类干果两者，混为一谈，是不妥的，是两个不同的概念。木本油料是指种子或果实，专用（主要）来压榨植物食用的，如油茶、文冠果、油橄榄（果可蜜饯）等。油脂类干果，则是指种子、果实用来直接食用。如核桃、山核桃、香榧，等等。虽也可用来榨油，核桃35~40元500g，4kg核桃榨lkg，油核桃油太贵。

（2）关于木本油料发展区域规划

规划力争在“十三五”期间，建成800个油茶、核桃、油用牡丹等木本油料重点县。

我们经数十年定点定位试验研究油茶生物学特性和栽培要求，及在全国所有油茶产区实地调作研究油茶生态学特性，制订了行业标准《油菜栽培技术规程》，出版专著《中国油茶栽培》。诸多论文中完成了《中国油茶栽培区划研究报告》。《报告》将中国油适生栽培区域划分为32个立地区，包含浙、皖、鄂、渝、川、滇、黔、桂、湾、湘、赣11个省区市，284个县区市。今后我国发展油茶产业规划，应在这284个县区市范围之内（详见：《油茶栽培技术规程》LY/T 1328—2006，2006-12-01实施）。

核桃、杜仲，盐肤不可列入木本油料发展规划，应增加文冠果。据报道。2016年8月国家林业局文冠果工程研究中心，在内蒙古赤峰市挂牌成立。赤峰市分布有3.7万亩林龄40年以上的文冠果人工林。2008—2015年营造了近50万亩人工幼林，是我国最大的文冠果产区。

（3）关于油橄榄发展产业规划

油橄榄源产中海沿岸国家，也是现在主产区。现全世界有油橄榄栽培面积330万hm^2，其中西班牙、突尼斯、意大利和希腊四国面积占69%。世界年产橄榄油300多万t，4国占80%。

地中海属欧洲是世界最大的陆间海，面积255万km^2，实际位于西欧，北非，西亚三大洲之间大西洋西岸。地处亚热带和西风带。南面是非洲热带沙漠气候，北面是欧洲湿润温带阔叶林。冬季西边大西洋吹来暖湿风，形成多雨温暖的特点，夏季北非吹来干热风，形成炎热干旱的特点。因此，构成夏季炎热干旱，冬季多雨温暖，1月均温12℃，7月均温26℃，年降水300~1 000mm。成形独特的“地中海型气候”沿海土壤含盐碱pH值6~8油橄榄是长期在这样特定的自然生态环境中，生长发育和结果的。

世界其大陆的太西洋西海岸与地中海纬度相当的地方，如北非的南端，南美智利中部、美国加利福尼亚、澳大利西南，均可称“地中海型气候”。

我国引种油橄榄历史悠远。早在唐代（公元 8 世纪），段成式所著《西阳杂俎》记有：

“齐墩果（油橄榄）出波斯国，亦出拂林国。子似阳桃，五月熟，西域人压为油以煮饼果，如中国之用巨胜也”波斯国即称现在的西亚伊朗，南面对波斯湾，佛林国当时是小国，北宋时还来朝。油橄榄当时从伊朗和拂林引种。伊朗 2003 年有油橄榄栽培面积 100 万 hm^2。巨胜是芝麻，是指橄榄油如芝麻油。

公元 8 世纪开始引种，未成功，因未见推开。从 19 世纪开始，断断续续小量引种，但均未推开。现在国内公认是 1964 年阿尔巴尼亚送给周恩来总理 10 680株油橄榄苗开始规模引种。开始在广西柳州，海南海口，四川西昌，重庆歌乐山，云南昆明，甘肃武都，江苏南京，1967 年开始小量结果。至 1979 年年初全国定植油橄榄已达 1 200万株以上，在全国 16 个省市区栽培。20 世纪 80 年代初，作者分别到重庆万县、湖北郧县、湖南零陵，三地油橄榄已形产业。但油橄榄林结果 4~7 年即衰退。至 1993 年以后上述三地原有的油橄榄林都没有了。原来浙江富阳，福建南平原有小面积油橄榄林也没有了。油橄榄生产进入低潮。

进入 21 世纪之初，又开始新一轮发展油橄榄热，这一轮发展热是理智的，没有在全国盲目全面开花，主要在划出的西部油橄榄适生区，川西、陇南。这是专家们总结了我国油橄榄引种栽培 50 多年的经验成果。

据作者多地多点考察油橄榄结果期仅 4~7 年，即全面衰退。中国引种油橄榄是从万里之距，漂洋过海，引至内陆，并且原产地与引种地自然生态条件不完全相似，进行人工引种驯化栽培，难度很大。经中国科学家 3 代人的努力，在引种 50 多年中，已完成了成活、成长、初期结果关，成就巨大。现在面对的问题，是如何延长结果期限。引种一个境外结果树种，全方位完成本土化栽培，用百年的时间是常有的。

作者认为中国油橄榄引种，现正处于如何延长结果期的试验研究阶段。因此，大规模推广，要慎之又慎。如何延长果期，我们认为可考虑 4 条措施：①由中心产区引种，改为从伊朗引种；②在现有林中发现结果期长的；③从栽培技术上，施肥、灌溉，延长结果期；④长远是育种，培育新品种。

中国现代经济林产业体系建设布局研究——木本食用油料篇

摘　要：现代经济林产业体系建设是国家社会主义现代化建设中不可缺少和不可代替的。为科学发展与转变发展方式，必须进行产业布局的研究。有关布局的方法，提出了指导思想和指导原则。本研究报告拟分为食用油、工业用油、油脂类干果、淀粉类干果、香调料、饮料、工业原料 7 大类，约含60 余种产业，基本涵盖了全国主要名特优产品。

关键词：现代经济林；现代产业体系；区域化；绿色产品

在我国加快现代经济林产业体系建设，为“十二五”规划特别其中社会主义新农村建设，“两型”社会建设和提高生态文明，是可以作出自己具体的主力贡献[1]。我国现代经济林产业体系建设布局，必须严格贯彻落实因地制宜，适地建设的根本原则。否则是建不成的，不能有半点任意性。为科学发展必须要作出现代经济林产业体系建设项科学布局，进行产业规划设计，克服任意性，盲目性。

1 现代经济林产业布局方法

1.1 产业布局的回顾

20 世纪 90 年代开始了现代经济产业体系建设，经 20 多年的努力，在改革开放的大环境中，现已经形成一定的规模，2006 年，国家林业局共命名 40 家，“全国经济林产业龙头企业”。2010 年种植业采集的直接产品的产值超过 4 000亿元，加工商品的产值超过 1 万亿元，但仍未形成全国性整体科学布局。为贯彻落实“十二五”规划推进科学发展，促使转变经济发展方式，进行现代经济林产业体系布局是当务之急。

在“十二五”期间前期，应完全我国现代经济林产业体系科学布局，形成区域化、规范化、品牌化、标准化、市场化，大批量绿色商品生产。

1.2 指导思想

以“十二五”规划提出的“主题”和“主线”总的精神为指导思想。谋发展，必须以科学发展为主题。坚持正确的发展，必须以加快转变经济方式为主线。

1.3 指导原则

1.3.1 依靠资源 适地建设

现代经济林产业体系建设是以经济林树种品种资源为依托的，依据资源，布局产业。名特优资源是分散的，因而只能依据树种品种进行产业布局。如茶油总体上分布在中亚热带低山丘陵，但产区是分散的，则可划分出多产区。可考虑在大体相似的生态环境，又相邻近的地域可放宽产业布局范围，多个产区划入同一布局，建成中等企业。

国家林业局决定命名了一批“中国经济林名特优之乡”，从 2000 年开始，并于 2003 年和 2004 年共分三批命名授予：北京市怀柔县“中国板栗之乡”；河北赞皇县“中国赞皇大枣之乡”；山西左权县“中国核桃之乡”；浙江临安市“中国山核桃之乡”，诸暨县“中国香榧之乡”；山东蓬莱市“中国苹果之乡”等 293 个。包括银杏、板栗、锥栗、枣、柿、油桐、油茶、桃桃、山核桃、榛、梨、苹果、柑橘等 55 个树种。

1.3.2　创建基地　科学支撑

为保证企业加工原料能保质保量及时供应，完成农户—基地—企业经营模式，必须创建原料生产基地。基地能统一经营管理，依靠科技进步。

在创建树种品种栽培基地时，要远离污染源，进行无公害生产，实施标准化栽培经营管理，保证原始原料的绿色化。

集体林权制度的改革，为经营大户大面积连片建基地，提供了政策高地。

1.3.3　品牌战略　地理标志

为应对国内外市场竞争，必须要创名牌。原产地域，地理标志保护，是保名牌产品正宗的重要措施。原产地域保护包括：产品、产地自然生态环境、繁殖方法和栽培技术、传统特定的产品加工工艺方法。

2　现代经济林主要名特优产业体系布局

本文拟分为食用油、工业用油、油脂类干果、淀粉类干果、香调料、饮料、工业原料 7 大类，包含 60 余种产业，基本上涵盖了全国目前大面积栽培的名特优种类，能建成现代经济林产业体系。

2.1　食用油料

在世界上作为食用木本植物油栽培的有油棕（棕榈油）、椰子（椰子油）、油橄榄（橄榄油）、油茶（茶油）四大类。油棕 20 世纪 50 年在海南有引种，由于热量不够未成功。椰子、油橄榄和原产我国的油茶现均有大面积栽培。大力发展木本植物食用油生产，对保证食用油安全，具有重大战略意义。

2.1.1　油茶

油茶原产我国，是优质保健食用油。油茶是泛指作为食用油料广为栽培的普通油茶 *Camellia oleifera*、越南油茶 *C. Veitamensis*、广西油茶 *C. semiserrata*、攸县油茶 *C. yunsienensis*、小果油茶 *C. meiocarpa*、腾冲红花油茶 *C. reticulata* 等山茶属中的五、六个种。山茶属中全世界有 200 多种，中国有 180 多种，山茶花也是重要观赏花卉。在现有油茶栽培面积中普通油茶占 99%，其他均是局部的小面积的有栽培。因此，现在所说的油茶就是普通油茶。

我国栽培油茶历史逾 2 000年，现在世界上作为食用油料树种栽培的也只有中国。茶油是优质高级食用油，其成分是油酸和亚油酸为主的不饱和脂肪酸，含量在 90%以上，人体易于吸收、消化。茶油不含人体难以吸收的芥酸和山俞酸，也不含引起人体血压增高而导致血管硬化的胆固醇。茶油耐储藏，不易酸败，不会产生引起人体致癌的黄曲霉素。茶油色美味香，深受人民喜爱。“中国茶油”是全球最优的食用植物油。茶油在食用时酸价不能>6。

油茶在我国南方 15 个省（区）500 多个县有栽培分布，原有面积 6 000万亩，其中建国后净增面积 2 000万亩，增长 50%。全国现有油茶面积降为 4 500万亩。其中湖南、江西、广西 3 个省区，占全国总面积的 80%。

2008 年 9 月，国家林业局在长沙召开了全国油茶产业发展现场会，国务院副总理回良玉在会上作了重要讲话。这是新中国成立以来首次，迎来了油茶生产大发展。在此次会议之前，时任中央委员会总书记胡锦涛，时任国务院总理温家宝就油茶生产先后作了重要批示。

长沙油茶会议之后，有油茶产区的省区，根据时任国家领导在会议上重要讲话中提出的，用 10 年时间提供大量的木本食用油，在新起点做大做强油茶产业的要求。各省区立即纷纷来行动作规划，建基地，形势大好，带来历史性机遇，看来油茶生产是要翻身了，会有跨越式发展。其中，如湖南规划在 1 800万亩油茶林的基地上，至 2015 年发展至 2 000万亩，其中 1 000万亩高产林产量要达 50kg/亩，则可总产茶油 50 万 t。"茶油之乡"江西宜春市至 2015 年在油茶面积 200 万亩，发展至 300 万亩。"油茶之乡"江西兴国县有油茶林面积 100 多万亩。为发展油茶生产从 2007 年起，每年由县财政投资 130 万元补贴。广西规划至 2015 年由油茶林面积 500 万亩，发展至 800 万亩。云南由油茶林面积 52 万亩，至 2012 年发展至 100 万亩，其他如贵州、湖北、广东、四川、安徽等省也做了发展计划。为发展油茶生产国家安排由中央财政贴息贷款 20 亿元。

油茶生产按此发展速度，至 2020 年全国油茶林保有面积可达 8 000万亩超过原有面积。2010 年全国产茶油可达 30 万 t，油茶生产大发展，体现了在党领导下的社会主义制度优越性[3]。

2008 年 12 月，中央农村工作会议提出："推动大宗作用区域化布局"，"适宜地区木本油料生产"。油茶是南方优质保健食用木本油料，是优势大宗产品，直接关系国家粮油食品安全，是大民生，要优化产业布局，国家要扶持。

油茶产业化体系建设应仅限于油茶适生的栽培分布范围之内。关于油茶分布，国内有多种划分方法，据我们多年调查研究结果，认为油茶栽培分布地区位置：北纬 23°30′~31°00′，东经 104°30′~121°25′，主要栽培分布区在北纬 25°~30°。

今后重点建设大面积油茶产业基地主要范围内包括：贵州、湖南、江西 3 省，除高山和平原低丘农区外，在全省丘陵、低山均可，重庆东南部，四川东南部，云南东部，广西北部、西部，福建北部、西部、东部，浙江西部、南部，安徽东部和湖北南部，共有 11 个省区。主要产业基地建设划分依据主要是现有大面积油茶林栽培分布区，并具有适宜发展油茶的生态环境，农民有栽培经营油茶生产的习惯和经验，在分布区适宜油茶生产的地域小面积栽培也可。

本分布区境内有大别山、武陵山、雪峰山、武夷山、南岭等著名山脉，山峦起伏，地形复杂，油茶栽培垂直分布主要在500～700m以下的低山、丘陵及盆地周围。在栽培分布区的东南部和西部栽培高度可至海拔1 000m。

分布区地处云贵高原以东，中亚热带东段湿润季风区，水热条件丰富。区内年均温16～20℃，≥10℃年积温5 300～6 500℃。年降水量1 000～1 800mm，年降水日数大多在150天左右，夜雨多，贵州、湖南全年夜雨率占70%左右，冬春季节更为显著，对油茶生长极为有利。

土壤是油茶栽培分布生态因素中的重要因素。目前，我国油茶林地土壤基本保持自然土壤的特点。本区地带主要是红壤，其次为黄壤。红壤多分布在500～600m以下的低山丘陵。黄壤多分布在600m以上的低山。

更详细的油茶产业体系建设区域，见《油茶栽培技术规程》（LY/T 1328—2006）附录A。

2009年11月9日，国家发改委、财政部、国家林业局发布《全国油茶产业发展规划（2009—2020年）》（以下称《规划》），提出把油茶产业建设成为促进山区农民增收致富和改善山区生态环境的重要产业。

《规划》指出，到2020年我国油茶产业的发展目标是：力争使我国油茶种植总规模达到7 000万亩，稳产后，通过抚育改造的油茶林年亩产茶油可达25kg，更新、嫁接和新造油茶林年亩产茶油达到40kg以上，全国茶油产量达到250万t。同时，形成相对完备的茶油产、供、销产业链条，逐步形成资源相对充足、利用水平高、产出效益显著的油茶产业发展格局。

《规划》明确了油茶产业建设的主要任务：油茶林基地建设、油茶良种种苗繁育基地建设、科技支撑保障体系建设、油茶加工与产业相关体系建设等。规划油茶林基地建设总面积6 631.0万亩，其中：新造油茶林2 487.0万亩，现有低产油茶林改造44 144.0万亩，加上现有的高产油茶面积387.1万亩，到规划期末，我国油茶花林基地面积将达到7 018.1万亩。

《规划》显示，目前，我国油茶面积约有4 500万亩，油茶籽年产量100万t左右，年产茶油约26万t，产值约110亿元，长江流域及其以南的14个省（区、市）为油茶主要分布，其中江西、湖南、广西三省（区）油茶面积占全国油茶总面积的76.2%。全国油茶加工企业659家。

《规范》指出，我国将在有效利用现有油茶林基础上，依据油茶种植区划，在山地丘陵适生区域大力发展良种油茶林基地，以改造现有低产林为重点，新造油茶林与低改相结合，有效改善种植结构，扩大良种油茶比例和规模。通过采取调整结构、典型示范、龙头带动、科技推广等措施，逐步形成资源相对稳定充足、产出效益显著的油茶产、供、销产业发展格局，不断增加茶油供给能力，把油茶产业建设成为促进山区农民增收致富和改善山区生态环境的重要产业。

《规划》根据我国油茶产业发展现状和发展潜力，确定全国油茶产业发展规划范围为浙江、安徽、福建、江西、河南、湖北、湖南、广东、广西、重庆、四川、贵州、云南、陕西等14个省（区、市）的642个县（市、区）。

《规划》还提出了推进油茶产业发展的近期、中期、远期实施步骤和一系列政策措施。

2.1.2　油橄榄

油橄榄 *Olea euporaea L.*，属木樨科 Oleaceae，木樨属。油橄榄原产地中海沿岸，栽培历史愈五千年，最初由叙利亚开始栽培传播扩散。油橄榄是果实含油，只用果实榨油。橄榄油和中国茶油一样是世界最优木本植物食用油。富含油酸和亚油酸。油橄榄原产地中海沿岸，适宜于“地中海型”气候，其特点是冬季低温多雨。也是沿岸国家人民喜爱的优质营养保健食用植物油。

现世界5大洲40多个国家有引种栽培。全球有油橄榄栽培面积约1.32亿亩，8.5亿多株，常年产橄榄油260万t，需求量264万t。现油橄榄栽培面积和年产油量95%集中在地中海沿岸国家，其中西斑牙有栽培面积3 000万亩，年产油量80万t，意大利有栽培面积1 695万亩，年产油量50.2万t，二国栽培面积占世界36%，而年产油量却占50%，说明其经营水平较高。橄榄油消费最多的国家是希腊人年均27kg，其次是西班牙人年均19kg。油橄榄除榨油外，还可制多种食品，盐渍和糖渍橄榄果罐头，橄榄果蜜饯等。

在时任国务院总理周恩来直接关怀下，我国1964年从阿尔巴尼亚成批引进油橄榄植株，是1949年后油橄榄较大规模引种。经过林学家们40余年不断努力，从世界各地用于栽培的500多个油橄榄品种引进150多个，并从中选育出一批适生我国各地栽培的优良品种。全国栽培油橄榄树发展至2 500万株，产油估计约20万kg，20世纪70年代以后生产下降，现保留下来的树不足200万株。经历了由低谷，走向再发展，2003年开始在甘肃陇南，四川广元，达州，云南楚雄彝族自治州、丽江，有较大发展，另外，四川西昌、巫山、巴中也有少量栽培。

由20世纪末进口橄榄油以来，进入21世纪，国内市场对橄榄油的需求快速增长，1999年进口橄榄油122t，2004年进口2 700多t，2005年达到4 500t，至2010年年底超过1万t，现长沙超市进口橄榄油已上货架，每千克价格达114元，远远超过国内食用植物油。国产橄榄油现始进入涉外宾馆。国内有远见的企业家，纷纷到四川、云南、甘肃投资发展油橄榄产业。

四川省广元、西昌，甘肃武都，云南永仁等市县，把发展油橄榄列入扶贫开发、退耕还林、荒山荒坡治理工程项目中，在资金、贴息贷款等方面给予有力支持。据

2006 年不完全统计，四川、云南、甘肃三省现有油橄榄面积 40 万亩（1 000 万株），其中：四川约 30 万亩其中广元、永仁各 10 万亩（1 100万株），甘肃、云南两省各 10 万亩。继达州、广元两地列为四川省发展油橄榄的重点区域后，具有资源优势和历史经营优势的四川省凉山州，2006 年开始在西昌、宁南等 10 个县市发展 40 万亩油橄榄。

云南“十一五”计划建油橄榄基地 55.2 万亩，带动农户 19.85 万亩。2015 年产油 3.467 万 t，产值 17 亿元。

甘肃武都油橄榄经国家质检总局审查合格，获得了由国家质检总局颁发的“地理标志产品保护”专用标志，成为国家质检总局 2005 年施行“地理标志产品保护”规定以来，甘肃省首个获得“地理标志产品保护”专用标志的地方特色产品。

武都油橄榄“地理标志产品保护”范围为陇南市武都区的角弓、石门、两水、坪垭、城郊、城关、东江、汉王、桔橘、透防、三河、外纳、玉皇、郭河等 14 个乡镇现辖行政区域。

甘肃省陇南市武都区已成为全国面积最大的油橄榄种植基地。目前武都油橄榄种植面积达 9 万亩，共 184 万余株。

根据四川、云南、甘肃等省初步规划，到 2010 年油橄榄总株数可达 4 000万株。按 1 500万株投产，每株平均产果 10kg，每产鲜果 1.5 亿 kg；按出油率 20%计，可榨取橄榄油 3 000万 kg；总收入可达 45 亿元。如再加上油橄榄保健品、化妆品乳酸发酵盐水油橄榄罐头，油橄榄蜜饯、果酱、橄榄酒等系列产品，其经济效益就更可观了。

为了科学规范油橄榄产业生产布局，我国油橄榄专家经过近 40 年的油橄榄适种试验证明，我国已在 4 个主要地区获得丰收，也是适宜建设现代产业的地方。

一是金沙江干热河谷区。以西昌、宾川、永胜为代表点。

二是白龙江低山河谷区。以甘肃武都为代表点。

三是秦岭南坡大巴山、北坡嘉陵江及汉水上游。以安康、广元为代表点。

四是长江三峡低山河谷区、以巫山、万县、开江为代表点。

当今世界采用鲜果冷榨，而获得的纯天然木本食用油——橄榄油。根据联合国粮农组织（FAO）和有关国家资料，到 21 世纪的前 3 年世界橄榄油平均年产量达到 288 万 t，其中有两年超过 300 万 t。

根据 FAO“贸易年鉴”1994 年至 2003 年，世界贸易橄榄油 10 年平均年进出口量分别为 115.4 万 t 和 107 万 t。按橄榄油年出口数量多少，前 6 个国家依次为：西班牙（41.7 万 t）、意大利（20.8 万 t）、希腊（15.5 万 t）、突尼斯（9.2 万 t）、土耳其（5.2 万 t）、葡萄牙（2.3 万 t）。6 国总出口量为 94.7 万 t，占世界总出口量的 88.5%。

根据我国《橄榄油和油橄榄果渣油行业标准》和国际橄榄油理事会 2003 年 12 月颁布的《橄榄油和油橄榄果渣油贸易标准》，橄榄油和油橄榄果渣油分为 3 大类共计 7

个等级。

一是初榨橄榄油（Virgin Olive Oil），分 3 个等级：特级初榨橄榄油（Extra Virgin Olive oil），选用最好的油橄榄鲜果经压榨获得的天然油，油色淡黄至黄色，味道极好，透明度最好，酸度≤0.8%，含有油橄榄鲜果的全部营养成分，是橄榄油中最高等级的油，其价格最高，超市数量多；初榨橄榄油或称优级初榨橄榄油（Virgin Olive Oil），酸度≤2%，超市不多见；普通初榨橄榄油（Ordinary Virgin Olive Oil），酸度≤3.3%，超市数量少。

二是不能直接消费的初榨橄榄油，亦称初榨油橄榄灯油，酸度>3.3%，须精炼后方能食用。分为：精炼橄榄油（Refined Olive Oil），酸度≤0.3%，超市不多见；纯正橄榄油或称纯橄榄油、橄榄油、混合橄榄油（Pure Olive Oil），指精炼橄榄油与一定比例（通常为 10%~30%）的初榨橄榄油的混合油。一般情况下，混合油中的初榨橄榄油比例越大，油质越好，油色也越深，价格也略高。

三是油橄榄果渣油（Olive — Pomace Oil），油橄榄鲜果经榨油后的油渣，一般含残留油 4%~6%，用化学溶剂从油橄榄果渣中获得的油称粗提油橄榄果渣油。分为：精炼油橄榄果渣油（Refined Olive — Pomace Oil）酸度≤0.3%，价格低，超市少见；油橄榄油渣油（Olive — Pomace Oil），精炼油橄榄油的混合油，酸度≤1%，价格低。该油在任何情况下都不能称作“橄榄油”。

2.1.3　椰　子

椰子 *Cocos mucifara*，属棕榈科 Palmae，单子叶植物。椰子油是世界性优质食用植物油。椰子原产马来群岛，现在主要分布在南北纬 20°之间热带滨海的 15 个国家。全世界有椰子林约 1 050万亩，年产椰子 4 000万 t，椰油 350 万 t，约占世界食用植物油总量的 8%。另年产椰干 150 万 t。

椰子可食部分是种实中的胚乳，俗称椰肉，白色。干椰肉含脂肪 60%~70%，椰肉可直接食用。也可制作糕点、糖果（海南椰子糖，全国名牌）、饮料（椰树牌椰子汁，全国名牌）。椰肉用来生产食品、饮料，经济价值高，现少用来生产椰子食用油。内果皮俗称椰壳，坚硬可雕刻制成各种茶具、酒具等精美工艺品。椰子的中果皮是很好的纤维，可制绳、刷、扫帚、床垫。

椰子是典型的热带经济林树种，树形优美是热带风光的标志。椰子利用栽培历史，早在汉代就有栽培，逾两千多年。

椰子在我国广东雷州南部和海南省有栽培分布，在雷州徐闻县西南滨海地方也能开花结果，最适主产区是海南。椰子在海南省栽培分布主要集中东部临海，文昌—琼海—万宁一线，海拔 50m 以下的平原滨海沙土。海南现有栽培面积约 18 万亩，年产椰子 3 000多万个。

据有关资料，椰子对温度、阳光、雨量和海风非常敏感，有严格的要求。

温度。椰子最适宜的是年平均气温 27℃，且昼夜温差不大于 6~7℃；年平均气温低于 20℃，便不能正常结果。气温降至 13℃以下则会遭受冻害。

阳光。椰子是强阳性的植物，成年树需直射光，受荫蔽则生长不良。年光照要求在 2 000h 以上。

雨量和湿度。椰子要求年降水量 1 300~2 300mm，且要分布均匀。海南雨量虽分布不均匀，有干湿季之分，但沿海地方水丰富，弥补了干季雨量不足，相对湿度80%~90%，最适椰子长。

风。椰子是热带海洋型植物，严要求常年有湿润含盐咸风吹拂的地方最适，生长繁茂，结果多。椰林能抗 8 级台风。凡海风直接吹不到的地方，不适椰子生长。

海拔和土壤。椰子栽培分布主要沿海岸平地，海拔在 50m 以下。

椰子最适生长盐碱性海滨沙土，pH 值 8~9。

综上所述看出，在海南椰子最适栽培区是东海岸以文昌为中心包括文昌—琼海—万宁—陵水一线海滨平原，可以建成 50 万亩椰子现代产业带。

2.1.4　文冠果

文冠果 *Xaruthoceras Sobifolia*，属无患子科 Sapindaceae，是我国特有的食用木本植物油树种。文冠果在我国分布于北纬 32°~46°，东经 100°~127°，主要在暖温带。地理位置在秦岭淮河以北、内蒙古呼伦贝尔以南均有分布，适宜在西北、东北、内蒙古等地栽培的食用油料树种，现有资源以陕西延安，山西临汾、运城和忻州，河北张家口和辽宁朝阳为多。文冠果大多生长在海拔 400~1 400m 的中低山地和丘陵地带。

早在 1 200年前南宋，我国就有利用文冠果资源的记载。文冠果作为经济林营造，始于 20 世纪 50 年代中期开始人工驯化栽培，60 年代发展较快，内蒙古翁牛特旗首先建立了文冠果林场。至今有近 50 年历史，现内蒙古、陕西、河北、山西、甘肃和河南等地有栽培，全国有文冠果林面积 60 万亩，年产油 25 万 kg 左右。据唐山民益植物公司提供的资料，文冠果种仁含油率可达 62.8%，油含人体所需的各种氨基酸 19 种，其中人体需要的赖氨酸和色氨酸在人体内不能依赖氨基酸转换获得，必须从食物中摄取。每 100g 油中含氨基酸 23.03g，文冠果油含油酸 42.8%。含 9 种钾、钠、钙、镁、铁、锌等微量元素和维生素 B_1、维生素 B_2、维生素 C、维生素 E、维生素 A、胡萝卜素。蛋白质含量高达 23.99%。

文冠果油油渣主要成分是蛋白质和糖类物质，蛋白质约占油渣总量的 7%，糖类物质约占 25%。可作为提取蛋白和氨基酸的原料，还可加工精饲料。果皮可提取工业用途广泛的糖醛；种皮可制活性炭。

文冠果树叶子、枝、干可入药，果皮可提取工业用糖醛，种皮可制活性炭，用途非常广泛。原油食用要精炼味美。20 世纪 80 年代，生产滑坡，保留面积不到 5 万亩。进入 21 世纪后又开始发展，现约有 10 万亩。

文冠果暖温带树种，喜光，适应性较强，根系发达，能耐干旱瘠薄，抗寒性强，耐盐碱，在黄花菜土高原、山坡、丘陵、沟壑边缘和土石山区都能生长。是水土保持、防风固沙的好树种。适生中性至微碱性的沙壤、壤土，年均气温 6~13℃，在气温 -41℃能安全越冬。年降水量 500~800mm 的环境有利于文冠果的生长发育和结实。文冠果深根性，根系发达，保水力强，但不耐水涝，低湿地不能生长。

文冠果要形成现代产业是困难的，但在局部地区特别是西部干旱区，发展文冠果生产用来解决部分地方人们的食用植物油，丰富人们生活是有重要意义。

2.1.5 元宝枫

元宝枫 *Acer truncatum*，属槭树科 Aceraceae，槭属。元宝枫，又名元宝槭，我国古代称为槭树。元宝枫种子用压榨法制取的元宝枫原油，橙黄至棕黄色。油中脂溶性维生素含量丰富，维生素 E 含量高，抗氧化性能好，耐储藏。经西安医科大学药学院多年的毒理、药理研究和大量动物实验证明，元宝枫油不仅对肿瘤细胞有明显抑制作用，同时能促进新生组生长，对体细胞有修复作用。

元宝枫分布于吉林、辽宁、内蒙古、河北、山西、山东、江苏北部（徐州以北地区）、河南、陕西及甘肃等省区。垂直分布 300~2 000m。元宝枫在我国北部比较普遍。但多零星分布。其寿命较长，在人工栽培条件下，一般 6 年左右开花结实。目前，主要是作为保健品在开发利用，还没有作为木本食用油大面积栽培。

2.1.6 仁用杏

仁用杏 *Armeniaca vulgaris*，属蔷薇科 Rosaceae，杏属。仁用杏也是食用油树种，资源丰富，脂肪含量在 50%~64%，蛋白质含量 23%~27%，是优质食用油。并据在北京、河北、内蒙古、辽宁、山西、陕西等重点产区的调查，集中成片的山杏林有 60 万亩，年产山杏约 1 000万 kg。目前仁用杏油还未形成规模生产，只宜用来供局部地区人们食用。

2.1.7 毛　梾

毛梾 *Carnus walteri*，属山茱萸科 Carnaceae，梾木属。又名车梁木（山东、河北），油树（陕西）。果皮、果肉和种仁均含有油脂，果食含油率 31. 8%~41. 3%，果肉含油率 25%，脂肪酸组成以亚油酸、油酸和棕榈酸为主，属半干性油。油除食用外，可作药用，治皮肤病。

毛梾分布在北纬 29°~40°，东经 100°~123°。以山东、陕西、河南栽培分布多，性耐寒，不耐高温。目前还少有大面积人工栽培，形成不了产业化生产经营。但作为解决局部地区人们的食用油，仍有重要作用。

3 小 结

植物用油中含较多的不饱和脂肪酸，人体必须脂肪酸含量较高。必须脂肪酸是人体不可缺少，又不能自身合成的，它与人的生长、发育、生殖和新陈代谢都有密切的关系。木本油料普遍地油酸含量高。基本不含胆固醇，因而具有人身易于吸收，并有降血压的疗效。

现在油脂工业中食用植物油加工制作的发展方向，是强调食用油的高度精炼，形成高级烹调油，色拉油在市场上出售，油色白色通透。我们认为食用植物油过分精炼，油中所有氧化物、活性物质都炼掉了，有的营养元素，某些微量元素也被炼掉了。色拉油倒进锅里炒菜，原来油的香味没有的，所有食用植物油不宜过分精炼。今后食用植物油宜发展多种油混合的营养型调和油，营养元素互补，有利人的健康。

原载：《中南林业科技大学学报》，2011，31（3）：1-7.

（三）民生林业特点

1. 不砍林木保生态

经济林现代产业生产，采收不砍树，保持原有林分，仍然起着生态环保作用。南方的油茶林连绵百公里，数万亩，冬季一片白花，美不胜收，保护着南方干旱丘陵和农耕地。经济林能天然凸显生态效益，经济效益，社会效益三统一。

2. 产品多样具特色

经济林在中国无论东西南北中，都有各自适生主栽种和品种。安全生长在各自的自然和社会特定的条件下，经长期的生产实践积累沉淀创立了特有的栽培经营方法，和产品加工技术，形成独特名优产品，传承至今长达数百至千年，弥以益新。

全国经济林种和品种及品名有数千种之众。中国油桐，中国生漆，中国茶油，广西肉桂，广西八角，京东板栗，金丝小枣，枫桥香榧，昌化山核桃，漾濞核桃等，千种之多，享誉全球。

3. 扶贫帮困是美德

2015 年 11 月 29 日（见报 2015 年 12 月 8 日）印发了《中共中央国务院关于打赢脱贫攻坚战的决定》（下称《决定》）。《决定》将脱贫重要性认定是“事关巩固党的执政基础”。

《决定》提出“发展特色产业脱贫”。可以解读为“发展特色经济林产业”。经济林产业符合基本原则中四条：“坚持精准扶贫，提高扶贫成效”“坚持保护生态，实现绿色发展”“坚持群众主体，激发内生动力”“坚持因地制宜，创新体制机制”。因此，可以“确保我国现行标准下农村贫困人口实现脱贫，贫困县全部摘帽，解决区域整体贫困”总目标的实现，是经济林光荣的历史任务。

七、发展民生林业空间广阔

（一）集体林地流转承包

我国集体林地改革，至2014年已完成。全国集体林地明晰产权、承包到户的改革任务，已确权集林地27.05亿亩（全部林业），发放林权证1.01亿本，5亿农民受益。

我国丘陵山区农村27.05亿亩集体林地，多分布在海拔1 000m（西南原高可上升到2 000m）以下的丘陵低山，有人居住的地方，没有天然保护区，立地条件较好的宜林地，可以用来发展林业生产。实际上现有集体林地，多是有林地，但多为低价值林地，为提高林分质量，提高林地使用价值，要因地制宜，科学地逐步有计划进行林种树种调整。根据对现代林业产业生产品的需求，可考虑用17.05用来发展各类用材林，今后我国使用木材主要依靠非公有制林业。国有林地19.75亿亩，主要是天然林禁伐区（含自然保护区）。各防护林一定时候要更新改造现有木林。“十三五”以后的10~15年内，解决木材10亿~13亿m^3的内需，彻底解决现在国内使用木材57%依赖进口的困局。另外10亿亩用来发展经济林现代产业生产。

一家一户经营经济林面积小，形成不了现代产业批量商品生产的规模效应，仍然是小农经济模式，农民富不起来。必须遵照自愿依法、有偿进行集体林地流转承包，形成千亩以上经济林经营大户，或建林场，或建基地，或组建合作社，至2014年全国有林业合作1 557万个，经营林地3.8亿亩。

推行集体林地所有权、承包权、经营权，三权分置。但要明确三权的界限，权利关系，依法保障集体林地农户所有权，落实稳定承包者的承包权，明确经营权的权能。通过鼓励林权游转，规范转行为，建立利益共享机制，推动大户经营、集体合作经营、企业经营等多种成式共同发展，提高劳动生产率，林地产出率和资源利用率。

林业主管部门要培育壮大规模新型经营主体。利用国家鼓励大众创业、万众创新的契机，大力发展规模家庭林场，“公司+合用组织”“公司+农户”股份制等多种经营形式。

据报道。江西省已培育形成专业大户3 364户、家庭林场1 362个、民营林场644个、专业合作社2 208个、股份合作社374个，创建国家级示范社40家、国家级林下经济示范基地7个。

2016年以来，江西省稳步推进林地流转，截至6月底，全省累计流转林山2 056万亩，占集体山林总数的15.1%；林权进场交易累计成交40多亿元，累计林权抵押款

100 多万元；森林投保面积达 1.13 亿亩。

（二）发展前景美好

在“十三五”之后，再用 10~15 年的时间，我国要完成 10 亿亩经济林现代产业体系建设。现在和今后经济林生态产品全依非公有制。据测算，经济林生态产品，包括种和品种及其加工制品达数千种之多，枣超过 150 种。总产量超过 1 000 亿 t，产值 40 万亿~60 万亿元，居世界第一，出口量是世界第一。5 亿农民得经济实惠，致富。

第五节　新中国成立后经济林建设沿革

一、我国经济林政策沿革

我国经济林的快速发展，主要得益于各级政府的高度重视。早在 1956 年国务院发布《关于新辟和移植桑园、茶园、果园和其他经济林木减免农业税的规定》以来，为经济林生产发展注入活力。在此期间，全国营造经济林 4 650万亩，占同期人工造林总面积的 22.1%。

1961 年，国家发布了《关于收购重要经济作物实行粮食奖励的指示》，对收购油茶籽、核桃等主要经济林产品奖励粮食标准作出了规定，随后又提高了标准，并采取奖售化肥、奖给布票、经济扶持等优惠政策和措施，鼓励发展经济林，繁荣山区经济。

1964 年 1 月在北京由国家计委、林业部等部委联合召开了第一次全油桐专业会议。1978 年 4 月在北京林业部召开了第二次全国油桐会议。在这次会议上国务院副总理李先念作了重要讲话。为鼓励国有、集体和个人发展经济林，1981 年，中共中央、国务院颁发了《关于保护森林发展林业若干问题的决议》，倡导要稳定山权林权，因地制宜大力发展经济林。1994 年，国务院又出台了《关于对农林特产收入征收农业税的规定》，进一步明确“对在新开发的荒山、荒地、滩涂、水面上生产农业特产品的，自有收入起，一年至三年内准予免税”。各级地方政府部门也先后制订了一系列优惠政策，为经济林的发展创造了一个比较宽松的外部环境。

1988 年，林业部下发了《1988—2000 年全国经济林名特优商品生产基地建设规划》，明确了今后全国经济林建设的指导思想、原则和建设重点。1992 年林业部根据全国经济林发展、市场需求和发展潜力等因素，又对《规划》进行了适当调整。规划从

1991—2000 年在全国建设 500 个名特优经济林基地，建设总面积 167.5 万 hm^2。

1990 年 12 月，林业部在贯彻《国务院关于当前产业政策要点的决定》的实施办法中明确提出“充分利用山地资源，因地制宜建设一批名特优经济林基地，满足市场对木本油料、工业用原料、调料、香料，药材以及优质干鲜果品的需求，改善山区、农村产业结构，促进农村经济的发展。”因此，发展经济林生产是繁荣我国农村经济的一项战略措施。

1994 年，林业部在河北省唐山市召开全国山区林业综合开发和经济林建设现场会议，授予 100 个县（市）“全国经济林建设先进县”光荣称号，提出把经济林建设与山区开发结合起来的新思路，得到国务院领导的高度重视。

1995 年针对当时全国经济的发展形势和特点，为切实加强对经济林的行业管理和行业指导，林业部下发了《关于“九五”期间经济林开发建设有关问题的通知》，提出要立足资源优势，突出名特优品质，以市场为导向，以效益为中心，以科技为保证，综合开发，规模经营，走高产、优质和高效发展道路，稳步推进全国经济林建设沿着持续、稳定和健康方向发展。

“十五”期间，在国家农业综合开发资金中，专门设立了发展经济林、花卉产业的专项建设资金。5 年中央累计投入资金 3.38 亿元，在全国 30 个省区市建立了 90 万亩各具特色的经济林、花卉产业基地。

“十五”期间，以经经济林为主的非公有制林业的崛起，每年造经济林面积超过 1 000万亩。5 年累计贷款 105.7 亿元，中央财政累计贴息 6.2 亿元。经济林属商品林中央财政不直接补贴，贷款贴息实际上是补助了。

国家林业局为经济林生产“十一五”期间作出发展区域的规划安排。“十一五”要完成由现在森林覆盖率 18.21%，提升至 20%。要完成这一任务，年均造林 6 000万亩，其中经济林应占 2 000 万~2 400万亩。

2008 年 9 月，国家林业局在长沙召开了全国油茶产业发展现场会。时任国务院副总理回良玉作了重要讲话。在此次会议之前，时任总书记胡锦涛，时任总理温家宝就油茶生产先后作了批示。

在中国林业生产中所有近百个栽培树种，唯有经济林树种油桐、油茶二个树种召开过全国性会议，先后二位国务院副总理在会议上作重要讲话。长沙会议之前，中国领导同志，就油茶生产都批示讲话。因为它重要，直接关系国家经济发展和民生，是践行以人为本。

1988 年在长沙，成立中国林学会经济林分会。

1995 年在北京成立了中国经济林协会。

近 10 年（2003—2013 年）来，党中央、国务院出台了一系列鼓励和引导发展经济林产业的政策。2003年颁布的《中共中央国务院关于加快林业发展的决定》明确提出要突出发展名特优新经济林；2009年中央林业工作会议进一步提出，要着力发展板栗、核桃、油茶等木本粮油树种，加快山区综合开发步伐。此后，国务院及财政部、发展与改革委员会等相关主管部门相继出台一系列支持木本粮油和特色经济林发展的政策文件，并纳入七部委联合印发的《林业产业政策要点》和国家林业局制定实施的林业发展“十二五”规划。

2009年10月，国家林业局、发改委等5部委印发关于《林业产业振兴规划（2010—2012年）》的通知（林计发〔2009〕253号），提出：建立油茶、油橄榄、核桃等高产油料林基地，对木本油料经济林予以资金和信贷扶持政策。

2010年1月，《中共中央国务院关于加大统筹城乡发展力度进一步夯实林业农村发展基础的若干意见》第6条明确要求：“积极发展油茶、核桃等木本油料。”

2011年1月，国家林业局出台了《全国特色经济林产业发展规划（2011—2020年）》，规划到2020年，全国经济林面积达4 577.2万 hm^2。

二、我国经济林生产建设现状

据报道，自2011年以来，与“十五”末相比，我国经济林面积和产量增幅明显。到2012年年底，全国经济林种植面积达3 560万 hm^2，占有林地面积的18.2%，经济林产品总量达1.42亿t。面积和产量分别比“十五”末增加38%和54%，主要经济林树种面积和产量居世界前列；经济林产品种植与采集产值的提升也较为突出，较“十五”末增加了2.4倍。出口创汇能力同步增强，主要特色干鲜果产品年出口额达3.2亿美元，较“十五”末增长60%，国际竞争优势大幅提升。

不仅是种植环节和初级产品方面有颇多斩获，加工环节更取得不凡业绩。全国现有经济林果品加工、贮藏企业2万多家，仅大中型企业就有1 900多家，年加工量1 600万t，贮藏保鲜量1 200万t，年加工储藏产值突破1 600亿元，比“十五”末增长近两倍。

量的积累、质的提升，使我国经济林产业实力不断壮大。

特色产业开始走向集中，发展速度高于一般经济林。据2010年调查统计，全国木本粮油、特色鲜果、木本药材、木本调香料四大类中的30个优势特色经济林树种，与“十五”末相比，面积增加15.6%，产量增长84.3%，产值翻了一番，占经济林的比重进一步加大。主要木本粮油树种基本实现了品种化栽培和基地化发展，形成了具有独特优势的木本粮油集中产区和鲜明区域特点的特色产品产业带。

主要经济林面积和产量均居世界前列。经济林对林业产业的贡献率占1/4以上。

2012 年的统计数字表明，经济林第一、第二产业产值总计达 9 350亿元。其中，经济林种植与采集产值达 7 752亿元，占林业第一产业产值的 56. 4%。

在油茶、核桃、枣等木本粮油和特色经济林生产的重点山区县，农民 60%以上收入来自经济林种植。

对生态的贡献、在林业产业中的地位、富民增收的成效，都为中国经济林增添底气，也牵动着人们的神经，启迪人们重新认识、审视中国经济林。尤其是在中国林业肩负实现“双增”目标的艰巨任务，在经济不发达地区实现收入倍增计划缺少“支点”的状况下，中国经济林的发展更加令人期待。

近几年，我国每年新造经济林面积以百余万公顷的速度增长，约占当年新增造林面积的 20%，且呈继续扩大趋势。近 5 年增加森林覆盖率约 0. 1 个百分点。

优质产品及品牌意识得到强化，区域品牌形成。目前，由国家林业局、中国经济林协会命名的“中国经济林之乡”已达 439 个；优势特色经济林产品的品牌建设突飞猛进，涌现出一批全国性的地理标志产品；全国重点龙头企业河南好想你枣业有限公司、河北绿岭果业有限公司等走向了前台；一大批全国知名品牌和驰名商标涌现，沧州金丝小枣、云南泡核桃、新疆巴达木等产品以及“迁西板栗”“临安山核桃”“若羌红枣”，成为创品牌、闯市场的佼佼者。

据报道，2014 年 1 月 17 日，辽宁省第十二届人民代表大会第二次会议召开。辽宁省省长宣布，从 2014 年起，用 5 年时间，实施千万亩经济林工程，其中今年完成 200 万亩。1 月 27 日，辽宁召开全省林业电视电话会议，对工作落实进行专题部署。

辽宁省林业厅同志曾说，千万亩经济林工程是省委、省政府为巩固生态建设成果、实现兴林富民而决策实施的一项民心工程、德政工程，是全省林业的重中之重，要抓实抓好，奋力实现“开门红”。

2015 年，辽宁经济林栽培总面积 1 443. 17万亩，总产量达到 711. 46 万 t，年产值 287. 01 亿元。全省先后获得经济林地理标志产品认证 14 项、命名经济林之乡 12 个、拥有 184 家省级林业产业龙头企业，涌现出铁岭平榛、丹东板栗、建昌良种核桃、抚顺平欧杂交榛、朝阳杏枣等一批名牌产品。随着林改的推进，林业专业合作组织迅速发展，已由林改前的 24 个发展到目前的 2 904个。

在工业化、城镇化和农业现代化加速推进的今天，新启动的千万亩经济林工程不仅将改善辽宁经济林产业结构，还将形成新的产业园区和产业集群，最终惠及生态民生。带动辽宁 110 万农户从事经济林生产，人均经济林年可增加收入 7 860元。对全省农民来说，这一工程有望实现年人均增加收入 2 300元。

要实现中华民族的伟大复兴梦想，必须要有强劲的经济。但由于中国区域发展的不平衡，有些区域占尽天时地利借势腾飞，而有些地区却缺乏发展的先机。

难以改变的是区位，可以改变的是比较优势。对发展缓慢的山区和沙区来说，经济林是理想选择。

我国90%的贫困县分布在山区，山区占国土总面积的69%，人口占全国的56%。在这些面积、人口占全国都过半的地区，虽然没有资金、区位的发展优势，但却有发展林业的资源禀赋优势，而特色经济林就较适于在山区发展。

近年来，经济林成为典型绿色富民产业的趋势越来越明显。据调查统计，2010年全国从事经济林生产的农民接近1.8亿人，其中适合于发展特色经济林的重点县约1 000个、人口约为1亿，目前人均经济林收入约1 220元，占农村人均总收入的21%。在一些重点林果产区县，林果业收入已占农民年收入的60%以上。

经测算，如果对覆盖66.7%的国家级贫困县和58.2%的林业扶贫重点县的这1 000个县加大投入和政策支持，实现收入增长1.5倍，达到人均3 000元的收入目标，即可提供40亿个工日的就业机会，可解决约1 600万个就业岗位，彻底摆脱大多数山区农民贫困状态，对促进农村全面实现小康贡献极大。

中国经济林产业已迎来了快速发展的黄金期，要借力发力，还有诸多问题需要破解，但只要坚持改革创新，就会形成新的发展动力，获得新的突破，那么，登临新高峰的时日也会为期不远。

“十二五”时期，林业工作要以推动科学发展为主题，以加快转变发展方式为主线，以实现森林资源“双增”目标为核心，以兴林富民为宗旨，依靠人民群众，依靠科学技术，依靠深化改革，努力开创现代林业又好又快发展新局面，为全面建设小康社会作出新贡献。

我国发展经济林产业空间广阔，蕴藏着巨大的发展潜力。

首先是具有广阔的发展地域空间，在水热条件丰富湿润、自然生态条件优越的地域，是经济林名优产品产业的主产区。即使在自然生态环境恶劣的干旱半干旱的沙区、三北防护林区、水土流失区、盐碱区均有各自的适生经济林树种，可以形成该地的支柱产业。第八次全国森林资源清查结果表明，全国林地面积3.04亿hm^2，占全国国土面积31.6%。全国有林地面积2.08亿hm^2，森林覆盖率21.63%，森林蓄积量151.37亿m^3，占林地面积68%。人工林面积0.69亿hm^2，居世界第二。蓄积24.83亿m^3，是人工用材林。2020年全国林地面积提高至3.123亿hm^2，是林地保有量的生态红线，占全国国土面积32.5%。林地面积是个活态数字，随着科技进步，利用手段先进，林地面积是可以增加的。到时森林覆盖率23%，森林蓄积量150亿m^3。到时经济林面积可达0.8亿hm^2，包括连片经济林，各环境恶劣的防护林中的经济林面积，1.5亿hm^2集体林地中，经济林是占主体地位的。

其次是我国经济林现经营水平普遍较低，单产低。油茶大面积亩产油茶不足5kg，而一般丰产林亩产可达 30kg，相差 5 倍，增产潜力很大。今后经济林推行工程造林，实施良种化，精细集约化科学管理经营，将大幅度、大面积提高单产，提高经济效益。

第三是经济林生产产业化程度低，提高空间很大。目前，经济林多为个体农户小面积栽培经营，今后要进行集体林地流转，形成集中连片规模基地经营，方面推广先进技术，进行标准化经营，连接企业，形成林—工—贸产业化经营，组成基地+公司的现代化产业体系，加工增值空间广阔。目前，我国经济林产品生产多处于初级加工利用阶段，企业还是以中小型为主，果品加工率仅为发达国家的 1/3，仓储率仅为发达国家的 1/6 到 1/8。由简单卖原料和初级产品，到卖深度加工产品，售价和效益会成倍增加。

第六节　世界经济林生产概况及趋势

经济林泛指以生产果品、食用油料、饮料、调料、工业原料和药材等为主要目的的林木。国外虽没有独立的经济林概念，但经济林的生产和科研是存在的，分属于林业、工业人工林、林化产品、林副产品、农业、果树园艺、经济植物、植物资源开发利用等门类。在日本经济林被称为特种林，并且在世界上是开发利用得较好的。

1978 年雅加达第八届世界林业大会提出了发展乡村林业（社会林业）的倡议。乡村林业是为了帮助乡村农民摆脱贫困，由农户各自经营的小规模、多产品、早受益的林业生产，正好适宜栽培各类经济林。近 30 年来，在发展中国家，特别是亚太地区的许多国家（如印度、巴基斯坦、泰国、菲律宾、印度尼西亚、尼泊尔等）乡村林业发展很快。这些国家以及西非的一些国家在制定“乡村林业”规划时，已经将果品、食物、油料、胶料、染料、工业原料，药品等经济林列入规划之中，并且提倡混农林业的栽培经营方式。可见，为了改变乡村的贫困，特别是在发展中国家，经济林以它特有的优势和不可代替的作用，得到迅速的发展。

世界经济林生产的发展前景是诱人的。今后随着人民文化科学素质的提高，对人体自身的营养保健要求必然增强，因而在食品的选择上不仅是味美，而是更多地要求具有营养保健的效用。这是发展的必然趋势。部分木本油料和各类干果具有很好的医疗保健效果。木本油普遍富含油酸，基本上不含胆固醇，因而易为人体吸收，并有降血压的疗效。核桃、山核桃具有补气益血，润燥化痰，治肺润肠的疗效。枣具有补脾益胃，养心安神等功效。在中国自古以来将核桃和枣作为长寿食品。榛子有调中、开胃、明目的功用。巴旦杏对气管炎、高血压、神经衰弱有疗效。阿月浑子对人体炎症如胃炎、肝炎、肺炎等有疗效。中国香榧有化痰止咳、消淤的作用。银杏对高血压和冠心病有显著疗效。

经济林的其他众多产品，如芳香油、天然色素、各类维生素及药材等，在人民生活和医疗保健中都占有重要地位。

经济林生产的社会效益和生态效益更不容忽视。地中海沿岸的油橄榄，大面积单产并不高，单纯的经济效益也不高。但那些地方的人民喜欢食用橄榄油和加工而成的各种果品，因而具有重要的社会效益。另外，油橄榄林保护着沿岸的生态环境。因此，引起各国政府包括经济发达国家政府的高度重视。

由于经济林生产带来了经济效益、生态效益和社会效益，因而得到迅速发展，这是当今的世界潮流。

发展经济林要因地制宜，发挥传统产品的优势，充分利用生物资源和生态资源，组织农户联合，建立基地，走向生产经营一体化的道路。如马来西亚组织生产棕榈油和菲律宾组织椰子生产走的就是这条道路。

世界上经济林的生产经营水平，与葡萄、柑橘、苹果等水果相比，在总体上还是处于较低水平，但具有巨大的生产潜力。因此，经济林生产在栽培技术和管理措施上要逐步向水果方面靠拢，实行以无性系良种为中心的集约化栽培经营。在良种选育方向上，除了高产优质外，要十分重视抗逆性的选育。如胴枯病对美国栗，栗溃疡对欧洲栗都是毁灭性病害。由于他们引进了中国板栗和日本栗，利用其抗疫病遗传基质作育种材料，挽救了美国和意大利的板栗生产。近年来墨西哥椰林受黄枯病的为害，大片椰林枯死，影响着每年 100 万美元的收入。

为了提高经济林的经济效益，变资源优势为经济优势，特别是在外贸中，变产品出口为商品出口，应促使经济林产品向深度加工和产品多样化方向发展。如可可生产国从可可豆提取可可脂，制造巧克力系列食品出口，可提高经济效益几十倍。近 10 年来油橄榄果用量成倍地增加。中国研制成 YT 桐酸不饱和树脂，作为涂料性能良好。另在台湾省研制成桐酸制造油变性醇酸树脂与胺基树脂调配而成的胺基醇酸树脂涂料，可用于烘烤型金属涂料，亦适用于常温硬化木材涂料，老产品开拓了新用途。

为加速经济林生产，各国政府大多增加投资，并都非常重视投资效益，提高投入与产出的比值。注意产品的包装、贮藏和运输。

世界各国都普遍地重视经济林科学研究和科技人才及熟练工人的培养，这是发展经济林生产的保证。

参考文献

范小建 . 2012-10-12. 走中国特色扶贫开发道路［N］. 光明日报（10-11）.

何方 . 2006. 论中国经济林名特优原产地域产品的法律保护［J］. 经济林研究，24（2）：82–84.
何方 . 2008. 现代经济林解读［J］. 经济林研究，26（2）：89–92.
何平 . 2012. 扶贫开发：从解决温饱到促进发展［J］. 决策探索（上半月），11：20–22.
贾治邦 . 2007–02–09. 坚持科学发展　建设现代林业　为构建社会主义和谐社会作贡献［N］. 中国绿色时报（1）.
焦玉梅 . 2016–08–02. 中国油橄榄产业创新战备联盟成立［N］. 中国绿色时报（A1）.
李书畅 . 2016–07–07. 发展木本油料，请别“一哄而上”［N］. 中国绿色时报（B2）.
蔺哲，彭红一，赵坤 . 2013–09–09. 明确目标任务　抓好七个重点［N］. 中国绿色时报（1）.
刘丽艳 . 2014–02–18. 从 2014 年起，辽宁用 5 年时间实施千万亩经济林工程［N］. 中国绿色时报（A1）.
梅青，吴兆喆，李燕，等 . 2014–01–16. 2013 年林业十大“热词”告诉了我们什么？［N］. 中国绿色时报（A1）.
梅青，杨淑艳 . 2013–08–13. 借力发力，中国经济林走在聚光灯下［N］. 中国绿色时报（A1）.
梅青，杨淑艳 . 2013–08–28. 释放潜能　促经济林发展“换挡”升级［N］. 中国绿色时报（1）.
潘志刚，游应天 . 1994. 中国主要外来树种引种栽培［M］. 北京：北京科技出版社 .
彭江一，蔺哲，赵坤 . 2013–10–08. 我国经济林发展取得四大显著成效［N］. 中国绿色时报（A1）.
钱能志，越红红 . 2006–11–09. 我国特有的木本油料——文冠果［N］. 中国绿色时报 .
尚文博 . 2015–03–08. 习近平关心江西生态保护和油茶产业发展［N］. 中国绿色时报（1）.
王月辉 . 1991. 社会需求与技术进步［J］. 自然辩证法研究，7（3）：9–16.
现代油橄榄栽培［M］. FAO，1979，1–18；20–24.
谢仙华 . 1989. 世界油棕生产布局［J］. 世界农业（8）：22–25.
杨冬生，郭享孝，王金锡 . 2007. 油橄榄种植与发展［M］. 成都：四川科学技术出版社 .
张日清，王承南，李建安，等 . 2010. 关于油茶现代产业化体系建设的战备思考［J］. 经济林研究，28（2）：147–150.
FAO. 1985. 粮农组织贸易年鉴［M］. FAO：154，187，211，267，269，277–281.

第三章　经济林资源[①]

本章所用经济林资源分类，简化用目前国内常用的分类方法。分为食用油、工业用油、脂肪类干果、淀粉类干果、鲜果、中药材、香调料、饮料、木本蔬菜、工业原料十大类。

第一节　食用油

现在报刊发表文章中，说到食用木本植物油料树种时，多说我国木本植物中食油类有 430 多种，其中种子或果实含油量在 40%以上的有 50 多种，资源丰富。其实指的是野生木本植物油料资源，离人类可以开发为食用油产业还很远。

据报道，2015—2016 年度，中国食用植物油产量 2 530万 t，比上年度减少 3. 1%；食用植物油进口量 581 万 t，比上年度减少 5. 4%；食用油消费量 3 117万 t，比上年度增加 1. 2%；期末库存减少 17 万 t。

油茶：油茶原产我国，栽培历史逾千年，现世界上只有中国作为木本食用植物油栽培。茶油是世界第一优质保健植物食用油。在我国南方 13 个省（市、区）加上陕西南部汉中、安康、商洛三市，全国共有 642 个县（市、区）有栽培，其中栽培经营面积在 10 万亩以上的县（市、区）有 142 个。

目前，全国只有油茶一个树种形成现代产业化生产体系。国家林业局规划至 2020 年全国油茶栽培经营面积 7 000万亩，年产油茶 250 万 t。我们认为只要党和政府认真抓下去，这一目标是可以完成的。届时茶油产量可以占食用植物油总产量的 10%左右。

油用牡丹：近几年油用牡丹很火，但要形成百亿元产值的现代化产业，还要 10 年时间以上。

文冠果：20 世纪 60 年代火了一阵，又冷下去；90 年代又提倡起步，并开展了科学研究。文冠果适用于西北黄土高原，华北西部石质山地，以及东北都能栽培，并有

① 本章由张日清统稿撰写。各节前言部分由何方撰写，闻丽、汪灵丹、刘海龙、汤春芳执笔部分树种初稿。

水土保持作用，是防护林树种，还是退耕还林的好树种。这是一个非常有发展前途的树种。特别是三北缺食用油地区，直接关系人们的生活。是民生林业和生态林业兼有树种。

其他如元宝枫、仁用杏、黄连木均有开发前景。

油橄榄：又名齐墩果。橄榄油是世界著名优质食用植物油。据史料记载，我国早在唐代就有引种，但大规模引种始于1964年。至20世纪80年代，曾一度停止规模的生产和科研活动。进入21世纪后又开始大规模引种推广。

1964年2月从阿尔巴尼亚引入第一批1万多株油橄榄苗，分配在8省12个引种点栽培，先后有结果树。1980年前后，基本均衰败。

油橄榄原产地中海沿岸，适宜“地中海气候”，其特点是冬季低温、多雨，盐碱土。我国引种点是冬季低温，少雨，多为酸性土。

据我国专家研究，油橄榄引种适生区在长江中上游及白龙江、金沙江等长江支流，总面积约450万亩。至2013年全国有栽培经营面积50万亩。主要集中在四川广元，2013年有栽培经营面积16.3万亩，占全国总面积32.6%，鲜果产量2 000t，产值1.2亿元。另一集中产区是甘肃陇南，有栽培经营面积10.39万亩。其次在四川开江、达州、绵阳、凉山，云南永胜等地亦有栽培。

我国引种油橄榄以1964年计，也有50多年历史，并进行了科学研究，引进150多品种，进行品种间授粉试验，以及适生区丰产栽培等系列研究，取得一批成果。但仍然有两个生产问题未完全解决。在商业性栽培的成年林分中结果株最多在25%左右。另一问题是成年林连续结果期超过10年。

全世界油橄榄栽培有10亿株，常年产油量在250万t左右，2010年以后，橄榄油在超市上市，年消费量达6 000t。我国产量不足3 000t，还要大量从西班牙、意大利进口。

油棕：属棕榈科，原产赤道带南北纬10°以内的西非和中非热带地区，现存大面积野生油棕林。现在世界上印度尼西亚以及尼日利亚、扎伊尔等10余个非洲国家广泛栽培油棕。油棕油惯称棕榈油，现常年产量1 200万t左右，占世界食用植物油总产量的18%~19%，居木本食用植物油第二位，故有“世界油王”之美誉。

据史料记载，我国早在1926年由华侨带回油棕在海南引种栽培，成效不佳。1960年又从印度尼西亚引进大量油棕种子，在海南繁育栽培，树长的很好，但不结果，没有生产价值。至1970年前后，油棕作为大规模食用油料树种栽培的历史宣告结束。究其部分失败原因是海南热量和水分不够。

一、油茶 *Camellia* spp.

油茶又名油茶树、茶籽树，为山茶科 Theaceae 山茶属 *Camellia* 植物。是我国南方主要的木本食用油料树种，利用栽培历史逾 2 000年。油茶是能够利用其种子提取食用油脂而栽培的多个山茶属树种的统称。目前，我国主要栽培的油茶物种是普通油茶 *C. oleifera* Abel. 。此外，小果油茶 *C. meiocarpa* Hu. 、攸县油茶 *C. yuhsienensis* Hu. 、越南油茶 *C. vietnamensis* Huang. 、腾冲红花油茶 *C. reticulata* Lindl. 、浙江红花油茶 *C. chekiangoleosa* Hu. 、博白大果油茶 *C. gigantocarpa* Hu. 、广宁红花油茶 *C. semiserrata* Chi. 、宛田红花油茶 *C. polyodonta* How. ex Hu. 等。用茶籽榨出的茶油是深受群众喜爱的优质食用油，其不饱和脂肪酸含量达 90%以上，以油酸和亚油酸为主；茶油风味独特，耐贮藏，易被人体吸收。茶油还能够通过油脂的深加工生产高级保健食用油和高级护肤化妆品等产品。

油茶为常绿灌木或小乔木，树高一般 3~4m，树龄 100~200 年。芽具鳞片，密被银灰色绒毛；顶芽 1~3 个，紫红色的为花芽，黄绿色的为叶芽。单叶，互生，椭圆形，革质，长 3~8cm，宽 2~4cm。花两性，白色，少数尖端有红斑，顶生或腋生；雌蕊柱头 3~5 裂，子房 3~5 室。蒴果球形、桃形、橄榄形等，有种子 1~20 粒，一般 4~8 粒。种子茶褐色或黑色，种仁白色或淡黄色。油茶的物候期分为芽萌动、展叶抽梢、花芽分化、开花、果实生长、果实成熟等阶段。物候期随地理区域不同而有差异，一般地，地理位置自西向东、从南至北，物候期的发生可相差 1 个月左右。油茶属两性虫媒花，异花授粉。其花期呈现地理区域的差异性，在长江流域主产区是 10 月下旬到 12 月上旬。开花坐果后，在 3 月第 1 次果实膨大时有一定的生理落果，7—8 月是果实膨大的高峰期。油茶实生树一般栽后第 4 年始果，第 5—6 年时有一定的产量，经济产量从第 8 年开始，始果后第 3~4 年进入盛果期，长达 50 年左右；结果呈现“大小年”现象。嫁接树一般提早 2 年挂果。

油茶为阳性树种，喜光，充足的光照条件是保证油茶正常结实的关键因素。油茶比较耐瘠薄干旱，对土壤条件要求不苛，适应性较强；红壤、黄壤，pH 值 4. 5~6. 5 的酸性、微酸性的土壤上均可正常生长发育。但是，良好的立地和水肥条件是保证油茶林分丰产高效的重要基础。

油茶是我国中亚热带红壤丘陵低山地带的代表性树种，分布范围在北纬 18°28′~34°34′、东经 100°0′~122°0′。我国南方 15 个省（区、市）有栽培分布。庄瑞林等根据油茶分布区的自然地理条件和油茶不同物种的生态适应特性，将我国油茶栽培分布区划分为 4 个生态类型区，即西南高山区，华南丘陵区，华中、华东丘陵区和北部边缘区。全国现有油茶林栽培面积383万hm^2，年产茶油45万t，年产值390亿元，主要栽培区是湖南、江西、广西3省（区），占全国油茶总面积的68%、茶油总产量的65%、总产值的63%，其中，湖南油茶生产面积132万hm^2，茶油产量15.6万t，年产值147亿元。油茶其他生产省份是贵州、浙江、湖北、广东、福建、云南等。

经过长期的自然选择和人工培育，我国选育出了一批适宜各地栽培的优良农家品种。根据果实成熟期，可以划分为寒露籽、霜降籽和立冬籽3个基本品种群。在各个品种群中，根据果形、果色、果实大小等指标划分出了衡东大桃、永兴中苞红球、宜春白皮中子、岑溪软枝油茶等一批优良农家品种。国家林业局及各省（区、市）高度重视油茶良种繁育工作，截至2013年，先后审（认）定油茶良种260余个。

我国现有油茶林分中低产林面积超过了70%，大多数是20世纪60—70年代种植的老林，单产茶油不到75kg/hm^2，油茶产值不超过3 000元/hm^2。导致油茶低产的原因有很多，如油茶品种低劣，粗放种植，林分老化，许多林分基本处于半野生状态，“人种天养”现象致使油茶林生长机能大面积衰退。虽然国家最近几年大力扶持发展油茶，各地也积极响应利用良种苗造林，但良种化进程相对比较缓慢，进行低产林改造是我国油茶产业化发展的一项重要工程。目前，高产油茶林产油量可达1 050kg/hm^2左右，远远高于油茶低产林的产量，油茶低产林增产潜力巨大，需要采取合理的改造措施来充分挖掘油茶的生产潜力。因此，推广油茶低产林改造对油茶产业的发展意义重大，是提升我国油茶生产质量和效益的最有效途径。经过研究实践，国家林业局颁布了《油茶低产林改造示范园建设指南》，总结归纳了8条油茶低产林改造技术措施，即林地清理、密度调整、整枝修剪、深挖垦复、蓄水保土、合理施肥、病虫防治和劣株换优。

我国油茶生产在20世纪80年代至2000年的一段时期内基本上处于低谷，面积、产量均呈下降趋势。进入21世纪后，随着茶油加工企业的兴起和壮大，精炼茶油上市后备受欢迎，油茶生产又开始受到重视。为恢复和发展油茶生产，2006年10月11—12日，全国油茶产业发展现场会在江西省南昌市召开。时任国家林业局副局长祝列克在会上指出，加快油茶产业发展，为社会主义新农村建设提供产业支撑。国家林业局紧接着出台了《关于发展油茶产业的意见》。

2008年9月国家林业局在湖南长沙召开了新中国成立后首次全国油茶会议，时任国务院副总理回良玉同志在大会上作了重要讲话，油茶生产迎来了大发展的良好机遇。会议之后，各省区立即贯彻落实会议精神，作规划，建基地，形势大好，掀起了新一轮油茶生产热潮。湖南规划在现有1 800万亩油茶的基地上，至2015年发展到133.3万hm^2，其中66.7万hm^2高产林产油量要达750kg/hm^2；江西现有74.2万hm^2油茶林，至2010年将其中33.3万hm^2建设成为产油达375kg/hm^2的高产林；广西规划至2015年由现有油茶面积 40 万 hm^2，发展至 60 万 hm^2，2020 年发展至 80 万 hm^2；浙江至 2015 年由现有油茶面积 13.3 万 hm^2，发展至 20 万 hm^2；云南由现油茶面积 3.5 万 hm^2，至 2012 年发展至 6.7 万 hm^2；其他如贵州、湖北、广东、四川、安徽等省也做了发展计划。为发展油茶生产国家安排由中央财政贴息贷款 20 亿元。从 2008 年开始，国家林业局连续 5 年在全国不同省（区、市）组织召开了"全国油茶产业发展现场会"，对推进油茶产业发展起到了积极的作用。

据不完全统计，全国 10 多个油茶主产省（区、市）现有油茶加工企业 659 家，设计油茶籽年加工能力可达到 420t 左右，年可加工茶油 110 多万 t，加工能力在 500t 以上的企业有 178 家，具有精炼能力的企业达到 200 多家，油茶加工业已形成一定规模，具备一定基础。油茶副产品综合开发利用技术进一步成熟，目前可年产茶粕 68 万 t，茶皂素近 2 万 t，油茶籽利用程度接近 100%，资源利用水平较高。

推进油茶现代化产业体系建设，需要从以下几个方面进行战略部署。一是推进林—工—贸一体化，创建油茶现代化产业体系。二是优化油茶产业布局，完善生产基地和加工企业的建设。三是加大良种选育和种苗管理力度，切实推进油茶栽培良种化。四是加强土壤和树体管理，逐步实现油茶栽培标准化。五是高度重视市场引导和科技支撑的作用，积极推动产品名牌的创建。六是全面提升产品质量，保护茶油产品的地理标志。

我国南方丘陵山地面积广阔，发展油茶生产的潜力巨大。要从保障国家粮食安全、生态安全的战略高度上做好发展油茶产业的文章。要着力转变发展方式，创新发展思路，务求发展实效，走现代经济林产业发展之路。要科学规划，运用科技支撑，加强优良新品种及其栽培技术的研究与开发，加强茶油产品加工新技术、新工艺的研究与创新搞好深加工，开发新产品，加强技术培训，提高油茶生产的科技含量。要积极倡导企业为龙头、企业建基地、基地带农户的产业化发展模式，不断提高油茶产业的规模化、集约化经营水平。要以市场为导向，政策扶持为后盾，促使油茶产业快速发展，使之真正成为农民增收致富的重要渠道，成为现代林业建设的新亮点和山区综合开发的突破口。

二、文冠果 *Xanthoceras sorbifolia* Bunge

文冠果又名木瓜、木瓜瓜、文官果、文冠花和温旦革子，为无患子科 Sapindaceae 文冠果属 *Xanthoceras* 植物。文冠果是我国特有的经济木本油料树种。

文冠果为落叶灌木或小乔木植物，高 2~5m。小枝粗壮，褐红色，无毛，顶芽和侧芽有覆瓦状排列的芽鳞。叶连柄长 15~30cm；小叶 4~8 对，膜质或纸质，披针形或近卵形，两侧稍不对称，长2.5~6.0cm，宽1.2~2.0cm，顶端渐尖，基部楔形，边缘有锐利锯齿，顶生小叶通常3深裂，腹面深绿色，无毛或中脉上有疏毛，背面鲜绿色，嫩时被绒毛和成束的星状毛；侧脉纤细，两面略凸起。花序先叶抽出或与叶同时抽出，两性花的花序顶生，雄花序腋生，长12~20cm，直立，总花梗短，基部常有残存芽鳞；花梗长1.2~2.0cm；苞片长0.5~1.0cm；萼片长6~7mm，两面被灰色绒毛；花瓣白色，基部紫红色或黄色，有清晰的脉纹，长约2cm，宽7~10mm，爪之两侧有须毛；花盘的角状附属体橙黄色，长4~5mm；雄蕊长约1.5cm，花丝无毛；子房被灰色绒毛。蒴果长达6cm；种子长达1.8cm，黑色而有光泽。花期春季，果期秋初。

文冠果根系发达，既扎得深，又分布广，能充分吸收和贮存水分。文冠果喜阳，耐半阴，对土壤适应性很强，耐瘠薄、耐盐碱，抗寒、抗旱能力强，在年降雨量仅150mm的地区也有散生树木。但文冠果不耐涝、怕风，在排水不好的低洼地区、重盐碱地和未固定沙地不宜栽植。文冠果是防风固沙、小流域治理和荒漠化治理的优良树种。

文冠果原产于我国北方黄土高原地区，在我国的水平分布为北纬32°30′~46°00′，东经100°~127°，南自安徽萧县，北到辽宁、吉林，西至甘肃、宁夏，东至山东、江苏、集中分布在河南、北京和内蒙古等省、自治区、直辖市，青海亦有分布。在垂直方向上，文冠果分布于海拔52~2 260m，甚至更高的区域，中心产区的垂直分布通常在海拔1 000m以下，以海拔250~700m分布较多。野生于丘陵山坡等处，在草沙地、撂荒地、多石的山区、黄土丘陵和沟壑、石灰性冲积土壤、固定或半固定的沙区均能成长，甚至在裸露的岩石缝隙中也能生长发育、开花结果。各地也常栽培，在黑龙江省南部，吉林省和宁夏等地区有较大面积的人工林。

3年生文冠果便可开花结果，15~20年生树进入盛果期，一直可持续100余年。树的寿命长达300年，有的可达600年。种子含油率为30.4%~47.0%，种仁含油量高达66.39%，优良品种的种仁中含油量可高达72%，超过一般的油料植物。其油脂的基本组成为：硬脂酸、油酸38.9%（一般食用油的主要成分之一）、亚油酸40.2%（与豆油、核桃油相近，也是营养价值最高的部分）、山嵛酸7.2%，亚麻酸和甘碳烯酸各为0.3%。油黄色而透明，食用味美，油中所含亚油酸是中药益寿宁的主要成分，具有极好的降血压作用，食用文冠果油可有效预防高血压、高血脂、血管硬化等病症。文冠果种仁除可加工食用油外，还可用作高级润滑油、高级油漆、增塑剂、化妆品等的工业原料。由文冠果籽油制备的生物柴油相关烃脂类成分含量高，内含^{18}C的烃类占93.4%，而且无硫、氮等污染环境因子，符合理想生物柴油指标，目前文冠果的柴油提取已获成功。

进入21世纪以来，随着能源危机与粮食危机出现的可能性增大，国家乃至社会各界越来越重视非粮生物质能源的发展。“十一五”期间，科技部将野生油料植物（文冠果、麻风树、黄连木、油桐等）开发和生物柴油技术发展列入国家“863”计划和科技攻关计划。在国家林业总局 2007 年颁布的《全国林业发展“十一五”和中长期规划》和 2012 年颁布的《全国林业发展“十二五”规划》中，把建设文冠果等“生物质能源林”作为北方地区今后发展的重点，在国家林业局 2006—2015 年的能源林建设规划中，文冠果已成为三北地区的首选树种。由此在国内产生新一轮文冠果的研究、引种和栽培的热潮。

此外，文冠果果粕中蛋白质含量高达 40%，且富含 18 种氨基酸，是优质饮料原料；文冠果嫩叶经加工可代茶饮；文冠果果皮可提取糠醛；种皮和外果皮可制活性炭；文冠果木材纹理细致，抗腐性强，是制作家具和农具的良材；文冠果根是制作根雕及雕刻的上等材料；文冠果树姿秀丽，花序大，花朵稠密，花期长，甚为美观，具有极高的观赏价值，是园林绿化的珍贵资源，也是行道树的首选。

三、油橄榄 *Olea europaea* L.

油橄榄又称橄榄，古称齐墩、阿列布，为木樨科 Oleaceae 木犀榄属 *Olea* 植物，其果实主要用于榨制橄榄油。油橄榄原产于东地中海盆地的沿海地区（临近的东南欧、西亚和北非沿海地区），以及里海南岸的伊朗北部地区，是地中海地区一种主要的农作物。1964 年，我国开始大量引种油橄榄。

油橄榄为常绿小乔木，一般高 5~7m。油橄榄枝近于圆柱形，无刺。单叶对生，椭圆形、长椭圆形或披针形，长 2~5cm，全缘，革质，表面灰绿色，背面密被银白色鳞片，给人以银灰色的外貌。圆锥花序，腋生，较叶短；萼短小，4 齿裂；花冠短，4 裂几达中部；雄蕊 2 枚；子房 2 室，每室有胚珠 2 颗；花小，白色，芳香。核果近形或长椭圆形，长 2. 0~2. 5cm。内果皮硬，成熟时黑色有光泽；种子 1 颗，胚乳肉质，含有油分，胚直。通常情况下，2 年生苗龄的小树定植后 3 年试花试果，6 年开始进入盛果期。正常管理下，橄榄树的盛果期可持续 100 年以上。

油橄榄是典型的亚热带树种，要求较温暖的气候条件。世界各油橄榄产区年平均气温 13~19℃ 以上，以 15~20℃ 地区生长更宜。油橄榄一些主产区年降水量一般在 500~800mm，其降水分布型是冬雨夏旱，要获得丰产在夏季必须灌溉。油橄榄一些主产区日照相当丰富，年日照时数可达 2 493~2 783h，其他一些引种栽培国家一般也在年日照 2 000h 以上的地域内栽培。油橄榄的根系对坚硬土层的穿透能力不强，而且随着树龄的增加，到 13~14 年以后直根系就基本上不再发展而主要是水平生长的根系。因此选择疏松的土壤条件，对油橄榄的生长发育是很有利的。此外，油橄榄的根系不耐水涝，全年任何时期积水均会造成很大危害，甚至死亡。因此，种植的地方一定要排水良好。

油橄榄种植一般使用嫁接苗。为了使苗木提前嫁接，可采用摘除顶芽的措施，促进幼苗基径迅速加粗。当幼苗高度长到 20cm 时，将顶芽剪除，基径粗度达到 0.5cm 时即行嫁接。接穗应从开花结实、生长健壮、无病虫害的优良母树上采取。采取部位应在树冠外围中、上部，枝条粗细可参照砧木大小，但必须是腋芽饱满完好的 1 年生营养枝。嫁接苗长到 1m 高时，进行断顶。最终只保留 2～3 对主枝。当苗木离地面 5～10cm 处的茎径达到 1cm 左右时，即可出圃定植。定植时间以春季为主，灌溉条件差的地方，定植时间可推迟到雨季初的 6 月。

油橄榄种植的一条基本原则是要：适地、适树、适品种、适树形。意大利相继推广了掌形、“Y”形、灌木形、篱笆形以及现今盛行的单锥形和多锥形等树型。通过大力推广合理修剪、树体更新改造、合理施肥、春季补充灌溉等先进实用技术，可以大大提高油橄榄产量。

古人称作“液体黄金”的橄榄油是由油橄榄果肉部分加工而成，人们长期食用除了可降低胆固醇，预防心血管疾病外，还有滋润肌肤、延缓衰老、美容的功效，以及有助于强健心肌和肝胆细胞、防癌等医疗效用。橄榄油中高含量的油酸对血液胆固醇有良好的“双向调节”作用，可降低血液黏稠度，减轻心脑血管粥样硬化，预防血栓形成和降低血压，从而大大减少心脑血管梗塞的危险。橄榄油中所含的大量天然抗氧化剂，起着抵御氧化和促进骨骼钙化的作用，可防治骨质疏松，预防钙质流失。此外，它也有降血脂、降血糖的药理作用。中医认为，油橄榄性味甘、涩、酸、平，对人体具有清肺、利咽、生津、解毒的作用。因此，在中医药应用中多用于治疗咽喉肿痛，以及烦渴、咳嗽、吐血、菌痢，还可解河豚毒和酒毒。

油橄榄树浑身都是宝，橄榄果榨油后的饼渣和果汁可以酿酒，酒的价格比橄榄油高。榨油后的糟粕可以作饲料。橄榄叶可用于制药，也可用于保健茶，利润都很高。橄榄木纹理细致，可用于雕刻和制作手工艺品，橄榄苗经人工培育可做盆景。

我国最适合种植油橄榄的地区是：甘肃陇南和四川广元地区。油橄榄引种栽培区域可分为：适宜区、次适宜区、边缘区和不宜种植区 4 类。甘肃陇南地区比较适宜的是白龙江沿岸及其河谷地带。四川地区比较典型的是以西昌河谷为中心的川西南亚热带山麓河谷区，盆地东北部地区次之。

我国现有油橄榄超过 1 600万株，其中甘肃省陇南市武都区是目前全国最大油橄榄基地，栽种了 920 万株左右，种植面积超多 1.93 万 hm^2，目前，普遍长势良好，进入结果期的植株约 32%，生态和经济效益明显，部分果园挂果和出油率均高于地中海。2008 年年底前该地区油橄榄产量逾 50 万 kg。其余部分油橄榄产区分布在嘉陵江流域的四川、重庆、陕西等地区。据联合国粮农组织统计的数据，2011 年我国油橄榄播种面积 1 009.2万 hm^2，产量 2 041.8万 t。同年，我国油橄榄出口量为 5.6 万 t，出口金额 0.8 亿美元，进口量为 3.3 万 t，进口金额 0.5 亿美元；初榨橄榄油产量为 338.8 万 t，出口量 163.6 万 t，出口金额 56.6 亿美元，进口量为 174.7 万 t，进口金额 58.9 亿美元。可见，初榨橄榄油为我国油橄榄产品进出口贸易的主要产品，而进出口贸易额差别不太大。近年来，我国油橄榄播种面积和产量基本保持稳定，2013 年播种面积 1 024.4万 hm^2，产量 2 034.4万 t。

经过几十年的试种，我国科技工作者对油橄榄的形态和生理学特征、栽培特点、结实规律、丰产性能及其经济性状，进行了系统的观察研究，积累了大量的资料和经验。至今，我国林业工作者已从全世界用于栽培的 500 多个油橄榄品种中引进了 150 多个，广泛种植于长江以南 15 个省区。经过科技人员 40 多年的系统研究和试验推广，油橄榄目前在甘肃、四川、云南、陕西等地有较大面积的种植。但是，与油橄榄原产地相比，总体缺乏宏观调控和统筹，油橄榄研究缺乏系统性和连续性，品种及配置、栽培管理技术和果实深加工技术依然不能满足生产的需要，结果面积和产量还比较低，经济效益有待进一步提高。

甘肃省陇南方武都区油橄榄又迎来一个丰收年，油橄榄鲜果产量超过 2.5t，同比增长 7%。

武都区是我国油橄榄最佳适生区，为“国家油橄榄示范基地”“中国油橄榄之乡”。2014 年，武都区出台了《关于加快油橄榄产业发展的决定》《油橄榄产业发燕尾服扶持奖励办法》《油橄榄产业发展扶持奖励办法》，区财政每年安排 1 000万元油橄榄产业发展基金，采取以奖代补的形式，支持能人大户和企业承包荒山荒坡，鼓励农民土地流转，集中建设规模化、标准化油橄榄示范园，打造白龙江沿岸百公里高标准油橄榄林带，全区油橄榄产业发展自比步入车道。

武都区依托资源优势，把油橄榄作为全区精准扶贫精准脱贫的支柱产业、富民产业。按照“尊重规律、扩大规模、强化科技、健全市场、壮大龙头、打造品牌、提质增效”的总体思路，武都区坚持科学规划，加强苗木选育，加快基地建设，强化技术服务，积极培育龙头企业，大力推动标准化生产和产销对接，推动全区油橄榄产业长足发展。2015 年，武都区油橄榄综合产值达 11 亿元，同比增长 57.1%，占全区人均可支配收入的 22%；油橄榄主产区的 159 个贫困村 1 万余户 4.42 万贫困人中实现了脱贫目标。

推进油橄榄现代化产业体系建设，需要从以下几个方面进行战略部署。一是要提高认识，加大扶持力度；二是要实行分类经营和指导，优化产业布局；三是要大力开展科技攻关，强化科技支撑；四是要加快油橄榄良种繁育和基地建设，培育产业主体；

五是要遵循市场经济规律，加强行业指导；六是提出应加强油橄榄的综合加工利用。

四、油用牡丹 *Paeonia suffruticosa* Andr.

牡丹又名鹿韭、木芍药、花王、洛阳王、富贵花等，为毛茛科 Ranunculaceae 芍药属 *Paeonia* L. 牡丹组 Sect. Moutan DC.，是我国所特有。近些年来，相关研究和实践表明，牡丹不仅具有很高的观赏和药用价值，还可以作为木本油料资源进行开发利用，即油用牡丹。油用牡丹是指结籽能力强，能够用来生产种子、加工食用牡丹籽油的牡丹类型，或指牡丹组植物中产籽、出油率≥22%品种（或品系）的统称。迄今，我国具有良好油用表现及普遍推广种植的油用牡丹品种主要是凤丹牡丹 *P. ostii* T. Hong et J. X. Zhang 和紫斑牡丹 *P. rockii* T. Hong & J. J. Li。牡丹籽的出油率较高，一般油用牡丹的出油率均在 30%左右。牡丹籽油中含有大量的不饱和脂肪酸，其中最重要的成分是能够促进智力提升、延缓衰老的α-亚麻酸。牡丹籽油中的α-亚麻酸含量超过了 40%。牡丹籽油中还含有亚油酸、植物甾醇、多酚类物质和维生素 E 等营养成分。牡丹籽油是属于无毒级、无遗传毒性的食用油，可以放心使用。

油用牡丹（凤丹）是多年生落叶小灌木。高 0.7~1.2m。茎干直立，分枝短而粗壮，枝皮褐灰色，有纵纹，1 年生新枝浅黄绿色，具浅纵棱。一至二回羽状复叶，小叶窄卵状披针形、窄长卵形，先端渐尖，基部楔形，全缘，通常不裂，长约 14cm，宽约 8cm，小叶柄长达 3.5cm，顶生小叶稀 1~3 裂，叶面近基部沿中脉疏被粗毛，叶背面无毛，侧生小叶近无柄，斜卵形，中脉以上疏生白色毛。根为直根系，肉质根，有明显主根和侧根，根系发达。具根蘖。花单生枝顶，直径 14~20cm。萼片 5 片，覆瓦状排列；花瓣 5 至多片，白色、粉色或浅紫色。雄蕊多数，华药黄色。花丝暗紫红色。心皮 5~8mm，离生，被粗丝毛，柱头暗紫红色。花期 4 月中下旬。蓇葖果卵形，密被褐灰色粗硬丝毛。长 0.6~1.0cm；果壳革质，外被柔毛；内有种子 7~15 粒。千粒质量约 360g。

紫斑牡丹植株高大、舒心强、枝条节间距长，高生长量大，部分品种当年生枝条可长至 70cm。株高普遍在 1m 以上（部分品种高达 3m），小叶片数目多，一般都在 15 枚以上，叶片较小（抗蒸腾），叶背多毛，所有品种花瓣基部有明显的大块紫斑和紫红斑。叶为二至三回羽状复叶，小叶不分裂，稀不等 2~4 浅裂。花大，花瓣白色。大部分花心及子房为黄白色或白色，部分花心为紫红色。

油用牡丹目前分布于山东菏泽、河南洛阳、陕西太白山、安徽亳州、铜陵凤凰山、甘肃以及湖南湘西等地。油用牡丹（凤丹）主要适用于我国北纬 23°~42°范围内，南至广东韶关、广西桂林、云南昆明一线，北至辽宁沈阳、内蒙古呼和浩特一线，西至新疆南部，东至辽东中南部。紫斑牡丹分布于四川北部、甘肃南部、陕西南部（太白山区），在甘肃、青海等地有栽培。紫斑牡丹原产于甘肃高寒地区残败次林中，在海拔 1 100～3 200m 的高山上如今仍有少量残存植株生长。这些地区冬季最低温一般都达到 -30℃，部分地区达到-38℃，因此该品种天生就抗寒。

据统计，截至 2014 年年底，全国 27 个省推广种植油用牡丹面积已接近 6.7 万 hm^2，其中能形成稳定产量的面积不足 7 000hm^2，集中在安徽亳州和山东菏泽等地。目前，油用牡丹种植方法主要有套种、林下种植、荒山荒坡种植。

油用牡丹性喜温暖、凉爽、干燥、阳光充足的环境。喜阳光，也耐半阴，耐寒，耐干旱，耐弱碱，忌积水，怕热，怕烈日直射。适宜在疏松、深厚、肥沃、地势高、排水良好的中性沙壤土中生长。酸性或黏重土壤中生长不良。

油用牡丹的生命周期可以划分为幼年期、青年期、壮年期和老年期。1～3 年生为幼年期；4～14 年生为青年期；15～40 年生为壮年期；40 年生以上的划分为老年期。油用牡丹的光和特性、抗湿抗寒性等生理生态均会对其生长栽培产生影响。现有研究表明，安徽地区高温缺水，如果叶片温度高于 31℃就会抑制叶片的光合作用，影响植株的生长；在甘肃地区种植的紫斑牡丹主要受当地空气湿度的影响，比较适宜在阴湿环境生长。另外，油用牡丹还有枯梢退枝、上胚轴休眠、夏季暂时休眠、冬季深休眠等习性。油用牡丹的栽培一般在 9～10 月进行，在偏碱性的沙质土壤栽培效果较好。

中华人民共和国卫生部 2011 年第 9 号公告指出，来自凤丹牡丹和紫斑牡丹的籽仁，经压榨、脱色等工艺制成的牡丹籽油可作为新资源食品。这标志着牡丹籽油已步入食用油行列，可进行产业化生产。目前，从中央到地方均出台了一系列政策鼓励木本油料（含油用牡丹）产业的发展。

油用牡丹项目于 2013 年被列为国家名优经济林示范项目。国家林业局名优经济林等示范项目是指为了发挥林业部门行业技术优势，以高标准名优经济林示范基地建设为主线，重点扶持油茶、核桃、油用牡丹等木本油料生产示范基地，经国家农业综合开发办公室批准，由国家林业局组织实施、地方农业综合开发机构参与管理的农业综合开发项目。

2015 年 1 月 13 日，国务院办公厅印发了《关于加快木本油料产业发展的意见》（国办发〔2014〕68 号），部署加快国家木本油料产业发展，大力增加健康优质食用植物油供给，切实维护国家粮油安全，提出到 2020 年，建成 800 个油茶、核桃、油用牡丹等木本油料重点县，建立一批标准化、集约化、规模化、产业化示范基地，木本油料树种种植面积从现有的 1.2 亿亩发展到 2 亿亩，产出木本食用油 150 万 t 左右。

为规范全国牡丹籽油生产，保障牡丹籽油质量安全，国家粮食局发布首个牡丹籽油行业标准。该标准全面规范了牡丹籽油的技术要求、生产流程、检验方法及特征、质量等级、卫生等各项指标。标准要求牡丹籽油中的重要成分 α-亚麻酸含量不低于 38%，否则不能在市场上流通。

目前，油用牡丹的加工主要集中在制取牡丹籽油以及副产品的初步开发。加工企业主要分布在山东、安徽、河南、陕西、甘肃、青海等地，全国共有 10 余家牡丹籽油生产企业。其他对于油用牡丹综合利用及深加工的研究尚处在实验室阶段。

目前，对油用牡丹的研究主要集中在牡丹籽油脂肪酸成分分析以及牡丹籽油的提取和加工技术等方面。针对各品种油用牡丹出油率不一致等问题，一方面需加强油用牡丹含油量的主控因子研究，为生产实践中采取有效技术措施提高油用牡丹含油量提供科学支持和理论依据；另一方面，加强牡丹籽油的精炼与提纯技术，为牡丹籽油食用油的大规模开发提供技术支持。同时，加快油用牡丹的开发利用研究，特别是生物柴油的制备工艺研究，建立相应的加工技术体系和技术推广体系，为其规模化生产做准备。

油用牡丹在我国分布范围很广，但由于长期以来对其经济价值不了解，没有引起足够的重视，对其资源状况，分布范围不是很清楚。油用牡丹基本上还处于一种盲目栽培和盲目发展的状况。优良的栽培品种较少，栽培模式基本沿用了丹皮生产的栽培模式。人们对不同地区、不同品种牡丹的结实特性、含油率和品质等油用牡丹的整体资源状况的了解基本处于空白状态，对牡丹种子的发育生物学、脂肪酸合成的分子机制等也还缺乏基本的认识。

发展油用牡丹产业，首先应调查野生牡丹的分布状况，进行牡丹资源调查、收集并建立种质资源圃。我国野生牡丹资源十分丰富，在收集野生牡丹资源的基础上，开展油用牡丹良种的选育、繁殖和推广，为油用牡丹苗木生产和应用研究提供物质基础。同时，在条件适宜的区域建立试验基地，以掌握油用牡丹对当地环境的适应情况，探索油用牡丹的繁殖技术和栽种技术，为油用牡丹的培育及在生产、生活中的应用提供理论基础和技术支持，为油用牡丹的速生丰产、大面积推广等提供技术支撑。

油用牡丹的大规模开发从根本上说还是需要国家相关政策的大力支持。油用牡丹适生范围广，不占用我国有限的耕地资源，果实含油量高，同时油中含有有益于人体的不饱和脂肪酸，而且油用牡丹既可结籽，也可观花，是绿化荒山、改善生态环境的先锋树种。其规模性开发不仅可以有效缓解我国的食用油安全，还可以实现环境的绿化美化和农民经济收入的增加，是建设社会主义新农村的重要内容，符合和谐社会建设的需要，因此建议从国家层面上出台政策，鼓励油用牡丹木本粮油资源的规模性开发，并探索建立产业运行机制，与重大林业工程、农民增收和农村生态环境建设相结合，与企业相结合，建立能源树种生产示范基地；可按照“市场牵龙头，龙头带基地，基地连农户”的开发模式发展油用牡丹产业。

五、毛梾 *Carnus walteri* Wanger

又名小六谷（四川）、车梁木（山东、河北）、椋子木、油树（陕西）、黑椋子。山茱萸科（Camaceae）梾木属（*Camus*）。

毛梾为深根性树种，根系发达，萌芽力强。播种育苗，也可用扦插、嫁接、萌芽更新繁殖。

落叶乔木或呈灌木状，高6~15m。单叶对生，椭圆形至长椭圆形，长4~10cm，宽2.5~4.5cm。伞房状聚伞花序顶生，长5cm，花两性，白色，有香气，径约1cm，萼齿三角形；花瓣披针形；雄蕊4个，稍短于花瓣；子房下位，密被灰色短柔毛，花柱棍棒形，柱头小，头状。核果近球形，黑色，径6~8mm。花期5—6月，9—10月果熟。

毛梾多为野生，食用毛梾油虽历史悠久，但人工栽培较晚，且保存率不高。果皮、果肉和种仁均含有油脂、糖和蛋白质。果含油率31.8%~41.3%，糖2.9%~5.88%，蛋白质1.33%~1.58%，果肉含油率25%左右。初榨出的新鲜油呈黄绿，贮存1~2年后呈黄色，透明。脂肪酸组成以亚油酸、油酸和棕榈酸为主，属半干性油。油除供食用外，还可作工业用油。亦可作药用，治皮肤病。油渣作饲料及肥料。

木材纹理细致、美观、耐腐、耐磨，为上等用材。其叶可用作饲料，叶含鞣质约16%，叶及树皮都可提取栲胶。毛梾秋叶变红、花白、果黑，是较好的庭院观赏绿化树种，又是蜜源植物。

毛梾籽油民间食用历史悠久，据《中华本草》和《中药大典》记载，毛梾的果实及枝叶均可入药，果实亦可榨油。自古以来至新中国成立初期，乃至现在河南、山东、山西、陕西等偏远山区的人们一直用毛梾果实榨油并食用。另据《木本粮油植物》记载，毛梾果实含油率高达31.8%~41.3%，其中果皮含油率为24.9%~25.7%，富含人体的必需的不饱和脂肪酸，油可食用、医用、化妆品用等。由此可见，毛梾籽油在我国民伺食用的历史是悠久的。

毛梾籽油中主要含有棕榈油酸、棕榈酸、亚油酸、油酸、异油酸等，其中棕榈油酸和异油酸是ω-7的重要成分，也是毛梾籽油的独特成分，且含量高达36%以上。

ω-7是不饱和脂肪酸，在高温下比较稳定，长期食用对人的心脑血管内壁有较强的消炎功效，同时对血管内的粥样黏稠物有较强的冲刷功效，从而大大降低心脑血管、高血压、心脏病等发病概率。而其他植物油中一般含有ω-3、ω-6等多不饱和脂肪酸，多不饱和脂肪酸不稳定，在高温下容易氧化形成自由基，产生有毒物质，加速细胞老化及癌症的发生。据介绍，批量毛梾籽油将会在2019年上半年走进国内消费者的厨房。

当果实呈黑褐色时择晴天采收。采后要及时用微火烘干或晒干，以烘干者榨油效果更好。

毛梾种子可用榨油菜籽的机械榨油。炒熟温度以为宜，榨油温度 70~75℃、水分 5%时出油率最高。新榨的油煮熬一下，则更清香可口。

毛梾分布很广，大约分布在北玮 29°~40°，东经 100°~123°的范围内。以山东、陕西、河南栽培分布最多。

毛梾生于海拔 300~1 800m 的向阳山坡或山谷疏林中，垂直分布在中国东部地区为海拔 500m 以下，中部地区海拔 600~1 000m，西南部海拔可达 2 600~3 300m。

较喜光，在阳坡和半阳坡生长和结实正常，在荫蔽条件下，结果少或花而不实。

属暖温带至北亚热带的落叶阔叶植物，稍耐寒，不耐高温，在年均气温 8~15℃，1 月平均气温-6~4℃，最热月平均气温 28~35℃，极端最低气温-10~25℃，极端最局气温 35~43℃，年降水量 500~1 600mm 的地方均能生长。

喜深厚湿润肥沃土壤，不太耐干旱瘠薄，在中性、酸性及微碱性土壤上均能生长。属深根性植物，根系发达。萌芽力强，当年生萌条可达 2m。

播种后当年苗高可达 1m 左右，2 年生可达 1. 5~2m，栽后 3~6 年开始结果，30 年生左右进人盛果期，每株可产果 10~40kg，最高可达 100kg。盛果期一般 60~70 年，寿命长达 300 多年。萌蘖苗生长较快，结果也较早，当年可达 2m，在土壤肥沃、管理精细的条件下 6~7 年生干径可达 10cm 以上，结实 10kg，50 年生胸径可达 50cm 以上。

中国林学会于 2016 年 10 月 10—11 日，首届全国毛梾产业发展学术研讨会在山东新泰市召开。

第二节　工业用油

林业培植能源林产生物柴油，成为新经济增长点短期内有一定难度。

由林业行业培植能源林产生物柴油，是设想利用可再生的林木生物质资源，替代不可再生的矿质能源，帮助小部分地缓解中国能源紧张。此信息，我国媒体从 2004 年一开始广泛宣传报道，而零星报道早在 20 世纪 90 年代就开始了。

据《中国绿色时报》2007 年 3 月 12 日报道，国家林业局初步确定培育能源林 2 亿亩，以满足 600 万 t 生物柴油和装机容量 1 500万 kW 发电厂，用生物柴油作燃料供应的发展目标。在“十一五”期间，在全国范围内不同的区域已经安排了小桐子、黄连木、光皮树、文冠果 4 个树种，新发展能源培育林 1 250万亩。小桐子栽培技术批准专利申请。2007 年年初科技部能源林科研立项投资。

在中国发展能源林是否可行，须解决一个问题，算好三笔账。

一个问题是上述 4 个树种，大面积栽培经营先例不多，在技术上是有一定风险的。黄连木、光皮树多在“四旁”散生分布。小桐子也是在低山区（云南可分布至海拔 1 600~1 800m）自然散生或小块状分布在其他树种林内，组成混交林。文冠果在 20 世纪 60 年代在内蒙古作为木本食用油有小面积栽培，后因管理等原因，至 80 年代衰败。上述这 4 个树种因从未有过大面积人工林栽培，对这些树种的生态习性、栽培性状、管理要求、生态维护缺乏系统研究和形成成熟的栽培经营技术。因此，大面积推行人工栽培是有一定风险性。

第一笔账是用上述 4 个树种炼制生物柴油，在经济上是否可行。按 0 号柴油市场零售价 4. 76 元/L 计算。这是生产生物柴油价格的限额定数。今后柴油市场价格有变化，生物柴油也以此为准而随之变化。零售商（加油站）要有 15%的利润，生物柴油的出厂批发价只能是 4. 047 5元/L。提炼 1L 生物柴油大约需 1. 45kg 植物原油。收购农民的植物原油按 2 元/kg 计，4. 047 5-2. 9（原油成本）= 1. 147 5元。1. 147 5元是生产 1L 生物柴油加工成本和利润的经济空间。

第二笔账是农民栽培经营能源林是否能真正增收，或说有利可图。目前计划推广栽培的 4 个树种或以后还会有别的树种，几百上千万亩大面积栽培，只能是一般性经营管理，亩产原油是很难达到 20kg，只使达到 20kg，产值 40 元，只能提炼 12L 生物柴油。如果亩产提高至 30~40kg，则需要集约经营、投劳投资。亩 20kg 产量只需投劳，中耕除草，不投资，但产值较低。经营 1 亩能源林要用 4 个工，包括中耕除草、采收、贮运，报酬 40 元。栽培能源林要求在丘陵低山缓坡，立地条件较好的地段，在这里如果栽培干果，每亩林地产值在 300 元左右。农民会选择栽培什么？如果能源林生产的原油，每千克收购价提高至 10 元，谁来收购？新营造 1 亩能源林至少要投资 150 元（低标准）。能源林是商品林业，建议按商品生产自行办理。

第三笔账是营造 2 亿亩能源林，和生产 600 万 t 生物柴油的规划任务是否能完成。“十一五”期间计划营造能源林 1 250万亩，最终是完成 2 亿亩。如前述每亩地每年的经济效益是 40 元，每年要用 4 个工管理 1 亩能源林，平均 10 元/劳动日，经济效益较低。

生产 600 万 t 生物柴油，谁来投资建厂。因为在建炼油厂之前就已经算出知道要亏本的。生物柴油作为汽车用油，一台 5t 货车，100km 用油 20L，每天跑 300km，用油 60L，要 5 亩地的产量，一台车运营 300 天，则要 1 500亩能源林的产量。有人会说，采用良种，运用先进技术营造能源林，亩产原油可以提高至 100kg。按鲜果出油率 4%计，折算要亩产 2 500kg 才产原油 100kg。全国现在的一个木本油料树种，即使是小面积丰产试验地，是否达到这个产品需要调研和探讨。大面积（1 000亩）能否达到100kg

的产量同理。我国北方的苹果、梨、南方柑橘，因经济效益高，是高度集约栽培经营的，大面积（1 000亩）也没有达到亩产鲜果 2 500kg。原油收购价 1kg 提高至 4 元，可能性值得讨论。因为柴油 1L 是 4. 76 元，谁来收购原油生产生物柴油？即使收购价 2 元/kg，生产生物柴油可能已亏本的。

营造能源林为生产生物柴油提原料油，用生物柴油发电，这一过程是由 3 个生产环节组成。第 1 个生产环节是营造 2 亿亩能源林。每亩收益 40 元，谁会干？第 2 个生产环节是生产生物柴油 600 万 t，要提供 900 万 t 植物原油，要有能源林面积是 4. 5 亿亩，能完成吗？生物柴油 1L 价 4. 76 元，生产要亏本。第 3 个环节是建装机 1 500万 kW 发电厂，生活用店家 0. 64 元/度（千瓦时）。同时，生物柴油燃料可能是无处可提供的，或可能是不保证的。这 3 个生产环节形成的经济模式值得探讨。

笔者认为，用 2 亿亩林地面积栽培发展食用油、干鲜果品、香调料、木本药材，实践证明是在丘陵山区建设社会主义新农村致富之路。有的山区县核桃、山核桃、香榧、枣、板栗、八角、桂皮、油茶等形成该县的支柱产业之一。文冠果油也是可以食用，作为食用油可售 15 元/kg，每亩产值 300 元。黄连木油也是可以食用的，收购 12 元/kg，亩产值 240 元。2006 年有报道有几处已造小桐林，多少面积。

关于在我国发展能源林，专家们认为对缓解国家能源紧张有着重要作用，是林业对国家的新贡献，同时常常算两笔账，第一笔账是，我国林木种子中含油率在 40%以上的有 100 多种，资源丰富。第二笔账是有 2 亿亩林地可供发展栽培能源林。因此，发展能源林前景十分好，但同时需考虑经济效益账。

一、油桐 *Vernicia fordii* Hemsl.

油桐又名桐油树，三年桐，光桐，桐籽树，为大戟科 Euphorbiaceae 油桐属 *Vernicia* 植物。是原产于我国的世界著名油料树种，有着极其悠久的栽培、利用历史。广义上的油桐是大戟科油桐属植物的统称，包括油桐 *Vernicia fordii*（又名三年桐）、千年桐 *V. montana*（又名皱桐）和日本油桐 *V. cordata*，由于千年桐为雌雄异株，栽培品种甚少，而日本油桐大多分布在日本，故日常所说之油桐泛指三年桐。从油桐种子中提炼出的桐油是一种优良的干性植物油，是重要的工业用油，桐油干燥快，比重轻，有光泽，不怕冷，不怕热，耐酸、耐碱，防湿、防腐、防锈，因此在工业上有着广泛的用途，是我国大宗传统出口商品。油桐树枝和树皮含鞣质 18. 26% ~ 18. 30%，可提取栲胶。桐子榨油后的桐饼和桐麸是肥效很高的优质肥料。果壳可制活性炭，炭灰可熬制土碱；油桐的老叶切碎捣烂，其水浸液可防治地下虫害。油桐木质轻软，纹理通直，易加工，可制作轻便家具和器具，树枝和加工剩余物是培养香菇、木耳的饵木。因此，大力发展油桐生产是富国富民的重要项目。

油桐为落叶小乔木，高 3~9m。叶革质，卵圆形至心脏形，先端渐尖，全缘，有时 1~3 裂，叶柄长 10~20cm，顶部有红色，扁平，无柄腺体 2~5 个，以 2 个为多。4 月初开花。花大，白色略带红色斑，单性，雌雄同株，排列于前一年生枝顶端，成圆锥形复聚伞花序。果 10 月成熟。果皮光滑，直径 4~6cm；种子 3~5 粒，广卵形。

三年桐及千年桐在我国的分布范围极广，北纬 22°15′~34°30′，东经 99°40′~121°30′。遍及四川、贵州、湖北、湖南、广西、陕西、河南、浙江、云南、福建、江西、广东、海南、安徽、江苏、中国台湾、重庆 17 个省（自治区、直辖市）及甘肃、山东南部的局部地区，其中四川、贵州、湖南、湖北是油桐种植的四大地区，全分布区面积共约 210 万 km^2，跨越北亚热带、中亚热带、南亚热带及部分热带气候区。其分布的地域范围为：西自青藏高原横断山脉大雪山以东；东至华东沿海丘陵及台湾等沿海岛屿；南起海南、华南沿海丘陵及云贵高原；北抵秦岭南坡中山、低山和伏牛山及其以南广阔地带。

油桐中心栽培区处于我国中亚热带的东段，自然条件优越。在亚热带北部年极端最低气温-20~-10℃，-10℃以下油桐遭受冻害，不能顺利越冬。在亚热带南部终年高温，油桐不能完成冬季休眠，有碍结实。我国油桐栽培区虽主要在山区，油桐主要分布在 500~700m 以下的地山丘陵地带，700~900m 的山地少有分布，1 000m 以上无油桐分布。油桐栽培分布区土壤种类很多。地带性土壤有红壤、黄壤、褐土，非地带土壤有石灰土、紫色土。

油桐为喜光树种，喜温暖，忌严寒。要求年平均温度在 16~18℃，10℃以上的活动积温在 4 500~5 000℃，全年无霜期 240~270 天。油桐生长快。生长期内要求有充沛且分配适当的降雨量和较高的空气湿度。适生土壤以富含腐殖质，土层深厚，排水良好的中性至微酸性砂质壤土为宜。

油桐是多年生多次结果的经济树木，其年周期和生命周期的变化，都有一定的规律。油桐在其个体发育的过程中，表现出明显的生长发育阶段，纯林经营的油桐个体发育分为 5 个阶段：幼龄期（1~3 年）、结果前期（3~5 年）、结果盛期（5~20 年）、结果后期（20~25 年）、衰老期（25 年以后），长期桐农间种的年龄可以延长至 40~50 年。“四旁”散生树，年龄可以更长。

油桐在 3 月下旬顶芽萌动，4 月开花。4 月下旬至 5 月上旬形成幼果，10 月中下旬果实成熟。实生繁殖的油桐一般至第 3 年即可开花结果，少数第 2 年或第 4 年开始结果。第 6~8 年进入盛果期，盛果期可延续 10 年以上。果实在生长期为青绿色，成熟后转为暗红色。鲜果质量通常 50~70g，少数 70g 以上。果径 4~8cm。单果含种子常为 4~5 粒，种子 240~320 粒/kg。

现在世界各地所栽培的油桐皆源自我国。在第 1 次全国林业工作会议上油桐就被选为重点发展的造林树种之一。到了 20 世纪 80 年代中期，全国油桐的造林面积已有 180 万 hm^2，桐油产量占世界总产量的 70%～80%，其他国家产量由高到低依次为阿根廷、巴拉圭、巴西等。

我国人工培育和栽培油桐的历史相当久远，人们在长期的生产实践中筛选出许多经济性状优良、品质稳定且具有一定适应范围的油桐优良品种。我国油桐品种资源极其丰富，根据 20 世纪 80 年代对全国油桐品种的资源调查，共发掘油桐品种 184 个，含已鉴定育成的 13 个三年桐系、8 个千年桐无性系和 9 个千年桐地方品种，主要分为 6 大品种群，即对年桐品种群、小米桐品种群、大米桐品种群、柿饼桐品种群、窄冠桐品种群和柴桐品种群。

20 世纪 70—90 年代，我国一直对油桐的生产有较高的重视。20 世纪 90 年代，由于具有价格优势的人工合成油漆的大量上市，加上对桐油的应用研究和深度开发力度不够等原因，桐油价格急剧下降，桐油市场严重萎缩，导致国内的油桐资源和生产受到很大的影响，资源面积大幅减少，据《全国优势特色经济林发展布局规划（2013—2020 年）》中公布的数据，2011 年我国油桐播种面积 59. 5 万 hm^2，且基本上为 20 年以上疏于管理的老残林；全国桐油总产量由 1985 年的 11 万 t 下降到 6. 75 万 t，全国桐油产量平均仅约 102kg/hm^2。资源面积和产量的大幅度下降不利于油桐产业的规模发展。目前受重视的程度远远不及其他几种木本油料植物，以至于油桐的科研和生产停滞了一段时间。近年来，随着人们逐渐认识到人工合成油漆带来的环境污染和对人体健康的危害，以及国际能源供应的紧张状态和能源多元化趋势，为油桐生产的恢复提供了新的发展机遇，发展油桐生产重新被提上日程。近 3 年，部分产区开始恢复油桐林的营造。油桐种子含油率高、适应性强、栽培容易，是绝大多数种子植物所无法比拟的，桐油是可以直接利用的优质燃料油，对于发展我国能源多样化具有一定的战略意义。

我国桐油从清光绪二年（1876 年）开始进入国际市场，成为传统的大宗出口物资。到 20 世纪 30 年代，曾一度取代丝绸列为出口之首。随着科学技术的进步，桐油深加工及其副产品的综合利用有了新的发展。新产品、新工艺、新领域的开拓，变资源优势为产品优势已成为桐油发展的战略方向。使用桐油研制新型涂料、新型油墨、合成树脂、黏合剂、增塑剂、活性剂、药品等呈现出广阔的前景。中国海关总署的桐油出口数据表明：2000—2010 年这 10 年间，我国桐油出口量一直在缓慢的增长，虽然增长的幅度不是很大并且还偶有波动，但总体呈上扬趋势，目前我国桐油的年出口量约 1 万 t。丰富的油桐物种资源是油桐产业广阔前景的基础；日益增长的市场需求是油桐广阔前景的动力源泉；桐油本身的优良特性是油桐产业广阔前景的保障。

全国现有油桐加工（桐油压榨或浸提）企业约200家，年加工能力在60万t以上，重庆的桐油加工能力就在10万t以上。全国年加工能力超过1 000t以上的企业约有100家，广西天峨天泉桐油有限责任公司年生产能力5万t，2009年生产桐油2万t，重庆市开县新越油脂公司是一家规模达5 000t的油脂加工企业，另外还有少数作坊式的小型加工厂。近年来，由于油桐栽培面积的大幅度减少，总产量比较低，多数加工厂的实际生产桐油量远远小于其加工能力。近年来，桐油出厂价在2.7万元/t左右，主要出口海外以及销往国内沿海省区，其中出口到日本、东南亚及欧美等国的数量较大。

目前，我国油桐生产正在调整生产布局，确立基地化生产格局，油桐生产的良种化正沿着高产无性系推广和杂种优势利用的方向发展。近几年来，桐油内销和外贸的需求量不断增长，国际市场价格也在上涨，形式看好。为了保障供给，必须认真思考发展油桐生产的战略措施。一是，把油桐产业列入国家发展战略的重点产业之中；二是，做好油桐产业的规划布局工作，实现规模化、标准化种植；三是，加大科研投入，强化科技支撑，选育高出油率品种，扩大人工种植规模；四是，加大对现有低产林更新和改造的力度；五是，着力培植龙头企业与知名品牌。

二、千年桐 *Vernicia Montana* Lour.

千年桐又名木油树、皱皮桐、高桐、花桐，为大戟科 Euphorbiaceae 油桐属 *Vernicia* 植物。和油桐一样，千年桐也是以种子榨油为主要栽培目的，栽培面积仅次于油桐，因其树干高大，树形优美，花色亮丽，枝繁叶茂，木材可作家具，为油料、绿化及用材的多用途树，在我国有较大面积栽培。

千年桐为落叶乔木，高15m以上，胸径可达50cm。树皮褐色，树冠塔形，主枝轮生，幼枝光滑无毛，有明显的皮孔。单叶互生，阔卵形至心脏形，长8~20cm，宽6~18cm，全缘或3~5掌状深裂，每个裂缺之间有一红色盘状腺体；幼叶两面有黄褐色短柔毛，老叶两面均无毛，5~7条掌状脉，网脉较明显，叶基部腺体2枚；叶柄长7~17cm。

千年桐为雌雄异株，少数同株，花单性，雄花序为多歧聚伞状，花初开时白色，到下午或次日基部的射线呈红色，花瓣5片；雌花序为复总状，子房3~4室。核果卵形或三角棱形，果皮有3~4条明显的纵棱和网状皱纹，多丛生，少单生。每果有种子3粒，少4粒，扁圆形，具厚壳状种皮，种皮具黑色条纹。

千年桐是原产于我国北热带至中亚热带南部的阔叶树种，其分布南起海南省陵水县，北抵浙江省临安县，西自云南省瑞丽县，东至福建、浙江沿海。栽培分布区主要在广西中部、南部，广东北部、西部，福建西南部，浙江东南部，江西南部和云南中部、南部。千年桐和油桐在分布上有交叉出现，如广西柳州、广东昭关，千年桐和油桐均有栽培分布，在湖南湘西、江西宜春有千年桐的零星栽培分布。分布区的年均温15℃以上，≥10℃年积温在4 000℃以上，年降水量960mm以上。研究表明，在北纬28°~30°以南，年均温不低于16℃，1月均温不低于5℃，极端低温不低于-8℃，年积温不低于5 000℃的地区，种植千年桐均可取得良好效果。

垂直分布多见于海拔400~1 000m以下的江边河谷及丘陵地区，但在滇东南金平县海拔1 000~1 800m，黔东南榕江县海拔1 100m的山地有野生千年桐分布。主要栽培区的广西、广东、福建，以及江西南部、湖南南部、浙江南部等地，一般多栽培于海拔200m左右的低丘或100m左右的台地，且多为村旁、道旁零星种植。

千年桐为喜光树种，要求有充足的光照；耐热，夏季宜有较长的湿热气候；宜栽植向阳避风处。千年桐分布区地带性土壤有砖红壤、砖红壤性红壤、红壤和黄壤及红色石灰土。适生于土层深厚、疏松、肥沃、湿润而排水良好的酸性土壤，在中性或微碱性土壤中亦生长良好，不耐水湿与旱瘠，不宜在低洼积水、过于黏重的强酸性土壤中生长。对二氧化硫的污染极敏感，可用作监测。

千年桐是先发叶后开花，花期较三年桐稍晚，一般在4月下旬至5月上旬，雄花先于雌花4~6天开放；10月中下旬至11月上旬果实成熟，11月下旬落叶。千年桐在适生环境下生长快，寿命长，一般要5~6年才开始结果，15年以后进入盛果期，结果期长达40~50年，寿命长达50~60年，甚至80年以上。

实生繁殖下一般表现为雌雄异株，有一半为雄株，不结实或结实很少，但没有始终不开雌花、绝对不结实的雄株，也有典型雌雄同株的类型。从种子和幼苗难于辨认雌雄，要到开花结果时才能把雌雄株区别开来。在大面积纯林中，往往雄株多于雌株，据调查雄株约占50%~60%，造成单产低，达不到种植的目的。为了提高桐林产量，应选择优良、高产的雌株进行嫁接繁殖。

与三年桐比较，千年桐具有树体大、寿命长、结实晚、产量高、耐瘠薄、抗枯萎病强、耐寒力较弱等特点，但千年桐的栽培面积及栽培历史远不如油桐，许多地方目前仍处在半野生状态。《中国油桐品种图志》将搜集到的15个千年桐品种（包括无性系）分为3大类群：①总状花序类群，共有7个品种，其中无性系4个，杂交种2个；②圆锥状聚伞花序类群，仅1个无性系；③总状聚伞花序类群，共有7个品种，其中无性系4个。目前，国内几个较高产的优良无性系为桂皱27号无性系、浙皱7号无性系、漳浦垂枝型皱桐。其中，桂皱27号无性系曾创下年产桐油750kg/hm^{2}的高产记录，漳浦垂枝型皱桐（福建软枝千年桐）是当地的农家品种，产量高，但对立地条件、肥水要求高，适宜桐农混作和零星栽培。

千年桐可桐农混种，也可纯林经营，还可零星种植或庭院经营。适地造林只能选择海拔 100~300m 的低丘、平地，土壤深厚的红壤或赤红土壤，湿润肥沃的地方，不能在中、低山，坡度大的地方栽培。整地要采用深挖全垦或宽带整地，可以用机耕。采用雌株优良无性系嫁接苗（1 年生）植苗栽培造林，千年桐为雌雄异株，为保证单位面积结果树，要用优良无性系雌株作为接穗嫁接苗。栽培密度，纯林 156~170 株/hm^2，农桐混种（长期间种粮食作物）45~60 株/hm^2。栽培时要配 5%的雄株作授粉树。

目前全国约有千年桐林 10 万 hm^2，占全国油桐林总面积的 5%左右，年产桐油 100 万 t，占全国桐油总产量 5%，广东省是主要产区，面积占全国千年桐林总面积的 54.6%，产油量占全国千年桐林总产量的 45%。马拉维、巴拉圭、乌拉圭、阿根廷等植桐国家，千年桐林有一定的面积，美国也有引种，因其花期比油桐晚 1 个月左右，晚霜危害轻。千年桐林单位面积产桐油量高于油桐林，寿命长，果实丛生性强，一株丰产树的桐籽产量，有时竟超过 0.06hm^2油桐林的产籽量，在国内外适生地区，有扩大栽培之趋势。因此，千年桐林在南亚热带和中亚热带南部有广阔的发展前途，这些地区是油桐林生长不良、低产的地区。

千年桐林与油桐林同为中国重要木本工业油料林，三年桐和千年桐生产的桐油，在国际市场上通称桐油，与三年桐的桐油相比，其干燥性能稍差一些。桐油是中国传统的出口物资，在国内市场上也是重要商品，与人民的生活和生产关系至为密切。发展生物质产业是我国未来新能源开发和利用的新亮点，国家林业局已将发展林木生物质能源列入“十二五”林业发展规划。同时，随着人们对人工合成油漆带来的环境污染的日益关注，桐油越来越受到人们的重视。由于千年桐种子含油量高，产量高，易储藏，易加工，因此被列为开发利用的木本燃料油能源树种之一。千年桐的桐油不仅可作为环保型高级油漆、油墨原料来生产，更可以作为重要的生物质能源，发挥其在生物质能源发展战略上的重要作用。

三、乌桕 *Sapium sebiferum* Roxb.

乌桕别名众多，如桕籽、乌桕籽、桕木、白蜡果、木梓、皂子树、蜡子树、蜡树、蜡蛹树、钻天树等，为大戟科 Euphorbiaceae 乌桕属 *Sapium* 植物。乌桕属植物资源十分丰富，全世界已发现 120 种以上，但原产我国的仅有 10 个种，其中只有 1 个种广为栽培。乌桕是我国亚热带重要的木本油料树种，已有 1 500余年的栽培历史。乌桕的根皮、树皮、叶皆可入药。乌桕也被广泛应用于园林绿化中，集观形、观色叶、观果于一体，具有极高的观赏价值。20 世纪初至 20 年代，中国乌桕已进入规模性生产，乌桕油脂也远销欧美各国。至 20 世纪 50 年代，最高年产 14.6×10^4t 桕籽，其中产量最多的省依次为：浙江、湖北、四川、贵州和湖南。

乌桕为落叶乔木，树高可达 20m。全株无毛，具有毒的乳液。树冠近球形。树皮暗灰色，有纵裂纹；枝具皮孔。叶互生，纸质，近菱形或菱状卵形，顶端骤然紧缩具长短不等的尖头，全缘；侧脉 6~10 对，纤细，斜上升，叶缘弯拱网结，网状脉明显；叶柄细长，顶端具 2 腺体。花单性，雌雄同株；雌花 3 朵形成小聚伞花序，再集生为柔荑花序或穗状花序；雌花通常 1 至数个生于花序的下部，雄花生于上部或有时整个花序全为雄花。蒴果近扁球形，成熟时黑褐色，具 3 个种子。种子黑色，扁球形，长约 8mm，宽 6~7mm，外被蜡质的假种皮，固着于中轴上，经冬不落。

花单性，雌雄同株，雌花通常生于花序轴最下部或罕有，在雌花下部亦有少数雄花着生，雄花生于花序轴的上部；果为球形，熟时为黑色；种子黑色外被白色。

我国是乌桕的主要分布区，在国外仅日本、美国、巴基斯坦和印度有少量栽培。在我国，广泛分布于长江流域及珠江流域，跨 20 个省（自治区、直辖市），分布范围在北纬 18°30′~35°15′，东经 98°40′~122°，分布面积达 262 万 km^2，经济分布范围是北纬 24°30′~33°40′，东经 99°~121°41′。中国北亚热带和中亚热带是乌桕的主要分布区，暖温带南部和南亚热带亦有零星分布，主产区是浙江、湖南、贵州、云南、四川、广西等地，主产区主要分布在江河沿岸的河谷和平原地区，其次为低丘。张克迪等根据地域性自然环境条件及经营措施和历史的不同，将我国的乌桕生产区划分为 6 个相对集中的产区：汉江谷底产区、大别山产区、浙皖山丘产区、浙闽山丘山区、长江中下游南部山丘产区和金沙江河谷产区。垂直分布一般在海拔 1 000m 以下的低山、丘陵区，上限可达 2 800m（四川会理），下限可接近海平面。

乌桕适应性强，喜光，耐寒，主根发达，有一定的耐旱及抗风能力，较耐水湿，可耐间歇性水淹，幼苗可耐持续 2 个月淹水胁迫。喜深厚肥沃而水分丰富的土壤，但对土壤要求不高，一般条件下的土壤均能较好地生长，在红壤、红黄壤、山地黄壤、黄棕壤、黄褐土及非地带性土壤如紫色土、淋溶石灰土、水稻土、河潮土、海潮土、潮土上都有分布，温暖湿润的冲积性土壤条件下生长得更好，对土壤 pH 值要求在 5.5~8.0，但不宜栽种在过于瘠薄和干旱的土地。

乌桕 1 年可抽梢数次，秋梢易枯。乌桕属速生树种，生长速度中等偏快，生命周期较长。结果以前生长十分迅速，管理条件较好的情况下，4~5 年生树开始挂果，盛果期在 10 年左右，树高可达 8~9m，胸径 18~19cm。乌桕收益期长，60~70 年后长势逐渐衰弱，在水肥条件较好的土壤上乌桕树的寿命可达 100 年以上，经济寿命 80 年左右。

乌桕种子既含油又含脂。乌桕籽外被的蜡皮可榨取桕脂（亦称皮油、桕蜡），种仁可榨取梓油（亦称桕油、青油），二者混合压榨的油称为木油（亦称毛油）。桕脂在常温下是白色无臭的蜡状固体，广泛用于制造肥皂、蜡纸、化妆品、金属涂擦剂、固体酒精和高级香料，也是制造硬脂酸（作橡胶制品软化剂、电影胶片及塑料产品的填充剂）、环氧树脂和硝化甘油的重要原料。桕脂富含特定结构的棕榈酸-油酸-棕榈酸三磷酸甘油酯（即 POP 型三苷酯），其性质与天然可可脂近似，是制取类可可脂的理想原料，可作为可可脂的高级天然代用品，具有巨大的应用前景。梓油是一种干性油，所含脂肪酸成分主要为亚油酸、油酸和亚麻酸，可代替桐油，作为油漆、油墨工业的重要原料。目前，利用乌桕梓油制备生物柴油，国内已有初步研究报道，针对乌桕脂来生产生物柴油也开始进行研究。

在漫长的种植业发展过程，产区桕农为了繁优去劣，对栽培乌桕进行了无意识的人工选择，形成了丰富的农家品种。但因长期经营粗放，经营效益差，导致产量增长慢和资源浪费，乌桕是我国工业油脂的主要来源，为了缓解我国新中国成立以后长期工业油脂短缺矛盾，而增加桕农收入和创汇，从 20 世纪 60 年代开始了我国乌桕良种选育工作。乌桕是两种基因型间的异花授粉植物，在长期反复相互异花授粉，使当今自然分布和栽培植株大部分是杂种。有性繁殖不能充分固定和利用杂种优势，而且乌桕是世代长又容易无性繁殖的树种。因此，要培育高产优质的乌桕良种，可能只宜选择育种。20 世纪 60 年代到 20 世纪 80 年代末，我国科技工作者在 10 个省（区）64 个县、422 个乡开展乌桕良种选育工作，共选出优树 193 株，其中 25 株优树已育成无性系品种。1985 年，由于大量进口油脂冲击造成全国乌桕油脂积压。

我国 2007 年 12 月发布的《中国的能源状况与政策》中提出要重点研究生物质能源。国家发展和改革委员会在 2007 年 8 月 31 日发布的《可再生能源中长期发展规划》提出到 2020 年，我国生物燃料（通过生物资源生产的燃料乙醇和生物柴油）消费量将占到全部交通燃料的 15%左右，并建立起具有国际竞争力的生物燃料产业；到 2010 年，生物柴油年利用量达到 20 万 t，2020 年，达到 200 万 t。国务院 2009 年 6 月 2 日发布的《促进生物产业加快发展的若干政策》提出，推动生物柴油的发展，有序开展生物柴油应用试点。为乌桕产业的发展带来了机遇。

四、光皮树 *Cornus wilsoniana* Wanger

光皮树又名油树、狗骨木、光皮梾木、斑皮抽水树等，为山茱萸科 Cornaceae 梾木属 *Swida* 植物，是我国重要的生态经济树种和优良的木本油料树种。在中国，光皮树自古以来，就是作为食用的木本油料树种而存在。长时间食用光皮树油可以帮助降低胆固醇，防治高血脂症；随着对光皮树研究的加深，目前发现光皮树油还可以作为生产生物柴油的制备原料，具有较高的经济利用价值。由光皮树油制备而来的生物柴油，其燃烧特性和动力性能接近 0 号柴油，是一种优良的代用燃料。除此之外，光皮树由于树形秀丽，枝叶繁茂，抗病虫害能力强，可作为一种优良的绿化树种使用。

光皮树为落叶灌木或乔木，高 8~10m，胸径可达 55cm，树冠伞形。树皮呈紫红或灰白带绿色，疤块状剥落后形成明显斑纹，树干光滑看似几乎无皮。小枝初被紧贴疏柔毛，淡绿褐色。叶椭圆形或卵状长圆形，长 3~9cm，宽 1.9~5.8cm，面暗绿，微被紧贴疏柔毛，背淡绿，近苍白，毛较密。聚伞花序，塔形，长 2~3cm。萼管倒圆锥形，长 2mm，萼片三角形；花白色或淡黄色，花瓣披针舌形，长约 5mm，花期 4—5 月。核果球形，成熟时呈黑褐色，有白色贴伏短柔毛，果径 4.5~6.2mm，种子为黄白色。

我国现有光皮树野生资源较多，主要为散生分布，广泛分布在我国黄河以南的地区，包括陕西、甘肃、浙江、江西、福建、河南、湖南、湖北、广东、广西、四川、贵州等省区，集中分布在长江流域至西南各地的石灰岩区，以湖南、江西、湖北等省最多，垂直分布范围在海拔 1 000m 以下。目前，湖南、江西两省有相对集中光皮树资源约 0.53 万 hm^2，湖南省永州市和湘西自治州、江西现有光皮树资源比较多。

主产区处于中亚热带季风气候区，气候温和，光照充足，雨水充沛。主产区产量较多的兴国、于都、石城、寻乌、龙南、定南、全南 7 县的年平均气温为 18.9℃，最冷的 1 月平均气温为 7.9℃，最热的 7 月平均气温为 28.9℃，极端最低气温为 5.2℃，极端最高气温为 39.9℃，全年无霜期为 285~299 天，年平均日照时数为 1 877.3h，年平均降雨量为 1 510.4mm。

光皮树喜生长在排水良好的壤土，深根性，萌芽力强，喜光，耐瘠、抗风、耐旱、耐寒，一般可忍受-18~-25℃低温。对土壤适应性较强，在微盐、碱性的沙壤土和富含石灰质的黏土中均能正常生长，宜选择向阳的地形和土层深厚、质地疏松、肥沃湿润、排水良好的土壤栽植。抗病虫害能力强，尚未发现毁灭性病虫害。

光皮树在主产区一般 2 月下旬芽开放，3 月为展叶期，4 月上旬—5 月上旬为开花期，10 月下旬—11 月上旬为果实成熟期，11 月中旬—次年 2 月为落叶期。

光皮树可用播种和扦插繁殖，当年苗木均高达 80cm 以上，翌春可出圃栽植。繁殖大多采用播种，播种前用水浸或沙藏催芽。2 年苗胸径可达 1.5~2.0cm。移栽时 1 年生小苗在冬季落叶后至春季新叶萌动前带随根土或裸根均可，2 年以上苗，移栽时需带土球。

光皮树实生苗造林一般 5~7 年始果，人工林林分群体分化严重，产量高低不一，嫁接苗造林一般 2~3 年始果，结果早，产量高，树体矮化，便于经营管理。盛果期为 50 年以上，结果直至死亡，寿命 200 年以上。大树每年平均株产干果 50kg 左右，多者达 150kg；果实千粒质量为 62~89g，平均 70g。果肉和果核均含油脂，干全果含油率为 33%~36%，出油率为 25%~30%，果肉含油率高达 52.9%，果核（种子）含油率

13%~17%，种仁含油脂16.09%，盛果期平均每株大树年产油15kg以上。

光皮树具有较高的生态适应性，基本不需肥料，是一种深根性树种，具有萌芽力强、速生等特点，它比国外引进的油橄榄结果期早2~4年，落花落果少，易种易管，果实易加工；从它的生长习性看，既可连片又可零星种植。另外，光皮树油有两大突出特点：一是光皮树全果含油酸和亚油酸高达77.68%，其中油酸38.3%、亚油酸38.85%，所生产的生物柴油理化性质优（如冷凝点和冷滤点）；二是利用果实作为原料直接加工（冷榨或浸提）制取原料油，加工成本低廉，得油率高。光皮树作为一种高产木本油料树种，是理想的生物柴油原料油料树种之一，值得大力推广发展。目前，国内外也已经开始光皮树种植的研究计划。我国地大物博，但地下缺乏油气资源，而地面上有生物油资源，开发利用这种生物柴油资源，将会给广大农民带来巨大的经济效益，也会对山区脱贫致富奔小康做出贡献。据湖南、江西、广东、广西的不完全统计，石灰岩山地总面积有2 200万 hm^2，按10%面积栽植光皮树，可年产光皮树油3 000万t。除明显的经济效益外，种植光皮树还有更加突出的生态效益。

目前，我国对光皮树的研究还不够深入，且多集中在生物学特性、栽培技术及开发利用等宏观方面，直至李昌珠等人建立了适合光皮树的ISSR反应体系，才打破这一局限，但这并不影响光皮树本身所具有的广阔开发利用前景。

五、黄连木 *Pistacia chinensis* Bunge

黄连木，因其木材色黄味苦而得名，别名众多，如木黄连、黄连芽、木蓼树、田苗树、黄儿茶、鸡冠木、烂心木、鸡冠果、黄连树、药木、药树、茶树、凉茶树、岩拐角、黄连茶、楷木等，为漆树科Anacardiaceae黄连木属*Pistacia*乔木。自然界中漆树科黄连木属植物有中国黄连木*Pistacia chinensis*、大西洋黄连木*P. atlantica*、黑黄连木*P. terebinthus*、德克萨斯黄连木*P. texana*、全缘黄连木*P. integeima*、乳香黄连木*P. lentiscus*、钝黄连木*P. motica*、阿富汗黄连木*P. cabulica*、阿月浑子*P. vera*、清香木*P. weinmannifolia*等20种和巴勒氏登黄连木*P. Terebinthus* var. *Palaestina* 1个变种。我国有2种。即中国黄连木与清香木，引入阿月浑子1种。黄连木用途广泛，可材用、药用及观赏等。黄连木也是一种多年生木本油料植物，是优良的能源树种，在我国有较大面积的种植和野生分布，资源十分丰富。

黄连木是落叶乔木，树干通直，高可达30m。树冠开阔，可达4m以上。树皮粗糙，灰褐色，鳞状脱落；小枝灰棕色，有毛；叶为偶数羽状复叶或奇数羽状复叶，小叶互生，10~14枚，有短柄，卵状披针形或披针形，先端渐尖，基部歪斜，全缘，幼时有毛，后变无毛，仅两面的主脉有柔毛，成熟的叶片长4~10cm，宽2~3cm。花单性，花期3—4月，先叶开放，雌雄异株，圆锥状花序，雄花序长10~18cm，雌花序长18~24cm，雄花淡绿色，雌花紫红色。核果，有小尖头，果实9—10月成熟，倒卵圆形，正常成熟的果实为铜绿色，种子饱满，受种子小蜂危害的果实成熟时变为红色。由于其叶片在入秋后变为鲜红色或橙红色，且持续时间较长，是典型的红叶树种之一。

黄连木是温带树种，性喜光，幼时稍耐阴，喜温暖畏严寒，北方多生长于避风向阳之地。黄连木为深根性树种，多分布于海拔600~2 000m的阳坡和半阳坡，对土壤要求不严，耐干旱瘠薄，微酸性、中性和微碱性的砂质、黏质土均能适应生长。含砾石较多的山坡、崖边均能良好生长，但以肥沃、排水良好、湿润的山坡地生长快，发育好，结实多。同时黄连木对SO_2、HCl及烟尘具有一定的抗性，是城市园林建设的常用树种。

黄连木在我国的分布广泛，北自黄河流域的河北、山西、山东、河南、安徽，南至珠江流域的广西、广东，西至甘肃、陕西、四川、云南，东至福建、台湾等都有野生分布和栽培。多数为零星分布，也有大面积的纯林或混交林，河北省（3.33万hm^2）、河南省（2万hm^2）、安徽省（4万hm^2）、陕西省（2万hm^2）、山东、江苏、湖北、湖南、福建、江西、浙江等11个省均有片林分布。

由于分布区内生态、气候条件的差异及地理阻隔，在长期选择中形成生长、形态、结实特征差异的自然类型。黄连木的类型（农家品种）较多，可分成秋前和秋后两大类型；按果实种子形态特征可分为大子圆、小子圆、小粒扁、小子绿和金子黄等品种；按照秋天叶色可分为纯红、紫色、金黄色等。

中国黄连木生长较缓慢，寿命长，树龄可达300年以上。天然分布区常见有数百年甚至千年以上古树。用种子繁殖的中国黄连木，一般8~10年树龄开始结果，盛果期为30~80年树龄，甚至更长。在盛果期，没有受病虫危害、长势旺盛的中国黄连木平均株产可达80kg，高产的可达到150~200kg。

黄连木栽培历史悠久，历来是山区群众主要食用油。1949年后，黄连木造林面积和产量有显著提高。但在20世纪60年代初期，黄连木生产遭到破坏，林地面积和产量急剧下降。70年代初开始，经过造林、封山育林和林木的保护管理，种植面积有所增长。近年来，由于人们食油种类的变化，黄连木生产受到很大的破坏。

在黄连木果实发育过程中，脂肪、可溶性蛋白质含量初期增长缓慢，随着种仁的充实，二者迅速增加，果实成熟期脂肪含量达到41.96%，可溶性蛋白质含量达到9.04mg/g；说明果实在发育初期，光合产物主要以可溶性糖和淀粉的形式保存积累，至中后期则大多转化为脂肪和蛋白质。黄连木作为我国主要的木本油料树种之一，种子含油率为42.46%，其脂肪酸由0.3%的肉豆蔻酸、15.6%的棕榈酸、0.9%的硬脂酸、1.2%的十六碳烯酸、51.6%的油酸、28.3%的亚油酸、2.1%的亚麻酸组成，可用于食用和油脂工业，制造润滑油和肥皂等产品。

普通柴油的主要成分为 $C_{15}\sim C_{19}$的烷烃，而利用中国黄连木油脂生产的生物柴油的碳链长度集中在 $C_{17}\sim C_{20}$，与普通柴油主要成分的碳链长度极为接近。随着全球的能源逐渐减少，能源危机进一步加剧，能源植物的重要性逐渐增加。随着人们对生物能源的需求将更加迫切。对我国重要的生物质能源树种之一的黄连木的研究也将随之更加深入和全面。关于其作为生物质能源树种开发的研究将成为今后研究的热点。

根据对 23 个省市进行的初步调查，目前中国黄连木现有资源量 6.67 万 hm^2，以每公顷平均产量 7 500kg 种子计，则 6.67 万 hm^2可产种子 5 亿 kg，以 2 500kg 种子生产 1t 生物质燃料油计算，则可生产生物质燃料油 20 万 t。而且中国荒山、沙地造林任务大，如果结合造林进行种源基地的建设，则可为生物质燃料油的生产提供充足的原料。因此，作为中国生物质燃料油木本能源植物的黄连木有着广阔的发展前景。2004 年，科技部将“生物质燃料油技术开发”列为“十五”国家科技攻关计划项目。现在黄连木已开始了产业化进程，并呈现出良好的发展势头。目前，河北省某生物能源公司利用黄连木生产生物柴油的技术和工艺已趋于成熟，由该公司利用黄连木种子作原料生产的生物柴油已经通过了国家级鉴定，油品主要物理化学指标达到了美国生物质燃料油以及中国轻质燃料油标准，可批量生产，且使用后尾气能达标排放。

六、麻疯树 *Jatropha carcas* L.

麻疯树又名小桐子、膏桐、臭桐树、黄肿树、芙蓉树、假花生、吗哄罕、麻疯树油树、桐油树、南洋油桐、黑皂树、木花生、油芦子、老胖果等，为大戟科麻疯树属植物。我国栽培的麻疯树属植物共有 5 种，为麻疯树、棉叶麻疯树 *J. gossypiifolia* L.、佛肚树 *J. podagrica* Hook.、琴叶珊瑚花 *J. pendifolia* L. 和珊瑚花 *J. multifida* L.。其中，麻疯树原产美洲，种植面积较大，资源较为丰富，不仅是热带、南亚热带干旱地区优良的造林先锋树种，也是药用栽培植物和性能优良的生物柴油原料树种，可作为能源植物进行开发；其余 4 种均作为观赏花卉栽培。

麻疯树为多年生半肉质落叶灌木或小乔木，高 3~6m，枝叶折断后有乳汁。树皮光滑，苍白色；枝粗壮，圆柱形，具凸起的叶痕，绿色无毛。单叶互生，叶柄长 8~18cm，叶片纸质或近膜质，近圆形至卵状圆形，长宽略相等，长 8~18cm，先端近尖，基部心形，边缘不分裂或 3~5 浅裂，幼时下面脉被柔毛。花单性，雌雄同株，聚伞花序腋生，总花梗较长，花淡绿色或绿白色，直径 7~8mm；雄花萼片及花瓣各 5 片，花瓣披针状椭圆形，雄蕊 10 枚，排成 2 轮，外轮 5 枚，分离，内轮 5 枚，花丝合生；雌花开花后花梗延长，萼片分离，长圆形，顶端急尖，长约 6.5mm，其中 2 枚稍窄，无花瓣，子房无毛，2~3 室，花柱 3，柱头 2 裂。蒴果卵形，长 3~4cm。果实幼时绿色，逐渐变黄，成熟时变为棕色，干时为黑棕色，果皮平滑，成熟时裂成 3 个 2 瓣裂的分果片。种子椭圆形，长 18~20mm，直径 11mm，干时黑色，平滑。

麻疯树喜光、喜暖热气候，耐干旱，生活于海拔 300~1 800m 的温暖无霜地区，可在年降水量 480~2 380mm、年平均气温 18~28.5℃的环境下生存。耐干旱瘠薄，在石砾质土、粗质土、石灰岩裸露地均能生长。它结实丰富，种子大。林下天然更新良好，2~5 年生幼苗可达 1.5 万株/hm^2。麻疯树萌芽性强，可进行扦插繁殖。用种子繁殖的可生长出典型的主根及侧根根系，扦插繁殖的则不能生长出主根。

据报道，全世界的麻疯树共约 200 种，主要分布在美洲、非洲和亚洲热带地区。麻疯树在我国分布较广，广西、广东、云南、四川、贵州、福建、海南和台湾等地均有分布。野生麻疯树在干热的亚热带河谷地带和潮湿的热带季雨林区分布较多，通常生于海拔 700~1 600m 的山地、丘陵坡地及河谷荒山坡地。一般栽培于园边作绿篱，也有半野生状态，多生于平地路旁的灌木丛中，以散生或小面积纯林形式分布。我国麻疯树现有资源以云、贵、川为主。据初步统计，云、贵、川地区现有自然分布的麻疯树约 3.33 万 hm^2。全国人工种植麻疯树面积约 2 万 hm^2，也主要集中在四川、贵州和云南。

一般情况下，麻疯树 3 年可长成 3m 高的植株。种子繁殖的植株 3~4 年结果，扦插繁殖的植株 1 年结果，正常结实期 6~20 年，结实间隔期不明显，立地条件好的母树连年结果均较多。麻疯树在气温较高的地区一般年开花结实 2 次，第 1 次花期在 4—5 月，8—9 月果熟；第 2 次花期在 7—8 月，12 月至翌年 1 月果熟，产量以第 1 次的为主，约占全年的 3/4。麻疯树开花结实的物候不甚整齐，有少量植株 2—3 月开花，6—7 月果熟。四川凉山、攀枝花地区花期 5—10 月，花果期长约 6 个月；云南花期 3—10 月，花果期长约 8 个月；海南省一年四季皆可开花。

麻疯树生长力强，有多种用途。首先，麻疯树的种子含油率达 40%，其种粒含油率很高，种子含油率达 40.0%，种仁含油率在 50.2%~59.7%，麻疯树油适用于各种柴油发动机，并在闪点、凝固点、硫含量、一氧化碳排放量、颗粒值等关键技术指标上接近或优于 0 号柴油，为当今世界公认的、最有可能成为未来替代化石能源的、具有巨大开发潜力的树种。另外，它还在生物防治、生态环保、食用及饲用、制皂及农用、医疗与药物开发等方面有多种用途，具有广阔的开发前景，可在我国热带亚热带山区大力发展。

从 20 世纪 70 年代以来，许多国际组织、国家都普遍重视与积极推进该树种，已有 30 多个国家开始资源培育，主要在东南亚、非洲国家。我国自 20 世纪 80 年代开始，四川省林业科学研究院在全国率先开展麻疯树栽培与生物柴油研究与开发应用，其后，四川大学、中国科学院、中国林业科学研究院以及云南、贵州等单位对麻疯树资源培育及其生物柴油应用进行了研究与开发。目前，麻疯树种子提炼生物柴油技术已经成熟，可以进行商业化生产。

从 2006 年开始，云南某公司开始发展麻疯树相关产业。目前，该公司建立了麻疯树母树园和育种基地 130 多 hm^2，完成良种繁育基地 200 多 hm^2，繁育优质种苗 8 000多万株，建立了 10 万 hm^2麻疯树生物能源原料林丰产栽培试验示范基地，并建成了 1 座年产 6 万 t 麻疯树生物质能源加工厂，建成投产了年处理 1 万余吨麻疯树原料生产线，同时还建成可年产 3 000t 麻疯树原料油、3 000t 麻疯树生物柴油和 3 000余吨脱毒饲料蛋白的生产线，属于国内第一条产业化连续生产麻疯树生物质能源产品的生产线。该公司在良种选育、种植技术、产品加工和副产品开发利用领域均处于国内领先地位。

由于我国在麻疯树生物柴油领域研究取得了较好成绩，在国际上产生了重要影响，目前已经与包括英国、韩国、巴西、印度尼西亚、缅甸、柬埔寨等多个国家和地区的机构和企业开展了合作研究及开发工作。贵州两家公司在黔南和黔西南建立了栽培示范基地。“贵州小油桐生物柴油产业化示范项目”已纳入中国和德国可再生能源领域的合作项目。德国已在贵州建立了第 1 个利用麻疯树生产生物柴油的示范项目，以实现利用麻疯树种子作为原料进行生物柴油的产业化生产。中国海洋石油基地集团有限责任公司与四川攀枝花市人民政府签订了“攀西地区麻疯树生物柴油产业发展项目”，将在攀枝花发展麻疯树种植基地 3. 33 万 hm^2，建设年产 10 万 t 的生物柴油炼油基地。四川省长江造林局、四川某公司与英国 DI 油料有限公司达成初步协议，在中国境内种植麻疯树，合作期限 50 年，种植面积 200 万 hm^2，计划年产生物柴油 500 万 t。云南省红河州将在未来几年营造麻疯树 50 万～100 万株。当前我国麻疯树种植研究还处于粗略阶段，规模很小，处在产业发展的雏形，但表现出了较好的发展势头。

第三节　脂肪类干果

现在在报刊文章将油脂类干果如核桃、山核桃（浙江山核桃）、香榧、腰果椰子、阿月浑子、巴旦木等作为植物食用油介绍，值得探讨。核桃，每 500g 为 35～45 元；山核桃，每 500g 为 70～80 元；香榧，每 500g 为 120 元。可见，价格较为高昂。椰子用来作糖果，椰子糖，广东名产；椰子饮料，海南名产，是不可能用来作食用油的。

椰子油在菲律宾、印度尼西亚、马来西亚是作为植物食用油栽培的。

核桃不仅可以吃，可以作为保健器材，二个核桃在手中环转。还有高层次作为文物文玩核桃。据专家在《中国科学报》著文说：现如今，玩核桃的越来越多了，很多年轻人也加入其中。古玩街上专门经营文玩核桃的商家也逐渐增多，售卖各式各样的文玩核桃，有大有小、造型各异，有的呈咖啡色、有的呈枣红色。

别看这小小的核桃，价格可是不菲，一对普通的直径40mm以上的核桃，要价在几千元，而直径45mm以上的都要破万元。

把玩核桃很早就是一种风尚，其鼎盛期可追溯到清朝。在中央电视台的《鉴宝》节目中，乾隆皇帝曾经把玩过的一对核桃，专家给出的参考价格为17万元。

文玩核桃和食用核桃最大区别就在于挑选、上油、把玩、收藏和交易环节上的不同。

文玩核桃是对核桃进行特殊选择和加工后形成的有收藏价值的核桃。首先，纹理须特别深刻。其次要在核桃不成熟的时候，大概是七八成熟的时候，把核桃摘下来，找两个大小、花纹、体积甚至重量都一样的，往往需要花很大工夫才能凑成一对儿。

文玩核桃讲究质地、形状、色彩和个头。质地好的核桃细腻坚硬，表面如羊脂玉一般细润，手感沉，碰撞起来声音清脆，如同金石。形状指的是核桃的纹路和配对，纹路的疏密、分布，边的宽度和厚度，是衡量核桃的一个重要因素。两个核桃越接近越珍贵。

文玩核桃到底有什么好玩，值得爱好者乐此不疲？其实，文玩核桃主要玩的是可以辨识核桃成色、价格的成就感。就像玩古玩的人总要显示、比试各自对鉴定古物的“内功”也就是“眼力”。眼力的高低，只有在玩核桃的过程中才能比较，进而不断提高。有经验的人、内行、资深玩家，往往能一眼看出核桃的优劣，价物是否等同，产自何地何树，并将鉴别依据及来龙去脉说得头头是道、清清楚楚，周围的人都竖起拇指，投来敬佩的目光——这应该是玩家们最得意的时刻。

一、核桃 *Juglans regia* Linn.

核桃又名胡桃、羌桃、万岁子，为胡桃科Juglandaceae核桃属*Juglans*植物。核桃原产于中东地区，栽培范围几乎遍及全球各大洲，为重要的坚果树种，与扁桃、腰果、榛子并称为世界著名的“四大干果”，素有“木本油料之王”的称号，是我国主要的经济林树种之一。

核桃为落叶乔木，高10~20m，树冠大，寿命长。树皮光滑，灰白色，新梢绿褐色、褐色，有较稀的白色皮孔，老枝有纵裂。芽分为混合芽和营养芽，三角形。叶片为奇数羽状复叶，小叶对生，复叶互生，长30~40cm，小叶5~9片。复叶柄圆形，基部肥大有腺点，脱落后叶痕大，呈三角形。小叶长圆形、倒卵形或广椭圆形，柄短，叶全缘。雌雄同株异花，雄花序生在 1 年生枝上，为裸芽、呈桑葚状，为柔荑花序，长 8~12cm，花被 6 裂，有雄蕊 12~26 枚，花丝极短，花药成熟时黄色。晚实核桃的雄花多着生在母枝上的顶芽或顶芽下的 1~2 芽处。早实核桃雌花芽的比例较高，一般占母枝总芽数的 50%~90%。雌花芽顶生，小花 2~3 朵簇生，也有 4~5 朵或更多。子房外面密生细柔毛，柱头两裂，偶有 3~4 裂，盛花期呈羽状反曲，黄绿色。果实为核果，近圆形，外果皮肉质，表面具有网状刻沟或皱纹。种仁为脑状肥大子叶，被黄色或黄褐色的薄种皮，其上有明显或不明显的脉络。坚果大，壳薄，核仁饱满，品质优良。

核桃属于温带树种，分布很广，天然分布于西亚、小亚及喜马拉雅山区（吉尔吉斯斯坦、塔吉克斯坦、克什米尔、巴基斯坦、印度、尼泊尔、缅甸北部）以及我国西藏谷地和四川北部。核桃在我国分布广泛，除黑龙江、吉林等省外，其他大部分地区均有栽培，其中年产量较高的有云南、山西、陕西、河北、河南、北京、新疆、四川、山东等省（区）。我国有 3 个核桃栽培中心：一是大西北，包括新疆、青海、西藏、甘肃、陕西；二是华北，包括山西、河南、河北及华东区的山东；三是云南、贵州（铁核桃栽培中心）。

核桃适宜的温度范围为年均温 9~12℃，日均温达 9℃时开始萌动，14~15℃以上时进入花期。当秋季气温下降至-25℃时，枝条发生冻害，但不至死亡，其最低临界温度是-31℃。夏季当温度升到 38℃以上时，生长停止。如遇干旱则易发生日灼。采收期若温度高于 32℃时会降低核仁质量。年降水量在 500~700mm 时，如雨量分布均匀，可以满足核桃年生长发育对水分的需要，否则需灌水，全年需灌 2~3 次。核桃属于喜光、深根性树种，喜欢深厚、肥沃、疏松的土壤。排水不良或长期积水会造成核桃根系生长不良或窒息而死亡。秋季雨水过多会引起外果皮早裂、种皮变褐色而发霉变质、影响核果质量。

核桃仁含蛋白质、脂肪、碳水化合物，还含有钙、磷、铁、锌、胡萝卜素核黄素及维生素 A、维生素 B、维生素 C、维生素 E 等，有很高的营养价值和药用价值。既可以生食、炒食，也可以榨油、配制糕点、糖果等，被誉为“万岁子”“长寿果”。核桃的药用价值很高，中国医学认为核桃性温、味甘、无毒，有健胃、补血、润肺、养神等功效。现代医学研究认为，核桃中的磷脂，对脑神经有很好保健作用。核桃油含有不饱和脂肪酸，有防治动脉硬化的功效。核桃仁中含有锌、锰、铬等人体不可缺少的微量元素。核桃仁的镇咳平喘作用也十分明显，冬季，对慢性气管炎和哮喘病患者疗效极佳。经常食用核桃，既能健身体，又能抗衰老。核桃是食疗佳品，无论是配药用，还是单独生吃、水煮、作糖蘸、烧菜，都有补血养气、补肾填精、止咳平喘、润燥通便等良好功效。核桃还广泛用于治疗神经衰弱、高血压、冠心病、肺气肿、胃痛等症。

核桃是多个种的泛称，其中有栽培价值的约有 10 余种。我国现有核桃属植物可分成 3 组 8 个种。核桃组：核桃 *J. regia*、铁核桃 *J. sigillata*；核桃楸组：核桃楸 *J. mandshurica*、野核桃 *J. cathayensis*、麻核桃 *J. hopeiensis*、吉宝核桃 *J. sieboldiana*、心形核桃 *J. cordiformis*；黑核桃组：黑核桃 *J. nigra*。其中，核桃在国外又叫波斯核桃或英国核桃，是核桃属中栽培最广的树种，其坚果较大，品质优良，为本属其他树种所不及，但其对寒冷、干旱的抵抗力较弱，且不耐湿涝；铁核桃原产我国西南地区，本种耐湿热，不耐干旱，抗寒力弱，其品种类型繁多，坚果大小和形状表现多种多样，能够满足多种育种目标的需要；黑核桃原产北美，抗寒，抗旱，对不良环境适应性强，坚果食用价值高，是仅次于普通核桃的材果兼用树种；核桃楸原产我国东北及俄罗斯远东地区，较抗旱、抗寒，多用作抗寒育种的亲本，其核壳厚、核仁小，取仁难。我国新疆的早实核桃实生种群具有结实早、增产潜力大等优良特性，作为改良核桃早实性与丰产性的主要亲本；华北核桃一般病害较少，抗病强，是抗病育种的宝贵基因资源。

我国核桃栽培历史已有 2 000多年，由于幅员辽阔，气候差异、立地不同，各地均有自己发展的品种。20 世纪 50 年代初，国内各核桃科研机构和教学等单位广泛开展了优良品种引进工作，先后从美、日、法及东欧等国家引进核桃优良品种和砧木资源。如美国加州主栽的“维纳”“强特勒”“哈特利”和日本“清香”等品种，以及“黑核桃”“魁核桃”等核桃砧木资源。到 20 世纪 60 年代中后期，中国林业科学研究院、山东省果树所等科研单位开展了我国核桃杂交育种工作，其中“中林 1 号”“香玲”“西扶 1 号”“北京 861”等 16 个早实型核桃新品种，于 1990 年成为首批经原林业部鉴定的良种品种，并获得原林业部科技进步一等奖、原国家科委科技进步二等奖。此后 20 年间，各地通过实生选育和杂交育种相继培育出一大批优良核桃品种，如河北农业大学的“绿岭”、山东果树所“岱丰”、云南林业科学院“云新 7914”、山西林业科学研究院“晋龙 1 号”、辽宁经济林研究所“寒丰”、北京林果所“京香 1 号”等品种。据统计，目前全国核桃主推良种有系列品种（品系）300 多个、良种采穗圃 0. 233 万 hm^2，年产穗条 8 000万根。核桃良种的选育成功与应用，对提高我国核桃良种化程度起到了积极推动作用。

我国核桃育种经过半个多世纪的努力，已成功构建了核桃核心种质和育种平台，为培育更多优良品种奠定了基础。通过提出核桃种质资源评价方法，已甄别出 300 余份核心应用种质。利用核心种质构建起专用品种高效杂交育种群体，获得了抗炭疽病和细菌性黑斑病、晚花（避晚霜）、高油脂、把玩等 30 余个高遗传力的杂交亲本。并培育出 70 余份新种质，已有 41 个通过审定、认定成为专用良种。其中，晚实核桃适宜在丘陵山区的中上部栽培，生长较强的早实品种适宜在中部栽培、丰产性强的品种适宜在中下部条件较好的地区栽培。

核桃作为世界四大坚果之首，种植遍及60多个国家和地区，有17个国家年产量达万吨以上。核桃作为维护粮油安全的重要油料及出口创汇的优势品种，在世界核桃产业的竞争下，谁拥有优良品种谁就将赢得产业发展先机。良种选育及应用对我国核桃产业发展意义重大。核桃世界总产量在60×10^4t以上，主产国有中国（24×10^4t）、美国（23×10^4t）、土耳其（7×10^4t）、印度（3×10^4t）、意大利（2×10^4t）、法国（3×10^4t）。我国核桃栽培面积及产量均居世界之首，是我国传统的出口商品，在国际上享有盛誉。平均年出口量达到5×10^4t，已成为贫困山区农村经济的支柱产业。目前我国核桃面积约667万hm^2，年产核桃20多万t。

20世纪80年代以前，我国核桃繁殖多以实生繁殖为主。核桃实生繁殖，在自由授粉情况下，子代变异较大，个体往往出现表型上的一定差异，且结果迟，已不能满足生产的需要。由于核桃本砧之间亲和力强，目前，核桃繁殖主要采用嫁接繁殖。根据所用接穗的不同，核桃嫁接分枝接和芽接两大类。枝接包括劈接、插皮舌接、插皮接、切接、腹接、双舌接等；芽接包括“T”形芽接、环状芽接、方块芽接等。核桃插皮舌接是目前公认的成活率最高的嫁接方法，其成活率一般可达80%以上。核桃嫁接后伤流液过多，造成接口缺氧环境，抑制愈伤组织形成，导致嫁接成活率低，这一直是科研工作者研究的热点，经过多年的研究已取得了明显突破。核桃秋季落叶后或春季放叶前均可进行栽植。核桃树干性强，顶端优势和层性明显，树形以主干疏层形或自然开心形为宜，整形一般宜早不宜晚，要求在5~7年内基本完成。幼树应进行修剪，否则易出现早衰现象，直接影响产量；盛果期树修剪的主要任务是及时调整平衡树势，调节生长与结果的矛盾，延长盛果期年限；衰老树修剪的任务是用徒长枝、新发枝更新复壮树冠。目前已知为害核桃的害虫共有120余种，病害30多种，冬季和初春防治应以综合防治为主，将害虫控制在发生为害之前，夏季以化学药剂防治为主，人工防治为辅，直接控制当年为害，减少后期和来年病虫来源，秋季以人工防治为主，低越冬病虫来源，减少来年发生量。

二、山核桃 *Carya cathayensis*

山核桃别名小核桃、沙核桃，系胡桃科 Juglandaceae 山核桃属 *Carya* 植物。山核桃原产我国，是我国著名的干果和木本油料树种，具有寿命长、产量高的特点。核仁含有多种维生素，香脆可口，既可食用，也可作糕点原料。山核桃油是上等的食用植物油，具有防治冠心病、润肺滋补之功效。核桃外果皮可烧灰制碱（灰含碱率20%~30%），碱中含碳酸钾60%。果皮富含单宁，可提炼栲胶，也可制农药。坚果榨油后，油饼可作饲料或肥料，果壳可作活性炭。

山核桃为落叶乔木，高 20m 左右。冬芽为绿黄色裸芽、奇数羽状复叶，叶柄长 4.0~6.2cm，叶背有锈黄色鳞斑，有小叶 3~7 片。雌雄同株异花，雄花为三出葇荑花序、雌花为顶生穗状花序，果实于 9 月上旬成熟。果实外面具有由 4 瓣合成的倒卵状总苞，外皮密生锈黄色腺体。坚果卵形或广椭圆形，基部回形，顶端尖，直径 1.55~2.09cm，平均 236~300 粒/kg；壳较厚，壳面有细而密的沟纹；子叶即核仁，肥大，常 4 裂，味涩，经脱涩后味美可食。

山核桃主产浙皖交界的天目山区，北纬 29°30′~30°50′；东经 118°21′~119°41′，包括浙江临安、淳安、桐庐、安吉，安徽宁国、歙县、旌德、绩溪等市县。适生于山麓疏林中或腐殖质丰富的山谷，海拔 400~1 200m 的地区。以浙江临安交昌化区气象条件为例：年均温 15.2℃，极端最低温度-13.3℃、全年无霜期 143 天，年平均降水量 1 500mm，雨量大部分集中于4—9 月的生长季节。山核桃较耐寒，冬季低温达-15℃以下，也不受冻害；但花期（4 月下旬至 5 月中旬）最怕连阴雨，如遇连阴雨，则授粉受精不良坐果率低；5 月底至 6 月为幼果期，雨水太多、日照不足，树体因营养失调引起大量落果；7—9 月为裸芽及果实发育期，长期干旱影响果肉生长，形成空果。

在中心产区，每年山核桃生长期为 3 月下旬至 10 月下旬，约 7 个月。3 月底至 4 月初芽萌动后 7~10 天开始展叶，展叶后的 10 天左右为叶面积旺盛生长期。山核桃的雄花芽 6—7 月开始分化，翌年 5 月上中旬开放，花期较短，从初花到末花仅 4 天左右。撒粉后花序脱落。雌花芽的分化时期为 4 月中下旬，由开始分化到开放约 20 天。雌雄花同时开放，可授粉期 7~10 天。从开花到幼果形成的 20 多天内，落花数约占总花数的 25%。6 月上中旬（高海拔地区为 6 月中下旬），有一个大量落果时期，落果量占全年总落果量的 70%以上。果实各组成部分的生长过程：果实体积旺盛生长期在 6 月中旬至 8 月上旬的 1 个半月时间内。外果皮开始生长最早（5 月中旬），结束最迟（9 月中旬），核壳（内果皮）生长期在 7 月中旬至 8 月中旬，以 7 月下旬至 8 月上旬的 20 天生长最快。核仁生长期在 7 月下旬至 9 月上旬，以 8 月生长最快，此期生长量占核仁总生长量的 88.33%。据观测，核仁含油率增长曲线与核仁生长曲线近乎平行，说明整个 8 月为长油期。9 月果熟，10 月中下旬开始落叶，11 月底叶基本落完。

实生山核桃一般 8~12 年开始开花结实，16~20 年即有一定产量，生长好的单株产量可达 15~20kg。20 年以后进入盛果期，此时期持续年限，因立地条件及管理水平而异。通常情况下，30~50 年内有较好的收获，单株果实收获可达 50kg 之多，丰产单株可达 200kg。但目前部分山核桃林由于管理粗放，密度过大，产量不稳。60 年后，山核桃进入衰老期，产量下降。

山核桃较耐荫，产区现有成林多在阴坡、低山丘陵，阴坡山核桃生长结果和果实经济性状优于阳坡。800m 海拔以上反之。海拔 300~900m 的山核桃生长结果优于 300m

以下及900m以上的山核桃林。

山核桃分布区的土壤有普通红壤、乌红壤、山地黄壤和淋溶石灰土。母质母岩以石灰岩、灰页岩、紫砂岩、花岗岩、凝灰岩上风化的土壤为好。丰产林多在淋溶石灰土上。土壤深厚肥沃，果大，出仁率，出油率高，反之则低产、低质。

山核桃产业发展经历了3个阶段。1988年以前这一阶段为山核桃产业缓慢发展阶段。由于集体山林分山到户不久，林农对集体林权制度政策把握不准，担心政策变化，一直没有发展山核桃栽植，也疏于对野生山核桃的管理，所以，该阶段山核桃产量增长缓慢，山核桃加工企业发展明显不足，加工企业规模小，产品种类少。由于国家调控，山核桃由国家统一收购，以计划价格为主。

1989—2002年，为山核桃产业波动发展阶段。该阶段山核桃产量大、小年变化明显。由于各个地方的实际情况差别很大，具体时间不一，大致在1989—2002年。这一阶段由于集体林权制度不断完善，政策稳定，林农放心栽植山核桃，发展山核桃产业。市场不断完善，加工企业规模不断扩大，数量不断增加。2000年，临安90%以上的山核桃通过加工后上市。随着2001年“手剥山核桃”的入市，山核桃市场价格上涨，林农经济收入增加，极大地调动了林农栽植山核桃的积极性，加大了山核桃的投入。

2003年至今，该阶段山核桃产量稳步快速增加阶段。由于山核桃经济效益日趋明显，逐步成为山区农民主要的收入来源。在这一阶段，随着科技的不断突破，山核桃大小年现象逐渐消失，山核桃面积的不断扩大，山核桃产量稳步快速增加。加工企业和个体户竞争加强，合作社逐步发挥作用，山核桃价格由市场决定，二、三产业产值不断扩大。加工企业开始注重品牌建设和宣传，逐步产生“中国名牌产品”“省著名商标”。

三、美国山核桃 *Carya illinoensis*

美国山核桃又名薄壳山核桃、长山核桃，系胡桃科 Juglandaceae 山核桃属 *Carya* 植物。薄壳山核桃是世界上重要的干果树种之一，是北美最重要、最有价值和最有前途的坚果树种之一。它的起源可追溯至遥远的白垩纪时代，主要分布于美国和墨西哥北部。美国山核桃坚果个大（80~100粒/kg），壳薄，出仁率高（50%~70%），取仁容易，产量高（1 500~2 250kg/hm^2）。其果仁色美味香，无涩味，营养丰富，约含油脂72%，蛋白质11%，碳水化合物13%，含对人体有益的氨基酸比油橄榄高，还富含维生素B_1、B_2，是理想的保健食品或面包、糖果、冰淇淋等食品的添加材料。

美国山核桃为落叶乔木，树皮粗糙，纵裂呈片状剥落。奇数羽状复叶互生。3月下旬萌芽，4 月中旬展叶。花单性、雌雄同株。雄花生于去年生枝叶腋部，为三出葇荑花序，雌花着生于当年生新梢顶端，穗状花序下垂。5 月上、中旬开花、雌雄异熟。坚果长卵形或长圆形，长 2. 5~6. 0cm，光滑，具暗褐色斑痕和条纹、10 月下旬至 11 月上旬成熟，11 下旬至 12 月上旬落叶。整个生长季节为 230~250 天，开花至果实成熟需 150~160 天。

美国山核桃原产美国，自然分布于密西西比河流域的冲积滩地上。现在美国广泛栽培有 300 多个品种，已培育出适生各种环境的品种。南方组，生长季 200 天以上，年降水 1 000mm 以上。西方组，年降水 500mm 以下；北方组，适于寒冷冬季、生长季少于 165 天。美国山核桃是世界著名脂肪性坚果，在北美是最受人们喜爱的重要食品之一，年产量达 52 万 t。

美国山核桃于 1900 年前后引入我国，先后在北京、南京、杭州、嘉兴、南昌、九江、厦门、合肥等地零星引种栽培。20 世纪 50 年代后，各地进行多次引种、扩大栽培。进入 21 世纪以来，薄壳山核桃产业得以重视，得到了相对比较快速的发展，在浙江、四川、江西、湖南、贵州、江苏等地均有引种。但有一定面积形成一定产量的只有浙江金华东方红林场、建德林场、东洋县洪材等地，栽培面积约为 $60hm^2$，年产量达 200t。南京有 5 000余株，产量约 1t。其他地方未形成产量。但目前还未进入结果期。

美国山核桃喜欢温暖湿润的气候，适生区年均温度 15~20℃，年降水量 1 000mm 以上。美国山核桃耐水湿能力强，可耐受短期水淹，不耐干旱；喜光照，对光照敏感，受荫蔽后植物生长差、结果很少。土壤深厚肥沃，以微酸性至微碱性为好。适生在塘沟旁边，溪流两岸，或“四旁”。因此，引种栽培要考虑适生条件。

实生繁殖结果迟，13~15 年始果，变异大，不结果树占 40%~60%。产量低，果变小，品质差，但其中也有少量高产株，要选择优树采用无性繁殖，保持母本优良性状。无性繁殖的方法有根插育苗、分株繁殖、分株繁殖等。根插育苗：选择幼嫩根粗度在 1cm 以上的优树，剪成 10~15cm 长，在圃地扦插育苗。分株繁殖：根插苗入土后，遗留在圃地的主根或较粗的侧根翌年能发生萌孽苗。嫁接繁殖：大苗高接 3~5 年始果，小苗低接 6~8 年始果。由于树体含单宁多，开始嫁接有一定难度。据报道，在栽培管理条件较好的情况下，嫁接 5~6 年始果，10 年生植株产果 6kg，15 年生植株产果 18kg，20 年生植株产果 36kg，30 年生植株产果 72kg，35 年生植株产果 90kg，经济寿命 70~80 年。

美国山核桃雌雄开放时间有 3 种，即雄蕊先熟型、雌蕊先熟型、雌雄同熟型。雌蕊先熟型占 50%以上，同熟型不到 10%。因此，在栽培时要考虑授粉树的配植，也可进行人工授粉。

四、榛子 *Corylus heterophylla* Fisch.

榛子又名锤子、平榛，为榛科 Corylaceae 榛属 *Corylus* 植物。榛子是重要的坚果果品，是世界四大坚果之一，由于其独特的风味和丰富的营养深受人们的喜爱。我国榛属植物资源比较丰富，在世界榛属植物 16 个种中，原产中国的有 8 个，分别是平榛 *C. heterohpylla* Fisch.、毛榛 *C. mandshurica* Maxim. et Rupr.、川榛 *C. kweichowensis* Hu、华榛 *C. chinensis* Franch.、绒苞榛 *C. fargesii* Schneid.、滇榛 *C. yunnanensis* A. Camus、刺榛 *C. ferox* Wall.、维西榛 *C. wangii* Hu，另外中国还有 2 个变种，藏刺榛 *C. ferox* Wall. var. *thibetica*（Batal.）Franch.，短柄川榛 *C. kweichowensis* Hu var. *brevipes* W. J. Liang。榛子是用途广、经济价值高的树种。榛仁营养丰富，除含有蛋白质、脂肪、糖类外，胡萝卜素、维生素 B_1、维生素 B_2、维生素 E 含量也很丰富；榛子中人体所需的 8 种氨基酸俱全，其含量远高过核桃；榛子中各种微量元素如钙、磷、铁含量也高于其他坚果。除食用外，榛仁亦可入药。榛油为干性油，多含不饱和脂肪酸，色清黄，味香，为优质食用油。榛油还可制造肥皂、化妆品等。此外，榛子木材坚硬，纹理、色泽美观，可做小型细木工的材料。榛树根系发达，可作防风林，防风固沙。一些品种栽培于庭院及公园，可作绿篱或观赏之用。多年来我国较多的是利用野生资源，近些年来在部分地区有少量栽培。然而在欧洲地中海沿岸、北美等国欧榛栽培已有 700 年的历史。

榛子为多年生落叶灌木或小乔木，高达 7m，萌芽性强，常丛生，呈灌木状。芽卵形，芽鳞边缘有须毛，背面无毛。叶倒卵状长圆形、长圆形或宽卵形，长 4.5~12.0cm。雌雄同株花单性，先花后叶，柔荑花序，常 2~7 排成总状，腋生，密被灰色粗绒毛，苞片先端尖，雌花为头状花序，风媒传粉。果 2~6 丛生或单生；果苞钟状，具纵纹，密被细毛，中下部杂有腺头毛；边缘浅裂，裂片钝圆或三角形，全缘稀缺裂；果序柄长 1~2cm，被毛；坚果近球形，微扁，密被细绒毛，顶端密被粗毛，直径 7~15cm，8—9 月成熟。

榛子的适应性强。平地、山坡、丘陵均能生长，土层较薄（10~15cm）的坡地也能生长，但在棕色森林土，土层厚度 20~40cm，微酸性和中性土分布较多，并耐盐碱；榛子耐寒，可耐-25℃的低温，发育期平均温度在 10~23℃；在年降水量 400~700mm、相对湿度 47%~83%的环境中生长良好。花期遇高温，雄花提前开放；若遇大风，授粉受到影响；若遇到低温，花期延长或受到冻害。

榛子是我国榛属植物中分布最广、资源最丰富、产量最多的 1 个种。除广东、福建、广西、海南及新疆外，榛子在我国从南到北有 22 个省（自治区）均有分布，北达黑龙江省呼马县，南到云南省安宁县，西到西藏的聂拉木，东达吉林省的图们，主要分布于东北、华北、陕西、甘肃等地。现有榛林 167 万 hm^2，95%是平榛，年产榛果 2.6 万 t，但商品性差。到 2004 年，我国栽培面积达 500 万 hm^2，60 万株以上。

从 20 世纪 60 年代初开始，东北地区有关科研单位和院校就开展了榛树野生资源和自然类型的调查研究。20 世纪 80 年代梁维坚等对平榛进行了优良类型的选育，确定了 31 个优系。同时对于其优株坚果的稳定性、丰产性、遗传特性等进行了研究，选出了 6 个优良品系。1981—1987 年，梁维坚和张育明还对我国榛属植物的种类资源分布和利用价值定方面进行了调查研究，历时 8 年深入 15 个省进行考查，在大连建立了榛子资源圃，在榛属分类上首次将川榛恢复为种。

北京植物园和南京林学院在 20 世纪 50—60 年代从前苏联引进欧榛和大果榛，20 世纪 70 年代辽宁经济林研究所先后从保加利亚、阿尔巴尼亚、意大利等国引进 10 个品种。随后在 20 世纪 90 年代我国从意大利、美国、土耳其、西班牙等榛子的主产国相继引进了一系列的品种。刘玉安、郝广明等对于自 1988 年自美国布拉斯加州引进的北美榛子进行了初步的引种试验，并取得了一定的成绩。佳木斯地区 2001—2003 年先后引进平欧杂交榛品系 33 个、土耳其榛栽培种 1 个、欧洲大果榛子栽培种 21 个材料的树苗，进行引种试验。

我国原产的平榛和毛榛，虽然适应性强，分布广泛，但其果实小，果壳厚、出仁率低，产量低。而原产于小亚细亚地区黑海沿岸及欧洲地中海的欧洲榛，其果实大，果壳薄，出仁率高，产量高，是榛属植物中唯一被广泛栽培利用的树种，但是在我国由于气候的影响表现出明显的不适应性。从 1980 年起，辽宁省经济林研究所利用平榛与欧洲榛进行种间杂交育种研究，现已选育出适合在我国北方栽培的杂交榛子优良品系 20 余个。1999 年选育出能在辽宁省露地越冬的大果榛子达维、玉坠、平顶黄、薄壳红、金铃等 5 个平欧杂种榛新品种；2002 年平欧 210 号等 9 个优良品系通过了辽宁省农作物品种委员会的审定；2006 年又选育出了抗寒丰产的平欧杂种榛子“辽榛 1 号”和“辽榛 2 号”，并通过了国家林业局的新品种审定。平榛与欧洲榛种间杂交成功地产生了平欧杂种榛新种 *C. heterophylla* X. Avellana，该新种属于栽培种，具有果大、壳薄、出仁率高、产量高的特点，同时抗寒能力和风味均优于欧洲榛，这一新种的产生在国际上受到了广泛的关注。栽培方面，参照欧洲榛子的栽培技术，已研究出适宜于我国的无性繁育技术及定植、整形、修剪、肥水管理和病虫害防治等系列的配套栽培技术，使我国榛子生产从野生、半野生状态进入现代的园艺化栽培生产阶段。

平欧杂种，为大灌木，高 3~4m，植物学形态介于平榛与欧榛之间。坚果大型，单果质量 2.0~3.5g，抗寒，可抗-30℃低温，可在我国辽宁北纬 42°以南至黄河流域，以及相似的气候区栽培。我国平欧杂种榛在辽宁省及北方 10 多个省区的栽培面积已达

$600hm^2$，共70余万株。辽宁省最北部的西丰、新宾、彰武、抚顺等地已引种栽培3~4年，尚无严重冻害情况的报道。栽培较早的大连、营口、鞍山、沈阳等地已经投产。同时，山西、山东、河北等省地也引种了平欧杂榛，其生产表现良好。

五、香榧 *Torreya grandis* “merrilli”

香榧又名榧树、细榧、赤果、玉山果，为红豆杉科 Taxaceae 榧树属 *Torreya* 植物。香榧是我国特有的经济林树种，也是优良的木本油料树种，是榧树属中最具栽培价值的一个种。香榧全身都是宝，是融果用、油用、药用、材用、绿化观赏等为一体的多用途名特优经济树种。香榧种子又称香榧子，为著名的脂肪性干果，营养丰富，炒熟后香脆可口；可入药，具有止咳、润肺、消痔、驱蛔等功效；假种皮可提高级芳香油。香榧系第三纪孑遗植物，在漫长的繁衍生息过程中演变产生了许多变异。雌榧有细榧、芝麻榧、米榧、茄榧、獠牙榧、旋纹榧、大圆榧、中圆榧、小圆榧等9个品种类型。其中前6个属长子型，后3个为圆子型。雄榧有早花、中花、迟花三大类型。细榧即驰名中外的“枫桥香榧”，起源于元至明初时期，是被历史证实了的优良株系品种，它壳薄仁满、香酥味美，堪称榧中之上品。

香榧为常绿乔木或小乔木，小枝近对生或轮生，树体呈塔形或广卵形，形美。叶螺旋状着生，2列，线形披针形，质坚，先端有刺状短尖凸，叶背有2条与中脉带及边带近等宽的黄白色气孔带，交互对生或近轮生，长1.1~1.2cm，宽2~4cm。雌雄异株，稀同株，雄花单生，雌花通常两两成对着少于新梢中下部叶腋处。种子椭圆形、倒卵形、卵圆形或长圆形，长2~4cm，径15.0~2.5cm，全包于肉质假种皮中，外被蜡质白粉，成熟时黄白色。春末开花，种子翌年秋成熟，具“两代果”现象；种子核果状，卵圆形、长倒卵形或长椭圆形等，依品种类型而异，全部被肉质假种皮所包埋，初为黄绿色后转紫褐色；胚乳微皱，子叶不出土。一般花期4月中旬，翌年8月下旬果熟。

香榧在我国长江霜域以南，包括江、浙、皖、赣、闽、湘、鄂、蜀、黔、滇10个省（自治区）均有分布，自然分布于中低山区，垂直分布于200~800m。主要产区浙江居首，安徽次之。低丘平原多地引种成功，说明香榧既能下山也可北移。它不但适宜地带性的山地红壤和红黄壤，而且能忍耐干旱瘠薄土壤、无论黏土、沙土、石砾土，还是岩缝里都能扎根生长，同时也适应石灰性与盐碱性土壤栽培，pH值4.5~8.3。而土层深厚、通透性好的残积相土壤尤能发挥其速生丰产性能。香榧性喜温暖、湿润、日照少，峰起峦伏的典型亚热带山区气候特征的生态环境。极端低温-14.4℃均未见受害。苗期耐庇荫，成年树则要求光照充足、通风良好的立地条件。15℃是花期传粉的敏感温度。香榧的适生气候条件为：年平均气温14.5~17.5℃，年降雨量1 000~1 700

mm，年绝对低温-8～-18℃，年积温 3 500（中山丘陵）~6 000℃（中亚热带南缘）

尽管香榧品质优良，富含营养，保健功能强，但是长期以来，香榧生产的发展速度不快，栽树不见树的现象极其严重。经过 1 000多年的栽培，分布范围仍然只局限在一个相当小的范围内，到 20 世纪末，成年香榧总面积尚不足 2 000hm^2。面积小，总产量低，造成供需矛盾日益突出，果品价格不断攀升。随着栽培技术的发展和政策的支持，香榧的产量也有了较大幅度的增长，并且出现了产量相对比较稳定的局面，年产量已基本稳定在 1 200t 以上。香榧众多的用途和功能，使其成了可以种植香榧的山区开发可持续经营的生态经济的最佳选择。发展香榧生产不仅需要较高的科技含量，也需要有稳定的政策扶持，更需要有足够多的资本投入产业的发展。目前，有大批优良品种栽培的香榧产地，仍然主要集中在浙江省会稽山脉一带。钟家岭由于海拔适宜，地势开阔，土层深厚，具有香榧生长、结实最为理想的气候和土壤条件，使其成了当今香榧栽培最为集中的产地。单是附近的 7 个村庄，就有成年香榧园 300 多 hm^2，年产香榧干果 500 多 t。再加上就近的嵊州谷来镇，诸暨和东阳相接的会稽山余脉东白山区以及绍兴的稽东镇，磐安的玉山至墨林一带，形成了目前所见的香榧中心产地。此外，临海、新昌与诸暨的相临地界，富阳、松阳、建德等地，也已开始大量引进香榧优良品种。

浙江是优质香榧的唯一产地。这里有发展香榧的众多优势，包括资源优势、经济优势、技术优势、政策优势。浙江省已经做出规划，要在最近 5～10 年内新建 2 万～3 万 hm^{2}香榧基地。为了加快产业的发展，2000 年以来各地开始对影响香榧产业发展的一系列因子组织了科技攻关，在提高加工品质的同时，2003 年由东阳市森太农林果开发有限公司和东阳市总林场开发的“香榧规模化造林配套技术”进行了成果鉴定，2005 年，由东阳市香榧研究所主持的“香榧早实丰产建园模式与栽培关键技术研究”又通过了浙江省科技厅组织的成果鉴定。与此同时，香榧的优良品种选育方面，也有了突破性进展。这些配套技术的总结和推广，有力地推动了香榧种植业的发展，单就东阳市，每年新发展的香榧基地就在 300hm^{2}以上，已经有将近 100hm^{2}的新基地开始投产。一个以老基地为基础、新基地为骨干的香榧大产业新格局即将形成。

六、腰果 *Anacardium occidentale* Linn.

腰果又名鸡腰果、槚如树，为漆树科 Anacardiaceae 腰果属 *Anacardium* 植物。原产于巴西东北部，16 世纪引入亚洲和非洲，现在南北纬 20°以内地区有引种栽培，但主要分布纬度 15°以内地区，主产国有印度、巴西、越南、坦桑尼亚、印度尼西亚、莫桑比克、几内亚比绍、尼日利亚、科特迪瓦、泰国、马来西亚、斯里兰卡等，世界腰果面

积 $200\times10^4 hm^2$，1998 年世界腰果（坚果）产量为 $78.8\times10^4 t$。目前，腰果属已发现不少于 11 个种，均起源于南美洲。*A. occidentale* L. 是世界腰果主产区分布最广的种。我国种植的腰果仅是 *A. occidentale* L. 1 个种。在世界各腰果种植区中，有些可能是同物异名或其他变种，或实际上是多年来各地的异质植物群体自然发展形成某一类型占优势的所谓当地品种。腰果坚果仁营养丰富、味美，含脂肪 47%、蛋白质 21%、糖类 22%、纤维素 11%，还含有磷、铁等多种矿质元素 2.4%及维生素 A、维生素 B。腰果壳含壳油 40%~50%，可作为工业用油，也可用在医药上。果肉柔软多汁，含糖 11.6%，可生吃，也可作果汁、果浆、果脯、酿酒。

腰果为常绿乔木，树皮粗糙而深裂。幼枝平滑，分枝能力强。单叶、互生，全缘，羽状脉，光滑、矩圆形或倒卵形，长 7~20cm，主要集中在树梢。花为顶生圆锥花序，长 10~25cm，花枝总状排列，花枝上着生雄花、雌花及退化花 3 类，每个花序有花 65~240 朵，其中雄花占大多数，每年开花 3 次、结果 3 次，花期 1—4 月，果实 4—7 月相继成熟。果分真果和假果两部分。基部由花托发育而成的通称梨果，红色，其顶部着生坚果，是真果，青灰色至红褐色，长 2~4cm。3 年生单株产量 1kg 左右，5 年生 4kg 左右，结果寿命 40~50 年。

腰果栽培后 3 年结果，10 年进入盛果期，可结果 20~30 年，成年树平均产量 150~$450kg/hm^2$，高产林可以达 1 000kg/hm^2。腰果耐瘠耐旱，不耐低温，月均温在 23~29℃时生长正常，低于 18℃时生长受抑制，低于 5℃则冻死。年日照以 2 000h 为宜，阴天日数多于 50 天为临界值，不宜种植。因此，我国宜发展的地方是海南东方、乐东、崖县、三亚至陵水一带沿海平原和台地。这些地区光照充足，热量丰富，年蒸发量大于降水量，0~20cm 土层持水量 2%，最适宜发展腰果生产。在低洼积水地，黏重、盐碱地则不宜种植腰果。腰果适宜的栽培密度为 160~$200hm^2$。

我国海南有 60 多年的腰果引种历史。20 世纪 60 年代前后，云南、福建、四川、江西、广东（含海南省）和广西等省（区）都曾引种试种过，但由于寒害影响，除海南岛和云南省外，其他省份引种腰果均不成功。至 1979 年，海南岛腰果种植面积 13 $387hm^2$，主要分布在乐东、东方、崖县、陵水、万宁和昌江等地。云南省腰果种植面积 1 $300hm^2$，主要分布在西双版纳。由于引进的腰果种植材料都是未经选种和用于加工腰果仁的种子，直播实生苗生长结果变异较大，品质良莠不齐，在长期重收轻管之下，果园呈现低产低效。至 2006 年，海南省腰果面积已锐减至 1 $740hm^2$。据了解，由于种植效益低，海南腰果树连年遭砍伐，改种香蕉、杧果、桉树和木麻黄等其他作物；另外，最近几年海南冬季最低温已低至 5℃，再加上台风的影响，海南已不适宜种植腰果。因此，至 2011 年，海南省仅东方市等地有少量腰果种植，当年产量只有 1t 左右。

近10多年我国腰果生产有较大起伏，产量从2001年的1 118t逐渐减少到2005年的390t，而后又缓慢增加到2010年的720t。主要原因可能由于我国腰果收获面积减少。2001—2007年我国腰果仁进口量保持在1 600~6 000t范围内，2008年进口量猛增至2.69万t，2011年又增加至33.8万t，进口金额达26.0亿美元，其原因可能是随着我国人民生活水平的提高和营养健康意识的增强，国内市场对腰果需求量激增。我国对带壳腰果的进口也经历了先减少后增加的过程，2003年进口量最少，仅26t；到2011年进口量又增加到86.4万t，进口金额12.7亿美元。2011年，我国带壳腰果出口量为99.9万t，出口金额11.2亿美元；腰果仁出口量为41.6万t，出口金额30.3亿美元。据联合国粮农组织统计的数据，2012年我国腰果种植面积为531.3万hm^2，带壳腰果产量415.2万t。总体来说，我国腰果产量已能满足国内消费，从主要依靠进口转为出口。

我国开展腰果新品种（系）的选育工作始于1979年。至1990年中国热带农业科学院热带作物品种资源研究所选育出符合W240、W320、W450级，在盛产期年株产腰果15~20kg的高产无性系5个，分别是CP63-36、FL30、GA63、HL2-13、HL2-21，这些品系现是海南、云南省腰果植区推广种植的主栽品种（系）。选择品种（系）是种植腰果获得高产的关键因素，应根据当地的土壤、气候条件，因地制宜选择种植合适的品种（系）。海南南部的滨海砂土和燥红土地区，是海南最适宜种植腰果地区，适宜种植国内现在推广的CP63-36、FL30、GA63、HL2-13和HL2-21品系，种植较抗风的品种（系）效果更好；在西南部地区，由于冬季低温寒潮影响，适宜种植较耐寒、中晚熟品种（系）。云南干湿热河谷地区气候复杂，小区域的立体气候较典型，适宜种植较耐寒、中晚熟品种（系）。

七、阿月浑子 *Pistacia vera* Linn.

阿月浑子又名必思答、皮斯塔，为漆树科Anacardiaceae黄连木属*Pistacia*植物，它与腰果、杧果、胡椒树、漆树等同科。阿月浑子约有20个种，分为中亚类群和地中海类群2类，可供食用的品种约11种，商业名称为“开心果”。阿月浑子是世界四大坚果之一，果仁脂肪含量54.5%~60%，其中90%为不饱和脂肪酸，蛋白质含量18%~25%，糖含量8%~13%，低糖高蛋白，是食用价值很高的坚果和保健食品。其种仁榨出的油为高级食用油。果皮、叶、木材含单宁5%~12%，可提取鞣料。阿月浑子是重要的轻工、食品工业原料，是国际市场上的重要创汇食品，是我国西北干旱荒漠区很好的造林绿化树种。

阿月浑子为落叶小乔木或灌木，高5~10m，树冠开展，干多丛生。奇数羽状复叶，小叶 3~7 片。花单性异株，圆锥花序，花褐绿色，雄花萼片 1~2 片，雄蕊 3~5 枚，雌花萼片 2~5 片，花柱短。三裂果为核果，卵圆形至椭圆形；外果皮成熟时红紫色，有皱纹，长 2. 5cm 左右；内果皮骨质；种仁绿色或黄绿色；成熟坚果沿纵向缝线大多开裂，或不开裂。花期 4 月，果于 7 月下旬至 9 月上旬成熟。深根性树种，根蘖力很强，生长慢。实生树 8~10 年开花结果，嫁接苗 4~5 年开花结果，达到盛果期则在 10 年以后，寿命可长达 300~400 年。新疆实测坚果出仁率 39%~58%，种子平均千粒质量 575. 32g。

阿月浑子原产中亚和西亚、亚热带和暖温带南缘的夏旱冬湿的地中海型气候区。目前，我国阿月浑子资源少、品种单一、产量低，主要分布在新疆培里木盆地的西南缘和南缘，集中在疏附县和喀什市。该地区的年均温为 11. 2℃，极端高温 39. 6℃，极端低温-25. 2℃，年平均无霜期 211 天，≥10℃年积温为 4 254. 9℃。两地现有阿月浑子树 3 840株，其中雌株 1 180株、雄株 1 159株。其余为幼树，最大树龄 37 年，结果树 1 000余株，产量 200kg 左右，尚不能形成规模生产。目前，新疆正在建设 30 多 hm^2 的生产基地，除新疆栽植生产外，北京、甘肃、陕西、山东、云南等地进行过引种栽植试验。据联合国粮农组织统计的数据，2012 年我国阿月浑子播种面积 49. 4 万 hm^2，产量 100. 5 万 t。

随着人们对阿月浑子价值的认识，国际市场价格急剧提高，高额利润刺激了一些国家对阿月浑子品种的引种、选育，目前国外已有阿月浑子品种 100 余个。如美国选育出“Kermen”“Lassen”“Bronte”“Red Aleppo”“Key”“Chico”“Sfax”“Traboella”“Peters”（雄）等主栽品种；伊朗选育出“Momtaz”“Owhadi”“Agah”“Kalehghochi”等主栽品种；叙利亚选育出“Abiad”“Mirmahy”“Achoury”“Ayimi”“Elbtoury”“Anitaky”等主栽品种；澳大利亚选育出“Sirora”；希腊选育出“Aaegina”；西班牙已汇集了至少 53 个品种。国内阿月浑子种质资源贫乏，选种范围狭窄，对阿月浑子的品种选育研究报道较为鲜见，多从实生类型中进行了人为分类和选择，如早熟阿月浑子、短果阿月浑子和长果阿月浑子。

中国在 1989 年就有了阿月浑子果品进口贸易。最初进口不到 2 000t，随后贸易量迅速增长。到 2001 年进口达 2. 9 万 t。占当年世界交易量的 12. 0%。是近 10 年进口数量最大的国家。据联合国粮农组织统计的数据，2011 年我国阿月浑子出口量为 36. 1 万 t，出口金额 25. 3 亿美元；阿月浑子进口量为 30. 9 万 t，进口金额 21. 9 亿美元。

阿月浑子可用种子播种，嫁接，分株，压条和根蘖分株的方法繁殖，主要采用直播（容器育苗）和嫁接育苗。嫁接苗用黄连木或本砧为砧木、直播造林和植苗造林，雌雄株比例为（10~12）：1。阿月浑子林更新能力强，在砍伐区，甚至禁伐区也能更新。更新分 3 种方式：种子更新、萌芽更新、压条更新。阿月浑子实生林 10~13 年结果，个体生长发育生命期可达 200~400 年。萌芽株 3~5 年结果，个体生长发育达 150 年。正常结实超过百年，但天然林中雌株少，占 39%~47%，坚果产量低。中亚国家通常利用阿月浑子萌芽更新快的特性，伐去雄株主侧枝，使之萌生粗壮枝，嫁接优良品种，3~4 年即可结果，将低产林分改造为高产林分。雌株优树扩大繁殖，利用压条生根特性，繁殖优良单株提高产量。大面积林间空地（坡地）更新，则利用直播造林种子更新特性，不断扩大林分面积。阿月浑子树能适应多种类型土壤，但在土层深厚、排水良好、石灰含量较高的沙壤土中生长最好。喜光，不耐庇荫，非常耐旱，但在夏季缺少降雨的地区，需补充灌溉。

八、巴旦木 *Amygdalus communis* Linn.

巴旦木又名巴旦杏、巴旦姆、扁桃，为蔷薇科 Rosaceae 桃属 *Amygdalus* 植物。其坚果味道香酥，鲜美可口，有特殊的甜香风味，口味超过核桃和杏仁，是世界四大著名干果之一，也是世界产量最大的干果。全世界巴旦木的栽培和野生种共有 30 多个，我国仅有 7 个种，10 个变种。目前，我国栽培的巴旦木物种主要有野扁桃 *Amygdalus ledebouriana* Schleche、长柄扁桃 *Amygdalus pedunculata* Pall、西康扁桃 *Amygdalus tangutica* Korsh、蒙古扁桃 *Amygdalus mongolica*（Maxim）YU、榆叶梅 *Amygdalus triloba*（Lindl）Ricker、普通扁桃 *Amygdalus communis* L. 等。巴旦木果仁的营养价值高且有药用功效。新疆的维吾尔民族就是将其作为高级营养滋补品，广泛地用于维医药方中，治疗高血压、神经衰弱，皮肤过敏、气管炎、小儿佝偻等症。巴旦木所合不饱和单脂肪酸（69%），能够降低胆固醇。巴旦木还能够防治癌症、心血管病和高血压等慢性病。维生素和矿质营养丰富，1 盎司巴旦木含有人体每日正常需求量 35%的维生素 E、8%的 Ca、6%的 K、21%的 Mg、15%的 Cu、7%的 Zn、13%的维生素 B、5%的烟碱酸、4%的叶酸、4%的维生素 B。巴旦杏也是一种较好的油料树种，种仁含油量高达 40%~70%，主要含棕榈酸、油酸和亚油酸等成分。巴旦杏种子榨油可用于工业及食用。此外，其种子油还是一种优质的发用油、按摩油和防晒油。

巴旦木为多年生落叶小乔木或乔木，高 4~8m。树冠为广圆形、圆形或椭圆形，多开张，冠径 3~6m，树干灰黑色。根系浅，侧根发达。1 年生枝淡红褐色，多年生枝灰色或灰褐色，枝条向上直立或平展、无刺具多短枝，嫩枝无毛。叶披针形或椭圆形，灰绿色，长 4~7cm，宽 1.5~3.0cm，叶缘具浅钝锯齿，叶柄长 0.5~3.0cm，叶片基部具 2~4 腺，叶在当年枝上互生，在越年生枝上簇生。花玫瑰色或白色，两性花，多复生 5~7 朵，着生短枝或少数单生 1 年枝上，花梗长 3~5mm，开花后大部分脱落。果实褐色或黄白色、白色，密生短而细的绒毛，果形为扁圆或卵圆形扁平，长 3.2~5.5cm，两侧不匀称。核壳坚硬或松软，扁卵圆形、圆球形、长卵圆形，长 20~37cm、宽 1.0~2.4cm、厚 0.9~1.6cm，核内含种子 1~2 个。种仁淡褐色或棕褐色。

巴旦木原产于中亚、西亚和非洲（北部山区），常见于多石砾的干旱坡地，栽培历史约 6 000年，早在公元前约 4000 年，伊朗、土耳其等国便开始了巴旦木的引种驯化栽培。公元前 450 年，巴旦木传到了地中海沿岸各国直至欧洲，其中心包括西班牙、葡萄牙、希腊、摩洛哥、突尼斯、土耳其、法国和意大利。目前，全球约 32 个国家生产巴旦木，其中美国的栽培面积及产量均居世界之首。在我国主要产于干旱、半干旱的西北地区，新疆是巴旦杏的主产区，尤以新疆西南部分布较广。此外，青海、甘肃、四川、内蒙古等地也有分布。巴旦杏其适生和主产区是美国的加利福尼亚州（占 66%）。在我国的山东、河南、山西、陕西、河北、内蒙古、甘肃等省（自治区）有少量的引种栽培。而有规模的栽培仅限于新疆天山以南地区。在我国新疆塔城地区的巴尔鲁克山地分布有大面积野生巴旦木林（2 000~3 333hm^2）。现在栽培巴旦木主要分布在新疆的喀什、和田、阿克苏等地区。20 世纪 60 年代后，巴旦木这一珍贵资源逐渐得到了广泛重视和利用，新疆先后从前苏联、阿尔巴尼亚、伊朗、意大利及美国引入一些品种的种子、接穗及苗木，经 20 余年的栽培，现大部分都已驯化成功。目前，新疆全区巴旦木栽培面积为 10 000hm^2，其中大多以农林间作模式栽培，少数为纯林栽植和宅前房后零星栽植。

巴旦木适应性强，抗寒耐旱，对土壤要求不严，在黑土、砂砾土、黏土等土质中均可生长，是生态林建设的优选树种。巴旦杏夏季耐热，冬季抗寒。巴旦杏栽培的适生气候条件和土壤条件为：地中海型气候，无晚霜危害，土层深厚，质地中轻，灌溉充足但通透良好。新疆产区年均温为 11.3~11.7℃，夏季平均温度为 23.4~25.8℃，极端最高温度 40.1~42.1℃，冬季极端最低温度为−22.7~−24.6℃，适于巴旦杏种植。目前，巴旦木的栽培除新疆正大面积发展外，河南、山东、陕西等地也在引种试验中。我国发展巴旦木产业具有广阔的前景。据联合国粮农组织统计的数据，2012 年我国巴旦木播种面积 165.2 万 hm^2，产量 193.5 万 t，已基本能满足我国的市场需求，转而成为出口创汇的产品。据统计，2011 年我国带壳巴旦木出口量为 62.7 万 t，出口金额 30.7 亿美元；带壳巴旦木进口量为 57.7 万 t，进口金额 28.5 亿美元。

在长期栽培选育中，选育出的甜仁软壳品种系是巴旦木中品种质量最优良，商品价值最高的品种。另外，甜仁厚壳品系虽出仁率低，但其仁的品质优良，坚硬的果壳是生产活性炭的优质原料。苦仁品系具有药用价值。但是作为名贵干果，应以“甜仁软天”和“甜仁中壳”为选育方向。在栽培技术方面应注意：①品种合理配置。巴旦木属于典型的自花不育果树，田间定植时品种的配置尤为重要，通常选定一主栽品种后，再为其选配 2 个授粉品种。其中 1 个授粉品种的花期略早于主栽品种，另 1 个则略晚一点，主栽品种也必须是授粉品种的授粉树。②辅助授粉。巴旦木是虫媒花，如果不施行辅助授粉措施，其坐果率很低。特别是地面间作的果园，由于大量施用农药，一些天然传粉昆虫被杀死，传粉的问题更为突出。有效的解决办法是放蜂。③应合理施用锌、硼肥。

九、仁用杏 *Armeniaca vulgaris* Lam.

仁用杏为蔷薇科 Rosaceae 杏属 *Armeniaca* 植物。杏树原产我国，栽培历史悠久，早在 2 600多年前已有文字记载。杏属世界上共有 8 种，广为栽培的只有杏，其次为西伯利亚杏 *A. sibirica*。我国依照用途将杏划分为鲜食、加工、仁用和观赏 4 类，其中又将仁用杏分为苦仁和甜仁两类，群众习惯称甜仁的仁用杏为“大扁杏”或“大杏扁”。仁用杏不是一个单独的种或品种，是以生产杏仁为主要产品的一类杏品种的总称。仁用杏是原产于中国的重要木本粮油树种，杏仁营养丰富，是食品工业和药用的重要原料。在国内主要用于制作杏仁罐头、杏仁粉、杏仁霜、杏仁露、杏仁酪、杏仁茶等。同时杏仁又是一味重要的中药材。杏仁中含有丰富的维生素 B，它在人体内降解成苯甲醛，进而转化成安息香酸和氰化物，有一定防癌效果。

仁用杏为灌木或小乔木。树皮灰褐色，纵裂。多年生枝浅褐色，1 年生枝浅红褐色，具小皮孔。叶片宽卵形或圆卵形，长 5~9cm，宽 4~8cm，先端急尖至短渐尖，基部圆形或近心形，叶边有圆钝锯齿；叶柄长 2.7~6.0cm，无毛。花单生，直径 2~4cm，先于叶开放；花梗短，花萼紫绿色，萼片卵形至卵状长圆形；花瓣圆形至倒卵形，白色或带红色；雄蕊 20~45 枚，雌蕊 1 枚，柱头稍长或等长于雄蕊。果实球形或扁球形，较小；果面黄色至黄红色，常具红晕；果肉汁较少，肉薄，成熟时开裂或不开裂。核卵形或椭圆形，两侧扁平，顶端尖或圆钝：种仁肥大，味苦或无苦味。花期 3—4 月，果期 6—7 月。

仁用杏主要产在暖温带至温带的大陆性季风气候条件下，大体上是北纬 33°~46°；东经 76°~33°，包括辽宁、吉林、黑龙江、内蒙古、河北、北京、天津、山西、山东、陕西、甘肃、宁夏、新疆等地。这些地区一般年均温 6~12℃，≥10℃的有效积温在 2 500℃以上，年平均降水量在 300mm 以上。杏始花期气温在 6℃以上，盛花期气温 6~13℃。一般来说，-10~-15℃的低温能使开始萌动的花芽冻死，-2~-3℃的低温能使花器官受伤，-1℃的低温可冻伤幼果。因此，在花期和幼果期内，在-10℃的低温地区，不宜栽培仁用杏。在休眠期仁用杏能忍受-30℃的低温。

杏多分布在山区，栽培区垂直分布海拔 200~1 600m，野生分布可达海拔 3 000m；地带性土壤为暖温带落叶阔叶林棕壤、森林草原褐壤和干草原黑垆土地带，北缘则是温带针叶阔叶混交林暗棕壤、森林草原黑土、黑钙土和干草原栗钙土地带。

杏树分布范围广，经济栽培大体以秦岭和淮河为界，淮河以南较少栽培。在长期的栽培历史过程中，经过自然杂交、人工选择，各地选出了不少适应当地自然条件的优良品种，其中有鲜食杏、加工杏、仁用杏、观赏杏品种。经过长期的人工选择，选出了各地不同的地方农家仁用杏品种。如河北的“龙王帽”“一窝蜂”“北山大扁”“串铃扁”，北京市的“白玉扁”“九道眉”“黄尖嘴”，陕西华县的“迟梆子”“克啦啦”，山西的“临县大扁杏”，山东的“串角滚子”“大榛杏”“扁榛子”，新疆库车的“阿克西米西”“克孜尔苦曼提”，新疆喀什的“阿克胡安纳”，新疆叶城的“大黑叶杏”等甜杏仁栽培品种。苦仁栽培品种多为普通山杏。近年来，仁用杏栽培区广泛地进行了仁用杏的引种工作，“龙王帽”“一窝蜂”“优一”等品种已被大量引入内蒙古、山西、陕西、辽宁、吉林、黑龙江、甘肃、宁夏等省（区），使仁用杏各地方优良品种分布范围进一步扩大，正在形成一大批新的仁用杏生产基地。

我国是世界上仁用杏栽培面积最大的国家，据统计 2003 年全国仁用杏总面积就已达 168.33 万 hm^2，其中山杏（苦仁杏）栽培面积 142.8 万 hm^2，大扁杏（甜仁杏）栽培面积 25.53 万 hm^2；年产苦杏仁 25 241t（内蒙古和黑龙江未统计在内），辽宁省在全国苦杏仁产量排行榜中名列第 3 位；年产大扁杏仁（甜杏仁）10 993t（河南和黑龙江未统计在内），辽宁省在全国大扁杏仁产量排行榜上名列第 4 位。杏仁是我国传统的出口商品，常年出口甜杏仁 600t，出口苦杏仁 7 000~8 000t。杏仁出口换汇率高，每出口 1t 甜杏仁可换回 60~70t 小麦，在我国出口的农副土特产品中创汇率居首位，但产量较少。我国目前正在形成三北地区的内蒙古、辽宁、河北、山西、陕西、甘肃、宁夏、新疆等地的仁用杏生产基地，仁用杏产业方兴未艾，我国仁用杏产业蕴藏着巨大的潜力和商机。

十、松籽（红松 *Pinus koraiensis* Siebold、华山松 *Pinus armandii* Franch.）

松籽，是指某些松属物种结的能食用的种子。有 30 多种能生产松籽的松属物种，主要分布于欧亚和美洲大陆，但仅 5 种具有商业价值，分别是：西伯利亚红松 *Pinus sibirica*、红松 *Pinus koraiensis*、意大利石松 *Pinus pinea*、喜马拉雅白皮松 *Pinus gerardiana* 和果松（包括单叶果松 *Pinus monophylla* 和克罗拉多果松 *Pinus edulis*）。我国食用松籽已有 3 000多年的历史，食用松籽资源丰富，有红松、西伯利亚红松、偃松、华山松、华南五针松、海南五针松等，但真正达到商业利用的只有红松和华山松。

红松又名朝鲜松、红果松、韩松、果松、海松等，华山松又名五叶松、青松、果松、五须松、白松等，均为松科 Pinaceae 松属 *Pinus* 植物。其果实即“松籽”，松籽仁是一种营养价值很高的果品，具有很好的营养保健功效。红松和华山松的松籽仁均有较高的蛋白质含量，但华山松的蛋白质含量（19.88%）高于东北红松（23.5%）；两者所含氨基酸齐全，人体必需氨基酸含量普遍偏高，特别是参与人体合成尿素的精氨酸和参与人体合成γ-氨基酸丁酸（GABA）的谷氨酸；两者脂肪含量均较高，以不饱和脂肪酸和亚油酸为主，但红松含量高于华山松；两者均含有丰富的多种人体必需元素，其中华山松籽仁含 Mg 高达 4 600μg/g，红松含 Mg 2 000μg/g，同时二者均含有较多的铜、锌、铁、锰等元素，华山松籽仁中的 K（3 000 μg/g）比东北红松（11 900μg/g）低 4 倍，锂含量比后者高数 10 倍。除可直接食用外还可榨油，是制作糕点的上乘配料。松籽可入药，称“海松籽”，有滋补、祛风寒、润肺、治燥结咳嗽的功效。

红松为常绿乔木，高 50m，胸径 100cm。针叶 5 针一束，长 6~12cm，粗硬，有细锯齿，树脂道中生。球果圆锥状长卵形，长 9~14cm、径 6~8cm。成熟后，种鳞向外反曲，但不开张，种子不脱落，整个球果落下。花期 6 月，球果翌年 9—10 月成熟。红松是第三纪子遗种之一，是我国珍贵用材树种。产于我国东北长白山区、吉林山区及小兴安岭爱辉以南 150~1 800m。其地理位置为北纬 40°15′（长白山西南坡）~50°20′（小兴安岭北坡），东经 120°（辽宁清源）~135°30′（完达山东坡），构成南北长约 900km、东西宽约 500km 的浩瀚林海。红松喜光性强，对土壤水分要求较高，不宜在过干、过湿的土壤及严寒气候地区种植。在温寒多雨，相对湿度较高的气候与深厚肥沃、排水良好的酸性棕色森林土上生长最好。在干旱瘠薄的土壤上及低湿地带生长不良。红松为我国东北林区的主要森林树种之一，分布很广。在小兴安岭南坡的天然林中，除部分地区有红松纯林外，大多与其他针叶树、阔叶树种混生成林。常见的混生树种有：红皮云杉、鱼鳞云杉、臭冷杉、落叶松、兴安白桦、枫桦、黑桦、山杨、大青杨、白椴、糠椴、水曲柳、春榆、蒙古栎、黄蘗及胡桃楸等针叶或阔叶树种。在不同的立地条件下组成不同的林型。在长白山区及吉林山区海拔 500~1 100m 地带组成以红松为主的针叶树阔叶树混交林，海拔 1 000~1 600m 地带则组成以红松为主的针叶树混交林。混生树种除与小兴安岭的基本相同外，还有沙松、黄花落叶松、长白鱼鳞云杉、东北红豆杉、白牛槭、柠槭等针叶树阔叶树种。红松木材可供建筑、造船、车辆、电杆、枕木、坑木及器具等用材。树干、根、针叶可提取芳香油。树干可割取树脂。树皮可制栲胶。适宜栽植于公园或庭园以供观赏，也可作海岸防风林。

华山松为大乔木，高 25m，胸径 1m。针叶 5 针一束，长 8~15cm，径 1.0~1.5mm。球果圆锥状长卵形，长 10~20cm、径 5~8cm。熟时黄色或褐黄色，果鳞张开，种子脱落。鳞盾斜方形或宽三角状斜方形，不反曲或微反曲。种子倒卵圆形，长 1.0~1.5cm，黄褐色、暗褐色或黑色。花期 4—5 月，球果翌年 9—10 月成熟。华山松为高山树种，性喜温凉湿润的气候。分布区的年平均气温为6~15℃，能耐-30℃的低温，年降水量600~1 500mm，年平均相对湿度大于70%。喜肥沃、排水良好的微酸性土壤，钙质土也能生长。在土层深厚、排水良好的东坡及北坡山地生长旺盛。幼时稍耐庇荫，常与桦木、栎树形成针阔叶混交林。自然分布在我国西部以及西北、西南部海拔1 200~2 900m的山地，是这些地方重要的高山造林树种。如河南、陕西、甘肃、山西、湖北、四川、贵州、云南、广东（海南）、中国台湾、福建等地区，其中云南产量最大。华山松林木一般25年生开始结籽，30~60年生为结籽盛期，100年生后逐渐衰退。华山松针叶可提制芳香油，种子油可制硬化油和食用，树皮可提取鞣质，树干可割取树脂，木材稍软而致密，耐用，可供建筑、家具、枕木等用材。

我国是松籽生产大国，年产松籽约20 000t（折合松子仁约4 500t），在世界上仅列俄罗斯之后，排在第2位。我国也是进出口大国，出口的松籽占世界贸易量的40%以上，有些年份高达60%。据统计，2000年我国出口籽仁约6 000t，占当年世界松籽进出口贸易的50%强，美国是中国松籽的主要进口国，占我国松籽出口的45%。但是，我国目前的松籽生产仍然处于野生资源采集利用阶段，至今还没有形成专门的松籽生产基地。而野生资源受人为和自然因素的影响，产量极不稳定，同时其资源量也呈逐步减少的趋势。

目前，市场上供应的松籽主要源于天然林或是以生产木材为目的的人工林，专门用来生产松籽的松树人工林非常稀见，仅有一些由天然林或人工林改造而来的松籽生产基地。为了满足日益增长的松籽市场需求，须种植人工林松籽生产基地。天然林生长慢，在立地条件较好的林分，30年生，平均树高3.8m。30m高的树要生长200年。80~100年开始结籽。人工林则生长较快，40年树高15m，20年开始结籽。可以利用现有天然林和人工林采种。充足的光照是开花结实的必要条件，也可用疏伐的办法改造，促进结实。也可用优良无性系嫁接，专门营造食用种籽林。红松在自然条件下有3~5年结实间隔期，加强经营管理可缩短间隔期。通过人工辅助授粉，可克服红松花期短（仅3~5天）、雄花数量少、授粉不足、雄雌花不通等问题，从而提高结实量。

第四节 淀粉类干果

淀粉类干果习惯上将栗、枣、柿称为“木本粮食”“铁杆庄稼”。其实枣、柿是鲜果，现称干果是指干枣、柿饼（柿干）。逢灾年稻麦失收，可作粮食用以充饥。栗、枣、柿是药食同源，具有保健功能，谚曰：“日食三枣，长生不老。”

在植物中淀粉类种实最大的家族是“橡子”，从南到北分布广，资源多，用法多。

能为食品、酿造、饲养、工业用淀粉提供大量的原料，为社会创造更多的财富，节省许多粮食。

橡子是山毛榉科（壳斗科）植物所结种实的总称。山毛榉科全世界共有六属，包括常绿和落叶的共有 600 多种。我国分布的壳斗科植物有栗、苦槠、石栎、栎、青冈栎五属，共约有 300 多种。另有假山毛榉属，产南半球。橡树在我国分布极广，除新疆、青海及西藏外，几乎全国都有分布，面积约占我国森林面积的 10%，常年产橡子量在 25~40 亿 kg。我国共有水青冈属植物 7 种，常见的有水青冈、恩氏山毛榉、光叶青冈等，分布于长江以南各省的丘陵、山池海拔 500~1 000m 的地带，最高可分布至 1 800m 的山地。栗属中的板栗、锥栗、茅栗在广东、广西、湖南、湖北、江西、福建、江苏、安徽、四川、贵州、陕西、甘肃、辽宁等 20 多个省（区）有分布，其中板栗在华北、华中栽培很广。苦槠属我国产 60 余种，分布中南、西南、华东各省区。其中云南约产 40 余种，广西产 30 余种，广东、江西、浙江、湖南、福建等产 20 余种，最常见的有苦槠、栲树、甜槠、米槠、钩栗等 10 多种。石栎属我国有 100 多种，主要分布在长江以南各省，往北则分布少，是亚热带、热带的森林植物带的主要建群种之一。最常见的有石栎、绵槠、枹栎树、黄椆等。栎属是种类最多、分布最广的一属，共约有 140 多种。其中常绿的青冈栎分布在中南、西南的酸性黄壤或红壤上，特别是在石灰岩发育的钙质土壤上生长尤佳。高山栎、锥连栗分布在华中亚热带地区海拔 1 500~3 000m甚至 3 500m 的高山上。白栎、麻栎、栓皮栎从温带的落叶阔叶林直到热带的常绿林，从海拔 200~2 500m，不论平原、丘陵、山区都有分布。蒙古栎、辽东栎是东北及华北落叶林中最常见的树种。槲栎、枹栎不仅在我国南北有分布，甚至日本、朝鲜、越南都有分布。

橡子的产量，因种数、树龄、土壤、气候等条件的不同而有一定差异。橡树一般 5—7 年开始结实，盛果期为 10~40~60 年。在结实期间，每年都结果，但在自然条件下有大小年之分。一般是 2~4 年一个周期，即丰年之后有一个歉年，一个或两个平年，再又是丰年。如果经营管理适宜，是可以克服大小年之分的。

橡实的成熟过程有 2 个阶段，开始是体积的增长和膨大，种皮为绿色，种仁含水量大。当果实达到正常大小值后，即进入物质转化、淀粉形成积累、种皮由青绿转变成黄褐至深褐色、坚硬而发亮、种仁含水量降低、淀粉含量达到最高、物质停止积累，即可采摘利用。在橡树中栲树、石栎等常绿类的，橡实大多是 2 年成熟。当年开花形成的幼果并不发育长大，要至翌年春天开始发育，至立冬前后才成熟。白栎、青冈等落叶类的橡实是当年成熟，春季开花至霜降前后成熟。所以橡子的采摘期是 10~11 月。采收方法最好是让其自然成熟，落地拾收，也可以在树上采摘。使用击落法采种，工效虽较高，但却易损害花芽，特别是一些橡实 2 年成熟的尤要注意。在采摘时要注意安全，保护母树，不能砍树摘果，杀鸡取卵，以致枯死。

新采集回来的橡子含水量较高，一般达50%~60%。要及时进行去杂精选（用水选或粒选），然后摊放在阴凉通风室内阴干，摊放厚度不要超过17~23cm，每天要翻动2~3次，防止因发热而霉烂或发芽。橡子易受象鼻虫为害，被害率一般是40%~50%，严重的达80%。采集回来的橡子要立即检查是否有象鼻虫为害。检查方法是从中抽样，逐个检查是否有虫孔。如发现为害要及时采取措施。简易防治方法有两个。一是温水浸种：用50℃的温水浸泡15min或用55℃的温水浸泡10min，杀虫率可达90%。另一方法是药剂熏蒸：每立方米用20mL以上的二硫化碳蒸汽（汽温21℃以上）熏蒸，杀虫率可达94%。如果是准备做种繁殖的，最好随采即播（要注意鼠害），如不能及时播种，则需要妥善贮藏，最好是分散贮藏，不要过于集中。贮藏方法可以混湿砂在室内堆藏，也可以在室外掘坑混砂层积埋藏。不论用哪种方法贮藏都要经常检查，发现霉烂，要及时处理。橡子的运输比较困难，应就地采集就地利用。确实需要外运的，最好要等到阴干至种子的重量较原来减轻15%~20%时（此时种子含水量20%~25%），再混砂装箱或用竹篓装运。

橡子的质量各个种类之间差异很大。栗类种仁含淀粉、蛋白质和糖，含单宁很微，味甜美可直接食用。栎类一般果实较大，种类多，分布广，产量多，但质量较差，淀粉含量在40%~50%，单宁含量10%~15%，味涩，不宜直接食用，适于作猪饲料和酿酒原料。槠栲类一般子实小，资源较少，产量不多，但质量较好，淀粉含量在60%以上，单宁含量不到5%，其中除苦槠有苦味外，其他各种无苦味、涩味。石栎类质量也较好，其中石栎味甜，但产量不多。

橡子一般都含有单宁，味涩，只有少数几种不含或含量很微。因此，在利用前要先除尽单宁。除单宁方法有3种：①热水浸泡法：将去壳橡仁放在可盛水的容器中，加入60~80℃的热水，浸泡3~7天。每天要换水1~2次，浸至没有涩味，单宁除尽。②用1:10的石灰水或草木灰水浸泡。③用0.1%碳酸钠溶液浸泡。第一和第二种方法要重复处理2~3次，单宁除尽后要用清水浸漂。用第三种方法处理会损失许多水溶性物质和大部分维生素，但可提高淀粉含量。一般以第一种方法较好，简便易行。浸泡过的水溶液，经过浓缩可得单宁。鉴定橡仁中单宁是否除尽，可用口尝橡仁是否有涩味；或用10%的三氯化铁溶液，加到浸水液中，有单宁呈蓝色反应；或用1%明胶液检查浸出液，如发生白色沉淀，证明有单宁。

橡子除少数可以直接食用外，一般都要经过加工处理。加工方法有3种。

制橡粉：橡仁除去单宁后，充分晒干磨粉，经过筛选即得橡子粉。检查是否干燥的方法：颗粒变小，表面有皱纹，用手摸感到很硬，咬碎时发出响声；种子由高处下落时，声音响亮而急速，用手搅动时能听到清脆的沙沙声。每50kg橡子可得橡粉15~

25kg。橡粉主要含淀粉，蛋白质含量虽不多，但含有苯丙氨酸、丙氨酸、甘氨酸、绿氨酸、色氨酸、赖氨酸等 17 种氨基酸。人类从食物中摄取的 8 种氨基酸橡粉中都有。另外，还含有维生素 B_1、维生素 B_2，其中维生素 B_2比大米含量高 10 倍，在其他食物中含量也不多。如果进一步精制和漂白，和钙粉可制成高级食品。为使制品不变色，钙先发酵，再拌混橡粉。

制淀粉：橡仁经过除单宁处理后，用水磨法沉淀、漂洗，即可得淀粉。这是用淀粉不溶解于冷水并比水重的性质。其操作流程工序：

选料及原料处理→清除杂质→润料→粉碎→筛浆过滤→清水反复漂洗→沉淀→干燥→包装

↓

残渣处理

橡子淀粉除可制成糕点、粉条等供食用外，并可部分代替粮食淀粉应用在工业上。如造纸工业使用大量淀粉为胶料以增加纸张的强度，改善纸张的性质；棉、麻、毛、人造丝等纺织染印工业，每年要用大量淀粉制品作浆料；其他医药、铸造、冶金、发酵等方面亦要用大量淀粉。另外淀粉经过加工制成多种产品，举其重要的有葡萄糖（糖化率达 87%）、糖浆、淀粉糖、糊精、胶粘剂等。这样每年就可以节省很多粮食。

酿酒和提制酒精：橡子粉发酵后的水解产物是葡萄糖，宜做酒或酒精。每 50kg 仁可出 50°白酒 15kg（相当 35kg 高粱酒），酒糟 75kg（含水量 62%）。酒糟可喂猪。其制作工艺过程与一般酿酒相似。

橡子另一个重要用途是用作饲料养猪。据橡子产区的群众用橡子养猪的经验，每 250~400kg 橡子可喂肥一头猪。50kg 橡仁可抵 40kg 玉米的育肥效果。用作养猪，单宁一定要除去，多食容易便秘，同时单宁味涩，除去后可增加适口性。如果和其他饲料搭配喂养（米糠、红茹）则更佳。

橡碗（壳斗、总苞）含单宁，可浸提出单宁，是我国生产栲胶的重要原料之一。据估计仅将中南区的橡碗利用起来，每年可产栲胶 5 万 t。栲胶是皮革和渔网制造工业中的重要原料，也可用作蒸汽锅炉的软水剂。此外，在墨水、纺织印染、石油、化工、医药等方面，也常用栲胶作为原料或重要的材料。新中国成立前我国所用栲胶全赖进口，新中国成立以后才能自己生产。橡碗浸提的鞣质是属于水解类单宁中的鞣花鞣质。鞣质含量因产地和种类不同而异。板栗含鞣质 3. 7%左右，锥栗 6. 5%，麻栎 24%，槲栎 10%，栓皮栎 18%~28%。另外，每 50kg 橡子有壳 12. 5kg，可得活性炭 1. 5~2. 0kg。

橡树木材质地坚硬，耐磨损，是上等用材。栓皮栗的木栓层很厚，是重要的软木原料。橡树叶肥厚是柞蚕的好饲料，橡林可以放养柞蚕。橡树寿命长，根系庞大，枝叶繁茂是重要的防护林树种。橡树树干通直，树形壮丽优美，浓荫如盖，是良好的观赏树种。橡树砍伐后梢头枝桠可以用来培养木耳、香菇。橡树全身无一废物，从生到死皆有用处。

目前全国对橡树多处在野生利用阶段，因此不仅要大力组织采收利用，并要积极保护资源。在比较集中成片的地方，适当进行人工抚育管理，调整稀疏，使它能够继续生长繁殖，连续利用。

橡树性喜阳光，对土壤要求不严，适应性强。除过分庇荫的阴坡谷地外，一般的荒山荒地都可造林。造林方法最好是使用直播造林，即将种子直接播种到经过整地的林地上。在鼠鸟为害严重地区也可以采用植树造林。造林前要经过选地、林地整理，造林后要进行中耕除草。根据造林的目的不同，每亩地可栽30~300株不等。橡树造林后，前5年生长较慢，以后逐渐加快，30~40年后生长转慢。自然寿命可达100年以上，有实际经营价值的约50年。以后即要进行更新。

在橡子中直接食用的主要是板栗。《中国绿色时报》报道，2015年7月11日，第二届全国糖炒板栗行业发展研讨会在河北宽城举行，中国经济林协会板栗分会宣布成立糖炒板栗工作站并授牌。这意味着广泛分布于我国街头巷尾的糖炒板栗商铺，今后将有独立的行业机构对其进行行业规范与发展指导。

据不完全统计，我国糖炒板栗商铺数量总计8万~10万家，为数十万人提供就业岗位，全国市场年需求量在120万t以上，糖炒板栗已占据我国最大的板栗市场。从手工炒栗到机械炒栗，糖炒板栗行业已发展至一定规模，但目前的市场仍主要由连锁企业及个体工商户组成，急需成立行业部门对其进行产业协作机制的完善健全工作。

“陈福公及钱上阁，出使虏庭，至燕山，忽有两人持炒栗各十裹来献……”这是南宋文学家陆游在《老学庵笔记》中的一段叙述。可见，早在近千年前，糖炒板栗就已成为一款受到人们追捧的民俗小吃。

我国作为板栗原产地，全国有23个省（自治区、直辖市）种植板栗，在2012年中国板栗总产量达194.7万t，其中162.1002万t均消化于国内市场，数量可观。如此庞大的消费市场只靠糖炒板栗一种产品支撑，未免太过单一。除此之外，诸如烤栗子、栗子酒、栗子糕、栗子饼、板栗罐头等产品也已入驻糖炒板栗店铺。多元的板栗产品，满足了顾客多元的味蕾，无形中也扩大了购买人群。除了制作方法上的不同，很多栗农现在尝试栗子树下栽种蘑菇，发展立体经济。而栗蘑营养价值高，做成栗蘑酱、栗蘑片等衍生产品后成为板栗市场的一匹销售黑马。

近来势头大火的创业团队则直接开起了板栗店，这就是来自石家庄的“举个栗子”。单是名字就足够吸引人，彰显出年轻人的创意思维。这个团队的负责人叫做乔志忠，他们给自己的创业团队起名“栗子帮”，乔志忠任帮主。有趣的是，这个乔帮主不卖“苹果”卖栗子。

让我们先将眼光扩大到坚果领域，看看他们都做了什么。来自北京某有限公司的总经理赵森是一名典型的“90后”，留学归国后他组建了自己的创业团队，在2015年的2月14日西方情人节前夕，他们推出一份“9个核桃+9颗枣”的坚果礼包，主打概念非常简单，只有一句话“枣想核你在一起”，而这样的打包销售外加创意理念帮助他们斩获骄人成绩——3天预售3 000万元！

一、板栗 *Castanea mollissima* Bl.

板栗又名栗子、魁栗、毛板栗、板栗、枫栗、大栗，为壳斗科Fagaceae栗属*Castanea*植物。板栗是中国著名干果之一，栽培历史悠久，早在距今6 000年前就有利用野生栗树果实的记载。我国板栗的分布范围广泛，就世界范围来看，无论是栽培面积和产量均居首位，板栗品种的品质也是当今世界上最优良的板栗品种之一。栗实营养丰富，甘美可口。据胡芳名对“邵阳它栗”的测定：鲜果种仁除含淀粉67.5%，蛋白质11.95%，脂肪2.15%外，还含有维生素A、维生素B、维生素C和微量元素钙、磷、钾、铁、镁、锰等。它不仅营养丰富，种实、叶、壳、刺苞、雄花序、树皮、根均可入药，对防病保健有良好的作用。板栗又是中国传统的出口物资，“京东板栗”在国际市场上久享盛名。叶可饲养柞蚕；树皮、壳斗可提炼栲胶。

板栗为落叶乔木，树高达15~20m。枝长而疏生，1年生新梢密生灰白色茸毛。叶互生，矩圆状披针形或长圆状椭圆形，先端渐尖，基部为广楔形或圆形，下面密被灰白色星状毛层或疏生星状毛，叶缘有疏锯齿，齿端刺毛状。雄花序直立，雌花着生于雄花序基部，常3朵聚生在1个总苞内。柱头分叉5~9枚，子房下位，6室，每室有2个胚珠，一般只有1个发育成种子。总苞密被分枝长刺，刺上有星状毛，内有栗实2~3个，多的可达9个，亦有仅1个。坚果呈椭圆形、圆形或三角形，径2.0~3.5cm。种皮易剥离，栗褐色至浓褐色。花期4—5月，果熟期8—10月。

板栗在中国的栽培地域极为辽阔，约在北纬18°30′~40°31′，东经99°~124°，跨热带、亚热带、暖温带和温带南部。板栗的垂直分布，河北昌黎最低，海拔16.2m；山东郯城，江苏新沂、沭阳等地的冲积平原，海拔在50m以下，最高的为云南维西，海拔达2 800m。垂直分布因地形及气候带不同而有差异，有越向南分布越高的趋势。实际上分布最多、栽培最盛的是在黄河流域的华北及长江流域。根据我国板栗的生态条件和栽培状况可划分为三大产区：淮河、秦岭以南，南岭、武夷山，云贵高原以北，长江中下游栗产区；北方栗产区：淮河、秦岭以北，燕山山脉以南，黄河中下游、辽东半岛，包括北京、天津、河北、山西、辽宁、苏北、皖北、山东、豫北、陕北等地；南方栗产区南岭、武夷山以南，云贵高原，包括福建、赣南、广东、广西、四川、重庆、云南、贵州等地。

板栗对土壤要求不甚严格，但对碱性土特别敏感，在pH值4.5~7.0的范围内生长良好，若pH值大于7.6、含盐量大于0.2%时，生长不良。板栗是需锰的树种，生长良好的栗树叶片含锰量为0.25%，降至0.1%左右发育不良，叶片黄化。栗树适应性强，耐干旱，寿命长达数百年，产量稳定，100年以上的栗树株产仍可达50kg以上，素有“铁秆庄稼”之美称。

板栗喜光，忌荫蔽。在每日光照不足6h的沟谷，树冠生长直立，叶薄枝细，产量低。在开花期间，光照不足，易引起生理落果。如长期过度遮荫，会使内膛枝叶黄瘦细弱，甚至枯死。

我国板栗品种资源十分丰富，据统计，全国板栗品种约400个，根据品种的区域特性划分为6个地方品种群：东北品种群、华北品种群、西北品种群、西南品种群、长江中下游品种群、东南品种群，各品种群分布地区均已选育出不少优良品种。

改革开放使全国板栗生产走出低谷，出现了前所未见的蓬勃发展新景象。1986年到1995年间，全国产量平均年增长1.6万t，1995年达到247 025t，比1985年增长2倍。产量增长最多、增幅最大的为山东省。其后10年间，我国板栗发展的特点，主要表现在科技内涵的提高和区域性特色两个方面。其一，全国板栗良种化水平显著提高。密植栽培广泛推广，数以万公顷的高密度（1 665株/hm^2）栗园提高了土地利用率。加之一系列园艺化栽培技术的推广应用，促进了早期丰产、高产稳产和优质生产。平均产量一般为2 250~4 450kg/hm^2。河北迁西县、湖北罗田县、河南信阳市、江苏新沂市及东海县等地，都有大面积单产6 000kg/hm^2以上的高产记录。全国大部分产区的栗园改变了野生、半野生的粗放经营，开辟了我国板栗栽培的新阶段。其二，在区域性特色上，全国大致可以分为3种类型。作为我国板栗重要生产基地的河北、山东两省以及辽宁、河南省，以大面积高接换种、改良品种和加强栗园管理为特色，同时扩大栽培面积。南方产区的发展特色是高速度扩大栽培面积，建立现代栗园；江苏省在这10年中新建栗园4万hm^2，全省栗园面积比1985年增加11倍。我国中部的秦巴山区及大别山区，是一个利用野生砧木资源发展板栗生产的独特区域。1991年，江苏省植物研究所在四川省巫山县发现蕴藏量极大的野生板栗资源后，与巫山县林业局合作，实行就地嫁接。这一发展途径已经迅速在陕西和四川秦巴山区推广，并取得明显效果。

据统计，目前我国板栗种植总面积达到187万hm^2；全国板栗总产量194.7万t，板栗总产值207.2亿元。目前，我国16个省份拥有板栗加工企业304个，其中年产值千万元以上的企业有55个；年加工总量约24.6万t，年加工总产值约38.7亿元；23个省份板栗营销额达到86亿元，出口量8万t，出口额近10亿元；全国从事板栗种植人员518万人，从事加工人员3万人，从事营销人员22万人。由此可见，板栗在带动产业发展、促进农民就业与增收致富方面发挥着不可忽视的作用。

2013 年，国家林业局、国家发展改革委、财政部联合印发了《全国优势特色经济林发展布局规划（2013—2020 年）》，确定燕山山区、沂蒙山区、秦岭山区、伏牛山区、大别山区为板栗的核心产区，其他地区为积极发展区。在 18 省（自治区、直辖市）发展 125 个重点基地县。《规划》明确了板栗产业的发展目标，即到 2020 年，优势区板栗面积稳定在 150 万 hm^2以上，占全国的 60%以上；年产量达到 250 万 t，占全国的 80%以上。

为了更好地发展我国板栗生产，首要任务是在保护我国栗属野生资源的基础上，加强对板栗新品种的定向选育工作，继续发掘利用优良的栽培品种，努力培育适合不同自然条件下及适合加工用途的板栗新品种。促使我国板栗生产从目前的单一坚果生产逐步转变为满足不同市场需求的专项生产。同时进行板栗种质创新，为未来品种的选育提供新的育种材料。对板栗重要农业性状的遗传规律进行深入研究，通过生物技术和传统育种技术的有机结合加快育种进程。依托现有资源，建立专业良种采穗圃和良种繁育中心，保证品种纯正，对引进的新品种要进行品种比较和区域性试验，做到因地栽植。

栽培管理方面，加强对板栗丰产栽培技术的研究，提高板栗产量，建设高效的板栗生产园，加快新技术在生产上的应用，采取多种形式提高生产技能。建设高效的板栗园主要应注意适地适栽，合理布局；培育良种壮苗；实行嫁接，改劣换优；深翻扩穴，改良土壤；配置授粉树；加强整形修剪；栗园间作，秸秆还田；提倡栗树行间生草，形成良性生态系统；合理密植提高光能和土地利用率，增加单位面积产出率；合理施肥，及时排灌；注意防治病虫害，提倡用无公害农药等方面的问题。

目前，我国板栗产业存在的主要问题是储藏方法落后、加工技术滞后、市场容量趋于饱和以及持续发展受制约。加工和销售方面，考虑到我国板栗生产比其他果树作物具有优越性以及坚果价格和市场容量，我国板栗产业应以板栗有机食品生产作为产业的发展目标，建业以市场为导向，加工原料生产基地为基础，原料和加工产品的生产为龙头的有机板栗产业。在一些已大面积种植板栗或已形成产业化优势的地区，建造板栗专用冷藏库或气调库，保证板栗产销的畅通。

二、锥栗 *Castanea henryi* Rehd. et Wils.

锥栗又名尖栗、甜锥、榛仔、珍珠栗、茶栗，为壳斗科 Fagaceae 栗属 *Castanea* 植物。锥栗为我国特有种。目前，在南方山地综合开发中，锥栗作为效益较高的一个经济树种已为人们所广泛接受和认识，是我国南方著名的木本粮食和果材兼用树种，果实甜香可口，风味明显优于板栗，深受群众喜爱。

锥栗多为乔木，幼枝平滑无毛。叶薄，长椭圆状披针形，先端长狭而尖，基部楔形，边缘有硬锯齿如刺，叶表面绿色较淡、光滑，叶脉略呈网状。5 月上旬开花，雌雄同株，雄花柔荑花序直立、细长、花密生，花期 1 个月左右。总苞小，刺束长 2~3cm，略有短柔毛；苞内一般仅有坚果 1 粒，个别品种苞内有坚果 2~3 粒；坚果球状卵形，底圆而上尖，其形似锥，故名“锥栗”。

锥栗在天然群落中，主要与其他树种混生成林，在该类型林分中，树体可高达 20m 以上，干周达 1~3m，干形良好，可作材用，但结实量低。在栽培条件下，锥栗可矮化。锥栗栽培容易，嫁接栽培 2~3 年生幼树开始结果，10 年生树开始进入盛果期。栽培 10 年左右的锥栗人工纯林，高 4~6m，地径 16~20cm。实行科学管理，产量可达 6 000~7 500kg/hm^2。

锥栗原产于我国中部，为我国优稀特色果树，自然分布于秦岭、淮河以南的浙江、安徽、福建、江西、湖北、四川、贵州、广东、广西等省（自治区），尤以闽北和浙南山区资源分布最为集中，其栽培分布远不如板栗辽阔。锥栗作为经济作物栽培，主要为浙江、福建两省，其他地区的锥栗多处于野生状态或为工业用材林。目前，全国锥栗天然林总面积 33. 33 万 hm^2，人工栽培面积 66. 66 万 hm^2，年产量达数十万吨，实现产值数十亿元，锥栗产业已成为浙南闽北欠发达地区农业发展的主导产业，其中建瓯市锥栗面积和产量居全国之首。

锥栗喜温暖湿润的环境，适生于年均气温 11~20℃，年降水量 1 000~2 000mm 的气候条件，但也能耐极端最低温度-16℃。锥栗为喜光树种，光照是影响产量和品质的重要环境因子。当日照不足时，树冠生长直立，枝干秃，枝条纤细，节间长，叶片薄，树冠内膛和下部枝条枯死，产量低甚至不结果。锥栗中心产区年均降水量 1 600~2 300 mm，但全年雨量不均，上半年多雨，下半年雨少，在大多数年份，7—11 月常出现干旱，尤其在 7—9 月是果实生长发育的重要时期，此期遇旱则造成果实发育不良，产量锐减。对土壤 pH 值的适应范围为 4. 6~7. 5，在微酸性土壤中，生长最好，pH 值低于 4. 6 或高于 7. 5 则生长不良。从中心产区调查的情况来看，海拔高度是锥栗栽培中最重要的生境因子之一，目前中心产区多为海拔高度在 500~1 000m 的丘陵山地。

在锥栗的分布区内，因地理区域的不同，其物候期也略有差异。

锥栗的传统栽培方式是随机混合种植，由于长期多品种自由授粉，产生遗传多样性，类型很多。经过长期的自然淘汰和人工选择，形成了若干性状稳定的优良品种。其中栽培数量较多、分布较广的有乌壳长芒、黄榛、油榛、白露仔、麦塞仔、嫁接毛榛、圆蒂仔、薄壳仔、北榛、长芒仔、厚蕊仔等品种。

锥栗是营养和保健功能俱佳的木本干果，果实中富含淀粉、糖、脂肪、维生素 A、维生素 B，还含有抗坏血酸和胡萝卜素以及钙、磷、铁等矿物质，其中蛋白质含量是大米的几倍，碳水化合物含量比小麦高，脂肪含量比稻米高 2~3 倍。锥栗具有很好的经济价值和利用前景，除了可鲜食、糖炒、菜食外，也可磨粉制作糕点、代乳粉，还可以加工成罐头、果酒、果酱等食品，具有健脾、补肾等保健功能，深受消费者喜爱；锥栗木材坚硬，纹理微密，耐水湿，是优良的建筑用材；枝桠是优良的种植香菇等食用菌的原料。

我国锥栗栽培技术的科技含量较低，单位面积产量不高，大小年结果现象较为严重，品种良莠不齐，基地总量不足，规模效益未能显现。其中，栽培面积与产量增长缓慢，是当前存在的突出问题。此外，由于新鲜锥栗易被虫蛀、失水、霉烂和发芽，造成损失，使得供应期受到限制。随着锥栗产量的不断增加和新产品的不断开发，锥栗保鲜贮藏及加工技术的研究日益重要。

采用良种壮苗造林是实现高产、稳产、优质的基础，要促进锥栗的产业化发展，必须加强锥栗新品种的选育工作；经营管理集约化，创造锥栗林生长良好的立地环境，确保年年丰产，改变大小年状况，有条件的可以搞喷灌，同时注意搞好道路规划，有利运输肥料和采收果实；适当扩大种植面积，实现规模经营，锥栗适宜在海拔 400m 以上山区栽培，浙南闽西北适合栽培锥栗的山地面积大，应在生态适宜区进行合理规划，建立高产示范园，与锥栗加工企业相配套建立丰产林基地，实现规模效益；合理配置授粉树，加强开花授粉生物学特性及人工辅助授粉研究，保证锥栗结实率；加强林果、果蔬套种技术研究，实现效益的最大化；加强技术培训，包括良种选育、嫁接、修剪、施肥、病虫害防治等关键性技术措施，林业部门的技术人员要更新知识，掌握锥栗栽培新技术，为锥栗的开发做好产前、产中、产后服务；朝无公害方向发展，同时应制定锥栗无公害栽培行业标准。

实现锥栗效益的最大化，改变锥栗统货出售的习惯，进行分品种、分等级销售，提高锥栗的商品价值；加强锥栗保鲜贮藏方面的研究，延长锥栗果贮藏期和销售时间；进一步开展锥栗果和锥栗树的加工利用，开辟新的利用途径，提高现有产品的加工技术和工艺，开发出锥栗的多样化产品，并促进锥栗进一步产业化。

三、枣 *Ziziphus jujuba* Mill.

枣又名红枣、白蒲枣，为鼠李科 Rhamnaceae 枣属 *Ziziphus* 植物。本属约有 100 种。主要分布在亚洲和美洲的热带和亚热带，温带也有分布。中国有 18 种，其中包括中国台湾从国外引进的 4 种。我国最主要的枣属植物种为枣、酸枣 *Z. Spinoza* Hu 和毛叶枣 *Z. mauritiana* Lam. 。其中，枣为栽培种，分布最广、数量最大；酸枣为野生种，仅有少量栽培或人工养护，主要分布于北方各省山区；毛叶枣主要分布于印度，在我国为半野生种，主要分布于我国华南和西南的热带地区，在台湾、海南、云南等地有规模化商品栽培。枣树原产中国，据古文记载，枣树的栽培史至少有3 000年。中国枣树最早的栽培中心是在黄河中下游一带，且以晋陕黄河峡谷栽培最早，河南、河北、山东等地次之。枣树易繁殖，抗性强，结果早；枣果味美、营养价值高；枣为中药材、滋补养脾；枣树花量大，花期长，富含蜜汁。在山区、丘陵、河滩及南方紫页岩上发展枣树生产，对繁荣农村经济、提高人民生活水平有极其重大作用。

枣为落叶乔木，高6~10m，具长枝和短枝。短枝呈长乳头状，称“枣股”。长枝“之”字形曲折，具托叶刺，长刺直立，短刺钩曲，至成年大树变无刺；短枝或新梢上常簇生3~5个纤细下垂的脱落性枝，称“枣吊”，大结分为结果枝，其叶腋着生花序。单叶互生，椭圆状卵形、卵形或卵状披针形，长2~6cm，边缘具细钝锯齿，先端钝尖，基部稍偏斜，三出脉，叶柄长1~5mm。花小，8~9朵簇生于枣吊的叶腋间，短聚伞花序，两性，黄绿色或绿色；花萼、花瓣和雄蕊均为5枚；花瓣小于花萼，呈匙形，与雄蕊对生，花盘明显；子房上位，2心皮2室，每室1胚珠，通常仅1胚珠发育成种子。核小，核两端锐尖。5—6月开花，花期可延续1个多月，8—9月果熟（南方7月下旬至8月上旬）。

枣树在中国分布极广，在中亚热带至温带，北纬23°~42°5′、东经76°~124°的区域均可栽培。主产区在华北平原、丘陵、低山区。垂直分布在华北、西北等产区海拔100~600m的平原、丘陵地带。根据地理、气候、土壤及枣树品种特点等，一般把我国枣树划分为南北两大区系，即北方栽培区和南方栽培区。北方栽培区枣树栽培历史悠久，品种资源丰富，包括黑龙港流域、太行山区、鲁西北平原、泰沂山区、豫中平原、汾河流域、涑水流域、漳河流域、晋南黄河沿岸、滹沱河沿岸、五台山区、渭河平原、黄河沿岸的黄土高原、河西走廊、湟水河谷、新疆南部低海拔河谷地区等，按气候、土壤、地貌、品种等特点，可分黄河中下游流域冲积土栽培亚区、黄土高原丘陵栽培亚区、西北干旱地带河谷丘陵栽培亚区。南方栽培区包括江淮河流域、长江以南丘陵区、四川盆地和云贵高原，按自然条件的差异可分为江淮河流冲积土栽培亚区、南方丘陵栽培亚区、云贵川栽培亚区。南方栽培区为早熟鲜食枣的新兴产区，枣树品种数量和栽培面积较少，产量约占全国5%，干制品质一般不如北方，多用于加工蜜枣和鲜食。

枣树为喜温树种，在生长发育期需较高的温度。春季日均气温达13~14℃时开始萌芽，至18~19℃时开始抽梢和花芽分化，20℃以上开花，花期适温为23~25℃，果实生长发育需要24~25℃以上温度，秋季气温降至15℃以下时开始落叶，但在休眠期较耐寒。在极端最低气温-31℃的北方和极端最高气温达40℃的南方也能生长。对降水量要求不严，如南方降水量在1 000mm以上仍有枣产区，而年降水量在400~600mm的北方是枣的主产区。但在开花和果实生长发育期多雨，易造成落花落果，甚至裂果烂果而减产。枣树喜光，有较强的抗风能力，且耐烟害，但不耐水湿。

枣树对土壤的要求不严，除沼泽地重碱性土外，无论是山地、丘陵、沟谷，甚至瘠薄的石质山地及黄土山地，均可栽植枣树。对土壤酸碱度的适应能力也很强，在 pH 值 5.5~8.5 的土壤上，均能正常生长。对地下水位的高低也无严格要求，从地下水深达数十米的黄土高原，到仅数米的渤海湾沿岸低地，都可栽培枣树。

枣树繁殖大多采用分株和嫁接。枣树修剪一般在落叶后到萌芽前进行。北方以 3 月上旬到 4 月上旬为宜，南方可提前进行修剪。常用的修剪方法有疏枝、回缩、短截等。夏季修剪宜在枣头生长高峰以后，一般在小满至夏至进行。华北地区以 6 月上中旬为宜。主要方法有抹芽、疏枝和摘心。

我国枣树品种资源丰富，在长期栽培驯化和选育过程中，形成了许多品种和品种群。据统计全国枣品种在 800 个以上。枣品种的分类方法尚不统一，目前，多结合果形分为小枣、长枣、圆枣、扁圆枣和葫芦枣 5 种。在生产上按用途划分，分为制干品种、鲜食品种、蜜枣品种和兼用品种 4 类群。

近年来我国枣树栽培面积和产量每年都在以 10%以上的速度增长，无论面积和产量，枣树都是名副其实的我国第 1 大干果树种，我国作为枣树生产第 1 大国的地位正进一步得到巩固和强化。据国家林业局下发的《全国优势特色经济林发展布局规划（2013—2020 年）》，目前我国枣树栽培面积 136 万 hm^2，占木本粮食面积 22.1%，占世界栽培面积的 98%左右。从栽培面积看，枣树已成为我国第 3 大果树，仅位于苹果和柑橘之后。从产量看，枣树则是我国的第 7 大果树，位于苹果、柑橘、梨、桃、葡萄和香蕉等水果之后。从国内看，冀、鲁、晋、豫、陕 5 个传统产枣大省普遍增势强劲，仍占据近全国 86.56%的产量，但较 10 年前的 90%已有所下降；另一方面，新疆、天津、宁夏、四川、江苏、北京六省（自治区、直辖市）枣树发展迅猛，产量排名上升了 1~3 位，尤其是新疆异军突起，正凭借其得天独厚的自然条件优势打造中国和世界上最大的优质干枣生产基地；此外，东北和南方的鲜枣产业也正在快速崛起。但是，近年来一些发达国家进军我国枣产业特别是枣加工业的势头在明显加大。

枣是我国传统的木本粮食树种，当前我国枣产业蓬勃发展。从品种结构看，在干制枣生产基本保持稳定的同时，鲜食枣生产呈现增加趋势。目前的基本态势是，东北地区和南方地区大力发展鲜食品种，中西部地区大规模发展干制品种。据估算，目前我国制干、鲜食、兼用和蜜枣品种的品种数和产量比分别为 35：35：20：10 和 60：15：20：5。

从栽培技术上看，枣树栽培逐渐趋于合理，具体表现有：河北、山东等传统枣粮间作区向纯枣园、密植枣园转变；新兴产区从稳健发展和减少与粮食争地的角度出发发展了大量新的枣粮间作园；矮化密植枣园［（1~2）m×（2~4）m］逐渐成为常规模式，不少地方在探索5 000株/hm^2以上的超高密度枣园；无公害绿色栽培迅速发展，设施栽培正在成为鲜食枣的新兴发展方向。

在采后利用方式方面，除制干、加工蜜枣、枣干等传统的初级加工品外，枣汁、大枣香精、大枣色素、枣干红酒、枣膳食纤维、环核苷酸糖浆等现代枣加工品也已相继问世并进入市场。近年来，各地还出现了鲜枣采摘园（北京）、大枣采摘节（河北赞皇）、枣乡风情游（河南新郑）等，并出现了干制和兼用品种鲜食化的趋势，如干鲜兼用的赞皇大枣在采摘节期间主要用于鲜食；从前一直用于制干的金丝小枣和无核小枣近年来也大量作为鲜枣销售，这样就形成了当今鲜销、干制、加工和观光采摘等多样化的枣利用方式。

在枣产品加工方面，干制仍然是目前枣果最主要的初级加工方式。且干制的方法绝大多数仍采用自然晾晒。但近年来在山西吕梁枣区、河北太行山枣区和沧州枣区、河南新郑枣区、陕西陕北黄河两岸枣区等建立了大量的烘干房，提高了枣果商品品质。

在枣及其加工产品的贸易方面，枣是我国传统的拳头出口农产品。目前我国拥有全世界99%的枣树资源和近100%枣产品国际贸易，在世界枣树生产和贸易中占有绝对的主导地位。但出口贸易量占国内总产量的比例一直不大，据联合国粮农组织统计的数据，2011年出口量约为71.0万t，不足该年度枣产量的10%。出口的主要品种是河北和山东的金丝小枣、河北的婆枣和赞皇大枣（主要以蜜枣和枣酱形式）、河南新郑的鸡心枣和灰枣、山西稷山的板枣等。从出口的国家和地区来看，主要为日本、韩国、新加坡和马来西亚，占出口总量的80%~90%。其次是英国、法国、意大利、荷兰、美国、加拿大、澳大利亚和新西兰等。建议我国发挥红枣产业的资源优势和产品优势，进一步拓展红枣鲜果及其加工品市场，尤其是推进出口贸易。

四、柿 *Diospyros* L.

柿子又名朱果，为柿树科Ebenaceae柿属*Diospyros*植物。本属植物全世界约500种，我国有57种，6变种，1变型，1栽培种。柿原产我国，有2 000年以上的栽培历史，适应性强，耐干旱瘠薄，是兼具生态经济效益的优良树种。在山地、丘陵、平原、河滩，肥土、瘠地，黏土、砂地均能生长，素有“木本粮食”“铁杆庄稼”的美称。目前，我国作为果树栽培和砧木应用的主要有柿*D. kaki* Linn. f、君迁子*D. totue* L.、油柿*D. kaka* var. *sylvestris* Makino、浙江柿*D. glaucifolia* Metc.、洞柿*D. oleifera* Cheng、老鸦柿*D. rhombifolia* Hemsl.等。因其营养丰富，味甜可口，“色胜金衣，甘逾玉液”，且有较高的药用价值，素有“果中圣品”之美誉。入秋碧叶丹果，鲜丽悦目，是优良的庭院绿化树种。发展柿树栽培，既可绿化荒山，改善气候，又可美化环境。

柿为落叶乔木或小乔木，高 10~15m。树皮浅灰色或灰白色，呈鳞片状开裂。新梢有绒毛。叶深绿色，呈倒卵形、广椭圆形、椭圆形、菱形等，有的物种叶片背面苍白色。仅有雌花，稀有雄花或两性花，有的物种雌雄同株或异株。果实大小、形状多样。成熟时果皮黄色至橙红色（如柿）、红色（如浙江柿）、暗黄色具黑斑（如洞柿）、黑色或黑紫色（如君迁子）。

柿果的萼片与众不同，萼片是柿果重要的呼吸和蒸腾器官，并合成了果实和种子发育所需的植物激素。6 月底前摘去萼片，种子停止发育，果实也随之脱落。萼片大的花或幼果，成熟时长成的果实也大。

柿树喜温暖又耐寒，年平均气温 10~21.5℃ 地区为栽种界限，年平均气温 13~19℃ 为经济栽培界限，9℃ 以下柿树难以生存。甜柿对温度的要求较涩柿严格，经济栽培要求年平均气温 13~18℃，≥10℃ 有效年积温为 5 000℃ 以上。

柿树比较耐旱，一般年降水量在 450mm 以上，分布均匀，不需灌溉。南方品种耐湿，北方品种耐旱。不同物候期对降水量的要求不同，花期、幼果期多雨，光照不足容易引起落花落果及病虫害发生；8—9 月果实发育期干旱会造成落果，成熟期多雨影响着色、味淡。甜柿对水分要求比涩柿稍高，年降水量 700~1 200mm 比较适宜。

柿树喜光，宜选择避风向阳处种植。要求 4—10 月日照时数在 1 400h 以上。光照条件好，树冠开张，柿果产量高，品质好；光照不足，树干高，冠幅窄小，产量低，着色不良，品质差。

柿树对土壤要求不严，山地、丘陵、平原、海涂滩地均可种植。不同砧木对土壤的要求不一样，北方君迁子较耐盐碱，不耐湿；南方野柿耐湿，适宜于酸性土壤栽培；浙江柿根系发达，生长旺盛，适于南方红黄壤丘陵山区栽培。以土层深厚、排水和通气性好的轻壤土或砂壤土，地下水位 1m 以下最为适宜，以 pH 值 6~7 的中性偏酸土壤最好。

柿树一般在 3 月上旬萌芽、展叶，花期 5 月上旬，果成熟期为 8—11 月，12 月初开始落叶。物候期因地理环境、气候条件的不同有所差异。

柿果营养丰富，据中国林业科学研究院亚热带林业研究所分析，每 100g 鲜果肉中含可溶性糖 10~14g，蛋白质 0.57~0.88g，脂肪 0.2~0.3g，维生素 B_1 0.02mg，维生素 B_2 0.05mg，维生素 B_5 0.65~0.96mg，维生素 E 0.22mg，维生素 C 50~122mg，还含有 15 种氨基酸和多种人体必需的矿物质元素，如磷、钙、钾、铁、锌、硒、碘等。除鲜食外，还可加工制成柿饼、柿干、柿糕、柿脯等。柿具润肺、清热、止咳、解毒等多种医疗保健功能，柿蒂、柿果、柿根均为中医常用药物。柿叶含单宁、芦丁、胆碱、蛋白质、矿物质、糖、黄酮类物质等成分，可制成柿叶茶。

中国是世界上柿树栽培面积最大和柿果产量最多的国家。柿在我国分布极广，适生范围东起辽宁的旅大，向西南入山海关，沿长城西行至山西的吕梁山，经陕西宜川，甘肃的天水，沿四川的岷江南下，向西到小金，沿大雪山南下，入云南后顺元江而下到我国的南界，除黑龙江、吉林、内蒙古、辽宁、宁夏、新疆、青海等地外，其余各省（自治区、直辖市）均有生产。以黄河流域的山东、河北、河南、陕西、山西5省最多，栽培面积占全国的80%~90%。近年来，全国各地大面积发展柿树，南方从原有的零星种植，形成了现有的规模化商业性栽培，产量不断上升。据联合国粮农组织统计，2011年我国柿树收获面积72万hm^2，占世界总收获面积的90.13%，产量305万t，占世界总产量的76.05%。

我国柿树品种很多，据2002年统计，有1 026个，从柿子的味道上可分为甜柿和涩柿2个大类，从色泽上可分为红柿、黄柿、青柿、朱柿、白柿及乌柿等，从果形上又可分为圆柿、长柿、方柿、葫芦柿、牛心柿等。

我国部分为涩柿品种，近年来日本甜柿生产发展较快，全国部分省（自治区、直辖市）都有引种栽培，但仍未形成大规模商业化生产。中国林业科学研究院亚热带林业研究所较早在浙江省进行甜柿引种与示范并取得成功，此后全国迅速掀起了发展甜柿的高潮，现浙江、湖北、四川、山东、重庆、河北、河南、云南等地正在大力发展，栽培面积较大。目前国内甜柿品种主要为"次朗"系，其他品种因砧木原因发展较少。我国著名的六大名柿分别为陕西泾阳、三原一带出产的鸡心黄柿，陕西富平的尖柿，河北、山东一带出产的莲花柿，荷泽镜面柿，浙江杭州古荡一带的方柿，华北大磨盘柿。这些柿子共同的特点是皮薄肉厚，个大多汁。

2012年，山东、陕西、广西加工的柿饼占全国85%以上，青州柿饼、富平柿饼和恭城月柿是国家地理标志保护产品，是传统的名优特产，连年远销日本、韩国等国家。其中山东每年加工的柿饼品种以"牛心柿"为主，产量维持在8 000~10 000t，占全国总产量的50%，大部分出口，少量在国内市场销售，其出口价1.8万~2.2万元/t，出口预计在6 000~8 000t；陕西加工的柿饼品种以"富平尖柿"为主，产量在1 000~1 500t，但由于"富平尖柿"柿饼品质好、且稍有糯性，故收购价和出口价远高于山东，其出口价在2.8万~3.0万元/t，生产的柿饼几乎全部用于出口；恭城月柿柿饼因大而红，深受国内消费者喜爱，产量在20 000t以上，几乎全部在国内市场消费，少量出口韩国。

据国家林业局下发的《全国优势特色经济林发展布局规划（2013—2020年）》，柿为该规划期内重点发展的6种特色木本粮食经济林树种之一，在广西和湖北将分别新造林5 900hm^2，在河北、山西、山东、广东、陕西、北京、河南将分别新造林4 300hm^2、3 600hm^2、3 000hm^2、1 200hm^2、1 200hm^2、700hm^2、400hm^2。这对于柿产业的发展将起到积极的推进作用。

由于部分柿树分布在远离工业区的乡镇，是以部分农户为中心，分散栽植，缺乏统一的科学指导，部分柿树老龄化，且品种混杂，优良品种不能及时引进。建议当改变这种自给自足的小农经济状况，在柿主产区和生产基地搞好集约化、规范化栽培，加强管理，增加生产投入，以提高果品质量和单产为中心，注重名特优新品种的繁育和推广及新柿子品种的引进，适地适栽。

目前，部分柿饼、柿霜、柿醋、柿酒等的加工方法仍停留在传统的加工工艺上。在柿的主产区应当积极引进国内外先进的柿子加工生产技术，建立柿产品规模化、标准化、现代化的加工经营模式，提高产品质量。同时综合利用柿树、柿叶、柿皮、柿蒂、柿根等，开发新产品，形成一条龙的产业链，增加经济效益。

另外，国际市场上柿果多以鲜果销售。由于国内保鲜脱涩技术落后，鲜果不利于长途运输，直接影响销售。同时，部分种植户分散，没有统一的销售渠道，导致柿果、柿饼的销售期较短，许多产品滞销，经济潜力得不到最大程度的提升。在这种形式下，应当在政府指导下，积极引导和扶持成立集柿子种植、加工、销售为一体的具有相当规模的柿子农民专业合作社等组织。实行统一技术指导，建立统一的质量标准，注册商标，统一指导销售，搭建柿饼销售信息平台，拓宽市场销售渠道。

柿果作为一种秋季时令果品，以其色泽鲜艳、甘美爽口、营养丰富而越来越受消费者的欢迎，扩大柿树栽培面积，发展柿子产业，是农村农业种植结构调整和农民脱贫致富的一个好项目。我国是柿属植物的分布中心和原产中心之一，在柿子长期引种和栽培过程中，由于遗传变异和自然、人工选择的作用，分化出很多宝贵的柿子资源，我国柿资源具有十分明显的优势，具有广泛的应用前景，合理地开发和利用将有助于把资源优势变为经济优势，带动从原料到产品的整个柿产业的发展，从而发展壮大我国柿产业，由栽培大国发展成为产业强国。

五、甜柿 *Diospyros* spp.

甜柿为柿科 Ebenaceae 柿属 *Diospyros* 植物，是指成熟时或成熟前果实在树上能全部或部分自然脱涩，可直接采摘鲜果食用的一类品种。中国是柿原产国之一，栽培历史最悠久，已有 3 000多年的栽培历史。柿作为果树栽培的代表种，属单一种，历来是我国著名的木本粮食和铁杆庄稼，也是我国重要出口商品之一，但传统产区多为涩柿。甜柿根据脱涩程度又分为完全甜柿和不完全甜柿两类。果实在树上成熟时或成熟前鲜果自然脱涩完全（有的果实果肉含有少量细小褐斑）的品种，称为完全甜柿；只能部分自然脱涩（果肉有粗而密的褐斑）的品种，称为不完全甜柿。甜柿是一种水溶性膳食纤维的天然绿色水果，营养极其丰富。据测定，鲜果肉含可溶性糖 11.68g/kg，蛋白质 0.57～0.67g/kg，脂肪 0.28～0.30g/kg，还含有丰富的克尼酸，维生素 A、维生素 B、维生素 E、维生素 C 和胡萝卜素、磷、铁、钙、碘、锌、硒等营养物质。这些物质的含量不但高于涩柿，而且大大超过苹果、柑橘、梨、桃、李和葡萄等水果。采摘即食，甜脆爽口，深受消费者喜爱。现代医学研究证明，常食甜柿及其加工制品，对提高人体免疫力、增强血管的通透性能、预防便秘、促进消化、治心血管病、肠胃病、肝炎、高血压、咽喉痛，乃至美容护肤和增强智力等均有明显的效果。果品可酿酒或制柿饼，柿霜及柿蒂入药，柿漆供油伞用，甜柿也是一种极好的绿化树种。

甜柿为落叶或常绿乔木或灌木，高可达 15m，树皮鳞片状开裂。叶椭圆状卵形、矩圆状卵形或倒卵形，长 6~18cm，宽 3~9cm，基部宽楔形或近圆形，下面淡绿色，有褐色柔毛；叶柄长 1.0~1.5cm，有毛。花雌雄异株或同株，雄花成短聚伞花序，雌花单生叶腋；花萼 4 深裂，果熟时增大；花冠白色，4 裂，有毛；雌花中有 8 个退化雄蕊，子房上位。浆果卵圆形或扁球形，直径 3.5~8.0cm，橙黄色或鲜黄色，花萼宿存，10 月下旬到 11 月初成熟。

柿树根系生长活动较其他果树迟，我国南方常年 8 月中旬有 1 次生长高峰，9 月中、下旬再现高峰，10 月下旬停止生长。大多甜柿品种只有雌花，4 月上、中旬现蕾，5 月初进入初花期，5 月上旬为盛花期，花期受当年气候因素影响甚大，如连绵阴雨、气温偏低可以推迟半个月左右。果实的生长发育可分为 3 个时期：花后幼果迅速膨大期、缓慢生长期和成熟前膨大期。如日本早熟品种“松本早生”在 5 月中旬盛花期后，果实迅速生长，到 6 月中旬，果实的增长速率达到高峰；7 月到 9 月中旬生长比较缓慢；9 月下旬到 10 月中旬又出现 1 次快速膨大期。在不同的生长发育时期，果实内部的形态结构和生化物质也发生着一系列变化，细胞分裂速度从 6 月上旬开始逐步减慢，直到第 2 次膨大期结束，果实的生长主要是细胞体积的增大。在果实膨大的同时，糖分的积累也出现了第 1 个高峰，果实成熟前，2 个月内其糖分积累明显加快。甜柿主要是以嫁接繁殖为主，其嫁接砧木的特性直接影响甜柿的生长。如“君迁子”根系分布浅而广，须根多，耐干旱贫瘠，而野柿主根发达，根系分布较深，须根较“君迁子”少。

甜柿是亚热带树种，性喜温暖气候，适宜在温暖地区栽培。甜柿栽培要求年平均温度在 13℃以上，大于或等于 10℃的有效积温在 5 000℃以上，生长季节内（4—11 月）的平均温度在 17℃以上。甜柿为喜光树种，在光照充足的地方种植，生长发育良好，果实品质优良。甜柿要求 4—10 月日照时数在 1 400h 以上，多雨寡照的地方不适宜甜柿栽植。甜柿树喜欢湿润的气候环境，但由于根系分布深广，吸水能力较强，因此比较耐旱。一般年降水量 700~1 200mm 比较适宜，不需抗旱。甜柿树对土壤的要求不太严格，除过于干燥、瘠薄、黏重的土壤外，在多种土壤上均能生长，但最适宜的土壤为土层深厚、保水力强的中性壤土、黏壤土和沙壤土。要求土层厚度在 1m 以上，地下水位在 1m 以下，土壤酸碱度 pH 值 5~6.8 范围内均适宜生长，以中性土壤为最好，含盐量超过 0.2%的碱性土壤不能栽植甜柿树。

柿树一般都分布在热带和温带地区，在中国，除了北方极寒冷的黑龙江、吉林、内蒙古、宁夏、青海和新疆外，大部分省（区）市均有栽植。目前全国柿产区的 70%集中在北方的陕西、山西、河南、河北、山东等省，但基本上都是涩柿。甜柿因其果实的独特特性对栽培区立地条件的适应性比涩柿狭，如在低温地区因积温不足，会使其果实的自然脱涩不完全，而在温度过高的地区栽培，其果肉质粗，软化果多。因此，选择适宜的环境条件是甜柿引种栽培成功和提高其经济效益的关键。全国甜柿集中分布在湖北、河南、安徽三省交界的大别山区（东经 115°06′~115°46′、北纬 30°35′~31°16′），如湖北罗田县、麻城市，河南商城县和安徽金寨、霍山等地。其中以湖北省罗田县分布数量最多，常年产量在 3 000t 以上，变异也最丰富，迄今仍然保留着百年以上的古树，罗田县所有乡（镇）村均有甜柿分布，以西部和北部为多；百年以上的古树主要分布在河浦镇丁家山村和唐家山村，三里畈镇錾子石村和黄泥塝村，以及大崎乡三界元村等。唐家山村曾发现有约 350 年生古树。从垂直分布上看，甜柿分布在海拔 100~700m，以 300~500m 范围内最多，700m 以上地区少有栽培，仅发现少量近缘植物。

我国也是品种资源最丰富、面积最大、产量最多的国家，产量占世界产量的 81.8%，栽培面积占 71.6%，在国际市场上具有重要的影响。据不完全统计，我国柿品种数为 1 000多个，但大部分柿为涩柿品种。在长期栽培过程中，通过遗传变异和自然、人工选择的作用，分化出了许多宝贵的甜柿资源。自 20 世纪 80 年代中国林业科学研究院亚热带林业研究所在浙江省实现日本甜柿引种与示范取得成功之后，全国已从种质资源收集为主、零星种植进入有计划的引种试验和示范推广阶段，现全国 18 个省、直辖市、自治区有引种栽培，但仅在云南、福建、湖北、浙江等局部地区初步形成商业化生产。另外，“罗田甜柿”是迄今所知我国原产的第 1 个完全甜柿品种，现今在大别山“罗田甜柿”产区也得到了快速发展。栽培的甜柿品种主要来自日本，如“富有甜柿”原产日本岐阜县，产量在日本柿品种中占首位，在我国是当前栽培最广泛的甜柿品种之一。根据世界粮农组织统计，2004 年我国柿产量为 182.5 万 t，占世界总产量的 73.8%，居世界第 1 位；位居第 2 和第 3 的韩国、日本的产量分别为 25.0 万 t、23.3 万 t；其中我国、韩国和日本的甜柿产量分别占到本国柿产量的 2%、80%和 60%。

六、银杏 *Ginkgo biloba* Linn.

银杏又名鸭掌树、鸭脚子、公孙树、白果，为银杏科 Ginkgoaceae 银杏属 *Ginkgo* 单科、单属、单种植物，银杏属的唯一生存种，十分典型的雌雄异株植物，珍稀的裸子植物物种，是第四纪冰川后孑遗在我国保存下来的侏罗纪时代的“活化石”植物，为世界著名的古生树种。

银杏为落叶乔木，高达 40m。枝有长枝与短枝，叶在长枝上螺旋状散生，在短枝上簇生，叶片扇形，有长柄，具多数 2 叉状并列的细脉；上缘宽 5~8cm，浅波状，有时中央浅裂或深裂。雌雄异株，稀同株；球花生于短枝叶腋或苞腋；雄球花成柔荑花序状，雄蕊多数，各有 2 花药；雌球花有长梗，梗端 2 叉（稀不分叉或 3~5 叉），叉端生 1 珠座，每珠座生 1 胚珠，仅 1 个发育成种子。种子核果状，椭圆形至近球形，长 2.5~3.5cm；外种皮肉质，有白粉，熟时淡黄色或橙黄色；中种皮骨质，白色，具 2~3 棱；内种皮膜质；胚乳丰富。银杏喜光，耐寒，适应性颇强，耐干旱，不耐水涝，对大气污染也有一定的抗性；深根性，生长较慢，寿命可达千年以上。其生命力特强，极少有病虫害，具有较强的抗细菌、抗真菌、抗病毒和抗虫害能力。

银杏是中国特有的多用途树种，集果用、叶用、材用、防护、观赏于一体，还有重要的科学研究价值。国内银杏开发以白果为主，其次为银杏叶、外种皮和盆景。国外则以银杏叶开发为主，其次为观赏。国内外开发的产品均主要为“三药”（医药、兽药、生物农药）、“二品”（食品、化妆品）。其中，食品主要为罐头、饮料、茶叶、酒类、糖果等；化妆品主要为护肤霜、洗面奶、美容霜、护发膏、护发素、洗发香波、口腔卫生制剂、刷牙液、牙膏等。银杏叶、种子、根及根皮均可入药。银杏的提取物具有重要的药理学作用，如抗氧化、清除活性氧自由基的能力，减少血小板聚集和增强神经保护的活性等，是目前被世界认可的对心脑血管疾病具有较好疗效的良药，具有防治心血管疾病、抗衰老、防癌的功能。种仁入药有润肺止咳、强壮等效，也可食用。银杏木材优良，可供雕刻、图版、建筑等用。树干端直，树冠雄伟壮丽，秋叶鲜黄，颇为美观，宜作庭荫树、行道树及风景树。

中生代侏罗纪，银杏曾广泛分布于北半球，白垩纪晚期开始衰退，第四纪冰川降临后，在欧洲、北美和亚洲绝大部分地区灭绝。野生银杏残存于中国浙江西部山区，为我国特产。银杏被列为国家二级重点保护植物，在我国广为栽培，在很多地方有雄伟高大的古树。北自沈阳，南至广州，全国除黑龙江、内蒙古自治区、青海、西藏自治区 4 省（自治区）外，其余 27 个省、市、自治区均有银杏分别，其资源主要分布在江苏、山东、浙江、安徽、福建、江西、河北、河南、湖北、湖南、四川、贵州、广西、广东等省（自治区）的 60 多个县市。根据银杏生长发育和资源、白果产量等情况，又有中心分布区、一般分布区和边缘分布区（引种区）之别。在中心分布区内，银杏并非都是集中连片的，大多是分隔的，往往在 1 个省区内，有几个市县或 1 个市县内有几个乡镇，资源较为集中；一般产区银杏资源零星分布，产量较少；边缘产区为辽宁北部、吉林南部、陕西北部、新疆南部，以及广东顺德、台湾台北等地，产量极少或不形成产量。

当前中国银杏品种大致可分为 2 大部分。一是具有较长栽培历史的地方名优品种，如“泰山佛指”“吴县洞庭皇”“郯城圆铃”“金坠子”“邳州马铃”“大梅核”“广西海洋皇”等；二是近年来各地技术人员和产区群众经过详细的观察对比优选得到的一些品种中的优异类型，如“郯城圆铃”中的 5 号、9 号、13 号、16 号，“邳州马铃”中的 2 号（亚甜）、3 号（宇香），“家佛指”“大金果”“华口大果”“马铃丁”“大龙眼”及日本的“黄金丸”“岭南”等。前者可称为定型品种，后者可称为农家品种类型。主要栽培变种如下：①垂枝银杏‘Pendula’枝条下垂；②塔形银杏‘Fastigiata’枝向上伸，形成圆柱形或尖塔形树冠；③斑叶银杏‘Variegata’叶有黄斑；④黄叶银杏‘Aurea’叶黄色；⑤裂叶银杏‘Laciniata’叶较大，有深裂；⑥叶籽银杏‘Epiphylla’部分种子着生在叶片上，种柄和叶柄合生，种子小而形状多变。

根据 2011 年全国经济林重点县的调查统计，目前全国银杏面积已发展到 16 多万 hm^2（包括散生树折算面积），比 1990 年增长 4 倍多；年产白果 1 300多万 kg，比 1990 年增长 66%。其中江苏省银杏面积达到 4. 8 万 hm^2，年产白果 460 万 kg，产果量居全国首位。该省的泰兴市银杏面积达到 0. 8 万 hm^2，成片林 0. 22 万 hm^2，年产白果 300 万 kg，素有天下银杏第一乡的美誉。产量居全国首位的江苏省，年产白果近 4 000 t，主要产区在“三泰”（泰兴、泰州、泰县）、那州、吴县，其中泰兴年产白果 2 700~2 800t。广西年产白果 1 500~1 600t，主要产区在灵川兴安全州、临桂，其中灵川县年产白果 700~800t。湖北年产白果 1 000t，主要产区在孝感、随州、安陆、京山、大悟。山东年产白果 1 000t 左右，主要产区在郯城。河南年产白果 750t，主要产区在新县、篙县、西峡、卢氏和罗山。浙江年产白果 500t 左右，主要产区在长兴、临安、诸暨、富阳。

目前，我国银杏基地建设初具规模，带动了周边地区的发展。20 世纪 90 年代以来，针对全国银杏发展的新特点，为了进一步加强对银杏的管理，提高经营管理水平，逐步走集约化、规模化发展道路，林业部先后在山东、江苏等 6 省 12 个县（市）建设银杏基地 0. 14 万 hm^2，已经取得显著的经济、生态和社会效益，涌现出山东的郯城，江苏的泰兴、邳州等县（市）等一大批先进典型样板。据初步统计，截至 1996 年年底，全国银杏总产量超过 200t 的县（市）达 13 个，银杏产量约占全国总产量的 80%，面积约占全国的1/3。这些县（市）不仅已成为全国重要的银杏生产基地，同时也为各地发展银杏生产起到很好的示范和辐射作用。目前银杏资源培育已扩大到全国的26个省（自治区、直辖市），而且正在朝深度和广度方向发展。

银杏加工业也蓬勃兴起，推进了我国银杏产业化进程。我国银杏加工利用主要始于20世纪80年代末和90年代初，虽然起步较晚，但现已形成一定规模。据不完全统计，目前全国银杏果、叶加工企业近200家，主要生产银杏食品、保健品、饮料、化妆品、药品等系列产品。近6年来，山东省银杏加工企业从无到有并迅速增至14家，年加工银杏叶20t。江苏省泰兴市拥有银杏果叶加工企业10家，其中中外合资企业6家。全市先后开发出食品、医药、日用化工等36个银杏系列产品，其中“三泰”牌银杏汁、银杏晶等食品销往香港、新加坡、日本等国家和地区，深受广大消费者的欢迎；江苏省邳州市与外商合资，建成年加工银杏叶2 000多t的提取黄酮苷生产线，不但拓宽了银杏应用领域，而且开辟了新的市场，大大加快了银杏产业的快速发展。

七、橡子类 *Quercus* spp.

橡树又名栗茧、蒙古栎，为壳斗科 Fagaceae 栎属 *Quercus* 植物，俗称橡子（Acorn）。壳斗科植物一般为落叶或常绿乔木，稀为灌木。橡树是我国一种较为常见的树种，本科共有7属，约900种，我国有5属400多种。橡子是一种优良的可利用野生经济植物资源。橡子外表硬壳，棕红色，内仁白色，含有丰富的淀粉，占橡仁的60%。除淀粉外，橡仁中还含有其他丰富的营养成分，其中蛋白质含量达到4%～8%，含有18种氨基酸，脯氨酸含量最高，橡仁中矿物质元素种类和含量丰富，橡仁中还含有丰富的维生素 B_1、维生素 B_2、维生素 C、维生素 A，同时含有以亚油酸、油酸为主的脂肪酸；橡壳含有大量的色素和单宁等成分。橡子具有较强的生理功能：抗氧化活性；较好的排铅功能，而且对体内其他微量元素的吸收和排除没有影响；抗糖尿病的功能；明显抑制淋病、奈瑟菌和解脲支原体的作用。其果实橡子本身含有多种营养物质，可应用于食品工业，制作橡子淀粉、橡子油、酿酒、米酒、饮料、橡子豆腐、橡子酱、橡子羹、橡子酱油、橡子酒、橡子凉粉、橡子饼干、橡子醋、橡子粉丝、橡子挂面等，但市场上橡子加工食品较少。橡子也可应用于其他轻工业方面，例如，橡子壳可以制成活性炭和糠醛，橡子还可以成为制作黏合剂，橡子淀粉胶，制成动物饲料，转化为生物柴油、乙醇、草酸，为谷氨酸，抑菌洗剂，絮凝剂等的主要原料。同时，橡子还对绒布上浆、与金属离子络合制备染料、制棕色卷烟纸、废水净化等诸多方面具有一定的功效。

橡树为落叶或常绿乔木或灌木；叶具短柄，有锯齿或分裂，稀全缘；花单性同株或异株；雄花排成纤弱的葇荑花序；花被 4~7 裂；雄蕊 4~6，稀更多；雌花少数而不明显，单生或数朵排成穗状花序，包藏于覆瓦状鳞片的腋内；花被 6 裂；子房 3~5 室，每室有胚珠 2 颗；果为具一种子的坚果，多少为木质、鳞片状的总苞（即壳斗）所包围；鳞片刺状或连接成若干个同心的环带。

橡子性喜阳光，对土壤要求不严，适应性强。橡树在向阳、干燥贫瘠的土地，杂木林或是疏木林中皆能混生，资源特别丰富，广布于温带和亚热带，主产亚洲。我国是世界橡子的主要产地之一，有橡木林 200 万~250 万 hm^2，年产量约 1 000万 t，20 多个省地均有分布，南部和西南地区为主产区。我国北方著名的橡树有辽东栎、蒙古栎，南方有青冈栎、高山栎、刺叶栎等数十种，栓皮栎、麻栎、槲栎、柞栎南北均有。除了过分荫蔽的阴坡谷地外，一般的荒山荒地均可造林。造林方法最好是使用直播造林，即将种子直接播种到选好且经过整地的林地上。在鼠鸟为害严重地区也可以采用植树造林。造林前要经过选地、整理林地，造林后要进行中耕除草。根据造林的目的不同，每公顷地可栽 450~4 500株。橡树造林后，前 5 年生长较慢，以后逐渐加快，30~40 年后生长转慢。自然寿命可达 100 年以上，有实际经营价值的约 50 年，以后要进行更新。

陕西省是我国橡子资源大省，橡树分布总面积达 200 万 hm^2，遍及全省 7 市的 31 县，约占全国总面积的 50%左右，其中以秦巴山区的汉中、商洛和安康三市为主，橡子年产量可达 60 亿 kg 以上，约占全国的 1/3。秦岭产 4 属、16 种、4 变种。这 4 属分别是水青冈属、栗属、椆属、栎属。陕西省汉中市位于秦岭、巴山之间，是陕西省橡子资源的主要分布区。根据野外调查和文献查阅，汉中橡子主要来源于壳斗科水青冈属 *Fagus* Linn.、椆属 *Cyclobalanopisis* Oerst、栎属 *Quercus* Linn. 3 个属，具体植物种类有米心树 *F. engleriana*、椆 *C. glauca*、小叶椆 *C. glauca var. gracilis*（椆的变种）、铁橡树 *Q. spinosa*、小青冈 *Q. engleriana*、青橿 *Q. spathulata*、橿子树 *Q. baronii*、尖叶栎 *Q. oxyphylla*、乌冈栎 *Q. philly* raeoides、岩栎 *Q. acrodonta*、槲树 *Q. dentate*、槲栎 *Q. aliena*、锐齿栎 *Q. aliena var. acuteserrata*（槲栎的变种）、辽东栎 *Q. liaotungensis*、小橡子 *Q. liao* tungensis var. *brevipetiolata*（辽东栎的变种）、栓皮栎 *Q. variabilis*、麻栎 *Q. acutissima* 共 17 种。湖南省的橡子资源丰富，有 6 个属 77 种，现有可以利用的橡子总量在 3 万 t 以上。其中栎类最多，面积约有 7. 07 万 hm^2，蕴藏量有 65 000~83 000t；锥栗 80 多万株，产果 8 000t 以上；石栎、白栎的蕴藏量均在 1 000t 以上。东北的蒙古栎、辽东栎等橡子资源丰富，分布广泛广、面积大，仅黑龙江的是蒙古栎就达 246hm^2，年产橡子 200 万 t 以上。湖北、江西和浙江等省（区）也是我国橡子资源的集中产区，种类较多，蕴藏量也很大。我国栗属有 3 个特有种均分布在西南地区，在海拔 1 400~1 500m 锥栗分布较多，约占野生资源的 1/5；贵州的茅栗约占野生资源的 10%；闽北地区现有锥栗 16 个品种，自然杂种有 20 个以上，栽培面积达到 8 700hm^2，年产量

2 000t 以上。

野生橡子淀粉既是食品工业的产品，又是一些下游工业的重要原料。我国以野生的橡果植物为食物已有很悠久的历史。目前除少数国家有少量人工栽培外，橡子植物绝大多数处于野生状态，具有以下优点：不受污染，具有特殊风味，营养价值高。由于其在自然状态下生长，胡萝卜素、维生素、矿物质、膳食纤维等营养素往往比人工栽培的蔬菜含量更高。食用野生类植物深受消费者的喜爱，在国内外市场上供不应求。近年来，我国野生的橡子植物加工产业发展迅速，随着生产技术上的突破，一批装备先进、处理能力强的企业相继开工建设。就着我国橡子价格低廉，人力成本较低的优势，在很大程度上有出口的优势。从总体上看，橡果植物淀粉在市场需求上呈现以下特点。

一是由于橡果植物淀粉在消费领域的特点，现在的市场需求均处于市场学上的高速增长区。纵观从 20 世纪 90 年代以来的统计数据，在 2000 年以前，产量、销量和在市场的分析数据均很低，属于市场学上的起始期；2005 年以来，产销两旺，开工建设和招商引资的项目发展迅猛。2008 年全国东北、华南、西南等地已有多家正在开工新建或者扩展建设。这说明目前我国正处于野生橡果植物淀粉及其加工产品市场的高速发展期。

二是国际竞争较小。我国是橡果植物淀粉的净出口国，主要面向韩国、东南亚和欧美等国家，市场上同类产品很少，基本处于买方市场。这将对我国橡果植物淀粉业进入国际市场，形成蓬勃发展生机，进入快速发展时期，提供有力保障。

三是近年来，随着人民群众生活水平的日益提高，我国的食品结构出现了一些新的变化，中西方的饮食文化开始相互渗透和融合，野生橡果植物加工食品在我国格外备受欢迎。项目产品在这种形势下，潜在的消费量将会激增。

合理开发利用橡子资源，可取得显著的经济效益和良好的社会效益，是充分利用林下资源、提高资源利用率、促进林区剩余劳动力就业、带动林区群众脱贫致富的有效途径。要做好开发利用的总体规划、加强横向联合，避免因各自为战导致重复建设和资源浪费。在开发利用过程中，必须着眼于深度加工和新产品开发，充分挖掘资源潜力，形成生产规模，以产生稳定、持久的效益。要认真做好科研攻关，加强新型橡子食品的开发研究，加强新工艺、新技术研究，为更好地开发利用橡子资源提供技术支撑。努力降低生产加工成本，提高产品质量，减少生产加工环节对环境的污染。

第五节 鲜 果

在我国《森林法》中经济林包括果品。果品不仅指干果，自然也包括水果，经济林要扩大视野，水果的内涵在不断丰富，包括传统的桔、梨、苹果、香蕉的第一代水果，还有像猕猴桃这样的第二代水果，近年又发掘出对人类有巨大魅力的沙棘、刺梨等第三代水果。

一、猕猴桃 *Actinidia* spp.

猕猴桃又名猕猴梨、藤梨、杨桃、羊桃等，为猕猴桃科 Actinidiaceae 猕猴桃属 *Actinidia* 植物，是 20 世纪人工驯化栽培野生果树最有成就的四大树种之一。中国是猕猴桃属植物起源的中心，猕猴桃属在全世界有 66 个种约 118 个种下分类单位（变种、变型），其中 62 个种原产我国。主要分布于长江上游山区，是我国珍贵的果树资源，在国际上享有很高的声誉。猕猴桃可分为 6 类：中华猕猴桃 *Actinidia chinensis* Planch. var. chinensis、美味猕猴桃 *A. deliciosa*（*A. Cheval*）C. F. Liang et A. R. Ferguson、葛枣猕猴桃 *A. polygama*、阔叶猕猴桃 *A. latifolia*（Gardn. & champ.）Merr、毛花猕猴桃 *A. eriantha* Benth 和软枣猕猴桃 *A. arguta*（Sieb. et Zucc.）Planch. ex Miq.。猕猴桃现在早已从过去的野生型水果发展成为目前人们普遍喜爱的时令鲜果。猕猴桃酸甜可口，风味独特，营养丰富，对人类健康十分有益，人称“水果之王”，被誉为“聪明果”“仙果”。猕猴桃果实内不但含有丰富的营养成分，其维生素 C 含量也很高，鲜果中维生素 C 含量为 1~2mg/g，高的可达 4.95mg/g，比苹果高 20~80 倍。猕猴桃果实内含可溶性固形物含量 10.0%~19.5%，总酸含量为 0.9%~2.0%，蛋白质含量为 1.6%，果胶含量为 1.58%。氨基酸含量也较丰富，含有人体所需要的 17 种氨基酸。此外还含有维生素 B、维生素 P、脂肪、钾、硫、钙、铁、磷等多种矿质营养。据美国 Rutgers 大学食品研究中心测试，猕猴桃是各种常用水果中营养成分最丰富、最全面的水果。另外，猕猴桃果实还具有缓解肠道疾病、通便的功效。

猕猴桃为多年生落叶木质藤本，稀常绿。髓心片层状，稀实心；叶为单叶，互生，无托叶；花雌雄异株，花序一般为简单的聚伞花序，单花亦常见，少数多回分枝；萼片 2~5 片；花瓣 5~12 片；雄蕊多数，花药黄色或黑色；雌蕊多心皮，子房多室，花柱离生；果为浆果，种子极多。猕猴桃属植物绝大多数是雌雄异株，但也有极少数是雌雄同株或两性花，存在着性别的多样性。猕猴桃除异花授粉结实外，还可以进行单性结实，形成无籽猕猴桃。在我国湘西的野生猕猴桃资源中，发现了能稳定进行单性结实的雌株品系。猕猴桃果实为浆果，果实大小与品种、树龄、结果量和栽培条件有关。大的如鸡蛋，下的如鸽蛋，外表绒毛丛生。果形多样，有长柱形、筒形、蚕茧形、矩圆形、椭圆形、卵形、球形、肾形、扁圆形，也有无定形状的畸形果。果面粗糙、黄褐色、褐绿色、红褐色、黄绿色等；密被黄褐色刺状毛或茸毛，成熟时多数脱落或残存少许。果面有大小不等、稀稠不一的果点，浅褐色或棕黄色，果顶突尖、圆、平或凹陷，果肩凸起，平截或圆滑。果肉黄色、黄绿色或翠绿色，汁多、酸甜可口，风味奇美。

猕猴桃性喜温暖湿润气候，适应性强，栽培容易，是一种耐阴较强的果树，要求光照良好，喜散射光，忌直射光。自然分布于海拔 300~2 500m 的沟谷山间，杂木丛林边缘，长在海拔 300~2 500m 的树势健壮，产量高，品质好。在年平均温度 12~18℃，年有效积温 4 700℃，无霜期>240 天以上的地区生长良好。它要求空气相对湿度 80%以上，土壤水分含量较高，适于在微酸性、土层深厚、肥沃、疏松的砂质或黑色腐殖土生长良好。

我国猕猴桃除内蒙古、宁夏、新疆、青海外，北起黑龙江，南至海南的广大地区内，海拔 90~2 500m 的山区均有分布，长江以南的种类分布较多，尤以西南地区最多，是本属分布的中心。而在黄河以南，长江中上游地域的秦岭、伏牛山、巴山、巫山、武陵山、雪峰山、南岭及大别山、幕阜山、九岭山、罗霄山、熊耳山、桐柏山、武当山、邛崃山、大凉山、乌蒙山、万洋山、大瑶山、云开山、拓云山、雁荡山、天目山、崂山、五指山、阿里山等山区。黄河以北除太行山南部有零星分布外，其余山脉均不能生长。

新西兰 20 世纪 30 年代将猕猴桃作为果树进行栽培，并将其发展成为商品，1952 年猕猴桃鲜果在英国伦敦首次出口，我国约从 20 世纪 70 年代开始将猕猴桃作为一种果树来栽培。被引种到美国、日本、澳大利亚、德国、意大利和荷兰等国的品种是由新西兰培育出来的。2009 年，猕猴桃世界年产量约 183 万 t，中国猕猴桃年产量约 45. 8 万 t，栽培面积约为 6. 67 万 hm^2。在产量方面，意大利与中国相当，其次为新西兰、智利、希腊、法国、日本、美国等。中国猕猴桃栽培面积居于首位，其次为意大利、新西兰、智利、法国、希腊、日本、美国；猕猴桃在世界其他国家的产量和栽培面积基本处于稳定状态，然而中国猕猴桃面积、产量还在不断增长。我国是猕猴桃栽培大国，据联合国粮农组织统计的数据，2012 年我国猕猴桃种植面积为 9. 87 万 hm^2，产量 141. 2 万 t，种植面积和产量均居全球各国之首，但目前我国猕猴桃出口份额极低。意大利、新西兰、智利为猕猴桃主产国，其中新西兰的年出口量占全球出口量的 90%以上。据统计，2011 年我国猕猴出口量约为 132. 3 万 t，出口金额约 20. 4 亿美元；进口量约为 128. 9 万 t，进口金额约 21. 2 亿美元。

在我国猕猴桃生产最早起源于 1978 年，发展起步较晚，是我国水果产业中的一种新兴产业。由于产量、经济效益可观，一直是农民增收致富的特色经济产业，是水果产业中的后起之秀。全国猕猴桃栽植面积近年来逐年攀升，品质也不断提升，经调查研究，猕猴桃市场发展前景十分广阔，猕猴桃产业仍是猕猴桃适宜栽植区农民增收致富的首选产业。经过30年的研究和商品生产实践，我国已选育出一批具有国际水平的新品种，如金魁、米良一号、红阳、徐香等，这为我国猕猴桃产业的形成和打入国际市场奠定了坚实的基础。从猕猴桃自身优势看，猕猴桃具有很高的营养价值和广泛的用途。从猕猴桃生产优势看，具有丰富的种质资源，得天独厚的生态条件，投资少操作简单的管理优势，具有显著的经济效益。从猕猴桃生产现状看，市场供应量远远不能满足需求量，标准化生产水平不高，品种结构不合理，贮藏保鲜技术滞后，易烂果，难于长时间保存。为了使这一新兴产业日趋成熟、发展壮大，占有很大的市场销售空间，今后进一步发展猕猴桃产业应采取以下对策与措施。1997年，世界上第1个红果肉猕猴桃品种"红阳"猕猴桃通过四川省农作物新品种审定，近年来陆陆续续有很多红果肉猕猴桃新品种（系）被选出。这些优良品种（系）的选出，为丰富我国猕猴桃品种资源和新品种选育奠定了坚实基础。红果肉猕猴桃主要分布在四川、湖南、陕西、河南、江苏等省，栽培面积也在逐年增加。红果肉猕猴桃卓越的营养价值和特殊经济性状，已成为猕猴桃产业发展的新亮点。

二、杨梅 *Myrica rubra* Sieb. et Zucc.

杨梅又名龙睛、朱红、树梅、杨果等，为杨梅科 Myricaceae 杨梅属 *Myrica* 植物。杨梅是我国亚热带著名特产果树之一，野生生长已有7 000年的历史，种植有2 000多年的历史，素有"初疑一颗值千金"之美誉，在吴越一带又有"杨梅赛荔枝"之说。杨梅果实风味独特，果色艳丽、汁液多，营养价值高，是天然的绿色保健果品；杨梅果实还具有消食、消暑、御寒、止泻、利尿、治痢疾及生津止渴、清肠胃、除烦愦恶气等多种药用价值；杨梅树皮含单宁，可作染料；根皮药用，散瘀止血；种仁富含油脂。杨梅树因其终年常绿，树冠整齐，姿态优美，果实艳丽，且少虫害的优良特性，已被列入园林绿化以及观赏的优势树种。杨梅经济寿命长，而且具有固氮功能，也是南方良好的经济生态树种。

杨梅为多年生常绿乔木。树皮灰色，小枝较粗壮，无毛，皮孔少且不显著。叶革质，楔状倒卵形至长楔状倒披针形，长6~16cm，宽1~4cm，无毛，下面有金黄色腺体；叶柄长2~10mm。雌雄异株。穗状雄花序单独或数条丛生于叶腋，长1~3cm，直径3~5mm，通常不分枝，有密接覆瓦状苞片，每苞片有1雄花，雄花有2~4不孕小苞片及4~6枚雄蕊。雌花序常单生叶腋，长5~15mm，有密接覆瓦状苞片，每苞片有1雌花，雌花有4小苞片，子房卵形，有极短花柱及2个细长花柱枝。核果球形，径10~15mm，有乳头状凸起，果肉由许多细小囊状体组成，未成熟时呈绿色，5—6月间成熟，熟时深红色或紫红色和白色。

杨梅树性强健，易于栽培，经济寿命长。嫁接苗3~5年开始结果，10~15年进入盛果期，结果寿命一般为10~80年，甚至可达百年以上。杨梅喜温耐寒、怕冻、忌高温，分布在长江以南各省区，最适宜的平均温度为15~21℃，极端最低气温-9℃。耐阴湿，一般要求年均降水量1 000mm以上，平均相对湿度80%以上，相对光强60%以上。杨梅喜欢富含石砾的砂性红壤或黄壤，这类土壤比较疏松，排水较好，适宜生长结果的土壤pH值4.0~6.5，其中最适宜pH值4.4~5.5。适宜的海拔高度有利于杨梅的生长结果，人工栽培的杨梅要求海拔高度在700m以下，最适宜海拔为100~400m。杨梅是典型的雌雄异株果树，一般通过授粉才能结实，属蜂媒花，其传播距离为4 000~5 000m。杨梅以嫁接繁殖为主，种子繁殖主要用作培育砧木苗，嫁接的杨梅根系较浅，主根不明显，根与放线菌共生，形成大小不等的灰黄色肉质根瘤，固氮率高。夏梢是杨梅最好的结果母枝，而其他果树（如柑橘）以春梢或秋梢为主要结果母枝。杨梅的花芽分化约历时10个月，其中7—8月是区别杨梅叶芽与花芽的关键期。

杨梅的生态环境多样，在悠久的栽培历史中形成了性状各异的品种、品系和类型，种质资源非常丰富，我国南方广大山区多有野生种分布。全世界杨梅科植物有2属50多种，仅1种属于美洲的*Comptona*属。中国有1属6种及5变种。即青杨梅*M.adenophora*、毛杨梅*M. esculenta*、矮杨梅*M. nana*、杨梅*M. rubra*、全缘叶杨梅*M. integrifalia* Roxb、大杨梅M. Arborescens Li. et Hu. 6种，其中仅杨梅被作为果树栽培；有野杨梅、红种、粉红种、白种、乌种、钮珠杨梅、阳平梅和早性杨梅等8个变种。据全国杨梅科研协作组有关单位调查和整理后发现，我国杨梅共有305个品种和105个品系，经省级品种评审委员会认定的优良杨梅品种有18个。而来自浙江的东魁杨梅、荸荠种杨梅、丁岙梅和晚稻梅等4个品种占全国杨梅栽培总面积和总产量的60%以上。其中东魁杨梅果形特大，平均单果质量25g，最大达52g，超出同类杨梅1倍以上，品质优良，属于晚熟品种，东魁杨梅栽培面积约为8.5万hm^2，产量分别约28万t，占全国杨梅总面积的20%，总产量的28%。荸荠种以果实香气浓郁、颜色深黑的优点赢得市场，目前全国栽培面积、产量仅次于东魁。我国品种资源呈现3个特点：一是品种间差异悬殊，表现出丰富的遗传多样性，如果实小的单果质量仅3g，大的达25g以上，最大单果质量超过50g；二是成熟期跨度大，早熟种4月成熟，迟熟种7月中旬成熟；三是果实色泽十分丰富，有白、红、粉红、深红、紫红、深紫红、紫黑和乌黑等，其中以紫红的最多，食用价值较高的品种几乎都是深色品种，包括乌梅类和红梅类的一些优良品种，适应性也较广。

杨梅原产我国南部，其栽培历史远在汉代以前，至魏晋时，江苏、浙江及广东等地已普遍栽培；宋代栽培颇盛，良种很多；明代已有嫁接繁殖，并以浙江最负盛名。杨梅产量高，一般可达7 500~15 000kg/hm^2，经济价值相当可观，而且杨梅病虫害少，易种易管，生产成本明显比其他水果低，因此被人们称为“绿色企业”和“摇钱树”。我国杨梅分布在北纬20°~31°，主产区为浙江、江苏、福建、江西、广东、广西、湖南等省（区）。中国台湾、云南、贵州、四川及安徽南部亦有少量栽培。据统计，2003年我国杨梅栽培总面积约23.3万hm^2，浙江全省杨梅栽培面积达54 170hm^2，2009年福建省的种植面积为16 786hm^2。2011年浙江省杨梅栽培面积9.5万hm^2，产量45万t，面积和产量均居全国之首。2011年浙江杨梅产值达40多亿元，占全国杨梅鲜果收入的30%以上。贵州省发展较快，2010年杨梅栽培面积约3 000hm^2，仅贵阳市乌当区就有1 000hm^2。在国外，除日本及韩国有少量栽培外，其他南亚、东南亚国家，如印度、缅甸、越南、菲律宾等国亦有分布，但果型小，多作观赏植物在庭院中种植。杨梅在欧美等国家多作观赏或药用。目前，全球杨梅经济栽培面积约40万hm^2，产量100多万t，98%以上来自中国。

杨梅产业发展存在品种单一、销售季节高度集中、耐贮性差、加工转化难等四大难题。杨梅果实由于无果皮，因此均存在耐贮性差（常温贮藏不超过2天）、浸酒和加工产品色泽容易退色等问题，这使得果实商品性较低，销售压力日益加重。杨梅产品目前主要依靠鲜果销售，整个销售期约40天，其中集中销售期约20天，占总销量的80%。冷藏是杨梅采后延长销售期的主要方法，但所占份额十分有限。此外，利用海拔差异开发高山杨梅虽然也可延长销售期10~15天，但这种方法易受自然条件、栽培水平、经营成本等诸多因素的制约、因此只能作为辅助手段来调节。我国对杨梅的开发利用，侧重于鲜果及果实的加工，商品化处理与深加工程度较低；对杨梅中生物活性物质的提取和工业原料产品开发不多，特别是对杨梅作为药用资源的开发力度不够；杨梅的生产没有形成规模。虽然杨梅的栽培面积不断扩大，产量逐年增加，但仍不能满足目前的市场需求，冲击国际市场的能力还较弱，距产业化要求较远。

三、油桃 *Prunus persica* var. *nectarine* Maxim

油桃又名李光桃，为蔷薇科 Rasaceae 李属 *Prunus* 桃亚属 *Amygdalus* 植物。油桃（*Prunus persica*）是普通桃的一个变种，原产我国西北地区的新疆、甘肃一带。与普通桃相比，油桃具有早丰产性好、坐果率高、色泽艳丽、果面光滑无毛、采摘食用方便、较耐贮运等特点，香甜脆俱全，风味特佳，深受消费者青睐，市场占有率高。油桃含人体需要的多种维生素，营养丰富，有化痰止咳等功效。

油桃为落叶中小乔木，一般高3~5m，树冠宽广或半开张，树皮暗红褐色，老树皮粗糙呈鳞片状。嫩枝绿色，阳面呈紫红色，光滑。顶芽为单生叶芽。每节有3个叶芽，其中2个多喂隐芽。花芽0~6个，多为1~2个。复芽多为两侧花芽中间叶芽。叶互生，叶基数为 5. 叶片为长椭圆披针形或卵圆披针形，先端渐尖或急尖，基部楔形或广楔形或尖形。叶缘具细钝锯齿，叶柄长约 1cm，具 0~4 个蜜腺。花芽绝大多数单生，少 2 个，伞形花序。花具短梗，蔷薇形或铃形；多少粉红色，少白色或红色；多单瓣少重瓣；萼筒钟形，外被短柔毛；花柱与雄蕊等长、稍长或稍短。果实形状多为近圆形，少扁圆形，个体小于普通桃，光滑无毛。果柄短，深入果洼；果肉白色、黄色，少红色；肉质有溶质、不溶质、硬脆之分，有香气，味甜或酸甜；黏核或离核。

在一般管理条件下，油桃树高 2~4m，树冠直径 4~6m，不同类群、品种、立地条件、栽植密度和管理水平直接影响树体生长。油桃树生长较快，栽植后第 2 年即可开花结果。萌芽力和发枝力都很强，有多次生长的特性，1 年可抽生 2~4 次新梢，二次梢也可形成花芽，开花结果。第 3 年每株产量 3~4kg，产量达 27~33t/hm^2，4~5 年即可进入盛果期。油桃树寿命较短，一般为 20~30 年，因砧木品种、环境条件及栽培管理技术不同而有差异。大部分桃品种均能自花结实，其结实率可达 30%~70%。油桃树是落叶果树中适应性较强的树种，喜光、耐旱、忌涝、耐寒。经济栽培区在北纬 25°~45°，南方品种群适于在年均温 12~17℃，北方品种群为 8~14℃。一般品种可耐-22~-45℃，冬季低温不足，不能顺利通过休眠，发芽不整齐，开花延迟，落花落果，但花器耐寒力弱。油桃树对土壤适应性广，在丘陵、岗地、平原均可种植，在黏土和沙土地上可能栽培，但更适宜于土层深厚，排水通畅的砂质壤土。适宜种植在 pH 值 4. 6~6. 0 的微酸性土壤中。

虽然油桃早在我国宋朝已有记载，栽培历史已有 2 000年以上，现西北地区亦分布较多，但这些品种"小于众桃"，在中国一直未能得到重视而加以改良。我国 20 世纪 70 年代从国外引进油桃品种进行试种推广，但因裂果，酸度较大，不适合中国人的口味，我国油桃的生产出现了停滞不前的状况。20 世纪 90 年代，随着我国一些甜油桃新品种的选育成功，特别是"曙光""丹墨""华光""早红珠"和"艳光"等特早熟甜油桃品种的育成和推广，加上北方温室栽培油桃的成功，使得油桃生产成熟期提早，售价是水蜜桃的 2~3 倍，种植油桃的效益大大提高，极大地推动了我国油桃生产的发展。据不完全统计，截至目前，"华光""曙光""艳光" 3 个油桃品种已推广至全国除我国台湾、海南、广东、西藏以外的 20 多个省、市、自治区，发展面积约 2. 1 万 hm^2。但这些品种也存在一些明显的缺点，如"曙光"果实风味偏淡，充分成熟时易烂顶；"丹墨"果实偏小。20 世纪末 21 世纪初我国育成的新一代油桃品种，果个更大，色泽更漂亮，品质更优，丰产性更好，而且有部分品种还做到了早熟与大果的完美统一，获得了国内专家和果农的高度评价。最适合南北方发展的甜油桃新品种有"中油 5 号""千年红""丽春""春光""中油 4 号"和"极早 518"等。"甜油桃"非常适合亚洲人的口味，目前油桃已有 200 多个优良品种。

由于油桃市场日趋看好，现全国范围内都在积极进行油桃的引种与生产。截至2003年，我国油桃栽培面积已超过3.5万hm^2，总产量约7.5万t，占桃总产量的2.5%。目前油桃主要分布在北京、河北、辽宁、河南、陕西、山西、甘肃、山东等地，四川、湖北、云南和重庆等省市也有规模化栽培，油桃生产已成为许多地方调整农业结构，增加农民收入的新亮点。随着短低温油桃品种的育成及南方油桃市场价格看好，南方也掀起了油桃热，福建、江西、广东、江苏和浙江也纷纷引种试栽。我国几乎所有的油桃品种都来自北方，这些品种在北方地区表现都比较好，但一经引入南方，情况就发生了变化。因为南方地区夏季高温、多雨，冬季低温不足、光照不足，日温差、年温差小，绝大多数油桃品种不适合在这种自然条件下生长。

2009年，我国桃和油桃的栽培面积已达70.3万hm^2，产量达1 004万t，种植规模和总产量仅次于苹果和梨，居我国落叶果树的第3位。在世界桃和油桃的生产中，我国位居第一，桃和油桃的总产量和收获面积分别占世界桃和油桃的总产量和收获面积的54.0%和42.5%。相对于我国油桃生产大国的地位而言，我国油桃的出口贸易在世界出口贸易中所占比重明显偏低。2009年，我国鲜桃与鲜油桃的出口量仅为4.0万t，占世界鲜桃与鲜油桃出口量的2.2%，位居世界第8。

针对油桃的特点，应重点抓好以下几项管理技术。一是采取综合措施，尽量增加单果质量。合理调整树势，使树体健壮而不旺长，加强肥水管理，防止早衰；早期疏果，合理负载；适时分批采收，避免仅根据着色情况过早采收。二是保护果皮，营造果实诱人外观。油桃果皮光滑无毛，易受病虫危害及伤害。因此，保护好果皮对提高果品质量尤为重要。主要措施有：病虫防治要坚持防早、防小和预防为主的方针；慎用农药，以防污染损伤果皮而形成锈果；中、晚熟品种进行套袋栽培，不仅可防止病虫危害，保持果面洁净，而且也是防治裂果的有效措施。三是重视提高内在品质。另外还要注意果实发育中后期增施钾肥、磷肥，加强夏季修剪，铺设地膜，以改善光照，提高地温，增加果实可溶性糖含量。

四、樱桃 *Cerasus pseudocerasus*（Lindl.）G. Don

樱桃又名楔荆桃、莺桃、楔桃、英桃、牛桃、樱珠、含桃、玛瑙、朱樱、乐桃、表桃、梅桃、崖蜜、恩特儿、车厘子等，为蔷薇科 Rosaceae 樱属 *Ceraras* 植物。该属有100种以上，樱桃是樱桃亚属、酸樱桃亚属、桂樱亚属等植物的统称，我国种植的樱桃物种有中国樱桃、甜樱桃、酸樱桃和毛樱桃。

樱桃是春季上市最早的果品，素有“春果第一枝”的美称。樱桃果实色泽鲜艳，晶莹美丽，红如玛瑙、黄如凝脂，营养特别丰富，果实鲜美可口，深受人们的喜爱。

每 100g 樱桃鲜果肉中，含碳水化合物 8g、蛋白质 1.2g、钙 6mg、磷 3mg、铁 5.9mg，及多种维生素和有机酸。樱桃中铁含量是同等重量的草莓的 6 倍、枣的 10 倍、山楂的 13 倍、苹果的 20 倍，居各种水果之首，可促进血红蛋白再生，防治缺铁性贫血。樱桃具有调中益气、健脾和胃、祛风湿之功效，对食欲不振、消化不良、风湿身痛等症状均有一定食疗作用。此外，大樱桃果实发育周期短，生长期间不喷药，果实无农药污染，是货真价实的“绿色保健食品”。甜樱桃主要鲜食，中国樱桃和毛樱桃既可鲜食也可加工，酸樱桃主要用于加工果酱、果脯和罐头等。核仁入药，能发表透疹；树皮能收敛镇咳；根、叶可杀虫，治蛇伤等；也可植于庭园院观赏。

樱桃为落叶小乔木，高可达 8m。嫩枝无毛或微被毛。腋芽单生，叶卵圆形或卵状椭圆形，长 5~10cm，宽 3~8cm，先端渐尖或尾尖，基部圆形，叶上面无毛或微生毛，下面有稀疏柔毛。叶缘具大小不等尖锐重锯齿，齿尖有小腺体。叶柄长 0.8~1.5cm，有短柔毛，近顶端有 2 腺体，托叶常 3~4 裂，早落。花先叶开放，白色，径 1.5~2.5cm，3~6 朵簇生或为有梗的总状花序；花瓣端凹缺，倒卵形或近圆形；花柱无毛，萼筒及花梗有毛；雄蕊多数；心皮 1 个，无毛。核果近球形，无沟，红色或橘红色，径 0.9~1.3cm，无纵沟。樱桃的干燥果核呈扁卵形，外表面白色或淡黄色，质坚硬，不易破碎，核内有 1 枚种子，表面呈不规则皱缩，红黄色，久置呈褐色，种仁淡黄色，富油质，气微香，味微苦。3—4 月开花，5—6 月果熟。

樱桃栽培条件要求较高，民间有“樱桃好吃树难栽”的说法。樱桃多生于山坡阳处或沟边，适宜在海拔 300~600m，北纬 33°~39°栽培。樱桃喜温而不耐寒，适于早春气温变化不剧烈，夏季凉爽干燥，年均温 10~12℃的地区栽培，一年中，要求日均温高于 10℃的时间在 150~200 天，在年周期发育过程中，不同时期对温度有不同的要求。樱桃是喜光性树种，对光照条件的要求较高，在光照 2 600~2 800h，日照百分率 57%~64%，太阳总辐射量 470kJ/cm^2的烟台地区生长结果良好，且果实品质佳。樱桃对水分状况敏感，既不抗旱，也不耐涝，适宜在土层深厚、土质疏松、透气性强、保水力强的砂壤土、壤质沙土、砾质壤土中种植。我国栽培的欧洲品系的甜樱桃，要求有雨量充沛、空气湿润的生态环境，适宜栽培在年降雨量 600~800mm 的地区；大樱桃喜微酸性和中性土壤，栽培适宜的土壤 pH 值是 6.0~7.5；耐盐力差，土壤含盐量超过 0.1%的地方，生长结果不良。

我国樱桃分布在河北、陕西、甘肃、山东、山西、江苏、江西、贵州、广西，目前已形成环渤海、陇海线和四川阿坝冷凉高地三大生产区域。中国栽培的甜樱桃品种主要为欧美品种，由于欧洲甜樱桃一般需 7.2℃以下低温，900~1 400h 方可完成冬季休眠，因此不能在中国南方大面积栽培，在中国南方省区仍以中国樱桃为主栽品种。中国樱桃和毛樱桃在我国有 3 000多年栽培历史。中国樱桃果个小、产量低、经济价值低，主要产于辽宁、河北、陕西、甘肃、山东、河南、江苏、浙江、江西、四川等省。中国樱桃优秀品种有“莱阳短樱桃”“商县甜樱桃”“蓝田玛瑙樱桃”“大窝搂叶”“滕县大红樱桃”等。

甜樱桃原产欧洲和亚洲西部，19 世纪 70 年代传入我国，进入 21 世纪后我国甜樱桃生产进入快速发展期。目前，我国甜樱桃栽培遍布云南以北的 23 个省区（市），分为环渤海湾产区（山东、辽宁、河北、北京等），陇海铁路东段沿线产区（陕西、河南、甘肃、江苏、山西、安徽等），西南、西北高海拔产区（四川、云南、贵州、新疆、青海、西藏、宁夏等），北方寒地保护地栽培区（黑龙江、吉林、内蒙古等），以及南方亚热带栽培区（云南、上海、浙江等）5 个栽培区域，并初步建成秦皇岛、西安、郑州、四川阿坝藏族羌族自治州以及北京近郊采摘园等新兴产地。甜樱桃主要品种有“红灯”“红艳”“红蜜”“早红”“先锋”“大紫拉宾斯”“梅早”“富士山”等，其中“红灯”约占 40%的面积和 35%的产量。截至 2010 年年底，全国甜樱桃栽培面积约 11 万 hm^2，产量约 35 万 t，种植面积占世界总面积的 17%，产量占世界总产量的 10%。山东、辽宁、陕西栽培面积及产量分别位居全国的第 1 位、第 2 位和第 3 位。其中山东栽培面积为 5 万 hm^2，占全国栽培面积的 45.6%，产量 22 万 t，占全国总产量的 62.9%；辽宁栽培面积为 2.8 万 hm^2，占全国栽培面积的 25.5%，产量 5 万 t，占全国总产量的 14.3%；陕西栽培面积为 1.3 万 hm^2，占全国栽培面积的 11.8%，产量 3.0 万 t，占全国总产量的 8.6%；其余各省占很小的比例。随着设施栽培技术的进步，甜樱桃设施栽培也得到快速发展，并成为高效产业。全国甜樱桃设施栽培已有 6 700hm^2，其中，促早栽培约 4 000hm^2，防雨、防霜设施约 2 700hm^2，主要分布在大连、烟台、泰安、郑州。

根据联合国粮农组织统计的数据，2012 年我国樱桃种植面积 40.2 万 hm^2，产量 225.7 万 t。2011 年我国樱桃的出口量为 37.6 万 t，出口金额 15.4 亿美元，进口量为 37.1 万 t，进口金额 15.6 亿美元，进出口额基本持平。由于樱桃成熟期短，集中上市，不耐贮藏，限制其远销和大规模生产种植。我国的樱桃目前以鲜食为主，栽培品种中鲜食品种占 95%以上，产量占 90%以上，加工品种主要是“那翁”。目前，我国的樱桃产业侧重于栽培生产和优良品种推广，部分地区产后处理和深加工还没有得到足够重视，樱桃的贮藏、保鲜技术尚不完善。

五、柚 *Citrus maxima*（Burm.） Merr.

柚又名抛、文旦，为芸香科 Rutaceae 柑橘属 *Citrus* 植物。柚原产亚洲南部，栽培历史久。中国是柚类的原产地，也是柚类人工栽培最早的国家，至今已有 3 000多年的栽培历史。果形硕大，果肉晶莹脆嫩，风味独特，甘甜清香，维生素 C 含量是柑橘类之冠，且耐贮运，有天然罐头的美称。主要供鲜食及加工罐藏。柚果肉质脆，汁多，甘酸适度，味清香爽口，为人们所喜爱。由于柚的瓤囊壁与汁胞易于分离，去囊壁后汁胞不易破裂，仍可保持原形，故鲜果罐头极为美观。柚的果皮还可作蜜饯原料。其优良品种如“沙田柚”“文旦柚”“坪山柚”等甜酸可口，是南方重要果树之一，华北常温室盆栽观赏。良种名柚果实硕大，芳香怡人，果肉晶莹，味美耐贮，营养丰富，是柑橘王国中的一枝奇葩；柚树绿荫婆娑，开花时节清香飘逸，果熟时节金果绿叶交互辉映，柚香四溢；柚周身是宝，具有很高的栽培、绿化和综合利用价值。

柚为亚热带常绿小乔木，高达 5~10m，叶大枝粗，花、叶、果、种子均较其他柑橘类为大，幼叶、嫩梢、幼果表面常被茸毛。分枝丛密，小枝具棱角，有毛枝刺较大。叶较大，叶为单身复叶，卵状椭圆形。长 9~17cm，缘有钝齿；叶柄具宽大倒心形之翅。花为总状花序或穗状花序，白色，花梗、花萼、子房均有柔毛。果特大，径 15~25cm，果皮厚，黄色，剥离困难，海绵层及果肉有淡红或白色；9—11 月果熟，种子亦大，胚白色，单胚。果实为柑果类型。柚类果实由子房发育而成，子房的外壁发育为果实的外果皮，子房内壁是心室，发育为瓤囊，内含汁胞和种子；各心室内缝线聚合部形成果髓，发育成果心；在子房发育初期，心室中尚无汁胞，至开花期才从心室基部内表皮向果心方向长出许多小突起，即为汁胞原基，再由各汁胞原基的细胞不断分裂和增大发育成汁胞，充满囊瓣的内部。柚的果肉颜色有红色、粉红和白色等，成熟期最早的在 8 月初，晚熟的在翌年 1 月；大果型柚单果质量可达 8kg，小果型的仅 0.6~0.8kg。品种间除成熟期有所差异外，其他物候期基本一致，一般 3 月上中旬发芽，4 月上中旬开花，5 月上中旬开始第 1 次生理落果，6 月上中旬开始第 2 次生理落果，采收期为 8—11 月。

柚树喜温暖湿润气候，在年平均气温 16.6~21.3℃，1 月平均温度 5.4~13.2℃，≥10℃、年积温 5 300~7 400℃，绝对低温在−11.1℃以上的地区都有柚类分布。开始萌芽生长的温度为 12.5℃，生长最适宜温度为 23~30℃，超过 37℃则抑制生长。柚树是短日照作物，喜漫射光而耐阴性强，光照不宜过强或过弱。一般年日照 1 000~2 600 h，都能满足需要，以 1 200~1 500h 最为适宜。柚树高大，结果多，需水量很大。在年降雨量 1 300~2 000mm 的地方可正常生长，但要保证水分均匀地供给柚树需要。柚树对土壤的适应范围较广。红壤、砖红壤、黄壤、紫色土、河溪冲积土以及水稻土等均可生长结果。土壤酸碱度 pH 值在 4.8~8.5 范围均可栽培柚类。

中国柚的产区自然环境优越，生态条件复杂，因而形成极其丰富的柚种质资源。据调查，全国约有几百个品种（系）。我国柚类品种（品系）繁多，据不完全统计，传统品种、地方品种和近年选育的品种、品系、类别有 200 多种，其中沙田柚、琯溪蜜柚、坪山柚、垫江白柚等为闻名中外的名柚产品[6]。中国柚类果树栽培的历史已有2 000多年。柚类起源于东南亚或我国南方一带，在我国的栽培历史已有3 000多年，我国是世界柚的集中产地，生产上栽培的柚品种、品系和类型有200个以上。为了便于区分，通常按品种群划分或根据成熟期划分为不同的类型。按品种群划分有三大类，分别为沙田柚类、文旦柚类和杂种柚类；按成熟期划分有四大类，分别为特早熟柚、早熟柚、中熟柚和晚熟柚。我国栽培的沙田柚类主要有容县沙田柚、桂林沙田柚、江永香柚、长寿沙田柚、斋婆柚和真龙柚等近20个品种；文旦柚类主要有琯溪蜜柚、玉环柚、早香柚、坪山柚、梁平柚、四季柚、通贤柚、五布柚、晚白柚和龙安柚等近30个品种；杂种柚类主要有桔柚和常山胡柚等。

柚在我国南部10多个省市自治区各柑橘产区均有分布，最北限于河南省信阳及南阳一带，福建、广东和广西等省（区）是我国柚的集中产地，占全国柚总产量的71%。根据地理、气候和品种类型的自然组合，中国柚类形成3个中心产区，即东南沿海柚产区，主要为福建、浙江、台湾地区，以琯溪蜜柚、玉环柚、四季柚、晚白柚为代表品种；华南柚产区，主要为广东及广西地区，以沙田柚及其芽变后代为代表品种；西南及长江流域柚产区，主要为四川、重庆、湖南、贵州、云南、江西、湖北等地区，代表品种有通贤柚、脆香甜柚、五布红心柚、东试早柚、龙都早香柚、龙安柚、真龙柚、垫江白柚、梁平柚、安江香柚、龙回早熟柚、信木柚、沙田柚及其芽变类型。中国内陆性柚分布于秦岭、长江中游以南、南岭以北的四川、湖北、湖南、江西、广西以及云贵地区；海洋性柚分布于浙江、福建、广东沿海和台湾。据不完全统计，当前在中国的生产中采用的柚类品种有近百个，其中沙田柚、琯溪蜜柚等7个名柚品种占栽培总面积的80%左右。

20世纪80年代以来，国家制定了柚类发展规划，把发展优质柚类作为调整柑橘品种结构的重点措施；组建了全国柚类科研生产协作组，加强对柚类生产科学技术指导。近年来中国柚的发展很快，面积逐年扩大，成为中国柑橘类中三大栽培种（宽皮桔、甜橙与柚）之一。1985年前，全国柚类栽培面积仅0.17万hm^2，产量112万t左右，主栽品种中只有沙田柚等极少数优良品种。20世纪90年代，许多柚类生产基地在多个省区蓬勃发展。2012年，我国柚种植面积28.9万hm^2，产量804.0万t，中国柚类的种植面积居世界之首，年产量居世界前列。目前，一大批优质柚类新品种如广西恭城、容县、长寿等地的沙田柚、浙江玉环文旦、福建平和县琯溪蜜柚、浙江苍南四季抛、浙江永嘉早香柚、四川内江通贤柚、广安龙安柚、南部脆香甜、自贡龙都早香柚、新都柚等在国内国际市场崭露头角。中国的柚子有特殊的风味，特别是近年发展的无子柚，市场前景看好。据不完全统计，目前全国柚类栽植面积超过0.067万hm^2的县有36个，发掘、选育、推广的全国性和地方性优良品种已达70余个。随着柚类产业的不断扩大，国内柚果年产量逐年上升，柚类产品走出了国门，出口量呈稳中上升趋势，出口额也逐年稳中上升，柚果进口量呈缓慢递减，进口额逐年下降。2011 年我国柚类的出口量为 112.7 万 t，出口金额 8.9 亿美元，进口量为 107.6 万 t，进口金额 10.2 亿美元。目前全国柚面积约 1/3 还未进入盛产期，随着栽培水平的提高和幼树陆续进入盛产期，未来产量将有较大幅度增长。

六、杏 *Armeniaca vulgaris* Lam.

杏又名杏仁核、杏子、木落子、苦杏仁、杏梅仁、甜梅等，为蔷薇科 Rosaceae 李亚科 Prunoideae 杏属 *Armeniaca* 植物。起源中心（多样化中心或基因中心）在我国新疆，是我国栽培历史悠久的果树种类之一。全世界杏属共有 10 种，除法国杏 *P. brigantiaca* 外，其他 9 个种均原产于我国，有普通杏 *A. vulgaris* Lam.、西伯利亚杏 *A. sibirica*（L.）Lam.、辽杏 *A. mandshurica*（Maxim.）Skv.、藏杏 *A. holosericea*（Batal.）Kost.、紫杏 *A. dasycarpa*（Ehrh.）Borkh.、志丹杏 *A. zhidanensis* Qiao C. Z.、梅 *A. mume* Sieb.、政和杏 *A. zhengheensis* Zhang J. Y. et Lu M. N. 与李梅杏 *A. limeixing* Zhang J. Y. et Wang Z. M.，其中普通杏是世界上栽培最广泛的 1 个种。杏果实作为鲜食果品深受人们的喜爱，香气非常浓郁，风味极佳，且营养物质含量丰富；杏果实不但能防治风寒肺病，生津止渴，润肺化痰，还在防治癌症及心血管保健方面具有一定的价值；种仁含油约 50%，入药有润肺止咳、平喘、滑肠之效；杏树也可作为荒山造林树种。

杏为落叶乔木，高达 10m。小枝红褐色，无毛，芽单生。叶卵形至近圆形，长 5~9cm，宽 4~8cm，先端突尖或突渐尖，基部圆形或广楔形（渐狭），缘具钝锯齿，两面无毛或在下面叶脉交叉处有髯毛；叶柄长 2~3cm，常带红色，近顶端有 2 腺体。3—4 月开花，花单生，先于叶开放，直径 2~3cm，无梗或有极短梗；萼裂片 5 片，卵形或椭圆形，花后反折；花瓣白色或稍带红色，圆形至倒卵形；雄蕊多数；心皮 1 片，有短柔毛。核果球形，直径不超过 2.5cm，黄白色或黄红色，常有红晕，微生短柔毛或无毛，成熟时不开裂，有纵沟，果肉多汁，核平滑，沿腹缝有沟；种子扁圆形，味苦或甜。

杏树杏主要生长在温带和亚热带，喜光性强，主要分布区年日照时数大都在 2 500~3 000h；适应性强，喜温耐寒，其分布区年均温 6~14℃，1 月平均气温 -25~0℃，7 月平均气温 20~27℃；耐旱力、抗盐性较强，但不耐涝，深根性，寿命长，在正常年份降水量 400~600mm 时，土壤中的水分即可保证正常生长、结果；对土壤、地势的适应能力强，多分布在丘陵地和山坡梯田，800~1 000m 的高山上也能正常生长，在土壤结构、有机质、肥力等均较差的干旱、瘠薄地区可保持一定的产量。在园林绿地中宜成林成片种植。

据不完全统计，全世界杏品种有3 000个左右，而中国就有2 000余个，我国杏已有超过3 500年的栽培历史，种质资源极为丰富。长久以来，对杏资源的不断选择、引种与育种，使得杏新品种层出不穷。杏分布于我国各地，南起北纬23°05′的云南省麻栗坡县，北至北纬47°15′的黑龙江富锦县，西至新疆的喀什，东抵浙江沿海的乐清县，主要分布于新疆、河北、辽宁、东北、华北和甘肃等地，尤其在我国内蒙古、东北辽宁、河北、甘肃等地较多，是华北地区最常见的果树之一。

杏仁营养丰富，含蛋白质22.5%、脂肪44.8%、糖23.9%、膳食纤维8.0%，而且杏仁含有丰富的矿物质，每100g杏仁中含钙234mg、磷504mg、镁260mg、钾773mg、铁4.7mg、锌3.11mg，特别是硒含量较丰富，每100g杏仁中含硒15.65μg，为各类仁果之冠。杏仁中还含有较丰富的维生素B_1、维生素B_2、维生素E和胡萝卜素，杏仁中特有的苦杏仁苷达3%，这些物质使杏仁不仅具有镇咳、平喘、防癌、抗癌、增强人体抵抗力、延缓衰老、调节血脂等多项医疗效能，还具有补脑益智、益于心脏等多种保健功能。因此，杏仁在食品、医药、化工等方面应用广泛，发展潜力巨大。

根据其用途的不同，杏可分为肉用杏（鲜食杏和加工杏）、仁用杏（苦仁杏和甜仁杏）和观赏杏三大类。在中国杏仁分为甜杏仁和苦杏仁两类。甜杏仁味甘，不含或仅含0.1%的苦杏仁苷，脂肪含量达45%~67%。苦杏仁味苦，含有2%~4%苦杏仁苷。目前，为了提高杏仁资源的经济附加值，对于杏仁的综合精深加工，越来越多。从杏仁中提取的杏仁油，是一种极具营养价值和功能作用的木本植物油，在食品工业、医药工业、化妆品等行业均有广泛的应用前景。目前我国仁用杏产量3万t左右，国内外市场年需求大约5万t，其中国内药用和饮料用杏仁需求量各为1万t，供求矛盾尖锐。近几年来，杏仁一直供不应求，成为药品、食品市场上的抢手货，价格持续升高。

杏果可用于加工杏干、杏脯、杏酱、杏汁等产品，其中杏干在欧美国家、澳大利亚等地深受消费者喜爱，不仅可以直接食用，吸水复原后，还可以加工成品质优良的杏脯、杏酱、杏汁等，能够长期、完好地进行保存，大大延长了杏加工生产周期。杏仁可以提取杏仁油、苦杏仁苷，制成杏仁蛋白粉、杏仁全粉、椒盐杏仁、果味杏仁、琥珀杏仁、杏仁罐头、杏仁乳、乳酸菌发酵杏仁饮料，以及杏仁花生复合乳、杏仁核桃复合乳、杏仁果汁乳等，还可以作为夹心面包、糕点、糖果、冷食、冷饮及酱菜等的配料。杏果和杏仁经过加工后增值明显，不仅缓解了杏果不耐贮运而又成熟集中的压力，还延长了其供应期。杏由于成熟过于集中，加之不耐贮运，所以市场供应期非常短，很难形成杏果的周年供应，因此杏果的提早上市或延迟供应具有极高的经济效益，所以杏的促成栽培、延迟栽培和冷链贮藏是鲜食杏以后的发展方向。

20 世纪 80 年代以来，“全国李杏资源研究与利用协作组”成立，国家实施西部大开发战略和退耕还林政策及营造“三北”防护林系统工程，推动了杏产业的发展。1985 年，我国杏种植面积 6.6 万 hm^2，产量 23.0 万 t，此后种植面积和产量逐年上升。2005 年，我国杏种植面积为 35.9 万 hm^2，产量达 114.9 万 t，比 1985 年种植面积增长了 4.4 倍，产量增长了 4 倍。此后，由于种植技术的改进和新品种的选育，虽然种植面积增加减缓，但是单产大幅增加。2012 年，我国杏种植面积为 49.2 万 hm^2，产量达 395.7 万 t，比 2005 年种植面积增长了 0.4 倍，产量增长了 2.4 倍。我国杏仁除用于中药加工业外。主要用于食品加工业和油脂化工业。各地从新品种选育、抗旱与抗寒栽培、无公害生产技术标准、产品精深加工等方面创造了许多新成果（专利）和新产品。其中，浓缩杏浆、脱衣杏仁、杏仁油和活性炭等现已成为我国出口创汇的热销产品。根据联合国粮农组织统计的数据，2011 年，我国杏出口量为 26.4 万 t，出口金额 4.1 亿美元，进口量 26.0 万 t，进口金额 4.2 亿美元。

七、番木瓜 *Carical* L.

番木瓜又名木瓜、万寿果、冬瓜树，为番木瓜科 Caricaceae 番木瓜属 *Carical* L. 植物，是著名的热带果树之一。番木瓜 17 世纪传入我国，在我国栽培已有 300 多年的历史。木瓜属有 40 多个种，但有栽培价值的种不多，主要有山番木瓜（*C. candmarensis* Hook. P.）、槲叶木瓜〔*C. quercifolia*（st. Hi）Solms.〕、番木瓜（*C. papaya* Linn.）。番木瓜果肉软滑，香甜可口，含糖度 13°左右，营养价值高，享有“万寿果”“百益果王”“岭南佳果”“水果之王”等美称。番木瓜含有多种维生素，特别是维生素 A，含量比菠萝高 20 倍，还含有维生素 B、维生素 C 等；钾含量比龙眼、荔枝、柑、橙、柚、苹果、梨、葡萄、桃、柿、香蕉等水果均高。此外，还含有丰富的糖分及钙。除富含各种矿物质和维生素外，还含有具强抗癌活性的木瓜碱和帮助消化、治疗胃病的木瓜蛋白酶。番木瓜用途很广，其果实、种子和叶片均可入药，具有主利气、散气血、疗心痛、解热郁、治手脚麻痹和连年烂脚等功效，种子还可用于驱虫。同时，番木瓜树型美观，是热带海岸的重要景观植物。

番木瓜是热带、亚热带常绿果树，为大型草本双子叶植物。一般株高 2~3m，亦有高达 5m 以上。干直立，分枝少，中间有隔。根肉质，有主根，侧根 4~8 条，须根多数分布于表土下 10~30cm 土层。叶大，轮生，叶柄长，中空。花有雌花、雄花和两性花，雄花花型小，花瓣基部筒状；两性花按雌蕊、雄蕊发育的情况又分为雌型两性花、雄型两性花和长圆形两性花等 3 种，以长圆形两性花发育的果实最好。因花性的不同，植株可分单性株和两性株，雌株只开雌花，花性稳定，如有两性株的花粉授粉，结果力强。亦有天然单性结实现象。两性株开各种类型的花，花性不稳定，往往受外界条件影响结出不同的果实，称异型果现象。果实长圆形、卵形或洋梨形，单果质量 1.0~2.5kg，成熟时果皮由绿变黄。肉厚，肉质软滑，橙黄色或红色。种子未成熟时白色，成熟时黑色，外种皮有皱纹，种皮外有一层透明胶质的假种皮包围。

番木瓜原产美洲热带地区，性喜炎热的气候，适宜年均温度 22~25℃，生长繁育最适宜温度 25~33℃，气温低至 10℃时生长基本停止，5℃时幼嫩组织出现冷害，0℃时叶片受冻枯萎。3 天以上日均温 10℃以下，平流阴雨天气，番木瓜也会出现冻害。番木瓜土壤适应性较强，在沙质土、红壤土和火山灰土上均可种植，但以沙质土壤最好。喜湿润、忌积水。番木瓜在生长发育过程中，对水分需求较大，雨量充沛、降雨均匀的环境更适合番木瓜生长。在高温炎热气候下生长迅速、高产，对氮、磷、钾、硼、钙、铁、镁和铜等营养元素需求量大。

我国番木瓜主产区海南省是最宜栽培地区，福建、海南、广东、广西、台湾等地区有少量种植，栽培区域有限。近年来，随着我国品种的不断改良和栽培技术的提高，番木瓜有逐渐北移的趋势，在中亚热带的福建北部试种台湾红妃、广东穗中红 48 等品种已获成功。

目前，我国约有几十个品种的番木瓜，主要栽培的品种有穗中红、碧地种、蓝茎种、美国夏威夷索罗品种群、岭南种、泰国红肉，以及台湾的台农杂交品种群、红妃等，大多品种具有适应新强、单产高、单果个大、果肉品质好、含糖量高等特点。

目前，全球番木瓜生产最多的国家是巴西、墨西哥，亚洲以印度尼西亚、印度、泰国、越南、孟加拉、菲律宾和缅甸等国栽培较多。巴西曾是世界上最大的番木瓜生产国，2004 年，产量达 160 万 t，占全球产量的 24.6%；该年度中国番木瓜产量 16.5 万 t，占全球产量的 2.54%。印度从 2005 年开始，大力发展番木瓜产业，经过多年的快速增长，目前已成为番木瓜最大的生产国，2010 年番木瓜收获面积已达到 11.24 万 hm^2，总产量 471.38 万 t。我国番木瓜收获面积和总产量在最近 20 年当中，发生的变化不是很明显。收获面积的波动性较大，但总产量相对于收获面积来说处于一个较低的稳定状态。截至 2010 年，番木瓜在我国的总的收获面积是 6 349 hm^2，总产量 15.88 万 t，二者均远远低于巴西、印度等国。收获面积处于波动的主要原因是国家不太注重番木瓜的种植，科研力量十分薄弱，而且选育种研究匮乏，种植技术又相对落后，品种多数为境外引种。生产过程采用粗放的管理模式，大多为小农户生产。尤其是在 21 世纪之前，人们尚未认识到番木瓜给人们所带来的健康与营养价值。随着我国居民生活水平以及生活质量的不断提高，消费者对于味道鲜美、营养价值极高的番木瓜的喜爱程度逐年增加，致使目前国内对于番木瓜的需求量呈稳步增长的态势。

番木瓜分为水果用木瓜和菜用木瓜，主要用作鲜食、菜用和加工，大量的番木瓜用于加工果汁的同时，还用来提取番木瓜蛋白酶。在我国，对于番木瓜的开发利用开始于 1987 年济南果品研究所，1993 年临沂百益饮料首次将木瓜保健食品推向市场，到 2010 年全国番木瓜市场方开始活跃。

国内番木瓜加工企业也有少数生产成规模化，拥有国际先进技术企业，产品销售已经打入国际市场，其中以生产木瓜酶为最，广西是我国番木瓜蛋白酶生产量最大的省份。每年日本、韩国和德国等从我国进口大量木瓜酶用于食品酿造等。据报道，目前我国番木瓜酶年产量粗酶约 100t，精酶 3t。国内生产的番木瓜蛋白酶约有 40%用于出口，60%国内销售。国内应用番木瓜蛋白酶的行业中，啤酒酿造业占 45%，食品行业占 45%，其他占 10%。云南永平县天然食品有限公司目前已种植 666.7hm^2，年产量 1 000t 以上，是著名的白木瓜之乡，有着年产 500t 的番木瓜汁生产线，年产量为 300t 白木瓜酒和 50t 蜜饯。贵州遵义天楼野木瓜基地 3 300hm^2，预计发展到 1.3 万 hm^2，年收入将达 2.8 亿元，此为规模化木瓜生产之成功榜样。但是总体来讲，我国番木瓜产业在发展方面还是落后于世界许多国家。

另外，在出现香蕉枯萎病的地区，番木瓜还被列为香蕉的有效替代作物。番木瓜对我国热带、亚热带地区果树产业结构调整及对北方设施果树产业结构调整有着重要意义，我国北方很多地区，如北京、天津、山东、河北、宁夏等，都已把它作为设施栽培新兴果树。我国番木瓜产业存在的问题主要是：遗传资源匮乏，自育品种不足；种苗繁育技术有待改进；标准化生产技术落后，产品质量难以保证；产业组织化和信息化程度低。因此，加大番木瓜新技术的引用，提高番木瓜产品的利用率以及经济价值，成为了当前番木瓜市场发展的潜在动力。

八、木菠萝 *Artocarpus heterophyllus* Lam.

菠萝蜜又称木菠萝、树菠萝、大树菠萝、蜜冬瓜、牛肚子果，为桑科 Moraceae 木菠萝属 *Artocarpus* 植物。是世界著名热带果树，原产印度，目前在缅甸、泰国、斯里兰卡、印度尼西亚、菲律宾、澳大利亚、孟加拉国等热带国家均有栽培。中国引入菠萝蜜已有 1 000多年历史。菠萝蜜是世界上最重的水果，一般重达 5～20kg，最重超过 50kg，果肉肥厚柔软清甜可口，香味浓郁，被誉为“热带水果皇后”。菠萝蜜果肉含总糖 20.5%～21.7%、蛋白质 6.6%、脂肪 0.4%、碳水化合物 38.4%、灰分 0.5%、纤维质 1.8%，富含糖、蛋白质、维生素 A、维生素 C。有研究表明，微量元素中钙、镁含量特别高，锌、铁、钠、锰等有益元素含量也较高，而铅、镉、砷等有害元素含量较低。菠萝蜜全身是宝，是集水果、木本粮食及珍贵用材于一体的热带树种。菠萝蜜植株生长迅速，株形美观，材质优良，是我国南部城乡行道及四旁绿化的优良树种；此外，还具有独特的药理作用。

菠萝蜜是常绿乔木，高 20m 以上，胸径可达 100cm 以上。树皮呈灰褐色，削皮或折断细枝时可见白色黏性乳液流出。叶革质，螺旋状排列，倒卵状椭圆形、椭圆形或倒卵形，长 7~15cm，先端圆钝而有短尖，基部楔形，全缘，有时在幼枝上 3 裂，上面光滑无毛，下面粗糙；叶柄长 1~3cm，托叶大，佛焰苞状，早落。花为单性聚合花，有芳香味，雌雄同株。雄花序顶生或腋生，圆柱形或棍棒状，长 2~8cm，宽 0.8~2.5cm，幼时包藏于佛焰苞状的托叶鞘内，萼片 2 片；雌花序圆柱形或长圆形，生于干上或小枝上。果为肥大的假果，生长于树干或侧枝上，长达 45cm，重可达 15~20kg，合生的果卵呈椭圆形，具有许多硬疣状的凸起，每个小果含椭圆形淡褐色种子 1 枚。

菠萝蜜较速生，寿命较长，树龄可达百年以上。菠萝蜜是一种在老茎上开花的树种，主枝、主干，甚至露地的根上都可结实。开花结实年龄因植株类型和受地理环境的影响差异较大。在东亚地区，其开花季节为头年 11 月到次年 3 月，其他地区一般为 8—9 月。一般 6~8 年正常结实，在适宜环境中，健壮的母树 20~50 年生为盛果期。果实成熟一般在 5—9 月（东亚地区）或 1—2 月。

菠萝蜜是热带果树，在温暖湿润的热带和近热带气候条件下生长良好。温度是决定菠萝蜜产量、品质和能否经济栽培最重要的生态因子。菠萝蜜早期对霜敏感，0℃与 -1℃条件分别会对叶、枝条产生冻害，在-3~-2℃条件下树体可被冻死。但成年结果树耐寒能力较强，可忍受短期-3.89~-3.33℃低温，不过-6.67℃条件下植株在很短时间内会死亡。最适于菠萝蜜生长的温度为年均温 27~31℃。海拔 1 524m 以下可正常生长，低海拔 152~213m 地区生长更好，果实质量更优。菠萝蜜根系深，耐旱。若要生长结果良好，需保证充足水分，一般要求年降雨量 1 500mm 以上。树体不耐持续高湿或水淹胁迫，高湿条件下 2~3 天树势会衰弱甚至死亡。菠萝蜜不耐盐，一般要求土壤为沙壤或冲积土，土表层深厚，富含有机质，土壤 pH 值 6.0~7.5。菠萝蜜要求阳光充足，但幼苗忌强烈阳光。菠萝蜜较抗风，即使在飓风过后，树体仍可存活，树势很快恢复正常。

在我国年平均温度高于 0℃偶尔有轻霜的地方均可栽培，目前广东、广西、海南、云南、福建、台湾和四川南部的热带南亚热带地区均有种植，以海南种植最多。以年平均温度 21℃以上、最冷月均温度不低于 13℃、极端最低温度高于 0℃的地区为菠萝蜜优势产区。因此菠萝蜜适于在中国大部分热区发展种植。目前我国菠萝蜜种植面积约 1 万 hm^2，其中海南省菠萝蜜种植面积 0.66 万 hm^2 左右，广东省种植面积 0.3 万 hm^2 左右，其他省区多为零散种植，年产量约 12 万 t。

根据苞肉特点可将菠萝蜜资源简单划分为干苞和湿苞两种类型。全世界至今已选育出 30 多个优良品种，但各品种也仅在培育地种植，推广范围不大。国内菠萝蜜历来多用种子繁殖，品种单一。品种认定工作缺乏科学化、系统化，多将本地栽培的种质笼统地称为本地种，而少有具体的评定划分体系。种质创新利用方面，广东省筛选出了品质表现优的茂果五号（来源于本地实生资源，未经品种审定），具有丰产稳产、果型美观、皮薄、可食率高、苞肉金色干爽、清脆浓香、无胶汁等特点，现已在阳东地区有规模种植；海南则从马来西亚、泰国引进的种质资源中筛选出适合当地生产、综合表现较好的种质，其中马来西亚 1 号（来源于马来西亚 CJ-1 品种，未经品种审定）已经完成规模化种植示范。由于国内菠萝蜜多为实生繁殖，后代群体变异很大，很多优良单株分布于房前屋后，只要对其进行普查便能选育出很多优良单株，所以良种选育空间很大。

菠萝蜜种植管理相对较粗放，种植方式灵活多样，对土壤肥力要求不严，是低投资、效益好的热带果树。一般种植菠萝蜜，3~5 年就开始收获，盛产期按每年菠萝蜜果实产量 4.5 万 kg/hm^2 以上，销售价格 3~5 元/kg 计，平均每年产值可达 13.5 万~22.5 万元/hm^2，是一种具有较高经济价值的果树。

中国菠萝蜜以鲜果贸易为主，除产地市场外，还远销北京、上海等大中城市。菠萝蜜果实除生食外，还可做成果干、果汁、果酱、果酒以及果脯等，而且加工的产品品质和风味良好，经济效益可观、开发潜力很大，对菠萝蜜进行加工销售，延伸其产业链，开发成为海南、广东等菠萝蜜主产区的特色旅游产品，其经济效益要比直接销售鲜果高得多。而且，经过加工的菠萝蜜携带方便、有利于提高产品市场竞争力，有利于发展特色果业，提高菠萝蜜种植业与加工业的社会、经济和生态效益，促进地方农业和农村经济的发展。产区初步具备果肉加工能力，主要集中在海南省南国、春光等食品加工企业，产品有果干、脆片、菠萝蜜糖、薄饼等，但仍远满足不了市场需求，大部分依赖越南、泰国等国进口直接上市或经某些企业简单加工包装后上市。

随着中国旅游业的发展及人民生活水平的提高，市场对菠萝蜜的需求越来越大，特别是鲜果芳香味甜，很多游客甚是喜欢，销量有逐年增长的趋势。作为热带珍果的菠萝蜜目前在欧美、日本、中国香港等地区的市场和国内主要市场均有销售，并且销售量正逐年呈递增趋势，因而发展菠萝蜜生产具有很大的市场潜力。中国热区的一些偏远山区，农业发展相对落后，农民增收渠道不多，菠萝蜜种植相对符合山区农民文化程度和生产技术条件等现状。发展菠萝蜜生产有望成为广大农民脱贫致富的新途径、好渠道。

第六节 中药材

中医药是国之瑰宝。西医传入中国不到 300 年，在此之前的五千年，中国人的健康和治病，一定程度依靠中医药的。在此之后、至今以及今后中国人生病，仍然有人看中医、吃中药。

2015 年 5 月，《中药材保护和发展规划（2015—2020 年）》（以下简称《规划》）发布，提出中药材是中国独特且具有战略意义的宝贵资源，应坚持市场主导与政府引导相结合、坚持资源保护与产业发展相结合、坚持提高产量与提升质量相结合的基本原则。这是中国首部关于中药材的规划，对中药材的保护有着很好的助推作用。

《规划》还提出，实施优质中药材生产工程，建设濒危稀缺中药材种植养殖基地、大宗优质中药材生产基地、中药材良种繁育基地，发展中药材产区经济。同时，实施中药材生产组织创新工程，培育现代中药材生产企业，推进中药材基地共建共享，提高中药材生产组织化水平等。

《规划》发布说明国家对中医药高度重视。

2010 年以来，在《科学时报》《光明日报》以及国内其他报纸发表了多篇业内专家的文章，共同提出中医要走出国门，要国际化，中医是世界的，中药标准推向世界。这一说法值得探讨。

现在各级医院中设有中医科，其病人就诊人数大概只占该院就诊人数的 1%～2%（这笔者我到医院看病时观察，不是调查统计数据）。在长沙认的二家权威的中医院，看病从来不困难。该二医院除内科，其他各科一个上午挂教授门诊号的大概 4～6 人。但在广州看中医的人很多，在省、市中医院看病和其他医院一样需排长队。

建议中医要用疗效让国内更多的人相信中医，有病可以尝试看中医吃中药。如果全国门诊病人中 30%看中医吃中药，这是一个数以亿计的保健和治病群体，也是巨大的中医市场，可以带富农村 5 000万药农。

我是相信中医能治病的，中医中药是国之瑰宝。西药进入中国二百多年，在此之前，远古神农尝百草开启运用中药材治病之先河，在以后的七千年间，中国人一定程度上依靠中医中药保健和治病。在中医中药的饮食保健早在先秦就有，“药膳”应是世界最早的。近几年在中医中重提治未病的保健方法。中国历朝历代都有各自的著名中医，留芳千古。

我国有高等植物三万多种，现已作为中药材临床应用的只有其中 400 多种，贯称药用植物。药用植物生存生长在中国特定的自然生态环境条件下，形成与其生境相适应的含有各类具药用疗效的成分。按“天人合一”的传统自然观，其药用疗效是否会更适宜于生活在同一自然生态环境条件下的人群，用来保健和治病，古云“一方水土养一方人”。有的病用中药更有疗效，如现在医院中骨科，伤科病人，西医医生也多采用中成药治疗。西藏随着海拔高程降低，气温伴随着升高，因而气候带从山顶的寒带至海拔 300m 的山脚上升至南亚热带，不同气候带植物区系不同，组成植物带谱也随着变化，因而药用植物种类丰富，特有的冬虫夏草及藏红花就是著名优质中药材。

中药讲究“地道药材”。是指植物分类上的同一个种分布在不同的自然生态环境条件下，自然形成性状较稳定的生态型或地理型，其生态型之间药用性能可能会有差异。为了凸显其名优特性，常冠以地方名，如川厚朴、滇三七等。同一个植物种分布在不同的地方，在林业上称为地理种源，为了测定不同地理种源数量性状的差异，要进行地理种源评比试验，药用植物也可如是来研究的。现在常用大宗中药材主要是人工栽培的。在人工栽培管理过程，以及采收制饮片，加工工艺过程中，如何保证其产品绿色品质，蕴藏着许多问题要研究。药用植物种质资源与分布及其栽培的研究，现在药业、农业、林业多家在进行研究。同时中药材还非常注意适时采收，有说“按时采是药，过时采是草。”

中医中药与西医西药是分属于不同的药物医疗体系，泾渭分明。中医是用天然药物，回归自然。西医是人工化学合成药物。西医和中医看病治疗方法是有差异的。中医诊病是采用传统的望、闻、问、切辩证施治，中医治病不仅从病人整体入手，并且将节气联系在一起。这是中国传统整体思维文化背景的反映。现在中医看病诊断也借用了现代科学方法，是对的。但中医传统方法仍不能摒弃，结合使用提高诊断准确率，有利治疗。中医、西医因研究对象和要求不同，中医有自己的独特研究方法。

笔者没有读过中医药著作，无论是古代和现代，以及中医药期刊。上述的一些说法，想法，这是笔者听中央电视台10套，健康之路两年多，进行中西医比较。笔者信中医，看中医，吃中药。

国务院新闻办公室2016年12月6日发表《中国的中医药》白皮书，这是中国政府首次就中医药发展发表白皮书。

我国政府一贯高度重视和大力支持中医药事业发展，特别是党的十八大以来，以习近平同志为核心的党中央把发展中医摆上更加重要的位置，坚持把“中西医并重”作为新时期卫生与健康发展的重要方针之一。标志中医药事业进入了新的历史发展时期。努力推进中医药现代化，切实把中医药继承好，发展好，利用好。坚持中西医相互长补短，发挥各自的优势。坚持继承与创新的辩证统一。即保持中医特色优势，积极利用理代科技手段，努力实现中药材和汤剂药理。努力实现中医花健康养生文化的创造性转化、创新性发展，进而使之与现代健康理念相融相通，服务于人类健康，为世界文明发展作出更多贡献。

一、杜仲 *Eucommia ulmoides* Oliv.

杜仲原产我国，在第四纪冰期相继灭绝，现只保留下杜仲一个种，是单种科。杜仲科 Eucommiaceae，杜仲属 *Eucommia*。

杜仲原产中国，自古以来就是名贵中药材。李时珍著《本草纲目》将杜仲（皮）列为中药上品。杜仲皮性味甘，微辛，温、无毒，有补肝肾、强筋骨、益腰膝、除酸痛以及降血压等功效。“久服，轻身耐老”。

取下杜仲皮、叶及成熟果翅，折断轻轻拉开可见含有富弹性、细密银白色胶丝，即是杜仲胶。杜仲胶，是天然高分子化合物，是重要工业原料。杜仲胶具有很强的抗酸碱能力，还具有强耐水性，低膨胀率，耐强寒性和高绝缘性。杜仲胶是硬质胶，缺乏弹性，用途受到限制。现经研究，杜仲胶经化学处理后，可以形成高弹性体。

（一）绿色杜仲产品规格

杜仲是名贵常用内服中药材，杜仲生产必须保证是绿色产品，其重要性是保障人民身体健康，是人命关天的头等大事。杜仲是内服中药材，非绿色产品是不能进入国内外市场的。

采取三条措施，保证生产出的杜仲产品是绿色的。第一是从源头开始，杜仲栽培区域必须保证环境洁净。环境洁净主要是指空气、土壤、水体的洁净，各种污染物在限额以内。为使环境因子中的气、水、土洁净标准量化。

第二是杜仲林经营中保证洁净管理，进行无公害生产。严禁使用高毒高残留农药，并列出清单。即使可以使用农药也限量、适时使用。提倡病虫害生物防治。严限化肥用量。提倡使用农家有机肥料。

第三是杜仲皮采剥后，在初加工、贮藏、运输各个环节中保证洁净生产。

杜仲产品种类包括：杜仲（皮）、杜仲叶（中药、保健）、胶用杜仲叶、杜仲籽油4类。

杜仲四类产品质量等级的划分标准是根据影响产品质量的外观，定出具体数量指标等级，凭感官进行鉴别，称感官指标，和内部理化指标，（对人体有益、有用药效成分）两方面进行划分。

1. 杜仲（皮）感官规格

现行杜仲（皮）感官质量收购标准见表3-1。据国家医药管理局和卫生部1984年3月制定的药材等级标准，将杜仲分为4个等级。

表3-1 杜仲（皮）质量等级指标

项目/等级	特级	一级	二级	三级
皮长（cm）	70~80	>40	>40	枝皮、根皮、碎块等
皮宽（cm）	>50	>40	>30	

续表

项目/等级	特级	一级	二级	三级
皮厚（cm）	>0.7	>0.4	>0.3	>0.2
颜色	表面呈灰褐色，里面黑褐色、黄褐色	表面呈灰褐色，里面黑褐色、黄褐色	表面呈灰褐色，里面青褐色	
质量	干货平板去净粗皮，质脆，断处有胶丝相连，碎块不超过 10%，无变形	干货呈平板状，质脆，断处有胶丝相连，两端切齐去净粗皮，碎块不超过 10%，无变形、杂质	干货呈板片或卷状，质脆，断处有净粗胶丝相连，碎块不超过 10%，无杂质、霉变	干货不符合特、一、二级标准，无杂质、霉变

2. 杜仲（皮）理化等级指标

杜仲（皮）理化指标（表 3-2）。

表 3-2　杜仲（皮）理化指标

项目/等级	一级	二级	三级
水分（%）	≤12	≤12	≤12
水浸出物（%）	≥20	19~15	14~11
松脂醇二葡萄糖苷（%）	≥0.15	0.14~0.13	0.12~0.10

3. 食（药）用杜仲叶质量等级指标

A. 鉴别：（中华人民共和国药典，2005 年出版，第一部，114~145 页）。

B. 感官指标（表 3-3）。

表 3-3　杜仲叶感官指标

指标/等级	一级	二级	三级
叶色	墨绿色	墨绿色间暗褐色	暗褐色间灰色
病斑	无	≤5%	≤10%
杂质	≤1%	2%~5%	6%~10%
霉变	无	无	无

C. 杜仲叶理化等级指标（表 3-4）。

表 3-4　杜仲叶理化等级指标

指标/等级	一级	二级	三级
水分（%）	≤15	≤15	≤15
水浸出物（%）	≥25	24~20	19~16
绿原酸含量（%）	≥0.35	0.34~0.20	0.19~0.08

4. 杜仲（皮）主要化学成分

（A）杜仲木脂素。木脂素类化合物是杜仲皮的主要成分，已从中分理出木脂素化合物 28 种。

杜仲的降血压作用主要是木脂素类中的松脂醇二葡萄糖甙。木脂素类并有抗衰老、抗肿瘤以及补肾壮阳作用。木脂素类的含量 0.3%左右。

（B）杜仲绿原酸，学名 3-咖啡酰奎尼酸。皮、叶均有绿原酸，叶的含量较高，一般在 5%左右。

绿原酸对消化系统、血液系统和生殖系统均有疗效。

（C）杜仲环烯醚萜类。在杜仲皮、叶中可分离到 20 多种环烯醚萜类及杜仲醇类。杜仲茎皮、种子和叶中均含有桃叶珊蝴甙，一般含量在 2.5%左右，在种子含量可高达 19%~23%，具有一定的降压作用。京尼平甙和桃叶珊瑚甙有抗肿瘤活性，其含量分别是 0.11%~0.32%，2.47%~3.09%。

（D）其他类成分

在杜仲皮和叶含有 16 种氨基酸，其中 7 类是必需氨基酸。

5. 杜仲叶主要化学成分

杜仲黄酮类化合物仅存在于叶中，现已知的共有 9 种，而且主要为黄酮醇类化合物。杜仲叶中总黄酮含量最高是 5 月下旬，含量 1.96%，6 月上旬含量下降至 1.32%，11 月又回升至 1.32%。黄酮的平均含量 13.0mg/g。

杜仲黄酮是防治心脑血管疾病的首选药物。

6. 杜仲叶采摘

杜仲年生长期有两个高峰，4—5 月，7—8 月，第一次采叶在二个高峰之间的 6 月份。采摘树冠中下部叶，采叶量全树的 50%，不影响杜仲的生长。叶含总黄酮量也较高。10 月底至 11 月初杜仲叶变色，第二次采叶在 11 月初，这是一年中叶的含酮量第二个高峰，同时也是叶的含胶量最高的。

一般 15 年生的杜仲林年产干叶量 5 000~6 000kg/hm^2。

杜仲叶可加工制作成茶直接泡饮。杜仲茶能促进血液循环和代谢功能，延缓衰老，并富含钙。饮用杜仲茶有益健康。

4~5kg 干叶制 1kg 杜仲叶茶。年产量 800kg/hm^2。

杜仲雄花也可制作成茶泡饮，与杜仲叶茶有同功之效。

雄花采摘的时间 4 月中旬，年产雄花茶 400~600kg/hm^2。

杜仲胶的提取主要是使用杜仲叶，胶用杜仲叶可等到叶变黄采集或待叶落地后收集。

杜仲叶和胶用杜仲叶有各自标准。

杜仲胶。杜仲体的胶丝是细长，两端膨大，内部充满胶颗粒的丝状单细胞，这种分泌细胞就是杜仲胶合成和贮藏场所。

杜仲主要是药用，杜仲胶的提取主要以叶为原料。杜仲叶的含胶量 2%~3%，叶采摘期 10 月下旬至 11 月上旬，这时叶的含胶量最高。40~60kg 干叶可提取杜仲精胶 1kg，年产胶 120kg/hm^2。

7. 杜仲油

杜仲果实。杜仲果实为翅果，长椭圆形，扁平，中间含种子 1 粒。

长江以南一般在“霜降”前后，长江以北在 9 月下旬至 10 月上旬采集。

经脱翅去杂，风干种子，一级种子 1 000粒重>80g，二级种子 60~80g，纯度 95%以上。

杜仲油。杜仲种子含油脂。用杜仲种子压榨出的油脂，称杜仲油。

杜仲果实产量。10 年生林分，年产果实量 70~80kg/hm^2。种子出仁率约 35%。种仁含油率近 28%。杜仲油产量 18~21kg/hm^2。

杜仲油性能。杜仲毛油淡黄色，经精制成品油，浅黄色透明。杜仲油的理化常数见表 5。从碘值中可知杜仲油的不饱和程度较高，为干性油。

（二）分布与适生环境

中药材讲究“地道药材”。地道药材是指该药材的原产地或现广为栽培的适生产地。“地道药材”的说法是科学的，其中蕴涵了对该种药材栽培分布区的生态环境因素的要求。生态环境因素影响着药性和药效。

本书详细地研究了杜仲现栽培分布区，及其中最适生区的生态环境条件，从中寻求出最适杜仲生长发育的气候和土壤因素，同时也是有利杜仲药效物质的转化和积累，生产出最具优良药性和药效的杜仲产品。另外，现杜仲栽培分布区内的药农具有长期栽培经营杜仲系列实践经验，有一定的栽培经营面积，有大宗批量生产，形成著名产区，如湖南“慈利杜仲之乡”。

据此，根据杜仲产区的自然生态环境及其适生情况，以及现有栽培面积和产量，将中国杜仲栽培分布区，划分为中心栽培区和主要栽培区，在此以外的地方不宜栽培杜仲。杜仲规范性生产基地应建在中心栽培区。

杜仲栽培分布区的地理位置在北纬 25°~35°；东经 104°~119°，包含中亚热带和北亚热带以及南温带的局部区域。包含主要省（区）有贵州、湖北、陕西、湖南、河南、四川、江西、安徽、浙江、山西以及福建、广西、广东的中部及北部。

根据杜仲栽培分布区的生态条件适宜性、产量水平及质量，可划分为中心栽培区（I）和主要栽培区（Ⅱ）。

I. 中心栽培区

杜仲中心栽培区地理位置：北纬 27°~33°；东经 105°~115°。包括中亚热带中部和北部，北亚热带及南温带南部。年降水量在 800mm 以上，年积温在 4 000℃以上，主要地区有黔北、黔西北、鄂北、鄂西北、陕南、湘北、湘西北、豫西南、川东、川北、滇东北等地。经营方式以纯林为主，也有农林混种。

Ⅱ. 主要栽培区

杜仲主要栽培区的地理位置：北纬 26°~34°，东经 105°~115°。包括中亚热带和北亚热带及南温带南部，年降水量在 600mm 以上，年积温在 3 200℃以上。在上述地区杜仲并非全境栽培分布，主要在海拔 1 100m 以下的丘陵山区。经营方式以纯林和农林混种为主。也有“四旁”栽培。

小议杜仲胶工业

2014 年 3 月，在全国两会期间，有政协委员提议，开发杜仲胶资源，形成新兴橡胶工业产业。报道说，国家发改委已把杜仲胶的综合利用列为国家战略性新兴产业。2015 年 2 月，有报道详细介绍了第二部杜仲绿皮书。上述报道就发展杜仲橡胶工业产业的愿望都做出了很好的设想。

杜仲作为我国传统名贵中药材，利用栽培历史愈千年。开发杜仲胶资源，形成现代新兴橡胶工业产业，是经济林资源利用的转型创新升级，是属决策行为。决策必须经过可行性科学论证，起始程序。杜仲作为发展形成新产品，新产业，是商业性生产，可申请贴息贷款。

据资料，大概在六七年前，中科院化学所的专家已经取得杜仲胶经化学处理获得富有弹性橡胶的重大科研成果，如果有一天它变成生产力，可能有望获国家科技进步特等奖。

开发新产品，创建新产业，或现有科技成果转化为生产力，在我国现行市场经济条件下，启动杠杆是经济利润。

杜仲胶制成汽车轮胎，将是三叶橡胶轮胎的 10 倍价格。

20 世纪 50 年代初，前苏联林业专家到湖南省林业厅，建议在慈利县建立专业杜仲林场，提取硬橡胶。50多年过去了，杜仲林场至今还在。

为发展杜仲胶生产，在全国现有杜仲林面积36万hm^2的基础上，发展300~3 500万hm^2。新发展杜仲胶林300万hm^2。需总投资300亿元。农民只能出地投劳，在市场经济时代，谁投资；谁收购皮、叶、果提胶；谁用杜仲轮胎；以上问题值得进一步探讨。

早在2005年3月，有专家研究杜仲叶和种子，获得适于药用的有关中间产品7种。以100kg叶和100kg种子进行经济效益估算，其7种产品的产值12.5万元，而生产成本为1.6万元。如果成品真正有效用，就会有市场，就会有人投资建厂生产，经济利润促使科技成果转化为生产力。

当前应深入研究提高杜仲疗效，扩大疗效。研制新的杜仲中成药，研制杜仲皮、叶保健品，提高杜仲附加值。

在近期中期内杜仲开发研究，还是应从“药”入手，是看得见、摸得着的，是可行的。研发经费可以申请国家、省部科研项目。

二、金银花 *Lonicera japonica* Thunb

在植物分类学属忍冬科Caprifoliaceae，忍冬属*Lonicera*，忍冬，药用商品名金银花，现通用名。

半常绿藤本。茎皮条状剥落，枝中空。幼枝暗红褐色，密被黄褐色糙毛及腺毛，下部常无毛。双花单生叶腋，总花梗密被柔毛及腺毛；苞片叶状，长2~3cm，小苞片长约1mm，萼筒长约2mm，无毛；花冠白色，后变黄，长2~6cm，外被柔毛和腺毛。果球形，长6~7mm，蓝黑色。花期4—6月；果期10—11月（图3-1）。

金银花自然分布广，华北、华东、华中、西南，南温带至中亚热带均有主产区；生于低山丘陵疏林内、林缘、灌丛及岩缝中；各地广为栽培。朝鲜、日本也有分布。

忍冬属全世界约200种，中国98种。《中国树木志》记载最常见的29种。

主要药用是花。茎及叶也可药用。药用功能是消炎、抗菌、利尿，治中暑、痔漏、肠炎，煎水洗治疮疖。花含芳香油，可配制化妆品香精。枝叶茂密，花清香，可作绿篱、绿廊、花架等垂直绿化材料。

有专家认为，作为传统中药材，金银花富含绿原酸、黄酮类活性物质，主要功能是清热解毒。对于溶血性链球菌、金黄葡萄球菌、伤寒杆菌、痢疾杆菌等都有较强的抑菌力，主要用于防治病毒性流感、风热感冒和炎症，因而金银花具有“植物抗生素”之称。

2003年多数专家推荐金银花为预防“非典”的供选中药。近几年金银花需求量大

图 3-1　忍冬（金银花）Lonicera japonica Thunb.（花枝）（张世经绘）

增，作为原料，金银花被广泛应用于中成药生产。据统计，含有金银花的中成药达到200多种，如银翘系列、银黄系列、双黄连系列和脉络宁、清开灵等。在中医生开的临床处方中也经常用到金银花。全国金银花年药用需求量在1 000万 kg 以上。

2010年新版《中国药典》规定，只有忍冬科植物忍冬为正品金银花，而只有正品金银花才同时含有“绿原酸”和具有保肝抗癌功效的“木犀草苷”成分。

金银花茶、金银花喉宝、金银花露、金银花果汁等产品也日益发展，需求量越来越大。以金银花为主打的牙膏、花露水、化妆品、饮料、冰淇淋……纷纷面世，这就是金银花以药食同源为基础的情深产业开发方方面面的排头兵。

金银花属于大宗传统中药材之一，具有多种经济用途，近年来市场的需求量也在不断地增加，因此，许多地区都开展了大面积种植，不断提高栽培技术，综合开发利用逐步深入，初步形成了金银花产业。目前，金银花的种植区域主要集中在山东、河南、河北、重庆、四川、湖南、湖北等地。

有资料显示，2014年全国金银花栽培面积180万亩，年产干花1.4亿 kg。

山东临沂市平邑县地处沂蒙山区腹地，是著名的“中国金银花之乡”，丘陵和山地占85%以上，是道地的中药材金银花的原产地和主产区。平邑县委领导曾对记者说：

“平邑县90%以上的村庄种植金银花，种植分布面积65万亩，年产干花1 500万kg，是全国最大的金银花生产、加工和销售基地。”

如今，山东平邑金银花已形成“育种研究—育苗推广—种植生产—烘烤制干—市场流通—产品研发—提取加工—生产销售”完善的产业链，规模以上企业24家，金银花专业合作社54家，GMP认证企业5家，GSP认证企业15家，形成了规模庞大的平邑金银花产业集群。全县金银花产业年创产值16亿元，年创利税1.7亿元。

河北省巨鹿县栽培金银花已有400多年历史，20世纪90年代开始，经过政策引导、资金扶持、技术保障、市场驱动等有效方式，巨鹿县金银花取得长足发展。截至目前，全县金银花种植面积达13万余亩，年产干花1 300万kg。居全国三大主产地（河北巨鹿、河南封丘、山东平邑）之首，产值近20亿元。

巨鹿金银花可采摘3茬，每亩可产干花150kg。2014年巨鹿金银花的价格行情为每千克190~200元。

2010年以来，贵州省绥阳县也将致富的靶心瞄向金银花。《中国绿色时报》记者了解到，2012年，绥阳县金银花产业实现产值3亿元，人均增收3 000元。计划到2020年，全县种植面积突破100万亩。届时，绥阳金银花无论是在种植面积上，还是在交易量上都将处于全国金银花种植县份之首，将会成为名副其实的“金银花之乡”。

对于拥有药食同源特质的金银花产业，保健品市场不容忽视。随着生活水平提高，人们的保健意识不断加强，比以往任何时候都更加关注自身生活和生命质量，消费绿色保健食品正在成为国际趋势。

保健食品行业具有广阔的市场发展前景，金银花在保健食品行列能不能做到极致开发直接关系到金银花产业兴衰。综合利用金银花植物资源，实现精、深加工，符合国家农业产业结构调整政策，也是金银花产业的发展方向。只要坚持标准化生产、加工，进一步开发利用其药用保健功效，不断提高产品的高科技含量，使生产、加工、应用等环节联系更加紧密，形成和完善产业链，金银花产业就一定能够做大做强，实现效益最大化。

在忍冬属中有5个种，见图3-2，统称为山银花，与正品金银花粗看在形态上很近似，特别是药用干花更难分。如果认真对此细看，差别还是很明显的。金银花藤本，双花单生叶腋，采摘难。一年可采四次，花和产量，一次比一次小、少，因而生产成本高。

山银花的花簇生，一年只采一次，产量高，采摘易，生产成本低。

山银花和金银花虽均含绿原酸，木犀草苷，但山银花含量很低。

为研究正品金银花和山银花的微量元素及其药性的差异，中国中医科学院药用植物研究所研究团队收集了金银花道地产区及北京、河南、湖南等10个省市的样品。研

图 3-2　忍冬属的 5 个种（《中国树木志》）

1. 短柄忍冬 *Lonicera pampaninii* Levl.（花枝、花）
2. 锈毛忍冬 *Lonicera ferruginea* Rehd.（花枝、花、果）
3. 大花忍冬 *Lonicera macrantha* Spreng.（花枝、花、果）
4. 菇腺忍冬 *Lonicera hypoglauca* Miq.（花枝、花、双果）
5. 细毡毛忍冬 *Lonicera similis* Hemsl.（花枝、果）（张世经绘）

究试验发现：金银花药性寒，与文献记载一致；而山银花药性热，与正品金银花药性完全相反。而金银花中掺杂山银花后，依掺杂比例不同，药性趋向于温或凉性，或者为平性。

2005 年、2010 年版《中国药典》，只承认金银花（忍冬）一个种为正品金银花。金银花与山银花是不同的植物“种”，不能混杂。不同地域差异，绝不能说北方是金银花，南方是山银花。金银花分布广，在其原生自然分布区内，栽培的是金银花，皆为正品。即使在平邑、巨鹿著名主产区，如栽培的是山银花，其干花产品也是山银花，绝非正品。

金银花与山银花是不同的植物种，不是不同的产地，要严格禁止山银花苗木非法流入产区栽培。

标准化生产是保证中药材用药安全和提高质量的基础。业内专家建议，应加快中药的标准化进程，比如金银花的种苗标准、种植标准、采收标准、加工标准、药材质量标准、产品生产工艺标准和产品质量标准等。同时，要加快基地品牌建设，使中药生产做到规模化、标准化、品牌化和产业化。

金银花药食兼用，不仅在医疗保健和食品加工方面应用甚广，而且在防风固沙、保持水土和美化环境等方面，也正发挥着越来越广泛的作用，是一种集经济效益、生态效益和社会效益于一身的多功能植物。

贵州黔西南自治州是典型的岩溶地貌，在 30 多万亩石山的石缝中栽培金银花，顺石山蔓延，石山变成一片绿色，解决了 6 万人就业，带动 3 万户、15 万农民致富。

据实地测量，1 株金银花一般可涵养水分 200kg，1 亩山石地可种 70 株金银花，涵养水分 1.4 万 kg 以上。金银花枝条柔韧，1 年生枝条一般长 3~6m，1 株金银花种植 3 年后大约可以覆盖 4~10m^2的山石。金银花冬天不落叶，容易形成连片的绿色屏障，形成良好的区域性气候，能促进植物、微生物、小动物等生物链的良性共存，使地域生态得到有效保护和改善。

三、厚朴 *Magnolia officinalis* Rehd. et Wils.

又名川朴、油朴，木兰科 Magnoliaceae 木兰属 *Magnolia*。

厚朴为我国特有的珍稀树种和传统中药材。干树皮入药。味苦，性温。有温中燥湿、下气散满、燥湿消积、破滞等功能。用于胸腹胀满、食积不消、肠梗阻、喘咳痰多等症。近期研究表明，厚朴酚及其羟甲基衍生物对小鼠二期皮肤瘤实验有明显抑制作用。厚朴的甲醇提取物和厚朴酚对治疗肝癌、胃癌、淋巴癌、皮肤癌、脂肪瘤及肝癌晚期疼痛将起到积极作用。厚朴花果皆可入药，种子含油率 35.2%，出油率 25%。

凹叶厚朴，别名：庐山厚朴 *Magnolia officinalis* Rehd. et Wils. var. *biloba* Rehd. Et Wils.。

本种与厚朴药性相似，形态也相似，不同之处在于叶先端凹缺，成 2 钝圆的浅裂片；聚合果基部较窄。但幼苗之叶先端钝圆，并不凹缺。多栽培于山麓和村舍附近。主要分布在我国长江流域。位于东经 102°~122°，北纬 22°~34°。历史上主要商品来自浙江、湖北、四川等地，其中浙江的产量最大，占全国的 40%~60%，湖北、四川各占全国的 10%~20%。垂直分布幅度相当大，并随纬度和地形而变化。东部沿海多分布于海拔 500~1 200m 的山地，西部山区分布较高，在四川峨眉山海拔 1 800m、湖北五峰香党坪药林场海拔 1 650~1 780m 仍然有天然林和成片人工林生长，但海拔 1 700m 以上的厚朴一般虽能开花，但种子较难成熟。厚朴主产区为湖北、四川。凹叶厚朴主产区为浙江、福建。

药材性状鉴别：①厚朴。卷筒状或双卷筒状。长 15~45cm，厚 0. 35~0. 50cm。外表面灰棕色，粗糙呈鳞片状，多纵裂；皮孔呈椭圆形或圆形，纵裂呈唇形。内表面紫棕色，有密集纹理，指甲按后留油痕。质坚硬，不易折断，断面外层呈颗粒状，内层呈裂片状，于阳光下可见闪光的结晶。气芳香，味微辛苦。亦有横切加工成饮片的，厚 0. 2~0. 3cm，平面螺旋状，断面内侧紫棕色，外侧淡棕色。有的断面偏内侧有一宽约 0. 2~0. 4cm 的深棕色环。以皮厚、油性大、断面紫红色有亮光、香气浓厚、尝之味辣而甜者为佳。②凹叶厚朴。卷筒状，厚约 0. 4cm，外表面淡棕色，多纵裂沟，皮孔大，开裂呈唇形。内表面紫棕色，有密集纹理。折断面外层呈颗粒状，内层呈裂片状，于阳光下可见闪光的点状结晶。气芳香，味微苦。

四、黄柏 *Phellodendron chinense* Schneid.

黄柏，芸香科 Rutaceae，黄檗属 *Phellodendron*，本属有两个种，一是黄柏，另一种是黄檗 *Phellodendron amurense* Rupr. 。二种产地分布不同。黄柏主要分布湖北、四川、贵州、云南、湖南，以及陕西、甘肃，在中医药上称川黄柏。黄檗主产辽宁盖县、岫岩、海域，吉林敦化、通化、桦甸，因而中医药称关黄柏。另河北、黑龙江、内蒙古也产。

野生于杂木林中或山间河谷及溪流附近，现产区广为栽培。

树皮内层入药。味苦，性寒。有清热燥湿、泻火除蒸、解毒疗疮的功能。用于湿热泻痢、黄疸、带下、热淋、脚气、痿躄、骨蒸劳热、盗汗、遗精；外治疮疡肿毒、湿疹、瘙痒、口疮、黄水疮，烧、烫伤。用量 3~12g；外用适量。

采制：通常在 3—6 月剥取树皮。选 10 年以上的树，轮流部分剥取，剥皮处再生方法，能够新生树皮，可再次剥取。将剥下的树皮晒至半干，压平，刮净外层栓皮至露出黄色内皮为度，刷净晒干。存放在干燥通风处，防止发霉变色。

五、山茱萸 *Macrocarpiun officinale*（Sieb et zucc.）Nakai

山茱萸科 Cornaceae，山茱萸属 *Macrocarpiun*。

山茱萸是传统珍贵木本药材，果入药。利用历史悠久，1 500多年前《神农本草经》把山茱萸列为中品。其果肉名萸肉是补肝肾良药，含有 7 种苷，其中皂苷含量高达 14%以上；含有 5 种糖；5~7 种有机酸和 16~17 种氨基酸，其中人体必需的 8 种氨基酸全部具备；有 23 种矿物元素，人体必需的钙、镁和磷、钾、铁、锌含量十分丰富；

富含维生素 A、维生素 C、维生素 B，其中维生素 B_2含量很丰富。还含有香豆精、黄酮类等抗癌、抗辐射物质。具有治疗心血管系统疾病、补益肝肾、补血和免疫等功效。

全国常年产山茱萸果干皮 50 万~70 万 kg，除内销外，还有出口，是经济效益较高的树种之一。进入盛果期的正常林子，667m^2产鲜果 300~800kg，折干萸肉 40~110kg。

分布地域广阔，从北纬 35°36′（山西阳城）到 29°30′（浙江淳安）东经 107°~121°25′。栽培面积最多是河南，其次浙江、陕西、山西、安徽、山东。山茱萸在我国栽培面积较集中。河南西峡、内乡、南召 3 县面积和产量占全省 95%以上，占全国 50%以上；浙江淳安、临安面积和产量占全省 90%以上，占全国 30%~40%；安徽主产歙县、石台；山西阳城和陕西丹凤、佛坪。

山茱萸对气候条件适应性较强，中亚热带、北亚热带及暖温带的南缘都有分布。性耐寒，极端低温-18℃仍能结果。对高温抵抗力弱，海拔 200m 以下低丘，夏季高温干旱受日灼危害。

河南、山西等地因春季雨水少，大小年波动小。5—10 月为果实发育及花芽分化期，要求有较充沛的降水。

山茱萸适于 200~800m 低山栽培。200m 以下的阳坡，易受高温干旱危害，果小皮薄。500m 以下半阴坡，1 000m 以上阳坡为好。在浙江散生的毛竹、山核桃林下或林中的山茱萸，上层林冠郁闭度在 0.6 以下，就能正常生长结果。

山茱萸要求土壤深厚肥沃、疏松，富含有机质，pH 值 5.0~6.5。在石灰岩、花岗岩、千枚岩、灰质页岩和凝灰岩上发育的土壤上均有分布。结果最好的为黑色石灰土和花岗岩发育的山地黄壤，表层有机质在 2.5%以上，有效磷 1.8mg/kg 以上，有效硼 0.78~1.0mg/kg，土层厚度 60cm 以上。

六、辛夷 *Magnolia biondii*（pamp.）D. L. Fu

又名木笔、望春玉兰、望春花、华中木兰、莩辛夷。木兰科 Magnoliaceae 木兰属 *Magnolia*。

辛夷原产中国。其记载始见于战国时期，如屈原《九歌·湘夫人》："桂栋兮兰橑，辛夷楣兮药房"等。辛夷花蕾入药，亦称辛夷，是我国传统的珍贵中药材，出口东南亚。我国秦汉时期的医学名著《神农本草经》把辛夷列为上品药。辛夷挥发油含率较高（>4.0%），主要成分为桉油醇（eucalyptol）、香桧烯（sabinene）等，特别是部分品种具有较高含量的名贵香料成分如金合欢醇（farnesol）等，是优良的香料原料，具有巨大的开发利用潜力。

栽培分布范围较广，约北纬 27°~35°，东经 100°~130°，陕西、河南等地有天然分布，伏牛山区天然分布最高海拔达 1 600m。河南、安徽等地有大面积人工栽培。在年平均气温 13～14.5℃、年降水量 750～1 400mm、海拔高度 300～900m、年无霜期 180～240 天，伏牛山区的中低山地生长最好，其产品品质最佳。

七、枸杞 *Lycium chinese* Mill.

又名枸杞菜、枸牙子、枸奶子、枸杞叶、地骨皮、狗奶棵。茄科 Solanaceae 枸杞属 *Lycium*。

枸杞是名贵的木本中药材，我国栽种宁夏枸杞已有 1 200多年的历史。枸杞的根、茎、叶、花、果实均是重要的药用植物资源，其果实称为枸杞子，性平味甘，含有甜菜碱、胡萝卜素、核黄素、烟酸、氨基酸、微量元素、糖类、黄酮类、生物碱、维生素 C、皂苷等多种化学成分。现代医学证明，枸杞子能提高机体的免疫力，具有抗肿瘤活性、降血糖和降低胆固醇的作用。枸杞嫩叶称为天精草，花称为长生草，也是常用的中药。

枸杞素有医食同源植物之称，它的食用价值很高，观赏和生态防护价值亦高。

枸杞在我国各地均有野生分布，西北的甘肃、宁夏、青海、山西、陕西、新疆和华北的河北、内蒙古等地栽培较多。宁夏枸杞（*L. barbarum*）是主要分布种，原产我国西部，主要产地在甘肃的张掖，宁夏的中卫、中宁和天津地区。新中国成立后，我国中部和南部的河南、山东、安徽、四川、湖北、江苏、湖南、浙江、江西等地区均有引种。国外引种枸杞始于 17 世纪中叶，先到法国，后来在欧洲其他国家和地中海沿岸、韩国以及北美洲国家都有栽培。

“中国枸杞之乡”宁夏中宁县 2006 年枸杞干果及深加工产品出口创汇 1 700万美元，占全国枸杞及其产品出品总量的 90%以上，中宁“红宝”一族香飘五大洲。目前，中宁县已形成了较大规模的枸杞加工企业 10 余家，从事枸杞外销的企业 12 家，枸杞营销人员 8 000余人。开发出枸杞酒、枸杞芽菜、枸杞茶等 10 多个系列 50 多种产品。2006 年全县枸杞外销 4 500t 以上，年增加近 3 000t，枸杞外销品种由往年的以干果为主增加到目前的干果、原汁、速冻枸杞、枸杞系列保健品等产品并举，枸杞干果及深加工产品远销美国、加拿大、澳大利亚等 23 个国家和地区。

经过几年的高速发展，宁夏从北到南几乎所有市县都有枸杞，总面积已经超过 85.7 万亩了，年产干果也达到了 13 万 t。其中，仅中宁一县面积就占 30%，产量则占 40%以上。

据介绍，中宁县现在有 1/3 的耕地都栽植了枸杞，其中号称枸杞原产地的舟塔乡总共才有 3.2 万亩耕地，仅枸杞就占去了两万多亩，人均收入的 60%都来源于枸杞。

诺木洪农场位于柴达木盆地东南缘的青海省海西蒙古族藏族自治州都兰县境内，东西长30km，南北宽5km，海拔高度接近2 800m，现在是戈壁荒漠中的一片绿洲。

据报道，常年饱受风沙之痛，诺木洪人也不得不思考转变。就在这个时候，宁夏大规模种植枸杞获得成功的消息传来。“干旱、高原，诺木洪和宁夏有很多相似之处，那么枸杞是否适合诺木洪呢?”带着这个思考，农场专门派人到宁夏取经，并引进来宁夏枸杞种子进行试种。

“宁夏引进的枸杞不但在诺木洪生根结果了，而且枸杞是上佳的防风固沙植物，如果大规模种植，能大大改善生态环境。枸杞是多年生植物，不需要翻土，而且根系发达，大风来时能紧紧抓住地表的土壤。沙尘暴天气由此得到治愈。”如今，诺木洪农场已经形成了枸杞林与乔木防护林结合的防风固沙天然屏障，年降水量从39. 9mm增加到58. 5mm，6级以上大风由年均54次下降到不足20次。

枸杞带来的惊喜还不止这些。由于诺木洪农场地处戈壁滩边缘地带，土地容易盐碱化，“过去一些种植农作物的土地，因为常年耕作出现了盐碱化，本来已经废弃不能种植，现在我们试种枸杞，居然也获得了成功：枸杞不仅在盐碱地里活下来了，而且还减轻了土地盐碱化程度。”

因为枸杞而受益的，不仅仅是诺木洪农场。在诺木洪所在的都兰县，全县枸杞种植总面积从2004年的1. 036万亩发展到2013年的14. 8万亩，其中进入产果期的面积近10万亩。目前，都兰全县已认证有机枸杞5 000余亩，全县已注册枸杞生产经营农牧民合作社30余家，通过招商引资等各种渠道引进培育枸杞生产加工企业10家。产品从最初的枸杞干果逐步发展到枸杞茶、酒、饮料、胶囊等深加工产品。

在都兰县诺木洪农场枸杞产业的带动和示范区的示范辐射推动下，截至2014年，都兰地区农牧民共栽植枸杞生态经济林达11 866hm^2，按挂果后每年每公顷产枸杞干果3 000kg，每千克40元计，每公顷可产生效益9万元，每年可为当地农牧民增加收入10. 67亿元。

枸杞，这枚小小的红果，如今已成为戈壁沙漠中的生态果、致富果。

八、槟榔 *Areca cathecu* L.

又名榔玉、宾门、青仔、国马。棕榈科 Palmae 槟榔属 *Areca*。

槟榔的利用和栽培历史已有1 600多年。槟榔是热带雨林珍贵的药用植物，有健胃助消化、利尿、降血糖等多种疗效。槟榔全身是宝，除药用外还有多种功能。未成熟的果皮用于提取鞣料单宁，供制皮革、染料和药物。加工后的果皮是轻纺工业的原料。老的树干通常坚韧，可作用材。叶鞘可制刷具扫帚，经久耐用。此外，槟榔树形美观别致，是具有热带情调的景观树种。

槟榔属热带地区常见的栽培树种。在我国海南、云南、台湾、福建等地均有栽培。但以海南东方、三亚、乐东、陵水等地为主要产区。

槟榔生长在热带季风雨林中，形成了一种喜高温高湿的习性，不耐过高或过低的气温和日温差变化大的环境。5℃时，植株开始出现寒害；3℃时果实发黑死亡，个别植株死亡；1℃时，植株死亡严重。喜湿而忌积水，雨量充沛且分布均匀则对生长有利。一般年降水量在 1 200mm 以上的地区都能生长，以年降水量 1 200~2 000mm 适宜。空气相对湿度高（80%左右）又长期稳定对生长有利。—般幼苗期荫蔽度宜 50%~60%，至成龄树应全光照。

土壤以土层深厚的红壤、砖红壤和砂壤土为宜。海拔 300m 以下，坡度不超过 15°的丘陵山地为宜。

槟榔现在已经不是仅仅作为中药材了。槟榔干果经加工制作成可直接咀嚼食用“槟榔”。在湖南原仅限在湘潭、长沙、株洲三地，现延伸到衡阳、常德等地，成为咀嚼嗜效品，久食会产生“依赖性”，俗称“有隐”。在湖南可以将槟榔与烟、酒、茶并列为四大嗜效品。有专家估测在湖南食槟榔的人有 1 000万。

湖南槟榔大企业 40 余家，年产值 50 亿元。湖南槟榔加工业发展，促进了海南槟榔种植的发展。

据了解，2013 年海南全省槟榔种植面积 97. 8 万亩，年产值 20 多亿元，产量占全国总产量的 95%，按榔已成为海南农民增收的重要的热带经济作物。

2013 年万宁槟榔面积 56. 6 万亩，素有“万宁槟榔半海南”之称。2011 年 10 月，万宁市被国家林业局授予“中国槟榔之乡”称号，为目前我国唯一一个被授予槟榔之乡称号的市县，同时被认定为“国家槟榔示范基地”。

据了解，2010 年万宁市槟榔总产量 25 万 t，按当年的价格计算，总产值达 10 亿元，农民槟榔人均年收入 2 292元，占年均收入的 39. 4%。

槟榔果实中含有多种人体所需的营养元素和有益物质，如槟榔油、生物碱、儿茶素、胆碱等成分。槟榔具有独特御瘴功能，能下气、消食、祛痰，又有“洗瘴丹”的别名，在药用性能上被人们广泛关注。

槟榔入药有 2 000多年，收载于我国《药典》，200 多个复方制剂含有槟榔。

中国人究竟从何时起开始嚼食槟榔，似乎也是一个历史谜团。公元前 110 年，即汉武帝元封元年，设置了南海、交趾、日南等九郡，其中就包括海南、越南这两个槟榔产地。槟榔作为贡品，传送到宫中，于是在司马相如的《上林赋》，第一次出现槟榔的身影。他写道：“留落胥余，仁频并间”；“仁频”就是今天说的槟榔树。中国较早记载食用槟榔的文字，见于东汉时期，南北朝北魏贾思勰所著《齐民要术》中，曾引东汉杨孚的《异物志》说："槟榔，……剖其上皮，煮其肤，熟而贯之，硬如干枣。以扶留、古贲灰并食。"

我国西南边疆的佤族以黑齿为美，佤族民众几乎每个人都随身携带着槟榔荷包，平时口中常含着一片槟榔。说起我国台湾更是少不了槟榔，那里咀嚼槟榔的风气盛行。

有资料显示，长沙人嚼槟榔习俗始于何时待考，但从一些史料看，至少1 600年前的江南就有嚼槟榔之习。梁代文学家、吴兴武康人沈约（公元441—531）有《咏竹槟榔盘》诗传世。槟榔有专用竹盘，且值得诗人咏它，这盘、这习俗也够讲究了。

北宋时江西和尚释惠洪《冷斋夜话》记述有，苏东坡被谪儋州，曾作诗曰："暗麝着人簪茉莉，红潮登颊醉槟榔"。

南宋淳熙年间（1174—1189）桂林通判周去非在记述两广风土人情的《岭外代答》中，有《含槟榔》和《槟榔》两条目，说："自福建下四川与广东西路，皆食槟榔，客至不设茶，唯以槟榔为礼"。

江南、两广嚼槟榔习俗，不知什么时候、为什么断了，长沙、湘潭人嚼槟榔的习俗不知何时、为何兴起。有趣的是，中国民国以前，见不到长沙、湘潭嚼槟榔习俗的记述，这又是为什么？

据世界卫生组织统计，目前大约有4亿至6亿人嚼食槟榔，仅位于烟草、酒精和咖啡因之后，称得上是大众爱好。除中国外，这一习俗主要流行于印度、巴基斯坦、斯里兰卡、马尔代夫、孟加拉、缅甸、泰国、马来西亚、柬埔寨、越南、菲律宾、老挝、印尼以及南太平洋的众多岛屿。嚼食槟榔这一在西方人眼中极为不雅的行为，在这些地区却超越了阶层。槟榔曾经是从皇室到平民的生活中不可缺少的必需品。

早在2003年，世界卫生组织下属的国际癌症研究中心（IARC）就已将槟榔认定为一级致癌物。所谓一级致癌物指的是，对人体有明确致癌性的物质或混合物。除了槟榔外，烟草制品、酒精饮料、天然的黄曲霉素、砒霜等也位列其中。有研究表明，嚼槟榔流行的国家和地区，其口腔癌的发病率相对较高。如印度，它是世界上槟榔消耗量最大的国家，该国口腔癌的发病率居世界第一。南亚、东南亚国家口腔癌的发病率为10万分之二十至三十，而这些患者中，部分患者有嚼槟榔的习惯。

为何小小的果实会致癌？研究发现，槟榔中的生物碱会刺激口腔黏膜使其纤维化，导致口腔黏膜由软变硬，失去弹性，患者从而出现进食有灼热感，唾液增加，感觉麻木等症状，进而影响正常味觉。

《药典》收录中药材83种，其中大毒10种，有毒42种，小毒21种，均无槟榔。至今尚未发现药用槟榔及其复方制剂诱发癌症的临床报告。

槟榔入药较为安全，从历史的角度来看，我国槟榔入药的历史远不止2 000年，自青铜器时代槟榔就开始入药。对汉森四磨汤而言，其原料使用的不是口嚼的幼果，而是槟榔的种子，并且已经通过工艺去掉了其中的有害成分。

《药典》中限定了槟榔每日用量为 3～10g；驱绦虫、姜片虫时，剂量为 30～60g。而槟榔入药远低于安全限量。

根据我国有关规定及实际情况，“药用槟榔”在合理使用情况下，仍是临床常用的有效中药。至今尚未见到口服“药用槟榔”致癌的临床报告。有关部门也未规定禁用槟榔及其制剂。严禁盲目、长期、大量地不合理用药，并应在药品说明书上注明处方、用量、功能、不良反应及注意事项等。不允许虚假宣传，夸大疗效，隐瞒不良反应，欺骗群众。

早在将槟榔定性为一级致癌物之前，针对亚洲部分地区和英、美、加、澳地区移民中存在的大量咀嚼槟榔制品的习惯，IARC 就对槟榔有持续的研究。1985 年，IARC 的一项研究中发现，咀嚼含烟草的槟榔块是致癌的。后续的研究证明了咀嚼不含烟草的槟榔块同样致癌。

“咀嚼槟榔”在口中长时间咀嚼，对口腔黏膜有强而持久的机械性损伤及化学性损伤，可能具有双重的损伤。常可引起黏膜下纤维化、白斑、扁平苔藓等癌前病变。“药用槟榔”是吞服，一饮而尽，通常不会对口腔局部造成机械性及化学性损伤，通常不会引起口腔黏膜的癌前病变及口腔癌。药用槟榔一个疗程为 2～5 天，通常不会引起蓄积中毒、慢性损害及癌前病变。

用量不同。“咀嚼槟榔”用量很大，无剂量限制。“药用槟榔”有剂量限制，用量较小。我国《药典》规定槟榔每日限量为 3～10g，驱绦虫、姜片虫时，剂量为 30～60g。

虽然槟榔所带來的轻微兴奋与麻醉作用依然是它流行的主要原因，但最新的科学也证明它有抗抑郁的效果。不过无论如何，槟榔的地位正在衰落，咀嚼槟榔的习俗已经被很多年轻人丢弃。这或者也是全球化时代，有更多替代选择之后的必然吧。

对于“咀嚼槟榔”的习惯，应该通过科普宣传，逐渐改变这种不利于健康的嗜好，防止口腔癌的发生。

应该进一步研究槟榔的化学成分、药用价值、合理加工、质量控制、临床试验、合理用药、趋利避害等措施，确保广大病人的安全用药，十分重要。

九、木瓜 *Chaenomeles sinensis*（Thouin）Koehne

木瓜为蔷薇科（Rosaceae）木瓜属（*Chaenomeles*）植物。木瓜属是一个东亚分布属，共有 5 种，即木瓜（*C. sinensis*，又名光皮木瓜）、皱皮木瓜（*C. speciosa*，又名贴梗海棠）、毛叶木瓜（*C. cathayensis*，又名木瓜海棠）、西藏木瓜（*C. tibetica*）和日本木瓜（*C. japonica*，又名倭海棠）。我国是木瓜属植物的起源和分布中心，已有 3 000多年的栽培历史，除日本木瓜产于日本外，其余 4 种均产我国。

木瓜以“百益之果”著称，营养价值较高，可与弥猴桃媲美，是卫生部 2003 年公布的 30 种药食兼用果品之一，具食用、药用、观赏等多种用途。木瓜果实中含有有机酸、维生素、氨基酸、果胶和钾、钙、铁、磷等多种元素和营养成分。其中，有机酸的含量为 22 种，氨基酸的含量达到 19 种，维生素 C 的含量高于一般水果 1~5 倍，维生素 E 的含量是一般水果的 70~100 倍，SOD 含量是葡萄干的 200~500 倍，高达 3 227 个活性单位，木瓜还含有稀缺的维生素 B_{12}，对人体很有益处。木瓜富含 β 胡萝卜素，还含有白桦酸、白桦脂醇、齐墩果酸、木瓜酵素等，具备独到的药用价值，能镇咳镇痉、清暑利尿、抗癌、增强机体免疫功能，治关节酸痛、肺病等症。由于木瓜树姿优美、花簇集中、花量大、花色美，常被做为观赏树种，在庭院或园林中栽培。

木瓜多为多年生落叶或半常绿灌木或小乔木，高 5~10m；枝有刺或无刺；小枝幼时有柔毛，不久即脱落，紫红色或紫褐色。冬芽小，具 2 枚外露鳞片。单叶，互生，椭圆状卵形或椭圆状矩圆形，稀倒卵形，长 5~8cm，宽 3.5~5.5cm，边缘带刺芒状尖锐锯齿或全缘，齿尖有腺，幼时有绒毛；叶柄长 5~10mm，微生柔毛，有腺体与托叶。木瓜为雌雄同花或异花，大多自花结果。花单生叶腋或簇生，先于叶开放或迟于叶开放，花梗短粗，长 5~10mm，无毛；萼片 5 片，花瓣 5 片，花淡粉色，直径 2.5~3.0cm；萼筒钟状，外面无毛，萼片脱落；雄蕊多数；花柱 3~5 个，基部合生，有柔毛；子房 5 室，每室具有多数胚珠排成 2 行。大型梨果长椭圆形，长 10~15cm，暗黄色，木质，芳香，5 室，每室褐色种子多数，果梗短，花柱常宿存。种皮革质，无胚乳。花期 4 月，果期 9—10 月。

木瓜对温度的适应范围较广，在年均温 8~20℃、绝对最高温不超过 39.1℃、绝对最低温不低于-15℃的条件下均能生长，晴朗而干燥的气候能促进开花结实，在年均温 10~16℃的区域内生长最好。木瓜抗旱、耐涝，在年降水量 300~1 500mm 的地区均可栽培。木瓜对地势和土壤条件要求不甚严格，但不同的土壤类型对根系和地上部分生长也会产生不同的影响。尤以土层深厚、肥沃、排水良好、背风向阳的沙壤土或夹沙土地上栽培更好，树体生长旺盛，抗逆性强，产量高。木瓜较耐盐碱，在 pH 值不超过 8.3、含盐量 0.2%以下的地块上栽培均能正常生长，但生产中忌盐碱地育苗。木瓜在海拔 1 500~3 500m 的地方能生长良好。在山地造林，不要把木瓜栽植在背阴坡，木瓜在过于荫蔽处生长，开花结果较少。木瓜树喜通透性良好的环境，但花期遇大风会造成果树授粉受精不良，降低产量。

木瓜系温带和北亚热带果树，在中国的东至辽宁、山东、浙江，西至新疆、西藏，南至云南、贵州、广西，北至甘肃、河北，大部分地区均有分布。木瓜主产山东、陕西、安徽、江苏、浙江、湖北、江西、广西等地，福建、广东、贵州、四川等地亦有出产；皱皮木瓜主产陕西、甘肃、四川、湖北、安徽、浙江、贵州、云南、广东等地；毛叶木瓜主产陕西、甘肃、江西、安徽、湖北、湖南、四川、云南、贵州、广西等地；西藏木瓜产于西藏拉萨、林芝、波密和四川西部，云南、陕西、甘肃、湖北、湖南、江西等地也有分布；日本木瓜在我国山东、陕西、江苏、浙江等地有栽培。目前，我国观赏木瓜的品种选育、栽培与园林应用，主要集中在北方地区，在南方的引种栽培与园林应用方面鲜见报道。为丰富南方地区的观赏植物种质资源，浙江 2004 年引入 7 个观赏木瓜品种，生长状况正常。

近年来，我国木瓜栽培面积和产量增长显著。20 世纪 80 年代初期，全国木瓜栽培面积不足 0.7 万 hm^2，其产品主要来自于天然野生木瓜。而到 2012 年我国木瓜种植面积 43.5 万 hm^2，产量 1 241.2万 t。目前，我国生产的木瓜主要以鲜食和生产药用饮片为主，进行果汁、果酒、果醋、果脯等产品以及活性成分提取加工部分果实仅占总产量的 10%左右。所生产木瓜果实主要供应当地市场与国内市场，木瓜除一些优质果品进行市场鲜销外，其余果实均经过饮片加工，以及特定的发酵工艺生产果汁、果醋与果酒，还有一部分果实用于超氧化物歧化酶、齐墩果酸与熊果酸等有效活性成分的提取生产。2011 年我国木瓜的出口量为 26.7 万 t，出口金额 1.9 亿美元，进口量为 26.2 万 t，进口金额 2.5 亿美元。木瓜饮片、果汁、果醋与果酒等产品主要供应国内市场，而部分饮片、超氧化物歧化酶、齐墩果酸与熊果酸结晶单体用于国内企业化工生产的同时，也用于出口，销往国际市场。其中，以木瓜果实提取物活性成分的国际市场销售前景较好。由于消费市场人们对木瓜果实及其系列产品认可程度的增加，以及木瓜果实系列产品开发类型的增加，近年来我国各大产区的木瓜种植业也蓬勃发展起来，产业化程度有了极大的提高。目前，我国木瓜的栽培生产、采收加工、系列产品深度开发以及市场分级销售等各个环节均已形成较为完善的产业链，总体来说我国木瓜产业正在向着良性健康方向发展。

第七节　香调料

在植物界中，很多种类体内含有芳香的气味；无论我们在野外还是在城市的花园草地，我们都会感受到这些植物散发的特有气息，令我们心旷神怡。其实，这些香气来源于植物体本身含有的挥发性油，随时挥散在空气中，植物的香味是植物生存策略的一种方式。我们把这些含有挥发性油，带有芳香气味的植物，称做芳香植物。

芳香植物身体里均含有不同类型的芳香油，带来了不同的香气，或清香或浓烈，不尽相同。有的植物只有花朵才有香气，其他部分不含或少含芳香油，例如大家都很熟悉的玫瑰、月季、玉兰、含笑等；有的植物通体含有芳香油，例如薄荷、熏衣草、柠檬、百里香等；还有的植物是果实、种子等含有芳香油，例如香草、香橼、佛手等。

能发出香味的主要是一些芳香族化合物酮和醛以及多种低级酯类化合物。例如茉莉油是由乙酸苄酯、苯甲酸苄酯、邻氨基苯甲酸甲酯和吲哚等组成的；薄荷油是由薄荷脑、薄荷酮和乙酸薄荷酯等组成的；香草的主要成分是香草醛；紫罗兰花香的主要成分是紫罗兰酮；风信子香味的主要成分是苯乙醛；梨香的主要成分是乙酸乙酯和乙酸异戊酯；草莓香味的主要成分是丁酸乙酯和丁酸异戊酯；菠萝香味的主要成分是丁酸酯、丁酸丁酯、丁酸异戊酯和异戊酸异戊酯等。不同的植物，所含的化学成分不同，但也有一些植物所含化学物质只是存在细微差别，这样就会产生浓淡各异，丰富多彩的气味了，构成了大自然的芳香之源。对于植物本身来言呢，有些是为了繁殖，需要靠香气来吸引昆虫来给它传粉，很多带香气的花都是这样的。很多昆虫具有敏感的感觉器官，可以感受到植物散发的香味，寻味而至，去享受植物带来的食物、花粉和花蜜，同时帮助植物完成传粉，植物由此而完成了一生中最重要的生理活动、繁殖，这是对植物相当重要的过程，这里，植物的香气起到了关键的作用，可以判断，这种植物肯定属于虫媒花的类型，这样的植物我们身边随处可见。

另外，植物的芳香气味也可能是出于对自身的保护，用于祛杀敌害。很多芳香植物的气味，对于其他生物是不适应的，甚至是厌恶，加上本身一些芳香油具有的毒性和苦辣味道，会很好的保护自身不被植食动物采食。例如大家很熟悉的除虫菊、香艾、迷迭香等，就是很典型的。《森林与人类》2006 年 10 月号芳香植物专刊。作者从中摘编了有关资料，致谢。

芳香植物是泛指植物体含有挥发性精油的植物类群，在植物世界里占有很重要的角色。据不完全统计，在世界上有芳香植物 3 600多种，被有效开发利用的有 400 多种，分属于唇型科，菊科，伞形科，十字花科，芸香科，姜科，豆科，鸢尾科，蔷薇科等。

中国幅员辽阔，植物物种极其丰富，芳香植物的种类更是位居世界第一，全国芳香植物达 600~800 多种，分属于 70 个科 200 多个属，主要集中在芸香科、樟科、唇形科、蔷薇科和菊科 5 个科，自然分布于南北各地。中国利用芳香植物的历史有 3 000多年，衣食住行的各个领域，都和各种芳香植物息息相关，主要作为香料、药材、食品等用途。

截至 2015 年，中国已发现有开发利用价值的芳香植物种类有 60 多科 400 多种，其中进行批量生产的天然香料品种已达 100 多种。传统的出口商品八角茴香（中国八角茴香产量占世界总产量的 80%）和中国桂皮（中国肉桂油产量占世界总产量的 90%）

主要分布于华南各省及福建南部，尤以广东、广西最多；闻名世界的中国薄荷脑及薄荷素油主要产于江苏、安徽、江西、河南等省；山苍子油主要产于湖南、湖北、广西、江西等省；名贵的桂花资源主要分布于贵州、湖南、四川、浙江等省；柏木油主要产于贵州、四川、浙江等省；四川、湖北主要盛产柑橘、甜橙、柚、柠檬等；一些纯热带香料植物，如香荚兰、丁香、肉豆蔻、胡椒等主要栽培于海南和西双版纳地区。中国盛产的香料油品种还有杂樟油及樟脑、香茅油、姜油、桉叶油、留兰香油等。此外，中国每年大量出口的香辛料植物资源如生姜、洋葱、大蒜、辣椒、芫荽、小茴香等在中国南北各地均有栽培。

香在中国的文字造字是会意字，甲骨文香字的形状象征，上半部为禾，下半部是锅，表示锅中煮着禾薯散发的香气。

爱香是人类的天性，不仅因为它的气味可以愉悦心情，同时，袅袅香烟还可以助人沉静，达到心灵净化的目的。

芳香不仅能增添美丽，还使人心情愉悦。传说嗅球有一条神秘路径直通大脑核心，芳香精油由此进入灵魂深处。檀香让人充分地放松，从各种压力中轻灵地解脱出来；薄荷使人沉静而愉悦，最能安抚烦躁的心绪；茉莉令人振奋，它那带些霸气的香味甚至有壮阳的功效；橙花最贴合女性的心意，带来春天般明朗心境；熏衣草来自普罗旺斯的紫色原野，是功效最齐全的一款精油；玫瑰是各种精油中最贵的一款，天生为了爱情和美丽而开放……

中国的香文化肇始于神农尝百草，历代用不同的香具、不同的出香方式，把不同的香料薰烧于礼仪、宗教、医疗、社交、居家生活、个人怡情等活动中。

香文化历史悠久，是中华民族在长期的历史进程中，在政治、经济、文化等各个方面，在不同的场合、运用不同的香料、采用不同的出香方式进行的文化活动和生活举止，进而演绎出中国特有的香文化制度，即由文化现象上升为文化观念。香文化伴随中国人特有的政治观、宗教观、文化观、生活观，融于中国传统的哲学体系之中。

古代用香的类型大致分为三种：风香、雅香和颂香。“风香”即平民的生活用香，比如驱逐蚊虫瘴疠、辟秽去疾等，以简单的物质效用为主；“雅香”兼有物质效用和精神追求，比如屈原在诗篇中大量使用香草，既反映当时用香习俗，又隐喻美好的品德以及忠心的贤臣；“颂香”即祭祀焚香，从古代盛大的燔烧祭祀，到现在祭祖、敬神、礼佛的上香仪式，都着重于精神追求。

中国香文化源远流长。古代人们崇拜自然神力，“焚香”起源于上古的祭祀活动。

香文化的性质与内涵不仅仅是闻闻香料味道和香席仪式的展示，香文化是综合艺术文化，又具有修身养性的功能。比如香具的功能、造型、纹饰等，是历代人们对艺术与哲学的思考后形成的，这是香文化极其重要的组成部分，也是超越香料出烟、出香的香文化。概括起来说，香文化由香料、香具、香席等的出香活动共同组成，实现从生理感受到心理感受的升华。仅仅闻闻香味，其生理感觉没有上升到心理感受，是不能算作香文化的。

从香文化历史发展纵向轨迹看，原始的香文化是“神农尝百草，辨识百草香；先民驱虫疫，屡屡起烟霞。”宋代丁谓所著《天香传》中云“香之为用，从上古矣。”

专家们一致认为神农为中华香文化当之无愧的祖师，可基于四个理由：其一，因“香”的本义为五谷香气，而五谷的发现、耕种和烹制都是神农氏开创的，故香之源起应归于神农；其二，神农尝百草，分辨其可食、可药或有毒，认识到香草对人的作用，由此才有了使用香草的各种习俗，可见神农开创了风香传统；其三，神农伊耆氏创立蜡祭，赋予了香气以精神含义，因此神农开创了颂香传统；其四，雅香传统是风香和颂香两大传统发展到后世逐渐交融的一种形态，并非独立于两大传统之外，其根本仍在神农。

随着人们物质与精神生活水平的提高，近年来已有越来越多的人喜欢品香、用香，并对香的品质有了更高的要求；同时也有更多爱香、懂香的人开始致力于对传统香文化的继承与弘扬。伴随社会经济文化的进一步繁荣昌盛，中国香文化也必将焕发蓬勃生机，在这个伟大的时代中，展露出美妙夺人的千年神韵。

有专家提出，从香文化的性质特点横向层面看：一是礼教香文化，即原始的敬天与祭祖，周秦以来香文化用于礼政、礼乐等；二是宗教香文化，即香文化用于礼佛、礼道、礼儒；三是社交香文化，用于茶席、琴桌、文房等；四是居家香文化，用于驱蚊虫、避瘟疫、薰衣被等。

品香既是一场别致的雅集，也是一次和心灵的对弈。在传统文化回潮的当下，风雅了千年的熏香，是附庸风雅也好，是真雅致也罢，在沉寂了半个世纪后，正迎来大好时代。

品香之趣在于“品”，在隔火熏香的过程中，让香气慢慢散发出来，缭绕满室，沁人心脾，与其说品的是香味，不如说是在品那份浸淫着香气的闲适时光。

品香时，取一个小的香炉，选上好的香灰放满，中间挖一凹坑，将沉香之类香料的香屑、香片埋在香灰中，以银箔相隔，上放一块炭点燃，香料受热后香气慢慢溢散出来，缭绕不绝，此即“隔火熏香”，也是最为普遍常见的品香方式。

在现代喧闹的都市生活中，品香是动中求静、获得心灵宁静的方式——在房中摆上一只香炉，沏上一杯淡茶，焚上一炷香，闭目凝神，让心灵深呼吸。

古人通过眼观、手触、鼻嗅等品香形式，对名贵香料进行全面的鉴赏和感悟，这样就逐渐形成了后来的香道。

香道讲究静观不语，心随袅袅轻烟，静静地感悟其中的人生意味。

香道是一种耐性的训练，也是一种想象力和感受力的训练，训练人细致如实地品尝生命，让人们对一阵风、一片树叶，对世间的一切都有感觉。香能打开人和自然界的门，让生命充满爱与被爱的喜悦的一种修行法门，就叫作香道。品香是一种修炼，是一种找回自我感知的方法。在这个浮躁的年代，静下心来品香，能恢复长久以来已经麻痹的知觉，敏锐捕捉自己对香的真正感受。品香后勇敢与别人交流闻香体验，不人云亦云，这是品香的精神。健康才有快乐，安心才得自在。从某种程度上说，品香也是使身体健康的方法，先贤强调的品香境界是“静心契道，品评审美，励志翰文，调和身心”。

品香，身体与智慧并行，健康与快乐同在。

香席是一种通过香作媒介的文化活动，不是单纯嗅觉上品评香味的品香。

香气开始了我们的嗅觉官能，启发人类对香气的美好想象，进而形成了优雅美妙的中国香席。

什么是香席？香席是经过用香工夫之学习，涵养与修持后，升华为心灵美感的一种生活形式。

“香”的本义是五谷煮熟时的美好香气，后引申为一切美好香气。香料与食物及医药的关系十分密切，可以说是共生共长。对它们的认识最早可追溯到上古三皇之一的神农。

神农发明耒耜以耕种五谷，尝百草以辨识药性，并制作陶器蒸煮食物、熬炼药物，那么五谷花草的芳香自然是被神农最早辨识出来的，此后才有了香料以及用香的知识。

《神农本草经》所载药物许多都是香料植物或与香料有关。

南开大学历史学院副教授敖堃在接受《中国科学报》记者采访时说，我国香文化始于春秋，成于两汉，完备于唐，鼎盛于宋，流行于明清。尤其在宋代，香料的应用和推广达到巅峰。《宋史》有记载：“宋之经费，茶、盐、矾之外，惟香之利博，故以官为市。”

历代的帝王将相、文人墨客惜香如金、爱香成癖。宋元时，品香与斗茶、插花、挂画并称，是上流社会优雅生活中怡情养性的“四般闲事”。完成了从神化到人化的过程。

20 世纪，随着科学技术的进步，人们认识到了合成香料的一些弊病，以及天然香料植物功能的新发现，兴起了一股回归自然的浪潮，天然香料植物迎来了又一个春天。

公元前 200 年汉武帝时期我国（官方）开始对外贸易往来，海上丝绸之路也是香料的重要贸易通道。海上丝绸之路形成于汉武帝之时。从中国出发，向西航行的南海航线，是海上丝绸之路的主线。随着造船技术的进步和航海经验的积累，海上航程亦不断伸延。元朝时造船技术和罗盘导航技术已相当进步，可以满足远航的需要。意大利人马可·波罗便是通过传统丝绸之路来到中国，却以海路返回意大利。宋代以泉州为枢纽构成的海上丝绸之路实际上就是香料和瓷器之路，1974 年在泉州湾发掘出来的大型宋代沉船，船上的货物主要是香料，包括降真香、檀香、沉香、胡椒、槟榔、乳香、龙涎等。明朝时海上丝绸之路更进一步发展，以致有郑和率领庞大的船队西行，最远到达非洲东海岸的创举。

在中国的对外贸易中，香料历来是重要出口物资，无论是陆上和海上丝绸之路，都是重要、重大交流物资。

有专家从香料的分类及出香特点看：其一是树脂类香，如沉香、檀香等，其味道以香甜为主，出香特点是热火熏烧。其二是膏脂类香，如龙涎香、麝香等，其味道以香腻为主，出香特点是既薰又熏。其三是花草类香，如蕙兰、蒿草等，其味道有香甜和辛辣，出香特点是既薰又熏。其四是瓜果类香，如佛手瓜、柏树子等，其味道有香甜和辛辣，出香特点是既薰又熏。其五是合（水）类香，如香粉、香露等，其味道有香甜和辛辣，出香特点是既薰又熏。

我国中医历来将植物香料作为重要的名贵中药材，用于临床，其实植物香料之用途是多功能的。

芳香疗法本质上是植物的挥发性芳香油中某些单离的成分在人类嗅感之后产生生理和心理反应，以达到防病与保健的目的。该方法具有疗效可靠、安全舒适、令人快慰及无副作用等特点。

芳香疗法的历史非常悠久。研究表明，最早利用芳香疗法的是公元前 3 000年左右的埃及人；中东、印度、希腊、罗马等古文明都有使用芳香疗法的记载。文艺复兴时代，因为活版印刷术的发明，使得芳香疗法与芳香植物的知识得以大量的保存，例如所罗门的《药方大全》。我国有后汉名医华佗用丁香等制成香囊，治疗呼吸系统感染和吐泻的记载；明代医药家李时珍在《本草纲目》中也列举多种清热、杀菌、镇痛的芳香植物。

（一）抗菌杀菌功能

香料植物的抗菌性从古时就被人熟知，古埃及在把香料植物作为香料使用的同时，也用在食品的保存方面和传染病的预防上。古埃及人将没药作为木乃伊的防腐剂，没药的主要成分是丁香酚、蒎烯、间-甲酚等，这几种成分同时也在其他许多香料植物中含有。香料植物“艾”在日本食品中应用得比较多。欧洲人多使用“艾”的近缘种“龙蒿”，这是法国菜种不可缺少的调味植物。“艾”和“龙蒿”的精油成分也表现出明显的抗菌性，它的主要成分有大茴香醛、丁香酚、柠檬烯、薄荷脑。经许多科学研究证明，大茴香醛和丁香酚的抗菌性很强。香料植物精油中常见成分在不同程度上对葡萄球菌、大肠杆菌、真菌都有一定的抵抗能力。

各类香料植物的药性不尽相同，如表 3-5 所示。

表 3-5　各种芳香挥发油的药学属性

作用	对应的精油
放松神经中枢	洋甘菊、薰衣草、马郁兰、白檀木、佛手柑、柠檬、快乐鼠尾草
平衡神经中枢	花梨木、天竺葵
提振神经中枢、缓解压力	茉莉、依兰、橙花、回青橙
抗痉挛	辣薄荷、薰衣草、马郁兰、快乐鼠尾草、橙花、甜橙
止痛	尤加利、薰衣草、迷迭香、洋甘菊、罗勒黑胡椒、丁香
神经补剂	欧白芷、罗勒、罗马洋甘菊、快乐鼠尾草、杜松子、柠檬草、岩兰草、辣薄荷、迷迭香

有专家提供以下几个易行的配方：①丁香 1 至 2 个，用沸水冲泡，可以喝也可以含漱，有理气和胃、清除口臭、改善体味的作用。唐朝诗人宋之问据说用此方讨武则天欢心。②白豆蔻与陈皮各 5g，一起用水煎，可以喝也可以含漱。这方子行气、暖胃、消食，而人往往由于胃肠积滞，才出现不好的气味。③15g 藿香加 10g 仓术，用水煎服。该药方芳香温煦，醒脾开胃。④桂花加蜂蜜泡茶。常饮不仅含香，还可暖胃平肝、美白皮肤、舒筋活络。

（二）缓解精神疲劳功能

神经系统是身体的联络网，具有协调及控制的功能。神经系统能察觉体内、外环境的变化，并将信息加以整合，然后协调肌肉的收缩及腺体的分泌。因此神经系统主要由中枢神经系统及周围神经系统控制我们身体的功能，如消化、呼吸；也控制意识如心智、思考、情绪等。神经系统的状态与我们的人体和心理状态密切相关。当压力对身体的影响大到无法承受时，头痛、记忆力差、失眠、疲倦、焦虑、精神差及免疫力低下等困扰也随之而来。刚开始有的人会以咖啡提神，或以烟酒放松，或甚至求助镇定剂、安眠药。短期内可能有帮助，但长期来说，这些方法并无法解决问题，反而危害健康。压力积累在身体上造成的不适也会引起心理的疾病。

香料的香味和精油散发的香气可以影响人的精神状态，改善人的内在环境，温暖身体，扩张血管，促进血液循环，增强体质。近几年，香熏等香草类保健品及其仪器大量涌现，已经深入到人们的生活中。人们可以通过各种办法享受到香草及其产品给人们的恩赐。最简便易行的方法是根据缓解精神疲劳的需要，有针对性选择对应的精油，最好用仪器使精油散发到空气中，然后吸入鼻腔内。限于条件，可采用多种简便易行的方法。如，可在空调机上加个精油瓶，随着空调机风叶的转动精油随风散布到室内空气中；也可在加湿器水箱中直接加入 5~8 滴精油，使精油随加湿器水雾散发到空气中；更可用药棉球蘸上精油，放到暖气上，热水杯盖上等，使精油遇热迅速散发到空气中，达到预想效果。

纯正的精油所费不赀，但你也可以用很简单的方法来获得。比如，在枕畔放一个苹果，在香甜的气息里入睡。把橙皮、橘皮晒干后收集起来，做成漂亮的小香包。在窗台上种盆碧绿的薄荷或柠檬马鞭草，轻轻抚摸一下它的叶子，就会留下满手余香。

（三）调味功能

香辛料是对植物的花、花蕾、种子、芽、叶、茎、块根和根茎等器官，或从这些器官取得的原料而制成的有刺激性香辛味，可赋予食物以风味，可增进食欲和帮助消化的物质的统称。香辛料的主要成分为挥发油，即精油，其大部分芳香气味均由挥发油发出。此外，还含有腊味成分和有机物、淀粉、纤维、树胶质等。香辛料除具有辟除食物腥膻、增添食物香味的功能外，还具有抗菌、防腐和抗氧化作用。

圆叶当归、罗勒、葛缕子和莳萝等都可以让食物容易消化而更加可口。它们除了为菜肴、糕点和饮料赋予生命，还增添了日常餐饮额外的养分，含有均衡的少量微生物、矿物质和微量元素。无论从视觉、嗅觉、味觉角度考虑，加与不加适量的香草蔬菜菜肴的效果是截然不同的。如芫荽（香菜）和香芹具有香气，可作为调味品也可装饰拼盘。姜具有姜辣香，细香葱、胡葱的嫩叶及假茎柔嫩，具浓烈的特殊香味，大葱具辛香风味，均是我国主要的调味香草蔬菜。细香葱在欧美食用也很普遍，可鲜食、速冻，作为西餐的调味品用于汤类、调味汁、沙拉等来点缀装饰。其次是能起到帮助消化的作用。希腊、罗马和阿拉伯人，以及法国在南方都非常习惯用马郁兰作为帮助消化的调味品，用于菜、肉的烹调。薄荷的叶片做调料可以帮助消化、解除腹胀。新鲜的罗勒叶片、奶酪、松子、大蒜及橄榄油混合就成为最有名的意大利酱，搭配蔬菜及肉食等会令人食欲大增。若是几种香草蔬菜组合后还能变化出各种不同的口味。

（四）美容美肤香体功能

1. 美容美肤

皮肤是身体的最大器官，总重量约占体重的 16%，总面积约为 2m^2，厚度 1.2mm，眼睑是 0.5mm，手掌、脚掌约有 4~6mm。皮肤是个多样性功能的器官，主要执行体温调节，皮肤透过阳光照射，形成维生素 D，排泄废物，接受感觉和保护内脏器官等功能。将香草的精油与各式的保养品结合，创造一个流行的趋势，主要原因是消费者喜欢精油的自然香气，精油具有一般美妆保养品的效果，还可以处理许多皮肤问题。由于皮肤类型有正常性、油性、混合型、感性 4 种，皮肤问题相当的多样，如老化、粗纹、黑斑、青春痘、粉刺、痒、过敏、过油、过水、缺水、缺油、疤痕、皮肤炎、晒伤、浮肿。因此皮肤类型及皮肤问题交叉出多种可能性的目的性保养品。根据个人皮肤的类型，可调配改善个人问题皮肤的精油保养品。

各类皮肤保养使用不同的精油见表 3-6。

表 3-6　皮肤保养常用精油

皮肤特性	常用精油种类
正常皮肤	薰衣草、香叶油、迷迭香、甜橙、檀香、玫瑰、茉莉、乳香
油性皮肤	柏木、薰衣草、香柠檬、迷迭香、柠檬、甜橙、乳香、香紫苏、杜松、刺蕊草
干性皮肤	香叶油、迷迭香、薰衣草、柏木、依兰、白兰、广藿香、玫瑰、洋甘菊
敏感皮肤	薰衣草、檀香、柏木、玫瑰、橙花、洋甘菊、月见草
中性皮肤	玫瑰、刺蕊草、香薷、薰衣草、檀香、香叶油

利用香草的挥发成分特别是精油进行美容美肤保养主要途径有：沐浴、按摩、敷面、体泥和熏香等。精油的活性成分通过皮肤和嗅觉进入体内，除清洁皮肤、调节内分泌和促进新陈代谢和血液循环外，还作用于身体器官和神经系统，实现生理和心理的双重疗效。香精油会刺激并调和皮肤、皮下组织及结缔组织，使局部温度增加并促进毒素的排除，可保持肌肤的湿润，滋养皮肤，增加皮肤的弹性，恢复皮肤光泽，防止过敏，消炎，增强代谢功能等。它们能维持皮肤的年轻活力及光彩，使皮肤健康亮丽。

2. 香　体

如今，以香身为目的各种保健食品纷纷登台亮相，一时阵阵香风吹动着保健食品市场。据称以丁香、沉香等香草植物为原料制成的香身保健食品，服用 1~2 个月，就可使人体散发出玫瑰或是茉莉等自然芳香的气味来。古往今来，人们为了能身附奇香，或喷施香水，或身佩香囊，方法较多；而古老神秘的香身传说，更令许多爱“香”之士心驰神往，欲罢不能。香身丹，吃了就放香，这对于急于改善体味及爱香之士颇具吸引力。保健食品发展至今，不但要吃出健康，吃出美丽，而且还要吃出体香，这的确是保健食品功能上的一大突破。然而，是否人人都适合服用香身食品？是否都可以吃出体香来呢？从物理学、化学和中医学的角度来说，香身保健品一般都含有开窍类的中药，有的含有一定的麝香成分。而同一类化学物质在体内积累过多，便会产生毒副作用；开窍类药物一般既是香料又是急救兴奋药，不宜随便使用。俗话说是药三分毒。因此，渴望身体放香者，在食用香身丹时，最好先弄清楚自身的体质且要避免长期连续服用。我们这里所说的香身，是利用天然的香草植物的精油、浸膏和酊剂等纯洁自然的产品，因势利导，科学合理的利用其消炎杀菌、渗透性强、排毒、挥发性、不残留、代谢快、滋养性好等特性；以外用，如沐浴、按摩、熏香等为手段，营造一个芬芳、干净、美妙、祥和氛围。就好比把一片森林、一块绿地、一个湖泊搬入居室，使我们的身心能享受到自然精华的雨露，从心里到生理得到良好的调节和治疗。

3. 美 发

头发具有保存体内热量、减少散热的功能，对于人体而言，更具有美化、吸引的特质。毛干俗称头发，使露出体表的部分；发根部是唯一活的部分，不断地生长，把上面角质化的部分推出皮肤。头发具有天然保护膜，源自毛根部的皮脂腺分泌的油脂。当油脂分泌不足时，不仅头皮干，头发也会干燥而形成断裂。使用精油来护理头部，主要是从两个方面来进行的。第一，驱风止痛，芳香开窍；第二，对头发进行有效护理，有杀菌、消炎，抑制头皮屑产生的功效。保养头皮和头发可以通过每周 1 次的按摩头皮并抹油在头发及头皮上，达到维护头发健康的效果。最好的保养油是荷荷芭油，若头皮需要进一步营养则可添加金盏花油或月见草油等。针对不同的头发问题可采用不同的精油如薰衣草油、香叶油、姜油、檀香油可保护发质，而迷迭香、桉叶油、刺蕊草有则可较好地杀菌抗菌，抑制头皮屑生长。

（五）驱虫和杀虫功能

香草植物可以有效地驱除害虫，与化学药物比较起来，它们完全没有安全上的顾虑，尤其在厨房和其他储存食物的地方更重要。中世纪时，人们常常在地上散放药用植物，以驱除跳蚤、虱子、蛾和害虫。如此还能掩饰难闻的气味，并且抵御冬日的寒冷和夏季的炎热。不过这种方式并不适合现代，但可以在踏垫、地毯下和玄关上放置药用植物枝条。适合的植物有：艾蒿、滇荆芥、罗勒、白花黄春菊、雏菊、薄荷、茴香、玫瑰、啤酒花、牛至、迷迭香、鼠尾草、老人蒿、菖蒲、香车叶草、金钟柏、百里香等。

在架子上或碗柜中放置薄荷、芸香或艾菊枝条，可以驱除蚂蚁。许多植物都能防止苍蝇，包括：西洋接骨木、薰衣草、薄荷、艾蒿、薄荷、芸香、胡椒薄荷和老人蒿，还可用他们来插花、编制花环或做成混合香料。或是将土木香湿黏在根部碎片悬挂在窗门四周。将月桂叶片放进面粉、米箱和干燥的豆子中，可以驱除象鼻虫。

一、沉香 Aquilaria sinensis（Lour.）Gilg

沉香的形成需要极为苛刻的自然条件，其中包含了无数的机缘巧合。能够结出沉香的沉香树有橄榄科、樟树科、瑞香科和大戟科四大类。市面上的沉香多为瑞香科所结，主要是瑞香科（Thymelaeaceae）沉香属（*Aquilaria*）的 8 种树木，包括印度沉香树、厚沉香树（又称奇楠沉香树）、马来沉香树（又称容水沉香树）、白木香树（又称莞香树）等。瑞香科沉香树的结香过程相当缓慢，加上其对结香条件要求十分苛刻，因此香树能够结香的比例并不高。它亦是沉香中品质最佳。

香料当中，沉香是上好的，同时也是非常名贵的中药材。它原本只是看上去黑漆漆的一段朽木，但因能散发出素雅悠远的香而为世人所重视。

有专家说，沉香是密实的固态凝聚物，混合了树胶、树脂、挥发油、木质等多种成分。天然香树一般要经年累月才有可能形成“香结”。而形成“香结”之后，还要经过漫长的时间才能真正“成熟”。有的香树寿命长达几百岁以至上千岁，其倒伏后留存的沉香往往也有几百岁以上的“寿命”，专家感慨道：“所以就有了古人对沉香“集千百年天地灵气”的赞叹。”

沉香的形成过程（也称结香）很奇妙也很复杂。廖景平介绍，就目前的研究，若树干由于虫蛀、外伤等多种原因，有真菌侵入，则常常引起香树的系列变化，使树胶、树脂、挥发油等成分聚集沉积，形成“香结”。这种油脂块在以木质为载体的情况下会沿着沉香树的木质导管不断扩散，并在长时间的醇化反应后形成一种油脂和木质的混合物质，整个过程便是结香的过程。香树倒伏后，再经过长期的腐蚀、分解，在剩余的“香结”处即可形成沉香。《本草纲目》曾引前人经验解之曰：沉香“其积年老木，长年其外皮俱朽，木心与枝节不坏，坚黑沉水者，即沉香也”。

在香道用材中，素有“沉檀龙麝”四大名香之说。沉香之所以高居四大名香之首，缘其形成之难得、世间之稀有。沉香，被誉为“植物中的钻石”。沉香，又称蜜香、栈香、沉水香、琼脂、白木香、莞香，如上所说，它是树木经过动物啃咬，或者外力创伤，以及人为砍伤侵蚀，或受到自然界的伤害如雷击、风折、虫蛀等，在自我修复的过程中分泌出的油脂受到真菌感染，所凝结成的分泌物。可以说，沉香集天地之灵气，汇日月之精华，蒙岁月之积淀，入水即沉，故名沉香，它也是名贵的中草药和收藏品。

据了解，沉香价格一般是按产地及结香的质量来定价。目前市场上的新原材料，一般沉香的价格要5 000~8 000元/g，最贵的每克可达几万元。对于高阶沉香，大多数人以纯收藏为主，价格则须综合评价。

奇楠，是沉香中的一种，是极品沉香中的极品，古代称为琼脂，比之沉香更加温软。奇楠是一种极佳的天然抗菌性药材，可促进改善人体内脏功能及循环功能，理气、止痛、通窍、提升免疫力、对心脏功能尤佳，“救心”就是含奇楠的心脏病良药。

沉香主要分布于热带地区，根据产地分级，在印度、泰国、越南、柬埔寨及海南等地区形成的沉香被认为品级较高。有专家根据颜色分级，沉香颜色有五种：第一级为绿色，第二级为深绿色，第三级为金黄色，第四级为黄色，第五级为黑色。宋人蔡绦记载过“海南沉香，一片万钱”，可见在北宋时期，沉香的价格就堪比黄金。极品沉香的价值可以达到黄金的近200倍。

二、八角 *Illicium verum* Hook. f.

又名茴香、大茴香、大料。八角科（Illiciaceae）八角属（*Illicium*）。

八角是我国南亚热带地区的珍贵经济树种，我国栽培八角的历史已有400多年。广西、云南、广东和福建等地区均有种植，其中广西是主产区，全区八角林面积有20万hm^2以上，占全国八角产量的85%以上。其产品有八角和八角油（茴油）。八角果味香甜，是优良的调味香料和医药原料，可健胃、止咳、镇痛，治神经衰弱、消化不良及疥癣等症，还可作畜牧饲料的调味剂；八角油是从树叶或果皮中提取的芳香油，其主要有机成分为茴脑（约占85%~95%），是食品工业的重要香料，经过氧化作用制成的茴醛和茴香腈可作香精，是高级香水、香皂、牙膏及化妆品不可缺少的香料。

早在1897年，我国已有茴油出口至欧美各国，现在每年都有大量的八角和茴油出口。发展八角生产，效益显著，前景广阔。

八角科八角属在我国约有30种，广为栽培的仅为八角，属内其他种的果实或树液多数有毒，不可食用。

八角主要分布在南亚热带至中南亚热带南部。主产于广西、云南、广东、福建。研究表明，在北纬25°30′以南，年平均气温大于16℃，极端低温不低于-3℃，相对湿度在78%以上，并且雨量分布均匀，八角能正常生长且开花结实良好。在广西，八角生长较好的地方为北纬22°~23°地带，海拔300~700m的山区，年平均气温20~23℃，1月平均气温8~15℃，≥10℃的年积温5 500℃以上，年降水量1 800~2 300mm。

垂直分布主要是受低温和湿度的限制，在低纬度的桂南和桂东南，八角栽培在海拔300~1 000m；而桂北地区一般在500m以下，其中多数在150~300m。云南的栽培范围一般在海拔1 000~1 600m。山地气候夏凉冬暖，高湿静风，花岗岩、砂岩发育而成的山地红壤和黄壤，土层深厚，疏松、肥沃，是八角最适宜的生境。风口地、低洼积水地，黏性土与碱性土等均不适宜发展八角。

八角每年开花2次：第一次在2—3月间，8—9月果熟，其产量占全年产量的90%以上，称为“大造果”或“大红果”。第二次开花在8下旬至9月下旬，次年3—4月果熟，产量较少，称为“四季果”，又叫花红、小造果、春果。大造果肥大为正品，小造果瘦小为次品。

八角终年都有花果，必须补充足够的养分，才能获得更好的收成，因此对八角林进行施肥很重要。

果实采收与加工　春造果在4月成熟，待落地后捡收，晒干即贮藏于干燥通风之处。因其老熟落地，种子多已脱落，果壳瘦小，称为“干枝”，价格很低。秋造果是大造，果实采收后即行处理，先将生果放于沸水，用木棒搅拌约 5~10min，即取出（此时果实经脱青后变为浅黄色），置于晒场暴晒，勤加翻动，晴天约 5~6 天即可晒干，颜色棕红鲜艳而有光泽，叫大红果，价值最高。如遇阴雨天不能晒干时，则不需经过脱青工序，可直接用柴或木炭烘干，颜色紫红暗淡无光泽，但其品质好，且香味浓，价值亦高。采收的八角如用作蒸油时，则不需蒸煮或烘烤，将鲜果直接投入蒸馏锅中蒸馏即可。一般木甑蒸馏器每次投人生果 315kg，每蒸一次要 48h，大红鲜果每甑可得油 13kg，如用春果或霉烂果每甑只得油 7~8kg，其出油率分别为 4.1%和 2.4%，好的干果出油率可达 12%~13%。

枝叶采收与加工　叶用林经营的目的是生产枝叶用作蒸油，老叶（1 年生以上）含油量比嫩叶高，一般采叶季节宜在秋后，随采随蒸效果好，但大面积经营者，亦不分季节，但必须设置多个作业区，轮换采叶，方能保证植株的正常生长，以利于扩大再生产。蒸馏的方法与蒸酒相同，一般以 150kg 枝叶为一甑，每甑得油 1.2kg 左右，蒸得之油称为茴油。

八角茴香为我国特产，不仅是重要的药用植物和香料植物，而且是可以用于园林绿化的树种，野生兼栽培于我国广西、云南等地，以南宁产的质量最好，有“南茴”之称。按收获时间分春秋两种，以秋产为好。果实香气浓烈，味微甜，含精油 2.5%~5%，其中以茴香脑为主（占 80%~90%）。果除直接供调味外，亦为配制五香粉等调味料的主要原料之一，亦供提取八角茴香油。果性温热，有开胃、散寒、暖胃、解毒等功能。同属的毒八角茴香产于日本等地，莽草子产于我国长江中下游以南地区，俗称“野八角”，果瓣多至 11~12 瓣，角细长，角尖上翘呈弯钩形，有樟脑气味，咬啮时味苦有麻木感。

三、肉桂 *Cinnamomum cassia* Presl

又名玉桂、筒桂。樟科（Lauraceae）樟属（*Cinnamomum*）。

肉桂是我国南亚热带地区值得大力发展的重要经济树种，是我国著名特产，是医药珍品。栽培后 5~6 年即可剥取桂皮和采叶蒸油，桂皮和桂油是我国的传统出口商品。肉桂经济价值高，树皮、枝叶、果实、树干均可利用。由树干剥下的树皮叫“桂皮”，末梢小枝称“桂枝”，果实叫“桂子”，桂枝叶经蒸馏而得的芳香油为“桂油”，剥去皮的树干称“桂柴”。在医药上桂皮具有散寒、止痛、化瘀、活血、健胃和强壮之功效。桂油主要成分为桂醛，在食用上作饮料及糖果之香料配制。世界驰名软饮料可口可乐、百事可乐中有桂油，用量很大。从桂油提取的香精，可用于香烟、化妆品、香水及香皂等。在医药方面，桂油有驱风、镇寒散热作用。桂子、桂枝入药，功效与桂皮类似，中药配制常用。桂柴可用作薪材用，亦可加工成牙签等，或用于造纸工业。

性味及功效：药用主要是桂皮。味辛、甘，性热。有助阳、散寒、止痛、暖脾胃、散风寒、温经通脉的功能。用于阳衰畏寒肢冷、腰痛、阳痿、尿频、脘腹冷痛、寒湿冷痹、瘀血经闭、痛经。用量 1~4.5g。研末服 1~2g 或入丸散。孕妇禁用。

肉桂的皮中含挥发油 1%~2%，高者可达 5.86%。油中主要成分为桂皮醛（Cinnamaldehyde），皮油中含 52.92%，枝油中含 64.75%，叶油中含 50.04%，并含苯甲醛 4.47%、桂皮酸等。

采制：一般于 8—10 月间剥取栽培 5~6 年的幼树干皮和粗枝皮，晒 1~2 天后，卷成圆筒状，阴干即为“官桂”；剥取十余年生的干皮，两端削齐，夹在木制的凹凸板内，晒干即为“企边桂”；“板桂”，则是剥取老年桂树的干皮，在离地 30cm 处作环状割口，将皮剥离，夹在桂夹内晒至九成干时取出，纵横堆叠，加压，约 1 个月后即完全干燥。在桂皮加工过程中留下来的边条，去掉外皮即为“桂心”；而碎片即为“桂碎”。

性状鉴别：肉桂皮本品呈槽状或卷筒状，长 30~40cm，宽 3~10cm，厚 0.2~0.8cm。外表面灰棕色，有不规则的细皱纹、小裂纹及横向突起的皮孔，有的可见地衣附着的灰白色斑纹；内表面红棕色或暗红棕色，略光滑，有细纵纹，划之显油痕。质硬而脆，易折断，断面稍带颗粒性，外侧棕色，内侧红棕色而油润，中间有 1 条浅黄棕色的线纹。气芳香，味甜、微辛辣。

以肉厚、体重、油性大、香气浓、嚼之渣少者为佳。

桂皮、桂油出口为主，规格质量要求严格，要防止掺杂。桂油出口标准要求总醛含量 80%以上。

水平分布多在北纬 24°30′以南的亚热带地区；垂直分布可达海拔 800m。世界桂皮产区以我国最多，东南亚的印度尼西亚、斯里兰卡、越南及印度和非洲等均有栽培。我国主要产地为广西、广东及福建、云南等地区，湖南、贵州、江西、浙江有少量栽培。广西肉桂面积及产量均占全国的 70%左右，在历史上商业习惯以平南和防城为中心的平南、桂平，和藤县、苍梧、岑溪、容县两大产区，前者称为“东兴桂”，后者称为“六陈桂”或“西江桂”，在国际市场上统称为“中国桂皮”“中国桂油”，颇有声誉。

肉桂喜湿热气候，适生于年平均气温 19~22.5℃，1 月平均气温 7~16℃，极端最低气温-4.9℃，年降水量 1 200~2 000mm，多数产区 4—8 月多雨，相对湿度 80%以上，雨量不足或相对湿度小则生长不良。在日平均气温达到 20℃以上，才开始萌芽生长。抗寒性弱，连续 5 天以上的霜冻，遭冻伤，常使树皮冻裂，枝叶枯萎，小树甚至连根冻死。

肉桂是耐荫树种，需光的性能随年龄不同而有所变化。苗期耐荫；3～5 年生的幼树，在荫蔽条件下生长快，成林后需较充足阳光，可提高成年肉桂的结实量和促进韧皮部形成油层。肉桂适生于花岗岩、砾岩、砂岩母质上发育的酸性肥沃湿润的土壤，在干燥瘠薄土壤上生长不良，寿命缩短，萌芽力降低，仅能萌芽更新换代 2～3 代。在排水不良的低洼地，易患根腐病，不宜种植肉桂。

种植肉桂的目的是剥取桂皮、采叶蒸油，采桂枝、桂子入药。采收具有严格的季节性，技术性也较强。一般在春季树液流动时，树皮易剥落，又有利于萌芽更新。要求有固定的熟练人员，用特别的刀具，按照出口规格长度采剥，晒 1～2 天后阴干，也可加工烟子桂。切口要斜滑，保留芽原基，有利于萌芽。枝叶可晒 1 天，然后置室内阴干贮存。早年蒸桂油多以铁锅、木甑土法蒸馏，出油率在 0.4%～0.6%。广西林业科学研究院研制出的桂油复蒸馏新工艺，出油率稳定在 1.2%左右，而且适合于工业化生产，成本、能耗大大降低。

四、花椒 *Zanthoxylum bungeanum* Maxim.

又名秦椒、凤椒、蜀椒。芸香科（Rutaceae）花椒属（*Zanthoxylum*）。

花椒是我国栽培历史悠久的食用调料、香料、油料及药材等多用途经济树种。花椒的经济利用部分主要是果实。果皮具有浓郁的麻香味，是食用的调味佳品；并且富含挥发油和脂肪，可蒸馏提取芳香油，作食品香料和香精原料。种子含油率 25%～30%，所榨取的椒油属干性油类，可食用或制作肥皂、油漆、润滑等工业用油。果皮、果梗、种子及根、茎、叶均可入药，有温中散寒、燥温杀虫、行气止痛的功能，还可用来防治仓储害虫。嫩枝和鲜叶均可直接作炒菜的调料或腌菜的配料。此外，花椒地上部枝繁叶密，姿态优美，果实成熟时火红艳丽，且芳香宜人，有较好的观赏价值。地下部根系发达，固土能力强，具有良好的水土保持作用。

花椒在我国栽培广泛，太行山区、沂蒙山区、陕北高原南缘、秦巴山区、甘肃南部、川西高原东部及云贵高原为主产区，其中河北的涉县、平山，山东的沂源，陕西的韩城，山西的平顺，甘肃的武都、秦安，全国年产花椒果皮 50×10^4kg 左右。花椒的垂直分布，太行山、吕梁山、山东半岛等地在海拔 800m 以下；秦岭以南在海拔 500～1 500m；秦岭以北多在海拔 1 200～2 000m，云贵高原、川西山地多在海拔 1 500～2 600m，但人工栽培常因地势不同而异。花椒耐旱耐贫瘠，对栽培条件要求不严，在山地、丘陵、河滩、宅旁等地均能栽植。

花椒是喜温较耐寒的树种。在年平均气温 8～16℃的地区都有栽培，但 10～15℃的地区栽培较多，在年平均气温低于 10℃的地区，虽然也有栽培，但常有冻害发生。在春季寒冷多风地区栽培时，营造椒林的防护林是防止花椒受冻、提高早期生长温度的主要措施之一。

花椒是强喜光树种。光照条件直接影响树体的生长发育和果实的产量与品质。花椒生长一般要求年日照时数不得少于 1 800h，生长期日照时数不少于 1 200h。在光照充足的条件下，树体生长发育健壮，椒果产量高，品质好。光照不足时，则枝条细弱，分枝少，果穗和果粒都小，果实着色差。若开花期光照良好，则坐果率高；如遇阴雨、低温天气则易引起大量落花落果。

抗旱性较强，一般在年降水量 500mm 以上，且分布比较均匀的条件下，可基本满足花椒的生长发育；在年降水量 500mm 以下，且 6 月以前降水较少的地区，可于萌芽前和坐果后各灌水 1 次，即可保证花椒的正常生长和结果。但是，由于花椒根系分布浅，难以忍耐严重干旱。花椒根系耐水性很差，土壤含水量过高和排水不良，都会严重影响花椒的生长与结果。

花椒属浅根性树种，根系主要分布在距地面 60cm 的土层内，一般土壤厚度 80cm 左右即可基本满足花椒的生长结果。土层深厚，则根系强大，地上部生长健壮，椒果产量高，品质好；相反，土层浅薄，根系分布浅，影响地上部的生长结果，往往形成“小老树”。

花椒根系喜肥好气。因此，砂壤土和中壤土最适宜花椒的生长发育，沙性大的土和极粘重的土则不利于花椒的生长。肥沃的土壤可满足花椒健壮生长和连年丰产的要求。

在土壤 pH 值为 6.5~8.0 的范围内都能栽植，但以 pH 值在 7.0~7.5 的范围内生长结果为最好。花椒喜钙，在石灰岩地上生长特别好。

果实进入成熟期后，色泽由绿白色变为红色或鲜红色，当果全变为鲜红色，且呈现油光光泽时，表明果实已充分成熟。当果实呈现鲜红的油光光泽时，是采收的最佳时期，此时采收的果实色泽艳丽，麻香味浓。花椒果实的干制，主要采用阳光暴晒和暖炕烘干两种方法。阳光暴晒的方法既简便又经济，且干制的果皮色泽艳丽。暖炕烘干的方法主要在采果后遇到连续阴雨天气时采用。暖炕烘干的椒果，色泽暗红色，质量较阳光晒干的差。

陕西省韩城市是我国著名的史学家、文学家司马迁的故里。三北防护林工程建设 30 年来，韩城市立足市情，围绕山增绿、林增效、人增收的目标，坚持绿化、治理、致富三位一体，发展以花椒产业为主的生态经济型林业，使韩城林业生态体系建设和产业体系建设得到了长足发展。

2000 年，韩城市被国家林业局命名为“中国名特优经济林花椒之乡”称号，2005 年荣获国家标准委、国家林业局命名的“国家林业标准化示范区”称号，2006 年获国家标准委颁发的“国家农业标准化示范区”验收合格证书。韩城市林业局也连续被国家林业局评为三北工程一、二、三期工程建设先进单位。

“大红袍”花椒是韩城传统的名优特产，这里土壤气候环境优越，距今已有上千年的花椒栽培历史，尤以“粒大肉丰、色泽鲜艳、香气浓郁、麻味适中”的独特品质而闻名遐迩，明清时期产品已远销长城内外、大江南北。改革开放后经过30多年艰苦创业，韩城已发展成为规模大、产量高、研发强、效益好的花椒生产基地县（市），花椒产业已迈入规模化、市场化、品牌化、标准化经营轨道，韩城建成百里4 000万株大红袍花椒生产基地，花椒年总产量达2 000万kg，约占全国花椒总产量的1/6，年总收入达10亿元，占全市农业总产值的60%，椒农人均花椒收入达6 250元。小小的花椒已成为韩城农民致富奔小康和新农村建设的聚宝盆。

先后研制出花椒烘干机、精选机等花椒加工机械，开发出花椒、花椒粉、花椒油、花椒油树脂、花椒精油、椒目仁油、花椒芽菜辣酱等20多种系列产品，利用花椒籽栽培食用药用真菌试验研究获得成功，利用花椒籽仁油研制开发出复方药剂、保健品、旅游食品、叶面肥等10余种产品，申报花椒及花椒籽综合利用相关专利20多项，获国家专利10多项，成果转化率达到85%以上。形成花椒产业化经营格局，龙头企业集聚带动作用初显，全市拥有16家花椒加工销售企业，年加工花椒能力达600万kg，年加工花椒籽能力达3 000万kg，花椒加工工业总产值达1.5亿元，直接带动增加农民收入5 500万元。

“十二五”期间，韩城市将以打造全国最大的花椒种植、加工、科研、贸易和出口五大基地，并建立中国花椒城、花椒博物馆，实现花椒产业总收入15亿元，花椒产业加工总产值20亿元的目标。

五、胡椒 *Piper nigrum* L.

胡椒科 Piperaceae 胡椒属 *Piper*。

多年生热带藤本植物，在天然情况下可以长得很高。栽培的胡椒高度一般控制在2.5~3m。采用活支柱者，高度可达3m以上。蔓上有节，节上长有气根，蔓靠气根吸附向上生长；蔓的叶腋间有休眠芽，可抽生新的蔓，新蔓基部两侧长有两个副芽，也可长出新的蔓。

胡椒是世界上重要的香料作物。种子含挥发油、胡椒碱以及粗蛋白、粗脂肪、淀粉、可溶性氮等物质。它是人们喜爱的调味品，在腌制工业上用做防腐性香料，在医学上用做健胃剂、利尿剂和支气管黏膜刺激剂等。

胡椒种植后3~4年便有收获，经济寿命可达30年以上。一般每公顷产3 000kg。最高每公顷产7 500kg，每公顷产值可达3万元以上。

黑胡椒是将鲜果直接晒干或烘干脱粒而成，100kg 鲜果可制成黑胡椒 32~36kg；白胡椒是将鲜果在流水中浸泡脱皮干燥而成，100kg 鲜果可制白胡椒 24~28kg。

胡椒原产于印度西海岸马拉巴省（Malabar）高止山脉（Khats）西麓。要求高温多雨、静风和土壤肥沃、排水良好的环境，海拔高度多在 500m 以内。胡椒原产地年平均气温为 25 ~ 27℃。月平均气温变幅为 3 ~ 5℃。印度胡椒主产地特里凡特伦（Trivandrum）区，年平均气温为 25. 5℃，极端最高气温不超过 40℃，最低气温不低于 10℃；年降水量 2 000~2 500mm，最低为 1 250mm，分布均匀。印度西海岸年降水量为 2 500mm，多分布在 5—8 月，12 月至翌年 4 月较旱，但空气相对湿度很高，12 月至翌年 4 月都为 72%~80%，因此胡椒生长良好，印度喷呸省西部雨量过多，有 5~6 个月的月雨量超过 300mm，病害流行；而在东部雨量分布均匀，每月降水量不超过 300mm，病害少。印度及中南半岛（包括缅甸、泰国、老挝、越南、柬埔寨、马来西亚和新加坡），胡椒栽培区的相对湿度都很高，并且变化不大，一般为 70%~80%，很少低于 60%，只有印度的孟加罗尔较特殊，最低为 40%，最高为 70%。

印度栽培在活支柱下面的胡椒比用死支柱的生长为好，特别是幼龄期更为突出。其原因是活支柱可供给部分荫蔽，但过大的荫蔽又会影响其结果量。印度主要栽培区的日照时间平均在 7. 8h，日照最长是 1—3 月，8. 6~9h，最短是 6—8 月，4. 7~5. 9h。

胡椒栽培在各种土壤类型上都能生长，但含有大量腐殖质的排水良好的土壤最为理想。沙捞越的大部分胡椒都是栽培在这样的土壤上；但在少部分泥炭土地区，由于排水不良，虽进行了平衡施肥，但仍未种植成功。印度西海岸的胡椒大多数是栽培在排水良好的砖红壤土上，pH 值 5. 7~6. 5。

胡椒一年四季都开花结果，中小椒应及时摘花，只保留主花期的花穗。为了使生长的胡椒通风透光，结果椒在开花前一个月将枝条老叶适当摘除，以促进开花结果。

目前胡椒栽培多分布于南北纬 20°之间的亚、非、拉三大洲将近 40 多个国家。世界种植面积约为 50 万 hm^2，总产量 40 万 t 左右。主要产椒国家为印度，种植面积约 10 万 hm^2，总产量 6 万 t；印度尼西亚种植面积 6 万 hm^2，总产量 5. 2 万 t；巴西 1 万 hm^2，总产量 3 万 t；马来西亚 1 万 hm^2，总产量 2. 75t。再次是中南半岛南部、泰国、马达加斯加、斯里兰卡、菲律宾、尼日利亚、刚果等。我国自新中国成立以来，全国种植面积已达 1. 73 万 hm^2，总产量 7 000多 t，主要产地是海南省，种植面积 1. 2 万 hm^2，约每公顷产 0. 375t。其次是广东省的湛江地区。此外，广东省的陸丰、阳春、惠来等县，广西博白，云南省元江县及西双版纳以及福建省的云霄县等地区也有少量栽培。

中国人很早就解决了香料的问题。胡椒、肉桂、丁香、豆蔻、檀香这些西方人奉为珍宝的香料，在中国不但有替代品，而且很早便通过海上或陆上“丝绸之路”进入到中国。自西汉张骞出使西域起，外域物种大量引进，但彼时未见有胡椒。最早记载胡椒的是成书于晋代的《博物志》，说明胡椒传入中国不晚于晋。而在唐宋时，胡椒也是物以稀为贵，苏东坡有“胡椒八百斛，流落知为谁”的诗句，用来描述富贵人家的奢侈生活。宋到元代胡椒贸易、消费更盛，马可·波罗曾在游记中记载杭州“每日所食胡椒四十四担”，但胡椒仍未完成由奢侈品向日常用品的转变，这一状况在明朝郑和下西洋之后才有了质的改变。依据《明史》《明实录》的记载，当时仅通过朝贡向中国输出胡椒的国家就有许多，比如琉球、暹罗、安南、爪哇、彭亨、百花、三佛齐等国。到明末时，普通中国人已经可以大量食用胡椒，中国成为胡椒这一重要国际商品的消费国。同时胡椒种植范围已大为扩展，并推动了胡椒在食用、药用、军事等方面的应用，正如徐光启著书所说，“胡椒出摩伽陁国，呼为昧履支，今南番诸国及交趾、滇南、海南诸地，皆有之。已遍中国，为日用之物矣”。

我国胡椒的栽培，新中国成立前曾有华侨引进在海南省文昌县种植。新中国成立后华侨从马来西亚引进，在琼海县种植，1954—1956 年从印度尼西亚、马来西亚、柬埔寨等国引种，并积极繁殖，至 1959 年海南岛已种植 80hm^2。1956 年广东省的湛江和广西的博白开始引种，1957 年云南省、福建省引种，1960 年贵州省和四川省引种。根据华南各省区引种试种胡椒的结果，我国有广大地区适于发展胡椒生产。

第八节　饮　品

一、茶 *Camellia sinensis* Linn

山茶科 Theaceae，山茶属 *Camellia*。

山茶属有 120 多种，主产我国，集中分布于我国中南部及西南部。本属种中有茶，世界三大饮品之一，饮茶，品茶是中国人的传统习惯。另有油茶等 10 个种的种子是重要木本食用植物油。茶花是重要观赏树木。

茶、咖啡、可可是世界三大饮品，无疑其中原产中国的茶，是最古老，饮用人最多的高雅、保健饮品。

（一）概　述

现在世界上至少有 50 多个国家种植茶叶，有 120 多个国家的 20 多亿人有饮茶的爱好和习惯。可以说，茶叶是世界上普及最广的饮品，也是历史最悠久的饮品。目前国际上的许多高端人士都喜欢品尝红茶，品尝红茶是一种生活优雅和有品位的象征。

世界上有近60个国家从中国引种茶，主要产茶国情况见表3-7。

表3-7 世界主要产茶国茶叶产销情况统计 （单位：t）

产量	月份	2013年	2014年	1月1日之后的累积产量	2013年	2014年
印度东北部	6月	112 180	111 280	6个月	282 550	260 280
印度南部	6月	24 680	30 040	6个月	116 550	120 280
孟加拉国	6月	6 980	8 100	6个月	15 815	16 255
斯里兰卡	6月	24 871	30 710	6个月	174 061	172 511
印度尼西亚	5月	5 200	5 200	5个月	24 000	24 300
肯尼亚	6月	30 530	31 945	6个月	225 621	225 186
马拉维	6月	2 348	2 195	6个月	30 277	34 928
坦桑尼亚	3月	3 801	4 054	3个月	11 607	10 997
乌干达	4月	6 336	5 212	4个月	20 895	15 236
总计					900 406	880 343

（二）茶的发现

作为一种野生植物，茶是怎样被人们认识并逐渐进入日常生活的呢？先来看茶的发现。传说公元前2737年的一天，神农氏在一棵野茶树下架锅烧水，一阵微风吹过，几片翠绿的野茶树叶飘入锅中，在沸水中翻腾。而就在这一刻，沁人心脾的香气自锅中升起，神农氏饮后更感精力充沛神清气爽。就这样，茶被发现了。作为三皇之一的神农是世界上第一个发现茶的人。

这一过程已不可考。史上真正出现有关茶的文字是在公元前3世纪。成书于西汉时期的《神农本草经》记载："神农尝百草，日遇七十二毒，得茶而解之。"这里，茶是作为解毒之物出现的。

据专家考证，有关茶的正式文献记载是《诗经》，其中共有多处提到荼字，如《邶风·谷风》中的"谁谓荼苦，其甘如荠"，《郑风·出其东门》中的"有女如荼"，《豳风·七月》中的"采荼薪樗"，《豳风·鸱鸮》中的"予所捋荼"，《大雅·绵诗》中的"堇荼如饴"，和《周颂·良耜》中的"以薅荼蓼，荼蓼朽止"，有专家认为上述意思分别为苦菜、茅花和陆地秽草，与后来用于饮用的茶并无非常明显的联系。

《诗经》经孔子整理，成书于春秋中叶，早于《神农本草经》。按传说神农发现茶的药用，至《诗经》已经有2 000余年，在这期间茶的作用、食用、饮用方法也在发展演变。我认为在上述《诗经》中"谁谓荼苦，其甘如荠"，已经作为茶饮用。在这之后，到西汉时，茶已是宫廷及官宦人家的一种高雅消遣，王褒《童约》中记载了"武阳买茶"的境况。茶兴于唐，盛于宋，唐代饮茶蔚然成风，贡茶的出现加速了茶产业的发展，全国范围内茶铺、茶馆鳞次栉比，茶产业和茶文化空前发达。陆羽撰《茶经》三卷，阐述茶之源、之具、之造、之器、之煮、之饮等林林总总，成为世界上第一部茶叶著作。到了宋代，宫廷、地方官吏、文人雅士皆尚茶、崇茶，以相聚品茗为雅，进一步推动了饮茶之风的蔓延。宋朝宰相蔡襄著有《茶录》，宋徽宗赵佶撰有《大观茶论》，茶成为举国之饮。

中国历史上，文人雅士、杰出的艺术家往往好茶，唐代的饮茶集团、五代的陶穀、宋代苏轼、苏辙、欧阳修、徽宗赵佶，元代赵孟頫、明代吴中四杰。白居易就有："起尝一碗茗，行读一行书""夜茶一西杓，秋吟三数声""或饮一瓯茗，或吟两句诗""或饮一盅茶，或吟诗一章"。可见吟诗读书与品茶是何等的须臾不离。他的好友刘禹锡在《酬乐天闲卧见寄》中更是开门见山："诗情茶助兴!"陆游是写茶诗的高手，据有心者统计，其《剑南诗稿》中涉及茶事的有 320 首之多。

文人七件宝，琴棋书画诗酒茶。于是文人们便毫不吝啬地将茶赋予了人性化的美誉，清代袁枚说："嫩绿忍将茗碗试，清香先向齿牙生。"白居易一生钟情于茶，他的《食后》云："食罢一觉睡，起来两碗茶；举头看日影，已复西南斜。乐人惜日促，忧人厌年赊；无忧无乐者，长短任生涯。"真乃无忧无虑，其乐融融也。东坡先生更认为"从来佳茗似佳人"，把茶比做婉约的江南女子和沉默的益友良医，把茶当作人生来品。可见文人手中的一杯清茶里，蕴含了人生的无限禅机。

茶与宗教的关系历来也相当密切，不难发现，很多名优茶都与宗教有一段渊源，很多茶最早也是由僧人所种植打理。道教最早将茶作为得道成仙的重要辅助手段，视茶为长生不老的灵丹仙草。佛家也偏爱茶，认为饮茶能"破睡"，帮助坐禅修行，还能清心寡欲、养气颐神。故历古有"茶中有禅、茶禅一味"之说。杭州龙井寺产龙井茶，余杭径山寺产径山茶，庐山招贤寺产庐山云雾茶，"名山有名寺，名寺有名茶"，一点都不为过。

自古"天下名山僧占多，从来僧侣酷爱茶"，即禅茶一家、禅茶不分的写照。和尚持斋戒行，饮茶偏重茶的功效——清心、静气，使人更好地领悟佛道。中国的名茶大多出自寺庙，因此禅茶道在茶道的流派中占了相当重要的地位。

（三）茶原产中国

庄文勤在《中国绿色时报》2013 年 4 月 29 日 4 版，著文称他要寻找地球上最古老的茶树。他说找到了：仁者爱山，智者爱水。出于对茶的钟爱，多年来，我穿梭于山水之间，为的是寻找地球上最古老的茶树，终于在中缅毗邻的一个边城——云南省临沧市凤庆县停止了前行的脚步。在这里我找到了已有 3 200多年历史的"锦绣茶祖"。

从凤庆县城出发，沿着千年茶马古道向东北行 58km，来到香竹箐，地球上最古老的栽培型茶树——“锦绣茶祖”便生长于此。

“锦绣茶祖”树高 10.6m，树干直径 1.84m，枝繁叶茂，抬头看去，要把头仰得好高，才能看清茶树顶端飘荡的白云；树干又粗又大，六七个成年人也合围不过来，粗糙的树皮皱纹显示出少见的沧桑，仿佛见证着一段古老而悲伤的故事。

笔者在路边的草地上看呆了，那么古老的茶树，还是那样旺盛，每一片芽叶都泛着碧绿的光泽，每一尖芽叶还是那样年轻。茶树的面前早已被人们围得水泄不通。原来他们在用不同的方式表达对“锦绣茶祖”的景仰与爱戴。

说它是最古老的茶树，是有事实根据的。2004 年年初，中国农业科学院茶叶研究所博士林智及日本农学博士大森正司对其测定，认为其树龄在 3 200~3 500年。2005年，美国茶叶学会会长奥斯丁考察认为，“锦绣茶祖”是迄今世界上发现的最大最古老的茶树，如果考虑到它是栽培型的，对人类茶文化的历史将具有无与伦比的意义。

植物学家蔡希陶曾说过：“世界最大的茶园在中国，中国最大的茶园在云南，云南最大的茶园在临沧。”

临沧，因濒临澜沧江而得名。澜沧江大峡谷气候复杂而优越，冬无严寒，夏无酷暑，雨热同季，云雾较多，湿度偏重，具有“高山云雾产好茶”的得天独厚的自然条件，是全国大叶种茶的发源地。

沿峡谷而行，处处可见峰峦重叠起伏，峡谷急流纵横的壮丽景色。两岸的古茶树郁郁葱葱，它们的形态是如此多姿，有的像睡美人，令你不得不叹服大自然的鬼斧神工；有的像马鹿角，盘旋于红土地上，吸取着高原风雨的给养；有的像奥运火炬，点燃的却是行人注目的激动；有的像相亲相爱的夫妻，拥抱着安然一生，那紧紧相抱的姿态，定让貌合神离的人们自叹不如；有的像神龟出动，那份拙笨的憨厚让人捧腹，纵有千种想象，万般才华，也无法尽述其美、其奇、其韵。

凤庆，澜沧江畔产茶之地，全国十大产茶县之一。澜沧江横穿其间，山峦起伏，原始密林莽莽苍苍，古茶树成林成片。

早在商周时期，凤庆人的祖先百濮人就种茶以作贡，并将其运用到医药、祭祀、食用之中。《滇海虞衡志》记载：“顺宁（凤庆）太平茶，细润似碧螺春，能经三瀹，尤有味也。”《滇南新语》《徐霞客游记》记载，早在明代，凤庆就能用手工制造出太平茶、玉皇阁茶，其色、香、味可与龙井相媲美。清末，顺宁（凤庆）知府琦璘倡导民间大量种茶，制茶业空前发展，于是，凤庆茶沿着幽幽的茶马古道，源源不断地远销东南亚国家，茶叶从此成为凤庆人的“绿色银行”。

香竹箐似乎是一个充满灵气的地方，这里是古茶树群落集中地。以“锦绣茶祖”为中心，辐射开来，周围还生长着很多古茶树，这些古茶树众星捧月般地簇拥着“锦绣茶祖”。2007 年，这棵最古老的茶树树叶制作的 499g 茶饼，普洱茶文博会以 25 万元起拍，最终以40万元的价格成交，每克800多元的价格，几乎是当时黄金价格的4倍，创下新茶拍卖最高纪录。“茶祖”之名不胫而走，香竹箐也成了凤庆发展旅游的一张名片。

有史以来，世界茶树起源颇有争论，突出的说法是茶树起源印度，理由是：1824年英军少校勃鲁士在印度的沙地耶发现一棵树高13.1m的野生古茶树后，认为印度是茶树的原生地。像这样的野生古茶树，在云南西南部不计其数，根本不能说明印度是茶树的原生地。

中国和印度都有野生茶树生存，但中国发现茶树和利用茶树要比印度早数千年历史。1780年，英国人和荷兰人开始从中国输入茶籽在印度种茶。近几十年来，我国的茶学工作者又从地质变迁和气候变化出发，结合茶树的自然分布与进化，对茶树原产地作了更加深入的分析与论证，进一步证明我国的西南地区是世界茶树的原生地；香竹箐古茶树3 000多年健壮地屹立在凤庆这块神奇的沃土上，就是世界茶树起源、驯化、栽培、利用的最早见证。

锦绣古茶树，是大自然留给人类的宝贵财富，每个古树的年轮中都贮存着久远的气候和自然的变迁史料。它是美丽的风景线，是祖国大好河山的象征。它代表着一个国家和地方的文明史，让我们世世代代保护好它。

（四）《茶经》

陆羽费了十几年时间，踏遍高山深涧，尽尝各地佳茗，终于在浙江完成惊世名著《茶经》。《茶经》，7 000言，三卷十章是我国也是世界上第一部茶书。后人为感陆羽丰功伟绩，尊称他为“茶仙”“茶圣”“茶神”。

陆羽（733—804），字鸿渐，唐复州竟陵（今湖北天门）人，幼为弃婴，被龙盖寺僧人智积禅师收养。当时社会上已饮茶成风，佛教寺院尤盛。所以，陆羽从小便学到了种茶、煮茶、喝茶等方面的诸多知识。安史之乱后，他随难民队伍流离奔波。一向着迷于茶事的他，在流离中遍游长江沿岸山水。他常常脚着草鞋，独闯山林，苦尝野茶，险品山泉，终身未娶，全身心地投入到茶文化的研究之中。在他的血液里确实奔涌着荆楚先民那种“筚路蓝缕、以启山林”的开拓精神。

《茶经》开篇首句便是“茶者，南方之嘉木也。”可能他写这本书的时候茶树主要生长在南方，但现在北方也引种了，山东引种茶树就已经有50年历史了。

陆羽说品茶有三个办法，一是看产地，二是看颜色，三是看茶的形状，说明经过他的研究，茶质的优劣跟产地关系很大，产地大概也就是土壤条件了，当然还包括一些诸如日照条件和雨水条件。

陆羽的《茶经》，细分茶之源、之造、之器、之煮、之饮、之事等，尽举茶叶的采摘、做法，煮茶泡茶的器具，煮茶之法，饮茶之道，茶中轶闻等。

饮茶，除了讲究茶、讲究水之外，还要讲究煮。煮有三沸，《茶经》说：“其沸如鱼目，微有声，为一沸。缘边如涌泉连珠，为二沸。腾波鼓浪，为三沸。”陆羽对煎煮茶汤的观察何等细微，描摹何等形象！但是，他却接着说，“已上水老，不可食也”。后人解释为，未熟未滚的盲汤不可饮（茶味未出），过熟过滚的老汤不好饮（茶乏而苦），已熟初滚的嫩汤才是可供饮用的绝佳茶汤（甘滑香洌）。

茶成为纯粹的饮品大抵是在唐中期陆羽《茶经》之后，由于陆羽及其《茶经》的提倡和引导，人们在茶中的添加物才逐渐减少，茶也才慢慢地变成单纯的饮品。

茶传承着中华文化，中华文明。茶蕴含着人际诚信，友善。人与自然和谐共处。

自《茶经》到清末程雨亭的《整饬皖茶文牍》，有关茶的专著共计100多种，囊括茶事全部，多为大文豪或大官吏所作。其间就有朱元璋五子朱权的《茶谱》。朱权道：“茶本是林下一家生活，傲物玩世之事，岂白丁可共语哉。”茶的贵族化倾向，自魏晋已经发轫，到唐宋元明，已臻极致。有明一代，“文人茶”风大炽。

纵观历史，五千年来茶的形式也并非一成不变。在唐代茶流行煮着喝，宋代流行点茶法，明清流行冲泡饮用，而到了今天或者未来的50年到100年中，茶会是以怎样一种方式流行着？也许这正是我们现在需要思考的问题。

（五）中国茶文化

中国是茶的故乡，茶文化的摇篮。茶叶和茶文化是中华民族对人类文化最重要的贡献之一。举凡种茶、饮茶、品茶，茶具、茶室等，都包含了文化的无穷韵味。看似平常的茶叶，实则深藏着厚重的文化内涵，中国的茶文化集自然之机、天地之道和人文之理于一体，充分体现了中华民族追求和谐包容、天人合一的哲学理念，体现了上善若水、厚德载物的道德伦理和士人情怀。它是深深地植根于绿色土地中的文化，是凝聚在人们日常生活习俗中的文化，有着无与伦比的生命力，因而能够延续几千年而不衰，传之四海而日盛。

茶文化不仅是中国的传统文化，而且已经对世界文化产生了积极的影响。进一步扩大国际茶文化教育交流活动，有利于增进友谊和平事业的发展，促进人类的文明与进步。我希望当代媒体要更多地关注茶文化的传播，使茶文化的价值功能得到更充分的发掘，茶文化知识得到更大的普及。希望各级政府也能对扶植茶叶产业和茶文化更重视、更给力，将茶文化结合到各种节庆活动、日常生活中去。在全社会形成以茶代酒、以茶为食、以茶联谊、以茶养性、以茶献艺的茶文化、茶习俗，挖掘和整理茶文化历史，建立中华茶文化教育体系，发展茶文化旅游事业。

中国茶文化历史悠久，博大精深，内涵丰富，包括三大体系：人文文化、茶产业文化、中医文化。

1. 人文文化

包含茶艺、茶道、茶德、思维。

什么是茶道？什么是茶艺？简单讲，品茶的艺术称为“茶艺”，而“茶道”是品茶一种方式，因此茶道和茶艺是不分家的。茶艺茶道上升为人性化。

茶艺：中国人之所以把品茗看成艺术，就在于在烹点、礼节、环境等处无不讲究协调，不同的饮茶方法和环境、地点都要有和谐的美学意境。

端杯，闻香，品味，喝茶，入喉，入心，入肺，入胃，滴滴甘怡，润泽身心。一杯，二杯，三杯……手心微汗，足心微汗，额头微汗，身体微汗……茶的魅力，一一彰显。经历了一场茶的洗礼，茶的浸润，让全身释然轻松，恍若飘飘茶仙般空灵。

茶的可贵在于它不仅仅清正淡雅，更在于它与世无争，沉默中自我奉献，任人品评，咀嚼，无怨无悔。一片片茶叶在热水不断煎熬之后，悄然沉入杯底，将色，香，味全部奉献过后，被人们弃之垃圾，或作肥滋养花草，它甘于寂寞，不愠不怒，泰然处之。哪怕是耗尽所有的色香味后，晾干入枕，仍能使人清新明目，给人以启示。

由茶而思人生，莫不如此。少不更事，有点才华就飘飘然，经沧桑之后，淡然处世，宠辱不惊，深沉练达，兼具茶之风韵，甘作默然奉献。是呵！做人就应像茶，不只停留表面，追求虚名与浮夸，深入工作和生活，埋头苦干，功成不居，不骄于人，岂不是给予和谐世界一缕清新的风韵。

茶具有山的厚重、水的灵秀、花的芬芳、林的翠绿、山的灵魂。

自古以来，品茶的文章不绝，茶的妙处也是仁者见仁、智者见智。纵观古今，百姓饮茶旨在生津解渴、消除疲劳；医家用茶多在健身益脾、去毒疗疾；释家以茶参禅悟性、心无纤尘；道家以茶怡然养生，意在天人合一，物我两忘；儒家将茶推向极致，士子之心，格物明志，静以致远。

茶之可人，也因其他兼具了梅之香、兰之幽、竹之翠、菊之隐，杯中之物，润之以目，明之以心。

茶道历来被看做是一种高雅的品味文化，它可以满足人们审美、社交等高层次的精神需求。随着时代的发展及国际化交流的不断深入，茶文化更趋于多元化、多样化。

古人对饮茶品茗的环境要求也是相当高的。人不能多（人多曰施），亦不能杂，境要清幽，干净整洁为佳。欧阳修在其《尝新茶》一诗中，记他得到朋友馈赠的新茶而不用来待客时，有“泉甘器洁天色好，坐中拣择客亦佳”之句。很显然，在当时的社会风气中，对品茶的环境也是有相当要求的。从欧阳修的诗中我们可以看出，欧阳修对品茶的环境诸如天气、品茶地景色，饮茶的人（须佳客），所用茶具（洁净），泡茶用的水（甘泉）的讲究是很高的。

中国茶道历来讲究茶具。茶壶、茶杯、茶勺等饮茶器具概称为“茶具”，自古名壶必推宜兴紫砂，它以“泡茶不失原味，使茶叶色香味皆蕴”而著称。

随着时代的发展，如今的大众茶道也被赋予了新的元素。现代人用玻璃杯冲泡绿茶别有一番“美丽”。

茶道要求和精神目的，不同专家学者提法尽同，我想还是用清、和、净三字较确切。

清：也就是无杂。古人认为，喝茶本是雅事。试想本是雅事，品茶之时却仍想着蝇营狗苟之事，岂不败兴。所以说茶道的精神之一应当是——清。清才能静，静才能思，思才能净往之过。

和：在茶道中和主要表现在中和，人和、和气、和谐、和悦等几个方面以及人与自然和谐共处。俗话说水火不能相容，但在茶道中水火不仅相容，而且是相得益彰。“风能兴火，火能熟水。”当然这也只是和在茶道中的一种最为简单直接的表现，亦是最为朴素的天地和谐的表现。

在茶道中，还有一个重要的和则是表现人与人之间、人与事之间、人和物之间的和谐和悦。

人和就是指人与人之间的和谐之美，而饮茶则使这种美益甚。人和则生和悦之情。心情和悦则人世间万事万物都会因此而彰显和美之意。这就是和的最终作用，亦是最主要的作用之一。

净：净心凝气，排去一切杂念，进入慎独之境，悟道人生，茶品人品升华合一。

茶德《茶经·一之原》中“茶之为用，味至寒，为饮最宜精行俭德之人。”意思是说，只有品德良好的人，才配得上饮茶，茶是君子之饮。

有专家提供史料，真正将“茶德”作为一个完整理念推出的，当是晚唐的刘贞亮撰写的《茶十德》一文中，他提出饮茶十德：以茶散郁气；以茶驱睡气；以茶养生气；以茶除病气；以茶利礼仁；以茶表敬意；以茶尝滋味；以茶养身体；以茶可行道；以茶可雅志。这十德中，有六德与健康养生有直接关系；另有四德“以茶利礼仁、以茶表敬意、以茶可行道、以茶可雅志”，可以说是直接对应于儒家哲理的。

刘贞亮基本可以说是陆羽同时代人，只比陆羽晚去世九年，陆羽《茶经》问世后在朝廷与民间广为传播，故后世有宋代梅尧臣留下的诗句“自从陆羽生人间，人间相学事新茶”。写下《茶十德》之文的刘贞亮，作为一名朝廷宦官，不可能没有受过陆羽《茶经》的影响。他的“十之德”显然与陆羽的“精行俭德”，有着一脉相承的传递，而且从陆羽的向内心走的个人品德修养，扩大到了和敬待人的人际关系上去。

有专家将茶德仅局限在儒家伦理之德。笔者认为，从茶艺茶道的茶事活动内容看，茶德已经涉及儒家和谐之德理念。茶道是小群至交好友，君子间友谊交往，消闲聚会，推心置腹，谈经论道，共议国是，吟诗作赋，赏画闻琴，如此高雅之幽会，必然要求环境优雅净静，青山秀水，听风观景，茶香涤濯，身心畅然，心境纯洁，忘却烦恼，想象升华，回归自然，飘然成仙。如此景美，人美，茶美之和谐氛围，必然是人与人、人与自然和谐共处，茶品人品相契合一。

儒家重礼，无礼何以立。茶最初是用在祭礼上，因而茶重礼。礼和德是相关联的，德是理念，礼是行为，是受德指导的。

茶道重礼，饮茶必有器，必重器。陆羽甚至认为，在进行茶道时，“二十四器缺一，则茶废矣”。茶道礼仪之严，可见一斑。

儒家倡导天人合一，人置身志同道合友谊深情之中，茶香沁人，人际合一；人置身大自然中，心灵与自然契合，思维升华至天人合一，人与自然和谐共处万物不相悖。

2. 茶产业文化

我国茶叶生产经过几十年的发展现已形成：种茶—制茶—茶商共同组成的现代茶产业体系。这个体系包涵种茶—现代农业文化，制茶—现代工业文化，茶商—现代商业文化。

从现代茶产业体系结构中显示出，是将一、二、三产业有机地结合起来，并以三产业的形态表现出来，其原因是茶叶产品市场价格高，其中名茶价格是成本价的千倍，万倍。现在名茶市场价每斤（500g）是千元至万元。茶是品的，因其有文化含量，并受产地自然生态环境的限制。如西湖龙井限于杭州龙井区产的茶。因此，名牌产品可申请地理标识，是保护名牌产品的法律手段。

茶产业是丘陵山区全面建成小康社会的经济支柱，使一亿农民受益。

3. 中医药文化

茶叶天然组成化学成分具有保健医疗功能，因而是中医药文化的组成元素。

茶圣陆羽在《茶经》中记述：“茶茗久服，令人有力，悦志。”并记载很多关于茶的药用记载和单方。

李时珍在《本草纲目》中记载：“真茶性冷，唯雅州蒙山出者温而主祛疾。”蒙山，自古便与青城、峨眉并称为蜀中三大名山，以茶而闻名于天下。

中医认为，茶叶味甘苦，微寒无毒，是清热泻火、消食提神之药，兼有利尿通淋之功。因此一切实热病症，即人们常说的“上火”，几乎都可以用适量饮用茶水治疗的。茶有消食作用是因为茶叶中含有鞣质，能收缩胃肠平滑肌并刺激胃液分泌，但消化道溃疡患者在空腹时是要坚决禁茶的，以减少刺激。古人常在饭后以茶水漱口来祛除口中异味，这样做还可以利用茶叶中的氟化物预防蛀牙。

世界各国科学家对茶进行分析后确认，茶叶中含有 500 多种化学物质。

茶单宁：具有抗氧化、抗突然变异、抗肿瘤（抗癌）、降低血液中胆固醇及低密度脂蛋白含量、抑制血压上升、抑制血小板凝集、抗菌、抗食物过敏等功效。

咖啡因：与咖啡中所含的咖啡因不同，它是茶中特有的茶单宁及其氧化缩合物，可使茶的咖啡因兴奋作用减缓而持续，因此可使精神兴奋、头脑清醒且持续较长时间，故有提神醒脑、消除疲劳之功效。还含有茶碱、可可碱、胆碱、黄嘌呤、芳香油化合物、碳水化合物、蛋白质和氨基酸半胱氨酸、蛋氨酸、谷氨酸、精氨酸等多种氨基酸。

矿物质：阳离子较丰，属碱性食品，有助体质维持微碱性，保持健康的功效，同时可防止高血压、龋齿及提供人体所需丰富的微量元素。

茶中还含有钙、磷、铁、氟、碘、锰、钼、锌、硒、铜、锗、镁等多种矿物质。茶叶中的这些成分，对人体有益，有“不可一日无茶”之说，尤其是牧区的牧民，必须用茶来消解肉食。

胡萝卜素：可在人体中转化为维生素 A、维生素 E、维生素 B_1、维生素 B_2、烟碱酸及维生素 C 等，有助人体健康。有资料显示，每天喝 3~5 杯铁观音就可以满足人体一天所需的维生素 C。

此外，茶中含有的黄酮醇类，具有增强血管壁、消除口臭等功效；富含的硒元素对人体抗衰老具有十分重要的作用。

美国科学家 2005 年 2 月 15 日说，他们通过对膀胱癌的研究，证实了绿茶提取物能有效遏制癌肿瘤发展，同时不损害健康细胞。由美籍华人科学家领导的这个研究小组认为，绿茶提取物可能成为一种有效的抗癌药物。

一个美国研究小组 2005 年 9 月 20 日说，他们通过动物实验证明，绿茶中的一种抗氧化成分能改善早老性痴呆症症状。不过科学家强调，这并不意味着人们常喝绿茶就能防治早老性痴呆症。

据新华社消息，这种物质是 EGCG（表没食子儿茶精-3-五倍子酸盐），是绿茶中最主要的抗氧化成分，在早先的研究中科学家已经发现它具有抗多种癌症的效果。美国南佛罗里达大学助理教授谭骏等人首次发现了它能防治早老性痴呆症，他们的论文发表在 2005 年 9 月 21 日出版的《神经科学杂志》上。

因此他们建议，从绿茶中提取高纯度的 EGCG 作为食物补充剂或药物。研究人员说，比照实验鼠的用量，一个健康人每天服用 1 500~1 600mg 的 EGCG 就可收到明显的治疗效果。

中医药是国之瑰宝，数千年来中国人全靠中医药保人们的健康。中医药文化博大精深，是组成中华优秀传统文化的元素。

中医诊病运用整体思维，将天、地、人视为整体。在方法上运用望、问、闻、切，辨证施治。是运用唯物辩证法为指导思想，诊断病情，开处方。蕴含着深厚文化。

中国古中医药典籍广深似海，世人皆知的经典如《黄帝内经》《神农本草经》《茶经》等，是世界著名的中华古医书。

中医治未病，未病先知，先防先治，体现了防患于未然的战略思想文化。

（六）茶叶种类

茶的产品是茶叶。

由于各地茶树生长自然生态环境和栽培管理技术不同，茶树品种类型不同，加工制茶方法不同，这“三个不同”造就了许多茶叶种类，其中不乏众多名茶。

现在一致将茶叶分为下列六大类。

1. 绿　茶

不发酵的茶。这是我国产量最多的一类茶叶，其花色品种之多居世界首位。其制作工艺都经过杀青—揉捻—干燥的过程。由于加工时干燥的方法不同，绿茶又可分为炒青绿茶、烘青绿茶、蒸青绿茶和晒青绿茶。

2. 黄　茶

微发酵的茶。在制茶过程中，经过闷堆渥黄，因而形成黄叶、黄汤。黄茶分“黄芽茶”“黄小茶”“黄大茶”三类。

3. 白　茶

轻度发酵的茶。它加工时不炒不揉，只将细嫩、叶背布满茸毛的茶叶晒干或用文火烘干，而使白色茸毛完整地保留下来。

4. 青茶（乌龙茶）

青茶又称乌龙茶，属半发酵茶，即制作时适当发酵，使叶片稍有红变，是介于绿茶与红茶之间的一种茶类。它既有绿茶的鲜浓，又有红茶的甜醇。因其叶片中间为绿色，叶缘呈红色，故有“绿叶红镶边”之称。

5. 红　茶

全发酵的茶。红茶与绿茶的区别，在于加工方法不同。红茶加工时不经杀青，而是萎凋，使鲜叶失去一部分水分，再揉捻（揉搓成条或切成颗粒），然后发酵，使所含的茶多酚氧化，变成红色的化合物。这种化合物一部分溶于水，一部分不溶于水，而积累在叶片中，从而形成红汤、红叶。红茶主要有小种红茶、工夫红茶和红碎茶三大类。

6. 黑　茶

后发酵的茶。黑茶原料粗老，加工时堆积发酵时间较长，使叶色呈暗褐色，压制成砖。黑茶原来主要销往边区，是藏、蒙、维吾尔族等民族不可缺少的日常必需品。黑茶主要品种包括云南普洱茶、湖南黑茶、湖北老青茶、广西六堡茶、四川边茶等。

在六大类茶叶中，均有各自代表的名牌茶。

绿茶：西湖龙井（产地是浙江杭州西湖区）、碧螺春（产地是江苏吴县）、黄山毛峰（产地是安徽黄山）、六安瓜片（产地是安徽省六安县）、信阳毛尖（产地是河南省信阳地区）。

黄茶：君山银针（产地是湖南岳阳）、霍山黄芽（产地是安徽省）、沩山毛尖（产地是湖南省宁乡县）。

白茶：银针白毫（产地是福建省）、白牡丹（产地是福建省）、贡眉（产地是福建省）。

青茶（乌龙茶）：武夷岩茶（产地是福建武夷山）、武夷大红袍（产地是福建武夷山）、铁罗汉（产地是福建武夷山）、铁观音（产地是福建省安溪县）。

红茶：滇红工夫（产地是云南省）、祁门工夫（产地是安徽省祁门县）、川红工夫（产地是四川宜宾）、闽红工夫（产地是福建省）、小种红茶（产地是福建省）。

黑茶：普洱茶（产地是云南普洱）、安化黑茶（产地是湖南益阳市安化县）。

中国的茶分为绿茶、红茶、黄茶、白茶、青茶、黑茶六大茶系。根据发酵程度的不同，茶叶可分为寒性茶和暖性茶。寒性茶指不发酵或半发酵的茶，如绿茶、乌龙茶、白茶和黄茶。暖性茶指完全发酵的茶，包括红茶、黑茶等。

六大茶类茶性不同，对人体的影响也不同。例如：绿茶性寒，适合体质偏热、胃火旺、精力充沛的人饮用，绿茶有很好的防辐射效果，非常适合常在电脑前工作的人。白茶性凉，适用人群和绿茶相似，但“绿茶的陈茶是草，白茶的陈茶是宝”，陈放的白茶有去邪扶正的功效。黄茶性寒，功效也跟绿茶大致相似，不同的是口感，绿茶清爽，黄茶醇厚。青茶（乌龙茶）性平，适宜人群最广。红茶性温，适合胃寒、手脚发凉、体弱、年龄偏大者饮用，加牛奶、蜂蜜口味更好。黑茶（普洱茶）性温，能去油腻、解肉毒、降血脂，适当存放后再喝，口感和疗效更佳。

冬天，属寒，天寒地冻，寒气袭人，人的机体处于收引状态，新陈代谢迟缓，容易罹患“寒病”。此时宜饮红茶、黑茶、陈年老白茶、陈年铁观音等“暖性茶”，驱走体内“寒气”。这种茶，叶红、汤红，醇厚干温，滋养阳气，增热添暖，可以加奶、加糖，芳香不收，还可以去油腻、舒肠胃。

红茶甘温，可养人体阳气；红茶含有丰富的蛋白质和糖，生热暖腹，能增强人体的抗寒能力。有手脚冰凉、胃寒症状的人们，特别是女性，在冬天一个多喝些。红茶配上生姜，温里散寒的效果会更好。此外，冬季人们食欲增强，饮用红茶还可助消化，去油腻。

2014 年，虽然我国茶叶生产在遭遇前一年长江中下游茶区严重伏旱、2014 早春东部茶区持续低温阴雨等不利因素的影响，但由于各地及时加强茶园管理，因此全国茶叶产量仍然达到历史最高点。六大茶类增产较多的依次是，绿茶增产 8.16 万 t，达到

133.26 万 t，增 6.52%，主要是贵州和陕西分别增产 3.6 万 t、1.37 万 t；黑茶增产 5.84 万 t，达到 28.04 万 t，增 26.33%，主要是云南、湖北、湖南分别增产 1.84 万 t、1.24 万 t、1.03 万 t；红茶增产 3.81 万 t，达到 21.53 万 t，增 21.55%，主要是福建增产 1.1 万 t；乌龙茶增产 1.26 万 t，达到 24.54 万 t，增 5.45%，主要是福建增产 1 万 t；白茶增产 4 106t，达到 15 708t，增 35.39%，主要是福建增产 3 899t；黄茶增产 884t，达到 3 109t，增 39.73%，主要是安徽和湖南分别增产 450t、319t。

改革开放以来，我国茶叶产业得到了迅速发展。截至 2012 年年底，我国茶园面积达到了 228 万 hm^2，占全球茶园面积的 48.31%，居世界第一。2012 年中国茶叶总产量为 178.98 万 t，干毛茶产值为 953.6 亿元，其中茶叶出口量 31.32 万 t，茶叶出口金额为 10.42 亿美元；中国国内 2012 年消费的茶叶总量为 130 万 t，人均消费约 1kg 茶叶。

2014 年全国茶叶总产量 195 万 t，比 2009 年增加 59 万 t，增长 43.4%。茶园面积 274 万 hm^2，比 2009 年增加 89 万 hm^2，增长 32.5%。

（七）中国茶叶栽培区划

按照国家茶区划分标准，我国产茶地划分为三个级别的茶区，即一、二、三级。一级茶区，是全国性的划分，用来进行宏观指导；二级茶区，是由各产茶区划分，用来进行省区内指导；三级茶区，是由各地、县划分，用以具体指导茶叶生产。一级茶区共四个，即江北产区、华南产区、西南产区和江南产区。

1. 江北产区

包括河南、山西、甘肃、山东、安徽、江苏、湖北北部地区，主要生产绿茶。

2. 华南产区

包括广东、广西、福建和海南的南部地区，主要生产红茶、乌龙茶、花茶、白茶。

3. 西南产区

这是中国最早的茶叶生产地区，包括云南、贵州、四川南部、西藏东部，主要生产红茶、绿茶、黑茶。

4. 江南产区

是中国主要的茶产区，产量约占全国的 2/3，包括浙江、湖南、江西、安徽、江苏、湖北南部地区，主要生产绿茶、红茶、花茶。

二、咖啡 *Coffea canephora* Pierre ex Froehn.

咖啡为茜草科 Rubiaceae 咖啡属 *Coffea* 植物。

原产于非洲北部和中部的埃塞俄比亚、利比里亚和刚果等地。咖啡与可可、茶叶称为世界三大饮料作物，是欧美各国和热带地区国家人们的主要嗜好饮料。小果咖啡原产海拔900~1 800m的埃塞俄比亚热带高原西南部地带，产量最多的为巴西。公元525年，阿拉伯人已开始栽培咖啡，至15世纪以后，咖啡传入荷兰、斯里兰卡、印度尼西亚、巴西等地。我国于1884年在中国台湾的台北开始引种咖啡，1908年以后，咖啡引入海南、广西、云南种植。

咖啡是热带栽培经济林木。在我国目前主栽的是小果咖啡。它的栽培分布区主要在我国台湾、海南，现广西、云南、广东、福建等地的南部地区也有小面积栽培。

咖啡属于半荫蔽性作物，在全光照下，咖啡的生长受到抑制，如果加上水、肥不足，就会出现早衰和死亡的现象。咖啡对光的要求因品种、发育期、土壤肥力和水分状况的不同而有差别。

不耐强光，喜欢静风环境，缓坡，深厚、疏松、肥沃，排水良好、pH值6~6.5的土壤最适宜根系发育和植株生长。

适时采收是保证咖啡丰产和提高产品质量的重要环节。过熟采收，就会因部分咖啡果实落地或被鸟吃而造成浪费。未成熟采收，则影响饮用质量。采收的标准因品种的不同而异：小果咖啡的收获期比较集中，果实转红时就可以采收，应做到随熟随采，如果等到完全变红后，果实容易脱落。

三、绞股蓝 *Gynostemma pentaphyllum*（Thunb.）Makino

又名蛇王。葫芦科 Cucurbitaceae 绞股蓝属 *Gynostemma*。

绞股蓝属约13种，我国产11种，除绞股蓝外，毛绞股蓝 *G. pubescens*、光叶绞股蓝 *G. laxum* 等与绞股蓝有相似药理功效，均有较广泛的栽培和用途。

从1976年日本学者永井发现绞股蓝含有与人参相同的成分，内含多种皂苷，具有抗衰老、抗肿瘤、抗疲劳、降血脂、降血糖、调血压、消炎、强心、安神、防癌抗癌、增强肌体免疫力等功效，可治疗气管炎、高血脂、糖尿病、传染性肝炎、尿路感染、肠胃炎等多种疾病，被誉为南方人参。绞股蓝成为一种新型保健和药用植物。由于其经济价值高，绞股蓝的野生资源过度采收。

1980年以后发现在我国广西、湖南、湖北等地都有丰富的野生资源。现已开始进行人工栽培和开发利用的研究，先后制成各种保健口服液和饮料投放市场，深受欢迎，是大有开发前途的。

分布于陕西南部和长江流域各省（自治区）；生于海拔300~3 200m的山谷林、山坡疏林、灌木丛间隙及路旁草丛中。野生状态其地上藤蔓一年一枯荣，遇霜冻后，茎叶逐渐凋谢，进入休眠，在凋落物较厚、岩石脚下或岩石缝中的避风、温暖之地，尚存部分绿色枝叶。翌年春回大地时，宿根又发新枝。人工种植绞股蓝应选择房前屋后、山谷沟旁、林中空地、山脚河岸等太阳照射较少、荫蔽条件较好之处。

在海拔300~1 000m的地段均能获得丰产。耐荫，喜疏松、肥沃、潮湿的砂质土。红壤、盐碱地、黏性太重而又贫瘠的土壤上不宜种植。每天日照时间平均以6~7h为佳，忌阳光直射。在遮荫条件下的净光合率高于全光照条件，适宜在疏林的林冠下栽培。可以林药、粮药间作，也可与一些经济作物间作，甚至可以种在葡萄园和果木林内，是建立林农复合生态系统的一种理想植物。

根据绞股蓝生长规律，1年一般可采收2次。收割时，基部应保留20cm高的茬桩，以利萌发新枝。

收割下来的藤蔓，拣去杂草，清洗泥沙后晾干，用铡刀切成2~3cm长的小段，晒干待售。如制袋泡茶等饮料用，可像制作茶叶那样经过杀青后烘干待用。

四、大叶冬青 *Ilex latifolia* Thunb.

又名瓜卢茶、苦登茶、苦丁、茶丁。冬青科 Aquifoliaceae 冬青属 *Ilex*。

冬青科在世界上共有3属400种以上，分布极广，主产地为中美及南美。我国仅冬青属1属约140种。苦丁茶（*I. kudingccha*）、大叶冬青（*I. latifolia*）虽是二个种但均可制作成苦丁茶上市，口感和药理相同。因而苦丁茶又名大叶冬青。另同属的枸骨（I. cornute）、华中枸骨（*I. cornute*）、及木犀科的粗壮女贞（*Ligustrum. robustum*）、总梗女贞（*L. pedunculare*）、金丝桃科的苦丁茶（*Cratoxylum prunifolium*），虎耳草科的月月青（*Itea ilicifolia*）、蔷薇科的石楠（*Photinia serrulata*）、越橘科的乌树（*Vaccinum bracteatum*），8科8属11种与苦丁茶有相似口感和药理性状，民间以这几种植物代用茶，也称苦丁茶。但广泛人工栽培的仅苦丁茶1种。

苦丁茶是我国古代劳动人民开发出来的名贵保健茶类植物，在古茶文化中占有一席之地。《本草纲目》中称，苦丁茶又叫苦登，叶状如茗，而大如手掌，无毒，煮饮能止渴明目除烦，令人不睡，消痰利尿，降血压，通小肠，治淋，止头痛，噙咽能清上膈，利咽喉，防癌抗癌，延年益寿，可治多种皮肤病及烫伤。据报道，广西产的万承茶即苦丁茶，曾是进贡朝廷的佳品，也是当地群众待客的高贵饮料。天然的苦丁茶已极稀少，留下连片大树不多，大都呈零星分布。我国南方各省区人工栽培发展较快，已有产品出口，行销东南亚，出口价曾达每千克60美元，国内市场也有苦丁茶的系列产品上市。苦丁茶是我国南方值得发展的一个高效经济树种。

自然分布于我国长江以南各地及台湾、华东地区，现大都呈零星分布，主产广西、广东。我国分布的北缘约为北纬30°，最南端为22.4℃，西至云南境内，东为江西庐山，地跨中亚热带、南亚热带至北热带。垂直分布多在海拔300~600m的丘陵低山。分布区平均降水量1 200~1 800mm，石灰岩山地未见分布。近年来，南方各地均有栽培，发展较快，尤其是20世纪80年代末至90年代初，“苦丁茶热”达到高潮。

苦丁茶适生于亚热带温暖的生态环境条件，具有耐温、喜荫、喜湿，怕涝的习性。主产区年平均气温在16~22℃，极端最低温为-5℃，≥10℃年积温5 000~6 500℃，年降水量1 200mm，空气湿度在80%以上。较耐荫，幼龄树在庇荫下生长快速，成林树亦喜部分遮荫，但在全光照下，也能生长良好。要求土壤呈微酸性，pH值4.5~6.5，土层深厚、疏松，土壤排水良好，肥力较高的黏性土也能正常生长。在山地、丘陵、沟边、溪边、房前屋后都能生长。干旱贫瘠土和石灰岩山区不宜种植。

定植2年后便可轻度采叶，5年后每株可采叶片2~3kg，收获期长达百余年。采回的嫩叶应立即进行高温杀青、揉捻、摊凉，初干，再干。同加工绿茶那样，直接做成苦丁茶上市。以鲜嫩、无焦点、无杂质和霉变者为上乘。5—6月是新老叶片更新代谢时期，可适度采些老叶切碎，用蒸汽杀青，晒干或烘干。老叶片也可加工成袋泡茶或掺入绿茶，或制成各种保健茶。

五、沙棘 *Hippophae rhamnoides* L.

又名醋柳（山西）、酸刺（陕西）、黑刺（青海）、达日布（藏语）。胡颓子科Elaeagnaceae沙棘属*Hippophae*。

沙棘是重要的水土保持植物，也是重要的经济林树种。果实营养丰富，含有大量维生素、18种氨基酸和生物活性物质90多种，沙棘油中含有重要的活性物质106种，均具有很高的食用和药用价值，沙棘油已开发出对炎症溃疡有效的沙棘油栓、沙棘油膏、沙棘胶囊等药品，还开发出沙棘饮料、沙棘油口服液等保健食品和护肤化妆品。果渣和叶子中富含黄酮类化合物，已开发出沙棘黄酮药品。

我国是世界上沙棘属植物类群分布最多的国家，20世纪50年代，逐渐开始人工种植，到20世纪80年代，沙棘受到人们的重视，人工林大面积发展，1995年我国沙棘林面积已逾120万hm^2，主要分布在三北和西南地区，其中三北地区有100万hm^2多，占全国沙棘总面积的90%。

沙棘属我国有3种（世界有4种）5亚种，产于华北、西北、西南地区。柳叶沙棘*H. salicifolia*，分布于西藏南部，海拔2 800~3 500 m树林中或林缘。西藏沙棘*H. thibelana*，分布于甘肃、青海、四川、西藏，海拔3 300~5 200m高原草地、河漫滩或岸边。肋果沙棘*H. neurocarpa*分布在西部，海拔3 400~4 300m河谷、阶地及河漫滩，常成茂密的灌木林。它们的果实均可食用。

根系发达，垂直侧根可深达 4m，水平根很多，延伸最长者可达 6m 以上。它们纵横交错，结成密集的网络，具有极好的固土作用。沙棘的根上还有众多的根瘤，如 3 年生沙棘在 50cm 的土层中，每亩有根瘤 49.2kg，可固氮 12kg，相当于 25kg 尿素。沙棘根蘖能力很强。1 株 3 年生以上的沙棘每年可向周围扩展 1~2m，根蘖株达 5~20 株。特别是在砍割或火烧后，串根繁殖更快，成为恢复植被的先锋植物。

沙棘的生态幅度宽，耐寒、耐旱、耐贫瘠、耐盐碱性土壤、沙地。在分布区内，无论海拔高低、坡向南北、环境干湿、森林、草原、荒原区以及山涧水边、石砾沙地、红胶土、微酸及盐碱土壤上皆有生长，特别是沟底、路边、河漫滩地和梁脊尤多。在青藏高原及喜马拉雅山地甚至能忍受海拔 5 000m 高寒气候。耐高温抗严寒，能耐 40℃ 的高温和-40℃的低湿，对温度的适应性因品种不同而不同。引种的大果沙棘，芽萌动至采收果实≥0℃的积温需 2 700℃。喜光性强，对光照有一定的要求，光照条件好，植株生长健壮，结果多；虽抗旱耐涝，但过干过湿都不利于正常生长。对土壤适应能力强，耐旱耐湿、耐盐碱耐瘠薄，但不耐过于黏重、地下水位过高的土壤。

中国沙棘生长发育的最适生态因子是：年降水量 500~600mm，年太阳总辐射量为 544.18~586.04kJ，≥5℃的年积温为 3 500~4 000℃，≥5℃的天数为 220~225 天，土壤为较疏松的多砾石或砂性土壤。

沙棘具有保水节约用水的结构和功能，一株 5 年生的沙棘一次储存雨水后可延续对地上部分供水 30~40 天。沙棘根瘤和弗兰克氏菌共生，弗兰克氏菌的固氮量相当于豆科植物的 1~2 倍。沙棘是恢复植被生物链的先锋树种，与沙棘混交的杨树、榆树、刺槐分别比荒坡栽植的单一树种提高生长量 129.7%、110.5%、130%。沙棘能减少泥沙，防止水土流失，是黄土高原上天然的生物屏障。沙棘是无毒植物，它的根、茎、叶、花、果和种子均可入食入药，而且营养价值非常高。

沙棘在医药和保健食品方面的开发利用有着悠久的历史。唐朝的藏医名著《四部医典》详细记述了沙棘的药用价值。元朝沙棘果实已被列为宫廷保健品。清朝的药典《晶珠本草》也记载了沙棘的药用与保健功能。现代科学研究显示，沙棘果含有 200 多种人体必需的生物活性成分和多种微量成分。沙棘有着多方面的神奇的功效。沙棘，是大自然赐予人类的丰富赠礼，是生态环境与可持续发展之间和谐互助关系的完美体现。随着科技水平的发展，沙棘保健品一定会在保健品家族中脱颖而出。

在现代医学中，沙棘首先可被应用于防治心脏病。第二，沙棘可被用于治疗胃病。第三，沙棘被用千治疗食道肿瘤。第四，沙棘被用来增强免疫力。沙棘含有大量的 SOD 抗氧化剂，可以帮助肝脏解毒，还可以促进细胞恢复。第六，沙棘可以抗氧化，延缓皮肤衰老，促进伤口愈合，还对高山症有效。

六、刺梨 *Rosa roxburghii* Tratt.

又名缫丝花、刺石榴、茨梨。蔷薇科 Rosaceae 蔷薇属 *Rosa*。

刺梨果实营养丰富，被誉为“营养库”，早在明朝就为贵州人民所食用。公元1640年田雯所撰《黔书》中记载：“果实安石榴而较小，味甘而微酸，食之可解已闷，可消滞；渍汁煎之以蜜，可作膏，正不减于梨楂也。”新中国成立前后，我国罗登义教授等学者对刺梨果实进行了反复研究和分析，结果表明其营养非常丰富且成分极为复杂。据不完全统计，果实含有 60 多种营养成分，其中主要有：碳水化合物（糖类及纤维素），维生素 C、维生素 E、维生素 B_1、维生素 B_2，叶酸，以及人体所必需的多种矿物质、超氧化物歧化酶和含量较低的多种氨基酸等。这其中，又以维生素 C 含量最高，鲜果平均含量为 2 087. 77mg/100g，鲜果最高可达 2 400mg/100g。

除果实之外，刺梨花、叶、茎和根均可入药，能生津消食，健脾健胃，常用于治疗积食腹胀。

刺梨的主产区在我国中亚热带，地理位置为北纬 24°10′~29°30′，东经 103°~109°50′，包括贵州全境、湖南西部、广西北部、四川、重庆南部。另外，西藏东南部，湖北、陕西南部，以及浙江、安徽、福建等地的部分地区也有刺梨分布。贵州是我国刺梨的中心产区，以分布面积最大、总产量最高、质量最好而中外闻名。

刺梨对土壤种类要求不是十分严格，但要求土壤肥沃、质地疏松、湿润、中性至微酸性。阴坡、半阴坡等湿度大，丘陵及中低山适宜刺梨生长。海拔高度与气温关系密切，海拔过高或太低均不能满足刺梨开花结果的要求，在贵州以海拔 700~1 300m 地区为最佳分布区。

第九节 森林蔬菜

竹笋是优质绿色森林蔬菜。

竹类在植物分类学中属禾本科 Gramineae，竹亚科 Bambusoideae。2013 年 8 月中国竹类研究专家组发布了经多年研究的成果。我国有竹子自然分布的 21 个省（自治区、直辖市）和特区原产及引进的竹亚科植物有 43 属 707 种、52 个变种、98 个变型、4 个杂交种，攻击 861 种。主要分布在我国南部和西南部。

云南竹类资源的生物多样性十分丰富，竹种数量居全国首位。云南西南部和南部特产的巨龙竹，其秆径可达 30cm，秆高可达 30m，具有很高的经济价值；云南东北部巧家药山特产的蔓竹，在海拔 3 300~4 000m 的高度形成大面积的高山草甸状纯林，是当地重要的水土保持竹种。

禾本科另一亚科是禾亚科 Agrostidoideae。草本，杆通常为草质。本亚科世界有 575 属，9 500多种。我国有 170 属，600 多种。粮食作物多在禾亚科中。

竹林是林业的组成元素，具有生态林业和民生林业的效用，同时二者均蕴涵着竹文化。竹文化沉淀深厚，历史悠久，内涵丰富、多样，是中华传统文化组成元素。

竹林生态效益。发展低碳经济的首要前提是改善生态环境。据资料显示，一棵竹子可固定 $6m^3$ 土壤，每公顷竹林可蓄水 1 000t，10 万亩竹林相当于一座 200 万 m^3 水库。正如农谚所说："山上长满竹，等于修水库；雨多它能吞，雨少它能吐。"

据专家测算，每公顷竹林每年可吸收空气中的二氧化碳 12t，是桉树等树木的 4 倍；固碳 5. 09t；同面积竹林可比树林多释放 35%的氧气。每减排 1t 碳所耗成本，工业减排达 100 美元，而采取营造竹木的生物固碳方式减排仅 5~15 美元。

竹林是负氧离子之源，同面积竹林产生的负氧离子比树林多 30%。而空气中负氧离子含量是衡量一个地区空气质量的重要标尺，与人体健康密切相关。世界卫生组织对清新空气的界定标准是：空气中负氧离子含量为 1 000~1 500个/cm^3。研究表明，负氧离子含量低于 50 个/cm^3时，就会诱发人体疾病。

2012 年 11 月 9 日，第七届中国竹文化节在江苏宜兴开幕。会议主题："弘扬竹文化，发展竹产业，促进绿色增长"。

竹文化文明。在我国源远流长的文化史上，松、竹、梅被誉为"岁寒三友"，而梅、兰、竹、菊被称为"四君子"。竹均能位列其中，可见竹子在我国人民心中占有重要地位，这是因为其杆挺拔秀丽、叶潇洒多姿、形千奇百态；它四季常青，姿态优美，独具韵味，情趣盎然。当人们有闲情逸致漫步于青青翠竹之下时，一种无限舒适和惬意便会油然而生。

竹，"依依君子德，无处不相宜"的风采和品质，成了高尚人格的化身和楷模。早在《诗经》中便有这样的句子："瞻彼淇奥，绿竹猗猗，有匪君子，如切如磋，如琢如磨。"赋予竹以人的精神、道德、情操。竹是我们中华民族的精神象征。今时今日，我们国人所应做的，就是在先人的基础上，让竹的精神文化内涵继续发扬光大。

五千至六千年前仰韶文化出土的陶器上出现了象形的竹字。甲骨文、金文之后 3 000多年的中华传统文化流传继承是靠竹简为载体的。

竹材至今仍然是造纸主要原料。现代人不可一日无纸。

中唐以后，竹子最终演化成为文人士大夫思想意识中有德行的君子贤人的化身。白居易在《养竹记》中首次总结出竹的"本固""性直""心空""节贞"等高尚情操，将竹比作贤人君子。竹在中华文化中被人格化，成为象征中华民族的人格评价、人格理想和人格目标的一种重要的人格符号。竹默默无闻地把绿荫奉献给大地，把财富奉献给人民。

作为中国传统绘画艺术上最有力的中心题材，竹自古就受到了中国画家们的青睐。郑板桥就是画竹著称于世。在中国乐器中管弦乐器皆竹制。京戏伴奏的主乐器京胡、昆曲伴奏的主乐器笛，均为竹制品。

世界著名英国学者李约瑟，在其震动西方科学界的辉煌巨著《中国科学技术》中，称中国为“竹子文明的国度”。

自古以来，竹材可以制作多种生活用品，精美工艺品，如竹刻，竹雕，竹编。

2012 年上海竹文化节主题：“竹艺荟萃，传承经典”。竹文化节从 9 月 20 日—10 月 30 日高调亮相古猗园，用一种新颖独特的方式装点着这座幽静典雅的明代园林，更向游客展现着“瞻彼淇奥，绿竹猗猗”的魅力。

竹文化节上齐全的竹种。方竹、紫竹、佛肚竹等自明代保留至今的“镇园宝”悉数亮相，就连古漪园近年来从全国竹种资源地引进的极具观赏价值的竹品种也闪亮登场，其中不乏首次展出的金条竹、黄槽斑竹、小蓬竹等品种。

秆身形似“龙鳞”的龟甲竹，相貌古怪，实际上这是竹子的一种自然变异现象，目前无法进行人工栽培，因此被列为我国少见的珍稀竹种。

“让竹元素融入生活、让生活充满竹创意”是本届竹文化节的特色之一。

除了往届活动中常见的竹刻展、竹编展、竹画展外，古漪园还推出了不少和市民生活息息相关的竹工艺品展览，如竹乐器展、竹伞展等。本次展出的 16 件竹乐器均由农家用具蚕匾、竹碗、竹管、竹梆子蒸笼等演化而来。

竹产业。竹产业包涵竹材产业和竹笋产业。竹材产业是直接利用竹材及其加工制品。竹材的利用是择伐。竹笋的利用是择挖。原有竹林仍然保留不变，仍然发挥保护自然生态环境的生态效益。

由国家林业局组织编制的《全国竹产业发展规划（2013—2020 年）》（以下称《规划》）于 2013 年 8 月正式公布。《规划》主要从竹产业发展概况、竹产业发展面临的形势与需求、竹产业发展基本思路、重点建设任务、投资估算与保障措施 6 个方面系统阐述了竹产业目前的发展与未来的规划。

《规划》的总体目标是，按照绿色经济、低碳经济的发展要求，通过第一产业、第二产业、第三产业的协调发展，力争到 2020 年竹产业实现跨越式发展，为实现竹资源大国向竹产业强国转变奠定基础。2015 年竹产业总产值达到 2 000亿元，比 2011 年增长 66.5%；2020 年竹产业总产值达到 3 000亿元，竹产业直接就业人数 1 000万人，竹区农民竹业收入 2 100元，占农民人均纯收入的 20%以上。

为促进我国竹产业健康有序发展，《规划》提出应遵循 5 个原则：坚持兴竹富民、改善生态的原则；坚持合理布局、突出重点的原则；坚持适度规模、提升品质的原则；坚持科技支撑、示范辐射的原则；坚持政策扶持、市场导向的原则。

竹业作为林业的重要内容，是一项集生态、经济和社会效益于一体的绿色产业，潜力巨大，前景广阔。我们要将竹作为生态建设的重要内容和弘扬生态文化的重要载体。目前，我国竹林面积大538.1万hm^2，竹业总产值超过1 000亿元，从业人员2 200多万，竹产业已成为许多地方的支柱产业和农民就业增收的重要依靠。据统计，70hm^2竹林每年能提供建造1 000栋原竹结构房屋所需竹材。但如果这些房屋采用木料，将毁掉600hm^2森林。竹子还有成长快、可再生的优点，年生长30%，4年成材，远短于速生树林10~15年的成长期。一次造林，年年择伐，永续利用。竹子中最具经济价值的是毛竹（楠竹），2014年估测全国有毛竹100亿~110亿株。据统计，我国年产竹10亿根，相当于1 000万m^3木材，占全国木材产量的1/6。竹材主产区是浙江、江西、福建、湖南。

竹子生长快的原因，经专家研究认为，在竹笋到幼竹的生长阶段，快速生长是由细胞分裂和细胞伸长共同引起的。竹子的生长首先要进行细胞的分裂，但是分裂只能使体积增大，而细胞分裂后快速地伸长才是竹子长高的主要原因。

经组织解剖表明，竹秆在发育初期，细胞分裂占主导地位，而在发育的中后期，细胞伸长则占主导地位，竹秆的发育、成熟和老化首先从基部开始启动，然后才是中部和顶部。

20世纪80年代在湖南益阳开始生产竹炭，但未形成产业。90年代以后，浙江遂昌形成竹炭产业。进入21世纪，竹炭融入人们生活，成为新的功能性保健生活用品。

竹炭及其多种制品，是竹新用途的发现，发展前景广阔，是具创新性的新的经济增长点。

据专家提供的资料，采用木材热解技术对竹材进行干馏，可以得到4大类产品，即竹炭、竹醋、竹焦油和竹煤气。在稳定的生产工艺下，以竹炭、竹醋为原料，可以制造出用于农业、化工、医药卫生、环境保护等领域的系列产品。竹炭作为土壤微生物和有机营养成分的载体，可以增强土壤活力，是一种良好的土壤改良剂。竹炭是活性炭的原料。竹炭是良好的净水处理剂、电磁波遮蔽剂、有害气体吸附剂。用竹炭人造板代替石棉刨花板和水泥刨花板及硬塑料板等，可以有效地减少建筑残材污染物的增量，保护人类共同的生存环境。

竹醋则因其具有在高浓度下抗菌、在低浓度下促进微生物活性的独特性质，因此而作为土壤消毒剂、堆肥发酵促进剂和植物生长调节剂（叶面喷施），同时由于竹醋能中和氮硫化物成分而作为消臭剂，还因其中混合许多杂环类物质能驱避害虫，因此而作为驱虫剂（抗白蚁、螨类等）。

竹醋液是一种含有约 200 种成分的混合物（其中有机物含量达 8%左右，作为主要成分醋酸占有机物中含量的 47%左右），可以作为化工提纯和有机合成的基本原料。精制后的竹醋可以作为食品香料、熏蒸剂，又可以作为防腐剂、抗菌剂、防虫剂，用于美容、治疗痤疮（青春痘）和脚气，抑制粪尿中的寄生虫和消臭；用竹炭加工制成的枕头、床垫，有促进安神、安眠、消除肩酸背痛、抑制打鼾、减少褥疮发生等功效，并能消臭、吸湿、抗菌，是家庭、旅馆、医院、旅客列车（卧车）未来良好的居家、安寝材料。

竹醋是处理污水的有效材料之一，用 EM（有效微生物）加竹醋处理污水和污泥，是目前治理大江大湖污染的最经济、有效的方法。中南林业科技大学环境工程研究所的研究结果表明，用竹醋处理生活废水时，只需 1/100 万的竹醋即可使 CODCR（化学需氧量）的去除效果提高 10%。

竹焦油可以分成两大类，一类为沉淀焦油（竹沥青），既可作为中药（青竹沥）原料，也可作为防腐剂、飞机（起落架）轮胎的添加剂、或代替高级的合成沥青；另一类为溶解性焦油，经精制后可以作为光学镜头的黏合剂。

遂昌县发展竹炭业的实践证明发展竹炭业效益可观。一是提高了竹的附加值，5 000kg 竹材烧制 1 000kg 竹炭，提取 400kg 的竹醋液，再深度加工出口炭制品，能增长 5~10 倍，是目前竹加工产业中竹材利用率和增值最高的产业。

竹胶板已经形成现代工业产业，全国年产竹胶板数百万立方米。竹材生产种类和数量浙江省居全国首位。

浙江用竹的历史也十分悠久。据河姆渡考古发现，早在新石器时期的浙江，人们就开始使用竹篓、竹箩、竹篮、竹席等竹子器具。随着时代的发展，目前，主要竹类产品有竹笋、竹地板、竹餐具、竹胶板、竹窗帘、竹地毯、竹炭、竹醋液、竹纤维、竹家具、竹工艺品、竹装饰品等 12 大类、近万种产品。近年来，浙江全省上下高度重视竹产业的发展，建基地、扶龙头、促加工、拓市场，竹林栽培面积不断扩大，竹业经济效益不断提高，已发展成为竹业生产、加工、贸易大省，安吉、临安、龙游、德清、余杭 5 个县（直辖市、自治区）被国家林业局认定为“中国竹子之乡”。

竹笋产业。人类认识竹，利用竹，是从食笋开始的。

竹在我国饮食文化中同样具有鲜明个性。竹笋是中国人传统的山珍美味，《诗经》云：“其蔌伊何，惟笋及蒲。”说明 3 000年前中国人的祖先就已对笋的美味有了普遍认知。“尝鲜无不道春笋”，我国用笋做菜已有三千多年的历史，据说唐太宗很喜欢吃笋，每逢春笋上市总要召集群臣吃笋，谓之“笋宴”。

2009 年 11 月 16 日，第三届中国杭州竹笋节在杭州市余杭区开幕。本届竹笋节主题：“交流合作，共同发展。”旨在通过构建宣传和促销平台，全面展示丰富的竹笋资源和竹笋加工产品，挖掘和弘扬竹文化内涵，进一步打响竹笋品牌，做大做强竹业经济，扩大竹笋的知名度和美誉度，为打造生活品质之城和新农村建设做贡献。

依据竹林的栽培经营目的，可分为竹林和笋用林。专门栽培经营笋用竹林一般仅在一些竹秆细小的竹种中。小竹笋栽培形成批量生产产区主要是浙江，其次广东，广西，福建。

全国食用竹笋主要是毛竹林产，一般毛竹林是材用兼笋用。毛竹林每年 3 月底至 4 月下旬前后约 25 天会连续发三批笋，为春笋。春笋一般亩产笋 130~170kg。冬笋不出土面，一般也不成竹，冬笋要在竹林地下挖。

一、竹笋类

竹笋，肉质鲜嫩，美味可口，竹笋蛋白质含量高达 2.7%，并含有 18 种氨基酸，是天然的绿色食品，是深受人们欢迎的森林蔬菜，被人们誉为“寒士山珍”，“甲于诸蔬”，“蔬食中第一品”。竹笋含粗纤维高，帮助人身消化，不结便，有减肥作用，减少肠癌发生，增加肌肉弹性，所以竹笋又是一种保健食品。

在民间相传，苏东坡有一首讲竹的打油诗，“宁可食无肉，不可居无竹，无肉使人瘦，无竹令人俗，若要人不瘦，竹笋炒猪肉”。

（一）毛竹 *Phyllostachys pubescens* Mazel ex. H. de Lehaie

毛竹又名楠竹，禾本科（Gramineae）竹亚科（Bambusoideae）刚竹（楠竹）属（*Phyllostachys*）。

毛竹起源于我国，是栽培面积最广、利用历史最悠久的经济竹种。竹笋味道鲜美，含有丰富的蛋白质和氨基酸等营养物质，被科学家誉为天然保健食品。

毛竹笋材两用林就是同一竹林同时生产出优质高产的竹材和竹笋，即把竹材和竹笋同时作为竹林主产品的经营目标，实施毛竹笋竹两用林栽培技术，能充分发挥竹林生产潜力，提高单位面积竹林的经济效益。

毛竹是我国竹类植物中分布最广的竹种，约分布于北纬 24°~32°，东经 102°~122°的广阔地域。但其栽培面积的中心分布是浙江、江西、福建北部、湖南、广东北部的中亚热带地区，占全国毛竹面积的 80%左右。

毛竹适生于海拔 700m 以下的低山丘陵，土壤湿润肥沃山坡下部，红壤、黄壤地带。在河滩地、河岸边，中性至微酸性的砂质壤土也生长良好。

（二）其他笋用竹类

宜于笋用竹的种类很多，现择其主要并有一定栽培面积的简介如下。

1. 麻竹 *Dendrocalamus latiflorus* Munro

麻竹又名甜竹、八月麻（福建）。地下茎为合轴型。秆丛生、粗大，高约 20～25m，径粗可达 30cm，节间长 40～60cm，绿色，无毛，幼时微被白粉。

麻竹是中国南方著名的夏季笋用竹，其笋肉厚实、细嫩、清脆，也可制成罐头及笋干供出口之用。麻竹笋的品味虽不及绿竹甜嫩，但笋大型，产量可达 11 250～22 500kg/hm^2，是一种高产的笋用竹。笋期 7—10 月，以 8—9 月为最盛。

麻竹的分布主要在福建、中国台湾、广东、广西、云南、贵州、四川等地的南亚热带地区，也就是在南岭、戴云山脉、贵州高原以南的低山平原丘陵地区。近年来也引种至中亚热带的南部。

喜温暖湿润气候，不耐严寒，要求年平均气温在 19～22℃，最低气温不低于-4℃，最冷月平均气温 8～11℃，≥10℃ 的年积温 6 156℃ 以上，年降水量 1 400～2 000mm，雨热同季，相对湿度在 75%以上。

麻竹属中在西双版纳特产民族优质食用笋竹。版纳甜竹 *Dendrocalamus hamiltonii*，版纳各少数民族村村寨寨、家家均有栽培，随采随食，味美。另外有黄竹 *D. membranaceus*，龙竹 *D. giganteus*，等 10 余种优质食用笋竹。

2. 早竹 *Phyllostachys praecox* C. D. Chu et C. S. Chao

早竹笋期三月中旬至四月中旬。笋味鲜美，笋期早，持续时间长，产量高，笋壳薄、柔嫩，闻名国内外。除供应国内需要外，还鲜销日本等地，加工罐头后远销东南亚及欧美市场。早竹笋用林一般每年产笋 4 500～11 250 kg/hm^2，最高年产量可达 30 000kg/hm^2，是一个很有发展前途的笋用竹种。

早竹还能美化环境，净化空气，保持水土。因此，是一个极其重要的经济竹种。

早竹林为亚热带地区栽培的竹林，在中国分布不广，主要分布于浙江、江苏、安徽、江西、湖南、湖北等地。浙江是早竹林分布中心，其面积约在 7 000hm^2，是中国早竹生产的重要基地。

3. 雷竹 *Phyllostachys praecox* f. prevernalis S. Y. Chan et C. Y. Yao

雷竹是早竹的一个变型。与原种区别在于节间向中部稍瘦削；笋期 3 月上旬，较早。

雷竹是现在浙江杭州一带栽培面积最多的笋用竹。在竹林地从 10 月开始采用稻草、谷壳、木碎堆放林地，50～70cm 厚保地温，并适时喷水。出笋时期提前至翌年 1 月（春节）上市。价格可比春节后 3 月初高出 3～5 倍，40～50 元/kg，收入 5 000～10 000元/667m^2。

20 世纪 90 年代，在湖北、湖南等地有引种。由于饮食习惯的差异，经济效益不高。

4. **黄条早竹** *Phyllostachys praecox* f. notata S. Y. Chen et C. Y. Yao

黄条早竹也是早竹的一个变型。与原种区别在于秆之节间沟槽有黄色条纹。

在德清及杭州郊区，作为笋竹林广为栽培。

5. **乌哺鸡竹** *Phyllostachys vivax* McClure

笋味较鲜美，发笋力强，出笋时节，笋体蔓延满地，状如众多鸡之孵卵，故名哺鸡竹。

笋期4月中旬至5月中旬，历时30天以上。产笋量一般9 750~11 250kg/hm^2，最高的可达17 250kg/hm^2。其秆壁薄而脆，作材用或篾用均欠佳。

乌哺鸡竹原产中国，在浙江、江苏、河南、山东、上海等地均有人工栽培，尤以浙江和江苏南部较多。

6. **白脯鸡竹** *Phyllostachys dulcis* McClure

笋期4月下旬至5月中旬。初出土之笋呈锥形，发笋力强，笋体蔓延满地，状如众多鸡之孵卵，因箨鞘有的具有白粉，故名白哺鸡竹。

白哺鸡竹林以生产竹笋为主要经营目的，是中国优良笋用竹林之一。集约经营的白哺鸡竹林，每年每公顷产笋1.5~11.5t。笋销往国内外市场，很有发展潜力。

白哺鸡竹主要分布于浙江、江苏、安徽及上海市郊，其中，以浙江的临安、安吉、余杭、诸暨等地栽培较多。年降水量1 500mm左右；年平均气温15~18℃，为其良好生长的气候条件；适于在砂质壤土或土层厚50cm以上的轻黏壤土中生长。

将鞭梢切断或利用挖鞭笋的方法切断鞭梢，促使竹鞭多分生岔鞭，形成每一鞭段上的发笋量在7株以下的鞭系结构，竹笋产量最高。

白哺鸡竹在浙江北部及江苏南部一般4月中旬出笋，培土、施肥等经营管理较好的竹林，出笋期可长达2个月左右。从深层土壤中长出的笋，质嫩、肉厚、笋体大、味道鲜美。由于笋期内竹林的养分被大量消耗，立竹的竹叶普遍发黄，待新竹发枝展叶后，老竹的叶色又转为深绿色，并开始发新鞭。新鞭的年生长量可达2~3m，以7月上旬鞭的生长量最大，在这一期间如适当挖除已露头出土的鞭笋，断鞭处即能再发出岔鞭。8月竹鞭生长减缓，少数营养充足的笋芽，在降水和气温适宜时，会分化膨大，于10月“小阳春”出土成秋笋。秋笋不会成竹，但可供食用。

7. **角竹** *Phyllostachys fimbriligula*

角竹是以产笋为主，笋材兼用的高产优良新种。角竹笋蛋白质含量高，含有17种氨基酸和多种维生素，出笋旺期又适值其他竹笋和蔬菜稀少的淡季，其鞭笋一直可挖至11月，角竹笋除鲜食外，还可加工成罐头食品常年供应。由角竹笋营养丰富和具有一定的药理作用，被称为保健食品。

主要分布在浙江上虞的长塘、樟塘等乡，在绍兴越城区有少量分布。自1983—

1989年先后有浙江的安吉、余杭、嘉善、丽水等20多个县市及江苏、江西、湖南、福建、湖北等地引种发展。其自然分布区年平均气温16.5℃，1月平均气温4.1℃，极端低温-10.5℃，年无霜期238d，年平均降水量1 395mm，平均相对湿度78%~80%。适生于pH值4.5~5.5的土壤，土层深厚，质地疏松，有机质含量高，肥沃湿润，排水良好的地方。

角竹笋在地下生长慢，延续时间长，一般要跨越两个年份，在秋季竹鞭上的部分侧芽分化为笋芽，笋芽的顶端分生组织经过细胞分裂增殖，进一步分化形成节、节隔、笋箨、侧芽和居间分生组织，并逐渐向上伸长，直至翌年4月下旬至5月上旬，温度回升到旬平均气温达17℃左右时笋体出土，完成地下生长与发育。

角竹笋出土的持续时间约在25~30d。新造竹林持续时间短，老竹林持续时间长；鞭层分布深的持续时间长，反之则出笋持续时间短。

角竹笋是中国特有的高产优质笋，其蛋白质含量较高，络氨酸含量低，汤质几乎没有白色沉淀，很适宜制作罐头。

8. 石竹 *Phyllostachys nuda* McClure

又名灰竹、灰燕竹，为浙江省笋用竹种之一，其笋味鲜美，壳薄肉厚，通称“石笋”。加工后制成“天目笋干”，行销国内外。主产于浙西、浙西北一带，垂直分布于海拔200~1 400m。

石竹在浙江中心产区的全年平均降水量为1 378mm，一般产区平均年降水量1 300~1 700mm。宜生长在砂质黄红壤与砂质黄壤上，pH值5.0~6.5，土层需较深厚。石竹系暖性竹种之一，比较耐寒、耐旱、耐瘠薄，能忍受较短期的严寒（-14℃）不致冻死，出笋期间需要大量水分的供应，此刻正是春雨、梅雨季节，降水量的多寡对出笋成竹关系十分重要。石竹适宜生长在山地红壤、黄壤、酸性至微酸性土壤（pH值5.5~6.0），土质结构疏松，较贫瘠之地也能适应生长。

9. 绿竹 *Dendrocalamopsis oldhami*（Munro） Keng f.

绿竹是南方广泛栽培的笋用竹，其笋是夏秋季的上品，笋质甜嫩，可鲜食也可制作罐头和笋干。

主要分布在中国东南部戴云山系及南岭山系以南的南亚热带区域内，即福建、中国台湾、广东、海南、广西等地，浙江东南沿海、江西南部也有少量栽培。福建的中部、北部引种栽培区冬季均有受冻现象，长势较南部差。垂直分布上限可达海拔900m左右，分布较高的一般见到的都是在峰峦迭嶂、背风向阳的村落附近，其长势较平原丘陵为差。绿竹在中国分布区内多为栽培而少见野生。通常多零星或呈团块状植于村落附近、路旁、江河两岸、冲积河滩，其栽培面积仅福建就有7 000hm^2多。

绿竹性喜温暖湿润气候，但从栽培范围看比麻竹略为耐寒，要求年平均气温18~

21℃，1 月平均气温 8℃以上，极端最低气温-5℃以上，≥10℃的年积温 6 200℃以上，年无霜期 270d 以上，年降水量在 1 400~2 000mm，5—6 月为雨季，雨热同季。相对湿度 70%以上。

二、香椿 *Toona sinensis* Roem.

又名椿甜树、香椿芽、春阳树、春树。楝科（Meliaceae）香椿属（*Toona*）。

香椿是我国特有的经济树种，幼芽、嫩叶有多种营养物质，是一种别具风味的蔬菜，深受我国人民的喜爱。芽、根、皮及果均可入药；茎皮纤维可制绳索。香椿树冠庞大，树干端直，是优良的用材树种，有“中国桃花心木”之称，也可作行道树及“四旁”绿化树种。

香椿苦、涩、平，入肝、胃、肾经。香椿一般分为紫椿芽、绿椿芽，尤以紫椿芽最佳。鲜椿芽中含丰富的糖、蛋白质、脂肪、胡萝卜素和大量的维生素 C，具有提高机体免疫力，健胃、理气、止泻、润肤、抗菌、消炎、杀虫之功效。需要注意的是，香椿为发物，多食易诱使老毛病复发，故慢性疾病患者应少食或不食。

适应于温带和亚热带气候，最适宜种植在暖温带和北亚热带，即长江与黄河流域之间的地区，山东、河北、河南、安徽等省为集中产区，栽培也最多。四川、重庆、湖南、云南等地也有栽培。

四川省大竹县二郎乡被国家林业局授予“中国香椿之乡”。

据业内人士分析，我国的蔬菜业正在向营养型和保健型转化。香椿芽作为一种名、稀、特、药食兼用的新型蔬菜，将越来越受到人们青睐。因此，反季节栽培的香椿芽将成为俏销商品，为农民带来更多的经济收益。

从 2005 年以来的 10 年，全国各地大力发展香椿栽培，作为农民致富之路。2012 年重庆市梁平县石安镇大力发展香椿，提出要建成“香椿重镇”。第一批 20 万株香椿苗栽培完成。江苏连云港市连云区云山乡大力推广香椿产业，由乡政府组成栽培—销售一体化。早在 2004 年 3 月，四川绵阳市洛城区，利用城郊结合部的优势，发展大棚栽培香椿。

大棚、大田、宅院、房前屋后等空闲地均可栽培，可提前培育优质香椿矮化苗木，在每年寒露至霜降期间移苗进棚，每亩用苗 3 000株。

一次定植可连续受益 5~6 年，每年可采芽 8~10 次。

效益分析：按大棚矮化密植高产新法计算，每株每年可产春芽 0.8~1.2kg，丰产期亩产达 4 000kg 以上，按全年最低售价每千克 15~20 元计算，产值可达 6 万~8 万元，扣除建棚、苗木、水肥、管理运输等费用后，每亩每年可获纯利 3 万~4 万元。

第十节 工业原料

一、漆树 *Toxicodendron vernicifluum*（Stokes）P. A. Barkl.

漆树科（Anacardiaceae）漆树属（*Toxicodendron*）。

漆树原产中国。从漆树上采割下的乳白色汁液为生漆，主要含有漆酚、漆酶和树胶质等成分。生漆在常温下易干燥，结膜快，结成的漆膜附着力强，色泽光亮，耐磨，耐热，防腐，防潮，耐溶剂侵蚀，绝缘性好，是一种优质天然涂料。故有“涂料之王”的美称。此外，漆树种子含油率9.8%~16.7%，可榨漆籽油，果皮可提取漆蜡，树皮可提取单宁，树干是优质木材。

我国是世界上漆树资源最多、分布最广的国家，生漆产量占世界总产量的绝大部分。朝鲜半岛、日本、越南、泰国、菲律宾、柬埔寨、印度、缅甸、伊朗等有少量出产。我国4 000多年前就已掌握了漆树的栽培与采割技术。生漆是我国的传统出口商品，“中国生漆”和生漆工艺品在世界上享有盛誉。生漆常年产量5 000~8 000t。

漆树自然分布范围广，地跨暖温带，北亚热带、中亚热带（海拔800m以上的中低山）、3个气候带，以暖温带和北亚热带为主要栽培分布区。

漆树栽培分布以暖温带和北亚热带为主。地理位置大约在北纬28°40′~34°30′，东经102°~113°。行政区域包括云南、贵州、四川、重庆、甘肃、陕西、湖北、湖南、河南、江西等省市。

漆树的垂直分布海拔600~2 000m的低、中山。

漆树苗木和成年树均性喜光，不耐荫蔽，适宜温暖湿润区，不耐水湿，特别要求夏季温凉。

栽培区最适气候，年均温13.5~17.5℃，1月均温0~8℃，极端最低气温-26℃，7月平均气温25~28℃，≥10℃的年积温3 800~5 500℃，年无霜期200~280d。年降水量600mm以上，属湿润地区。

漆树对土壤适应性广。黄红壤、黄壤、石灰土、黄棕壤等，以及棕色森林土，其化学反应呈酸性、中性、微碱性（钙质），均能正常生长。

植被从落叶阔叶林至含有常绿阔叶树的落叶阔叶林。

漆树栽培区划如下。

Ⅰ. 中国中西部栽培分布区

甘南武都—天水—陕南宝鸡—汉中—安康—商洛—鄂西恩施—湘西龙山—花垣一线相邻的县市。

$Ⅰ_1$甘南小区

$Ⅰ_2$陕南小区

$Ⅰ_3$鄂西小区

$Ⅰ_4$湘西小区

Ⅱ. 中国西南部栽培分布区

滇东昭通—川中西雅安—乐山—绵阳—达州—渝中万州—涪陵—黔北遵义—毕节一线相邻的县市

$Ⅱ_1$滇东小区

$Ⅱ_2$川中西小区

$Ⅱ_3$渝中小区

$Ⅱ_4$黔西北及黔北小区

Ⅲ. 中国东部间断分布栽培区

$Ⅲ_1$赣东北山地小区

$Ⅲ_2$皖南山地小区

$Ⅲ_3$浙西山地小区

今后发展漆树生产应以Ⅰ、Ⅱ两个栽培分布区为主。

漆树一般6~10年生时，胸径可达20~25cm，树皮出现裂纹，可以开刀割漆。在南部低山丘陵气温较高的地方，“夏至”开割，“霜降”停割。在北部中高山、气温较低的地方，“小暑”开割，“寒露”停割。月割3~5刀。黎明割漆，上午10时前停割。

二、黑荆树 *Acacia mearnsii* Will

又名澳洲金合欢。含羞草科（Mimosaceae）金合欢属（*Acacia*）。

黑荆树是世界著名的速生、高产、优质的鞣料树种，原产大洋洲。近几年来，我国正在扩大引种栽培。据测定，黑荆树干皮平均含单宁46.01%，纯度为82.21%，品质优良，栲胶色泽光润透明，溶解度高，渗透快，沉淀少，缓冲性和鞣透速度都好。树皮产率也高，一般7~8年生，胸径15cm以上，平均每株可收干皮约10kg，每亩按100~120株计算，可收获干皮1 000~1 200kg。

一般定植后2~3年即可郁闭成林，6~8年即可成材。据浙江省平阳山门林场测定，6~7年生的黑荆树，每亩可采伐木材7m^{3}左右。材质坚硬，纹理细致，不易变形。可作坑木、车船、农具、家具、房屋建筑等用材，亦可制纸浆、人造板等。

我国广东、广西、云南、四川、福建、江西、浙江、台湾等地区均有引种栽培黑荆树。垂直分布，一般多在海拔 800m 以下的丘陵地带。海南多分布在高山；云南可在海拔 1 900m 以下的地带栽培；广西部分地区在海拔 800m 的高山上引种成功；浙江多在海拔 700m 下的丘陵地带，主要在 400m 以下的低山和缓坡山脚。

黑荆树对气温和雨量很敏感，在平均气温 10℃以上开始生长，15～20℃最适宜。极端最低气温不低于-6℃。目前引种成功的北部地区，有江西赣州地区，年平均气温 19. 3℃，极端最低气温-6℃；浙江温州地区，年平均气温 18. 1℃，极端最低气温-5℃。在我国南部年平均气温过高（约 22℃以上）的地区，如海南南部则生长不良，流胶病、虫害严重，有提早衰老现象。银荆和绿荆比黑荆耐寒，能耐-8～-10℃的极端最低气温。

黑荆属喜光树种，树冠开展，不耐庇荫，林木分化剧烈。

三、白腊树 *Fraxinus chinensis* Roxb.

又名水白蜡、青榔木、白荆树、蜡条。木犀科（Oleaceae）梣属（*Fraxinus*）。

白蜡树是我国经济树种之一。主要用以放养蜡虫、生产白蜡。白蜡具有密闭、防潮、防腐、着光、滑润等特性，广泛应用在军工、轻工、机械、化工、手工、纺织及医药等工业上。白蜡为我国著名特产，亦为我国传统的出口物资，在国际市场上统称“中国蜡”，畅销国外。我国劳动人民在长期的生产实践中，对白蜡树的栽培、蜡园的经营管理、蜡虫的繁育与放养、白蜡的加工与利用等，积累了丰富的经验。白蜡树树干坚韧、枝条柔韧、坚固耐用，是重要的农具用材及编织材料。

分布在黄河流域和长江流域各地区。云南、贵州、四川、湖南、湖北、山西、陕西、山东、河北、河南、安徽等地均有分布。但宜放虫取蜡的，主要在四川、湖南及贵州、云南，海拔 200～1 000m 的低山、丘陵和平坝地区，人工栽培在海拔 200～1 000 m，宜在田边、沟边、塘边、河岸等水分多的地方。

此外，木犀科的女贞树（*Ligustrum lucidum*）在长江流域及其以南地区也可放养白蜡虫，生产白蜡。

四、盐肤木 *Rhus chinensis* Mill.

又名五倍子树、泡被树、肤杨树、迟倍子树等。漆树科（Anacardiaceae）盐肤木属（*Rhus*）。

五倍子系瘿绵蚜科的蚜虫寄生在盐肤木属树木的复叶的叶翘、小叶和轴上所形成的虫瘿。据报道我国有 14 种倍蚜虫，但较有经济价值的有角倍蚜、肚倍蚜、枣铁倍蚜和倍花蚜 4 种，分别形成角倍、肚倍、枣铁倍和倍花等虫瘿，其中角倍约占全国五倍子总产量的 75%。

五倍子富含单宁酸，是提取单宁酸、没食子酸和焦性没食子酸的重要原料，在许多工业产品制造中有重要用途。五倍子在世界上主产我国，是传统出口商品。常年产量 8 000t 左右。

盐肤木是适应性强的喜光树种，分布很广。在我国，除黑龙江、吉林、内蒙古、宁夏、青海、新疆等地区外，其余各地均有分布。垂直分布在海拔 1 300m 以下的山地、丘陵、平原。对气候和立地条件要求不严，耐湿、耐旱、耐寒、耐热，各种土壤上都能生长，喜生长在阳光充足的山坡荒地上，在干旱瘠薄的山岗石砾地、阴湿的深谷地或溪涧两旁也能正常生长，在采伐迹地和“二荒地”上生长得最好。

五倍子的产结要有倍蚜虫及其冬、夏寄主等三要素，只有在那些同时适于三要素生长发育的地段，五倍子才结得多且好。夏寄主倍子树的适应性强，而倍蚜虫和冬寄主对生境的要求相对较高。故倍林地选择主要应考虑既要适于冬寄主藓类植物生长，又要能满足倍蚜安全越冬的要求。

倍蚜虫和冬寄主的生态特性是不一致的。冬寄主的结构较为简单，只具备假根、拟茎和拟叶等器官，只能利用空气中的水分，通常要求阴湿的环境。而倍蚜虫要安全越冬（或过夏越冬），完成其瘿外世代，冬寄主的存在是前提条件。但是倍蚜在冬寄主上生活期间（尤其是在未形成保护物—蜡球以前），藓层上水分的多少对其影响极大，过多会导致倍蚜被淹死，过少则又因冬寄主生长不好（或干死）而引起倍蚜大量死亡。因此，产区群众得出“阴坡结倍多”的经验。

根据三要素的要求，角倍林宜选择海拔 600~1 200m，坡度 10°~30°的阴坡或半阴坡。肚倍林宜选择海拔 300~1 000m，坡度小于 35°的阴坡或半阳坡。无论是生产哪种五倍子，选择“两山夹沟，沟中常年有溪流”或“两坡夹一槽，槽内较湿润”的地段造林更为理想。倍林地的土壤最好是砂质土或石渣土；地面上的土壤与岩石相间分布，并有一定数量的杂草覆盖。也可选择房前屋后、沟边、塘边、地边零星栽植倍树。

盐肤木的变种滨盐肤木（Rhus chinensis var. roxburghii），叶轴无翅或仅有窄翅。其结倍性能较差，所结五倍子少且小，生产中很少应用。

另外同属植物红麸杨（Rhus punjabensis var. sinica）和青麸杨（Rhus potaninii）也可生产五倍子，并且也广为栽培。

五、紫胶虫寄主树钝叶黄檀 *Dalbergia obtusifolia* Prain

又名牛肋巴、牛筋木、紫梗树。蝶形花科（Papilionaceae）黄檀属（*Dalbergia*）。

紫胶系紫胶虫寄生在寄主树枝条上分泌的紫红色胶质物，亦称“虫胶”。紫胶具有黏合、防腐、耐油、耐酸等特性，是国防、电气、涂料、轻工、化工、医药等行业的重要原料。紫胶色素食用无毒、着色鲜艳、经久不褪，为生物染色、尼龙染色和食品工业采用。由于用途广，云南早在20世纪60年代初，开始在中南部思茅等地人工放养。

紫胶虫（*Laccifer lacca*）、属同翅目、胶蚧科。雌雄两性，雌虫不完全变态，雄虫完全变态。雌虫泌胶并行两性或孤雌生殖、繁衍后代。在本亚区可以发生两个世代、所以可以收放两次。每年4—6月放养，9—11月收胶，历时5个月左右，中间经过一个夏季，称为夏代。夏代胶被丰满，产胶量多，是紫胶的“生产代”。第二次是在9—11月放养，翌年4—6月收胶，历时7个月左右，中间经过一个冬季，称为“冬代”。冬代一般产胶量少，是紫胶的“保种代”。

我国紫胶集中产区在南亚热带滇中南文山壮族苗族自治州和红河哈尼族彝族自治州，现有紫胶经营面积约 $1.35\times10^4 hm^2$，年产原胶1 500~3 000t，占全国总产量的78%。这里还拥有各种野生寄主树4 300多万株，今后仍应在这里大力发展，形成紫胶产业。

适宜放养胶虫的寄主树不下30种，其中优良的寄主树有蝶形花科的钝叶黄檀（*Dalbergia obtusifolia*）、南岭黄擅（*D. balanase*）、思茅黄擅（*D. szeaoensis*）、木豆（*Cajanus cajan*）。

此外，还有梧桐科中的火绳树（*Eriolaena malcacea*）、含羞草科中的合欢（*Albizia julibrissin*）等。

钝叶黄檀作为紫胶虫新老产区的优良寄主树种。具有适应性较强；速生耐伐，萌发力强；耐旱耐火；繁殖栽培容易。耐虫力强，放虫率高达70%；产胶量高且稳定；胶质优良，含胶量达82.67%，含蜡量6.7%，颜色指数8.5，热硬化时间4min 24s。缺点是耐寒力弱。偏冷年份，常会出现幼树，嫩枝冻枯现象。

紫胶寄主树分布地域较广，但我国适宜放养紫胶虫的高产质优的主要在中亚热带南部及南亚热带。钝叶黄檀原产地为云南西南部地区。主要分布在云南哀牢山脉以西，把边江流域，澜沧江中游和怒江河谷地带。即思茅、临沧、保山等地区及德宏傣族景颇族自治州，西双版纳傣族自治州。哀牢山脉以东，仅分布于小河底河流域。即红河哈尼族自治州和玉溪地区部分县有少量天然分布。

垂直分布在海拔 1 600m 以下，以海拔 800~1 200m 的干热河谷及二半山区的次生稀树草原、抛荒地更为多见。

喜光喜温耐旱树种。因此原产地多为常年无霜的热带、南亚热带的干热河谷地区。年平均气温一般 20℃左右，极端最低气温-3℃就会出现冻害。

土壤以微酸性（pH 值 5~6.5）的红壤或黄壤为主。

现在广西、广东、海南、福建、四川、贵州等地区的紫胶产区均有人工引种栽培，生长正常。福建产区栽培表现为常绿树种。因其在原产地属旱性落叶。

六、棕榈 *Trachycarpus fortunei*（Hook.） H. Wendl.

又名棕树、山棕。棕榈科（Palmae）棕榈属（*Trachycarpus*）。

棕榈树干挺直，叶形如扇，清姿优雅。宜对植、列植于庭前路边、人口处，或孤植、群植于池边、林缘、草地边角、窗前，翠影婆娑，别具韵味。它对多种有害气体抗性很强，且有吸收能力，宜在污染区大面积种植。也可盆栽，布置庭院。棕皮用途广泛，棕榈的叶鞘纤维俗称棕皮或棕片，是极好的植物纤维，韧性强。棕丝制成绳索耐水湿。

分布于长江以南各地区。生于山地疏林或灌木丛中（以石灰岩地区生长最好）或栽培于低山丘陵、村边屋旁。

喜温暖、湿润气候。较耐寒、耐荫。

要求排水良好、肥沃、湿润的石灰性、中性或微酸性土壤。浅根性，无主根，易被风吹到。

七、蒲葵 *Livistona chinensis*（Jacq.） R. Br.

棕榈科（Palmae）蒲葵属（*Livistona*）。

嫩叶制葵扇，老叶织蓑衣、斗笠、手提篮等。叶裂片的中脉是制作优质牙签的原料；由叶柄剥取的篾皮，可编成美观耐用的葵席，“葵骨”可作扫帚；叶鞘纤维可编绳索和扫帚。果实供药用，对癌症、白血病等有一定疗效；根可治哮喘；叶可治功能性子宫出血。

分布西南部至东南部。广东、广西、福建、台湾等地区栽培普遍，广东新会栽培最多。

喜高温、多湿的热带气候，亦能耐左右的低温。好阳光，亦能耐荫。虽无主根，但侧根异常发达，密集丛生，抗风力强，能在沿海地区生长。吾湿润、肥沃、有机质丰富的黏壤土。能耐一定的水湿和咸潮。生长缓慢。能自播繁殖。

八、青檀 *Pteroceltis tatarinowii* Maxim.

又名檀树、翼朴、青藤、檀皮树。榆科（UiMaceae）翼朴属（*Pteroceltis*）。

青檀纤维是从树皮中分离出来的韧皮纤维，其青皮纤维最长为 4.2mm，平均为 2.2mm，最宽为 22μm、平均为 11μm，含纤维素 58.6%。鲜枝出皮率为 10%左右。尤其是该种纤维的均整度极高（指许多根纤维的长短之比例）约为 88%。同时，青檀韧皮纤维圆浑，强度较大，交织成纸后，不易产生应力集中，使得宣纸具有非凡的拉力，这种纤维含纤维素 58.6%，木素 7.06%，多缩戊糖 20.06%，果胶 10.48%，冷水抽出物 11.12%，热水抽出物 15.47%，苯醇抽出物 6.32%。因此，将纤维加工成纸浆时，只需采取温和的加工生长流程，就可得到好浆。

檀皮所造的宣纸有洁白、绵软、坚韧、抗蛀、经久等优良特性，盛销中外，是中国重要的出口物资之一，一直被书法家和画家视为珍品。在 1915 年南美洲巴拿马举行的一次国际博览会上获得金牌。宣纸之妙，就在于它的主要原料是青檀树皮。

宣纸是安徽省皖南的特产，具有 1 000多年的生产历史。如今宣纸之乡的皖南泾县，作为龙头企业的造纸业，带动了本县乃至周边几个县的宣纸原料林基地青檀种植业的迅速发展，栽植面积不断扩大，经营管理水平不断提高，仅泾县一个县的青檀人工林分，便达 5 000hm^2以上，年产檀皮已达 2 000t 左右，形成了一个具有地方特色的支柱产业体系，推动了当地社会经济的持续发展。

分布于河北、山东、河南、陕西、甘肃、青海、安徽、江苏、浙江、江西、湖北、湖南、四川、贵州等地，以安徽栽培最为集中。多分布于海拔 600m 以下的山谷溪流两岸杂木林内或岩石附近以及石灰岩丘陵山地，既是石灰质土壤的指示植物，又是石灰岩地区的优良造林绿化树种。

青檀适应性甚强，对立地条件要求不严，宜干旱又耐水湿，但以在土层深厚、质地疏松、腐殖质含量丰富的砂质壤土上生长为佳。在年平均气温 12~18℃、极端高温 40℃、极端低温-20℃、年降水量 500~1 600mm 的气候条件下均能生长，但以在温暖湿润的地区生长为好。

九、杞柳 *Salix purpurea*. L

又名簸箕柳、绵柳、筐柳。杨柳科（Salicaceae）柳属（*Salix*）。

杞柳是我国一种栽培历史悠久的经济树种。其枝条柔软、韧性强，能编织加工成各种用具和工艺品，是我国传统的出口创汇产品。杞柳繁殖系数大，可反复砍条，是防风固沙、保持水土、改善农田小气候和保护环境的良好经济灌木树种，杞柳的皮和叶是喂羊的好饲料，茎皮纤维可制人造棉、皮含水杨酸0.6%~1.5%，可供药用。

杞柳抗寒性强，喜欢较凉爽的气候，喜光照，不耐荫。光照不足，生长不好，不适宜与乔木混交造林。喜水、喜肥、抗涝性能强，以在水肥条件好、土层深厚的砂，土或沟渠边坡上生长最好。在干旱瘠薄的条件下，条子长得细矮、有的不能进行第二次生长。

杞柳主要分布在黄河流域及淮河流域，包括河北、山西、河南、陕西、江苏。辽宁、内蒙古等省也有分布。河南开封至郑州间沙质地上；陕西渭河两岸及河北永定河下游沙地上分布最多。

杞柳多栽培于平原和滩地，山地少见。

参考文献

阿卜杜外力·麦麦提，阿衣古力·阿不都瓦依提，热孜宛古丽·塔伊尔 . 2014. 露地及保护地栽培四种油桃果实品质的比较 [J]. 北方园艺 (9)：43-47.

艾呈祥，秦志华，辛力 . 2014. 2013年中国柿产业发展报告 [J]. 中国果菜，34 (2)：10-13.

白志川 . 2009. 药用木瓜规范化栽培及开发利用 [M]. 北京：中国农业出版社 .

柏艳，王刚，孙磊，等 . 2012. 敦化市橡子资源开发利用技术 [J]. 林业勘查设计 (3)：56-58.

北京老壶 . 2006-06-02. 人为什么要喝茶 (上) [N]. 科学时报 (B4).

北京老壶 . 2006-06-16. 人为什么要喝茶 (下) [N]. 科学时报 (B4).

沧海 . 2003-06-05. 迅猛发展的遂昌竹炭业 [N]. 中国绿色时报 (B2).

曹海霞 . 2012. 橡子中单宁脱除和纯化工艺研究 [D]. 呼和浩特：内蒙古农业大学 .

曹尚银 . 2005. 优质板栗无公害丰产栽培 [M]. 北京：科学技术文献出版社 .

陈春玲，高广梅 . 2008. 优质木瓜无公害丰产栽培技术 [M]. 郑州：黄河水利出版社 .

陈方永 . 2012. 我国杨梅研究现状与发展趋势 [J]. 中国南方果树，41 (5)：31-36.

陈方永 . 2012. 中国杨梅产业发展现状、问题与对策浅析 [J]. 中国果业信息，29 (7)：20-22.

陈秋夏 . 2004. 我国柚类及其研究概况 [J]. 福建果树 (131)：6-9.

陈永忠 . 2008. 油茶优良种质资源 [M]. 北京：中国林业出版社 .

陈勇 . 2005-02-17. 绿茶提取物能有效遏制癌症 [N]. 科技日报 (1).

陈勇 . 2005-09-22. 绿茶能防治早老年性痴呆 [N]. 科技日报 (A2).

陈振光，赖钟雄 . 1993. 中国柚的种质资源及其研究 [J]. 福建农学院学报：自然科学版，22 (3)：209-952.

迟诚 . 2014-02-13. 为什么说杜仲是我国基础工业的战略树种？[N]. 中国绿色时报 (3).

戴文圣 . 2009. 图说香榧实用栽培技术 [M]. 杭州：浙江科学技术出版社 .

党寿光，刘娟，祝进，等 . 2014. 四川猕猴桃产业现状及发展对策 [J]. 中国果业，31（1）：17-19.
邓阳锋 . 2010-09-28. 竹资源大国如何利用优势发展低碳经济 [N]. 中国绿色时报（B2）.
董丽菊 . 2013. 不同品种木瓜光合特性及品质评价 [D]. 泰安：山东农业大学 .
段熙 . 2005-12-09. 饮茶妙诀 [N]. 科学时报（B4）.
范国才，张茂钦 . 2006. 特色经济林木栽培技术 [M]. 昆明：云南科技出版社 .
甘肃中川牡丹研究所 . 2015-01-22. 紫斑牡丹和凤丹有什么区别？[EB/OL]. [2016-10-12]. http://www.mudanyjs.com/cjwt/zibanmudanhefengdany_ 1.html
高旭洲 . 2007-05-14. 茶文化浅思 [N]. 中国绿色时报（4）.
宫永红，李连茹 . 2008. 文冠果一个复兴的经济林树种 [J]. 北方果树（4）：61-62.
郭丽君 . 2011-06-11. 金银花开"金银来" [N]. 光明日报（02）.
郭王达 . 2011. 橡子淀粉提取及其主要理化特性分析 [J]. 杨凌：西北农林科技大学 .
国家林业局 . 2016-04-25. 油茶低产林改造示范园建设指南 [DB/OL]. http://wenku. baidu. com/view/21b2c6be65ce0508763213d0. html.
国家林业局国有林场林木种苗工作总站 . 2014-01-07. 油茶种苗建设为产业发展"奠基" [N]. 中国绿色时报 .
国家林业局科学技术司 . 2008. 中国林业科学研究院 . 麻疯树丰产栽培实用技术 [M]. 北京：中国林业出版社 .
韩晨静，孟庆华，陈雪梅，等 . 2015. 我国油用牡丹研究利用现状与产业发展对策 [J] 山东农业科学，47（10）：125-132.
韩华柏，何方 . 2004. 我国核桃育种的回顾和展望 [J]. 经济林研究，22（3）：45-50.
韩明丽，张志友，赵根，等 . 2014. 我国红果肉猕猴桃育种研究现状与展望 [J]. 北方园艺（1）：182-187.
韩宁林，王东辉 . 2006. 香榧栽培技术 [M]. 北京：中国农业出版社 .
韩天琪 . 2014-12-19. 冬三月怎样喝茶 [N]. 中国科学报（9）.
何方，胡芳名 . 2004. 经济林栽培学 [M]. 第 2 版 . 北京：中国林业出版社 .
何方 . 2001. 中国经济林名优产品图志 [M]. 北京：中国林业出版社 .
何见，蒋丽娟，李昌珠，等 . 2013. 绿色能源植物——光皮树 [J]. 西藏农业科技，35（1）：36-40.
何天富 . 中国柚类栽培 [M]. 北京：中国农业出版社 .
侯智霞，原牡丹，刘雪梅，等 . 2008. 我国榛子生产研究概况 [J]. 经济林研究，26（2）：123-126.
胡芳名，李建安，李若婷 . 2000. 湖南省主要橡子资源综合开发利用的研究 [J]. 中南林学院学报（4）：41-45.
胡芳名，谭晓风，刘惠民 . 2006. 中国主要经济树种栽培与利用 [M]. 北京：中国林业出版社 .
胡青素，龚榜初，谭晓风，等 . 2010. 柿子的应用价值及发展前景 [J]. 湖南农业科学（1）：

103–106.
胡青素 . 2010. 套袋对甜柿果实品质及呈色机制的影响［D］. 长沙：中南林业科技大学 .
胡徐腾 . 2013. 液体生物燃料：从化石到生物质［M］. 北京：化学工业出版社 .
黄海涛 . 2013–11–07. 香文化述略［N］. 光明日报（12）.
黄茜，刘霁瑶，曹敏，等 . 2013. 银杏性别特征表现与鉴别研究进展［J］. 果树学报，30（6）：1065–1071.
贾晓东，王涛，张计育，等 . 2012. 美国山核桃的研究进展［J］. 中国农学通报，28（4）：74–78.
江波，吕爱华，钟哲科，等 . 2013. 森林食品产地环境与质量安全［M］. 北京：中国林业出版社 .
江由，江凡，高日霞 . 1998. 锥栗栽培新技术［M］. 福州：福建科学技术出版社 .
金代钧，黄惠坤，唐润琴，等 . 1997. 中国乌桕品种资源的调查研究［J］. 广西植物，17（4）：345–362.
李本波 . 2014. 百果第一枝樱桃［J］. 中国果察（3）：8–15.
李惠钰 . 2012–04–17. “雨后春笋”生长谜底揭晓［N］. 中国科学报（6）.
李景 . 2012. 五种木瓜属植物耐盐性的研究［D］. 上海：上海交通大学 .
李连达，李贻奎 . 2013–05–10. 槟榔与四磨汤［N］. 中国科学报（19）.
李娜 . 2013–08–29. 我国竹类资源家底查清［N］. 中国绿色时报（A1）.
李宁，苏淑钗，景森，等 . 2011. 榛子的国内外研究概况［J］. 山东林业科技（1）：96–98.
李萍 . 2013. 新疆杏果实发育期及采后生理生化机理研究［D］. 乌鲁木齐：新疆农业大学 .
李兴超，刘坤 . 2014. 我国甜樱桃产业存在的问题及对策［J］. 山西果树（1）：28–30.
李永梅，魏远新，周大林，等 . 2008. 油桐的价值及其发展途径［J］. 现代农业科技（16）：113.
辽宁省科学技术协会 . 2010. 仁用杏高产栽培与贮藏加工［M］. 沈阳：辽宁科学技术出版社 .
廖福霖，陈如凯 . 2007. 海峡西岸经济区生物质工程产业研究［M］. 北京：中国林业出版社 .
廖汝玉，尹兰香，何孝慈 . 2012. 福建省甜柿产业发展的对策建议［J］. 福建果树（1）：20–21.
林协 . 1996. 银杏资源开发及对策［J］. 植物资源（3）：4–6.
凌麓山，何方，方嘉兴 . 1993. 中国油桐品种图志［M］. 北京：中国林业出版社 .
凌翼云 . 2011–02–15. 也说嚼槟榔［N］. 长沙晚报（C3）.
刘德晶 . 2015. 我国油用牡丹产业发展若干问题的思考［J］. 中国林业产业（1）：67–71.
刘方炎，李昆，孙永玉 . 2012. 中国麻疯树研究进展与开发利用现状［J］. 中国农业大学学报，17（6）：178–184.
刘果 . 2014–08–15. 沉香奇缘［N］. 中国科学报（6）.
刘建玉 . 2014. 广西地区油桃密植栽培技术［J］. 果农之友（1）：16–17.
刘丽，何勇，田建保 . 2009. 文冠果的利用价值与开发前景［J］. 安徽农学通报：上半月刊（1）：111–112，93.
刘孟军 . 2008. 中国枣产业发展报告：1949—2007［M］. 北京：中国林业出版社 .

刘鹏，陈建强，张春雷，等 . 2015-08-03. 沙漠绿洲枸杞红［N］. 中国绿色时报（8）.
刘强，李晓 . 2014. 四川省猕猴桃产业发展 SWOT 分析及对策［J］. 贵州农业科学，42（4）：224-228.
刘勇，周群，刘春，等 . 2006. 中国柚类生态分布多样性研究［J］. 江西农业大学学报，28（3）：332-335.
刘泽英 . 2013-09-11. 把山杏纳入我国经济林发展规划［N］. 中国绿色时报 .
柳维河，焦玉海 . 2013-11-06. 全国油茶种植面积已达 5 750万亩［N］. 中国绿色时报 .
龙超 . 2014-01-08. 品香：心香瓣［N］. 光明日报（12）.
龙春林，宋洪川 . 2012. 中国柴油植物［M］. 北京：科学出版社 .
卢慧颖，王学东 . 2012-11-12. 第七届中国竹文化节在宜兴开幕［N］. 中国绿色时报（1）.
陆苏瑀 . 2010. 油桃及硬肉桃品种群分子标记的遗传多样性分析［D］. 扬州：扬州大学 .
吕秋菊，沈月琴，高宇列，等 . 2012. 山核桃产业的发展过程、动因及展望［J］. 浙江农林大学学报，29（1）：97-103.
吕小羽 . 2015-07-31. 文玩核桃玩什么？［N］. 中国科学报（12）.
罗健，陈永忠，彭邵锋，等 . 2012. 油茶低产林改造研究进展［J］. 湖南林业科技，39（5）：109-111.
马海泉，江锡兵，龚榜初，等 . 2013. 我国锥栗研究进展及发展对策［J］. 浙江林业科技，33（1）：62-67.
马齐，张强，秦涛 . 2005. 我国柿资源的研究开发现状［J］. 陕西农业科学（6）：56-57.
马艳，董超华 . 2004. 扁桃种质资源研究进展（综述）［J］. 河北科技师范学院学报，18（2）：29-31，44.
苗小龙，张方 . 2013. 西安市樱桃产业现状及发展对策［J］. 现代农业科技（13）：330-332.
牛娜，张永平，李秀娟，等 . 2014. 汉中樱桃产业发展现状、问题及对策［J］. 陕西农业科学，60（2）：67-68.
努斯江 · 吐拉洪，马木提 · 库尔班，木妮热 · 依布拉音 . 2008. 巴旦木的营养保健作用研究进展［J］. 中国食物与营养（10）：56-58.
潘春芳 . 2013-09-03. 二十年养精蓄锐待崛起［N］. 中国绿色时报（A3）.
潘志刚，游应天 . 1994. 中国主要外来树种引种栽培［M］. 北京：中国科学技术出版社，265-270.
庞均喜 . 2012. 陕西省白河县木瓜产业可持续发展对策及建议［J］. 北京农业，（12）：279-281.
彭江一 . 2014-7-17. 如何破解大而不强的尴尬？——我国板栗产业发展透视［N］. 中国绿色时报（B02）.
彭良志 . 2008. 柚类产业发展现状与发展对策［J］. 中国果业信息（6）：8-11.
齐秀娟 . 2013. 天源红猕猴桃授粉受精生理特性及其相关差异蛋白质组学研究［J］. 南京：南京农业大学 .
钱能志，费世民，韩志群 . 2007. 中国林业生物柴油［M］. 北京：中国林业出版社.

钱拍章 . 2010. 生物质能技术与应用［M］. 北京：科学出版社 .
秦玥 . 2013. 华仁杏品种资源 SSR 指纹图谱构建研究［D］. 北京：中国林业科学研究院 .
全建州 . 2016. 探析油用牡丹研究现状及产业发展对策［J］. 中国林业产业，(5)：207.
任华东 . 2007. 世界食用松籽资源生产利用现状及我国松籽产业发展对策探讨//吴晓芙，柏方敏 . 经济林产业化与可持续发展研究　首届中国林业学术大会经济林分会学术研讨会论文集［C］. 北京：中国林业出版社 .
戎新宇 . 2014-05-23. 茶：一张中国的文化名片［N］. 光明日报（8）.
山西省林科所 . 1976. 文冠果［J］. 山西林业科技（2）：8-11.
邵玉玲，徐立青，宋思哲，等 . 2015. 陕西省 A 区猕猴桃分级现状及发展对策［J］. 农机化研究（2）：249-253.
史彦江，朱京琳，宋锋惠 . 2008. 阿月浑子栽培［M］. 北京：中国林业出版社 .
孙慧瑛 . 2013. 新疆杏品种授粉受精生物学特性研究［D］. 乌鲁木齐：新疆农业大学 .
谭晓风，蒋桂雄，谭方友，等 . 2011. 我国油桐产业化发展战略调查研究报告［J］. 经济林研究，29（3）：1-7.
谭晓风 . 2006. 油桐的生产现状及其发展建议［J］. 经济林研究，24（3）：62-64.
谭晓风 . 2013. 经济林栽培学［M］. 第 3 版 . 北京：中国林业出版社 .
唐树梅 . 2007. 热带作物高产理论与实践［M］. 北京：中国农业大学出版社 .
铁铮 . 2005-03-31. 杜仲综合利用技术获重大成果［N］. 中国绿色时报（B3）.
万连步，杨力，张民 . 2004. 樱桃［M］. 济南：山东科学技术出版社 .
汪阳东，陈益存，姚小华，等 . 2012. 油桐分子生物学研究［M］. 北京：中国林业出版社 .
汪祖华，庄恩及 . 2001. 中国果树志：桃卷［J］. 北京：中国林业出版社 .
王毕妮，高慧 . 2012. 红枣食品加工技术［M］. 北京：化学工业出版社 .
王成章，高彩霞，姜成英，等 . 2006. 油橄榄的化学组成和加工利用［J］. 林业科技开发，20（2）：1-4.
王翰林 . 2005-04-26. 暑夏喝茶到底有哪些学问［N］. 科技日报（4）.
王建兰，李志强 . 2015-02-13. 建立杜仲橡胶国家战略储备制度［N］. 中国绿色时报（3）.
王剑 . 2014-12-19. 开香门：让树木结出沉沉的香［N］. 中国科学报（7）.
王剑 . 2015-01-30. 茶香：在 85℃间氤氲［N］. 中国科学报（12）.
王磊，袁榕，孟佳，等 . 2015. 我国油用牡丹产业发展现状与前景分析［J］. 中国油脂，40（增刊）：41-43.
王曼，宁德鲁，李贤忠，等 . 2010. 薄壳山核桃研究概况［J］. 中国林副特产（2）：84-86.
王缺 . 2004. 华南常见行道树［M］. 乌鲁木齐：新疆科学技术出版社 .
王涛，吴志庄，侯新村，等 . 2012. 中国能源植物黄连木的研究［M］. 北京：中国科学技术出版社 .
王涛 . 2005. 中国主要生物质燃料油木本能源植物资源概况与展望［J］. 科技导报，23（5）：12-14.

王武杰 . 2014. 设施油桃栽培及管理要点［J］. 园艺特产（2）：57-58.
王筱桐 . 2015-07-16. “守旧”派的“革新”［N］. 中国绿色时报（B1）.
王效 . 2010. 健康的普罗旺斯［M］. 北京：科学出版社 .
王旭峰 . 2015-07-23. 茶德与儒［N］. 光明日报，（11）.
王艳驹 . 2014. 对发展山杏产业的思考与对策［J］. 研究甘肃农业（6）：14-16.
王燕 . 2010. 中国原产完全甜柿自然脱涩机理研究［D］. 武汉：华中农业大学 .
王怡，邓先珍，程军勇，等 . 2014. 甜柿种质资源与育种研究进展［J］. 湖北林业科技，43（2）：38-42.
王云 . 2015-07-23. 川茶产业历史与今后发展思考［N］. 光明日报，（11）.
王志强，宗学普，刘淑娥，等 . 2001. 我国油桃生产发展现状及其对策［J］. 柑桔与亚热带果树信息，17（3）：3-5.
王中兴 . 2008. 浅谈我国猕猴桃产品的开发应用［J］. 安徽农学通报，14（17）：151-152.
王中英 . 1962. 几种新发现的野生果树及其利用［J］. 山西农业科学（7）：29-31，36.
王祖远 . 2014-08-15. 细说沉香之奥妙［N］. 长沙晚报（C4）.
魏学立，曲玮，梁敬钰 . 2013. 银杏的研究进展［J］. 海峡药学，25（2）：1-7.
吴谋成 . 2008. 生物柴油［M］. 北京：化学工业出版社 .
吴玉鹏，赵晓梅，阿里叶提·牙森，等 . 2011. 柿产业存在的问题及发展对策［J］. 北京工商大学学报：自然科学版，29（4）：75-78.
吴擢钢 . 2010. 油桃在三明的适应性及配套栽培技术调查［D］. 福州：福建农林大学 .
武峥，谭平，杨丽，等 . 2013. 重庆市杨梅产业发展现状与对策［J］. 南方农业学报，44（7）：1233-1236.
郗荣庭，张毅萍 . 1992. 中国核桃［M］. 北京：中国林业出版社 .
肖磊 . 2015-07-25. 一缕幽“香”祭神农［N］. 光明日报（12）.
肖林，韦桂峰，胡韧 . 2013. 广州周边常见植物识别图谱 400 例［M］. 北京：中国环境出版社 .
谢碧霞，谢涛 . 2002. 我国橡实资源的开发利用［J］. 中南林学院学报（3）：37-41.
谢光辉，庄会永，危文亮，等 . 2011. 非粮能源植物生产原理和边际地栽培［M］. 北京：中国农业大学出版社 .
熊惠，张毅萍 . 1988. 木本油料栽培［M］. 北京：中国农业出版社 .
徐东翔，于华忠，胡春元，等 . 2010. 文冠果生物学［M］. 北京：科学出版社 .
徐雪 . 2013. 光皮木瓜叶茶加工技术及品质特点研究［D］. 泰安：山东农业大学 .
宣金祥 . 2013. 猕猴桃［J］. 国土绿化（2）：51.
薛效贤，薛芹 . 2005. 鲜果品加工技术及工艺配方［M］. 北京：科学技术文献出版社 .
晏海云，赵和清 . 2006. 甜柿［M］. 北京：中国农业出版社 .
杨静，刘丽娟，李想 . 2011. 我国桃和油桃生产与进出口贸易现状及其展望［J］. 农业展望（3）：48-52.
杨雪 . 2013-02-04. 小小槟榔遍世界［N］. 光明日报（12）.

杨雪 . 2013-07-15. 香料的征服之路［N］. 光明日报（12）.
杨亚妮，苏智先 . 2002. 中国名柚资源与品种现状研究［J］. 四川师范学院学报：自然科学版，23（2）：163-169.
姚波，刘火安 . 2010. 能源植物乌桕在生物柴油生产中作用的研究进展［J］. 湖南农业科学（9）：106-109，112.
姚远 . 2014-06-05. 金银花，期待释放药食同源的市场潜力［N］. 中国绿色时报（B1）.
一山 . 2004-12-09. 竹子性能新发现［N］. 中国绿色时报（B2）.
易运文 . 2012-02-22. 文化创意：让茶叶变黄金［N］. 光明日报（13）.
尹长虹 . 2012. 木瓜属种质资源的 SRAP 分子标记与评价［D］. 泰安：山东农业大学 .
尹萍 . 2008-09-22. 最能代表中国人精神气质的植物——竹［N］. 中国绿色时报，（4）.
榆林市林业科学研究所，榆阳区林业工作站 . 2014. 榆林市“两杏”产业基地建设现状及对策［J］. 榆林科技（3）：16-20.
袁录霞，张青林，郭大勇，等 . 2011. 中国甜柿及其在世界甜柿基因库中的地位［J］. 园艺学报，38（2）：361-370.
袁慎友 . 2014. 乌桕的主要性状及其在园林绿化中的应用［J］. 安徽农业科学，42（35）：12566-12567.
曾庆钱，蔡岳文 . 2013. 药用植物识别图鉴［M］. 第 2 版 . 北京：化学工业出版社 .
张传丽，陈鹏 . 2014. 银杏类黄酮研究进展［J］. 北方园艺（3）：177-181.
张东升，黄易，夏自谦 . 2010. 论我国油橄榄产业发展规划［J］. 林产工业，37（2）：50-55.
张福兴，孙庆田，张序，等 . 2012. 我国大樱桃产业现状与发展对策［J］. 烟台果树（3）：3-5.
张国武，彭彦，黄敏 . 2009. 我国麻疯树产业化发展现状、存在问题及对策［J］. 安徽农业科学，37（8）：3821-3823.
张浩玉，张柯，孙卫华 . 2011. 我国樱桃深加工开发利用现状［J］. 广东农业科学（9）：80-82.
张计育，李永荣，宣继萍，等 . 2014. 美国和中国薄壳山核桃产业发展现状分析［J］. 天津农业科学，20（9）：47-51.
张加延 . 2008. 李杏资源研究与利用进展［M］. 北京：中国林业出版社 .
张梅芳，陈曦，陈素梅，等 . 2012. 我国杨梅资源研究进展［J］. 亚热带植物科学，41（2）：77-80.
张日清，王承南，李建安，等 . 2010. 关于油茶现代产业化体系建设的战略思考［J］. 经济林研究，28（2）：146-151.
张文春，翟文俊，王子浩，何发理 . 1991. 华山松与东北红松籽仁的营养分析［J］. 陕西林业科技（4）：14-16.
张文越，王钧毅，孙海伟，等 . 2003. 阿月浑子生产现状及研究进展［J］. 经济林研究，21（1）：71-73.
张晓莉，朱诗萌，何余堂，等 . 2013. 我国杏仁油的研究与开发进展［J］. 食品研究与开发，34（16）：133-136.

张秀秀 . 2012. 山东省木瓜种质资源 AFLP 分析及果用新品种评价［D］. 泰安：山东农业大学 .
张莹，刘芳，何忠伟 . 2012. 我国红枣产业出口贸易分析与展望［J］. 农业展望（1）：51-54.
张有平 . 2007. 我国猕猴桃生产现状及销售形势分析［J］. 农村实用技术（12）：19.
张宇和，柳鎏，梁维坚，等 . 2004. 中国果树志：板栗榛子卷［M］. 北京：中国林业出版社 .
张玉杰，于景华 . 2011. 板栗丰产栽培、管理与贮藏技术［M］. 北京：科学技术文献出版社 .
张玥，谢文霁，杨可心，等 . 2014. 我国橡子资源的开发利用［J］. 中国林副特产（4）：85-88.
张志健，王勇 . 2009. 我国橡子资源开发利用现状与对策［J］. 氨基酸和生物资源，31（3）：10-14.
张志明 . 2005. 我国银杏资源开发现状初探［J］. 河北农业科技（5）：4-5.
张祖荣 . 2004. 国内外核桃的产销状况及重庆核桃生产发展对策［J］. 渝西学院学报（3）：71-85.
赵锋，孙猛 . 2013. 新形势下我国杏产业发展中存在的问题及解决途径［J］. 农业科技管理，32（2）：71-72.
赵海娟，刘威生，刘宁，等 . 2014. 普通杏（*Prunus armeniaca*）种质资源数量性状的遗传多样性分析［J］. 果树学报，31（1）：20-29.
赵晓丹，董妮，张美红，等 . 2014. 银杏提取物细胞调节作用的研究进展［J］. 医学综述，20（2）：205-208.
赵兴华，美瑾 . 2008-09-22. 泱泱中华的竹子文明［N］. 中国绿色时报（4）.
郑诚乐 . 2008. 锥栗板栗无公害栽培［M］. 福州：福建科学技术出版社 .
郑楠 . 2014. 银杏资源开发利用现状、存在的问题分析及对策研究［J］. 湖南中药杂志，30（7）：159-160.
郑淑娟，罗金辉 . 2010. 中国柚类产业现状与发展分析［J］. 广东农业科学（1）：192-194.
《中国森林》编辑委员会 . 2000. 中国森林（第 4 卷）：竹林灌木林经济林［M］. 北京：中国林业出版社 .
中国（河池）核桃产业发展研讨会 . 2014-01-07. 建功核桃产业发展维护国家粮油安全［N］. 中国绿色时报 .
中国工程院办公厅 . 2007. 中国工程院年鉴（2006）［M］. 北京：高等教育出版社 .
中国科学院昆明植物研究所 . 2016-10-12. 中国植物物种信息数据库［DB/OL］. http://db.kib.ac.cn/eflora/view/search/chs_ contents.aspx?CPNI=CPNI-072-21629.
中国科学院植物研究所 . 中国在线植物志［DB/OL］. http：//www. eflora. cn/index.
中国植物学会 . 2008. 中国植物学会七十五周年年会：论文摘要汇编（1933—2008）［G］. 兰州：兰州大学出版社 .
中科牡丹科学院 . 2016-02-19. 权威发布——我国首个《牡丹籽油》行业标准［EB/OL］. http：//www. ymudan. com/content/？ 956. html.
中科牡丹科学院 . 2016-03-21. 2016 版全国最新油用牡丹扶持政策汇总［EB/OL］. http：//www. ymudan. com/content/？ 958. html.

周延锋 . 2007. 杨梅的开发利用及发展对策［J］. 福建轻纺（6）：1-5.
朱积余，廖培来 . 2006. 广西名优经济树种［M］. 北京：中国林业出版社 .
朱苏堂，李春，魏玉桂，等 . 2013. 油桃无公害栽培技术［J］. 现代农业技术（24）：106-107.
邹天福 . 2010. 借鉴地中海沿岸国家管理经验发展我国油橄榄产业［J］. 甘肃林业科技，35（3）：75-78.
邹锡兰，吴尚清 . 2009. 国务院批准颁布《全国油茶产业发展规划（2009—2020 年）》千亿油茶产业待破局［J］. 中国经济周刊（47）：45-46.
左亚文，郭兴峰等 . 2013. 我国腰果生产加工业发展现状与前景［J］. 产业论坛，30（11）：13-18.

第四章　中国经济林栽培区划[①]

20 世纪 80 年代初，中国农民以前所未有的劳动热情和生产积极性，要求脱贫致富过上好日子。在丘陵山区经济林生产以它自身的优势，成为农民奔小康的首选途径，中国大地一片经济林生产热。热后的冷思考，要贯彻因地制宜，科学地安排发展经济林各类和品种，克服盲目性。为此，须进行全国性的经济林栽培区划。

第一节　中国自然地理特点简述

一、地　貌

中国位于亚洲东部，太平洋西岸。中国疆域辽阔，北起北纬 53°30′左右的漠河附近的黑龙江江心，南至北纬 4°左右南沙群岛的曾母暗沙，南北纵跨约 50°，约 5 500km。西起东经 73°40′左右的新疆乌恰县西缘的帕米尔高原，东至东经 135°05′左右的黑龙江省乌苏里江汇合处，东西横延近经度 61°，约 5 200km。全国领土面积约 960 万 km^2，约占全球陆地总面积的 6.4%，亚洲大陆面积的 21.6%，在亚洲居第一，世界居第三。

尽管中国地貌复杂多样，但按地貌形态来分，中国主要地貌类型可以分为山地、高原、盆地、丘陵和平原（表 4-1）。

表 4-1　中国主要地貌类型占全国陆地面积的比例

地貌类型	山地	高原	盆地	平原	丘陵
占全国面积（%）	33	26	19	12	10

我国山地和丘陵占全国陆地面积 2/3，西部山地海拔多数在 3 000m 以上，占全国面积将近 1/4 的青藏高原平均海拔 4 000～4 500m 以上。据量算，海拔 3 000m 以上的面积占全国陆地总面积 26%，海拔 1 000m 以上的占 57.3%，海拔 100m 以下的土地不

① 本章由何方撰写。

到 10%（表 4-2）。因此，我国陆地平均海拔较世界大陆平均海拔（875m）高 125m，这反映了高海拔的地形特点。

表 4-2　我国领土面积按海拔高度分配的比例

海拔高度（m）	<100	100~500	500~1 000	1 000~2 000	2 000~3 000	>3 000
占全国面积（%）	9.5	17.6	15.6	24.3	7.0	26

荒漠地貌。作者认为在上述 5 个地貌类型（表 4-3）之外，还有荒漠地貌。荒漠是指气候干旱或极端干旱，植被贫乏或没有植被，地表景观荒凉的地方。根据其地表形态特征和物质组成，可以分沙漠、戈壁、泥漠和盐漠等（表 4-4）。

表 4-3　我国五种地形类型比较

类别		海拔高度	相对高度	构造特性	外力作用特征	地面特征
平原		多数<200m	50m	沉降为主	沉积为主	平坦，偶有浅丘孤山
盆地		高低不一，因地而异	盆心与盆周高差在 500m 以上	四周隆升，中间沉降，货上升量小于四周	内流盆地以沉积为主，外流盆地为沉积或者侵蚀	内流盆地地势平坦，外流盆地分割为丘陵
高原		>1 000m	比附近低地高出 500m 以上	古侵蚀面或沉积面上升	剥蚀为主	古侵蚀面或沉积面部分保留平坦，其余部分崎岖
丘陵		多数<500m	50~500m	轻度上升	流水侵蚀为主	宽谷低岭，或聚或散
山地	中山	500~3 000m	500m 以上	成山较早	流水侵蚀和化学风化为主	有山脉形态，但分割较碎
	高山	3 000m 以上	不等	成山较晚，上升量大	冻裂作用强烈，最高山上有冰川作用	尖峰峭壁，山形高峻

表 4-4　主要荒漠的地理位置和面积

沙漠名称	地理位置	海拔高度（m）	面积（万 hm^2）
塔克拉玛干沙漠	新疆塔里木盆地	840~1 200	33.76
古尔班通古特沙漠	新疆准格尔盆地	300~600	4.88
库姆塔格沙漠	新疆东部，甘肃西部；罗布泊低地南，阿尔金山北	1 000~1 200	2.28
柴达木盆地沙漠（包括风蚀地）	青海柴达木盆地	2 600~3 400	3.49
巴丹吉林沙漠	内蒙古阿拉善高原西部	1 300~1 800	4.43
腾格里沙漠	内蒙古阿拉善高原东南部	1 400~1 600	4.27
乌兰布和沙漠	内蒙古阿拉善高原东北部、黄河后套平原西南部	1 000	0.99
库布齐沙漠	内蒙古鄂尔多斯高原北部、黄河河套平原以南	1 000~1 200	1.61

二、气　候

在我国的东半部，一年中盛行风的季节变换十分明显，并随着风向及其气压系统的变换产生显著的季节气候变化，表现为冬干冷，夏湿热，雨量集中于夏季的气候特点。在西半部因终年受大陆性气团控制，夏季风吹不到，气候干燥，非季风区。

我国气候学家采用平均温度10℃以下为冬季，22℃以上为夏季。10~22℃为春季或秋季。按此标准，我国各地的四季分配大致是：北方冬长夏短，南方夏长冬短，全国大部分地区四季分明，而云南高原则四季如春，华南长夏无冬，南海诸岛全年皆夏，但东北北部、天山山地和青藏高原则为常冬无夏，藏北高原全年皆冬。

我国水资源分配不均表现在2个方面，第一是地区上分配不均。我国降水主要来自东南沿海的暖湿气流，因而形成降水空间分布规律是：从东南沿海向西北内陆递减，且越向内陆减少越迅速。全国年降水量的格局是：东南与华南沿海丘陵1 600~2 000mm以上，江南地区1 400~1 600mm，长江流域1 000~1 400mm，汉水、淮河流域500~1 000mm，华北平原500~700mm，内蒙古一带不足250mm，长江、珠江及其支流占全国径流量的70%以上，但耕地只占全国耕地面积30%。黄淮海平原及其以北，径流量很小，只占全国的10%，而耕地却占全国的50%以上。

雨热同季从总体上看是有利林业生产的，但在各个不同的地方，以及各个不同的年份，雨热季虽并不一定配合得很好，出现如春旱、秋旱、夏汛这样的灾害性天气（表4-5）。

表4-5　中国四季分明地区的冬季、夏季和湿季时期

地区	冬季	夏季	湿季
东北平原	9月下旬—4月下旬	7月初—8月中旬	6月—9月
华北平原	11月中旬—4月初	6月初—9月中旬	6月—9月
长江中下游	11月下旬—3月中旬	6月上旬—9月下旬	4月—9月
江南丘陵	12月初—2月下旬	5月上旬—10月上旬	3月—6月、8月
川　黔	11月下旬—3月初	7月中旬—8月上旬	5月—9月
西藏高原东部	9月初—5月中旬	7月中旬—7月下旬	6月—9月
南疆	10月中旬—3月下旬	5月下旬—9月上旬	无明显雨季
北疆	10月上旬—4月中旬	6月上旬—8月下旬	无明显雨季

三、土　壤

我国土壤分布表现出水平地带性，其中包括纬度地带性，不同的纬度带分布不同的土壤类型，其主导因子是温度。另一是经度地带性，不同的经度带分布不同的土壤类型，其主导因子是水分。

山地土壤分布服从垂直地带性规律。在山地随着海拔高度的上升，生物气候条件的变化，形成一系列土壤分布的垂直带谱（表4-6）。

表 4–6　中国森林土壤分类表（依中国土壤分类法）

土类系列	土类	亚类
暗棕壤	暗棕壤	暗棕壤
	（暗棕色森林土）	草甸暗棕壤
		白浆化暗棕壤
		潜育暗棕壤
	漂灰土	漂灰土
	（棕色针叶林土）	腐殖质淀积漂灰土
	灰黑土	暗灰黑土
	（灰色森林土）	
		灰黑土
	灰褐土	淋溶灰褐土
	（灰褐色森林土）	灰褐土
褐棕土	黄棕壤	黄刚土
		黄棕壤
	棕壤	黄堰土
		潮黄堰土
		棕壤
	褐土	褐土
		淋溶褐土
		黄垆土
		潮黄垆土
红壤	砖红壤	砖红壤
		暗色砖红壤
		黄色砖红壤
	赤红壤	赤红壤
		暗色赤红壤
	红壤	红壤
		暗红壤
		黄红壤
		褐红壤
	黄壤	黄壤
		表潜黄壤
		灰化黄壤
	燥红土	
黑土	黑土	黑土
		草甸黑土
		白浆化黑土
		表潜黑土
	白浆土	白浆土
		草甸白浆土
		潜育白浆土
	黑钙土	黑钙土
		淋溶黑钙土
棕栗土	栗钙土	暗栗钙土
		栗钙土
		淡栗钙土
		草甸栗钙土
		灰钙土
	灰钙土	淡灰钙土
		草甸灰钙土

土类系列	土类	亚类
绵土	绵土	黄绵土
		海绵土
	塿土	塿垆土
		立茬塿土
		油塿土
		黑塿土
	黑塿土	黏化黑塿土
		黑焦土
		黑麻土
漠土	灰漠土	灰漠土
		钙积灰漠土
		白僵灰漠土
	灰棕漠土	灰棕漠土
		石膏灰棕漠土
	棕漠土	棕漠土
		石膏棕漠土
		石膏盐盘棕漠土
风沙土	风沙土	风沙土
高山土	黑毡土	黑毡土
		棕毡土
	草毡土	草毡土
	巴嘎土	巴嘎土
		斑毡巴嘎土
		莎嘎土
	莎嘎土	斑毡莎嘎土
	寒漠土	
	高山漠土	
水成土	草甸土	暗色草甸土
		草甸土
		灰色草甸土
		林灌草甸土
		盐化草甸土
		碱化草甸土
		草甸沼泽土
	沼泽土	腐殖质沼泽土
		泥炭沼泽土
		泥炭土
盐碱土	盐土	滨海盐土
		盐土
		沼泽盐土
		残余盐土
		洪积盐土
		碱化盐土
	碱土	草甸碱土
		草原碱土
		龟裂碱土
岩成土	磷质石灰土	磷质石灰土
		硬盘磷质石灰土
		潜育磷质石灰土
		盐渍磷质石灰土
	石灰（岩）土	黑色石灰土
		棕色石灰土
		红色石灰土
	紫色土	

非地带性土壤（或隐域土壤），是与地带性土壤相对而言，实际上也受地带性因子的影响，不过影响较小。

中国辽阔的疆域，特殊的地理位置，适宜的气候，丰富的植物物质资源，以及众多的人口和悠久的历史，使我国具有独特的优越的自然地理环境，供我们利用发展。

第二节　中国经济林木分布

一、植物自然分布规律

环境因素对植物的生存、进化起着选择作用，因此各种植物都有自己的适生分布区域，呈现出一定的地理分布规律。决定植物分布的内外因素，首先是气候条件，该地域空间水热条件决定了植物地理分布的范围，表现出地带性分布。其次，地貌和土壤条件决定该植物种具体分布的位置，表现出非地带性分布。第三，植物种自身的适生忍耐能力和繁殖传播能力也影响着分布。第四，古地质地理和气候变迁，也影响着植物分布。

植物种类的自然地理分布，往往不是单个植物种独立分布的，而是形成群体式组成植物群落分布的。

植被群落。在一定区域内的生态环境中以一个种为主，包含有多种植物生长在一起，形成有规律的组合，占据一定的空间，有一定的结构，表现出特定的外貌，称之为植物群落。

植被。植被则是在一定区域范围之内，包含多种生境，多种植物群落共同组成，并反映出该地区的自然生态特点，则可称某一地区植被。

植物区系。植被区系则是指在一个区域范围之内全部植物物种。

森林。森林则是乔木为主的植物群落。森林包含生物种类最丰富，结构复杂而稳定，是组成陆地生态系统的主体。

植物区系包括组成植被的所有植物种类，与群落或植被是统一发生发展的。由于植物区系的多样性，以及其散布全国各个不同生态环境区域，经过长期的历史发展，形成各式各样的植物群落类型及其组成的各种植被类型，决定它的结构、功能与外貌。所以，植物区系与植物群落及植被和自然地理环境是密切相关的统一体。由于中国地域辽阔，气候多样，地貌类型丰富，河流纵横，湖泊众多，东部和南部又有广阔的海域，复杂的自然地理环境为植物区系、植物群落与植被的形成与发展提供了多种生境。

第三纪及第四纪相对优越的自然历史地理条件更为中国植物（生物）多样性的发育提供了可能。因此，中国成为世界植物（生物）多样性最为丰富的国家之一。

二、中国经济林分布

经济林是人工生态系统，但组成经济林树种的适应性是受水热条件制约的，仍然有严格的地理分布规律。因此，研究经济林木自然分布区的适应条件，可为栽培与引种以及生产基地建设提供科技支撑，克服盲目性。

我国经济林木的分布概况，按不同的气候区域，分述如下。

（一）东北地区

东北地区位于我国东北部，从北纬 40°05′~53°30′；东经 119°20′~135°20′。在行政区域上有黑龙江、吉林、辽宁。其地域已入北温带和中温带。年平均气温低于 10℃的达 180 天。属针叶林带，为我国的重要林区。由于气候严寒，全境木本植物约有 460 余种。经济树木有榛、核桃楸、核桃、蒙古栎、麻栎、兴安落叶松、红松、紫杉，以及山葡萄。中药材有人参、黄芪、党参、贝毋、北五味子、刺五加等。

（二）内蒙古地区

内蒙古地区位于我国北纬 35°~50°；东经 100°~123°。在行政区域上是内蒙古自治区。其地域属于中温带。本区面积广阔，地形复杂，气候系大陆性，温差变化大，一天中气温变化平均在 14℃以上。冬季长达 150~250 天，并且很冷，一月气温-6~-28℃。西部雨量稀少，为荒漠草原地带。东部由于有山脉阻挡，雨量也少。本区原始森林分布多，为重要木材供应基地之一。主要经济树木有文冠果、山杏（山杏、东北杏、西伯利亚杏、垂枝杏）、榛、蒙古栎、桑、榆、沙棘、山荆子、扁桃、沙枣、花榛、沙拐枣。中药材有桔梗、防风、大黄、玉竹等。

（三）甘新地区

本区位于欧亚大陆的最中心。在行政区化中包括新疆全境及内蒙古自治区、甘肃省部分地区。由于四周有高山环抱，海洋影响很难到达，因此气候具有最强烈的大陆性。本区冬有严寒，夏有酷暑，极端最低气温-20~-40℃，极端最高气温 30~40℃，全年约有 5~8 个月的日平均气温为 0℃，全年约 4~6 个月的日平均气温≥10℃。降水量稀少，全年在 250mm 以下，为全国最干旱地区。经济树木有西伯利亚冷杉、欧洲五针松、榆、沙枣、核桃（有优良品种如隔年核桃）枸杞、杏、苹果、葡萄、梨、枣、沙棘、文冠果、巴旦木、阿月浑子等。

（四）华北地区

本区位于北纬 20°~42°；东经 104°~124°。在行政区域上包括河北、山东全部，山西中南部，甘肃东部，河南、安徽、江苏北部以及辽宁南部半岛地区，也即是秦岭、淮河以北，长城以南，六盘山以东的广大黄土高原及华北大平原。属南温带，年平均气温在 4~8℃，一月最低气温-22℃，7 月平均气温在 20℃左右。气温≥15℃全年在 140 天以上，年降水量在 500~1 000mm。经济树木有板栗、枣、柿、核桃、竹叶椒、山胡椒、白檀、麻栎、栓皮栎、银杏、盐肤木、山楂、花椒、苹果、梨、桃、葡萄、沙棘、文冠果、毛楝、翅果油树等。

（五）华中地区

本区地居北纬 25°~32°；东经 103°~122°。在行政区域上包括江苏、安徽、河南、陕西之南部，江西、湖南、浙江、湖北、贵州、四川、重庆全部，以及广东、广西、福建北部，属北亚热带和中亚热带。年平均气温在 15℃以上，≥15℃的连续时间有 5~6 个月之久，无霜期一般超过 8 个月。最冷气候平均少有在 0℃以下，1 月气温 2~8℃，年降水量超过 1 000mm 以上，一般年降雨日都在 100 天以上。由于自然条件优越，是我国经济树木种类最多，产量最高、最多之地区。经济树木有油茶、油桐、乌桕、漆、竹笋、棕榈、板栗以及其他橡子类、枣、柿、甜柿、柑橘、梨、桃、李、猕猴桃、刺梨、银杏、杜仲、厚朴、山茱萸、金银花、核桃、薄壳山核桃、油橄榄、山核桃、香榧、山苍子、白蜡、五倍子、青檀等 200 余种。

（六）华南地区

本区包括闽南、粤南、桂南、桂西，和海南、台湾两大岛。大部分地区在北回归线以南，属南亚热带和热带地区。年平均气温除个别地区（台湾海峡）外多在 20℃以上，年积温在 6 000℃以上，没有气候学上的冬天，植物一年四季都可以生长。年降水量在 1 500mm 以上。经济树木种类繁多，除有华中地区的许多种外，并有乌揽、蝴蝶果、橄榄、椰子、黄皮、番石榴、木瓜、荔枝、龙眼、芒果、香蕉等。还有胡椒、八角、肉桂、咖啡、腰果、槟榔、紫胶、油棕等热带特有的经济树木。

（七）康滇地区

本区地居北纬 20°12′~30°00′；东经 90°24′~105°15′。行政区域上包括云南、四川和西藏部分地区。地形复杂，著名的横断山脉即在此间。全区没有明显的四季，可划分为干季（11 月—次年 4 月）和湿季（5—10 月）。在湿季降水量为 1 000mm 左右，而干季只有 200mm 左右，属于干湿交替常绿阔叶林带。由于气候变化复杂，植物种类繁多。经济树木有云南松、华山松、滇锥栎、栓皮栎、黄连木、滇青冈、滇香樟、香叶树、滇八角等。

（八）青藏地区

青藏高原是世界上第一大高原，位于北纬 28°～40°；东经 78°～103°，海拔高度平均在 5 000m 左右，属高原气候区域。从东往西由半湿区，半干旱区直至干旱区，植被变化由草甸与针叶林地带，森林与草甸，草原草甸地带，干旱荒漠地带直至高寒荒漠地带。经济树木有松类、木姜子、钩樟、辽东栎、华山松、花椒、漆、核桃、桑等。没有经济林人工栽培。

第三节　经济林栽培区划

中国经济林栽培区划，虽是全国性区划，但关系的仅是经济林一个林种，一个产业，仍属部门区划。

本区划研究内容虽只包括两个方面，一是亚区、小区的自然环境资源及其保护利用，另一是该区经济林木种类与数量及今后适宜发展的项目。涉及面广，可变量多，关系复杂，难度很大，必须运用系统理论和系统工程的方法进行区划的研究。

在进行栽培区划和以后的实施中，要正确认识经济林是一个生态系统及其特点。经济林系统是人工系统，是由人类直接干预或创造的系统。组成经济林人工系统的要素主要有三个，一是人的实践活动，是主体要素；二是自然条件首先是土地，是客观要素；三是某一个经济林树种作为中介。经济林人工系统是有社会性的，因而这系统生产力的高低，是受社会因素制约的。经济林是作为资源生产系统来经营的，油料、淀粉、果品、香料、中药材等，都是这个系统的产物。

一、栽培区划的意义

经济林木优良品种的优良性状得以表现出来，有严格生态环境要求的。生态环境是有地域差异的，因而良种不是“放之四海而皆准”的。板栗是广布种，我国南北方均有栽培，但其享誉海外的只有京东栗。京东栗栽培分布仅局限于燕山山脉东段南侧的迁西、迁安、遵化等地，在这个范围之外则非京东栗。东京栗外销占全国出口量的

80%，创汇占 95%。真正优质、壳薄的漾濞核桃只能生长在云南漾濞。油橄榄在世界上仅分布在地中海沿岸的国家，适生于地中海气候型的特定环境，如此事例不胜枚举。物种、品种栽培区域性是自然规律，这就是科学。当然引种是可以的，但必须按引种程序进行，决非一朝一夕之功。

在全国范围内经济林在什么地方应发展什么种类、品种，后续如何组织，形成多大经营规模？应由政府根据栽培区划，根据国内外市场需求，进行严格宏观调控、指导，这是在社会主义市场经济条件下政府职能。也是在经济林生产中落实两个根本性转变的具体行动，使中国经济林生产走向有序，产品以优良的质量，适宜的数量，保证国内市场需求，参与国际竞争。"入世"后品质是占领市场的生命线。因此，经济林栽培区划是从经济林栽培要求出发，真正做到因地制宜，适地适树，科学经营，达到优质、高产的目的。

二、栽培区划的依据

（一）区划等级的划分

本区划共分为四级。

第一级，气候带；第二级，干湿区；第三级，亚区；第四级，小区。

第一级气候带和第二级干湿区，使用国内通常划分标准和方法。

第三级亚区，根据自然特点，经济林资源与栽培要求及发展前景进行划分。

第四级小区，是在范围较大的亚区，自然条件和经济林种类不同，进行划分。在亚区范围较小，又无特点，就不再划分小区，因而不是所有的亚区都有小区。

（二）三大自然区域的划分

根据我国以水分为主导的综合自然条件的重大差异，可以清楚地划分出，东部季风区域、西北干旱区域和青藏高寒区域 3 个大的自然区域（表 4-7）。

表 4-7 三大自然区域的主要特征

项目	区域		
	东部季风	西北干旱	青藏高寒
（1）占全国总面积（%）	47.6	29.8	22.6
（2）占全国总人口（%）	95	4.5	0.5

（续表）

项目	区域		
	东部季风	西北干旱	青藏高寒
（3）气候	季风，雨热同季，局部有旱涝	干旱，水分不足限制了温度的发挥作用	高寒，温度过低限制了水分的发挥作用
（4）地貌	大部分地面在 500m 以下，有广阔的堆积平原	高大山系分割的盆地、高原，局部有窄谷和盆地	海拔 4 000m 以上的高原及高大山系
（5）地带性	纬向为主	经向或作同心圆状	垂直为主
（6）水文	河系发育，以雨水补给为主，南方水量充沛，北方稀少	绝大部分为内流河，雨水补给为主，湖泊水含盐	西部为内流河，东部为河流发源地，雪水补给为主
（7）土壤	南方酸性黏重，北方多碱性；平原有盐碱，东北有机质丰富	大部分含有盐碱和石灰，有机质含量低，质地较粗，多风沙土	有机物分解慢，作草毡状盘结，机械风化强
（8）植被	热带雨林、常绿阔叶林、针叶林、落叶阔叶林至落叶针叶林、草甸草原	干草原、荒漠草原，高山上有森林	高山草甸及高山荒漠，谷沟中有森林
（9）利用	粮食生产为主，干鲜果类，林、牧、渔业	以牧为主，绿洲农业	沟谷及低海拔高原面有农业，高原牧业

我国东部季风区域与西北干旱区域，是以年降雨 400mm 等雨线作为分界线的，也是森林分布的界线。这条分界线大致沿大兴安岭西坡经乌兰浩特转向东到白城，再转向南至通江，再折向西南到呼和浩特经兰州至西藏拉萨以北的纳木错至定结附近，在这条线以东降水丰富，为中国主要农业、林业区。在西面，除天山、祁连山、阿尔泰山等山地降水稍多外，其余地区比较干旱，是森林草原、草原区，是中国主要牧区，并往西则是荒漠区。

东部季风区工农业生产、文化教育发达，人口密集，占全国总面积 47.6%，集中了 92%以上的耕地，居住着 95%以上的人口。西北干旱区和青藏高原区占国土总面积的 52.4%，居住人口不到 5%。

从水资源来看：东部季风区域水量充沛，可占全国总径流量的 80%~90%。黄淮海平原及其以北，径流量很小，只占全国总径流量的 10%左右。西北干旱区域，除局部地区为外流区外，大部分为内流区。水分更为稀缺。仅靠高山冰雪融水进行灌溉。只有秦川、银川和河套灌区尚可引河水灌溉。因而在西北干旱区域有“无灌溉即无农业”之说。

三大自然区域反映出我国自然条件的不均衡性，并且差异很大，为国土资源的利用，带来很大的难度，是西部发展工农业生产的自然障碍（表 4-8）。

表 4-8　气候带和亚带的划分指标

气候区域	气候带和亚带	指标	参考指标	主要分布区	不同森林类型	农业特征
东部季风区域	温带 寒温带 1	最冷月气温<0℃，≥10℃积温<1 700℃	年低温平均值<-10℃，≥10℃日数<105 天	大兴安岭北部	由耐寒树种组成的（落叶）针叶林	有“死冬”，一作极早熟的作物，1 年 1 熟，春小麦为主，2 年 3 熟，冬小麦为主，苹果、梨
	中温带 2	1 700～3 200℃	106～180 天	大兴安岭中南部、小兴安岭、张广才岭、长白山等	由耐冷树种组成的针阔混交林	
	暖温带 3	3 200～4 500℃	181～225 天	千山、燕山、太行山、吕梁山、子午岭、陇山等	由喜温树种组成的落叶阔叶林	
	亚热带 北亚热带 4	最冷月气温>0℃，≥10℃积温 4 500～5 300℃	年低温平均值>-10℃ ≥10℃日数 226～240 天	秦巴山地、伏牛山、大别山等		无“死冬”，稻麦两熟，有茶、竹，（双季稻—喜凉作物 2 年 5 熟；柑橘、油桐、油茶） （双季稻—喜凉或喜温作物 1 年 3 熟；龙眼、荔枝）
	中亚热带 5	5 300～6 500℃	241～285 天	秦巴山地、大别山与南岭之间，西至邛崃山，东至沿海	由喜暖树种组成的常绿阔叶林	
	南亚热带 6	6 500～8 000℃	286～365 天	南岭以南、台湾北部		
	热带 北热带 7	最冷月气温>15℃ 积温 8 000～8 500℃	年低温平均值>5℃ 最冷月气温 15～18℃	台湾南部、雷州半岛南端、海南岛、云南南缘（西双版纳）、喜马拉雅山山南	由喜热树种组成的季雨林	喜温作物全年都能生长（双季稻—喜温作物 1 年 3 熟；椰子、咖啡、剑麻） （木本作物为主，橡胶、椰子等产量高，质量好）可种赤道带、热带作物
	中热带 8	>8 500℃	>18℃	海南岛五指山以南、西沙、中沙、东沙群岛		
	赤道热带 9	>9 000℃	>25℃	南沙群岛		

（续表）

气候区域	气候带和亚带	指标	参考指标	主要分布区	不同森林类型	农业特征
西北干旱区域	干旱中温带 10	>10℃ 积温 1 700~3 500℃	>10℃ 日数 100~180 天	天山以北、内蒙古	干旱、半干旱草原	可种冬小麦 可种长绒棉
	干旱暖温带 11	>3 500℃	>180 天	天山以南	灌丛草原、草原	
青藏高寒区域	高原寒带 12	>10℃日数不出现	最热月气温<6℃	柴达木盆地、青海东部、横断山脉、雅鲁藏布江河谷	寒漠	“无人区” 牧业为主 农业为主
	高原亚寒带 13	<50 天	6~12℃	雅鲁藏布江与北羌塘高原之间	高山草甸、高山草原	
	高原温带 14	50~180 天	12~18℃	北羌塘高原	落叶阔叶林、针叶林	
	高原亚热带山地 15	180~350 天	18~24℃	高原东部及南部河谷	常绿阔叶林	农、牧区
	高原热带北缘山地 16	>350 天	>24℃	高原东部及南部河谷底部	热带雨林	

（三）气候带的划分

我国大陆南北纬度相差达33°，随着太阳辐射量的纬度差异，自北而南温度递增现象明显，除青藏高原外，采用一年中日平均气温≥10℃期间的日数积积温作指标，可以依次划分出温带、亚热带和热带不同气候带（温度带）。但同样的日数，其积温可多可少；有时，同样积温，其日数也有多有少。两者可有几十天和几百度的出入。所以，在采用≥10℃日数或积温时，还得参考其他指标，还参照地貌、植被、土壤，以及其他自然因子分布状况，也考虑天然和人工植被。进行校核。如云南高原，夏季温度较低，因而产生≥10℃的日数多、而积温少的情况。塔里木盆地和吐鲁番盆地，则与上述相反，夏季温度很高，形成≥10℃日数少而积温高的情况。

根据有关指标，国内比较通用的划分方法，在东部季风区划分出9个气候带，西北干旱划分出2个气候带，在青藏高原区，随着海拔高度的升高或降低，直接影响着气候的变化，根据地面景观的变化，可以划分出5个气候带，这样全国共划分出16个气候带。从表4-9看出，温带和亚热带所占国土面积最大，共约占全国总面积的59.31%。

表4-9　中国气候带的面积①

温度带	≥10℃积温（℃）	面积（10^4km^2）	占全国面积（%）
寒温带	<1 700	23.81	2.48
中温带	1 700~3 200	327.97	34.16
暖温带	3 200~4 500	173.13	18.03
亚热带	4 500~7 000（东部） 4 500~6 500（西部）	241.43	25.15
热带	>7 000（东部） >6 500（西部）	38.42	4.00
青藏高原区		155.24	16.17

① 面积不包括延伸山体，因而所占面积较小。

（四）干湿区的划分

我国水量是受东南季风的控制，因而自东南向西北逐渐递减，长江中下游年降水量为1 000~1 200mm，至塔里木盆地在50mm以下，吐鲁番盆地甚至在25mm以下。根据降水量的多少，可以划分出不同干湿区。干湿区划分的指标，是用年干燥度。

我国气候学家应用一个公式计算出各地的干燥度。

$$K = \frac{E}{R} = \frac{0.16\sum t + (\geqslant 10℃ \text{ 稳定期})}{r(\geqslant 10℃ \text{ 稳定期})}$$

式中 K 为干燥度，E 为可能蒸发量，r 为降水量，$\sum t$ 为气温≥10℃稳定期积温。可能蒸发量在实际中不方便运作，根据我国实际情况，采用≥10℃稳定积温度的积温乘以 0.16，作为可能蒸发量。0.16 是系数，是参照我国各地自然景观而确定的。根据运算结果，划分出我国不同的干湿区（表 4-10）。

按照以上（表 4-10）年干燥度的划分标准，在热带、亚热带的范围内极大部分为湿润区，在暖温带中，华北地区为半湿润地区，新疆南部为干旱地区；在中温带中，东北为湿润与半湿润地区，内蒙古是半干旱地区，甘新是干旱地区；在北温中，漠河是湿润地。塔里木盆地边缘、柴达木盆地边缘和巴丹吉林、腾格里沙漠边缘在这些地区年降水量在 60mm 上下，年干燥度高达 16，是极干旱区，是荒漠。准噶尔盆地因位于北疆，年降水量稍多，年干燥度系数就在 10.0 左右，可见年干燥度系数 16.0 等值线与我国荒漠景观非常一致。

表 4-10　干湿状况的划分指标

地区	年干燥度	年降水量（mm）	植被	占全国陆地面积
湿润	<1.00	>1 000	森林	35
半湿润	1.00~1.49	500~1 000	森林草原	16
半干旱	1.50~4.00	250~500	草原	18
干旱	>4.00	<250	荒漠	1

青藏高原地区同样以年干燥度作为划分水分与自然景观的主要指标。根据高原上干燥度系数与自然景观的配合情况，指标的具体数值也有不同（表 4-11）。

表 4-11　青藏高原水分指标

水分指标	年干燥度系数	自然景观
湿润	<1.0	常绿阔叶林
亚湿润	1.0~1.6	针叶林、灌丛草甸
亚干旱	1.6~5.0	草原
干旱	5.0~15.0	半荒漠
极干旱	>15.0	荒漠戈壁

东南季风吹进大陆海洋湿气，带来丰富的降水，这是我国东南临海洋得天独厚的优越自然条件。如果没有季风雨，像我国这样占有亚热带纬度地区，势必形成荒漠地

带。在世界上著名的撒哈拉、阿拉伯、澳洲、卡拉哈利（南非西岸）与阿塔卡马（南美秘鲁、智利一带）沙漠，都位于我国同纬度的地区，由于副热带高压带的存在，空气下沉增温，水汽远离饱和点，少雨干旱，成为干旱的荒漠带。但我国的亚热带地区，由于季风和青藏高原的影响，雨水充沛，成为气候适宜，物产丰富的宝地。我们要加倍珍惜水资源，严防水地流失。

（五）亚区的划分

亚区是栽培区划和组织生产的单元。

亚区是在干湿区中根据地理位置、地貌与其他自然及经济林生产内容，进一步划分的。亚区的命名是：地理位置（省区）+地貌+经济林生产项目。

（六）小区的划分

小区的划分是亚区范围大，或跨两个省区，或跨不同类型地貌。亚区范围不大，就不再进一步划分小区。因此，并非所有亚区都划小区。

第四节 栽培区划的原则

一、可持续发展的原则

可持续发展这一新的发展理论和战略思想，已被国际社会普遍接受和认同。

可持续发展是破传统发展模式，发展不仅是局限于单纯经济增长，而且应是人类社会全方位的发展和进步。社会全方位的发展包括经济尺度和非经济尺度的发展。这也是人们价值观和价值取向革命变化。可持续发展是人类社会发展、进步，唯一优化选择。

经济林是为人类社会可持续发展服务，是发展经济林生产的出发点，也是最后归宿。

人类依靠自己的智慧和劳动，从自然界那里获得自然资源来维持自身的生存和发展。我们认真地研究和了解中国自然资源的持有量及其特点，是非常重要的，我国自然资源总量的排序，在世界上居第四位，是资源富国，是优势。但由于人口众多，又是世界上人均占有量很低的国家，是劣势。这是中国资源两重性的特点，变劣势为优势，就必须坚持可持续发展战略，科学地利用自然资源。

我国丘陵山地占国土面积的69%（通常称占70%），但绝大多数人居住活动是在海拔1 000m以下的地方，它仅占国土总面积的42.7%，而海拔1 000m以上占57.3%，这反映了我国多山。要正确认识山区综合开发以经济林作为突破口。当今部分经济林生产是劳动密集型的，具有投资少，收益快，效益高，适宜个体农户生产经营的优势。从组织经济林生产入手，使农民先富起来，有了资金积累，再投资乡镇企业和其他门类的生产，带来和推进山区经济全面发展，才能发挥整体优势。可持续发展是山区综合开发必须遵循的发展战略，是生命线。

在人类生存的地球上，包含着两个复杂的巨系统，一个是自然生态系统，另一个是人类社会经济系统，这两个系统都不是静态的，而是处于不停顿演化发展之中，这两个系统的运行是紧密相关联的，但又均有各自的运行客观规律，这就是自然规律和社会规律。自然系统包含着空间与时间的自然环境和自然资源。环境和资源是人们赖以生存的基本条件，是人类社会繁衍、发展的场所和物质源泉。复杂的巨系统组成的子系统其可变量多，多至无法作出精确的统计。但在人们现实生活和生产中并不需要去测算每一个变量，只需寻求其中主导因素及其变化规律与影响。

森林是陆地生态系统的主体，是陆地的主要自然生态景观，当今全球关注的环境与发展问题无不与森林有关。森林是保护生态环境的屏障，保护生物多性，制氧固碳，源源不断地生产木材、油料、粮食、果品及其他多种食物，是工、农、医与化工原料，是人们生活与生产不可缺少又不可替代的物质资源，表现出经济、生态和社会三大效益结合最好的多功能性，发展的革命辩证法。

从上述方方面面看出，实施可持续发展战略，进行经济林栽培区划是有力的重要的技术措施。

二、遵循自然规律的原则

在进行栽培区划时，必遵循下面4个规律。

第一是自然生态规律。陆地生态系统是有明显的空间结构差异，以及周期性的时间差别。空间差异有地带性和垂直性，表现出植物区系和植被带及群落各异，呈现出万态千姿，因而也带来经济林生产种类的适地性，时间差别表现为植物生长繁茂的活跃态，与植物枯衰的休眠态，两者周而复始的交替出现，因而带来经济林生产技术的适时性。空间和时间这种差异是由太阳辐射量和水分量所造成，是不能违背的，这就是自然生态规律。

第二是社会经济规律。空间结构的差异，也影响着社会经济结构，加上社会历史原因，表现出生产门类和生产力的不同，就构成了社会经济发展的条件和限制因素，是不能超越和违背的，这就是社会经济规模。

第三是生态经济规律。社会经济发展要与环境保护协调平衡，在建设的开始也可能会破坏某些局部环境，但强调的整体性原则。

第四是协同性规律。生态经济林区划，要将经济林、生态环境、经济条件、人的素质、劳动手段、科学技术水平等多个要素，统一组成一个功能系统，形成具有协同作用的自组织。

三、整体环境与局部环境的原则

整体环境在这里指带性因素，如热带、亚热带等。在整体环境中由于非地带性因素引起局部差异，称之为局部环境。在栽培中要研究的是在整体中寻求局部的微域差异。经济林主要是在低山、近山、丘陵和岗地。这些土地因有其固定的空间，是多因素的综合体，所以有条件上的差异。因此，须因地制宜开发利用。土地是有限资源，是生产资料，要珍惜，要养用结合，绝不能进行掠夺性的利用。

四、环境因子中的综合作用与主导作用的原则

对经济树木的生长发育，环境因子是综合作用的。但在一定的范围内，水分、温度、光照、土壤酸碱度都可以单独起作用。油桐在我国是典型中亚热带栽培的木本工业用油树种，在分布区外引种向北进，受冬季低温的限制；向南移因冬季高温影响休眠，引向西北水分不足，扩向东南丘陵则土壤酸板。这些都是单因子在起主导作用。在栽培上的任务是寻求主导因子。

五、环境的空间结构的原则

环境中的物质、能量资源有空间的分布和结构。经济林木所占的空间，可以分为地上和地下部分。地上主要是干、叶，进行活跃的光合作用，物质动态是合成为主。地下是根系对水分、养分的吸收、运送（根也有合成，但很微量），将有机物分解、矿化。物质和能量这种空间分布和结构，形成经济林木地上和地下紧密相关的整体性。相关性携带生物信息，相关性失调，整体性就不平衡，林木生长发育就要受影响。

第五节　栽培区划结果

Ⅰ　北温带

Ⅱ　中温带

ⅡA　湿润区

ⅡA1　小兴安岭低山丘陵木本油料亚区

ⅡA2　长白山山地参药亚区

ⅡA3　三江平原经济型农田防护林亚区

ⅡB　半湿润区

ⅡB1　大兴安岭南部林药亚区

ⅡB2　松嫩平原经济型防护林亚区

ⅡC　半干旱区

ⅡC1　内蒙古东部木本油料及牧场经济型防护林亚区

ⅡC2　内蒙古中部经济型农田、牧场防护林亚区

ⅡC3　北疆经济型防风固沙林及木本油料林亚区

ⅡD　干旱区

ⅡD1　内蒙古西部经济型防风固沙防护林亚区

ⅡD2　宁夏林药及经济型防护林亚区

ⅡD3　甘肃干鲜果亚区

1　南部高原和祁连山小区

2　河西走廊小区

3　中部黄土高原小区

4　陇南山地丘陵小区

ⅡD4　青海林药及干果亚区

1　东部山地小区

2　柴达盆地小区

Ⅲ　暖温带

ⅢA　湿润区

ⅢA1　辽东、山东低山丘陵干鲜果亚区

ⅢB　半湿润区

ⅢB1　华北平原农田经济型防护林亚区

1　河北小区

2　山东小区

3　河南小区

4　安徽小区

5　江苏小区

ⅢB2　华北山地干鲜果亚区

ⅢB3　关中平原干鲜果亚区

ⅢC　半干旱区

ⅢC1　山西黄土高原经济型水土保持林及干鲜果亚区

1　晋北中温带半干旱小区

2　晋中暖温带半干旱小区

3　晋东南暖温带半湿润小区

4　晋西暖温带半干旱小区

ⅢC2　陕北黄土高原经济型水土保持林与木本油料亚区

ⅢC3　陕西北端经济型防风固沙林亚区

ⅢD　干旱区

ⅢD1　南疆经济型防风固沙林与木本油料林亚区

Ⅳ　北亚热带

Ⅳ1　四川盆地北缘山地工业原料亚区

Ⅳ2　甘肃南端丘陵山地木本油料亚区

Ⅳ3　陕南秦巴山地木本油料及工业原料亚区

Ⅳ4　湖北木本油料及干鲜果亚区

1　鄂东北低山丘陵小区

2　鄂东北山地丘陵小区

3　江汉平原小区

Ⅳ5　豫南低山丘陵干鲜果品亚区

Ⅳ6　皖中丘陵平原干鲜果亚区

Ⅳ7　苏中低丘平原干鲜果亚区

Ⅴ　中亚热带

Ⅴ1　苏南宜溧低山丘陵鲜干果桑茶亚区

Ⅴ2　皖南山地丘陵干鲜果桑茶亚区

Ⅴ3　浙江鲜干果茶桑亚区

1　浙北平原小区

2　浙西中山丘陵小区

3　浙东盆地低山丘陵小区

4　浙中丘陵盆地小区

5　浙南中山小区

6　沿海半岛、岛屿丘陵平原小区

Ⅴ4　闽中-闽北干鲜果茶与木本油料亚区

Ⅴ5　鄂东南低山丘陵木本油料及果茶亚区

Ⅴ6　江西木本油料、茶及鲜干果亚区

1　赣北低山平原小区

2　赣中丘陵高岗小区

3　赣南低山丘陵小区

Ⅴ7　湖南木本油及干鲜果亚区

1　湘西北山地丘陵小区

2　湘北滨湖平原小区

3　湘中丘陵岗地小区

4　湘西南山地丘陵小区

5　湘南山地丘陵小区

Ⅴ8　粤北山地丘陵木本油料、果茶亚区

Ⅴ9　桂北低山丘陵木本油料、果茶亚区

Ⅴ10　贵州木本油料及工业原料林亚区

1　黔东低山丘陵小区

2　黔中山原小区

3　黔北中山峡小区

4　黔南低中山峡谷小区

5　黔西高原中山区小区

Ⅴ11　云南（中亚热带）木本油料、干鲜果及茶亚区

Ⅴ12　四川木本油料、果、茶及工业原料林亚区

1　川东盆地小区

2　川东盆地边缘山地小区

3　川西南山地小区

Ⅵ　南亚热带

Ⅵ1　闽东南沿海丘陵果、茶亚区

Ⅵ2　台北台中低山丘陵果、茶亚区

Ⅵ3　粤中丘陵台地果、茶、桑亚区

Ⅵ4　桂中低山丘陵木本油料、干鲜果、茶亚区

Ⅵ5　桂南丘陵台地鲜果、香料亚区

Ⅵ6　滇中南低山丘陵果、茶及工业原料林亚区

Ⅶ　北热带

Ⅶ1　台南丘陵台地果、茶亚区

Ⅶ2　雷州低丘台地果、胶、香料亚区

Ⅶ3　琼北低丘台地橡胶、果及饮料亚区

Ⅶ4　滇南中低山台地胶、果亚区

Ⅷ　中热带

Ⅷ1　琼南台陵台地胶、油料、果亚区

Ⅷ2　东沙、中沙、西沙群岛亚区

Ⅸ　赤道热带

Ⅸ1　南沙群岛亚区

Ⅹ　青藏高寒区域

参考文献

何方 . 1998. 合理利用丘陵山地发展木本粮油生产//何方文集［C］, 北京：中国林业出版社 .

何方 . 2000. 中国经济林栽培区划［J］. 经济林研究，18（1）：1-10.

林业部林业区划办公室 . 1987. 中国林业区划［M］. 北京：中国林业出版社 .

任美锷，包浩生 . 1992. 中国自然区划及开发整治［M］. 北京：科学出版社 .

中国科学院自然区划工作委员会 . 1959. 中国气候区划（初稿）［M］. 北京：科学出版社 .

中国科学院自然区划工作委员会 . 1959. 中国土壤区划（初稿）［M］. 北京：科学出版社 .

中国科学院自然区划工作委员会 . 1960. 中国植被区划（初稿）［M］. 北京：科学出版社 .

朱俊凤，朱震达 . 1999. 中国沙漠化防治［M］. 北京：中国林业出版社 .

第五章　现代经济林科技理论体系[①]

第一节　指导思想和理论基础

一、指导思想——科学发展观

（一）科学发展观的提出及意义

2003 年 10 月，党的十六届三中全会明确地提出“科学发展观。”并对科学发展观作出界定：“坚持以人为本，树立全面、协调、可持续的发展观，促进经济社会和人的全面发展。”科学发展观是我国经济社会发展的重要指导思想。党的“十七大”首肯科学发展观，并作认真贯彻落实党的“十七大”精神之一，在新的历史起点上发展中国特色社会主义的重大战略部署。2012 年 11 月召开的党的“十八大”，将“科学发展观”上升为中国特色社会主义理论体系三大理论之一。在党的“十八大”报告中做了全面的阐述，指出“面向未来，深入贯彻落实科学发展观，对坚持和发展中国特色社会主义具有重大现实意义和深远历史意义，必须把科学发展观贯彻到我国现代化建设全过程、体现到党的建设各方面。全党必须更加自觉地把推动经济社会发展作为深入贯彻落实科学发展观的第一要义，牢牢扭住经济建设这个中心，坚持聚精会神搞建设、一心一意谋发展，着力把握发展规律、创新发展理念、破解发展难题，深入实施科教兴国战略、人才强国战略、可持续发展战略，加快形成符合科学发展要求的发展方式和体制机制，不断解放和发展社会生产力，不断实现科学发展、和谐发展、和平发展，为坚持和发展中国特色社会主义打下牢固基础。必须更加自觉地把以人为本作为深入贯彻落实科学发展观的核心立场，始终把实现好、维护好、发展好最广大人民根本利

① 本章由何方撰写。

益作为党和国家一切工作的出发点和落脚点，尊重人民首创精神，保障人民各项权益，不断在实现发展成果由人民共享、促进人的全面发展上取得新成效。必须更加自觉地把全面协调可持续作为深入贯彻落实科学发展观的基本要求，全面落实经济建设、政治建设、文化建设、社会建设、生态文明建设五位一体总体布局，促进现代化建设各方面相协调，促进生产关系与生产力、上层建筑与经济基础相协调，不断开拓生产发展、生活富裕、生态良好的文明发展道路。必须更加自觉地把统筹兼顾作为深入贯彻落实科学发展观的根本方法，坚持一切从实际出发，正确认识和妥善处理中国特色社会主义事业中的重大关系，统筹改革发展稳定、内政外交国防、治党治国治军各方面工作，统筹城乡发展、区域发展、经济社会发展、人与自然和谐发展、国内发展和对外开放，统筹各方面利益关系，充分调动各方面积极性，努力形成全体人民各尽其能、各得其所而又和谐相处的局面。

解放思想、实事求是、与时俱进、求真务实，是科学发展观最鲜明的精神实质。实践发展永无止境，认识真理永无止境，理论创新永无止境。全党一定要勇于实践、勇于变革、勇于创新，把握时代发展要求，顺应人民共同愿望，不懈探索和把握中国特色社会主义规律，永葆党的生机活力，永葆国家发展动力，在党和人民创造性实践中奋力开拓中国特色社会主义更为广阔的发展前景。

党的“十八大”报告肯定地明确指出：“科学发展观是马克思主义同当代中国实际和时代特征相结合的产物，是马克思主义关于发展的世界观和方法论的集中体现，对新形势下实现什么样的发展、怎样发展等重大问题作出了新的科学回答，把我们对中国特色社会主义规律的认识提高到新的水平，开辟了当代中国马克思主义发展新境界。科学发展观是中国特色社会主义理论体系最新成果，是中国共产党集体智慧的结晶，是指导党和国家全部工作的强大思想武器。”

（二）科学发展观的解读

要深刻领会科学发展观的历史地位和指导意义。科学发展观是马克思主义同当代中国实际和时代特征相结合的产物，是马克思主义关于发展的世界观和方法论的集中体现，对新形势下实现什么样的发展、怎样发展等重大问题作出了新的科学回答，把我们对中国特色社会主义规律的认识提高到新的水平，开辟了当代中国马克思主义发展新境界。科学发展观是中国特色社会主义理论体系最新成果，是中国共产党集体智慧的结晶，是指导党和国家全部工作的强大思想武器。面向未来，深入贯彻落实科学发展观，对坚持和发展中国特色社会主义具有重大现实意义和深远历史意义，必须把科学发展观贯彻到我国现代化建设全过程、体现到党的建设各方面。全党必须更加自觉地把推动经济社会发展作为深入贯彻落实科学发展观的第一要义，必须更加自觉地把以人为本作为深入贯彻落实科学发展观的核心立场，必须更加自觉地把全面协调可持续作为深入贯彻落实科学发展观的基本要求，必须更加自觉地把统筹兼顾作为深入贯彻落实科学发展观的根本方法。解放思想、实事求是、与时俱进、求真务实，是科学发展观最鲜明的精神实质。

科学发展观，第一要务是发展，核心是以人为本，基本要求是全面协调可持续发展，根本方法是统筹兼顾。科学发展观充分体现了辩证唯物主义的普遍联系观点、发展观点、矛盾观点。“五个统筹”作为根本方法体现了全面、协调、可持续三者之间互相联系，相辅相成的辩证关系，促进经济社会又好又快发展。

协调发展就是遵照党的十六届三中全会明确提出的：“按照统筹城乡发展、统筹区域发展、统筹经济社会发展、统筹人与自然和谐发展、统筹国内发展和对外开放的要求”。“五个统筹”是今后经济社会综合发展的新战略，用它来推进生产力和生产关系、经济基础和上层建筑的协调，就是运用它来解决经济建设中的诸多矛盾，不断调节完善发展与增长、发展与资源、发展与环境等的关系，以及调整城乡与地区之间的经济社会发展不平衡。

我国城乡和地区发展有差距，是自然历史遗留下来的原因，在短期内可能难以完全消除的，只能逐步缩小差距。我国已注意到它们之间的不均衡发展，相应的采取了一系列政策和实际的措施，如西部大开发、东北老工业基地的重建、农村扶贫等。

“五个统筹”就是要处理好方方面面各个环节的关系，变矛盾为合力，团结协作。调节好它们彼此间的利益关系，坚持利益均衡、参与者均成赢家。

科学发展观的重大创新，是在于它将以人为本作为核心内涵；把握住全面、协调、可持续发展作为本质内涵，促进经济社会和人的全面发展。

科学发展观为国家的发展，促进人与自然的和谐，提供了科学依据和实践方法、解决了为什么要发展？走什么样的发展道路？制定什么样的发展战略，明确了增长与发展的区别和联系等一系列重大理论和策略，表明科学发展观具有重大的理论和现实意义。

科学发展观是党中央站在历史和现实的新高度，并吸收了中华民族传统文化精髓，实事求是的总结了改革开放以来的实践经验，为应对全球经济一体化需要提出来的。

二、理论基础——生态学

（一）生态学的概念

生态学一词是 1866 年德国动物学家海克尔（Haeckel）提出来的，并被定义为：

“生态学是研究动物对它的有机和无机环境的总和关系”，现在可以简单明确地定义为：“生态学是研究生物与环境关系的科学”是宏观研究，现已作为生物学科中的一个分支学科，是当今最热门的科学。

1895年丹麦哥本哈根大学教授E. 瓦尔明出版了《植物生态学》（Ecology of Plants），这本书不仅奠定了植物生态学的基础，而且也使生态学更加系统化了，使后来植物生态学发展更快、更完善了。

在1954年召开的第三届国际生态学会议上，曾为生态学确定了下述内容：“①研究生物在其历史条件下的适应性；②研究作为物种存在形式的种群形式与发展规律；③作为表现在生物与环境关系上的生物群落的形成与发展规律。”在此次会议中，还议定：“生态学家应注意研究与生活环境相联系的生物适应性和数量，研究在不同自然地理景观和人类定向生产活动条件下，受生物群落影响的环境变化。”这不仅使生态学的研究内容更加丰富，而且更贴近于人类生活。

（二）环境的概念

环境是一个广泛的概念，包括自然环境和社会环境，这两个环境的内涵是不一样的，是互为依存的，它们共同组成一个巨系统。

1. 自然环境

自然环境定义为：“自然环境是客观存在的外界时间和空间实体”。自然环境虽然是客观存在的，但人类可以影响它。

自然环境包括天、地、生等自然因素。在这些因素中蕴含着无数多的变量，其中绝对多数的变量，是人类今天还不知道和不认识的。研究自然因素演变和发展规律的是自然科学，研究如何开发和利用这些自然因素和规律的是技术科学，它们各自均包括众多的学科门类。

现已有专门研究环境演变和发展规律的环境学科。

2. 社会环境

社会环境即是人类社会，它包括人文、经济、政治等社会因素，在这些因素中蕴含着无数多的变量，不仅有人际关系，而且还有人与自然的关系，它有自己的过去、现在和未来。社会环境也是客观存在的，其主体是人，它提供给人们各种各样的表演舞台。研究社会环境演变和发展规律的是社会科学，它也包括众多的学科门类。

3. 生态环境

在环境前冠以“生态”，是指与人类生存有关的环境。如果按照这个概念，生态环境仅局限于有人类居住的地方。即使在无人类居住的高山峻岭、深沟峡谷、沙漠戈壁和雪山冰川。其变化也同样会影响人类居住的环境，因为地球是一个整体。因此，这里所说的生态环境是泛指地球及大气圈立体大环境。

人是不能离开环境而生存的。自然环境为人的生存提供空间、物质和能量，以完成人的生命过程。人是群居动物，不能离开社会环境，依靠人际之间的帮助，人才能生存。

（三）生态环境的演变

人是生物进化的产物，地球是人类的母亲。在地球发展史上，人的出现是自然演化的极重大事件，大约经历了20万年的进化，猿人逐渐过渡到人。人既是自然的产物，又是自然物质演变的高级形态。因此，人不仅具有自然属性，而且具有社会属性，在人与自然相互作用中，人是处于主导地位的，人受制于自然，同时又给自然以影响。

在人与自然相互作用的阶段中，在不同的历史时期和不同的地域，人类创造了多种文明模式。每一种文明均与一定的自然、社会、经济、历史背景相适应，并具有自身的特征、体系和发展进程。由于人与自然相互作用是以技术作为前提的，依照技术变化阶段，我们将人类社会分为采集狩猎社会、农业社会、工业社会和信息社会。表5-1总结了不同的社会阶段中人类利用的主要技术手段、资源、消费方式、发展方式、人对自然的态度及出现的问题。由历史的演变可看出，人类社会的持续生存及发展，并非存在永远适宜的模式，进而具有了相对稳定的结构和功能。但随着条件的变化、人类社会的发展，则会出现新问题，进而不适和失调，人类又会重新进行调整和创新。随着人类文明的进化和系统的创新，而发展出新的适应模式和系统结构。

生态环境的演化是地球出现人类后才开始的，如表5-1所示，尤其是在农业社会。据此，它的历史演化过程也可以分为三个不同的阶段。

表5-1　人类社会的进程及人与自然的关系

	采集狩猎社会	农业社会	工业社会	信息社会
延续时间	百万年	万年	百年	十年
技术手段	原始技术（石器、木器等）	农业技术（青铜器、铁器）	工业技术（机器、电器）	高技术、信息技术、清洁生产
主要利用能源	植物	植物、水力、风力	煤、石油	清洁能源、新能源
主要利用资源	天然物品	农业资源（耕地、水）	工业资源（不可再生矿产、人力、资本）	智力、信息、可再生资源

（续表）

	采集狩猎社会	农业社会	工业社会	信息社会
消费方式	存活	基本需求	高物质与精神需求	可持续消费（或称绿色消费）
发展方向	依赖天然资源	大规模开发农业资源	掠夺性利用环境	追求可持续发展
对自然的态度	崇拜、敬畏	模仿、学习、研究	改造、征服	调节、适应

1. 人与自然，依存适应

人是自然环境发展到一定阶段的产物，是在地球形成经过 45 亿年的演化之后，8 000年前原始农业的出现，是人类发展史上划时代的进步。4 000年前，人类社会出现了农业和手工业的第一次大分工，进入古代农业社会。我国是世界上最早出现原始农业，最早进入古代农业的文明古国，或者说是人类社会发展史上第一次和第二次产业革命的发祥地，是我们祖先为人类社会的进步，做出的伟大贡献。古代农业社会，人口少、地域广宽，生产技术和工具原始，生产力低，形成了破坏自然环境的能力，人与自然是相互依存适应，和谐地发展，因而不存在环境问题。

2. 人与自然，矛盾激化

18 世纪 60 年代开始的以蒸汽机应用为标志的英国工业革命，是人类社会第三次产业革命。

英国工业革命使人类的生产工具和技术，由历经百万年之久的用人力手工，进入机械时代，资源被大量的开发利用，生产力大幅度的提高，并迅速地向其他国家扩散，生产规模扩大，推动着社会进步和发展，与此同时有了工业生产的废弃物，开始污染环境。因此，自然资源被大量的开发利用，环境的污染是从 18 世纪 60 年代开始的。在这里从广义上看待环境问题的产生是与人类社会化活动同步出现的。原始农业的出现就开始了毁林开垦，过度放牧，导致水土流失和沙化。正如恩格斯在《自然辩证法》一书中所指出的“美索不达米亚、希腊、小亚细亚以及其他各地的居民，为了想得到耕地，把森林都砍完了，但是他们却梦想不到，这些地方今天竟因此成为荒芜不毛之地，因为他们使这些地方失去了森林，也失去了积聚和贮存水分的中心”。

19 世纪电的发现和电力的应用为标志的第四次产业革命、从本世纪 40 年代开始的以微电子的应用为标志的第五次产业革命。经过这两次产业革命，进入了信息化时代，生产力得到空前的提高，推动着人类社会的进步与发展，伴随着科学技术的进步，人类征服自然的手段和能力也在进步，破坏力也越来越大，带来了负面效应。出现了诸如环境污染、资源过度利用和浪费、森林面积的缩小、沙化面积的扩大、人口的增加、耕地的减少、食品的短缺、能源的不足等危机，威胁着人类自身的生存，人与自然的矛盾有所激化。

短短200多年工业化的进程，创造了一个以人为中心的丰富的物质世界的工业文明，但却将原来绿色洁净的地球污染得不成样子了，走向自己的反面，正如恩格斯告诫我们的“不要过分陶醉于我们对自然界的胜利。对于每一次这样的胜利，自然界都报复了我们”（恩格斯，1971）。恩格斯在上述这段文字归于该书中的《劳动在从猿人到人转变过程中的作用》的一篇。

3. 人与自然，生态醒觉

地球是目前我们已知的在宇宙中唯一有人类生存的星球——生命舟。现在“生命之舟”是有一定负荷，人们有所担忧。但我们认为，可以运用科学技术，将地球变洁净。

1962年，《寂静的春天》在美国波士顿出版，作者雷·卡逊是一位女性海洋生物学家。书中通过对农药污染物迁移变化的研究，揭露了其对生态系统的影响，对生物及人类造成的危害。作者花了4年的时间，做了详细的调查研究，并查阅了大量文献写成此书。作者深厚的科学素养、敏锐的科学洞察力、严谨的科学态度、生动抒情的描写深深打动了每位读者的心。该书的出版曾引起极大的轰动，被译成数种文字在许多国家出版发行，在某些国家几乎成了家喻户晓的科普读物，全世界各界人士一致公认此书在唤起广大群众重视环境问题方面起到了重大作用。科学界认为卡逊对农药这个当时还不被人类重视的环境问题进行了全面、系统、深刻的分析，从环境污染的角度重新引起科学界对古老的生物学分支——生态学的关注，因而被誉为开创了一个崭新的生态学时代。

1972年6月联合国在瑞典斯德哥尔摩召开《人类环境会议》，标志着“环境时代”的开始。比恩格斯的文章晚96年，在这96年中环境危害是越来越严重。1973年1月联合国环境规划署成立。国际关注热点由单纯重视环保，转移至环境与发展主题，开始酝酿“可持续发展”的新的战略思想，是认识上的突破。这—思想经过20多年实践探索，发展丰富，至1992年6月联合国在巴西里约热内卢召开有各国首脑参加的世界环境与发展大会，会议通过了《21世纪议程》。这是各国首脑们的共识，是政府的承诺，成为政府的行动计划，开始了一种全新的文明——生态文明。

中国是个发展中国家，开始的现代化建设是在科学技术和经济发展都处于比较落后的状况下进行的，面临着发展经济与保护环境的双重任务。中国的环境科学技术工作开始于20世纪70年代。中国政府在80年代制定并实施了一系列保护环境的方针、政策和法律，确立环境保护为一项基本国策。《中国21世纪议程》是中国政府对世界环境保护的承诺。

1972年6月以后，世界各国政府先后开始进行自然生态环境的治理，取得了良好的效应。我国在环境治理方面虽取得巨大的成就，但总体上仍是滞后的。

2014 年“六五世界环境日”到来之际，国务院新闻办 4 日举办新闻发布会，环保部在会上发布了《2013 中国环境状况公报》。

公报说，2013 年，全国化学需要氧量排放总量为 2 352. 7万 t，比上年下降 2. 9%；氨氮排放总量为 245. 7 万 t，比上年下降 3. 17%；二氧化硫排放总量为 2 043. 9万 t，比上年下降 3. 5%；氮氧化物排放总量为 2 227. 3万 t，比上年下降 4. 77%。

总的来看，全国环境质量状况有所改善，但生态环境保护形势依然严峻，还面临不少困难和挑战。生态环境保护形势的挑战主要有水、空气和土地三大方面。

从水的方面来说，全国淡水环境质量不容乐观。从空气来说，全国城市环境空气质量形势严峻。从土地污染方面来说，土地环境形势依然严峻。耕地土壤环境质量堪忧，区域性退化问题较为严重。

环境保护部有关负责人表示，土壤环境质量受多重因素叠加影响，我国土壤污染是在经济社会发展过程中长期累积形成的。工矿业、农业生产等人类活动和自然背景值高是造成土壤污染或超标的主要原因。

根据国务院决定，2005 年 4 月至 2013 年 12 月，环境保护部会同国土资源部开展了首次全国土壤污染状况调查。调查的范围是除我国香港、我国澳门特别行政区和我国台湾以外的陆地国土，调查点位覆盖全部耕地，部分林地、草地、未利用地和建设用地，实际调查面积约 630 万 km^2。调查采用统一的方法、标准，基本掌握了全国土壤环境总体状况。

本次调查中选择确定污染物的原则：一是影响农作物产量和品质的污染物；二是对人体健康有害的污染物。调查的污染物主要包括 13 种无机污染物（砷、镉、钴、铬、铜、氟、汞、锰、镍、铅、硒、钒、锌）和 3 类有机污染物（六六六、滴滴涕、多环芳烃）。土壤环境背景对比调查除关注上述污染物外，还包括锑、钼等 61 种元素。

一般情况下，表层土壤是大多数农作场根系的主要分布土层，也是农业生产的耕作层；同时土壤污染物主要集中在表层。因此，本次调查中土壤的采样深度一般为 0~20cm。

土壤污染是在经济社会发展过程中长期累积形成的，主要原因包括：首先，工矿企业生产经营活动中排放的废气、废水、废渣是造成其周边土壤污染的主要原因。尾矿渣、危险废物等各类固体废物堆放等，导致其周边土壤污染。汽车尾气排放导致交通干线两侧土壤铅、锌等重金属和多环芳烃污染。

其次，农业生产活动是造成耕地土壤污染的重要原因。污水灌溉，化肥、农药、农膜等农业投入品的不合理使用和畜禽养殖等，导致耕地土壤污染。另外，自然背景值高是一些区域和流域土壤重金属超标的原因。

被污染的土壤可以通过修复降低其风险或危害，恢复其功能，但一般需要大量的资金和较长的时间。土壤修复是指通过物理、化学和生物的方法转移、吸收、降解和转化土壤中的污染物，使其浓度降低到可接受水平，或将有毒有害的污染转化为无害的物质，—般包括生物修复、物理修复和化学修复 3 类方法。由于土壤污染的复杂性，有时靠单一方法难以修复土壤污染，需要采用多种技术。

生物修复技术是 20 世纪 80 年代发展起来的，其基本原理是利用生物特有的分解有毒有害物质的能力，达到去除土壤中污染物的目的，主要包括植物修复技术、微生物修复技术和生物联合修复技术。

物理修复是指通过各种物理过程将污染物从土壤中去除或分离的技术。其中，热处理技术适用于受有机污染的土壤修复，已在苯系物、多环芳烃、多氯联苯等污染土壤的修复中得到应用。

化学修复是指向土壤中加入化学物质，通过对重金属和有机物的吸附、氧化还原、拮抗或沉淀等作用，以降低土壤中污染物的生物有效性或毒性，主要包括土壤固化、稳定化、淋洗、氧化还原、光催化降解和电动力学修复等技术。

从上述环保部提供的数据看出，我国城市环境生态治理任重道远。

自然界万物相依相存，构建合理的食物链，形成稳定的生态系统，协同健康进化，推进人与自然生态环境和谐共进、相安，不相悖，是现代工业科学发展、可持续发展必需的外界自然生态条件，是人类社会生存繁衍的生态安全、平安适生宜居的保证。生态林业建设是国家自然生态环保建设的航母。

树（森林）是直接关系保田、保山、保土、保水的命脉，森林是生态屏障，是保护神。

民生林业建设，生产的生态产品是丘陵山区人民富起来的必由之路。生态文化林业建设是提高人的生态素质，人文素质的必需措施。离开林业，没有森林，既不能环保，又不能富民。

森林，人类生命共同体。

三、理论基础——植物生理学

植物生理学是研究植物生命活动规律的科学，是微观研究。其基本内容不致可以概括为三个方面：代谢生理、生长发育生理和环境生理。

植物的生命活动是在水分代谢，矿质营养、光合作和呼吸作用等基本代谢，表现出种子萌发，出苗、抽枝、发叶，构建成树体框架等，是营养生长。进而开花、经授粉，受精发育成果实、种子，直到衰老、死亡等，是生殖生长。完成植物生长发育直至死亡的全程。

经济林木在生长发育的过程中，在果实、种子和器官中经生理生化生转化、积累形成营养物质，矿物质、植物碱等有效成分，向人类提供食品、保健品、药品及工业原料多种多样的生态实物产品，产生经济效益是人们栽培经营经济林的目的，富农民。经济林木向人们提供各类生态实物产品的数量多少，质量好差，我们可以依靠植物生理理论和技术，在生产实践中对经济林木进行调控促生，增产提质。因而我们要学习掌握植物生理学理论和技术。

在经济林生产实践中，除要学习掌握生态和植物生理学理论和技术外，还要学习掌握气象学、气候学、土壤学、植物学、植物分类学、植物地理学、病虫防治，等等。

四、生态系统

生态系统（ecosystem）这一科学概念，是 1935 年由英国科学家坦斯利（Tansley）首先提出来的。

（一）生态系统的组成

生态系统是由环境因子和生物因子共同组成的一个相互制约的密不可分的整体，是客观存在的实体，有其自己的运行规律（图 5-1）。

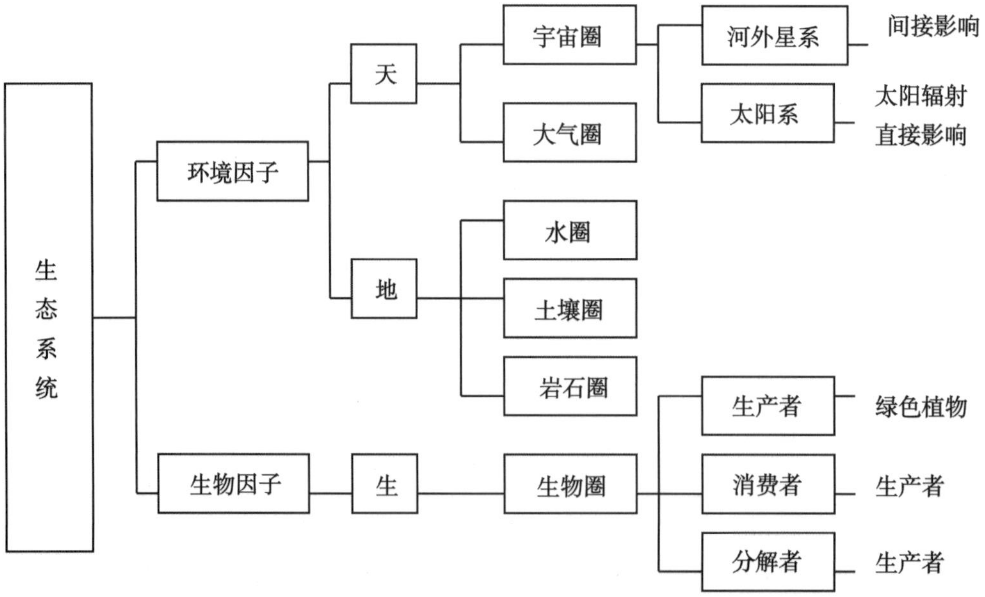

图 5-1　生态系统的组成

生物因子是生态系统结构的组成之一，我们认识和研究生态系统也是从它的生物因子开始的。生态系统的结构实际上是生物群落的结构，是客观存在的实体，是直观的。

结构是包括多方面的，如植物种群结构，由多种乔灌草植物区系组成一定的层次，表现出群落的外貌特征。另一是营养结构。在生态系统中尽管生物种类多种多样，但根据它们获得营养和能量的方式，以及在能量和物质循环中所起的作用，在国内外通常分为三大基本类群，或三个层次，生产者—消费者—分解者。也是生态系统的食物链。

（二）生态系统类型

生态系统类型是以地面景观为依据的。通常将地球生态系统划分为陆地、海洋、湿地三大生态系统，见图5-2。

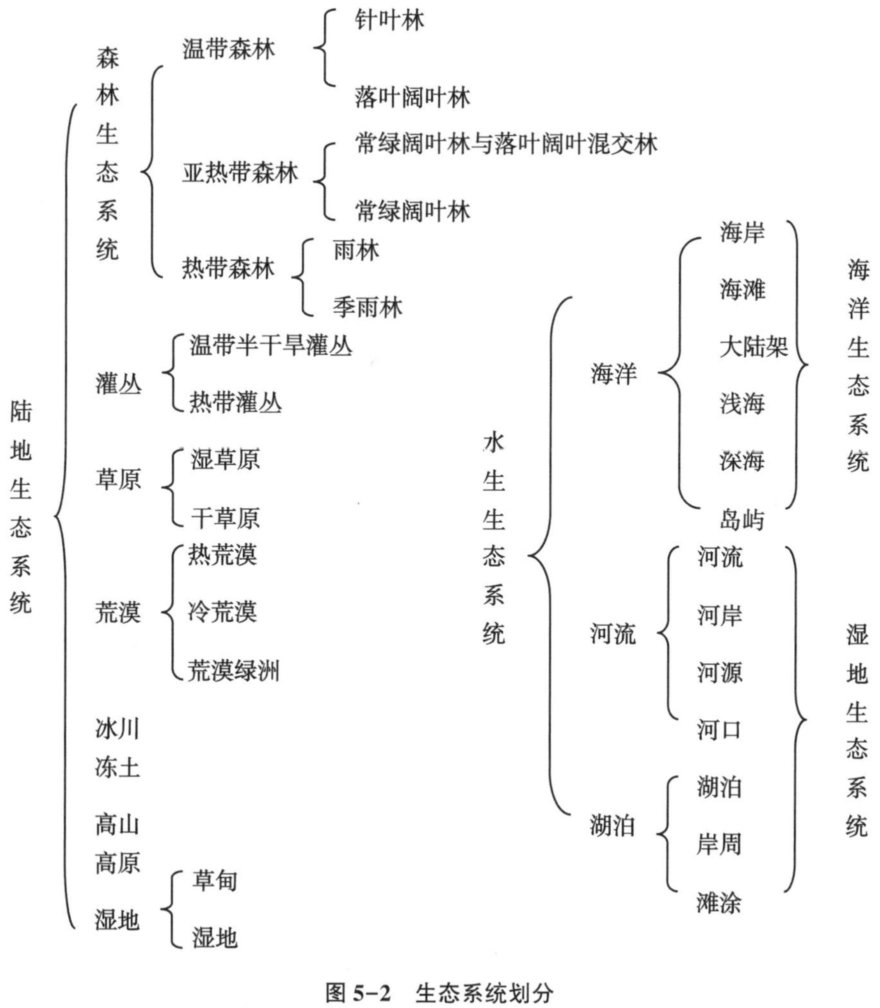

图5-2　生态系统划分

在地球上，生态系统的第一生产力的分布是不均匀的，不同地区，不同生态系统是不一样的，见表 5-2。

表 5-2　地球上各种生态系统的净初级生产力和植物生物量

生态系统类型	面积 (10^6km^2)	净初级生产力 [g/（m^2·hm^2）]		全球的净初级生产总量 ($10^9t/hm^2$)	生物量（kg/m^2）		全球生物量 (10^9t)
		范围	平均		范围	平均	
热带雨林	17.0	1 000~3 500	2 200	37.4	6~88	45	765
热带季雨林	75	1 000~2 500	1 600	12.0	6~60	35	260
温带常绿林	50	600~2 500	1 300	6.5	6~200	35	175
温带落叶林	7.0	600~2 500	1 200	8.4	6~60	30	210
北方针叶林丨	12.0	400~2 000	800	9.6	6~40	20	240
灌丛和林业地	8.5	250~1 200	700	6.0	2~20	6	50
热带稀树草原	15.0	200~2 000	900	13.5	0.2~15	4	60
温带草原	9.0	200~1 500	600	5.4	0.2~5	1.6	14
寒漠和高山	8.0	10~400	140	1.1	0.1~3	0.6	5
荒漠和半荒漠灌丛	18.0	10~250	90	1.6	0.1~4	0.7	13
岩石、沙荒漠和冰地	24.0	0~10	3	0.07	0~0.2	0.02	0.05
栽培地	14.0	100~3 500	650	9.1	0.4~12	1	14
沼泽和沼泽湿地	2.0	800~3 500	2 000	4.0	3~50	15	30
湖泊和河流	2.0	100~1 500	250	0.5	0~0.1	0.02	0.05
大陆总计	149		773	115		12.3	1 837
大洋	332.0	2~400	125	41.5	0~0.005	0.003	1.0
上涌流区域	0.4	400~1 000	500	0.2	0.005~0.1	0.02	0.008
大陆架	26.6	200~600	360	9.6	0.001~0.04	0.01	0.27
海藻床或珊瑚礁	0.6	500~4 000	2 500	1.6	0.04~4	2	1.2
河口湾	14	200~500	1 500	2.1	0.01~6	1	1.4
海洋总计	361		152	55.0		0.01	3.9
全球总计	510		333	170.0		3.6	1 841

五、21 世纪——绿色世纪

（一）绿色的曙光

绿色是新世纪的曙光！

绿色代表生命，绿色代表祥和，绿色代表欣欣向荣。

人们在经过 50 年来环境破坏的切肤之痛后，开始了生态意识的醒悟，自觉地调整自己的行为，要求回归大自然。保护环境成为当今世界各国政府的责任。保护环境成为西方国家竞选纲领中的一项重要内容。

保护环境就是要恢复和保护环境本来的自然面貌，蓝天、绿地、秀水和碧海，让人们生活在一个无污染的洁净的环境之中，因而绿色就成为无污染、洁净的同义语。

1993 年 5 月 24 日在海牙正式宣布成立国际绿色十字会。该会宗旨在解决全球环境问题．促进和提高世界各国的环境保护意识，开拓生态文明。

（二）绿色在延伸

环境的污染也带来食物的污染，污染的食物有损人身健康，是最直接的危害。随着人们科学文化素质的提高，自身的保障意识也在增长，二者是同步的。早在 80 年代西方国家开始生产无污染、洁净安全的食品，称为绿色食品。绿色食品 90 年代传入我国，并向世界各国传播，成为不可阻止的历史潮流并代表一个新的食品消费观念，是食品生产的革新。

绿色食品带给人们启示，要真正成为绿色食品，从原料，加工至流通的全过程中每一个环节均是“绿色”，否则产品就达不到绿色要求。仅是绿色食品，其他产品不绿色，也保护不了人身健康。如汽车不绿色，它的废气也污染环境。欧盟汽车每年一氧化氮和二氧化氮排放量共达 554 万 t，挥发性有机物排放量 385 万 t，其中 51%和 36%均来自汽车释放的废气。因而绿色在延伸，扩大至科技、生产领域的各种各类产品。

（三）绿色的内涵

1. 绿色科技

科学技术的负面效应是产生环境问题的根本因素，应用科学技术克服自身的负面效应也是解决环境问题的根本手段，解铃还须系铃人。绿色科技并不是单指某一项具的科学技术，它是清洁生产、清洁流通、清洁消费，自然资源的循环利用，不污染环境，保护生态环境等一系列技术的总称。绿色科技是保证社会持续发展的科学技术手段，贯穿于社会生产、生活的各个领域，是一个崭新的科学技术体系。

2. 绿色产业

绿色产业是指生产—产品—流通的全过程都是洁净的，不排放废弃物，不污染环境。

第一产业——农业。当今人类的食物主要来自农业。要生产绿色食品，首先必须保证食品的原料是无公害的，洁净的。

现在世界上的农业产业已经找到一条循环利用资源，不污染环境，产品洁净的道路——生态农业。生态农业就是绿色农业。我国农业部今年 7 月决定，在“九五”期间要给 1 000万农民颁发绿色证书。

第二产业——工业。当今世界上造成环境污染的主要污染源是工业废弃物排放。全国每年废水排放量达 500 亿 t，烟尘排放量达 2 500万 t，工业废渣 15 万 t，每年造成的经济损失“生态赤字”超过 1 000亿元。因而环境保护的首要任务是控制污染源。凡有污染的“夕阳工业”均要逐步改造或关闭。今后老工业改造和新工业企业建设，均要是无污染的绿色的“朝阳工业”。

绿色工业产品的洁净含二个意思，一是产品本身无害，洁净；另一是产品在使用过程中不产生污染。其中如家用电器在使用时不排放污染物，无噪声。

第三产业——服务行业。服务行业内容广泛，有农、工、商，包括人们的衣、食、住、行，是直接为张三或李四具体人服务。因而在关系上除有人与物的关系外，更多的表现为人与人的关系。所以服务质量好或坏，不仅与服务者的素质直接有关，而且与被服务者的素质也有关的，共同组成文明服务。

第三产业的绿色，包括产品、服务内容的绿色，更包括人的文明，绿色文明。

3. 绿色包装

凡是进入流通领域的商品均有包装。绿色包装是指用来作包装物的材料不污染环境。如我国铁路用的旅客饭盒材料，从 1996 年 7 月 1 日开始改用纸质的，废弃后在 3 个月内能自行分解，不污染环境。

4. 绿色设计

绿色设计是指今后凡有新的工矿企业的设计，其生产过程中污染环境的废弃物排放符合相关标准，否则就不能建厂生产。

工业生产有废弃物实际是资源未被充分利用，是资源的浪费。绿色设计不仅资源要充分利用，而且还要分级循环利用、综合利用，直至无废弃物，节约资源，提高经济效益。如油茶子榨油后的茶钴饼，第一级利用是将饼碎后再浸提茶油，第二级利用再提取皂素，制成系列化妆品，第三级利用是作牛、猪饲料。

21 世纪 90 年代开始酝酿的，新世纪开始的，仍以微电子技术的应用组成信息高速公路的第五次产业革命的第二个高潮，这场产业革命必须是绿色的才能拯救人类，这是历史的经验。绿色产业革命能全面带动能源、材料、生物群多领域的进步发展，组成绿色经济，才有可能持续发展。绿色是经济发展，社会发展的保证，才有生态文明，才能为人们带来真正的幸福。“因此我们必须时时记住：我们统治自然界，绝不像征服者统治异民族一样，绝不像站在自然界以外的人一样，相反地，我们连同我们的肉、血和头脑都是属于自然界，存在于自然界的；我们对自然界的整个统治，是在于我们比其他一切动物强，能够认识和正确运用自然规律。”

人们看到 21 世纪绿色的曙光！

第二节　生态资源观

一、问题的提出

人类出现在地球上已有一二百万年的历史，在这漫长的岁月里，人类依靠自己的智慧和劳动，从自然界那里获得自然资源来维持自身的生存和发展。正如马克思在《资本论》（第1卷第209页）中所指出的："一边是人及其劳动，另一边是自然及其物质"。人与自然界关系，在人类发展的历史中，长期是处于相对和谐的状态，在人类经过二次工业产业革命之后，科学技术迅速发展，生产力高度发达，再加上人口数量迅速增加，人类向自然界索取的物质资源的数量越来越多，速度越来越快，这就大大加速了自然资源的消耗。人类索取与自然界供给的矛盾也随之突出起来了，人类与自然生态环境和自然资源矛盾激化，与此同时随着工业化的进程，向自然界排放的废弃物质日益增多，污染着环境。

在世界上我国是一个拥有13亿人口的大国，但人均自然资源拥有量少。因此，在国家社会主义四化建设中，如何对待和开发利用自然资源，面临着严峻的挑战。人们要生活，国家要建设，如何摆脱资源困境？出路在哪里？这不仅摆在决策者的面前，也摆在全国人民的面前。根据我国的国情，建立起对自然资源消耗新观念，有度节约的生态资源观。生态资源观是根据科学发展观的理论和方法，可持续的合理利用自然资源。建立生态资源型的国民经济体系，是走出困境的一个办法。

二、我国自然资源的特点

我们认真地了解和研究中国自然资源的特点是非常重要的，要清醒地意识到资源的困扰，再不能以"地大物博"自满了。自然资源是自然界客观存在的物质和能量，是劳动的对象，是可以创造财富的，满足人类生产和生活上的需要。自然资源有3大属性：可估测性，可利用性，可破坏性。自然资源的内涵和外延是随着时代科学技术的发展，不断地变化的。我国自然资源具有两重性，既是资源富国又是资源贫国。按自然资源总量的排序，在世界上我国居等4位，是资源富国，是优势。但由于人口众多，又是世界上人均占有量较低的国家。变劣势为优势，这就是我们总的战略方针。

我国适宜农林牧利用的土地毛面积110亿亩，仅次于加拿大，居第2位，占国土总面积960万km^2的折算成144亿亩的76%，人均土地总面积不足10亩，低于世界人均土地总面积49亩。

我国各类农耕地毛面积最多约20亿亩，其中一等耕地约占40%，受到一定限制条件的二等、三等耕地占60%，质量不算好。耕地中坡地与侵蚀、洪滞、盐碱3个主要限制农业生产条件的面积，分别占19%、9%、7%。现人均耕地1.8亩，只占世界人均耕地5.5亩的30%。联合国粮农组织认为，每人每天必须要消耗9.614kJ的热量，按这个标准计算，每人每年要供给粮食255kg，这还是低标准。目前发达国家的消费水平是人年均600kg粮食。如果更高水平的消费则要1 000kg粮食，达到人均每天37.62kJ。我国至21世纪末人均粮食如果争取到425kg，食用植物油6.5kg，肉类25~30kg，水产品14kg，也相当于1985年的世界平均水平。要达到这个水平，化肥年用量要1.45亿t，有效灌溉面积要有8.0亿亩。农业机械动力、农村用电、农用薄膜、农药和农业技术都要提高到相应水平。而按照小康生活水平要求，人均粮食至少应达500kg，才能做到供需基本平衡。

1991年世界粮食日主题是："植树造林，造福人类"。这一主题表明森林对人类生活的极端重要性，也标志着人们对粮食生产内涵的认识有了进一步的深化和提高。也表明了林地是粮食、饲料、能源、原材和生物多样性的源泉，强调了树木与长期持续的粮食生产间的密切关系。

2013年12月在京召开中央经济工作会议把"粮食安全"放在了首要地位，强调必须实施以我为主、立足国内、确保产能、适度进口、科技支撑的国家粮食安全战略。尽管2013年我国粮食总产量突破6亿t，实现"十连增"，但是如何在连续增产后续写丰收，依然是当前亟待破解的难题。全国粮食总产量从2003年4 307亿kg，至2013年增至6 019亿kg。我国粮食生产经过20世纪90年代的多年徘徊之后的取得十连增，也是新中国成立后粮食生产最好的十年。在这十年中，国家农业投资从2003年的2 144.2亿元，其中中央财政投资占11.5%，至2013年增至10 409亿元，其中中央财政投资增至占19.1%。统计显示，在确保粮食"十连增"的众多因素当中，单产提高的贡献率超过65%。尤其是近年来，伴随着良种良法的配套、农机农艺的融合，我国已经在高产品种、栽培技术、农机化水平方面形成了有效的技术示范和推广体系。

创新是解决我国粮食安全问题的根本出路，这已是社会各界的共识。"我国水稻播种面积在4.4亿亩左右，其中杂交稻占55%，而产量却占总产量的66%，为我国粮食安全作出了重要贡献。杂交水稻的发展对于保障我国的粮食安全显得尤为重要，而杂交水稻可持续发展的关键在于种质创新。"

专家指出，尽管我国粮食连续十年增产，但供求仍是"总量基本平衡、结构性紧缺"。随着城镇化推进、城镇人口增加，我国粮食的消耗量将逐年增长。据预测，到

2020 年我国粮食需求量将超过 0. 72kg，主要农产品的供求缺口仍然在逐年扩大。

目前，我国粮食产量稳中有增，粮食安全短期无虑，但“耕地去粮化”“农业副业化”“农村空心化”等趋势明显，我国粮食安全依然面临很多挑战。

有专家预计未来我国人口将以每年 1 000万的速度增长，生活水平和城市化水平的提高，将持续拉动粮食需求的增长。到 2030 年，我国粮食需求将达到 6. 17 亿 t，粮食总产需要在这个基础上增长 20%以上。因此，确保粮食安全是我国农业的首要任务，是农业生产的重中之重。

随着需求的增长，我国几大宗农产品进口数量出现了较快增长。据中国海关总署统计数据，2012 年，中国谷物进口量比上年飙升了 156%，达 1 398万 t。面对未来的粮食供需压力，如何更快提高主要农产品自给能力是个攻坚问题，中国需要持续敲响粮食安全的警钟。

有专家分析说，由于国际贸易市场上粮食供给量相对稳定，因此，随着中国进口需求的快速增长，粮食价格的上涨将是不可避免的，加之一些主要粮食出口国难以预知的天气和政策变化，未来中国的粮食进口将会受到约束。正是在这种意义上，要坚持立足国内实现粮食基本自给的方针，确保粮食等主要农产品总量平衡和结构平衡。

为确保我国粮食安全，时任农业部部长韩长赋日前提出，今后，要继续增加农业投入，加强农业基础设施建设，加快技术创新和推广，提高粮食收获能力，完善粮食仓储管理，提高粮食加工水平，降低粮食产后损失，把饭碗牢牢端在自己手中。

有专家认为，目前我国耕地质量“低、费、污”问题严重，而耕地又在逐年减少，如果不能确保 18 亿亩耕地红线，不能解决耕地质量问题，会威胁到国家粮食安全。与此同时，水资源短缺、肥料利用率低等问题也威胁着粮食的连年增产。

面对粮食连年增产的资源环境约束，要实现农业持续稳定发展，突破这些增产的硬约束、长期确保农产品有效供给，根本出路还是要靠科技。近年来粮食年年增产，主要原因是依靠科技，单产提高起了 80%以上的作用。城镇化会占用一部分耕地，但通过加强农田水利基础设施建设、加强农业科技进步，在更少的面积上也可以生产出更多粮食。未来，我国粮食增产的潜力还很大。在这种形势下，我们更要坚持“以我为主”，集中国内资源保重点，做到谷物基本自给、口粮绝对安全。中国人的饭碗要牢牢端在自己手中，而且自己的饭碗主要装自己生产的粮食，这是我们的一个基本方针。农业部表示，“今后要坚守 18 亿亩耕地红线，不断巩固和强化农业的政策扶持和科技投入，发展适度规模经营。未来，我们有信心继续保持粮食生产的稳定。”确保国家粮食安全，要坚持数量质量并重，推进农业发展方式转变，加强农业基础设施建设，加快农业科技进步，从根本上增强粮食安全保障能力。

我国现有耕地面积 18. 26 亿亩，其中中低产田占 70%以上。自 1988 年以来，我国设立土地开发建设基金，重点改造中低产田，建设高标准农田。

12月9日，国家发展改革委员会公布《全国高标准农田建设总体规划》（以下简称《规划》），其中提出，中国到2020年将建成集中连片、旱涝保收的高标准农田8亿亩。

“高标准农田建设不只是保证今天的吃饭问题，更多的是保证未来10年、20年后的粮食安全问题。”有专家认为。然而，在专家眼中，高标准农田的建设现状并不乐观。“现在有一种倾向，就是哪儿好建，就先建哪儿。”建设者多从投资见效快的角度出发，其实改造中低产田才是重点。

据测算，高标准农田建设每亩所需投资为1 000~2 000元。这意味着，要实现刚刚出台的《规划》，所需总投资将在8 000亿~1.6万亿元。其中，配套水利设施是高标准农田建设的重要衡量指标之一。事实上，近几年来，我国有效灌溉面积的增长基本处于停滞状态。从长远来看，高标准农田的建设问题重重。

有专家认为，高标准农田应是良种、良田、良法和良态的均衡建设，然而目前其实质意义并未得到有效体现。与此同时，有专家表示，中低产田的投资效果要在5年后才能看到。因此，各地政府对此并不感兴趣或者难以下定决心。据报道，2013年年底有关专家就农业肥料问题提了三份咨询研究报告：《中国磷矿资源战略研究报告》《中国钾矿资源战略研究报告》和《中国硫矿资源战略研究报告》。

《中国磷矿资源战略研究报告》显示，我国67%的磷矿石用于生产磷肥，磷矿资源基础储量位居世界第二。截至2012年年底，我国查明磷矿资源储量200.66亿t。不过这些看似丰富的磷矿资源，实际上可采储量静态只能维持17年左右。我国磷矿资源的特点是贫矿多、富矿少，难采选的多、易采选的少，分布不平衡。按现有经济技术条件可供开发利用的磷矿基础储量约21亿t。有专家认为，“2012年，我国磷矿石产量9 529.5万t，加上开采过程中的损失，每年消耗磷矿储量高达1.2亿t左右。”另一方面，我国对于磷矿的消费量却逐年攀升。“目前中国人均磷肥消费量约10kg，消费量还处在上升阶段，预计2020年到2025年会达到一个峰值，峰值期磷肥需求将达到1 776万t。”我们的资源有6亿t，可开采储量是1.8亿t。以进口50%来计算，或许可以维持30年。但是如果按照我们当下的强度开采利用，可能连30年都很难维持。

预计，到2020年至2025年，钾肥的需求量可能会达到1 100万~1 150万t的峰值。而资源的保障程度成为最令人焦虑的问题。《中国钾盐资源战略研究报告》显示，我国钾盐资源约占世界总量的1.8%，且以卤水钾矿为主。我国固体钾盐矿很少，且品位不高，规模小，主要分布在我国云南江城勐野井。我国周边国家分布有多个大型固体钾盐矿床，但我国目前一直尚未发现与之相当的大型固体钾盐矿。与资源匮乏相应的是极大的需求和快速增长的产量。据联合国粮农组织统计，2011年中国钾肥消费量为790.6万t，占世界总消费量3 036万t的26.04%，位居世界第一。而据中国无机盐工业协会钾盐（肥）分会数据，中国2003年钾产量仅为62.4万t，到2012年已攀升至377万t，成为世界第四大钾肥生产国。

硫，是磷肥生产中不可或缺的元素。据中国硫酸工业协会统计，2012年我国硫资源约90%用于制造硫酸，而这些硫酸中58%用于生产磷肥。硫资源也是为粮食服务的重要资源，与磷和钾盐资源一样涉及粮食安全问题，要给予高度重视，但目前我国对硫铁矿找矿和矿山建设重视还不够。其实，在世界范围内，回收硫已经取代硫铁矿成为硫资源生产的主流，90%的硫可以通过石油和天然气回收。我国回收硫之所以难，是因为我国的石油天然气中本身含硫量较低，煤炭大部分还是中硫或低硫煤，因此回收量有限。《中国硫资源战略研究报告》显示，与磷肥消费轨迹类似，中国硫消费目前还处在上升阶段，预计2020—2025年，当磷肥需求量到达峰值时，需要耗硫总量预计会达到3 300万~3 400万t。

磷、钾、硫需求量大、生产量大，但资源在化肥矿物原料生产、流通、使用的整个链条上，打响了粮食的“食粮”保卫战，其中，生产和使用成为两个“主战场”。

国家林业局2011年1月发布了《第四次中国荒漠化和沙化状况公报》。截至2009年年底，全国荒漠化土地总面积262.37万km^2，占国土总面积的27.33%，分布于北京、天津、河北、山西、内蒙古、辽宁、吉林、山东、河南、海南、四川、云南、西藏、陕西、甘肃、青海、宁夏、新疆18个省（自治区、直辖市）的508个县（旗、区）。其中石漠化为我国西南地区特有，是在脆弱的喀斯特（Krast岩溶）地貌基础上形成的一种荒漠化生态现象。喀斯特原是南斯拉夫西北部伊斯的里亚平岛石灰岩高地名，意为由碳酸盐岩构成的地质、地貌景观。2007年“中国南方喀斯特”（包括贵州荔波、云南石林、重庆武隆）列入《世界遗产名录）中自然遗产。

国家林业局2006年6月发布了《岩溶地石漠化状况公报》。《公报》中指出，八宵区的451个县（市）中。截至2005年年底，石漠化土地总面积为12.96万km^2，占监测区总面积的12.1%，占监测区岩溶面积的28.7%。按省分布状况，在这八省区中，贵州省石漠化面积达331.6万km^2，占石漠化总面积的25%，其后依次为云南288.1万km^2、广西237.9万km^2、湖南147.9km^2、四川112.5万km^2、重庆92.6万km^2、湖北77.5万km^2和广东8.1万km^2，分别占石漠化总面积的22.2%、18.4%、11.4%、8.7%、7.1%、6.0%和0.6%。

2013年，国家林业局组织编制了《全国林业扶贫攻坚规划（2013—2020年）》及滇桂黔等11个片区林业扶贫攻坚规划。2012年至2013年，国家林业局共安排滇桂黔片区91个县（市、区）中央林业投资73.4亿元。积极推进集体林权制度改革，目前滇桂黔石漠化片区户均获得林地50多亩、森林资源100多m^3，增加了农民的经营资本。

据报道，2013 年 3 月 20 日，国家林业局在北京举行新闻发布会，正式对外公布国务院批准的《全国防沙治沙规（2011—2020 年）》（下称《治沙规划》）。《治沙规划》明确提出了土地沙化现状及其危害。我国的沙化土地面积大、分布广、类型多样，在沙化土地重点分布的西北、华北和东北地区，形成了一条西起塔里木盆地，东至松嫩平原西部的万里风沙带。目前，全国沙化土地面积为 173. 11km^2，占国土总面积的 18. 03%，其中流动沙丘（地）40. 61 万 km^2，占全国沙化土地面积的 23. 46%；半固定沙丘（地）17. 72 万 km^2，占 10. 24%；固定沙丘（地）27. 79 万 km^2，占 16. 06%；露沙地 9. 97 万 km^2，占 5. 76%；沙化耕地 4. 46 万 km^2，占 2. 58%；风蚀残丘 8 898km^2，占 0. 51%。风蚀劣地 5. 57 万 km^2，占 3. 22%；戈壁 66. 08 万 km^2，占 38. 17%；非生物工程治沙地 66km^2。另外，全国尚有明显沙化趋势的土地 31. 10 万 km^2，川西北高原、塔里木河下游等区域沙化土地仍处于扩展状态。

我国北方草原是欧亚大陆草原的东翼，从大兴安岭东麓的嫩江流域，经科尔沁草原、锡林郭勒草原、乌兰察布草原、鄂尔多斯草原，一直向西南延伸至祁连山和青藏高原地区，绵延 4 500多 km，总面积 4 亿 hm^2，生态意义极为重要。在草原以南，分布着总面积约 116. 74 万 km^{2}的农牧交错带。我国草原主要分布在干旱、亚干旱地区，包括内蒙古、宁夏、新疆、西藏、青海、甘肃、陕西、山西、河北、辽宁、吉林、黑龙江 12 个省（区）的 398 个县（旗、市）。这一地区土地总面积 490. 39 万 km^2，其中草原面积 274. 22 万 km^2，占全国草地的 69. 8%，而退化草原面积 137. 77 万 km^2，占 50. 24%。有可利用草原 2 亿 hm^2（30 亿亩）。另有四川和云南的西北部，以及在南方尚有可以利用的草山草坡 3 333万 hm^2（5 亿亩）。

我国水资源总量约 2. 8 万亿 m^3，居世界第 6 位。但人均拥有 2 600m^3，仅为世界人均量的 1/4，世界排 88 位。1988 年我国年取水量已达 5 042亿 m^3，约占水资源的 18%。农业灌溉用水量达 3 874亿 m^3，占总取水量的 76. 8%。我国水资源在地理上分布不均，水土资源组合很不匹配，长江流域及以南地区耕地占全国的 36%，水资源却占 32%，水多地少；而长江以北耕地占 64%，水资源却不足 18%，地多水少。从地区看，如黄淮海地区，耕地占全国的 41. 8%，而水资源不到全国的 5. 7%。全国有 200 多座城市受到水荒的困扰，严重地影响经济发展和人民生活的改善。

矿产资源是国民经济的基础。我国是世界上矿产资源比较丰富，矿种比较齐全的少数国家之一，现已发现矿产 162 种，其中已探明储量的矿产 148 种，已发现的矿地近 20 万处，已勘探和开发的矿区约 15 000个。我国矿产资源丰富是优势，但也存在着劣势，到 21 世纪中叶，45 种主要矿产将有约一半不能满足生产建设的需要。我国矿物能源煤占 96%，这种以煤为主的格局，在今后较长期间仍是如此。1987 年年底我国探明煤炭储量为 8 742亿 t，居世界第 3 位。其中精查储量约 2 600亿 t，人均煤炭资源 234. 4t，低于世界平均的 312. 7t 水平。目前，可供利用的精查储量中，去掉已占用和暂时难利用的剩下 370 亿 t，相当于探明储量的 4. 1%，不能满足“八五”煤矿建设的需要。煤炭分布在地区很不平衡，晋、陕、蒙 3 省区有保有储量的 70%，东部 10 省市区仅占 5. 5%。我国燃煤设备比较落后，平均热效率只有 20%。1987 年我国火力发电平均煤耗 431g/kW，较日本高 100g/kW。全国仅有 4 000万城市居民使用炊事燃气。

21 世纪居民使用天然气会大幅度增加。风能、核能也会大量开发。气候资源为农林牧生产提供了最基本的，也是最重要的能量以及物质资源。我国光照条件好，全国大部分地区年光照时数在 1 800h 以上。全国年平均太阳辐射总量在 80～200cal/cm^2。年植物的生理辐射均在 60cal/cm^2。我国植物生长季节长，热量资源丰富，日平均气温持续≥10℃的温暖期，虽现出由南向北逐步递减少的规律，但大多数地在 180～250 天，在南部 330 天以上；≥10℃年积温在 3 500～6 000℃。≥10℃积温在 4 500℃以上就可以一年两熟，5 000℃以上就可以一年三熟，我国气候资源潜力还没有充分地发挥出来，当前我国粮食大面积平均产量只有气候潜力的 30%～60%。除西北灌溉农区外，全国农作物的实际产量与气候生产潜力的差值在 500～1 500kg/亩，表明潜力还很大。如按 16 亿亩粮食作物播种面计算，利用气候潜力，每亩增产粮食 500kg 计，则可增加粮食 8 000亿 kg，这是一个理论值。气候潜力的发挥提高光能利用率，必须具备其他配套生产条件，必须在科学技术上有重大突破。

三、建立生态资源观意义及必要

人类生活的世界可以看成是由人—社会—自然组成的复杂巨系统，其中人是主体，是主观能动者，社会是由政治、经济、文化科学构成的；自然包含着空间与时间的自然环境和自然资源，环境和资源是人们赖以生存的基本条件，是人类社会发展、繁荣的场所和物质源泉。自然环境和自然资源养育着人类，促进人类的繁衍、发展。

人—社会—自然复杂巨系统，涉及成千上万甚至上亿个要素，是多要素的。各个要素又可组成子系统，因而区系统又包含着许多层次和结构各异的子系统。子系统是构成巨系统的单元细胞。

通常所说的系统是由要素组成的，表现出一定的结构和功能，是一个有序的组织。我们可以将要素看作物质、能量与信息的特定组合体，表现出一定的特征特性。物质和能量是信息和载体，我们是根据信息来区别要素的，结构是系统要素的组织形式，是有规模的，表现出组合律，相关律和变异律等规律关系。功能则表现为系统的功效和作用，功能有总体功能与部分功能之分。只有优化的结构，才能有高功能。我们研究人—社会—自然复杂巨系统的核心问题是物质和能量的有序化运动。系统理论是我们对待自然资源问题上基本指导思想。

人—社会—自然的复杂巨系统，即也是一巨生态系统。生态系统是将人—社会—自然看成一个相互联系、相互依存的整体。自然资源可以区分成许多隶属于巨生态系统中的子生态系统，如土地生态系统、水生态系统、农业生态系统、森林生态系统、草原生态系统、矿产生态系统等。气候生态系统是作为能量资源被利用。我们的研究是从子生态系统及其组成要素着手的。

人类与自然的关系是以开发利用自然资源的生产实践开始，生产劳动促进了人类自身的发展。人类社会的发生、发展是以自然资源为基础的，是物质生活，精神生活的源泉。自然资源是人类社会与自然联系的中介，是融为一体的。正如恩格斯在《自然辩证法》（第 159 页）一书中所阐明的："因为我们必须时时记住：我们统治自然界，决不像征服者统治民族一样，决不像站在自然界以外的人一样——相反地，我们连同我们的肉、血和头脑都是属于自然界，存在于自然界；我们对自然界的统治，是在于我们比其他一切动物强，能够认识和正确运用自然规律"。但是随着人口的激增，社会的发展，人们忘记了正确运用自然规律。正如恩格斯在同一书（第 161 页）批评资本家只为利润生产时指出的："他只能首先注意到最近的最直接的结果"。恩格斯一再告戒我们要学会估计现在的生产行动，在将来会对自然，对社会带来什么影响。人们在对待自然资源上的短期行为，带来今天全球性环境恶化的黄牌警告，警呼：我们只有一个地球。

人们面对当今的生态环境的恶化，带来的人类生存危机，必须作出选择，而选择只有一个，保护生态环境。保护生态环境是生态环境对待自然资源的出发点，也是归宿，这是历史的责任。据此，生态资源观的定义是遵循自然规律和经济规律，运用系统理论与系统工程的方法，科学地开发利用自然资源。

生态资源观是以节约资源为核心的，但具有更加广泛的内涵，是根据人—社会—自然的系统整体概念，来对待自然资源的开发利用。从而达到开发利用自然资源与保护生态环境，协调一致，稳定和谐，保证生态效益、社会效益、经济效益的统一，造福人类。

四、生态资源观的任务

生态资源观是以系统论、生态学、生态经济学作为自己的基础理论，以现代高新技术作为自己的应用技术。因此，生态资源观不仅有自己的理论基础，而且在实践应用上是可操作的。生态资源观有如下任务。

一是为宏观调控自然资源的战略决策，提供指导思想。自然资源的开发利用必须要有长远规划，生产领导部门才有可能进行宏观调控。所以在宏观调控自然资源的战略决策时，必须注意处理好关系，首先是人与自然的关系，其次是自然生态系统与社会经济系统的关系，再次是自然资源与自然环境的关系。在考虑处理上述这些关系，必须要遵循协同性原则，即是要将人—社会—自然统一组成一个功能系统，形成具有协同作用的自组织，发挥生态经济效益。

二是为开发自然资源，提供指导理论自然资源的开发必须遵循自然规律。自然规律在这是指自然界整体性，相关性，以及自然生态系统的动态平衡。因此，我们决不能以牺牲环境，破坏资源，来换取所谓的高经济增长，说什么先破坏后建设的办法。我们在对待效益问题上，一定要考虑相关影响和相关效益，避免目前增益，后面减益，长期受害；这里增益，那里减益，全局遭损。在自然资源的开发上一定要坚持长期、全局、节制、适度的原则。

三是为利用自然资源，提供指导原则自然开发采集后，一般要经过社会再生产，进行加工变成一定形态的产品，进入流通领域形成商品后，才为人们创造财富。从资源开发开始就进入了社会经济系统。商品是自然和社会联系的中介。

由于各地区地理位置上的原因，时空结构是不同的，形成不同的自然环境，自然资源的种类、分布、蕴藏等方面的差异，同时也影响着社会经济结构，即是生产力和生产关系的组合不一样，这就构成资源生产加工的限制因素，这就是经济规律，是不能超越和违背的。

自然资源在利用上的概念是可变的，随士科学技术上的进步，是不断扩大，加深的。自然资源潜在的利用价值是无穷无尽的，要研究多层利用，重复利用，永续利用。

自然资源开发—加工—产品—商品的全过程都要贯彻节约，低耗、综合、高效的生产过程是物质循环、能量流动、信息传递的过程，在全过程中，必须创建生态系统和经济系统的良性循环。

五、生态环境自然资源分类

自然环境中可以用来创造财富的各类因子都是资源。根据资源的性质，可分为物质、能量、时间和空间、信息等四类。

（一）物质资源

物质资源是指实物，如植物、动物、微生物、岩石、矿物、土地、水等。另一指“场”，不仅指无形的磁场、电场以及重力和压力作用等，同时还指有形的场，如地貌、海拔高、坡向、坡形、坡度、坡位等。

在实物资源中的植物、动物、微生物和土地（土壤）是属可更新资源，用得科学合理，可取之不尽，用之不竭。水虽不能更新，但可循环利用，如果利用适宜，能“细水长流”。磁场和电场都能影响细胞、组织和器官等发生定向的生长。

植物资源包括各类经济林和经济树木。当前，由于经营水平粗放，这些资源的生产力较低。如全国有油茶面积五千多万亩，平均亩产茶油 2.5~3.5kg，两千多万亩油桐林，平运亩产桐油 5kg 左右。核桃、板栗、柿子平均单株产量也只有几千克，漆树株产只有 200g。现有产量只占可能产量（指指进行一般的经营）的 10%~30%，一些丰产典型更是高出平均产量的 15~20 倍，证明大有潜力。

要提高现有经济林的产量或者发展新林，除了种的本身条件外，其中心要素是提高土壤肥力。土壤，不仅作为经济树木根系活动的场所，又是水分、养分、空气和热量的贮存库，是能量流和物质循环途径中的一个重要链节。因此，可以作为“土壤生态系统”来研究。

在经济林的生产实践中，研究土壤生态系统，包括两个方面的内容：土壤中的小动物、微生物、植物根系的生境（水分、养分和空气）协调关系；另外是土壤肥力的演变，如何提高土壤生产力。土壤生产力最终是以产量来衡量的。因此，土壤生产力（产量）与土壤其他性状构成如下的函数关系：

$$W = y = f(s)cl,\ v,\ h,\ t$$

式中 W=土壤生产力；y=产量；s=土壤性状；cl=气候；V=经济林木；h=人为技术措施；t=时间。在上式中，除 s 是个变量外，其他因子不发生变化。

（二）能量资源

能量来自于场。太阳辐射是地球上光和热的主要来源。绿色植物之所以能制造食物，是由于它能接受环境中的光量子，经过一系列信息加工，合成有机物，全球每年大约合成 4 500亿 t。能量决定着地球上的植物区系、植被类型。

经济林的光能利用很低，一般只有 0.2%~0.7%。增加光能利用的技术措施是调整林分空间结构，加强土壤中水、肥、气的管理。

（三）时间和空间资源

经济林在自然界有时间演化过程和空间位置关系，这种过程和关系相互依存，是变化发展的。在栽培上要求时间的演化过程既可以缩短，又可以延长。有限空间位置可以扩大，也可变小。采用无性繁殖方法，一般可以提早采收 2~4 年；加强经营管理，则可延缓林分衰老，增长采收时间 5~20 年。在相同的空间，扩大或变小，在栽培上是通过调节群体结构来体现的，亦即科学地解决群体与外界环境关系、群体内部关系。单位空间是有限的，物质和能量资源也是有一定负荷量的。当群体数量增加超过极限时，生长量便下降，形成系统不稳定因素。

（四）信息资源

信息所以能作为资源，是因为它可以作为知识，进行扩充、压缩、替代、传输、扩散和分享，能创造价值。在栽培中所要研究利用的信息，包括自然和生物信息。研究这些信息的可利用件，并作出定性和定量分析。在研究方法上，是将环境资源分解成单个因子，如土壤、光照、温度、水分等，逐个作出与产量关系动态判断。可见环境信息与产量关系，是一个多变量函数：

$y = f(x_1x_2x_3\cdots\cdots x_n)$

y=产量，应变量；$x_1x_2x_3\cdots\cdots x_n$作为各类环境因子，是自变量。

其微分式：

$dy = (\partial y_1/\partial x_1)dy + (\partial y_2/\partial x_2)dy + (\partial y_3/\partial x_3)dy + \cdots + (\partial y_n/\partial x_n)dy$

生物信息的研究，要分别进行发育研究和生长研究。发育研究是将“产量构成因素”逐个分解。如：

产果量（千克/亩）= 平均单果重×平均单株果数×株数

因为产量构成因素不是孤立的，要注意它们之间的相关性。

生长研究法是将生长现象分解为相对生长率（*RGR*）、净同化率（*NAR*）、叶面积比率（*LAR*）和叶面积指数（*LAI*）等进行研究。

六、环境资源与栽培要求分析

（一）经济树木与环境关系密切

经济树木的生长发育过程是受遗传基因制约的，但不间断受环境信息。这种关系可用函数式表示：

$P=f(GE)$

其中，P=表型，G=基因，E=环境。

基因型不是决定着某一性状的必然实现，而是决定着一系列发育可能性，究竟其中哪一种可能性得到实现，要看环境而定。因此可以说，生物体的基因型是发育的内因，而环境条件是发育的外因，表型是两者相互作用的结果。环境对质量性状的影响很微小，对数量性状的影响则较显著。数量性状往往构成产量因素，所以要创造一个好的栽培环境，使其数量性状得到充分发挥。

植物质量性状和数量性状表现为其生长发育完成个体的生命周期。但这一生命过程能否顺利完成，是完全受环境自然资源制约的。

经济树木和其他种子植物一样，生长和发育是两个紧密相关联又不同的概念。植物的生长是体积的增长，是量的变化，主要是由植物细胞繁殖、增大来完成的。细胞繁殖是以分裂方式进行的，细胞增大使个体的增长和增粗。植物生长仅限指根、茎、枝、叶等，营养器官的生长，属营养生长，主要任务是增长体积，构建树体。植物营养生长有两个特点：一是植物生长在该个体整个生命活动过程中不停顿的。二是植物生长仅限于根、茎、枝顶端分生组织，是纵向生长，长高、增长，表现出顶端的优势。茎，枝周边的成形层，横向生长增粗。侧芽在一定的条件也会生长，抽枝发叶。植物的生长仅在局部的范围的位置，其他部位是不会生长的。

发育是指经过一定时期营养生长的积累，细胞组织开始分化、专门化，完成生殖生长的准备后，进入性成熟，是质的变化，出现繁殖器官，开始开花、结果、产种子。植物完成发育后，进入生殖生长，营养生长并不停止是同时进行的，不断的构建树体，使树形更加丰满，提供更多的开花、结果位置，并保证结果所需的养分。在正常状况下生长和发育，或说营养生长和生殖生长是均衡一致的，表现在营养枝和结果枝之间的位置和数量关系，结果数量与叶面积之间的比例关系是正态的。但当栽培环境中某个因素或几个因素之间表现出失衡，不协调，或者树体遭受病虫危害，影响生长发育之间不协调，如营养生长过旺，形成徒长，或为了种的延续只顾生殖生长，形成结实量少的小老树。在经济林栽培中，就是要调节好生长与发育，或说二种生长间的关系。在栽培经营管理措施上，是加强管理，增进养分，并同时采用修剪的技术方法，调节结果技与营养枝合理的比例关系，适时适量地疏除多余的花果，调节果实数量，保证每一果实应有的叶面积量。

植物的生长与发育表现在树体的器官水平上是有规律的，生长至一定阶段后，才能进入发育阶段的循序，并且是不可超越的，也是不可逆的。中国在古代已知植物生长发育的阶段性和循序性。《论语》中有说："苗而不秀者有矣夫，秀而不实者有矣夫。"将植物生长发育的循序划分为苗—秀—实。苗是指结实前，秀是指进入生殖生长，实指结实。营养生长阶段的时间长短，不同的树种是不一样的，如实生繁殖的银杏要 6~9 年，油桐 3~5 年，对年桐则 1~2 年。树种营养生长期时间的长短，因树种而异，是其固有的生物学特性。对植物生长期中营养物质供应数量会影响植物生长速度，但对植物发育影响较小。

在经济林栽培中，为缩短营养生长期，提早结实，常用的技术是使用无性繁殖的方法，如嫁接、扦插和组织培养。在生产实践中使用的接穗、扦枝、及组织培养所用的器官，采自优良品种中丰产结果母树，利用了生长发育阶段的不可逆性的特性。主要经济树种的结果期见表 5-3。

表 5-3 主要经济树种的结果期（年）

树种	始果期	盛果前期	盛果期	衰退期	更新期
油茶	4~5	7~8	15~60	70~80	80
核桃	7~9	10~15	20~60	80~100	80
油橄榄	3~5	7~9	10~30	40~60	40
香榧	8~10	15~20	20~100	100~200	100
文冠果	3~5	7~9	10~30	40~30	40
毛梾	4~6	6~9	10~50	60~70	60
巴旦杏	3~4	7~10	10~40	40~50	40
油桐	3~4	4~5	6~25	25~30	30
乌桕	3~5	7~10	10~50	50~60	50
板栗	3~6	7~10	15~60	70~90	70
枣子	4~5	6~8	10~40	60~80	60
柿子	3~6	8~10	10~80	80~100	80

注：始果期是指一般实生繁殖，采用嫁接繁殖始果期可以大大提早。

（二）环境因子中的综合作用与主导作用

对经济树木的生长发育，环境因子是综合作用的。但在一定的范围内，水分、温度、光照、土壤酸碱度都可以单独起作用。油桐在我国是典型中亚热带栽培的木本工业用油树种，在分布区外引种向北进，受冬季低温的限制；向南移因冬季高温影响休眠；引向西北水分不足，扩向东南丘陵则土壤酸板。这些都是单因子在起主导作用。在栽培上的任务是寻求主导因子。

（三）整体环境与局部环境

整体环境在这里是指带性因素，如热带、亚热带等。在整体环境中由于非地带性因素引起局部差异，称之为局部环境。在栽培中要研究的是在整体中寻求局部的微域差异。如湖南是油茶主要产区，面积约占全国的 35%，主要分布在丘陵红壤地带，形成这种分布显然是由地貌和土壤所致的结果。

在栽培中，注意适地适树，正确选择宜林地，实际上就是选择局部的微域差异，在具体的选择技术上，是应用立地条件类型划分的方法。

经济林木所占的空间，可以分为地上部分和地下部分。地上主要是干、叶，进行活跃的光合作用，物质动态是合成为主。地下是根系对水分、养分的吸收、运送（根也有合成，但很微量），将有机物分解、矿化。物质和能量这种空间分布和结构，形成经济林木地上和地下紧密相关的整体性。相关性携带生物信息，相关性失调，整体性就不平衡，林木生长发育就要受影响。

七、建立生态资源型国民经济体系

人类社会要发展、进步，总是不断地开发利用再生和非再生的自然资源，这是人们的共识。我国自然资源的有限性和两重性，既是具有优势的资源大国，又是存在劣势的资源贫国。当前，是四化建设的重要时期，又面临着11亿人口的压力，要建设，要吃饭，资源能否支撑？因此，我国自然资源形势，在当前和今后长远都是严峻的，制约着国民经济的发展，迫使我们对自然资源利用和发展国民经济模式，做出重要的抉择。

摆脱自然资源短缺危机的唯一出路，建立起适应我国国情的生态资源型国民经济体系。生态资源型国民经济体系建立总的指导思想是：以保护自然生态环境为中心，适度的科学地开发利用自然资源。据此，建立起节约、低耗、综合利用、高效率、高效益地利用自然资源的技术经济体系，这是发展国民经济的基本模式，也是基本的策略。

第三节　生态经济林

新中国成立以后，我国经济林生产虽经历了曲折的道路，但在党和政府的领导下，仍然是向前发展的。

一、生态经济林系统特点

（一）经济林是人工系统

经济林没有天然林，只有人工林，经济林系统是人工系统，是由人类干预或创造的系统。组成经济林人工系统的要素主要有3个，一是人的实践活动，是主体要素；二是自然条件首先是土地，是客体要素；三是某一个经济林树种作为中介。经济林人工系统是有社会性的，因而这系统生产力的高低，是受社会因素制约的。

（二）经济林人工系统的特点

1. 组成系统种类单一，结构简单

自然森林系统的生物种，是演替过程中自然选择的结果，种类成分多，结构复杂。经济林是人为选择安排，并多为单种群（纯林），结构简单；在经营过程中，其他的生物种都受到人们强有力的压制，因此，系统适应幅度狭小，自我调节能力低。

2. 经济林系统是次生偏途顶极演替

植物群落在自然演替过程中，出现经济林顶极种群，是不可能的。但在人为作用下的外源演替，则在任何一个演替阶段都可以出现经济林种群。

从图 5-3 看出，虽然在任何一个演替阶段都可能栽培经济林，但是由于环境资源的不足，并不是都很适宜的。当演替至木本群落时，在群落中会有经济林木，通常的情况下不可能成为建群种，在这个演替阶段以后栽培经济林是最适宜的，有两个原因，一是在自然演替中已经出现了经济林木；二是环境中物质资源丰富，特别是土壤的肥力条件优越。

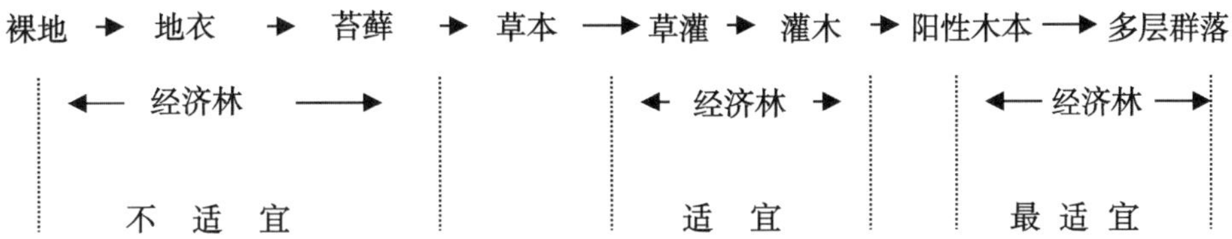

图 5-3 群落演替示意

由于经济林系统不是按照自然演替过程中正常途径中出现的，而是在各个阶段中从旁插入的。因此，我们称为次生偏途顶极演替。

3. 经济林系统是一个资源生产系统

经济林是作为资源生产系统来经营的，油料、淀粉、果品、香料、中药材等，都是这个系统的产物。

（三）经济林系统结构

经济林系统是一个耗散结构，它具备了四个条件：第一，经济林是个开放系统，经济林系统是由许多活有机个体组成，不停地与外界环境进行物质循环与能量流动，是系统的根本规律。第二，经济林系统是有序的，因而是远离平衡态的，经济林系统不是一个孤立的系统，在系统内有宏观变化，即是有扩散、热传导和生物化学反应，这是非平衡态的表现。第三，系统的演化发展中，系统内部与外部环境都存着多个变量，并且伴随着许多随机现象的发生，是非线性关系。系统所以能从环境中吸取光、热、水的力量是它们之间的量差，这种量差的约束条件是非线性函数关系的。第四，涨落导致有序，“涨落”是一种随机波动，不受宏观条件支配的。涨落是由组成经济林系统的大量微观元素无规律的运动，及外界环境不可控的微观变动引起的随机事件。

（四）各类生态环境无所有其适生树种

首先是可以利用荒山荒地和零星的闲散隙地，不与农争地。其次是绿化了荒山荒地，增加森林植被，涵养水源，保持水土，改善自然条件，保障农业生产。同时，经济树木本身增加了粮油和纤维生产。第三，木本粮油纤维树种的适应性强，一般都具有耐瘠薄、耐水旱、耐盐碱等特性。除特大的自然灾害外，一般的自然灾害，都能保证产量，保收是较可靠的。南方的木茹在海拔 1 000m 的高山和瘦瘠的土壤上顽强生长；油茶在水土流失的红壤上安然无恙；枣子、柿子安居沙荒地；板栗、山苍子在山上落户；乌桕水边生。第四是 1 年种植多年收益，经营管理省工。白果 1 000年还有收，栗、枣、柿的经济寿命也在 200 年以上，油茶 50 年不衰。一个劳力可经营 200 株枣和柿、120 株板栗。按常年产量板栗 10kg，枣 5kg，柿 50kg（以板栗 0.75kg，枣 2.5kg，柿 3.5kg 折 0.5 净粮计），则一个劳力 1 年可收净粮，枣是 400kg，柿是 700kg，板栗是 800kg。第五是发展经济树木，不但与农业三不争（不争地、不争肥、不争劳力），并且还可以部分地解决四料（木料、饲料、燃料、肥料）众有利开展多种经营，充分挖出土地潜力。

二、生态经济林的界定和意义

生态经济林业的定义是：遵循自然规律和经济规律，按照生态学和生态经济学的原理，运用系统与系统工程的方法，组织经济林生产建设事业。

经济林系统是以经济林木绿色植物为第一生产者，作为自然生态系统组成的主体要素，经济林人工系统与人类社会这个大系统的连接，主要通过下面两个生产实践环节。

第一个连接环是人工林系统，通过人类的生产经营的实践活动，将人类社会系统与自然生态系统紧密地连接着。人类与自然生态系统的这种连接关系，对自然生态系统可以有完全相反的两种结果，科学地经营，不仅高产优质，高经济效益，同时也有力地保护着自然环境，维护生态平衡。经营不科学则会破坏自然环境，破坏生态平衡，在这方面我们的教训是很多的。

第二个连接环是通过经济林产品与市场的连接，经济林生产的产品，有的以初级产品直接进入市场，有的经加工形成新的产品形态进入市场。

从上述中使我们清楚地看出，在经济林生产领域中自然生态系统与社会经济系统，就是通过经济林的生产和经营为中介接起来的，形成一个自然—社会大系统。生态经济林的研究对象和内容，就是这个大系统中各个子系统的优化组合。优化原则很多，生态经济林主要研究三个原则，也是最根本的三个原则。第一，是自然生态系统与社会经济系统平衡和谐原则，促使协调配合，总体发展。第二，是系统物质能量高效利用原则，促使因地制宜，科学经营。第三，是系统高产优质综合开发原则，促使发挥优势，合理利用。

三、生态经济林的任务

（一）为制定经济林生产发展战略规划，提供正确的指导理论

经济林生产建设虽属部门生产，但与该地区的社会经济条件和科学技术水平是相关联的。因此，不能脱离该地区的实际，特别要充分考虑资源和市场。

（二）为经济林名、特、优商品基地建设提供指导原则

经济林名、特、优商品基地建设是由封闭式的产品生产，转向开放式的商品生产，变资源优势为经济优势，推动经济林生产向专业化、商品化、现代化方向发展，生态经济林是基地建设要遵循的原则。

（三）为经济林栽培经营提供指导方法

经济林系统要求达到物质能量高效利用，才能高产优质，在具体技术上，必须贯彻因地制宜，林分结构合理，管理适时，方法科学，才能保持系统的稳定。

四、生态经济林经营模式

（一）网络经营模式

网络是指横向的空间结构，可以是一个地段，一个乡的小网络，也可以是一个县、一个省的大网络，无论大小网络，其中必定包含有各种自然条件和各种地类，因而也必定包含有农、林、牧、渔、工各种生产门类，组成总体的社会生产和社会经济。

无论大小网络的经营模式，是指在该网络范围之内，进行以经济林为主体包括其

他生产门类的整体统筹安排，主要是宏观控制。网络经营模式的确立，在具体实施上，大网络采用区划的方法，小网络采用规划的方法。区划是大面的宏观控制，只落实到地段。规划是具体安排，要求落实到具体的地块。

1. 生态经济林区划

新中国成立以后，曾组织过各种各样的区划，其中主要可分为综合区划与部门区划两大类。近几年又提出生态经济区划，就是实现社会经济发展与生态环境在整个区域上宏观协调的综合区划。

生态经济林区划是以经济林为主体内容，与区域生态环境和社会经济发展，协调一致，相互促进，共同发展。

生态经济林区划涉及自然环境与社会经济条件多种不同性质的要素，是个多元系统。在这个多元系统中，要使各个子系统和各个要素间，协同作用，功能和谐，形成有序的自组织。这个多元系统才能形成稳定的动态结构，才会产生生态经济效益。为达到这一目的，必须遵循四个基本规律。

第一是自然生态规律。陆地生态系统是有明显的空间结构差异，以及周期性的时间差别。空间差异有地带性和垂直性，表现出植物区系和植被带及群落各异，呈现出万态千姿，因而也带来经济林生产种类的适地性。时间差别表现为植物生长繁茂的活跃态，与植物枯衰的休眠态，两者周而复始的交替出现，因而带来经济林生产技术的适时性。空间和时间的这种差异是由太阳辐射量和水分量所造成的，是不能违背的，这就是自然生态规律。

第二是社会经济规律。空间结构的差异，也影响着社会经济结构，加上社会历史原因，表现出生产门类和生产力的不同，就构成了社会经济发展的条件和限制因素，是不能超越和违背的，这就是社会经济规模。

第三是生态经济规律。社会经济发展要与环境保护协调平衡，在建设的开始也可能会破坏某些局部环境，但强调的整体性原则。

第四是协同性规律。生态经济林区划，要将经济林、生态环境、经济条件、人的素质、劳动手段、科学技术水平等多个要素，统一组成一个功能系统，形成具有协同作用的自组织。

2. 生态经济林规划

规划是指在一个小范围的地段内，进行具体地块的落实安排，为施工提供蓝图。在某个地段内，使山、田、地、水各得其用，相互协调一致。

经济林主要是在低山、近山、丘陵和岗地。这些土地因有其固定的空间，是多因素的综合体，所以有条件上的差异。因此，必须对土地进行评估。评估的内容主要有可利用性评估、适宜性评估、生产潜力及其潜在危害性的评估。根据评估结果，因地制宜开发利用。土地是有限资源，是永久性生产资料，要珍惜，要养用结合。

在经广泛的调查研究，收集各类丰富信息之后，经信息处理，最后提出生态经济林规划设计方案。方案经可行性证论之后，经批准后，即可实施。

（二）立体经营模式

一个有序的自然植物群落结构，在地面空间从乔木至草本是有结构层次的。在地下空间植物根系和动、植物残体及微生物的分布是有级差的，由上向下逐步递减，这是鲜明的空间特点，即立体特征。植物群落的立体结构是自然特征，也是优化的表示。只有这样的自然生态系统，它的自组织能力就会增强，对外的适应能力也加强。

在丘陵山区人工林幼林中间种粮食、油料作物是有悠久的传统习惯的，是生产制度。习惯上称林粮间作。20 世纪 60 年代改称立体经营。21 世纪初又改称林下经营。三者生产方式基本相同，但生产内容不断丰富。在一般情况下，用材林成林以后，林内阳光少，停止间种。经济林由于栽植密度较稀，成林后仍在林面间种耐阴作物，如中药材。

经济林立体经营是合乎自然规律的，所谓经济林立体经营是指，在同一土地上使用具有经济价值的乔木，灌木和草本作物组成多层次的复合的人工林群落，达到合理的利用光能和地力，也即是从外部环境中获取更多的负熵流，形成稳定的生态系统，是一个高产量、高效益，具有典型意义和在一定范围内的普遍意义，并有与其配套的技术措施。

2012 年 7 月 30 日国务院办公厅下发《关于加快林下经济发展的意见》。《意见》明确指出："近年来，各地区区大力发展以林下种植、林下养殖、相关产品采集加工和森林景观利用等为主要内容的林下经济，取得了积极成效，对于增加农民收入、巩固集体林权制度改革和生态建设成果、加快林业产业结构调整步伐发挥了重要作用。"《意见》是经国务院同意，目的是为加快林下经济发展。《意见》包涵总体要求、主要任务、政策措施三部分共 15 款。其中第二款："基本原则。坚持生态优先，确保生态环境得到保护；坚持因地制宜，确保林下经济发展符合实际；坚持政策扶持，确保农民得到实惠；坚持机制创新，确保林地综合生产效益得到持续提高。"林下经济（林粮间作、间作、立体经营）根据不同自然环境，林种树种的不同和林地条件，可归纳为多种模式。所谓"模式"是指，组成林分的树种，作物种类具有优化结构，功能多样，高效益，具有典型意义和在一定范围内的普遍意义，并有与其配套的技术措施。经济林立体经营模式的种类，因依据不同而异。经调查研究，生态经济林业复合结构类型多种多样，不同的复合生态经济林业系统的结构、功能以及适宜的区域条件各不相同。各地在开发时切不可生搬硬套，搞"一刀切"，必须结合本地地貌、资源、气候等特点，在充分论证的基础上因地制宜进行生态经济林业开发建设。其生态经济林有不同的结构模式，其中生态经济林是其多种模式里最主要的一种类型。在这种类型中，有以下几个细分的复合结构模式。

1. “林果+粮食作物”复合结构模式

该模式是指在林果树行间或树冠下种植粮食作物的栽培形式。由于粮食生产水平低且人口增长过快，粮食供需缺口长期困扰着石漠化山区各族群众。因此，新形势下开发生态经济林业仍然不能放松粮食生产。该类型要求粮食作物以低秆农作物为宜，以利于空间互补以及合理利用光、热、水等自然资源。种植的粮食作物主要有小麦、玉米、早稻及薯类，林果类包括柚桐、猕猴桃、杨梅、枣树等。

2. “林果+经济植物”复合结构模式

该模式是以林果树行间种植经济作物为主的栽培形式，通常以豆科作物为主，如大豆、绿豆、黄豆等。豆科作物根系的根瘤菌能固定空气中的游离态 N，增加土壤中 N 的含量，从而提高土壤肥力。此外，还可种植油菜、甘蔗、烤烟、茶叶、芝麻、花椒等其他经济作物，但以种植矮秆的豆科作物为宜。

3. “林果+药用植物”复合结构模式

该模式是指在林果树行间或树冠下种植需光量较小、喜低温湿润环境的药用植物的栽培形式。喀斯特地貌具有多种多样的生态位，为多种药相植物提供了适宜的生长条件。如贵州作为中国四大药区之一，有药用植物 3 334种，占全国中草药的 71.6%，其中天麻、杜仲、黄连、吴茱萸、黄芪被称为“贵州五大名药”，具有发展中药材的极大潜力。这种模式种植的草本药用植物，生长期短，经济效益明显。

4. “林果+食用菌”复合结构模式

该模式是指在林果树行间栽培喜湿润喜荫的食用菌的栽培形式。西南区各类野生食用菌种类繁多，尤以木耳、香菇培育最广，质量最好。林果树冠下的高湿、弱光为食用菌的生长发育提供了良好的环境，同时培养食用菌所使用的废基料可以增加林果园的土壤养分含量，食用菌释放大量的 CO_2可促进林果树的光合作用，二者互补互利、相互。

5. “林果+蔬菜”复合结构模式

该模式是在林果树行间或树冠下种植蔬菜，形成林果蔬菜作物复合栽培模式。如贵州省海拔差异大，气候资源丰富多样且生态环境少污染，反季节蔬菜和无公害蔬菜生产具有极强的市场竞争力。该模式要求间作的蔬菜生长期较短、根系分布较浅，与林果树无共同病虫害，并且大量需肥需水期要与林果树生长高峰期相互错开。适宜该类型的蔬菜有白菜、莴笋、马铃薯、大蒜、生姜、大头菜、矮生四季豆等。

如果按地理位置分为四类。①城郊区：以水果为主，间种经济作物、蔬菜。②远郊区（中等以上城市）：以水果为主，结合经济作物、牧草、绿化苗木、花卉，笋用竹林——食用菌。③农村区：在山区用材林—经济林—农作物；经济林（油料、干果）—香料（灌木、草本）；在丘陵区可以经济林（油料、干果）—农作物（牧草）；笋用竹林—食用菌。在平原区可以用材林—经济林—农作物；经济林（干果）—农作物（牧草、草本药材）。④特产区：某些经济林产品的名特优产区，要保原来的特产，进一步提高。

五、经济林生态系统管理

经济林是人工系统，它的发展方向和速度，提供的产品的数量，是强烈地受人的制约的。因此，经济林能否形成稳定的系统，能否高产优质，取决于人对系统的管理水平。

经济林生态系统管理，包括三个方面：网络结构的协调、群体结构合理、营养结构平衡。

（一）网络结构的协调

网络结构是指某一地段大系统结构，包括经济林、用材林、防护林、农业、河流、湖泊等各种生态系统，是生命的共同体。使山、田、地、水各得其用，相互协调一致。如山就有高山、远山与低山、近山之分，前者安排用材林、防护林，后者安排经济林。

经济林种类繁多。资源丰富，产品畅销。是四化建设中不可缺少的重要物资，生产周期短，经济效益高，可以小面积栽培，也可零星栽培，非常适宜个体户的经营。

在我国年雨量400mm以上的森林植被带有荒山荒地12亿亩，其中适宜新发展经济林的约有3.0亿~3.6亿亩（2 000万~2 400万 hm^2），约占25%，到时可以提供大量的油料和粮食。

（二）群体结构的合理

群体结构包括三个含意：一是密度；二是排列；三是间种。

确定栽培密度的根据，是树种的生物学特性和经营方式。在一定条件下，密度增加至一定值是，产量也稳定在一定量上，这是临界密度成形：$Wp=K$（一定），$W=$单株产量，$P=$密度。

排列是指林木在林地的分布，要求均一性，保证良好的受光态势。

在林地间种农作物、绿肥等，使形成复合的人工群落，这无论是在光能和地力的利用上都更加合理。

（三）营养结构平衡

经济林系统内的营养元素，随着初级产品的外运而损失一部分，只有少量落叶和枯枝回林地（图 5-4）。年复年地如此，如果没有外部补充，则系统的生产力就要降低。

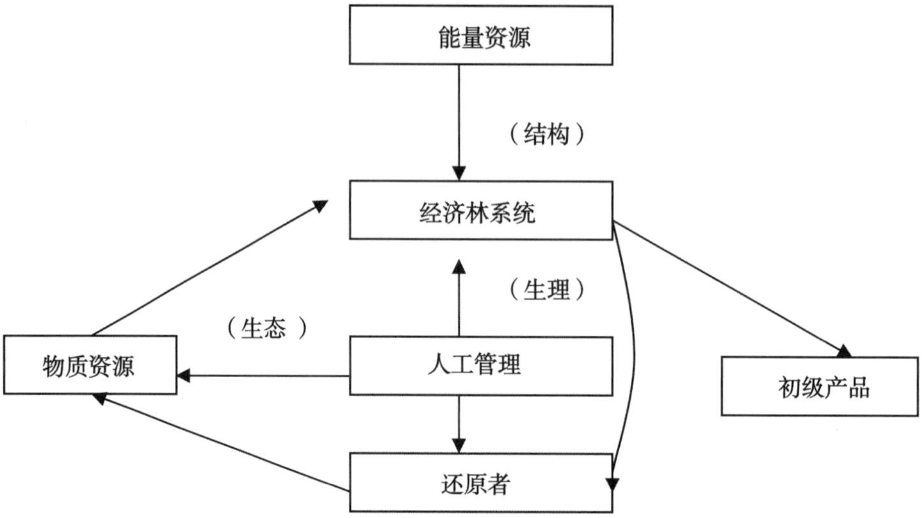

图 5-4　经济林系统养分循环示意

为了不让系统的生产力降低，就必供给足够的养分，或说输入负熵流，才能保持系统内营养结构的平衡。因此，林地土壤管理包含三个意思，一是林地土壤耕作，间种作物以耕代抚，未间种的则是夏铲冬挖的耕作措施；另一是水肥管理。增施以农家肥为主的肥料；再一是防止林地水土流失，通过耕作和施肥，以及水土保持来提高土壤肥力。

经济林多在坡地，并且又要连年对土壤进行铲挖耕作，很易造成林地的水土流失，带来严重的危害。因此，要特别注意林地的水土保持。

在经济林地造成水土流失的根本原因是地表径流，水的流动带走土壤，形成水土流失。水土流失的程度与地表径流是成正比的，地表径流量制约条件的天体因素是降雨强度，地体因素是坡度、坡长和地面覆盖。可以通过控制地体因素，降低坡度，缩短坡长，可采用梯级整地，林木增加覆盖，来减免地表径流，防止水土流失。

树体结构是结果的基础，丰产树和低产树必然有其各自相应的树形，树形与遗传性有关，但更重要的是营养和环境，整形修剪更是起决定性作用的。根据不同经济林木的生物特性和栽培管理条件，来决定树体管理的内容和方法。

1. 整形与修剪

（1）整形与修剪的概念

a. 整　形

整形是指在经济林木幼龄期间，在休眠时进行的树体定形修剪。按照优质丰产栽培对不同树种、品种的树体形状即骨干枝排列组合的形式，所表现出来的各种树体形态。为此，采用强行整枝修剪的技术方法，培养出特定的理想树形。简言之，整形是从幼龄树开始，培养各个树种特定的树形，即树体管理。

b. 修　剪

修剪是在整形的基础上，逐年修剪枝条，调节生长枝与结果枝的关系，以保证均衡协调，达到连年丰产稳产。

整形与修剪是互相联系的，不可能将其明确分开，整形是形成丰产稳产的树形骨架，但必须通过修剪来进行维持，两者是互相联系不可分割的整体措施。通过整形修剪的调节，使树体构成合理，充分利用空间，更有效地进行光合作用。调节养分和水分的转运分配，防止结果部位外移。因此，整形与修剪对于经济林幼树提早结果，大树丰产稳产，提高品质，老树更新复壮延长结果期，推迟衰老期和减少病虫害发生，都起着良好的作用。

油茶的整形与修剪是经济林栽培综合技术措施之一。为了起到良好的作用，必须是建立在综合林业技术措施的基础上，特别是建立在肥、水管理基础上，否则达不到丰产目的。

在果树栽培中修剪已经被广泛应用，修剪能够很好地保持树体、树冠形态，有利于果树的结果和发枝；也能够使果树一些内源激素发生一定程度的改变，从而增强果树的生长势头。对很多果树的修剪研究证明，修剪最重要的是可以提高结果枝条的数量进而提高林果产量。不仅如此，修剪还能够提高树体的通风、透光等特性。修剪后的果树营养分配得更加合理，在一定程度上也对果实品质产生影响。

整形修剪技术在油茶生产中广泛的应用时间不长，但同果树一样取得了丰产效应。

（2）整形修剪的生物学原理

经济林木的树形，是由树干与枝条（叶子）构建成的。抽枝在时间上是有先后层序规律的，因而树形构建是一个逐步完善的过程。典型的树形见图 5-5。

植物抽枝及其生长均表现出顶端优势。即抽生的新梢从枝条顶部向枝条的基部逐渐减弱。从抽枝的长度来说，亦如此，枝条上部萌发抽生长枝，在中部抽生中、短枝，在枝条中下部的芽，一般很少萌发抽枝，多数呈休眠状态，这是顶端优势和激素所控制的。但在某种刺激下失去激素控制可以萌发抽梢，亦可培养成为良好的母枝。

（3）经济林整形修剪的意义

a. 生长和结果的作用

幼树的整形决定了今后的树形，但要尽量多留枝，使主芽尽量萌发新梢，扩大树冠，扩大叶面积，充分利用光能，提早结果。

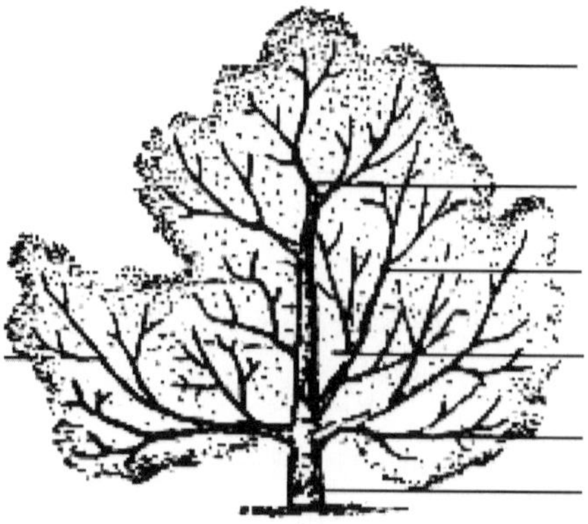

1. 树冠；2. 中心干；3. 主枝；4. 副主枝（侧枝）；5. 主干；6. 枝组

图 5-5　经济林树体结构模式

对于已经结果的树，生长是结果的物质基础。由于修剪去掉部分花芽和叶芽，节约了养分，而根系吸收的养分依旧不变，所保留下来的芽的养分相对地加强了，所以其枝的生长也加强了。

修剪改善了树冠及树体间的光照条件，因此能增强光合作用，部分地满足结果所需的养分。同时由于通风透光条件改善从而增强树势，更重要的是由于修剪去掉部分花芽，使养分更加集中利用，提高坐果能力和保果率，提高产量和品质。但是修剪过重不利于正常的生长发育。

此外，修剪影响母枝强弱，与姿势亦有密切的关系，母枝壮芽所抽出的新梢，生长充实，当年结果可靠。同时，还可以成为明年的结果母枝。因此对不同母枝应实施不同程度的修剪。另外上部的母枝由于位置优越、姿势好，一般比中下部更强，所以修剪的程度也是不同的。

对树体进行整形和修枝，不仅能使茶树充分利用空间，增强光合作用，增强树势，而且可以有效地除去病虫枝、弱枝、过密枝和荫蔽枝，达到减少虫害发生的目的，此法对茶梢头蛾、茶蛀茎虫和介壳虫等，具有良好的效果。科学进行油茶修剪，是促进高产稳产的一项重要措施。实践证明，经过修剪的油茶植株，树体结构合理、营养集中、通风透光、树形好、树势强、枝梢健壮、花蕾粗大、结构均匀、病虫害少、落果率降低、产果量和出油率提高。试验显示，油茶修剪比不修剪的增产 30%到 1 倍（汪为民，2005）。成年油茶树性喜光，一年到头花果不离枝，需要大量的营养物质和充足的阳光；而自然生长的油茶林，树冠郁闭紊乱、枝头密生、交叉重叠、光照不足、容易衰老、树冠内枯枝增多、结果量少，且常发生落果和大小年现象。

b. 修剪对树体营养物分配和运输的影响

修剪的目的就是对体内营养物质的分配和运输进行适当的控制和调节，使养分得到合理的利用和分配。修剪对生理的影响就是通过调节枝叶量和枝条角度、位置等措施，改变树体内营养物质的分配和运输情况。

芽的萌发、枝条生长、花芽分化、果实发育等生理过程，以及树体内营养物质的分配和运输，都与树体内的激素控制有密切关系。修剪能改变极性生长，生理代谢活动的增强和营养物质的运输方向，都与激素的分布和酶的作用有关。而激素和营养物质的分布和运输都与极性有关。只有在幼嫩部分、生活力高的活细胞中才能不断地产生代谢活动所需的激素。

短截剪去枝条的先端部分，排除了激素对侧芽的抑制作用，提高了下部芽的萌芽力和发枝力；在芽上部刻伤，切断了顶端激素向下运输的通路，因而能刺激下部萌发。此外，开张角度曲枝等措施也都能影响激素的运输和分布。据报道，激素的运输在有光条件下较活跃，而在黑暗中则能力下降，因为修剪改善了激素极性运转机能活化。可见，修剪对树体激素的影响是多方面的，也是修剪的依据之一。

c. 在林分中林木个体与群体的关系

经济林木的特点是个体高大，植株寿命长，对研究个体结构很重要。但经济林木在栽植上是以群体存在的，所以具有群体和个体的双重结构。通过整形与修剪，合理调节个体与群体的关系。如徒长枝或生长过旺的单株，不加以控制调节就会影响整个群体的通风透光，对于生长发育不利。

个体与群体的关系直接与栽培密度有关。因此，密度要考虑个体分枝方式、树形和冠形。

(4) 整形的原则和方法

a. 整形的原则

由于各类经济林木分枝方式的不同，在自然状态下构成不同的树形和冠形。

树形的高矮和冠形的大小，即占据地面及其空间的大小，也是光合面积和结实面的大小，无疑都是经济林木优质丰产的栽培要素。经济林木在自然生长状态下，是很难达到理想要求的。因此，为扩大光合面积和结实面，可运用整形的技术方法来构建理想的树形和冠形。

经济林木整形是通过修剪，培养和调整树冠内骨干枝，以便形成良好的树体结构，担负较高的产量；使冠内各类枝条都有充分生长的空间；合理地解决株间和冠内光照，是创造早果、优质、高产、稳产的一种技术措施，即根据“因树修剪，随枝做形”整形原则培育成“有形不死，无形不乱”的适宜树形。

整形既要重视掌握树体结构又要做到无形不乱，不强求形式；既要使整形有利于提早结果，又要有利于早期丰产；既要重视骨干枝结构牢固，又要重视临时性、过渡性枝条对形成和结果的作用；既要使各种枝条有其生长空间，又要充分利用光能，做到密而不挤，互不郁闭，通风透光。在土、肥、水管理的基础上，通过整形修剪，达到早果、高产、优质的目的。

b. 整形方法

油茶原生树形是灌木状小乔木，分枝以后中心主干较弱，不明显。因结果要求光照，整形适室采用“无中心主干形”。

无中心主干形这种树体结构的特点是，骨架枝接合牢固，不易劈裂，树冠形成快，主次分明，果枝分布匀称，生长结果好，寿命长，较丰产。一般在定植成活后的第2年冬季进行。其造型是主干高度60~100cm，在主干上选留生长均衡，方向好，角度在50°左右，错开三大主枝，主枝间距30~40cm，在每个主枝上选留2对副主枝，错开分布在主枝上，间距30~45cm，在副主枝上选留结果枝组，即构成此种树形。常见的树形有杯状形、自然杯状形、自然开心形、多主枝自然形、丛状形、主枝开心圆头形等（图5-6）。典型树形是自然圆头形和自然开心形。

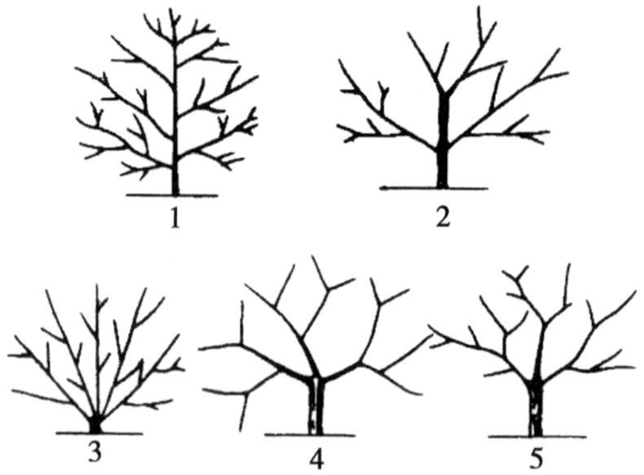

1. 自然圆头形；2. 自然开心形；3. 丛状形；
4. 杯状形；5. 自然杯形

图5-6　油茶主要树形示意图

2. 病虫害管理

(1) 概　述

油茶生产中，病虫害不仅影响产量，并且直接关系质量。因此，必须严防、严治病虫害保证生产质量。

油茶病虫害防治策略是掌握规律，做好测报，及时防治。摸清本地区山茶常发多发病虫害发生发展规律，做好预测预报。根据每一病、虫的不同生活史，及时防治。

油茶病虫害防治的方针：以防为主，以早防为主，以休业技术防治为主，以生物防治为主的“四为主”方针。原则上少使或不使农药，严禁使用有残毒的农药。

为了减少农药的污染，除了注意选用农药品种以外，还要严格控制农药的施用量，应在有效浓度范围内、尽量用低浓度进行防治，喷药次数要根据药剂的残效期和病虫害发生程度来定。不要随意提高用药剂量、浓度和次数，应从改进施药方法和喷药质量方面来提高药剂的防治效果。另外，在采果前 20d 应停止喷洒农药，以保证果品中无残留，或虽有少量残留但不超标。

（2）农药使用对环境的影响

农药进入环境的去向包括大气、土地、水域。残效较短的农药能在进入环境后较快失去活性或降解失效，但也不能排除其降解产物对环境造成伤害的可能性，这是环境毒理研究方面的重要课题。残效较长的农药则复杂得多，尤其像滴滴涕这类杀虫剂，由于其油/水分配系数很高，在环境中会发生“生物富集”现象，即便作环境中的绝对量并不大，也能被某些生物体富集起来，经过多次反复富集就可能在食物链的最高一级生物体内达到很高的残留量。

（3）生物防治

用人工放养病虫害天敌，灭虫防治。常用的有以下昆虫、蜘蛛和昆虫病原微生物等。

a. 天敌昆虫和蜘蛛

瓢虫：瓢虫的种类有 4 000多种，其中 80%以上是肉食性的，是经济林地中主要的捕食性天敌。以成虫和幼虫捕食各种蚜虫、叶螨、介壳虫以及低龄鳞翅目幼虫、梨木虱等。

草蛉：又名草青蛉，幼虫俗名蚜狮，是一类分布广、食量大，能捕食蚜虫、叶螨、叶蝉、介壳虫以及鳞翅目害虫的低龄幼虫和多种虫卵的重要捕食性天敌。

捕食螨：又叫肉食螨，是以捕食害螨为主的有益螨类。我国已发现的有利用价值的捕食螨种类有东方钝绥螨、拟长毛钝绥螨等 16 种。

蜘蛛：属节肢动物门，蛛形纲，蜘蛛目。我国现已定名的有 1 500余种，其中 80%左右生活在果园、茶园、农田及森林中，是害虫的主要天敌。其中农田蜘蛛不仅种类多，而且种群数量大，是抑制害虫种群的重要天敌类群。

螳螂：是多种害虫的天敌，具有分布广、捕食期长、食虫范围广、繁殖力强等特点，在植被多样化的林地分市较多。螳螂在我国有 50 多种，常见的有中华螳螂、广腹螳螂、薄翅螳螂。

b. 寄生性天敌和昆虫病原微生物

寄生性昆虫：俗称天敌昆虫。数量最多的是寄生蜂和寄生蝇。其特点是以雌成虫产卵于寄主体内或体外，以幼虫取食寄主的体液摄取营养，直至将寄主体液吸干死亡。

而成虫则以花粉、花蜜、露水等为食或不取食。如赤眼蜂、蚜茧蜂等。

昆虫病原微生物：在自然界能使昆虫致病的病原微生物种类很多，主要有细菌、真菌、病毒、线虫、原生动物等。此类微生物在条件合适时能引发流行病，致使害虫大量死亡。

（4）林下经济认证

我国作为世界最大的林下经济作物采集与生产加工国，林下经济作物一直是山区农民收入的重要来源。但是，在发展林下经济过程中，掠夺式的非科学经营模式和化学品的过量投入，对森林生态平衡成不可估量的破坏。开展林下经济认证工作，不仅是保障林产品安全的需要，更有利于开拓市场、促进林农增收，这也从根本上符合当前提倡的森林可持续发展战略，符合建立和谐林业生产体系的发展目标。

目前，国家林业局下发了开展林下经济（非木质林产品）认证试点工作的通知，林下经济开始正式“走”向认证。

2010 年，国家林业局下发了《国家林业局关于加快推进森林认证工作的指导意见》，明确界定了我国森林认证的具体范围，其中包括非木质林产品，也就是林下经济。这是开展林下经济（非木质林产品）认证的一个重要依据。近年来，为了提高森林质量，有效保护森林资源，东北一些地区全面停止商业采伐，林业企业正面临转变经营模式、转型发展的挑战。为促进企业转型升级，提高林区职工的收益，按照国家林业局要求，2014 年正式启动林下经济认证试点工作。

近些年，林下经济发展势头猛劲，我们也逐步认识到在推进森林认证实践中开展非木质林产品认证，是助力林区经济发展的有效举措，适合我国林业发展的趋势，也是广大森林经营企业的迫切需求。特别是在一些地区全面停止商业采伐，发展林下经济就成为当地林农经济新的增长点。对林下经济的认证可以有效增加林下经济作物的附加值，加快林区经济转型升级发展。

有专家认为，开展林下经济认证工作，是生态文明的必然要求，有利于保护生态环境，有利于保障林下经济的特质，有利于林农得实惠，有利于发挥森林综合效能；开展林下经济认证工作是调整林业产业结构、转变林业发展方式、合理利用森林资源的战略选择，是促进林业可持续发展的重要保障；开展林下经济认证工作是发展民生林业的有效途径，是提高产品认知度和附加值的有效措施，通过对认证的产品加载标识，不仅表明其来源于可持续经营的森林，同时也向公众传递了重要的信息，即产品原料的栽培、采集和生产环境是安全的，是按照可持续的原则生产的，产品具有纯天然、纯绿色、无污染、来源可追溯的特质。

第四节　现代经济林丰产栽培技术纲要

经济林是为人类社会可持续发展服务的，也是经济林的根本任务。我们应该从这里开始认识经济，也是发展经济林的归宿。

新中国成立以后经济林生产几经曲折，但总的形势发展的，特别是改革开放以来，经济林成为丘陵山区新的经济增长点，脱贫致富之路。

经济林生产以其生产周期短，收益快，效益高，适宜农户经营的优势，在丘陵山区农村产业结构调整中，作为开展多种经营中的骨干项目，有力地推进农村商品生产的发展，引导农民脱贫致富，走上全面小康之路。

经济林商品率高，可以带动乡镇企业，组成林—工—商一体化现代经济林产业体系生产经营，因而它成为丘陵山区综合开发的突破口，引导推动各行业的发展与进步，全面振兴农村经济，达到经济、生态、社会三效益统一的富山、富民、富县的目的。经济林是民生林业，也是生态林业。经济林发展了，同时自然资源得到合理的利用，改善和优化了自然环境，有利精神文明建设，提高人的素质，不仅当代人富了，子子孙孙富下去，这是在丘陵山区可持续发展的最优化模式。

在林业分类经营中，经济林是商品林业，要求按照商品生产的要求，组织生产经营，因而必须按照两个根本转变要求，以市场经济为导向，进行集约经营。在经济林生产中，集约化经营就是依靠科技进步，可持续发展的同义语。

科技作为经济林发展与进步的组成要素，如何具体地依靠科技进步，如何具体地提高科技含量，是有可操作性措施的。

一、科学地做好区划、规划

新中国成立以后，曾组织过各种各样的区划，其中主要可分为综合区划与部门区划两大类。近几年又提出生态经济区划，就是实现社会经济发展与生态环境在整个区域上宏观协调的综合区划。

生态经济林区划是以经济林为主体内容，与区域生态环境和社会经济发展，协调一致，相互促进，共同发展的短期、中期、长期的生态区划，这是作为政府行为的策略措施。

生态经济林区划涉及自然环境与社会经济条件多种不同性质的要素，是个多元系统。在这个多元系统中，要使各个子系统和各个要素之间，协同作用，功能和谐，形成有序的自组织。这个多元系统才能形成稳定的动态结构，才会产生生态经济效益。为达到这一目的，必须遵循四个基本规律。

第一是自然生态规律。陆地生态系统有明显的空间结构差异，以及周期性的时间差别。空间差异有地带性和垂直性，表现出植物区系和植被带及群落各异，呈现出万态千姿，因而也带来经济林生产种类的适地性。时间差别表现为植物生长繁茂的活跃态，与植物枯衰的休眠态，两者周而复始的交替出现，因而带来经济林生产技术的适时性。空间和时间的这种差异是由太阳辐射量和水分量所造成的，是不能违背的，这就是自然生态规律。

经济林主要是在低山、近山、丘陵和岗地。这些土地因有其固定的空间，是多因素的综合体，所以有条件上的差异。因此，必须对土地进行评估。评估的内容主要有可利用性评估、适宜性评估、生产潜力及其潜在危害性的评估。根据评估结果，因地制宜开发利用。土地是有限资源，是永久性生产资料，要珍惜，要养用结合，绝不许进行掠夺性的利用。

第二是社会经济规律。空间结构的差异，也影响着社会经济结构，加上社会历史原因，表现出生产门类和生产力的不同，就构成了社会经济发展的条件和限制因素，是不能超越和违背的，这就是社会经济规律。

第三是生态经济规律。社会经济发展要与环境保护协调平衡，在建设的开始也可能会破坏某些局部环境，但强调的是整体性原则。

第四是协同性规律。生态经济林区划，要将经济林、生态环境、经济条件、人的素质、劳动手段、科学技术水平等多个要素，统一组成一个功能系统，形成具有协同作用的自组织。

规划是社会经济发展的中长期计划，经济林生产发展规划是其组成部分，是由政府制定的。经济林生产发展规划应包括树种、林种，有关经济、技术、效益的各项指标，以及实现指标的策略措施。县的规划要具体至乡镇。

各省（区）、市（州）、县（旗）基本上已经完成了区划和规划，但应按照生态区划的要求，进一步修改和落实执行。

二、建设名特优商品基地

建立经济林名特优商品生产基地要适应市场经济需求的发展规律，否则就会在竞争中被淘汰。建立基地是适应规模经营、优质批量生产的保证，是采用集约经营的前提，是推动经济林生产向商品化、现代化方向发展的必由之路。

（一）基地的确立

名特优商品基地确立和建设的指导思想和原则，是遵循自然规律和经济规律，以市场经济为导向的原则。基地的确立及生产内容和规模，要运用现代科学决策方法抉择。

基地的确立和基地规划设计问题的解决，实际上是科学决策的过程。现代科学决策的含义是对未来行动所要达到的目标，应采取的手段和方法所作的决定，它所表现出来的具体形态是行动方案。一个科学决策的过程大体包含着：目标的确立—信息的收集—信息的处理—决策的选择与评估—最后决策方案的选定—方案实施的反馈（反馈导向、反馈促进）—实现目标，这样一些步骤。可见决策的依据是信息，离开信息，仅凭个人才智、经验而进行决策，是远远不够的，是小生产的经验决策，不适应现代化建设事业的需要，因此，必须提倡决策民主化和科学化。

（二）商品基地的规划设计

基地规划设计要运用系统工程的理论和系统分析的方法。

经济林产品的商品基地是我们调查规划和设计的对象，这个对象实际包含许多因素的一个系统。系统是指由若干要素组成，具有一定结构和功能，并且是处于动态之中的统一整体。系统是客观的、是分层次的，有其内在联系，并表现出特定的形态。经济林商品基地包括经济林栽培、经营、产品的采集贮运，产品的加工工艺，商品的流通，组成林—工—商的大系统。

系统分析它是全面地研究分析系统的要素、结构与功能之间的相互影响，以及环境条件的制约关系的变化规律，作出定性定量的分析，得到最优解决。

系统分析法的实施步骤通常应有以下的顺序：基地目标分析，目标的确立，系统模型化，优化系统评价。通过调查规划设计，最后提出规划设计说明书。设计说明书必须通过证论和批报。然后组织实施。

三、正确选择宜林地

经济林区划和基地规划设计仅是解决了宏观决策，确立了发展方向。但具体至某一地段、地块的土壤、坡向、坡位以及坡度仍然存在着局部的差异，因而仍然必须进行宜林性的选择问题。因此，造林成败的第一关是宜林的选择正确与否。

立地条件是指某一具体林地影响该经济林分生产力的自然环境因子，如地貌（海拔、坡向、坡位、坡度），土壤（土壤类型、母岩、土层厚度、肥力、水分）植被

（植物种类成分、组成、覆盖）等直观的环境因子。根据环境因子间的差异，将其分别进行组合，可以组合成各种不同的类型，称为立地条件类型或称立地类型。根据立地类型的异同，可以进一步作出立地质量生产力的评价，根据立地类型的等级栽培各自适宜的树种和经营措施的确立。

环境因子很多，不可能全部参加划分，只能从中选择出主导因子，按主导因子组合划分。主导因子不同可以划分出不同的立地类型（表5-4、表5-5）

表5-4　立地类型划分表

编号	划分依据			立地类型名称
	海拔	母岩	坡度	
1	低	页岩	下	低海拔页岩下坡位类型
……	中	页岩	中	中海拔页岩下坡位类型
27	高	页岩	上	高海拔页岩下坡位类型

说明：海拔高分为低、中、高（<500m，500~700m，700~900m）坡位分上、中、下，母岩按实际分。总共可以组成27个类型。

表5-5　立地类型划分表

编号	划分依据			立地类型名称
	母岩	土层	坡度	
1	石灰岩	厚	平	石灰岩厚土层平坡
……	石灰岩	中	缓	石灰岩中土层平坡
27	石灰	薄	急	石灰岩薄土层平坡

说明：土层分厚、中、薄三级（>100cm，50~100cm，<50cm），坡度分为平、缓、急三级（<10°，10°~20°，>20°），母岩不同，也可组成27个类型。

主导因子的选择，以往多用多元回归筛选的统计方法，现在看来也有局限性。在一个县的范围之内，可以根据外业调查资料和以往的工作经验，综合考虑选择认定，也是准确的。

四、栽培良种化

经济林生产良种化，是优质、高产、高效的物质基础。经济林良种应是一个商品概念，是优质商品，或是优质商品的基础。干鲜果品的良种优质要求，包括四个方面的内涵，第一是必须保证绿色食品，未受污染，没有遗留残毒，洁净卫生的果品。随着人们科学文化素质的提高，自身保健意识的增强，今后不是绿色食品是不能进入市场销售的，也不能出口。第二是营养品质，对人身要有营养功用，具有保健功能则更佳。第三是加工品质或食用品质，如果是直接食用要适口性好，味美，如果是加工则要加工性能好，可以有不同的专门要求，可以有食用品种，加工品种。第四是商业品质，外观好，如形态完整，大小适中一致，色泽美观，销售时外包装富丽，携带和食用方便。商品品质直接影响经济价值，商业品质不好的果品在国外进不了超级市场。商品的外包装也很重要，同样的产品外包装精美，卫生，携带食用方便，对商品的推销也有重要作用。

经济林生产实现良种化的策略包括如下几方面。

良种选育方针：立足本地资源，以选为主，选、引、育相结合。

良种繁育途径：以采穗圃为主，采穗圃与种子园相结合。

繁殖方法：以优良无性系为主，以无性繁殖为主，无性繁殖与实生繁殖相结合。

基础材料：要做好现有众多种质基因资源的收集、保留，建立各种类型的基因库。

基因库仅是保存物种品种资源，作为育种材料，短期内是没有经济效益的，作为基础工程，是要国家投资的。

我们提出良种化策略的现实依据是：我们现有 3.5 亿亩经济林中，有大量的，有大面积的林分组成是混杂的群体，植株间个体差异大，良莠不匀，鱼目混珠，为选择提供了广阔的场所和众多资源，优树选择的机遇多，频率高。在栽培中采用优良无性系，缩小林分中植株间的个体差异。在一般的林分中，不结实或少结实树约占全林分的 10%～15%，一般结实的树约占 60%～65%，丰产树仅占 20%～25%。20%～25%的丰产树要占全林产量的 80%。优良无性的选用就是增加结实株数，提高结实树在林分中的比例，而获高产。

播种繁殖用的良种包含优良的品种和优质的种子这样两个要求。种子和接穗必须采自经省（区）良种审定委员会审核认定的种子园或采穗圃。其他一切商品种子和任意采集的接穗，一律不准用来育苗造林。

五、推行工程造林

工程造林是指在造林前有林业主管部门批准的规划设计，有年度实施计划，有技术标准，造林后有检查验收，有投资计划，资金到位，按工程项目要求进行专项管理。推行工程造林，是依靠科技进步，提高造林质量的有效措施，使林业生产跃上新的台阶。

经济林多在坡地，整地造林和以后的常年林地管理都要进行土壤挖铲耕垦，极易造成林地水土流失，一定要做好林地水土保持，否则将会带来严重的危害。因而坡度在 25°以上的坡地已经不适宜栽培经济林。

在经济林地造成水土流失的根本原因是地表径流，水的流动带走土壤，形成水土流失。水土流失的程度与地表径流是成正比的，地表径流量制约条件的天体因素是降雨强度，地体因素是坡度、坡长和地面覆盖。可以通过控制地体因素，降低坡度，缩短坡长，增加覆盖，来减免地表径流，防止水土流失。

防止水土流失在技术上最好的措施是梯级整地（北方又称围山转），达到降低坡度，缩短坡长的目的，梯面栽树，增加了覆盖。作梯时在梯面内侧要开竹节沟（沟深 25~30cm，宽 20~25cm），每隔 60~70cm 留一土埂，使沟呈现竹节状，用来蓄水、排水。外梯壁一定要夯实，严防崩塌滑坡。

六、立体复合栽培经营模式

经济林复合栽培经营在中国古而有之，间作混种。但现在灌于现代生态学、生理学、生态系统等现代科学理论，形成新的经营模式。

一个有序的自然植物群落结构，在地面空间从乔木至草本是有结构层次的，在地下空间植物根系和动、植物残体及微生物的分布是有级差的，由上向下逐步递减，这是鲜明的空间特点，即立体特征。植物群落的立体结构是自然特征，也是优化的表示。只有这样的自然生态系统，它的自组织能力就会增强，对外的适应能力也加强。

经济林立体经营是合乎自然规律的。所谓经济林立体经营是指，在同一土地上使用具有经济价值的乔木、灌木和草本作物组成多层次的复合的人工林群落，达到合理的利用光能和地力，也即是从外界环境中获取更多的负熵流，形成稳定的生态系统，是一个高产量、高效益的系统。所谓“模式”是指，组成林分的树种、作物种类具有优化结构，功能多样，高效益，具有典型意义和在一定范围内具普遍意义，并有与其配套的技术措施。

经济林立体复合栽培经营通常的情况是在幼林期间种农作物（粮食或经济作物），以耕代抚，有利幼林生长。

我国南、北方一些主要经济林木都有各具特色立体复合经营模式。如油茶幼林期间种茹类、豆类，成林后间种草珊瑚、紫珠等药材，以及牧草等。云南的胶茶间种。北方的枣粮长期间种。竹林栽培竹荪等食用菌。复合经营模式很多，因此，因时因树种而异。

七、经济林生态系统的技术管理

经济林生态系统是森林生态系统，有着保护环境的积极作用，是屏障；同时又是物质资源生产系统，生产着粮、油、果品和工业原料，蕴藏着巨大的生产力，是产业，充分显出经济林的多功能性。

经济林是人工系统，它的发展方向和速度，提供产品的数量，是强烈地受人的制约的。因此，经济林能否形成稳定的系统，能否优质高产，取决人对系统的管理水平。

经济林生态系统的管理，包括土壤管理、树体管理和病虫害管理。

（一）土壤管理

土壤管理包括耕作与施肥，目的是改善土壤环境，有利林木生长。

林地土壤是经济林生态系统中一个链节，是物质和能量的贮存库。林地土壤耕作的任务是清除杂草，疏松土层，改良土壤结构，增加孔隙度，调节土壤中水分与空气状况，使肥力因素结合合理，处于平衡，提高土肥力。

耕作方法目前仍是人力，成林中是夏铲冬挖或牛犁。在林地耕作时一定要防止水土流失。经济林地的营养元素，随着初级产品的外运大量损失，只有少量落叶枯枝回归林地。年复一年地总是如此，如果没有外部补充，则系统生产力要降低。因此，必须施肥来补充养分，施肥以增施农家肥料为主。

（二）树体管理

树体结构是结果的基础，丰产树必然有一个良好的树形。树形与遗传有关，但主要的是植株的环境和营养，整形修剪则是起决定作用的。根据不同经济林木的生物学特性和栽培目的，尽可能提供良好的管理条件，来决定树体管理的内容和方法。

（三）病虫害管理

经济林生产中病虫危害不仅影响产量，并且直接关系质量，如果实有病斑、虫孔，则成为次品，影响经济效益。因此，必须严防，严治病虫害，保产量，保质量。

经济林病虫防治策略要掌握规律，做好测报，适时防治。要摸清本地区该树种常发多发病虫害发生发展规律，做好预测预报。根据每一病、虫的不同生活史时期，其中定会有某一时期是最易防治的，抓准时机，获事半功倍之效。

经济林病虫危害防治的方针：以防为主，以早防为主，以林业技术防治为主，以生物防治为主的“四为主”的方针。

八、现有低产林改造

我国经济林中的主要树种如银杏、板栗、枣、柿、核桃、油茶以及油桐等栽培分布范围广，面积大，有大宗产量，平均单产普遍偏低。板栗高产林每亩 800kg，大面积平均只 20kg，油茶高产林亩产茶油 60kg，大面积平均只 4kg，它们之间产量相差 10 倍以上。目前，我国经济林生产是以面积保总产，要改变这种局面，提高单产。

部分全国经济林现有低产林的低产原因，据林分调查分析，可以归纳为“荒、老、杂”三个字。林分长期无人管理；有的林分中植株树龄普遍衰老，失去结实能力；有的林分中品种混杂、退化，自然产量低。

现有低产林改造针对以上低产原因，采取相应的技术措施。

（一）深挖垦复

冬季砍除杂草灌丛，深挖翻土，作梯开竹节沟。以后每年夏铲，3 年深挖一次。要注意保持水土。

（二）调整密度

密林疏伐，清除病、虫、老劣株。保留下来的植株，要进行修剪，剪除病虫残枝，内堂枝，下肢枝，使树体通风透光。疏林补植，补植要 1m 高以上的大苗。

（三）增施肥料

要增施农家肥料，促进生长。

（四）高接换冠

生长健壮的中龄树，结果少的，采用优良无性系高接换冠，每一植株保留 5 个左右分布均匀主枝，在每个主枝上接 2~3 个接穗，这样 3 年就能恢复树势，开始结果。

（五）除病灭虫

要及时除病灭虫。

没有改造前景的老残林，则要更新造林。

在现有低产林中，有选择地进行技术改造能够恢复生机，可以大幅度地提高产量。1990 年启动的湖南、江西、广西等 7 省区 40 个县 100 万亩油茶低改工程，至 1992 年结束，1993 年检查验收结果，100 万亩。油茶平均亩产 16kg，在原有基础上提高 3.5 倍。在技术上是以垦复为主，结合其他措施。在以后的几年中，继续管理的产量上升至亩产 20kg。改造现有低产林投资少，收效快。

经济林产业迎接 21 世纪，要应用高新生物技术，培育新品种，新物种，从根本上改善产品的品质，研究绿色多功能保健产品，参加世界高科技竞争，走向国际市场。

九、林粮间作

林粮间作，是在人工林内利用株行距间的空隙种植收获期短的农作物。这里，仅就林粮间作的理论依据、对林木的影响和间作的方法进行一些探讨。其中，关于间作方法部分，主要是总结湖南省林粮间作的经验，但对南方各省（区）也有一定的参考价值。林粮间作我们做了专项研究，现介绍如下。

（一）林粮间作的理论依据

1. 林粮间作是复合的栽培植物群落

林粮间作或立体经营是指，在同一土地上使用具有经济价值的乔木、灌木和草本植物组成多层次的复合的人工林群落，达到合理的利用光能和地力，也即是从外界环境中获取更多的负熵流，形成稳定的生态系统，是一个高产量、高效益的系统。

在自然界，一般情况下，都是不同种的植物有规律地聚生在一起，组成一定的植物群落，这是自然规律。经过选择准备造林的宜林地，一般自然环境条件都比较好，再加以一定的人为改造（造林前的整地），由林木和农作物组成复合的栽培植物群落，是完全合理和可能的，也是符合自然规律的。

在某一地段上形成自然植物群落，这是自然选择的结果；而栽培植物群落的形成，是在适应自然地理因素的条件下，人工选择的结果。但是，自然植物群落和栽培植物群落在构成群落外貌上差异的种类成分、分层现象和群落中各个种的分布三个因素，都是相同的。

林木和农作物在外部形态、内部构造和进化系统上的差异很大。但是，它们都同属于栽培类型，要求一定栽培条件。因此，它们之间的生物学特性，虽有相异之处，亦有相同之点，并有相互适应的一面。在长期的栽培条件影响下，作物在系统发育中逐渐积累了适应于间作的特性，形成了一些特异的山区地方品种。如玉米植株较高，叶片、茎秆形成的角度较小，耐寒耐瘠，结棒部位在中部以上，偏于硬粒型；麦子茎秆较高，分蘖较少，主穗结实；旱禾适于山地生长等。

林粮间作群落各个方面的相互关系是错综复杂的，现试归纳如图 5-7 所示。

林木和农作物组成的植物群落，并不像自然植物群落那样自然组成和演变，而是强烈地体现了人的栽培目的，按照人的意图组成一定的结构。这种结构的组合，控制和调节的合理程度，是以人对林木和农作物生物学特性以及群落的发展变化的认识为基础。群落和环境、群落内部的种间和种内三者的关系，有其相适应的一面，亦有矛盾冲突的一面。而且，三者的关系，在各个不同时期（年龄、季节等）和不同环境条

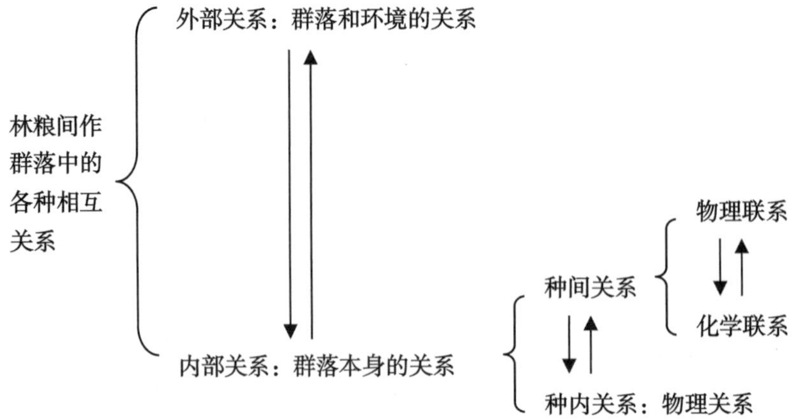

图 5-7　各种关系示意图

件下，谁起主要影响作用也是不同的，有时是外部关系，有时却是内部关系。但是，人们通过种类搭配、栽培季节、栽培方法、栽植密度、抚育管理等农业技术措施，可以控制其不利和矛盾的一面，让互相有利的作用充分发挥，相辅相成，以达到高产丰收的目的。

2. 充分利用光能

植物所积累的干物质 90%~95%是光合作用的产物。在一般情况下，光合作用产物的多少，是由光合作用的叶面积、光合作用的时间和光合作用的强度来决定。林粮间作之所以能够充分利用光能，主要表现在两个二方面。第一，扩大了叶面积。林木和农作物高矮不一出现的成层现象，等于增加了空间面积。这样，漏到地面上的光被吸收了，光合作用叶的面积就扩大了。同时，太阳光照射到地面上的波长在 250~4 000 nm，而林木和农作物吸收光波的波长不同，且从不同植株上反射出来的光，又有可能被其他植株吸收，这就又一次的利用了光能。第二，延长了光合作用的时间。林木是多年生的，农作物大多数是 1 年生的，它们之间的生长周期、物候期和季相演替都不同。如果进行合理搭配，相互交替，使林地上长年都有绿色植物在进行光合作用，就不会因收获或林木休眠而使照射到地面上的光能白白浪费掉。

3. 合理利用土地

林地一般是自然土壤，耕作层很浅，主要是淋溶层。农作物根系较浅，分布在耕作层或淋溶层。林木根系较深，可以通过淋溶层分布到淀积层甚至到母质。由于根系分布深浅不同，地下部分也形成层次。分布在不同土壤层次的根吸收不同层次的养分，所以林木和农作物的根系吸收营养不仅不会相互矛盾，而且还能起到缓冲作用，充分利用土壤各个层次的养分。同时由于进行林粮间作，还能促进林木的根系深入土层。据广西林业厅调查，间作的玉桂林垂直根深入土层达 78cm，不间作的仅 46cm。

间作后勤于中耕，疏松和熟化土壤，加深耕作层深度，可以改善土壤结构。同时农作物的大量叶、秆和根残留林地，还改善了土壤的化学性能。据测定，在杉木林中进行间作后，土壤中氮、磷、钾的含量要增多10%~20%，这对加快林木生长和农作物丰产具有重要意义。

用材林幼林、特用经济林的林地，不间作总有大部分是裸露的，间作后可以增加林地覆盖，这就带来了三大好处。第一，减少水土流失。在山地，引起水土流失的原因，主要是地表径流和雨水的机械打击。林地增加覆盖后，既可以免除雨水的机械打击，又可以削减地表径流。南方山地的径流系数是0.5。以湖南省为例，如按年降水量为1 600mm计算，每年就有800mm的降水变为地表径流。如果通过间作使径流系数降为0.25，每年就可以多截留下来400mm的降水。这部分降水，一部分转入地下，增加土壤含水量；一部分蒸发回空中，增加空气湿度。土壤和空中的水分增加了，这就更加有利于林木和农作物的生长。第二，减少土壤水分蒸发。林地有了覆盖。阳光不能直接照射到地面，土壤水分的蒸发自然减少。虽然农作物的蒸腾作用要用去部分水分，但较之无覆盖时地表径流和蒸发去的水分为少，而且还把无用水（流失或蒸发）变成了有用水（蒸腾）。据测定，在炎热的夏季。间作的比未间作的土壤含水量要多3%~5%，空气湿度要大10%，地温要低3~5℃。另外，气温变化的幅度较小，风速减低，造成了微域气候，有利于林木和农作物的生长。第三，防止杂草萌生。林地覆盖增加，排除了杂草的大量生长；同时，通过中耕除草，又消灭了杂草。从而，就大大地减免了杂草与林木和农作物争夺养分水分的矛盾。

4. 减免病虫对林木的危害

间作后的中耕除草，改善了林地卫生条件，病虫就失去了寄生滋长的场所。据湖南省林业科学研究所1960年在湖南省永兴县马田公社枣子大队的调查，油茶林间作后炭疽病的发病率为16.5%，未间作的为51.3%；1959年在湖南省大庸县城关公社的调查，油桐林间作后油桐植株遭受油桐尺蠖为害的被害率为55%，间作的为90%~100%。原因是油桐尺蠖每年三代，三代的蛹期（4月、6月和10月）都在土中，此时正值间作后的中耕和间作前的挖垦，挖死了虫蛹，因而减低了被害率。

（二）林粮间作对林木的影响

上述原因综合作用的结果，间作促进了林木生长。这里可以用大量的调查材料予以证明。林学院部分师生1958年对湖南省会同县疏溪口一片10年生杉木林的调查，在同一块地上，间作的平均树高7.02m，最高10.2m，最低4.2m；平均胸径15cm，最小5cm；平均冠幅2.24m。未间作的平均树高4.3m，最高5.4m，最低1.5m；平均胸径5cm，最大8cm，最小2cm；平均冠幅1.53m。湖南林学院1959年对湖南省古丈县断龙公社 4 年生油桐纯林的调查，间作的单株产果量为 18.43kg，未间作的为 9.86kg。广西柳州市三门江油茶试验场 1961 年对本场 1955 年新造油茶林的调查，全垦间作的平均树高 1.73m，平均地径 1.6cm，平均冠幅上下 1.67m，结果株占 77.5%；未全垦间作的平均树高 0.99m，平均地径 1.05cm。平均冠幅上下 0.66m、左右 0.51m，没有结果株。湖南省林业科学研究所 1960 年对湖南省桃江县桃花江公社 1958 年新造檫树林的调查，间作的平均树高 5.65m，平均胸径 6.7cm，当年新梢长 1.46cm；未间作的平均树高 3.5m，平均胸径 3.7cm，当年新梢长 1.46cm，成活率 50%。这些事例说明，在不同地区和不同树种、林种的林内，进行间作都利于林木发育，能加快林木生长或提高结实量。

（三）林粮间作的方法

1. 烧垦方法

造林前采用炼山整地的办法，不仅节省劳力和使林地有机质变为速效性养分，而且还可以改变林地土壤的物理化学性能。炼山季节，可以在夏季或冬季进行。夏季炼山，是在 4 月选好造林地并砍倒杂灌均匀地摊在地上让其晒干，5 月炼山后随即播种小米，秋收小米后全垦挖土（或用牛犁）种麦子、蚕豆等，第二年春季造林，夏收后种玉米、红茹等。冬季炼山，是在冬季完成炼山和垦山。经过一个冬天的风化，第二年春季在造林和种农作物前再碎土一次。有的地区炼山，采用“七刀八火”的方法，即 7 月砍倒杂灌，8 月炼山，冬季挖山。这种方法的好处是在杂草灌木的种子尚未成熟前就砍倒，可以减少第二年杂草萌生。

2. 间作作物的种类

湖南省间作作物种英很多，在粮食方面有玉米、红茹、小米、旱禾、荞麦、麦类、洋芋、芋头、高粱、木茹等；在豆类方面有大豆、绿豆、豇豆、蚕豆、豌豆等；在经济作物方面有棉花、芝麻、花生、油菜、烟叶等；在蔬菜方面有萝卜、生姜、瓜类、叶菜等；在药材方面有白术、党参、玄参、沙参、防风、红花、前胡、紫草等；在绿肥方面有草木樨、满园花等。

3. 选用作物的原则

选用作物总的原则，应该是在有利于林木生长的前提下，因时因地因树制宜，并兼顾农作物的丰收。具体地说，有三个方面需要注意。

第一，根据造林树种的生物学特性和不同年龄选用相适应的不同作物。选用作物时要使种间关系协调一致，相互有利，形成短暂稳定的群落。林木与作物的群落，在发展和变化过程中的各个不同阶段，种间、种类和环境的关系不同。如一二年生杉木或油茶幼林，对新环境条件还不十分适应，生长势不很旺盛，并要求有适当的侧方庇荫，所以宜选用玉米、高粱等高秆作物，不宜选用春荞等夏收作物。因为正当夏季炎热的时候，收获后林地裸露，骤然改变幼林的生长环境，温度突然增高，加大蒸腾作用，容易造成日灼和枯萎。同时夏季正是湖南省多暴雨的季节，也容易引起水土流失。同样，选用红茹、洋芋等块根作物也是不适宜的。因为收获时要全面挖翻土壤损伤幼树根系，而且由于这时幼树还没有保持水土的能力，也容易引起水土流失。湖南林学院部分师生1958年对湖南省会同县蔬溪口两片1957年冬季新造杉木幼林的调查，间作玉米的平均树高39cm，平均冠幅32.6cm成活率95.8%；间作红茹的平均树高31.3cm，平均冠幅3.7cm，成活率91.1%。在湖南省江华县的调查也有类似情况，间作玉米的树高42.6cm，间作红茹的31.3cm。但是，3年生以后的杉木幼林，不宜继续选用玉米等高秆作物，宜选用红菇、豆类、生姜等较矮小而又耐荫的作物。湖南林学院1960年对湖南省江华县雷公坪1块已经接近郁闭的3年生杉木幼林的调查，间作的玉米由于受光不足，生长受到抑制，下部叶片出现黄化现象，结的棒子不多并短小，只有正常产量的1/4。此外，选用间作作物品种，除了要考虑地上部分关系、根系分布的幅度和深度外，充分注意它们之间的化学联系，即地上部分分泌的气体和液体，地下根系分泌的物质，所发生的影响也很重要。因为，它们之间的这些分泌物，可能是有利的，有促进生长的作用；也可能是不利的（直接或间接），有抑制生长的作用；甚至可以致死。如烟草、苜蓿等根部的分泌物，对固氮菌的发育有利，而小麦根部的分泌物则对固氮菌的发育有害；棉花、豆科等根部的分泌物，能刺激根瘤菌的发生，而玉米根部的分泌物则抑制其发生。蓖麻有毒，如果在油桐林内间作蓖麻，金龟子误食，就会中毒死亡。这些事例说明，在林木生长的不同时期，要选用不同的农作物，并要考虑农作物之间的关系。这样，就涉及农作物的套作、间作、连作和轮作等方面的问题。一般说来，轮作比连作好，能恢复地力，可以选用高秆粮食作物—经济作物—低矮耐荫的粮食作物、豆科作物轮作；高秆粮食作物与豆科作物套作；高秆粮食作物—豆科作物—耐荫粮食作物（经济作物）套作轮作。

第二，根据不同立地条件，因地制宜。只有因地制宜地间作，才能收到良好的效果。在这方面，湖南省各地群众有丰富的经验。如会同县选择平山间作红茹，山湾土肥地间作早玉米、秋荞，山岭间作豆类、高粱、小米。江华县在黑砂土间作茹类，黄砂土间作旱烟。安化县在坡度较大的地方间作玉米、小米、高粱，坡度较小的地方间作红茹。祁阳县在高山间作玉米、小米，低山间作麦子、荞子、旱烟。古丈县在土壤肥沃的地方间作红茹、小麦、棉花、花生、芝麻、蔬菜，土壤较瘠薄的地方间作玉米、小米、旱禾、燕麦、冬荞、绿豆。衡山县夏浦公社新阳林场根据油茶林不同的情况进行间作，在土壤较好，密度适中，坡度不大的地方间作粮食作物；土壤好，密度大的地方间作耐荫药材；林中空地多，密度稀，地势较平坦的地方培育树苗；地势平，阳光足，土壤湿润，离村子近的地方间作蔬菜；土质差，坡度陡或有水土冲刷的地方间作绿肥。

第三，考虑当地的社会经济条件。一般说来，在粮食不足的地方应多间作玉米、小米、麦类、红茹、豆类等粮食作物，粮食多的地方可以间作棉花、烟叶、芝麻等经济作物或平术、前胡等药材，缺少肥料的地方可以多间作绿肥。

4. 间作年限

间作年限因树种、林种而异，杉木、檫树等用材林幼林郁闭后不能继续进行间作，油茶、油桐等经济林可以长期进行间作，但要选用绿豆、大豆、洋芋等耐荫作物或适合林下生长的药材。因为阴性植物的补偿点较低，能够利用为微弱的阳光取得碳源。同时，成林内地面上的二氧化碳含量较多，可以补抵光照的不足。

5. 间作密度

作物要和林木保持一定的距离，过密，通风和透光不良，影响林木和作物地上部分的生长；地下部分前根系密集在一起，也影响吸收养分和水分。湖南林学院易德坤同志 1958 年对湖南省沅陵县张家坪 1955 年冬季新造杉木林的调查，在幼树周围密集种植玉米、小豆、小麦、豌豆等作物，树高 72. 4cm，当年新梢长 33. 80cm，篇幅 78cm，成活率 90%，没有郁闭；在幼树行间距离幼树 32～50cm 均匀地种植玉米、小豆、小麦、豌豆等作物，树高 123cm，当年新梢长 57cm，冠幅 93cm，成活率 100%，已经开始郁闭。湖南省洞口县林业局杨泽永同志 1960 年对该县月溪公社祖山塘两块杉木幼林的调查，一块种玉米距离幼树只有几厘米远，结果玉米下面的三层叶子枯黄，秆子细长，结实部位高，棒子小，产量低，幼树生长不好，当年新梢长仅 24cm；—块种玉米距离幼树 37～50cm，玉米生长好，秆粗，棒大，产量高，幼树生长好，当年新梢长 30cm，最长 55cm，这些事例表明，作物要和幼树保持一定距离，才有利于林木和作物的生长。一般说来，以保持 30～60cm 为好，并要随着林木的成长，逐渐加大。

6. 保持水土

林粮间作要特别注意保持水土。因为，原有的植被破坏了，土壤又经过挖垦，幼林和作物在较短时间内保持水土的能力也不强，遇雨容易发生水土流失。在这方面，湖南省群众常采用等高带状开垦、作梯土等方法。其中，以梯土为最好。如湘西群众把开荒扩种和保持水土、保留牧场、保护森林结合起来，创造了“四子一化”的保持水土经验。四子：是头戴帽子，在山顶留蓄护顶林；身披褂子，在林中空地进行插花间作；腰系带子，在山腰开沟，劈圳，留横岸；脚穿鞋子，在溪边陡坎留蓄草带、护脚林、保坎林。一化是梯土化。

参考文献

本书编写组 . 2014-08-22. 强农富民的关键一招 [A]. 改革热点面对面（2014）[C]. 光明日报

（11）.
迟诚 . 2014-04-14. 产业发展为生态圆梦攒后劲［N］. 中国绿色时报（1）.
丁洪美 . 2014-09-17. 中国森林认证体系全方位与国际接轨［N］. 中国绿色时报（3）.
国家林业局 . 2014-06-16. 优势特色经济林迎来发展新时代［N］. 中国绿色时报（4）.
国家林业局科学技术司 . 2011-09-15. 林业标准化示范提升林业竞争力［N］. 中国绿色时报（A3）
蒋卫民 . 2009-01-01. 广西肉桂成为国家地理标志保护产品［N］. 中国绿色时报（B1）.
焦玉梅，赵坤 . 2011-06-24. 以小搏大，资源小省如何成就产业大省［N］. 中国绿色时报（1）.
李鹏 . 2013-06-06. “金字招牌”是怎样炼成的？［N］. 中国绿色时报（B1）.
李瑞林 . 2011-03-17. 我国森林认证加快与国际接轨［N］. 中国绿色时报（B1）.
刘丽艳 . 2013-03-29. 为老工业基地生态安舍再创奇迹［N］. 中国绿色时报（1）.
刘丽艳 . 2014-07-04. 辽宁邀专家把脉千万亩经济林工程［N］. 中国绿色时报（1）.
刘斯文 . 2014-05-18. 国家整合调整中央财政林业补助政策［N］. 中国绿色时报（1）.
卢慧颖 . 2012-10-11. 中国森林食品的铁岭烙印［N］. 中国绿色时报（B1）.
吕海军，张浩 . 2009-03-05. 宁夏 328 万经济林实现产值 56 亿元［N］. 中国绿色时报（B1）.
牟景君 . 2012-08-03. “双十”林业工程描绘大美龙江蓝图［N］. 中国绿色时报（1）.
牟景君 . 2014-07-22. 黑龙江林业产业逆势快速增长［N］. 中国绿色时报（A1）.
彭江一 . 2013-12-05. 聚力打造森林产品的“沃土良田”［N］. 中国绿色时报（B1）.
彭江一 . 2014-04-17. 在生态和民生间绘出“富民版图”［N］. 中国绿色时报 .
孙建，周泽锋，卢慧颖 . 2014-05-15. 强大林业产业服务生态民生［N］. 中国绿色时报（B1）.
王满，李志伟，李近 . 2012-07-12. 中国林业产业：出山入“市”做大做强［N］. 中国绿色时报（B3）
王胜男，郝健，贾达明 . 2013-03-08. 林业规模经营，如何防治农民失地［N］. 中国绿色时报（1）.
王兮之 . 2012-06-28. 绿色合作共享多赢和谐［N］. 中国绿色时报（A4）.
王志宝，主满，康勇军 . 2008-07-31. 关于中国林业的对话［N］. 中国绿色时报（B1）.
苑铁军，李兰丽，王偭玢，等 . 2014-08-21. 多彩贵州，打开绿色“黔”途上升空间［N］. 中国绿色时报（A1）.
苑铁军，李兰丽，章薇 . 2014-08-19. 提质升级，贵州集体林改进入精耕细作期［N］. 中国绿色时报（A1）.
张建龙 . 2012-06-28. 走中国特色的林业专业合作组织发展道路［N］. 中国绿色时报（A1）.
赵劼 . 2011-06-23. 让森林认证为中国正名［N］. 中国绿色时报（B1）.
赵坤 . 2011-12-29. 山东林业产业由大省向强省跨越［N］. 中国绿色时报（D2）.
赵树丛 . 2012-09-26. 全面深化林改为改善生态和民生作贡献［N］. 中国绿色时报（1）.
周立文 . 1997-08-11. ISO900 认证意味着什么［N］. 光明日报（6）.

第六章　加强科学研究[①]

第一节　科学研究的意义

一、什么是科学

科学是探求未知。科学是反映自然和社会客观事实和规律的知识体系。科学可分为自然科学和社会科学，它们的起源是不同的。自然科学起源于生产实践，社会科学起源于人群管理社会实践，因而它们有各自的研究对象和研究方法。

科学理念是人类的一种文化，是理性文化，是可以超越时代的。本书重点围绕自然科学进行阐述。自然科学主要回答“是什么”“为什么”。研究的结果是由事实和规律组成的完整知识理论体系。自然科学研究的指导思想和理论是辩证唯物主义。辩证唯物主义给科学家正确认识客观世界的思维理论武器。恩格斯有两句名目：“辩证法对今天的自然科学家来说是最重要的思维形式。”“只有辩证法能够帮助自然科学战胜理论困难。”自然科学研究对象是自然界的客观事物，但它是多侧面的，包含着无限多的各种变量，因而自然科学研究对象也是多门类的。因此，根据研究对象和目的及方法的不同，可以将它分为基础科学和应用科学两大类。

二、科学研究

什么是科学研究？最简明的回答：科学研究是探求未知。未知在哪里？未知就是问题。因此，科学研究是从问题开始着手的。《哲学大辞典》把“问题”界定为“需要研究和解决的实际矛盾和理论难题”。实际矛盾属于客观实际范畴；理论难题属于思

① 本章由何方撰写。

想意识范畴，二者均是我们要研究的问题，也是我们研究问题的来源。

问题从表现形态上可以分为内容和形式。内容有广义和狭义之分，广义内容包括自然和社会共同组成的大系统或巨系统，包含无限多个变量，社会不属于我们研究的对象，我们研究对象的范围是狭义内容，仅限于自然系统中某个系统或某几个系统的内外关系，即它们发生、发展变化的规律。形式可以分为 2 种，一种是问题存在于客观实际的规律，属物质形式；另一种是存在于精神世界的“理论难题”，属意识形式。从中我们可以看出，有什么样的内容，就会有什么样的表现形式，二者是一致的。

科学研究成果无论是物质形式或思维形式，均可以上升至理论层面，形成新的概念，最终提升为定理、定律、公式，是潜在生产力，它是技术进步的基础。推进科学研究成果形成新技术，促进生产力提升。

问题从认识上具有二重性，是知与未知统一体。问题作为研究对象，表层的认识是知的，否则就提不出问题。我们要研究的是问题深层次的未知。如我们要研究油茶优良无性系的选育问题，从表层上看，提出该问题的研究者是知的，并且知道该问题的过去研究情况，现在研究状况，要求取得什么样的研究成果，均是知道的，否则就提不出研究开题报告；但研究问题的结果是未知的，也是我们所要研究的目的。

通过自然科学研究人们自然客观事实原来未知的变化发展规律，从中得到知识，从而形成系统的各类专门创新理念。

科学理论是人类的一种文化，是理性文化，是可以超越时代的。

科学研究是针对问题开展的有目的研究实践活动。科学发现则具有偶然性。

三、技术

什么是技术？技术是一种劳动生产技能，是制造某种器物的方法。技术主要回答“做什么”“怎么做”。技术是一种技能、技巧，是现实生产力。

技术是劳动生产的实践经验的积累，和制造工具同时产生。随着生产门类的增多，技术越来越复杂，逐步形成专门化的技能和方法。要学一门技术，就必须要有人传授，形成专门的工匠队伍。但进入工业社会以后，技术的载体已经由个人转为机器实物，不因人的消失而消失，而是客观实物独立存在，技术从此得到发展，形成技术科学。

技术包含三要素：材料、工具和劳动者技能。技术是保密的，可以申请专利。名门技术的产生都具有深刻的社会背景，带有时代特点的烙印。

四、科学与技术的关系

科学与技术是分属两个不同的概念。科学是发现，是理论形态的，是潜在生产力；

技术是发明，是物化形态的，是现实生产力。但科学与技术是紧密联系在一起的，技术的进步是要依靠科学进步支撑的，是基础。技术将潜在生产力转变为现实生产力，形成技能，提高生产力，生产新产品，技术是有商机的，因而需要保密，可以申请专利，它是受法律保护的知识产权。科技与技术是互为依靠，相互促进的，辩证地无穷地发展进步。

五、科学研究的重大意义

2016 年 5 月 17 日，习近平同志在哲学社会科学工作座谈会上的讲话中说：“一个没有发达的自然科学的国家不可能走向世界前列，一个没有繁荣的哲学社会科学的国家也不可能走在世界前列。”

而对于“道”的追求，正是“家国天下”传统的核心。孔子说：“人能弘道，非道弘人。”朱熹为之作注曰：“人心有觉，而道体无为。故人能大其道，道不能大其人也。”曾子说：“士不可以不弘毅，任重而道远。”历代文人士大夫，就是在追求“道”的路上，形成了中国古代独有的“道统”。

诚如习近平总书记所言，“弘道”的关键，是真正把做人、做事、做学问统一起来，这便是“知行合一”的要求。明代大儒王阳明是“知行合一”的提倡者和实践者，他认为致良知便是行，但若已经有了“知”，而并未体现在行为上，并未体现在事功上，那这“知”依然并非真知，学问也并非真学问。

习近平总书记在座谈会上指出：“广大哲学社会科学工作者要树立良好学术道德，自觉遵守学术规范，讲究博学、审问、慎思、明辨、笃行，崇尚‘士以弘道’的价值追求，真正把做人、做事、做学问统一起来。”其所期望接续的，正是中国传统文人士夫的那种“弘道”追求和“弘毅”品格。

我们要在坚持马克思主义立场观点方法的基础上，有针对性，研究当前遇到的问题，瞻望未来的航向。只有聆听时代的声音，回应时代的呼唤，认真研究重大而紧迫的问题，真正把握住历史脉络，找到发展规律，推动理论创新，中国科学才能揭示出我国社会发展和人类社会发展的大逻辑大趋势。

习近平总书记在讲话中说：“马克思主义揭示了事物的本质、内在联系及发展规律，是‘伟大的认识工具’，是人们观察世界、分析问题的有力思想武器”。

自然科学工作者之所以要学习马克思主义，是从中学唯物主义，学辩证法，学立场、观点和方法，树立正确的世界观和价值取向作为观察世界、分析问题的有力思想武器。用来认识事物本质及其变化规律，指导科学研究实践活动，以及价值行为取向。

我们所处的时代是催人奋进的社会主义伟大时代，我们进行的事业是前无古人的伟大事业。我们要真正将做人与研究统一起来。而今而后无愧时代呼唤，担负历史保命，推动理论创新，技术创新，走在世界前列。

据国家林业局资料显示，据统计，“十二五”期间，我国林业科技围绕发展大局，科学谋划、统筹布局、突出生态、升级产业、服务民生，取得了突出成效。5 年间，累计取得重要科技成果 4 768项，获得国家科学技术奖励 22 项，推广应用科技成果超过 2 200项；制、修订国家和行业标准 909 项，主导制定的林业国际标准实现零的突破；林业专利达 3 659件，授权林业植物新品种 593 件；林业科技进步贡献率由 43%提高到 48%，科技成果转化率达 55%，林业科技的支撑和引领作用显著增强。

六、科学研究是新兴产业行业

科学研究在发展历程中可分为小科学时期和大科学时期。16 世纪产业了近代自然科学之后，直至 18 世纪 60 年代英国因蒸汽机的应用，带来了英国工业产业革命，也是世界第一次工业产业革命，在此之前是属于小科学时期。它的特点是：科学家根据自己的专业和兴趣选择研究课题，独立地进行研究；科研经费自己筹集；自己制造研究所需用的仪器设备。总的特点是研究规模小，单科进行，全靠个人的聪明才智。

1851 年爱迪生建立了世界上第一个实验室——门罗实验室，可以说是大科学时代的萌芽开始。进入 20 世纪后，科学规模逐步扩大，真正开始了大科学时期，告别凭个人兴趣小作坊式的研究。1940 年美国研究原子弹“曼哈顿工程”有几万科学家参加，以及后来“航天计划”有 25 个国家，20 万科学家参加。

大科学时期的特点：有专门的科研经费；综合性，跨学科；仪器设备不能全依自己制造，是购置的“二次仪器”；要借用外脑，要收集信息资料。大科学时代的科研有投资方，因而科学研究有明确任务，有针对性，并要提出详细的研究实施计划。因此，大科学时期的出现是科学技术的产物。

现代社会，科学技术研究已经形成产业，有专门从事科研的职业人员，生产最先进理论和技术，国家、部门、地方各行各业都有自己的科研院所和专职科研人员。现全国科研人员超过千万之众。科研人员通过研究实践，从中获得主体性，原创性新理论，新技术，大幅度提高生产力，创造了巨额财富，推动人类社会发展进步。

第二次世界工业产业革始于 19 世纪末，完成于 20 世纪 40 年代，即“二战”前。这场产业革命是电力的应用为先导的，电力技术革命起源于欧洲，但在美国完成。

1820 年奥斯发现了电流的磁效应。1831 年法拉第发现了电磁感应现象。1860 年德国工程师西门子发明了发电。1870 年比利时人格拉姆发明了第一架发电机，接着在 1873 年又发明了电动机，完成电能转变为机械能，电的实际应用的技术，有力地推进电气技术的应用发展。

1897 年，汤姆逊发发现了电子。“第二次世界大战”胜利后，电子计算机的发明和广泛的应用，推动第三次工业产业革命的来到。

第二节　科学研究的思维

一、思维

恩格斯说：“一个民族要想站在科学的最高峰，就一刻也不能没有理论思维。”

（一）什么是思维

要讲清楚思维的概念，首先必须要将与其相关的思想、认识、意识等概念讲清楚。

思想人有思想是与其他动物区别的根本标志，人的实践行为是由思想指使的。

思想是泛指，一般没有严格的针对性，并不专指某一事物或某一事件，不要求记住某事物或某事件，也不要求理顺出什么条理性思路。

认识是人对客观事物直接的反映，是人对客观事物最初始的分类鉴别，能分出这是什么？那是什么？是人的生物学本能。在人的个体发育过程中，随着年龄的增长，认识的客观事物逐渐增多。

意识人的意识有两类，一类是人的本能，称为下意识或无意识，是没有思维活动的。如在日常生活中，手接触到火，快速离开，这就是无意识的动作。另一类表现为根据经验预感将要发生什么。如身体不适，预感将要生病。意识的预感仅停留在“将要发生什么”，并不考虑生了病怎么办？考虑“怎么办”不是意识范围，而是深一层次的思谋对策。

“思维”一词，在英语中为 thinking，它来源于拉丁语 tongere。思维是一种认识活动，但不是所有认识都是思维，它是认识活动的高层认识。《辞源》：“思维就是思索、思考的意思。”人的思维器官是人脑。从感性认识—悟性认识—理性认识—顿悟（灵感）认识—产生新认识，是思维的四个层次，由浅入深、由表及里，作出判断，进行推理，把握事物的本质和规律，直至输出新信息，思维活动的全过程是由人脑完成的。

思维来自实践，实践是思维之源。但实践认识一定要经过思维加工提炼才会创造出新理论，又指导实践，再认识，再创造，循环往复以致无穷，这就是实践与思维的辩证法。

人类思维的源头是实践，否则，是无源之水。但具体到个人的思维可以来自实践，但不可能事事均实践，所以也可以来自非实践，可以来自书本理论和技术知识，是他人实践结果，所以要学习。

（二）思维要素

思维不是泛指的，是专指思考某一件事物或事件，有严格针对性，因而是有明确的对象和目的的。因此，组成思维的第一个要素是思维的对象和目的。选择什么对象和确立什么目的，是根据实际需要定的。

思维是人用脑进行的，因而人脑是思维的主体，是组成思维的第二个要素。

人的认识能力和思维能力是有个体差异的，这种差异是先天和后天因素共同造成的结果。因认识和思维的差异，虽经历同样的实践，相同的表象，但感性认识会有不同，不仅表现在认识层次的深浅上，甚至会得到截然不同的认识。感性认识上的差异，影响到以后思维系列活动，因而决定了思维结果的水平和价值。思维能力既来自遗传天赋，更有赖于后天的培养和训练。

（三）思维的特点

1. 认识的有限性和无限性

个人认识客观世界总是有限的，因而思维也是有限的，但客观世界是无限的。个人认识客观世界事物或事件及其规律性，是受当时社会整体科技和经济发展水平所制约的，首次认识即使有超前，但认识内容的广度和深度也是有限的。必须经过实践→认识→思维不断反复，才能逐渐扩张、丰富发展，从这个意义上说，认识是无限的。

2. 思维的循序性的过程性

当针对某一问题运用思维进行思考时，是有循序和过程的。思维是从感性认识客观事物或事件开始的，客观事物是用来思考的原材料。然后按照感性认识→悟性认识→理性认识→顿悟认识这样四个层次，形成新的思想。思维的四个层次是连续的，并且是需要时间和过程的。思维时间和过程的长短，要根据思考问题的难易而异。思考一个重大科学问题，绝非短期能完成，绝不能浮躁，往往需要几年、几十年甚至毕生之精力。

3. 思维的探索性和不确定性

针对任何问题思考时，开始时是未知能否获得结果，属于探索性的，否则就不需要运用思维了。因为思维是探索性的，是否获得结果，会获得什么样的结果，均是不确定性的。不确定性还有一个意义，在思维过程中，也会遇到不确定性因素。

4. 思维的继承性和传递性

在思考任何问题时定会运用他人信息，包括正反两方面的经验和教训，这就是继承性。思维获得的信息是可以传递的。

二、理性思维

我们将形象思维和抽象思维列入理性思维，它的特点是以实践认识为基础和依据的系列思维活动。理性思维活动有严格的循序和过程。

人有理性思维，还有非理性思维。非理性思维是不以实践认识为基础和依据的，是人的生理精神因素所表达的情感、意志、兴趣、欲望等非理智的表现，这是一种非理性思维的表现。还有以人的心理素质所表达的信念、猜测、疑虑、嫉妒、气量等非理智的表现，是属于第二种非理性思维。

人的认识过程是十分复杂的，并非只有理性因素起作用，因为人是情感的动物，非理性因素时时都在起着重要作用，二者是交互作用的。科技工作者在进行科学研究时，特别是在科研过程中，遇到困难时，应自觉地以理性因素起正面的主导作用，克服非理性消极因素，随时以理性积极因素拨正航向。

三、思维方法

（一）逻辑思维

逻辑思维指人在认识过程中借助于概念、判断、推理反映现实的思维方式。它以抽象性为特征，撇开具体形象，揭示事物的本质属性。

人们思维过程中经常使用的一些逻辑思维方法。如，定义、划分、判断、归纳、演绎等方法。

（二）逻辑思维方法

正确思维活动必须做到概念明确、判断恰当、推理合乎逻辑。所谓合乎逻辑，就是指合乎思维的规律。

推理可以分为直接推理和间接推理两大类。只有一个前提的推理，为直接推理。有两个或两个以上前提的推理，为间接推理。

根据推理的方法，可以分为演绎推理、归纳推理和类比推理三类。

演绎推理是从一般到个别（特殊）的推理。

归纳推理是从个别（特殊）到一般的推理。

类比推理是从个别（特殊）到个别（特殊）的推理。

1. 演绎推理

演绎法是亚里士多德创建的。演绎推理是必然性推理，即前提是能够确保结论真。其中具代表性是三段论式。分大前提、小前提、结论三段。三段论是间接推理。亚里士多德说："三段论是一种论证，其中只是确定某些论断，某些异于它们的东西便可以从如此确定的论断中推出。"

【例 1】

大前提：在大学教书的都是教师。

小前提：张三在大学教书。

结论：张二是教师。

例 1 中大前提、小前提、结论各是一个概念，共是三个概念。因此，推理是正确的。

【例 2】

大前提：在大学老师中有教授。

小前提：张三是大学教师。

结论：张三是教授。

例 2 中结论是错的。因为大前提不止一个概念，有 2 个以上的概念。"在大学教师中有教授"，其中又有不是教授的，包括副教授、讲师、助教。

演绎的大前提是一般的，推出的结论是个别的，但在前提中包括了结论，所以它是必然的，是一种必然性的推理。只要前提正确，推理的形式符合逻辑规则，结论就一定正确可靠。这是演绎法的一大特点。

演绎推理是科学认识中一种十分重要的方法。演绎法是作出科学预见的一种手段。1972 年 8 月，国务院办公厅曾发出通知，要寻找抗癌"美登木"。"美登木"主要分布在印度热带地区，我国植物学家吴征镒、蔡希陶认为云南西双版纳也会有这种树木，他们根据植物分类学和分布学作出的严密科学判断，后来真在那里找到了。这就是演绎推理的成功。

在自然科学研究中，演绎是不可缺少的。演绎法必然以归纳法为基础，没有归纳经验材料上升不到理论；没有演绎，理论不能精确化，不能成为严密的科学。

2. 归纳推理

归纳法是从个别事实中概括出一般的原理，演绎法是从一般原理推断出个别的结论，是认识过程中的两种推理形式。它们是两种基本的思维方法。在认识发展过程中，这两种方法是相辅相成、相互联系着的。归纳与演绎虽是不同的逻辑推理方法，但它们之间是互相渗透、不能分离的。

归纳推理和演绎推理的联系，主要表现在两个方面。

其一，归纳推理为演绎推理提供前提。一般说来，演绎推理是由一般性的知识推出个别性结论。然而，作为演绎推理前提的一般性知识是从哪里来的呢？这就需要归纳推理来提供。因为，归纳推理可以从有关个别事物的知识中总结、概括出带有一般性的知识来。如果没有归纳推理推出一般性的知识，也就没有演绎推理的前提。所以，我们可以说，没有归纳，也就没有演绎。

其二，归纳推理也要依赖演绎推理。从人类的认识来说，单纯用归纳推理是无法说明认识的归纳过程的。因为，单纯的归纳推理永远不能深入地认识事物的本质。事实上，在运用归纳推理的过程中，也必须依赖演绎推理。

归纳法是培根把它作为近代科学的思维工具而创立的。它是一种十分重要的科学认识方法。任何一门科学都要用到它。运用归纳法，可以从个别事实的考察中，提出假说和猜想；可以从纷繁复杂的经验材料中找出普遍的规律性。植物分类就是应用归纳法建立起来的，将形态相似、亲缘相近、在遗传上有一定关联的种归纳为属，有亲缘关系的属归纳为科。同一个科内的植物具有共同特征，显示着它们是来自同一祖先。根据进化的演替先后，科再归纳为目，目可再联合为纲。

归纳法可以分为完全归纳法和不完全归纳法。完全归纳法即是将某类事物的全部对象，无一遗漏地将情况归纳出结论。不完全归纳法只根据部分对象具有某属性而作出概括。在科学研究中最常用的是后者，因为研究是与未知打交道，很难做到完全归纳。无论是哪种归纳方法都有两个特点，一是在归纳过程中，始终以一定的理论知识为指导。如前述的植物自然分类系统就是以进化论为指导理论的；另一个是在归纳推理中渗入演绎法推理。正如恩格斯指出：“归纳和演绎，正如分析和综合一样，是必然相互联系着的。不应当牺牲一个而把另一个捧到天上去，应当把每一个都用到该用的地方，而要做到这一点，就只有注意它们的相互联系，它们的相互补充。”

3. 类比推理

类比推理是既不同于演绎推理又不同于归纳推理的推理形式。虽然从内容上说，它远不及演绎、归纳丰富，但从思维的过程来看，它从个别性知识的前提推出个别性知识的结论，有它自己的特点，与前二者是一种并列的关系。

类比推理是根据两个或两类事物在一系列属性上相似，从而推出它们在另一个或另一些属性上也相似的推理。其一般形式是：

A（类）对象具有属性 a、b、c、d。

B（类）对象也具有属性 a、b、c。

则 B（类）对象也具有属性 d。

类比推理能够使人们举一反三，触类旁通，获得创造性的启发或灵感，从而找到解决难题之道。在现代科学中，类比推理的重要应用就是模拟方法，即在实验室中模拟自然界中出现的某些现象或过程，构造出相应的模型，从模型中探讨其规律。在林木引种实践中，应用气候相似就是类比推理。

（三）非逻辑思维

1. 想象与假说

我们所说的想象不是没有任何根据的空想。想象是以客观实际或者试验结果为依据的，是直观的深化和外延。想象是形成新的科学概念的重要手段，是新的科学思想的胚芽，否则就不会有新的发现。爱因斯坦极为推崇想象，他说“想象力比知识更重要，因为知识是有限的，而想象力概括世界上的一切，推动着进步，并且是知识进化的源泉。严格地说，想象力是科学研究中的实在因素。”科学研究人员不去想象就是懒汉。科学研究计划中的研究就带有想象性质。

假说是人们根据已知的事实材料和科学原理，对尚未被认识的事物作出一种假定性的说明。假说具有两个显著的特点：一是有一定的科学事实作根据；另一个是有一定的推测性质。假说是要通过实践加以验证后，才能证明是否正确。假说作为一种科学研究方法，在科学发展的过程中起着十分重要的作用，是发展科学理论的必由之路，科学理论是沿着假说—检验—理论的道路发展的。因此，恩格斯对假说作了极高的总结性评价，他说：“只要自然科学在思维着，它的发展形式就是假说。”

假说使科学研究带有自觉性。在经济林的研究中如引种、育种就带有假说性质。

2. 分析与综合

分析与综合和演绎与归纳在推理方法很相似，但其区别是范围更小，更具针对性。

分析与综合是对感性材料进行抽象思维的基本方法。分析是把复杂的事物分解为简单的要素，分别加以研究考察。综合就是把研究对象的各个要素联系起来统一研究考察。分析与综合按其思维方法的方向是相反的，一个是在整体的基础上去认识部分，一个是在部分的基础上去认识整体。但在认识过程中，不会纯粹为某一个方面，两者是相互渗转化的。只有通过分析与综合的结合，才能达到科学的认识。

分析方法是把复杂事物简单化，从结果中寻找原因，把认识引向深化。如根据观察材料，今年油茶开花比去年提早 10 天，究其原因是多方面的，如果不采用分析的办法，在复杂的事物面前就无从下手。提前 10 天开花是观察结果，要分析这个结果可以从分析环境条件入手。其中影响开花迟早的主要因素是气候，而气候又有众多的气象要素，其中可分为气温、降水、光照等。要逐个与去年比较，才能从中发现其差异，得出结果。

综合是以分析为前提的，没有分析就没有综合。综合不是把对象的各个要素任意地简单相加或随意凑合。综合是从各个要素相联结的总体上研究考察。如气候对植物生长发育的影响是综合作用的，必须从总体上研究其相互关系和发展规律。

3. 逐步逼近

科学研究中正确的结果常常不是一次就能获得，特别是正确的理论、定理并非一次得来，而是不断实践，失败了再实践，不断修正，逐步逼近目的而获成功的。这种方法在科学研究上称为逐步逼近法。在任何科学研究中，几乎都要经历逐步逼近这一过程。在林业研究中，良种选育就要利用逐步逼近法。

四、辩证思维

（一）概念和意义

什么是辩证法？

恩格斯在《自然辩证法》一书中就什么是辩证法，是这样回答的，“辩证法的规律是从自然界和人类社会的历史中抽象出来的。辩证法的规律不是别的，正是历史发展的这两个方面和思维本身的最一般的规律。实质上它们归纳为三个规律：①量转化为质和质转化为量的规律；②对立的相互渗透的规律；③否定之否定的规律。”

辩证法属于马克思主义哲学范畴，称辩证唯物主义。

辩证思维是运用辩证法的理论和方法指导思维活动。“辩证法是唯一地、最高度地适合于自然观的这一发展阶段的思维方法”。自然辩证法对每一位科学人员来说，“然而恰好辩证法对今天的自然科学来说是最重要的思维形式，因为只有它才能为自然界中所发生的发展过程，为自然界中的普遍联系，为从一个研究领域至另一个研究领域的过渡提供类比，并从而提供说明方法”。

（二）辩证法的指导意义

辩证法对我们在科学研究中思维活动的指导意义，可以从下述几个方面讨论。

1. 世界是普遍联系的

客观自然界是一个整体，是普遍联系，相互依存的，相互渗透的。恩格斯说：“辩证法不知道什么绝对分明的和固定不变的界限，不知道什么无条件的普遍有效的‘非此即彼’事实自然界往往是‘亦此亦彼’的”。自然界与人类社会是息息相关的，共同组成巨生态系统，维护好这巨系统是林业科研的大前提，其他均是小前提。巨系统是属复杂性科学研究，本书不作讲述。

客观自然界包含三大生态系统，森林生态系统、湿地生态系统、海洋生态系统。三大生态系统有各自的结构和功能，但都共同具有开放性，否则系统会崩溃。在三大生态系统之内和它们之间的关系，是普遍联系和相互依存的，是平衡发展的，其中任何一方失衡，都可能带来生态灾难。

生态系统包含生物和非生物的生态环境两部分，在正常的状态下，生物保持着生物种群多样性，生态环境的土、水、气保持动态平衡。生态环境为生物种群提供空间、能量与时间，顺利地发展演化，和谐运行。当今全球生态环境的恶化，是人类破坏了生物多样性，工业化使土、水、气受到污染所造成的。恩格斯严肃地告诫人们“我们连同我们的血肉和头脑都是属于自然界，存在于自然界的；我们对于自然界的整个统治，是在于我们比其他一切动物强，能够认识和正确运用自然规律”。

2. 世界是运动的

自然科学的发展证明，整个宇宙都是物质的，并且处于永恒不停顿的运动和变化。物质运动是绝对的，是本质、是规律；变化是量，是运动结果的外部表现，是现象，在大多数情况下是人们可以直接观察到的。

地球的演化、人类的进步、气候的变化、生物种的多样性，都是在客观世界运动和变化中逐步形成的，才形成了今天五彩缤纷的世界。我们在科学研究中一定要把握住世界是物质的，是运动变化的这样总概念。

3. 世界是发展的

客观世界是普遍联系的，是物质存在关系状态。客观世界物质运动是本质，是规律；变化是物质运动的外部数量的凸显，是表象；发展是变化被固定的结果，是程度的表征，是现状。我们可以认为，运动—变化—发展是事物发展的过程，是发展的基本形式。

五、特异思维

特异思维是指非常规、非逻辑的思维方式，是“跳跃式”“跨越式”的思维方式，其中主要有混沌思维、联想思维、发散思维、求异思维、逆向思维、变通思维以及创新思维等，是思维方式不可缺少的重要方式。

（一）混沌思维

什么是混沌思维？客观世界事物的变化发展通常有两种现象，一种是必然性现象，可以预测未来结果的。另一种是偶然现象，它的出现和结果是不可预测的，只能统计概率来表示未来的状况。还有第三种即混沌现象，界于前两者之间。它的出现是必然现象，但后果不可预测，因其运动规律的数学方程是非线性的，因而可导致多种不同结果。

混沌思维要深刻地认识系统内要素之间及系统外的关系，是复杂交错非线性的，其中某个要素的变化都可诱发不同的结果，从而出现多种结果。但是，我们仍然可以根据现状事物发展途径，作出多种预测。如森林已经发生虫害，是已知的，将会带来多大危害是未知的，但仍可预测多种结果。

（二）联想思维

联想思维是遇见一件新事或多件新事，与其他已知的一件事或多件事发生联想，即是联系起来统一思考，从而推断一个新思维。联想出新理论在科技史上成功的事例很多，德国科学家阿尔佛雷德·洛塔尔·魏格纳（Alfred Lother Wegener，1880—1930）在 1911 年秋于马堡工作期间，在学校图书馆浏览到一篇文章，该论文罗列大西洋两动植化石惊人的一致性。后来，魏格纳在观看世界地图时，发现非洲和南美洲的海岸线具有很好的可吻合性。魏格纳联想这两块大陆原来应该是一块，后因地质学上的原因使它们分开。从这里，魏格纳开始形成了自己的“大陆漂移”理论的基本思想。后来魏格纳不断收集证据，于 1915 年，他出版了《海陆的起源》。

联想是一个科技人员很重要的思维之一，能帮助获得成功，同时也要求一个科技人员必须具备一定的素质，才能产生联想。首先，要有大量信息的积累储备，这是基础条件，是产生联想的信息源；其次，要有敏锐思维，能及时发现和善于捕捉新信息；再次，会运用科学思维方法，透过现象，寻求出多事件之间的本质联系。

（三）发散思维

以现在思考的问题为中心，运用已有的知识、信息，多方向地向外开拓、放射，更大范围地扩充信息量，向四面八方搜集解决问题的方法。因此，发散思维又可称辐射思维或放射思维。发散思维作为一种极具创造力的思维活动，被人们广泛地使用。

如图 6-1 所示，发散思维以原思考的问题为基点 A，向多方位发散，发散以后一

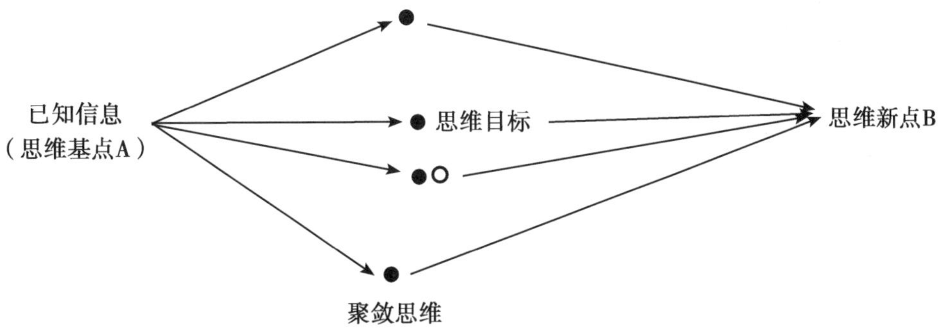

图 6-1 发散思维（仿图）

定要回收聚敛，经研究筛选形成一个思维新点 B。发散思维从发散到聚敛是纺锤形的。思维新点 B 可能出现三种情况，一是原思考问题解决得更完善，二是形成一个新的认识，或二者兼有。

（四）求异思维

从常规现状中捕捉异常现象，找出疑点，特别是从定论中找出疑点，是不易和困难的，不仅限于业务知识水平还会有来自各方面的阻力。因而求异者不仅要有丰富的知识和实践经验，更重要的是有良好的心理素质，具有怀疑的勇气、敏锐的思维，才能从蛛丝马迹中洞察疑点。

（五）逆向思维

逆向思维是站在事物常规发展相反方向，在其对立面进行思考。逆向思维是一种特殊的思维方式，它的思维取向与常规思维取向是相反的。

逆向可以分为思维逆向（即逆向思维）和方法逆向（即逆向方法）。

逆向和顺向是共同针对某个事件思考基点出发，作为相反方向标准而言的。如你从东向西思考，我则从西向东思考。逆向思维如果与顺向思维没有共同的出发基点，则是互不相连各自东西，不存在逆向或顺向了。

在科技史上运用逆向思维成功的事是很多的。哥白尼《天体运行论》就是逆亚里士多德和托勒密地球中心说。魏格纳的大陆漂移说就是逆大陆桥假说的。

（六）变通思维

变通思维就是在实践过程中原来的设想行不通，不能完成任务，为适应实践中遇到的新情况，需要排除障碍，才能顺利达到目的，因而要变通原来思维方法和行为。变通思维实际上是信息论中的“导向反馈”，在实践中修正原来不正确的设想，甚至是全盘否定，这是辩证唯物主义的观点。因原来的设想仅是预谋，是未经实践检验的，有不妥之处是很正常的，无可非议。我们应尊重实践的检验结果，绝不能带任何偏见，固执己见。

变通思维是创造者具有胆略和智慧的表现，是一种机智的表现，是一种优秀的思维品质。爱迪生说：“一个机智灵活的人不仅能够最大限度地利用他所知道的一切事物，而且能够巧妙地利用许多他所不了解的事物。通过熟练圆滑的技艺，他可以机敏地掩饰自己的无知，并比一个企图展示自己博学的人更能获得人们的尊敬。”

六、自然伦理思维

伦理思维是运用伦理学的理论和方法进行思维。

伦理学根据研究对象和内容可分为社会伦理学和自然伦理学。社会伦理学是研究人际、人与社会关系的学科，是社会科学。自然伦理学是研究人与自然之间的关系的学科，是介于社会科学和自然科学之间的交叉科学。本节仅讨论讲授自然伦理学。

自然伦理学的定义是：应用伦理学思想，融入现代生态学理论，运用系统方法，研究自然界各个因素变化与发展规律与人的关系的学问，服务于自然环境的保护和建设，因而自然伦理学是一门交叉新兴学科。自然伦理学告诫人们，对待自然不应该做什么，应该做什么，爱护自然是人的义务。

自然伦理学的研究对象及范围涵盖整个自然界，包括大气圈，土地、荒漠与岩石圈和人圈、森林、草地等生物圈，湿地水圈、高山冰雪圈，将天、地、生中许多变量视为统—的巨生态系统。因此，自然伦理研究对象是巨生态系统中的人类生态环境、自然资源的保护及开发利用、自然灾害的防灾减灾等。

七、科学思维的培养

（一）科学思维的基础

科学思维的基础是知识，这是首要的基础。专业性的科学思维必须具备专业知识。如思考某地域是适宜栽培油茶、杉木、马尾松，就必须具备林学知识，要了解油茶、杉木、马尾松三个树种各自的栽培生态习性，根据宜林地生态条件，适宜栽培哪个树种。据此，思考时必须掌握“地”和“树”两个方面的信息，根据什么样的“地”，才能选择种什么样的“树”。

科学思维的等二个基础是完整地掌握“对象”的信息。信息是否准确及其信息量，是与科学思维的正确程度呈正比的。

（二）培养科学思维必备的条件

科学思维是人运用脑进行和完成的，所以思维的主体是人。科学思维是科学研究思考问题时必须具备的基本思维方法，但并非人人均能自觉主动地运用科学思维。掌握科学思维，除必须具备一定的，文化科学知识一般基本条件外，还必须具备特殊的思维素质条件。现将特殊的思维素质条件分述如下：

1. 勤奋学习，勇于思考

在人群中人的个体间天赋聪明、智慧是不一样的，并且有很大差异，表现在思维能力的强弱、高低。但人的思维能力也受后天的影响，并且起着重要的作用。学问是学来的、问来的。孔子说：“知之者不如好之者，好之者不如乐之者”（《论语·雍也》）。其中的“之”字，便是指做学问这件事，而“知”“好”“乐”分别代表三种境界。孔子的意思是说知道做学问的人不如爱好做学问的人，爱好做学问的人不如以做学问为乐趣的。

人非生而“知之”，当然更不可能生而“好之”或生而“乐之”。学习这三种境界一步一步上升，这种上升必须付出艰苦的努力。

学习的真谛，在于思，思才能悟出其中精髓。韩愈在《进学解》一文中说：“业精于勤，荒于嬉；行成于思，毁于随。”韩愈主张“勤”和“思”正是进入“乐之”境界的必要修炼。如果不“思”随之而去，是不会有事业之成功。

世界是不停顿地变化发展的，学习是终毕生精力的长期过程，坚持不懈，与时俱进，才能“苟日新，日日新，又日新”（《大学》）。

2. 尊重实践，科学认识

人的正确认识来自实践，实践是认识现实的基础。实践包括社会实践、生产实践和科学实验实践。认识来自实践是就人类认识总体而言的。但就个人来说，不可能事事亲身实践，也可以接受他人实践成功的经验，如学习文字记载的书本知识。国内外的实践成功经验，上升为知识理论形态，用文字书本作为知识的载体，才能广为流传，供人们学习。但实践是检验真理唯一标准，个人认识正确与否，可以通过实践论证检验。

科技工作者进行科学研究时，科学实践是重要的实践活动行为。务必尊重实践，尊重实践结果，绝不可有任何虚假行为。唯有如实地反映研究结果，才能获得新的科学认识。真实的实验结果，他人才可能重复其实验行为，才能用来指导再实践，提高生产力，推动社会进步。

3. 善捕信息，广泛联想

世界进人信息时代，信息资源就是财富，现代新的信息量与日俱增、应接不暇。一个科技人员必须对新生事物高度敏感，善于收集捕捉新信息，这是现代科技人员必备的基本素质之一。

信息可分为两大类：社会信息和自然信息。社会信息就是传媒上的消息、新闻，就是世界上在什么地方，什么时间发生了什么事件。自然信息则有另外的含义，是指自然物质的属性。自然信息的定义：“自然信息是客观世界中物质的普遍性，反映物质的状态和特征，以及与其他物质系统的关系。”不同的物质具有不同的信息，人们就是通过信息来区别不同事物的。如油茶、油桐；牛、马；张三、李四。

社会信息和自然信息共同的特点：①信息是无形的。自然信息不是物质，是反映自然物质所携带的属性；社会信息是消息传媒。信息是传媒传递的最基本的概念单位。②信息本来是客观事实，由于经过人的传递因而具有真实性与虚假性。有的信息是具有很强时效性的。③信息可以是知识，也可以是非知识性。信息是资源，因而具有商品性。④信息可以传递、共享、储存。⑤信息的载体和传递方法，有语言、文字、图像、符号。⑥信息源。信息来自传媒、会议、文件、文献、资料、书籍。信息是从信息源中收集有用信息。

我们有目的地从信息源收集到有用的信息后，及时加以分类归纳，分析整理成条文，备用。我们应用搜集到的信息帮助拓宽加深认识面，从中得到启示，联系试验结果，运用科学思维深入进行思考，力求得到新的认识。

4. 立足现实，大胆创新

创新思维是每一个科技人员应具备的重要基本素质之一。创新必须立足于现实，现实包括：自身条件、学科前沿、设施平台、生产水平、市场需求，这五个方面是创新的现实条件和前提，否则是不可能有创新的。

5. 经受失败，屡败屡战

一个优秀的科技人员，必须经受得住失败，更要经受得住成功，有“胜不骄，败不绥”的良好心理素质，有屡败屡战的信心和勇气。科学研究不仅要鼓励成功，更要宽容失败。

一个优秀的科学人员应学会自觉地运用科学思维，并应具备 5 个意识：信息意识、使命意识、危机意识、协作意识、创新意识。

第三节　系统和系统工程在经济林研究上的应用

一、系统和系统论

人类自有生产活动以来，无不在与自然系统打交道，在漫长的实践过程中逐步形成朴素的系统思想或概念。古代在农业、水利、天文等方面的成就，都在不同程度上反映了朴素的系统思想自发的应用来考察自然现象。如我国古代天文学很早就揭示了天体运行与节气变化的联系，编制出历法和指导农业活动的二十四节气。因此，可以认为系统思想来源于古代人类的社会实践。

在古代由于科学知识的限制，不可能对自然整体进一步的解剖、分析，对它的各个组成因素的细节作出科学的认识。这一任务就很自然地由在16世纪兴起的近代自然科学承担了。近代自然科学发展了研究自然界的独特的分析方法，包括实验、解剖和观察，把自然界的细节从总的自然联系中抽出来，分门别类地加以研究。进入19世纪，自然科学取得了伟大的成就。其中特别是能量转化、细胞理论和进化论的三大发现，使人类对自然过程的相互联系的认知有了很大提高。恩格斯说由于这三大发现和自然科学的其他巨大进步，我们现在不仅能够指出自然界中各个领域内的过程之间的联系，而且总的说来也指出各个领域之间的联系了，这样，我们就能够依靠仅仅自然科学本身所提供的事实，以近乎系统的形式描绘出一幅自然界联系的清晰图画。辩证唯物主义体现的物质世界普遍联系及其整体性的思想，也是系统思想。

系统思想或概念虽然在古代就有了萌芽，并经过近代和现代自然科学研究手段的发展和丰富，但是作为一门学科的系统论却是由美籍奥地利理论生物学家L·V·贝塔朗菲于20世纪40年代创立的。最初，它主要涉足于生物学领域，叫作“机体系统论”。后来，贝塔朗菲和其他一些学者把“机体系统论”的原则推广到其他学科领域，从而形成了带有跨学科性质的“一般系统论”（简称系统论）。在当代科学之林中系统论作为一种科学方法的原理和理论迅速崛起，那是因为人们在认识和变革客观世界的实践中越来越深刻地了解到，我们所面对着的一切对象，无论是从基本粒子至太阳系以及人类社会，都是一个复杂的系统。因此，我们认为是现代科学发展的需要，孕育了系统论这种方法。

系统就是指由若干要素按特定结构方式相互联系成形具有特定功能的统一整体。也就是说，能称为系统的，必须具有四个条件：有若干组成要素；要素之间相互依存；有一定的结构和功能；处于动态之中。每一系统都是由内部要素（子系统）所构成，而该系统又成为更大系统的组成要素（子系统）。系统是客观的，是分层次的。系统论所提出的系统与要素、结构与功能等基本概念和整体性、模型化、最优化等基本原则，乃是系统论的核心内容。模型化和最优化规定：构成系统的各要素按其固有的内在联系、结构和功能等，运用数学方法加以定量化、形式化，建立起数学模型，从系统的整体出发，在动态中协调整体与部分的关系，便系统在整体上达到最佳目标。

系统论的理论根据是马克思主义的唯物辩证法。贝塔朗菲本人明确承认马克思的是他的理论先驱。很多西方的系统论学者都不得不承认，马克思第一次把系统的方法应于社会历史的研究，把社会看成系统，把人类历史看成系统的运动，从而把马克思称为社会科学中现代系统方法的始祖。

二、系统工程

系统工程中的工程是泛指某一项工作。系统工程是各类系统组织管理技术的总称。因体系性质的不同可以再分门类，如工程体系的系统工程叫工程系统工程，农业体系的系统工程叫农业系统工程。经济林是一个独立的学科体系，所以可叫经济林系统工程。因此，各门系统工程在其学科归属上，只能理解为系统科学体系中的一个专业，一个分支，不能和其他工程学科混为一谈。

系统工程把所研究和治理的对象，看成是依一定秩序相互联系的，可以用定量方法进行描述的一组事物。所应用的主要描述方法是数学模型，即：用变量描述系统的状态；用数学方程式去定量反映各变量之间的相互联系，如各种平衡关系等；用递推方程式去描述系统状态的发展趋势，找出影响事态发展的因素；研究如何把这种因素当作杠杆，引导系统向人们所希望的方向发展，以达到预期的目的。系统工程研究的是各个体系的组织管理和设计新的系统，以实现最优化的科学技术方法。20 世纪 40 年代以来，系统工程广泛应用于各个领域，在自然科学、工程技术与社会科学之向构筑了一座伟大的桥梁。

系统工程特有的共同理论基础是系统论，共同的应用技术科学基础是运筹学和计算科学。每一门系统工程还有其特有的专业理论基础。经济林系统工程专业理论基础是植物生态学、植物生理学和经济林栽培学。

三、自然界的系统性

（一）系统性与非系统性

系统概念最初是从生物科学中开始的，所以认为一个系统中要素之间的联系是有机的，是相互作用、相互依存的综合整体。在自然界的物质系统之中，有的要素之间的联系就不是相互作用和依存的关系，如一堆沙子，仅是堆积在一起不成系统的“聚集物”。所以国内外学者提出了“非系统”的概念，我们认为是正确的。但另有人认为系统是作为物质存在的方式，系统是无所不在的。“一堆沙子”虽然没有生物学中那种系统性，但沙与沙之间存在着力学的关系，具有力学性质的系统性。

（二）系统的整体与部分

系统整体性原理是系统论的一个基本原理。整体性是系统存在的标志，整体是由各个要素作为整体的一部分按一定方式组成，它们之间存在着相互联系、相互作用的统一整体性。系统整体与要素之间存在着“加和性”和“非加和性”两种关系。加和性是指系统整体的特性与要素的特性是相似的。非加和性是指整体呈现出不同于要素的新的整体特性。系统整体无论在量上和质上都存在着加和性和非加和性的不同特性。

系统论有一个命题“整体大于它的各部分的总和”。从纯量的相加关系上说是如此的。但从质上看整体不是其部分的总和，即使加和性特征的也不是总和，因为系统是有结构的。植物不是细胞的总和，也不是枝、叶、干和根之总和，因为它是结构的植物有机系统。系统的整体效应在量上既存在整体大于部分之和，也存在整体小于部分之和，还存在等于部分之和。在实践中，人们是希望整体大于部分之和，越大越好，这应是系统工程中的一个重要原则。整体等于部分之和，那是虚功；小于部分之和，是负功，都是不允许出现的。

（三）系统的结构与功能

结构是系统各部分之间的诸多关系中保持相对稳定的一个方面。系统的结构是系统保持整体性以及使系统具有一定整体功能的内部依据，结构性制约着系统的其他各种形式关系。所以系统功能与结构是不可分割的，一切系统都具有结构，只要结构存在，它所具有的功能也存在，功能是系统的主要表征。系统整体功能与系统的组成要素的功能相关，但它不同于各要素的功能，也不一定等于组成它的各部分功能的总和。在有的系统中要素离开系统整体结构，要素本身的原有功能也可能消失。如有 10 亩地的森林群体是一个具有一定结构的系统整体，这个群体起着森林生态系统的作用，保护着环境。如果在这 10 亩地只留下一株树，森林群体结构消失，森林的作用也随之消失。森林生态系统保护环境的作用虽是大体相似，但因树种的不同其功能效应是不一样的，针叶林就没有阔叶林在改良林地土壤条件上更优越；混交林比纯林更加稳定；经济林年年有收，但不稳定，自我调节能力差，等等。从上述这些例子中充分地看到结构与功能的关系是多方面的：第一，组成系统的要素不同，系统功能也不同，如果要素同，结构不同，功能也不同；第二，组成系统的要素和结构都不同，却可能具有相同的功能，系统是多功能的；第三，系统的功能是保持系统稳定性的必要条件。如果一个系统不能发挥它所有的功能，就不能与外界环境进行正常的物质、能量和信息的交换，从而这个系统就无法保持自身结构上的稳定性。而且系统的功能比结构又具有更大的可变性。

自然科学要更深刻地揭示自然界的规律性，就必须弄清楚自然界各种物质系统的结构及其与功能的关系。

（四）系统的动态与有序

系统总是开放的，所以也总是处于动态之中，在运动、变化和发展，这种变化和发展按一定规律，向多组织有序地进行的。系统的结构总是按一定方式，是有序的。因此，这里讲有序有两个含意，一个是变化发展的有序，另一个是结构的有序。这两个有序也有它的发展过程的，系统可以从无序向有序转化，要完成这个转化，就必须直接净增能量。生物要求物质是有序的，所以利用能量来创造有序（负熵）。如果森林生态系统没有这两个有序，人们就无法去认识这个系统。只有发展的有序，才能进入结构的有序，实际上系统是有序的，即是该系统的质量状态存在宏观可辨的不同形式。否则不成系统，因而系统是可以认知的。

系统的动态性表现在系统的整体、要素以及它们之间的变化，还表现在系统与环境条件的交换系统的变化。系统的有序性代表着其结构存在“多”的状态的稳定性和组织程度。同时，也标志着系统的目的性。目的性也表明系统从无序到有序自组行为的。系统的动态性是与其开放性紧密联系的。而动态性和开放性又决定于系统的有序性。人工系统是通过有序结构来调节系统的稳定，使系统发挥其最优的功能效应。

（五）系统与环境

在自然界任何一个现实的生物系统，都是耗散结构，否则就不存在这个生物系统。如经济林生态系统与外界环境条件之间不断地进行着物质、能量与信息的交换，这种交换在量和质上各种系统又有区别，实际上就是系统功能的表现。这种交换是不能停止的，若停止，系统就会瓦解。这就是耗散结构。因此，从中也充分的证明了任何一个生物系统总是一个开放系统。交换关系表现在物质循环和能量流动的具体过程，在各种各样的过程中伴随着信息，研究交换关系就是研究过程中的信息。

经济林生态系统与外界环境条件的关系，可以看作这个系统与另外一个或多个系统的关系，这些系统又是从属于上级更大系统的子系统。

（六）系统的多质性与层次性

一个系统总是属于较大的系统，而且不只属于一个大系统，也可属于若干较大系统。因此，一个系统的质不只由其自身所决定，还反映着它所从属的那些系统的质。

每一个系统总是包含一系列的层次，它们是系统形成和发展过程中历史地产生的。较低水平层次是较高水平层次的基础。一个生物体就包含细胞、组织、器官和系统等层次。

四、经济林系统工程的研究

（一）经济林系统等级的研究

经济林系统在一个地域范围内总是处于子系统的位置，这是从横向来说的，以一个树种纵向来说，又可以处于多个地域之中，如板栗、枣树南北都有栽培，所处的自然环境条件差异很大。因此，经济林系统等级的含意包括两个内容，一是以地理位置为基础的系统等级，可以有全国、省、县的等级，在县级中还可以划分不同的层次。这即是现在的林业区划。另一是以树种为基础的单一树种栽培区划。在全国林业划区中，根据大的地带性气候、地貌、森林植被类型等因素相似和地域连接、现有林业基础等条件，将全国划分为 8 个林业地区：①东北用材林防护林地区；②蒙新防护林地区；③黄土高原地区；④华北防护林用材林地区；⑤青藏高原林区；⑥西南高山峡谷防护林用材林地区；⑦秦岭及江淮以南用材林经济林地区；⑧华南热带林保护地区。再在每一个地区中划分为若干个林区，全国共划分为 50 个林区，这就发展成全国林业生产的布局。

经济林全国性区划已经完成，何方教授所著《中国经济林栽培区划》（2000 年，中国林业出版社出版）。经济林树种栽培区划，如油桐、油茶、杜仲单一树种的栽培区划已经完成。今后还会有其他树种区划。

系统等级的研究为生产布局、规划提供科学依据。

（二）经济林生态系统的研究

由于人类的生活环境日益恶化，生态系统引起全球性的注意，成为当今自然科学中的前缘学科之一。经济林是人工生态系统，有它自己的特点。

1. 经济林生态系统的特点

（1）结构特点

经济林生态系统在某一大地段中往往与农业、森林（用材林、次生林等）共同组成网络结构，相互协调一致，起着保护环境的重要作用。另外，经济林生态系统本身，往往是种类单一、结构简单、自我调节能力低，对系统的稳定很不利。因此，要分别经济林树种研究各自的稳定系统结构，如图 6-2 所示。

（2）功能特点

经济林生态系统是作为一个自然资源生产系统来经营的，果品、油料、淀粉、料是这个系统的产物。因此，经济林生态系统的各种功能是否能得到充分的发挥，取决

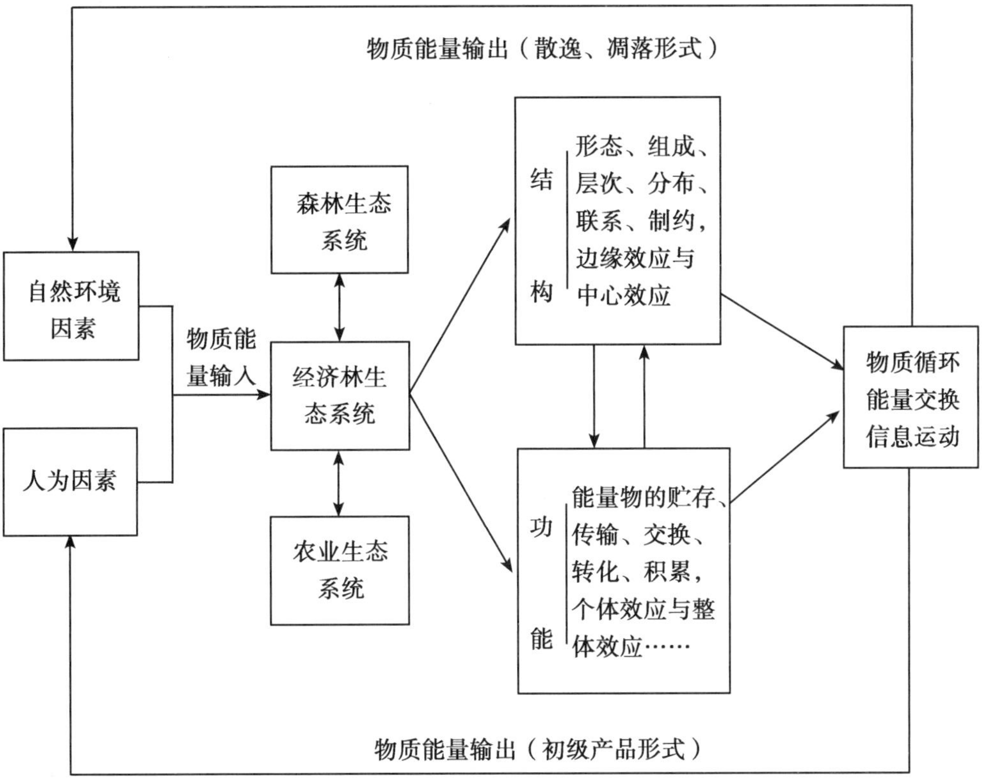

图 6-2 经济林生态系统网络结构

于经营是否科学，如果采取掠夺式的经营，是会破坏生态平衡的。因为生态环境的协调平衡是要有一定区域范围的，依靠任何一个单一系统是远远不够的，要依靠区域网络结构的平衡，见图 6-2。

2. 经济林生态系统的研究内容

在一个区域范围内经济林生态系统有着复杂的空间和时间结构。空间结构有两个含义，一是网络结构的协调，另一是经济林生态系统自身群体的合包括组成和密度。

时间结构是指发展进程的顺序，任何一个生态系统的发展在时间上总会有一个过程，根据后赶出计量估测，这是空间和时间上的综合平衡。在时间上分段衔接不妥，完全有可能损坏空间结构。

五、经济林生态系统的经营系统研究

1. 经营系统的要素和结构

经营系统的出现是因农村多种经营的开展和科学技术的广应用，生产范围越来越广阔，由单一的栽培业发展为多种商品生产，逐步形成的。成为：树木栽培—产品加工—综合利用—商品流通，由原来单纯生物原料生产，形成包括林、工、商内的庞大系列生产的经营系统。要经营好这个系统，必须应用系统工程的方法，理好系统中组成要素之间的关系，以及本系统与其他系统之间的协周和配合关系，创造出一良性循环的生态系统，达到最优的综合效果。

2. 经营系统的研究内容

经营系统的研究是20世纪80年代面临的新课题，它代表着我国农村会主义发展方向，具有无限的生命力，如图6-3所示。

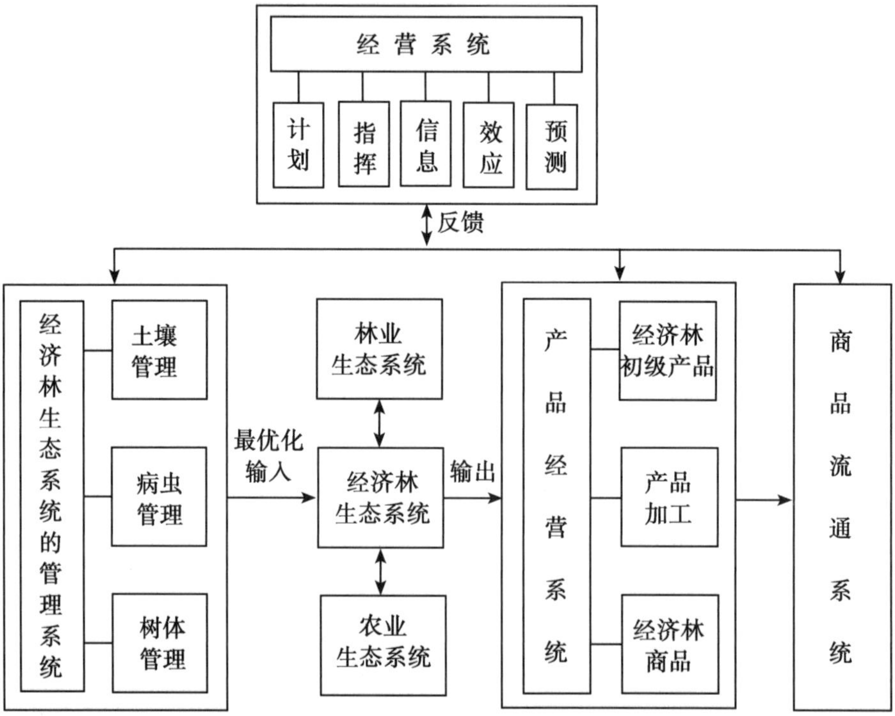

图6-3 经济林生态系统经营系统

经营系统有着广泛的研究内容，包括了提高产品数量和质量的经济林生产系统的管理系列，使产品成为商品的加工经营系统；开拓商品市场的流通系统，这样多行业的结构。经营系统要求的是自然和社会的总体综合平衡效益，不是单纯追求经济效益，只有这样才能保护人类自己的居住环境。

六、经济林生态系统的技术系统研究

1. 技术系统的要素与结构

经济林生态系统是人工系统，它的技术系统是指人工输入的技术。任何技术都是人们有目的创造活动。作为技术系统组成的基本要素，包括工具系统（手绘工具、畜力工具、机器、设备）。动力系统（指机器动力）、工艺系统（操作技术、工艺流程）和控制系统（生产过程调节管理）。工具和动力是技术系统中的物质要素，工艺系统则是实现技术目标的规程和方法，属技术系统中的非物质要素，控制系统是人与整个技术系统联系的中介。现代信息控制系统与反馈系统是技术活动过程中的中枢神经。

2. 经济林生态系统

技术系统的研究内容主要研究技术系统要素的运用，要素与要素之间的协调关系，发挥最优效果，见图 6-4。

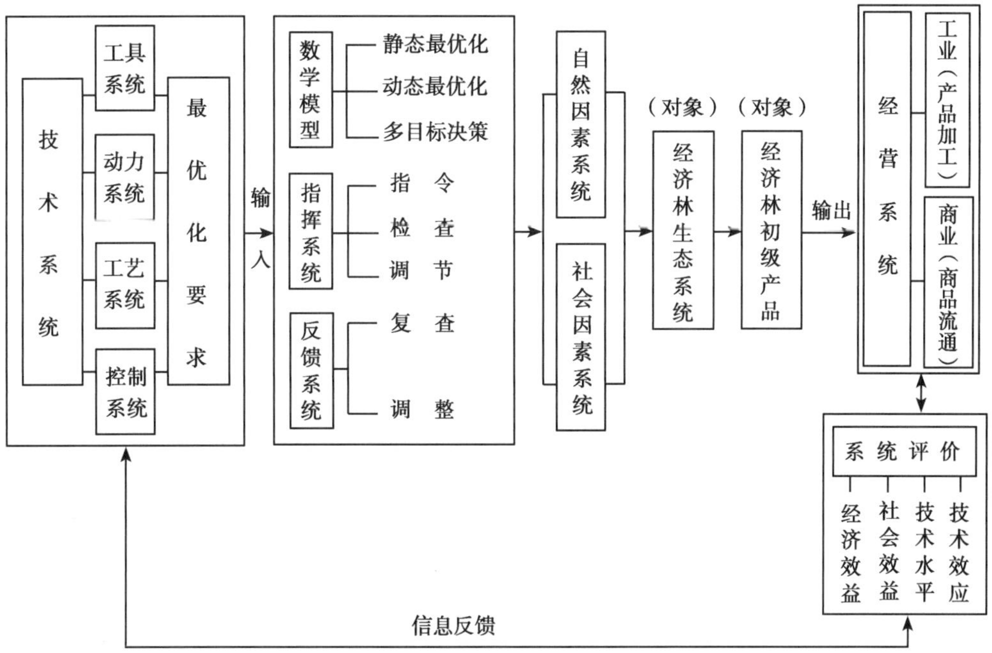

图 6-4　经济林生态系统技术系统

当前，林业生产技术手段还比较落后，应着重在技术工艺系统的研究，即林业生产技术手段的研究。劳动对象虽不是技术手段本身，但林业生产技术系统的对象属生物范畴，对象不同技术措施也不同，在决定技术措施时，先要研究对象。在另外一个意义上说，作为技术手段的信息反馈也要研究对象。经济林产品加工是属工业生产的范畴，有机器和动力系统。因此，经济生态系统的技术系统研究内容，包括在图 6-4 的每一个项目中。研究方法上可使用各种模型。

七、经济林系统工程的研究方法

系统工程的研究方法多应用数学模型。

（一）什么叫数学模型

在我们日常生活和工作中，经常遇到模型或用到模型，比如建筑模型、飞机模型，这类是实物模型或叫形象模型。另外还有用文字、符号、图表等描述的模型。数学模型是抽象模型，是由一个方程或者一个方程组组成。数学模型能更好地使用数据，研究变量（可控的和不可控的）之间的关系，能看出哪些因素对系统影响更大。数学模型可以用来指导生产实践，预测未来结果。因此，数学模型在各个领域中都得到广泛的应用。

（二）数学模型的结构

数学模型由四个方面的元素构成。系统变量是基本单元，是用来表示系统在任何时间上的状态或情况的数字；在系统内各个元素之间的相互关系，是函数关系；系统的输入既影响系统组成的某个元素，而不受该组成其他元素的影响，用方程式表示，可以称为强制函数；最后一个因素，叫做参数，一般是由试验得来的数值。

系统变量有各式各样，但按其在数学模型的性质来分有随机的，组成随机模型；有确定性的，组成确定性模型。

（三）建立模型的一般步骤

①目的明确。对要准备做模型的系统做试验研究，从各因素的相互关系中找出主要因素，确定主要变量。②明确系统的约束条件。③规定符号，用数学公式来表达所有的关系。建立数学模型的流程图，见图 6-5。

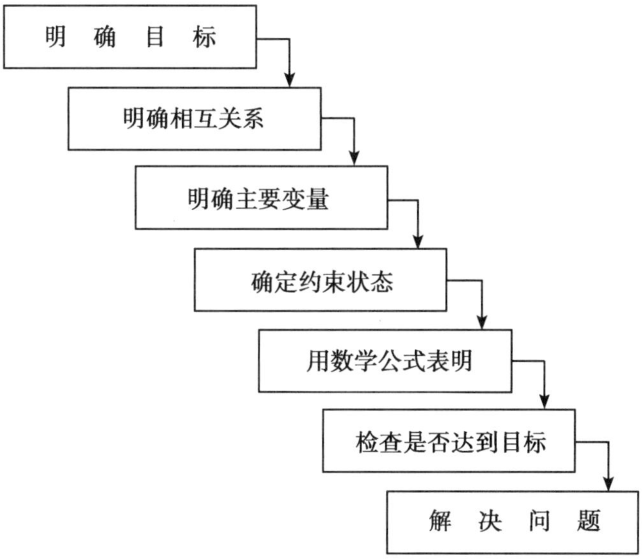

图 6-5　流程示意图

第四节　加强经济林科学研究

一、科教兴林的依据和意义

1990 年 3 月，邓小平在一次《国际形势和经济问题》的谈话中提出：“中国社会主义农业的改革和发展，从长远的观点看，要有两个飞跃。第一个飞跃，是废除人民公社，实行家庭联产承包为主的责任制。这是一个很大的前进，要长期坚持不变。第二个飞跃，是适应科学种田和生产社会化的需要，发展适度规模经营，发展集体经济。这是又一个很大的前进，当然这是很长的过程。”“两个飞跃”的论述揭示了社会主义农业发展规律，勾绘出了农业改革进步的蓝图，是建设有中国特色社会主义农村、农民、农业的行动指南和纲领。

改革开放后，随着集体林权制的改革，促使丘陵山区农村产业结构的调整，将林业其中特别是经济林放在重要位置，增加比重，稳定了山林权，第一个飞跃在继续完善和巩固。在丘陵山区林业的第二个飞跃，包括二个层次的含意。第一个层次的是随着现代林业适度规模经营的发展，荒山荒地使用经营权，有偿转让使用经营权，这也是一个飞跃。第二个层次是推行科技兴林。第二个飞跃中的两个层次是互为因果的。

随着山地使用经营权的改革，经营者要求土地报酬的高经济效益，要高效益，必须依靠科技进步，这是向前发展的必然结果。

1988 年，邓小平同志总结了世界经济和科技发展的新经验，明确提出“科学技术是生产力，而且是第一生产力”。科学技术作为第一生产力是社会发展的必然，它推动社会的发展与进步，是马克思主义的观点，这就是我们今天各地区、各行业提出的“科技兴省”“科技兴农”“科技兴林”的理论依据。

党的十三届八中全会决定中又再次指出要牢固树立科学技术是第一生产力的马克思主义观点，把农业发展转到依靠科技进步和提高劳动者素质的轨道上来。还有一系列的改革配套方针政策的出台实施，是科技兴林的政策依据。

我国改革开放为发展科技第一生产力提供了更为优越的条件。党的十一届三中全会以后，科技体制改革全面开展。按照“经济建设必须依靠科学技术，科学技术工作必须面向经济建设”的指导方针，改革不合理的科技运行机制、组织机构和人事制度，开始逐步创造良好的社会环境。

发展科技第一生产力的作用，涉及社会的各个领域，是一项复杂的社会巨大系统工程。首先是人们的思想认识的更新，要深刻理解科学技术是第一生产力的含义。

我们通常认为构成生产力的三要素，是劳动者、劳动资料和劳动对象。科技是渗透到三要素中去的，并且是作为乘数的，可以写成这样的公式：生产力=（劳动者+劳动资料+劳动对象）×科学技术。在构成生产力三要素之间的关系也不是简单并列相加的，其中劳动者是首要的。但科学技术决定着三要素的素质和水平，正如马克思所说劳动生产力是随着科学技术不断进步而不断发展的。当前世界新技术革命就是以微电子技术研究的突破而带来的。随着科学技术的发展，劳动者仅依靠体力和直接的传统老经验已经不够了，要依靠智力去熟练地掌握较为复杂的生产技能。因此，劳动者没有一定的科学文化素质，就不能掌握现代生产技能。提高劳动者素质是实现四化大业的必备条件，因而党中央、国务院提出农（林）科教结合，提高农民科技文化素质。事实说明，实行农（林）科教相结合，体现了农业（林业）发展依靠科技，科技进步依靠人才，人才靠培养，靠教育，这样一种现代农业（林业）发展的内在联系规律。当前，我国农民科技文化素质普遍较低，可能是实现农业现代化的一个重要障碍，“没有农业现代化，就不可能有整个国民经济的现代化”。提高农民科技文化素质的目标是使他们由“体力型”，转变“科技型”“智能型”，真正成为生产力中最活跃的决定因素。劳动资料包括劳动工具和动条件的基础设施，是必不可少的物质手段。

科学技术对劳动资料的渗透，主要通过对工具系统和有的设施进行技术改造，改善条件，如电力——电子技术的应用，使工具智能化，促进生产的发展和产品质量的提高，不断推出新产品。正如马克思所指出广劳动资料不仅是人类劳动力发展的测量器，并且是劳动借以进行的社会关系的指示器。直接推动生产力发展的，是劳动资料的技术革命。劳动对象包括自然物和人造物两大类别。

科学技术在生产工艺中的渗透应用，不断扩大自然物的用途，创造新的人造物，利用范围扩大延伸，多极化，多层次的利用，人们对劳动对象，无论是自然物或人造物的认识和利用是无限的，这是由人类实践发展、认识发展和科技发展的无限性所决定的，这就是辩证法。生产力三要素的优化组合，人的积极因素得到充分的发挥，以取得最好的经济效益、社会效益和生态效益，这是现代管理科学的任务。因而有人将现代管理列为生产力的第四个新要素。科学技术对发展生产力的重要意义和作用，表现在生产力构成的关键性主导地位，它主要是通过改善及提高生产力各个要素，而起着积极作用，提高劳动生产率，从而创造出新的生产力。在人类历史上三次工业产业革命，都是科学技术进步所带来的：18 世纪的蒸汽机，19 世纪的发电机和电动机，20 世纪的原子能和电子计算机。科学技术的进步，促进了社会的发展和进步。

油茶、油桐、核桃、板栗、枣 5 个主要栽培的经济林树种，先后被列入“六五”“七五”国家科研攻关，给经济林科学研究带来巨大的活力，并在良种选育、丰产栽培等多方面取得一批科研成果，为发展经济林生产做了重要贡献。在生产中优良无性系和优良家系及丰产栽培技术的推广应用，促进了良种化和丰产栽培技术标准化的进程，提高了经济林生产整体水平。

由全国油桐科研协作组牵头组织的，有 13 个省（区）218 个单位 630 位专业技术人员参加的“全国油桐良种化工程”研究项目，清查、选优的研究范围，包括油桐分布区的 66 个地区 233 个县（市），面积约 70 万 km^2。以 1977—1989 年的 13 年研究结果，基本清查了全国 184 个地方品种。两批共选优树 1 846株，评选出 71 个油桐主栽品种，选育出全国油桐优良品种 39 个，收集油桐种质资源 1849 号，共建各类种子园 9.123 万亩，生产良种种子 90 万~110 万 kg，营建采穗圃 940 亩，年产优良接芽 1 000 万只以上，提供的良种已超过每年油桐林 150 万~200 万亩的需要数量。至 1989 年良种推广面积 184 万亩，占全国投产面积 1 600万亩的 11.5%。良种平均亩产桐油 15.9kg，为全国平均 6.6kg 的 1.4 倍，6 年累计多增产桐油 1.76 亿 kg。这就是科技成果转化为生产力的效果。

油茶、核桃、板栗等也选育出一批优良无性系，营造一批丰产示范林，为科技兴林做了重大的贡献。

国家“八五”攻关项目中没有专门经济林，林业部重点科研课题中经济林比重很小，这是与当前经济林生产大发展形式很不相称的。经济林是林业重要产业之一，无论从面积、产量、产值在林业总体中的比重，在四化建设和人民生活中不可替代的重要性，以及“七五”攻关项目的延续性，不能没有经济林科学研究。

建议：今后，国家林业科研项目的确立进一步增大透明度，从不同的方位广泛听取意见，科学、民主决策。科研成果全国每年有 2 万多项，真正转化为生产力，在生产中推广应用的只有 30%左右。

研究课题主持、参加单位的确定，要引入竞争机制，建立起自由平等竞争的招标方式，切忌主观臆断。

经济林科研有一个很大特点，时间长，具有延续性。优良无性系的选育，从选育—中试—推广，最快也要 10 年左右的时间。丰产林进入盛果期一般是 5~8 年。如果在中途中断，则前功尽弃。

科技成果转化的经费较为不足。经济林科研成果转化为生产力，必须经过：研究—中试—推广—生产的过程。中试、示范推广都要有一定的经费。

从 1983—1990 年期间，获取林业部科技进步奖中，经济林的约占 10%，在全国林业科技干部队伍中经济林专业人员约占 2%。2%的人员获奖占 10%，说明经济林这支队伍人员的素质并不低，它们是有能力去完成任务的。

在高等学校进行科学研究可以发挥学科门类齐全、人才荟萃、设备完善的优势。据中国科技情报所得国内 1 230个期刊统计分析，1990 年共发表论文 88 723篇，其中高等学校有论文 47 840篇，占总数的 53. 95%，科研机构的 23 238篇，占总数的 26. 19%。林业只有论文 1 400篇，占论文总数的 1. 58%，在 39 个学科中排在 23 位。在林业论文中，其中高校 631 篇，占 45. 07%，科研单位论文 480 篇，占 34. 28%。从上面的统计数字中看出，高校是一支左右科研局势的力量，高校进行科学研究除了一般意义上出成果外，还有更深层次的意义，是师资培养的必由之路。教师特别是青年教师，在科学研究的实践中，增长知识，增长才干，也是改进教字方法和更新教学内容的重要手段，从而促进教学改革的深入发展。所以高等学校开展科学研究也是教学改革的需要。

二、科学技术转为生产力的规律和机制

科学技术表现为一种潜在知识形态的生产力。如何转变为现实的生产力，还有一个转换的过程和机制，并且有它自身的基本规律。科学技术转化的运行机制是与物质生产过程紧密结合，渗透至生产力的各个要素中去，提高科技智能含量，这是实现转化的基本规律。因此，它要求从体制上、政策上、制度上来保证促进科技成果商品化，利用市场机制作为途径，加速科技成果的推广和转让，使科技与经济紧密结合，形成科技—生产—市场一体化。为了创造良好的转化环境条件，要组织全国性的科技商品交易网络，多层次、多形式、各种所有制的科技开发经营体系。科技成果进行有偿转让，成果的价值得到人们的承认，科研本身和科技人员也活了，形成良性循环。

林业生产周期长，生产的涉及面广，可变因素多，林区经济不发达，劳动者科技文化素质低下。

在20世纪90年代的历史阶段中，林业科技成果仍然难以形成商品全部进入市场。因而计划机制对林业科学研究和科技成果的转化，仍然起着决定性的作用，市场调节成分是次要的。经济林科技成果的推广，要自带经费，送货上门，更谈不上转让了。因此，国家对林业（经济林）科研项目和科技成果应给市场特殊的保护性措施，作为航标导向，加速林业科研事业的发展，推进林业生产的进步。

林业是多功能的，在国民经济中它是产业，同时又是屏障，保护着人类生存环境。由于林业生产过程中周期长的特殊性，在当前世界上发达国家对林业科研和林业生产，仍然是以国家投资为主和给予生产补贴的，保护林业科研和生产。

科技成果的转化，也要有一定外部环境条件，需要有一定的社会科技文化环境。长期封闭的社会环境，小农经济自给自足的生产方式，容易使人们思想观念守旧，商品观念淡薄，科技意识不强。科技市场在我国还是近几年的新生事物，市场发育不完善，政策措施配套也不完善，科技人员的作用还未得到充分的发挥，这些是从主观到客观的束缚因素。我们正确地认识转化种种制约因素，以便采取相应的有效对策，特别是舆论导向，排除障碍，创造一个良好的社会环境。

三、我国经济林研究整体框架设想

（一）辩证唯物主义为指导思想

世界是物质的，是运动的，生态环境是客观存在的。经济林栽培经营必须是生态环保两利和两赢。

20世纪90年代我们正步入信息和智能时代，而经济林营林技术科学领域仍然处于落后状态，形成强烈的反差。这是有其社会历史渊源的，要在短期内消除是困难的，要从实际出发，不能操之过急，把所要作好长期竞争追踪的思想准备。因此，经济林科学发展战略决策，总的指导思立足现在，注视未来，为社会进步与发展服务。

经济林研究战略总目标是：在未来的年代中自立于日益进步和繁荣的世界学科之林。为此，要密切注世界高新技术发展动向，积极开展国际合作与交流。

（二）确定发展战略的基本原则

以“有限目标”作为发展战略的基点。经济林产业总体上在21世纪开始的10年是不可能全面追踪现代科技发展水平的，仍然是部分先进部分落后并存的格局。

选准几个学科发展最有意义的前沿领域的几个项目，逐步推进，带动整个学科的发展。

有选择、分时序、引入高新技术。我国经济林产业发展是以辩证唯物主义作为自己的指导思想，以生态经济林学为基础理论，在方法上系统理论被普遍应用，它的科研理论成果，在世界上并不逊色，而是独树一帜的。它的落后是在高新技术配套应用缺乏现代实验手段，形成现在总体科学技术水平不高的局面。因而根据需要和可能，有选择地分期分批引入高新技术，进行消化吸收，学优创新，形成具有自己特色的科学技术体系。

在我国总体科学技术进步的带动下，发挥经济林资源时空优势，建立中国独特的现代经济林产业体系。

经济林产业发展建设要以人为本围绕为社会进步发展服务。

（三）经济林产业发展战备步骤

我们为了实现济林产业总的发展战略目标，在实施上分三步完成，即近期（2020年）、中期（2030年）和远期（2050年）。

1. 近期发展目标

重点定向课题近期目标是以生态经济林学为主导，经济林木育种学为突破口，经济林栽培学和经济林产品利用学推动技术进步，使经济林产业向纵深发展，建成现代经济林产业体系。

经济林学科作为应用科学，要面向经济建设，适应社会需要。经济林研究成果要迅速转化为生产力，必须通过提供适用技术，只有这样学科本身才会有生命力。经济林生产要飞跃，首先要有技术上的飞跃。

近期经济林重点定向课题的确立，应该是围绕科技兴林的目标。宏观决策的研究内容如下。

（1）生态经济林区划的研究

我国已有《中国经济林栽培区划》，但在进行经济林生产布局安排时，失之过粗。生态经济林区划是以经济林为主体内容，与区域生态环境和社会经济发展协调一致，相互促进，共同发展。

生态经济林区划涉及自然环境与社会经济条件多种不同性质的要素。是个多元系统。在这个多元系统中，要使各个子系统和各个要素之间，协同作用，功能和谐，形成有序的各自组织。这个多元系统才能形成稳定的动态结构，才会产生生态经济效益。

要求完成全国50个主要经济树种的区划布局，并保持相对的稳定，使我国有限的自然资源得到合理的利用和保护。

（2）经济林名、特、优商品基地建设规划的研究

经济林名、特、优商品基地建设是由封闭式的产品，转向开放式的商品生产，变资源优势为经济优势，推动经济林生产向专业化、商品化、现代化方向发展。生态经济林是基地建设要遵循的原则。

规划是指在一个小范围的地段内，进行具体地块的落实安排，为施工提供蓝图。基地建设必须首先要有规划设计，才能批准投资和施工，要求完成50个主要经济树种的商品基地的建设。

国家鼓励出口创汇商品的生产，为发展创汇经济林产品生产，进行基地生产，将可能得到国家政策上的支持。

应用研究，主要有：开展育种理论、技术和方法的研究，进一步提高育种成效，建立良种繁育体系。这是经济林生产的产量、质量上台阶的物质基础。20世纪90年代必须实现经济林生产良种化，积极推行优良无性系栽培。经济林良种选育的方针是：立足本地，以选为主，选、引、育相结合。经济林以无性繁殖为主。因此，经济林良种繁育的途径是：以采穗圃为主，结合种子园。良种繁育体系以县为单位，由省统一规划布局。

一个有序的自然植物群落结构，在地面空间从乔木至草本是有结构层次的，在地下空间植物根系和动、植物残体及微生物的分布是有级差的，由上向下逐步递减，这是鲜明的空间特点，即立体特征。植物群落的立体结构是自然特征，也是优化的表示。只有这样的自然生态系统，它的自组织能力就会增强，对外的适应能力也加强。

经济林立体经营是合乎自然规律的。所谓经济林立体经营是指在同一土地上使用具有经济价值的乔木、灌木和草木作物组成多层次的复合的人工林群落，达到合理的利用光能和地力，也即是从外界环境中获取更多的负熵流，形成稳定的生态系统，是一个低消耗，高产量、高效益的系统，达到空间和时间的增值。

（3）现有低产经济林分类改造经营的研究

我国各类经济林大面积平均单产低的重要原因之一，是低产低质林分多。改造低产林是提高单产，增加总产的迅速有效途径。为了使改造经营目标明确，一般可根据产量、立地条件、林分结构、林龄等条件划分出不同的经营等级，分类经营。

（4）经济树木资源开发利用的研究

按照生态资源的理论和方法，开发新的经济植物资源。同时积极进行经济树木基因资源收集、鉴定，保存和利用的研究。

（5）经济林病虫害生物防治技术的研究

每年因病虫危害给经济林生产带来巨大的经济损失，要努力开展生物防治的研究。

（6）经济林产品加工及综合利用的研究

要实现经济林产品大幅度地增值，必须在产品加工和综合使用方面加强开发性研究。如乌桕提取类可可脂用于制巧克力糖，与用于制皂相比产值提高 25 倍。

（7）应用基础理论的研究

着重在经济树木与生态环境的关系及其变化规律，经济树木生长发育机理及调控的研究。

高新技术应用研究的重点是：生物技术、计算机技术、遥感技术等在经济林某些分支学科领域的应用。

科技成果的推广，使经济林生产量和品质上都有提高，并显示多功能的效益。生产效益的提高科学技术起着重要的作用，主要是靠 4 个方面：一是良种、优良无性系普遍的推广应用；二是集约经营各类立体栽培模式；三是大面积低产林得到改造或更新；四是一批商品基地建成。外贸出口商品主要由基地提供。

在我国以农产品为主的食品工业中，近期经济林产品加工食品将会异军突起，在品种上更加多样，其中保健食品更是姣姣者，将会受到人们的普遍欢迎。生产过程机械化大为提高。

经济林产品的外贸出口由初级产品为主，变成加工商品为主，创汇增值。

2. 中期发展目标

重点定向课题在世界范围内科技进步的影响和推动下，经济林学科将会用高技术和现代实验设施作为手段，应用现代生命科学和地学的基础理论，及先进的生物技术全面装备，建立经济林现代学科体系。用计算机来精确模拟实验，准确地模拟各种客观条件，特别是恶劣的环境条件，可以找到更好的栽培经营模型，大大加速了实验的进程。经济林学科将以新的面貌，迎接在 21 世纪上半叶人类历史上将出现的第四次科技高潮。

在 20 世纪 90 年代的基础上，生态经济林结构模式，经济林木育种，经济林产品深度加工与综合利用等方面都会有重大突破，为推动社会进步与发展，起着显著的重要作用。

21 世纪末，我国人民生活从温饱达到小康，因而对经济林产品有更高的品种和质量要求。恩格斯在《自然辩证法》一书中，把人需要的对象分为“生存资料、享受资料和发展资料”这样三个层次。享受需要是在生存条件优化后，发展为文明舒适的高档次生活水平。发展资料则是人类不断进步创新的更高层次的需要。到下一个世纪 20 年代，人民对经济林产品的需要是属享受资料。因此，中期重点定向课题的确立是围绕品种、质量、效益为目标的。重点定向课题主要有：①生物技术的应用研究取得成效。运用基因工程培育高产、优质、多抗性的经济林木新品种。应用细胞工程加速扩大优良无性系的繁殖。要求培育出主要经济林木30～50个新品种，1 500～2 000号优良无性系。应用微生物工程筛选出20个主要经济林木的固氮共生菌。②立体栽培经营模式的研究取得重要的成果。按生态经济林业要求，根据自然条件的差异分区域，因地制宜提出30～40主要经济树种组成各类低消耗、高效益的优化立体栽培经营模式。③野生经济树木资源的开发利用的研究取得成果，有10～20种新资源开发利用，形成批量生产。原有栽培的经济林木发现新的更有价值的用途。④病虫防治的研究，在生物防治，综合防治方面有突破性进展。主要病虫危害将被控制。应用基础理论的研究成果，如生长发育规律及其机制，将被运用于生产实践。⑤经济林产品深加工和综合利用的研究。产品潜在用途和价值不断被发掘，不断开发出新产品投放市场。产品不仅味美，并且具有美容、保健作用，才会备受欢迎。

经济林生产的发展，主要是依靠科学技术的进步，因而生产面貌将会彻底改观。完成全国性的主要经济林树种的区划布局和商品基地建设，这是具有长远战略意义的决策。使我国经济林从面到点都建立在因地制宜、适地适树的科学基础上，是优质的基本条件和前提。经济林产品的产量80%将由基地提供。

在经济林生产中全面使用良种、无性系化；立体栽培经营模式也全面推行应用。土壤管理科学，林地水土流失完全被制止，生物固氮在主要经济树中被应用，施肥按配方（包括微量元素、生长素）进行，除草剂在一定范围中使用，病虫危害基本上被控制。部分经济林生产在有条件的地方，进行节水灌溉，建成经济林结构合理的稳定生态系统，生产高产、优质的产品。产品质量是进入市场最基本要素，高产值，应靠高质量。

经济生产的现代化是走生态经济林业和生物技术的道路。在丘陵山区经济林栽培经营的生产过程仍是人力、畜力、机械并存，其中产品运输、处理、贮存将会全部实现机械化。产品的加工成为强大的加工业，生产过程和其他工业生产一样实现自动化。

经济林产品加工，将是丘陵山区乡镇企业主要生产行业，是支柱产业。它不仅能吸收部分剩余劳力，并且还为那里的生产建设提供资金，有力地推进了现代化的进程。

3. 远期发展的轮廓设想

21世纪50年代，在世界范围内经过几次科技高潮，带来第三产业革命，推动着人类社会的进步和发展，我国社会发展水平也进入世界中等发达国家行列，繁荣昌盛。

21世纪中叶，在高新技术的群体中，带头的将是生物技术。生物技术被广泛地应用，从根本上改变农、林、牧、渔的生产面貌。改变医疗保健条件，人民健康更有保障，人的平均寿命更长。到时经济林产品是人民享受和发展的资料，备受重视。经济林学科在社会整体高科技的带动下，会自立于当代学科之林。它横向吸收消化其他学科领域新的科技成果，为我所用。

在经济林产业中，资源系统是劳动的对象，在生态资源学理论的指导下，合理地利用和保护资源，永世而不竭。科学理论系统是以生命科学和地球科学作为基础理论，并融合社会学、经济学理论，形成完整的生态经济林学科，作为应用基础理论。技术科学系统是科研成果转变为生产力的中介。广泛地使用生物技术和其他应用技术体系，生产出新的产品系列，成为新的生产力，推动社会进步与发展。信息系统是计算与信息处理系统。系统理论是进行科学研究和组织大生产整体观点的指导思想，系统工程是方法。管理是组织经济林学科与各分支学科，以及其他学科之间正常运行的机制。

到 2050 年时，经济林生产使用多功能的人工新良种，高度的集约栽培经营，可以局部人工降水，单产是十几倍乃至几十倍的增加，人口也相应地减少，总体经营面积缩小，集中在集体或国营的生产基地，并将会转向丘陵区平缓的地方，山区则林田化，其他自然坡地让位于用材林和防护林，生产过程全部机械化。

第五节　科技创新

创新的重大意义。党的十八届五中全会提出：坚持创新发展，必须把创新摆在国家发展全局的核心位置，不断推进理论剖新、制度创新、科技创新、文化创新等各方面创新，让创新贯穿党和国家一切工作，让创新在全社会蔚然成风。

科技体制改革是创新发展的重要组成部分，是促进科技创新顺利实施的必要保障。2015 年 9 月 25 日颁布的《深化科技体制改革实施方案》（以下简称为《实施方案》），吹响了新一轮科技体制改革的号角。《实施方案》具有几个特点：一是整体性。把各项改革任务和政策措施串起来，进行全面地贯彻落实。二是可操作性。提出了可操作、可检验的具体细则、办法和措施。三是协同性。系统梳理了科技自身与市场、产业、金融、教育、人才等相关领域改革举措，有利于统筹布局，一体化推进。四是体现改革执行的刚性。以台账形式，明确每一项改革任务的具体成果、牵头部门和完成时限。国家科技体制改革和创新体系建设领导小组将对《实施方案》的落实加强统筹协调和督促检查。

创新是中华民族最深沉的精神禀赋。广大科技工作者，以势在必得、此战必胜的勇气，勇立科技攻关和科技产业变革的时代潮头，在创新驱动的时代洪流中，在全面建设创新型国家的伟大实践中，为国家、为人民建功立业。

综观当今世界，科技浪潮风起云涌，变革浪潮蓄势待发，正加速推动人类社会生产力新的飞跃发展，科技创新的重大突破和回忆应用正在重塑全球经济结构。在激烈的国际竞争中，唯创新者进，唯创新者强，唯创新者胜。

2012 年 11 月，党的“十八大”将科技创新摆在了国家发展全局的核心位置，并作出实施创新驱动发展战略的重大部署。与此同时，新一届领导集体站在宏观战略高度，作出中国经济发展进入到新常态的判断。世界经济论坛《全球竞争力报告》显示，近十年来中国在全球经济体中的竞争力排名一直徘徊在第 30 位左右，而要想向上攀登，必须“爬坡过坎”，推行结构性改革，提高要素生产率，切实转向可持续发展的创新经济模式。

2014 年 8 月，习近平同志在主持召开中央财经领导小组第七次会议时强调，“实施创新驱动发展战略，就是要推动以科技创新为核心的全面创新”。2015 年 3 月，新华社授权发布《中共中央国务院关于深化体制机制改革加快实施创新驱动发展战略的若干意见》，成为新时期国家谋划创新发展战略的第一纲领性文件。9 月发布的《深化科技体制改革实施方案》和《关于在部分区域系统推进全面创新改革试验的总体方案》，提出了协同构建与科技第一生产力、人才第一资源、创新第一动力相适应的生产关系和体制机制。

在我国实施创新驱动发展战略、推动“大众创业、万众创新”的背景下，国务院于 2015 年 6 月发布了《关于大力推进大众创业万众创新若干政策措施的意见》，提出“创新体制机制”“优化财税政策”“激发创造活力，发展创新型创业”等政策措拖。

2016 年 5 月，中共中央、国务院印发《国家创新驱动发展战略纲要》。这是建设创新型国家和世界科技强发的行动指南，也是国家推进创新发展战略的第二份纲领性文件。

2016 年 5 月 30 日在北京人民大会堂“三会聚首”，习近平同志在大会重要讲话中，强调说：“在我国发展新的历史起点上，把科技创新摆在更加重要位置，吹响建设世界科技强国的号角。科技是国之利器，国家赖之以强，产业赖之以赢，人民生活赖之以好。中国要强，中国人民生活要好，必须有强大科技。”

科技是国家强盛之基，创新是民族进步之魂。

2016 年 9 月 23 日举行的全国林业科技创新大会上国家林业局强调，要认真学习领会习近平同志系列重要讲话精神，全面实施创新驱动发展战备，深化科学体制改革，增强科技供给能力，加快成果转化推广，全面提升林业科技创新水平，为推进林业现代化、建设生态文明和美丽中国做出新的更大贡献。

国家林业局指出，当前，我国林业科技创新能力和整体水平还木高，在生态文明和林业现代化建设等方面还存在许多瓶颈制约。破解生态难题，维护生态安全；提升森林质量，维护木材安全；加快产业转型，促进就业增收；加强装备建设，提升管理水平都迫切需要加快推进林业科技创新。各级林业部门一定要站在国家战略全局的高度，深入学习领会习近平总书记的重要指示精神，充分认识全面实施创新驱动发展战略的重大意义。

国家林业局还提出，要促进科学技术普及，充分发挥科技第一生产力和创新第一驱动力作用，更好地支撑生态建设、引领产业升级、服务社会民生，为推进林业现代化、建设生态文明和全面建成小康社会提供有力支撑。力争到 2020 年，基本建成布局合理、功能完备、运行高效、支撑有力的国家林业科技创新体系，创新能力大幅提升，创新平台日趋完善，创新环境更加优化，重点研究领域跨入世界先进行列，科技进步贡献率达到 55%，科技成果转化率达到 65%。

国家林业局要求，攻克关键技术。要重点突破天然林保护、退耕还林功能提升、荒漠化综合治理、重要湿地恢复等生态保护与修复关键技术，攻克用材林、经济林、竹藤、储备林建设等资源培育与经营关键技术，创新木材绿色加工、非木质资源高值化利用、生物质能源与材料制造等资源利用关键技术，尤其要高度重视影响林业建设成效的种业创新和旱区造林技术攻关问题。

国家林业局明确指出，面实施创新驱动发展战略，是长期复杂的系统工程。要加强组织领导，把林业科技创新工作摆在突出位置，当好创新驱动发展战略的组织者、推动者和实施者；要加大投入力度，积极主动做好沟通协调，争取政策和资金支持，构建政府、企业、社会多元化的林业科技投入体系。

“创新”是当前媒体出现频率最高的词汇之一。笔者试图就创新的过程性和继承性加以论述。

创新不能浮夸，不能无中生有。

据国家林业局资料，我国林业科技创新，在“十二五”期间取得多方面成就，现就其中两个方面论述。

一是提升林业工程建设质量。

“十二五”期间，我国围绕林业重大生态工程技术需求，攻克了一系列难题，大幅提升了工程建设质量。

突破了黄土高原、华北山区及干热河谷等困难立地植被配置等技术，解决了干旱贫瘠立地人工植被保存率低等问题，造林成活率超过 90%；探索了基于植物功能性状的生态恢复新技术，显著提升了退化天然林生态恢复水平，为保护占我国森林面积 70%的天然林提供了技术支撑；破解了森林大病虫害松材线虫综合防控技术，松褐天牛高效此诱剂诱剂国计推广面积 35 万 hm^2，综合防控率超过 95%；提出了低覆盖度治沙造林理论与技术模式，降低固沙造林成本 40%以上，推广面积 416 万 hm^2，攻克了大熊猫等珍稀濒危野生动物繁育和保护的关键技术，建立了 300 多种珍稀濒危野生动物稳定的繁育种群，并开展了大熊猫、牛鹮、麋鹿等 10 种野生动物放归活动；创新了森林生物量测算技术，首次建立了 11 个树种的相容性生物量模型；完善了森林资源综合监测技术体系，使全国森林资源调查监测精度提升了5%以上、工作效率提升了30%以上。

二是助力全面建成小康社会。

“十二五”期间，我国积极撤去科技富民，把提高群众生活质量和幸福指数作为科技创新的重要目的，集成推广了一批兴富民实用技术、建成了一批优质高产示范林地、帮扶指导了一批乡土专家，为全面建成小康社会提供了有务保障。

结合我国木本粮油发展战备，解决了核桃扦插殖的世界性难题，建立了核桃优质高效栽培技术体系，增产较大，累计推广2 000万亩；选育出高产抗逆油茶新品种48个，产量同比提高30%以上，提高了油茶低产林综合改造技术，单位面积产量提高到每亩20千克以上，辐射推广1 500多万亩，针对林下经济，创新推广了林下经济动植物适宜品种筛选、高效生态经营和储藏保鲜等技术，使产值由2011年的2 081亿元增加至2015年的5 404亿元，成为新的绿色经济增长点。围绕服务发生的技术需求，组织实施科技推广项目2 200余项，投入资金21.97亿元，建立各类示范林3 000多万亩，推广林新品种500多个，推广新技术1 000余项，形成了示范带动、一县一品和企业集群的产业发展模式。选派林业科技特派员1.3万名，培训指导林业基层骨干技术人员和林农60多万人次，帮扶指导科技示范户3万多户，建立林业科技示范村2 321个、示范户78 487户，基本形成了省、市、县林业科技推广和服务体系。

“创新”是当前媒体中出现最频繁的词汇。笔者就创新的意义、内涵、创新思维与模式等深层次问题进行了系统研究，并撰写成文稿。

一、认识创新

（一）创新的概念和意义

什么是创新？创新是前人所没有或超越前人的新思维、新理论、新技术、新方法及新制度的完整体系。

我们现在提出的创新，从含义、范围已经远远超越奥地利经济学家阿·熊彼特1912年提出的创新概念。2006年1月9日至11日在北京召开的第五次全国科技大会，会议明确提出了走中国特色自主创新道路，建设创新型国家。

胡锦涛同志在第五次全国科技大会2006年1月9日的开幕式上，发表了题为“坚持走中国特色自主创新道路为建设创新型国家而努力奋斗”的重要讲话（以下称《讲话》）。在《讲话》中有关自主创新，建设创新型国家以及有关方针政策，均做了全面的科学界定和理论阐明。走中国特色自主创新道路，核心是贯彻“自主创新、重点跨越、支撑发展、引领未来”的科技指导方针。关于指导方针，胡锦涛同志进一步的作了科学的阐明，自主创新，就是从增强国家创新能力出发，加强原始创新、集成创新和引进消化吸收再创新。重点跨越，就是坚持有所为有所不为，选择具有一定基础和优势、关系国计民生和国家安全的关键领域，集中力量、重点突破，实现跨越式发展。支撑发展，就是从现实的紧迫需求出发，着力突破重大核心关键技术和基础共性技术，并实现系统集成创新，支撑经济社会持续协调发展。引领未来，就是着眼长远，超前部署基础研究和前沿技术，创造新的市场需求，培育新兴产业，引领未来经济社会发展。这一方针，是我国半个多世纪科技事业发展实践经验的概括总结，是面向未来、实现中华民族伟大复兴的重要抉择，必须贯穿于我国科技事业发展的全过程。

自主创新是作为国家重大战略决策，因而是以政府为主导建设国家创新体系，为科技自主创新创造条件、优化环境，围绕提高科技自主创新能力的战略，把各种资源有效整合起来，以加强体系内各个创新主体的互动。政府、企业、研究机构、大学、中介机构这些要素要互动、协调，而不是分散地各自为政。

（二）创新来自哪里

有人说创新是来自思想解放。创新应是来自实践。创新是长期实践渐进性积累的突变，是思维认知的突破，是突发性事件。创新是人类在与自然斗争实践、生产行为实践、科学活动实践以及前人的创新成果和智慧的过程中，不断地积累—突破—创新，螺旋式前进的，是促进人类社会进步发展的革命力量。因此，可以断言有长期积累才有突破，有突破才会有创新，有创新才会有社会进步。

人类社会进步发展至今的历史，就是一部不断创新史。如果没有创新，我们今天仍然是生活在原始社会。人类社会总是要进步发展的，永远不会停滞的，在不断创新中前进，事实上不会有“如果没有创新”的。因此，创新可以溯源至人类原始社会。人类社会每一次跨越式进步，均是由于科技群体创新进步推动的。创新在人类社会进步中是永恒的主题。但在世界上各个国家、地区、民族之间发展是不平衡的，落后就要受制于人，中国近现代200多年历史证明要富国强兵，必须建设创新型国家，这是有国际经验的。

（三）创新与社会发展水平相一致

科技创新大幅度地提高生产力，催生产业革命，推动人类社会由原始社会进步发展至现代社会，因而科学技术是第一生产力是革命力量，是推动社会进步的是由科技创新来体现的。科技创新是受当时社会科技整体水平和社会经济发展水平制约的，它们之间是在相互适应的基础上超越的。古代农业社会是不可能发明蒸汽机的，因为社会没有这个需要。蒸汽机只能在18世纪60年英国资本主义纺织工业时代，因为社会实践的需要。当时中国处于帝制社会，生产力水平和生产关系均不可能接受资本主义工业社会的先进生产技术。在以后电力的发明和应用，电子计算机的发明和应用无不是如此的。

社会进步发展是有阶段秩序的，并紧接相连的，如农业社会，工业社会，后工业社会（信息社会）的发展循序不可能超越其发展阶段的。因为社会不可能提供超越社会发展阶段的实践活动。创新一般只能在各自社会发展阶段中超前跨越。

不断创新，不断积累，形成集成创新，大幅地提高生产力，直至产生突变，催生产业革命，推进社会跨越时代的进步，这就是社会进步发展的历史辩证法。

二、创新过程

创新是有过程的，有准备期，酝酿期，明朗期，绝非凭空臆想。

创新所以有过程，是因为创新是要经过长期实践渐进积累，是准备期。经过理性思辨、顿悟、判别等系列过程，是酝酿期。最后达到明朗期，才能确立新的创新思维，这是创新的初段过程。由创新思想火花进一步形成创新理论、创新技术是中段过程。由创新技术生产出新的产品，是要经过再实践的过程，实践—创新技术—再实践—新产品，到达该创新的终端就会要更长的过程，甚至是由后人去完成。中国古代就有“格物致知”正确论断。格物就对实践的观察研究，才会有致知，即新认识，新思想，无格物则无致知。理论创新，技术创新是推动人类社会进步发展的动力，是流不尽的时间长河，是跑不完的接力赛，每一项创新，仅是接力赛中的一棒，永不停止的（图6–6）。

完成创新思维的过程如下。

实践（创新者自身实践渐进性积累，及继承汇入前人创新成果和智慧）⟶理性思辨⟶突发性顿悟⟶新的思维⟶判别论证⟶确立创新思维

图6–6　创新思维形成过程示意图

创新思维也可能还有另外形成过程，从某一事物或某一思想得到启示，产生联想，从中顿悟出新的思维，形成创新思维。联想的产生也要以自身实践为基础的，浮沉原理只有阿基米德才能联想发现。同时要有活跃的思想。

在历史上有的理论创新在不同的国家，彼此不知情的情况，由科学家各独自提出的。如：牛顿和莱布尼茨在17世纪下半叶各自独立创立了微积分学。19世纪40年建立起来的能量守恒定律，是在多个国家的10多位科学家各自发现提出的，其中迈尔、焦耳和玄姆霍兹是作出了重要贡献的两位科学家。

从上论述中，我们认为创新有五大特征：学科性、实践性、继承性、思辨性、过程性。

三、创新的继承性

（一）创新的分类

按创新来源与性质，可分为以下类别。

1. 原始创新

原始创新是指创新成果的内容和性质是前人没有的、全新的，属于新发现、新发明、新理论。如电力、相对论、量子力学等。

2. 否定创新

否定创新是指创新成果的内容和性质是推翻前人的理论，属否定的否定。如哥白尼的“日心说”是反对地球中心说的。达尔文的进化论，是反对教会地球生物神创论的，生物是永远不变的。否定性创新也应属原始性创新，是否定前人的。

3. 继承创新

继承创新是指创新成果的内容和性质不仅局限于自身的实践，并继承运用了前人的理论和技术成果的基础上有所发展，有所发现，有所发明的创新。引进消化吸收再创新，也属于继承性创新。

无论是原始创新或否定创新，均含有继承性。人类社会文化科学是继承延续的，现代社会是在历史积累沉淀的基础上向前发展，因而不可能有离开历史继承的创新。

（二）创新的继承性

1. 创新继承的普遍性

2005 年 11 月，著名物理学家李政道在接受《科学时报》记者采访时，其中关于自主创新与继承性的关系，说了很好的意见。自主创新并不是要科学家个人孤立地去进行，也不是要哪一个国家孤立地去进行。科学家的创新活动并不排斥借助、依靠前人的智慧。爱因斯坦是自主创新的，普朗克也是自主创新的。但即便是爱因斯坦，他的理论也得借助并依靠迈克尔逊和莫雷的实验，也需要洛仑兹的变换方式才行。科学家探索的思想翅膀可以无边无际地翱翔，但也要有客观的、外界的科学实验作为基础。从伽利略到牛顿，所有的研究成果都与他们那个时代的最新科技进展有密切关系，并不只是伽利略和牛顿的“单打独斗”。比如说，牛顿也依靠了哥白尼、开普勒关于天体运动规律和伽利略关于地面积体的动力学研究，建立起牛顿经典力学体系。从爱因斯坦1905年的狭义相对论，到后来的海森堡、薛定谔的量子力学，和费米、泡利的量子统计学，就有了后来人们知道的原子结构、分于物理，产生了后来的核能、激光、半导体、超导体、超级计算机和网络等。这些知识和这些技术的产生，没有狭义相对论和量子力学的重大基础研究成果作为铺垫，是绝对不可能的。现在我们通过掌握量子力学的知识，更深刻地了解了核能的本质，了解了太阳能的本质。哥白尼1543年出版《天体运行论》，建立起“日心说”是否定性创新，否定托勒密的“地心说”。哥内尼是根据当时大量的天文观察资料，发现“地心说”不能解释，从中受到启示而创立“日心说”的。从事基础科学研究成应用基础的人，一定要研究历史上这些科学研究发现的继承性及其产生规律。

2. 人类社会几次产业革命的继承性

在距今8 000~10 000年前，由于生产工具的进步，出现原始农业。原始农业的出现是人类社会生产力的新飞跃，是人类社会历史上第一次产业革命，这次产业革命发祥地是中国。

中国从公元前21世纪建立起以黄河流域为中心，包括十多个部落的奴隶制夏王朝，开始了冶炼青铜器，人类开始进入使用金属工具时代，由新石器时代进入青铜器金属时代。生产工具的变革，农业生产力提高，一个人生产的农产品除养活自己外，还有剩余，可以养活别人。有了富余的食物后，少数人可以不参加或少参加农业生产，专门从事手工业。手工业和商业的出现是人类发展史上的第一次大分工，分工反过来又促进社会生产的发展。大分工使社会生产体系的组织结构和经济结构产生飞跃，是人类社会发展史上的第二次产业革命。第二次产业革命的发祥地是中国。

英国工业革命是从18世纪60年代开始，至19世纪40年代基本完成，是人类社会发展史上的第三次产业革命。英国纺织工业经过二百多年的发展，至18世纪60年代已经达到很高水平。这次产业革命是由于蒸汽机的发明在纺织行业应用而引发的。面在也有称第三次工业产业革命。

据史料。1695年，法国人丹尼斯·巴本发明活塞蒸汽机，用做抽水装置。1698年，英国军事工程师塞维利制成了第一台具有实用价值的蒸汽机，称“矿工之友”，用于抽提矿井中的水。以后英国的铁匠纽可门和工程师斯米顿相继改进了蒸汽机。英国格拉斯哥大学仪器修理工瓦特在前人发明蒸汽机的基础上，经多次试验，并在别人的帮助下，于1782年将原蒸汽机由单向改进为双向联动式蒸汽机，这是创新改进。因此，后人认为蒸汽机是瓦特发明的。1790年发明了压力表，蒸汽机配完善齐全，使用安全、准确，前后经历95年。由于解决了工业生产动力问题，全面促使工业和交通运输的发展，大幅度地提高劳动生产率和生产力。据统计，英国从1770—1840年的70年间，工人的劳动生产率平均增长20倍，成为世界第一经济强国。

人类社会发展史上的第四次产业革命始于19世纪末，完成于20世纪40年代，即“二战”前。这场产业革命是以电的应用为先导的。电力技术革命起源于欧洲，但在美国完成。这次产业单命以交通、电讯、农业和轻工业为先导产业，组成大型集团公司，在资本上和技术上发挥规模效益，增强国际竞争能力，到1930年，美国成为世界上第一科技、经济强国。

电的使用是有过程和继承的。1820年奥斯特发现了电流的磁效应。1831年，法拉第发现了电磁感应现象。1860年，德国工程师西门子发明了发电机。1870年，比利时人格拉姆发明第一架发电机，接着1873年他又发明电动机，完成电能转变为机械力的技术方法。1876年，美国贝尔发明电话，1879年，爱迪生发明电灯。1882年，爱迪生建成世界上最早的水力发电厂，完成了电力工业技术体系，有力地推进电气技术的发展，前后历时62年。

人类社会发展的第五次产业革命。这次产业革命是以微电子技术应用为导向的信息革命。这场革命是从1945年二战结束后开始酝酿，真正始于20世纪50年代中，至20世纪80年代末结束，前后历时45年。第五次产业革命仍继续发生在美国。现在又称第二次工业产业革命。

1946年在美国宾夕法尼亚大学制成世界上第一台通用电子数学计算机，开始了微电子技术应用时代，第六次产业革命的先导。从第三次产业革命至第五次产业革命延续近300年，绝非一人一时完成的，其中有许许多多的科学家做出了重大的贡献。

20世纪90年代开始又酝酿新的第六次产业革命，现在又称第三次工业产革命。在21世纪的前20年，IT产业与纳米材料产业的结合，计算机将会进一步微型化与功能上智能化、特异化，促使科学技术群体突破，形成高新技术产业群，推动社会进步发展。第六次产业革命是全球性的，将会在各个国家众多的工程师和科学家卷入。

3. 进化论的创立和继承

1859年，达尔文所著《物种起源》出版，标志着进化论的创立。进化论被恩格斯誉称为19世纪的三大发现之一。进化是对神创论的否定，是否定性创新，但仍然存在着继承性。在《物种起源》书的开始“历史概述”中，达尔文客观公正地概述了22位科学家有关物种进化初起思想理论成果。达尔文首先提到是拉马克。拉马克在他1809年出版的《动物学的哲学》一书内和在1815年出版的《无脊椎动物学》的导言内，他认为一切物种，包括人类在内，都是从其他物种繁衍而来的。拉马克关于物种渐变的观点早在1801年就发表了。

1813年，威尔斯博士在皇家会宣读论文，题目是关于一个白种妇人的皮肤局部类似黑人的报告。在这个报告里，他清楚地认识到自然选择的原理，这是对这个学说最早认识，虽仅限于专指人种。

1826 年，葛兰特教授，在他的一篇论文《淡水海锦》结尾一段内说，物种是由别的物种所传下来的，并且能因变异而改进。

1851 年，弗莱克博士在《都伯林医学报》上发表他的主张。他认为所有的生物种类，都是从最初的一种原始类型所传下来的。

《林奈学会杂志》第 3 卷，载有 1858 年 6 月 1 日华莱斯和达尔文在该会同时宣读的论文。有关华莱斯的论文，在《物种起源》的“导言”中做了这样的说明。1858 年，华莱士曾寄给达尔文一篇论文，请他转交莱伊尔。华莱士的论文对于物种起源问题所得到的一般结论，和达尔文的观点完全吻合。莱伊尔和霍克二人早已都知道达尔文的工作，霍克在 1844 年就看到达尔文《物种起源》编写大纲。因此，莱伊尔和霍克推荐达尔文和华莱士的论文同时宣读和发表。达尔文《物种起源》1959 年出版后，学界公认进化论是达尔文创立。

达尔文进化论的创立是来自实践的观察积累和吸收前人有关物种起源进化的思想理论成果。查理士·达尔文（C. Darwin，1809—1882）于 1831 年 12 月 27 日时年 22 岁，以博物学家身份，随英国海军考察船“贝格尔”号开始了为期 5 年的环球考察，于 1836 年 10 月 2 日回到英国。在考察间收集大量动植物标本和化石，同时也阅读了大量书籍，其中包括莱伊尔当时新著《地质学原理》。刚开始，达尔文并不相信莱伊尔提出的物种均变论的观点。但航行中他观察到，许多相似的动物生活在地理位置相距甚至远的地方，而相邻的地方却又生活着相似但不相同的物种，如加拉帕划斯群岛的自然条件相似，但各岛所产的鸟和龟却大不相同。这种现象让达尔文逐渐开始接受莱伊尔的均变论。航行考察结束回国后，达尔文先研究地质学，后终生致力于生物学研究。

1837 年，达尔文意识到，只有承认物种可变，并具有共同祖先，考察中遇到的问题便可以得到合理的解释。第二年，达尔文读到马尔萨斯的《人口论》，从该书论及人口数量增长与食物数量增长的关系中受到启发，意识到生物界的食物竞争与生存条件的关系，及与环境的适应。达尔文在占有大量资料和经过 20 多年不断的努力思考，并得到如莱伊尔、赫胥黎、胡克等人的帮助，和吸收前人成果最终在 1859 年出版了划时代巨著《物种起源》，创立了进化论。

4. DNA 双螺旋结构的发现和继承

1953 年 4 月 25 日出版的英国《自然》杂志刊登了三篇有关 DNA 分子结构的论文。第一篇是沃森和克里克的《核酸的分子结构——脱氧核糖核酸的结构》，在这不到两页的短文中，提出了 DNA 分子的双螺旋结构模型。另外两篇则是威尔金斯、斯托克斯和威尔逊合写的《脱氧核糖核酸的分子结构》以及弗兰克林和她的学生戈斯林署名的《胸腺核酸钠的分子构象》，各自发表了 DNA 螺旋结构的 X 光衍射照片及数据分析。这几位科学家中的沃森（Watson）毕业于生物专业，克里克（Crick）和威尔金斯（Wilkins）毕业于物理专业，而富兰克林（Franklin）则毕业于化学专业，他们在合作又竞争中为双螺旋结构的发现做出了各自的贡献。DNA 是一个“不朽的分子”，这绝非溢美过誉之词。他们的发现开始了“分子生物学”的新时代。DNA 双螺旋结构的发现，是物理学、化学介入生物学的结果。因此，可以断定，遗传学与物理、化学、数学和工程科学，以及遗传学同生命科学领域中其他学科的结合和互动，则是遗传学发展的动力。

沃森和克里克对 DNA 提出的第一个设想是一个三螺旋模型，他们请威尔金斯和富兰克林到 Cawendish 实验室来讨论，这一模型立刻被富兰克林所否定。在美国的鲍林提出的也是一个骨架在内的二螺旋模型。沃森经过努力，在富兰克林不知道的情况下看到了她不久前拍的一张含水的 DNA 的 X 光照片。这张照片在 X 光专家眼里已经清楚显示出双螺旋结构。沃森和克里克根据富兰克林的新 X 光照片，提出了双螺旋结构的设想。科学界都知道沃森和克里克是站在富兰克林的肩膀上获得 1962 年的诺贝尔奖的，与富兰克林合作的威尔金斯也获得同一奖项。那时候富兰克林已于 1958 年因患卵巢癌而早逝，年仅 37 岁。

随着时间的推移，随着富兰克林手稿的公布，人们原本为富兰克林鸣不平的心又开始激动。因为该稿证明富兰克林对 DNA 双螺旋结构发现的划时代贡献。

1962 年沃森在诺贝尔授奖宴会上代表医学生理学奖 3 位获得者的答谢词中说，他们获得如此崇高的荣誉，非常重要的因素是有幸工作在一个博学而宽容的圈子中，科学不是某个个人行为，而是许多人的创造。我们如果从孟德尔于 1865 提出遗传因子的概念算起，至 1953 年发表 DNA 双螺旋结构获得正确的认识，经几个国家数代科学家连续共同努力，前后历时 112 年之久。

格里高·孟德尔，他于 1857—1864 年在奥地利布隆的奥古斯丁修道院经 8 年的豌豆杂交试验。于 1865 年在“布隆自然历史学会”上宣读了他的“植物杂交试验”报告，并于次年发表在该会的会议录上，论文发表后，在当时并未引起重视。直至 19 世纪末，三位植物学家德佛里斯、柯灵斯和丘歇马克同时独立地从新发现了孟德尔的论文，共同论证了其论文的真理性。1900 年重新发表孟德尔“植物杂交试验”报告，标志着“遗传学”的正式诞生。继承孟德尔工作的经历了多位科学家。

在“植物杂交试验”的论文中，孟德尔创造性地将所有杂交种后代进行了统计分析，创立了著名的 3∶1 比例。这一发现后来被柯灵斯总结为性状分离定律（孟德尔第一定律）即一对基因在杂合状态时各自保持相对的独立性，在配子形成时又按原样分离到不同的生殖细胞中；和自由组合定律（孟德尔第二定律）即非等位基因在配子发生时进行自由组合。1915 年摩尔根所解释的“连锁遗传”定律，后被称为遗传学三个基本定律。

1869 年，瑞士科学家米舍尔在战争受伤士兵的伤口脓液中分离出一种由大分子构成，含有磷和氮的物质。1874 年，米舍尔将他发现的物质分离成蛋白质和酸分子后，改称其为核酸。现在，称为 DNA。

1885 年，德国科学家魏斯曼发表了《作为遗传理论基础的种质连续性》论文中提出种质连续性理论。魏斯曼认为，遗传是由具有一定化学成分具有分子性质的物质，一代一代的传递。每一个有机体都是由种质和体质两部分组成，种质是潜在的，传递给后代，体质是表达出来的，所见到的。

1905 年，丹麦遗传学家，威尔海姆·约翰森，他在实验中证明大小相同的种子，可以长成大小不同的植株。他据此认为，植物的外部特征即“表型”虽然不同，但具有相同的遗传单位，也就是保存有共同的“基因型”。约翰森的“表型”和“基因型”划分的理论当时并未被接受，直到 20 世纪 40 年代以后，才被遗传学界接受。1909 年，约翰森创造提出了遗传物质“Gene”一词的概念，这是他另一重大贡献。

1911 年，现代遗传学的奠基人，美国的托马斯·摩尔根提出染色体遗传理论。摩尔根认为染色体是遗传性状传递机制的物质基础，而基因是组成染色体的遗传单位，基因的突变会导致生物体遗传特性发生变化。摩尔根由于基因理论获得了 1933 年的诺贝尔生理及医学奖。

1943 年，英国科学家威廉·阿斯伯里获得了首张的 X 射线衍射圈。衍射图显示 DNA 具有规律性，周期性的结构。DNA 的 X 射线图为最终揭示其结构奠定了基础。

1944 年，埃弗里等人通过实验研究，提出 DNA 是遗传的化学基础，确立了 DNA 是遗传物质的重要地位。1953 年，最终完成了 DNA 双螺旋结构的模型。

从上述认识 DNA 的 112 年过程中看出，是世界上多个国家的遗传学家、生物学家、化学学家和物理学家们的接力赛共同完成，绝非一个人，一朝一夕之功。

又过 50 年，2003 年 4 月正当世界各国庆祝 DNA 双螺旋结构发现 50 周年之际，4 月 8 日“人类基因组计划”正式宣布获得一重大成果：排出人类遗传物质中人约 30 亿个遗传密码的顺序。人类基因组计划参与国有美国、英国、德国、法国、日本和中国，世界上有 16 个实验室同时工作，从 1990 年开始，至 2003 年结束，历时 13 年，耗资 26 亿美元。

从上述的事例中看出，任何创新均有继承性，绝无没有继承的创新，这是无源之水，空中楼阁，不可能创新的。我们必须充分认识创新的继承性，才能不否定一切，才会尊重、学习前人的创新成果和智慧，才能戒浮躁，坚持工作。

进入 21 世纪，经济全球化浪潮风起云涌，国际竞争更加激烈。为了在竞争中赢得主动，依靠科技创新提升国家的综合国力为核心竞争力，建立国家创新体系，走创新型国家之路，成为世界许多国家政府的共同选择，我国政府也不便外。国家创新系统是人类社会的一个伟大制度的创新，它包括创新网络和创新制度。

为加强技术创新，发展高科技，实现产业化，提高生产力推动经济社会的发展，于1999年8月20日颁发了《中共中央国务院关于加强技术创新发展高科技实现产业化的决定》。

四、自主创新

自主创新就是不跟在别人后，不受制于人，进行有突破性，有自主知识权的原创创新。

《国民经济和社会发展第十一个五年规划纲要》（以下称《纲要》）。《纲要》提出：要深入实施科教兴国战略和人才强国战略，把增强自主创新能力作为科学技术发展的战略基点和调整产业结构、转变增长方式的中心环节，在提高原始创新能力、集成创新能力和引进消化吸收再创新能力。建立以企业为主体、市场为导向、产学研相结合的技术创新体系，形成自主创新的基本体制架构。

把增强自主创新能力作为国家战略的高度，是提高综合国力，参加国际竞争的需要；是中国发展的需要，是向现代化宏伟目标迈进，逐步实现国家繁荣昌盛和人民生活富裕的需要。还要努力培养全民的创新意识，提高创新能力，牢牢地把握住创新与发展的主动权，实现可持续发展。

我们要深刻认识自主创新的目的和重大的战略意义。陈至立同志在“中国科协2005年学术年会上的讲话”中对自主创新从多方面做了正确的阐述，同时对自主创新的内涵作了科学的界定。

自主创新具有重大战略意义。自主创新是破解结构不合理和增长方式粗放等国民经济重大瓶颈难题的必然战略选择。中国的发展必须体现国情和本国特色。科技发展也必须有自己的明确方针、发展路径、政策导向和机制体制。对我们这样一个发展中大国来说，面对十分复杂的国际形势和国内重大的科技需求，面对日益激烈的国际竞争环境，我们必须自主建立推进结构调整、促进增长方式转变的主要技术基础。将自主创新作为国家战略，就是要使结构调整和增长方式转变找到真正的切入点。因此，这不但是我国科技发展路径的重大战略选择，也是我国经济发展战略和政策的重大突破。

自主创新是破解关键技术受制于人难题的战略安排。多年来的实践已经表明，真正的核心技术是买不来的。事实告诉我们，在发展技术特别是战略高技术及其产业方面，必须强调国家意志。通过自主创新掌握关键技术，提升关键产业水平，应当成为新时期我国技术进步的基本立足点。

自主创新是破解提升国家竞争力难题的重大部署。当前，经济全球化，特别是生产要素的全球配置，促进了科学和技术在全球范围内的流动，为发展中国加快技术进步提供了新的机会和可能。但是，技术创新能力是组织内产生的，需要通过有组织的学习和产品开发实践才能获得。我国的产业体系要消化吸收国外先进技术并使之转化为自主知识资产，就必须建立自己的创新队伍和自主开发的平台，进行技术创新的实践，掌握核心技术。只有这样才能真正提高国家的竞争力。

正确理解自主创新的基本内涵。我们所说的自主创新，主要包括三个方面的含义：一是加强原始性创新，努力获得更多的科学发现和技术发明；二是加强集成创新，使各种相关技术有机融合，形成具有市场竞争力的产品和产业；三是在引进国外先进技术的基础上，积极促进消化吸收和再创新。

提出加强原始性创新，显示了我国作为发展中大国面向未来的坚强自信心。新中国成立50多年来，我国科学技术已经获取得了一系列重大的成就，奠定了坚实的科技基础。当今世界科学技术发展日新月异，与国际先进水平相比，我们仍然有较大差距，在某些前沿领域的差距更加明显。近年来，我国科学技术发展业已奠定了萌发重大科学发现和技术发明的基础，对外开放和合作交流的空间也不断扩大。这一切，都决定了我们必须也可能在某些领域有所作为、后来居上。一个拥有13亿人口和5 000年灿烂文明的民族没有任何理由妄自菲薄、自甘落后。我们有坚定的信心坚持自主创新，实现重点跨越，为中华民族的伟大复兴，为世界文明的进步做出应有的贡献。

提出加强集成创新，体现了我国作为发展中大国谋发展的战略眼光。当今科学技术发展的基本趋势告诉我们，集成创新是科学技术向前发展的重要形式，推进自主创新也一定要顺应这一潮流和趋势。我们应当注意选择具有较强技术关联性和产业带动性的重大战略产品，大力促进各种相关技术的有机融合，在此基础上实现关键技术的突破和集成创新。把集成创新纳入到自主创新的范畴里来，提高科技研发活动的效率，进一步加快科学技术向现实生产力的转化。

提出加强引进技术消化吸收和再创新，反映了我国作为发展中大国的宽广胸襟。改革开放以来，我国通过引进、消化和吸收国外先进技术，开展广泛的对外科学技术合作与交流，带动了国民经济的快速发展和科学技术的进步。今后，我们应该在加大更深层次的技术引进以及开辟更广泛的科技合作与交流基础上，完善引进技术的消化吸收再创新机制。应该指出的是这里的争论不在于要不要引进先进技术，而在于是否花大力气消化吸收再创新。加强引进技术消化吸收和再创新，即反映了我国作为发展中大国向世界一切优秀文明成果学习的视野和胸襟。

胡锦涛同志多次强调指出，提高自主创新能力是推进结构调整的中心环节；要坚持把推动自主创新摆在全部科技工作的突出位置，大力增强科技创新能力，大力增强核心竞争力，在实践中走出一条具有中国特色的科技创新的路子。

五、国家创新体系

“国家创新体系”概念由英国经济学家克里斯·弗里曼于1987年在《技术和经济运行：来自日本的经验》中首次使用。弗里曼提出：“国家创新体系”，指出“……是由公共部门和私营部门中各种机构组成的网络，这些机构的活动和相互影响促进了新技术的开发、引进、改进和扩散。”弗里曼提出的“国家创新体系”概念后为经济合作与发展组织（OECD）正式接受，并于1996年的报告中提出了与弗里曼的定义大致相似的定义：“国家创新体系是政府、企业、大学、研究院所、中介机构等为了一系列共同的社会和经济目标、通过建设性地相互作用而构成的机构网络，其主要活动是启发、引进、改造与扩散新技术，创新是这个体系变化和发展的根本动力。”

国家创新体系就其实质性而论，可以说是一个网络，是在一个国家范围内由相关机构和人员组成的复杂的相互作用的社会网络，一句话，是知识流动的网络。

金吾伦先生在“怎样理解《国家创新体系》”一文中认为，国家创新体系的提出是以创新为特征的知识经济时代到来的象征。国家创新体系作为体系，是一个诸多因素相互作用的复杂社会网络，保证知识流动的通畅，它绝不仅仅是几项创新工程之和；作为系统方法，人人都可以用它来分析知识流，分析各种知识的生产、分配和应用，关注学习和创新过程中的“市场失效”和“系统失灵”，以促进知识在系统中正常而有效地运行，使经济持续增长。

联合国科技促进发展委员会主持编写的《知识社会：信息技术促进可持续发展》一书说：“一个国家的创新体系概念是指技术的和组织的能力构建过程，以及能够有效选择并能实施的政策制定过程。这一概念与国家的社会能力建设密切相关，在这种意义上它包括组织机构的社会，政治和经济的特征，而学习产生于这一过程中。学习过程是创新过程中最重要的特点。”同样，我们对国家创新体系的认识和理解本身也同时是一个学习过程和深化认识过程。

国家创新体系是由与知识创新和技术创新相关的组织机构和社会单元组成的网络体系。其主要组织部分是企业（以大型企业集团和高技术企业为主）、科研机构（包括国家科研机构、地方科研机构和非营利科研机构）和高等院校等。在国家创新体系中，各级政府是起主导作用的，表现在组织和协调各方利益和畅通运行。社会创新文化、创新环境和机制、管理创新等，在创新体系中起着重要作用。国家创新体系不是各个企业、科研机构、大学和中介机构各自创新绩效的简单叠加；这里既有各执行主体之间的互动效应，又有国家创新系统组成有结构系统发挥着整合作用，这正是系统的重要功能。

路甬祥将国家创新体系从功能结构上区分，国家创新体系可分为：知识创新系统、技术创新系统、知识传播系统和知识应用系统。知识创新是技术创新的基础和源泉；技术创新是企业竞争力的根本所在；知识传播系统培养和输送高素质的人才；三者构成了国家创新体系的三大支柱。知识应用广泛存在于现代社会，促进科学知识和技术知识转变现实生产力，为创新活动创造良好的文化氛围、社会环境和管理体制与机制是创新体系的基础和社会化平台。

三大支柱和一个社会应用平台各有分工和侧重，又互相交叉合作，构成一个开放的有机整体（表6–1）。

表6–1　国家创新体系的系统结构及主要功能

名称	核心部分	其他部分	主要功能
知识创新系统	国家科研机构、教学研究型大学	其他高校、企业R&D地方科研机构基础设施	知识的生产、传播和转移
技术创新系统	企业（大企业、高技术企业）	政府部门、其他教育机构、科研机构、中介机构等	传播知识、培养人才
知识传播系统	高校系统、职业培训系统	政府部门、其他教育机构、科研机构、企业等	传播知识、培养人才
知识应用系统	社会、企业	政府部门、科研机构	知识、技术的实际应用和管理

国家创新体系是经济和社会可持续发展的基础和引擎，是培养和造就高素质人才的摇篮，是综合竞争力的支柱和基础。其主要功能是知识创新、技术创新、知识传播和知识应用。

六、努力建设创新型国家

2006年1月在北京召开的第五全国科技大会正式提出建设创造型国家。关于建设创新国家的概念、意义及具体内容和要求，胡锦涛同志在大会的讲话中做了全面科学的表述："党中央、国务院作出的建设创新型国家的决策，是事关社会主义现代化建设全局的重大战略决策。建设创新型国家，核心就是把增强自主创新能力作为发展科学技术的战略基点，走出中国特色自主创新道路，推动科学技术的跨越式发展；就是把增强自主创新能力作为调整产业结构、转变增长方式的中心环节，建设资源节约型、环境友好型社会，推动国民经济又快又好发展；就是把增强自主创新能力作为国家战略，贯穿到现代化建设各个方面，激发全民族创新精神，培养高水平创新人才，形成有利于自主创新的体制机制，大力推进理论创新、制度创新、科技创新，不断巩固和发展中国特色社会主义伟大事业。”

胡锦涛在讲话中提出“建设创新型国家是时代赋予我们的光荣使命，是我们这一代人必须承担的历史责任。全党全国各族人民要统一思想、坚定信心、奋发努力、扎实苦干，坚持走中国特色自主创新道路，以只争朝夕的精神为建设创新型国家而努力奋斗。”

会议提出了至2020年把我国建设成为创新型国家的奋斗目标，也是实现全面建设小康社会的宏伟目标，实现中华民族的伟大复兴。为此大会进一步确立了科学技术的优先战略地位。这次大会是我国进入创新型国家建设时期的标志，对于推进我国经济社会和科技发展将具有里程碑意义。

—个国家，一个民族的综合自主创新能力的提高，是一个涉及体制、机制、文化、国民素质等诸多方面和层次的复杂问题，需要从多方面进行探索改革。在社会主义市场经济条件下推动和实现科技创新，需要国家、企业和全社共同努力。

应该看到，尽管我们距离创新型国家，还有很长的路要走，但经过这些年的奋斗和发展，我国已经具备了建设创新型国家的一定基础和能力。我国科技人力资源总量已达3 200万人，研发人员总数达105万人，分别居世界前列，这是走创新型国家发展道路的最大优势；经过几代人的努力，我国已经建立了比较完整的普通高教育和职业技术教育，以及科学研究与开发研究合理布局，这是走创新型国家发展道路的人才培养、科学研究与开发研究理要基础；我国已经具备了一定的自主创新能力，生物、纳米、航天等重要领域研究开发能力已跻身世界先进行列；我国具有独特的传统文化优势，中华民族重视教育，辩证思维，集体主义精神和丰厚的传统文化积累，为我国未来科学技术发展提供了多样化的路径选择。

自主创新是作为国家重大战略决策，因而是以政府为主导建设国家创新体系，为科技自主创新创造条件、优化环境，围绕提高科技自主创新能力的战略，把各种资源有效整合起来，以加强体系内各个创新主体的互动。政府、企业、研究机构、大学、中介机构这些要素要互动、协调，而不是分散地各自为政。

政府会自动地加大国家对科技开发的投入，并积极引导企业增加研究投入比例，以增强企业自主创新能力。我国2万多家大中型企业中有研究机构的仅占25%，而其中有研发活动的仅30%。据有关统计，大中型企业的研发经费只占其销售额的0.39%，即使高新技术企业也只占0.6%，这个比例还不到发达国家的10%。从国家投入来看，美国、日本这两个典型的创新型国家，其2003年科研经费总额分别占其GDP 2.8%和2.9%，目前我国仅为1.35%。所以，加大国家对科技开发的投入，引导企业增加研发投入比例以增强企业创新能力，是当前一项重要而紧迫的任务。国家要以财政参股、补贴、贴息等投资形式投入资金到企业的科技创新中；同时通过提供包括加速折旧、投资税收抵免、盈亏相抵、纳税扣除、优惠税率、免税期等有利于企业生产经营活动的税收政策，调动企业增加人力资本投资、研究与开发投资的积极性。另外，国家还要加大知识产权保护以激发企业等研发主体投入研发资金的积极性。

我国的特定国情，决定了我们不可能选择资源型和依附型的发展模式，而必须走创新型国家的发展道路。我国人口众多，人均资源占有量严重不足，生态环境脆弱，在这样日益严重的重大瓶颈约束下，如果我国科技自主创新能力不能有根本的提高，科技进步贡献率不能大幅度提升，是难以实现我们建设社会主义和谐社会的奋斗目标的。在全球化的大背景下，我们要从根本上保障自己的国防安全和经济安全，具备强大的自主创新能力。

综观世界，半个多世纪以来不少国家都在各自不同的起点上，寻求实现现代化的道路。一些国家依靠自身丰富的自然资源实现富有；一些国家主要依附于发达国家的资本、市场和技术；更有一些国家把科技创新作为基本战略，大幅度提高自主创新能力，形成日益强大的竞争优势，被称为“创新型国家”。

建设创新型国家是有国际经验可以借鉴的。进入 21 世纪，经济全球化浪潮风起云涌，国际竞争更加激烈。为了在竞争中赢得主动，依靠科技创新提升国家的综合国力和核心竞争力，建立国家创新体系，走创新型国家之路，成为世界许多国家政府的共同选择。国家创新系统是人类社会的一个伟大制度的创新，它包括创新网络和创新制度。

七、《意见》解读

科技兴则民族兴，科技强则国家强。

我国林业依靠创新驱动、发挥先发优势，不断加深对自然规律的认识，依靠科技创新破解绿色发展难题，从推动发展的内生动力和活力上不断寻求根本性转变，不断增加公共科技供给，在更广泛的利益共同体范围内参与全球治理，形成了人与自然和谐发展新格局，为实现中华民族伟大复兴的中国梦做出了新的贡献。

为深入贯彻落实《国家创新驱动发展战略纲要》和《中共中央国务院关于深化体制机制改革加快实施创新驱动发展战略的若干意见》等部署要求，进一步增强林业科技创新能力、释放创新活力、提高创新效率，2016 年 6 月，国家林业局颁布《国家林业局关于加快实施创新驱动发展战略支撑林业现代化建设的意见》，全面支撑引领我国林业现代化建设。

（一）总体要求

党的“十八大”作出了实施创新驱动发展战略的重大决策部署。实施创新驱动发展战略是世界大势所趋。我国林业建设进入攻坚克难和现代化发展的新阶段，实施创新驱动发展是加快生态文明建设、维护国家生态安全的迫切要求，是促进林业转型升级、推动绿色发展的重要支撑，是实施森林质量精准提升、提高林业发展质量和效益的有效途径，是开展林业精准扶贫、实现兴林富民的重要手段。推进林业现代化建设，必须充分发挥科技第一生产力、创新第一驱动力的重要作用。

总体思路：坚持创新、协调、绿色、开放、共享发展新理念，按照“四个着力”发展要求，以实施创新驱动发展战略为主线，以支撑生态建设、引领产业升级、服务社会民丰为重点，深化林业科技体制改革，激发科技创新活力，营造创新驱动发展氛围，增强林业自主创新能力。到 2020 年，基本建成适应林业现代化发展的科技创新体系，重点研究领域跨入世界先进行列，为林业改革发展提供强劲动力。

主要目标：到 2020 年，基本建成布局合理、功能完备、运行高效、支撑有力的国家林业科技创新体系。创新能力大幅提升，创新平台日趋完善，创新环境更加优化，重点研究领域跨入世界先进行列，科技进步贡献率达到 55%，科技成果转化率达到 65%，为林业现代建设提供有力支撑。

（二）十大林业创新工程

林业种业科技工程。重点开展林木种质资源保存与评价研究，完善全国林木种质资源信息系统和收集保存平台；开瘤主要抗逆生态树种、速生用材树种、珍贵树种、经济林树种、竹类植物、主要观赏植物的育种研究，形成各种技术集成示范。

林业生态建设科技工程。重点开展天然林保育与恢复研究、重要湿地保护与修复、生物多样性保护、重点区域防护林体系构建与调控、退耕还林建设和功能提升、沙漠化综合治理、城市林业与美丽乡村建设、林业灾害防控、林业应对气候变化、生态系统服务功能监测与评估，形成各种技术集成与示范。

森林资源高效培育与质量精准提升科技工程。重点开展以杉木、杨树、马尾松、落叶松、桉树为主的速生用材林，以降香黄檀、柚木、楠木、红松、栎树、桦树和水曲柳等珍贵树种为对象的珍贵用材林，以油茶、核桃、板栗、杜仲、柿子、花椒、仁用杏、油桐等主要经济林树种为对象的经济林，以及竹藤资源、林业特色资源高效培育以及国家储备林建设、森林质量精准提升等关键技术的研究。

林业产业升级转型科技工程。重点针对节能降耗、清洁生产和产品增值等绿色制造技术难题，开展木竹高效加工利用研究；针对林产资源利用效率低、清洁生产程度低等瓶颈问题，开展林产化工绿色生产研究；围绕资源有效供给不足、加工转化成本高等瓶颈问题，开展林业生物质能源和材料开发研究；针对经济林和特色资源开发利用程度低、高价值产品少、产业链短等问题，开展经济林和特色资源高值化利用研究；围绕资源有效供给不足、加工转化成本高等瓶颈问题，开展森林旅游与休闲康养产业发展等关键技术研究与示范。

林业装备与信息化科技工程。针对林业生产机械化程度低、先进装备缺乏等问题；重点攻克营造林抚育、林果采收、木竹材高效利用、林副产品加工、森林灾害防控等装备制造关键技术；针对林业数据挖掘程度低、智能化决策水平不高、林业资源精准预测和监测亟须强化等问题，重点突破智能化林业资源监测、森林三维遥感信息反演及海量林业资源空间信息智能管理等关键技术。

林业科技成果转化推广工程。重点转化和示范推广先进、成熟、实用的科技成果2 000项以上，集中优选建立林业科技成果推广示范基地500个；帮扶指导和发展林业科技精准扶贫示范户1万户，使示范户农民增收20%以上；优选建设；100个具有显著窗口效应的林业科技示范企业；建立林业科技成果网上对接和交易市场，发布年度重点推广林业科技成果100项，并开展科学普及行动和推广体系建设。

林业标准化提升工程。建立标准化示范区200个，培育和认定国家林业标准化示范企业100家；围绕中国林业“走出去”优先领域，制定中国林业标准“走出去”名录；完善林产品质量监督工作机制，整合构建林业强制性标准体系。

林业知识产权保护工程。健全林业植物新品种权利益分享机制，建立公益性授权植物新品种转化应用的政府补贴制度；建立林业生物物种资源优先保护和分级制度，构建珍稀林业生物遗传资源空间地理信息系统和林业生物遗传资源信息共享平台；形成林业核心技术专利群和重点领域专利池，提高涉林专利数量和质量；建立林产品地理标志保护制度和林产品地理标志产品示范基地。

林业科技条件平台建设工程。创新平台，加强重点实验室、生态定位站、长期科研试验基地、区域科技创新中心等创新平台的建设；转化平台，构建产学研相结合的成果转化平台服务平台，加强林业科学数据、林木种质资源、森林生物标本、质检中心、林业知识产权、林业转基因生物测试、新品种测试等技术服务平台建设。

现代林业治理体系支撑工程。开展强化林业发展战略研究，科学谋划林业发展的战略目标和实现路径；开展林业重大理论问题研究，为建设生态文明、推进林业现代化提供理论支撑；开展林业重大政策与法律体系研究，构建符合林业可持续发展的政策体系和法律法规体系；开展林业管理体系研究，深化国有林区改革、国有林场改革、集体林区改革；开展生态文明制度体系研究，在管理制度、评价制度、考核制度、公众参与制度等方面进行突破。

八、创新方法

（一）创新的条件

创新必须具备三个条件。

1. 高素质的创新者

创新是具体人（人群）的实践行为。19 世纪以后，科学和技术的重大理论创新和技术创新是来自科学研究实验的实践，创新者主体人群是科技人员中的工程师和科学家，但并非现有从事教学、科研和开发与管理的 8 000万科技人员中并不是个个人都能在科技领域中做出重大的理论创新和技术创新，只有其中部分人能够在创新领域中做出贡献。因为创新者自身必须具备一定的素质条件，和一定的客观环境条件，二者不可缺少。中国现有 8 000万知识分子每个人都有可能成为创新者，但不是人人都具备上述二个条件。

笔者认真地研究分析了当前国内著名专家成才之路，虽是千差万别，但也不难发现他们之间存在的共同规律。首先是对祖国赤子之心，刻苦勤奋，对事业的卓著追求，耐得住寂寞。如果少了这几条再好的天赋，再好的条件也成不可创新的。其次是善于学习勤于思考，具有卓越的业务才能。第三是开拓进取，不守旧，刻意求新的创造力。第四有社会环境，提供生活、学习、研究和工作的基本物质条件。师昌绪曾说，一个人的成长要具备四个重要因素：智慧体魄是基础，勤奋进取是动力，素质品德是保证，环境机遇是条件。

根据一般成才规律，创新者的素质包括政治素质好、心理素质好、业务素质好、能力素质好和体魄素质好。创新也是重要的思维活动，创新者必须学会科学思维方法。会运用系统思维与系统分析方法，充分发挥主观能动性，逐步逼近创新成果，直至完成。苏东坡说："古之成大事者，不惟有超士之才，亦有坚忍不拔之志。"

中国知识分子有一个优良的传统，以国家兴亡为己任，有忧国忧民的忧患意识，不敢一日忘国忧。爱国是每一个中国人，做人最根本的准则，敬业是每一个人立身处事的基本要求。自然科学是没有国界的，如爱因斯坦的相对论、海森堡、薛定谔的量子力学，中国的四大发明，它的成果是全人类的财富。但科学家是有自己的祖国的，祖国比天大。杨振宁先生 2004 年在《科学时报》亲著文中说，他的父亲至死都没有原谅他加入美国国籍，临终教诲他说"有生应记国恩隆"。

创新人才不是自生自灭的，是要计划培养的。人才培养是一项巨大的系统工程，并且是一个开放系统，涉及社会的方方面面。人才培养也是艰巨而长期的。我国有句谚说："十年树木，百年树人。"百年树人并不是说培养一个人才要百年，已经超出人的一般寿命，正确的理解是指人才培养的长期性和连续性，要推进社会进步与发展，必须数代人的坚持接力赛，才能成功。人才的需要不是一个人或少数几个人，也不是某个领域，某个行业要人才，社会的进步与发展需要许多人才，并且是各行各业的全方位的。因此，国家提出"人才强国"战略。正如邓小平说过的那样："人才不断涌现，我们的事业才有希望。"

2. 构建基础条件平台

科技资金投入和科技基础条件平台建设，是科技创新的物质基础，是科技持续发展的重要前提和根本保障。调整和优化投入结构，提高科技经费使用效益。

科技基础条件平台是在信息、网络等技术支撑下，由研究实验基地、大型科学设施和仪器装备、科学数据与信息、自然科技资源等组成，通过有效配置和共享，服务于全社会科技创新的支撑体系。

要构建必要的完善的生活设施，保证创新人员生活安定无后顾之忧，全心投入工作。

大力倡导学术平等和自由探索，遏制学术不端行为，大力营造勇于创新、尊重创新和激励创新的文化氛围。

我国历来高度重视科学技术的发展，对科技发展的组织领导和力量动员，为我国科技事业进入又一个迅猛发展的大好时期，提供了可靠的保障。在大方向的指导下组织创新项目的实施。

创新项目的研究任务是分解至若干个课题组具体承担执行的。课题组是由若干科技人员群体构建成的团队，项目组是总团队。团队向总团队负责，总团队向下达创新项目研究任务的部门负责。

我们称为团队虽是由若干科技人员个体组成的群体，但团队不是若干个体的累计相加组成的群体，而是组成有机的整体，发挥着整体效应，应是1+1>2的。

（二）创新的方法

1. 创新的预测与规划

有专家认为创新不可预测。认为重大的革命性的创新是来自偶然的机遇，人们最多能从宏观上预测在哪些大方向上取得重大科技突破的机遇大一些。

我们认为创新是可以预测与夫划的，如中国的"两弹一星""神舟六号"的成功就是科技创新规划的硕果。国务院于2006年2月9日（见报10日）向全国正式发布《国家中长期科学和技术发展规划纲要（2006—2020年）》以下简称《规划纲要》。就是对近20年中国科技创新的预测与规划，并精确地进行创新项目的目标规划。

科学发现是指偶然发现，偶然发现也是创新。这里是专指自然科学。

科学发现有二类，一类是完全纯属偶然，人毫无主观希望和要求，从发现到结果，均是不可预知的。偶然即出乎意料，不期然而然。在科学史上，青霉素的发现就是很偶然。

偶然只限给站在将要成功门口的人，机遇只限给有准备的人，其他人等是不知道偶然和机遇已经来临。青霉素发现的机遇只能是英国细菌学家弗莱明。当国王要阿基米德测定金冠是否纯金时，日夜苦想办法中在一次洗浴中偶然发现了浮沉原理。在此时，也只有在此时，偶然机遇才给了阿基米德。

另外一类科学发现是蕴藏在必然条件之中的偶然发现。根据现在已知的信息及其可能发展的规律，可以预测未来的大体结果。但是，谁会发现，什么时候发现，结果将会如何，则是偶然的，不可预测的。如 X 射线的发现是科学史上又一偶然发现，但在偶然的背后隐藏着必然。为此，1901 年伦琴获得了第一个诺贝尔物理奖。

2. 创新的步骤

创新既是有过程，必然有程序步骤，现归纳分述如下。

（1）选准创新项目突破口

如何选择创新项目突破口，可根据下面原则。

创新项目在《规划纲要》提出的项目中选择，这样解决了三个问题：一是国家需要；二是申报国家立项有经费，申报省市立项也有经费，或在国家的大项目中结合行业，如生物技术，可用在林业良种选育、林产品加工，可申报行业课题立项也有经费；三是避免项目低水平重复。

选择创新突破口。一个项目可能有多个突破口，选择其中重点突破口。根据有所为，有所不为，重点超越的原则考虑突破口。

创新成果的准确定位。定位是对成果的预期性质、水平的定位，要从实际出发，根据创新项目的性质，创新者（群体）自身的水平，可能提供的实践条件，实事求是地作出定位。

选择项目的理由说明。选择研究项目要说明理由，是申报立项的依据。项目有关过去历史、现状、未来发展前景。要详细介绍国内外有些什么人做过有关工作，有什么成果，成果当时和现在的意义，现在国内外研究现状，水平，未来发展前景。预期研究成果的创新点的理论意义和实践价值。

科研项目选定后，根据可能提供的条件和创新要求，应认真地考虑制订研究设计实施方案，田间试验设计与实验设计，以及需要的仪器、场地、房舍设备，作出投资概算。试验研究包括多因素、多变量，在研究执行中要预测不确定因素，不可预测因素等。

(2) 正确地运用科学思维

创新思维是每一个科技人员应具备的重要基本素质之一。创新必须立足于现实，现实包含：自身条件、学科前沿、设施平台、生产水平、市场需求，这 5 个方面是创新的现实条件和前提，否则是不可能有创新的。

为了拓展科学思维的运用，还必须深刻认识和理解思维的特点，现分述如下。

1) 认识的有限性和无限性

个人认识客观世界总是有限的，因而思维也是有限的，但客观世界是无限的。个人认识客观世界事物或事件及其规律性，是受当社会整体科技和经济发展水平所制约的，首次认识即使有超前，但在认识内容的广度和深度是有限的。必须要经过不断反复实践—认识—思维，才能逐渐扩张丰富发展，从这个意义上说，认识是无限的。在人类认识的历史长河中是无限的，无止境的。

2) 思维的循序性的过程性

当针对某一问题运用思维进行思考时，是有循序和过程的。思维是从感性认识客观事物或事件开始的，这是用来思考的原材料。然后按照感性认识—悟性认识—理性认识—顿悟认识这样四个层次，形成新思想。思维的四个层次是连续的，并且是需要时间和过程的。思维时间和过程的长短，是根据思考问题的难易而定的，思考一个重问题，决非数时的短期能完成的，绝不能浮躁，往往需要几年几十年甚至毕生之精力。

3) 思维的探索性和不确性

针对任何问题思考时，开始时是未知能否获得结果，是具探索性的，否则就不需要运用思维了。因为具有探索性，是否获得结果，会获得什么样的结果，均是不确定性的。不确定性还有一个意义，在思维过程中，也会遇到不确性因素。

4) 思维的继承性和传递性

在思考任何问题时定会运用他人信息，包括正反两方面的信息经验，这就是继承性。思维获得的信息是可以传递的，这就是人类思维的长河。

(3) 遵循认识规律，逐步逼近

创新是有过程的，因而不是马上可以认识的，有一个认识逐步深化，反馈修正，逐步逼近成功的过程。要运用系统分析方法，正确认识并处理好渐进性积累和突变创新的关系。

有积累不一定有突破，突破是要催生的，否则成功的第一步跨不出去的。有突破不定能意识到，不一定能捕捉住。有可能创新成果碰到鼻子尖的时候，还捕捉不到。因此，创新者要破因循守旧，要解放思想，善于思考，大胆设想，勇于创新。

理论创新或技术创新是从创新思维（好想法）开始的。由创新思维开始要完成理论创新或技术创新还必须有第二次实践，形成：实践—创新思维—再实践—理论创新或技术创新的程式，也是逐步逼近法。这一程式以致循环往复，至螺旋式无穷延伸。

（三）创新成果的推广应用

技术创新成果是可以申报专利的，使成果受到知识产权的保护。

技术创新成果要变成新的生产力，形成新的经济增长点，就必须在生产实践中推广应用。创新成果的推广应用是第二次再创新。

九、营造宽松的学术生态

2016 年 1 月 13 日，国务院办公厅印发《关于优化学术环境的指导意见》（以下简称《意见》）。《意见》中以四个“不得”的否定语气为科研管理部门、高校和科研院所的行为边界设立了一道“警戒线”“不得以‘出成果’名义干涉科学家研究工作，不得动辄用行政化‘参公管理’约束科考家，不得以过多的社会事务干扰学术活动，不得用‘官本位’‘等级制’等压制学术民主。”

除了四个“不得”破除学术行政化、官本位，为学术松绑的去行政化思想在《意见》中无处不在。例如《意见》要求，优化科研管理环境，落实扩大科研机构自主权。推动政府职能从研发管理向创新服务转变，更好发挥政府基层设计和公共政策保障功能，尊重科技工作者科研创新的主体地位，不以行政决策代替学术决策。

《意见》重申了中由科协联合教育部等部门针对学术不端行为发布的“五不准”原则。‘五不准’是对科技工作者提出的自律要求，是针对学术不端行为所做的具体规定，是科技工作者在科研行为中不可逾越的‘红线’。这是对违反科学道德的行为的严格限制，也是对科技工作者学术自由的保障。

十、关于调动科研人员积极性的问题

现在是一面叫科技人员不够，另一面又有大量科技人员潜力没有发挥出来，当然原因是多方面的，如科技人员学科分布、部门分布、地区分布以及政策上的原因以外，也有科技人员自身的主观原因，但其中一个原因是经费不足。

在林业总体投资中，科研投资应该算是基础投资，也是高效投资，是为提高林业生产、科技与人才的整体素质，提高生产力服务的，是科技兴林落到实处的措施。加强科学研究是推进林业建设整体进步发展的战略决策，科研投资是对第一生产力的投资。

林业高校和研究所当然可以进行开发性研究，将研究项目推向市场，在总体上来说无疑是对的。如果实事求是地考虑到林业周期长的特点，面对当前我国林业生产的现实局面，就清楚地看到，并非所有林业科技成果都能推向市场，仍然要求国家保证一定的投资。

第六节　科研课题研究的全过程

一、科学研究选题

（一）选题的意义

科学研究从本质上来说就是研究客观事物的规律性。自然科学研究过程就是探求自然规律、认识客观事物发展不断深化的过程。这个过程包括有目的提出问题，有步骤地解决问题，得到解决问题的结论。“问题”是暂时还未被人们认识和掌握的客观事物，科学研究是从“问题”开始的。在实际研究工作中问题是不可能一下全部解决的，必然根据其中的轻重缓急逐个解决。从许多问题中抽出某个或几个问题进行研究解决，这被抽出的问题就是科学研究选题。

选题是科学研究的起点，是决定主攻方向与具体目标的。它属于战略性的决策。选题是否正确，直接关系着科研的成败和价值。爱因斯坦说：“提出一个问题往往比解决一个问题更重要，因为解决问题也许仅是一个数学上或实验上的技能而已。而提出新的问题、新的可能性，从新的角度去看旧的问题，却需要有创造性的想象力，而且标志着科学的真正进步。”因此，选择课题的本身就是严肃的科学研究。

客观世界存在的问题是无限的，永无止境的，而对问题的研究是受主观和客观条件限制的。有限的条件去研究无限的问题，这就要求正确地估量可能研究的问题和条件。因此，必须处理好客观的需要和主观的可能。

（二）研究课题分级

研究课题分级是指管理、立项、下达任务的部门分级，可分为国家、行业、地方、企业四级。

1. 国家研究课题

国家研究课题如下。

（1）科技部管理的国家科技攻关或重点项目

该类研究项目是全国性的直接关系国民生计的重大课题、基础课题、科技前沿课题。

“十五”期间，科技攻关计划在农业、信息、自动化、材料、能源、交通、资源环境、医药卫生、社会公益事业八个领域共安排210项重大和重点项目。在信息、自动化、材料、能源、交通等领域，针对当前国民经济和社会发展中亟须解决的重大产业科技问题，集中攻克了如航天航空、精密制造、清洁能源、智能交通、金融信息化、计算机网络等一批对产业技术升级、产业结构调整有重大带动作用的关键技术和共性技术，使我国重点产业的国际竞争力显著增强。“十一五”期间又有许多新的科学和技术发展规划。

(2)“863”计划“863”计划

是1986年3月邓小平亲自批准实施的。通过“863”计划部署，我国突破和掌握了一批事关国计民生的信息关键技术，在高性能计算机、移动通信和软件方面打破了国外垄断，跨越式地进入世界先进行列。通过“863”计划的实施，“十五”期间，我国在信息技术、生物和现代农业技术、新材料技术、先进制造与自动化技术、能源技术、资源环境技术等重要的高技术领域，取得了一大批具有自主知识产权的技术成果，自主知识产权数量成倍增长，培育出一批新兴产业的生长点。

(3)“973”计划是基础研究领域最重要的计划之一

这项计划的目标是，通过该计划的组织实施，集中支持一批优秀的科学研究队伍，开展重大的创新研究工作，攀登世界科学高峰，并以此带动我国基础研究乃至高技术产业有较大的发展。

通过“973”计划的实施，我国基础研究围绕农业、能源、资源环境、人口与健康、材料以及结合交叉和重要科学前沿领域中的重大科学问题，共部署229个项目，使我国基础研究在国际科学界的影响力日益上升。

据科技部不完全统计，截至2005年年底，国家通过对科技工作的全面部署，“十五”期间，“973”计划、“863”计划和国家攻关与重点项目三大主要科技研究计划共发表论文160 000多篇，出版专著1 000余部，获得发明专利11 000余项，制定国家和行业标准3 000余项。这些成果使我国在基础研究、高技术领域和支撑国民经济、社会发展方面取得一系列新的突破，为建设创新型国家奠定了重要基础，坚定了我国走自主创新之路的信心。

(4)国家自然科学基金

国家自然科学基金是1981年设立的，主要支持基础研究。25年来共资助10万余个课题，并取得大批成果。1986年国家自然科学基金委员会成立时，年资助经费8 000万元，2005年，年资助经费达到了26.95亿元。自然科学基金委员会准确把握科学基金在国家创新体系中的“支持基础研究，坚持自由探索，发挥导向作用”的战略定位，努力探索和建立支持创新研究的保障机制，激励创新思想，促进创新人才成长，成为我国科技创新的重要源头。在国家自然科学奖获奖成果中，得到自然科学基金支持的成果所占比例逐年攀升，20 世纪 90 年代以来，平均比例达到 80%以上，2005 年度达到 95%。自然科学基金委员会按照“尊重科学、发扬民主、提倡竞争、促进合作、激励创新、引领未来”的工作方针，遵循基础研究的规律，着力营造有利于自主创新的良好环境。健全了咨询、决策、执行、监督相互协调的管理体系，建立了以面上、重点、重大项目为基本层次，多种专项基金相互衔接配合的项目资助格局。

2. 行业研究课题

行业研究课题是向中央各部委局申请立项下达的研究课题。林业高校主要首先是向国家林业局申请研究课题，其次是向发展与改革委员会、教育部、农业部、国土资源部、环境保护部等与林业有关部门申请研究课题。

3. 地方研究课题

地方研究课题是指向省、市有关部门申请研究课题。如省发展与改革委员会、科技厅、林业厅（局）、教育厅、农业厅、环境保护局等厅局。省里也與有自然科学基金。

上述国家、行业、地方三方面研究课题申请是由政府立项下达科研经费，习惯上称纵向研究课题。

4. 企业研究课题

企业研究课题是根据企业提出需要研究解决的问题，有明确针对性申请研究课题。习惯上称为横向课题。

（三）研究课题的选择

国家研究课题申请要依据《国家中长期科学与技术发展规划纲要（2006—2020年）》（以下简称《规划纲要》），以及每年由科技部颁发的研究课题指南中选择课题。

其他“863”“973”“自然科学基金”每年均会颁发研究课题指南，可以从中选择研究课题。

国家林业局于 2005 年 12 月 1 日颁发了《关于进一步加强林业科技工作的决定》（以下简称《决定》），《决定》实际上是林业科学和技术发展中长期规划。林业研究课题的申请要依据《决定》和每年颁发的研究课题指南中选择课题。

中央各行业部局，地方行业厅局每年均会颁发研究课题指南或通知，可以从中选择申请研究课题。

申请企业研究课题，是解决生产中存在的问题，着重在开发性课题，则要主动与有关企业联系，上门寻找研究课题。

青年教师还可以自己提出研究课题，向省市和学校申请青年基金。

各类技术标准也属于研究课题，可以向中央、地方提出申请。

（四）研究课题的申请

根据每年有关的各类科技研究指南或通知，从中选择研究课题，确定研究课题后，随即要提出研究课题申请立项。

1. 开题报告

主要内容包括如下方面。

本课题研究的目的和意义。

国内外对该问题研究现状，要具体说明哪个国家、单位或个人做过什么工作、有什么结果、达到什么水平、不足之处、还有什么问题需要研究等。据此提出研究课题的起点，不是跟在人后，而是更高新起点。必须列出国内外参考文献 60 篇以上，其中，近 5 年文献不低于 50 篇。

主要的技术难点和攻关措施。

理论或技术创新点及其达到的水平。

具备的条件，参加本课题的人员、业务水平、职称、人数、实验手段、材料和场地、协作单位和人员分工。

预期结果及结果的应用推广所能达到的经济效益。

经费概算。

2. 填报研究课题（项目）任务书

科技项目任务书，一般有如下内容（通常有印好的固定表格，分别填写）。

——项目名称。名称应确切、科学、反映内容。

——负责单位。负责人及参加人员。

——起止年限。

——研究项目。阐明研究目的和意义，研究性质，采取的研究方法等。

——国内外研究现状及发展趋势。

——经费概算与主要仪器、设备。

——预期结果，成果的意义和应用推广的经济效益。

——承担单位和主要协作单位及其分工，成果处理办法。

3. 研究课题的论证

为使研究课题更切实可行，申请立项之前，需请有关的同行专家进行论证，并将论证结论一起申报。研究课题的论证主要从以下三个方面进行。①可靠性课题提出的依据是否可靠；为达到预期的研究目的，所采取的研究方法、手段是否可靠等。②先进性提出的目的、指标是否先进；研究起点是否先进；研究手段是否先进。这里所说的先进是国内外的水平，但要考虑现有条件。③可行性提出的研究方法是否可行；研究成果是否可以在生产中应用，推广的前景如何。

一个研究课题经上述三个方面进行论证通过以后，连同论证结论一起申报。经过一定的批准手续，立项后，才能算科研课题正式成立，才能算有科研任务，即可组织力量编制实施方案。

二、试验研究实施方案的编制

试验实施方案是阐明具体试验研究方法和措施，它是试验研究实施执行、检查所依据的技术文件。方案若能保证研究工作过程中系统、周密、符合科学要求，试验结果就能准确无误。因而方案也是研究成果可靠性和数据精度的考核依据文本。它也是申报科技进步奖的原始材料。

试验实施方案应包括以下几方面的内容。

——课题名称。

——任务来源。

——起止年限。

——研究内容，研究性质，国内外研究现状，本研究的起点，研究目的和意义，预期结果及经济效益。

——试验场地，包括具体的地方，简要说明环境条件。

——试验材料（种子、苗木等）来源、规格和数量，其他试验需用的各种物料及规格和数量。

——田间试验设计。

——观察项目（技术档案）。

——进度安排，按年度分月安排各项任务的实施。

——经费预算，包括仪器、基建、物料、工资、会议、旅差、不、可预见费等。

——承担单位及负责人、参加人。

——协作单位与分工。

试验研究实施方案编制出后，要向研究课题批准立项部门申报备案。它是检查科研进度完成情况的文本依据。

三、试验研究方案的实施

根据实施方案组织实施试验研究，这是一个艰苦生产劳动的实践过程。在研究方案实施过程中，只要有一个环节不认真，就会影响数据的精度，继而影响研究结果。研究计划的实施可分如下几个步骤：

（一）准备工作

根据实施方案的要求，进行人力、物力和场地的准备。人力的准备是最重要的准备。凡是参加科研的人员，都应了解全盘实施方案，特别是田间设计要求。工人要进行相关技术培训。试验场地的选择要认真，不应在不合试验要求的地方布点，否则将影响，试验结果。

（二）组织施工

试验场地定好后，要在现场按试验要求进行分区、开梯、挖穴的划线定点，然后动工。

林地整理经验收合格后，再按试验要求定植苗木。

（三）观察、调查记录

试验林地施工后，按计划规定的要求进行观察、调查记录。这是一项经常而又定期的工作，难就难在“经常”“定期”，因此，要求参加的科研人员要有毅力，坚持到底。试验本身就是探索性的，计划是先拟定的，很难保证没有不妥甚至错误的地方，所以在观察过程中也要注意设计本身是否妥善，发现问题要及时提出并讨论研究解决。

试验林地仍然要进行一般性的中耕除草等管理，在观察记录时，还要提出林地的抚育意见。

（四）年度工作总结

林业的试验研究一般要连续多年，所以每年都要进行年度工作总结，每年的观察、调查记录材料也要汇总整理。

（五）产量验收

试验林产量从始产开始，每年均要组织有关人员现场测产验收，并提出验收报告作为凭证。

四、研究工作报告的撰写

研究课题按计划结束后，必须提交两个报告。一个是科研工作总结报告，将研究课题计划研究期内（三年或五年）的研究工作情况，如实地写成书面总结报告；另一个是研究成果报告，是本次研究课题所获得的研究成果的文本载体。本节仅概述研究成果报告的撰写。

五、资料、数据整理

将研究计划期所获各种资料进行归纳分类整理成文字材料，数据要分类进行分析处理，归纳成各种表、图。从整理出的资料、数据中可以初步看出成果整体水平端倪、创新点，以及还存在的问题。

在进行资料整理、数据处理时，一定要忠实原始资料、数据，绝不能任意改动。

六、编制研究报告编写大纲

由课题主持人按照科研计划、合同书的要求谋篇布局，提出初步科研报编写大纲框架，组织课题参加人员进行讨论。着重讨论结果内容的编排、结论，在理论上和技术上有什么创新点，及其意义和水平。课题组内有不同意见时，要认真协商，务求统一。如果不能统一应在研究报告中有所反映。不同的学术观点，不能用少数服从多数的办法解决，允许保留意见。

研究报告编写大纲讨论确定后，可以根据大纲内容分工编写，也可以由一人执笔编写。为使报告文体规范统一，分工编写的最后要一人统稿、定稿。报告文本在编写过程中，要不断地讨论修正，最后定稿。

七、科研报告的撰写

（一）研究报告规范体例

研究报告（论文）体例按 GAJ-CD B/T1—1998 中国学术期刊（光盘版）检索与评价数据规范执行。

（二）研究报告编写方法和要求

研究报告内容总要求：先进性、科学性、创新性。

研究报告结构要求：论点明确，资料可靠，文字精炼，结构严谨，层次清楚，数据准确。

正文内容框架结构和要求：

题目：要切合文章内容，最好不超20个汉字。有必要时，可加列副标题。

署名：研究报告作者署名，并要标名所在单位。如果是署集体名的，如某某课题组，则要注，明执笔人姓名。如果署名超过5人，最好注明执笔人。

摘　要：研究报告必须有摘要。摘要要求短，一般100~300字，或者文章字数的4%~5%，不要超过400字。摘要要求精，要将文章的主要内容准确的概括出来，是一个完整的独立篇章。

关键词：这是为提供检索用的。关键词不能超过20个汉字。

中图分类号：　　　　　　文献标识码：　　　　　　文章编号：

外文摘要。

文章正文。

1）前言

前言或序言，现期刊一般不标出，前言的作用是导读。前言包括研究任务来源、目的；本研究课题前人研究概况；本研究在什么基础上开始，现在完成情况。前言一般不超过500字。

2）材料和方法

包括试验地的地址、自然概况；使用什么样的参试材料，材料作过什么样的处理；试验设计方法；试验外业、内业调查，分析方法和要求。

3）结果与分析

这一节是研究报告的核心。根据试验资料、数据归纳成一条一条的理性分析只说结果，不推测。

4）结论与讨论

这一节是研究报幸的精华。将试验结果上升为理论、，技术和创新点。有不同意见，国内外有争论的问题，也放在这里，一条一条地说，文字力求简洁明快。

研究报告的正文就包括上述四部分。最后报告要印刷成册。

5）参考文献

文章首页下标。用——横线与文章分开。

收稿日期：

基金项目：

作者简介：文章多人署名，简介不要超过3人。

八、申请成果鉴定

研究报告写好以后，可向研究课题下达部门申请研究成果鉴定。申请研究成果鉴定要准备好下列材料。

①研究报告定稿文本。②查新报告。林业方面的研究报告成果最好请中国林业科学研究院科技信息研究所查新。一般查国内外近10年与本研究报告内容相近的其他研究报告。本报告前人没有的创新点，出具正式查新报告。也可请省级科技信息研究所查新。③研究期间各类原始记录。如果太多，可以提供目次。④历年产量验收报告。⑤经济效益证明材料。⑥必要的实物、图片材料。

科研成果鉴定有2种形式：会议鉴定、通信鉴定。一般攻关课题多采用会议鉴定。鉴定会的成果是提供鉴定证书。

科研成果通过鉴定，研究计划、合同全部完成，科研结束。

九、申报科研奖励和申请技术推广

研究课题通过鉴定后，可以向所属省区市申报科技进步奖。获省区市科技进步二等奖以上，可以申报国家科技进步奖。

根据成果性质也可以尝试直接申报国家自然科学奖、国家发明奖。

如果是技术成果，为了将技术转化为生产力，可以向有关行业部局申请技术推广。

参考文献

陈波.2005. 逻辑学是什么［M］. 北京：北京大学出版社.

程光胜.2003-04-25. 历史的启示［N］. 科技日报（1）.

达尔文（陈世骧等译）. 1972. 物种起源［M］. 北京：科学出版社. 1-10.

恩格斯.1971. 自然辩证法［M］. 北京：人民出版社.

何方，张日清，王承南，等.2008. 林业科学研究思维与方法［M］. 北京：中国林业出版社.

何方.2006. 论创新的过程性和继承性［J］. 中南林学院学报，4（6）：150-151.

何方.2006. 博士研究生创新能力培养模式的研究［J］. 西北农林科技大学学报（社科版），6（1）：98-103.

胡锦涛.2006-01-10. 坚持走中国特色自主创新道路为建设创新型国家而努力奋斗［N］. 科技日报（1）.

胡启恒.2002-06-03. 科学的责任伦理与道德［N］. 科技日报（5）.

胡卫平.2004. 科学思维培育学［M］. 北京科学出版社.89-154.

李崇富.2007-01-23. 建设社会主义核心价值体系的哲学思考［N］. 光明日报（9）.

彭向华.2007-02-01. 让智慧变得生动有趣［N］. 科技日报（B2）.

钱学森，等.1983. 论系统工程［M］. 长沙：湖南科学技术出版.

谭希培 . 2004. 马克思主义哲学原理（第二版）［M］. 长沙：中南大学出版社 .
田宏第 . 1984. 形式逻辑概要［M］. 天津：南开大学出版社 .
万劲波 . 2016-06-06. 走向全面创新时代［M］. 中国科学报（1）.
杨沛霆，等 . 1985. 科学技术论［M］. 杭州：浙江教育出版社 .
詹媛 . 2016-06-06. 解除后顾忧，专心搞研究［N］. 中国科学报（1）.
赵寿元 . 2003-04-22. DNA 与遗传学［N］. 科技日报（1）.
周光召 . 2003-04-05. DNA 中的故事和启示［N］. 光明日报（6）.

第七章　中国现代经济林产业化建设发展的战略措施[①]

第一节　概　述

现代经济林产业体系发展战略规划，布局谋篇，是发展目标、道路和措施的预谋，是战略决策。发展战略决策，是洞悉现在形势与未来发展逻辑趋势，科学准确地作出预测和判断。

一个完整的决策过程，包涵确立对象的依据，规划的指导思想和原则、目标、范围、内容、工艺、时限、市场、践行措施、投资预算、收益比，均要有精准定量的规划说明书。发展规划说明书，经过专家可行性论证。论证是经过目标分析，条件分析和经济分析。经可行性论证后，报批立项。

一、当前经济林生产中存在的问题

当前经济林生产存在的中心问题，是经济效益偏低。构成经济效益偏低的要素主要包括 3 个：一是单位面积产量低；二是产品质量不高；三是产品潜在效益没有发挥出来，原因是产品的生产和加工利用，在技术上没有重大突破，资源的时空优势没有充分发挥出来。

当前，经济林生产主要依靠个体农户分散经营，未组成健全的产业化体系，科技含量低；产品产量和质量不稳定。明确存在问题，使我们进行现代经济林建设更具针对性，事半功倍。

部分经济林生产和经营中存在的问题，一定程度上可以通过经济林现代化建设来解决的，提升产品市场竞争能力。

① 本章由何方撰写。

二、指导思想和原则

（一）指导思想

现代经济林产业化建设要以科学发展观为指导。我国对科学发展观的界定："坚持以人为本，树立全面、协调、可持续的发展观，促进经济和人的全面发展。"科学发展观是中国特色社会主义理论体系组成之一。是我国经济社会发展的重要指导思想，是认真贯彻落实党的"十八大"精神，在新的历史起点上发展中国的特色社会主义的重大战略部署。

科学发展观，第一要义是发展，核心是以人为本，基本要求是全面协调可持续，根本方法是统筹兼顾。科学发展观充分体现了辩证唯物主义的普联系观点、发展观点、矛盾观点。"五个统筹"作为根本方法体现了全面、协调、可持续三者之间互相联系，相辅相成的辩证关系，促进现代经济林产业化建设，助推国家经济社会又好又快发展。

运用发展观发展现代经济林产业体系建设，就是要应用先进科学技术提升经济林，应用现代产业制度和信息化手段管理经济林产业化，应用现代机械和生物高新技术手段装备经济林。因此，现代经济林从产品、经营技术、基地建设、产业制度等方面全方位依靠科技创新，应用高新技术，精细集约栽培管理和经营，组成现代产业体系，形成林—工—贸一体化产业体系，是可持续发展的富民工程。

（二）发展原则

实施建设发展必须遵循三个原则。

第一个原则，以人为本，贯彻"三个有利于"，即"有利于发展社会主义社会的生产力，有利于增强社会主义国家的综合国力，有利于提高人民的生活水平"。发展依靠农民，承担建设主体，成果由参与践行者分享。

第二个原则，维护生态安全，促进人与自然和谐。确保生产和人居自然生态环境平安协调，组成人与自然生态环境生命共同体，保证可持续发展。

第三个原则，因地制宜，创建特色现代经济林产业，以市场为导向，增强市场竞争力，提高经济效益，确保农民增收。

第四个原则，以"有限目标"作为发展战略的基点，有选择、分时序，引入高新技术。我国经济林学科的落后是缺乏现代实验手段，高新生物技术的应用不配套，显示出总体水平不高，因而根据条件与可能逐步引进高新生物技术，选择植物细胞工程育种和基因工程育种为突破口，带动经济林学科的全面发展。

第五个原则，充分发挥经济林资源和时空优势，引进和吸收高新技术，学优创新，建立起具有中国特色的现代经济林学科体系。

在经济林领域应用高新生物技术的方针：以经济林产品的优质、高产、高效为目标；以植物细胞工程和基因工程育种为突破口；以经济林多功能保健食品的加工为战略重点；以建立经济林名优特优商品基地，作为战略储备。

第二节　现代经济林产业体系建设

一、概　述

经济林生产的产业化体系建设的基本任务是以经济产经营为纽带，组成林—工—贸一体化、规模化、系列化生产体系，形成产品的贮藏保鲜及加工和多级多种综合利用，以及产品的绿色化、标准化的科学经营体制，建立农民专业合作经济组织。其基本经营模式是：农户+基地+公司。

在经济林生产中，农民（林农、果农）专业合作经济组织在建设社会主义新农村中最直接最现实的作用，就是促进生产发展。同时，在推动乡风文明、改变村容村貌、健全民主管理制度等方面也能够发挥积极有效的作用。从各地实践看，凡是农民专业合作经济组织发展起来的地方，基本上都出现了“建一个组织、兴一个产业、活一方经济、富一批群众”的可喜局面，有效提升了农业产业发展水平，挖掘了农业内部增收潜力，增强了农户和农业的市场竞争能力，培养了新型农民，发展了基层民主。农民专业合作经济组织发展比较好的地方，干群矛盾少了，学习技术的多了，团结互助的多了。事实证明，农民专业合作经济组织符合我国当前的方针政策和农业产业化发展的实际。

当前，经济林生产主要依靠个体农户分散经营，未组成健全的产业化体系，产品产量和质量不稳定，销售价格变化起伏较大。因此，在丘陵山区要组织经济林产业化生产，首先引导农户组成一村、数村或一乡建成生产基地，优化产品结构，将基地种植业、贮藏、储运、加工、销售组织成产业体系，形成大批量生产，农户承担生产经营。由龙头企业带动，统一生产技术措施，明确产品质量标准要求。推动产业化运行的主体是农户，如果他们的利益受损，产业化是不会成功的，对这一点一定要有充分的认识。因此，要建立起稳定有效的股份制公司运行机制，确保企业与农户之间建立起牢固的联盟，组建成健全的产业体系，推进产品加工企业的发展，开拓市场，创生态、社会与经济的高效益，确保农民增收，推进生产发展，抱回市场供应，拉动内需。

二、全方位推进经济林产业建设

“林业作为一项重要的公益事业和基础产业，具有巨大的生态功能、经济功能和社会功能”，这是2003年中央9号文件对林业的高度概括。目前，我国林业正处在全面推进现代林业建设的历史阶段。现代林业是由生态林业建设、民生林业建设、林业生态文化建设三大体系构成，并且是互动的。林业三大功能是由林业三大体系建设来实现的。有数据显示：2002年，我国森林覆盖率为16.06%，人工林面积0.46亿hm^2，林业产业总产值4 634亿元；2013年，我国森林覆盖率为21.63%，人工林面积0.69hm^2，林业产业总产值达到4.46万亿元。

森林面积和林业产业产值增长的正相关不正深刻诠释了“绿水青山就是金山银山”吗？保护生态和发展经济是一对相得益彰的合璧。

实施生态建设优先的林业发展战略，是党中央、国务院总揽全局，着眼于国家生态安全和经济社会发展作出的英明决策。全面实施这一战略，既要坚定不移地加强林业生态建设，也要大力推进林业产业和生态文化的发展。生态是林业多种属性中的本质属性，民生是我国政府执政过程中始终关注的根本问题；改善生态、改善民生是党和国家工作的战略大局与中心任务，也是世界各国着力解决的全球性重大问题。因此林业三大体系是相互关联、相互依存的关系，全面推进。

2014年7月28日至29日，全国推进林业改革座谈会在湖北宜昌举行。时任国家林业局局长赵树丛要求，进一步深入学习贯彻习近平同志系列重要讲话和批示指示精神，全面深化林业改革，创新林业体制机制，加快推进林业治理体系和治理能力现代化，充分发挥生态林业民生林业的强大功能，为建设生态文明和美丽中国创造更好的生态条件。

习近平同志十分重视生态文明建设和林业改革发展，党的“十八大”以来就此所作的一系列重要讲话和批示指示，提出了许多重大战略思想，包括生态决定人类文明兴衰的观念、改善生态就是发展生产力的观念、生态就是民生福祉的观念、山水林田湖综合治理的观念、林业事关经济社会可持续发展的观念、创新林业治理体系的观念、充分调动各方面造林育林护林积极性的观念、增强森林生态功能的观念、科学造林绿化的观念等。

践行中国特色社会主义生态观，林业系统承担着首要责任。习近平同志指出，“林业建设是事关经济社会可持续发展的根本性问题”。作为陆地生态系统的主体，林业涵盖着森林、湿地、荒漠以及生物多样性等广泛的领域，具有涵养水源、净化空气、防风固沙、美化环境以及发展经济等多种功能。“山清水秀”“穷山恶水”“山水林田湖综合治理”，生动而形象地说明了林业是经济社会可持续发展中的根本性问题，在生态建设中的主体地位和关键角色。对于我们林业系统来说，这既是光荣的使命，也是艰巨的担当，职责所系，义不容辞。我们必须以更加积极的姿态，加快发展林业事业，自觉践行中国特色社会主义生态观。

践行中国特色社会主义生态观，就是要加快发展生态林业和民生林业。“良好生态环境是最公平的公共产品，是最普惠的民生福祉”，林业功能广泛，核心是生态和民生。改善生态是林业多种属性的本质属性，发展民生是发展林业事业的根本追求，发展生态林民生林业是我们服务党和国家战略大局、中心任务的必然选择。践行中国特色社会主义生态观，就是要高举生态林业民生林业的旗帜，使之成为贯穿事业发展始终的核心理念，成为忠实践行中国特色社会主义生态观的自觉行动。

质量安全是产品的生命线。江西省出台的林产品质量安全条例是我国出台的第一部林产品质安全地方性法规，填补了江西省林产品质量安全立法空白。《条例》在合理界定林产品定义、强化产地保护、加强监督检查等方面呈现出新的亮点。

随着林产品的大量涌向市场，林产品质量安全问题也曰渐凸显。为保证林产品质量安全，《条例》在强化林产品质量安全监督检查的同时，规范监督检查行为，以便及时发现和处理林产品质量安全问题，防止不当的行政执法行为损害行政相对人的合法权益。

有关专家认为，今后一个时期，我国要通过对森林食品的标准体系、认证体系、检测体系和监管体系的建立，真正从生产源头上严把质量安全关，全面提高林产品的质量安全水平，实现“从源头到餐桌”全过程的质量控制，争取使我国森林食品基地建设和产品认证工作得到国际认可并使之成为国际标准。

在食品和药品安全频出问题的当下，越来越多的人开始追求优质、安全、无污染、富营养的产品，为了保护人们的身体健康，促进生态环境的良性循环，生态产品的概念随之而出。

作为生态产品的一份子，森林生态产品以其原产地、无污染、品质独特、高营养且十分健康的特性犹如业界的一匹黑马脱颖而出。近年来，各大林业展会上的森林产品种类不断增多、规模不断扩大，森林产品以其独特的优势占据着行业的制高点。

在党的十八届三中全会闭幕后，国家林业局以生态林业和民生林业的要求为纲，加快了森林生态产品质量和品牌建设步伐，强化了森林食品安全。

2013 年 11 月 25 日，由中国林业产业联合会、全国林业后勤协作会共同主办的 2013 首届中国森林生态产品成果展在北京举办。展会相关负责人对《中国绿色时报》记者介绍，此次展会以“发展森林生态经济，培育森林产业链条”为宗旨，集中展示了数千种优质的森林生态产品，最大限度地为森林产品行业推广、企业间相互合作创造机会和平台，提高我国森林生态产业的生命力和市场竞争力。

在“生态”理念潜移默化的影响下，越来越多的消费者开始对食用产品是否营养健康投入了极大的关注。在此次展会上，核桃油、橄榄油、大豆油、山茶油和牡丹籽油等各种油类产品争相斗艳，记者了解到，尽管价格较高但销量却并不少。除此之外，各种葡萄酒、果汁、干果、农副产品等绿色产品也应有尽有。森林产品的多元化发展，在很大程度上有力地提高了我国森林生态产业的市场竞争力，促进了森林产品行业的发展。

“目前由于一些森林生态产品的后续加工能力和科技水平跟不上，导致产品精深加工做得并不好。林企走出家门参加各种展会，不仅可以提高森林生态产品的知名度，同时也为地区间提供了一个相互学习借鉴的平台。”一位正在销售蓝莓饮料的参展商说道。

首届中国森林生态产品成果展在林业相关部门、行业协会、众多参展商及社会各界的关朱中已落下帷幕，作为一项林业新兴产业，森林生态产业的发展不仅可以促进山区林农增收致富，还可以助推区域经济的增长。

目前，我国森林生态产业保持着强劲的发展势头。厚积而薄发，相信在国家相关政策制度的引领、政府及行业协会的推动以及专家学者和企业的共同努力下，森林生态产业的发展定会迎来新的明天。

据报道，2013 年 12 月初，全国第二十次银杏学术研讨会暨首届中国（郯城）银杏产品交易会在山东省郯城市举行，交易会共签约项目 49 个，招商引资 60 亿元。纵观整个“十一五”，我国林业产业得到飞速发展，全国林业产业总产值平均增速达到了 21.91%。2006—2010 年，中国林业产业实现了从 1 万亿元到 2 万亿元的跨越；2010 年，全国林业产业总产值达到 2.28 万亿元，较 2009 年增长幅度超过 30%；2011 年，林业产业总产值首次突破 3 万亿元大关，达到了 3.06 万亿元，比 2010 年增长 34.32%，我国作为林产品生产加工和贸易大国的地位已经确立。

随着与林业相关的新兴产业的蓬勃发展，我国林业的产业结构得到了优化：据国家林业局的统计数据显示。2005 年林业第一、二、三产业的比例为 51.5∶41.2∶7.3，到 2010 年，林业第一、二、三产业的比例变为 37.8∶53.2∶9.0，第二产业产值占全国林业产业总产值比重超过第一产业产值比重。同时，林业第三产业逐渐成为拉动林业经济增长的新增长点，第三产业比重的增加对高附加值产业的形成和升级，推进林业产业转向低资源消耗的发展方向，优化林业产业的产业结构有着重要意义。

国家林业局发布《2012 年全国林业统计年报分析报告》显示，2012 年我国林业产业总产值再创新高达到 3.95 万亿元，比 2011 年的 3.06 万亿增长 28.94%。翻开历史数据可以看到，自2001年以来我国的林业产业总产值平均增速达到22.88%，林业产业发展势头持续强劲。目前，我国已成为世界林产品生产贸易大国。

从整体上看2012年，我国林业产业发展稳步前进，产业规模不断扩大，产业结构进一步优化，新兴产业发展快速，林产品的种类日益丰富，为2013年我国林业产业的持续健康发展打下了良好的基础。

早在1995年8月，国家体改委和林业部就联合颁发了《林业经济体制改革总体纲要》，加快了林业综合配套改革的步伐；2003年，国务院发布1号文件《关于加快林业发展的决定》，鼓励外商投资造林和发展林产品加工业；2007年，国家林业局、国家发改委、财政部、商务部等七部委联合颁布了《林业产业政策要点》，这是新中国成立以来，发布的第一个有关林业产业的政策要点；2009年，国家林业局、国家发改委、财政部、商务部、国家税务总局等五部委联合颁布了《林业产业振兴规划》，确定了2010—2012年林业产业调整和振兴的总体发展目标和7项主要任务；2010年，中央1号文件《中共中央国务院关于加大统筹城乡发展力度进一步夯实农业农村发展基础的若干意见》明确提出，要“扶持林业产业发展，促进林农增收致富”，这是“扶持林业产业”首次被写进中央1号文件，发展林业产业已成为拉动国内需求的战略举措。

据报道，2012年9月26日在辽宁省铁岭市举办的首届中国森林食品交易博览会暨第三届中国（铁岭）榛子节开幕伊始，就呈现出火爆的购销场面。

据了解，截至目前，铁岭市榛林面积已达到122万亩，产果面积达到70万亩。预计今年总产量将达到3 500万kg，有望实现产值38亿元，山区农民人均榛子收入将从原来的1 500元增加至1 800元。

除了唱“主角”的榛子外，充当配角的其他森林食品也丝毫不逊色。记者在现场看到，山野菜、干鲜果、中药材、食用菌、香料、饮料、油料、蜂产品、竹笋、人工驯养繁殖的野生动物产品等10大类1 800余种森林食品深受消费者青睐，就连森林食品保鲜、加工和包装类使用的设备、相关应用技术及产品也来“凑热闹”，相关展区周围人满为患。

据了解，本次现场交易额和协议签约额突破30亿元，反季山野菜深加工、榛子基地开发和深加工、榛子露生产项目、森林食品认证等成为协议签约的几个热门项目。节会上，国内知名企业组团前来采购各色森林食品。榛子、食用菌、林下中药材等特色森林食品成为各大企业竞相采购的“香饽饽”。

三度参展的昌图群星合作社理事长周国栋就见证了节会助力森林食品企业从“量”到“质”的飞跃：“从前铁岭榛子鲜为人知，依托节会铁岭榛子的知名度才显著提升。如今铁岭榛子已名声在外，对整个产业而言又有了新的要求。去年我们合作社的400多户社员人均增收4 000多元，60万亩榛林产榛子300万kg。

国家林业局有关负责人说，我国林业产业经过新中国成立以来几十年的发展，特别是改革开放以来快速发展，各类林产品产量都居世界前列。我国已成为林产品生产世界大国。我们的目标是要发展成世界强国。与此同时，我国整个经济发展也面临着转型升级，农民增收任务艰巨。在这种历史大背景下，国家林业重点龙头企业责任明确，意义重大。早在2000年，中央就要求“有关部门要在全国选择一批有基础、有优势、有特色、有前景的龙头企业作为国家支持的重点”。林业重点龙头企业集成资本、技术、人才等生产要素，带动林农和林区职工发展专业化、标准化、规模化、集约化生产，是我国发展民生林业的重要主体，是构建现代林业产业体系的关键。支持龙头企业发展，对于提高林业组织化程度、加快转变林业发展方式、促进现代林业建设和农民就业增收具有十分重要的作用。

负责人又说，林业龙头企业总的要求是发展规模大、素质高、污染少、可持续发展和带动能力强的企业。《国家林业重点龙头企业推选和管理工作实施方案》对推荐林业企业的八方面做了规定，包括企业规模、带动能力、竞争力、营利能力、可持续发展能力、创新能力、资源环保以及社会责任等。林业产业是复合型产业，涵盖一、二、三产业，情况比较复杂，我们将林业企业大体分为11类，即：木竹培育类、林下经济类、种苗花卉类、木竹加工类、林产化工类、木竹制浆造纸类、野生动植物繁殖与利用类、森林食品加工类、林业生物产业类、生态旅游经营类、流通服务类。同时，分别对这11类企业设定了标准。实际评选过程中，标准还更高，对每个省推荐企业有名额限制。此外，还对此次评选的木本粮油项目进行了甄别。

本着稳当起步、有序展开、突出重点、分步实施的指导思想，先部分产业领域、后扩展全面的工作步骤，2013年启动首批国家林业龙头企业申报、推荐与认定工作，申报认定范围限定于以人造板、家具、木竹制品、木竹浆纸为主的木竹加工类企业，以生产松香深加工、活性炭为主的林产化工类企业，以及木本粮油培育与加工类企业。主要考虑这3类企业是当前林业产业的主导产业，市场化程度和工业化水平都比较高，带动能力强，影响大。

经过省级林业部门推荐、初审、专家评审、公示等环节，128家林业企业搭乘上“国家林业重点龙头企业”的“首班车”。其中有关经济林食品加工企业19家，又其中菜油加工企业9家。

2014年5月14日国家首批公布重点龙头企业，同时向各省区市发出通知。《通知》中指出：国家林业重点龙头企业是现代林业发展的引领者，是林业产业转型升级的示范者，是在市场起资源配置决定性作用条件下发挥林业生态效益、社会效益和经济效益的重要微观经济主体。对于促进生态林业和民生林业发展，驱动林业产业转型升级、区域经济发展和农民增收具有重要作用。这次被认定为国家林业重点龙头企业的企业既要有荣誉意识更要有责任意识，要在已有发展的基础上，不断树立现代企业理念，加强企业治理，强化科技创新和品牌建设，为社会提供更丰富更优质的林产品；要强化节约资源措施，高效利用、循环利用森林资源，促进绿色发展；要逐步延长产业链，提高精深加工水平和附加值，加快产业聚集，促进林业产业转型升级；要增强社会责任意识，守法经营，诚信经营，在自身发展的同时，与林农建立利益联动机制，切实提高林农收入。

经济林产业也面临转型升级。据报道。2014 年 8 月 11 日，云南高效林业核桃产业推进现场会在保山市昌宁县召开。会议提出了加速核桃产业提质增效、转型升级，把核桃产业建成山区农民增收致富支柱产业的目标。

2008 年以来，云南核桃种植规模迅速扩大，年均新增核桃种植面积近 400 万亩。至 2014 年 8 月，云南核桃种植面积已突破 4 000万亩，产量达 65 万 t，产值达 190 亿元，核桃种植面积占全国总面积的 50%左右，产量和产值均居全国第一。其中，凤庆等 8 个县（区）的核桃面积已经超过 100 万亩，漾濞等 30 个县的核桃面积在 50 万亩以上。

随着种植面积的快速增长，提升核桃产业效益的任务非常紧迫。云南计划今后核桃产业以提质增效、转型升级为重点，整合力量开展技术攻关，以“选题—团队—研发—推广”的链式科研方式，加大成果转化推广力度。同时，着力政策创新，由扶持种植向扶持管理、加工、市场开拓转变，加大对核桃林的抚育管理投入；推广成熟采收、科学烘烤技术，发展精深加工，延伸产业链。全省加强扶持龙头企业、专业合作社、推进特色生态庄园等经营主体，实现核桃产业集群化、跨越式发展；从卖产品向卖品牌转变，积极申报地理标志等提升知名度；培育大企业、大集团，创造一批技术专利、产业标准、知名商标和文化品牌，从技术、品质、文化等多个层面树立云南核桃品牌形象。

第三节　现代经济林产业发展规划项目

一、现　状

我国经济林发展势头如何？2013 年发布的《全国优势特色经济林发展布局规划（2013—2020 年）》（以下简称《规划》），在国家扶持政策、集体林权制度改革和市场作用的驱动下，我国经济林呈现快速发展的良好局面。《规划》主要内容如下。

一是综合生产能力稳步提升。随着天然林保护、退耕还林等重大生态工程的深入实施我国经济林种植面积不断扩大、产量稳步提高、产值大幅增长。新造经济林连续多年以百万公顷的速度增长，占新增造林面积比重达到20%。截至2012年年底，全国经济林种植面积3 560万 hm^2，产量达1.42亿t，与“十五”末相比分别增加38%、54%。人均居世界前列。经济林产品种植与采集产值2012年达到7 752亿元，占林业第一产业产值的56.4%，与“十五”末相比增加2.4倍。主要特色干鲜果品产品年出口额3.2亿美元，比“十五”末增长60%，继续保持在国际市场上的竞争优势。

二是产业带动与生态服务功能明显增强。经济林种植规模的不断扩大，带动下游产业加快发展。目前，全国经济林果品加工、贮藏企业2万多家，年加工量1 600万t，贮藏保鲜量1 200万t，年加工储藏产值突破1 600亿元，比2005年增长近两倍；以经济林为依托，观光采摘、休闲度假、乡村旅游和节庆活动蓬勃兴起。截至2012年，经济林产业产值超过1万亿元，对林业产业的贡献率达到1/4以上。据不完全统计，近5年新造的经济林，近1/5是在宜林荒山、荒坡上种植的，累计增加有林地面积120万 hm^2，提高森林覆盖率约0.1个百分点，生态服务功能明显提升。

三是经济林发展的优势特色更加突出。各地重点结构调整，加快发展木本油料、木本粮食、特色鲜果、木本药材、木本调香料五大类中的优势特色树种，发展速度和产值效益明显高于一般经济林。“十一五”期间，利用农业综合开发资金，先后新建名特优经济林示范基地597个，使30多个木本粮油和名特优树种得到很好示范推广，初步形成了具有独特优势和区域特点的特色产品产业带。目前“中国经济林之乡”达421个，优势特色经济林栽培面积超过100万 hm^2 的有5个省（自治区、直辖市），产值超过100亿元的有8个省（自治区、直辖市）。

四是山区经济和农民生活得到显著改善。据对全国林业重点省（自治区）的调查统计，从事优势特色经济林种植的农业人口约为1亿，农民种植优势特色经济林年人均收入达到1 220元，占农民人均纯收入的21%。在一些生产油茶、核桃、枣等木本粮油的山区大县，农民来自于优势特色经济林种植经营的收入比例达到60%以上。

二、8年努力实现五大目标

《规划》提出力争通过8年努力，初步形成科学合理、特色鲜明、功能健全、效益良好的优势特色经济林发展格局，实现优势特色产品供给、粮油安全保障、富民增收能力显著增强。重点发展培育一批特色突出、竞争力强、国际知名的优势产区，建设一批高产、优质、高效、生态的重点县形成一批规模化、标准化、品牌化的产业示范基地，到2020年，实现五大发展目标。

一是产品供给能力。优势特色经济林种植面积达到 2 480万 hm^2，增长 49%，产品年产量达到 3 650万 t，增长 1.4 倍。其中，油茶、核桃、枣、板栗、仁用杏（山杏）等为主的木本粮油经济林面积增长 60%，产量增加 4 倍。

二是质量安全水平。优势特色经济林良种使用率达到 90%以上；无公害、绿色、有机产品认证基地面积在现有基础上增加 50%，产品抽检合格率达 95%，优质产品率达到 80%以上。产品质量监管能力不断加强，市场秩序更加规范，市场知名度稳步提高。

三是产业综合实力。优势特色经济林第一产业年产值 6 000亿元，增加 1.8 倍；果品加工比例达到 30%，产品贮藏保鲜比例达到 35%。优势特色经济林产品产、加、销一体化程度明显提高，产业加工规模化、集群化水平显著提升。

四是富民增收效果。累计提供就业机会 50 亿工日，规划区内农民来自优势特色经济林年收入达到 3 000元，增长 1.5 倍。

五是粮油安全保障能力。木本油料年产量达 1 100万 t，占国内油料产量的比重由 6%提升到 10%；木本粮食年产量达 1 350万 t。木本粮油折算节约耕地面积约 615万 hm^2。

三、着重培育五大优势特色经济林片区

《规划》依据《中国林业发展规划》，按照合理区划、分类指导、突出重点的要求，提出着重培育五大优势特色经济林片区的总体布局。

东北中温亚寒带片区：范围东起长白山，西至呼伦贝尔草原、科尔沁沙地，南接燕山山脉，北以大小兴安岭为界。区内以东北平原和蒙古高原为主体，山地、沙地、林地资源丰富。行政范围涉及黑龙江、吉林、辽宁、内蒙古 4 省（区）。该区重点发展仁用杏（山杏、大杏扁）、榛子、果用红松、蓝莓和沙棘等优势特色经济林。

西北大陆性温带片区：范围东起浑善达克沙地，西至中国与吉尔吉斯斯坦、哈萨克斯坦的国境线，南到西昆仑山、阿尔金山、祁连山、六盘山及长城沿线，北与俄罗斯、蒙古接壤。行政范围涉及新疆、青海、甘肃、宁夏、内蒙古 5 省（区）。该区重点发展核桃、枣、仁用杏（山杏、大杏扁）、杏、石榴、枸杞、沙棘等优势特色经济林。

华北黄河中下游暖温带片区：范围东起渤海、黄海的海岸线，西至陇东山地，南达秦岭、伏牛山、淮河及苏北灌溉总渠，北至长城以南地区。行政范围涉及北京、天津、河北、山西、山东、辽宁、河南、安徽、江苏、陕西、甘肃、宁夏 12 省（区、市）。该区重点发展核桃、枣、板栗、仁用杏（山杏、大杏扁）、柿、银杏、榛子、花椒、杜仲、金银花、杏、石榴、樱桃、猕猴桃、山楂、长柄扁桃、油用牡丹等优势特

色经济林。

南方丘陵山地亚热带片区：范围东起黄海海岸线，西与云贵高原、青藏高原东南部相邻，南部以南岭南坡山麓、两广中部和福建东南沿海为界，北至秦岭山脊、伏牛山主脉南侧、淮河流域。行政范围涉及甘肃、陕西、河南、安徽、江苏、四川、重庆、湖北、浙江、贵州、湖南、江西、福建、云南、广西、广东16省（区）。该区重点发展油茶、核桃、油桐、油橄榄、板栗、柿、银杏、花椒、八角、厚朴、杜仲、金银花、杨梅、猕猴桃、香榧、山桐子等优势特色经济林。

西南高原季风性亚热带片区：范围包括我国的云贵高原及青藏高原东部。行政范围涉及云南、贵州、四川、西藏、甘肃、青海6省（区）。该区重点发展核桃、油橄榄、板栗、花椒、澳洲坚果等优势特色经济林。

《规划》指出，在新形势下发展经济林，能带动生态总量增长，是实现林业“双增”目标的重要载体；能有效改善民生，是解决农村尤其是贫困山区农民就业增收的主要途径；能充分利用山区资源，是有效缓解土地资源紧张，提升国家粮油安全保障能力的重要举措；能增加有效供给，是刺激和拉动消费，提高人民的膳食健康水平的必然要求。

按照“突出特色、统筹规划、科学引导、分步实施、重点扶持”的基本思路，《规划》首批选择木本油料、木本粮食、特色鲜果、木本药材、木本调料五大类30个优势特色经济林树种，进行科学布局，重点引导发展。这些优势特色经济林树是综合考虑适合在山区、丘陵区以及其他宜林荒地荒滩种植，兼顾生态效益和优势特色突出，且资源和生产条件较好，具备较大发展潜力和市场前景，在国际市场具有显著竞争优势或国内市场需求量较大，对拉动地方经济、推进农民增收致富有典型促进作用的多种因素进行的选择。

《规划》明确油茶、核桃、板栗、枣、仁用杏（山杏、大杏扁）5个树种为优势经济林树种。特色经济林树种有：油橄榄、长柄扁桃、油用牡丹、油桐、山桐子、榛子、香榧、果用红松、澳洲坚果、柿、银杏、杏、杨梅、猕猴桃、蓝莓、樱桃、山楂、石榴、花椒、八角、杜仲、厚朴、枸杞、金银花、沙棘共30个树种。

各省分区和市县区可以参照这个布局，根据各自的地域特色，作出地方性、区域性经济林产业发展布局。经济林产业的一个重要特点是，一个经济树种可建成一个乡、一个县、甚至一个省的支柱产业。如新疆核桃、巴旦杏特色经济林，海南省椰子、槟榔热带特色经济林，广东省龙眼、荔枝南亚热带特色经济林，湖南省油茶，湖北省山楂，河南省枣，广西八角、肉桂，江西省油茶，浙江省山核桃、香榧，山东省枣，安徽省山核桃，福建省锥栗、紫胶，重庆市油桐，贵州省杜仲、油桐，四川省油橄榄、花椒，北京市核桃、板栗，河北省板栗、枣，甘肃省油橄榄，青海省沙棘，宁夏枸杞，东北三省内蒙森林饮料、红松籽等。

四、因地制宜发展特色生态产品

我国疆土辽阔，时空结构多样，致使地域自然生态环境呈现差异，自然条件的差异要严格遵守。全国各地均有其适生的经济林木，经人们在长期生产实践培育经营，形成具有地方特色的各种各类经济林名优产品，这是自然选择和人类生产行为选择的共同结果，是自然资源和人民的财富，要备加珍惜。

在现代经济产业建设中，要精心策划，科学发展，培育壮大具有地方特色经济名优产品，是顺乎天意与民心的。在市场商业竞争中可以形成“我有人无，人有我优”，立于不败之地。

在科学发展观的指导下，根据地域差异和比较优势，各自的经济林生态产品，名特优资源优势，以及可行性条件，创立现代经济林生态产品产业化创新体系模式：现代林—工—贸一体化。可行性条件包涵自然条件（水、土、气）、资源条件（现有名特优产品或预期可发展的）、技术条件（栽培经营、产品加工、产品疏通），是创新体系建立的实践依据。

面积产量持续增长、产业整体实力明显增强、生态服务功能有效提升、兴林富民作用愈发凸显……近年来，我国经济林发展取得了显著成效，作为一个朝阳产业，经济林的强劲发展态势使其价值和地位日益提升，富民效应逐渐放大。

据统计，“十一五”以来，我国新造经济林每年超过 100 万 hm^2，比重占到 20%，并呈现继续扩大趋势。到 2012 年年底，全国经济林种植面积达 3 560万 hm^2，经济林产品总量达 1.42 亿 t，主要经济林面积和产量均居世界前列。特色干鲜果品产品年出口额达 3.2 亿美元，较“十五”末增长 60%，成为具有明显国际竞争优势的林业重点产品。目前，我国有不少经济林主产地，在发展时坚持“一县一品”的模式，形成了一批有地区特色的产品。如陕西的苹果、云南的核桃、宁夏的枸杞等，有的地方还主打“品牌”战，通过嫁接或从外地引进等方式发展优良品种，产销两旺。

除了获得直接的果品收入外，林农还可以通过深加工提升经济林产品的附加值。据统计，全国现有经济林果品加工、贮藏企业 2 万多家，年加工量 1 600万 t，贮藏保鲜量 1 200万 t，年加工储藏产值突破 1 600亿元，截至 2012 年，经济林产业实现总产值突破一万亿元，对林业产业的贡献率占到 1/4 以上。在一些木本粮油和特色经济林生产的重点山区县，农民收入来自经济林种植的占 60%以上。

经济林快速发展了，怎样才能使林地发挥最大效益？带着这个想法，林农开始了新的尝试。林下养鸡、林下养鸭、林下种粮、林下种药……这种以短养长的模式增加了经济林单位面积的产出，林农的钱袋子鼓起来了。

五、部分省市区经济林产业概况

（一）黑龙江省

据报道，2011 年，黑龙江省把林产品加工业作为重点推进的十大产业项目之一。由市县负责人的 13 个项目到去年底完成投资 17. 25 亿元，占年度计划投资的 95. 56%。省森工总局全年共签约项目 40 个，投资总额 71. 5 亿元，投资全部到位项目 10 个，到位投资 21 亿元；与地方联手引资项目 126 个，引资总额 90 多亿元。

据报道，黑龙江省政府新闻办 2013 年 7 月 31 日召开的新闻发布会获悉，由黑龙江省林业厅编制的《黑龙江省林业贯彻落实省十一次党代会精神加快推进大美龙江建设实施意见》正式出台，旨在进一步发挥森林和湿地功能，加快推进城乡生态建设步伐，提升全省生态文明建设水平。《意见》提出，力争用 5 年时间把黑龙江打造成山清水秀、空气清新、自然和谐的全国生态环境最佳省份之一。《意见》提出，良好的生态是经济社会可持续发展的重要基础。未来几年，黑龙江将重点建设林业“双十”工程，即围绕建设完善的林业生态体系，重点实施十大林业生态工程；围绕建设发达的林业产业体系和繁荣的林业生态文化体系，重点实施十大林业增效工程，以此推进大美龙江建设步伐。

十大林业生态工程包括天然林生态补偿工程、农田草牧场防护林建设工程、两荒造林工程、封山育林工程、矿区生态恢复工程、防沙治沙工程、森林保护工程、城乡一体化及绿色通道绿化工程、珍贵树种培育保护工程及野生动植物和湿地保护工程。黑龙江省计划，力争用 5 年时间完成造林 1 650万亩，使全省森林覆盖率达到 47%，把黑龙江打造成山清水秀、空气清新、自然和谐的全国生态环境最佳省份之一。十大林业增效工程包括森林菌类食品产业工程、森林坚果产业工程、森林浆果产业工程、森林药材产业工程、林木精深加工产业工程、对外合作开发工程、生态文化和森林服务业开发工程、森林养殖产业工程、泛林业合作开发工程及种苗花卉基地建设工程。黑龙江省计划通过 5 年努力，使全省林业产值在 2011 年 1 000亿元产值的基础上再翻一番。

通过实施林业“双十”工程，黑龙江将实现大美龙江建设的 10 大目标：5 年人工造林超过 880 万亩，退还湿地面积 100 万亩，森林覆盖率达到 47%，森林湿地覆盖率达到 57%；森林面积达到 2 150万 hm^2，森林蓄积量突破 20 亿 m^3；农田草牧场防护林网庇护率超过 90%；城市绿化覆盖率达 38%，人均公共绿地面积达 $12m^2$；5 年完成道路林网建设 1.9 万千米，路网绿化率超过 90%，绿化和完善村屯 1 万个，村屯绿化率超过 90%；新建和续建城郊森林公园 6 个，打造长寿山、黑瞎子岛、兴凯湖等多个自然保护区和国家级、省级森林、湿地公园；重点绿化 13 个旅游名镇，突出打造 5 条旅游集合带，打造具有龙江地域特色的森林、湿地生态旅游产业；结合观光、休闲、科普宣传三大功能，实现每个市都有—个生态科普教育基地；义务植树尽责率超过 85%；森林病虫害成灾率控制在 3‰以内，森林火灾受害率控制在 1‰以内，森林资源保护征占用林地面积审核率和林政案件结案率均超过 90%，80%的珍稀濒危野生动物种群得到有效保护，自然保护区面积达到省国土面积的 15.2%。

据报道，黑龙江省克服木材停伐、投资放缓、市场低迷、订单减少等不利因素影响，全省林业经济上半年逆势增长。

上半年，全省实现林业总产值 527.4 亿元，同比增长 18.2%。

2012 年以来，黑龙江省委、省政府把林业产业作为全省重点推进的十大产业项目之一，全省各地都把林业产业作为拉动经济增长的主要支柱产业。目前，全省以黑木耳为代表的林菌产业成为林业主导产业，年产 5 亿 kg；坚果产量成几何倍数增长，目前年产量超过 1.5 万 t；浆果年加工产量超过 4 万 t；山野菜年产量超过 5 万 t；其他山特产品市场也逐步看好。北药种植、林下养殖业蓬勃兴起，药材、野生毛皮动物、肉食动物市场需求不断扩大。人工刚化养殖量不断增长。

黑龙江大兴安岭林业集团公司所属 2011 年有林地面 676 万 hm^2，森林覆盖率 80.95%。在商品性木材停伐后，木材生产比 2010 年减少 93.6 万 m^3，累计减少资源消耗 409.3 万 m^3。

据报道，黑龙江省大兴安岭林业集团公为职工生计，将林下资源有偿转让给个人，全林区共有 6 705户林业职工承包 42.41 万 hm^2可利用林下资源，户均 63.25hm^2，人均年增收约 7 000元。

大兴安岭是全国最大的国有林区，广袤的原始森林内野生浆果、黑木耳、蘑菇等林下资源十分丰富。针对近年来林下资源缺乏规范化管理的实际，2011 年年初，大兴安岭林业集团公司以国有林地产权不变为前提，将林下资源经营权有偿转让给林区职工。

按照大兴安岭林业集团公司林下资源集约化管理的部署，各林业局根据施业区情况、资源、路网现状和个人管护能力，合理划分承包地块，将适宜转让的地块全部向当地职工进行公示，按转让承包经营程序，以林场为单位采取分户和联户等形式积极推进林下资源经营权转让承包，通过签订合同的形式明确了责权利关系，真正实现了兴林富民。位于伊勒呼里山东北坡的新林林场，拥有蓝莓资源 8 040.4hm^2，年储量 81t，年可采量 73t；有红豆 16 329.8hm^2，年储量 45t，年可采量 45t。2011 年年初以来，这个林场稳步推进林冠下资源有偿转让工作。成功承包转让 333 户，人均收入 7 000多元。168 林班管护员马广军，承包蓝莓资源后细心经营，增加收入 1.4 万元。2011 年推行林冠下资源集约化经营管理以来，全林区野生蓝莓采集量约 3 097.19t，红豆采集量约 3 793.25t，为野生浆果加工企业提供了充足的原料保障，有效地促进了产业的快速发展和崛起。

据统计，目前大兴安岭有野生浆果生产加工企业 24 家，其中有龙头企业 4 家，先后开发出蓝莓原果、果汁、果酒、果干、罐头及花青素提取物等十大类 142 种产品，蓝莓企业年生产加工能力 1.2 万 t 左右，逐渐成为林区经济转型的又一新的增长点，展示了可喜的发展势头。

（二）辽宁省

辽宁是东北老工业基地，近年来，随着治理和保护力度的不断加大，辽宁省生态环境发生了巨大变化。但是振兴辽宁还需更有力的生态支撑。如今正面临着东北老工业基地振兴的重大历史机遇。辽宁省委、省政府高度重视林业工作，将造林绿化、林业发展纳入全省经济社会发展大局中统筹谋划，林业各项工作都取得了长足进步，在造林绿化、集体林权制度改革、发展林下经济、林地资源保护、林业信息化等方面创造了许多典型经验。

辽宁南北跨度 55km，地貌类型多样。省林业厅将全省划分为三大模式类型、22 个模式组 153 个模式，同时采用聚类分析法确定了 43 个优选模式。针对辽西北、辽东山地及半岛丘陵区、辽中平原区三大地貌区分别选定了相应的造林模式和管护方法，以保证工程的建设成效。

全省现有林地面积 10 456万亩，如何减少林地面积损失，是森林资源保护的关键。

2011 年，辽宁省启动青山工程，这成为我国首个以省政府名义开展的青山保护工程。通过实施八大工程，青山工程将对因开发建设活动造成的已破损山体大力进行植被恢复治理，对未破损的山体实行严格保护。

在辽宁省政府的大力支持下，省财政部门为工程安排了专项资金 10 多亿元，各级政府通过积极协调当地财政投入、整合农口资金、吸引社会落实配套资金达 6.5 亿元。其中大连市落实资金 1.26 亿元，锦州市 1.12 亿元，沈阳市 1.09 亿元，铁岭市 9 100 万元。

依照现行标准，省政府对退坡还林每亩每年补助 160 元，连补 5 年；工程围栏封育每公里补助 3.5 万元；清退“小开荒”重点地块则争取纳入国家造林补贴范围予以扶持。各市、县政府正在积极筹措资金，对“两退一围”工程加大投入力度。因此，“两退一围”工程的强力实施，既是保护森林资源的重大举措，也是提高森林覆盖率的重要载体，更是改变和优化农业种植结构，引导农民兴林致富，大力发展林业产业，实现生态、经济、社会效益多赢的有效举措。

据报道，时任联合国前副秘书长托尔巴博士曾指出："通过发展经济使人们富裕起来也许并不难，但是在发展经济的同时又保护和改变、改善了环境，就不是一件容易的事了。"

在辽宁，2011 年启动退耕还林工程做到了。

"难，真难。"时任辽宁省林业厅厅长曹元说，严重的沙化，是摆在辽西北人面前的一道难题，也是必须破解的一道难题。

退耕还林的实施，对辽宁的生态脆弱地区来说，是难得的机遇。

辽西北的工程建设者们为此一直以来积极探索克服干旱、沙化难题，提高造林成活率的办法。他们选择种植适宜在沙地生长的刺槐、沙棘、荆条、大扁杏、山杏等树种，同时在林下大力发展以草木樨、苜蓿、沙打旺等牧草品种为主的林药（草）间作模式。

"坡耕地种植玉米每亩除去成本也就能剩下三四百元，如果种植寒富苹果 3 年见果、5 年丰产，进入盛果期，以现在的市场价估算，每亩保守收入也能超过 6 000元，收益高于农作物。

据统计，辽宁省退耕还林工程区土壤流失减少率平均达到里 86%，退耕还林地周边风速相应降低、地表粗糙度增加，土壤流失减少率达到了 34%。辽东山地退耕 3 年后减少泥沙流失量达 $270g/m^2$ 以上。辽西山地土壤流失量由退耕前的 $80g/m^2$ 下降到现在的 50 克/m^2，土壤流失减少率达到 37.5%，土地治理度达到 68.6%。

林业产业在县域经济发展中的地位和作用日益凸显，林业产业的发展步入快车道。

辽宁林业产业特色鲜明、资源丰富，全省已有 61 个县（市、区）确定了林地经济"一县一业"模式，清原、抚顺、新宾、本溪等 10 个县（市）确定了红松、板栗、榛子、核桃、山野菜、森林中药材、鹿养殖等为县域经济发展的主导产业，各县区举全力大发展。

时任辽宁省林业厅厅长曹元认为集中资金、技术、政策，扶持具有特色的林业产业项目做大做强非常必要。

他提出，要在现有的基础上进一步突出特色，以县域或区域为单位，全力发展特色产业，实行规模化生产，集约化经营，着力打造"一县一业"乃至一个区域一个林业产业的发展格局。

辽宁的各类林产品加工企业近 6 000家，其中规模以上企业 670 家，省级龙头企业 60 家。林产品加工实现产值近 300 亿元，并以年均 40%以上的速度增长。

彰武北方家具生产基地、台安五位一体木业基地，新宾南杂木、本溪生物医药、灯塔佟二堡等十大产业集群已见雏形，依托十大林业产业集群，引进更多的林产品加工龙头企业，拉长产业链条，加大精深加工力度，提高林产品附加值，带动林业产业加速发展。

辽宁省林业厅充分利用省政府对投资10亿元以上企业省市各给予5%奖励的政策，加大招商引资力度，采取公司+农户带基地的模式，用龙头企业的发展带动相关产业的发展。

目前，辽宁全省林地经济开发面积累计达到2 000万亩，其中，红松、板栗、核桃、杏、枣等经济林栽培面积超过1 000万亩。

辽东地区的红松仁、丹东板栗、铁岭榛子、朝阳杏仁和大枣、葫芦岛薄皮核桃等闻名国内外，已成为享誉全国的名牌产业；全省苗木花卉生产基地种植面积达40多万亩，已成为我国北方重要的苗木花卉生产基地；全省森林中药材业快速发展，其中林下参栽培规模位列全国前3名；以鹿、毛皮动物、野猪、林蛙为主的野生动物驯养繁育利用业实现突破性发展，鹿的存栏量名列全国第二位。

初步统计，2010年全省涉林农民人均收入2 230元，占其纯收入的比重已达32.3%，东部山区甚至已超过60%，林业收入已成为农民收入的重要来源，对于大多数家庭来说可谓举足轻重。

2014年6月26日，辽宁省举办千万亩经济林工程建设科技论坛，邀请中国工程院院士李文华等多位专家，为辽宁经济林建设和产业发展把脉问诊、建言献策。

解决这些问题，政府部门要在经济林发展中的区域布局、结构调整、科技推广、贮存保鲜、加工转化、市场流通等方面提出指导性意见，制定符合经济林产业发展的优惠政策和措施，将经济林产业建设纳入当地政府的主要日程，平衡经济林树种和品种的比例，加强科技自主创新和科技支撑能力，进行经济林产品精深加工，努力形成名优品牌、高端产品的竞争优势，由简单的企业集聚向真正的产业集群转变。同时，要按照基地化、集约化的要求，大力发展特色经济林，争取使全省经济林基地建设规模有一个大的突破，形成一批具有较大规模、较稳定产量、较优良品质和较强支撑能力的经济林基地，带动经济林产业发展。

目前，辽宁省以榛子、“两杏一枣”、核桃、红松果仁、板栗、苹果、梨、树莓、蓝莓等为主的经济林已达1 443万亩，一总产量达到711万t，总产值达287亿元。全省先后获得经济林地理标志产品认证14项，命名经济林之乡12个。经济林产业已成为农村支柱产业和农民增收重要来源。

为巩固生态建设成果、实现兴林富民，辽宁省政府启动了千万亩经济林工程。该工程计划从2014年起，用5年时间在全省新发展名特优新经济林955万亩，到2018年实现年产量1 870万t，带动110多万农户致富，使全省农民经济林人均增收达到

2 300元。

（三）河北省

河北省是果品生产大省，果树面积位居全国第一位，果品产量位居全国第二位，全省90%的县、30%的农村、25%的农民从事果品生产经营，果品产业覆盖范围广、涉及农民多，成为河北省的优势特色产业。

河北省果树面积2 500万亩，居全国第一位，果品总产值518亿元，多个经济林树种的种植面积居全国前列，主产区果农年人均果品收入达到5 500元，此外，河北省被国家林业局和中国经济林协会命名的“中国经济林之乡”数量位居舍国第一。一连串的数据彰显了河北经济林发展的强劲势头。发展特色经济林产业，先天优势固然重要，但产业的快速发展离不开政府的高度重视和大力支持。河北省有140个县生产苹果，面积最大的不足15万亩；72个县栽植核桃，仅有3个县超过10万亩，经营规模小，成为制约果品产业发展的‘短板’。葛会波的语气中透露着对做大河北果品业的殷切希望。

为了更好地拓展国内市场，开发国际市场，河北省通过加强对流通基础设施的建设，加大产销信息引导力度，进一步升级改造现有果品市场，不断推进“订单生产”和“农超对接”，加强经纪人队伍建设，探索建立果品产销联盟，实现产销有效衔接。

（四）山东省

地处华北平原、黄河下游的山东省，新中国成立之初，森林覆盖率仅有1.9%；是全国森林资源最为匮乏、生态最为脆弱的省份之一。经过几代的努力，至2011年，山东的5 373万亩的有林地面积，22.8%的森林覆盖率，8 000多万 m^3 的森林蓄积量，放在全国比较，怎么看都是资源小省。

但是山东的林业产业很发达，经济林资源丰富，2010年全省实现林业产业总产值1 820亿元，占全国林业产业总产值的8.7%，跃居全国第四位。林产品进出口总额达100亿美元，占全国林产品进出口总额的11%。以小博大，用有限的自然资源拓展无限的产业发展空间，山东林业产业取得的成功并不偶然。

山东素有“北方落叶果树王国”之称，果树栽培历史悠久。经过多年的发展，苹果、梨、桃、葡萄、杏、石榴、樱桃、核桃、板栗、枣、银杏等经济林基本实现了区域化布局、品种化栽培、标准化生产。

据报道，2011年山东省基本形成了以胶东半岛和泰沂山区为重点的苹果产区，以临沂、莱芜、泰安、潍坊为重点的桃产区，以烟台、滨州、聊城为重点的梨产区，以烟台、青岛为主的葡萄产区，以胶东半岛和鲁中南为重点的樱桃产区，以鲁中南山区青石山地为主的核桃产区，以鲁中南山区、胶东丘陵地区砂石山地和河滩为主的板栗产区，以德州、滨州为主的鲁西北小枣和冬枣特色产区。27个县（自治区、直辖市）经济林栽培面积达30万亩以上。培育出了烟台苹果、烟台大樱桃、大泽山葡萄、曹州耿饼、阳信鸭梨、肥城桃、泰山板栗、莱阳茌梨、沾化冬枣、乐陵金丝小枣、郯城银杏、峄城石榴等名牌果品。全省地理标志产品果品认证数镇达58个，种植面积300多万亩。

山东是全国最早开展设施果树研究并形成规模生产的省份之一。设施林果产业成为全省果业的持续增长点，成为果树生产中的高效产业之一。目前，全省以大樱桃、桃、杏、葡萄、冬枣为主的设施栽培面积达60.5万亩，年产果品130万t，设施果品面积、产量均居全国第一位。

2010年，全省经济林总面积1 883万亩，总产量为1 776万t，总产值达600亿元，约占全省农林业总产值的20%，果品总产量和主要产品产量位居全国前列。全省果品保鲜贮藏企业2 410家，贮藏能力300.39万t；果品加工企业529家，年加工能力287.74万t。2010年，全省果品及加工品出口额超过11亿美元，占全国水果出口总额的34.1%；果品综合交易市场216个，年交易额101.7亿元。

为落实《山东省果业振兴规划》，进一步提升全省经济林产业发展水平，2011年山东省启动实施了以枣、板栗、核桃等树种为重点的省级经济林标准化示范园建设工作。

木本粮油和生物质能源已成为山东省林业产业发展的一支新生力量。

木本粮油树种以枣、板栗、核桃等为主。核桃作为最重要的木本油料树种，栽培历史悠久，发展面积最大；2011年，全省已形成了济南、泰安、济宁、临沂四大核桃主产区，主要推广的优良品种近20个。“十一五”期间，全省核桃平均每年以10万亩的速度迅速发展，总面积达88万亩，产址6万t，产值达18亿元。涌现出了济南华鲁食品有限公司、烟台格润旭明食品有限公司、东平县金兴油业有限公司等年产值500万元以上的核桃加工企业13家。在2011年9月首届中国核桃节上，山东省选送的27个核桃产品、5个核桃油加工企业参加了展示交流活动；55个核桃坚果及加工产品参加了评奖，获得金奖3个、银奖6个、优秀奖9个，获奖总分列全国第二名。

2010年，山东省政府出台了《山东省果业振兴规划》。2011年启动实施了现代农业生产发展资金核桃产业项目，项目总投资1.6亿元。至“十二五”末，全省核桃面积将发展到200万亩，年产量达15万t，产值达60亿元，成为全省农民增收的重要支柱产业。

“十二五”期间，山东还将重点在鲁东丘陵、鲁中鲁南山区、鲁西平原，发展高端高质高效经济林，改造、新建名特优新经济林基地500万亩和生物质能源林基地500万亩；大力发展核桃、板栗、文冠果、蓝莓等果品，建设木本粮油、药材和生物质能源林基地 500 万亩。

（五）新疆维吾尔自治区

新疆经济林产品特色鲜明，吐鲁番的葡萄、和田的核桃、哈密的大枣、阿克苏的苹果、库尔勒的香梨、莎车的巴旦杏……新疆是中外驰名的瓜果之乡，水土光热资源丰富，发展特色林果业优势突出，特色鲜明、市场前景广阔。据报道。新疆林业建设取得了显著成效。2011 年以来，共落实各类林业投资 98.9 亿元（不含兵团）。累计完成造林 857 万亩，治理沙化土地面积 1 760万亩，森林覆盖率由 4.02%提高到 4.24%，特色林果面积达到 2 000亩，总产量 800 万 t，总产值突破 380 亿元，全区农民人均林果业收入达到 1 200元。

（六）宁夏回族自治区

宁夏大力发展名特优现代经济林产业。据估测至 2013 年全区经济林面积约 360 万亩，产值约 63 亿元，从中有 70 万农民受益。基本形成五大林产业带，即：以中宁县为核心、清水河流域和贺兰山东麓为两翼的枸杞产业带；中部干旱带新灌区红枣产业带；贺兰山东麓地区葡萄产业带；宁南山区杏产业带；银川、石嘴山、吴忠 3 市城郊的设施园艺、花卉及地方特色小杂果产业带。

宁夏南杞、灵武长枣和同心圆枣及贺兰山东麓葡萄酒先后获得国家地理产品保护。2008 年以来“宁夏红枸杞酒”“御马葡萄酒”等被认定为“中国驰名商标”。枸杞及其加工产品已远销 60 多个国家和地区。

据报道。早在 2008 年，宁夏枸杞、葡萄、红苹果等林产品总产量 70 万 t，总产值 56 亿元，涌现出中宁枸杞、灵武长枣、彭阳的杏、吴忠苹果等一批颇具规模、特色鲜明的产业大县（市），中宁县枸杞产业现金收入占农民人均纯收入 55%以上。经济林还催生出具有一定规模的林果产品系列加工、营销企业 60 多家，基本形成以加工龙头企业为主体的产业链。“宁夏红”等一批企业品牌叫响海内外，宁夏枸杞、贺兰山东麓葡萄酒、灵武长枣获国家地理标志产品保护。

宁夏充足的光照、适宜的气候，较少的工业污染、丰富的土地资源和黄河水等，是发展经济林得天独厚的条件。发展特色经济林是宁夏建设节水型社会，改善民生最好的产业。

在中部干旱带，即便在特别干旱年份庄稼可能颗粒无收，但种红枣至少也有几百元收入，可种植小麦、玉米等粮食作物的需水量是种红枣的几十倍。温棚果树在 3 年后达到盛果期，每亩纯收入可达 5 万元，是种植粮食收入的几十倍。栽种葡萄的收入是种植粮食的数倍。

“经济林是宁夏重要的工业产品，宁夏要在经济林基地面积不断扩大的同时，扶持一批龙头企业开发深加工产品，争市场、创品牌，建立完整的产业链，把特色经济林产业做大做强、使其在社会主义新农村建设中发挥出巨大的作用。”自治区林业局负责人说。

（七）浙江省

据报道，2014 年 7 月，106 个 2014 年度浙江省森林食品基地的认定，浙江 10 年来已累计认定森林食品基地 943 个，认定面积 341 万亩，新增产值 94.5 亿元。

2003 年以来，浙江围绕森林食品基地建设和品牌培育开展了一系列首创性的特色工作，建立了森林食品的标准、推广、监测和认定体系。省级财政每年设立 300 万元专项资金用于森林食品基地建设，并在全省 8 个重点市县和森林食品主产区建立了林产品检测网络点。通过采取“公司/合作社/协会/龙头企业）+基地+农户+标准”的基地建设模式，目前全省森林食品基地辐射推广面积已达 1 144.6万亩。

在政策制度方面，近年浙江相继出台了《森林食品总则》《浙江省森林食品基地认定办法》《浙江省森林食品基地产地环境质量抽样检测实施办法》等技术规程和管理办法，形成了生产单位自愿申报、县（市、区）林业部门审核、专家评审、认定委员会审议认定的认定程序。在技术支撑方面，组建了认定委员会，构建了专家团队，配备国内一流的林业监测设备，开展相关研究 20 多项。在监管体系方面，省林业厅专门成立林产品质量安全监管处，每年投入 520 万元用于森林食品基地建设、森林食品质量安全监测和森林食品品牌宣传，组织开展各类质量安全治理和林产品监督检查行动，全省共抽查食用林产品 1 万多批次。在品牌建设方面，共认定 50 多个森林食品品牌为浙江名牌产品，提升品牌效应。

（八）湖南省

据报道，湖南省 2012 年新造高产油茶 51.2 万亩，低改 102.4 万亩，总面积达 1 935万亩，年产茶油 15.6 万 t、产值达 147 亿元，继续保持全国第一。林业第二产业通过省级林业产业园区建设，加强产业聚集与招商引资，签订招商项目 124 个，到位资金 61 亿元；成功举办家具博览会，促进湖南家具产业发展，全省家具产值达 150 亿元；加大龙头企业培育与扶持力度，全省省级林业产业龙头企业达 321 家，有效带动了全省林业产业发展，以 2 500万元专项扶持资金为杠杆，重点支持产业转型升级项目，带动企业技术改革投入 2.6 亿元；筹建林业担保公司，搭建企业融资平台，积极为企业争取国家财政贷款贴息资金。支持企业品牌建设，全省林业省级和国家级品牌总数达 213 个。深入贯彻实施《湖南省林产品质量安全条例》，加强林产品质量监管，林产品质量显著提高。

随着林产工业、油茶产业、竹产业、林下经济、森林生态旅游等产业的快速发展，兴林富民作用进一步增强，林业产业地位进一步提升。

据报道。2013 年 6 月，湖南省常宁市被国家林业局认定为“湖南常宁国家油茶生物产业基地”，一举跻身全国 6 家林业生物产业基地之列。这是常宁市继 2001 年被国家林业局授予“中国油茶之乡”后的又一殊荣，标志着我国第一家也是目前唯一一家油茶生物产业基地的诞生。

常宁市地处湖南衡阳西南部，油茶种植得天独厚，属我国油茶核心产区，年油茶产量稳定在 5 000t 左右，年产值能达 5 亿元。常宁市国土面积 306. 4 万亩，其中林业用地面积 174. 8 万亩，现有油茶林面积 77 万亩，占常宁市林地总面积的 44%。

常宁油茶的历史源远流长，可追溯到 2 000多年前。在 1978 年全国油茶生产会议上，常宁县就被推举介绍生产经验。1981 年，常宁县因上交茶油全国第一，被原商业部授予“金杯奖”。由于油茶资源丰富、区位优势明显、环境气候适宜、产业基础扎实、政府高度重视，常宁油茶已享誉全国，获得相关部门授予的“国家油茶标准化示范区”等多项荣誉。

走进常宁，漫山遍野的油茶林沐浴着阳光摇曳生姿，一派生机盎然的动人景象。湖南常宁国家油茶生物产业基地的认定，必将使常宁油茶产业的创新、集成、示范和带动作用不断催化，经济、生态、社会效益的“三赢”，目标日益凸显，常宁油茶的芬芳也必将越来越浓、越飘越远。

（九）江西省

据报道，自 2013 年以来，江西省大力发展油茶产业，油茶已成为江西每年造林资金投入量最大的一个项目。据介绍，江西省每年完成油茶新造面积在 45 万亩以上，完成低产油茶林改造面积超过 30 万亩，到 2012 年，除中央和省近 2 亿元的直接投资以及财政配套、整合各类支农资金 1. 5 亿元外，还吸引了 4 亿多元的社会资金投入到油茶产业中。目前，油茶产业已成为江西省最具优势的林业特色产业，成为调整农业产业结构、促进农民增收的重要产业。

江西是全国油茶主产区，现有油茶林面积 1 300多万亩，年产茶油 10 多万 t，油茶种植面积和产量均居全国前列。为了更好地发展油茶产业，江西省 2009 年成立了江西省油茶产业发展领导小组，2010 年下发《关于加快油茶产业发展的意见》，随后又出台《江西省油茶产业发展规划（2011—2020 年）》，明确了油茶产业发展目标，设立了油茶产业发展专项资金，每年安排专项资金不少于 5 000万元。同时，按照“良种繁育、丰产栽培、精深加工、产品研发、生态旅游”五位一体的要求，启动了油茶科技示范园项目建设。目前，江西省涌现了一大批油茶种植企业和大户，如江西神州通油茶投资公司、澳门高氏集团、上海恒银集团等。

（十）云南省

据报道，云南省2013年林业总产值450亿元，其中经济林产业及加工产值216亿元，占全省林业总产值的48%。目前全省有特色经济林果贮藏、加工企业982家，其中省级龙头企业46家，但尚无国家级龙头企业。

据报道。2014年7月23日，云南省林下经济发展促进会在昆明成立，旨在加强企业与政府联系，整合行业资源，引导企业抱团发展，形成风险共担、利益共享的发展机制，推动云南林下经济发展。

云南省林下经济促进会提出，力争到2020年会员达到3 000户，会员利用林下土地超过1亿亩，会员林下经济总产值超过1 000亿元，30家会员公司上市。

云南省林下经济促进会由7家本土企业和专业合作社发起成立，以服务会员、服务社会为宗旨，通过深化改革，促进林下经济向集约化、规范化、标准化和产业化方向发展。

据统计，云南省近10年来林下经济累计总产值达1 500亿元，林下经济种植面积由2002年的915万亩增加到2013年的6 000万亩。2013年，林下经济主要产品年产量700万t，全年实现产值600亿元，惠及林农600万人以上。目前，全省以林下养殖、林下种植、林产品采集加工、森林生态旅游等为重点，涉及林药、林菌、林花、林果、林菜、林草、林禽、林畜、林蜂、林景等领域的林下经济发展格局初步形成。

六、100个示范县

国家林业局于2007年1月正式启动在全国建设100个“经济林产业示范县”。国家林业局明确要求各省（区、市）林业主管部门要切实加强对示范县的管理和指导，要从政策措施、项目扶持、技术指导和信息服务等多方面做好组织协调工作，完善机制，不断创新，提升示范县产业发展的能力，提高产业运营的质量和效益，促进经济林产业的健康发展，确保示范县在推进社会主义新农村建设和区域经济发展中发挥更好的示范作用。

示范县建设即是现代经济林名特优基地建设。示范县建设要依据自身资源和条件，提出明确的产业化发展目标和措施，并力求做到突出特色，科学发展，切实提高经济林规模化经营、科学化管理、社会化服务各方面的水平。要立足于发挥本地各有关部门和广大群众的积极性，加速现代经济林产业化建设，不断丰富示范内容，巩固建设成果，提高产业竞争力和综合效益。

按省（区、市）及主导产业划分，我国100个经济林产业示范基地县名单如下。

北京：大兴（梨）、平谷（桃）、昌平（苹果）、怀柔（板栗）。

河北：辛集（梨）、乐亭（桃）、黄骅（冬枣）、遵化（板栗）、赞皇（枣）。

山西：临县（枣）、太谷（枣）、左权（核桃）、黎城（核桃）、万荣（柿）。

内蒙古：喀喇沁（山杏）、乌海（葡萄）、乌拉特前旗（枸杞）。

北京：大兴（梨）、平谷（桃）、昌平（苹果）、怀柔（板栗）。

河北：辛集（梨）、乐亭（桃）、黄骅（冬枣）、遵化（板栗）、赞皇（枣）。

山西：临县（枣）、太谷（枣）、左权（核桃）、黎城（核桃）、万荣（柿）。

辽宁：铁岭（榛子）、凌源（山杏）、凤城（板栗）、绥中（苹果）。

吉林：龙井（苹果梨）。

上海：南汇（桃）。

江苏：邳州（银杏）、丰县（苹果）、溧水（黑莓）、泰兴（银杏）。

浙江：临安（笋竹）、东阳（香榧）、慈溪（杨梅）、诸暨（香榧）、仙居（杨梅）。

安徽：砀山（梨）、舒城（板栗）、烈山（石榴）、宁国（山核桃）。

福建：建瓯（锥栗）、长汀（板栗）、永春（芦柑）、云霄（枇杷）。

江西：信丰（脐橙）、峡江（杨梅）、婺源（茶叶）、袁州（油茶）。

山东：沾化（冬枣）、费县（板栗）、乐陵（小枣）、临朐（苹果）、肥城（桃）。

河南：新郑（枣）、平桥（板栗）、桐柏（板栗）、洛宁（苹果）、宁陵（梨）。

湖北：罗田（板栗）、姊归（柑橘）、京山（板栗）、大悟（板栗）。

湖南：江永（香柚）、浏阳（油茶）、耒阳（油茶）、衡东（油茶）。

广东：四会（柑橘）、清新（冰糖橘）。

广西：恭城（柚）、巴马（油茶）、防城（八角）、三江（油茶）。

海南：文昌（椰子）。

重庆：长寿（柚）、奉节（脐橙）、江津（花椒）。

四川：朝天（核桃）、通江（银杏）、安岳（柠檬）。

贵州：从江（椪柑）、桐梓（方竹）、玉屏（油茶）。

云南：楚雄（核桃）、大姚（核桃）、洱源（青梅）、凤庆（核桃）。

陕西：韩城（花椒）、西乡（茶）、黄龙（核桃）、佳县（枣）。

甘肃：秦安（苹果）、静宁（苹果）、武都（花椒）、临泽（小枣）。

青海：化隆（沙棘）、德令哈（枸杞）。

宁夏：中宁（枸杞）、灵武（枣）、青铜峡（葡萄）。

新疆：和田（核桃）、鄯善（葡萄）、库尔勒（梨）、霍城（樱桃李）、阿克苏（核桃）。

“中国经济林之乡”称号打破终身制了，若所命名树种的资源培育、产量及加工、综合经济效益、科技推广和发展环境等方面没有保持较好的发展状况，不符合国家林业局和中国经济林协会的审查标准，“中国经济林之乡”称号将被取消。中国经济林协会公布了“中国经济林之乡”首批复查情况通报，为提高经济林产品的质量、加快实施经济林名牌战略严格把关。

“中国经济林之乡”是由国家林业局和中国经济林协会联合命名、评审、公布的具有一定社会影响力和知名度的经济林产地。“中国经济林之乡”是一个响亮的品牌，对申报产品的历史沉淀、质量、特色、规模数量、经济效益、管理制度、综合服务体系、产业化等均有具体标准和要求。已经获得“中国经济林之乡”称号的市（县）并不能一劳永逸，其有效期为 5 年，为促进我国经济林产业持续发展、迈向更高的层次，自 2013 年开始，中国经济林协会对超过有效期的“中国经济林之乡”市（县）进行分批复查。

《中国经济林协会关于公布首批“中国经济林之乡”复查情况的通报》指出，首批进行复查的 66 个“中国经济林之乡”共涉及 22 个省（区、市）。经过县级自查、市级初审、省级核查，并汇总上报中国经济林协会，中国经济林协会于 2014 年 8 月 20 日组织专家进行了查阅评审材料、逐项打分、并进行了充分讨论和审议，一致认为北京市平谷区等 53 个“中国经济林之乡”复合评审标准，同意通过复查评审；广东省普宁市、宁夏回族自治区彭阳县、福建省建宁县和莆田县、新疆维吾尔自治区吐鲁番市、新疆生产建设兵团哈密农场管理局等 6 个市（县）因各种原因暂缓复查；山西省临猗县、内蒙古自治区临河市、江苏省邳州市、河南省新县、湖南省桑植县、安徽省砀山县、贵州省望谟县等 7 个市（县）未通过省级核查或明确表示放弃“中国经济林之乡”称号，现予以取消，同时，取消“中国经济林之乡”的单位不得在任何场合使用“中国经济林之乡”称号和标识，违者后果自负。

根据《中经林协字〔2013〕19 号》文件的规定，中国经济林协会对复查合格的单位核发新的“中国经济林之乡”牌匾和证书。希望通过复查的单位以此为契机，再接再厉，开拓进取，进一步发挥典型示范作用，为促进我国经济林产业持续健康发展做出新的更大的贡献。暂缓复查的单位要进一步完善材料，做好自查等各项工作，争取明年通过“中国经济林之乡”复查。取消“中国经济林之乡”的单位不得在任何场合使用“中国经济林之乡”称号和标识，违者产生的后果自负。

中国经济林协会关于首批“中国经济林之乡”复查情况的通报见表 7-1 至表 7-3。

表 7-1 首批“中国经济林之乡”复查结果通过名单

省（区、市）	数量	之乡单位	之乡名称	命名时间	结果
北京市	1	平谷区	中国桃之乡	2000.3.3	通过
河北省	8	易县	中国磨盘柿之乡	2000.3.3	通过
		迁西县	中国京东板栗之乡	2000.3.3	通过
		阜平县	中国大枣之乡	2000.3.3	通过
		沧县	中国金丝小枣之乡	2000.3.3	通过
		献县	中国金丝小枣之乡	2000.3.3	通过
		怀来县	中国葡萄之乡	2000.3.3	通过
		泊头市	中国鸭梨之乡	2000.3.3	通过
		涿鹿县	中国仁用杏之乡	2000.3.3	通过
山西省	4	稷山县	中国红枣之乡	2000.3.3	通过
		汾阳市	中国核桃之乡	2000.3.3	通过
		万荣县	中国柿之乡	2000.3.3	通过
		芮城县	中国花椒之乡	2000.3.3	通过
内蒙古自治区	1	宁城县	中国仁用杏之乡	2000.3.3	通过
辽宁省	2	宽甸县	中国板栗之乡	2000.3.3	通过
		凌源市	中国仁用杏之乡	2000.3.3	通过
吉林省	1	龙井市	中国苹果梨之乡	2000.3.3	通过
江苏省	1	丰县	中国苹果之乡	2000.3.3	通过
浙江省	1	慈溪市	中国杨梅之乡	2000.3.3	通过
安徽省	2	金寨县	中国板栗之乡	2000.3.3	通过
		宁国市	中国山核桃之乡	2000.3.3	通过
福建省	2	平和县	中国蜜柚之乡	2000.3.3	通过
		建瓯市	中国锥栗之乡	2000.3.3	通过
江西省	2	遂川县	中国油茶之乡	2000.3.3	通过
		宜春市袁州区	中国油茶之乡	2000.3.3	通过
山东省	4	阳信县	中国鸭梨之乡	2000.3.3	通过
		平邑县	中国金银花之乡	2000.3.3	通过
		莒南县	中国板栗之乡	2000.3.3	通过
		宁阳县	中国大枣之乡	2000.3.3	通过

（续表）

省（区、市）	数量	之乡单位	之乡名称	命名时间	结果
河南省	3	内黄县	中国红枣之乡	2000. 3. 3	通过
		新郑市	中国红枣之乡	2000. 3. 3	通过
		西峡县	中国猕猴桃之乡	2000. 3. 3	通过
湖南省	2	耒阳市	中国油茶之乡	2000. 3. 3	通过
		慈利县	中国杜仲之乡	2000. 3. 3	通过
广东省	3	高州市	中国龙眼之乡	2000. 3. 3	通过
		梅州市梅县区	中国金柚之乡	2000. 3. 3	通过
		高要市	中国肉桂之乡	2000. 3. 3	通过
广西壮族自治区	2	藤县	中国肉桂之乡	2000. 3. 3	通过
		防城港市防城区	中国八角之乡	2000. 3. 3	通过
贵州省	1	从江县	中国椪柑之乡	2000. 3. 3	通过
云南省	2	漾鼻彝族自治县	中国核桃之乡	2000. 3. 3	通过
		昌宁县	中国核桃之乡	2000. 3. 3	通过
陕西省	4	镇安县	中国板栗之乡	2000. 3. 3	通过
		礼泉县	中国苹果之乡	2000. 3. 3	通过
		略阳县	中国杜仲之乡	2000. 3. 3	通过
		韩城市	中国花椒之乡	2000. 3. 3	通过
甘肃省	3	秦安县	中国桃之乡	2000. 3. 3	通过
		天水市秦州区	中国苹果之乡	2000. 3. 3	通过
		陇南市武都区	中国花椒之乡	2000. 3. 3	通过
宁夏回族自治区	1	中宁县	中国枸杞之乡	2000. 3. 3	通过
新疆维吾尔自治区	3	莎车县	中国巴旦姆之乡	2000. 3. 3	通过
		叶城县	中国核桃之乡	2000. 3. 3	通过
		和田县	中国核桃之乡	2000. 3. 3	通过

表 7-2　首批“中国经济林之乡”暂缓复查名单

省（区、市）	数量	之乡单位	之乡名称	命名时间	结果
广东省	1	普宁市	中国青榄之乡	2000. 3. 3	暂缓复查

（续表）

省（区、市）	数量	之乡单位	之乡名称	命名时间	结果
宁夏回族自治区	1	彭阳县	中国仁用杏之乡	2000. 3. 3	暂缓复查
福建省	2	建宁县	中国黄花梨之乡	2000. 3. 3	暂缓复查
		莆田县	中国枇杷之乡	2000. 3. 3	暂缓复查
新疆维吾尔自治区	1	吐鲁番市	中国葡萄之乡	2000. 3. 3	暂缓复查
新疆生产建设兵团	1	哈密农场管理局	中国葡萄之乡	2000. 3. 3	暂缓复查

表 7-3　首批"中国经济林之乡"复查结果取消称号名单

省（区、市）	数量	之乡单位	之乡名称	命名时间	结果
山西省	1	临猗县	中国苹果之乡	2000. 3. 3	取消
内蒙古自治区	1	临河市	中国苹果梨之乡	2000. 3. 3	取消
江苏省	1	邳州市	中国银杏之乡	2000. 3. 3	取消
河南省	1	新　县	中国板栗之乡	2000. 3. 3	取消
湖南省	1	桑植县	中国黄柏之乡	2000. 3. 3	取消
安徽省	1	砀山县	中国酥梨之乡	2000. 3. 3	取消
贵州省	1	望谟县	中国油桐之乡	2000. 3. 3	取消

第四节　经济林名特优生态产品质量标准

一、概　念

经济林传统名特优生态产品必须具有显著的地方特色，是某地域农家良种，在国内市场知名度高。优质产品的形成实在原产地特定的自然环境中，长期的生长发育过程逐步积累，同时原产地农民在长期生产实践行为选择共同创造的，其他任何地方的产品都不能替代，有明显识别外形特点。

（一）最终产品必须有准确的原产地域

1. 确定原产地域产品的基本原则

产品名称应由原产地域名称和反应真实属性的通用产品名称构成。

产品的品质、特色和声誉能体现原产地域的自然属性和人文因素，并具有稳定的质量，历史悠久，风味独特，享有盛名。

在原产地域内采用合理的传统生产工艺或特殊的传统生产设备生产的。

原产地域是公认的、协商一致的并经确认的。

2. 原产地域确定

以历史渊源和当地的自然属性和人文因素为依据。

应选择适宜产出特定品质的原材料、具有独特的土壤、水质、气候等因素的地域或地段。

以历史渊源和当地的自然属性和人文因素为依据。

原材料地域确定后，应明确地理方位并附相应地域图。

可以申报使用原产地域专用标志。

（二）初制加工最终产品

利用产自特定地域的原材料，按照传统工艺在特定地域内所生产的，质量、特色或者声誉在本质上取决于其原产地域地理特征的，并以原产地域名称的产品。

用特定地域名称命名的产品，其原材料来自本地区。该产品的品质、特色和声誉取决于当地的自然属性和人文因素，并在命名地域按照传统工艺生产。

用特定地域名称命名的产品。其原材料部分或全部来自其他特定地区。该产品的特殊品质、特色和声誉取决于当地的自然属性和人文因素，并在命名地域按照传统工艺生产。

符合第一条的要求，但以非地域名称命名的产品，可视为原产地域产品。

（三）最终产品

经济林最终生态产品必须是市场准入的绿色商品。

最终产品命名应用现行规范名称。

最终产品必须商品性优良。

最终产品必须具备三个优良的商品性：①对人体有高营养价值，具有保健功能则更佳。②食用品质好。适口性好，味美。加工食品。加工性能好。③外观好，形态完整，大小适中一致，色泽美观。销售时外包装美观大方，携带和食用方便。

二、经济林农家名特优品种

经济林传统名特优生态产品是指农家品种。农家品种是农民在长期的生产实践中，是自觉或不自觉的自然变异的选择，并经长期的栽培，选育成功的。同样是蕴涵着劳动者的智慧。

经济林新选育成功的名特优产品，是指人工采用传统良种选育技术，包涵杂交育种优良无性系的选育，或采用高新技术、生物技术选育成功的。

新选育的经济林名特优品种（产品）按《植物新品种保护条例》申报新品种保护权，进行新品种认证登录，并获证书。

无论是农家品种，常规育种或生物技术育种选育成的新良种，在长期栽培中其优良性状会退化的，仍要不断选育复壮。

所有的经济林名特优产品，均必须具备共同的质量标准。在此前提下，不同的产品可以有各自的质量标准。经济林主要名特优生态产品质量标准如下。

（一）板栗（*Castanea mollissima*，壳斗科 Fagaceae，栗属）

板栗原产中国，著名干果。栗实营养丰富，甘美可口，生熟食均宜。栗果实一般营养成分（可食部分）见表 7-4。板栗质量等级标准见表 7-5。

表 7-4　栗果实一般营养成分（可食部分）

品种	水分	可溶糖（占鲜重）	淀粉（占干重）	蛋白质（占鲜重）	N	P	K	Ca	Mg
燕山红	51.5	14.1	25.00	7.92	1.49	0.25	0.90	0.12	0.16
中迟	58.5	14.31	22.89	8.35	1.63	0.20	1.00	—	—
石丰	47.6	14.60	34.61	8.01	1.46	0.31	—	—	—
处暑红	51.0	14.70	28.67	6.14	1.26	0.14	0.89	0.18	0.13
莱西大油	53.1	16.75.	32.63	8.40	1.58	0.30	—	—	—
九家种	57.4	14.70	26.67	8.07	1.52	0.22	1.15	—	—
“杂-18”	52.9	13.41	30.35	7.98	1.50	0.19	0.90	0.15	0.13

注：据《果树种质资源目录》样品：采自泰安，栗种资源圃

表 7-5　板栗质量等级标准

项目	千克粒数	外观	缺陷
优等品	果粒均匀，小型果每千克不超过 160 粒，大型果每千克不超过 60 粒	果实成熟饱满，具有本品种成熟时应有的特征，果面洁净	无霉烂，无虫蛀，无杂质，风干，裂嘴果三项不超过 1%

（续表）

项目	千克粒数	外观	缺陷
一等品	果粒均匀，小型果每千克不超过 180 粒，大型果每千克不超过 100 粒	果实成熟饱满，具有本品种成熟时应有的特征，果面洁净	无霉烂，无杂质，无虫蛀，风干，裂嘴果三项不超过 5%
合格品	果粒均匀，小型果每千克不超过 200 粒，大型果每千克不超过 160 粒	果实成熟饱满，具有本品种成熟时应有的特征，果面洁净	无杂质、霉粒、虫蛀，风干，裂嘴果四项不超过 5%，其中霉粒不超过 1%

注：①大型果，多指南方板栗，平均每千克 140 粒以下；小型果，多指北方板栗，平均每千克 140 粒以上。②果粒均匀，果实大小匀称，符合等级规定粒数，大小粒的允许差不得超过平均单果重的±20%。③含水率：各等级小型果 49%~53%，大型果 50%~55%。

水分指标按 GB/T 5009. 3 规定执行。卫生指标按 GB/T 5009. 37 执行。

（二）枣（*Ziziphus jujuba*，鼠李科 Rhamnaceae，枣属）

枣原产中国，著名干果。果实富含营养物质，味美，鲜、干、熟食均宜。相关质量标准见表 7-6 至表 7-8。

表 7-6 鲜枣等级质量指标（DB13/T 480—2002）

项目			特等	一等	二等
基本要求			果实在脆熟期采摘，精细采摘。果实完整良好，新鲜洁净，无异味及不正常外来水分。着色面积应达整个枣果的 70%以上，无浆果及刺伤。果实品质达到品种固有特征特性		
色泽			具有本品种成熟时的色泽		
果形			端正	端正	端正
病虫果率			<1%	≤3%	≤5%
单果重	大枣类	大型果	≥25g	≥20g<25g	≥15g<20g
		小型果	≥15g	≥12g<15g	≥8g<12g
	小枣类	大型果	≥10g	≥8g<10g	≥6g<8g
		小型果	≥6g	≥4. 5g<6g	≥3. 5g<4. 5g
果面		碰压伤	无	允许轻微碰压伤不超过 0. 1cm^{2}一处	允许轻微碰压伤不超过 0. 5cm^{2}两处
		日灼	无	允许轻微日灼，总面积不超过 0. 2cm^2	允许轻微日灼，总面积不超过 0. 5cm^2
		裂果	无	无	裂果总长度不超过 1cm
		损伤率	0	≤5%	≤10%

表 7-7　小枣类红枣等级质量指标（DB13/T 480—2002）

项目	特等	一等	二等
基本要求	果形饱满，具有本品种应有的特征，个头均匀，肉质肥厚有弹性，果干，手握不粘手，无霉烂，浆果含水量不超过 26%，杂质不超过 0.5%		
个头	金丝小枣每千克果数不超过 300 粒	金丝小枣每千克果数不超过 370 粒	金丝小枣每千克果数不超过 440 粒
色泽	具有本品种应有的色泽	具有本品种应有的色泽	允许不超过 5% 的果实色泽稍浅
损伤和缺点	无干条，无浆头，病虫果、破头、油头 3 项不超过 3%	无干条，无浆头，病虫果、破碎、油头 3 项不超过 5%	病虫果、破头、油头、浆头、干条 5 项不超过 10%（其中病虫果不超过 5%）

表 7-8　大枣类红枣等级质量指标

项目	特等	一等	二等
基本要求	果形饱满，具有本品种应有的特征，个头均匀，肉质肥厚有弹性，身干，手握不粘个，浆果含水量不超过 25%，杂质不超过 0.5%		
个头	赞皇大枣每千克果数超过 100 粒，婆枣每千克果数不超过 140 粒	赞皇大枣每千克果数不超过 125 粒，婆枣每千克果数不超过 170 粒	赞皇大枣每千克果数不超过 150 粒，婆枣每千克果数不超过 200 粒
品质	具有本品种应有的色泽	具有本品种应有的色泽	允许不超过 10% 的果实色泽稍浅
损伤和决点	无干条，无浆头，病虫果、破头、油头 3 项不超过 5%	十条不超过 3%，浆头不超过 2%，病虫果、破头 2 项不超过 5%	干条不超过 5%，浆头不超过 5%，病虫果、破头 2 项不超过 10%（其中病虫果不超过 5%

（三）柿（*Diospyros kaki*，柿树科 Bbenaceae，柿属）

柿原产中国，著名干果。鲜柿果色泽艳丽，味甘甜多汁，营养丰富，鲜、干食均宜。质量指标见表 7-9。

表 7-9　柿果质量等级质量指标（DB13/T 476—2002）

项目	优等	一等	二等
基本要求	果实完整良好，新鲜洁净，无异味，无不正常外来水分，果实充分发育成熟，具有本品种应有的特征		
果形	端正	端正	允许有轻微凹陷或突起

（续表）

项目		优等	一等	二等
柿蒂		完整	完整	允许轻微损伤
单果重	大型果	≥350g	≥300g	≥250g
	中型果	≥200g	≥175g	≥150g
	小型果	≥150g	≥125g	≥100g
果面缺陷	刺伤	无	无	无
	碰压伤	无	允许轻微碰压伤不超过 0.5cm²一处	允许轻微碰压伤不超过 0.5cm²两处
	磨伤	无	允许轻微磨伤，总面积不超过果面的 1/20	允许轻微磨伤，总面积不超过果面的 1/10
	日灼	无	允许轻微日灼，总面积不超过 1.5cm²	允许轻微日灼，总面积不超过 3.0cm²
	虫伤	无	允许轻微虫伤，不超过 3 处	允许轻微虫伤，不超过 5 处

注：一等果不允许超过 2 项，二等果不允许超过 3 项

（四）银杏（*Ginkgo biloba*，银杏科 Ginkgoceae，银杏属）

银杏原产中国，种实是著名食药兼用干果。商品名“白果”。银杏主要营养成分见表 7-10，质量等级指标见表 7-11，种子卫生指标见表 7-12。

表 7-10　银杏主要营养成分

项目	指标
黄酮（%）	0.07
淀粉（%）	27.0
总糖（%）	0.9
脂肪（%）	1.5
蛋白质（%）	4.5
矿物质（%）	1.4
磷（mg/100g）	140.0
维生素 C（mg/100g）	21.0
维生素 B_2（mg/100g）	0.02
β 胡萝卜素（mg/100g）	0.10

表 7-11 银杏质量等级指标

等级	千克粒数	出仁率（%）	种壳厚度（mm）	种仁						
				水分（%，≤）	蛋白质（%，≥）	淀粉（%，≥）	可溶性糖（%，≥）	黄酮（%，≥）	萜内酯（%，≥）	氢氰酸（%，≤，μg/g）
特级	≤300	78~85	0.30~0.47	59.0	4.3	50.0	9.0	0.8	0.2	5.0
Ⅰ	301~360									
Ⅱ	361~440									
Ⅲ	441~520									

表 7-12 银杏种子卫生指标（浙江省无公害出口标准）

项目	指标
砷（mg/kg）	≤0.5
铅（mg/kg）	≤0.2
多菌灵（mg/kg）	≤0.5
敌敌畏（mg/kg）	≤0.2
乐果（mg/kg）	≤1.0
溴氰菊酯（mg/kg）	≤0.1
呋喃丹	不得检出

注：中国卫生部 2002 年规定银杏叶可用作保健食品原料。

1. 主要成分

银杏叶提取物中的成分因所用萃取溶剂的不同，成分略有不同，欧美一般用丙酮萃取，中国和日本一般用乙醇提取。据分析，共含有 30 余种成分，包括：黄酮醇苷类 24%，萜类内酯 6%，原花色苷类 7%，物质（substance）A13%，物质 B2%，物质 C20%，组分（component）Y5%，组分 Z4%，水和溶剂 3%，未知物 16%（表 7-10）。

2. 质量指标

（1）中国药典，2005 年版（叶子）

杂质≤2%；水分≤12%；总灰分≤10.0%；酸不溶性灰分≤2.0%；溶性提取物≤0.40%；萜类内酯（以银杏内酯 A、B、C 及白果内酯总量计）≤0.25%。

（2）WHO，1999（叶子）

（3）微生物指标

沙门菌：阴性。

煎剂用：需气菌≤10^7个/g；真菌≤10^5个/g；大肠杆菌≤10^2个/g。

内服用：需气菌≤10^5个/g（或 mL）；真菌≤10^4个/g（或 mL）；肠道菌和革兰阴性菌≤10^3个/g（或 mL）；大肠杆菌≤0 个/g（或 mL）。

3. 理化指标

外来杂质：叶柄≤5%，其他外来物≤2%，总灰分≤11%；农药残留（艾氏剂和狄氏剂之和）等。

卫生指标，按 GB/T5009. 37 执行。

（五）仁用杏（*Armeniaca vulgaris*，蔷薇科 Roseceae，杏属）

仁用杏是北方重要经济林树种，是泛指以生产杏仁为主的一类杏品种的总称。食用其种仁，营养丰富，含有 23%~27%蛋白质，熟食味美。杏仁质量指标见表 7-13。

表 7-13　杏仁质量指标（LY/T 1558—2000）

项目	大扁杏仁（甜杏仁）			中杏仁（甜杏仁）			山杏仁（苦杏仁）		
	1	2	3	1	2	3	1	2	3
外观	具有本品的正常形状和色泽								
仁肉	仁肉洁白、无霉斑、无污染、无异味								
平均单仁重（g）	>0. 8	0. 7~0. 8	<0. 7	>0. 7	0. 6~0. 7	<0. 5	>0. 5	0. 4~0. 5	<0. 3
含水率（%）	7			7			7		
不完整粒 破碎粒（%，≤）	2	5	7	2	5	7	2	5	7
不完整粒 不熟粒（%，≤）	1	2	4	1	2	4	1	2	4
不完整粒 虫蛀粒	无			无			无		
不完整粒 霉坏粒	无			无			无		
完整粒（%，≥）	97	93	89	97	93	89	97	93	89
杂质（%，≤）	0. 5			0. 5			0. 5		
异种粒	无			无			无		

（六）核桃（*Juglans regia*，胡桃科 Juglandaceae，核桃属）

核桃原产我国，是世界著名油脂类干果。核桃质量等级指标见表 7-14，品质指标见表 7-15。

表 7-14　核桃质量等级指标

项目	品质	个头	残伤
优等	果实成熟，壳面洁净，呈自然黄白色，出仁率在 50%以上，无杂质	个头均匀，果实侧径 36mm 以上，每千克 70 个以内	无虫蛀、出油、霉变、异味等果，空壳果、破损果两项不超过 0.2%，黑斑果不超过 1.5%
一等	果实成熟，壳面洁净，呈自然黄白色或黄褐色，桃仁饱满，仁皮黄白色，出仁率在 40%以上，无杂质	个头均匀，果实侧径 30mm 以上，每千克 80 个以内	无虫蛀、出油、霉变、异味等果，空壳果、破损果两项不超过 0.3%，黑斑果不超过 3%
二等	果实成熟，壳面洁净，自然黄白色或黄褐色，桃仁饱满，仁皮黄白色或琥珀色，出仁率在 35%以上，无杂质	个头均匀，果实侧径 28mm 以上，每千克 100 个以内	无虫蛀、出油、霉变、异味等果，空壳果、破损果两项不超过 0.4%，黑斑果不超过 5%

注：①桃仁水分含量不高于 6.5%；②粗脂肪含量：品种间有一定差异，要求在 60%以上（以可食部分的干物质计）；③检验方法：按 GB 5009.4 的规定测定；④蛋白质含量：要求在 15%以上（以可食部分的干物质计）；⑤检验方法：按 GB 5009.5 的规定测定。

表 7-15　核桃坚果不同等级的品质指标（GB 7907—1987）

指标	优级	1 级	2 级	3 级
外观	坚果整齐端正、果面光或较麻，缝合线平或低		坚果不整齐不端正，果面麻，缝合线高	
平均果重（名）	≥8.8	≥7.5		<7.5
取仁难易	极易	易		较难
种仁颜色	黄白	深黄		黄褐
饱满程度	饱满		较饱满	
风味	香、无异味		稍涩、有异味	
壳厚（mm）	≤1.1	1.1~1.8		1.9~2.0
出仁率	≥59.0	50.9~58.9		43.0~49.0

（七）山核桃（*Carya cathayensis*，胡桃科 Juglandaceae，山核桃属）

山核桃原产我国，现主产浙江（昌化）、安徽（宁国）。山核桃是著名脂肪类干果，营养丰富，种仁（食用部分）含油率 69.8%~74.0%，蛋白质 18.3%。山核桃炒熟食用香脆味美。椒盐山核桃理化指标见表 7-16。

表 7-16　椒盐山核桃理化指标

项目		指标
水分（%）		≤5
酸价（以脂肪计）		≤5
过氧化值（以脂肪计）		≤0.25
糖精钠（g/kg）		≤0.15
完整果	净子（%）	≥95
	统子（%）	≥90
净分量偏差（%）		±2

山核桃加工产品很多，主要有椒盐、奶油、五香等系列干果和系列果肉产品，后者是出口物质。

（八）香榧（*Torreya grandis*，红豆杉科 Taxaceae，榧树属）

香榧原产我国，现主产浙江诸暨，东阳，安徽休宁。香榧是著名脂肪类干果，营养丰富，炒熟食用香脆味美，并可入药。

1. 感官标准

色：外壳呈棕色，种仁呈米黄色。

香：有香榧独特而固有的香气。

味：咸味适中、种仁酥松、香醇甘甜、后味鲜滋而清口。

形：颗粒完整，外形无畸形，无明显焦斑，无杂质。

不完善粒各子项和≤1%。不完善包括第一次后熟太过（有榧奶味）、第二次后熟不足（有涩味）、发芽味（仁破裂）。

去衣容易：破壳后有部分种衣能自行脱落。

2. 理化指标及卫生指标

理化指标及卫生指标见表 7-17、表 7-18。

表 7-17　香榧种子理化指标

项目	指标
含水量	<5.0
种子形状（%）	细长，蜂腹形
单粒重（g）	1.45～1.80
出仁率（%）	65～68

（续表）

项目	指标
蛋白质（%）	≥11.0
油脂（%）	≥54.0
淀粉（%）	≤8.0

表 7-18 香榧种子安全卫生指标

项目	指标
砷（mg/kg）	≤0.5
镜（mg/kg）	≤0.05
铅（mg/kg）	≤0.2
录（mg/kg）	≤0.01
氟（mg/kg）	≤0.5
六六六（mg/kg）	≤0.2
滴滴涕（mg/kg）	≤0.1
乐果（mg/kg）	≤1.0
敌敌畏（mg/kg）	≤0.2
对硫磷（mg/kg）	不得检出
菌落总数（CFU/g）	≤750
大肠杆菌（MPN/100g）	≤30
致病菌（系肠致病菌和致病性球菌）	不得检出

（九）茶油

茶油是指用原产我国的普通油茶（*Camelltia oleifera*，山茶科 Theaceae，山茶属）种籽榨出的原毛油，油酸含量 80%，不含胆固醇和芥酸，是优质保健食用植物油。

用小果油茶 C. meiocarpa，攸县油茶 C. yuhsiensis 种籽榨出的也称茶油。

1. 质量标准

（1）特征指标

折光指数（n^{20}）：1.460~1.464。

密度（d20℃4℃）：0.912~0.922。

碘值（g/100g）：83~89。

皂化值（KOH）（mg/g）：193~196。

不皂化物（g/kg）：≤15。

（2）主要脂肪酸组成（%）

饱和酸：7～11。

油酸 $C_{18:1}$：74～87。

亚油酸 $C_{18:2}$：7～14。

2. 质量等级指标

质量等级指标见表 7-19、表 7-20。

表 7-19　茶油原油质量指标

项目		质量指标
气味、滋味		具有茶油固有的气味和滋味，无异味
水分及挥发物（%）	≤	0.20
不溶性杂质（%）	≤	0.20
酸值（KOH）（mg/g）	≤	4.0
过氧化值（mmol/kg）	≤	7.5
溶剂残留量（mg/kg）	≤	100

注：黑体部分指标强制。

表 7-20　压榨成品茶油质量等级指标

项目	质量指标	
	一级	二级
色泽（罗维朋比色槽 25.4mm）≤	黄 35 红 2.0	黄 35 红 3.0
气味、滋味	具有油茶籽油固有的气味和滋味，无异味	具有油茶籽油固有的气味和滋味，无异味
透明度	澄清、透明	澄清、透明
水分及挥发物（%）	0.10	0.15
不溶性杂质（%）	0.05	0.05
酸值（KOH）（mg/g）	1.0	2.5
过氧化值（mmol/kg）	6.0	7.5
溶剂残留量（mg/kg）	不得检出	不得检出
加热试验（280℃）	无析出物，罗维朋比色：黄色值不变，红色值增加小于 0.4	微量析出物，罗维朋比色：黄色值不变，红色值增加小于 0.4，蓝色值增加小于 0.5

注：黑体部分指标强制；压榨出的油，称原（毛）油；经加工去杂的油，称成品油。

（十）橄榄油

橄揽油是指油橄揽（*Olea europaea*，木犀科 Oleaceae，木犀榄属）果实榨出的油。橄榄油富含油酸，是优质保健食用植物油。

油橄榄原产地中海沿岸国家。我国 1964 年开始大规模引种，经半个世纪的栽培驯化，现在四川、陕西、甘肃等地已有大面积栽培。橄榄油质量指标见表 7-21。

表 7-21 橄榄油质量指标

项目	国际标准		中国橄榄油		
	初榨油	精制油	平均值	变异系数 C. V. %	极值
密度 20/20℃	0. 910～0. 916	0. 910～0. 916	0. 9129±0. 0010	0. 10	0. 9112～0. 9148
折光率 ND^{20}	1. 4677～1. 4705	1. 4680～1. 4707	1. 47744±0. 0015	0. 10	1. 4740～1. 4790
碘价	75～94	75～92	81. 591±5. 086	6. 23	71～89
皂化价	184～196	182～193	197. 14±5. 29	2. 68	192. 11～216. 42
酸价	6. 6	0. 6	1. 4106±0. 3108	22. 03	0. 88～1. 95
脂肪酸组成（%）					
棕榈酸	7. 5～20. 0		14. 361±3. 249	22. 62	10. 14～22. 25
棕榈油酸	0. 3～2. 5		1. 8229±1. 7470	95. 84	0. 58～8. 78
硬脂酸	0. 5～3. 5		2. 1748±0. 9241	42. 49	0. 44～4. 51
油酸	56. 0～83. 0		66. 809±8. 697	13. 02	49. 21～79. 05
亚油酸	3. 5～20. 0		13. 304±5. 807	43. 65	4. 18～25. 41
亚麻酸	0. 0～1. 5		0. 81296±0. 3670	45. 15	～1. 99

（十一）杜仲（*Eucommia ulmoides*，杜仲科 Eucommiaceae，杜仲属）

杜仲原产我国，皮叶均是名贵中药材，对高血压及腰膝酸痛有疗效。皮、叶均含杜仲膠，是工业原料。

1. 杜仲（皮）质量等级指标

现行杜仲（皮）感官质量收购标准见表 7-22，杜仲（皮）理化指标见表 7-23，杜仲叶质量等级指标见表 7-24，杜仲叶理化指标见表 7-25。据国家医药管理局和卫生部 1984 年 3 月制定的药材等级标准，将杜仲分为四个等级。

表 7-22　杜仲（皮）质量等级指标

项目/等级	特级	一级	二级	二级
皮长（cm）	70~80	>40	>40	枝皮、根皮、碎块等
皮宽（cm）	>50	>40	>30	
皮厚（cm）	>0.7	>0.4	>0.3	>0.2
颜色	表面呈灰褐色，里面黑褐色、黄褐色	表面呈灰褐色，里面黑褐色、黄褐色	表面呈灰褐色，里面青褐色	
质量	干货平板去净粗皮，质脆，断处有胶丝相连，碎块不超过 10%，无变形	干货呈平板状，质脆，断处有胶丝相连，两端切齐去净粗皮，碎块不超过 10%，无变形、杂质、霉变	干货呈板片或卷状，质脆，断处有胶丝相连，碎块不超过 10%，无杂质、霉变	干货不符合特一二级指标，无杂质、霉变

表 7-23　杜仲（皮）理化指标

项目/等级	一级	二级	三级
水分（%）	≤12	≤12	≤12
水浸出物（%）	≥20	19~15	14~11
松脂醇二葡萄糖苷（%）	≥0.15	0.14~0.13	0.12~0.10

表 7-24　杜仲叶质量等级指标

指标/等级	一级	二级	三级
叶色	墨绿色	墨绿色间暗褐色	暗褐色间灰色
病斑	无	≤5%	≤10%
杂质	≤1%	2%~5%	6%~10%
霉变	无	无	无

表 7-25　杜仲叶理化指标

指标/等级	一级	二级	三级
水分（%）	≤15	≤15	≤15
水浸出物（%）	≥25	24~20	19~16
绿原酸含量（%）	≥0.35	0.34~0.20	0.19~0.08

2. 杜仲（籽）油指标

杜仲（籽）油，种仁出油率 27%。杜仲油是新开发出的功能性保健食用油，对人体有降压作用，预防脑血栓、老年痴呆症和癌症等。相关指标见表 7-26 至表 7-28。

表 7-26　杜仲油理化常数

比重 d（20/20）	折光率 n（20/n）	酸值	皂化值	酯值	碘值
0. 9215	1. 4822	1. 739	185. 99	184. 25	182. 36

表 7-27　杜仲油的脂肪酸组成

脂肪酸	豆蔻酸 $C_{14:0}$	棕榈酸 $C_{16:0}$	硬脂酸 $C_{18:0}$	油酸 $C_{18:1}$	亚油酸 $C_{18:2}$	α-亚麻酸以 $C_{18:3}$
含量（%）	0. 40	6. 29	2. 13	17. 50	12. 64	61. 04

表 7-24 中说明杜仲油是富含 α-亚麻酸的油脂。不饱和脂肪酸含量为 91. 18%。人体必需的脂肪酸（EFAS）-亚油酸与 α-亚麻酸高达 73. 68%，由于 α-亚麻酸的独特生理和药理功能，杜仲油具有极高的营养、医疗保健价值。

表 7-28　杜仲皮、叶、油农药残留限值及卫生指标

项目		指标
乐果（dimethoate）（mg/kg）		≤1
辛硫磷（phoxim）（mg/kg）		≤0. 05
杀螟硫磷（fenitrothion）（mg/kg）		≤0. 5
氰戊菊酯（fenvalerate）（mg/kg）		≤0. 2
多菌灵（carbendazim）（mg/kg）		≤0. 5
百菌清（chlorothalonil）（mg/kg）		≤1
砷（以 As 记）（mg/kg）		≤0. 5
汞（以 Hg 记）（mg/kg）		≤0. 01
铅（以 Pb 记）（mg/kg）		≤0. 2
镉（以 Cd 记）（mg/kg）		≤0. 03
二氧化硫残留量（dimethoate）（mg/kg）		≤0. 5
菌落总数（个/g）	出厂	≤750
	销售	≤1 000
大肠菌群（个/100mL）		≤30
致病菌（系指肠道致病菌及致病性球菌）		不得检出
霉菌计数（个/g）		≤50

注：凡国家规定禁用的农药，不得检出。

(十二) 厚朴 (*Magnolia officinalis*, 木兰科 Magnoliaeae, 木兰属)

我国特产著名的传统中药材，对医治肝癌、胃癌等有疗效。厚朴药用主要是皮。其根、花也可入药。

1. 厚朴质量指标

(1) 感官等级

厚朴产品质量等级指标见表 7-29。

表 7-29 厚朴产品质量等级指标

规格	等级	筒长（cm）	重量（g）	主要特征	其他
筒朴	一级	40	≥800	卷成单筒或双筒，两端平齐。表面灰棕色或灰褐色，有纵皱纹，内面深紫色或紫棕色，平滑。质坚硬。断面外侧灰棕色，内侧紫棕色，颗粒状	无青苔、杂质、霉变
	二级	40	≥800	卷成单筒或双筒，两端平齐。表面灰棕色或灰褐色，有纵皱纹，内面深紫色或紫棕色，平滑。质坚硬。断面外侧灰棕色，内侧紫棕色，颗粒状。气香，味苦辛	无青苔、杂质、霉变
	三级	40	≥200	卷成单筒或双筒，两端平齐。表面灰棕色或灰褐色，有纵皱纹，内面深紫色或紫棕色，平滑。质坚硬。断面紫棕色。气香，味苦辛	无青苔、杂质、霉变
	四级	<40	<200	凡不符合以上规格者以及碎片、枝朴，不分长短，均属此等	无青苔、杂质、霉变
脑朴	一级	70	≥1 400	为靠近根部的干皮和根皮，似靴形，上端呈筒形。表面粗糙，灰棕色或灰褐色，内面深紫色。下端呈喇叭口状，显滑润。断面紫棕色颗粒状，纤维性不明显。气香，味苦辛	无木心、无杂质、无霉变
	二级	<70	1 000~1 400	为靠近根部的干皮和根皮，似靴形，上端呈筒形。表面粗糙，灰棕色或灰褐色，内面深紫色。下端呈喇叭口状，显油润。断面紫棕色，纤维性不明显。气香，味苦辛	无木心、无杂质、无霉变、无须根
	三级		<1 000	为靠近根部的干皮和根皮，似靴形，上端呈筒形。表面粗糙，土黄色或灰褐色，内面紫色。下端呈喇叭口状，略显油润。气香，味略苦辛	无霉变，少量木心、杂质及须根

注：①筒朴：厚朴干皮呈卷筒状或双卷筒状，长 30~40cm，厚 0.2~0.7cm，称筒朴。②脑朴：是指地面 65cm 高处横向锯断，再向地下挖 3~8cm 后锯断，从该段所剥下的皮为脑朴。

(2) 有效成分等级标准

有效成分等级标准见表 7-30。

表 7-30 厚朴产品有效成分含量等级指标

项目	一等	二等
厚朴酚与厚朴酚总量(%)	≥3	2~3

检测方法:《中华人民共和国药典》2005 年版第一部(厚朴)。

(3) 含水量等级标准

含水量等级标准见表 7-31。

表 7-31 厚朴产品含水量等级指标

项目	等级		
	一级	二级	三级
含水量(%)		≤15	

2. 卫生指标

厚朴卫生指标见表 7-32。

表 7-32 厚朴卫生指标

项目	指标
重金属总量及其化合物(mg/kg)	≤20.0
六六六(BHC)(mg/kg)	≤0.1
滴滴涕(DDT)丁(mg/kg)	≤0.1
五氯硝基苯(PCNB)(mg/kg)	≤0.1

检测方法:《中华人民共和国药典》2005 年版,第一部,附录 IXYE 重金属检查法。

(十三) 罗汉果(*Siraitia grosvenorii*,葫芦科 Cucurbitaceae,罗汉果属)

罗汉果是我国特产之名贵中药材,现主产广西。罗汉果以整果入药,具有清热解毒,润肺去痰之功效。用于治疗肺火燥咳,咽痛等病症。

1. 质量标准

(1) 感官指标

感官指标见表 7-33。

表 7-33　罗汉果质量等级指标

项目		等级		
		优级	一级	二级
果形		具有该品种的固有特征	具有该品种的固有特征，允各市地稍有变形	
滋味及气味		有罗汉果的清甜香味，无苦味，无异味		有罗汉果的清甜香味，无明显苦味
果实状态	果面	表面洁净，有该品种应有的色泽，绒毛多，无斑痕，无外力造成凹处，不裂、不破，无霉变	表皮洁净，有该品种该有的色泽，不焦黑，皮较薄，有光泽，绒毛多，斑痕面积不明显，无外力造成凹处，不裂、不破，无霉变	表面洁净，有该品种该有的色泽，皮厚，斑痕面积不超过5%，整批产品中，外力造成凹处的果实不超过2%，并且单个果实的凹处不超过2处，不裂、不破，无霉变。允许有烤焦现象，但其面积不超过总面积的10%
	果心	肉多籽少，呈黄棕色，果肉纤维细，不焦黑、不发白、不显湿状，无霉变、无病虫害	呈黄棕色，果肉纤维细，不焦黑、不发白、不显湿状，无霉变、无病虫害	肉少籽多，果肉纤维粗，不发白，不显湿状，无霉变、无病虫害。允许有烤焦现象，但其重不能超过总重
	其他	果实完整，干爽有弹性，相碰有清脆声，摇果不响		
一致性		好	良	

（2）果大小规格

果大小规格见表 7-34。

表 7-34　罗汉果大小规格指标　　（单位：cm）

等级	圆形果		长形果[b]
	横径围长（直径）	横径围长（直径）[c]	纵径[a]
特果	>19.5（6.20）	>17.9（5.7）	>6.9
大果	17.9（5.7）~19.5	16.6（5.3）~17.9	6.1~6.9
中果	16.4（5.2）~17.8	15.1（4.8）~16.5	5.1~6.3
小果	14.8（4.7）~16.3	14.1（4.5）~15.0	5.4~5.7

注：本栏数据只用于计算长形果纵横径比。指果形指数大于 1.2 的果实。括号内数值为果实的直径，长形果可用于与 a 作纵横径比值的计算。

(3) 有效成分等级标准

有效成分等级标准见表 7-35。

表 7-35　罗汉果有效成分指标

项目	等级		
	优	一级	二级
罗汉果总苷（%）	≥3.5		≥3.2
甜苷 V（%）	≥0.4		0.1~0.4

(4) 水分含量指标

水分含量指标见表 7-36。

表 7-36　罗汉果含水量等级

项目	等级		
	优	一级	二级
含水量（%）	≤15		

2. 卫生指标

卫生指标见表 7-37。

表 7-37　罗汉果卫生指标

项目	指标
铅（以 Pb 记）（mg/kg）	≤5.0
镉（以 Cd 记）（mg/kg）	≤0.3
汞（以 Hg 记）（mg/kg）	≤0.2
砷（以 As 记）（mg/kg）	≤2.0
六六六（BHC）mg/kg	≤0.1
滴滴涕（DDT）丁（mg/kg）	≤0.1
五氯硝基苯（PCNB）（mg/kg）	≤0.1
水胺硫磷（mg/kg）	≤0.1
多菌灵（mg/kg）	≤2.0
氰戊菊酯（mg/kg）	≤0.2
溴戊菊酯（mg/kg）	≤0.1
细菌总数（cfu/g）	≤1000
霉菌（cfu/g）	≤25
酵母菌（cfu/g）	≤25

（十四）桐　油

桐油是用油桐（*Vernicia fordii*，大戟科 Euphorbiaceae，油桐属）种子压榨出的油，称桐油。桐油属干性油，在工业上具有广泛用途。

1. 桐油质量等级标准

（1）桐油必须具备的特征

折光指数（n^{20}）：1.518~1.5225。

密度（d20℃4℃）：0.9360~0.9395。

碘值（g/100g）：163~173。

皂化值（KOH）（mg/g）：189~195。

华司脱试验：282℃，7′30″内凝成固体，切时不粘刀。

（2）桐油理化性质等级指标

桐油理化性质等级指标见表 7-38。

表 7-38　桐油理化性质等级指标

分级指标名称	等级		
	一级	二级	三级
色泽（罗维朋法）	黄 35 红≤3	黄 35 红≤5	黄 35 红≤7
气味	具有正常的桐油气味，无焦糊、酸败及其他异味		
透明度（静置 24h/20℃）	透明	允许微浊	微浊
酸价（毫克 KOH/克油）	≤2.0	≤5.0	≤7.0
水份及挥发物（%）	≤0.10	≤0.20	≤0.30
杂质（%）	≤0.10	≤0.15	≤0.25
不皂化物（%）	≤1.0	≤1.0	≤1.0
β 型桐油试验 3.3~4 经 24h 后	无结晶析出	同一级	同一级
桐油中 β 型桐油、痴油	不得检出	不得检出	不得检出

注：桐油以二级为中等标准。各级桐油中均不得混有其他异性油脂。

2. 湖南桐油质量出口标准

湖南桐油质量出口标准见表 7-39。

表 7-39　湖南桐油质量出口标准

项目	检定结果
色泽和透明度	透明或微浊，不深于新制 0.4g 重铬酸钾溶于 100mL 硫酸
气味	无异臭，不酸败
比重	0.9360~0.9395（20/4℃）
折光指数	1.5185~1.5225（20℃）
碘值	163~173（韦氏法）
酸值	3~6
皂化值	190~195
水分杂质检定掺杂试验	不超过 0.3%
检定掺杂试验	不掺含其他油类
华司托试验	加热至 282℃，7.5min 内凝固体，切时不粘刀，压之裂碎
β 型桐油试验	无结晶沉淀析出

（十五）乌桕（Sapium sebiferum，大戟科 Euphorbiaceae，乌桕属）

乌桕是原产我国的要工业油料树种，现主产浙江、湖南、湖北、贵州和四川。乌桕种子可以压榨三种油，种子外披白蜡层，可提取固体的皮油（桕蜡、桕脂），种仁可单独压榨油，称梓油（桕油），蜡油混合压榨的油称木油。

1. 感官等级标准

我国标准：①外观：块状、粉状、片状，一级、二级带有光泽的结晶体。②颜色：一级洁白，二级白色，三级淡黄，四级黄色。

2. 桕油理化性质标准

桕蜡、梓油理化性质等级指标见表 7-40。

表 7-40　桕蜡、梓油理化性质等级指标

指标	一级	二级	三级	四级
酸价	205~210	203~218	198~218	188~218
碘价	2	4	8	16
皂化价	206~211	205~220	200~220	190~220
脂肪酸凝固点（℃）	54~57	54	52	52

3. 柏蜡、梓油出口标准

柏蜡、梓油出口质量标准见表 7-41。

表 7-41　柏蜡、梓油出口质量标准

品名	透明度	水分及挥发物、杂质	比重（20/40℃）	折光指数（20℃）	碘价（韦氏法）	皂化价	酸价
		最高（℃）	最低/最高	最低/最高	最低/最高	最低/最高	最高
柏腊 梓油	透明或微浊	0.4	0.9350/ 0.9395	1.4825/ 1.4855	169.0/ 187.0	200.0/ 212.0	6.0

4. 浙江省柏蜡、梓油质量试行标准

浙江省柏蜡、梓油质量试行标准见表 7-42。

表 7-42　浙江省柏蜡、梓油质量试行标准

品名	色泽（罗维朋法 25.4cm 油柱）	透明度（在 20℃ 时静置 24h）	气味及滋味	酸价（不大于）	杂质（%，不大于）	水分及挥发物（%，不大于）	比重（20~40℃）	折光指数
柏腊	白色固体微黄		正常	16	1	0.5		
梓油	橙黄至棕色	允许微浊	正常	6	0.2	0.2	09360~ 0.9400	1.4800~ 1.5205

注：本标准适用于浙江省收购、加工、调拨和供应；符合或优于本标准的柏脂、柏油均为合格油；淡色梓油比本标准梓油价格高 3%。

（十六）漆树（*Toxicodendron vernicifluum*，漆树科 *Anacardiaceae*，漆树属）

漆树原产我国，利用栽培历史逾五千年。漆树流出的树液称生漆，生漆为天然优质涂料，至今不能替代，誉称“天然涂料之王”。现主产区陕西、湖北。

生漆质量标准见表 7-43。

表 7-43　生漆商品质量标准

品种	漆酚总量（%）	水分（%）	含氮物（%）	树脂质（%）	气味	浓度	丝头	色泽	转颜	丝路	含渣量
大木漆	72~74	<21.00	3.40	7.10~ 7.30	酸香味	稍稠	较细	金黄	快	细长回缩快	≤5
小木漆	74~75	21.00~ 21.30	3.30	7.40~ 7.50	酸香味	稍稠	较细	金黄	快	细长回缩快	≤5

（续表）

品种	漆酚总量（%）	水分（%）	含氮物（%）	树脂质（%）	气味	浓度	丝头	色泽	转颜	丝路	含渣量
小大木漆	>75		3.20	5.50~5.60	酸香味	稍稠	较细	金黄	快	细长回缩快	≤5

注：大木漆、小木漆、小大木漆，为漆树三大农家品种群。①大木漆：树高大，达15~20m，胸径达80~100m，抗寒耐旱，栽培分布在高、中山；寿命长。②小木漆：树形较小，树高栽培分布低山丘陵；产漆量高，品质好；寿命短。③小大木漆：介于小木漆，大木漆之间。

三、经济林产品检验方法通则

（一）抽样

抽样方法按照通用常规方法执行。

（二）感官检验

（1）用目视法对产品的果形、果实状态一致性、包装和标志进行检验。

（2）用口尝法进行滋味检验。

（3）用鼻嗅法进行气味及异味的检验。

（4）用手持被捡果摇动的办法检验。

（5）产品大小、长宽规格。

（6）产品理化性质及有害物质残留量检验。

检验方法按有关标准执行。

（三）标志、包装、运输和储存

1. 标　志

预包装产品的标志应符合GB 7718的规定。

储运图示标志按GB/T 191规定执行。

2. 包　装

产品用纸盒、塑料袋等包装，如果是油脂或其他液体要用铁、木或塑料罐装。亦可根据用户需要采用其他包装，所有包装材料必须符合卫生要求和国家相关标准。净含量应符合《定量包装商品计量监督管理办法》。包装要牢固，并有满足要求的强度。

3. 运　输

(1) 运输工具

运输工具应清洁、干燥、有防雨防潮设备。

(2) 装　卸

小心装卸，堆垛牢靠，严禁重压。

(3) 混　运

不得与有毒有异味或潮湿的物品混运。

4. 贮　存

产品应贮存在阴凉、干燥、通风、清洁的仓库中，不得与有毒、有害、易污染等物品一起存放。仓库内应有防尘、防蝇、防虫、防霉变、防鼠设施，成品箱离地、离墙大于 10cm。贮存期间每周要检查一次。

第五节　经济林名特优生态产品生产基地建设

一、基地建设的必要性

我国历来（特别改革开放后），重视经济林名特优生态产品基地建设。

早在 1986 年，林业部在〔1986〕69 号文件《关于调整林业生产结构大力发展经济林的通知》中明确提出建立名、特、优经济林产品的商品基地。并要求经济林商品基地的建设要面向市场，面向出口创汇。

接着于 1990 年 12 月，林业部在《国务院关于当前产业政策要点的决定》的实施办法中明确提出“充分利用山地资源，因地制宜建设一批名特优经济林基地，满足市场对木本油料、工业用原料、调料、香料、药材以及优质干鲜果品的需求；改善山区、农村产业结构，促进农村经济的发展”。

多年来实践经验告诉我们，经济林生产没有组织，没有统一规划，单家独户分散生产，形成不了批量的商品生产，只有建立商品基地，形成规模生产，才能实施经济林产品生产经营统一技术标准，才需要依靠科技进步。使用良种，使用先进生产技术，使用机械化，进行标准化的精细集约经营管理，提高单产，全过程无公害生产，保证产品是绿色食品。才会有优质的、面向市场的商品生产。基地是经济林名、特、优商品生产的保证。在丘陵山区的自然资源和地貌条件本来就存在着多样性，适合于各种不同的经营利用。有农、林、渔、牧、副各种生产门类，组成巨生态系统，平衡和谐。

如果是人们在利用上采用单一的农业种植业，显然是不能充分地利用土地资源、生物资源和生态资源，这是自然规律。开展多种经营也是经济规律。经济林名、特、优商品基地建设是由封闭式的产品生产，转向开放式的商品生产，变资源优势为经济优势，推动经济林生产向专业化、商品化、现代化方向发展。

二、基地选择

现代经济林产业化的模式：农户+基地+公司。按此，“基地”是中心环节。基地必需远离污染源，要求空气、土壤、水体洁净。

一旦公司已决定了生产项目内容，就应合理选择农户（群体）和基地，这是公司生产原料数量和质量来源的保证，也是优质产品的保证。

改革开放建立起以家庭承包经营为基础，统分结合的农村双层经营体制，必须坚持。全面推行集体林权制度改革，是农村生产力的第二次解放。推行林地经营权流转承包，必须坚持农民自顾、自由、有计划地按合法程序地进行，可以形成经济林产品生产经营大户统一经营。承包期 70 年，期满后还可以继续承包。也可以农民用林地入股，实行股份制经营。只要农民愿意也可以拍卖。十七届三中全会提出了土地承包经营权流转的“三个不得”：即不得改变土地集体所有性质、不得改变土地用途；不得损害农民利用。林地不得改变用途性质，要坚决守住 46.8 亿亩林地红线。

现代经济林产业体系基本模式是，基地是企业生产的核心保证。由经营大户与经济林产品加工企业签订建立有一定面积规模基地建设合同。基地面积在 1 500~3 000 亩，才能形成规模生产经营，可以由一经营大户直接经营。

一个企业根据生产规模、原料的需求，可以建多个基地。

企业应推行股份制，让基地农户入股，使农户和企业形成利益共同体，否则不能保证企业在原料供应的质量和数量。

三、基地规划设计

建立名、特、优经济林产品的商品基地，是总结了建国以来正反两方面的经验而提出来的正确措施，是经济林生产的改革。无疑这一项改革是前进的，要去完成它，有一系列的技术性问题要解决。首先是基地的确立，其次是基地的规划设计，应发挥当地资源、技术优势，认真做好调查规划，提出优化设计方案。

现就名、特、优经济产品的商品基地的确立，采样并进行调查规划设计的要求与方法，分述如下。

（一）基地建设的指导思想和原则

1. 用科学发展观为指导，遵循“保护森林，发展林业”的基本国策

基地的建设是为了合理利用，积极经营经济林资源，从而达到可持续发展的目的。

2. 遵循生态经济的原则

经济林商品基地的建设仍然要着眼于维护和改善生态环境，坚持经济效益、生态效益与社会效益的统一。食品基地要远离污染源，基地的土、水、气是否洁净，从源头上保证绿色食品生产。有多大的连片面积，产权是否清晰。能组织多少农户为基地生产。当地农民是否有栽培该树种的习惯和技术。

3. 运用现代科学决策方法

基地的确立和基地规划设计问题的解决，实际上是科学决策的过程。现代科学决策的涵义是对未来行动所要达到的目标，应采取的手段和方法，它所表现出来的具体形态是行动方案。一个科学决策过程大体包含着：目标的确立—信息的搜集—信息的处理—决策的选择与评估—最后决策方案的选定—方案实施的反馈（反馈导向、反馈促进）—实现目标这样一些步骤。可见决策的依据是信息，离开信息，仅凭个人才智、经验而进行决策，是远远不够的，是小生产的经验决策，不适应现代化建设事业需要，因此，必须提倡民主化和科学化。

4. 运用系统分析法

经济林产品的商品基地是我们调查规划和设计的对象，这个对象实际包含许多因素的系统。系统是指由若干要素组成，具有一定结构和功能，并且是处于动态之中的统一整体。系统是客观的、是分层次的，有其内在联系，并表现出特定的形态。经济林商品基地包括经济林栽培、经营、产品的采集贮运，产品的加工工艺，商品的流通，组成林—工—商的大系统。

系统分析它是全面地研究分析系统的要素、结构与功能之间的相互影响，以及环境条件的制约关系的变化规律，作出定性定量的分析，得到最优解。系统分析方法在基地规划设计中的应用要考虑的有：①外部条件与内部条件相结合。系统的外部条件是系统的环境。系统内部条件是经济林树种、林分结构、经营类型等。综合分析各个环境因素对林分的影响，是否适宜，否则就不能建立起新的系统——经济林分。②当前利益与长远利益相结合。在现代社会不仅要注意当前利益，更要考虑到长远利益，要适应今后的发展和变化，基地才能长久地存在下去。③经济效益与总体效益相结合。基地建设不能用消耗原料损害环境来换取高经济效益，要平衡生态环境，形成复性循环。

系统分析法的实施步骤通常应有以下的顺序：基地目标分析，目标的确立，系统模型化、优化和系统评价。

（二）基地建设的依据和条件

1. 资源的可能利用性

要建什么样的基地，首先要有资源，同时要考虑到可利用性，如果在一定时间内是以利用野生资源为主的，更要充分估计资源的可利用性，否则会成为无米之炊。

要多少资源才能建基地，也即是经济林面积和产量的多少。各个树种基数的考虑依据，应有一定的批量生产，能形成商品生产，具有投入与产出的经济效益，有利可图。

从可靠性来说是在老产区建基地为好，新的基地更应考虑资源条件。

2. 技术条件

技术条件包括劳动者、劳动手段、劳动方式等，其中劳动者是最积极的因素，基地可提供劳动力及其素质，劳动力的素质太差，就很难接受先进的技术，创造高效益。

技术条件是生产力的重要因素，是经济效益高低的决定因素。

3. 地理位置

地理位置不仅反映一定的自然条件，并且所处交通、经济、政治以及市场都密切的关系。同样的商品，因地理位置的不同会造成不同的价值。

4. 自然条件

自然条件评价的内容如下。

（1）气候条件

主要研究非地带性引起的地域差异，这不仅关系着布局，直接关系着品种的具体面积安排。

（2）土地条件

土地是自然多因素的综合体，是建立基地的永久性生产资料。土地是有限的自然资源，是不可代替的，通过劳动才能创造财富。

任何土地都有其固定的空间，因而形成土地自然条件的差异，为我们利用提供各种不同的条件。因此，必须对土地条件进行评价。

a. 可利用性评价

研究分析土地自然因素之间的制约关系，如地貌、土壤、气候等因素之间关系。因此，必须对土地条件进行评价。

b. 适宜性评价

适宜性评价主要解决可以做什么用，而各地类可以安排各种不同的用途，组成一个网络结构合理的生态系统。

c. 生产潜力评价

生产潜力，是潜在能力，是指在一定条件下，可能达到的水平，所谓一定的条件是指要创造一些什么条件，要克服一些什么条件，潜在的危害是否有，如何克服。

d. 土壤条件的评价

土壤是土地中的主体因素，因为实际上最后的利用是落实在土壤上的。因此，对土壤种类、分布、肥力、可利用性等作出评价。

e. 经济效益

对土地的投资效益，要作出准确的判断。

5. 自然条件结合的特点

水分、热量、地貌、土壤等几个自然因素，它们之间的结合不一样，组成多种多样不同的自然类型，显示出微域差异供我们选择，作各种不同的用途。

6. 社会经济条件

社会经济条件主要是指基地建设可提供的条件。这不仅包括人口、劳力、土地、甲地、水利等基本条件。更要看工业基础，为商品能提供的加工条件，运输条件、市场条件等，行业间的横向关系。

社会条件与自然条件的结合，形成一定的经济规模，人们是不能违背这种经济规律的。

（三）基地设计方案

1. 方案的提出

在经过外业系统的详细调查，掌握大量资料之后，即完成了信息的搜集。将所获调查数据进行统计运算，资料进行系统分析研究，即是信息的处理。而方案的编写要按系统工程的科学方法，即是应用现代工程的管理方法对系统进行有效的组织管理。要按照时间维、逻辑维、知识维三维空间结构模式，时间维中的工作阶段，主要是外内业及实施前后的连贯，以建设阶段的时间为主。逻辑维的思考过程是贯串始终的，知识维的专业学科，在基地建设中不仅是林业，它是多学科共同作战，但牵头应该是林业。方案的具体内容应包括：基本情况、基地树种、经营方式、规模、实施良种化，产量、质量指标、各项技术实施和要求、产品加工工艺，商品流通渠道、投资、进度、预期效益、组织实施等。方案反映了林—工—商系统，系统中的各个因素以及它们之间的关系；如前述要按照系统工程方法进行全盘考虑安排，否则只要其中的某一个因素受阻，则全局不通。方案是基地建设的指导文本和依据。

2. 方案的论证

基地规划设计方案要组织有关专业科技人员和专家进行论证。所谓论证是用经过实践检验的正确认识来证明另一个认识的真实性。方案仅是一个未知实践检验的认识，所以一定要经过论证。方案的论证也是经有专业科技人员进行集体讨论研究，是民主决策、科学决策不可少的条件。

基地设计方案的论证内容和范围，主要集中在两点。

一是设计方案可行性的论证，所提的设计方案在某一具体的地方是否可行，不可行设计方案再好也是一纸空文，可行的范围是指全部内容，不能分割开来，方案是整体的。

二是生态经济效益的论证，不能只看到经济效益，绝对不能牺牲环境换取高经济效益，要全面衡量设计方案，如果是合乎生态经济要求的，则是一个好的方案。

关于先进性的问题，当然技术先进是好的，可以创造高效益。但在一定的地区，一定的历史条件下可以不过高的要求，允许逐步实现。

对设计方案的论证只要满意就可以通过，最优是很难达到的，在实际工作中几乎是不会有最优方案，因此，满意设计方案就可以通过。基地设计方案中包括林—工—商的许多内容，涉及多个行业，如果林业部门没有力量，可以让有关行业来承担部分业务内容。如产品加工关系到工业生产，商品流通关系到商业，不一定由林业部门全部包下来，分别由有关部门承担生产任务，但要改变以往那种工业只收经济林产品，付很低的收购费，由他们单独生产，商业又向工厂收购制成品，进入流通领域以后又由他们独家经营，这样又是林业生产部门吃亏，提供廉价的原料，妨碍生产积极的发挥。基地则应由林业部门牵头组成跨行业的横向联系，成立林—工—商企业公司，统筹生产、流通，采用入股利润分成的办法，各家都有利，均不吃亏，各个生产环节都有积极性。这样能使经营规模更大更合理，技术得到充分的发挥，渠道畅通，更有利产品商品化。经济林产品的加工利用，是今后乡镇企业的发展方向，是我国农村向商品经济转化的重要形式。

3. 方案的实施

经济林商品基地的设计方案，经过专业论证通过后，报请上级林业主管部门批准后，即可由承担单位组织实施。

因为方案是未经实践的认识，其中可变因素多，在实施过程中，要不断地反馈，通过“反馈导向”“反馈促进”。在实践中修改方案，在执行中促进方案的实施，以达到预期的目的。应按照方案的技术要求施工，才能保证高产、优质，在住持的经营中也要执行方案，才能保持高产稳产。

为了有成效地建设经济林产品基地，一定要坚持完成下列程序：林业部门的调查规划—提出设计方案，专业论证通过—上级林业至主管部门批准方案，并另签订执行方案合同—承担单位组织施工—组织检查验收—验收合格，完成任务。严格实行没有基地主设计方案一律不批准，不拨款，在规定期间未施工的，取消拨款，不合设计要求不验收。只有这样才能保证基地的质量，一定要按照商品经济的观念来报建基地，批准基地。

第六节　原产地域保护

一、原产地域产品保护的概念和意义

传统的经济林名特优产品（树种、品种）是怎样产生形成的呢？是由某一个经济林树种或品种（类型）在自然界产生自然变异，一些有益变异性状在人工长期生产实践行为中，有目的的、不断地定向选育，以及相应的栽培管理经营，共同作用演化形成的并能遗传繁殖，具有独特优良品质、特色及声誉的新的地方良种，或特定的产品传统加工工艺，是人的智力创造的成果。

经济林名特优产品（地方良种）是在特定的自然条件下，经长期选育与繁育和栽培形成的。因此，它能够反映其原产地域的自然地理特征及栽培技术或产品加工工艺方法的特殊性。原产地域即该产品（树种、品种）的原始发祥地。原产地域保护包括：产品、自然生态环境、繁殖方法和栽培技术、传统特定的产品加工工艺方法。

经济林名特优产品（树种、品种）通常是以地域命名的，如沾化冬枣、邵阳板栗、迁西京东板栗等。

保护原产地域产品（树种、品种）即保护该产品的地道正宗品牌，严防假冒伪劣产品混淆市场，保护其市场信誉不受侵害，保护消费者利益，提高产品品牌知名度，最终达到提高其商业经济效益的目的。

二、原产地域产品保护的法律依据

经济林名特优原产地域产品是人的智力创造的成果，自然属于知识产权的范畴。1967 年签订的《世界知识产权组织公约》规定知识产权保护的各项智力创造成果的权利共有 8 条。如其中第三条“人类一切活动领域的发明”；第四条“科学发现”；第六条“商标以及商业名称和标志”；第七条“制止不正当竞争”。作为 WTO 三大支柱之一的《与贸易有关的知识产权协定》从 7 个方面规定了对其成员保护各类知识产权的最低要求，如“商标权”“地理标志权”“专利权”。国际上通常将知识产权分为工业

产权和版权（著作权）工业产权含专利权、商标权、反不正当竞争权。《保护工业产权巴黎公约》第一条第二款规定工业产权保护，其中有“发明专利权”“商标”“产地标记或原产地名称”等。第三款规定：“工业产权应用广义的解释，不仅适用于工业和商业本身，也适用于农业和采掘业以及一切制造品或天然产品”。

从上述内容可以看出经济林名特优原产地域产品保护，符合国际规定的知识产权范围和保护惯例。

国家质量技术监督局于1999年8月17日颁发第6号令，即发布施行《原产地域产品保护规定》（下称《保护规定》）《保护规定》第一条：为了有效地保护我国的原产地域产品，规范原产地域产品专用标志的使用，保证原产地域产品的质量和特色，根据国家法律法规和国务院赋予的职责，制定本规定。第二条：“本规定所称原产地域产品，是指利用产自特色地域的原材料，按照传统工艺在特色地域内所生产的，质量、特色或声誉在本质上决于其原产地域地理特征，并依照本规定经审核批准。任何单位和个人使用原产地产品专用标志，必须依照本规定经注册登记。”

国家质量技术监督局于1999年12月1日发布，2003年3月1日实施了国家标准《原产地域产品通用要求》（GB 17924—1999，下称《通用要求》）。《通用要求》在前言中表述：“本标准是为配合国务院质量技术监督局行政主管部门发布的《原产地域产品保护规定》的实施而制定，旨在保护原产地域产品，保护生产企业的合法权益，并指导编写原产地域产品标准。在《通用要求》中提出：“本标准规定了原产地域产品的定义，确定原产地域产品的基本原则，原产地域和原材料地域的确定，原产地域产品标准的要求和原产地域产品的专用标志。”

经济林名特优原产地域产品的保护，是得到《专利法》《商标法》《原产地域产品保护规定》《原产地域产品通用要求》等法律、法规和标准支持的，是有法可依，违法必究的。

三、我国原产地域产品保护现状

我国经济林名特优原产地域保护引起国人普遍关注是在20世纪90年代以后。特别是2001年我国成WTO正式成员之后，兴起了品牌注册保护。长期以来，我国经济林产品从未有过自己的注册品牌、商标，商品只有土名而无“学名”，更没有标准、专利，自生自灭，缺乏市场竞争意识。随着改革开放的深入发展，市场经济的推行和逐步完善，商品自主地参与国内外市场竞争，市场是无情的，优胜劣败，我国经济林产品在国际市场竞争中屡屡遇挫，从实践中意识到品牌之重要。品牌是产品质量优良的表征，是信誉，是在市场中的形象，是无形资产。因此，要树立较强的品牌意识，要实施名牌战略，要拥有自己的品牌和商标，用名牌驰名商标去参与市场竞争。为了提高商品知名度，可以申请驰名商标。我国的商标保护实行双轨制，驰名商标通常由商标主管部门认定，但也可以通过司法途径进行认定，二者效果相同。

2007 年 7 月湖南省法院召开全省法院民事审判工作会议明确了驰名商标的司法认定标准。根据要求，首先，驰名商标应当在全国具有较高的知名度，或者至少应在国内大部分地区具有较高的市场知名度，为相关公众所熟知；其次，商标必须要使用，只能因使用而驰名；第三，在商标宣传工作的广度上，要求不仅限于某一地域，而是要覆盖全国，至少在全国的大多数省份知名；第四，商标作为驰名商标受保护的记录可以是司法保护记录也可以是行政保护记录，侵权假冒也可以从一个侧面证明该商标的知名度；第五，商标驰名的其他因素应包括商标的美誉度、显著性、许可使用情况(包括范围和许可费高低)、商标的其他特殊情况等。依法认定的驰名商标将受到特殊的保护——对已注册的驰名商标，不但给予商标专有权的全部司法保护，还给予跨商品、服务类别的特殊保护。

国家林业局和中国经济林协会在 2000 年、2003 年、2004 年分 3 批，共授予了 293 个县“中国名优特优经济林之乡”的称号。包括的树种（树种排列先后根据批准命名的县数多少）有：枣、板栗、核桃、茶叶、柑橘、梨、油茶、苹果、桃、柿、花椒、银杏、仁用杏、葡萄、杜仲、肉桂、八角、荔枝、柚、山核桃、香榧、锥栗、枇杷、杨梅、山茱萸、金银花、猕猴桃、枸杞、杞柳、竹炭、竹笋、李、杏、甜柿（罗田）、油桐、榛、巴旦木、红松籽、胡柚、金柑、龙眼、樱桃、青梅、青榄、木瓜（药用）、厚朴、黄柏、桑果、葛粉、石榴、辛夷、红豆杉、菊米、松脂、南酸枣等 55 个树种。另授开化县“中国根雕艺术之乡”。

四、原产地域产品亟待加速申报法律保护

被国家林业局和中国经济林协会授予“中国经济林名特优之乡”的有 293 个县，包括 55 个树种。这无疑是有利于树立品牌形象，提高产品知名度，促进产品积极参与市场竞争的。但这仅仅是行业行为，不完全具备原产地域产品作为知识产权保护的法律效用。因为知识产权并不是自然拥有的，对其保护的获得需要得到国家相关法律的确认，需要履行一定的申报手续，经国家或地方质量技术监督局的审批，方能生效。据调查，目前中国经济林名特优产品原地域保护，履行了申报手续并获批准，得到法律保护的仅有少数几个树种，可以认为基本上没有履行申报、获批准的手续。因此，目前要积极加速促成原产地域产品申报法律保护，让名特优品牌在国内外市场真正树

立起来。

中国经济林名特优原产地域产品具专有性和地域性，这两大特点的确认是要经过一定程序的审批手续，是受《专利法》《商标法》等法律文件保护的。现在中国经济林名特优原产品的保护，可以通过申报《保护规定》，制定《通用要求》标准，作为法律保护手段。《保护规定》第六条："国家质量技术监督局确立原产地域产品保护办公室（下称"保护办"），具体负责组织对原产地域产品保护的审核和注册登记等管理工作"。由省市区质量技术监督局会同有关业务部门组成原产地域产品申报机构（下称"申报机构"）。申报机构直接受理单位或个人原产地域产品保护申请。生产者申请要向申报机构提供详细的申请原由的书面资料，经申报机构组织专家评审论证后，形成如下资料提交保护办：①原产地域产品保护申请书；②产品生产地域的范围及地理特征的说明；③产品生产技术规范（包括产品传统加工工艺、安全卫生要求、加工设备的技术要求）；④产品的理化、感官等质量特色及其生产地域地理特征之间关系的说明；⑤产品生产、销售情况及历史渊源的说明。第十三条："生产者需要使用原产地域产品专用标志的，应当向本省、自治区、直辖市质量技术监督局组织成立的申报机构提出申请，并提交以下资料：①原产地域产品专用标志使用申请书；②产品生产者简介；③产品（包括原材料）产自特定地域的证明；④产品符合强制性国家标准的证明材料；⑤有关产品质量检验机构出具的检验报告。生产者申请经申报机构初评审合格，申报保护办核准，予以注册登记后，在其产品上方可使用原产地域产品专用标志。"

《通用要求》的制定是为具体贯彻实施《保护规定》，以及指导原产地域产品标准的编写。《通用要求》中除可以通用的（如范围、引用标准、定义）外，另有体现产品各自特色的，如确定原产地域产品的基本原则，原产地域和原材料地域的确定，原产地域产品的标准要求，原产地域专用标准等内容，某一具体树种的标准应包括：原产地域范围及其自然环境条件的特点；产品商品特征；产品理化性质及其营养价值；品种系列；栽培经营技术特点；采收贮运；加工工艺等。

中国经济林名特优原产地域产品保护，必须履行一定的申报、审批手续，已经授予"中国名特优经济林之乡"的县（市）仍然要办理申报手续，才能获得国内和国外的法律保护。我们必加大宣传力度，让有条件申报中国名特优经济林原产地域产品保护的地方尽快申报，以有利于产品品牌在国内外市场的树立，提高经济效益。凡是已经申报批准"中国名特优经济林原产地域产品"保护的地方，要作出保护规划，提出保护措施，真正保住名特优品牌。

第七节 创名牌、森林认证、保护产品地理标志

一、创名牌

（一）创名牌的意义

经济林名、特、优良种是财富，要严加保护。名、特、优良种要进行品牌注册，才能受到国家法律保护。品牌注册获得专用商标，可以防止市场上的品牌假冒，有力地保护了商业利益。在经济林生产中我们多少年来缺乏品牌意识，未树立名牌，失去了产品在市场上商业利益保护。特别是我国在参加 WTO 以后，在国际市场竞争中，要用名牌去挑战对应市场。

经济林一个栽培名特优品种，就是一个品牌，可以做成一个强大加工产业，就可以富一方人。京东板栗栽培年产值 5 亿元，加工产业又是 5 亿元。海南槟榔栽培年产值 16 亿元，在湖南加工年产值 50 亿元，解决了大量城镇就业人员，结果是我富了，你亦富了，大家都富了。这就是经济林在社会主义现代化建设中，显现出来的强劲经济实力。

（二）品牌培育

有资料显示，近年来，我国林业建设成绩斐然，2013 年我国林业产业总产值达到 4.73 万亿元，比 2012 年增长 19.93%，是 2005 年的 4.95 倍。2014 年上半年，全国林业产业总产值已经达 2.13 万亿元，同比增长 13.6%。

随着我国林业产业规模不断扩大，全国涉林企业接近 30 万家，林产加工企业 12 万家左右，全国从事林业产业人员 4 500万人，林业产值占全国总产值近 5%。同时，我国林业产业集聚度不断提高、产业内涵不断丰富、非公有制经济发展迅猛、林产业基础不断巩固。

我国已经成为林业产业大国，如何从大做强？这是多年来业内同仁冥思苦索并孜孜以求地实践的大事。制造强国的一个重要内涵是培育一个真正跻于世界列强之林的企业群体。这个群体应充分国际化，突破品牌关、诚信关、规模关、市场关、资源关、创新关和文化关，拥有全球化的市场上的知名度，话语权和影响力。

据报道，2013 年中国林产工业协会在全国林产工业企业中开展品牌培育工作，激

活市场必须依靠品牌建设，为此就是希望通过品牌培育打造一批中国林产企业知名品牌企业，以此全面提高中国林产工业品牌价值，提升其在国内、国际市场的竞争力。品牌培育工作将先试点后展开，先重点培育示范样板企业，然后根据林产行业实际情况分步推进。

中国林产工业协会的负责人说，2010 年以来的几年，我国林产工业高速发展，各项指标持续快速增长，产业结构和产品结构调整进一步优化，经济运行质量、综合实力和竞争力都有显著提高。随着林业产业的快速发展，很多企业已经完成了原始积累的初级发展阶段，需要向更高层次发展，真正进入世界市场竞争，打造名优品牌将成为中国林业不得不面对现实和当务之急。可以预见，在未来的市场中，企业在同样保证产品质量和满足客户需求的情况下，谁拥有了名优品牌，谁就更有机会拥有市场。

我们之所以抓紧启动林产工业品牌培育试点工作，是林业产业发展形势的需要，下一步我们还要积极扩大产品范围，并且在企业品牌培育的基础上进行行业或产品竞争力指数的评价、林产工业乃至中国名牌林产品的评定等工作。

中国林业工业要转型升级重在品牌建设，品牌是企业综合素质和能力在市场竞争中的反映，品牌培育过程是企业凝聚竞争优势并将竞争优势转化为市场价值的过程，是涉及企业战略、技术、质量、信誉以及品牌管理技术等众多方面的复杂过程。我们培育品牌，就要认真研究品牌成长过程中那些共性的规律，按照这一规律构建科学的品牌培育方法，并在企业中宣传推广，达到提高企业品牌培育能力的目的。

首先，从世界主要经济强国的发展经验和我国工业发展实践看，构建以质量品牌为核心的竞争力是工业强国的共同特征，所以提升质量培育品牌是我国迈向工业强国的必由之路。其次，扩大消费需求是实现“消费、投资、出口”协调拉动经济发展的重中之重，提升质量品牌是扩大消费的必然需要。最后，提高工业附加值水平，增强产业核心竞争力，促进企业由价值链低端向高端跃升，是工业转型升级的重要内容，提升质量品牌是促进转型升级的关键环节。

要想创出品牌，真正做好品牌培育工作，就需要舍得放下眼前利益，将眼光放长远一些；通过系统培训去理解、把握、实践、验证，创造出在中国叫得响，在世界站得住的品牌；企业的一把手在品牌建设过程中必须能“顶得上”，重视品牌建设。

有专家提出，品牌战略是品牌培育的前提，是品牌运营的总体规划与策略方案，品牌战略的前提是整个企业发展战略，所以应当首先制定企业发展战略。不要把企业展战略与品牌发展战略当作两回事，实际就是两个视角看的一回事，品牌战略是整个企业发展战略的品牌化运营，反之在市场经济发展的高级阶段，企业发展战略是以品牌为核心来运营的。

品牌战略的有效实施应制定企业发展战略目标与相应的品牌战略目标以及与之配

套的策略方案和行动方案，设计品牌识别系统，做好品牌传播推广与用户工作，促使品牌自身运营得到良性运转。

在现代市场经济条件下，经济林商品要参与国内外市场竞争，唯一的手段和办法，是用“品牌”应战，才能立于不败之地。“品牌”是产品质量的保证，是市场的信誉度，是资源。我们要开拓经济林产品市场必须要创经济林产品品牌，实施品牌战略。我国有许多传统名特优经济林产品，享誉中外市场。如迁西京东板栗、沾化冬枣、昌化山核桃、诸暨香榧、建瓯锥栗、东兴肉桂等百余种。2013 年 12 月 3 日在杭州市举行的浙江省十大香榧推荐品牌评比中，东阳市东白山土特产开发有限公司的“西湾”牌香榧榜上有名。至此，“西湾”牌香榧连续 8 年获此殊荣。我国传统名特优经济林产品原来只有“土名”，没有“学名”，“土名”进行商标注册，取得“身份证”使“土名”变成“学名”，形成固定的注册品牌，是受到国内外法律保护，使消费者放心。我国经济林品牌注册较晚，始于 20 世纪 80 年代，由于品牌注册大幅提高经济效益，近几年名牌产品数量快速增加。据有关报道。海南从 2007 年开始，每种果品都进行品牌注册，每一个果实都贴上“身份证”商标。建立海南热带水果质量追溯系统。消费者买到劣果、假品牌果，可投诉至追溯系统。

每一个品牌都应有自己特有商标并进行注册，是国内外法律保护的。商标的界定是：世界知识产权组织在其商标《示范法》中曾作出如下定义：“商标是将一个企业的产品或服务与另一企业的产品或服务区别开的标记”。商标使用在商品上，与商品包装上的装潢不同，前者是为了区别商品的出处，是专用的；而后者是对商品的美化装饰、说明和宣传。据此而言，商标，既是一种知识产权，一种脑力劳动成果，又是工业产权的一分，是企业的一种无形财产。

商标具有独占性。使用商标的目的是为了区别与他人的商品来源或服务项目，便于消费者识别。所以，注册商标所有人对其商标具有专用权、独占权，未经注册商标所有人许可，他人不得擅自使用。否则，即构成侵犯注册商标所有人的商标权，违犯我国商标法律的规定。现在我国每年注册商标在 30 万件。基地和企业要努力进行技术创新，申请自主知识产权的专利。

二、森林认证

（一）ISO9000 认证

ISO，就是国际标准化组织，是全球非政府性质的质量标准化国际组织，成立于 1946 年，该组织的任务就是制订有关生产和产品的各种标准，至今已发布的标准达数万个。ISO9000 是该组织的第 9 000个质量标准文件，于 1987 年发布。ISO9000 质量体系认证统一了全球市场的质量评价标准，由于是第三方认证，因此也更具客观性，容易被交易双方所接受。

在 1996 年年底以前，全世界已有 15 万家公司按标准取得了认证，还有 10 万家以上的公司正在接受审核和认证。关键的问题是，一些国家和行业还把符合 ISO9000 标准作为市场准入的基本要求，争取使自己的产品打入国际市场，是企业纷纷加入认证队伍的根本原因。而国内所做的调查也表明，企业热衷于认证，原因有三：一是完善内部的管理机制以提高工作效率；二是把它当作提高产品质量的契机；三是使自己的产品在市场上占有更高的份额，有些人甚至将获得认证看作“领取进入国际市场的通行证”。

据有关资料显示，1993 年 4 月上海某汽轮机厂通过了由国家技术监督局认可的认证机构颁发的第一张 ISO9000 体系认证；随后，深圳亚洲自行车有限公司也获得了一张认证证书，它是由国家商检局认可的认证机构颁发的。

从那时起乎所有的厂长和经理们都已经开始关注这一崭新的事物，并意识到它的重要性。在企业看来，ISO9000 是重要的一关，不经过它的考验，企业的管理、产品的质量好像便不再那么可靠。

ISO9000 认证，也引起了我国政府的高度重视，国家技术监督局、国家商检局以及外经贸部等 17 个部委联合组成了工作委员会，积极组织推动全国的贯标认证工作。早在 1992 年 7 月，我国就已经将 ISO9000 系列标准，转化为等同采用的 GB/T 19000 国内标准。

目前在我国有两个认证系统，一是由国家技术监督局认可的认证机构，二是由国家商检局认可的认证机构。据有关部门统计，截至 1996 年年底，前者已经向国内 1 602家企业颁发了 ISO9000 系列质量体系认证证书 1 627张；后者则累计发放了 1 076 张。加上外国认证机构在我国发放的认证证书，目前我国共有 3 000多家企业通过了 ISO9000 系列质量体系认证。在这些企业里，1996 年拿到证书的企业达 2 000多家，是前 3 年总和的两倍多。由此可见，质量体系认证的热度正在越来越高。

许多外商都把是否通过认证作为合资的前提之一。山东乳山造锁集团曾经与意大利 ZADI 公司进行过合资谈判，那家公司明确提出：你们必须通过 ISO9000 认证。

（二）森林认证

20 世纪 80 年代，环境非政府组织发现热带毁林和森林退化问题日趋严重，森林面积减少，森林退化加剧，于 1992 年在联合国环发大会上提出了森林认证的概念。人们普遍认为引起森林问题的根本原因是政策失误，市场失灵和机构不健全。1993 年，环境非政府组织将森林认证作为一种市场机制，来促进森林可持续经营和林产品市场准入，逐步得到国际社会的广泛关注和认同，并采取了一系列的行动：国家政策改革、国际政府间进程、非政府组织和其他私营部门的活动。

森林认证是由独立的第三方按照特定的绩效标准和规定的程序，对森林经营单位和林产品产销企业进行审核并颁发证书的过程，旨在实现对森林资源的可持续发展和利用。森林认证是推动森林可持续经营，促进林产品市场准入，加快林业国际进程的有效途径。森林认证是一种应用市场机制来促进森林可持续经营，实现生态、社会和经济目标的工具。森林认证通常包括森林经营的认证和林产品产销监管链的认证。通过认证后，企业有权在某产品上标明认证体系的名称和商标，即林产品认证的标签。而森林认证是国际公认的促进全球森林资源可持续经营、保护生态环境的一种市场机制，逐步加强对来源于国外的木材的森林认证要求，是维护我国国家利益、应对资源破坏论的一种重要方式。

据资料，1995 年森林认证的概念引入我国，我国政府的有关人员参加了联合国政府间森林问题工作组和政府间森林问题论坛会议，参与了有关森林认证问题的国际讨论。同时，世界自然基金会等非政府组织开展了一系列活动，推动了森林认证在我国的发展。2001 年 3 月，国家林业局专门在科技发展中心下成立了森林认证处，同年 7 月，又组织成立了中国森林认证领导小组，这标志着我国政府正式启动中国森林认证进程。2003 年 6 月在（中共中央国务院关于加快林业发展的决定》中提出的“积极开展森林认证工作，尽快与国际接轨”，为我国开展森林认证工作指明了方向。2007 年 9 月，我国森林认证标准正式发布。2009 年，我国第一家森林认证机构（中林天合）正式注册成立，标志着我国有了自己的森林认证体系。

我国于 2001 年正式启动森林认证体系建设工作。经过十多年的发展，森林认证体系已初步建成，并于今年 2 月成功与世界上最大的森林认证体系 PEFC 实现互认。

据报道，2014 年 9 月 16—17 日，森林认证国际研讨会在北京召开。这是中国森林认证体系在今年 2 月 5 日完成与森林认证体系认可计划（PEFC）互认后召开的一次重要的国际研讨会，标志着中国森林认证正式全方位与国际接轨。

全球经济的快速发展和人口的迅速膨胀，对森林资源和生存环境产生了巨大压力，保护森林资源、改善人类赖以生存的环境，成为全球关注的焦点和亟待解决的问题。1992 年联合国环境与发展大会以后，国际环境非政府组织首先发起并创立了森林认证机制，作为促进森林可持续经营和林产品市场准人的一种新机制，目前森林认证及其在森林可持续经营中所发挥的推动作用，已经得到国际社会和各国政府的认可。

据国家林业局科技发展中心介绍，为了提高森林经营水平，更好地保护森林资源，我国于 2001 年正式启动中国森林认证体系建设工作，并按照国际通行的森林可持续经营原则与要求，结合国情和林情建立了中国森林认证体系（CFCS）。中国森林认证体系由标准、认证和认可三要素组成，认证范围涵盖了森林经营认证、产销监管链认证、非木质林产品认证、竹林认证、森林生态环境服务认证、生产经营性珍贵濒危稀有物种认证、碳汇林认证和森林防火认证。2007 年以来，我国先后发布森林经营和产销链国家标准和 14 项相关的配套行业标准；经批准成立了 4 家内资认证机构。

专家说："中国森林认证制度的实施，将有效地规范我国的森林经营活动，提高森林经营水平。实施森林认证制度是提高森林质量，提升森林生态系统服务功能，促进中国林产品的国际市场准入和林业产业发展的有效途径；将通过政府和社会采信第三方认证结果，为森林生态资源监管制度变革提供新的机制，有效促进森林生态资源由政府直接监督管理向政府和社会共同监督管理过渡，是中国森林生态资源监管法律法规的有效补充和制度创新，是转变林业发展方式、推进林业改革的重要举措；对构建木材安全保障体系，促进经济社会可持续发展、推进生态文明建设和美丽中国建设具有重要的战略意义。"

在国际上树立我国认真负责的大国形象，通过开展森林认证，向世界证明我国对全球生态环境保护的重视。

据报道，"伊春市开展森林认证，顺应了我国现代林业发展的必然要求，是巩固国有林区林权制度改革的必要手段，也是国有林区开拓林产品国际市场的战略选择。"中林天合（北京）森林认证中心法人石峰接收中国绿色时报记者采访时说。自 2011 年 3 月份起，黑龙江省伊春市整体森林认证工作，将在 13 个林业局和 2 个区陆续展开。森林认证以森林经营单位为主体，由各个林业局单独申请，单独缴纳认证费用，认证完成后以林业局为单位单独发证，年度复审核也将以林业局为单位进行。

有专家说："伊春市先行先试推进整体森林认证，在国有林区引起了相当的反响。伊春整体认证取得成效后，我们还将与龙江森工，大兴安岭森工等国有大型森工集团开展森林认证合作，以森林认证提升森工经营软实力。伊春整体森林认证模式是可以复制的。"

有专家认为，"十二五"要在积极开展国有林区试行森林认证、集体林区试点森林认证进程中，完善森林认证体系，实现国际互认和与国际接轨。

"十二五时期"，是转变林业发展方式的机遇期，也是确保 2020 年实现"双增"目标的攻坚期。

总的来看，发展我国的森林认证事业，既是我国森林资源丰富、林业政策体系日益完善的内在要求，也是现代林业建设用好国际国内两种资源、与国际接轨的要求。

森林认证作为一种市场机制，是通过对森林经营活动进行独立评估，将满足森林可持续经营原则的森林及林产品，进行认证后准入木材生产和林产品贸易中，以保证从森林经营到林产品贸易的所有环节符合环境保护和可持续发展的要求。

我国森林认证发展的优势主要表现在 4 个方面。一是森林认证近年来在发达国家发展迅速，我国虽然在 20 世纪 90 年代也已经开始森林认证方面的工作，但主要集中在研究学习国际经验和制定我国的相关标准等方面，具体的认证实践启动较晚，现在还处在试点阶段，发展的空间巨大。二是随着“十二五”国家对森林经营工作的政策措施完善到位，森林可持续经营将成为各级林业主管部门和各类森林经营主体的核心工作，以推进森林可持续经营为目的的森林认证，将在其中发挥重要的作用。三是我国作为全球最大的林产品生产国和消费国，国际贸易发展迅速。我国的林产品加工企业迫切需要进行森林认证。尽快建立和完善我国自己的森林认证体系越来越具有现实意义。四是随着我国经济社会的快速发展，人们的绿色消费观念将越来越强。森林认证将通过市场手段向消费者传递森林可持续经营的信息，鼓励人们进行绿色消费，同时也推动生产经营者进一步增强社会责任，不断提高可持续经营的水平。

三、经济林名特优生态产品地理标志

经济林产品地理标志，即是该产品原产地域的自然地理生态环境特点的标识。地理标志（原产地域）产品保护制度在国际上亦称原产地命名制度或地理标志，它作为 WTO 成员间通行的规则，是针对具有鲜明地域特色的名、优、特产品所采取的一项特殊的产品质量监控制度和知识产权保护制度。

经济林名特优产品（地方良种）是在特定的自然生态条件下，经长期选育与繁育和栽培形成的。因此，它能够反映其原产地域的自然地理特征以及栽培技术或产品加工工艺方法的特殊性。原产地域即该产品（树种、品种）的原始发祥地。原产地域保护包括：产品、自然生态环境、繁殖方法和栽培技术、传统特定的产品加工工艺方法。

保护原产地域产品（树种、品种）即保护该品种的地道正宗品牌，并注明地理标志，是严防假冒伪劣产品混淆市场，保护其市场信誉不受侵害，保护消费者利益，提高产品品牌知名度，最终达到提高其商业经济效益的目的。

科技提高了锥栗的品质，“地理标志”则为锥栗闯出了市场。锥栗是福建建瓯特产，但多年来因锥栗知名度低，国内市场市场销售不畅，全市仅有的 1 家锥栗加工企业于 2003 年被迫停产。2004 年建瓯锥栗申报地理标志产品保护并获得批准，产品得到了市场的认可，销售量每年以成倍的速度递增，加工企业也发展到 16 家，年锥栗加工总量达到 3 450t，加工总产值达 5 520万元，产品远销日本、新加坡等国家和香港特区。

通过地理标志，许多大中城市的消费者认识了锥栗。知名度提高了，市场需求大了，锥农的收入明显增加。建瓯水源乡桃源村村民吴丰福介绍说，去年，桃源村不少农户仅种植锥栗一项，人均收入就增加一两千元。

至2005年，建瓯锥栗栽培面积达42万亩，分别占全国、全省种植面积的70%和80%以上，年产量2.55万t，仅鲜果产值就达1.6亿元，栗农年人均收入1 000元以上。锥栗产业成为建瓯农产品的一道“招牌菜”，让锥农的腰包越来越鼓。

建瓯锥栗先后被授予“福建省名牌农产品”“中华名果”“中国国际农业博览会名牌产品”“畅销产品”等称号。2010年4月成功注册“建瓯锥栗”地理标志证明商标。

2009年12月26日，广西肉桂地理标志保护产品新闻发布会在南宁举办。广西肉桂地理标志产品已通过国家质量监督检验检疫总局审查，并于9月19日公告实施保护。与广西肉桂同期公告实施地理标志产品保护，还有西峡猕猴桃、罗田甜柿、雅连和南川方竹笋。

广西肉桂地理标志产品保护范围包括18个县（市、区）的104个乡（镇、林场），分别是：防城港市防城区、平南县、苍梧县、岑溪市、藤县5个县（市、区）的全部乡镇及那坡县百合乡、百南乡、百都乡等3个乡；东兴市东兴镇、马路镇、江平镇等3个镇；上思县南屏乡；桂平市油麻镇、罗秀镇、麻垌镇、罗播乡、木根镇、中沙镇、中和镇、石龙镇、金田林场等9个乡（镇、林场）；昭平县古袍镇、五将镇、富罗镇、木格乡、马江镇、富裕乡、庇江乡、走马乡等8个乡镇；梧州市蝶山区长洲镇、夏郢镇等2个镇；蒙山县陈塘镇、黄村镇等2个镇；玉林市福绵区成均镇；博白县浪平乡；容县十里乡、县底镇、自良镇、浪水乡、松山镇、罗江镇、石头镇等7个乡（镇）；北流市六麻镇、平政镇、六靖镇、隆盛镇等4个镇；兴业县城隍镇、北市镇等2个镇；陆川县陆川林场等现辖行政区域。

广西壮族自治区林业局时任副局长廖培来在新闻发布会上说，实施地理标志产品保护制度，可以扩大对外技术交流，更好地与国际惯例接轨。肉桂是广西传统遗产和民族精品，有效地实施名牌战略，可以推动标准化生产和管理，提升民族传统产品的知名度和市场竞争力，提高产品的质量和附加值。他要求，相关课题组和科研单位，要做好技术培训、咨询和服务，把好标准化、规范化种植质量技术关。全区各级林业部门要在科技、服务、信息平台建设及生产技术和市场销售服务手段等方面加强工作，借助广西肉桂成为国家地理标志产品的机会，把全区天然香料产业做大、做强。

肉桂，别名玉桂、桂皮、广西桂，是我国著名的天然香料和名贵中药材。广西是肉桂的原产地，早在秦汉时期，当地就有人工种植肉桂的记载。目前，广西有肉桂种植面积200多万亩，年产桂皮超过3万t、桂油约1 500t，种植面积和桂皮产量均占全国的一半以上，桂皮和桂油的加工出口量均占全国总量的60%以上。

广西拥有独特的自然环境条件，为肉桂油层、色彩的形成，油脂和芳香物质的积累以及独特的风味、香味和感观特征奠定了基础。上品的广西肉桂肉层厚、色泽光润、含油率高、香气浓郁、甜味重、辛香偏辣、含渣少、药用和调香料用兼优。此前，防城港市防城区、梧州市藤县、岑溪市已被国家林业局命名为“中国肉桂之乡”。

第八节　经济林生产与产业建设标准化

一、标准概述

标准是国家重要的技术经济政策。标准是判定工农业生产工艺过程正确与否，产品质量优劣的准则和依据。是科技成果转化为生产力的重要途径，也是应用推广先进技术的重要手段，是实施科教兴国的重要方面。有一名言“得标准者，得天下”。

国家事务，事业、企业部门和单位，科学管理体制通过标准来实现的。没有林业的标准化，就没有林业的现代化。

在现代社会中不可能想象没有标准，否则人们衣食行住，日常生活、生产就会乱套。

标准是工业社会的产物，世界上第一个标准是 1901 年产生于英国。1946 年 10 月成立国际化组织（ISO），中国是发起家之一。1962 年，国务院发布了《工农业产品和工程建设技术标准管理》，是建国后中国政府颁发的第一个标准。1969 年，国际标准化组织规定每年的 10 月 14 日为世界标准日。1973 年，成立中国标准化协会（CAS）。1979 年 7 月，国务院颁发《中华人民共和国标准化法》。从此，中国标准的制定、修订、实施走上法制化轨道。

早在 2003 年国家林业局制定了《林业标准化管理办法》。《办法》部分摘录如下。

第三条　凡下列需要统一的林业技术要求，应当制定林业标准（含标准样品）。

（一）林业技术术语，以及与林业有关的符号、代号（含代码）、图例、图标；

（二）林业生态工程建设和林业生产施工与作业过程中对保障人体健康和人身、财产安全的技术要求，包括环境保护的技术要求；

（三）林业生态工程建设和林业生产的勘查、规划、设计、施工作业及其验收的技术要求和方法，包括营造林生产技术要求；

（四）森林、野生动植物、湿地和荒漠资源经营、管理、保护与综合利用技术要求；

（五）森林、野生动植物、湿地资源、荒漠化和沙化土地调查、监测与信息化管理技术要求和方法；

（六）林业生产所需原料、材料以及林业行业特有的药品、设备、机具的技术要求；

（七）林业产品、林木种苗的质量、安全、卫生要求和试验、检验方法以及包装、储存、运输的技术要求；

（八）森林防火与森林病虫害防治的技术要求，森林、野生动植物检疫、检验方法和技术要求；

（九）数字化林业和信息化管理技术要求和方法；

（十）自然保护区建设管理技术要求；

（十一）森林风景资源调查、规划、保护与开发利用的技术要求和方法；

（十二）其他需要统一的林业技术要求。

第五条　林业国家标准、林业行业标准分为强制性标准和推荐性标准。

下列标准为强制性标准：

（一）森林食品卫生标准、用于森林和野生动植物生长发育、森林防火以及森林病虫害防治的化学制品标准；

（二）林业生态工程建设和林业生产、狩猎场建设的安全与卫生（含劳动安全）标准，林产品生产及其储存运输、使用过程中的安全与卫生（含劳动安全）标准；

（三）森林动植物检疫标准；

（四）重要的涉及技术衔接的通用技术术语、符号、代号（含代码）、文件格式和制图方法；

（五）林业生产、野生动植物管理需要控制的通用试验、检验方法及技术要求；

（六）野生动物或者其产品的标记方法和标准；

（七）野生动物园动物饲养技术要求和安全标准；

（八）涉及人身安全的森林防火、森林病虫害防治专用设备、机具的质量标准；

（九）林业生产需要控制的其他重要产品标准。

上述标准以外的标准为推荐性标准。

强制性标准分为全文强制和条文强制两种类型。标准的全部技术内容需要强制的，为全文强制；标准中部分技术内容需要强制的，为条文强制。

林业行业标准的制定，修订和审查批准发布实施，由国家林业局统一组织。国家标准中林业标准由国家统一组织，最后报国家标准化管理委员会，并由汇同国家质量监督检验检疫总局共同发布。

河北省献县依托全国林业规范化示范区建设，实现了红枣产业的优化升级。全县红枣总面积已达 50 万亩，2010 年实现产值 11.5 亿元，枣农人均收入达 2 000元。238 个像河北省献县这样的全国林业规范化示范区项目正带动林区发展和林农增收致富。

238 个国家级规范化示范区包括生态建设和保护工程、经济林果种植、森林病虫害防治等规范化示范区，规范化示范面积 100 多万亩。

据悉，财政部和国家规范化管理委员会的大力支持下，近年来，国家林业局不时加强林业规范制定、修订、完善林业规范体系。截至今年 6 月底，国已有林业国家规范 387 项，林业行业规范 859 项。大部分省（区、市）林业规范化工作进展顺利，全国地方林业规范已达 2 000多项。重点林业企业也制定了企业规范，以指导产品生产和销售。一个以国家规范和行业规范为主体，地方规范为配套的林业生态规范体系和以国家规范和行业规范为主体、企业规范为基础、地方规范为补充的林业产业规范体系已经初步构建。

十二五”期间，国林业规范化工作将着力推进林业从种苗培育、整地造林、抚育管护到采伐更新、加工利用全过程各个环节的规范化生产，加快制定适用于现代林业发展的技术规程和产品质量规范，使林业发展全过程做到有标准可用、按标准实施、照标准验收，确保林业生产优质高效。通过政策扶持、技术引导、宣传培训、示范带动、加大投入，推进林业规范化示范区建设进程，提高全行业规范化生产能力，实现林业规范化生产和集约化经营，促进现代林业可持续发展。

二、挑战“绿色壁垒”

国际贸易壁垒分为关税壁垒和非关税壁垒。加入 WTO 之后，成员之间的贸易往来，关税壁垒越来越受到限制，甚至不起作用，各成员国为了保证自己国家正当权益和经济利益，非关税壁垒越来越重要。非关税壁垒重要方面是贸易技术绿色壁垒，而其核心是技术标准。新中国成立后在技术标准方面做了大量的工作，在各个行业中基本上建立了自己的标准体系，也推行部分国际标准。在林业行业中从种子、苗木、造林，主要造林树种如杨、松、杉木、油桐、油茶、核桃、板栗、枣等 30 多树种都各自的丰产林技术标准。这些技术标准主要是栽培丰产林标准，注意了数量，一定程度上缺乏了产品质量标准。

技术标准与“绿色壁垒”。绿色壁垒是指 WTO 成员方在国际贸易中以防止破坏生态环境和人类健康为由，制定一系列技术标准，限制外国产品进口的措施。“绿色壁垒”有哪些？“绿色技术标准”是绿色壁垒的中心技术措施。另外还包括“绿色环保标志”。它表明该产品不但质量符合标准，而且在生产、流通、消费、消费过程中废弃物的处理，符合环境要求，对生态环境和人类健康均无损害。发展中国家产品为了进入发达国家市场，必须提出申请，经批准才能得到“绿色通行证”。中国有专门的绿色环保标志，某个产品要获准使用该标志，有严格的申请程序和批准手续。其次是“绿色包装制度”。绿色包装指能节约资源，减少废弃物，用后易于回收再用或再生，易于自然分解，不污染环境的包装。为推动“绿色包装”的进一步发展，发达国家纷纷制定有关法规。再次是“绿色卫生检疫制度”。发达国家往往以此作为控制从发展中国家进口的重要工具。它们对食品的安全卫生指标十分严格，尤其对农药残留、放射性残留、重金属含量的要求日趋严格。第四是“绿色补贴”。发达国家将严重污染环境的产业转移到发展中国家，以降低环境成本，发展中国家的环境成本却因此提高。

“绿色壁垒”有其合法性，近年来日趋全球化，并呈加快发展的态势，越来越多的国家和地区在实行新贸易保护主义时采用绿色壁垒。

自行制定我国林产品绿色技术标准。我国为了不受制人，抢占标准就是抢占高新技术制高点，也是抢占市场的制高点，才能立于不败之地。一个好的技术标准必须能达到“破壁立垒”之功效。技术标准体系的建立，是一个国家创新能力，经济实力和科技水平的体现。因而要实现跨越式发展必须从标准做起，产业未兴，标准先行，先有标准后才有产品，按标准生产产品，产品质量才有技术依据，向市场才能说明白你的产品优在哪里，产品之优是如何保证的，不含任意性。例如，一个优质经济林果品生产的技术标准必须具备 5 个方面的技术要求：①优良的品种，是优质果品的物质保证；②栽培的立地条件，是没有污染的洁净生态环境，包括土壤、大气和水，是生产绿色果品的基础条件；③栽培经营管理的全过程是绿色技术，是生产绿色果品的技术前提；④果品的采收、分级、贮运、保鲜的过程不受污染，没有任何残毒，保持原色、原味；⑤加工产品全过程是洁净的。这几点是生产绿色果品最后上市的品牌信誉。上述反映了技术标准的综合性，其中任何一个环节不合技术要求都生产不出绿色优质果品。在技术标准的系列措施中，必定会包含某些专利技术，技术越先进，标准与专利越是密不可分，这就涉及知识产权问题。因此，要制定具有自主知识产权的技术标准。

三、建立林业标准化示范区

林业标准化工作是关系到国家林业重大生态建设工程质量和效益，确保我国林产品质量和安全，提升林产品市场竞争力的一项基础性工作。国家林业局高度重视这项工作，在财政部和国家标准化管理委员会的大力支持下，不断加强林业标准制定、修订，完善林业标准体系。“十一五”期间，共承担了国家标准计划项目 185 项，经国家标准委批准实施 147 项。

截至 2011 年 6 月底，已有林业国家标准 387 项，林业行业标准 859 项。大部分省（区、市）林业标准化工作进展顺利。河北发布实施林业地方标准 220 多项，新疆 193

项，福建121项，湖南70多项，浙江编制了《浙江省林业标准化2010—2015年发展规划》。据统计，全国林业地方标准达2 000多项。

为加强林业标准的推广，国家林业局以林业标准化示范区建设为重要抓手，使林业标准化工作服务现代林业建设和林区经济发展的作用日益明显。自1999年来，国家林业局共建设238个全国林业标准化示范区，通过示范区建设，运用典型辐射带动，引导基层和广大林农学标准、用标准，有效推进了当地生态建设和保护，促进了林区经济发展和林农增收致富。

在林业标准化示范区建设中，国家林业局重点实施了3条重要措施。

科学规划，探索示范区建设模式。在实践中探索出了综合型、主导产业型和生态工程型3类各具特色的建设模式。综合型标准化示范区建设模式，选择一些各方面基础条件较好的地区，从林木种苗、造林、森林抚育、森林采伐到林产品加工、销售的各个生产环节，通过标准的建立和实施，使示范区内的林业建设整体水平快速提高；主导产业型标准化示范区建设模式，则立足本地实际，发挥地区优势，以发展拳头产品为龙头，通过标准化促进产业规模化运行，使产品跻身国内乃至国际市场，成为当地经济发展的主导产业；生态工程型标准化示范区建设模式，则紧紧围绕林业重点工程建设项目，充分利用现有标准规范工程建设，提高天然林保护、退耕还林、平原绿化、防沙治沙、速生丰产林等工程建设的质量和效益。国家林业局按照不同的建设模式，有针对性地指导示范区各项工作的开展。

典型引路，发挥示范区辐射作用。10年来，国家林业局先后在广东高要、福建永安、广西资源、河北迁西、四川北川、贵州安顺等地召开6次全国林业标准化示范区建设现场会，组织参观、学习经验和成效突出的示范区，并进行经验交流，促进了全国林业标准化示范区不断提升建设水平。

强化管理，确保示范区建设质量。国家林业局先后发布实施了《林业标准化管理办法》和《全国林业标准化示范县（区、项目）检查验收办法》，每个项目建设完成时，均组织专家检查验收，还实行不定期抽查或复查，确保示范区建设质量。

扎实有效的措施，极大地推动了林业标准化工作向纵深发展。

据报道，地处武夷山脉东南麓的福建省建瓯市是我国独有珍稀特产锥栗的原产地和主产区，2001年开展锥栗丰产栽培全国林业标准化示范建设以来，加速了锥栗产业的发展，使锥栗产业成为建瓯市经济发展和全面建设小康社会的支柱产业之一。

目前，全市已建立锥栗丰产栽培标准化示范乡（镇）1个、示范村6个、示范户310户，示范总面积达10 545亩。并促进全市锥栗产量增加，2010年全市锥栗产量达3万t，实现总产值3.55亿元，产区栗农人均实现收入达1 200元以上。

“中国金丝小枣之乡”河北省献县，把红枣产业作为促进农业增效、农民增收的重要抓手，通过全面推广红枣标准化生产，有力地促进了红枣产业的健康快速发展。截至目前，全县红枣总面积达到50万亩，2010年总产量达到1.75亿kg，实现产值11.5亿元，枣农人均收入达2 000元。

以示范推行无公害标准化生产。重点抓了7个乡（镇）14个村的5万亩金丝小枣高标准示范园建设，由于管理和应用新技术到位，红枣亩产量达650kg，优质果率达80%以上，带动全县枣产业的标准化生产。同时，把无公害果品生产基地认定纳入政府行为，从2003年到2008年共认证无公害果品生产基地40万亩；从2005年到2010年共认证无公害果品4.63万亩。

新疆维吾尔自治区精河县通过枸杞标准化示范县建设，枸杞产品达到国家标准GB/T 18672—2002要求，全县枸杞示范面积8.3万亩，特优、特级等枸杞品达85%以上，创产值4.5亿元，较示范前增益3.6亿元，人均增收832元。

提高产品品质。加快新品种的选育速度，建成新疆精河枸杞种质资源汇集中心，收集和保存了枸杞种苗8 923株，4个种类、36个品种（系），建立了采穗圃2 207亩、良种繁殖圃280亩，初步形成了枸杞良种繁育体系。成立了枸杞病虫害统防服务队10个，开展统防示范面积9 500亩，全县获得无公害枸杞认证面积7.6万亩，获得有机枸杞基地认证两家总面积6 518亩，大大提高了产品品质。

我国铁核桃起源中心之一的贵州省赫章县，自2006年实施全国核桃林业标准化示范建设以来，以核桃标准化基地为带动，促进了全县新种植核桃面积以每年不低于15万亩的速度增长，为实现2015年全县核桃总面积达100万亩奠定了基础。

通过标准化示范区的建设，赫章县的核桃产业效益逐年提高，农民收入稳步增长。核桃每亩产量比普通种植提高30%左右，亩产量从原来的100kg提高到130kg左右。核桃品质及商品率的提高，使核桃产值也逐年增长，核桃单价从原来的每千克16元增加到现在的每千克30元，每亩核桃收入从原来的1 600元提高到4 000元左右，增长了2.5倍，核桃已成为当地农民的主要收入来源之一。“家家种上核桃树，户户走上致富路”已成为当地的生动写照。

据报道，2014年7月6日，国家林业局、国家标准化管理委员会联合开展国家林业标准化示范企业建设工作，并出台《国家林业标准化示范企业管理办法》。国家林业局近日下发了《关于开展2014年国家林业标准化示范企业申报的通知》，对申报企业的范围、条件、数量以及申报程序等作出具体要求。

根据《通知》要求，国家林业标准化示范企业申报范围包括，林木制品、林木种苗等林业企业，符合《国家林业标准化示范企业管理办法》有关要求的均具备申报条件。

企业需要提供的申报材料内容包括：《国家林业标准化示范企业申请书》；企业营

业执照复印件，生产经营活动需要行政许可的，还应提供许可证明复印件；关于标准化生产状况和质量管理体系的有效证明文件，包括主要产品及其执行标准、企业标准化人员情况、产品质量控制体系建设等；国家监督抽查检验报告或行业监测抽查检验报告；其他有效证明材料，包括所获各级政府（部门）标准奖励的证明材料，参与国际、国家、行业和地方标准制修订的有效证明材料，产品质量认证证书、质量管理体系认证证书等。

《通知》规定，每个省（含自治区、直辖市、集团公司、生产建设兵团）推荐的申报企业数额不超过5个。

四、制定标准对应 WTO

《中华人民共和国加入世界贸易组织议定书》（下称《议定书》）第十三条，技术性贸易壁垒，第一款，“中国应在官方刊物上公布作为技术法规、标准或合格评定程序依据的所有正式的或非正式标准。”第二款，“中国应自加入时起，使所有技术法规、标准和合格评定程序符合《TBT 协定》。”《TBT 协定》即贸易技术壁垒协定。

由 WTO 组织达成的《TBT 协定》，要求各国尽可能采用统一的国际标准，这无疑是对的，这样在贸易中易于沟通。但现在的问题是国际标准更多的是由发达国制定。发展中国家在实际上生产技术落后，从而技术标准也滞后。

由于历史的原因，在大多传统工业实业领域，我国在短期内很难形成左右国际标准的能力。但在某些高新技术产业新兴行业，与某些我国特有的产业行业，制定国际标准，去左右这个行业生产，是在可能机遇的。在20世纪80年代开始至今方兴未艾，绿色食品的兴起，森林食品风靡全球。我国经济林食品以其具有绿色化、保健功能化的特点，如山核桃、香榧、白果（银杏）、冬金丝小枣、柿饼，森林蔬菜如各类竹笋、香椿，沙棘、余甘子、刺梨饮料，以其色香味美、保健功能之优，使世界人民折服，争相购买，市场兴旺。新世纪来到之机，开始新一轮竞争，给我国提供了一次重新洗牌的机会。《经济林研究》以其身的阵地优势，在新一轮竞争中，在主持国际技术标准的制定中，是可以大有作为的，形成技术标准的制定、修订、宣传前沿堡垒，战必胜。

按照 WTO《TBT 协定》的有关原则，协定在强调非歧视性原则及采用国际标准原则的同时，还规定给予发展中国家以有差别的和较优惠的待遇。明确规定：即使已有国际标准、指南和建议，发展中国家仍可采用某些技术法规（强制性标准）、标准或合格评定程序，以保持与其发展相适应的当地技术、生产方法和加工工艺。我们要充分应用好《TBT 协定》有利的游戏规则，建立起既具国际化，又有自己国家或地方果品特色，又具有自主知识产权为基调的技术标准，这样的标准既立壁，立技术壁垒之壁，又要破壁，破别人的技术壁垒之壁，立壁又破壁。

技术标准是果品质量的技术保证，因而技术标准应用对象是市场，基础也是市场，是抢占市场的技术方法。中国拥有巨大的国内市场，我有人无，我有的是名特优经济林果品，具有独特的资源优势，这两点是我们的技术标准成为国际标准或事实上的国际标准得天独厚优越条件。我国要充分认识和利用优越条件，成为制定技术标准的优势，又王道又有霸道，成为万里长城的坚壁。

五、建立健全经济标准化体系

（一）标准化体系内容

基于目前我国经济林发展现状，建立并完善经济林标准化体系是当前工作的重中之重，而经济林标准化体系的建立是一个长期又艰苦的工作，涉及多个方面多个层次，归纳起来目前应着重从以下几个方面着手于经济林标准化体系的建立。

1. 品种标准化

要采用名特优良种，突出地方特色。

2. 栽培技术规程标准化

宜林地要进行规划设计。要选择远离污染的宜林地。整地栽培严禁水土流失。经营严禁使用国家禁用的农药、除草剂，使用有机肥料，科学使用化肥。

3. 经济林产品质量标准化

进行无公害生产，保证绿色食品。

4. 经济林产品加工标准化

洁净加工，保证终端产品，是合格的绿色商品。

5. 经济林产品包装标准化

由于经济林产品易腐败变质会丧失原有的营养价值，所以必须进行适当包装才能安全储存。

6. 经济林产品检测方法标准化

经济林产品检测要按照统一的方法进行，否则检测结果差异很大。

（二）经济林标准化体系的制定原则

1. 遵循先易后难的原则

经济林标准化体系的建立是一项长期的工作，在体系建设的完善过程中，遵循由易到难，把体系建设中的近期工作、中期目标、长期规划统筹安排，逐步建立健全，形成系统化的经济林标准体系。

2. 遵循突出重点的原则

当前经济林标准化体系的建立尚在起步阶段，头绪烦琐，我们应以关系到国计民生以及人民群众日常生活密切相关的检测标准为重点。围绕生产者、经营者、消费者最关心的问题，把关系到经济林产品质量安全的相关标准放在首位。

3. 遵循区域性的原则

我国地大物博，各地区经济林产业结构、生态类型及产品的贸易情况各有不同。各地应分析各自情况，完善当地的检测手段，建立健全所需的检测设备，做好检测体系的合理布局，建立适合本地区发展的经济林标准化体系。

六、国际标准化组织

1946 年 10 月 14 日至 26 日，中、英、美、法、苏等 25 个国家的 64 名代表集会于伦敦，正式表决通过建立国际 ISO。1947 年 2 月 23 日，ISO 国际标准化组织宣告正式成立。1969 年 9 月，国际 ISO 理事会发布的第 1969/59 号决议，决定把每年的 10 月 14 日定为世界标准日。

世界上主要的三大标准化国际组织分别是国际标准化组织、国际电工委员会（IEC）和国际电信联盟（I-TU），它们负责为国际市场制定并发布标准与建议书、世界标准日主题。这三大标准组织的共同目标是帮助世界各国实现真正意义全球贸易。从第 17 届开始，世界标准日每年都有特定的主题，以突出当年标准日的宣传重点。

我国发展经济林生产和产业，关键措施是，科学发展，技术支撑，创建健全的现代经济林产业一体化体系，服从服务建设社会主义新农村，建设全面小康社会。

第九节　良种选育

一、经济林木良种选育和繁育策略

（一）栽培经济林木品种概念

经济林木是栽培的经济植物，不仅要区别种，并且要求在种以下划分区别品种。品种是根据不同的表型特征、数量性状、栽培要求、更细微的分类单位，来反映人们在栽培的经济要求，因而品种是优质生产资源，是丰产栽培的物质基础。

经济林木品种根据选育方法和程序的不同，可以为分两大类。—类是农家品种。农家品种是人们在经济林栽培生产实践中，发现在同一林分中，其中有的林木的树型、果型、果色、结果数量与其他林木不一样，这种不一样是林木的自然变异。如雌雄异株或同株异花，另有如油茶雌雄同花，但自花不孕（生产性不孕)，易于天然杂交，自然变异类型多，可供选择的材料多，人们在栽培生产实践中选择的有利于人的自然变异类型，进行培植，因而形成了丰富的各类农家品种。农家品种是通过自然变异的人工选育的。

人要培育新品种是经人工促使油茶生产变异，再从变异中选择培育形成新品种。人工促成使油茶产业变异的方法有 3 种，一是传统方法采用种内或种间杂交。二是采用新技术，如辐射方法。三是生物技术育种，如基因工程。因此，人工育种成功率低，有风险，时间长。后两种方法需要一定的实验设备投资，需要人足资金，只能少数研究院所和高校可以办到。因而只能少数部门和少数人进行研究。现在国内油茶栽培的品种，均是农家品种，还没有公识并经鉴定审批的人工育种油茶新品种，21 世纪将步入信息时代，而经济林科学技术领域仍然处于落后状态，形成强烈的反差。因此，要找准突破口，根据需要和可能，有选择地分期分批引入高新技术，进行消化吸收。发挥经济林资源时空优势，建立具有自己行业特色的现代创新工程。经济林生产引人高新技术的突破口应首先是在良种选育的技术方法上，目的在于培育新良种。

植物细胞工程育种和基因工程育种是以植物组织（细胞）培养和基因重组为中心技术的植物育种新方法，主要包括组织培养、细胞培养、花粉培养、体细胞杂交（细胞融合)、外源 DNA 导入等。植物细胞工程育种和基因工程育种可以弥补常规育种的无性繁殖困难、远缘杂交不孕等不足。通过细胞融合或外源 DNA 导入，可以把来自属内别的物种甚至任意物种的基因导入或融合到所需植物体内，创造出新品种，导致植物的遗传改良，获得人类所需的经济性状或其他性状。国内植物细胞工程育种在国际上处于领先地位，基因工程育种也具有较高水平。

无论是农家品种，或人工育成品，要真正能成为一个品种，必须具备以下几个条件。必须具备的条件是：①品种是生产资料，要具有一定的经济价值；②形态特征上要具有—定的差异，人肉眼能识别并在一定程度内能反映出经济特性，并且要相对稳定，能够遗传；③对一定的自然区域有一定的适应性，有一定的立地条件和栽培条件的要求；④不能是单一的个体，要有一定的数量组成群体，并且有一定的外貌和结构特点。或在品种栽培比较混杂的情况，单株广泛存在形成零散插花式分布，这两种情况都可以作为品种存在的具体形式。

（二）经济林木良种概念

经济林生产良种化，是优质、高产、高效的物质基础。经济林良种应是一个商品概念，是优质商品，或是优质商品的基础。干鲜果品的良种优质要求，包括四个方面的内涵，第一是必须保证是绿色食品，未受污染，没有遗留残毒，洁净卫生的果品。第二是营养品质，对人身要有营养功用，具有保健功能则更佳。第三是加工品质或食用品质，如果是直接食用要适味美，如果是加工则要加工性能好，二者可以有不同的专门要求，可以有食用品种，加工品种。第四是商业品质，外观好，如形态完整，大小适中一致，色泽美观，销售时外包装富丽，携带和食用方便。商品品质直接影响经济价值，商业品质不好的果品在国外进不了超级市场。商品的外包装也很重要，同样的产品包装精美，卫生，携带食用方便，对商品的推销也有重要作用。

（三）我国经济林良种选育的成就

当前，我国经济林生产存在的中心问题，是大面积平均产量低。油茶亩产茶油 3～4kg，油桐 5～6kg，乌桕 4～5kg，核桃平均单株产干果 1.0～1.5kg，板栗产子 0.5～1.0kg，枣子产鲜果 2.5～3.0kg，柿子产鲜柿 5～6kg，漆树产生漆 50g。全国核桃林面积相当于美国的 12.5 倍，而产量只及其一半多点。板栗林面积相当于日本的 5.6 倍，年产量勉强持平。而经济林并不是天然低产的，小面积的高产典型并不比国外逊色。油茶、油桐、乌桕亩产油超过 50kg，核桃、板栗、枣树单株产果量超过 50kg，柿子 250kg，漆树 4kg。高产典型高出平均产量十多倍至几十倍，这也说明生产潜力很大。造成低产和高产的原因很多，综观之其中带根本性的原因是林分品种混杂、低劣。在现有的经济林中，90%～95%是用混杂商品种子造林的，使林分中个体差异大。据调查统计，通常在桐林中占 20%～30%的高产植株，生产了总产量的 70%～80%；而占有桐林 70%～80%的植株，仅仅生产总产量的 20%～30%，其中约有 10%～12%的植株不结果。油茶林也有类似的情况，这充分说明现有林的种质水平低。良种是丰产的物质基础。因此，解决良种问题是提高经济林单产的根本途径。

最近几年，全国经济林的造林面积一般占 12%～14%。林业部提出经济林的造林面积要增大至 20%左右。从“七五”计划开始，每年新增造林保存面积 3 000万亩，则每年新增经济林造林保存面积 600 万亩。今后经济林的造林要建设名、特、优经济林商品生产基地，向高效益发展。因此，应坚持使用良种。

我国主要经济林树种的良种工作已有一定基础。20 世纪 50 年代开展品种类型资源的调查研究。60 年代开始品种类型的分类整理和优良类型的选择。70 年代后期，经过拨乱反正，在先前工作的基础上，对油茶、油桐、核桃、乌桕、山核桃、板栗、枣、漆树等品种类型进行了全国性的分类整理，从中选择出一批适于各地推广的优良类型。油茶如湖南永兴中苞红球、衡东大桃，广西红球、黄球，安徽大红，广东大红茶，浙江、江西红球、红桥，福建、贵州红橘，河南大红桃等，都是当地群众喜欢的优良类型，并且都有一定面积的推广。另外，还有岑溪软枝油茶、葡萄油茶等优良类型。早期发现的攸县油茶在湖南、浙江都有推广，并获得丰产的栽培效果。适宜高山栽培的腾冲红花油茶，现已发展 2 万余亩。早几年发现的又一高山生长的威宁短柱油茶，也开始推广栽培。目前，全国已初步选出的油茶优树近 2 万株，经过几年测产的优树有 700 余株。各地都在进行子代测定试验。共营造优株子代测定林 1 000亩，优良无性系测定林 500 亩。建立采穗圃十多个，面积 800 亩，共收集优良无性系 1 200多个株号，每年可为生产提供 60 万个优良穗条。已建立实生种子园面积 1 800亩、无性系种子园 350 亩，共收集优良无性系 1 000个，现有种子园每年可为生产上提供优良种子 12 万 kg，这是实现良种化的重要物质基础。油茶各种嫁接方法和芽苗砧嫁接、扦插的成功，突破了良种繁殖关。在杂交育种方面，全国做了数千个组合，已经出现了一些有希望的苗头。组织培养有新的进展。山茶属的收集研究，近几年全国有 10 个单位在进行这方面的研究，这对防止基因资源的散失是十分必要的。

油桐各地也选择鉴舍出一批优良类型，如四川的小米桐、大米桐、立枝桐，贵州的小米桐、蓑衣桐、狭冠桐，湖南的小米桐、大米桐、早期丰产的泸溪葡萄桐，湖北的九子桐、五子桐、景阳桐，广西巴马高脚桐、百年桐，河南的股爪青、五爪尤，云南的高脚米桐、矮脚米桐，福建的一盏灯、罂蒴桐，陕西、江苏的大米桐、小米桐，江苏找到抗寒的扁球单果桐，安徽的小扁球、独果桐，等等。浙江、湖南等地正在进行品种区域化试验。油桐的杂交育种各省先后都开展过工作，目前，进展较好的有浙江、四川，初步找出一些较好的杂交组合。浙江林学院从优良的家系和无性系中选择出 7 个优良类型，经推广具有显著的增产效果。中国林业科学院亚热带林研所选育出的油桐 3 号、6 号及 7 号家系也有显著的增产作用。全国性的油桐优树选择，开展于 1977 年崇左会议以后。“油桐良种选育”攻关组设置了 640 个优树（596 亩）测定林，其他各省设置了数量更大的优树测定林。经过评定，近年已筛选出 20 个左右增产 30%～50%的优良无性系和家系。广西林科所选择出的千年桐高产优良无性系，在广西和广东、浙江的一些地方推广，形成生产力。近年来广西林科所又有新的进展。全国已建油桐种子园 1 600余亩，采穗圃 900 余亩，为今后逐步实现新造桐林良种化创造了一定的物质基础。全国油桐科研协作组各级基因库、材料圃及品种园相继建立，收集约 2 000号资源材料，其中全国 5 个基因库就保存了 1 011个材料号，为今后育种取材和生产利用，提供了丰富的种质资源。

此外，核桃有早熟的新疆隔年核桃，陕西的绵核桃、串子核桃、陈仓核桃、鸡蛋核桃，云南漾濞薄壳核桃等。油橄榄引进多个品种，通过多年的选择，选出一批优良的品种单株，如云南林科所从佛奥品种中选择出的“丰2”品种，丰产性能好，13年生单株产果58kg。各地还从实生苗中选择出—批优良实生树，如湖北“九峰6号”“鄂植8号”、陕西“城固31号”“汉中19号”等。果大蜡厚的浙江大果乌桕，其中的平阳大果鸡爪桕，大果葡萄桕、铜键桕等，在南方各省区都有引种栽培，大力推广嫁接苗植树栽培，获得良好效果。板栗也有一批优良品种，如河北良乡甘栗、红明栗，山东金丰栗、油栗，江苏九家种，湖南邵阳板栗等。枣树有河北金丝小枣、无核枣，河南灵宝大枣、新郑灰枣、鸡心枣等。嫁接方法取得新成就，在生产上广泛应用。

2008年9月9日《中国绿色时报》刊登了《国家林业局公告》(2008年12号)公布了根据《中华人民共和国种子法》第十六条规定，由国家林业局林木品种审定委员会审定通过的岑软2号等29油茶品种和认定通过的湘林51等3个油茶品种作为林木良种予以公告。自公告发布之日起，这些品种在林业生产中可以作为林木良种使用，并在公告规定的适宜种子范围内推广。

公告最后注：通过认定的林木良种，认定期满后不得作为良种继续使用，应重新进行林木品种审定。

2008年审定油茶良种32个。在此之前2002年审定3个，2005年审定3个。2006年审定5个。2007年审定11个，共计54个。

油茶良种公布范式如下。

23. 岑软2号
树种：油茶
学名：*Camellia olelfera* ‘*CenruanZ*’
类别：无性系
通过类别：审定
编号：国S-SC-C0-001-2008
品种特性：
冠幅大，圆头形；枝条柔软、细长，叶片披针形；果实17个/500g，果青色，呈倒杯状；盛产期每公顷产油可达915kg，鲜果出籽率40.7%，种仁含油率41.93%，果油率7.06%。可作为食用油、化妆品原料。
栽培技术要点：
选择低丘或缓坡地，坡度<15°，造林密度造林要求苗高30cm以上，地径0.3cm以上，生长健壮、无病虫害，无机械损伤。每公顷施农家肥、厩肥、草木灰等积肥1 500~2 250kg。
适宜种植范围：
广西、湖南、江西、贵州油茶种植区。

二、选择育种

（一）概　述

经济林无性选育是选择育种中方法之一。

选择育种就是在群体中选择优良品种（类型）中具有优良变异性状的个体。

选择育种有混合选择育种和系统选择育种两种方法。混合选择育种是将在群体中选择出的多个性状相近的优良个体的种子（接穗）混合在一起繁殖，进行子代测定，选育。系统选择育种是将在群体选择出的多个性状相近优良个体的种子（接穗），分别单株繁殖，进行子代测定选育。

良种是速生丰产林的物质基础。从现有林中选择优良类型的单株作为优树；进行评比繁育，是提高油茶产量和品质的最好途径。选择是具有创造性作用的，不仅解决当前生产上的问题，通过不断的选择积累和定向培育是可以创造新的优良品种的。正如布尔班克所说："关于在植物改良中任何理想实现，第一个因素是选择，最后一个因素还是选择"（如何培育植物为人类服务）。

经济林木优良无性系选育是较为可行，易行、有效、快捷的选育方法，成功率高。由于选择方法易学，易行。

经济林高新技术育种需要较，投资，用于购置仪器设备，建立现代化的实验室。因此，在国内仅限于少数高校和研究院，并且有一定的风险性，也没有必要在建立这类实验室。在进行高新技术育种的同时，也需要进行常规技术的良种选育，并且是大量的，在教学、科研和基层生产部门均可进行。至今，在经济林生产中已推广使用的良种均是常规技术选育的，并且主要是以原有农学品种为基础，通过优良无性系选育出的。因而优良无性系的选育，在今后很长的时期内，仍是经济林新良种选育的主要方法。

（二）选择原理

植物种遗传一自然变异一自然选择一新物种。自然选择即适者生存，是物种自然进化总规律、总线路。自然选择是自然变异的选择，是推进物种进化的力量。"没有有益的变异发生，自然选择就不能有所作为"（达尔文，1972）。

植物种遗传—自然变异—人工选择—优良类型，是人工选择育种的总规律、总线路。"没有人反对农学家所说的人工选择的巨大效果，不过在此场合，必须先有自然发生出来的个体差异，人类才能依某种目的而加以选择。""人类既能就一定的方向，使个体差异累积，而在家养动植物中产生极大效果，自然选择作用亦是如此，但因有不可比拟的长时期的作用，所以更容易得到效果。”“人类只为了自己的利益而选择，自然只为了被保护的生物本身的利益而选择。”

（三）良种选育和繁育方针和途径

经济林生产实现良种化的策略如下。

良种选育方针：立足本地资源，以选为主，选、引、育相结合。

经济林新良种选育现阶段的技术方法：高新技术育种和常规技术育种并举，以常规技术为主。

良种繁育途径：以采穗圃为主，采穗圃与种子园相结合。

繁殖方法：以优良无性系为主，以无性繁殖为主，无性繁殖与实生繁殖相结合。

基础材料：要做好现有众多种质基因资源的收集、保留，建立各种类型的基因库。

选是指在已知和新发掘出的优良品种类型中，进行单株优树的选择，选择不仅具有选优去劣的作用，而且具有巩固变异和积累交异的积极作用。现有经济林基本上是一个混杂的群体，即使同一品种样的林分，以往多是实生繁殖，也有多种多样的变异类型，为选择提供了实践的可能性。

提出良种化策略的现实依据是：我国现有 4.5 亿亩经济林中有大量的，有大面积的林分组成是混杂的群体，植株间个体差异大，良莠不匀，鱼龙混珠，为选择提供了广阔的场所和众多资源，优树选择的机遇多，频率高。在栽培中采用优良无性系，缩小林分中植株间的个体差异。在一般的林分中，不结实或少结实树约占全林分的 10%～15%，一般结实的树约占 60%～65%，丰产树仅占 20%～25%。20%～25%的丰产树要占全林产量的 80%。优良无性系的选用就是增多结实株数，提高结实树在林分中的比例，而获高产。

播种繁殖用的良种包含优良的品种和优质的种子这样两个要求。种子和接穗必须采自经省（区）良种审定委员会审核认定的种子园或采穗圃。其他一切商品种子和任意采集的接穗，一律不准用来育苗造林。

良种繁育是承前选育后接推广的重要环节。良种繁育的任务是大量繁殖优良种苗和保持提高良种种性。经济林以无性繁殖为主。因此，经济林良种繁育的途径是：以采穗圃为主，结合种子园，如图 7-1 所示。

（四）良种选育方法

良种选育在这里主要是优良无性系的选育，在方法上是从优树选择开始的。优树即树体结构优良和生长健壮、结果多的林分中的林木个体，其单株结果是全林平均结

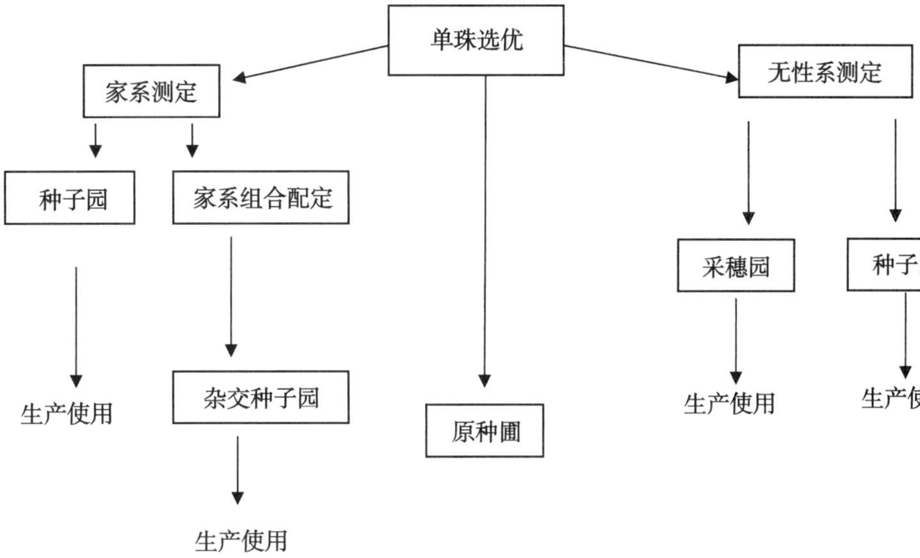

图 7-1　经济林优树测定繁育示意

果量一倍以上。在有的林分可选出多株，有的林分中一株也选不出。优树选择虽属数量性状的表型选择，实际上也反应出其遗传性状的。研究和实践表明，优树的优良性状是比较稳定的，是可以遗传的。因而，优树是可以为当代利用的。实际也是这样做的，并取得良好的效果。但优树的子代林测定仍然进行。

经济林普遍栽培历史悠久，面积大，在现有林分品种杂，又多用直播造林，实生繁殖，易自然分化，表现出林木间的个体差异。由于栽培管理与经营粗放，在林区林分群体中林木个体间，表现出明显的差异，良莠不齐，植株间生长和结果量差异很大，为优良个体的选择提供了丰富资源。达尔文认为常见的分布广，分散大，大属的物种变异多。经济林正好符合上述 4 个条件，因而变异多，供选几率高。因此，在经济林现有林分中，存在优良单株。选育步骤见图 7-2。

（五）建设良种繁育基地

经济林良种繁育基地包含 3 个内容，优树测试评比林、优良无性系采穗园、优良无性系嫁接培育圃。

良种繁育基地不必每个县都建立。可以在相邻的数县建一个较大型面积 700～1 000 亩的基地，形成规模经营，商业运作，国家适当良种补贴。

经济林良种繁育基地建立选址，第一个指标是否远离污染源。从源头上保证生产出的产品是洁净无污染优质绿色产品，这是产品进入超市的首要条件。其次才是有水源、地势平坦、土壤肥沃、交通方便等。

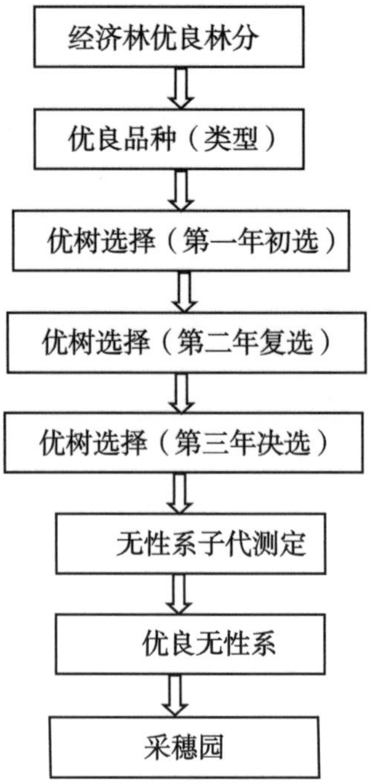

图 7-2　油茶优良无性系系统选育示意

基地建设要求自然环境无污染，具体是指环境中土、气、水洁净无污染。土、气、水质量指标有各类元素的限值，保证苗木体中不含各类残毒含量。

基地土壤质量指标应符合表 7-44 的规定。基地空气中各项污染物的浓度应符合表 7-45 的规定。

表 7-44　土壤质量指标

项目		指标	
		pH 值<5.5	pH 值 5.5~6.5
总镉（mg/kg）	≤	0.3	0.3
总汞（mg/kg）	≤	0.3	0.5
总砷（mg/kg）	≤	40	30
总铅（mg/kg）	≤	250	300
总铬（mg/kg）	≤	150	200
总铜（mg/kg）	≤	50	100

注：重金属铬（主要为 3 价）和砷均按元素量记，适用于阳离子交换量>5cmol/kg 的土壤；若≤5cmol/kg，在其指标值为数值的半数。

表 7-45　空气中各项污染物的浓度限值

项目		浓度限值	
		日平均	1h 平均
总悬浮颗粒物（TSP）（标准状态）（mg/m^3）	≤	0.3	—
二氧化硫（SO_2）（标准状态）（mg/m^3）	≤	0.15	0.50
二氧化氮（NO_2）（标准状态）（mg/m^3）	≤	0.12	0.24
氟化物（F）（标准状态）（mg/m^3）	≤	$7\mu g/m^3$	$20\mu g/m^3$
		$1.8\mu g/m^3$（$dm^2\cdot d$）	—

注：①日平均指任何 1 日的平均浓度；②1h 平均指任何 1h 的平均浓度。

圃地灌溉用水，水的质量指标要符合表 7-46 的规定。

表 7-46　农田灌溉水质量指标

项目	指标	项目	指标	项目	指标
pH 值	7.0~8.5	总汞（mg/L）	≤0.001	总镉≤	≤0.005
总砷（mg/L）	≤0.10	总铅（mg/L）	≤0.10	铬（6 价）（mg/L）	≤0.10
氟化物（mg/L）	≤3.0	氰化物（mg/L）	≤0.50	石油类（mg/L）	≤10

该标准规定，供圃地农民施用的腐熟的城镇生活垃圾和城镇垃圾堆肥工厂的产品，应符合表 7-47 的要求，其施用应做到以下几点。

表 7-47　城镇垃圾农用控制标准值

项目	标准限量	项目	标准限量
杂物（%）	≤3	总砷（以 As 记）（mg/kg）	≤
粒度（mm）	≤12	有机质 9（以 C 记）（%）	≥10
蛔虫卵死亡率（%）	95~100	总氮（以 N 记）（mg/kg）（%）	≥0.5
大肠菌值	10^{-2}~10^{-1}	总磷（以 P_2O_5 记）（mg/kg）（%）	≥0.3
总镉（以 Cd 记）（mg/kg）	≤3	总钾（以 K_2O 记）（mg/kg）（%）	≥1.0
总汞（以 Hg 记）（mg/kg）	≤5	pH 值	6.5~8.5
总铅（以 Pb 记）（mg/kg）	≤100	水分（%）	25~35
总铬（以 Cr 记）（mg/kg）	≤300		

注：①除第 2、3、4 项外，其余各项均以干基计算；②杂物指塑料、玻璃、金属、橡胶等。

生产绿色食品的农家肥料无论采用何种原料（包括人畜禽粪尿、秸秆、杂草、泥炭等）制作堆肥，必须高温发酵，以杀灭各种寄生虫卵和病虫菌、杂草种子，使之达到无害化卫生标准（表 7-48）。农家肥料原则上就地生产就地使用。外来农家肥料应确认符合要求后才能使用。商品肥料及新型肥料必须通过国家有关部门的登记认证及生产许可，质量指标应达到国家有关标准的要求。经济林圃地和林地禁止使用禁用农药。

表 7-48 高温堆肥和沼气发酵肥卫生标准

肥料	项目	卫生标准及要求
高温堆肥	堆肥温度	最高温度达 50~55℃，持续 5~7 天
	蛔虫卵死亡率	95%~100%
	粪大肠菌值	10^{-2}~10^{-1}
	苍蝇	有效地控制苍蝇孳生，肥堆周围没有活的蛆、蛹或新羽化的成蝇
沼气发酵肥	密封贮存期	30 天以上
	高温沼气发酵温度	(53±2)℃，持续 2 天
	寄生虫卵沉降率	95%以上
	血吸虫卵和钩虫卵	在使用粪液中不得检出活的血吸虫卵和钩虫卵

（六）优良无性系自然退化及复壮

经济林经长期多世代采用无性繁殖会产生自然退化，这是普遍规律。所谓自然退化，是指经济林在优良无性系采穗园中采集某个世代的接穗嫁接繁殖的苗木，栽植培育的林分虽正处于壮龄期，但林木个体生长发育普遍地表现出营养生长和生殖发育衰退。营养生长衰退表现为发枝力衰退，发枝少，枝条变短，树形结构散乱，冠形不整。生殖发育衰退表现为花芽少，花少，影响结果数量少，落果多。

林木自然衰退一般不涉及基因混杂和基因遗传因素，衰退仅是表现为直观数量性状的表形。一般认为长期无性繁殖多世代后，随着采穗母树年龄的增长、衰老，也会影响穗条的生长下降，树体提前衰老，这种现象称为成熟效应。由于采穗条部位的不同，也会影响穗条的生长，称为位置效应。实际上在生产实践中成熟效应和位置效应总是相伴发生的，表现为综合效应。

无性系退化主要是细胞学原因。无性繁殖是全同胞的，其生长是依靠细胞自身分裂，是细胞有丝分裂。

有丝分裂是一种最普通的分裂方式。植物器官的生长一般都是以有丝分裂方式进行的，主要发生在植物根尖、茎尖及生长的幼嫩部位的细胞中。植物生长主要靠有丝分裂增加细胞的数量。有丝分裂包括两个过程：第 1 个过程是核分裂；第 2 个过程是胞质分裂。分裂结果形成2个新的子细胞。

细胞有丝分裂结果，由一个母细胞产生2个与母细胞在遗传性上完全相同的子细胞。子细胞的染色体数仍保持母细胞的染色体数为 $2n$（油茶 $2n=30$）。

植物有性繁殖细胞是减数分裂。植物的有性繁殖是雌雄生殖细胞，经过授粉受精有性过程，形成新生命结合子。

防止退化合复壮。经济林木的繁殖和栽培经营，为了保持其木本生物学和商品经济的优良性状，以及提早结实，多采用嫁接繁殖。接穗多采自采穗园的当年嫩枝。防止了位置效应，有利防止退化。

砧木采用一年生或二年生实生苗。是用种子有性繁殖，在细胞学上是细胞减数分裂，具有强大的生命力。嫁接部位很短的主干和根系生长是由细胞减数分裂来完成的。嫁接苗的基础很好，强壮的砧木可以促其幼树生长。

在采穗园的管理上采用强修剪，反复修剪，剪去老穗条，促使当年新穗萌生，使穗条，錄顔，总是处于生长旺盛的幼年阶段。对采穗园加强水肥管理，使穗条生长健壮，无病虫害。

采穗园采穗10年以内的幼林在砧木上，采用重剪回缩，重新嫁接幼嫩穗条，或重建采穗园复壮。

第十节　发展非公有制林业

一、国家鼓励发展非公有制

党的“十六大”明确提出：“必须毫不动摇地鼓励，支持和引导非公有制经济发展”。党的十八届三中全会通过《中共中央关于全面深化改革若干重大问题的决定》(下称《决定》)，再次明确提出：“必须毫不动摇鼓励、支持。引导非公有制经济发展，激发非公有制经济活力和创造力。”体现了我们党的政策连续性、稳定性和一贯性。《决定》指出：“公有制经济和非公有制经济都是社会主义市场经济的重要组成部分，都是我国经济社会发展的重要基础。”因此，党和国家明确“公有制经济财产权不可侵犯。非公有制经济财产权同样不可侵犯。”《决定》指出：“国家保护各种所有制经济权和合理收益，保证各种所有制经济依法平等使用生产要素，公开公平公正参与市场竞争，同等受到法律保护，依法管理各种所有制经济。”从《决定》中看出，现在发展非公有制经济林业在政策上是收到全方位的保护，是良好的机遇期。

二、集体林权制度改革

《决定》指出："健全归属清晰、权责明确、保护严格、流转顺畅的现代产权制度。""坚持家庭经营在农业中的基础地位，推进家庭经营、集体经营、企业经营等共同发展的农业经营方式创新。"鼓励承包经营权在公开市场上向专业大户、家庭农场、农民合作社、农业企业流转，发展多种形式规模经营。"地者，万物之本源"，土地是经济社会发展的基础。"有土斯有民。"我国的改革是从农村土地制度改革起步的，家庭联产承包责任制的建立和推行，极大地解放和发展了我国农业生产力，深刻改变了农村发展的面貌，也为整个改革开放注入强大动力。土地是农民最重要的资产，土地改革要守住底线。守住底线就是不论怎么改，不能把农村土地集体所有制改垮了，不能把耕地改少了，不能把粮食产量改下去了，不能把农民利益损害了。

2004 年开始在福建、江西、辽宁、浙江等省，进行集体林权制度改革，并逐步向全国推进。集体林权制度改革，是在保持地集体所有制不变的前提下，进行"明晰产权、放活经营、减轻税费、规范流转"为主要内容的改革。但要确保农民得实惠、生态受保护的原则。把林地的使用权交给农民，依法实现"山有其主，主有其权、权有其责、责有其利"。

"山定权、树定根、人定心"，明晰产权、承包到户，极大地激发了农民经营林业发展林业的热情，各种生产要素迅速流入林业，林下经济发展迅猛，充分解放了林业生产力。

集体林权制度改革是中国特色社会主义理论指导下的伟大实践，是"十六大"以来党在农村改革方面最重大的举措之一。党中央、国务院高度重视，地方各级党委、政府精心组织，有关部门大力支持、密切配合，广大基层干部群众大胆实践、勇于创新，迅速掀起了全面推进集体林改的热潮，全国林改取得了重大进展和显著成效。

2008 年，中共中央国务院下发了《关于全面推进集体林权制度改革的意见》林改工作全面铺开，经过几年的艰苦努力，取得了重大进展。截至 2011 年年底，全国已确林权地面积 26.77 亿亩，占集体林地面积的 97.8%。已经发放林权证 1 亿本，发证面积达 23.69 亿亩，占纳入林改总面积的 86.65%，发证户数 8 784万户，5 亿多农民直接受益。

国家旅游局认为，集体林权制度改革之所以取得如此重大的成就，关键在于始终坚持以家庭承包经营为基础、统分结合的双层经营制度，确保农民平等享有集体林地承包经营权，夯实了我国农村基本经营制度；始终坚持适应社会主义市场经济体制的要求，将林地经营权和林木所有权交给农民，让农民获得了充分的林地用益物权；始终坚持适应解放和发展生产力的根本要求，一手抓体制机制创新，推动林业生产力发展，一手抓生产关系调整，使生产关系与生产力更加协调；始终坚持以人为本的理念，相信人民群众，依靠群众改革，为了群众改革，改革成果由群众共享，让农民真正当家作主。

成立林业专业合作组织，解决了林业生产经营活动中政府“统”不了、部门“包”不了、农户“办”不了或“办起来不合算”的难题，解决了千家万户的小生产与千变万化的大市场连接、降低交易费用和经营风险等问题，保障农民根本利益，成为大趋势。因而发展林业专业合作组织是集体林改后的必然趋势。

合作社是广大农民适应市场经济要求，在不改变家庭承包经营的前提下，自愿选择、自主兴办、自我受益的新型合作组织，是亿万农民的又一伟大实践。合作组织的发展对创新农村经营体制机制，推动农业和农村经济发展，走中国特色合作道路具有重要的意义，是党和政府今后一个时期农业和农村经济发展的一项战略举措。林业专业合作组织是我国农村合作组织建设的重要组成部分，在集体林权落实到户以后，正以燎原之势发展，在现代林业发展、森林资源保护、促进林农增收等方面发挥了不可替代的重要作用，为推进中国特色的合作社之路探索了新经验。

国家林业局认为，发展林业专业合作组织是巩固林改成果的重要手段。随着集体林权制度改革工作的进一步深化和推进，改革的工作重点也由解决制约林业发展的体制性障碍，向解决林地确权到户后农民发展林业生产的机制性问题转变。积极探索具有中国特色的林业专业合作组织发展道路，就是要在不改变我国土地所有制性质、遵循社会主义市场经济发展规律的前提下，通过合作的形式，改变生产关系的组成结构，解决现有林业生产关系不适应生产力发展的问题，发挥合作组织在解决林业生产中劳动力、资金、技术等方面的优势，实现资源优化配置，为巩固集体林权制度改革提供有效保障，是深化改革的重要内容。

国家林业局高度重视林业专业合作组织的建设发展工作，积极出台相关政策措施促进发展。2009 年 5 月，国家林业局联合人民银行、财政部、银监会、保监会，共同出台了《关于做好集体林权制度改革与林业发展金融服务工作的指导意见》，明确要求在信贷、担保、金融保险、融资等方面给予农民林业专业合作组织大力支持；2009 年 8 月，下发了《关于促进农民林业专业合作社发展的指导意见》，对农民林业专业合作社的建设发展提出了总体要求；2011 年 1 月，国家林业局下发了《关于组织开展创建农民林业专业合作社示范县活动的通知》，通过示范县创建来引导发展。与此同时，各地党委、政府也积极出台政策措施，推动林业专业合作组织快速发展。

截至 2011 年年底，全国共建立林业专业合作组织 9. 78 万家，比 2009 年增长 44%；加入合作组织农户 1 260. 71万户；经营林地面积 2 亿亩，占确权林地的 7. 47%。其中，林业专业合作社3.17万家，增长82.18%；加入合作社的农户达530.91万户；经营林地面积8 340.74万亩，增长14.35%，占合作组织总面积的41.72%。农民林业专业合作组织的快速发展，大大提高了农民林业生产的组织化程度，有效带动了林业产业、林下经济发展，创造了多种经济发展模式，呈现出蓬勃发展之势。

《中华人民共和国农民专业合作社法》的颁布施行，是我国农村改革发展的一件大事。伴随着集体林权制度改革的不断深入，农民林业合作组织发展迅猛，截至2011年年底，全国各类林业专业合作组织已近10万家。至2012年在《农民专业合作社法》施行5周年之际，国家林业局农村林业改革发展司选取辽宁省本溪满族自治县老谢林下参种植专业合作社等荣获“中国50佳农民专业合作社”称号的8家林业专业合作社，通过本报展示他们的经验和成就，旨在促进全国林业专业合作组织更好更快地发展。

全国农民合作社发展部际联席会议办公室，于2014年9月11日在《中国绿色时报》公告了由27省市区申报的366家农民合作社示范社名单。

辽宁省开源市李司令榛子专业合作社带头人李守发的洪亮声音，似乎就看到了这位昔日吉林省长春军分区副司令员的雄姿。媒体大量报道过他的事迹，1998年退休后的他携老伴回到家乡带领乡亲们发家致富。社员人均收入由入社前的4 015元，提高到2011年的1.5万元，比没有入社的多出4 000多元。村里实现了电灯、电话、路灯、燃气、移动通信、闭路电视、自来水、柏油路八进户。社员徐世兴说：“真是做梦也没有想到，榛树就是摇钱树，榛果就是黄金豆，有了合作社，农民也能飞啦！”

2008年，李守发为解决小林户与大市场的对接问题，成立了李司令榛子专业合作社，随后又成立了榛子协会，现有社员315人，会员816人，还带动1 360户其他农户从事榛子生产。规模一年比一年扩大，榛园面积已由2 000亩扩大到9 100亩，在辽宁、吉林、黑龙江等地都建了基地。榛业实现了种植、加工一条龙，工、商、贸一体化。他们坚持统一生产、收购、加工、销售、管理，社员80%榛子由合作社收购，80%农资由合作社配送。

“李司令”榛子已被国家绿色食品中心认定为绿色食品，多次参加在上海、成都、济南、宁波、沈阳举办的全国性食品博览会，曾获得中国榛子食品银奖。主要产品平榛、平欧榛打入了沈阳、长春等地的大超市。全社年收益超100万元，现有固定资产500万元。

通过几年的运行，合作社把杏花村的资源优势打造成了产业优势。七山二水一分田的杏花村，山上栽用材林，山腰种榛，林下种参，山脚种田，为村民搭建了一个长期致富的平台。由此，李守发多次受到上级部门的表彰，先后获得了“全国拥政爱民模范”“光彩之星”“合作经济十佳人物”等称号。

传说长寿老者彭祖曾在此地安度晚年，故宜君也被视为彭祖故里。核桃素有长寿果之称，聚源核桃十分走俏，已成为当地林果业的重要支柱。聚源核桃专业合作社于2008年6月应运而生，现有社员113人，核桃园3 200亩，散生核桃大树7 600株，年产核桃330t，年销售额729.8万元，年利润123.9万元。2010年人均收入达9 600元，比非社员收入高了28%。

通过几年的建设，合作社已实现了“五有”标准，即有制度，有完善的“三会”、财务、分配制度；有场所，拥有固定的办公用房；有服务，对社员实行统一标准、品牌、包装、收购、运输、销售等服务；有渠道，核桃主要销往河南、山东、河北、四川等地，与10余家客商建立了稳定的长期合作关系；有品牌，合作社注册了“棋盘聚源”核桃商标。

合作社自成立以来，按照“民办、民管、民受益”的原则，对社员实行“六个统一”，统一技术指导，统一使用“棋盘聚源”牌商标，统一核桃良种苗木及专用肥供应，统一采收和商品化处理，统一由专业收购人员，统一销售给客商。社里主要向社员提供4项服务：一是提供技术培训服务，每年对社员举办5期到6期技术培训。二是统一推广“换良种、巧施肥、细间作、精修剪、防晚霜、有机化”核桃生产6项关键技术，有60户社员的580亩核桃园通过有机认证中心的认证，年产有机核桃20t。三是统一科学采收和商品化处理，购置核桃脱皮机10台，建造简易烘烤炉6套，有效解决了核桃采收期遭遇阴雨霉变的难题，平均售价每千克提高2元左右。四是提供收购和销售服务，统一收购社员的核桃，以质论价，统一销往外地，彻底解决了社员销售难题，所有农户只要把核桃管理好，根本不用愁销售。

合作社自成立以来，受到上级有关部门的好评。当地电视台、广播电台等媒体多次报道。2009年被评为铜川市最佳合作社，2010年被授予铜川市第二届优秀中国特色社会主义事业建设者。

国家林业局规划的中国林地生态红线是46.8亿亩，其中农村集体所有制林26.77亿亩，占57.2%，是大头。集体林地多在海拔1 000m以下低山丘陵有人烟居住的地方，一般立地条件较好，均适宜发展林业生产，特别是各类经济林。另有可治理的宜林宜草沙地，恢复各类荒沙化植被不少于53万km^2，林业大有用武之地。

集体林地农户承包后往往面积很小，只有10亩，20亩，任然停留在小农经济，不适应现代林业产业化规模经营，不适运用先进生产手段和技术，形成不了生态化、良种化、精准化、商品化生产经营。没有批量商品生产，农民有地，可能也富不起来。

《决定》明确提出：“产权是所有制的核心。健全归属清晰、权责明确、保护严格、流转顺畅的现代产权制度。”《决定》规定：“在符合规划和用途管制前提下，允许农民集体经营性建设用地出让、租赁、入股，实行与国有土地同等入市、同权同价。”

“建立兼顾国家、集体、个人的土地增值收益分配机制，合理提高个人收益。”

有权威著作对“农地入市”作了政策性解说。“农地入市”是有限定要求的，是有“门槛”的，不是什么农地都可以入市。

其一，必须是集体经营性建设用地。农村土地包括集体农用地、建设用地、未利用地3种，其中集体建设用地又可分为宅基地、公益性公共设施用地和经营性用地3类。集体经营性建设用地，通俗地说就是用于非农生产经营性质的土地，也就是集体经济组织用于从事第二、第三产业的土地，如村办及乡镇企业的用地。在农村土地中，只有这部分土地才有入市的资格，而耕地、宅基地等都不行。

其二，必须符合规划和用途管制。建设用地具有较强的不可逆性，一旦被破坏就很难恢复原貌。为此，世界上大多数国家对土地都实行用途管制，我国也是如此。因而，经营性建设用地入市，必须“先买票后上车”，而不能“先上车后补票”，这张票就是要符合土地利用总体规划和用途管制，这是前提条件。换句话说，在经营性建设用地中，只有符合规划和用途管制的那部分土地，才可以上市买卖。

其三，与国有土地享受同等待遇。对于符合条件的经营性建设用地，就应与国有土地同等入市、同权同价，而不应厚此薄彼、“看人下菜碟”。同等入市，就是二者以平等地位进入市场，这意味着经营性建设用地可在更多的市场主体间、更宽的范围内、更广的用途中进行交易；同权同价，意味着二者具有的权能相同，都可以出让、租赁、入股、抵押等，市场价格也不应由于土地性质不同而有所差别。

工商企业下乡不能变相圈地。工商企业到农村去租赁土地，原有法律就是允许的，同时也有“三不”的限制，即不能改变所有权、不能改变农地用途、不能损害农民权益。这次改革也明确作出严格规定：一是只有一家一户很难干或干不了的，如农业社会化服务，才能引进工商资本；二是企业可以发展适合企业化经营的现代种养业，不得变相搞房地产和旅游业。

“农地入市”收益怎么分配是关键，必须保证农民是最大的受益者。

宅基地以前不能自由买卖，这次改革之后同样不能。在这次改革中，主要是推进农民住房财产权抵押、担保、转让。也就是说，能够进行抵押担保的不是宅基地，而是宅基地上面的住房，它才是农民的私有财产。

农村宅基地，是我国土地制度下特有的一种土地形式，指农村农民个人经依法批准，用于建造自己居住的住宅（含住房、附属用房和庭院等）的集体所有土地。一般来说，宅基地有如下特征：第一，使用主体只能是本农村集体经济组织成员；第二，用途仅限于村民建造个人住宅；第三，实行严格的一户一宅制；第四，宅基地初始取得是无偿的。

改革的前提是推进确权工作。2014年开始，国家将全面开展对农村宅基地的确权、登记和颁证，向农户颁发具有法律效力的宅基地权属证书，建立完善的宅基地使用权统一登记体系，为宅基地管理和使用权保障奠定基础，给农民一个“定心丸”。同时为确保宅基地“应保尽保”，国土资源部已明确要求，各地要拿出不少于5%的用地指标，用于农村宅基地使用和建设，对符合条件的地区，考虑采用“先用后核销”的办法，保证宅基地使用得到切实保障。

近年来，我国农村承包地流转速度加快、规模扩大，截至2013年年底流转面积3.4亿亩，流转比例为26%。土地流转后，承包权主体同经营权主体存在事实分离。从实践看，主要有以下几种形式。

一是转包。承包方将部分或全部土地承包经营权，以一定期限转给同一集体经济组织的其他农户从事农业生产经营。转包后原承包关系不变。

二是转让。承包方将其拥有的土地承包经营权，以一定的方式和条件转移给他人的行为。转让后原承包关系自行终止。

三是出租。承包方将部分或全部土地承包经营权，以一定期限租赁给他人从事农业生产经营，并收取租金的行为。出租后原承包关系不变。

四是入股。承包方将土地承包经营权量化为股份，以股份入股形式与他人自愿共同生产，按股分红。

五是托管。承包方将承包地委托农业服务组织或农户代为经营管理，双方签订协议，委托方向受托方支付一定费用。托管期间原承包合同履行可协议确定。

流转土地经营权必须遵循依法、自愿、有偿的基本原则，不能强迫；土地流转的主体是农民，不是干部，不能越俎代庖；土地流转推动的方式主要是市场，不是政府。包括林地流转也是这样。

建立规范有序的集体林权流转机制、加强集体林权流转的引导、切实维护集体林权流转秩序、禁止强迫或妨碍农民流转林权。

至2010年11月止，全国27个省（区、市）的林权抵押贷款面积达3 850万亩，贷款金额530亿元，平均每亩贷款1 376元。其中农民抵押贷款面积2 186万亩，抵押贷款金额260亿元，平均每亩贷款1 171元。有27个省（区、市）成立了县级以上的林权交易服务机构1 065个，累计发生集体林地流转面积1.62亿亩，占已确权林地的6%。

作为没有平原支撑的省份，贵州要实现后发赶超，潜力、优势、希望在山。

绿水青山也是金山银山。据统计，截至2013年年底，贵州省森林蓄积量达3.81亿m^3，森林覆盖率增至48%，全省PM2.5平均值保持在50以下。全省1.29亿亩森林，年创造森林生态服务价值4 275亿元。2013年，贵州省林业总产值达503.46亿元，较上年增长25.5%。2014年，贵州力争林业总产值超过600亿元，到2020年全省林业总产值超过 1 500亿元。在森林资源持续增长的带动下，贵州特色优势林产业迅猛发展。贵州省工业原料林基地、中药材基地、茶叶基地、干鲜果品基地的总面积已达 1 920万亩。丰富的森林资源，不仅给贵州带来了凉爽的气候和清新的空气，有力地促进了全省林业产业的发展，更为促进农民增收发挥了积极的作用。目标的设定，源于自身实力的增长。正因如此，在主体改革完成后，贵州在深化集体林改中动作频频。

2012 年，贵州省正安县从 200 个示范县大名单中杀出，最终跻身全国首批 28 个县（区、市）林业专业合作社典型示范县名单。此后，贵州深化集体林改继续发力。《贵州省龙头农民林业专业合作社评定办法》和《贵州省农民林业专业合作社规范化建设指导意见》，为做大做强农民林业专业合作社提供了强大动能。

五指攥在一起才是拳头。据报道，在深化集体林改中，贵州充分释放着林业专业合作社的内在能量，让广大林农品尝到了抱团发展共同致富的甘甜。

作为国家首批 100 个石漠化综合治理试点县之一的麻江县，借助林业专业合作社的力量，通过标准化栽种蓝莓与小流域石漠化整治相结合的模式，不仅实了蓝莓规模化种植，还让麻江成为我国西南地区最大的蓝莓种植基地。

麻江县龙山镇共和村的共和红利专业合作社社长杨胜洪说，目前，全社 146 户社员共流转山林面积 2 500亩，其中流转 30 亩以上的就有 10 多户。入社社员不仅可以获得县林业局无偿提供的蓝莓种苗，而且县林业局还为林农的林地流转等提供服务支持。

林业合作社的规模化组团威力已经显现。据不完全统计，2013 年，麻江县蓝莓基地挂果面积超过 1. 3 万亩，总产值超过 1. 2 亿元，产品销往省内多个城市及上海、深圳等地。此外，以麻江为产业核心区域，福射带动凯里、丹寨、黄平、镇远、雷山、台江等县（市），以蓝莓种植加工、旅游开发等形式共同发展。

林业合作社同样让毕节受益匪浅。近年来，毕节市七星关区积极扶持林业专业合作社，建立以林业专业合作社为主导，以家庭联合经营、委托经营、合作制、股份制为补充的模式，助推农民增收致富。七星关区阿市乡阿市村村民谢华贤在阿市兴盛林木种植专业合作社的支持下，在自家的地上种了各式中药材，到了盈利时，他与合作社五五分成。平时在基地打工，合作社还给工钱。谢华贤说：“现在帮他们种地，帮家里赚点零用钱，一个月有 1 800块钱。”兴盛林木种植专业合作社，采用“合作社+基地+农户”的模式，让农户以土地入股，在阿市、普宜、清水铺等乡镇种植了中药材和苗木 3 000多亩，带动了周边 200 多户农户增收致富。林业专业合作社的组建与发展，有效地加快了七星关区林业产业规模化、产业化、品牌化进程。目前，全区已组建各类林业专业合作社 56 个，入社农户 1. 15 万户，林地面积 11. 96 万亩。

集体林改让龙里的刺梨花香更浓。近年来，龙里县通过石漠化综合治理、退耕还林等林业生态工程，大力发展刺梨，目前全县刺梨种植面积达 10. 6 万亩，年产刺梨鲜果 1 800万 kg，总产值达 8 000多万元，成为全国种植刺梨面积最大、产量最高的县。小小刺梨花，让龙里县谷脚镇茶香村——这个曾经的省级二类贫困村圆了致富梦。至 2014 年 8 月，茶香村的 167 户人家种植刺梨 8 600多亩，人均 5 600多元的年纯收入中，有 90%来自刺梨。茶香村村民朱绍发说，以前，村民住的都是土墙房，现在超过八成的家庭住上楼房，有的还买了汽车。

非公有制速生丰产人工林属商品林范畴，国家虽不直接投资，但可以申请贴息贷款。“十五”期间速丰林共贷款 105.7 亿元，中央累计贴息 6.2 亿元，贴息 6.2 亿元实际上也是中央对非公有制林业的无偿投资补贴。

21 世纪开始国家（中央财政）对林业的投资是中华人民共和国成立后的最好时机。1949—1999 年国家对林业累计投资 243 亿元，现在 1 年的投资超过以往 50 年累计投资近 1 倍。2003 年国家对林业投资 431 亿元，2004 年增至 442 亿元，2005 年 456 亿元。2006 年 631.03 亿元，2007 年超过 650 亿元，2008 年达 700 亿元，2012 年达 1 351 亿元，2013 年上至 1 450亿元，是过去 50 年的 4.9 倍。林业贴息贷款也大幅度增加，是新中国成立后发展林业最好的机遇期。

据统计，安徽省林业贴息贷款 2010 年 11 亿多元，2011 年 15.6 亿元，2012 年 22 亿多元，三年跨上三个台阶。在中央和省财政的贴息资金 9 459万元的牵引下，去年安徽省林业贴息贷款项目共投入资金 46.5 亿元，其中“撬动”金融资本投入 22.7 亿元，“撬动”社会资金投入林业产业建设 23.8 亿元。林业贴息贷款项目累计营造速生丰产林 28.46 万亩，抚育 64.88 万亩次；营造、改造经济林 45.19 万亩。促进林业总产值达 1 599亿元，带动农户 13.98 万户从贷款项目实施中直接增加收入 4.07 亿元，户均增收超过 2 900元。

2012 年 10 月，安徽省出台《关于实施千万亩森林增长工程推进生态强省建设的意见》，加大了林业贷款贴息比例，在贷款期内，省财政以转移支付方式对造林项目贷款每年给予 2%的贴息，对农民和农民专业合作组织小额贷款给予 3%的贴息。同时，以三大项目为扶持重点，着力推动以油茶、山核桃为主的木本油料林基地建设项目，以毛竹、杉木、杨树、松树为主的工业原料林基地建设项目，以提高林地产出率为目的的林下经济项目以及县域经济中主导产业的木竹及林副产品加工项目。

安徽省林业贴息贷款规模的逐年增加，成为助力林业龙头企业迅速崛起、林农致富的资金“活水”。

至 2013 年 10 月，安徽省林业项目贷款超过 2 000万元的龙头企业共 22 家，贷款额 6.9 亿元，占贷款总额的 30%，创产值 29.3 亿元，创利税 5.8 亿元，安置就业 7 038 人，带动周边农民增收致富。据统计，去年安徽省新增贷款中用于发展油茶、山核桃等木本油料林的超 7 亿元，占新增贷款 31%；以毛竹、杉木、杨树、松树为主的工业原料林基地建设项目贷款近11亿元，占新增贷款的46%。

在林业贴息贷款的扶持下，广德县、霍山县的毛竹产业，宁国市、金寨县的山核桃产业，舒城县、金寨县、裕安区、歙县的油茶产业都成为当地县域经济支柱产业，安徽省六安市还被选为全国油茶产业发展5个示范市之一。

财政部、国家林业局日前联合印发的《中央财政林业补助资金管理办法》，将于6月1日起施行。《办法》将以往分门别类的中央财政林业补助政策进行了整合、完善与规范，明确了国有林场改革补助和沙化土地封禁保护区补贴，并完善了湿地保护补助政策。

中央财政林业补助资金是指中央财政预算安排的用于森林生态效益补偿、林业补贴、森林公安、国有林场改革等方面的补助资金。以往，各项资金安排都有独立的政策规定，此次整合旨在深化改革，加强规范中央财政林业补助资金使用和管理，提高资金使用效益。

《办法》规定，林木良种培育补贴包括良种繁育补贴和林木良种苗木培育补贴。良种繁育补贴的补贴对象为国家重点林木良种基地和国家林木种质资源库，补贴标准为种子园、种质资源库每亩补贴600元，采穗圃每亩补贴300元，母树林、试验林每亩补贴100元。林木良种苗木培育补贴的补贴对象为国有育苗单位，补贴标准除有特殊要求的良种苗木外，每株良种苗木平均补贴0.2元。

造林补贴包括造林直接补贴和间接费用补贴。直接补贴的标准为：人工营造，乔木林和木本油料林每亩补贴200元，灌木林每亩补贴120元（内蒙古、宁夏、甘肃、新疆、青海、陕西、山西等省区灌木林每亩补贴200元），水果、木本药材等其他林木、竹林每亩补贴100元；迹地人工更新、低产低效林改造每亩补贴100元。间接费用补贴是指对享受造林补贴的县、局、场林业部门组织开展造林有关作业设计、技术指导所需费用的补贴。相比于2012年印发的《中央财政林业补贴资金管理办法》，新《办法》增加了低产低效林改造补贴。

在我国经济林栽培经营均为个体农户，属非公有制林业生产，国家补贴自然是落在农户身上。

参考文献

曹建文. 2005-01-11. 博士研究生培养要把质量［N］. 光明日报（2）.

程光胜. 2003-04-25. 历史的启示［N］. 科技日报（1）.

达尔文. 1972. 物种起源［M］. 陈世骧，等，译. 北京：科学出版社，1-10.

方天立. 2007-11-01. 国学之魂：中华人文精神［N］. 光明日报（10-11）.

何传启 . 2014-09-01. 基本现代化进入倒计时［N］. 中国科学报（1）.
何方 . 2007. 加速林业生态建设促进构建和谐生活//经济林产业化与可持续发展研究［M］. 北京：中国林业出版社. 209-216.
何方 . 2007. 林业建设环境友好型社会的保障//世界林业研究［C］.
胡锦涛 . 2006-01-10. 坚持走中国特色自主创新道路为建设创新型国家而努力奋斗［N］. 科技日报（1）.
裴林 . 2014-11-01. 人才红利从何处来［N］. 光明日报（11）.
王通讯 . 2014-11-01. 创新发展　择天下英才而用之［N］. 光明日报（11）.
张炳升 . 2010-05-24. 提升国家核心竞争力［N］. 光明日报（1）.
赵寿元 . 2003-04-22. DNA 与遗传学［N］. 科技日报（1）.
周光召 . 2003-04-05. DNA 的故事和启示［N］. 光明日报（6）.

第八章　现代经济林产业发展战略保障[①]

第一节　政策扶持

一、继续解放思想，全面深化改革

（一）解读

党的十八届三中全会《中共中央关于全面深化改革若干重大问题的决定》（以下称《决定》）：“实践发展永无止境，解放思想永无止境，改革开放永无止境。”“到2020年，在重要领域和关键环节改革上取得决定性成果，完成本决定提出的改革任务，形成系统完备、科学规范、运行有效制度体系，使各方面制度更加成熟更加定型。”达到“国家治理体系和治理能力现代化”。2014年10月13日下午，习近平同志在中共中央政治局第十八次集体学习时强调说，一个国家的治理体系和治理能力是与这个国家的历史传承和文化传统密切相关的。解决中国的问题只能在中国大地上探寻适合自己的道路和办法。

实践科学发展观，继续解放思想，坚持改革开放，是思想认识上的保障。解放思想是行动的先导，改革开放就是要解放和发展生产力，是推进中国特色社会建设强大动力。现代经济林产业建设进入21世纪有了较快的发展，但仍不完善，仍有很大的发展空间，存在巨大的生产潜力。我们的任务是运用科学观念这一马克思主义发展理论和方法论，从多层次深入地发掘生产潜力，呈现多广新的经济增长点，形成新的生产力，推进中国特色社会主义的建设的发展。

① 本章由何方撰写。

（二）国家现代化建设中，现代经济林产业是不可缺的

我国将于2020年全面建成小康社会，基本完成工业化和城市化；在2050年达到世界中等发达水平，基本实现现代化；在21世纪末达到世界先进水平，全面实现现代化和中华民族的伟大复兴。

在国家层面，根据《中国统计年鉴2011》的数据，按2000—2010年年均增长率估算，到2020年，大约有5%的城镇家庭的人均可支配收入低于1.8万元；大约有20%的农村家庭的人均纯收入低于8 000元；大约4 600万家庭和1.68亿人可能没有达到全面小康社会的收入标准。《中国现代化报告2011》建议，实施“家庭小康工程”，为人均收入低于小康水平的家庭提供爱心帮扶，实现人人小康，家家小康。

在地区层面，根据国家统计局的数据，2010年全国有5个省级地区人均居民生产总值低于3 000美元；2012年全国有4个省级地区城镇家庭的人均可支配收入低于1.8万元，19个省级地区农村家庭的人均纯收入低于8 000元。要达到全面小康的标准，未来6年里，甘肃和贵州的农村家庭人均纯收入的年均增长率要保持在8%以上，陕西、西藏、云南和青海等地则要保持在6%以上。

我国地区发展不同步，有些地区已达到小康社会的标准，长三角地区和“苏南现代化建设示范区”等地区就提出在2020年率先基本实现现代化。因此，2020年前后，全国大多数地区将先后完成全面小康社会建设，进入“基本实现现代化”的发展阶段，我国“地区基本现代化”将全面进入倒计时。

在国家现代化建设中现代经济林产业是不可缺、不可替代的，表现在它的多功能性。它在拉动内需、出口创汇、民需民富、保障粮油食品安全上起着重要作用。它在保护自然生态环境，建设美丽中国，促进人与自然的和谐上起着重要作用。它在创建生态文化，提升人的生态人文素养，促进生态文明上起着重要作用。它在林业碳汇、缓解温室效应上起着重要作用。

（三）现代经济林产业体系制度建设

党的十八届三中全会《决定》明确指出：“全面深化改革的总目标是完善和发展中国特色社会主义制度，推进国家治理体系和治理能力现代化。”

国家治理体系是一个制度系统，是制度执行能力，治理能力实践执行，关键是执行者的素质。我们国家是在进行社会主义现代化建设，因而制度和人都要具有现代化的能力，才能适应。为避免执行力的任意性，必须用制度来规范，制约，因而制度是保证。

我国现代经济林产业体系制度建设，其内涵包括：林地使用制度、栽培经营制度、

技术规范制度、产业体系制度、绿色产品生产制度、投资融资制度、商品销售制度、基地管理制度、企业管理制度、人事管理制度、利益分配制度。

二、政府政策和资金扶持

（一）法治现代经济林产业

2014 年 10 月 23 日，党的十八届三中全会《中共中央关于全面深化改革若干重大问题的决定》是为中国梦的实现树起的法治航标，也是一份有着具体实现路径、具体执行举措的法治中国“施工蓝图”。《决定》提出了 180 多项对依法治国具有重要意义的改革举措。其中三项举措与环保、农林业直接有关的“建立健全自然资源产权法律制度”“完善国土空间开发保护方面的法律制度”“制定完善生态补偿和环境保护等法律。”其中还有一项“实现立法和改革决策相衔接，做到重大改革于法有据”。为我们制定有关林业法规和政策具有重要的指导意义。

《决定》明确有权威地指出：“用严格的法律制度保护生态环境，加快建立有效约束开发行为和促进绿色发展、循环发展、低碳发展的生态文明法律制度，强化生产者环境保护的法律责任，大幅度提高违法成本。”

《决定》指出，全面推进依法治国，总目标是建设中国特色社会主义法制体系，建设社会主义法治国家。林业三大体系建设要用严格的法律制度来保护。依法治林，依法护林，使生态林业和民生林业在法制的保护下健康发展。

《森林法》是林业部门的大法，实施多年，也讨论多年，要修改，现应根据《决定》精神进行修改，要建立健全保护森林，保护林地严格的法律。森林是生态环境保护的航母。林业涉及第一、二、三产业，仅有一部《森林法》是不够的，现划出的林业各类红线，也要法律保护，也要有自己完善的法律体系。

（二）完善林业优惠政策

我国历来将“三农”列为工作重中之重，因为“三农”关系到国家全局，在丘陵山区经济林产业化体系建设，有力地推进社会主义新农村，促进全国的小康建设。

由于现代经济林产业既是民生林业，又是生态林业，也是创汇林业，更是生态文化林业，具多功能性。因而它历来受到党和国家重视，制定了一系列优惠政策。1960 年和 1963 年召开二次全国油桐会。2008 年召开了全国油茶会议。为一个树种的生产专门召开全国性会议，在林业中唯此二树种。

2009 年“中央 1 号文件”中的第六条发展油茶木本油料产业，在中央文件中是首次。

政策和投资必须要有从中央到地方各级政府扶持。对经济林产业化体系建设要有政策上的倾斜和资金上的扶持。如用地、设备购置。税收、交通、投资、林业良种补贴启动。贴息贷款等，拉动多渠道投资。

我国现代总体上以工促农，以城带乡，中央财政逐年加大对“三农”的投资力度。除中央财政“三农”资金外，还可以争取发改委、农发办、林业等多方资金。同时可以吸收民间资金。

名特优经济林产品加工和储藏等专用机械设备的应用，可以获得国家补贴。

第二节　人才支撑

国以才立，政以才治，业以才兴。现在世界上在科技、经济、军事的竞争，根本在人才，是人才竞争。

一、我国历来重视人才及其培养

党中央、国务院历来十分重视人才队伍建设。武汉工程大学原副校长桂昭明介绍说：近年来，我国围绕科技人才培养、人才引进、人才激励、人才评价等环节，不断完善政策措施，初步形成了完整的科技人才政策体系。

2001—2003 年，国家专门出台了《2002—2005 年全国人才队伍建设规划纲要》和《中共中央、国务院关于进一步加强人才工作的决定》等文件，突出了科技人才队伍建设的重要性。

2003 年，科技部、教育部、中科院等制定《科学技术评价办法（试行）》，提出以优秀人才脱颖而出为导向评价研发人员。

2006 年颁布实施的《国家科技发展中长期规划（2006—2020 年）》明确指出，要把创造良好环境和条件，培养和凝聚各类科技人才特别是优秀拔尖人才，作为科技工作的首要任务。

中央组织部会同有关部门制定《关于贯彻落实“十一五”规划纲要，加强人才队伍建设的实施意见》，研究制定了加强国防科技高层次人才队伍建设、鼓励高校毕业生面向基层就业、加强高技能人才工作、加强农村实用人才队伍建设和农村人力资源开发等一系列政策措施。

在此期间，中央制定下发《关于进一步加强西部地区人才队伍建设的意见》。中央制定下发《贯彻落实中央关于振兴东北地区等老工业基地战略，进一步加强东北地区人才队伍建设的实施意见》，人才规模扩大。截至2008年年底，1.14亿人，其中，科技人力资源总量达到4 600万人，居世界第一；研发人员总量超过196.5万人年，居世界第二。从规模看，我国已经是世界人力资源大国。

在“百人计划”“国家杰出青年基金”等高层次国家人才工程的推动下，在“863”“973”以及科技攻关计划等国家重大科研项目的支持下，一批承担项目的科技人才迅速成长。

党中央、国务院于2010年5月25—26日在北京，召开了全国人才工作会议。胡锦涛同志在会上发表重要讲话，强调切实做好人才工作，加快建设人才强国，是推动经济社会又好又快发展、实现全面建设小康社会奋斗目标的重要保证，确立我国人才竞争比较优势、增强国家核心竞争力的战略选择，是坚持以人为本、促进人的全面发展的重要途径，是提高党的执政能力、保持和发展党的先进性的重要支撑。

习近平同志在总结讲话中指出，这次全国人才工作会议是我国社会主义现代化建设在新的起点上向前迈进、人才工作面临新形势新任务的大背景下召开的一次重要会议。与会同志认真学习了《国家中长期人才发展规划纲要》，交流了做好人才工作的经验。习近平在讲话中明确说，要深刻认识、自觉遵循人才成长规律，注重把握客观性、避免片面性，切实提高人才工作科学化水平。要坚持重在使用，用当适任、用当其时、用当尽才，充分发挥各类人才的作用；要营造尊重人才、见贤思齐的社会环境，鼓励创新、容许失误的工作环境，待遇适当，无后顾之忧的生活环境，公开平等、竞争择优的制度环境，促使优秀人才脱颖而出；要坚持和完善党管人才原则，切实改进党管人才方法，真正做到解放人才、发展人才、用好用活人才。各地区各部门要迅速行动起来，科学制定当前和今后一个时期人才发展规划和具体措施，抓紧实施重大人才政策和人才工程，为人才成长和发挥作用创造良好环境。

二、《纲要》解读

中共中央、国务院2010年6月6日印发了《国家中长期人才发展规划纲要（2010—2020年）》（以下简称《纲要》），并发出通知，要求各地区各部门结合实际认真贯彻执行。

通知指出，《纲要》是我国第一个中长期人才发展规划，是今后一个时期全国人才工作的指导性文件。制定实施《人才规划纲要》是贯彻落实科学发展观、更好实施人才强国战略的重大举措，是在激烈的国际竞争中赢得主动的战略选择，对于加快经济发展方式转变、实现全面建设小康社会奋斗目标具有重大意义。

《纲要》对“人才”做了准确的界定：“人才是指具有一定的专业知识或专门技能，进行创造性劳动并对社会作出贡献的人，是人力资源中能力和素质较高的劳动者。人才是我国经济社会发展的第一资源。”

《纲要》对当今世纪人才的重要意义做了全面准确的阐述：“在人类社会发展进程中，人才是社会文明进步、人民富裕幸福、国家繁荣昌盛的重要推动力量。当今世界正处在大发展大变革大调整时期。世界多极化、经济全球化深入发展，科技进步日新月异，知识经济方兴未艾。加快人才发展是在激烈的国际竞争中赢得主动的重大战略选择。我国正处在改革发展的关键阶段，深入贯彻落实科学发展观，全面推进经济建设、政治建设、文化建设、社会建设以及生态文明建设，推动工业化、信息化、城镇化、市场化、国际化深入发展，全面建设小康社会，实现中华民族伟大复兴，必须大力提高国民素质。在继续发挥我国人力资源优势的同时，加快形成我国人才竞争比较优势，逐步实现由人力资源大国向人才强国的转变。”

《纲要》提出了到2020年我国人才发展的总体目标，即培养和造就规模宏大、结构优化、布局合理、素质优良的人才队伍，确立国家人才竞争比较优势，进入世界人才强国行列，为在本世纪中叶基本实现社会主义现代化奠定人才基础。表8-1围绕这一目标，《纲要》提出了“服务发展、人才优先、以用为本、创新机制、高端引领、整体开发”的人才发展指导方针，明确了人才队伍建设的主要任务：一是突出培养造就创新型科技人才，努力造就一批世界水平的科学家、科技领军人才、工程师和高水平创新团队，注重培养一线创新人才和青年科技人才；二是大力开发经济社会发展重点领域急需紧缺专门人才，为发展现代产业体系和构建社会主义和谐社会提供人才智力支持；三是统筹推进党政人才、企业经营管理人才、专业技术人才、高技能人才、农村实用人才、社会工作人才等各类人才队伍建设，培养造就数以亿计的各类人才，数以千万计的专门人才和一大批拔尖创新人才。

表8-1　人才要求分类目标

指标	2008年	2015年	2020年
人才资源总量（万人）	11 385	15 625	18 025
每万劳动力中研发人员（人年/万人）	24.8	33	43
高技能人才占技能劳动者比例（%）	24.4	27	28
主要劳动年龄人口受过高等教育的比例（%）	9.2	15	20
人力资本投资占国内生产总值比例（%）	10.75	13	15
人才贡献率（%）	18.9	32	35

注：人才贡献率数据为区间年均值，其中2008年数据为1978—2008年的平均值，2015年数据为2008—2015年的平均值，2020年数据为2008—2020年的平均值。

据《光明日报》记者2016年4月21日从中国科学技术协会了解到,《中国科技人力资源发展研究报告(2014)——科技人力资源与政策变迁》近日由中国科学技术出版社正式出版发行。报告指出,截至2014年年底,我国科技人力资源总量约为8 114万人,仍然保持世界科技人力资源第一大国的地位。

作为中国科协高端科技创新智库的重要成果之一,该报告对截至2014年年底我国人力资源的总量、结构、流动等进行了定量化描述,对新中国成立以来我国科技人力资源政策的演进历程及经验得失进行较为系统的梳理,国外科技人力资源引进开发使用的有效政策工具和具体举措作了重点介绍。

报告指出,从2014年我国科技人力资源的年龄结构来看,29岁以下的科技工作者是我国现在科技人力资源的主体;从学科结构来看,2012—2014年理工农医类科技人力资源,在本科层次和研究生层次新增人员占新增总量的比例分别为93%和59%,其中工科人员数量最多;从学历结构看,截至2014年我国博士、硕士、本科、专科科技人力资源所占比例分别为0.8%、4.7%、37%和57.5%。从2012—2014年,我国累计新增科技人力资源数量为1 409万人,其中本科及以上学历层次科技人力资源数量已经超过专科,一定程度上表明我国科技人力资源的质量正在逐步优化。

《纲要》将人才分为六大类。

(一)党政人才队伍

发展目标:按照加强党的执政能力建设和先进性建设的要求,以提高领导水平和执政能力为核心,以中高级领导干部为重点,造就一批善于治国理政的领导人才,建设一支政治坚定、勇于创新、勤政廉洁、求真务实、奋发有为、善于推动科学发展的高素质党政人才队伍。到2020年,具有大学本科及以上学历的干部占党政干部队伍的85%,专业化水平明显提高,结构更加合理,总量从严控制。

(二)企业经营管理人才队伍

发展目标:适应产业结构优化升级和实施“走出去”战略的需要,以提高现代经营管理水平和企业国际竞争力为核心,以战略企业家和职业经理人为重点,加快推进企业经营管理人才职业化、市场化、专业化和国际化,培养造就一大批具有全球战略眼光、市场开拓精神、管理创新能力和社会责任感的优秀企业家和一支高水平的企业经营管理人才队伍。到2015年,企业经营管理人才总量达到3 500万人。到2020年,企业经营管理人才总量达到4 200万人,培养造就100名左右能够引领中国企业跻身世界500强的战略企业家;国有及国有控股企业国际化人才总量达到4万人左右;国有企业领导人员通过竞争性方式选聘比例达到50%。

（三）专业技术人才队伍

发展目标：适应社会主义现代化建设的需要，以提高专业水平和创新能力为核心，以高层次人才和紧缺人才为重点，打造一支宏大的高素质专业技术人才队伍。到 2015 年，专业技术人才总量达到 6 800万人。到 2020 年，专业技术人才总量达到 7 500万人，占从业人员的 10%左右，高级、中级、初级专业技术人才比例为 10∶40∶50。

（四）高技能人才队伍

发展目标：适应走新型工业化道路和产业结构优化升级的要求，以提升职业素质和职业技能为核心，以技师和高级技师为重点，形成一支门类齐全、技艺精湛的高技能人才队伍。到 2015 年，高技能人才总量达到 3 400万人。到 2020 年，高技能人才总量达到 3 900万人，其中技师、高级技师达到 1 000万人左右。

（五）农村实用人才队伍

发展目标：围绕社会主义新农村建设，以提高科技素质、职业技能和经营能力为核心，以农村实用人才带头人和农村生产经营型人才为重点，着力打造服务农村经济社会发展、数量充足的农村实用人才队伍。到 2015 年，农村实用人才总量达到 1 300万人。到 2020 年，农村实用人才总量达到 1 800万人，平均受教育年限达到 10.2 年，每个行政村主要特色产业至少有 1~2 名示范带动能力强的带头人。

（六）社会工作人才队伍

发展目标：适应构建社会主义和谐社会的需要，以人才培养和岗位开发为基础，以中高级社会工作人才为重点，培养造就一支职业化、专业化的社会工作人才队伍。到 2015 年，社会工作人才总量达到 200 万人。到 2020 年，社会工作人才总量达到 300万人。

有专家就《纲要》人才培养体制，进行了解读。体制机制建设是事关人才工作长远的根本性建设，考虑到当前人才工作和人才队伍建设中存在一些突出问题亟待解决，又单独提出了十大政策，力求以政策突破来解决好这些问题，并渐次推动体制机制创新，营造人才发展的良好环境。在制定这些政策时，注意了针对性和导向性。一是针对当前人才发展投入不足的问题，提出实施促进人才投资优先保证的财税金融政策；二是针对我国创新人才尤其是领军人才严重不足的问题，提出实施产学研合作培养创新人才政策；三是针对城乡、区域人才分布不合理的问题，提出实施引导人才向农村基层和艰苦边远地区流动的政策；四是针对科技人才成果转化率低的问题，提出实施人才创业扶持政策；五是针对学术界和科技界因行政化、“官本位”导致学术浮躁、大成果少的问题，提出实施有利于科技人员潜心研究和创新的政策；六是针对人才流动渠道不畅的问题，提出实施推进党政人才、企业经营管理人才、专业技术人才合理流动的政策；七是针对我国人才国际竞争力不强的问题，提出实施更加开放的人才政策；八是针对非公有制经济组织和新社会组织人才队伍建设需要重视和加强的问题，提出实施鼓励非公有制经济组织、新社会组织人才发展的政策；九是针对人才服务体系不健全的问题，提出实施促进人才发展的公共服务政策；十是针对人才合法权益保障不够的问题，提出实施知识产权保护政策。

有专家就《纲要》十二项重大人才工程，进行了解读。实施人才工程是做好人才工作的重要抓手，也是被实践证明的成功经验。按照引领性、创新性、示范性的原则和少而精的要求，《人才规划》设计了 12 项重大人才工程。工程的立项和设计主要考虑三个因素。一是既全面覆盖又突出重点。这 12 项人才工程覆盖了人才发展的方方面面，包括专业技术人才、企业经营管理人才、高技能人才、农村实用人才等各支人才队伍，包括人才培养、吸引、使用等各个环节。同时，突出高层次人才队伍建设这个战略重点，围绕创新型国家建设，设计了创新人才推进计划、海外高层次人才引进计划、青年英才开发计划等。二是既注重创新又注意衔接。这 12 项重大人才工程绝大多数都是新设计的项目，在设计这些项目时，注意了与原有项目的衔接；有的是已实施的项目，对这些项目都注意在现有基础上作进一步延伸和拓展。例如专业技术人才知识更新工程，在全面提高这些专业技术人才整体水平的基础上，重点要提升装备制造、信息、生物技术、新材料、生态环境保护、能源资源、防灾减灾、社会工作等经济社会发展重点领域专业技术人才的能力水平。三是既强调引领性又强调示范性。这 12 项人才工程是由国家层面组织实施的，引领性带动性都很强，工程实施后能够引领和带动相关领域人才发展。同时，又强调要把这 12 项人才工程做成“示范工程”和“样板工程”，推动地方和部门制定本地本系统人才工程，充分发挥各个方面的积极性，加快我国人才队伍建设。

党的“十八大”以来，习近平总书记对人才工作提出了一系列重要论述，提出“没有一支宏大的高素质人才队伍，全面建成小康社会的奋斗目标和中华民族伟大复兴的中国梦就难以顺利实现”的重要论断，为我国在新国际国内形势下人才培养工作提出了新要求。习近平总书记强调：智力资源是一个国家、一个民族最宝贵的资源。我们进行治国理政，必须善于集中各方面智慧、凝聚最广泛力量。改革发展任务越是艰巨繁重，越需要强大的智力支持。党的“十八大”以来，习近平总书记多次深情阐述中国梦，指出中国梦就是要实现中华民族伟大复兴，就是要实现国家富强、民族振兴、人民幸福。实现中国梦，关键在人才。人才资本是现代经济增长和社会进步的第一推动力。

目前，中国作为世界第二大经济体，已经由“战略机遇期”逐渐转向“深化改革期”，国家治理体系和治理能力现代化已经被提上战略议程。在全面深化改革的进程中，人才更加凸显其重要。

人才兴，百业兴。树立强烈的人才意识，以爱才之心、识才之智、容才之量、用才之艺，广开进贤之路、广纳天下英才，才能有效为实现“中国梦”提供强有力的人才智力支撑。《中国中长期人才发展规划纲要（2010—2020年）》指出，要“鼓励和支持人人都作贡献、人人都能成才、行行出状元”。

2016年3月，中央发布《关于深化人才发展体制机制改革的意见》，对人才管理、培养、评价、流动和创新创业激励等人才发展体制机制改革提出创新要求。2016年5月6日，贯彻实施《意见》的座谈会在北京召开，习近平总书记作出重要批示，指出“要着力破除体制机制障碍，向用人主体放权，为人才松绑，让人才创新创造活力充分迸发，使各方面人才各得其所、尽展其长”。

中央《关于深化人才发展体制机制改革的意见》提出，要“构建科学规范、开放包容、运行高效的人才发展治理体系”。治理和管理的本质区别在于转变政府职能，充分发挥相关多元主体的积极作用。构建现代化的人才发展治理体系，需要改革一直以来由政府主导的人才管理体制，发挥各类人才、用人单位和相关组织在人才发展治理中的应有作用。只要是在法律允许的范围内，用人主体在人才引进、评价、使用、激励等方面的自主权都应该得到充分的尊重，政府部门不再干预具体的人才管理过程。同时，还要大力扶持行业协会、专业学会等社会组织发展，提升其在人才评价等人才工作方面的权威性和积极性，发挥市场机制在人才资源配置方面的决定性作用。

三、林业人才培养

国家林业局2011年印发《全国林业人才发展“十二五”规划》，规划确定“十二五”林业人才发展目标是：到2015年，林业系统人才队伍总量增长到90.5万人，其中，专业技术人才达到40.5万人，高技能人才达到20.5万人。本科以上学历的人才达到31.3万人，占整个人才队伍的34.6%，高级职称人才达到3.8万人，占专业技术人才队伍的9.4%。林业高层次创新型科技人才培养取得重要突破，急需紧缺骨干人才和高技能人才培养取得明显成效，西部地区和基层单位人才培养队伍建设得到改善，重点领域人才数量进一步增加。创新人才培养、引港、评价和激励机制，健全人才培养使用引进制度，形成人才辈出、人尽其才的环境，各类人才在现代林业建设中的重要作用得到更加有效的发挥。

《规划》明确，“十二五”全国林业人才发展以服务发展、人才优先，以用为本、激发活力，突出重点、高端引领，分类指导、分项实施为原则。主要任务是加强重点人才培养，突出培养高层次创新型科技人才，大力开发急需紧缺骨干人才；统筹推进党政人才队伍，专业技术人才队伍、产业经营管理人才队伍、高技能人才队伍、基层实践人才队伍等各类人才队伍建设。

根据《规划》，“十二五”将重点打造林业科技领军人才工程、急需紧缺骨干人才培养引进工程、青年英才培育工程、专业技术人才知识更新工程、高技能人才与基层实用人才开发工程、西部地区和基层一线人才援助工程六大林业人才发展重点工程。

其中，林业科技领军人才工程将培养30个重点领域国家林业科技创新团队，20名在国内外具有显著影响力的领军人才，100名引领林业行业学术技术发展的带头人；急需紧缺骨干人才培养引进工程将培养开发急需紧缺骨干人才2.3万人；青年英才培育工程将选拔并重点扶持100名百千万人才工程省部级人才，通过支持攻读林业专业硕士学位培养400名基层一线骨干，继续实施林业青年科技奖项目，选拔培养60名40岁以下的优秀青年科技人才；专业技术人才知识更新工程将围绕生物技术与良种培育、森林与气候变化生态系统修复、森林防灾减灾、有害生物防治、生物能源和生物材料、野生动植物保护与自然保护区建设、湿地保护管理、林地流转等重要内容大规模开展继续教育，培训15万人次。高技能人才与基层实用人才开发将建设4个国家级高技能人才培养示范基地，培养高技能人才3.5万人，培训基层实用人才60万人次。西部地区和基层一线人才援助工程将每年培训西部林业人才500人次，每年选派100名优秀专业技术人才到西部地区挂职锻炼或提供服务，继续开展博士服务团、西部之光、对口支援、少数民族科技骨干特培工作，组织实施科技下乡、科技普及、科技示范行动，派遣林业科技特派员。

在基本完成“十二五”林业人才规划的基础上，提出了“十三五”林业人才培养，是为适应创新人才的要求，国家林业局提出，以人为本，加强人才队伍建设。

造就科技领军人才。加大“林业高端科技人才引进计划”实施力度，充分利用“千人计划”等人才引进平台，引进海内外优秀人才。组织开展科技领军人才选拔培养工作，通过承担重大项目、国际组织任职等途径，造就一批具有国际竞争力的林业科技领军人才。设立青年科技人才培养专项基金，加速青年科技骨干培养。

建设协同创新团队。加强林业学科体系建设，优化学科布局，培育学科群创新团队。以国家科技计划为依托，优化资源配置，建设跨学科、跨领域、优势互补、结构合理的协同团队。强化创新链与产业链的对接，鼓励科研院所、高校和企业联合建立产学研结合的技术创新团队。

培养基层实用人才。面向基层林业生产、管理和服务需求，培养多层次、复合型的技术人才。加强基层推广站、林业站队伍建设，建立培训长效机制，广泛开展基层技术人员培训。强大对国有林场、专业合作组织、涉林企业从业人员和林农的专业技能培训力度，培养和造就扎根生产一线的森林能工巧匠、技术能手和乡土专家。

2016年9月23日，在全国林业科技创大会上，国家林业局提出，要强化队伍建设，努力培养一批国际一流的科技拔尖人才和领军人物，建设一支合理、业务素质高、爱岗敬业的林业科技创新队伍；要创新体制机制，围绕调动科研工作者积极性，优化林业科技管理机制，完美科技评价机制，强化协同创新机制，全面激发广大林业科技工作者的创新热情，为加快推进林业科技创新营造良好环境。

四、经济林学科专业人才培养的构思

（一）概　述

人才是要培养的，不能自生自灭，古今中外皆然。人才培养是有共性的。

人才兴则民族兴，人才强则国家强。历史和现实表明，人才是社会文明进步、人民富裕幸福、国家繁荣昌盛的重要推动力量，是我国经济社会发展的第一资源。当前，世情、国情正在发生深刻变化，人才发展面临新形势新任务新挑战：世界正处于大发展大变革大调整时期，世界多极化、经济全球化深入发展，科技进步日新月异，知识经济方兴未艾，人才已经成为一个国家的核心竞争力。我国进入到改革发展的关键阶段，深入落实科学发展观，全面推进经济建设、政治建设、文化建设、社会建设以及生态文明建设，推动工业化、信息化、城镇化、市场化、国际化深入发展，加快转变经济发展方式，全面建设小康社会，必须加快推进人才队伍建设，逐步实现我国由人力资源大国向人才强国的转变。

中华民族历来具有尚贤爱才的优良传统。

现在，世界发生了很大的变化，由过去两极称霸的世界，演变成多极世界。当前，世界人民共同的愿望是和平与发展，世界大战最少在近期是打不起来，有一个相对和平的国际大环境。而一场世界范围内的经济大战却在激烈地进行着，支持着这场大战的是科学技术，因而有人直接明了地说是一场科技战。谁在这场战争中失去主动，谁就落后甚至沉沦。在人类社会进步的历史上，从18世纪发生在英国的工业革命开始算起，总共发生过三次工业产业革命，科学技术作为历史有力杠杆将人类社会推进至今天的高度物质文明。从20世纪50年代开始至80年代结束的以电子计算为标志的第三次产业革命，中国得益于改革开放，抓住了这场革命的尾巴及其余波的影响，对促进我国科学技术的进步与发展仍有积极作用。进入90年代开始酝酿的第四次产业革将于

21世纪开始。第四次产业革命虽然不从中国开始，但我们要抓住机遇，做好思想和行动上的准备，积极参与，并要做出自己应有的贡献。早在1988年邓小平就曾说："现在世界的发展，特别是高科技领域的发展，一日千里，中国不能落后，必须始终占有一席之地。这条线不能断，要不然我国很难赶上世界的发展。"我们不能落后，要做好准备，参与第三次工业产业革命，其中最根本的准备是人才的准备。而现在与发达国家的差距，根本的差距正好是人才的差距、教育的差距。世界性的经济和科技竞争，实质上是人才的竞争。未来学家们预言，谁拥有21世纪的人才，谁就拥有21世纪。因此，经济林学科要参与21世纪的第四次产业革命，跻身于高科技之林，最重要的也是最关键的策略措施是加速培养一支具有良好政治和业务素质的各种层次的青年科技队伍。高科技产业有一个特点，要靠自己的科技专家，拿出创新的高科技成果，才有国际竞争能力，这就意味着产品有市场。正如邓小平说过的那样：人才不断涌现，我们的事业才有希望。

新世纪人才培养除了认识它的重要性外，还要认识它的长期性和艰巨性。我国有一句谚语："十年树木，百年树人"。10年树木则成林、成材，是件好办的事。百年树人并不是说培养一个人要百年，已经超出人现在的自然寿命。正确的理解是指人才培养的长期性、连续性和艰巨性。人类社会进步和发展是连续的，要推动社会的变革、进步与发展，必须要一代人接一代人的不断努力，"愚公移山"。因此，21世纪人才工程是世纪抉择。

人才培养要接地气，了解你所培养群体的需求，有的放矢。

虽然尽管目前绝大多数青年科技人员积极上进，有着为国家富强而奋斗的真诚愿望。但是为了使他们经受住各种考验，有坚定的意志，明确为国为民的目标，更好地工作，当今首先要在青年科技人员中要讲艰苦奋斗，要讲爱国主义，要讲团结协作，提倡奉献精神，使他们树立起正确的人生观和价值观。引导他们自觉地走同实践相结合的成才之路。

青年科技人员最需要什么？了解科技人员最需要什么，才能激发他们的积极性，因为需要是行为的起点，没有需要当然也没有行动。科技人员首先是人，和所有人一样，希望有较好的物质生活条件。但他们还有另外一种需要，是精神需要，表现自我价值的需要。因此，青年科技人员最需要的是提供发挥个人才能的机会与舞台。

2014年10月11日，李克强总理在中欧论坛汉堡峰会第六届会议主旨演讲中提出，把我们的人口红利转为人才红利，更好地实现经济可持续增长、人的全面发展，努力提升经济增长的质量效益。14日，他在莫斯科举行的第三届"开放式创新"国际论坛暨展览会上再次指出，中国的当务之急，将人口红利转化为人才红利，通过转变经济增长方式，争取在本世纪中叶跨入中等发达国家的行列。总理为什么反复突出强调人才红利？这是因为，人才红利的释放，是一个决定未来的大事。

改革开放以来，我们依靠庞大的劳动力大军创造了令世人瞩目的经济奇迹。曾有研究表明，改革开放30年中，我国人均GDP增长中有27%的贡献来自于人口红利。但在我国人均GDP突破6 000美元、跻身中等收入水平国家行列的今天，不仅劳动力成本刚性上升，而且社会老龄化加快，致使廉价而充裕的劳动力供给不断递减，高速发展赖以支撑的人口红利将难以为继。

事实上，人口红利消失并不是坏事，往往是不发达的经济体才有人口红利，发达国家有更多优势的基本上都是人才红利。人口红利主要来源于廉价劳动力的初级制造，人才红利则更多的是依靠专业人才的智慧创造。二者之间的差别就在于人的素质差异。

改革创新是人口红利最好的“挖掘机”。大兴识才爱才敬才用才之风，就是要通过深化改革释放人才红利，打造创新发展的强力引擎。国际先例证实，教育、科技的投入将会从整体上提升劳动者素质，而人才的规模增长及其充分利用，会产生远远超过同样数量简单劳动力投入所获得的经济效益。

“勤劳的双手”使我国获取了巨大的人口红利，但只有“智慧的大脑”才能创造更多的人才红利。目前，我们应有一种紧迫感，用倒逼机制加快从依靠低成本劳动力数量上的人口红利，转向依靠劳动者专业技能和使用效率即质量上的人才红利，在创新驱动中实现产业升级和转型发展。

（二）人才工作的系统性

人才培养是一项艰巨的任务，是系统工程，并且是一个开放系统，涉及社会的方方面面，其中有关社会的方方面面、其中有关社会环境、政策等多种因素是部门不能控制的，只能创造和提供部门能控制的条件，这些条件往往是具体而重要的。

改革开放30多年来，科技人员的政治地位和经济地位有了显著的提高。由于有一个安定团结的政治局面，尊重知识，尊重人才已成为大气候，创造了能专心致志从事各自专业工作的良好外部环境。

人才作为社会存在的个体，从成才到展才，再到尽才，是一个长达几十年的漫长过程。各区域、各组织要想把人才工作做好，必须进行长远规划，系统设计，一步一步加以落实。习近平同志自从担任河北正定县县委书记开始，就对当地的人才工作进行过系统思考。

1990年习近平同志写有一篇《从政杂谈》，在这篇文章里，他专辟一节讲到他在正定工作期间是怎样念“人才经”的。他说，“人才经”可以用知、举、用、待、育五个字来概括：“知”就是识别人才，这个问题包括什么是人才和如何识别人才两个方面；“举”就是荐纳人才，强调尚贤事能，唯才是举，任人唯贤；“用”就是量才授任，用人如用器，用其长，而不强其短；“待”就是尊重人才，尊重人才要尊重他们的个性、创造性，不要压抑和埋没他们的才能；“育”就是培养人才，一要精心扶植，二要严格要求，三要大胆使用。能够在这么早的时候，就提出正定要念“人才经”，而且念得如此系统、完整，反映了他对人才问题的前瞻性与敏感性。

2003 年 12 月 29 日，习近平同志在浙江全省人才工作会议上说：“各级党委、政府必须以科学的人才观指导工作、检验人才工作、不断提高爱才、识才、用才、聚才的水平，大力营造有利于人才脱颖而出的创业氛围。”在这里，他是将爱才、识才、用才、聚才几个环节连续排列的，说明这几个概念之间具有逻辑上的连续性、实施上的系统性，体现出其思维的系统性、辩证性。

（三）人才成长规律

国内有关单位进行了人才成长规律的研究，为人才培养提供借鉴是很有意义的。

我们认真地研究分析了当前国内著名专家成才之路，虽有千差万别，但也不难发现他们之间存有共同的成才规律。首先是刻苦勤奋，对事业的卓著追求。支持这种不怕挫折，勇往向前的力量是来自对国家和人民一颗赤子之心。其次是有卓越的业务才能，掌握本门学科的前沿动态。第三是具有开拓进取的精神，刻意求新的创造力。第四有一定社会环境保证，提供生活、学习、研究和工作的基本的物质条件。从上述四个方面的成才规律中，给我们提供培养人才的启示，要创造培养人才的硬条件，奉献精神的教育也不可少，一个没有远大目标的人是经受不住挫折的。在成才之路上，挫折和失败肯定是会有的。

习近平同志非常重视人才成长、培育、发展的规律性，多次讲到要深入研究这个问题，以利于大量育成人才，为实现伟大的中国梦贡献力量。

2014 年 5 月 22 日，习近平同志出席在上海召开的外国专家座谈会时指出：“要遵循国际人才流动规律，更好发挥企业、高校、科研机构等用人单位的主体作用，使外国人才的专长和中国发展的需要紧密契合，为外国专家施展才能、实现事业梦想提供更加广阔的舞台。”

2014 年 6 月 10 日，在两院院士大会上，习近平同志说：“要按照人才成长规律改进人才培养机制，‘顺木之天，以致其性’，避免急功近利、拔苗助长。”

习近平同志多次强调遵循人才成长规律，说明在他看来，做到这一条，即按照人才规律办事，对于做好人才工作具有极大的重要性。

众所周知，规律所反映的是事物之间的本质联系。无论做什么事情，只有认识规律、运用规律、遵循规律，才容易把事情做好。我们只有逐步认识并掌握了人才成长的规律，才能逐步达到“人成其才，才尽其用”的理想境界。

（四）人才标准和培养目标

人才标准和培养目标，我国自古以来的要求和主张是：德才兼备，以德为先。可算是人才培养和选才模式。

德和才是两个不同的概念。但均以人为本。德是内在的思想信念。贯彻落实社会主义核心价值体系，培育奉献精神。德的外在行为表现在价值观和实践行为取向。一个品德高尚的人，是爱国奉献，正直公道、宽容和谐。次亘古之准则，是具普世性的。

才是泛指一个人创新能力，能否办成事，是对人才的基础要求。国家组成是分层次的，人才服务国家也是分层次。国家是由多部门组成的，其经济运行是分行业的，因行业的不同，对人才的业务和技术要求也是不同的，才的具体内涵真是千差万别，隔行如隔山，人才培养是适应行业需求的。《决议》将国家需求人才归纳分为六大类。

人才主体的才是指具有知识和业务及技能的能力，也是自身的求生手段。伴随着科技技术的进步，提高生产力，推进社会发展，因而才是与时俱进的，因时而变，因事而变，人之才亦应变，才不变则淘汰出局。人才是具有时代性特征的。

任何时代都有其自身的人才问题，而这些问题的解决，也都离不开时代所提供的客观条件。中国当前的人才问题是什么呢？归根到底要倾听中国当代的时代声音。只有立足于时代，才能抓住问题，分析成因，寻找对策，科学解决。习近平同志在分析、论述当代中国所面临的人才问题时，就始终站在时代的高度，发人深省地表述见解。

2013 年 7 月 7 日习近平同志到中国科学院考察。他对那里的领导同志和众多科学家说："科学技术是世界性的、时代性的，发展科学技术必须具有全球视野、把握时代脉搏。当今世界，一些重要的科学问题和关键核心技术已经呈现出革命性突破的先兆。我们必须树立雄心、奋起直追，推动我国科技事业加快发展。"

互联网与大数据是当今世界最为热门的话题。2014 年 2 月 27 日，习近平同志主持召开中央网络安全和信息化领导小组第一次会议，他在讲话中高瞻远瞩地指出："建设网络强国，要把人才资源汇聚起来，建设一支政治强、业务精、作风好的强大队伍。'千军易得，一将难求'，要培养造就世界水平的科学家、网络科技领军人才、卓越工程师、高水平创新团队。"

德和才是二个不同概念，原本是分离的，但因人才的培养和使用需求二者集中在一个人身体现。由德和才二者在一个人身上进行排列组合，以其对社会的利害关系可以划分出 5 种人才类别。人才分布规律是正态曲线，两头小，中间大。

德才兼备者：才能出众的杰出人才者，有创新能力，成为"将"，"帅"者，栋梁之才，在人才群体中是少数，约占 5%，可独当一面，可担当领导重任。

德才一般者：能主动办事，成事，有一定的领导能力和创新能力，在人才群体中占70%，是多数，是单位工作依靠力量。

德胜于才者：老实人，能守成，能按规办事，在人才群体中占10%，适宜文书档案固定工作。

人的天赋，认识，各类素质，由于受先天和后天的影响，形成各种不同类型的人。人才类别在社会主义初级阶段是会一直存在下去。在人才培养和使用，要在实践中培养，量才使用，扬其所长，避其所短，纠其不是。

我国现在与发达国家的差距，根本的差距是人才的差距，教育的差距，世界性的经济和科技竞争，实际上是人才的竞争，谁拥有人才，谁就拥有21世纪。我们发展的战略对策，最关键的是迅速提高全民族的文化科学素质、行为道德素质，加速培养一支具有良好政治和业务素质的科技队伍。国家对中青年科技人员要为他们创造一个宽松的外部环境，给予必要的生活和工作条件，帮助他们学习马列主义，树立正确的人生观和价值观，引导他们自觉地走同实践相结合的成才之路。

国家的经济建设是多门类的，分层次的，因而人才的需要也是分层次的，组成一定的结构，并且每个层次均有各自需要人才的要求和标准。国家经济建设必须依靠科学技术。

为了经济林生产建设和科学发展的需要，要加速各个层次人才的培养，包括初、中、高级人才，以及更高层次的人才，即硕士、博士研究生的培养。

（五）人才培养方法

经济林学科专业是培养应用型现代高级技术人才的。应用型技术人才的培养，无论哪个行业，技术内涵和要求虽千差万别，但在培养要求和方法上也有共性。

1. 指导理论

遵循科学发展观为指导理论。科学发展观贯穿了马克思主义的立场、观点、方法，体现了世界观和方法论的统一。世界观是人们对客观世界的总体看法和根本观点。方法论是人们用什么样的方法来观察客观事物和处理问题的一般方法。它既是人们对发展问题总的看法，又是解决问题总的方法。

在人才教育培养工作的实践中，落实运用科学发展观，就是要实施好人才强国战略。培养人才离不开教育，“百年大计，教育为先”，“优先发展教育，建设人力资源强国”。

以人为本又一个重要含意是以人才为本。人才的培养是一个开放的系统，是一个动态的过程，是一个实践的过程，并且是开放的，不是孤立的，是普遍联系的。人在这个过程中不断接受新事物、新知识、新技术，完善丰富自我。

按照方法论一般方法，理论和实践相结合，在实践中培养，在这里实践蕴含生产实践，科研实践，教学实践，工作实践，四者既有区别又有关联，形成一个整体系统。这样培养结果，被培养者，懂理论，会技术，应知应会，知行合一。专业行业的不同，表现在懂什么理论，会什么技术，是属特殊培养。

2. 全员培养

经济林学科专业的本科生和研究生，以及现在岗教学和行政人中培养对象是不能采取选择舍取，持续的全员培养，直接关系人员稳定。

在人才培养实践中出现的小头拔尖者，无疑是继续培养的重点对象，可以成为知名专家，知名教授。其中又有“将才”和“帅才”之分。可用四条标准来划分。

人的素质是不同的，并不是每个人都能够培养成才的，培养对象一定要选准，我们已经有了失败的教训，总结以往的经验提出下面四个方面的条件。①政治素质好，表现出对社会主义建设具有强烈的责任感和使命感。忧国忧民，热爱祖国，这是中国知识分子的优良传统，一个心中没有国家民族的人，是不能作为培养对象的。②心理素质好，要胸怀广阔，谦虚谨慎，能经受挫折，也能经受荣誉。③业务素质好，对本门业务有较好的基础，掌握学科前沿动态。教学认真负责，效果好，熟练掌握科学研究方法。④能力素质好，学科带头人要有一定的组织领导能力，是帅才。

上面四个方面的条件是选择学科带头人的要求，他要带领一群人共同奋力拼搏，又参战又指挥，是优中选优，百里挑一，没有组织能力，业务再好也当不好学科带头人。学科带头人要在具有硕士、博士学位的青年（45 岁以下）副教授以上的教师中挑选。如果选择确有困难也可选择 55 岁以下的教授作为过渡。将才只要求他做好自身的工作，只要政治素质和业务素质好，容许是“书呆子”“科研迷”。中间大头是大多数，是实际工作主要依靠者。

五、未来技术研究人才培养

2016 年 9 月，中国科学院大学（以下简称“国科大”）宣布，将设立国内首个未来技术学院。中国科学院副院长、国科大校长丁仲礼表示：“中国科学技术的发展已经到了从跟踪模仿到超越引领转变的关键期，而人才培养必须超前于技术研发。我们建立这个学院，就是要为颠覆性、革命性技术研发培养合材人才。”

“没有一项技术是凭空而来的，虽然我们不能准确预言颠覆性技术将发生在哪些领域、是什么技术，便遵循科学和技术的发展路径，大体的预见和准备是可以做到的。”丁仲礼解释，未来技术是指着眼于未来的、目前尚无法跟踪模仿的科学技术、未来技术研究旨在探索人类能够预期或未能预见的，至今仍未被人类实现应用的，只有将来某一时期才被人类所掌握和使用的科学技术，一般具有“原创性、交叉性、颠覆性”

的基本特征。

20世纪80年代国外产生一门新的学科，叫未来学。预测人类社会发展。

科学技术的发展进步，带来产业革命，推动人类社会发展进步。

未来技术研究是非常有意义，要走在世界前列，就必需有预先谋划。

第三节　经济学科专业博士研究生培养教育专题研究

根据笔者10多年对博士研究生培养教育实践积累，反思总结了若干认识，发表系列文章转刊于此，提出来供讨论。

一、博士研究生创新能力培养模式的研究①

21世纪初，中国高等教育已步入大众教育。2004年我国高等教育毛入学率19%，但仍处于世界上第60多位。高考录取率全国平均达60%左右，是改革开放25年来重大成就之一。2005年全国高校招生计划475万人，比上年实际增长8%左右；研究生招生37万人，其中博士研究生招生5.4万人，增长20%。博士研究生招生数量占研究生招生总数的14.5%，占全国本专科和研究生招生总数的0.97%。从中看出博士研究生仍是精英教育，因而要精心组织培养。博士研究生教育是“人才强国”战略的重要组成部分，是为“科教兴国”提供人才支撑，关系着强国兴邦。

（一）论创新

博士研究生教育是国家学历教育中最高层次的教育，是培养各自学科领域高层次的专门人才。他们是科技人才群体中的骨干力量，影响到国家教学科研能力和学术水平的提升，从而直接关系到国际科技实力的竞争。

博士研究生教育应以创新思维和创新能力为中心，这样的人才在实际工作中不仅具有“现在优势”，并且会有“后发优势”。

1. 认识创新

近10多年来，在我国报刊出现的词汇中频率最高的莫过于“创新”了。这也要创新，那也要创新，是将“创新”庸俗化了。究其原因是对“创新”理念认识不明确。

创新应是来自实践。创新是长期实践积累渐变的突变，是思维认知的突破，是突

① 原载：中国林业教育，2008，26（2）：45-48. 收入本书时作了补充。

发性事件。创新是一个过程行为，是有源之长河，绝不是凭空一夜之间完成的。从顿悟出一个新思想的革命火花，至形成创新的系统思维，再上升为新理论或新的技术，就会有更长的过程，甚至是由后人去完成。1865 年，孟德尔第一次提出“遗传因子”；1926 年摩尔根名著《基因论》出版；1953 年克里克和沃森提出 DNA 螺旋结构；从“遗传因子”至 DNA 双螺旋结构，历时 88 年，在不同的国家经过 5 代人包括数百位科学家的共同努力完成的，当然这是属于划时代的理论和技术创新。但可以断窜有实践积累才有突破，有突破才有创新。

创新是人类在与自然斗争实践、生产行为实践、科学活动实践的过程中，不断地积累—突破—创新，螺旋式前进的接力赛，是促进人类社会进步发展的革命力量。根据创新成果的内容和性质，可以分为三类：①创造性创新。创新成果的内容和性质是前人没有的，是全新的，属于新发现、新发明、新理论。如电力、相对论、量子力学等。②否定性创新。创新成果的内容和性质是推翻前人的理论，属否定的否定。如哥白尼的天体运行、达尔文的进化论。③继承性创新。创新成果的内容和性质不仅局限于自身的实践，并继承运用了前人的理论和技术成果的基础上有所发展，有所发现，有所发明的创新。

2. 创新的分类

一是创新是分门别类的，因为经济社会是由一、二、三产业构成的。在一、二、三产业的行业中，又包括数百上千种专业和学科。创新是具体人（人群）的行为，必然归属于某个行业，因而创新成果一般只能限于在某个行业中自己所从事的专业和学科范围之内。随着现代科学技术的进一步发展，在一定的历史时期中分工会更细，跨专业和学科创新是很难的，因为没有实践。因此，客观上就决定了创新的专业性和学科性。据此，专业和学科是创新的一级分类单位。

二是在各专业和学科中根据具体工作范围和性质，可以分为管理、生产、科技、人文和教育五个方面。据此，以管理、生产、科技、人文和教育五方面作为二级分类单位。

在创新二级分类单位中的五个方面，又可分为三个层次：理论创新和技术创新及制度创新。理论创新的成果表现为知识形态的。技术创新是知识物化形态的可操作的技术方法。

在理论创新和技术创新中根据其贡献大小和影响力可分为划时代创新，重大创新，重要创新和一般创新四个等级。据此，建立起二级二层次四等级的创新分类系统，每一项创新均可在这个分类系统中找到自己的位置和作出命名。创新分类系统的建立使创新置化了，并有比较标准。如物理学相对论是划时代的理论创新，物理学电子计算机的发明是划时代的技术创新，农业水稻栽培技术是重要的技术创新。

3. 创新生态

创新生态即是创新必须具备良好的外部环境条件和创新者的自身条件，分述如下。

首先要寻找创新点，寻找在生产实践和科研实践中须要解决的问题，或为事业发展中存在的障碍问题，或是前人遗留下来的问题，或自身研究中必须解决的难题等诸多方面，从中找准创新问题，寻求突破口，有的放矢。其次创新是实践活动，因而必须提供必需的各类设施条件。第三是创新人员要具有良好的业务素质、心理素质和高尚的思想品德，创新也是重要的思维活动，创新者必需学会科学思维方法。会运用系统思维与系统分析方法，充分发挥主观能动性，逐步逼近创新成果，直至完成。第四是造就创新生态良好的氛围，形成创新群体。

在创新过程中导师要及时给予精神上的支持关心，技术方法的帮助，及时归纳总结，指导博士研究生在正确的轨道上前进，直至完成。

最后将创新方法归纳为：实践是创新的源泉，思维是创新的动力，制度是创新的保证，方法是创新的途径。

（二）论培养

博士研究生的教育培养总体要求是以人为本，“传道、授业、解惑”。但应与时俱进，紧跟时代科技进步与经济社会发展的步伐，要体现时代性、超越性与前瞻性。

1. 培养的定位

博士研究生的教育培养应以人为本，以创新思维和创新能力为中心。导师传授给博士研究生的是猎枪，使他具有长久的潜力优势，思维活跃、敏锐。否则博士论文之后，随即会出现“江郎才尽”，可能再也出不了创新成果。

博士研究生培养的定位，即是创新的定位。博士研究生培养计划的制订要体现以人为本，以创新思维和创新能力为中心。但对创新必须要正确定位，定位即是创新达到什么样水平，在创新分类系统中处于什么位置。定位必须求真务实，恰如其分，以一般创新为底线目标，这样博士生们对创新目标可望可及，激发他们的主观能动性，全力攀登。

2. 培养计划及实施

博士研究生创新思维和创新能力的培养目标，是通过培养计划的实施来实现的。培养计划应凸显三条主线，第一条是思想品德素质；第二条是业务理论素质；第三条是实践能力素质，共同组成创新培养网络体系。

（1）思想品德素质培养

思想品德素质的教育培养，是传道，是以爱国敬业为中心的，是博士研究生培养的总纲，是解决如何“做人”的问题。对学生个人思想品德教育是儒家最为重视的，在历代儒家教育中尊列首位。儒家倡导做人，首先要修身养性，真心诚意，而后才能治国平天下。因而“自天子以至于庶人，壹是皆以修身为本”。儒家经典“四书”中《大学》所以排在第一，是“初学入德之门也”，“古之大学所以教人法也”。

中国知识分子有一个优良传统，以国家兴亡为己任，有忧国忧民的忧患意识，不敢一日忘国忧。爱国是每一个中国人做人最根本的准则，敬业是每一个人立身处事的基本要求，我们要立志报效国家，笔者是明确地这样要求博士生的。“人生只有融入国家和民族的伟大事业才能闪闪发光。”杨振宁先生 2004 年在《科学时报》著文说，他的父亲至死都没有原谅他加入美国国籍，临终教诲说“有生应记国恩隆。”2005 年 1 月逝世的 96 岁高龄著名海洋学家曾呈奎院士生前说，要把所学到的知识和技术奉献给自己的祖国和人民。他这样说，也是这样做的，潜心无悔地为祖国海洋事业服务 77 年。

2005 年 1 月 17 日至 18 日在北京召开了全国加强和改进大学生思想政治教育工作会议，胡锦涛同志在会议上发表重要讲话。他在讲话中满怀希望地说，培养造就千千万万具有高尚思想品德和良好道德修养、掌握现代化建设所需要的丰富知识和扎实本领的优秀人才。他接着深怀激情地说，使大学生们能够与时代同步伐、与祖国共命运、与人民齐奋斗。胡锦涛的讲话是代表党和国家对大学生们的希望和要求，同样也是对研究生们的希望和要求，博士生们一定要明确自己肩负着民族的希望、祖国的托付，也应该是所有中华爱国儿女的庄严承诺。

高尚的思想品德是做人的根本，博士研究生思想品德素质教育的实践操作是以思想政治教育为主体，依托马列主义理论课，中心是学习当代中国的马列主义，邓小平理论和“三个代表”重要思想，导师要以自身高尚道德情操的实践行为去积极引导。博士生在学习讨论中要结合思想认识实际，大胆地结合当今社会实际，解决好世界观、人生观和价值观有关问题。博士生应具有高尚的人文素质。坚强的心理素质是不可缺少的，要经受得起挫折，也要经受得起成功。像体育比赛一样，赢得起，输得起。坚强的心理素质来自坚定的为人民事业服务的决心。

思想品德的培养教育贯穿三年学校学习的始终。全国商校思想政治工作会议 2016 年 12 月 7—8 日在北京召开。习近平总书记出席会议并发表重要讲话。习近平总书记指出，思想政治工作从根本上说是做人的工作，必须围绕学生，关照学生、服务学生，不断提高学生思想水平、政治觉悟、道德品质、文化素质上学生成为德才兼备、全面发展的人才。

习近平总书记强调，老师是人类心灵的工程师，承担着神圣使命，传道者自己要明道、信道。高校教师要坚持教育者先受教育、努力成为先进思想的传播者、党执政的坚定支持者，更好担起学生健康成长指导者和引路人的责任。

中央政治局 2016 年 12 月 9 日下午就我国历史上的法治和德治进行第三十七次集体

学习。习近平总书记在主持学习时强调，法律是准绳，任何时候都必须遵循；道德是基石，任何时候都不可忽视。在新的历史条件下，我们要把依法治国基本方略、依法执政基本方式落实好，把法治中国建设好，必须坚持法治国和以德治国相结合，使治治和德治在国家治理中相互补充，相互促进、相得益彰，推进国家治理体系和治理能力现代化。

习近平同志指出，法律是成文的道德，道德是内心的法律。

习近平同志指出，要强化道德对法治的支撑作用。坚持依法治国和德治国相结合。就要重视发挥道德的教化作用，提高全社会文明程度，为全面依法治国创造良好人文环境。要在道德体系中体现法治要求，发挥道德对法治的滋养作用，努力使道德体系同社会主义法律规范相衔接、相协调、相促进。要在道德教育中突出法治内涵，注重培育人们的法律信仰、法治观念、规则意识，引导人们自学履行法定义务、社会责任、规则意识，引导人们自学履行法定义务、社会责任、家庭责任，营造全社会都讲法治、守治的文化环境。

（2）人的现代化

党的十八届三中全会的《决定》明确指出："全面深化改革的总目标是完美和发展中国特色社会主义制度，推进国家治理体系和治理能力现代化"。

现代化在中国包涵信息化，工业现代化，城镇化，农业现代，社会主义四化大业。中国现代化是直从古代农业社会，小农经济，农业文明起步的。因而是具有社会转型历史性质的变迁，是飞跃发展巨大进步。因此，必须完成三个层面的提升转型，以适应和推进国家现代化建设。这三个层面是制度层面，器物层面，精神层面。三个层面的转型升级，推进现代化建设，都是由人业完成的，人是第一要素。现代化的人必须具备二个条件，首要的是具备现代化意识，其次掌握现代化科学技术。"形而上为道，形而下为器。"这两条是靠学习培养。

中国现代化社会是逐步实现，富强、民主、文明、和谐；自由、平等、公正、法治；爱国、敬业、诚信、友善。

（3）业务培养

1）业务培养的认知

每一个行业人才培养内涵和目标，均有各自的专业理论与技能教育，经济林专业也如是，并有其自身特色。

中国经济林学科专业教育是1958年在湖南林学院（中南林业科技大学前身）创立伊始，经过五十多年实践发展已经茁壮形成专科—本科—硕士研究生—博士研究生完整的教育体系。中南林业科技大学面向全国肩负着经济林专业四个层次人才的教育培养。

大学本科生教育虽由精英教育，逐步转向大众教育，但教育出来的人才应仍属高层次科技人才。有资料显示 2013—2014 年，开展本专科和高职林科教育的普通高校 242 所，高职院校 119 所，在校学生分别是 5.65 万和 5.2 万人，他们的比例接近 1∶1。开展林科研究生教育院校和科研院校所 157 个，在校学生 1.95 万人。在其中经济林专业学生所占比例很少，不足 0.1%。

随着科学技术的进步，有力地推进现代经济社会发展。20 世纪 70 年代以后同时关注自然、生态环境，和自然资源的保护和建设。进入 21 世纪林业以生态建设为主，大力构建人与自然和谐，推进生态文明建设，建设美丽中国。经济林专业教育也要适应此要求。因此，要创新经济林专业教育新机制，新模式，是时代的要求。

中南林业科技大学林学院创办了研究教学（研究生教育为主）型学院。林学院经过近 60 年的教育科研实践发展，和人才积聚的沉淀，并创立了自己的办学特色，依托森林培育国家重点学科，国家林业局经济林育种实验室，以及国家林业局原确立的经济林特色专业为基础，有实力率先将林学院办成研究教学型学院，创新办学机制，培育林业高端人才。

现代经济林集现代民生林业生产生态产品和生态林业于一身，是本质特色。因此，经济林人才培养也要能完成产业和生态双层任务。经济林采收不砍树，原有林分保持完好，继续发挥保护环境生态效应。现代经济林产业经济效益高，因而有可能在栽培经营管理全过程中，完全能做到精细集约化，无公害，从源头上保证生态产品天然绿色，生态保健食品。其生态产品在贮藏，加工工艺全过程中也能做到无公害，无污染，是市场准入的绿色商品。

2）创新业务知识和技能培养方法

研究生育培养，要坚持一对一，因材施教，这是老话。问题是如何来实施。我们是从四个方面来实施。

一是要改变由导师定培养计划的习惯，改用导师与研究生共商培养计划。研究生来源不同，素质有很大差异，如思想基础，业务技能，实践能力，思维方式等均会有差异，人才培养的实践要求因材施教。

研究生培养计划师生共商。首先要确定培养目标。通过三年攻硕攻博，毕业的时候将成为什么样的人？总体来说是德才兼备，有文化教养的爱国硕士、博士，按这个总方向，结合具体个人实践，理出几条，将会成为一个什么样的人，成为三年的努力方向。

硕士博士教育培养，实施因材施教是通过培养计划来体现的。培养计划有共性，可以有差异，差异就是因材施教。培养计划的差异是通过课程设置来显示的。在课程设置中的选修课，必选课，学位课这三类课均可因人而异，缺什么补什么。

学位论文的研究项目，则可以各个人完全不同。

科研计划的制定要严格考虑主客观条件，要自觉遵守实事求是科学精神，追求真理的奉献精神，执着坚韧的钻研精神，特别是在科研过程中，数据的记录和处理，严谨自律，慎独坚持的治学品德，高尚的人格风范。

教育培养计划师生共商，一项一项的落定。

二是改变导师为主的习惯，以学生为中心。导师要认定学生是主体对象，发挥他们的正能量。根据培养计划，学生的特点和需求，确立教学、实习、实验的内容和方法。

三是改变传统定势，开阔视野，传授创新理念、思维和方法，授之以渔。

四是扬弃传统教学内容，不只讲理论和技术，着重讲授该学科国内外现状、前沿、发展方向及前景。

五是改变教学方法，采用讨论式，启发学生思维，举一反三。

3）业务培养的实施

20 世纪 90 年代改革开放的步伐，教育应超前发展，为经济的高速发展奠定坚实的基础。研究生教育是教育的高层次，更要适应经济、科技和社会发展的需求，在培养教学、科研人才的同时，要大力培养适应经济建设主战场需要的应用性人才，随着时间的推移，后者将是至关重要的。林业学科本身是应用学科，必须有一批高层次的专门人才，这一历史责任就落在研究生教育的肩上了。

经济林专业从 1981 年开始招收经济林专业硕士研究生，我当时就曾认真地思考过，研究生与本科生应该是有差别的，应该比本科生更强，更具优势。那强在什么地方？优势又在哪里？培养模式又是什么？对这些问题的回答，是通过 30 多年研究生教育培养的实践，和从研究生毕业后所在工作单位反馈回来的信息中，在认识上是逐步深化的，在培养计划上是逐步完善的。

研究生的优势，是表现在毕业后无论是分配到科研、教学或生产工作岗位，只需要一个很短时间（半年以内）的适应过程，就能独当一面的开展工作。要达到这一目的，研究生毕业后应掌握三个方面的知识和技能，一是有较深厚的基础理论知识，又一是熟悉科学研方法和程序，再一是掌握专业生产实践技能。我们归纳形成这样一个研究生业务培养模式：研究生业务培养模式=（研究方法+实践技术+工作能力）×基础理论。

基础理论是指导各项具体方法和技能的，否则就不可能深入探求新的规律，不可能有新发现，推动社会进步发展。为使研究生掌握较坚实的基础理论，开设《生态经济林引论》《高级经济林栽培学》《现代科技进展》，根据每届研究生不同硕士论文选题的需要，先后开设《高级植物生理》《种子生理学》《数量遗传学》《高级树木育种学》《土壤地理与土壤分类》等多门课程。

科学研究方法是一个高层次科技人员的基本功。研究生科学研究方法的培养训练，要求掌握一个严密研究方法的全过程。科学研究方法的全过程，包括选题—搜集信息—提出开题报告—编制研究实施方案—组织田间实施—观察调查—实验分析—研究资料汇集—数据统计运算—撰写论文。为了完成这一培养训练任务，在课程的设置上是以《经济林研究法》为头，开设《多元统计分析》《运筹学》《模糊数学》《电子计算机》《仪器分析》《植物显微摄影》《科技信息与科技写作》等多门课。

为了研究生树立科学管理意识，提高工作能力，开设《行业决策与管理》，当然这仅引导入门。为处理好人际关系，开设《公共关系学》。

研究生独立工作能力的培养，主要是通过约 2 年的时间，在导师指导下，参加教学、科研与生产的实践活动来完成。教学工作能力的培养，主要通过先后两次参加指导经济林专业本科生的实验实习、毕业实习、毕业论文的教学实践。

科学研究方法的培养训练，是通过硕士论文的写作来完成的。作者的研究生的硕士论文选题，是结合作者的研究课题，让学生做其中具有独立性又在两年中能出成果的子课题，根据研究方案放手让他独立进行研究工作，作者作阶段性的检查指导。这样不仅提高了硕士论文的质量，使论文达到科研成果水平，至少是接近科研成果。这样做的好处还有：可以利用原有研究资料，试验基地，可以缩短时间，提供方便，有利科研工作的进行。另外还可部分地解决研究生经费不足问题。

研究生一年半的科学研究实践活动，是培养独立工作能力，解决问题和处理问题能力的重要途径。在田间试验中，直接参加生产实践，学会生产技能。通过实验室的内业分析，掌握常规和仪器分析的操作方法。为了研究工作的需要，必须广泛搜集资料，研究生要独立进行生产现场的实地调查研究，有机会接触社会，了解民情，受教育，了解当前的生产实际，看到生产中存在的问题，意识到科学技术是第一生产力的作用。在生产第一线，在劳动群众之中，是最受教育的。

硕士研究生还有一年半的时间，集中力量开始毕业论文的撰写。继续进行科研，围绕论文系统的搜集有关文献资料，要求掌握文献资料 500 篇以上，真正引用文献在 200~300 篇。在导师指导下拟定论文编写大纲。两年一期提出开题报告，并召开评审会。

研究生经过 3 年的政治和业务培养训练，要求他在政治思想，行为品德和专业能力上都得到提高，适应各种岗位工作。毕业后如果分配在教学工作岗位工作上，不仅能独立指导经济林专业本科生的有关实验学习、毕业论文，并且能开设《经济林生态学》《经济林栽培学》《经济研究法》等课程。如果分配在科研单位工作，由于掌握科研方法和程序，能参加科研课题。如果分配在生产单位，能参与组织指导生产实践活动。从部分毕业生现今工作单位信息反馈中，均能胜任各自的工作，其中有的能出色地完成任务。

经济林学科专业博士研究生的培养。1992 年经国务院审评批准，在中南林学院率先授权经济林学科专业设立博士学位，招收博士研究生，同时胡芳名、何方二教授经审评首获该科学专业博士研究生导师。

博士研究生教育是大学中最高学历教育。有一部分博士研究生中是硕士毕业后，连读的。这一部分学生的特点是英语较好，理论基础牢，科研方法较熟悉。

根据博士研究生培养计划要求，设置有关专业课程。《林业和经济林国内外现状、前沿，发展战略》(可简称《战略研究》)、《经济林育种战略》《现代生物技术》《创新思维与实践》《应用生态学》《生态文明概论》《科学思维方法》《经济林栽培讲座》《行为科学》。

博士研究生培养分两段。一年上课；二年生产科研实践，产区调查，撰写毕业论文。

作为研究生的导师，深深地感觉到是党和国家给予育人成才的重托，同时也包含着研究生父母的期望，导师的分量不轻。笔者从研究培养的实践过程中认识到，对研究生不仅仅是业务上的指导培养，还肩负着对他们人生道路的指导，正如韩愈在《师说》中所说的“师者，所以传道、授业、解惑也”。导师自身的学术思想，治学态度，以及道德品质，政治观点都在有形无形地，不知不觉之中影响着研究生，并且影响着他今后成长的道路。因此，导师无论在业务上和政治上都要发挥师表的作用。

师资队伍建设。大学教学质量的高低，及在国内外办学排名，是师资队伍质量决定的，所以建设一支高素质的师资队伍，是办学首要的根本任务，这是世界业内外共识。

笔者所说的人才，是指在自己的岗位上，做出创造性贡献的人。在业务培养方法上总的方针是：立足国内，在教学与科研实践中学习、锻炼，增长知识与才干，加强国际合作与交流，开阔眼界，掌握本学科前沿动态。

经济林是应用学科，对人才要求不是单纯教学型，是教学科研型。

在教学上的培养是通过指导经济林本科专业学生的实验、实习，带领毕业班学生的生产实习、作毕业论文、主讲课程等教学全过程的锻炼，站稳讲台。学科带头人要通过 5 年左右的时间逐步做到能开设三门以上的必修课，其中包括一门主干课程，一门专业基础课。开设两门以上选修课。开始协助指导硕士研究生，逐步过渡到招收研究生。要争取参加或单独编写教材，在教材的编写过程中实际是系统地进行了一次理论学习。

教师参加科学研究是培养的主渠道，科学研究不仅包括科学试验、实验的实践，还包括生产劳动的实践，田间试验设计的施工本身就是生产劳动。实验室分析，田间管理，调查观察都必须付出艰辛的体力劳动。经济林科研成果周期最快的也要 6 年，必须长期坚持，是对人意志的锻炼。我们的试验基地都是在山区的大生产中，在长期的科研实践中，要求他们自觉地理论与实践相结合，与生产劳动相结合，与劳动人民相结合的成才之路。在艰苦的环境中生活工作，锻炼意志，培养务实的作风。

通过科学研究会有新的发现、发明，出文章，出成果。新的科技成果改进和更新了教学方法与教学内容，有力地促进了教学改革。据我们的调查，专业课教师中凡进行了科研的教师，讲课内容丰富，讲授时生动自如，学生欢迎。没有进行科研单纯教学型的教师，上课时不敢离开书本，讲授呆板，实践动手能力也差。所以教师的业务培养是不能离开科学研究的，否则就达不到教学科研型的要求，同时本身的学术地位和知名度也提不高。知名度是依靠文章、成果来达到和完成的。

推荐青年科技专家参加国内和国际学术会议，争取担任各种职务，这是提供表演舞台，了解学科发展趋势动态的机遇，也是提高知名度的机会。

实践能力的培养。实践能力的培养是解惑也是授业，技术学科的博士生一定要掌握实践动手操作能力，否则是半成品。在博士研究生毕业后，随着职称职务的提升，更应放下架子提高动手能力，否则有可能一辈子都是不会动手的半成品，成不了大器。

科学研究是从选题开始、开题报告、课题申请书的填报，直至实施方案的编写。选题和开题报告要明确本课题的前沿和创新在那里，创新的水平有多高，研究课题才会有高新起点，不会跟在人后。根据开题报告提出的创新要求编制实施方案。科研实施过程可分为外业和内业。科研外业，包括田间试验设计及施工，田间管理，观察记录；研究内业，包括实验室的实验分析，分析方法含常规方法和仪器分析方法；计算机数据的统计运算分析；资料数据的汇集，要注意创新材料的汇集提炼，编制学位论文大纲，提出创新点；学位论文的编写，要突出创新点，并明确创新的意义和水平。博士生林业生产技术实践的培养训练，主要是通过田间试设计的实施和田间管理来完成，以及外业生产调查。

科研课题的开题报告是一次文献综述，对自己提出的创新点，进行查新和论证。综述要在 20 000字以上，并提供相关参考文献 120 篇以上，一半以上是近 5 年内的，其中有 30 篇以上是外文参考文献。通过文献书目的查阅，再次认真地读书。并编制出科研实施方案，也同时结合培养计划的中期考核。此项工作应在第三学期完成，才正式转入科研工作。

博士研究生科研课题的来源主要有五个方面：①结合导师科研课题，做其中一子项，有阶段成果。②第二学期申请国家或省自然科学基金。③原来该生已经在研课题。④原来单位课题。⑤第一学期申请林业部门和企业的课题。博士研究生研究课题必须真题真做，真刀真枪，才会有创新成果，并以此来衡量学位论文是否是科研成果，及成果的水平和价值。博士研究生的研究成果除第一个来源的课题外，其他来源的研究课题，导师均不享受成果。

博士研究生科研时间从选题开始，至提交学位论文，大概前后有两年的时间。在这期间要向期刊投送 1~2 篇文稿。

3. 培养模式

博士研究生的培养从以上论述中，经反思可归纳形成如下模式（表 8-2）。

表 8-2 博士研究生创新思维与能力培养模式

	培养目标	学习课程内容	学习方法
思想品德	世界观 人生观 价值观	邓小平理论及“三个代表”重要思想 时事政治学习 社会活动	讲授—阅读—社会实践—设计课程论文
业务理论	森林培育系统理论与技术 人与自然和谐 人类社会可持续发展 运用生物技术培育良种	森林培育高级讲座 应用生态学 良种选育及繁育 生物技术	讲授—阅读 讨论—课程论文
实践能力	会林业生产技术实践操作 独立完成科研任务并能提出创新点 熟悉室内外试验设计并实施 实验室技术和统计运算 学位论文的创新点及其水平与意义	科学思维与科学方法 计算机应用 科技信息	文献书目搜集 资料数据汇集处理 编制学位论文大纲提出创新点 学位论文编写，明确创新点及其水平与意义

一个优秀的博士研究生毕业应达到的标准是：爱国敬业，品德高尚，勤于学习，善于思考，勇于实践，献身祖国。

博士研究生毕业后可以从事教学、科研、生产与管理工作。参加工作后马上可以投入所分配的工作，经 3~5 年的工作实践即可成为该行业的专家，这时的年龄约 32~35 岁，一般可以为祖国连续服务约 30~35 年，或 40 年，或更长。

（三）论质量

关于博士研究生教育培养质量问题目前已普遍受到关注。2005 年 1 月在北京举行的国务院学位委员会第 21 次会议上，陈至立强调，学位与研究生教育当务之急是提高质量。影响博士研究生教育培养质量，主要有以下三个方面的原因。

1. 生源问题

博士研究生教育培养质量高低起决定作用的是生源，生源质量高低基本决定了培养质量的高低。报考博士研究生的生源，可以分为两大类：一类是本人要求深造，学习努力，科研认真，学位论文有不同程度的创新者。他们来自高校、研究院所，基础理论和专业知识较深厚，科研能力较强，并有一定的实践经验。还有是来自生产、管理部门的，他们的优点是实践经验丰富，有一定的行政组织管理能力，思路较开阔。还有是硕士升博的，他们的基础理论和外语较好，但部分实践经验缺乏。这一类约占招生总数的90%。在这一类的群体质量也是参差不齐的，其中有20%左右是最优秀博士人才，学位论文有重要或重大创新，可以成拔尖人才或帅才。这其中最优秀的博士研究生在某些方面或多方面已经超过导师，导师要慧眼识英雄，要承认韩愈所说，“是故弟子不必不如师，师不必贤于弟子”，要鼓励学生超越自己。另有50%左右是优秀人才，学位论文有一般创新或重要创新，可成为科技将才。还有部分学位论文有一般创新，毕业后能胜任工作或成为骨干。

2. 导师问题

博士研究生教育培养均设导师制，实践证明是成功的。导师顾名思义是国家委托全面负责教育培养博士研究生的老师。因此，博士研究生教育培养质量高低，是否成才，导师起关键作用。

谁可以当博士研究生导师？韩愈说：“吾师道也”，“道之所存，师之所存也”。谁有道就可以当导师，“无贵无贱，无长无少”。我国现有博导近万名，总体水平是好的，但也存在水平参差不齐的情况。

有道的导师应是思想品德高尚、为人师表、有深厚的理论基础和丰富的实践经验，了解本学科前沿问题和发展前景，才有可能提出创新方向和突破口，组织博士生协同攻关。有道导师培养之博士研究生多数为优秀生，其中当然也会有少数差生，孔子弟子三千，贤人也仅72。人才培养两头小，中间大，是正态分布。

有一类导师，研究生是结合他的课题完成论文。博士生教育应该做到因材施教，实施个性化教育，培养方向与他的性格兴趣、业务要求、个人发展设想相吻合或基本一致。博士生有一个做学问的好心情，才能充分发挥他的内在潜能，倍加勤奋，勇于追求探索，大胆创新。导师要做到这点很不易。有道之导师也不一定能做到。因为要做到个性化教育，必须要接近学生，与他的思想亲密无间，才能深入了解学生思想、个性、兴趣和要求，做到知人善教。能做到这点，现在只是少数或部分导师。

名师不一定出高徒，严师才能出高徒，要求学习勤奋，学而忘忧，学而忘食，“业精于勤荒于嬉，行成于思毁于随。”古云“教之不严，师之惰也”。

3. 学习与科研生态

博士研究生的教育培养要有一定的学习与科研环境，必要的硬件和软件；导师的知人善教；学生的发奋学习，这是三个必备的条件，这三个条件具备了才能培养出高素质的优秀博士生。这三个条件实际上包含多因素，是动态变化的，其中有业务因素，也有非业务因素，有人与人的因素，也有人与物的因素。他们之间是相互促进，互为因果的，甚至是相互矛盾的，其中导师起主导作用，“解惑”就是不断地进行生态调节，促使和谐发展，出创新成果，将国家利益和个人利益完美地结合在一起，这就是导师效应。“导师效应”就是以导师做人做学问的师表风范，有形无形地不断影响学生，甚至影响他一生的人生道路。故人曰：“爱其子，择师而教之”。

博士研究生导师要不负国家重托，恭身事之。

二、博士研究生教育中构建社会主义核心价值体系①

在博士研究生教育中构建社会主义核心价值体系，它为教育博士研究生树立正确的世界观、人生观、道德观和价值观，提供了理论和方法社会主义核心价值体系是我们党又一个重大的科学理论创新。我们从核心价值体系丰富的内涵中，梳理出七个方面的亮点：主导引领、爱国为民、规范行为、和谐乐观、创新超越、科学精神、海纳百川，作为我学习教育的切入点。实践结果是有成效的。

关于社会主义核心价值体系，胡锦涛同志在党的“十七大”报告中对过去五年“社会主义核心价值体系建设扎实推进”“全社会文明程度进一步提高”，正确的肯定评价。对未来的五年要求“切实把社会主义核心价值体系融入国民教育和精神文明建设全过程，转化为人民的自觉追求。”博士国之精英。博士研究生教育中构建社会主义核心价值体系是国情和时代的要求，刻不容缓。

（一）内涵和意义

党的“十七大”报告中指出“社会主义核心价值体系是社会主义意识形态的本质体现”，这是、准确的定位和本质的概括。社会主义核心价值体系是我们党在马克思主义的意识形态中思想理论建设上又一个重大创新，是建设和谐社会的根本。胡锦涛同志在党的“十七大”报告中精准地规范了社会主义核心价值体系四项内涵：“要巩固马克思主义指导地位，坚持不懈地用马克思主义中国化最新成果武装全党、教育人民，用中国特色社会主义共同理想凝聚力量，用以爱国主义为核心的民族精神和以改革创新为核心的时代精神鼓舞斗志，用社会主义荣辱观引领风尚，巩固全党全国各族人民团结奋斗的共同思想基础。”上述四个方面极其丰富的内涵，是个完整的科学理论体

① 原载：当代教育理论研究（教育类·中文核心期刊）2008，7（4）：1-3. 收入本书时作了补充。

系。可以分别解读为，指导地位是灵魂，凝聚力量是核心，鼓舞斗志是精髓，引领风尚是基础。从中看出它不是单一的价值观，是多层次的各有其含意和理论体系，及各具特色的行为实践要求准则。它们相互联系、相互贯通，构成一个有机的整体，是座丰碑。

我们要认真学习社会主义核心价值体系的重大意义是“全党全国各族人民团结奋斗的共同思想基础。”并且要“巩固”地树立其基础地位。明确果断要求“转化为人民的自觉追求”，它既具有理论性又具有实践性。按此理要求，应贯彻在博士研究生教育的全过程，转化为博士研究生的自觉追求，并且应是终生追求，永无止境。

党的“十八大”报告提出：“社会主义核心价值体系是兴国之魂，决定中国特色社会主义发展方向。要深入开展社会主义核心价值体系学习教育，用社会主义核心价值体系引领社会思潮，凝聚社会共识。”

习近平总书记在主持中共中央政治局第十二次集体学习时强调要“把培育和弘扬社会主义核心价值观作为凝魄聚气、强基固本的基础工程”，深刻阐明了社会主义核心价值观对于我们党、国家和民族的重要地位和重要作用。要确保社会主义核心价值观内化于心，外化于行，真正融入我们的精神世界中。社会主义核心价值观内化于心，是思想真诚认知认同，并按此来践行你的人生价值。

社会主义核心价值观外化于行，是你的价值实践行为取向，是利国利民，还是只顾利己。教育培养中传承弘扬中华传统思想文化。习近平同志在纪念孔子诞辰 2 565周年大会的讲话中强调说，中国优秀传统思想文化体现着中华民族世世代代在生产生活中形成和传承的世界观、人生观、价值观、审美观等，其中最核心的内容已经组成中华民族最基本的文化基因，是中华民族和中国人民在修齐治平、遵时守位、知常达变、开物成务、建功立业过程中逐渐形成的有别于其他民族的独特标识。

（二）践行社会主义核心价值体系

1. 解读

党的“十八大”报告指出：“社会主义核心价值体系是兴国之魂，决定着中国特色社会主义发展方向。”报告指出：“倡导富强、民主、文明、和谐，倡导自由、平等、公正、法治，倡导爱国、敬业、诚信、友善，积极培育和践行社会主义核心价值观。”这一重要论述是我们党的社会主义核心价值建设实践作了重大理论创新。“三个倡导”从国家，社会、公民三个层面上分别回答了建设一个什么样的国家，构建一种什么样的社会，培养一群什么样的公民。

富强、民主、文明、和谐，是国家层面的价值目标，也是我们国家从建成全面小康社会到实现社会主义现代化建设的目标，是全国人民共同理想信念。

儒家是“入世”之学，有非常丰富的治国理政理念。儒家提倡修安民，经邦济世，齐家、治国、平天下，最高理想境界“世界大同”。

自由、平等、公正、法治是社会层面的价值取向，也是我们党要构建社会主义社会的目标。

《中庸》曰：“中也者，天下之大也，和也者，天下之达道也。致中和，天地位焉，成物育焉”。“致中和”是推行中庸之道，实现中和。中是两端执其中，无过又及，恰到好处。只有中，才公正、公平，才有和，不中则不和。中和是和谐，中和方能保持人际，社会、自然各个方面相对平衡，平衡才稳定，稳定才能发展前时。前进中又产生新平衡、亲矛盾，再和合，如此往返前进。

爱国、敬业、诚信、友善是个人层面的价值准则，是培育公民的目标。

爱国忧患意识是中国知识分子的优良传统，是对于国家生存和人民生命的关怀，是对整个人类生存的命运、未来变化的责任和使命意识的表征。家事国事天下事，事事关心。优乐以天下公事为先。忧国忧民之心是责任意识、承担意识。要居安思危，存不忘亡，治不忘乱，才能长治久安。

儒家要求君子服务和谐社会：“博施济众”（《论语·率也》）提倡诚信奉献。“人而无信，不知其可也”（《论语·为政》）。“苟利国家，不求富贵”（《社记·儒行》）。孟子曰：“夫天未欲平治天下也；如欲平治天下，当今之世，舍我其谁也？吾何为不豫哉?”（《孟子·公孙丑下》）。孟子之话表述了他强烈社会责任心，为社会是高兴的事。清代林则徐说：“苟利国家生死以，岂因祸福避趋之”（《赴戍登程口占示家人》）。表述了中国知识分子人文精神重要内涵。君子要有自己的独立人格，“富贵不能淫，贫贱不能移，威武不能屈，此之谓大丈夫”（《孟子·滕文公下》）。在社会人群中人际关系诚信相处，社会自然和谐了，显现出人文精神巨大量。

2. 重在实践

意在提高全民族素质。社会主义核心价值体系的学习教育重在实践，意在推进提高全民族综合素质品位升华。因此，需要把理论上的阐述变为实践上的行动，这样才能让人们真正理解、接受、掌握和运用，成为社会群体认同。

任何社会形态及其在不同的发展阶段都会有自己的核心价值体系。我们在判断一个社会的核心价值体系实行的怎么样时，主要看它的社会成员实践行为选择的价值依据是什么。社会主义核心价值体系能够在实践中，建立起人民共同思想基础的平台，起着规范人们行为，稳定社会秩序，共创和谐，提供精神动力的积极作用，凝结了中华民族的传统美德，展现了改革开放的时代风貌。为了国家社会主义四化大业建设，推进全面建设小康社会，构建社会主义和谐社会，必须要组织千军万马参与奋斗，因而现阶段要在广大人民群众中宣传教育社会主义核心价值体系，普遍地提高人的素质，激励他们参与的自觉性和积极性。博士是国之精英，应该是学习和实践社会主义核心价值体系之模范。

3. 社会主义核心价值体系教育

社会主义核心价值体系是于2006年10月11日，党的十六届六中全会正式明确提出，至2007年10月15日党的“十七大”全面肯定，社会主义核心价值提出至今才一年的时间，在这期间国内报刊发展了很多研究文章，“积极探索用社会主义核心体系引领社会思潮的有效途径”。我们在现阶段的博士研究生教育培养中尚未涉及社会主义核心价值体系有关内容，因而对博士研究生来说是启蒙教育，导师们也涉及不深，因而师生都要努力学习、实践。博士研究生启蒙教育是必不可缺的，现在就立即行动，要从内涵、意义开始，进行系统的学习教育。首先要精读胡锦涛在党的“十七大”报告中“推动社会主义文化大发展大繁荣”。

在博士研究生教育中构建社会主义核心价值体系，目的是要博士生在今后的人生道路上，树立正确的人生观、价值观和价值取向，判定是非得失，提供基本的价值准则和行为规范，引导走上金光大道。

4. 社会主义核心价值体系亮点

特点是反映事物的特殊性，是这事物区别那事依据的表征。社会主义核心价值体系特点，是我们作为对博士研究生教育的切入的亮点，有利联系他们思想和学习科研实际，从大理论讲到小道理，教育有的放矢。实践结果是有成效的。亮点是从学习其丰富内涵的理论大厦中派生梳理出了七个亮点供学习讨论。现分述如下。

（1）主导引领

社会主义核心价值体系，是在中国改革发展关键阶段提出来的，它是以马克思主义为指导的，以中国特色社会主义共同理想为基础，吸引、凝聚全国各族人民共同推进全面建设小康社会。这是社会主义核心价值体系与其他一切价值体系的本质区别，它是反映时代主流，弘扬社会正气，是唯一正确的价值观和价值取向。

中国改革开放，西方各种社会思潮涌入，国内各种社会思潮也会泛起，形成多方、交融的社会思潮新格局。社会主义核心价值体系引领各种价值观的社会思潮，我国尊重差异，包容多样，但必须“有力抵制各种错误和腐朽思想的影响”。博士研究生应旗帜鲜明地倡导核心价值体系的正确的价值理念，将各种社会思潮有目标地严格取舍，整合统一至社会主义核心价值体系之中。

（2）爱国为民

社会主义核心价值体系是以爱国主义为核心的。爱国主义是中华各民族几千年来团结的核心，是战胜一切困难的精神支柱。爱国是为人立身之本，是做人的底线，是不能触犯的高压线。

社会主义核心价值体系是全国各族人民团结奋斗的共同基础。共同基础就是为人民服务的个人价值取向，这也是底线，也是不能触犯的。

爱国和为人民服务都是具体的实践行为。爱国就是立足国内报效祖国。科学是无国界的，但科学家是有祖国的，祖国就是“天”。为人民服务就是要用自己文化科学知识和业务技能服务国内，为全面建设小康社会贡献聪明才智。我们通过社会主义核心价值体系的宣传教育增加全民族的凝聚力和向心力。

为人民服务就个人来说就是将自己融入社会之中，在某一行业或部门的工作岗位上就业，也是谋生手段。在市场经济条件下，社会就业是能力本位的，实行平等、公正的按劳付酬。至2005年全国已毕业博士研究生16.12万人，以后逐年增多。

爱国敬业，服务人民是社会主义核心价值体系人生观、核心价值观内涵要求，否则就背离了它。

（3）规范行为

任何社会形态能够有序稳定，则其社会成员的绝大多数应是行为规范有序，才能构建社会的有序，也是构建和谐社会的社会基础，这是常理。社会主义核心价值体系包含“用社会主义荣辱观引领风尚”。社会道德风尚集中体现了荣辱，是社会风尚的中心，引领社会风尚。知荣辱，讲道德，是国之古训，是当今社会人们的行为规范准则。社会主义核心价值体系是打牢全国人民团结奋斗的思想道德基础。它不仅关系着个人，更是直接关系着社会稳定发展，国家长治久安，博士生们须加以重视。

道德理念和道德行为，是社会主义核心价值体系的价值观和价值取向的表征和准则。人们的世界观、人生观均会最后集中表现在价值观和其价值取向行为。价值观作为人们对事物是否有价值，具有什么价值的根本看法。就个人而言，则是个人的社会价值，对社会会有什么贡献，如何来实现个人价值。实际具体表现在对荣誉、地位、职称、金钱和财物所获得的方法和手段，是否在道德和法纪允许范围之内，是区分好坏、善恶、得失的概念，非不取，是取之有道，是对人们行为约束性规范。据此，社会主义核心价值体系为人们判断是非得失，提供了正确的价值观和价值取向的准则和行为规范。因此，价值观和价值取向是有准则和行为规范的，导师要教育博士生们终身信守。

（4）和谐乐观

和谐的概念。和谐应是指两种或两种以上要素的协调、融合，形矛盾的统一体，表现出暂时的平衡和谐，这是社会主义最核心的价值理念。

社会主义核心价值体系的创立为推进全面建设小康社会，构建社会主义和谐社会理论体系之一。和谐社会的成员必须建立起和谐心态，大众和谐相处，共创和谐社会。

博士研究生在短短的三年中，面临繁重的学习科研任务，要完成高质量的博士学位论文，以及校内外的竞争，承受着较大的心理和精神压力。因此，导师有一个很重要的任务，帮助他培养和谐心态，解除紧张状态，做一个优秀的和谐社会成员。博士研究生养成和谐心态，即是建立起健康乐观，豁达平和，发奋图强，谦让协作，泰然处事之平静心态，从心态紧张的困境中走出来。博士研究生的和谐心态，才能进入高境界的快乐地做人、做事、做学问，天地与我合一。

（5）创新超越

社会主义核心价值体系将改革创新定为时代精神。胡锦涛同志在党的“十七大”报告中将“提高自主创新能力，建设创新型国家”，作为“促进国民经济又好又快发展”的首要条件，定为“国家发展战略的核心”。森林培育学科博士研究生是培养应用型高级人才。导师要培育他们的创新精神，引导他们创新实践。

博士生们现在和工作以后要主动积极地为农村产业调整，现代农业创业建设。在丘陵山区社会主义新农村建设中现代林业产业是支柱产业，切实增加农民收入，产学研结合等多方面做出自己的贡献。

博士生们力争提供自己的创新成果，推进科技成果转化；提供技术服务，推广先进技术、良种，提供市场商品信息服务等许多领域可以大显身手，为建设创新型国家加砖添瓦。

创新就是超越。博士研究生及以后在工作岗位中创新，无论是理论创新和技术创新，都要牢牢记住要尊重时代性、继承性、过程性。

（6）科学精神

社会主义核心价值体系是我们党一个重大的科学理论创新成果，它是坚持中国特色社会主义基本原则的，这个原则始终贯穿了实事求是的科学精神。导师要从核心价值体系中蕴涵的科学精神，教育指导博士研究生学习掌握科学精神。博士是科技队伍中精英，是骨干力量，牢固树立科学精神是基本条件。博士生们要深刻认识到，科学是人们真情地探求未知，造福人类，是真、善、美的结合。科学精神既是精神力量，又是科研实践的指导原则。

对于一个科技人员来说，科学精神最少要包涵五个方面内容：勇于追求探索、信守科学道德、尊重科学伦理、坚持参与实践、辨别真伪科学。

（7）海纳百川

社会主义核心价值体系具有广泛的涵盖性和包容性。它涵盖了国民教育和精神文明建设全过程。它既包容多样，又尊重差异，海纳百川，形成社会思想之共识，将全民的力量凝聚起来，齐心协力共同推进全面建设小康社会。

我们学习社会主义核心价值体系，就是要学习它包容多样，尊重差异，海纳百川之博大之处。科技人员要从中得到启示，要真正成为一位博学之士，决不能有门户之见，要胸若怀谷，海纳百川，吸纳百家学派之精华，在实践中深化，融汇于一身，容乃大焉。

社会主义核心价值体系内涵博大精深，不是学二三次就能学懂的，今后要常学常新，贯彻实践行为之中。它对博士研究教育是多方面的，特别其中构建和谐心体，海纳百川是一生都要牢记的。

导师在对博士研究教育过程中，对自身也是学习受教育，教学相长。

三、博士研究生培养中提升生态文明素质①

党的“十七大”报告提出建设生态文明，是落实科学发展观的新亮点，也是首次写入党代会报告。党中央将建设生态文明纳入中国特色社会主义建设全局的高度，意义重大。生态文明的核心内涵是人与自然和谐。建设生态文明是建设和谐社会的前提条件和基础，林业三大体系建设是建设生态文明的主体。建设生态文明是可持续发展的基石。建设生态文明，首先必须提高全民文明素质。

博士研究生是建设生态文明的践行者，要找准自己的位置，贡献自己全部的聪明才智。2008 年关注森林活动组委会以“发展现代林业，建设生态文明”为主题。生态文明是 2007 年度中国十大学术热点之一。

（一）生态文明的由来

人类社会从一万年前的新石器时候开始，发展至今经历了渔猎文明、原始农业和古代农业文明。16 世在西方开始近代文明。18 世纪 60 年蒸汽机的应用，解决了动力问题，英国工业革命的成功，及其在西方，世界进入现代工业社会。19 世纪开始的以电的应用为标志的现代工业文明现代农业文明，现代高生产力，给人类创造了巨大的特质财富。由于生活消费，自然资源的消耗，工业生产等等，有害物质和气体无限制的排放开始带来环境污染和自然资源枯竭，危害人类生存。

地球很大，但很脆弱。工业革命以来，人类对大自然进行了前所未有的破坏，在生产力空前发展的同时，自然生态系统发生巨大变化，出现森林消失、湿地退化、水土流失、干旱缺水、洪涝灾害频发、全球气候变暖等生态危机。

直至 20 世纪 60 年代末 70 年代初，人类依托现代科学技术开始寻求生态安全之路。

1972 年 6 月，联合国在瑞典斯德哥尔摩召开“人类环献会”发表了《增长的极限》。并由各国签署了“人类环境宣言”，开启了环境保护事业的征程，标志着“生态

① 原载：高校教育研究（中文人文社会科学核心期刊），2008，7：107-108.

环境时代”的开始。

（二）解读生态文明

1. 建设生态文明的重大意义

党的“十七大”报告指出：“建设生态文明，基本形成节约能源和保护生态环境的产业结构、增长方式、消费模式。”要求“主要污染物排放得到有效控制，生态环境质量明显改善”。报告还强调，要使“生态文明观念在全社会牢固树立”。“建设生态文明”，是“在十六大确立全面建设小康社会目标的基础对我国发展提出新的更高要求”。建设生态文明是5条新要求之一，5条新要求是相互整合为一体的，是可持续发展的基石。中国生态文明建设是顺应世界环保发展潮流的，可以有力地维护全球生态安全。

党的“十七大”提出建设生态文明，是用它来全方位地解决好环境、人口、资源与发展协调一致的重大战略决策，从根本上解决经济发展与环保的矛盾，有力地推进中国现代化建设科学发展，将建设生态文明纳入中国特色社会主义建设全局的高度。生态文明与物质文明、精神文明、政治文明共同组建全面建设小康社会，构建社会主义和谐社会的四大文明，“四大文明”是社会文明进步的标志。

生态文明对森林培育博士研究生来说并不生疏。要求从学习中提升至全面建设小康社会的高度来认识，直接关系着中国特色社会主义建设。

“十八大”报告将生态文明建设提到与经济建设、政治建设、文化建设、社会建设并列的位置，形成了中国特色社会主义五位一体的总布局。生态文明建设已经成为执政党治国理政的重要战略组成部分，这在世界政党发展史和执政中还是第一次。也标志着中国特色社会主义理论系更加成熟，中国特色社会主义事业总体布局更加完善，中国特色社会主义道路更加宽厂。这一认识上的重大飞跃、理论上的重大创新、实践上的重大举措，树立了人类建设生态文明的里程碑，开启了中华民族永续发展的新征程，对于推动中国特色社会主义事业、实现中华民族伟大复兴，具有重大的现实意义和深远的历史意义。

生态文明建设提出的重大意义是关系人民福祉、关乎民族未来的长远大计。提出的依据，是“面对资源约束趋紧、环境污染严重、生态系统退化的严峻形势，必须树立尊重自然、顺应自然、保护自然的生态文明态。”生态文明建设的方针是“坚持节资源保护环境的基本国策，坚持节约优生、保护优先、自然恢复为主的方针”。生态文明建设的目标是，“努力建设美丽中国，实现中华民族永续发展”。

随着人们生活质量的不断提升，人们不仅期待安居、乐业、增收，更期待天蓝、地绿、水净；不仅期待殷实富足的幸福生活，更期待山清水秀的美好家园。党的“十八大”，出大力推进生态文明建设，正是为顺应人民群众新期待而作出的战略决策，也为子孙后代永享宜居的生活空间、山清水秀的生态空间提供了科学的世界观和方法观，顺应时代潮流，契合人民期待。

“走向生态文明新时代，建设美丽中国，是实现中华民族伟大复兴中国梦的重要内容；良好生态环境是最公平的公共产品，是最普惠的民生福祉，“要给子孙留下天蓝、地绿、水净的美好家园”。这是我国领导人强烈的民生情怀和责任担当，也为我们指明了生态文明建设方向。

生态文明代表中国在世界高高地举起绿色发展旗帜，是世界上最为宏伟、最为切实的绿色宣言，是中国共产党对于中国人民、世界人民的庄严的生态承诺。

2. 生态文明的科学内涵

生态文明理念。文明是指当时人群和社会开化程度。生态文明是人对待自身生存环境的态度，要求万物相安。

生态文明是在人类社会发展的进程中，经历了原始文明、农业文明、工业文明之后，对工业文明带来生态环境危机负面效应的反思，是人类的生态觉醒，进入全新的文明时代。生态文明的核心内涵是人与自然和谐。

人与自然和谐。人与自然和谐中国古而有训。《中庸》在三十章有说：“万物并育而不相害，道并行而不相悖，小德川流，大德敦化，此天地之所以为大也。”即是说，天下万物各自相安生长，人与自然相互依存，彼此都不加害，是天地之造化。三十二章又说：“立天下之大本，知天地之化育，夫焉有所倚？”在这里，强调了自然规律的客观性，人与自然的和谐性。顺天地之道，是现代生态学的理论基石，是现代生态保护的总要求。

人与自然和谐的最高境界是《易经》主张的“天人合一”。人的一切行为要求“尊重天道”。尊重“天道”即是遵守自然规律，尊重自然界的发展权，也是尊重人类自身发展权。尊重、平等地对待自然界的生命，也是尊重人类自身之生存。我们说平等地对待自然界的生命，是保护自然界生物多样性，保护生态系统的食物链（何方，2007）。

人与自然和谐是落实科学发展观，是经济社会科学发展必备的良好的自然生态环境条件。良好的自然生态环境，是由林业生态建设构建的。博士生们要主动地思考将来如何承担林业生态建设之重任。

3. 生态文明与社会主义和谐社会

建设生态文明是建设社会主义和谐社会的前提条件和基础，和谐社会必须建设在山川秀美的生态环境之中，否则是建不成和谐社会的。因此，建设社会主义和谐社会和建设生态文明必须是同步的。

和谐社会。党的“十七大”报告说：“社会和谐是中国特色社会主义的本质属性。”和谐社会的标准是民主法治、公平正义、诚信友爱、充满活力、安定有序、人与自然和谐相处是核心。

胡锦涛同志在另一次讲话中说：“实现社会和谐，建设美好社会，始终是人类孜孜以求的社会理想，也是包括中国共产党在内的马克思主义政党不懈追求的一个社会理想。”（胡锦涛，2005）古往今来，无论是中国还是外国，人民都在追求和谐社会。

博士研究生要深刻地认识到“和谐社会”思想在中国有数千年悠悠历史，它表达了人民的追求和向往。现在党提出构建社会主义和谐社会，是蕴藏着深厚的社会基础，顺党心、民心（何方，2007）。“构建社会主义和谐社会是贯穿中国社会主义事业全过程的长期历史任务。”博士生们要立志长期以至终身参与建设。

4. 提升生态文明理念

生态文明对森林培育博士研究生可以看成个人的生态文明素质、生态文明教养、生态伦理观念。生态文明素质决定了他对自然生态环境的态度，能否牢固树立生态文明观念，促进经济社会科学发展的关键。森林培育博士研究生应是天然的自觉地深刻认识建设生态文明的重大意义，是中国特色社会主义建设重要的基础内涵。但是，仍然存在着提升生态文明素质的问题，因为生态文明建设伴随着经济社会进步发展，不断提升的，没有止境的。现在社会初级阶段要进行生态文明建设，今后社会进一步发展仍要建设生态文明。

因此，提升生态文明素质是与时俱进的，空间是无限大的。

森林培育博士研究生不仅要正确牢固地树立生态文明理念，应该是建设的践行者，献身生态文明建设。为此，现在开始就要做好思想、业务能力的准备。

（三）林业在建设生态文明的主体作用

1. 林业生态建设

党和国家明确提出“在生态建设中，要赋予林业以首要地位。”是赋予林业光荣而艰巨的光荣任务。森林生态系统是陆地生态系统的主体，是保护自然生态环境的屏障。2000 年中国全面启动了六大林业重点工程，它标志着中国林业以生态建设为主的历史性的大转变，是党和国家重大的战略决策，是中国环保最优化道路，林业生态建设是中国生态环境建设的航母。六大林业重点工程包括天然林保护工程、退耕还林工程、京津风沙治理工程、“三北”及长江流域等防护林体系建设工程、野生动植物保护及自然保护区工程、重点地区速生丰产林建设工程。工程建设范围涵盖了我国 97% 以上的县（市、旗、区）规划造林面积超过 7 334万 hm^2（约 11 亿亩），总投资现已增加至约 9 000亿元。全国现有森林面积 17 491 hm^2，森林覆盖率 18.21%，至 2010 年将提高至 20%。

六大林业重点工程中，关于天然林保护工程。中国天然林面积 1.17 亿 hm^2，占森林总面积的 60%。国家决定从 2000—2010 年投资 962 亿元，实施天然资源保护工程，全面停止长江上游、黄河上中地区天然林的商品性采伐、大幅度调减东北、内蒙古等重点国有林区天然林采伐量。据国家林业局资料，至 2006 年工程实施取得显著成效，累计减少森林资源消耗 4.26 亿 m^3，有效地保护了 9 837.72万 hm^2森林，净增森林蓄积量 4.6 亿 m^3，生物多样性得到有效保护，生态状况明显改善。

关于退耕还林工程。中国是世界上水土流失最严重的国家之一。全国至 2006 年治理水土流失面积近 100 万 km^2，现全国水土流失面积还有 356 万 km^2，占全国总面积 37.1%。中国水土流失主要来源于坡耕地，全国有陡坡耕地 1.3 亿亩。据国家林业局资料。1999—2006 年，25 个省区市及新疆生产建设兵团的 2 279个县旗，1.2 亿农民，累计完成退耕地造林 896 万 hm^2、荒山荒地造林 1 162万 hm^2、封山育林 156 万 hm^2。中央财政计划投资 2 244亿元，至 2006 年已实际投资 1 303亿元。退耕区 3 200万农户受益，每户平均获现金补助 3 500元。农民称退耕还林工程为民心工程、德政工程。为确保退耕农户长远生计得到解决，确保退耕还林成果切实得到巩固，2007 年 8 月国务院决定延长对退耕农户现金和粮食补助一个周期。中央又要新增投入 2 066亿元，使退耕还林总投资达 4 310亿元，相当于 2.4 个三峡工程或 13 条青藏铁路的投资。这项工程彻底地改变了工程区原来“越垦越穷，越穷越垦”情况。退耕还林工程成为世界上单项生态环保之最，是世界上最伟大的林业生态工程。

退耕还林工程实施以来，分布在占国土总面积 82%的工程内，森林覆盖率提高 2 个百分点，有效减轻了水土流失，改善了生态环境。据四川省的测定，全省平均滞留泥沙 0.54 亿 t，增加蓄水 6.84 亿 t，平均每年提供的生态服务值达 134.5 亿元。

退耕还林工程现已完成的造林全面成林后，林木蓄积量将达 10 亿 m^3。据测定，10 亿 m^3的森林可产生氧气 16 亿 t，吸收 CO_2 18 亿 t，这将为缓解全球气候变暖做出新贡献。

关于京津风沙源治理。为确保 2008 年绿色奥运，强化京津风沙源治理。工程区内 75 个县规划治理面积 2 057.35万 hm^2。至 2006 年已治理 612 万 hm^2，禁牧面积 568.4 万 hm^2，生态移民 10.12 万人，投资近 100 亿元，取得明显的生态效益。

经 2000 年全国启动的六大林业重点工程取得了显著的生态效益。据水文部门的观测，11 条大江大河流域土壤流失量减少。其中长江和黄河分别减少土壤流失量 50% 和 30%。

21 世纪开始国家（中央）对林业的投资是建国后最好时机。1949—1999 年国家对林业累计投资 243 亿元，现在 1 年的投资超过以往 50 年累计投资近 1 倍。2003 年国家对林业投资 431 亿元，2004 年增至 442 亿元，2005 年 456 亿元。2006 年 631.03 亿元。

2. 现代林业产业建设

党的“十七大”报告中说：“解决好农业、农村、农民问题，事关全面建设小康社会大局，必须始终作为全党工作重中之重。”2020年要完成全面建设小康社会，其中重点难点是丘陵山区的农村。为建设全面小康社会从实践中寻求到一条在丘陵山区建设社会主义新农村正确之路。现代林业产业建设是丘陵山区建设社会主义新农村的支柱产业，确保农民有稳定的长期经济效益、致富。现全国各地农村都有一批依靠现代林业产业致富的先进典型。

3. 林业生态文化体系建设

生态文化在中国源远流长，有传统可以继承，森林生态文化是自然文化。但要创新，创建生态文明。

国家林业局为做好大力普及生态知识，宣传生态典型，树立生态道德，倡导人与自然和谐的价值观。国家林业局计划完善林业生态文化基础实施，在有代表性的林区、森林公园、自然保护区、湿地、荒漠，建设一批规模适当、独具特色的林业生态文化博物馆、文化馆、科技馆、标本馆，命名一批林业生态文化教育示范基地，为人们了解森林、认识生态、探索自然提供更多更好地场所和条件，为全社会牢固树立生态文明做出新贡献。

林业生态文化内涵丰富，如森林文化、竹文化、花文化、茶文化、松文化、油茶文化、森林旅游文化、森林健康文化、森林食文化、森林饮文化等，等待着我们去发掘。

林业生态建设、林业产业建设、林业生态文化建设合称为林业三大体系建设，林业三大体系是构建生态文明的主体内涵。林业三大体系建设为博士生们提供了展现自身才华的平台，从中实现自身价值人生抱负。

（四）建设生态文明是可持续发展的基石

人与自然和谐是落实科学发展观，是经济社会科学发展必备的自然生态条件。因此，可持续发展必须建立在生态文明这座基石上。可持续发展首先必须要构建人与自然和谐，确保自然环境和自然资源的生态安全，才能保护经济社会和谐可持续发展。

为落实科学发展观，建设生态文明，实施可持续发展战略，党和国家针对我国人均资源短缺，全国生态危机尚未得到全面遏制，在“十一五”规划中提出建设资源节约型、环境友好型社会，大力推行低碳经济、循环经济。博士生们要深刻认识到，生态文明与可持续发展是相互依存，互为因果的，是辩证的，体现了社会建设的价值观。

（五）生态文明与人的文明

建设生态文明首先要全民具有高的文明素质，否则是建不起来的。因此国家实施提高全民素质教育，提高文明程度。为了建设生态文明必须在全民进行社会伦理道德和生态伦理道德宣传教育，让人民大众都认识到不仅在社会人际关系要讲伦理道德，提倡诚信友爱。对待自然资源和生态环境同样也要讲伦理道德，提倡节约自然资源和爱护生态环境，建设生态文明，是人人应承担的道德义务。

伦理是讲社会秩序、道德、仁爱。《伦理学》原本是专门研究社会人际伦理关系的学科。将伦理学应用于研究人与自然的伦理关系，则称《生态伦理学》。自然环境给人类生存提供空间与时间，以及自然物质资源，人类就在其中生存繁衍，生生不息，人的劳动和智慧创造了现今的五彩缤纷的世界。但自然资源蕴藏量是有限的，自然生态环境的容量对人对生物也是有限的。因而人们应按照伦理学要求俭用资源和保护生态环境。古训，“俭以养德，非俭不能相继而有，况天地间所生之物，付之于人，自有分定限量，暴殄狼戾，必为天弃。故当俭以承之，是亦所以敬生天地养人之恩也”（宋诩《宁氏家部》）。宋诩这段话是现代生态伦理学的科学论断。宋诩应是《生态学伦理》之鼻祖。人与自然进入“天地与我并生，而万物与我为一”（《庄子·齐物论》）的高尚境界。博士研究生不仅自身要做遵循《生态伦理学》之模范，并且要肩负宣传、教育之责。

四、博士研究生教育中传承中华传统文化教育①

博士研究生教育首先要认识传统文化，在此基础上，结合博士研究生教育中需要梳理出中华民族精神、中华人文精神、传统文化的现代意义、自我修身四个教育方面。

党的“十七大”报告指出：“中华文化是中华民族生生不息、团结奋进的不竭动力”，是“中华民族共有精神家园”。全国各族人民都要接受中华民族优秀文化传统教育，使其生生不息。高等教育有责任在博士生教育培养中促进传统文化与现代科技相适应，保持其民族性，体现其时代性。我们认为十分有必要补充中华传统文化方面的教育，也是爱国主义教育的基础，是落实党的“十七大”报告精神之一，要使博士生们今后成为有一定传统文化底蕴的中国林业科学家。我们现在也仅仅是入门教育，师生们共勉之。师傅引进门，修行靠自己。但是明确一点，中华传统优秀文化是中华民族共有精神家园。

习近平同志在《讲话》中说，世界一些有识之士认为，包括儒家思想在内的中国优秀传统文化中蕴藏着解决当代人类面临的难题的重要启示，比如，关于道法自然、天人合一的思想，关于天下为公、大同世界的思想，关于自强不息、厚德载物的思想，

① 原载：江西农业大学学报（社会科学版），2008，7（2）：116-119.

等等。十五个方面涵纳了哲学思想、人文精神、教化思想、道德理念等。

学习中华优秀传统文化，我们要结合时代条件加以继承和弘扬，赋予其新的涵义。

（一）认识中华传统文化

博士研究生首先要深刻认识中华传统文化的伟大意义。中华传统文化就是从中华民族形成的原始文化开始，穿越五千年的历史沧桑，经历历代文化沉淀传流至今的各类文化现象，其既体现民族性，也包容时代性。

中华传统文化不仅仅是人文社会科学，同时也包容自然科学，中国大量的古农书、古医书，以及各种自然科学著述（包括各种实验仪器），表现为在 14 世纪以前是世界望尘莫及的。在当时中国文化科学领先于世界，生产力也高度发达，中国的国民生产总值占世界的四分之一。因此，中华传统文化是包容众多要素的一个大系统，但其中主流具代表性的是人文社会科学，它影响巨大而深远。我们认为这个大系统，就是当今称之“国学”。

中华传统文化有四大特色是：多源性、包容性、继承性和创新性。中华传统文化在中华大地上其发展形成过程中，不断融汇各族和各学派文化，不是单一的，是多源并蓄的。中华传统文化博大之包容，“海纳百川，有容乃大”，是经历五千年的继发展形成的。即使中国今后进入社会主义、共产主义，其中文化仍然是中国传统文化的继承和发展。中华传统文化今天如此绚丽多姿是在融汇继承中不断创新的结果。

2014 年 9 月 24 日，习近平总书记在纪念孔子诞辰 2 565周年国际学术研究研讨会暨国际儒学联合会第五届会员大会开幕会上发表了重要讲话（下称《讲话》）。习近平在讲话中指出：“不忘历史才能开辟未来，善于继承才能善于创新。优秀传统文化是一个国家、一个民族传承和发展的根本，如果丢掉了，就割断了精神命脉。”

（二）如何学中华传统文化

精神命脉不断割、优秀传统文化不能抛弃是肯定。但是，这并不意味着在今天文化发展的道路上墨守成规，一成不变，不合事物发展的辩证法。中华传统文化也是在不断充实，不断丰富内涵，海纳百川逐步形成，经历五千年的过程。

在《讲话》中说：“只有坚持从历史走向未来，从延续民族文化血脉中开拓前进，我们才能做好今天的事业”。这就继承和创新的关系。

习近平在《讲话》中强调“努力实现传统文化的创造性转化、创新性发展，使之与现实文化相融相通，共同服务文化人的时代任务”。习近平在这里提出“两创”方案，标志着在新时期，对文化的发展规律和责任、使命、路线在认识上提到高度。我们根据“两创”精神，以两方面学习传统文化。我们根据“两创”精神，从两个方面学习中华优秀传统文化。

1. 自信传统文化

中华传统文化是“精神血脉”，是维护中华民族认同、团结，国家统一的血脉是绝不能割断的。至今已流传五千年，时间连续之长，笔者自信还要继续流传下去。

习近平同志指出：“不忘本才能开辟未来，善于继承才能更好创新。”我国在继承中发展，在发展中继承，在继承中创新。

2. 与时俱进

中华传统文化“都是顺应中国社会发展和时代前进的要求而不断发展更新的，因而具有长久的生命力”。传统文化的发展进步，必然与时俱进，与时变化，吸收时代新营养元素，以兼收并蓄的包容精神，丰富内涵，孕育出新的文化形态，焕发新的生命力，生生不息，再创辉煌，永久流传。

（三）向中华传统文化学什么

博士研究生向中华传统文化学什么？中华传统文化是内涵丰富的大系统，即使穷个人毕生精力也学不完的。特别是森林培育学科博士研究生学习中华传统文化是不可能面面俱到的，也没有必要。在攻博有限的时间之内，只能有目的地抓住要领，我们从中华传统文化中根据森林培养学科博士研究生培育需要，梳理出民族精神、人文精神、现代意义及修身养性四个方面，其中，修身更能结合博士研究生现在的自身实际，从中受益。

1. 中华民族精神

博士研究生教育要弘扬和培养中华民族精神。中华民族精神是依靠中华传统文化支撑的，核心是爱国主义，是国之魂。爱国对国人来说虽是永恒不变的主题，但爱国不是抽象的，是具体的，是与时俱进的，现在讲爱国，就是要爱中国特色社会主义祖国，忠于人民。中华民族一贯具有爱国的优良传统，“天下兴亡，匹夫有责。”

中华民族精神传流至今，其具体内涵不断发展、丰富，并具有时代特征。当今中华民族精神可以归纳为以爱国主义为核心，十大内涵即：遵纪守法、公正廉明、敬业诚信、团结友爱、和善宽容、勤劳勇敢、拼搏创新、崇尚科学、自强不息、知荣明辱。据此，中华民族精神是一个核心，十大内涵。

中华民族精神我们归纳为一个核心十大内涵，博士生们应认真逐一解读。其中自强不息是中心，自强不息中华民族才能生生不息。《周易》“乾、坤”两卦的象辞：“天行健，君子以自强不息。”“地势坤，君子以厚德载物。”自强不息，则效天之刚健有力，运行不息；厚德载物，则法地之广博厚实，生育万物。生育万物地球生命才绵绵延续（王健堂，2007）。

党的“十七大”报告提出，要用中国特色社会主义共同理想凝聚力量，用以爱国主义为核心的中华民族精神，团结全国各族人民为实现全面建设小康社会共同奋斗。

2. 中华人文精神

中华传统文化是以儒学为主流，为代表的。儒学教化的中心是“仁”，是仁爱，是爱人。孔子曰：“人而不仁，如礼何。”（《论语·八佾》）“礼”出于“仁”。中华传统文化中蕴含着重要的人文精神，它是国学之魂（方立天，2007），它是指对人的精神生活的态度和方式。中华人文精神是以儒学的“乐道”为中心思想的，包涵对人的生存意义、民本思想、人格尊严、道德观念、价值追求，直至完成使命的整体把握。

乐道是人求道和得道之追求和向往。得道在这里是指人对高尚儒雅精神境界的追求，“在明明德。”乐道是人对道的超凡脱俗的精神愉悦之享受，“在止于至善”，“朝闻道，夕死可矣。”乐道精神在孔子的求道追求高尚人格历程中，他自说：其为“人也，发愤忘食，乐以忘，不知老之将至”。儒家倡导“安贫乐道。”孔子夸奖颜回说：“贤哉，回也！一箪食，一瓢饮，在陋巷。人不堪其忧，回也不改其乐。贤哉，回也!”（《论语·雍也》）达到“贫而乐，富而好礼者也”（《论语·雍也》）的高境界。

3. 中华传统文化的现代意义

中华传统文化有许多好的思想和理念，时至今日仍然闪耀着真理的光辉，其中如爱国主义、小康社会、和谐社会、大同世界、以人为本、天人合一、中和中用、仁义礼信、伦理道德、勤俭节约、修身克己、慎独等可贵思想。以及民为国本、天下为公、德法合治、无为而治、为政者廉等，富民强国理念，均与当今建设有中国特色社会主义是相通、相融的。

4. 自我修身

博士研究生教育如何从中华传统文化中学好修身，应结合现在自身的实际，有的放矢。为了有利深入思考，将修身一命题分解为 3 个独立又相连的内容：做人、做学问、做事。

（1）做人

做人要做“君子”，是孔子心目中理想的人格标准，孔子讲了 3 条标准。孔子曰：“君子道者三，我无能焉：仁者不忧，知者不惑，勇者不惧。”子贡曰：“夫子自道也。”（《论语·宪问》）。孔子谦虚说，他没有做到这 3 条。子贡说：这 3 条正是夫子自己。仁者不忧，君子胸怀仁厚坦荡，自然不忧了。知者不惑，君子有坚定的辨别能力，自然不惑。勇者不惧，君子有勇往直前的刚毅精神，自然不惧。什么是真正的勇敢，子曰：“君子义以为上。君子有勇而无义为乱，小人有勇而无义为盗。”（《论语·阳货》）。君子所以能够做到“不忧，不惑，不惧”，因为他“反躬白省，无所愧疚”，胸怀坦荡。君子立信于人，严责己，不苛人。孔子曰：“躬自厚而薄责于人，则远怨矣。”（《论语·卫灵公》）。因此，自己“不怨天，不尤人”。一个真正的君子，“穷则独善其身，达则兼济天下。”（《孟子·尽心上》）。孔子主张君子应当“先行其言而后从之”。（《论语·为政》）。事情做好了之后再说。反对“君子耻其言而过其行”。（《论语·宪问》）。君子不应言过其实。孔子更讨厌那些夸夸其谈的人，“巧言令色，鲜矣仁。”（《论语·学而》）。孔子认为，真正的君子应该“讷于言，而敏于行”。（《论语·里仁》）。君子表面上可能是木讷的，少言寡语的，但他的内心刚毅，敏于践行。“言寡尤，行寡悔。”

一个人总是要交结朋友的，孔子非常重视交友，提出要交好的朋友，不要结交不好的朋友。孔子曰：“益者三友，损者三友。友直、友凉、友多闻，益矣；友便辟、友善柔、友便子妄，损矣。”（《论语·季氏》）。按于丹的解说：友直，正直之友，友谅，诚实之友，友多闻，闻多识广之友，是益友。君子和小人的差别，孔子曰：“君子喻于义，小人喻于利。”（《论语·里仁》）。又曰：“君子坦荡荡，小人长戚戚。”（《论语·述而》）。

在人生的道路总会遇到挫折的，做错事的，问题是如何对待。孔子曰：“过而不改，是谓过矣。”（《论语·卫灵公》）。“知过能改，善莫大焉。”如果真能做到“见贤思齐焉，见不贤而内自省也”。（《论语·里仁》）。看见好人好事，向他们学习看齐，看见不好的，能够自己反省。如果一个人能真正做到一日“三省吾身”，过定鲜矣，少犯错误。子夏曰：“小人之过也必文。”（《论语·子张》）。只有小人才掩盖自己的过失。

君子如何对待人，孔子曰：“己所不欲，勿施于人。”（《论语·卫灵公》）。你自己不想做的事，不要强迫别人去做。如何做一个有仁爱之心的人？孔子曰：“己欲立而立人，己欲达而达人。能近取譬，可谓仁之方也已。”（《论语·雍也》）。你自己想立之事，也帮人立，自己想达到的理想，也帮人达。推己及人，这就是实践仁义之方法。所以孔子又说：“仁远乎哉？我欲仁，斯仁至矣。”（《论语·述而》）。

综上所述，君子的目标有了，要求有了，但如何才能实现呢？现实的方法是“修身”，才能逐步达到君子之彼岸。

《大学》编制了一个人生八步曲“格物、致知、诚意、正心、修身、齐家、治国、平天下”。立足点是“格物致知”，从修身做起。儒家将“修身”作为做人之根本，“自天子以至于庶人，一是皆以修身为本。”（《大学》）修身的目的是为了齐家、治国、平天下。“君子，修身己以敬。”（《论语·子路》），修身是为了做好事业。修身修什么？立仁德之心。如何修身？修身要诚意正心。“物格而后知至，知至而后意诚，意诚而后心正，心正而后修”（《大学》）。这段话的意思是要从实践中明白事理，知而后诚，诚而后正心。诚意正心，而后修身，修身是无止境的，终身为之。

（2）做学问

孔子曰："我非生而知之者，好古，敏以求之者也。"（《论语·述而》），孔子说他非生而知之，是学而知之。孔子"入太庙，每事问"，"不耻下问"。孔子曰："欲知则问，欲能则学。"（《尸子·处道》）。孔子做学问，虚若谷，无门户之见，广纳百川。孔子学无常师，择善而从之。孔子处世为人，一贯谦虚谨慎，低调，但他对自己的好学很自信，"十室之邑必有忠信如丘焉，不如丘之好学也。"（《论语·公冶长》）。孔子不但爱好学习，并且强调敏于行。

孔子认为学习对各种人都很重要，有六言六蔽之说。孔子曰："好仁不好学，其蔽也愚；好知不好学，其蔽也荡；好信不好学，其蔽也狂。"（《论语·阳货》）。上述六种人由于没认真学习，缺乏辨别能力，结果事与愿违，适得其反矣。好仁者，为愚；好知者，信谣言上当；好信者，轻信人被骗；好直者，说话伤人；好勇者，易造事端；好刚者，变狂妄。孔子曰："学如不及，犹恐失之。"（《论语·泰伯》）。

做学问要认真思辨，层层深入。"博学之，审问之，慎思之，明辨之，笃行之。"（《中庸》）。博学是基础，才能审问知识之缘由，才能思考、鉴别，筛选知识，最后必须落实在行动之中，这是《中庸》提供做学问五步曲。关于学习和思考的关系。孔子曰："学而不思则罔，思而不学则殆。"（《论语·学而》）。读书不思考，则不得其解，思而不学则无源。所以孔子说："吾尝终日不食，终不寝，以思，无益、不如学也。"（《论语·学而》）。做学问要求专心一致，在读书时要达到"视而不见，听而不闻，食而不知其味"（《大学》），进入如此集中思想的精神境界。学习时要排除一切干扰，但不是两耳不闻窗外事，一心只读圣贤书，不是死读书，读死书，读书死。孔子倡导学以致用，学要灵活变通。孔子曰："诵《诗》三百，授以政，不达；使于四方，不能专对，虽多，亦奚以为。"（《论语·子路》）。背熟《诗》三百篇，从政不会、外出做事，又不能办好，多而无用。是孔子反对的。孔子曰："吾学周礼，今用之，吾从周。"（《中庸》）。孔子说他周礼，是为了今天的应用，效法周朝之法理。孔子曰："可以共学，未可与适道；可与适道，未可与立；可与立，未可与权。"（《论语·子罕》）。可以共同学习的人，不一定可适其道；可以适其道，不一可行其道；可行其道，不一定可以变通其道。孔子非常重视"权"，即是灵活变通。做学问，立道行道，一定要适时变通。故孔子有四绝："毋意，毋必，毋固，毋我。"（《论语·子罕》）。不臆测，不武断，不固执，不自以为是。

做学问要持之以恒，要有坚强的毅力。"有弗学，学之弗能弗措也。"（《中庸》）。不学则矣，有学不懂的地方，不学懂，决不休。"人一能之，己百之，人十能之，己千之。果能此道矣，虽愚必明，虽柔必强。"（《中庸》）。人家学一次懂了，我学百次，总会学懂的，这就是学习的毅力。

学习的心态一定要好。孔子曰："知之者不如好之者，好之者不如乐之者。"（《论语·雍也》）。孔子将学习的心态分为三个层次，知道要学习者，不如喜欢者，喜欢学习者，不如快乐学习者。孔子倡导快乐学习。

孔子告诫青年说："后生可畏，焉知来者之不如今？四十、五十而无闻焉，斯亦不足畏也已。"（《论语·泰伯》）。青年人有更多的发展可能令人期待。如果到四、五十岁还未有什么成就，发展的可能就会减小。孔子还有一句说："年四十而见恶焉，其终也已。"（《论语·阳货》）。博士研究生们要认真领味孔子的话，抓紧青春年少努力学习。

（3）做事

做事即是做工作，处理问题，解决纠纷和矛盾。人是生活、学习、工作在社会人群之中，因而做任何事定会涉及人际关系，不仅关系着自己的利益，也会关系其他人或人群的利益，关系复杂，不仅仅是关系我你双向利益，也关系着多头多向利益。能将方方面面的利益都恰当地处理好，实属不易，所以做事不易。其实做事与做人是一致的，会做人者通常也会做事。事天天做，天天都做完，但不一定做得很圆满。如果想能自觉又主动将事做好，可以从《中庸》中学习做事的道理和方法。

孔子曰："君子中庸，小人反中庸，君子之中庸也，君子而时中。小人之中庸也，小人而无忌惮也。"（《中庸》）。孔子这段话，朱熹在《四书集注·中庸章句》中解说："中庸者，不偏不倚，无过不及平常之理，乃天命所当然，精微之极致也。惟君子为能体之，小人反是。"又说："君子之所以为中庸者，以其有君子之德，而又能随时以处中也。小人之所以反中庸者，以其小人之心，而又无所忌惮也。君子知其在我，故能戒谨不睹、恐惧不闻，而无时不中。小人不知有此，则肆欲妄行，而无所忌惮矣。"

孔子在《中庸》一书又说："中庸其至矣乎！民鲜能久矣！"朱熹在同书中解读说："过则失中，不及则未至，故维中庸之德为至。然亦人所同得，初无难事；但世教衰，民不兴行，故鲜能之，今已久矣。"

孔子将中庸看为美德，"中者，不偏不倚天下之正道。庸者天下之定理。"君子处世做事才能践行，不偏不倚，先执厥中，公正无私。小人为达一己私利，无所忌惮，因而反中庸。我们从上述言谈中得出一个结论，处世做事要把握恰当之分寸，"无过而又及。"无过则不失中，又及则至，达不偏不倚而执中。

《中庸》为我们提供处世做事之方法论。"无过而又及"，不过头，恰到好处。

做人、做学问、做事三者是相关联，互为因果的，做个仁德君子是基础，三者都做好了，是为了齐家，治国，平天下。

五、切实加强博士研究生道德建设①

崇尚道德是中华民族优良传统。博士研究生道德建设之根本，是中国特色社会主义教育的要求。道德内涵包括相互联系的三个方面：自然生态道德（生态道德）、社会道德、人文道德。研究生道德教育培养要求导师从五个方面着手，育人为本，实行人性化教育；实施个性化教育，因材施教；敬业奉献，快乐学习；虚怀若谷，团结协作；慎思笃行，学之根本。

（一）崇尚道德是中华民族优良传统

中华民族自古崇尚道德，是中国传统文化主体内容之一。人类进入原始氏族社会之后，食物的公平分配，实际上就已经有了“德”的行为要求。德是人类最初的原始朴素道德观念，是维持氏族社会的基础。至商代已经有了“德”观念形态，是处理人际关系的准则，是治理国家重要方法之一。

（二）道德解读

什么是道德？道德是规范人思想行为的准则。什么是准则？准则是你自己思想行为是否关爱他人和社会利益、公平正直，不损人利己，不损公肥私。

1. 道德的价值

道德具有双重价值，人本价值和社会价值两个层次。社会是由人组成的，个人和人群是社会的基础层次，这个层次道德素质高低基本决定了社会层次的社会道德状况，因而要加强公民道德建设。

一个社会是否和谐，一个国家能否实现长治久安，一定程度上取决于全体社会成员的思想道德素质。道德是社会和谐的基石，道德风尚是社会主义和谐社会的重要特征。社会道德价值不仅表现在对人及其行为的影响，还表现在对经济、政治、文化、社会的影响；不但表现为对现实的影响，还表现为对未来的影响。因而，道德价值是不可估量的。

2. 道德内涵

道德内涵，因人的道德思想行为所涉及的对象不同，可以分为自然生态道德（生态道德）、社会道德和人文道德三大类。即是人的道德思想行为对待自然、社会、人文的态度，是关爱维护，促使和谐，则是高尚道德。

---

① 原载：高校教育研究（中文人文社会科学核心期刊），2008，3：6-7.

3. 伦理道德

中国传统道德是和“伦理”联系在一起的，称“伦理道德”。“伦理”是对自然、对社会、对人而言，可以理解为讲“秩序”，讲“理”。无秩序，无理，则生“乱”，表现为不和谐。伦理道德是更具体，更加完善地规范对人的教化。

（三）切实加强研究生道德建设

1. 研究生道德建设的意义

公民普遍地具有高尚的道德素质，遵纪守法、诚信友爱、知荣辱，是全面建设小康社会，构建社会主义和谐社会的基石，是实施公平正义和保证社会安定团结的前提条件。因此，党和国家高度重视公民道德建设。1986 年十二届六中全会通过了《社会主义精神文明建设指导方针的决议》；1994 年发布了《爱国主义教育实施纲要》；1996 年十四届六中全会发布了《关于加强社会主义精神文明建设若干重要问题的决议》。党的“十六大”以来，以胡锦涛同志为总书记的党中央高瞻远瞩、精心筹划，在弘扬传统美德、体现时代精神，加强社会主义道德建设上取得了巨大成就；《公民道德建设实施纲要》《中共中央国务院关于进一步加强和改进未成年人思想道德建设的若干意见》等一系列重大文件陆续颁布，“公民道德宣传日”等一系列重要活动广泛开展，社会主义道德建设呈现出积极健康向上的良好态势。2006 年胡锦涛同志又提出了“社会主义荣辱观”。胡锦涛同志关于社会主义荣辱观的重要讲话发表后，全社会反响十分强烈，公民道德建设形成新的热潮。中华民族的传统美德和时代精神的不断融合，成为我国社会主义道德建设发展的鲜明特征。

2007 年 9 月 18 日下午在人民大会堂，胡锦涛同志亲切会见了全国道德模范并发表了重要讲话。胡锦涛同志在讲话中深刻指出，道德力量是国家发展、社会和谐、人民幸福的重要因素。加强社会主义道德建设，倡导爱国、敬业、诚信、友善等道德规范，形成男女平等、尊老爱幼、扶贫济困、礼让宽容的人际关系，培育文明道德风尚，是社会主义精神文明建设的重要任务。实施公民道德建设工程，就是要坚持依法治国与以德治国相结合，不断提升人的思想道德素质、促进人的全面发展。这次活动的举办，将有力地弘扬民族精神和时代精神促进与社会主义市场经济相适应、与社会主义法律规范相协调、与中华民族传统美德相承接的社会主义思想道德体系的建设。

党和国家为了经济社会发展提供强有力的思想道德保障，实施全国公民道德建设，胡锦涛同志在党的“十七大”的报告中对过去五年道德建设作了肯定“思想道德建设广泛开展，全社会文明程度进一步提高”。普遍地提高公民道德素质，博士研究生们包括其中。我们认为现在的研究生群体，可能是未来的博士，是实施“人才强国”战略的重要人才资源，是组成社会主义四化建设人才队伍的中坚力量，也是构建高尚社会道德的骨干群体，党和国家寄以重望。为了适应全面建设小康社会人才需求，加强对博士研究生的道德建设就显得十分重要，十分迫切。

2. 博士生道德建设内容

党的“十七大”报告中对今后五年公民道德建设提出了明确要求“加强社会公德、职业道德、家庭美德、个人品德建设，发挥道德模范作用，引导人们自觉履行法定义务、社会责任、家庭责任”。

道德也是人的一种素质，道德素质或道德品质。素质是对个人接受教育程度、政治理念、道德情操、业务能力、个人气质、心身健康等多方表现的总体评价。从现实生活的人群中，明显地看出，个人素质基本决定了个人对社会的贡献大小，及能得到的回报价值多少是相关联的。

博士研究生道德建设的内容如前述包括相互关联的三个方面。

（1）自然生态道德（生态道德）

对自然生态环境也要讲道德，即是不损害自然环境和浪费自然资源，敬畏自然。中国儒家，道家均提倡“天人合一”。《易经》在有关天人关系上，是中国最早主张“天人合一”，“天”指自然之天。其文言曰：“夫‘大人’者，与天地合其德，与日月合其明，与四时合其序，与鬼神合其吉凶，先天而天弗违，后天而泰天时。”“天人合一”这一思想被儒家和道家所继承。

生态道德即是爱护和保护自然，尊重自然，即是尊重天道。尊重“天道”即是尊重自然规律，尊重自然界的发展。也是尊重人类自身发展权。尊重、平等地对待自然界的生命，也是尊重人类自身生存权。

胡锦涛在党的“十七大”报告中将“建设生态文明”作为全面建设小康社会的新要求之一，是第一次写入党代会报告。“建设生态文明”的提出，充分体现了党中央对自然生态环境保护和建设的决心和信心，是继续推进“建设山川秀美的生态文明社会”建设，表达了全国人民共同的愿望，也是对世界生态环境保护的承诺。

生态文明是人类在经历了工业社会的生产破坏自然环境和掠夺自然资源的不文明行为，带来了环境危机、资源危机，直至威胁着人类生存环境条件之后的反思，是人类在20世纪70年代之后的生态醒觉。生态文明是人与自然及人与社会和谐发展的社会形态，是全新文明理念。

森林是陆地生态系统的主体，林业生态建设是保护和建设国家自然生态环境的航母，因而是现代林业建设的首要任务。林业生态建设是林业学科博士研究生们业务学习内容，应具专业犀利眼光洞悉林业生态建设的重大意义，应自觉地提升至自然生态道德的范畴。

（2）社会道德

社会道德有两个方面的含意，一是人人必须遵守的社会公德。另一是人与人，人与社会相处的关系。社会公德是约束人在公共场所的行为，是幼儿园的小朋友都知道的。

社会是由人和各类人群组成的，人必定生活、学习、工作在社会人群之中，有着多层面的社会关系和人际关系，博士研究生也不例外。导师们要正面或结合学习、科研教育博士研究生们要本着公平、诚信、谦让、礼貌、不侵犯他人利益，与人与社会和谐相处，和为贵，表现出社会中坚力量的道德风范。

（3）人文道德

道德是中华民族优秀传统文化，是社会文明的基础。道德，它是要求人向善，它是人类社会永恒的主题，代代相传不息，它与当代社会主义社会的道德准则是一致的，是传统民族性与现代性的一致。因此，人文道德蕴涵丰富的儒家文化积累、传承，博大精深。儒家重视人本思想，因而强调个人道德修养，是人生立命处世之本，是治国之基。《论语·述而》中孔子曰：“德之不修，学之不讲，闻义不能徒，不善不能改，是吾忧也。”因而《大学》云：“自天子以至庶人，一是皆修身为本”。

儒家入门之典籍《大学》，开首即曰：“大学之道，在明明德，在止于至善。”《大道》明确要求在明德、修身达到至善境界，而后治国、平天下的方法步骤，归纳编序成“人生八步行”，即是：“格物、致知、诚意、正心、修身、齐家、治国、平天下。”格物就是要接触实践，调查研究客观事物，明白实际事理，致知就是要学习掌握广博的知识，就是格物致知所要求的做一个有知识的明白人，才能做到诚意、正心，而后修身，先做一个有高尚道德的人，才能齐家，而后才能治国、平天下。“人生八步行”是有序的，环环紧扣，而后完成平天下之大志。对现代博士研究生道德建设是完全适用的，是中华优秀文化的传承，因其从方法、步骤、直至人生价值的要求形成完整的体系。

部分博士研究生是国家未来科技队伍中之中坚力量，因而在从事科技工作中，个人道德教育中要强化“科学道德”教育。

科学道德因包含二个意义：一是科学伦理道德，另一是科学学术道德。科学伦理道德是科学研究对象和目的，对人类社会和自然生态环境的关系，是利？是恶？科学伦理道德要求有利人类社会可持续发展，有利于人与自然和谐友好，是利，而非恶，是科学家应恪守的行为准则。科学学术道德是科学研究中表现出来的学术道德行为。学术道德行为有两种情况：一是，科学学术道德行为规范，另一是学术道德行为不端，这是两种相反和对立的行为。因此，学术道德有正确与错误之分，弘扬正确，纠正错误，规范学术道德。

（四）研究生道德建设的方法

胡锦涛同志在党的“十七大”报告中说，教育是民族振兴的基石。坚持育人为本，德育为先，培养德智体美全面发展的社会主义建设者和接班人。在博士研究生教育培养中，如何贯彻育人为本，德育为先，成为英才。首先要组织导师们认真学习胡锦涛的讲话，吃透精神，结合我们近一十年博士研究生教育培养实践的回顾和新要求，贯彻到博士研究生教育培养计划中，贯彻在教学、科研实践的三年全过程中，可归纳为如下五个方面的方法，也是要求导师应做到的。

1. 育人为本，实行人性化教育

教育是以育人为本，实施人的全面发展教育，德育是基础，只有培育德才兼备之人才，才能至善服务国家。

实行人性教育，就是尊重人、关爱人、理解人，导师与研究生应建立平等友好关系，教学相长。

2. 实施个性化教育，因材施教

研究生来自四面八方，他们之间原有思想、品德、业务、能力，以及个人理想和爱好是不同的，其至差别很大。导师要深入了解自己的学生，有针对性地实施个性化教育，有的放矢，因材施教。

3. 敬业奉献，快乐学习

在研究生层次对自己所就读之专业，应是合其所愿的，导师要引领他们敬业奉献。敬业是热爱专业，自知业务知识之不足，求之精，是努力学习、科研之基础。奉献是为人民服务，用什么奉献，则应是努力学、科研之动力。敬业、奉献是互为促进的辨证关系。

《论语·雍也》中孔子曰：“知之者不如好之者，好之者不如乐之者”。孔子将学习分为三个层次，知道要学习的，不如爱好学习的，爱好学习的不如快乐学习的，将学习成为快乐之事。导师要将博士研究生引入快乐学习的最高层次。

全面建设小康社会，林业是大有作为的，不可缺少的。在丘陵山区建设社会主义新农村，林业是农民致富的支柱产业，同时又是农业生产及生态环境保护屏障，这就是林业建设重大的政治意义和经济意义。为此，博士研究生要为林业生态建设、产业建设和生态文化建设，肩负强烈责任感和使命感，促使自觉地敬业奉献、快乐学习，树立高尚的职业道德。

4. 虚怀若谷，团结协作

导师要使博士研究生认识到，现代科学研究课题特别是其中的重大课题，非一个学科，更非一个人能完成。定会涉及多个学科，学科之间交叉融汇，科研人员组成科研团队，才能完成。因此，要教育培养博士研究生胸怀开阔，才能具海纳百川之气度。要有团队精神，谦让协作，共同攻关，共享成果，是时代要求。

5. 慎思笃行，学之根本

《中庸》云："博学之，审问之，慎思之，明辨之，笃行之。"这是做学问的五步法。从博学开始至笃行止，中间经过一系列思维活动的判别筛选，去伪存真，去杂存真，最后据此认知结果落实在践行中。

《中庸》又云："有弗学，学之弗能，弗措也；有弗行，行之弗笃，弗措也。"是明确指出，要求做学、做事，有不懂，不会之处，应追究不舍，不搞懂，不搞会，决不罢休，直至学懂，学会。

《中庸》提出做学问的方法，并强调实践行为。做学问，追求真知的毅力，均是博士研究生应该学习效仿的。

《中庸》还鼓励人们做学问的决心和信心。有云："人一能之，己百之；人十能之，己千之。果能此道矣，虽愚必明，虽柔必强。"别人做一次就会了，我做十次，别人做十次会了，我做千次，果真做到，虽愚、虽柔照样成功。这是多么大的决心和毅力，人皆效之。

个人具有高尚的道德情操，是立命处世之根本，事业成功之基石，生存之道。师生共勉之。

六、博士研究生教育中创建和谐文化①

党的"十七大"报告指出："和谐文化是全体人民团结进步的重要精神支撑。"通过和谐文化建设，培育文明风尚，是全面建设小康社会，构建社会主义和谐社会必备的社会基础条件。

在博士研究生教育中建设和文化促使他们具有更高尚的文化修养，"文质彬彬"。文化和自然科学的结合，拓宽思想视野，同时也为培育社会主义文明风尚做贡献。

（一）认识和谐文化

根据马克思主义的观点认为，社会主义社会是在人类社会发展史中，继资本主义社会之后出现的高级社会形态。和谐社会是社会发展的历史长河中，曾经出现过的社

①　基金课题：中南林业科技大学博士研究生教改论文课题。

作者简介：李志辉（1957—　）男，湖南安化人，博士、教授、博导，主要从事森林培育学的教学与科研工作。

原载：当代教育理论研究（教育类·核心期刊），2008，7（11）：1-3.

会存在的优化状态，是动态的，是断续间歇出现的。在中国长达二千多年的封建社会中，在不同的朝代也出现过时间长短不一的和谐社会。我们现在中国特色社会主义社会在总体上说是和谐社会，社会稳定，经济增长，人民安居乐业。

党的“十七大”报告提出了和谐文化的内涵和要求：“要积极发新闻出版、广播影视、文学艺术事业，坚持正确导向，弘扬社会正气。”是完整正确地表述了和谐文化的多元性和独立性。

和谐文化概念。中华人文精神崇尚“和为贵”，倡导“和而不同”，追求和谐价值取向。和谐文化是奉行“和而不同”，和谐理念与和谐精神为主要内容的社会文化现象。着力加强和谐文化建设，是催生和谐社会与建设和谐社会必不可缺的，和谐文化建设是为此而提的。和谐文化的特色是包容多样性和差异性，它既传承中华优秀传统文化，又包容现代国内外和谐文化，体现时代性。但它们之间仍保持其多元性和各自的独立性，相互继承，融汇创新，形成“兼容多端而相互和谐”，它们共同组成社会主义先进文化。

和谐文化意义。和谐文化建设是为推动社会主义文化大发展大繁荣，是中国特色社会主义文化发展战略。和谐文化是属社会主义意识形态，各种文化形式则是它的表述和表达方式，是为人民精神建设服务的，是人的思想政治建设，是社会文明建设的核心内容，帮助树立正确的人生观和价值观，提高人的素质，提升国家软实力。它直接关系着中国特色社会主义经济建设、政治建设、文化建设、社会建设基本目标的构建和实现。

和谐文化理念。和谐文化是一种思维方式，是以和谐为原则，开放兼容，要克服狭隘偏激思想倾向。我们要认识到，和谐文化是作为价值取向追求的。和谐就是包容。“和而不同”，是哲学思想基础。和谐文化包容多元文化，相互和谐，不相悖。和谐文化尊重差异，兼容多样，并非“和合”，并不要求统一于一尊，允许保持各自独立和谐共处，共同发展，共同繁荣，体现百花齐放。如我国戏剧文化主流是国粹京剧，但全国现存有二千多个各类剧种，在全国各地上演，拥有各自的观众。但要大胆有力地抵制批判各种错误和腐朽文化，是不能相容的。

（二）建设和谐文化

1995 年前国家教委针对我国大学专业教育缺乏文化教育的情况，正式倡导加强大学本科生文化教育。文化是维系一个民族的纽带，是一个民族的表征。民族间之区别，在于文化不同。文化教育基于全方位提升人的品位，传承民族文化，世代永继。

建设社会主义和谐文化引领博士研究生教育培养，用文化教育提升他们的人文素质、思想素质、科学文化素质和心理素质。

1. **人文素质**

我们在森林培育博士研究生教育中多年来，重科学知识传授和技能训练。必须加强人文素质教育，培养博士生们的社会责任感和历史使命感。

人文素质即是人文精神。人文精神含义广深，传承发扬中国传统礼义道德，高尚思想品位，丰富的精神世界，是心灵之魂。儒家倡导“安贫乐道”。中华民族的人文精神是国之魂。

对博士研究生人文精神教育培养，可学《大学》提出的，诚意、正心、修身、齐家、治国、平天下。立“和而不同”，宽容和谐之心境，海纳百川，视野深远，洞悉世间事。

2. **思想素质**

我们在博士研究生教育中多年来重“授业”。在党的“十七大”报告启示下，要“传道”，“授业”并重，教书育人，促使人的全面发展，才能培养出高素质的博士。

思想素质包涵思想政治素质和思想认识素质两个方面。政治素质是个人的基本政治态度和政治理念。提高政治素质，是做好思想政治教育。思想认识素质即是思维能力。提高认识素质，是进行科学思维方法的教育和训练。

博士研究生思想政治教育内容应以爱国主义为核心，树立正确的价值观和价值取向。博士学成要为自己社会主义祖国服务。自然科学是没有国界的，但科学家是有祖国的。当今国家正是用人之际，要立志报效祖国，全心投入。

2003 年 12 月，胡锦涛同志在全国宣传思想工作会议上指出：“思想政治工作说到底是做人的工作，必须坚持以人为本。”党的“十七大”报告进一步提出了“加强和改进思想政治工作，注重人文关怀和心理疏导”的重要任务。这是党中央对做好思想政治工作的新要求。思想政治工作注重人文关怀，“既要坚持教育人、引导人、鼓舞人、鞭策人，又要做到尊重人、理解人、关心人、帮助人。”教育人、引导人、鼓舞人、鞭策人，是思想政治工作注重人文关怀的任务与目标。尊重人、理解人、关心人、帮助人，是思想政治工作注重人文关怀的基本要求和原则。尊重人，就是要尊重人的基本权利和尊严，人的个性和爱好，人的劳动、知识、文化和创造。理解人，就是要理解人的本质和社会属性。关心人和帮助人直接体现了解决思想问题和解决实际问题的统一。

思维是人针对特定的对象和有目的的思考活动，因而思维是人认识的高级阶段。一个人要获得智慧，赢的成功主要靠思维能力。思维能力既得自遗传天赋，更有赖于后天的培养和训练。因此，要教会博士研究生科学思维方法。

3. **科学文化素质**

科学与文化的关系在表层的认识上，往往将其割裂，是认识的误区。殊不知科学也是人创造的文化。科学文化素质是科学与文化的结合，是它们本质共同属性，是天然的结合。科学应用是以人为本的，蕴藏着丰富的文化。科学精神与文化结合，才能体现人性化，更贴近生活，从人的精神上鼓励人们坚持实事求是的科学精神。

科学文化不仅包含科学知识、科学理论，而且还包括科学方法和科学价值论。当我们为获得科学知识，进行科学研究时，必须遵循“格物致知”的科学方法，是文化。当我们要将科学实验结果或科学发现，上升为系统科学理论时，就必须运用逻辑思维，运用哲学思想，又是文化。科学对人类社会的价值，是接受价值观和价值取向指导的，还是文化。

人的科学创造力，在通常的情况下，是与他的文化素质成正比的。

博士研究生要自觉地努力提高科学文化素质，开拓视野，活跃思想，树立正确的价值观，提高科学创造力。

4. 心理素质

心理是人对外界事物认识的反应及承受能力。心理素质是表现在个人心理所能承受失败与成功之度。心理素质是个人思想认识境界，对外界事物变化反应表现出的心态，心态是心理素质的表露。

近年来，中央教育部等有关部门都非常重视大学生的心理健康教育，2004 年的中央 16 号文件《中共中央国务院关于进一步加强和改进大学生思想政治教育的意见》、2005 年的《教育部、卫生部、共青团中央关于进一步加强和改进大学生心理健康教育的意见》等，都把大学生心理健康教育工作摆在相当重要的位置上。但在全国各大学中对大学生心理教育发展不平衡。

博士研究生心理健康教育尚未提上教育部门的议事日程。据我们在博士研究生教育培养的实践经验，上述两个文件和北京调查数据完全适用于博士研究生教育。博士研究生在入学后，要开展博士论文课题的研究和论文编写。攻博期间要在国内一级期刊和核心期刊发表论文各一篇。博士研究生心理健康教育应引起各方关注。

心理素质状态确切很重要，直接关系事业成败。一个优秀的科技人员良好的心理素质是事业成功的必备条件。良好的心理素质是心态平和宽容，刚毅坚强，表现在对待事业上是自信自强，坚韧不拔，勇往奋斗，经得起失败挫折，更要经得起成功。表现在人际关系上是宽容大度，诚实守信，乐于助人。

良好的心理素质是可以教育培养的，方法是修身、慎独，是个人意志的磨练。坚强者，有恒者，才可能取得成功。

在森林培育自然科学的博士研究生教育中创建和谐文化，加强文化教育，并融入科学文化教育之中，提升人文素质、思想素质，培育健康良好的心理素质的有效措施，促成人的全面发展。

七、博士研究生素质教育的研究①

素质教育单独被提出来始于20世纪80年代中，当时主要针对中学教育。大学和研究生素质教育直至90年中才被提出来。中国教育从孔子开始，就有素质教育，“道”列教育之首，“大学之道，在明明德”。现在单独复提素质教育，提醒人们教育是要培养德、智、体、美全面发展的人才，是适时的，是教育永恒的主题。

2006年10月党的十六届六中全会提出增强全民素质，提高社会文明程度。博士研究生（下简称研究生）是高层次人才，是组成社会文明的中坚力量，加强对他们的素质教育，就显得特别重要。研究生素质教育内容含义广泛、深刻，涵纳了教育之传道、授业、解惑，全面覆盖了研究生教育培养目的，是全方位衡量研究生教育质量的尺度。因此，全面系统地研究研究生素质教育培养的内容及其实施方法就显得十分必要。

（一）认识素质教育

1. 素质教育的意义

素质是对个人接受教育程度、政治理念、道德情操、心身健康等多方面表现的总体评价。因此，社会人的个人素质是包涵多方面的，表现在社会活动的方方面面。从现实生活的人群中，明显地看出，个人素质基本决定个人对社会的贡献大小，及能得到的价值回报多少。从而影响其生活质量和经济生活水平的高低。在和平年代的环境中，社会稳定发展进步，个人素质高低基本上与其生存质量是成正比的。为了为社会多作贡献，要提升自身生存质量，必须提高自身素质。

构建社会主义和谐社会，保证社会稳定和谐，必须要在社会全体人群中产阶层占多数，提高人群素质，是催生中产阶层必由之路。据有关资料，从2007年开始，预计未来10年将会诞生5 000万中产家庭，到2050年，全国范围内基本消除“贫困户”。（牛文元，2007）社会创造物质财富，依靠科技进步，发展生产力，最终依靠的高素质的人力资源。高素质博士们在人力资源群体中组成核心竞争力，形成强大的团队力量，肩负走中国特色自主创新之路，建设创新型国家的历史使命。导师们要深刻理性地认识到，这就是研究生素质教育全部政治和经济意义。

2. 素质教育内涵

素质教育内涵丰富，根据素质内容和表现，可以将素质教育分为6大类。

（1）基本素质

---

① 基金项目：中南林业科技大学教育研究项目，（2006）111号，C-36。

作者简介：何方（1931—　），男，江西上饶人，教授、博导，长期从事经济林教学研究。

基本素质是每一个社会成年人都必需具有的，是在社会上立命处世之根本。人与人之间的素质则表现在程度等级上的差异。

①文化素质。文化是小、中学教育的主要内容，是接受高等教育的基础。文化素质反映个人受教育的程度，可分为中等教育、高等教育和研究生教育。文化素质反映在个人行为上是文明礼貌。据有关材料，2006 年全国人均受教育的年限是 8.2 年，还未达到 9 年义务教育。至 2050 年要提高到 14 年，相当于大专水平。②政治素质。是个人的基本政治态度和政治理念。要热爱社会主义祖国，要服从中国共产党的领导，要拥护改革开放，要树立正确的价值观，要认真学习邓小平理论和“三个代表”重要思想。③品德素质。遵纪守法，诚实守信，知荣辱，是做人的根本，才能立足社会。④社交素质。人是群居的社会人，团结和睦，互相帮助，个人绝不能离群，待人接物，要宽容善良。⑤业务素质。业务是个人服务社会的职业与谋生手段。自身业务应求精良，不断学习提高，与时俱进。⑥科学素质。国家要求提高全民科学素质。大力营造学科学、讲科学、用科学的浓厚氛围。清除愚昧迷信，树立科学精神。研究生们不但自身要有高科学素质，并要担负起宣传普及学科学、用科学，树立科学精神的教育。⑦生态素质。生态素质是专指对自然生态环境的态度。保护和建设自然生态环境，是全球行为。因此，当今社会维护生态安全是每个公民的义务。⑧身体素质。身体健康是学习和工作的基本条件。要注意经常锻炼身体，注意营养卫生。

（2）人文素质

人文素质含义广而深，是指对中国文化的传承和弘扬社会主义先进文化。发扬中国传统礼义道德，提高精神品位和审美情趣，丰富精神世界。倡导个人修身养性，宽容和谐，治家、治国、平天下。

（3）能力素质

能力素质是包涵多方面的，在这里主要指其中，能完成学习和工作任务的技能和技巧与方法。另外能力素质还包括日常生活能力，社会活动能力，人际交往能力，组织领导能力等方面。在人群中个体能力差异很大，不能强求一律。

我国随着“人才强国”战略逐步实施，趋向完善，今后用人机制将推行公正、公平、公开，能力本位。

（4）思维素质

思维是人针对特定对象和有目的的思考活动，这是组成思维第一要素，第二个要素是人脑，因为思维是用人脑进行。思维是人认识的高级阶段，因此，一个人要获得智慧，赢得成功需要依靠思维能力。思维能力既得自遗传天赋，更有赖于后天的培养和训练。

科学思维就是运用科学的方法进行思考，科学思维方法，其中主要有 4 类。

逻辑思维：逻辑思维就是有秩序、有条理的合乎理性的思维。正确的思维，首先要有明确的对象和目的，其次按照循序进行推理，再次是形式明确的概念，作出准确的判断，获得可靠的思维结果。

辩证思维：质量互变规律、否定之否定规律和对立统一规律，是恩格斯提出的唯物辩证法从不同角度揭示事物运动、变化和发展的三条基本规律（恩格斯，1971）。其中质量互变规律提示了事物发展的两种基本形式或状态；否定之否定规律揭示了事物发展的方向和道路；对立统一规律揭示了事物运动和发展的源泉和动力。这三条规律是科学思维总的指导理论和方法。

系统思维：系统是就由若干要素按特定结构方式组成并具有特定功能的统一整体。系统思维则是思考它们之间的稳定与互相关系。系统思维方法可归纳为四个方面：系统整体性、系统多因素性、系统层次性和系统动态性。

特异思维：特异思维是指非常规、非逻辑的思维方式，是"跳跃式""跨越式"的思维方法，其中主要有混沌思维、联想思维、发散思维、逆向思维和变通思维等。

（5）创新素质

什么是创新：创新是前人所没有或超越前人的新思维、新理论、新技术、新方法及新制度的完整体系。

创新源于实践，是以认识为基础的。创新是长期实践渐进性积累的突变，是思维认知的突破，是突发事件。创新是推进人类社会发展进步的革命力量。因此，创新具有它的特点：①实践性和知识性。②积累性和过程性。③继承性和时代性。据此，我们将创新总结归纳为："创新是思变求新，思超越求发展，但要思之有据，变之有道。"

创新素质是每一个科技人必须具备的重要素质，提高创新素质服务于建设创新型国家。一个科技人员不能混混沌沌，无所作为。

（6）心理素质

心理素质是个人心理所能承受失败与成功之度。心理素质实际是个人思想境界表现出来的心态。

心理素质状态直接关系事业成败，良好的心理素质是成功的必备条件。良好的心理素质，表现在对待事业上是自信自强，坚韧不拔，坚持奋斗直至成功；表现在人际关系上是平和宽容，诚实守信，乐于助人。

（二）素质教育的实施

1. 特点

博士研究生已经过大学本科——硕士研究生教育，本身应具备较高素质。因而研究生素质教育是"非零起点"的，这是第一个特点。第二个特点是研究生的生源不同，经历各异，在这个群体中个体间素质水平是有差异的。

2. 方法

研究生个人素质会表现在认识和行为的，既抽象又具体，是可以观察捉摸到的，并有评价标准。因此，素质是可以教育输入的，方法是可操作的。

(1) 素质教育贯彻全过程

研究生素质教育是贯彻三年研究生教育全过程的。研究生培养计划中没有专门的素质教育课程，是融入政治理论和业务理论学习，及科学研究实践的全部教育过程中，是多渠道的，其中有有形的教学，更重要的是导师的无形影响，潜移默化。

导师在研究生素质教育中是至关重要的。导师与研究生应是面对面的，彼此都很了解，各自的思想行为都看得很清楚。导师品德是否高尚，待人是否诚信，治学是否严紧，科研是否认真，对待科研成果是否诚实，都会正面或负面影响着研究生素质。因此，要求导师为人师表，高素质，树立正面形象。

(2) 个人素质有底线

个人素质是有底线的，是高压线，是不能触线的，否则是违规或违法。素质虽包含多个方面的内容，任何一个方面内容的素质，都有正确与错误之分，均不能触底线。

个人素质只有底线，没有上限，是无止境的。个人素质不仅影响在校期间的学习，并影响今后在工作岗位上的工作业绩。所以应该要随时自检，自我提醒不要触犯底线。因此，素质教育是终身教育。

(3) 个性化教育

研究生群体来自四面八方和不同的职业，他们之间个人素质是有差异的，导师要面对面根据不同的人，有针对性进行人性、个性化教育，是贯彻以人为本，尊重人、爱护人，促进人的全面发展。

研究生素质个体差异，具体表现在他的某些强处，如业务素质好，某些短处，如人文素质薄弱。同时也要看到和尊重他的个人理想和追求。要发扬其长，补充其短，使他长更长，短不短。导师能做到为每一个研究生扬长补短，是不易的，要下工夫的。

(4) 核心价值体系是素质教育的指导理论

党的十六届六中全会提出社会主义核心价值体系，其“基本内容”是由“马克思主义指导思想、中国特色社会主义共同理想、以爱国主义为核心的民族精神和以改革创新为核心的时代精神以及社会主义荣辱观”构成的。如何贯彻“社会主义核心价值体系”，提出要使之“融入到国民教育和精神文明建设的全过程，贯彻到现代化建设各方面”。按此，提高全民素质应该是包容在国民教育和精神文明建设范围之内，研究生素质教育自然是包容在提高全民素质之中。因此，核心价值体系是研究素质的指导理论，是核心和本质所在。和谐社会是由高素质公民组成的，是完成 2020 年构建社会主义和谐社会的目标和主要任务的社会基础。

价值观是包括在社会主义价值体系之内的，价值观决定个人价值取向。研究生自身价值要在为人民服务中体现，永远也不能离开社会，这是永恒的主题。

（三）结论与讨论

1. 结论

研究生素质教育培养可归纳成一个模式：社会主义核心价值体系为核心，以创新素质和人文素质为两条主线展开的。

2. 讨论

实施素质教育是对导师的考验，验证导师是否称职。现有导师中，并不是每一个导师都能切实实施素质教育，如何处理值得讨论。

八、切实加强博士研究生教育中思想政治建设①
——解读胡锦涛同志“5·3”在北大的讲话

在2008年5月4日北京大学建校110周年校庆前夕，5月3日，胡锦涛同志到北大考察祝贺校庆。他在北京大学师生代表座谈会上发表重要讲话，是加强和改正博士研究生培养中进行思想政治教育最适时的好教材。5月4日教育党组发出通知，要求全国教育部门和高校认真学习贯彻他在北大重要讲话精神，按讲话提出的“四点希望”，提高人才培养质量。中南林业科技大学和全国高校一样，正在深入学习胡锦涛同志5月3日在北大考察时的重要讲话。

新中国成立后，博士研究生培养和博士学位的授予是始于改革开放之后，是改革开放三十年重大成果。1978年，新中国成立29年之后，首批18名博士入学。1981年1月1日中国正式实行学位制，1982年6月16日，我国首次授予6人博士学位。全国具有博士授予权的高校现已超过310所，美国253所，居世界第一。2008年全国博士研究生招生5.9万人，美国5.1万人，居世界第一。在校博士研究生21万人，美国不足21万，居世界第一。改革开放三十年，博士研究生教育培养从无到有，到三个世界第一。但我国博士研究生招生人数相对来说，所占比例是小的，2008年全国高校招生490万人，博士研究生招生5.9万人，仅占全国高校招生数的1.2%，在世界排在10位之后。

笔者结合森林培养学科博士研究生思想政治教育和业务培养的需求特点，从政治

① 资料来源于中南林业科技大学学报（社会科学版），2008，2（4）：119-122.

讲话中梳理出五大学习亮点，践行传道授业的光荣职责，有助于培养出全面发展的社会主义建设者和接班人。

（一）爱国奉献，增强民族自尊与自信心

胡锦涛同志的四点希望，第一点是弘扬爱国主义精神。爱国是与时俱进的，是有鲜明的时代性的，是具体的。现在讲爱国就是要爱中国特色社会主义祖国，要增强民族自尊心与自信心，使中华民族屹立于世界巍巍民族之林。

爱国主义是中华民之魂，数千来中国人具有“以天为己任”的爱国传统，是各族人民团结的核心凝聚力。“当前，要把爱国热情转化为立足岗位、刻苦学习、发奋工作、支持奥运的实际行动，备加珍惜我国安定团结的良好局面，自觉维护社会稳定，维护国家利益。”（胡锦涛，2008）现今在读的博士生是“80 后”的，他们对今天能安心攻博，国家为他们提供了优良的学习和生活环境，是享受了改革开放的成果，但他们并没有足够的深刻认识。要深入学改革开放三十年的历史，使他们认识到现在安定团结，经济繁荣的局面来之不易，要备加珍惜，发奋攻博，以优秀成绩回报党和国家。爱国是要讲奉献的，森林培育博士研究生用什么奉献给国家，回报社会，根据报告第一点希望，并结合自身思想实际和专业要求，经师生们共同讨论一致认为，从现在开始努力做好下列三个方面的工作，毕业后回报社会。

1. 坚定地跟党走中国特色社会主义道路

在思想意识上要“进一步坚定跟党走中国特色社会主义道路，实现中华民族伟大复兴的信念”（胡锦涛，2008）。博士生们首先要坚定不移地高举中国特色社会主义伟大旗帜。要求博士生们应从思想深处到实践行为，真心实意地拥护这面旗帜，深刻认识到，只有中国特色社会主义才能救中国、才能发展中国。

运用中国特色社会主义道路理论体系，来武装博士生们的头脑，就能正确地分清什么是真正的社会主义，什么是真正的马克思主义，无论国际风云如何变幻，无论处于什么环境条件下，任何时候都不会迷失方向。

2. 毕业后服务祖国

我国截至 2006 年年底全国大专以上学历人才总量约 6 900万，其中博士生约 24 万，仅占 0. 34%。

当前我国正是用人之际，博士生毕业后要服务祖国，为中国特色社会主义建设贡献聪明才智。

中国知识分子有一个优良的传统，以国家兴亡为己任，有忧国忧民的民族忧患意识，爱国是每一个中国人，做人最根本的原则，博士生们要立志报效国。青年知识分子要继承忧患意识的优良传统，更要学习老一辈知识分子的受情怀。杨振宁先生 2004

年在《科学时报》亲著文中说，他的父亲至死都没有原谅他加入美国国籍，临终教诲他说“有生应记国恩隆”。2005 年 7 月，温家宝同志去医院看望钱学森先生。一位 75 岁菲律宾老华侨中学老师林孙美玉女士见报。回忆起 50 年前与钱学森在马尼拉轮船码头一席交谈的情景，感慨之余给钱老写了一封信，并托人捎给远在北京病榻上的钱先生。她在信中说，您的爱国主义精神鼓舞了包括海外华人和在国内的中国人，我们为您骄傲。信中还说与一名优秀的民族英雄的会面，令我们半个世纪回味不已。2003 年著名物理学家美籍华人袁家骝临在去世时说：“我不愧为一个中国人，我是爱国的。”

“心系民族命运，心系国家发展，心系人民福祉”，胡锦涛同志提出的三个“心系”，是爱国的真谛。

3. 主动积极参与中国林业建设

中国林业建设是中国特色社会主义建设有机的组成部分，是不可缺少，不可替代的，是践行科学发展观，是林业建设的光荣任务。中国林业建设包涵林业生态建设，林业产业建设和林业生态文化建设三大体系。林业三大体系建设是以林业生态建设为主的，同时推进林业产业建设和林业生态文化建设。“中国林业正处在一个重要的变革和转折时期，正经历着由以木材生产为主转向以生态建设为主的历史性转变”。标志着中国林业发展的里程碑。

林业三大体系的建设是由六大林业重点工程的实施来完成的。林业六大重点工程包括天然林保护工程、退耕还林工程、京津风沙治理工程、“三北”及长江流域等防护林体系建设工程、野生动植物保护及自然保护区工程、重点地区速生丰产林建设工程。林业六大重点工程建设范围涵盖了我国 97%以上的县（市、旗、区）规划造林面积超过 7 334万 hm^2（11 亿亩），总投资原来 7 000亿元，现增至 9 000亿元。全国现有森林面积 17 491hm^2，森林覆盖率 18.21%，至 2010 年将提高至 20%。

其中退耕还林工程实施以来，据国家林业资料，全国累计完成退耕还林任务 2 427 万 hm^2，其中退耕地造林 927 万 hm^2、荒山荒地造林 1 367万 hm^2、封山育林 134 万 hm^2，使工程区森林覆盖率平均提高了 2 个多百分点。退耕还林工程，中央财政需计划投资 2 244亿元。1999—2006 年，25 个省区市及新疆生产建设兵团共计 2 279个县(旗)，累计完成退耕地造林 896 万 hm^2、荒山荒地造林 1 162万 hm^2、封山育林 156 万 hm^2，至 2006 年已实际投资 1 303亿元。退耕区 3 200万农户，1.2 亿农民受益，每户平均获现金补助 3 500元，成为农民收入的重要组成部分。退耕还林政策推动了农村各业全面发展，促进了农业产业结构调整。为确保退耕还林成果切实得到巩固，2007 年 8 月国务院决定延长对退耕农户现金和粮食补助一个周期。中央又要新增投资 2 066 亿元，使退耕还林总投资达 4 310亿元。退耕还林工程成为世界上单项生态环保之最，是世界上最伟大的林业生态工程建设。

六大林业重点工程中前 5 项是生态保护和建设为主的林业生态建设，国家投资也集中在前 5 项。凸显了林业建设坚持实施以生态建设为主的发展战略，首肯了林业生态保护和建设是国家生态保护和建设的航母。林业产业是在丘陵山区建设社会主义新农村的支柱产业。林业建设也是生态文明建设的基础。林业三大体系建设为未来森林培育博士们提供了全方位展现人生价值的创业平台。

（二）提高素质，志存高远勤奋学习钻研

胡锦涛同志在讲话中第二点希望是“要努力造就高素质人才”。明确指出，“高素质人才是决定国家和民族前途命运的重要力量，是建设创新国家的强大依托”。

素质是对个人接受教育程度、政治理念、道德情操、心身健康等多方面表现的总体评价。因此，个人素质是包涵多方面的，表现在社会活动方方面面。从现实生活的人群中明显地看出，个人素质基本决定个人对社会的贡献大小，及能得到的价值回报多少（何方，等，2007）。博士生们应志存高远，矢志不移为社会多作贡献，以此提升自身生存质量。因此，必须努力学习，刻苦钻研，出创新科研成果，写出高水平的学位论文，以此来提高自身素质。高尚道德文明素质、良好文化科学素质、开拓创新思维素质、维护生态安全素质、健康身体心理素质，是一个全面发展博士应该具备的素质。高素质的博士在人力资源群体中组成核心竞争力，形成强大的团队力量，肩负着走中国特色自主创新之路，建设创新型国家的历史使命。

研究生个人素质会表现在行为中的，既抽象又具体，是可以从日常的生活、学习、科研中观察捉摸到的，并有评价标准。因此，素质是可以教育输入的。研究生素质教育是贯彻三年研究生教育全过程的。社会主义核心价值理论体系是素质教育的指导理论，研究生培养计划中虽没有专门的素质教育课程，但有指导理论，将其融入政治理论和业务理论学习，及科学研究实践的全部教育过程中，多渠道并进全面提高素质。

博士生们运用中国特色社会主义理论体系，牢固树立科学的世界观、人生观和价值观，此三者是人生的航标。但三者是通过价值观和价值行为取向素质来显示的。科研成果如何获得，荣誉如何获得，经济利益如何获得，在手段和方法是存在真伪的，任何作伪行为必定声败名裂，此路绝不可走。

树立科学的世界观、人生观和价值观是全面提高素的前提条件。

（三）勇于实践，大胆创新创造优秀成果

创新是一种素质，是每一个科技人员必须具备的重要素质。个人创新是从思维开始的，思维是来自实践积累是认识渐进性升华，是突变，是突发性事件。创新是推进人类社会发展进步的革命力量。据此，笔者将创新总结归纳为：“创新是思变求新，思

超越求发展，但要思之有据，变之有道。”（何方，等，2007）

研究生创新能力的培养是通过教育培养计划实施的，教育计划是由创新科学知识的培养，创新科学思维的培养，创新能力的培养组成的，可合称三大培养。“三大培养”仅是教育培养计划，此计划要被研究生们接受，变成他们自觉的行为，要经三年实践的努力，刻苦钻研，导师要精心指导，才能达到预期效果，获得优秀创新优秀成果。

博士研究生培养计划的制定，其中学位研究课题的选择，研究创新成果的水平定位，要根据社会需求、科研经费、自身业务能力、客观能提供的研究平台、试验实验手段和人文生态等主客观条件，实事求是地选择确立课题，不能脱离实际，盲目求新，贪大，是完不成的。森林培育学科是应用学科，因而创新应多从技术创新或应用基础理论创新考虑。（李志辉，张日清，何方，2008）高校要利用多学科，人才齐全，设施先进的优势成为创新阵地。中南林业科技大学森林培育是国家重点学科，研究生培养要依靠重点学科，可以使用实验设备和实习基地，要在体现学科特色的栽培、育种、生态领域深入研究，创一流成果。

博士们要组成一支强大的高素质队伍，在人力资源群体中组成核心竞争力，形成强大的团队力量，肩负走中国特色自主创新之路，是国家发展的核心，建设创新型国家的历史使命。

（四）继承传统，与时俱进创建和谐文化

胡锦涛同志在讲话中提出，要不断深化对我国历史和国情的认识。自然科学的博士研究生们学习历史，主要是传承中华优秀传统文化的教育培养。现在的博士研究生是“80后”的，要教育他们正确认识和热爱传统文化。中华传统文化经过五千年的历史沉淀传统至今，是中华民族生生不息，奋进不竭的动力。

我们对中华传统文化的学习，是根据森林培养学科博士研究生教育需要，主要集中两个方面的内容。首先要学习中华人文精神。中华人文精神是以儒家“仁爱”“乐道”为中心思想的，包涵对人的生存意义、民本意想、人格尊严、道德观念、价值追求的高尚思想境界“在明明德”。在行为价值取向，直至完成齐家、治国、平天下的历史使命的整体把握。

其次是自我修身。博士研究生学习自我修身要结合自身实际，有的放矢。《大学》编制了一个人生八步曲“格物、致知、诚意、正心、修身、齐家、治国、平天下。”立足点是“格物致知”，从修身做起。儒家将“修身”作为做人之根本，“自天子以至于庶人，一是皆以修身为本”（《大学》）。修身的目的是为了齐家、治国、平天下。

中华人文精神崇尚“和为贵”，倡导“和而不同”，追求和谐价值取向。党的“十

七大”报告指出：“和谐文化是全体人民团结进步的重要精神支撑。”通过和谐文化建设，培育文明风尚，是全面建设小康社会，构建社会主义和谐社会必备的社会基础条件，和谐文化建设是为此而提的。

和谐文化的特色是包容多样性和差异性，它既传承中华优秀传统文化，又包容现代国内外和谐文化，体现时代性。但它们之间仍保持其多元性和各自的独立性，相互继承，融汇创新，形成“兼容多端而相互和谐”，它们共同组成社会主义先进文化。

在博士研究生教育中建设社会主义和谐文化引领博士研究生培养，促使他们具有更高尚的文化修养，用文化教育提升他们的人文素质、思想素质、科学文化素质和心理素质。文化和自然科学的结合，拓宽思想视野，同时也为培育社会主义文明风尚做贡献。

（五）育人为本，实施人性化个性化教育

胡锦涛同志讲话中，在第二点希望和第四点希望二次提出对教师的恳切希望和要求。教师是学生成长的引路人，要甘为人梯。我们作为导师要认真学习，深刻认识其重大意义，要贯彻到教学实践行动中去。

教育坚持育人为本，传道授业，立德树人为根本。为完成此“根本”，必须加强师资队伍，修德、治学、为师之建设。

在现代条件下博士研究生培养必须实施人性化和个性教育，因材施教，也体现了以人为本，科学发展观的教育原则。研究生是一个高智商群体，由于他们之间的先天条件和后天经历的不同，他们个体间的德、智、能、体是有差异的，所追求的目标也是不同的。表现出各自的强项和弱项，以及智能与爱好和理想的差异。导师要知人善教，因材施教，发扬其长，补充其短，使长更长，短不短。但导师要充分认识到研究生教育培养，研究生是主体，谁也不能替代的，要尊重他们的主体地位，尊重他个人的意愿和爱好，是实施个性化教育的前提和基础。研究生人性化教育是对他们的人文关怀，尊重、理解和宽容他们追求自身利益和发展目标。研究生教育是与导师面对面的教育，是可以做到人性化、个性化，因材施教的，也必须做到，是对导师的基本要求。

师生们共勉之。

第四节　健全社会化服务体系

以各级林业技术为中心，健全社会化服务体系。林业社会化服务体系，当前主要

集中做好下面几个方面的工作。

一是经济林造林宜林地的规划设计经济林名特优商品基地建设，必须进行规划设计，才能投资、施工。以乡、村为单位组织农户的庭园经济林生产也要作好统一的规划设计，保证商品生产的质量。面上的经济林生产也要进行必要的简易规划设计，避免盲目性。今后经济林生产主要抓基地和庭园经济林两个方面的生产建设。

二是建立良种繁良体系。为了保证经济林生产的良种化，必须由国家按县分点或统一建立良种繁育基地，为经济林生产提供良种和优良无性系嫁接苗木。经济林生产良种化是通过优良无性系化（个别少数树种例外）实现的。

前些年经济林投资效果并不好，主要用在劳动力的工资中，今后的投资应主要用在两个方面：一是提供优良无性系苗木；另一是在技术性较强的如嫁接（高接换冠）、修剪、施肥、病虫防治等方面。

三是推广各种技术标准。各种技术标准是将科技成果和实用技术，以科学合理、简便易行的标准化形式固定下来。有了技术标准，即使科学文化素质较低的农民也能迅速准确地使用。试验、示范与推广相结合。从生产实践中掌握科学技术，提高劳动者的素质。

建议林业部多制定行业标准，现在经济林中只有油茶、油桐、板栗、核桃、枣、柿有丰产林标准，其他许多树种还没有标准。技术标准是科技成果转化为生产力的重要形式。推广标准，有章可循，从具体的项目入手，可操作性强，目标明确。

四是建立产品销售市场和信息网络。经济林生产实际上是产品生产—产品加工—商品流通，林工商一体的生产系统。只管产品生产，不管加工销售，永远都不能提高经济效益。为适应我国计划经济和市场调节相结合的经济体制和运行机制，必须建立一个多层次多渠道的农村商品市场，形成全国上下的商品信息网络。

经济林产品的加工是丘陵山区乡镇企业重要生产门路，也是增加附加值，提高经济效益的重要手段。到本世纪末农村劳动力剩余 1.5 亿，相当目前城镇职工总数。出路在哪里？开发以经济林生产为骨干项目的多种经营，带动乡镇企业的发展，这是具有战略意义的重要出路之一。

参考文献

曹建文 . 2005-01-11. 博士生培养要把质量关 [N]. 光明日报（2）.

曹建文 . 2005-01-11. 博士研究生培养要把质量 [N]. 光明日报（2）.

陈延斌，邹放鸣 . 2007-07-31. 社会主义核心价值理念刍议 [N]. 光明日报（9）.

程光胜 . 2003-04-25. 历史的启示 [N]. 科技日报（1）.

达尔文 . 1972. 物种起源 [M]. 陈世骧，等，译. 北京：科学出版社. 1-10.
恩格斯 . 1971. 自然辩证法 [M]. 北京：人民出版社. 46-52.
方立天 . 2007-11-01. 国学之魂：中华人文精神 [N]. 光明日报 .
方天立 . 2007-11-01. 国学之魂：中华人文精神 [N]. 光明日报（10-11）.
国务院 . 2006. 全民科学素质行动计划纲要（2006—2010—2020 年）[N]. 光明日报 .
韩愈 . 1992. 师说//古文观止 [C]. 长沙：岳麓书社. 506-511.
何传启 . 2014-09-01. 基本现代化进入倒计时 [N]. 中国科学报（1）.
何方，张日清，李志辉，等 . 2007. 博士研究生素质教育的研究 [J]. 中国教师与教学，3（5）：22-24.
何方 . 2007. 加速林业生态建设促进构建和谐生活//经济林产业化与可持续发展研究 [M]. 北京：中国林业出版社. 209-216.
何方 . 2007. 加速林业生态建设促进构建进和谐社会//经济林产业化与可持续发展研究 [M]. 北京：中国林业出版社 . 209-216.
何方 . 2007. 林业建设环境友好型社会的保障//世界林业研究 [C].
何方 . 2007. 林业建设环境友好型社会的保障 [J]. 世界林业研究 .
胡锦涛 . 2005-01-19. 进一步加强和改进大学生思想政治教育工作，大力培养造就社会主义事业建设者和接班人 [N]. 光明日报（1）.
胡锦涛 . 2005-06-27. 在省部级主要领导干部提高构建社会主义和谐社会能力专题研讨班上的讲话 [N]. 光明日报（1）.
胡锦涛 . 2006-01-10. 坚持走中国特色自主创新道路　为建设创新型国家而努力奋斗 [N]. 科技日报（1）.
胡锦涛 . 2008-05-03. 在北京大学师生代表座谈会上的讲话 [N]. 光明日报（1）.
李果 . 2016-10-10. 坚持“创造性转化、创新性发展”方针，弘扬中华传统文化 [N]. 光明日报（1）.
李志辉，张日清，何方，等 . 2008. 博士研究生创新能力培养方法的研究 [J]. 中国林业教育，26（2）：45-48.
罗哲 . 2007-11-27. 社会主义核心价值体系的基本特征 [N]. 光明日报（5）.
孟建伟 . 2007-02-13. 科学教育需要人文化 [N]. 科学时报（B_4）.
牛文元 . 2007. 中国可持续发展总纲（国家卷）[M].
裴林 . 2014-11-01. 人才红利从何处来 [N]. 光明日报（11）.
唐凯麟 . 2007-08-14. 把握社会主义核心价值体系的基础 [N]. 光明日报（3）.
王建堂 . 2007-12-14. 国学与科学 [N]. 科学时报（B_2）.
王通讯 . 2014-11-01. 创新发展择天下英才而用之 [N]. 光明日报（11）.
韦建桦 . 2007-12-04. 社会主义核心价值体系的历史内涵科学精神创新品格 [N]. 光明日报（9）.
张炳升 . 2010-05-24. 提升国家核心竞争力 [N]. 光明日报（1）.

张巨成 . 2008-01-19. 高校思想政治工作要注意人文关怀 [N]. 光明日报 (7).

赵寿元 . 2003-04-22. DNA 与遗传学 [N]. 科技日报 (1).

赵鹰 . 2007-02-06. 大学生心理健康教育：防控与教育并重 [N]. 科学时报 (B_1).

周光召 . 2003-04-05. DNA 的故事和启示 [N]. 光明日报 (6).

第九章　经济林专业创建与发展历史回顾[①]

第一节　经济林专业创建与发展

一、中南林业科大的经济林学科缘起

何方 1954 年 8 月毕业于华中农学院林学系林业专业本科。同年与同班同学宋醒秋（毕业时结婚的妻子）共同分配至湖南省江华林区经营管理局工作，主要工作任务是杉木国有造林。1956 年 5 月一起调回湖南省林业厅。宋醒秋分配厅办公室参与《湖南林业通讯》编辑工作，时年 26 岁，从此决定了她一生做文字工作。何方分配至湖南省林业干部学校当教师，时年 25 岁，从此决定了他一生从事林业教育工作。

1958 年，从湖南农学院林学系分出，筹办独立新建湖南林学院。何方调新学院筹委会办公室工作，严汝策任办公室主任。刘仲基、何方、彭一明、吴君彦、冯明为工作人员。新湖南林学院成立后，何方调林学系造林教研室当助教。

1958 年，新建林学院在长沙烂泥冲挂牌成立。新学院院长由时任湖南省林业厅副厅长王雨时兼任。王雨时副厅长向何方提及湖南经济林（当时称特用经济林，后按《森林法》改称经济林）很多，全国油茶林 6 000万亩，湖南 2 400万亩，占 40%，全国第一，要加强这方面的教学内容。何方当时提出开办特用经济林专业，王雨时副厅长很赞同。

为开办新的经济林专业，由何方起草了《论经济林的内容、特点、任务和发展前景》（该文后收入 1988 年由中国林业出版社出版的《何方文集》）。开办新专业当时教育部还没有严格的审批制度，省教育厅批准即可。

湖南林学院经济林专业 1959 年秋开始正式招收本科生。1960 年以后相继有南京林

① 本章由何方、张日清撰写。

学院、西南林学院、西北林学院、浙江林学院、福建林学院招收本科生。

经济林专业早在1963年就收入经国务院批准由国家计委、教育部修订的《高等学校通用专业目录》。当时的名称是特用经济林专业。1983年国家教委第二次公布专业目录，经济林仍然当之无愧地进入林科17个专业之列。因此，经济林专业是经过40多年的教育科研实施发展起来的成熟专业。

二、经济学科专业建设

“经济林”名称之来由。在国务院1979年4月23日公布的《中华人民共和国森林法》（试行）之前，在林业的经济林中包括用材林和特用经济林。《中华人民共和国森林法》将用材林、经济林分开，并重新界定用材林和经济林各自的内涵和任务。1959年开始成立专业时称为特用经济林专业，简称特林专业，关键就是一个“特”字，标明与用材林的区别。经济林60多年来，就是靠这个“特”字发展壮大的。

1958年新的经济林专业成立了，同年相应成立经济林教研室。教研室成立之初有5人，杨镇衡讲师任主任，胡芳名任秘书，成员有何方、刘显旋、邓毓芳，我们四人均为助教。

何方认为并建议教研室当务之急，马上要着手做的事有5件。第一是制定经济林专业教学计划，为明年（1959）的招生，做好准备。其次是师资的培养，是办好专业的首要条件。第三是新开设专业课教材的准备，首先是《经济林栽培学》。第四是开展科学研究，是出人才，出成果，出教材，必由之路。第五是全方位搜集有关经济林生产、科研和教学资料，了解国内外发展现状。

教研室接受建议，并组织实施。由何方执笔起草中国第一个经济林教学计划，经教研室讨论同意。从此，胡芳名、何方二人共同协力，携手终生，为经济林学科的发展建设，付出毕生精力，做出重大贡献，无怨无悔。他们二人被誉为中国经济林学科专业创始和奠基人。

何方首次为经济林专业开设《经济林栽培学》。经过10年动乱之后，以原讲稿为蓝本，由胡芳名主编，何方执行，并组织国内有关院校教师参编，1983年，中国第一本《经济林栽培学》1983年由中国林业出版社出版。至2003年7次印刷，发行7 500册。

经济林专业招生了，教研室也成立了，如何将专业办好，办成国内一流，必须要有人才支撑，要有一流的经济林专业教师。笔者会同同事共同意识到一流的经济林专业教师，就只能在教研室现有的教师中培养产生了。当时笔者会同同事共同商定三条办法，第一条是学要专攻，每个教师要认定一个主要经济林树种作为专攻对象。分为木本油料：油茶、油桐、乌桕；木本粮食：栗、枣、柿三大块，以及楠竹，分别自认，自组，自编教材。第二条搞科研出成果，通过科研实践提高业务能力和水平，充实更新教学内容。

第三条是建生产科研教学基地。老师们的自行学习，相互帮助，就这样展开了。

何方认定油桐，成为他一生的事业，一生的追求。油桐良种选育“六五”国家攻关课题，何方参加主持。油桐早实丰产栽培“七五”国家攻关课题主持。先后在国内期刊发表研究报告论文35篇，获国家省部科技进步奖7项，最后出版《中国油桐栽培学》。全国油桐科研协作组参加主持。何方系经济分会油桐研究会会长。

湖南林学院当时在国内名不见经传，但经济林其他几所林学院没有何方与胡芳名配合默契，成为两者共同的终身事业，同心协力，努力奋战。在学院党委的领导下，在林学系的关心和直接支持下，教研室同人的共同努力下，在湖南林学院中经济林专业初具规模，在国内也具有一定的影响，得到国内同行专家的认可。

在烂泥冲时代后来进入经济林教研室的有谢碧霞、胡保安、漆龙霖、朱干波、刘凤娟、黄甫华、文凛、陈新一、张美琼、李克瑞、龚立珍。

1964年由湖南林学院和广东林学院合并组建成立新的中南林学院，由林业部直属。院址设广州市白云山下黄婆洞，原广东林学院原址。同年秋湖南林学院由长沙整体搬迁广州。谁也没有想到的，林学院在40多年中经历了漫漫搬迁之路。

学院搬迁广州，杨晋衡老师调湖南省林科所工作。在黄婆洞时代经济林教研室胡芳名任主任，成员有：何方、刘显旋、邓毓芳、李克瑞、谢碧霞、漆龙霖、胡保安、张美琼、朱干波。朱干波20世纪60年代末在广州调离。李克瑞因夫妻关系于1980年在大江口调回广州师院。其他7人用一生的时间为经济林的事业奉献终身。后来均成为副教授，胡芳名、何方、谢碧霞三人成为经济林学科专业教授、博导。

1966年5月开始，教学科研一切停顿。1970年10月，中南林学院与华南农学院合并，成立新的广东农林学院，院址在五山华农原址，教职工由黄婆洞整体搬五山。

1970年年底全国干校撤销。1971年初英德干校撤销，全部回到广州五山广东农林学院。邓小平为改革开放储备了人才。何方说，我从心里感谢小平同志。

1973年广东在全国率先招收工农兵大学生。农林学院各个专业均招了生，经济林专业也招了2个班。

邓小平在他主持的科学和教育工作座谈会上说：“高等院校今年主要下决心恢复从高中毕业生中直接招考生，不要再搞群众推荐。”后又批准教育部关于1977年恢复全国高校招生，考试方法采用全国统一考试。就这样1977年全国恢复高校招生，全国统一考试，划出入学考试的分数线，现在惯称“恢复高考”。教育是国之根本。

1977年恢复高考，湖南林学院在大江口各个专业都招了生。录取的新生在大江口期间，教学和学习条件很差，生活也很艰苦。但他们的心态是兴奋向上的。

1978年7月恢复中南林学院，仍属林业部。

1979年决定搬株洲市郊树下新建学院。1981年开始逐步向株洲搬迁，1983年9月整体搬迁至株洲。

1984年经林业部批准成立经济林系。刘显旋出任第一任系主任。经济林系的成立为经济林教育科研带来新活力。推动经济林教研科研大发展。

1982年经林业部教育司批准，学院少数专业招收硕士研究生。胡芳名和何方二位副教授在学院首次招收经济林专业硕士研究生，招生对象主要是77级经济林专业应届毕业生，当年录取两名。由何方执笔制订了经济林专业硕士研究生教育培养计划。后来这个计划经数年的实践，不断修改，林业部教育司作为全国通用计划印发。

1986年何方和胡芳名晋升为教授。

1992年学院申报经济林专业博士点。1993年学院经济林专业经林业部批准，向国务院学位委员会申报博士点成功，是中南林学院零的突破。同时胡芳名、何方随同学院博士授予点获批，成为学院首批博士研究生导师。经济林专业申报博士点成功，是表示中南林学院整体办学水平够格设博士研究生授权点。我们经济林专业为学校做出了历史性贡献。

何方为学院经济林学科专业博士授权点的申报，执笔撰写了论证材料，填报了一系列表格。授权获批后，何方制订了中南林学院第一个经济林专业博士研究生第一个教育培养计划。

我们为之奋斗终生的经济林专业教育事业，由于国民经济有需要，人民生活需要，从1958年，经40年的努力，在全国已经形成了中专—专科—本科—硕士—博士共5个层次组成完整的教育体系，培养了各级经济林专业技术人才15 000多人。

第二节　基地与科研

一、中南林业科技大学及其前身教学科研基地建设

（一）意义

何方非常明确，坚信要办好经济林专业，要有高质量的教学，出高质量的学生，必须要有教学实践。高质量的教师，创新教学内容，教师必须有科研实践。教学研究二者实践的完成，均必须要有教学科研试验基地，有自己的实验室，先进实验手段。

经济林专业本科毕业生，无论到生产、科研、教学部门工作，均必须学会掌握配套实践操作技术，采种育苗，扦插嫁接，栽培管理，整形修剪，立体经营，病虫防治

等技术措施，这是看家本领，掌握现代经济林产业体系建设，均要在实验基地完成。

教师科研实践，从实验设计开始，至出成果，也要实验基地完成。有自己的实验基地，才有可能长期延续稳定的活态实验研究，才会出成果，出文章，创新教材。

无论是教师，还是毕业生今后去学习世界最新、最前沿科学理论，去做世界最先进、最顶端的科学研究。必须掌握生产实践各项技术是看家本领，是基础。

（二）过程

建设教学科研基地，由何方通过林业厅的积极努力，于1961年在长沙市天际岭划拨3 000亩荒山，水田20多亩，水塘一口，建成湖南林学院天际岭经济林实习林场。1962年学院全院到了江华。天际岭林场由林学系总支书记陈立华负责建场。1964年因学院搬迁广州，林场无偿移交湖南省林科所，他们建为科研基地，我第一次创建基地失败。后来在这个基础上扩大建设成现在的湖南省森林植物园。但湖南省林科所科研试验基地仍在其中保留下来，出了油茶的科研成果。

1964年笔者和同事到广州后，充满青春的激情和幻想，欣喜地认为在广州新学院这样好的平台，放开手脚地干，可以大有作为的，笔者和同事暗下决心，要使经济林教育和科研成为全国领先水平。为了实现愿望，为了争取时间，教研室于1965年在粤北阳山县黄岔林场创建经济林基地蹲点，去了以后，笔者和同事计划长期蹲下去，并兴建三间办公室和住房，这是经济林教研室第二次建基地。黄岔林场是1965年全国油桐会议之后，扩建的并于1965年春造林，号称万亩油桐林场。笔者和同事从中选择1 500亩立地条件较好，油桐长势也好作为大面积丰产林。在选择出1 500亩油桐丰产林（场部核心区500亩，二个工区各500亩），1965年花期初选优树300株。1966年春营造100亩油桐丰产林。在场部进行油桐杂交试验200组合。选择挂牌编号30株桐树作定期生物学特性观察。培育二亩地砧木，进行优树嫁接。营造板栗丰产林80亩，一切都顺利成功地按计划完成。

经济林黄岔林场蹲点的教师，除有经济教研室胡芳名（教研室主任）、何方、李克瑞、刘显旋、邓毓芳、张美琼外，另有育种教研室文佩之及土壤教研组谢吟秋，以及外系化学教研组王庭隆、简升鹤。

笔者和同事所在组工作做出成效，由学院申报，被评选为1966年广东省高校先进教研究室。

黄岔林场的蹲点是教研室同志共同选定。到林场生活条件艰苦，但试验地条件好，我们胸怀大志，要在林场出科研成就，出文章，出新教材。

1973年春，何方和其他林学系教师短期到乐昌基地（乐昌林场枫树下工区）。何方利用劳动机会，基地有一台拖拉机的有利条件，将基地山脚下有200多亩荒山，开辟为经济林试验基地。

1972 年我们在基地培育的浙江山核桃、油茶、油桐、乌桕、山苍子、板栗一年生苗，在试验基地造丰产林。6 月结束，回广州，从此再也没有回过乐昌。紧接着林学院从广东农林学院分出搬湖南，成立湖南林学院。何方再也没有回乐昌，第三次建基地失败告终。

“六五”科研计划是从 1983 年开始，“六五”“七五”油茶、油桐国家攻关课题，经费较充足。何方主持了油桐课题并组织广西、湖北、四川、贵州、福建、浙江、河南、陕西等省区大合作。各方协作完成丰产林面积 2 034亩，3~5 亩种子园和采穗圃。其中广西、湖北、浙江、河南各建立了 5~10 亩油桐品种评比园。

笔者所在学院油桐课题组在油桐中心产区自治州永顺县青天坪（自治州林科所试验林场）建立油桐丰产林 100 亩，优树嫁接种子 5 亩，优良无性系采穗圃 2 亩，1990 年攻关结束，前后六年。青天坪和外省油桐基地，为油桐研究是提供了基础。

油茶在岳阳建立丰产林 20 亩。

“八五”油茶、油桐停止了国家攻关课题，青天坪和全国协作也停止。这是何方为经济林第四次建基地失败。

1990 年何方申请林业部油桐重点课题，获批。有经费的支持，又一次在中南林业学院衡阳沟嵝峰实习林场，集中从 9 个省区收集到 66 个油桐品种，169 个号，建立油桐资源基因库评比试验林 15 亩。5 年后课题结束，申请延续未果。没有经费 15 亩评比试验林只能放弃，是何方第五次失败。

“八五”我们申请了油茶、油桐国家攻关课题，希望建起来丰产林、种子、采穗圃能够继续下去，不要中断，未果。“九五”与中国林科院合作向科技部申请油茶攻关课题，也失败。

1983 年在湖南省林业厅科教处的支持下，1984 年冬在中南林学院林学系衡阳县沟嵝峰实习林场我们油桐课题组建立全国 66 个油桐农家品种评比试验林，约 25 亩。1987 年普遍结果，以后每年进行定点定树（按品种选定），观察调查。1988 年春花期，10 月果期分两次拍摄录像磁带。1990 年撰写了评比阶段成果研究报。

与林场共同营造油茶丰产林 50 亩，采用芽苗嫁接苗植苗造林。后因经费问题，评比园难以为继。1991 年以后停止管理。这是经济林第五次建基地，无最后结果而终。

二、高校科研的认识

（一）意义

高等学校进行科学研究可以发挥学科门类齐全、人才荟萃、设备完善的优势。据中国科技情报所以国内 1 230个期刊统计分析，1990 年共发表论文 88 723篇，其中高等学校有论文 47 840篇，占总数的 53. 95%，科研机构 23 238篇，占总数的 26. 19%。林业共有论文 1 400篇，占论文总数的 1. 58%，在 39 个学科中排名 23 位。在林业论文中，其中高校 631 篇，占 45. 07%，科研单位论文 480 篇，占 34. 28%。从上面的统计数字中看出，高校是一支左右科研局势的力量。高校进行科学研究除了一般意义上出成果外，还有更深层次的意义，是师资培养的必由之路，教师特别是青年教师，在科学研究的实践中，增长知识，增长才干，也是改进教学方法和更新教学内容的重要手段，从而促进教学改革的深入发展，所以高等学校开展科学研究，也是教学改革的需要。

研究所招收的经济林专业的硕士研究生，他们的学位论文均结合研究课题进行，真题真做，提高了论文质量。这样做另外还有两个好处，即研究生可以使用部分研究费，弥补了教学经费不足；研究生为课题做了部分工作，弥补了人力不足。每年指导经济林专业本科生的毕业论文，也让他们结合课题做部分外业调查工作，实验室分析工作也让学生自己操作，提高学生实验动手能力，提高毕业论文水平。研究教师上课，由于他们长期从事科研，具有实践经验和知识，掌握国内外信息，讲课内容丰富、生动，普遍受到学生的欢迎。研究所以科研为主，结合进行；教学，使科研—教学一体化，这是带方向性的决策措施。

世界性的经济和科技竞争，实质上是人才的竞争，谁拥有人才，谁就拥有 21 世纪。科学发展的战略对策，最关键的是加速培养一支具有良好政治和业务素质的科技队伍。林业科技人才的培养，必然地历史地落在林业院校的身上，要培养高素质的学生，首先必须要有高素质的教师。林业高校师资的培养，参加林业科学研究的实践，是主渠道。我们应推出一批林业科学家进入国际林业科技舞台上去表演。靠出高水平的科技成果，靠它换来知名度，靠它成为各个领域的权威。

高等林业院校的科学研究，仍要面向经济建设主战场，根据林业建设的实际需要，积极地开展应用研究、开发性研究、科技推广，结合进行必要的基础理论和应用基础理论研究，路才会越走越宽。这些年来，研究所与生产单位协作，试验基地直接建立在生产现场，科研与生产相结合，边试验边推广。研究所油桐丰产林“七五”国家攻关课题，500 亩油桐丰产试验林建在湖南湘西的永顺、保清等地。附近的农民见油桐丰产试验林产量高出他们油桐林的 5~6 倍，主动要求学习技术，笔者及其同事为农民无偿提供良种和配套技术，深受农民的欢迎。辐射面积不断扩大，至 1992 年春已有 3 500余亩。笔者及其同事进行的银杏、杜仲、山苍子的研究，没有经费，是与县林业局、技术推广站、林场协作，结合他们生产进行的，研究成果很快变为生产力。如银杏的嫁接繁殖，杜仲的立体经营，迅速在生产中推广应用，深受生产单位的欢迎。

技术推广是科技成果转化为生产力的机制，形成科研—推广体系，技术推广为科研带来生命力。高等林业院校开展科学研究的同时，同样应有推广任务，推广自己的科研成果。高校利用科技人才和设备的优势，进行开发性研究，并使它形成产业，带来经济效益，是搞活自身办学条件的重要途径。

（二）发挥人才潜力

如前所述 1990 年发表论文总数中，如果按学科划分数量，农林牧渔共发表论文 10 262篇，占全国论文总数的 12. 13%，在 6 个门类中排名第二。其中林业发表论文 1 400篇。占 1. 36%。全国助理工程师以上的林业科技人员估计约有 3 万人，人均论文是 0. 046 篇。如果按全国地区以上的科研单位 239 个计，科技人员有 1 万人，11 所林业院校教师 4 400人，加上农学院中的林学系和林业中专约有 1 600人，合计 6 000人。科研和教学二个部门的科技人员约共有 1. 6 万人，人均论文 0. 087 篇，水平较低。如果按人均 2 年出一篇论文，应有 8 000篇，按人均 4 年出一篇论文，也有 4 000篇。

科研与生产单位相结合，是争取经费的重要途径，仅仅是这一条路，也有其缺陷性，生产单位要求往往是现实的生产技术问题。科学研究不能仅仅局限在当前的短期研究，为今天生产服务。科学研究应有超前性，预测未来的发展，系统地研究潜在的问题，为明天的生产服务。因此，高校的科学研究仍然要加强科研投资。

建议我国林业管理部门在现有科研投资的基础上，每年增加 100 万～800 万元，使现有的科技人员更多地投身到科学研究中去，贡献他们的聪明才智。在林业总体投资中，科研投资应该算是基础投资，也是高效益投资，是为提高林业生产、科技与人才的整体素质，提高生产力服务的，是科技兴林落实到实处的措施。加强科学研究是推进林业建设整体进步发展的战略决策，科研投资是对第一生产力的投资。

第三节　经济林学科创立实践和理论依据

一、什么是学科，办好大学之蕊

什么是学科？学科在高等学校是依附于专业的一个教学组织独立单元。学科是组成学校的细胞，由学科群组成器官，构建成大学。学科是由一门主干专业课程和 1～3 门有关的专业基础课共同组成。学科包含三个元素，也是三个任务，一是教学，主要是全面负责本学科的硕、博研究生的教育培养，对本科生仅是负责 2～3 门专业基础课和专业课的教学任务；二是科学研究；三是师资培养（老、中、青）。

一所高校办学水平如何？是由该校学科建设水平如何所反映出来的。所有高校均应有自己的办学特色，特色是由特色重点学科（国家，省市，学校）来体现的。国内著名高校都会有自己的特色重点学科。如某大学是林业专业闻名，必定有高水平的林学学科及其相关的学科群构建而成。因此，要办好一所大学应从办好学科入手，是大学之蕊。为此，教育部从 1986 年开始，国家投大量资金扶持建设。国家重点学科是择优扶持，优者更优。因此，国家重点学科主要在重点大学，其中“985”计划入选的近 40 所大学，每所学校国家重点学科在 30 个以上。国家重点学科的评选是采用滚动式，淘汰制，有出有进。办一流大学，给一流条件，这是正确的方针。

教育部对国家重点学科是有要求的，重点学科应在高层次人才培养、科学研究、赶超世界先进水平和提高我国国际竞争力等方面做出重要贡献，并在高等学校学科建设中起示范和带头作用。

一所高校办学水平如何？是由该校学科建设水平如何所反映出来的。所有高校均应有自己的办学特色，特色是由特色重点学科（国家，省市，学校）来体现的。国内著名高校都会有自己的特色重点学科。如某大学是林业专业闻名，必定有高水平的林学学科及其相关的学科群构建而成。因此，要办好一所大学应从办好学科入手，是大学之蕊。为此，教育部从 1986 年开始，又经“十五”，“十一五”共评出国家重点学科 1 912个，国家投巨资扶持建设。国家重点学科是择优扶持，优者更优。因此，国家重点学科主要在重点人学，其中“985”计划入选的近 40 所大学，每所学校国家重点学科在 30 个以上。国家重点学科的评选是采出滚动式，淘汰制，有进有出。办一流大学，给一流条件，这是正确的方针。

中南林业科技大学融合经济林学科的森林培育学科，“十五”“十一五”“十二五”连续三届被教育部评选为国家重点学科，该校森林培育学科的特点是包涵森林培育和经济林 2 个二级学科。两个学科经过办学实践经验的沉淀，特别是改革开放 30 多年来，两个学科共培养毕业硕士研究生 150 人，博士研究生 40 多人。学科本身培养出一批中年教授，他们在国内已经有一定的知名度。森林培育学科下属森林培育、经济林、遗传育种、土壤 4 个教研室，以及国家林业局经济林育种重点实验室，共有教师 84 人，教授 25 人，其中博导 14 人，副教授 33 人，讲师助教 12 人。“十一五”期间共有国家省部科研课题 37 项，科研经费 1 156万元。近 3 年（2006—2008 年）获国家省科技进步奖 3 项，专利 6 项，发表各类论文 403 篇，出版专著 3 部，教材 2 部，个人论文集一部，至 2010 年秋共招生博士研究生 52 人，已毕业授学位 22 人，硕士研究生 71 人，已毕业授学位 42 人。

二、经济林学科的形成和发展

经济林学科是应用技术学科，来自生产实践，紧密联系生产实践，必然是依附于现代经济林产业。

新中国成立后，在党的领导下，随着社会主义建设事业的发展，经济林生产建设事业作为一个产业部门也得到应有的发展。伴随着经济林生产实践的需要，逐步形成了一门新的独立学科——经济林科学。正如恩格斯所说："科学的发生和发展，一开始早就被生产所决定。"因此经济林学科从林业学科分化出来，成为一个独立的学科，只有60多年的历史，是一个与共和国一起成长的年轻学科。由于我国经济林事业的发展，特别是改革开放以来来，农村产业结构的调整，兴办经济林"绿色企业"，生产生态产品，使农民脱贫致富，产生"经济林效应"。经济林生产事业的发展，势必面临许多生产中的问题，需要研究解决，加之党和国家的重视，将经济林列入国家科研攻关项目，给经济林学科带来巨大的活力。事实表明："社会一旦有技术上的需要，则这种需要会比十所大学更能把科学推向前进。"

（一）经济林学科的形成

经济林生产由于它在国民经济中的重要地位，经过60多年的发展完善，已形成一个由栽培经营—采收贮运—加工利用—商品销售的完整产业体系，它是与共和国一起成长的年轻新兴产业行业，具有无限的生命力。现在经济林产业行业已与其配套的经济林科学研究和经济林专业教育共同组成完整的社会大系统，这个系统正借助改革开放的强劲东风作为原动力，推向更高层次的深化改革，调整自身的产业、产品的优化结构，调整与科研和教育的依存关系，20世纪90年代将步入一个新的发展阶段，上一个新的台阶，迎接21世纪的挑战。

经济林生产的发展与进步需要科学技术，在生产实践和科学实验的过程中，事物的因果规律不断地被揭示，人们认识不断深化、系统化，形成一个积累的漫长过程，在这个过程中，它与林业、果树、旱地农业、经济昆虫、食品加工与检测等学科相互渗透与结合，并吸收现代科学技术新成果，经过概括和升华，逐步形成一门新独立学科——经济林学科，这是科学技术的发展，新学科形成一般规律。经济林学科是应用学科，是以经济林产业为依托的，也是经济林学科的生长点，因为其学科范围的界定是清楚的，是自立于众学科之林。

学科门类是以研究对象和方法来划分的，反映出人类认识活动的历史过程和当时科学技术水平。经济林学科有其稳定的研究对象和服务方向以及独特的研究方法。经济林种类繁多，生产目的各异，产品各具特点，生产和研究领域广阔。

经济林学科属于应用学科领域，它由科学理论系统和技术应用系统组成，其间还穿插着横向学科和交叉学科，充分反映出应用学科具有高度综合性的特点。经济林学科的理论系统是建立在现代生命科学和地球科学基础上的，这是农林学科的共性。在这里生命科学主要是指植物学和植物分类学、植物生理学、植物遗传学、植物生态学；地球科学主要是指地理学、地貌学、土质学与土壤学、气象学与气候学，以它们作为基础理论，吸收其中有用部分，为我所用，并融合社会学、经济学理论，形成经济植物资源学、生态经济林学共同组成。经济林学科的理论系统，用以指导合理地利用环境资源和生物资源。

经济林学科的应用技术系统，包括林业技术、生物技术和工程技术 3 个方面组成经济林生产技术系统。这个技术系统具体地应用在经济林木的繁殖，新品种的培育，栽培与经营，经济林产品加工与检测，组成经济林学科应用技术系统。21 世纪在高新技术的群体中，带头的将是生物技术。生物技术在经济林学科中得到广泛的应用，将会从根本上改变经济林学科的面貌，在经济林产品加工利用和检测中，工程技术将得到进一步的应用。应用技术系统同时也是科技成果转化为生产力的中介，成为新生产力，推动社会进步与发展。

系统理论是进行科学研究和组织大生产的指导理论，系统工程和电子计算机是分析统计运算方法。信息是决策的依据，管理是组织经济林生产、科研，以及学科内部和学科之间正常运行的机制。

综观上述，可见经济林学科是一个包括多门类，多层次的完整体系，是其他学科所不可代替的。

经济林的科学研究，包括众多树种的生物学、生理学和生态学的应用基础研究，经济林木良种选育、繁育，栽培模式、立体经营的应用研究；经济林产品采收、贮运，加工利用、产品质量检测，产品市场供销，以及新产品、新资源的开发研究等不同层次的科学研究。新的科研成果给经济林学科带来新的活力，有力地迎接其他生产门类和市场的挑战。正如恩格斯所说，“社会一旦有技术上的需要，则这种需要会比十所大学更能把科学推向前进。”

“林业学科”的概念，在国内习惯上往往局限于以生产木材为目的的用材林。而现代林业学科是一级大学科，经济林与用材林均为二级学科，但它们之间是不能相互替代的。

首先是栽培的树种和目的不一样，用材林只单一地生产木材，而经济林产品多种多样，产品数量和质量的概念完全不同。其次是经济林产品的采收、贮运有其独特的要求，并且是一次种植，多年受益。再次是经济林栽培经营集约化程度高，生产技术是与果树渗透的。最后是经济林在当前其经营包含食品加工利用、经济林产品的检测。从上述四个方面的不同，清楚地表明用材林和经济林分属两个独立的学科。

经济林学科与果树学科是分别归属于林业和农业两大学科。它与果树之间在树种上和生产技术上是有交叉的，但经济林产品更多，内容更广泛丰富，其中许多种类是果树业不栽培经营的。因此“果树”也不能覆盖，不能替代“经济林”，而是各自独立存在于不同的产业和学科。经济林生产的虫胶、虫蜡、五倍子，除营造它们的寄生林外，也进行放养繁殖，与经济林昆虫是交叉的、互补的，但它们之间是不可替代的。经济林的立体经营，林地间种早期主要是旱地农作物，在作物种间和技术上是有交叉的，然而，这些交叉不仅不妨碍各自的独立性，而且正显示了经济林所具有的综合性学科优势。

归属于经济林经营系列的产品加工利用，主要是果品的食品加工，与食品工业是有交叉的。经济林产品检测是包括食品在内的多种产品的检测，并且是采用国家统一标准，这与商品检测监督是交叉的。

综上所述，经济林学科具有多学科交叉的特点，这极大地丰富了经济林学科的内涵。它与用材林交叉面反而较少，因为经济林与用材林从一开始就有各自不同的内涵，是相对独立的。

关于科学和学科的问题，笔者认为科学和学科是相关联而又不同的两个概念。经济林科学是指研究内涵和性质及其方法。经济林学科是指广义科学领域中的门类。经济林专业则是以经济林学科为基本内容的专业教育及其培养目标与培养计划。经济林产业则是指生产经济林产品的行业，是生产劳动的实施部门。而经济林科学、学科、专业则是认识、知识部门，它是以产业行业为依托和生长点的，这是人类认识规律。要想真正能称为一个独立的完整学科，必须包括产业—科研—教育这样三个层次组成的完整体系。经济林学科经过40多年的发展，目前已经形成包括经济林产业—经济林科研—经济林专业教育3个层次的完整体系。

从经济林学科形成过程中看出，它是来自经济林产业生产实践。学科的形成是经由人从生产实践经验中，认识，领悟，梳理上升为具有条理性和系统性的技术方法与科学理论。科学运用技术和理论反过来指导支撑生产实践。表现出辩证的因果关系，相互依靠，相互促进，永无止境。

（二）学科系统构建

21世纪中叶，在高新技术的群体中，带头的将是生物技术。生物技术被广泛的应用，从根本上改变农、林、牧、渔的生产面貌。改变医疗保健条件，人民健康更有保障，人的平均寿命更长。到时经济林产品是人民享受和发展的资料，备受重视。经济林学科在社会整体高科技的带动下，会自立于当代学科之林。它横向吸收消化其他学科领域新的科技成果，为我所用，为我所有，组成自己纵向的完整学科系统（图9-1）。

- 经济林学科系统
  - 资源系统
    - 环境资源
    - 生物资源
  - 科学理论系统
    - 生命科学
    - 地球科学
  - 技术科学系统
    - 应用技术
    - 生物技术
  - 信息系统
    - 电子计算机
    - 情报
  - 系统科学
    - 系统理论
    - 系统工程
  - 管理系统
    - 科研管理
    - 技术管理

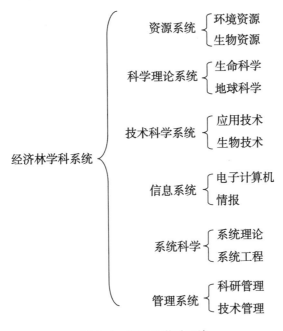

图 9-1　经济林学科系统

在经济林学科中，资源系统是劳动的对象，要在生态资源学理论的指导下，合理地利用和保护资源。科学理论系统是以生命科学和地球科学作为基础理论，并融合社会学、经济学理论，形成完整的生态经济林学科，作为应用基础理论。技术科学系统是科研成果转变为生产力的中介。广泛地使用生物技术和其他应用技术体系，生产出新的产品系列，成为新的生产力，推动社会进步与发展。信息系统是计算与信息处理系统。系统理论是进行科学研究和组织大生产整体观点的指导思想，系统工程是方法。管理是组织经济林学科与各分支学科，以及其他学科之间正常运行的机制。

（三）中南林业科技大学经济林学科产生的背景及发展沿革

新中国成立后，在党的领导下随着社会主义建设事业的发展，经济林生产建设事业作为一个产业部门也得到应有的发展。伴随着经济林生产实践的需要，逐步形成了一门新的独立学科——经济林科学。正如恩格斯所说："科学的发生和发展，一开始早就被生产所决定。"因此，经济林学科从林业学科分化出来，成为一个独立的学科，只有60年的历史，是一个与我国一起成长的年轻学科。由于我国经济林事业的发展，特别是改革开放以来，农村产业结构的调整，兴办经济林"绿色企业"，使农民脱贫致富，产生“经济林效应”。经济林生产事业的发展，面临许多生产中的问题，需要研究解决，加之党和国家的重视，将经济林列入“六五”“七五”国家攻关项目，给经济林学科带来巨大的活力。事实表明：“社会一旦有技术上的需要，则这种需要会比十所大学更能把科学推向前进。”

随着生产和科学技术的不断发展，学科门类也逐步增多，估计我国现有学科门类在1 000个以上。但并不是有生产门类，有科学研究项目，就会有学科门类，我国在20世纪80年代的10年中，取得各类重大科技成果11万多项，这许多成果分别归属于现有1 000个学科门类中。因为学科门类是以研究对象和方法来划分的，是人类认识活动的历史过程。

中南林业科技大学经济林学科发展沿革如下。

1958年，在全国率先成立经济林教研组。

1959年，创办特用经济林本科专业，标志我国经济林学科诞生。

1980年，成立全国普通高等林业院校经济林专业教材编审委员会。

1986年，调整为全国普通高等林业院校经济林专业指导委员会。

1981年，招收我国第一批经济林硕士学位研究生。

1983年，创办《经济林研究》期刊。

1985年，评为原林业部部属重点学科专业。

1986年，成立中国林学会经济林学会（后改为经济林分会）。

1993年，获得我国首个经济林学科博士学位授权点。

1994年，招收了我国第一个经济林学科博士学位研究生。

1995年，批准建立经济林育种与栽培林业部（现国家林业局）重点实验室。

1998年，国家学科专业新目录将“经济林”与“造林学”合并为“森林培育”学科；经济林专业并入到林学专业，我校在林学专业下设置经济林专业方向。

2001年，森林培育学科评为首批湖南省重点学科。

2002年，森林培育学科评为国家重点学科。

2003年，批准建立林学一级学科博士后科研流动站，下设经济林方向。

2005年，获批林学一级学科博士学位授权点，下设经济林方向。

2006年，森林培育学科续评为“十一五”湖南省重点学科。

2007年，森林培育学科续评为“十一五”国家重点学科。

2009年，批准自主设置经济林二级学科硕士、博士学位授权点。

2010年，批准林业硕士专业硕士学位授权类别，下设经济林方向。

2011年，批准建立经济林培育与保护省部共建教育部重点实验室。

2012年，新的学科专业目录恢复设置经济林学科方向（注：未公布）。

2013年，批准建立经济林培育与利用湖南省2011协同创新中心。

（四）经济林学科的特点

学科最根本的特点是经济林具有资源丰富、种类繁多的现代产业体系，产品国需民需。是民生林业，是生态林业。

经济林学科经过几十年来经济林生产实践和科学实验的积累和深化，在我国总体科学技术发展的影响和渗透下，吸收现代科学技术的理论与技术成就，形成了经济林学科的独立体系，有自己独特的研究对象和研究方法。经济林树种繁多，资源丰富，产品多样，生产项目和研究领域广泛。它包括经济林中众多树种的生物学，生理学和生态学特性的应用基础研究；经济林良种选育、繁育，丰产栽培，立体经营的应用研究；经济林产品采集贮运，综合利用，质量检测以及新资源探查的开发研究等，都具有自己的特点，是其他学科所不能代替的。另外，还有经济林林价社会效益的研究和产品市场的研究。由此可见，经济林学科是一个包含多个分支学科组成的完整体系。

研究方法是由研究对象和研究内容以及研究目的所决定的。经济林学科的研究方法是以系统理论为指导的。研究手段借用移植通用技术，更多的是运用生理生化的实验方法和某些生物技术。确保其精确性和可试验性。在研究资料的统计分析，运算处理，普遍地使统计方法和电子计算机。

在研究内容上，环境宏观系统研究中，着重适应性的研究，确保因地制宜。在林分群体研究中，着重结构与功能的研究，确保群体的平衡稳定。在个体科研中，着重优良个体的选育及其生长发育规律的研究，确保高而稳的收获。

研究目的除有一般理论的探讨外，着重是高产优质，达到高经济生态效益的目的。

（五）经济林学科与林业学科及其他学科的关系

保护森林，发展林业，是我国的一项基本国策。林业的任务有三个方面，第一是保护环境，第二是生产木材，第三是生产多种经济林产品，造福子孙万代。林业生产中以经济效益为直接目的的产业，主要是用材料和经济林。

改革开放几十年来，经济林生产变成“热门”。发展经济林生产使丘陵山区的土地资源、生物资源、生态资源得到合理利用，发挥经济生态效益。

经济林学科是新中国成立以后，从林业学科中派生出来的，这是科学技术发展进步的必然结果，是规律。林业学科在国内外通常是指以生产木材为目的的用材林。而经济林与用材林是不一样的，是不能相互替代的。首先是栽培的树种和目的不一样，经济林产品多种多样，产品数量和质量的概念不同；其次是收获的方法不一样，一次种植，多年多次收获；再次是经营管理水平更集约；最后是经济林产品的采收、贮运、加工等方法完全不一样。

经济林与用材林虽然是两个产业，但都归属于大林业之中，在陆地生态系统中两者是相互依存，相互促进的。因而经济林与林业学科具有不可分离的内在和外在的关系。

经济林在研究方法、生产经营技术措施上更接近果树，但在内容上更加广泛丰富，因而也是果树所不能替代的。

经济林学科在宏观上是属应用学科领域，而它的组成从更高层次看，包括科学理论系统和技术应用系统，以及社会科学共同组成的大系统，其间还穿插着横断科学和交叉科学，充分反映出应用学科具有多学科综合性的特点。具体地说，经济林学科是以生物学、遗传学、生理学、气象学、土壤学、生态学等应用基础理论科学，作为理论基础；以良种选育、丰产栽培、经济管理等技术科学，作为生产应用技术，共同组成经济林学科完整体系。系统科学的系统工程作为科学研究和产业生产的指导方法而被应用。

作为经济林专业教育，培养目标明确，是培养掌握经济林培育、经营、管理的基本理论和技术及其产品加工利用和检测技能等方面的高级技术人才。主干学科清楚，它们是生态经济林学、经济林培育学和产品加工检测学。因而经济林专业被国家教委列入全国普通高等学校专业目录。

经济林作为独立的产业，与其他的产业一样，生产内容和目标明确。

综上所述，我国特有的经济林学科，它已经形成包括产业生产—科学研究—专业教育这样的完整体系。经济林学科虽与其他多种科学门类相互渗透、移植，但它无论在学科总体系或分支学科，它的内容是明确的，界限是清楚的，表现出独立性。

（六）经济林学科中国特有

经济林作为一个独立的产业、学科专业，是中国特有的，国外没有独立的经济林概念，但经济林的生产内容、科研和教育是存在的，而是分属于林业、林化产品、果树园艺、经济植物等门类。在日本经济林称特种林，在国外倡导的乡村林业（社会林）、农用林业所安排林业生产的内容，已将果品、食物、油料、药材、工业原料等列入。在发展中国家为了改善乡村的贫困，经济林以它特有的优势和不可代替的作用得到迅速的发展。

木本油料和干果生产各国因经营水平不同，产量相差很大。如核桃，美国采用高度集中建立商品基地，全国有核桃林面积 120 万亩，90%集中在圣特金萨克拉门托谷地，其次是采用核桃园集约经营，进行科学施肥、灌溉和树体管理，再次是高度机械化，每亩核桃园每年仅用 0. 27 个劳动日，平均亩产核桃 216kg。其他如匈牙利注意良种，也采用核桃园集约经营，每亩也可产核桃200kg。其他散生、混生核桃树单株产量也很低，一般为2~3kg。欧洲各国实生核桃树采用良种进行换冠嫁接改造。国外普遍注意核桃的良种选育，如土耳其选出的早实丰产型的优良无性系，7年生嫁接单株产量达20kg。80年代末期，美国核桃育种工作采用DNA导入，已初步取得成功，这是核桃育种上的新突破。在国外木本油料和干果总体生产经营水平虽不高，但有几个方面是可以学习借鉴的：①在适生区集中建设商品基地，进行批量生产，商品率高；②普遍采用良种，特别是进行抗性育种；③集约栽培经营，进行林地耕作，科学施肥与灌溉，及时树体管理。

我国干果平均单产低，亩产核桃仅20kg、板栗10kg，低产原因主要是实生树多，经营粗放。但我国小面积亩产典型：板栗有亩产600kg，核桃有300kg的。

当前在国际上木本油料和干果生产管理以及在这个领域中的科学研究，在总体水平上并不高。高新生物技术的应用才起步，这正是一个好机遇。经济林学科是中国的特色，在世界上是独树一帜的。我国要充分利用人无我有的有利条件，集中人力、物力、财力，集中时间，团结协作，努力奋战，在短期内可能很易冲出去，走向世界，很快就会处于世界领先地位。在这里所说的是走向世界，世界领先，决不是低水平的，“矮子丛中拔高子”，而是先于人，早于人应用高新生物技术于油料和干果的研究开发。首行运用植物细胞培育种和基因工程育种，创造出优质、高产，具有多抗性、多功能的新品种和新物种。只有从根本上解决良种问题，才有可能几倍、十几倍以至几十倍提高产量，提高品质。

三、经济林学科建设

（一）指导理论

科学发展观的定义：“坚持以人为本，树立全面、协调、可持续的发展观，促进经济社会和人的全面发展。”科学发展观是我国经济社会发展的重要指导方针。党的17大将科学发展观上升至国家层次三大指导理论之一。在新的历史起点上发展中国特色社会主义的重大战略部署。

科学发展观是马克思主义关于发展的世界观和方法论。要学习世界观的根本观点。在学习和科研中应用正确的方法论为指导。

学习实践科学发展创新学建设，首先要运用科学观的层次性，明确服务对象。科学发展观是分层次的，从中央到地方，及至个人；也是分行业的，第一、第二、第三产业，他们的具体任务目的是不同的，实施的方法和手段也是不同的，在认识上是由一般到个别。大学教育和科技实施最终是依附与服务于某个产业行业的。森林培育学科在教学上是隶属于林业专业，是该专业的主干学科，是技术学科，它是依附与服务于林业产业行业的，是为该行业的科技进步发展，提供高素质科技人才支撑和科技服务，这就是本学科服务对象。

党中央国务院决定在新时期林业的首要任务是林业生态建设，打造国家生态建设航母。其次是林业产业建设，提供木材及其制品和经济林产品，服务于国家经济建设，保障人民粮油食品供给和医药保健。再次是林业生态文化建设，服务于国家文化产业建设。林业三大建设是整合为一体的，互为依存，相互促进，科学发展。

党和国家为了实现林业三大建设科学发展，经国务院批准从 2000 年开始，为期 10 年的六大林业重点工程全面启动。六大林业重点工程包涵天然林保护工程、退耕还林工程、京津风沙治理防治工程、“三北” 及长江流域等防护林体系建设工程、野生动植物保护及自然保护区工程、重点地区速生丰产林建设工程。六大林业重点工程建设范围涵盖了我国 97%以上的县（市、旗、区），规划造林面积达 7 334万 hm^2，国家总投资现增至 9 000亿元。森林覆盖率由现在的 18. 21%，提高至 20%。

学习实践科学观要突出实践性，理论联系实际，六大林业重点工程就是森林培育学科教学科研的实际，是“的”，是前沿，是学科师生（研究生）们的“主战场”。学科瞄准六大林业重点工程，其中蕴藏着丰富的实践经验和最新的科技成果，新的生产力，自然也会有失败的教训，有许多问题要研究和回答。针对产生实践中存在的问题进行科学研究，教师参与生产实践和科学研究实践，是培养师资提高思想认识素质和业务能力素质的主渠道。用创新科技成果来回答生产实践要解决的问题，以最快的速度形成新的生产力，推动工程的进步发展，用最新科技成果更新教学内容。同时为学生今后就业做好思想上、业务技能上的准备。

其次，创新学科内涵。推进与相邻相关学科交叉发展，培育学科新内涵。当前主要是通过与生物技术学科的交叉融汇整合，形成新的技术系统。在良种选育、栽培技术、经营管理、产品采收、贮藏保鲜，作为新技术应用的切入点。

再次，学科的教学内容要新增纳入环保要求。经济林生产工艺的全过程洁净，进行无公害生产，保证产出绿色产品。

最后，新起点新作为。根据党中央提出新的历史起点，应有新作为。要突出森林培育学科经济林特色，特色也是比较优势，是强项，能形成核心竞争力。2008 年 9 月是中南林业科技大学 50 周年校庆，经济林学科经 50 年特别是改革开放的 30 年教学和科研实践的沉淀，成就了一批国内知名的经济林专家教授，取得一批科技成果，为我国经济林生产、科学研究，教学发展做出重要贡献，得到同行专家的认可，在客观上已经具备坚持经济林特色道路的条件，人无我有，人有我强。因此，要凸显特色，发挥优势增强核心竞争力。将森林培育学科经济林特色定位国内同类学科领先。为此，学科的全体成员要努力奋战。

（二）经济林学科发展以人为本

科学发展观核心是以人为本。以人为本，体现了“国以民为本”“民贵”的传统思想，科学发展观核心是以人为本。以人为本，体现了“国以民为本”“民贵”的传统思想，它蕴藏着中华民族文明的深厚根基，又体现了党为人民服务的时代精神。准确地反映了中国特色社会主义内在本质要求，我们要从这个层次上认识以人为本的重大意义。

在学科建设中以人为本的“人”，是指教师和学生。以人为本就是要培养人、爱护人、解放人、发展人、促进人的全面发展。为此，要尊重师生们的主体地位，尊重他们的个人爱好和理想追求，要进行思想政治和人文关怀，要充分发挥师生们学习和研究的主动性和自觉性。大力鼓励师生们解放思想，冲破旧的思维定势，催生思维变革，转变思维方式，提倡独立思考、创新思考，思考孕育智慧。实施以人为本就是要建设高质量师资队伍和研究生高质量的教育培养，结合教学科研，有目的有计划地组织师生参加生产实践和科研实践，从中增长知识，增长才干，出服务祖国社会主义建设者和接班人。

高等学校教师要成才，一定要紧贴依附学科建设，组织整合起来，发挥整体效应。中南林业科技大学的森林培育是国家重点学科比其他的学科更具优势，可以提供校外科研试验基地，校内先进实验室，以及一定经费资助，将学科内的教师组织整合起来组成团队，形成团结的核心力量，团结协作，发挥集体智慧。应将构建学科主要的森林培育、经济林两个教研室，国家林业局经济林育种实验室三者整合组成统一的团队，不能各自为政，分散力量，以科研项目为中心，由学科带头人率领，组织好力量，在教学改革和科研工作中，分工合作，人有所长，人有所短，避其所短，用其所长，知人善任，高质量的师资队伍是提升核心竞争力的根本。实施教育改革创新，推进教学进步，出教改成果，组织教材编写；科技创新，推进科技进步，出科研成果、出新的生产力、出文章、出专著。所有参与的攻关学科组人员成果者共享。

经济林学科近30年来研究生教育培养的实践告诉我们。研究生是一个高智商群体，由于他们之间的先天条件和后天经历的不同，存在个体间的德、智、能、体是有差异的，所追求的目标也是不同的，表现出智能与爱好和理想的差异。因此，对于研究生教育培养，导师应有针对性的进行人性化、个性化教育，因材施教。因材施教在本科生的层次是很难普遍做到的，但在研究生的层次必须做到，应实施一对一，面对面地教育，传道、授业、解惑。

传道是以爱国主义为核心的思想政治教育，对“90”后的研究生们特别要加强。现在讲爱国就是要爱中国特色社会主义祖国。自然科学是无国界的，但科学家是有机国的，要热爱自己的祖国，服务自己的祖国，祖国比天大。要学习老一辈知识分子的情怀。据《科学时报》2005 年 11 月 4 日载，当有记者问“两弹一星”元勋现已故彭桓武院士，你为什么放弃在英国优越的条件回国？彭回答说：“你这个问题问得不对，你应该问那些不愿回国的人：你为什么不回国？回国不须要理由，不回国才需要理由”。这就是伟大的爱国者彭恒武院士铮铮回答。

授业是业务教育培养，要以创新思维和能力的培养为核心，结合业务学习和课程论文科研展开。研究生培养质量之高低是学科建设核心竞争力之体现，是生命线。

解惑是对研究生起到画龙点睛之妙用，启开求道悟真之门。

（三）人文教育　学科建设之魂

学科建设是办好高校之蕊，人文教育建设是办好学科之魂。学科缺乏人文教育，是没有文化，没有人文精神，没有生命力的枯树一棵。人文教育是运出社会主义先进文化前进方向的理念作为第一养分，培育学生的高尚的道德情操。

素质教育是国家教育改革发展的战略主题。研究生教育目前仍是精英教育，要加强素质教育。素质教育内涵丰富，学科主要通过其中人文素质，提高学生的道德情操，是培养创新人才的基础。

人文素质培养的主渠道，是由实施人文教育理念和实践来完成的。

（四）全面协调实施统筹兼顾

国家的发展要全面协调，统筹兼顾，学科的发展也如是。学科的建设发展，要处理好三个关系，学科内存在教学、科研、人才三人任之间的关系，及学科内外的人际关系，即师生间、教师间、学生间之关系。本学科与他学科间，及与院校间之关系要协调兼顾。

深刻认识学科三大任务的相关性。学科任务是以教学为主的，它是以硕、博研究生为主体的，在教学中教师是起主导作用的，传道、授业、解惑。科研是提高教师业务水平，更新教学内容的主渠道，从而提高教学质量，说明科研是学科建设之基础。笔者从几十年的学科建设的实践中深刻地意识到提高教学质量，出科研成果、出人才二者是互为依存，相互促进的辩证关系，不能偏斜。人际之间的关系必须宽容和谐，全面协调，海纳百川，协作互帮，共同提高。

森林培育学科是在学校林学院统一领导下，成为学院内其他众多学科的领头羊，帮助其他学科，共同协作提高，形成红花与绿叶的关系，只有如此，学科才能持续发展。

能进行学科建设，是改革开放之成果。

能进行学位研究生教育，是改革开放之成果。

高等教育从精英教育步入大众教育，是改革开放之成果。

四、经济林学科发展战略设想

（一）总目标

20 世纪 90 年代我国正在步入信息和智能时代，而经济林学科特别是技术科学领域仍然处于相对落后状态，形成强烈的反差。笔者认为是有其社会历史渊源的，要在短期内消除是困难的，要从实际出发，不能操之过急，所以要作好长期竞争追踪的思想准备。我国要力争在下个 10 年有新的转机，打好基础，迎接 21 世纪。

因此，经济林学科发展战略决策，总的指导思想是：立足现在，注视未来，为社会进步与发展服务。

经济林学科发展战略总目标是：在未来的年代中自立于日益进步和繁荣的世界学科之林。为此，要密切注视世界高新技术发展动向，积极开展国际合作与交流。

（二）发展战略的基本原则

以“有限目标”作为发展战略的基点。经济林学科总体上在 21 世纪前 20 年是不能全面追踪现代科技发展水平的，仍然是部分先进大部分落后并存的格局。选准几个对学科发展最有意义的前沿领，逐步推进，带动整个学科的发展。

有选择、分时序、引入高新技术。我国经济林学科是以辩证唯物主义作为自己的指导思想，以生态经济林学为基础理论，在方法上系统理论被普遍应用，它的科研理论成果，在世界上并不逊色，而是独树一帜的。它的落后是在高新技术配套应用缺乏现代实验手段，形成现在总体科学技术水平不高的局面。因而根据需要和可能，有选择地分期分批引入高新技术，进行消化吸收，优创新，形成具有自己特色的科学技术体系。

我国总体科学技术进步的带动下，发挥经济林资源时空优势，建立中国独特的现代经济林学科体系。

经济林学科发展建设要围绕为社会进步发展服务。

（三）经济林学科发展战略步骤

为了实现经济林学科总的发展战略目标，在实施上分三步完成，即近期（2016—

2020年）、中期（2020—2030年）和远期（2030—2050年）。

1. 近期发展目标，重点定向课题

近期目标是以生态经济林学为主导，经济林木育种学为突破口，经济林栽培学和经济林产品利用学推动技术进步，使经济林学科向纵深发展。

经济林学科作为应用科学，要面向经济建设，适应社会需要。经济林科学研究成果要迅速转化为生产力，必须通过提供适用技术，只有这样学科本身才会有生命力。经济林生产要飞跃，首先要有技术上的飞跃。

近期经济林重点定向课题的确立，应该是围绕科技兴林的目标。宏观决策的研究主要是：①生态经济林区划的研究。我国已有《中国林业区划》，但在进行经济林生产布局安排时，失之过粗。生态经济林区划是以经济林为主体内容，与区域生态环境和社会经济发展协调一致，相互促进，共同发展。生态经济林区划涉及自然环境与社会经济条件多种不同性质的要素。是个多元系统。在这个多元系统中，要使各个子系统和各个要素之间，协同作用，功能和谐，形成有序的各自组织。这个多元系统才能形成稳定的动态结构，才会产生生态经济效益。要求完成全国50个主要经济树种的区划布局，并保持相对的稳定，便我国有限的自然资源得到合理的利用和保护。②经济林名、特、优商品基地建设规划的研究。经济林名、特、优商品基式的产品，转向开放式的商品生产，变资源优势为经济优势，推动经济林生产向专业化、商业化、现代化方向发展。生态经济林是基地建设要遵循的原则。规划是指在一个小范围地段内，进行具体地块的落实安排，为施工提供蓝图。基地建设必须首先要规划设计，才能批准投资和施工，要求完成50个主要经济树种的商品基地的建设。

在国家鼓励出口创汇商品的生产的背景下，为发展创汇经济林产品生产，进行基地生产将会得到国家政策上的支持。

应用研究，主要包括：①开展育种理论、技术和方法的研究，进一步提高育种成效，建立良种繁育体系。这是经济林生产的产量、质量上台阶的物质基础。90年代实现经济林生产良种化，积极推行优良无性系栽培。经济林良种选育的方针是：立足本地，以选为主，选、引、育相结合。经济林以无性繁殖为主。因此，经济林良种繁育的途径是：以采穗圃为主，结合种子园。良种繁育体系以县为单位，由省统一规划布局。一个有序的自然植物群落结构，在地面空间从乔木至草本是有结构层次的，在地下空间植物根系和动、植物残体及微生物的分布是有级差的，由上向下逐步递减，这是鲜明的空间特点，即立体特征。植物群落的立体结构是自然特征，也是优化的表示。只有这样的自然生态系统，它的自组织能力就会增强，对外的适应能力也加强。经济林立体经营是合乎自然规律的。所谓经济林立体经营是指在同一土地上使用具有经济价值的乔木、灌木和草木作物组成多层次的复合的人工林群落，达到合理的利用光能和地力，也即是从外界环境中获取更多的负熵流，形成稳定的生态系统，是一个低消耗，高产量、高效益的系统，达到空间和时间的增值。②现有低产经济林分类改造经营的研究。我国各类经济林大面积平均单产低的重要原因之一，是低产低质林分多。改造低产林是提高单产，增加总产的迅速有效途径。为了使改造经营目标明确，一般可根据产量、立地条件、林分结构、林龄等条件划分出不同的经营等级，分类经营。③经济树木资源开发利用的研究。按照生态资源的理论和方法，开发新的经济植物资源。同时积极进行经济树木基因资源搜集、鉴定，保存和利用的研究。④经济林病虫害生物防治技术的研究。每年因病虫危害给经济林生产带来巨大的经济损失，要努力开展生物防治的研究。⑤经济林产品加工及综合利用的研究。要实现经济林产品大幅度地增值，必须在产品加工和综合使用方面加强开发性研究。如乌桕提取类可可脂用于制巧克力糖，与用于制皂相比产值提高 25 倍。⑥应用基础理论的研究，着重在经济树木与生态环境的关系及其变化规律，经济树木生长发育机理及调控的研究。

高新技术应用研究的重点是：生物技术、计算机技术、遥感技术等在经济林某些分支学科领域的应用。

科技成果的推广，使经济林生产量和品质上都有提高，并显示多功能的效益。生产效益的提高，科学技术起着重要的作用，主要是靠 4 个方面：一是良种、优良无性系普遍的推广应用；二是集约经营各类立体栽培模式；三是大面积低产林得到改造或更新；四是一批商品基地建成。外贸出口商品主要由基地提供。

近期生产手段不会有太多改变，传统生产技术被广泛地使用，仍是依靠劳动密集。

在我国以农产品为主的食品工业中，近期经济林产品加工食品将会异军突起，在品种上更加多样，其中保健食品更是佼佼者，将会受到人们的普遍欢迎。生产过程机械化大为提高。

经济林产品的外贸出口由初级产品为主，变成加工商品为主，创汇增值。

中期发展目标，重点定向课题　在世界范围内科技进步的影响和推动下，经济林学科将会用高技术和现代化实验设施作为手段，应用现代生命科学和地学的基础理论，及先进的生物技术全面装备建立经济林现代学科体系。用计算机来精确模拟实验，准确地模拟各种客观条件，特别是恶劣的环境条件，可以找到更好的栽培经营模型，大大加速了实验的进程。经济林学科将以新的面貌，迎接在 21 世纪上半叶人类历史上将出现的第四次科技高潮。

在 20 世纪 90 年代的基础上，生态经济林结构模式，经济林木育种，经济林产品深度加工与综合利用等方面都会有重大突破，为推动社会进步与发展，起着显著的重要作用。

20 世纪纪末，我国人民生活从温饱达到小康，因而对经济林产品有更高的品种和质量要求。恩格斯在《自然辩证法》一书中，把人需要的对象分为“生存资料、享受资料和发展资料”这样三个层次。享受需要是在生存条件优化后，发展为令人文明、舒适的高档次生活水平。发展资料则是人类不断进步创新的更高层次的需要。到21世纪20年代，人民对经济林产品的需要是属享受资料。因此，中期重点定向课题的确立是围绕品种、质量、效益为目标的。重点定向课题主要有：①生物技术的应用研究取得成效。运用基因工程培育高产、优质、多抗性的经济林木新品种。应用细胞工程加速扩大优良无性系的繁殖。要求培育出主要经济林木30~50个新品种，600~2 000号优良无性系。应用微生物工程筛选出20个主要经济林木的固氮共生菌。②立体栽培经营模式的研究取得重要的成果。按生态经济林业要求，根据自然条件的差异分区域，因地制宜提出30~40主要经济树种组成各类低消耗、高效益的优化立体栽培经营模式。③野生经济树木资源的开发利用的研究取得成果，有10~20种新资源开发利用，形成批量生产。原有栽培的经济林木发现新的更有价值的用途。④病虫防治的研究，在生物防治，综合防治方面有突破性进展。主要病虫为害将被控制。应用基础理论的研究成果，如生长发育规律及其机制，将被运用于生产实践。⑤经济林产品深加工和综合利用的研究。产品潜在用途和价值不断被发掘，不断开发出新产品投放市场。产品不仅味美，并且具有美容、保健作用，才会备受欢迎。

经济林生产的发展，主要是依靠科学技术的进步，因而生产面貌将会彻底改观。完成全国性的，要经济林树种的区划布局和商品基地建设，这是具有长远战略意义的决策。使我国经济林从面到点都建立在因地制宜、适地适树的科学基础上，是优质的基本条件和前提。经济林产品的产量80%将由基地提供。

在经济林生产中全面使用良种、无性系化；立体栽培经营模式也全面推行应用。土壤管理科学，林地水土流失完全被制止，生物固氮在主要经济树中被应用，施肥按配方（包括微量元素、生长素）进行，除草剂在一定范围中使用，病虫为害基本上被控制。部分经济林生产在有条件的地方，进行节水灌溉，建成经济林结构合理的稳定生态系统，生产高产、优质的产品。产品质量是进入市场最基本要素，高产值，应靠高质量。

经济生产的现代化是走生态经济林业和生物技术的道路。在丘陵山区经济林栽培经营的生产过程仍是人力、畜力、机械并存，其中产品运输、处理、贮存将会全部实现机械化。产品的加工成为强大的加工业，生产过程和其他工业生产一样实现自动化。

经济林产品加工，将是丘陵山区乡镇企业主要生产行业，是支柱产业。它不仅能吸收部分剩余劳力，并且还为那里的生产建设提供资金，有力地推进了现代化的进程。

2. 远期发展的轮廓设想

21世纪50年代，在世界范围内经过第四次科技高潮，带来第四次产业革命，推动着人类社会的进步和发展，我国社会发展水平也进入世界先进行列，繁荣富强民主文明和谐。

第四节　经济林专业创立实践和理论依据

一、什么是专业

专业是普通高校经教育部批准的学历学位教育，人才培养教学计划书。由于我国产业、学科门类多样，因而均有自己培养人才的特有专业教育。

二、经济林专业

经济林专业教育是国家学历学位教育，是培育经济林生产、科研、教学和管理高层次，全面发展人才教学计划书。经济林专业教育是由多学科组成的，核心学科是经济林。

创立一个新专业，必须具备三个条件。第一是必须具有现代产业体系为依托。现代产业为自身生产、发展，在市场经济条件下，自然要求提高生产力，提高产品质量，是绿色生态产品。生产工艺过程是无公害绿色生产，是绿色产品，才能进入市场。生产实践和科技进步呼唤专业人才。专业人才从哪里来？可以通过方法教育培育。新创立的经济林专业是依托现代经济林产业体系。高校经济林专业是为现代经济林产业体系培养高层次科技和管理人才。第二是培养目标明确。以德为先。为现代经济林产业培养专业人才。经济林专业本科教育在实践中充实完善，培养目标明确，即“培养掌握经济林培育、经营、管理的基本理论和技术及其产品加工利用检测。第三是教学计划中主干课程。主干课程是体现专业特点，区别其他专业。也体现独特研究对象和研究方法。经济林专业主干课程有四门：《经济林栽培学》《经济林育种学》《经济林产品加工学》《经济林研究法》。

经济林专业办学。经济林专业参加全国高考招生取录，对学生进行学历学位教育，必须还要具备三个办学条件。第一是必须有一定的师资力量。公共课、基础课由学校统筹安排。专业基础课要针对经济林专业安排师资，由林学院统筹，但要安排专任教师。如土壤学附肥料学，气象气候学。专业课除四门主干课程外，还包含《经济林病理学》，《经济林昆虫学》，共六门课程。林学院对经济林专业课教师安排，必须在职称、年龄组成结构科学合理的团队，林学教师中成名家者，名教授、博导可能就出在这个群体中。第二是有一定的办学用房，现代先进设备设施。有关的图书、报刊文献丰富。校内有实习工厂，校外有实习试验林场。第三有科研项目和经费。科学研究实践是培养教师的主渠道。

中南林业科技大学是具备上述三个基本办学条件的，因而可以招生。该专业有一批老、中年教授在国内知名，青年教师茁壮成长，形成老中青合理结构。

中南林业科技大学林学院森林培育国家重点学科，是由森林培育和经济林二个学科共同申报组建的。

教育部对国家重点学科是有要求的，重点学科应在高层次人才培养、科学研究、赶超世界先进水平和提高我国国际竞争力等方面做出重要贡献，并在高等学校学科建设中起示范和带头人作用。

当代，做好教育和科研一定要组成团队，团结协作，发挥集体智慧。应将现森林培育、经济林二个教研室，国家林业局经济林育种实验室二者组成统一的团体，不能各自为政，分散力量，以科研项目为中心，由学科带头人率领，在教学改革和科研工作中，分工合作，人有所长，人有所短，避其所短，用其所长，知人善任，快乐地发挥整体效应。这是对学科带头人而言的，如何组织力量，使用力量，发挥整体效应。

三、经济林专业教育

（一）本科生教育

经济林专业本科教育的目的，是培养经济林专业生产、科研、教育和管理高层次科技人才。高校经济林本科专业的学历学位教育，是培养经济林人才主渠道。

1959 年 4 月，胡芳名主持教研室教师参加会议，讨论并通过由何方起草的第一个经济林专业教学计划报学院，同年秋季招生开始实施。

中南林学院自 1959 年创办我国第一个经济林专业以来，专业教育经过年的发展国内设有经济林专业的有：中南、西南、西北、福建、浙江、河北 6 所林业院校。另有农业院校中的林学系设经济林专业或专门化的有安徽、四川等 11 所院校，每年共培养本科生约 300 人。开设经济林课程的院校就更多了。经济林专业教育能得到迅速发展，正说明经济林产业的发展对高等教育提出更为迫切的要求。

20 世纪末，全国经济林专业本科教育欣欣向荣发展，教育部针对全国提出调整专业设置是适时的。

经济林是民生林业，又是生态林业二者兼备，鱼与熊掌兼得。早在 1989 年习近平同志就提出了森林是水库、钱库和粮库的“三库论”。经济林就是“三库”。直接关系到丘陵山区和几亿农民致富。如此重要的利国利民之产业，要发展，要搞高生产力，提升国内外市场竞争力，实践呼唤科技进步和专业技术人才，笔者建议尽快恢复经济林专业本科招生。

（二）研究生教育

1981年中南林学院、福建林学院率先招生经济林硕士研究生。他们分配在全国各地、农业院校，中央、地方研究单位，并且上岗就能独立工作，深受用人单位的欢迎。

早在1989年5月林业部原副部现科技委主任、学位委员会主任董智勇主持召开了中南林学院申请博士学位授予单位及其经济林学科为博士学位授予点的论证会，来自林业部、北京、南京、东北林业大学及湖南农学院的9位教授，全面考察了学院和经济林系、经济林研究所之后，一致同意申报博士点，并一致认为：“可以认为，中南林学院的经济林专业是我国林业高等院校同类专业中最强的一支力量，因而也自然地成为全国经济林学科专业的学术活动中心。”

1993年对经济林专业教育来说是不平凡的一年，这一年在国内众多普通高校要求新增博士授予单位的激烈竞争中，12月10日经国务院学位委员会审议通过新增中南林学院为博士授予单位，经济林专业为博士点。至此，中南林学院经济林专业已经完成了专科—本科—硕士—博士各种人才层次的完整教育体系。在这里要向为笔者所在单位申报博士点给予关怀和支持的林业主管部门、国务院学位办以及评议组的教授们，深表谢意。

在中南林学院唯经济林专业获博士点，也是第一个获此殊荣的，也是全国第一个经济林学科博士点。经济林专业博士生的培养要独树一帜地走向世界科学和教育的殿堂。经济林专业经过60多年的风风雨雨，之所以能长盛不衰，其主要原因是有稳定的专业方向和培养目标，有稳定的生源，有稳定的毕业分配去向。

何方起草了《中南林学院关于申请经济林学科专业为博士点的论证》报告。该文后收入《何方文集》（1998年，中国林业出版社出版）。

国务院学位委员会评审通过中南林学院经济林学科专业博士点的设立，同时可招生。何方起草了第一个中南林学院经济林学科专业博士研究生教学计划。

研究生是一个高智商群体，由于他们之间的先天条件和后天经历的不同，他们个体间的德、智、能、体是有差异的，所追求的目标也是不同的，表现出智能与爱好和理想的差异。因此，对于研究生教育培养，导师应有针对性的进行人性化、个性化教育，因材施教。因材施教在本科生的层次是很难普通做到的，但在研究生的层次必须做到，应实施一对一，面对面的教育，传道、授业、解惑。

传道是以爱国主义为核心的思想政治教育，对“80”后的研究生们特别要加强。现在讲爱国就是要爱中国特色社会主义祖国。自然科学是无国界的，但科学家是有祖国的，要热爱自己的祖国，服务自己的祖国，祖国比天大。要学习老一辈知识分子的情怀。

授业是业务教育培养，要以创新思维和能力的培养为核心，结合业务学习和课程论文科研展开。研究生培养质量之高低是学科建设核心竞争力之体现，是生命线。

解惑是对研究生起到画龙点睛之妙用，启开求道悟真之门。

经济林学科专业从获批招生硕、博二个层次的研究生以来，数十年未曾中断，2015 年以后也会继续招下去。现在每年招收硕博第二个层次的研究生在 15~18 人。

党的十八届三中全会指出，“创新高校人才培养机制，促进高校办出特色争创一流”。

在三中全会召开的同时，有这样一份来自科教界的数据引发了广泛关注：我国研究生教育发展迅速，迄今为止已培养 420 万名硕士、50 万名博士，为社会各项事业的发展提供了有力的人才支撑。不过，我国博士培养面临着规模和数量较大但质量严重不足的问题，与欧美发达国家相比仍然存在较大差距。

上述的培养数字中包括经济林学科专业研究生数百人。

博士点获批原因。中南林学院经济林学科专业，经国务院学位委员会评审获批，绝非孤立事件，是在学院党委领导下，全院办学水平的提升，达到设置博士点的要求条件，要放置在全国林业院校评比衡量，这是大前提。经济林学科专业获殊荣，是小前提。没有大前提，就没有小前提。

中南林学院办学水平构成内涵主要有，如，全院教师队伍的职称、年龄结构合理，各个学科专业都有一批骨干教师，其中不乏国内知名教授，教学质量普遍较高；又如，全院有各级科研课题多项，有一定总量的科研经费，出有一批质量较高研究论文报告，有一批获各级奖励科研成果；再如，全院教学实验、学生生活用房合规定要求；四如，全院教学设施齐全，学院图书馆馆藏书数量丰富，等等。所有这些在博士点申报时，按规定表格填写具体数字，作参考资料。

中南林学院有了第一个经济林学科专业博士授权点，未来就会有第二个学科专业招收博士研究生，第三个，……

在中南林学院党委领导下，全院教职工共同努力下，改革三十多年来，学院全方位取得骄人成就。1983 年完成从大江口至株洲的整体搬迁。2004 年完成从株洲至长沙的整体回迁。办学地理位置，办学条件优化改善，促进发展。2005 年更名中南林业科技大学。1993 年博士点零的突破，至 2015 年招收博士研究生学科专业有 29 个，博导 117 人，招博士研究生 400 余人。2013 年招生从二本升至一本。先全校有学院 25 个，全日制在校学生38 000余人。

（三）研究生培养的反思

1. 如何加强思想政治工作

如何加强思想政治工作？笔者是从两个方面下手，一是与研究生平等的讨论当前改革开放形势，如何看待物价问题。首先要看到的我们现在是社会主义初级阶段，这是改革中的问题，党和国家正在采取措施。二是要充分认识林业生产的艰苦性和长期性，要树立为事业献身的精神，要励精图治，艰苦奋斗，这是一个林业科技工作者必须具备的品德。

笔者认为，学院今后招收研究生也要考虑到供需关系，不能有导师就招生，势必造成“嫁不出去”的问题。

2. 关于拓宽专业面的问题

随着科学技术的发展，为着增强研究生在今后工作岗位上的适应性和应变能力，研究生这个层次也存在着拓宽专业面的问题，实际上是处理好宽与专的问题。研究生毕业后要求他什么都会，是不切合实际的。笔者认为拓宽专业面仍然是有一定范围和界线的，否则专业也不存在了。

研究生适应性和应变能力的增强，不能用多开课（包括选修课）的办法来解决。笔者对研究生应变能力的培养，是从两个方面做的，一是理论培养，二是实践能力的培养。

笔者对研究生的理论培养，是由四方面组成：首先是英语，这是必不可少的交流、阅读与写作工具。其次，是科学研究方法和现代实验手段的学习培养。掌握方法和手段，这是基本的、一般的，进行什么样的研究，那是个别的，掌握一般，个别就迎刃而解了。再次，是统计运算方法的学习培养，数学已经不仅是运算工具，并且能够启发思维帮助进行逻辑推理，统计分析帮助找出规律。最后，是林业和生物学科基础理论学的学习培养。使丰产栽培措施建立在坚实的基础学科上，克服盲目性。导师还要经常介绍世界科学技术的发展概况，本门学科的新动态。理论培养在一年半的时间内完成。在这一年半的理论培养过程中，同时也包含着实践技能的培养与训练，如实验方法与技术的训练等。

笔者对研究生实践能力的培养，主要是在一年半论文写作过程中完成的。实践能力包括敏锐的观察能力、实验技术的动手能力、生产技能的操作能力、组织科学研究能力和解决实际问题的能力几个方面。

笔者想，硕士研究生的毕业论文应该是科研成果，最少是接近科研成果。因此，研究生论文题目最好能结合导师的研究课题，或者是生产部门、企事业单位提出委托的研究课题，不能假题假做。笔者历届的研究生都结合我们研究室的研究课题，让他做其中的一个小课题，真题真做。这样做的好处，不仅会有高水平的论文，更重要的是加强了研究生本人的真实感和责任感。另外，他还可以运用该研究课题的原来部分资料以及必要的人力和财力上的帮助，能作为一个科研成果，必须要创新。创新是不容易的，必须要勤奋的工作。这样就极大地提高了研究生对研究工作的主动性和积极性，从制订研究方案，外业调查研究，内业实验分析，数据处理，直至论文的撰写，他考虑的不仅是一篇论文，而是一个科研成果。这样做的效果如何？从已经毕业的三届研究生 7 人的 7 篇论文来看，其中有两篇通过技术鉴定，一篇收入有关的论文集，另外的四篇也在修改定稿中。

为了培养研究生的独立工作能力，在一年半的论文写作过程中，导师要放手让他独立工作，但要及时的检查指导。

研究生如果能及早解决工作岗位的去向，或定向招生，则可进行更有针对性的培养。如笔者的研究生黎祖尧是江西农业大学林学系送来代培的，他在农大的科研课题和今后回去的科研工作都是毛竹。据此，他的论文题目是“江西省毛竹栽培区划及立地类型划分的研究”。他毕业回去后，不仅具有坚实的基础理论知识，并且在毛竹的研究上有专长，有新招，研究生的优势就显现出来了。在职研究生张志刚，原在研究室是研究油茶，论文是油茶，回研究室后还是研究油茶，他的研究生优势也就显现出来了。如果研究生在一年或一年半之后能解决去向问题，培养就能更有针对性，“专”就能显示出来。我的另一研究生，在他考取研究生之前在科研单位工作，是研究油桐，原单位表示希望他回去，并且继续研究油桐，他自己也愿意回去，去年定课题时，就定油桐研究。这样“宽”和“专”的问题都解决了。

据在研究生中相比，应届毕业生考取的研究生在专业课和研究工作中有关实践的问题理解和动手能力相对较弱。

3. 对导师作用的认识

研究生采用导师制，它的含意是深刻的。导师不仅是业务上的指导培养，同时也肩负着对研究生人生道路的指导，在某种意义上说后者是更重要的指导。韩愈在《师说》中提出教师的任务是“传道，授业，解惑”，传道是首位的。导师是教育人，培养人，对人来说在什么时候品德总是首位的，不能培养“高文化，低道德”。因此，对研究生要从学习、政治思想直至生活全面的关心，要知道他在干什么，要了解他在想什么。

研究生学习 3 年，对他的一生道路是起着决定性作用的，其中导师对他有着重要的影响。研究生是将导师当作自己的楷模，导师对研究生的影响是多方面的，往往是无形胜有形。导师的政治思想，道德品行，业务水平，治学方法，实践能力都在影响着研究生，即“师”也。

研究生入学后，首先要使他充分认识林业的艰苦性和长期性。经济林专业是应用学科，培养的研究生是应用的，是为当前经济建设这个主战场服务，要注意自身实践能力的训练。一个经济林的科技工作者要有事业心，要有献身精神，要善于思考，勇于实践。治学要勤奋严紧，笔者的治学格言是：勤奋加积累。知识是要靠积累的。让研究生看我的卡片，让他知道我的知识是勤奋加积累得来的。笔者经常问研究生讲学习读书方法，其中重要的是思想集中，思想不集中是读不到书的。“求学之道无它，在求放心而已矣。”这里所说的“放心”，就是集中思想。从在校的研究生来看，他们的学习是勤奋的。

人既有共性又有个性，尊重人的个性和发展人的个性，这是因材施教本质的理解，是一项很细致的工作。个性的充分发展，他的一切才能才能充分显示出来。因材施教在本科生是难办到的，在研究生这个层次是应该可以实现的。在研究方法上大体上可分为宏观研究，从统计运算中找规律，另是微观研究，从实验结果中找规律。用什么研究方法，研究什么内容，笔者是考虑了研究生的专长和爱好的。笔者的研究生中有一个是做油茶核型的研究，这就结合了他善长显微摄影技术，已经积累部分这方面的资料，他做起来就得心应手，论文水平也较高。

因材施教主要是使研究论文充分发挥研究生的专长。但有时研究生的专长和爱好与导师的专长不完全一致时，笔者也尽可能发挥研究生的专长。笔者有一个二年级的研究生，他专长是植物生理，植物生理不是笔者的专长。在他研究课题中有几个实验笔者也不会，但笔者还是支持他的课题，导师不会的则请教别的有关教师或研究生。依靠他自己的努力，现在半年做下来，结果很好。

因材施教可以调动研究生学习的主动性和积极性，同时这一过程的完成，不仅是导师一个人，它是包括所有上课的教师及参加指导论文的教师这样一个集体。

第五节　中南林业科技大学经济林形成全国教学科研中心

一、成立经济林研究所

1981 年 6 月，原林业部教育司批准成立中南林学院经济林研究室，何方任主任。同时获批的还有生态研究室、森保研究室、森工研究室，当时号称“四大研究室”。长期坚持下来，出文章，出成果，出人才，在国内有一定学术地位，是经济林研究室

(所) 和生态研究室。

1987 年 5 月 8 日，原林业部以林教高字〔1987〕60 号文批准成立中南林学院经济林研究所。1988 年 5 月 11 日，中南林学〔1988〕第 50 号文任命何方为研究所所长，从 1981 年以来先后在研究所从事科研。经济林研究所现有实验室大小 6 间，130m^2，实验设备 330 万元，能进行常规实验分析研究。研究所先后在湖南（3 处）、湖北、广西、河南、贵州建立实验基地 7 处。

从成立经济林研究室开始的 20 多年来，先后承担科研课题（含参加）有：油桐良种选育、丰产栽培，油茶丰产栽培“六五”“七五”国家攻关课题，以及国家、湖南省自然科学基金，林业部重点课题及制订技术标准，湖南省攻关及重点课题共 23 项。至 2007 年，先后获国家、林业部、湖南省、广西科技进步奖 21 项。发表论文 380 篇。出版各类著作 20 部。

经济林研究所 1991 年评为中南林学院科研先进集体。1992 年评为湖南省教育系统科研先进集体。1996 年再次评为中南林学院科研先进集体。

研究所现有 4 位教授中除 1 人外，其他 3 人均为 1977 级、1978 级、1979 级经济林专业本科毕业生，他们先后获硕士、博士学位。他们依靠研究所在科研、教学实践中锻炼成长起來的。

二、获批建立国家林业局经济林育种与栽培重点实验室

1993 年中南林学院经济林学科专业获博士授权后，1994 年 1 月何方向教务处提出向林业部申报国家重点学科，教务处同意并主持，何方起草《中南林学院经济林学科申请为国家重点学科的论证报告》(《报告》后收入《何方文集》)。

申报国家重点学科虽未果。成为国家林业局重点学科，并提出“经济林专业是中南林学院办学特色”。此一说早在 1990 年就提出。

后来获国家林业局在学院建立“国家林业局经济林育种与栽培重点实验室”。

三、建立经济林专业教材编审委员会

(一) 第一次会议纪要

1980 年 4 月 1 日，林业部（80）林教字 18 号文件正式批准建立经济林专业教材编审委员会。并经请示林业部同意，由中南林学院主持于 1980 年 7 月 3 日至 11 日，在湖南省株洲市召开了第一次编审委员会。

会议包括四项议程：讨论修订经济林专业教学计划；讨论经济林专业主要专业课和有关课程教学大纲的编写原则和分工；讨论修改《经济林栽培学》总论部分、初稿讨论落实今年编审委员会的工作计划、任务。

会议开始，由时任中南林学院教务处副处长熊志奇副教授传达了在北京由林业部召开的两次有关教学计划、教材座谈会精神。时任中南林学院党委副书记谢朝柱同志在会议开始和结束都讲了话。林业出版社李金田同志对开好这次会议和编写教材问题也发表了很好的意见。

会议期间与会代表认真学习了《高等林业院校教材编审委员会暂行工作条例》（讨论稿）、《教育部关于直属高等工业学校修订本科教学计划的规定》（征求意见稿）、《关于高等林业院校修订各专业教学计划的暂行规定》（试行草案各院校的代表根据自己多年教学的实践经验和本校的实际，对上述两个《规定》的原则进行了认真的讨论。

会议四项议程取得以下一致意见。

1. 关于经济林专业教学计划的讨论和修订

中南林学院首先就提供会议讨论的《经济林专业教学计划》做了简要的说明。编委们根据教育部、林业部有关制定教学计划的文件精神，结合经济林专业的特点，分别从培养目标、课程设置、教学环节安排等方面进行了认真的讨论。

关于培养目标问题。原计划提出的是培养高级技术人才。经讨论认为提供培养经济林工程师更为确切，与现行规定的技术职称相一致，有利更加具体地按照工程师的要求进行基本训练。

要求学生毕业后不仅能从事经济林生产、科研和教学工作，并且能在基层生产单位担任业务领导工作。

关于经济林专业毕业生分配去向问题。我们认为随着四化建设的发展，毕业生分配不仅局限于林业部门，也可向外贸、轻工、化工、医药、粮食、供销（土产、果品）等部门输送人才。

有关课程设置问题。经过讨论一致认为，课程设置是组织教学的主要根据，是体现培养目标的。要求培养出觉悟高，基础深知识广，适应性强的毕业生。因此，要考虑下述原则：①为使学生在德、智、体得到全面发展，要重视政治理论课的教学和经常性的思想政治工作，将政治工作渗透到业务教学工作中去，使学生逐步树立无产阶级世界观，学会运用辩证唯物主义观点和方法，阐明自然科学规律。②加强基础理论的教学。除要加强基础课中的数学、化学和物理学内容外，特别要加强现代生物学如生理生化、遗传育种、生态学以及现代科学实验研究手段的内容。只有这样才能完成培养出具有坚实理论基础又掌握先进实验手段的工程师训练。据此，基础课和专业基础课约占总学时的55%。连同公共课则占80%左右。③保证重点，贯彻少而精。经济林产品除果实外，还有树脂、树液、树皮、单宁、纤维、虫胶、虫蜡、药材等多种多样。根据我国情况，中央多次提出食用、工业用油料木本化的要求，这是带有战略措施的。因此，本专业的教学内容应以木本油料为主。各门课程要认真精选内容，避免重复，少而精，使真正有用的知识学到手。④努力贯彻因材施教。为使学生能主动地学习，减少课内学时，增加自学时数，增开选修课 17 门。使学习和志趣不同的学生有所选择，开阔知识领域，增多工作适应能力。⑤在教学安排上正确贯彻理论与实际相结合的原则。在切实加强基础理论教学的同时，必须重视实习实验、教学实习、课程设计、毕业实习、毕业论文等实践性教学环节，这是工程师训练不可少的。教学计划共设 26 门课程，除少数课程外，其余课程的课堂教学与实习实验大体上是一比一。专业基础课和专业课都安排有 3~5 天的野外教学实习。第八学期全部安排毕业实习和毕业论文（设计），以培养和训练学生实际工作能力。

关于教学基地的建设问题。为加强实践性教学环节，经济林专业必须建立教学、科研、生产劳动相结合的教学基地。

会议讨论通过修订后的教学计划待林业部审批后执行。

2. 关于教学大纲的编写问题

根据这次会议修订的《经济林专业教学计划》共开设必修课 26 门，选修课 17 门，经过讨论一致认为公共课和基础课采用全国林业专业统编教材。专业基础课目前原则上采用林业专业统编教材，在教学过程中，根据需要可作适当调整增补。拟先行编写的大纲：《生物化学》《微生物学》《经济林病理学》《经济林昆虫学》《经济林树木育种学》《经济林研究法》《经济林栽培学》《经济林产品加工利用学》等 8 门。

会议着重讨论了教学大纲的编写原则。①各门课程教学大纲的编写，要自觉地应用辩证唯物主义作为指导思想。正如恩格斯所说："辩证法对今天的自然科学来说是最重要的思维形式""只有辩证法能够帮助自然科学战胜理论困难"。②大纲要反映 20 世纪 80 年代本门学科国内外新的科学技术成就、发展趋势。同时要考虑到当前和今后一段时间我国实际情况。凡是符合现代发展方向，即使目前还办不到也要大胆介绍。③所拟 6 门专业课教学大纲属应用技术科学，应注意现代实验手段的运用和基本技能的训练，同时也要注意加强基本理论的阐述。但要处理好各门课程之间的关系，要相互渗透衔接，力争避免不必要的重复。④各门课程教学大纲要贯彻"百家争鸣"的方针，广为介绍本学科国内外不同学派以及某些有争议的学术观点，让学生广开视野。⑤教学大纲在内容编排上，要遵照循序渐进的原则。应注意少而精，基本内容讲透，概念要准确，条理要清楚。⑥每一门课程大纲，要详细列出各章、节主要教学内容，实验实习、教学实习内容和要求，以及学时分配等。

经商定 8 门课程的教学大纲，由中南林学院提供初稿，在下一次编审会讨论修改。

3. 关于《经济林栽培学》（总论部分、初稿）的讨论

《经济林栽培学》是根据长沙会议上所制定的编写大纲，由中南林学院、福建林学院、华南农学院林学系、浙江林学院分工编写的。在这次会议上用3天时间，逐章进行了认真的讨论。

与会同志一致认为现提供讨论的《经济林栽培学》总论部分（初稿），内容编排合理，反映了经济林的特点，概括了国内外经济林先进生产经验，基础理论的应用和阐述清楚，技术操作实用。在肯定教材的同时，从各方面提出修改意见。由主编单位作必要的修改，提供下一次编审委员会审查定稿。

4. 关于下半年经济林专业编审委员会工作计划

经商定下次编审会议定于1980年11月在湖南召开。将讨论教学大纲和教材编写分工的问题，预计参加会议人数50人左右。会议预定三项议程。①讨论八门课程的教学大纲。要求1981年年底提出《经济树木育种学》《经济林昆虫学》《经济林病理学》《经济林产品加工利用学》等4门教材初稿。1982年年底提出《经济林研究法》《植物生物化学》《微生物学》3门教材的初稿。②《经济林栽培学》（总论、各论）审查定稿。③商讨研究组织交流教学、科研情报资料和编译文稿等有关事宜。

会议最后建议由中南林学院报请林业部补聘浙江林学院一名经济林专业教师为编审委员。

（二）第八次会议纪要

全国高等林业院校经济林专业教材编审委员会第8次会议于1988年5月17日至19日在西南林学院召开。出席会议的有中南林学院、西南林学院、西北林学院、浙江林学院、河北林学院、广州师范学院的编委。福建林学院、安徽农学院林学系的编委因事请假。参加会议的还有时任西南林学院经济林系筹备组长董春跃老师，以及该院教务处、教材科的同志和经济林系有关教师。时任西南林学院伍聚奎副院长出席会议的开幕式和闭幕式，并作了很好的讲话。时任王春林院长、时任学院党委副书记段柏芳同志看望了代表，并关心会议的召开。与会代表对西南林学院为会议所作的准备与接待表示满意，并深致谢意。会议就下列问题进行了热烈的讨论，并取得一致的意见。

1. 9年来工作的回顾

1980年4月1日，林业部（80）林教字18号文件正式批准成立经济林专业教材编审委员会，1980年7月3日至11日在湖南省株洲市召开了第一次编委会。以后相继于1981年7月，1982年11月，1983年4月，1984年1月，1985年4月，1986年4月，先后召开了第2次至第7次编委会。在这段期间还召开了《经济林栽培学》《经济林研究法》《经济林产品利用及分析》《经济林病理学》《经济林昆虫学》5门课程的初审、复审和定稿会议。

（1）9 年来的工作成绩

编审委员会成立 9 年来，主要做了如下一些工作。

1）教材建设

经济林专业从 1959 年创建以来，至 1983 年以前的 20 多年中没有一本较为定型的统编教材。1980 年以后由编审委员会着手组织有关院校的教师编写教材。从 1983 年至 1986 年先后由中国林业出版社出版有《经济林栽培学》《经济林产品利用及分析》《经济林昆虫学》《经济林病理学》4 本教材。《经济林研究法》正在排印中。每一本书的出版都经过大纲讨论、初稿审查、定稿终审，最后由编审委员会审定推荐。统编教材的出版，对稳定教学内容，促进教学质量的提高，起了积极的良好作用。

2）制订教学计划

1980 年 7 月第一次编审会上，制订了第一个全国性的《经济林专业教学计划》。教学计划是组织教学的文件依据。这个教学计划作为指导性计划被有经济林专业的院校普遍采用。这个计划统一了经济林专业的培养目标和教学内容，稳定了教学秩序，促进了经济林专业的教育事业的发展。

《经济林专业教学计划》根据形势的变化和发展，进行过多次的修订。

3）交流了办学经验

我们的每一次编审委员会都进行了办学经验的交流。1982 年 11 月在福建林学院召开的第三次编审会（扩大）上专门进行了各院校在教学、科研、师资培养、教学基地建设等方面的经验交流。通过这次会议的交流，开始试行改变生产实习、毕业实习和毕业论文的时间安排。根据经济林产品成熟收获的时间多在 9—10 月的特点，将毕业实习和毕业论文的时间从 4 年 1 期开始分段进行。另外在加强学生实践性环节，改进课堂教学，师资培养等方面都进行了广泛的交流。这次交流有力地推动了经济林专业的教学改革。

4）进行了学术交流

新中国成立以来，经济林的科学研究各院校都取得一批成果。1984 年 1 月在株洲市召开的第五次编审委员会（扩大）专门进行了一次科研成果的交流讨论会。提交大会的论文有 20 余篇，有 10 人在大会上宣读了论文。

在此之前，1982 年 7 月 1 日至 8 月 10 日在湖南省株洲市株亭举办了一次《经济林研究法》研讨班。参加研讨班的有来自全国高校、中专和研究单位共 39 个，参加人员 43 人。

5）经济林专业目录的审定

从 1984 年开始至由国家教委于 1986 年在南京农业大学召开的普通高等学校农科、

林科本科专业目录审定会止，前后历时 3 年，共召开大小会议 6 次。最后，经济林专业被列入国家教委本科目录。

6）经济林专业硕士研究生培养方案的制订

随着经济林生产、科研和教学事业的发展，经济林专业除本科专业外，1982 年开始招收硕士研究生。编审委员会组织制订《经济林专业硕士研究生培养方案》，这个方案实行多年以后，于 1988 年 4 月组织进行了修订。根据经济林生产发展的需要，特别是经济林产品加工利用的发展，急需各个层次的技术人才。因此，这个新的研究生培养方案安排 13 个研究方向，其中包括 4 个加工利用研究方向。由于加工利用是工科系列，课程设置也有相应的变化，分为 AB 两组来设置不同的课程。

7）5 门课程实验室设备标准的制订

根据林业部（83）林教高字 118 号文件“关于分工制订实验室目录和装备标准的通知”要求，由编审委员会组织有关院校共同制订了经济林专业的“经济林栽培实验室”“经济林标本室”“经济林研究法实验室”“经济林产品加工实验室”“经济林产品分析实验室”“经济林病理学实验室”5 个实验室和 1 个标本室的设备标准。实验室是学生实践能力培养的重要场所，各院校经过几年的努力，逐步在按标准建设实验室，促进教学质量的提高起着重要作用。

8）《经济林研究》期刊的创办

1982 年 11 月在株洲召开的第三次编审委员会提议创办一个全国性的经济林学术刊物。1983 年 1 月 16 日编审委员会正式向林业部教材编审领导小组、教育司提出“关于创办《经济林通报》的报告”。报告就办刊指导思想、读者对象、刊登内容、发行办法、组织领导提出了具体意见和设想。报部教育司审批。

1983 年 4 月在株洲召开的第四次编审委员会上组成刊物编委会，由胡芳名同志任主编。后又请示教育司将刊物名称改为《经济林研究》。1983 年 10 月《经济林研究》第一期出刊。1985 年经国家科委批准在国内公开发行。现已出版 10 期，在国内 25 个省（区）发行。《经济林研究》是目前国内唯一的权威性的经济林方面的综合性学术刊物。

9）促进了中国林学会经济林专业委员会的成立

为了将全国的经济林科技工作者组织起来，从 1983 年开始至 1985 年，以编审委员会的名义先后四次向中国林学会提交申请报告，请求在中国林学会下设立经济林专业委员会。经多方努力，1986 年 5 月 29 日，中国林学会以林会字号文件，正式批准成立中国林学会经济林专业委员会。1986 年 12 月 1 日至 5 日在株洲市召开专业委员会成立大会暨首届学术讨论会。出席会议代表 81 人，收到论文 70 余篇，在大会交流 21 篇。会后以《经济林研究》增刊编辑出版论文集。

10）组织编写《经济林生产技术丛书》

由于经济林生产具有投资少，见效快，收益长的特点，成为农村多种经营的骨干生产项目，针对这个需要，编审委员会倡议编写一套《经济林生产技术丛书》，得到中国林业出版社的大力支持，以编审委员为主，组成丛书编委会。计划在近几年内出一轮丛书20本。丛书编写计划已被纳入星火计划。

经济林专业的教育事业，是从无到有，从小到大，形成现在从专科、本科至研究生各个层次的教育事业，这是生产发展的需要，为我国经济林生产的发展发挥了巨大的作用。

（2）几点体会

9年来，我们做了一些工作，取得了一定的成绩，主要如下。

1）林业部教材编审领导小组和教育司的正确领导

部教育司对编委会的工作非常重视和支持，编委会的活动多次派员参加会议和指导工作，特别是对教材的出版计划和活动经费的安排等都给予了大力的支持。

中国林业出版社对经济林教材和《丛书》的出版都给予了大力的支持。我们的每一次审稿会，出版社都派同志参加指导，保证了教材的质量。

2）得到了编审委员所在院校的支持

参加编审委员会的院校有：中南林学院、西南林学院、西北林学院、福建林学院、浙江林学院、河北林学院、安徽农学院林学系、广州师范学院生物系8所学院，他们都全力支持编委们的工作。如为担负教材编写的教师创造各种条件，为参加会议的教师提供各种方便。编审会在5所学院召开过会议，每一次会都得到了热情的接待，各学院领导亲自参加指导会议的工作。

3）挂靠单位的努力工作

编审委员会挂靠中南林学院，从学院领导至经济林系各级领导全力支持编委们的工作。编审委员会主任、中南林学院副院长胡芳名教授工作很繁忙，但仍用一定的时间和精力具体参加编审会的工作。由于编审会经费不多，中南林学院每年在经费上还要适当的支持。

4）形成了一个团结的集体

编审会形成为凝聚力的核心经济林专业办学历史不算长，在师资力量、仪器设备、图书资料等，比起各院校老的专业来说差距较大，为了经济林建设事业的发展，要求相互支持，团结奋斗，这是客观需要。因此，编审委员会自然地形成凝聚力的核心。每次编审会的召开，都充分发扬民主，畅所欲言，相互谅解和支持。编审会团结了全国高校经济林专业的教师，形成了一个团结战斗的集体，具有无限的生命力。

四、关于教学计划的修订

为了适应普通高校招生分配制度的改革和经济林生产事业的发展，经济林专业的教学需要改革。对经济林专业教学计划进行修订，是当前改革开放形势的要求。

（一）关于培养目标

随着高等院校招生和分配制度的改革，笔者认为培养的学生不仅在业务上过得硬，而且在政治思想上也应当有献身经济林事业的决心，绝不能培养高文化，低道德，高科技知识，低政治思想水平的大学生。经济林专业的学生要面向生产实践，要面向山区。因此，要加强思想政治工作，要进行“四有”教育，要热爱经济林，要艰苦奋斗，要有为事业的献身精神。因此，我国经济林专业培养的是经济林生产建设的工程师。

（二）关于开拓专业面的认识

如何拓宽呢？笔者认为不能只用增开必修课程或选修课程的办法来解决，应该从三个方面着手：一是加强生物基础理论知识的学习；二是加强实验和生产实践技能的训练；三是加强独立工作能力的培养。

（三）修订教学计划的指导原则

①全国性的经济林专业教学计划，只能是一个统一的基本要求。各院校可以根据地区特点、需要设置具有特点的课程。②加强基础理论，主要是围绕《经济林栽培学》《经济树木育种学》加强生物学科的理论和应用课程。③加强实验研究方法和运算技术，主要是围绕《经济林研究法》，加强统计分析、电子计算机、分析试验方法等方面的课程。④加强实践性环节的训练，主要加强实习实验，教学实习，生产实习，毕业实习和毕业论文。同时加强院内外结合专业的生产劳动，生产劳动要作为课程，每周安排半天。⑤适当的增加经济林产品加工利用的课程。⑥增开选修课。⑦具体的教学计划另行制订。

考虑到今后的毕业生不包分配，进行双向选择，建议考虑一二年级学基础课和专业基础课，二年级开始联系工作单位，后两年的学习，则根据工作单位的要求内容进行安排，这样针对性强，毕业后到工作单位马上能独立地进行工作，实行按需教学。

（四）增设新的专业

发展经济林生产和野生经济植物资源的开发利用，是振兴山区经济、农民脱贫致富的重要途径。原有经济林产品和野生经济植物资源的加工利用，是山区乡镇企业的重要生产项目，变资源优势为商品优势，提高经济效益。野生经济植物资源的开发和产品加工利用这两方面的人才，当今生产大量急需。因此，建议增设两个专业：野生经济植物资源专业，经济林产品加工利用专业。

野生经济植物资源专业，国内吉林林学院、吉林农业大学已经开办，可以参考他们的计划。经济林产品加工利用专业，主要培养经济林产品食品加工方面的专业人才。主干学科有：食品化学、经济林产品食品加工工程、经济林产品分析检验学。

（五）组织新教材的编写

根据经济林生产建设发展的需要，拟组织第二轮教材的编写。拟编写的教材有：《经济树木育种学》《经济树木生态学》《经济植物分类学》《经济树木生理学》《科技情报学》《经济林产品食品加工工艺学》《植物化学》7 门教材的编写。上述 7 门教材希望纳入“七五”期间的出版计划。

（六）组织教材编写的几点体会

教材建设是高等院校基本建设之一。教材是实现学生培养目标的重要方面。是组织教学过程的依据。经济林专业是一个只有 20 多年历史的新兴专业。要办好这个专业，组织好教材的编写成为当务之急。从 1980 年 7 月第一次编审委员会以来，经过几年的努力，《经济林栽培学》已于 1983 年 6 月由中国林业出版社出版发行。《经济林产品利用及分析》，经过 1982 年 8 月 24 日至 26 日在西南林学院邀请同行专家，进行了初审，后经组织力量修改，在 1982 年 11 月在福建林学院召开的第三次编委扩大会上，通过定稿审查，现已清稿完毕，经 1982 年 7 月在株洲举办的全国《经济林研究法》研讨班初审，研讨班有 11 个省区的有关高等林业院（系）、省林科所、少数有经济林专业的中专共 22 个单位 27 位同志参加。研讨班以《研究法》为基本教材，与会同志一致认为《经济林研究法》不仅可以作为教材，并且生产和科研单位也很需要，希望尽快出版。根据研讨班的意见，在第三次编委会上作了详细的修改说明，并通过定稿审查。这本教材经过有关院校的试用（有的一次，有的二次）普遍反映良好。建议能纳入 1984 年第一季度的出版计划。《经济林病理学》和《经济林昆虫学》已完成初稿的编写，各院校正在试用。计划在 1983 年 11 月召开的第五次编委会进行初稿审查，希望能纳入 1984 年第三季度的出版计划。《经济树木育种学》中南林学院已编出初稿正在试用。浙江林学院和福建林学院联合编写的初稿一并在试用。计划在第五次编委会上三院进行协商，以现已编就的两本《经济树木育种学》为基础，取长补短，进行删节合并为一本，并同时进行初审，力争在 1984 年能进行定稿审查。列入 1985 年出版计划。

编审会通过几年组织教材编写的实践，有如下几点体会。

1. 组织好教学大纲的编写

1980 年 7 月在湖南株洲市召开的第一次编审委员会上，在讨论修订《经济林专业教学计划》的同时，并确定组织《经济林研究法》《经济林产品利用及分析》《经济林病理学》《经济林昆虫学》《经济林育种学》等课程教学大纲的编写。并制定了编写大纲的原则：①各门课程教学大纲的编写，要自觉地应用辩证唯物主义作为指导思想。正如恩格斯所说："辩证法对今天的自然科学来说是最重要的思维形式"。又说"只有辩证法能够帮助自然科学战胜理论困难"。②教学大纲的内容要根据专业培养目标提出，要体现经济林的特点。大纲要反映 20 世纪 80 年代本门学科国内外新的科学技术成就、发展趋势。同时要考虑到当前和今后一段时间我国的实际情况。凡是符合现代发展方向的，即使目前还办不到也要大介绍。③现拟定的大纲属应用技术科学，应注意现代实验手段的运用和基本技能的训练，同时也要加强基本理论的阐述。但要注意处理好各门课程之间的关系，要相互渗透衔接，力求避免不必要的重复。④各门课程教学大纲要贯彻"百家争鸣"的方针，广为介绍本学科国内外不同学派以及某些有争议的学术观点，让学生扩大视野。⑤教学大纲在内容编排上，要遵守循序渐进，少而精，理论联系实际的原则。在内容编排上先总论后各论。各门学科的现有资料都很丰富，因此应注意取舍，强干削枝，主次分明，基本内容要深透。所有讲授的概念要准确，条理要清楚。必须重视实习实验等实践性教学环节，使学生既懂理论又会操作。⑥每一门课程教学大纲，要详细列出各章、节和实习实验的主要内容、要求与学时的分配。这次会议责成有关院校，根据上述的编写原则，负责大纲的编写。

1981 年 7 月在中南林学院召开的第二次编审委员会（扩大）的会议上，根据各院校提出的《经济林研究法》《经济林产品利用及分析》《经济林病理学》《经济林昆虫学》《经济林育种学》等教学大纲的初稿，进行讨论修订，并确定了各院校分工编写的具体任务。

2. 协调分工编写任务

根据各门课程的教学大纲，由编审会组织分工。明确主编院校和参加院校的编写任务，并落实到具体人员。

编审会在组织落实编写任务时，为保证教材质量，充分考虑到各院校具体情况，扬长避短。无论是在病理、昆虫、育种和产品利用中树种和产品都具有明显的地域性。如紫胶属南方，由福建林学院负责。核桃主要属北方，由河北林专负责。油茶、油桐、乌桕等主要属华中，由中南、浙江等院校负责。

为使科研结合教学，科研成果反映在教学上，所以还要考虑各院校开展科研情况。如漆树的栽培、病虫防治等方面，中南林学院有课题开展研究，由中南林学院编写。

漆的利用，西北林学院开展研究，由西北林学院编写。

在编写过程中，编审委员会要及时了解编写情况，督促检查。并要及时帮助解决编写中的一些问题。如在编写过程中有不同的意见，也可以分头编写。如《经济树木育种学》中南林学院已编写了一本，而浙江林学院和福建林学院又联合编写了一本，再由编审会组织审查定稿，择优推荐出版。

3. 组织好教材的审稿

为保证教材的质量，每一本教材，编审会都组织初审和定审两次会议。为了广泛地听取各方面的意见，参加审稿的成员除编审委员外，还邀请生产科研单位的同行专家参加。如《经济林栽培学》《经济林产品利用及分析》《经济林研究法》不仅审稿和定稿审查邀请生产科研单位的同行专家参加，并预先将打印好的初稿分送更多的单位，征求意见。根据我们几年来组织教材审稿的实践，要开好审稿会，应抓住如下几点。

（1）充分发扬学术民主

审稿会议要秉着“百家争鸣”的方针，充分发扬学术民主，让与会人员做到敞开思想，畅所欲言，各抒己见。编写人员要认真听取各种意见后进行修改。

几年来，笔者会同与会人员先后召开过多次审稿会，由于与会人员团结一致，会议始终充满着民主的气氛，多次得到参加审稿会的中国林业出版社的同志的好评。

（2）组织好初审和教材的修改

教材初审会除要充分发扬学术民主外，还要组织好审稿讨论会。在具体进行中，要先队教材的编排结构，内容的取材和分量，广泛的讨论。然后逐章、逐节，从内容、文字、数据的引用，直到图表的安排，进行讨论，提出具体的修改意见。最后由编审会进行归纳整理，责成编写人员分头修改。

笔者认为由编审会组织集体参加的统编全国通用教材，是体现专业教学计划，培养目标的教科书，与个人的学术专著是有区别的。个人学术专著，可以坚持个人观点，但作为全国通用教科书，就要尊重审稿会的意见。因此，编审会有责任检查修改情况。

（3）保证教材质量，把好定审关

教材经初审修改后，再进行定审。在定审会上，编写人员首先要将初审后所作的修改情况作出详细说明。然后有目的有重点提出修改意见。编审会统一意见后，交由该书的主编和副主编统一修改、统稿。这样才能保证教材前后的连贯性和整体性。

教材定稿后，送交出版社要求做到“齐、清、定”。

我们认为要完成一本教材，必须经过：大纲的编写、初审和定审三个过程。每一个过程都有大量的组织工作。

经济林专业是一个新的专业，有些教材还要组织力量进行编写。我们认为，除鼓励个人著书立说外，组织好兄弟院校之间的教师共同编写，充分发挥集体的力量，力争在2~3年内编写出适合本专业的、质量较高的教材。只要大家共同努力，这一目的是完全可以实现的。

五、学会工作

（一）第一次代表大会——中国林学会经济林专业委员会筹备过程和成立大会暨首届学术交流会概况

我国幅员广大，自然条件优越，经济林在林业生产中占有很大比例。全国现有经济林面积1.69亿亩，占我国森林总面积的10.2%，1976年以来，每年新造经济林面积1 000万亩左右。经济林的主副产品，在国民经济、人民生活等方面，都占有重要位置。但是从经济林事业不断发展的角度来看，存在很多学术问题需要进一步探讨；有许多生产技术问题需要不断总结研究、推广。因此，成立一个全国性的经济林学术团体，团结全国广大从事经济林科技、教育、生产的科技工作者，充分发挥他们的聪明才智，为振兴我国经济林事业作出贡献，是十分必要的。同时，新中国成立以来，经济林学科逐步得到发展和不断完善，目前，该学科已在林学专科中单独形成了一个体系，具有其独特性。为了使这一学科深入发展，组织全国经济林学科的专家、学者，经常进行学术交流，探讨这一领域中的一些学术问题，成立一个全国性的经济林学术组织，是十分必要的。

另外，成立一个全国件的经济林学科的学术组织，也具备了一些必备的条件，第一，是全国已有一支庞大的经济林科技工作者的队伍，遍布在全国29个省、市、区的科技、教育和生产部门中。第二，是自1978年以来，全国大部分省、市、区已相继成立了省一级的经济林学会、专业委员会或学组。第三，在经济林教育事业方面，已成立了全国高等林业院校经济林专业教材编审委员会这样一个全国性的组织。第四，为了使经济林方面的科技成果及时应用于生产，在中国林业出版社的支持帮助下，成立了全国性的经济林生产技术丛书编审委员会。

基于上述情况，自1983年以来，中南林学院和有关经济林学术组织先后四次向中国林学会提出申请，要求在中国林学会领导下，成立一个经济林专业委员会。1983年4月29日，由湖南省经济林学会申报，经湖南省林学会转报中国林学会，申请成立中国林学会经济林专业委员会；1984年11月12日和1985年4月13日，由全国高等林业院校经济林专业教材编审委员会和湖南省经济林学会联合，先后两次向中国林学会提出申请；1985年12月10日，由全国高等林业，校经济林专业教材编审委员会、全国经济林生产技术丛书编审委员以及湖南省经济林学会三个组织联合，再次向中国林学会申请，请求成立经济林专业委员会，在反复申请过程中，得到了时任林业部董智勇副部长，吴博司长及老一辈林学家陈陆圻、王恺、刘学恩等同志的大力支持。在中国林学会的重视与关怀下，1985 年 5 月 2 日，中国林学会发文同意在造林专业委员会下设立经济林学组，并要求召开一次全国性的经济林学科座谈会。当时，由湖南省经济林学会牵头，作了成立学组和召开座谈会的有关准备工作，并于 1985 年 6 月 18 日向中国林学会报告，后因多方面的原因，未能按其计划实现，1980 年 5 月 29 日，中国林学会以中林会字（1986）18 号文件，正式批准成立中国林学会经济林专业委员会。

为了做好成立中国林学会经济林专业委员会暨首届学术交流会的有关准备工作，在中国林学会领导下，成立了筹备组，办公地点设在中南林学院。1986 年 9 月 28 日至 29 日在湖南省株洲市召开了筹备组第一次会议，参加会议的除筹备组成员外，中国林学会、湖南省林学会还派员出席会议指导。这次会议就经济林专业委员会委员人选、专业委员会组织机构、专业委员会成立大会暨首届学术交流会以及专业委员会 1987 年工作设想等问题进行了认真讨论，并及时将会议情况以《会议纪要》形式向全国各省、市、区林学会作了通报，筹备组第一次会议后，中南林学院受筹备组委托，立即着手进行专业委员会委员候选人，参加成立大会的代表登记、首届学术交流会论文、报告的征集、评审以及专业委员会成立大会的各项准备工作。在各省、市、区林学会及有关单位的大力支持下，各项筹备工作进展顺利。12 月 1 日召开了筹备组第二次会议，审议了成立大会暨首届学术交流会的各项准备工作及会议日程。

中国林学会经济林专业委员会成立大会暨首届学术交流会于 1986 年 12 月 1 日至 12 月 5 日在湖南省株洲市召开。

这次会议的主要任务是：选举专业委员会第一届委员会委员；建立有关组织机构；进行学术交流；讨论专业委员会今后工作。

参加会议的有来自全国 21 个省、市、自治区从事经济林教学、科研和生产的教授、专家和技术人员共 81 人。

这次会议共收到学术论文 60 余篇，其中 21 篇在大会上进行了交流。这些学术论文充分反映了我国经济林科研、生产的水平，内容广泛，既包括从宏观上论述我国发展经济林的战略和策略，也有经济林单一树种研究的专题报告。会议通过大会交流和分组讨论，代表们就我国经济林发展的战略和技术关键进行了充分的讨论，提出了《发展我国经济林生产的建议》。与会代表还对专业委员会今后的工作方向、任务，提出了很多好的建议。

（二）第二次会员代表大会——中国林学会经济林学会第二次代表大会会议纪要（节录）

中国林学会经济林学会第二次代表大会于 1990 年 10 月 13 日至 15 日在湖南株洲县

召开。本次大会的议程主要有：听取中国林学会经济林专业委员会第一届委员会工作报告；选举中国林学会经济林学会第二届理事；进行学术交流。

出席本次会议的有来自全国22个省（区、市）62个生产、科研、教学单位代表共计83人。中国林学会学术部、林业部科技情报中心、中国林业出版社等单位派员出席会议。

1. 工作回顾

会议回顾了从1986年12月5日成立专业委员会3年多来的工作。首先是积极组织学术交流。除在第一次全国代表大会期间进行了学术交流外，各学组还分别组织了学术讨论会。1987年11月和1988年12月分别在湖南大庸市和云南昆明市召开了两次“经济林产品加工利用学术讨论会”；1987年12月在贵州遵义市召开了“野生植物资源开发利用学术讨论会”；1988年11月在湖南郴州市召开了“经济林立体经营模式学术讨论会”；1989年7月在浙江义乌市召开了“枣子良种选育及其加工学术讨论会”。为了让经济林青年科技工作者施展才华，促进成长，于1988年10月在湖南株洲市召开了“首届经济林青年学术交流会”。上述7次学术讨论会先后共有560人参加，提供论文报告400余篇。

大会在进行分组讨论时，代表们一致肯定了上届委员会有成效的工作，并高度赞扬了委员会挂靠单位和有关单位的大力支持，对各学组的活动也表示满意。

2. 大会学术活动

本次会议进行了学术交流，大会共收到论文报告55篇。

专业委员会下设的良种选育、野生植物资源利用、加工利用和丰产栽培4个学组，在大会上做了专题发言，良种选育学组介绍了我国经济林良种选育“七五”期间取得的成就。目前，油茶、油桐、核桃、板栗和枣树等主要经济林树种已收集保存种质资源总共约4 500号，选育出新品种70多个，在生产中得到广泛的推广应用，取得巨大的经济效益。加工利用学组在发言中介绍了我国经济林产品加工利用现状及发展趋势。近年来，在资源开发利用方面很快，如沙棘、刺梨、猕猴桃、余甘子、柿叶、杜仲叶、金樱子等的利用已开发出几百种系列产品。野生植物资源学组介绍了近几年来新发掘出的资源如黑加苍、桃金娘、西番莲、桦树液等的开发利用。丰产栽培学组介绍了生态经济林业的有关情况。

在大会发言的有江苏植物研究所顾姻研究员、广州中医学院徐鸿华副教授、西南林学院杨俊陶副教授等18位代表。提交本次大会的论文报告，按内容可分为以下4个方面。

第一，经济林生产发展战略方面的论文。这方面的文章较多，占45%。这些论文紧密结合本地实际，进行了系统的调查研究，占有大量可靠信息，依据充分，所提出的措施切实可行。如安徽省林科所宣善平副研究员等的论文“院西大别山区板栗生产形势及栽培策略”是安徽省科委下达的软课题。该文提出的技术路线、栽培策略，针对性强，切实可行。天水市林果服务中心马克宽同志的“关于天水发展经济果树的思路”一文中，认真分析了天水林果生产现状，提出了切实可行的措施，有的被政府部门采用并在实施中。河南省林业厅经济林处主任工程师侯尚谦同志的“对河南省经济林生产的几点意见”一文中，提出了河南省经济林生产“三大战略转移”，即发展的重点由平原转向山区，发展经济林要坚持上山下滩，进村入院；将注意力由水果转向干果，加大河南省的干果出口量，以换取更多的外汇；由大栽转向大管，向管理要产量、要质量、要效益。黄山市林业局谢承铸同志的论文“黄山市经济林现状及问题的研究”，该文分析了经济生产大起大落原因之后，提出理顺体制关系，走零星栽培与区域发展相结合的路子等措施。时任湖北省郧阳地区林业局王年昌同志的“郧西‘长江防护林工程’与发展经济林的格局”论文中提出“长江防护林工程”中经济林占有领先地位，建立合理的经济林自然格局，建立合理的林种结构等重要意见。上述论文中的各种措施和意见，对各地发展经济林生产都有重要的参考价值。

第二，植物资源开发利用方面的论文。如江苏植物研究所顾姻研究员的“灌木经济林的潜力和意义”，新疆林学会朱京琳高工的“新疆经济林树种种质资源”，中国林科院资源昆虫研究所陈玉德副研究员的“余甘子的开发利用前景”，甘肃农业大学冯自诚副教授的“甘肃中部干旱、半干旱地区的树种资源及其利用”等论文，就资源的开发利用提出很好的意见和办法。

第三，良种选育方面的论文。全国各省（区）先后选育出一批优良家系和无性系，并在生产中应用推广。如油茶、油桐选育一批高产家系和无性系，平均亩产油都在25~30kg以上。核桃、板栗、枣、柿等主要经济林树种都选育出适宜各地栽培的高产类型。这次在大会交流的福建省林科所熊年康高级工程师的“福建省山茶种质基因库建立的研究”，广东中医学院徐鸿华副教授的“南药引种及其产品质量评价研究”，广东韶关市林科所青年工程师龚思维同志的“韶栗18号板栗优良无性系的选育”等论文，在基因库建立、引种及优良无性系选育等方面，都作了很好的论述。

第四，经济林丰产栽培方面的论文。如中南林学院经济林系胡芳名教授、谢碧霞副教授的“枣树经济施肥与氮素营养诊断的研究”，该试验运用3因素5水平回归最优设计方法进行枣树施肥研究，建立了枣树产量与氮、磷、钾肥施用之间的效应模型。西南林学院杨俊陶副教授等的“云南八角栽培区划研究”，该文以气象因子为基础，选取63个县为样点，进行统计分析，将全省划分为6个集团区。贵州农学院林学系岳季林副教授等的“油桐林丰产技术综合应用研究”一文中，经试验研究，在垦复的基础上提出氮、磷、桐饼的施用比例，在生产中有应用价值。陕西省咸阳市林业技术推广站孙钦航同志的“老龄低产枣树改造技术对策”一文中提出抓土、肥、水，培养地力；覆盖树盘，保护地力；喷激素，提高坐果率；综合防治虫害，提高枣果质量4项技术，行之有效。湖南省慈利县林业局张维涛工程师等同志的“杜仲林下间作物种的优化选择”一文中提出林苗、林药、林经、林粮间作的适宜种类。中南林学院张美琼副教授等的“毛竹丰产技术试验研究”一文中提出竹林施肥、全垦抚育、刀抚除杂等技术措施。四川省林科所黎先进同志和四川省林校陈又新同志的“油橄榄树体结构与太阳辐射能分配规律的研究”一文中提出通过修剪改善树体结构，提高光能利用。

大会分组进行学术交流讨论时，各组代表们一致认为，提交本次大会的55篇论文报告，普遍质量较高，反映了我国目前经济林生产和科研的水平。有三大特点：其一，从实践中来。发展战略的软科学研究，都是在经过深人系统调查研究的基础上，密切结合实际。文章有材料，有分析，有观点，有措施。试验研究论文一般都经过多年的研究，方法科学，结论正确。其二，论文从各个方面反映了近几年来，经济林生产、科研的成就，有一定的理论深度，有的观点新颖。同时论文紧密结合生产实际，有普遍的推广应用价值。其三，提交大会的论文作者，有国内著名的专家学者，也有青年的工程师。充分说明我国经济林生产、科研、教学后继有人。

10月15日上午，时任林业部造林经营司司长祝光耀高级工程师在大会作了题为“我国经济林生产形势，存在问题和对策”的专题报告。近10年来，我国经济林有了很大发展，主要特点是：第一，发展速度加快，树种植物逐步优化；第二，改革零星种植和粗放经营的旧传统，经济林规模经营和集约经营水平不断提高；第三，松散联合，综合服务，自我提高，经济林生产显示新的活力；第四，国内市场越来越广阔，创汇能力不断增强。报告指出了我国经济林生产存在的问题。近几年我国经济林生产虽有一定发展，但与世界先进国家相比，差距仍然很大，经营粗放和生产水平不高的问题还没有从根本上得到解决。

3. 会议总结

中国林学会经济林学会第二届理事会候选人，根据上届专业委员会第二次全体委员会对理事候选人分配原则，由各省（区、市）林学会和有关单位推荐，经本次代表大会全体代表再一次酝酿，于10月15日以无记名投票方式，进行了大会选举，结果选出胡芳名等57人，组成中国林学会经济林学会第二届理事会。这一届理事会人员组成，包括了林业、商业、供销、土产、外贸等行业的教学、科研、生产单位的科技人员以及主管部门的领导，因此，代表性广泛，而且扩大了横向联系。57名理事，大多数为中青年科技工作者，具有高级职称的人数占70%。大会选举以后，接着召开了中国林学会经济林学会第二届理事会第一次全体理事会，选举产生了常务理事、理事长、副理事长和秘书长，并就学会今后的工作进行了热烈的讨论。

与会代表一致认为，本次代表大会是一次民主的大会，团结的大会。这次大会将对我国，济林生产、科研、教学等诸多方面，产生深远的影响，将为组织我国广大经济林科技工作者团结奋战，起着积极的作用。全体代表对中南林学院为这次会议的准备表示满意，并致深切的谢意。对株洲市林业局、株洲县政府、县林业局的热忱接待表示感谢。

（三）油桐研究会——中国林学会经济林分会油桐研究会成立暨学术讨论会会议纪要（节选）

中国林学会经济林分会油桐研究会成立暨学术讨论会于1995年9月13—14日在湖北省房县召开。出席会议的有湖北、湖南、浙江、四川、河南、江西、安徽、陕西8个省18个单位50位代表参加。本次会议的议程：总结回顾全国油桐科研协作组32年来的工作、进行学术交流、成立油桐研究会。

13日上午会议开幕式由中南林学院经济林研究所何方教授主持。出席开幕式的有全体代表，还有湖北省林业厅、十堰市、房县等同志。会议首先由中国林科院亚热带林业研究所副所长陈益泰研究员代表原全国油桐协作组致辞。中国林科院亚热带林业研究所方嘉兴副研究员回顾总结了原全国油桐科研协作组的工作。出席开幕式的党政领导先后做了很好的讲话。

代表们考察了十堰市林业局、林科所、房县林业局共同组织实施的在榔口乡榔口村的300亩油桐丰产林。还参观了青峰镇三里沟镇办的以板栗、柑橘、苹果为主的经济林场。参观后代表们很受鼓舞。

方嘉兴副研究员主持了14日上午的大会发言交流。经专家评审从提交大会的21篇论文中，选择12篇在大会发言交流。在大会发言交流的有王年昌、陈建国、王承南、宣善平、刘翠峰、李龙山、杨乾洪、陈奉学、方良兴、龚榜初、李先昌、方嘉兴12人。

14日下午会议由何方教授主持。会议有两项议程，商定成立油桐研究会有关事宜，会议闭幕。会后代表们还考察了神农架林区及神农架自然保护区的野生经济植物资源。

这次会议得到了湖北省林业厅、十堰市政府、市林业局、房县县委、县政府、县林业局的支持。下次会议初拟在四川召开。

原全国油桐科研协作组在组长亚热带林业研究所会同中南林学院经济林研究所、广西林科院共同努力下，自1963年在四川成都成立以来的32年，召开过6次大型全国科研协作会，5次小型专业学术讨论会。组织全国油桐科技工作者，团结奋战，协作攻关，完成了“六五”“七五”国家油桐攻关课题，“油桐良种选育”“油桐早实丰产栽培技术”的研究。组织历时13年（1977—1989年）的“油桐良种化工程”的实施，获得累计总产值12.32亿元的巨大经济效益。这一成果获国家教委1992年科技进步三等奖。组织编写出版《中国油桐主要栽培品种志》《中国油桐科技论文选》《中国油桐品种图志》，正在组织编写《中国油桐》等专著。全国油桐科研协作组还带动各省一批科研项目的完成，获得一批成果。为了适应新的形势发展的需要，成立油桐研究会。全国油桐科研协作组已经完成了自己的历史任务，全国油桐科技工作者、将在全国油桐研究会的组织领导下，继续努力奋战去完成新的任务。

油桐研究会是在中国林学会经济林分会于1995年5月在中南林学院召开的第二次常务理事会，根据何方、方嘉兴、凌麓山三位著名油桐专家的建议与要求，批准成立的。

油桐研究会隶属于经济林分会，其任务是：为适应现代科技进步的新形势，组织全国油桐科技人员团结奋战，协作攻关，推进我国油桐生产、科研的发展与进步，迎接21世纪。

油桐研究会经充分民主协商，决定挂靠中南林学院，并推举出组成研究会人选。

会长：何方。

副会长：方嘉兴　凌麓山　王承南　李纪云。

理事：(按姓氏笔划排列)。

王年昌　方良兴　左干国　江新禧　向干道。

朱积余　刘翠峰　余义彪　李龙山　罗强　陈炳章。

岳季林　周伟国　赵自富　宣善平　易哲。

杨乾洪　欧阳绍湘　唐光旭　夏逍鸿　覃榜彰。

谭方友　黎先进　黎章矩　曹志勇　蔡金标。

秘书长：王承南（兼）。

理事会由31位理事组成，包括13个省、市、区的25个单位，其中包括教学、科研的中央、省、地市、县生产部门的同志。

油桐研究会新任会长何方教授作了会议总结。总结报告详细讲到当前我国油桐生产情况。报告说，在近5年油桐生产、科研是滑坡的，很不景气，但其中湖北十堰市、四川万县市、贵州遵义市以及湖南、江西、广西的一些县油桐面积、产量是增长的，确实不易，这又是一个好机遇；近几年桐油销路很好，基本没有压库。油桐良种选育，丰产栽培技术的研究，经“六五”“七五”国家攻关取得一批成果。结合全国“油桐良种化工程”的推广，已经变为生产力，创造12亿元的产值。这是依靠科技进步的结果。“八五”期间没有油桐课题，没有科研经费，因而原来组织起来几十人的油桐科研队伍随之解散，选育出的油桐优良无性系、家系大多不保，建立起来的基因库也被毁。但从提交本次会议的20多篇论文看出，仍有少数同志在极端困难的条件，面对商潮，继续坚持进行科研，并取得成果，这种热爱油桐事业的精神倍加可敬。1994 年林业部年度计划中南林学院和亚热带林业研究所两单位承担一项油桐花粉配合力测定课题，由于经费太少，不可能组织大协作。

油桐是我国特产的重要工业油料树种，桐油是国际性商品，也是我国传统出口物资，常年出口量 5 000万 kg。20 世纪 50 年代最高出口量曾达 1 亿 kg。目前出口桐油的还有阿根廷、巴拉圭。油桐生产必须提高效益，油桐利用必须深度开发，因而必须开展科学研究。为此，我们向国家科委和林业部呼吁“九五”恢复油桐科研。我们要重新认识发展油桐生产的政治意义和经济意义。桐油生产是南方大山区，深山区，石山区，革命老区，少数民族地区几千万农民脱贫奔小康的重要途径，这是中国社会主义建设的要求。全国油桐科技人员是愿为发展我国油桐生产建设事业，献出自己的聪明才智。

总结报告最后说，我们这次会议的重要成果是油桐研究会的成立，重新将全国的油桐科技人员组织起来，这是一次团结的大会。我们等待油桐“九五”国家攻关课题，以新的成果迎接 21 世纪。

（四）学组会——中国林学会经济林分会全国经济林学术研讨会会议纪要

中国林学会经济林分会丰产栽培和野生经济植物开发利用两学组联合召开的全国经济林会术研讨会于 1996 年 11 月 6—8 日在福建省漳浦县召开。

出席指导和参加会议的有林业部造林司、科技司、福建省林业厅、漳州市林业局、漳浦县委、政府、林业局的领导同志，以及来自北京、福建、湖南、湖北、广西、浙江、安徽、四川、贵州、陕西、山西 11 个省市区的 34 个单位 47 名代表。

1996 年 11 月 6 日上午会议开幕式。会议经济林分会常务理事、中林院亚热带林业研究所方嘉兴副研究员主持。分会副理事长、时任湖南省林业厅原副厅长张玉石高工致开幕词。时任福建省林业厅原厅长傅圭壁高工代表福建省林业厅在开幕式上讲话。在开幕式上讲话的还有时任漳浦县人民政府陈光军副县长。漳州市林业局杨国华副局长也作了很好的讲话。时任林业部造林经营绿化司经济林处长、分会常务理事张安玲高工在开幕式上作了“喜忧参半的经济林”的讲话。张处长在讲话中说，当前全国经济生产形势是新中国成立以来最好时期，“八五”期经济林面积增加 1 亿亩，品种结构逐步优化，同时逐步走向规模经营。同时也指出要注意一哄而起，发展的盲目性。“九五”期间经济林将会有一个大发展，要依靠科技进步。上面的讲话受到与会代表的一致好评和热烈的欢迎。

会议收到论文 32 篇。论文进行了交流，在大会发言的有 16 位同志。从提交大会论文中看，有几个共同的特点，地区性强，实用性强；栽培技术规范，依靠科技进步；有新资源、新品种的引种栽培成功经验。与会代表认为这次学术交流有新经验，并有一定理论深度，为推进我国经济林生产的进步，将会起着重要的积极作用。

会议组织全体代表参观漳浦县盘陀镇宫陂——通坑果林场、大南坡农场果林场、县农业局花果中心、长桥镇东升林万亩果园、火烧埔水土保特果林场、旧镇乌石荔林场、下蔡林场沙地果 7 个先进典型。他们共同的特点是经济效益好，这些场的农民依靠林果收入人年均在 2 000元以上，高的达 3 900元。他们共同的经验是领导重视，组织健全，由零星小规模开发向连片开发，形成规模经营；由粗放经营向集约经营，依靠科技进步。

代表们通过参观学习后，一致认为他们的经验是好的，是可以学习借鉴的。

会议由常务理事中南林学院何方教授作了总结。

时任福建省林业厅造林处陈伙法处长从始至终参加指导会议。

与会全体代表对福建省林业厅、漳州市林业局、漳浦县委、县政府、县林业局为会议召开的准备、周密安排、热情接待表示衷心的感谢。

（五）立体经营研讨会——全国经济林立体经营模式学术讨论会会议纪要

中国林学会经济林专业委员会于 1988 年 11 月 2—5 日在湖南省郴州市召开了全国经济林立体经营模式学术讨论会。参加这次学术讨论会有来自全国 16 省（区）47 个教学、科研、生产单位的教授、高级工程师等专家学者和研究生共 74 人。会议收到论文 41 篇。

中南林学院院长刘仲基副教授自始至终参加了会议。郴州地区、郴州市党政负责同志出席了会议的开幕式和闭幕式，并做了很好的讲话。郴州地区林业局、郴州市林业局的负责同志参加了会议。这次学术讨论会的经费是由郴州地区林业局、郴州市林业局支持的，为开好会议作了妥善的安排，与会代表一致表示深切的感谢。代表们提交的 41 篇论文，在会议上进行了交流。讨论会遵循百家争鸣的原则，充分发扬学术民主，就经济林立体经营模式问题，专家们从各自不同的学科角度，展开了热烈的讨论，虽经大小会两天半的讨论，专家们仍觉言未尽意。与会专家们一致认为这次学术讨论会主题明确，开得很好很及时，抓住了近几年在经济林立体经营方面出现的好苗头，聚集全国有关专家们从学术上进行讨论还是首次。因此，是一次具有开创性的学术会议，对推动我国经济林立体经营生产、科研事业的发展将起着重要的积极作用。与会专家就下面一些问题，取得较为一致的认识。

1. 经济林立体经营概况

经济林立体经营即是采用混交、间作的经营方式，在我国历史上丘陵山区群众早有这方面的经营习惯和经验，在古农书上也有多次记述。但是，现在所说的立体经营是在总结劳动人民生产实践的基础上，运用现代生态学、生理学、土壤学和栽培学的科学理论和系统方法，按照群落系统结构的观点，建立起来的经济林立体经营的科学方法。经济林立体经营20世纪60年代提出，80年代得到推广应用。但有关经济林立体经营模式的概念及其内含和外延，在国内还未正式提出，需要研究讨论。笔者认为，所谓经济林立体经营是指，在同一土地上使用具有经济价值的乔木、灌木和草本作物组成多层次的复合的人工林群落，达到合理的利用光能和地力，形成相对稳定的生态系统。所谓模式是指组成林分的树种、作物种类具有优化结构，功能多样，具有典型意义和在一定范围内的普遍意义。

经济林立体经营模式的建立，要考虑的原则有如下5个原则。

第一，因地制宜。经济林是以市场经济为主的人工林生态系统，因此在市场引导下，依据当地的生态资源、生物资源、人力资源和资金等全面权衡来考虑。

第二，选准物种。用来组成立体经营模式的种物要具有生物学上的差异，要有“时间差”和“空间差”可以利用，互补互利。

第三，选用良种。在经济林生产中特别是干鲜果生产，良种的含意和要求不仅产量问题，更重要的是产品质量问题，直接影响着经济效益。要使用优良无性系进行无性繁殖。良种的选用要立足本地，有利当地资源优势的发挥，引种要按引种程序要求进行，切勿盲目，绝不能一哄而起。

第四，规模经营。为了有利形成商品生产，在布局上要考虑规模经营。同时要考虑产品在季节上的分配，可以提高经济效益。

第五，集约经营。经济林立体经营一定要集约经营，否则是建立不起来立体模式的。

经济林立体经营模式的应用范围，主要是在集中营造的丰产林和庭园经济林，其中后者更为普遍。庭园经济林是我国经济林生产中的重要方面军，生产门类多，潜力大，发展前景非常广阔。我国随着人口的增加，耕地的减少，承包责任制的完善，庭园经济林的发展是历史的必然。庭园经济林不仅局限于房前屋后的空地，还应包括附近的自留山。因为有永远的所有权全国约有1.8亿~10亿农户，每户可以用来发展经济林生产的庭园约有3~5亩，如果每户平均按4亩计算，总面积有8亿亩，相当现有耕地面积的一半，相当于全国现有经济林面积的6倍，从中可见具有多么巨大的生产潜力。每亩地收入300元，每农户可收入1 200元，全国则有2 400亿元，是农村致富的必由之路。庭园经济林收入过万元的在湖南省益阳县就有42户。

2. 经济林立体经营模式

关于经济林立体经营模式的分类问题。分类因依据不同而异。

（1）以组成林分的结构和层次分

①乔木—灌木—草本②乔木—灌木③乔木—草本④灌木—草本。

（2）按经营分

①经济树木—药材—粮食作物（经济作物）②经济树木—经济作物、蔬菜③经济树木—茶叶—药材④经济树木—牧草⑤经济树木—食用菌⑥经济树木—养蜂—农作物。

具体的立体经营模式很多，湖南、江西、福建、浙江、湖北、贵州、广东、广西、山西、山东、河南、河北、四川、云南以及江苏等省区都有成功经验，在会议上进行了广泛的交流和讨论。如湖南浏阳、平江的油茶—养蜂—农作物，江西萍乡市林科所的油茶广东紫珠—美国狗牙根，福建闽南的余干子—菠萝—农作物，浙江的油桐—茶叶—黄花菜，河南的枣—葡萄，山西的枣—农作物，山东的苹果—农作物，等等。

3. 立体经营实例

根据会议安排，11 月 6 日组织代表离开郴州市，前往江西省萍乡市林科所参观油茶立体经营模式的现场。由于考虑到交通的原因，只安排组织 22 位代表前去，7 日参观一天。

代表们主要参观了萍乡市林科所黄土开水库林场的试验基地中的油茶—广东紫珠—狗牙根（美国岸杂狗牙根 1 号），油茶—狗牙根两个类型。在参观现场中代表们一致认为从现在看，这两个立体经营类型是成功的，在大致相同的自然条件和经营水平下是可以推广的。据萍乡市林科所提交大会交流的研究报告《油茶林立体经营技术措施的研究》（作者：欧阳贵明、杨笑萍、彭益萍、肖双艳、张友谅）表明，开发立体经营的油茶林每亩的综合产值最高达 625. 20 元，一般只达 300 元，比单纯经营油茶林的对照区产值高出 20~30 倍，经济效益是显著的。在水库周围的油茶林地种狗牙根后有利水土保持，有力地防止泥沙流入水库。狗牙根每年可割 8 次，产量达 1 100kg，可用来养猪、养鱼。据水库的同志介绍用狗牙根草养草鱼，年初放入每尾 250g 的草鱼，年终捕捞时最重每尾重量可达 2 500g，一般都可达 1 500g。这样，种植业和养殖业又结合起来了，形成良性循环。

代表们在参观中得到萍乡市政府、市林业局的热情接待，市林科所提供的良好参观现场，学习到好的经验，代表们一致表示感谢和满意。

4. 立体经营发展方向

经济林立体经营是将经济效益、生态效益和社会效益结合起来的最佳生产方式，是经济林生产的发展方向。今后大力宣传是推行经济林立体经营首先要解决的问题。

在经济林生产基地立体经营的推广，建议林业主管部门通过林业资金的流向来控制推广、发展，同时通过市场来调节品种结构。另外，在税收政策给予优惠。

目前，国内已经介绍的一些经济林立体经营模式，基本上是在传统的基础上进行的。如果要创造一个新的模式，非一朝一夕之功，有许多问题要研究。因此，建议组织力量开展这方面的研究。为了解决研究经费和示范推广，建议今后在经济林基地建设中拨出一定数量的专款，用于开展这方面的研究和创立示范点。

与会专家们一致认为，本次经济林立体经营模式的学术讨论会是首次，希望通过这次会议后，引起各方更加关注，今后在科研上和生产实践中取得更多更深入的成果，在适当的时候能召开第二次这样的学术讨论会。

（六）科技兴林——中国林学会经济林学会科技兴林（经济林）学术讨论会会议纪要

中国林学会经济林学会科技兴林学术讨论会于 1992 年 10 月 15—18 日在新疆维吾尔族自治区乌鲁木齐市召开。出席会议的代表有来自新疆、陕西、甘肃、河北、河南、辽宁、吉林、北京、天津、山东、浙江、江苏、安徽、福建、江西、广西、云南、四川、贵州、湖北、湖南等省（区）市的代表共 74 人。会议收到以经济林为主体的科技兴林论文 53 篇。

1. 代表们一致认为，当前我国的林业形势十分喜人

绿化祖国，消灭荒山的浪潮，席卷全国。一些先进县、市已完成消灭荒山的任务。估计“八五”结束，大江南北的许多省、区、市，森林覆盖率可达 30%以上，或者更高。下一步的目标，是更好地改变森林质量，进一步提高森林的生态效益、经济效益和社会效益。大家一致认为，大力发展经济林，大办创汇林业，是达到上述目标的重要途径。

新疆维吾尔自治区在防护林建设工程中，明确得出要充分发挥经济林的优势，努力将防护林中的园艺办成农村经济的支柱产业。1985 年，全区经济林只有 63. 4 万亩，现已增加到 150. 8 万亩，加上 57 万亩葡萄，林果面积达 28 万亩，年产值达 12 亿元。天津市把经济林称为天津林业的“半边天”，现经济林面积占全市森林面积的 49. 9%，主要经济林树种核桃、板栗、柿子、山楂、红枣以及苹果、桃等都建成了一定规模的基地，各类经济林产品年产量达到 1. 2 亿 kg，为 1949 年的 16 倍。浙江省林业厅提出：“没有经济林的林业，是缺乏活力的林业，是不发达的林业”，要求各级林业部门更新观念，统一认识。目前，这个省的经济林面积已达 1 060万亩。湖南省现有经济林（含竹林）4 097万亩，占现有林地面积的 30%。该省在林业全面深化改革中，大力抓了林业的深化改革，在多品种、高质量、高效益、挖潜创汇上下功夫，依靠科学技术，提高造林质量。省林业厅将着重抓好 6 个基地，即 500 万亩竹林改造和开发基地；500 万亩优质高产干果、药材基地；500 万亩油茶低产改造基地；500 万亩松脂基地；500 万亩庭园经济林基地。1991 年，全省经济林产值（水果除外）已突破 10 亿元大关，比

20 世纪 70 年代翻了一番多。

广西壮族自治区现有经济林 1 200多万亩，占全区森林面积的 13.28%。该区地处热带、亚热带，经济林资源十分丰富。“七五”期间，该区大抓了经济林的建设。通过建立不同树种的基地，开展主要经济林树种的种质资源普查、良种选育，推广良种和无性系、推广成林增产新技术、推广经济林产品深加工技术等，使全区一些经济林产量获得较大幅度的提高，取得了良好的经济效益和社会效益。其中较为突出的有油桐、八角、玉桂、白果等经济林树种。历史上，该区桐油年产量为 10 000t，1958—1984 年年均产油仅 500kg，良种工程使桐油产量从 1985 年起直线上升，1990—1992 年平均年产 16 250t，产量翻了 1.6 番，平均增加产值 1.35 亿元。大面积的单位面积产量由过去的 8.8kg，提高到现在的 13kg，增长 77%。

其他省、县乡村，在经济林领域推广科学技术而取得重大成就的还有许多实例，其中以河北省邢台县前南峪村：福建省清流县东华乡大路口村、甘肃省天水市立远乡、河南省卢氏县官道口乡等最为突出。太行山深山区的前南略村是当地有名的穷山沟，1977 年全村人均，年收入仅 57 元，日工值仅 2 角 5 分。自从抓了发展经济林，实现人均 100 棵摇钱树，森林覆盖率已达 94.6%。

代表们在发言中一致指出：经济林的特点是短、平、快。山区要快富，便要抓好经济林。认识了这点，因地制宜发展经济林，依靠科学技术，使每一棵经济树木都成为一棵“摇钱树”，便能使昔日的穷山沟变成富裕沟。这是贯彻执行邓小平同志南方谈话讲话精神，尽快使山区农民脱贫致富的重要途径。

2. 依靠科学技术，振兴经济林，当前还存在一些问题

一是在认识上尚不平衡。大抓经济林，大办创汇林业，要把 20 世纪 70 年代抓用材林的劲头，转移到抓经济林上来，这已是当前林业生产的大势所趋，人心所向。代表们在发言中指出，摆在我们面前的一项燃眉之急的任务，是按照邓小平同志南方谈话的指示，各行各业齐上阵，使我国各族人民尽快富起来。林业要富裕应抓好经济林，抓创汇林业。许多经济林产品，是国内外市场的畅销货。经济林的重要特点是短、平、快。有的品种是今年栽，明年便可见成效。抓得好，可能 3~5 年便可达到致富的目的。

然而，上述认识是不平衡的。桂油是国际市场的著名香料，每年需要量达 60 万 kg。这个经济林产品，我国只有广西、广东、海南三省（区）才能生产，其中尤以广西产桂油驰名中外。但前几年广西一些桂油主产县每年出口桂油较少。岑溪县有鉴于此，一马当先大办创汇林业，只几年工夫，仅桂油一项，年创外汇 300 多万元。

二是经济林生产上的一些关系尚未理顺，在相当大的程度上影响了经济林生产的发展。

许多经济林，包括多种干果、油料、香料、药材、纸浆材、香菇、木耳、笋干以及一些水果和土特产（如生漆、杜仲、栲胶等）等，其生产都是由林业部门抓的，但经营收购却是分别由土产、日杂、外贸等公司承担。其责、权、利未能做到合理分配，有的同志指出，这一现象，不利于调动林业部门抓经济林的积极性。在一定程度上，经济林产品的数量和质量是呈正相关的。许多代，在发言中指出，发展经济林，多出经济林产品，提高发展经济林的效益，一靠政策，二靠科学，三靠投入。不理顺产供销的关系，对发展经济林，以致依靠科技振兴经济林，都是十分不利的。

三是部分地方科技兴林缺乏具体得力措施。

四是许多科技成果还未能很好普及推广，未能很好地转化为生产力。

3. 本次会议收到经济林良种选育、速生丰产栽培技术、产品深加工和综合利用、建设庭园经济林和立体经营模式等方面的论文近60篇

这些论文从不同角度探讨了进一步提高经济林的经济效益、生态效益和社会效益的途径和方法。论文的一部分在大会作了交流，另一部分在小组会上作了交流。广西的油桐良种化工程，是近30年时间，通过种质资源普查以摸清家底、建立基因库，为良种的选育提供了原始材料，开展良种和优良无性系的选育，以及大面积推广良种和速生高产栽培技术，产生了显著的经济效益。浙江省林学院黎章矩、钱遵芳二教授的山核桃保花保果技术研究，采用树干涂抹三十烷醇技术，方法简单，造价便宜，操作容易，年均可提高坐果率21.4%和36.7%。新疆林科院张树信副研究员的新疆核桃良种资源研究，唐光生高级工程师的枣树栽培技术研究，清河县林业工作总站李文华同志的枸杞良种大面积丰产栽培研究，辽宁省辽宁市林科所杨秀文农艺师利用葡萄残次果酿制发酵汁的技术，张洪彦同志的利用山楂大规模生产浓缩汁的工艺，云南省林科院孙茂实、王锡全高级工程师的良种梅嫁接技术，西北林学院王性炎教授、江西省林科所唐光旭高级工程师的庭园经济林经营技术，河北省涉县林业局常剑文高级工程师的椒粮间作技术，安徽省林业厅薛克诚高级工程师的纸用竹毛竹林培育经营技术，湖南省林业厅张玉石总工程师、姚先铭副局长的油茶低改的战略构思，中南林学院何方教授的科教兴经济林战略格局思考，湖南省林业厅曹志勇高级工程师的腊尔山区经济林发展战略研究等论文，或者从大的战略上或者从一个树种的具体做法上提出了各自的研究成果。这些论文在大会上或小组会上宣读后，均引起了与会同志的高度重视，大家彼此借鉴，互相交流，获益匪浅。同时，也将经济林学科水平提高到了一个新的高度。

4. 为了更好地实行依靠科学技术，振兴经济林事业，许多代表提出了十分宝贵的经验和措施

第一，要进一步大力开展“依靠科学技术，振兴经济林”的宣传，帮助各级领导和广大群众提高对发展经济林和科技兴经济林的认识，切实把这项工作抓起来，落实贯彻下去。

经济林是林业的“半边天”，没有经济林的林业是不发达的林业，是缺乏活力的林业。要像湖北郧阳地区、浙江省开化县等同志们那样的认识，山区群众要致富，兴山富民首先要抓发展经济林；要将本省（区）本地、本县近几年来因振兴经济林而脱贫致富的典型抓起来，扩大宣传，树立样板，教育群众，带动群众。

第二，统一规划，加强领导，合理布局。要大力发展当地名、特、优经济林产品，在理顺关系的前提下，统一规划，统一布置。考虑到当前的现状和林业部门的人力、物力和财力，在统一领导下，实行分层次开发，多形式承包，多方位投入，实行“一统三多”的经营生产体制。

第三，依靠科学技术，加强科技成果的推广，最大限度地提高经济林的经济效益，生态效益和社会效益。根据当前我国经济林生产现状，主要抓好优质良种、优质种苗、适地适树、丰产栽培、病虫害防治、产品贮藏、保鲜和深加工等方面先进科学技术的推广应用。

第四，增加投入。在政策进一步放宽的基础上，增加投入，要多渠道集资，广开财路。天津市和浙江省等地的集资经验是可供借鉴的。天津的八条办法中，包括退税补债、开办第三产业、低息贷款、拨种苗费等。浙江省则提出国家和地方财政适当拨款，与企事业单位联营、乡村农户自筹资金以及在改进费中适当开支。

总体来看，五天的会议，时间是短暂的，由于学会领导的正确领导与精心安排，全体代表不辞辛苦，不顾长途跋涉，共同努力；新疆维吾尔自治区林业厅、区林学会、区林科院等单位的大力支持，大会工作人员的辛勤劳动，使大会获得了圆满的成功，达到了预期目的。

全体代表谨对新疆维吾尔自治区林业厅、区林学会、区林科院表示崇高的敬意和亲切的谢忱；对会务组全体工作人员表示崇高的敬意、亲切的慰问和谢意。

（七）1995 年年会——中国林学会经济林分会

1995 年学术讨论会于 10 月 26 日至 28 日在云南保山市召开。

本次学术讨论会是为贯彻 1994 年 9 月林业部在唐山市召开的全国山区林业综合开发和经济林建设现场会议精神。因此，会议主题是：我国经济林现状、问题与对策。就如何依靠科技进步发展经济林生产进行学术交流和讨论。

出席本次会议的代表，来自 23 个省市区的 46 个生产、科研和教学单位 72 位代表。在代表中包括 4 个民族，其中具有高级技术职称的 33 人，占代表总数的 45.8%。在代表中有我国老一代的著名经济林专家，也有中一代的专家和青年科技工作者，是一次老中青相结合的盛会。

在开幕式上，西南林学院曾觉民教授作了题为“建设山区生态林业，带动农业综合发展”，西北林学院张康健教授作了题为“杜仲综合开发的进展与前景”，中南林学院何方教授作了题为“我国经济林现状、问题与对策”的学术报告。这三个学术报告受到与会代表的热烈欢迎。

本次会议的收获，是为会议的主题“我国经济林现状、问题与对策”，交了一份从理论到实践的圆满答卷，为我国经济林生产、科研提供了重要的决策依据。

本次学术讨论会共收到论文80余篇（含送交论文人未到会者）。

27日下午和28日上午进行大会发言交流。共有31位代表在大会发言交流。

从大会发言和提交的论文中看出，围绕本次学术讨论会主题，从不同的省区、地市，不同的经济林木种类，不同的经营方式，深入地进行了探讨，针对存在的问题，从各个层次上提出了各自的对策。本次会议的收获，根据会议主题概括起来，也是三个方面。

1. 经济林建设的大好形势

我国经济林大省山东至1994年全省有经济林面积133.333×10^4hm^2，各类干鲜果产量64×10^8亿kg，直接经济产值180亿元，占林业总产值的80%。山东省的招远市1994年果品收入达10亿元，在农业中的比重由1990年的8%，上升至30%，超过了黄金业和乡镇企业。该市的玲珑镇，是全国黄金第一镇，但其经济林生产也成了农民致富的支柱产业，1994年林果业收入占农业总收入的50%以上。全镇靠黄金致富的农户不到10%，而靠经济林致富的农户却达46%。湖南省经济林面积306.467×10^4hm^2，居全国首位。全省拥有油茶林面积163.733×10^4hm^2，1994年产茶油24 225×10^4kg，占全国总产40%左右，排行第一。并分别建立一批油茶、油桐、板栗等的基地县。浙江全省有经济林面积（未含笋竹林，下同）占有林地面积21.6%。据1993年不完全统计，全省经济林产品总产量142×10^4t，产值超过20亿元。贵州全省有经济林面积71.333×10^4hm^2，近几年全省每年经济林造林7.333×10^4hm^2。新疆1985年全自治区有经济林面积4.227×10^4hm^2，至1994年发展18.667×10^4hm^2（其中投产面积12×10^4hm^2），年总产值13.8亿元。陕西省“三北”防护林第一期工程（1978—1985年）检查结果经济林面积仅占4.6%。1986年以后，随着改革开放的深入，市场经济林发展，农民发展经济林生产的积极性空前高涨，据第二期工程（1986—1995年）的检查，经济林所占比例提高至32.7%，这是经济林与防护林相结合，以经济林养防护林，长短结合。现全国经济林超过66.667×10^4hm^{2}的省区有13个，湖南、江西、陕西、广西、山西、山东、湖北、浙江、广东、河南、河北、四川、贵州。

现全国有经济林经营面积0.2×10^8hm^2，有近200个不同树种和多种经营方式，其产品包括干鲜果及其制品、饮料、调料近100种，而涉及工、农、医产品1 000余种。全国经济林产品加工的乡镇企业2万家。1994年全国经济林直接产值600亿元，占林业总产值的 1/3，已经形成新兴产品。

以经济林产业为依托的科研和教育也是得到相应的发展。从中央到地方的林业科研院所，都有经济林科研机构，专职科研人员约近 500 人。经济林专业教育已经完成了从中专—专科—本科—硕士研究生—博士研究生的完整教育体系。因此，已经形成经济林产业—经济林科研—经济林教育的完整产业体系，它有着与工农业生产和人民生活的重要性和不可替代性，参与国民经济的运行。

2. 问题与挑战

当前经济林生产存在的主要问题，是栽培生产单产低，与加工流通不配套，致使经济效益不高；科学研究经费较少；各个层次科技人才较为缺乏，这是当前经济林生产、科研、人才 3 个方面存在的问题。

由于存在的问题，面临着 4 个挑战：①调整林业产业结构，经济林如何办；②社会商品大潮的来到，经济林如何办；③科技进步，经济林如何办；④人才竞争，经济林如何办。

经济林生产、科研与人才 3 个方面存在问题，又面临 4 个方面的挑战，我们认为只要认识与决策正确，问题与挑战是可以解决的。

3. 对策

当前，发展经济林生产的有利条件是各级我国领导重视，农民群众有积极性。

（1）战略思想

总的战略思想和指导原则是：经济林为人类社会可持续发展服务的。丘陵山区因地制宜发展木本粮、油、果品及其他经济林生产，是实施可持续发展的最优化模式，是具有中国特色的发展道路。立足现实，注视世界，瞄准未来，有时序地引进高新技术，推进经济林生产进步与发展。

（2）指导原则

①遵循自然规律，因地制宜，合理地利用生物资源、生态资源与人力资源，发挥地区优势，挖掘潜力，形成规模经营。②遵循经济规律，根据社会主义市场经济的原则，面向国内外市场，建立名特优商品基地。③遵循“科教兴国”的原则，紧紧依靠高新技术，加速人才培养，走科教兴经济林之路。④遵循林—工—商一体化的原则，大力发展产品加工业。

（3）对策措施

一是宣传经济林，认识经济林。经济林是为人类社会可持续发展服务的，是经济林的根本任务。我们应该从这里开始认识经济林，也是发展经济林的归宿。

《中共中央关于制定国民经济和社会发展“九五”计划和 2010 年远景目标的建议》，为我国今后 15 年的发展绘制了跨世纪的宏伟蓝图。《建议》在经济建设的主要任务和战略布局中提出积极培育森林资源，重点抓好速生丰产林基地的建设和山区林业综合开发。这是今后 15 年林业的总任务。山区林业综合开发，经济林是突破口。

二是深化改革，稳定林业政策，建立健全生产责任制。稳定林业政策，稳定山林权，制定优惠政策，加快和完善荒山荒地转让、租赁与拍卖，确保农民开发山地发展经济林的权益，鼓励个人、集体、企事业单位的投资，也可以组成股份制经营。

三是开辟投资渠道，广筹资金。经济林生产资金的筹集，要广辟投资渠道。地方、集体和个人投资组成股份制。国家应尽可能在财政、林业贴息贷款、扶贫资金、以工代赈资金、农业综合开发资金等方面给予倾斜。如“长防”“三北”“珠防”“治沙”等防护林工程和“世行”贷款，建议安排一定比例的经济林经费。

四是科技兴林。科技兴林，在当前可操作性措施，概括起来是 5 个方面的技术：①以经济林木的立地分类为科学依据的规划；②采用优良品种，栽培良种化程度要在 95%以上；③推行工程造林，保证质量；④推行立体栽培经营，提高土地、光能利用率，提高效益；⑤集约管理经营，提高投资效益，保证农民切实增产增收。

五是大力发展经济林产品加工业。经济林产品加工业现虽有一定基础，但仍是薄弱环节。经济林产品只有大幅度提高转化增值，才能大幅度提高经济效益。经济林产品加工业是丘陵山区乡镇企业的重要内容。以当地经济林生产为依托，组成林—工—商一体化的集团公司。建立农村社会化服务体系农村社会化服务体系，包括以区乡林业技术推广站为核心的技术推广体系、以县苗圃为核心建立良种繁育体系、以县经济林协会为核心的商品信息网络体系。

技术、良种、信息均为商品，可以进行有偿服务。

我国要紧紧抓住“经济林热”的良好机遇，正确地引导，走向依靠科技进步的发展道路，使全国经济林热长盛不衰。

会议组织全体代表参观学习了保山地委、行署经济林样板林和桉树造纸原料样板林。对两处样板林代表们作了高度的评价，并从中学到好技术、好经验。

出席会议的代表中有的带来了经济林产品的样品供代表们品尝。有的带来了各种小型工具，有的带来各种丰产素、杀虫药等。代表们一致认为这种学习交流形式很好。

4. 在学术讨论会期间，召开了第三次常务理事会，商定了如下的事宜

一是因安徽省林业厅邀请，1996 年 6 月上旬在安徽省召开第三次理事会。议程有：①学习全国林业科技会议精神，在今后的学会活动中如何贯彻执行。②学习《中共中央关于制订国民经济和社会发展“九五”计划和 2010 年远景目标的建议》，在实现《建议》中经济林应作出的贡献。③请安徽省林业厅报告安徽经济林生产成就和经验。④理事会的工作安排。

二是栽培学组和野生经济植物资源利用学组计划联合于 1996 年 7 月在福建召开一

次学术讨论会。

三是加工利用学组计划在明年适当时候在广东召开一次学术讨论会。

四是根据代表的意见和要求，决定本次会议出版论文选集，因无经费，采取以论文集资出版。

与会全体代表对云南省林业厅、保山地区林业局为会议做的周密准备和热情接待，表示满意和衷心感谢。对保山地委、行署、人大工委、政协工委对会议的关心，深表感谢。对西南林学院、云南林科院给予会议的支持，表示谢意。

六、经济林研究

《经济林研究》1983 年经国家科委批准创刊。中国标准刊号：ISSN 1003-8981/CN 43-1117/S，国外发行代号 Q1743。暂定半年刊，每期页码 128 页。是全国唯一经济林公开发行专门期刊。由林业部造林司与经济林教材编审委员会联合主办，面向全国。

1995 年改为季刊，2002 年由科学出版社出版，本刊为全国核心期刊。

参考文献

国家林业局 . 2010-10-14. 2010 年中国林业发展报告（摘要）[N]. 中国绿色时报（A1）.

国家中长期教育改革和发展规划纲要工作小组办公室 . 2010-07-29 国家中长期教育改革和发展规划纲要（2010—2020 年）[EB/OL]. http：//www. moe. edu. cn/srcsite/A01/s7048/201007/t20100729_ 171904. html.

何方，张日清，李志辉，等 . 2007. 博士研究生素质教育研究 [J]. 中国教师与教学（高教版），3（5）：22-24.

佚名 . 2004. 中共中央国务院关于加快林业发展的决定 . 中共中央、国务院关于加快林业发展的决定 [C]. 中国林业投融资国际研讨会 .

佚名 . 2010-04-12. 中央学习实践活动领导小组办公室负责人答记者问 [N]. 光明日报（2）.

责任编辑 李 雪 徐定娜
封面设计 孙宝林 田 静

ISBN 978-7-5116-3111-4

定价：158.00元